1	Arbeits- und Umweltschutz	5 … 18
2	Technische Grundlagen	19 … 110
3	Fertigen von Baueinheiten	111 … 162
4	Herstellen von Baugruppen	163 … 240
5	Herstellen von Stahlbaukonstruktionen	241 … 286
6	Herstellen von Metallbaukonstruktionen	287 … 356
7	Steuern und Automatisieren	357 … 380
8	Instandhaltung	381 … 390
9	Mathematisch-technische Grundlagen	391 … 438

Sachwortverzeichnis 🇩🇪🇬🇧 439 … 463
Bildquellenverzeichnis 463
RAL-Farben 464 … 465

Arbeits- und Umweltschutz

Gefahrstoffverordnung: Sicherheitsratschläge 6

Gefahrstoffverordnung: Kennzeichnung gefährlicher Stoffe 7

Sicherheitszeichen: Verbots- und Warnzeichen 8

Sicherheitszeichen: Gebots-, Rettungs-, Brandschutzzeichen 9

Kennzeichnung von Rohrleitungen 10

Verhalten bei Notfällen 11

Arbeitsplatzgrenzwerte 12

Lärmschutz 13

Lastaufnahmeeinrichtungen 14

Heben und Tragen 16

Abfallentsorgung 17

Recycling 18

Arbeits- und Umweltschutz
Protection of labour and environmental protection

Gefahrstoffverordnung: Kennzeichnungsschilder für gefährliche Stoffe

GefStoffV: 2006-07

Lfd. Nr.	Erklärung		
		Die Kennzeichnungsschilder müssen haltbar (z. B. lösemittel- und säurefest), deutlich und von bestimmter Größe sein.	
1	Gefahrensymbol		
2	Gefahrenbezeichnung		
		Rauminhalt des Gebindes	
3	Stoffbezeichnung	0,25 ... 3 l	3 ... 50 l
4	Gefahrenhinweise (R-Sätze)	Mindestgröße Kennzeichnungs-schild	52 mm × 74 mm	74 mm × 105 mm
5	Sicherheitsratschläge (S-Sätze)		
6	Name und Anschrift des Herstellers/Lieferanten	Mindestgröße Gefahren-symbol	20 mm × 20 mm	28 mm × 28 mm

Gefahrstoffverordnung: Sicherheitsratschläge (S-Sätze)

Satz-Nr.	Bedeutung	Satz-Nr.	Bedeutung
S1	Unter Verschluss aufbewahren	S33	Maßnahmen gegen elektrostatische Aufladungen treffen
S2	Darf nicht in die Hände von Kindern gelangen	S34	Schlag und Reibung vermeiden
S3	Kühl aufbewahren	S35	Abfälle und Behälter müssen in gesicherter Weise beseitigt werden
S4	Von Wohnplätzen fernhalten		
S5	Unter ... aufbewahren (geeignete Flüssigkeit vom Hersteller anzugeben)	S36	Bei der Arbeit geeignete Schutzkleidung tragen
		S37	Geeignete Schutzhandschuhe tragen
S6	Unter ... aufbewahren (inertes Gas vom Hersteller anzugeben)	S38	Bei unzureichender Belüftung Atemschutzgerät anlegen
		S39	Schutzbrille/Gesichtsschutz tragen
S7	Behälter dicht geschlossen halten	S40	Fußboden und verunreinigte Gegenstände mit ... reini-gen (vom Hersteller anzugeben)
S8	Behälter trocken halten		
S9	Behälter an einem gut gelüfteten Ort aufbewahren	S41	Explosions- und Brandgase nicht einatmen
S12	Behälter nicht gasdicht verschließen	S42	Beim Räuchern/Versprühen geeignetes Atemschutz-gerät anlegen (geeignete Bezeichnung[en] vom Hersteller anzugeben)
S13	Von Nahrungsmitteln, Getränken und Futtermitteln fernhalten		
S14	Von ... fernhalten (inkompatible Substanzen sind vom Hersteller anzugeben)	S43	Zum Löschen ... (vom Hersteller anzugeben) verwenden (wenn Wasser die Gefahr erhöht, anfügen: Kein Wasser verwenden)
S15	Vor Hitze schützen		
S16	Von Zündquellen fernhalten – Nicht rauchen	S44	Bei Unwohlsein ärztlichen Rat einholen (wenn möglich, dieses Etikett vorzeigen)
S17	Von brennbaren Stoffen fernhalten		
S18	Behälter mit Vorsicht öffnen und handhaben	S45	Bei Unfall oder Unwohlsein sofort Arzt zuziehen (wenn möglich, dieses Etikett vorzeigen)
S20	Bei der Arbeit nicht essen und trinken		
S21	Bei der Arbeit nicht rauchen	S46	Bei Verschlucken sofort ärztlichen Rat einholen und Verpackung oder Etikett vorzeigen
S22	Staub nicht einatmen		
S23	Gas/Rauch/Dampf/Aerosol nicht einatmen (geeignete Bezeichnung[en] vom Hersteller anzugeben)	S47	Nicht bei Temperaturen über ... °C aufbewahren (vom Hersteller anzugeben)
S24	Berührung mit der Haut vermeiden	S48	Feucht halten mit ... (geeignetes Mittel vom Hersteller anzugeben)
S25	Berührung mit den Augen vermeiden		
S26	Bei Berührung mit den Augen gründlich mit Wasser ab-spülen und Arzt konsultieren	S49	Nur im Originalbehälter aufbewahren
		S50	Nicht mischen mit ... (vom Hersteller anzugeben)
S27	Beschmutzte, getränkte Kleidung sofort ausziehen	S51	Nur in gut gelüfteten Bereichen verwenden
S28	Bei Berührung mit der Haut sofort abwaschen mit viel ... (vom Hersteller anzugeben)	S52	Nicht großflächig für Wohn- und Aufenthaltsräume zu verwenden
S29	Nicht in die Kanalisation gelangen lassen	S53	Exposition vermeiden – vor Gebrauch beson-dere Anweisungen einholen
S30	Niemals Wasser hinzugießen		

Gefahrstoffverordnung: Beseitigungsratschläge (E-Sätze)

Satz-Nr.	Bedeutung	Satz-Nr.	Bedeutung
E1	verdünnen, in den Ausguss geben	E10	in gekennzeichneten Glasbehältern „Organische Abfälle" sammeln, dann E8
E2	neutralisieren, in den Ausguss geben		
E3	in den Hausmüll geben (gegebenenfalls in Kunststoff-beutel [Stäube])	E11	als Hydroxid fällen (ph 8), Niederschlag nach E8
		E12	nicht in die Kanalisation gelangen lassen
E4	als Sulfid fällen	E13	aus der Lösung mit unedlerem Metall (z. B. Eisen) als Metall abscheiden
E5	mit Calcium-Ionen fällen, dann E1 oder E3		
E6	nicht in den Hausmüll geben	E14	Recycling-geeignet (Recyclingunternehmen zuführen)
E7	nicht in den Müll geben, der in einer Verbrennungsan-lage verbrannt wird, nach E8 verfahren	E15	Mit Wasser vorsichtig umsetzen, evtl. frei werdende Gase verbrennen oder absorbieren oder stark verdünnt ableiten
E8	der Sondermüllbeseitigung zuführen (Adresse zu erfragen bei Kreis- oder Stadtverwaltung)	E16	entsprechend den „Beseitigungsratschlägen für besondere Stoffe" beseitigen
E9	in kleinsten Portionen im Freien verbrennen		

Arbeits- und Umweltschutz
Protection of labour and environmental protection

Gefahrstoffverordnung: Kennzeichnung gefährlicher Stoffe

GefStoffV: 2006-07

Gefahren-bezeichnung; Gefahrensymbol	Kennbuchstabe; Hinweise auf besondere Gefahren	Gefahren-bezeichnung; Gefahrensymbol	Kennbuchstabe; Hinweise auf besondere Gefahren	Gefahren-bezeichnung; Gefahrensymbol	Kennbuchstabe; Hinweise auf besondere Gefahren
Sehr giftig	T+ (T: toxic) R26 R27 R28 R39	Reizend	Xi (X: für Andreaskreuz i: irritating) R26 R37 R38 R41 R43	Brandfördernd	O (O: oxidizing) R8 R9 R11
Giftig	T (T: toxic) R23 R24 R25 R39 R48	Hochentzündlich	F+ (F: flammable) R12	Explosionsgefährlich	E (E: explosive) R2 R3
Gesundheits-schädlich	Xn (X: für Andreaskreuz n: noxious) R20 R21 R22 R40 R42 R48	Leichtentzündlich	F (F: flammable) R11 R12 R13 R15 R17	Krebserzeugend	T (T: toxic) R45
Ätzend	C (C: corrosive) R34 R35	Umweltgefährlich	N (N: nocious) R54 R55 R56	Fruchtschädigend	T (T: toxic) R47

Gefahrstoffverordnung: Hinweise auf besondere Gefahren (R-Sätze)

Hinweis	Bedeutung	Hinweis	Bedeutung
R1	In trockenem Zustand explosionsgefährlich	R23	Giftig beim Einatmen
R2	Durch Schlag, Reibung, Feuer oder andere Zündquellen explosionsgefährlich	R24	Giftig bei Berührung mit der Haut
		R25	Giftig beim Verschlucken
R3	Durch Schlag, Reibung, Feuer oder andere Zündquellen besonders explosionsgefährlich	R26	Sehr giftig beim Einatmen
		R27	Sehr giftig bei Berührung mit der Haut
		R28	Sehr giftig beim Verschlucken
R4	Bildet hochempfindliche explosionsgefährliche Metallverbindungen	R29	Entwickelt bei Berührung mit Wasser giftige Gase
		R30	Kann bei Gebrauch leicht entzündlich werden
R5	Beim Erwärmen explosionsfähig	R31	Entwickelt bei Berührung mit Säure giftige Gase
R6	Mit und ohne Luft explosionsfähig	R32	Entwickelt bei Berührung mit Säure sehr giftige Gase
R7	Kann Brand verursachen	R33	Gefahr kumulativer Wirkungen
R8	Feuergefahr bei Berührung mit brennbaren Stoffen	R34	Verursacht Verätzungen
R9	Explosionsgefahr bei Mischung mit brennbaren Stoffen	R35	Verursacht schwere Verätzungen
R10	Entzündlich	R36	Reizt die Augen
R11	Leichtentzündlich	R37	Reizt die Atmungsorgane
R12	Hochentzündlich	R38	Reizt die Haut
R13	Hochentzündliches Flüssiggas	R39	Ernste Gefahr irreversiblen Schadens
R14	Reagiert heftig mit Wasser	R40	Irreversibler Schaden möglich
R15	Reagiert mit Wasser unter Bildung leichtentzündlicher Gase	R41	Gefahr ernster Augenschäden
		R42	Sensibilisierung durch Einatmen möglich
R16	Explosionsgefährlich in Mischung mit brandfördernden Stoffen	R43	Sensibilisierung durch Hautkontakt möglich
		R44	Explosionsgefahr bei Erhitzung unter Einschluss
R17	Selbstentzündlich an der Luft	R45	Kann Krebs erzeugen
R18	Bei Gebrauch Bildung explosionsfähiger/leichtentzündlicher Dampf-Luftgemische möglich	R46	Kann vererbbare Schäden verursachen
		R47	Kann Missbildungen verursachen
R19	Kann explosionsfähige Peroxide bilden	R48	Gefahr ernster Gesundheitsschäden bei längerer Exposition
R20	Gesundheitsschädlich beim Einatmen		
R21	Gesundheitsschädlich bei Berührung mit der Haut		
R22	Gesundheitsschädlich beim Verschlucken		

Arbeits- und Umweltschutz
Protection of labour and environmental protection

Merkmale von Sicherheitszeichen

DIN 4844-1: 2005-05

Form	Kreis mit Diagonalbalken	Kreis	Gleichseitiges Dreieck	Quadrat/ Rechteck	Quadrat/ Rechteck
	⊘	●	▲	■	■
Bedeutung	Verbot	Gebot	Warnung	Gefahrlosigkeit Erste Hilfe Fluchtwege	Brandschutz
Sicherheitsfarbe	rot	blau	gelb	grün	rot
Kontrastfarbe	weiß	weiß	schwarz	weiß	weiß
Farbe des graph. Symbols	schwarz	weiß	schwarz	weiß	weiß
Anwendungsbeispiel	■ Rauchen verboten ■ Berühren verboten	■ Kopfschutz benutzen ■ Atemschutz benutzen	■ Warnung vor giftigen Stoffen ■ Warnung vor Laserstrahl	■ Erste Hilfe ■ Sammelstelle	■ Brandmelder ■ Wandhydrant ■ Feuerlöscher

Verbotszeichen

DIN 4844-2: 2001-02

Rauchen verboten	Feuer, offenes Licht und Rauchen verboten	Für Fußgänger verboten	Mit Wasser löschen verboten	Kein Trinkwasser	Berühren verboten

Für Flurförderzeuge verboten	Abstellen oder Lagern verboten	Zutritt für Unbefugte verboten	Verbot für Personen mit Herzschrittmacher	Mobilfunk verboten	Essen und Trinken verboten

Warnzeichen

DIN 4844-2: 2001-02

Warnung vor feuergefährlichen Stoffen	Warnung vor explosionsgefährlichen Stoffen	Warnung vor giftigen Stoffen	Warnung vor ätzenden Stoffen	Warnung vor radioaktiven Stoffen	Warnung vor schwebender Last

Warnung vor Flurförderfahrzeugen	Warnung vor gefährlicher elektrischer Spannung	Warnung vor einer Gefahrenstelle	Warnung vor Laserstrahl	Warnung vor Absturzgefahr	Warnung vor Quetschgefahr

Arbeits- und Umweltschutz
Protection of labour and environmental protection

Gebotszeichen
DIN 4844-2: 2001-02

Allgemeines Gebotszeichen	Augenschutz benutzen	Kopfschutz benutzen	Gehörschutz benutzen	Atemschutz benutzen	Fußschutz benutzen

Handschutz benutzen	Schutzkleidung benutzen	Gesichtsschutz benutzen	Sicherheitsgurt benutzen	Für Fußgänger	Gebrauchsanweisung beachten

Rettungszeichen
DIN 4844-2: 2001-02

Richtungsangabe für Erste-Hilfe-Einrichtungen, Rettungswege und Notausgänge	Erste Hilfe	Krankentrage	Augenspüleinrichtung	Notruftelefon	Arzt

Rettungsweg, Notausgang	Sammelstelle	Automatisierter externer Defibrilator	Rettungsweg links von hier aus	Rettungsweg rechts von hier aus	Rettungsweg geradeaus von hier aus

Brandschutzzeichen
DIN 4844-2: 2001-02

Mittel und Geräte zur Brandbekämpfung	Brandmelder	Brandmeldetelefon	Feuerlöscher	Wandhydrant Löschschlauch	Richtungsangabe

Zusatz-, Kombinations-, Hinweiszeichen
DIN 4844-2: 2001-02

Zusatzzeichen werden zusätzlich zu einem Sicherheitszeichen verwendet, um weitere Hinweise zu geben.

Kombinationszeichen sind Zeichen, die auf einem gemeinsamen Träger ein Sicherheitszeichen und ein Zusatzzeichen enthalten.

Hinweiszeichen sind allgemeine Mitteilungen, Warnungen oder Gebote zur Gefahrenvermeidung.

Arbeits- und Umweltschutz
Protection of labour and environmental protection

Kennzeichnung von Rohrleitungen nach dem Durchflussstoff

DIN 2403: 2007-05

Anwendungsbereich: Die Kennzeichnung nichterdverlegter Rohrleitungen nach dem Durchflussstoff dient der Verhinderung von Unfällen und gesundheitlichen Schäden sowie der wirksamen Brandbekämpfung und der sachgerechten Instandsetzung.

Anforderungen an die Kennzeichnung:

- Kennzeichnung durch Anstrich, Beschriftung, Bänder (z. B. selbstklebende Folienbänder) oder Schilder (z. B. Kunststoff-, Metall-, Email- oder Folienschilder)
- deutlich erkennbar, dauerhaft, aus gegen Umgebungseinflüsse widerstandsfähigen Werkstoffen
- Wiederholung der Kennzeichnung an betriebswichtigen und gefahrenträchtigen Punkten (Anfang, Ende, Wanddurchführungen, Rohrkrümmungen, Armaturen)
- Kennzeichnung durch vorgeschriebene Gruppenfarbe **1** und Zusatzfarbe **2** des Durchflussstoffes
- Angabe der Durchflussrichtung durch Richtungspfeil **3**
- Angabe des Durchflussstoffes durch Wortangabe **4**, chemische Formel oder Kennzahl in der vorgeschriebenen Schriftfarbe **5** (Bei Angabe von chem. Formel oder Kennzahl ist eine Erklärung an den betriebwichtigen Punkten auszulegen.)
- Bei Gefahrstoffen zusätzliche Angabe der Gefahrensymbole **6** nach Gefahrstoffverordnung
- Bei radioaktiven Durchflussstoffen zusätzliche Angabe des Sicherheitszeichens „Warnung vor radioaktiven Stoffen oder inonisierenden Strahlen" nach DIN 4844-2
- Bei Bedarf Ergänzungen durch Angaben über andere Kenngrößen **7** (z. B. Druck, Temperatur u. a.) mittels Formelzeichen nach DIN 1304 und/oder Sicherheitszeichen nach DIN 4844-2 (z. B. Warnung vor Kälte, heißer Oberfläche oder Biogefährdung)

Zuordnung der Farben zu den Durchflussstoffen

Die durch die Rohrleitungen geförderten Durchflussstoffe werden nach ihren allgemeinen Eigenschaften in 10 durch Gruppenfarben gekennzeichnete Gruppen eingeteilt.

Durchflussstoff	Gruppe	Gruppenfarbe	Zusatzfarbe	Schriftfarbe
Wasser	1	Signalgrün (RAL 6032)		Signalweiß (RAL 9003)
Wasserdampf	2	Signalrot (RAL 3001)		Signalweiß (RAL 9003)
Luft	3	Signalgrau (RAL 7004)		Signalschwarz (RAL 9004)
Brennbare Gase	4	Signalgelb (RAL 1003)	Signalrot (RAL 3001)	Signalschwarz (RAL 9004)
Nichtbrennbare Gase	5	Signalgelb (RAL 1003)	Signalschwarz (RAL 9004)	Signalschwarz (RAL 9004)
Säuren	6	Signalorange (RAL 2010)		Signalschwarz (RAL 9004)
Laugen	7	Signalviolett (RAL 4008)		Signalweiß (RAL 9003)
Brennbare Flüssigkeiten und Feststoffe	8	Signalbraun (RAL 8002)	Signalrot (RAL 3001)	Signalweiß (RAL 9003)
Nichtbrennbare Flüssigkeiten und Feststoffe	9	Signalbraun (RAL 8002)	Signalschwarz (RAL 9004)	Signalweiß (RAL 9003)
Sauerstoff	0	Signalblau (RAL 5005)		Signalweiß (RAL 9003)

Beispiele:

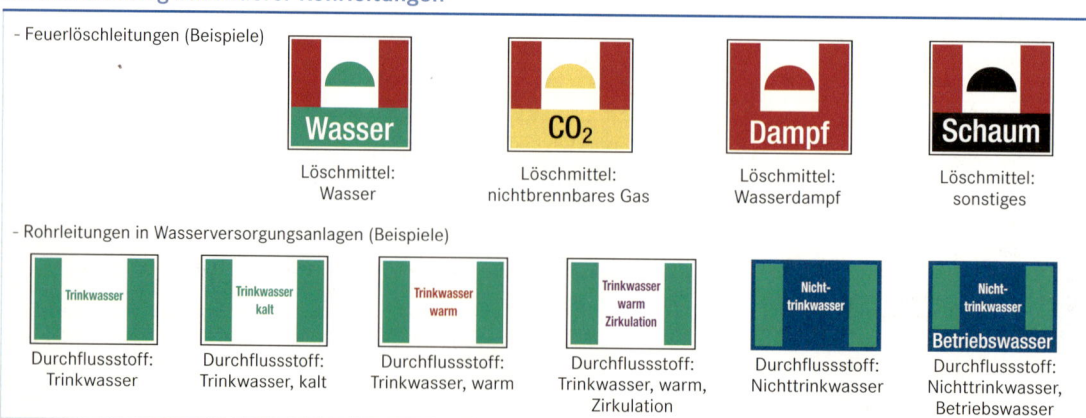

Kennzeichnung besonderer Rohrleitungen

- Feuerlöschleitungen (Beispiele)

Wasser	CO₂	Dampf	Schaum
Löschmittel: Wasser	Löschmittel: nichtbrennbares Gas	Löschmittel: Wasserdampf	Löschmittel: sonstiges

- Rohrleitungen in Wasserversorgungsanlagen (Beispiele)

Trinkwasser	Trinkwasser kalt	Trinkwasser warm	Trinkwasser warm Zirkulation	Nicht- trinkwasser	Nicht- trinkwasser Betriebswasser
Durchflussstoff: Trinkwasser	Durchflussstoff: Trinkwasser, kalt	Durchflussstoff: Trinkwasser, warm	Durchflussstoff: Trinkwasser, warm, Zirkulation	Durchflussstoff: Nichttrinkwasser	Durchflussstoff: Nichttrinkwasser, Betriebswasser

Verhalten bei Notfällen
Behaviour in emergencies

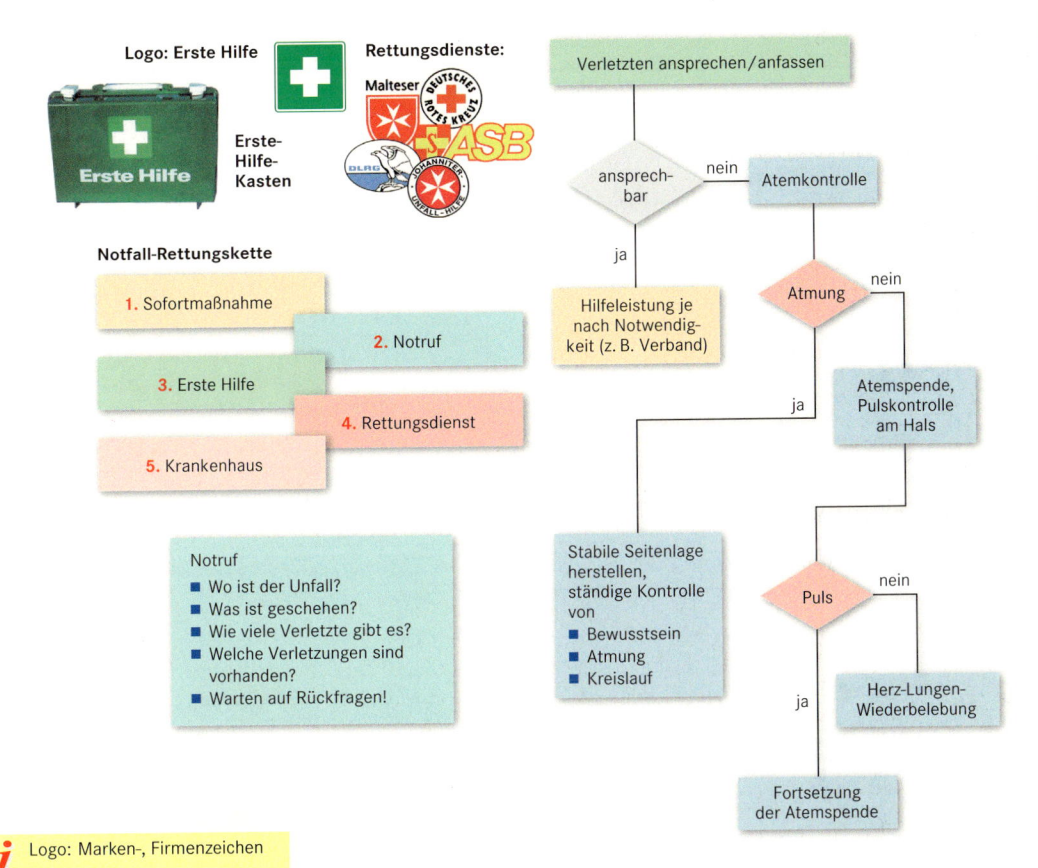

	Versagen der Atmung/Atemstillstand	Herzversagen/Herzstillstand	Kreislaufversagen/Schock	Starke Blutung
Symptome	■ Flache, unregelmäßige Atmung bzw. keine Atembewegung mehr wahrnehmbar; ■ keine Atemgeräusche hörbar; ■ bläuliche Verfärbung der Haut (Lippen, Ohrläppchen); ■ Bewusstlosigkeit	■ Bewusstlosigkeit; ■ erweiterte Pupillen; ■ blaue oder weißliche (blasse) Verfärbung der Haut	■ Schwacher, beschleunigter Puls; ■ feuchte, blasse, kalte Haut; ■ Unruhe, Angst	■ Bei Verletzung der Schlagader pulsierender Blutaustritt; ■ hellrote Farbe des Blutes
Maßnahmen	■ Verletzten in stabile Seitenlage bringen; ■ Mund- und Rachenraum von Fremdkörpern (Speisereste, Erbrochenes) säubern; ■ Atmung überwachen; ■ Bei Atemstillstand mit der Atemspende beginnen	■ Sofort mit Herzdruckmassage beginnen; ■ Achtung: Ersthelferausbildung ist hierfür unbedingt erforderlich	■ Schocklage herstellen (Oberkörper flach legen, Beine schräg nach oben); ■ Achtung: Schocklage nicht bei Verletzung der Beine oder Wirbelsäule; ■ vor Unterkühlung schützen; ■ durch Ansprache beruhigend wirken; ■ Atmung und Puls kontrollieren	■ Druckverband anlegen, sterile Auflage (Einmalhandschuh verwenden!); ■ leichte Blutung aus Nase: Kopf nach vorne neigen, Kinn in die Hand stützen lassen, kalter Umschlag auf den Nacken; ■ bei verletzter Schlagader die Ader abdrücken bzw. abbinden

Arbeits- und Umweltschutz

Arbeits- und Umweltschutz
Protection of labour and environmental protection

Arbeitsplatzgrenzwerte (AGW)

TRGS 900: 2006-01

Arbeitsplatzgrenzwert: die zetilich gewichtete Konzentration eines Stoffes in der Luft am Arbeitsplatz in Bezug auf einen gegebenen Referenzzeitraum. Er gibt an, bei welcher Konzentration eines Stoffes akute oder chronische schädliche Auswirkungen auf die Gesundheit im Allgemeinen nicht zu erwarten sind. Es handelt sich um Schichtmittelwerte bei täglicher achtstündiger Einwirkung an 5 Tagen pro Woche während der Lebensarbeitszeit. Für kurzzeitige Einwirkungen sind Spitzenbegrenzungen nach Höhe und Dauer festgelegt.

Stoff	Arbeitsplatzgrenzwert				Einstufung			
	mg/m³	ml/m³	Spitzenbegr.	Bemerkungen	K	M	R_E	R_F
	1		2	3	4	5	6	7
Acrylaldehyd	0,2	0,09	2 (I)	H				
allgemeiner Staubgrenzwert[1)]	3E 10A		2 (II)					
Ameisensäure	9,5	5	2 (I)	Y				
Amitrol	0,2E		8 (II)	Y			3	
Ammoniak	14	20	2 (I)					
Anilin	7,7	2	2 (II)	H, S, Y	3	3		
Arsenwasserstoff	0,016	0,005	8 (II)					
(Roh)-Baumwollstaub	1,5E		1 (I)	Y				
Benzol	3,25	1		H	1	2		
Blei	0,15E						1	3
Bleitetramethyl	0,05		2 (II)	H			1	3
Brom	0,7	0,1	1 (I)					
Butan	310	100	1 (I)	Y				
Chlor	1,5	0,5	1 (I)	Y				
Chlorethan	110	40	2 (II)	H, Y	3			
Chlorierte Biphenyle	1,1	0,1	8 (II)	H, Z	3		2	2
Chlormethan	100	50	2 (II)	H, Z	3			
Cyanamid	1E	0,58	2 (II)	H, S, Z				
Dichloridfluormethan	5000	1000	2 (II)	Y				
Dichlormethan	260	75	4 (II)		3			
Eichenholzstaub	5E				1			
Essigsäure	25	10	2 (I)	Y				
Ethanol	960	500	2 (II)	Y				
Ethylbenzol	440	100	2 (II)	H				
Fluor	1,6	1	2 (I)					
Heptachlor	0,5E		2 (II)	H	3			
Heptan	2100	500	1 (I)					
Kohlendioxid	9100	5000	2 (II)					
Kohlenmonoxid	35	30	1 (II)	Z		1		
Kohlenstoffdisulfid	30	10	2 (II)	H			3	3
Methanol	270	200	4 (II)	H, Y				
Nikotin	0,5E		2 (II)	H				
Nitrobenzol	1	0,2	2 (II)	H	3			3
Phosphorsäure	2E		2 (I)	Y			2	
Polychlorierte Biphenyle (PCB)	1,1	0,1	2 (II)	H	3		2	2
Quecksilber	0,1		8 (II)	H				
Salzsäure	3	2	2 (I)	Y				
Selen	0,05E		1 (II)	Y				
Styrol	86	20	2 (II)	Y				
Tetrachlormethan	3,2	0,5	2 (II)	H, Y	3			
Toluol	190	50	4 (II)	H, Y			3	
Trichlorbenzol	38	5	2 (I)	H				
Trichlorethan	55	10	2 (II)	H	3			
Trichlormethan	2,5	0,5	2 (II)	H, Y	3	3	3	

[1)] allgemeiner Staubgrenzwert gilt für: Aluminium, Aluminiumhydroxid, Aluminiumoxid, Bariumsulfat, Eisen(II)oxid, Eisen(III)oxid, Graphit, Magnesiumoxid, Polyvinylchlorid, Siliciumcarbid, Tantal und Titandioxid.

1 Gewichts- bzw. Volumenanteil eines Gefahrstoffes in der Luft am Arbeitsplatz

- **A** alveolengängiger Aerosolanteil: Anteil, der sich in den Alveolen (Lungenbläschen) ablagert
- **E** einatembarer Aerosolanteil

2 Spitzenbegrenzung

- **1…8** (Überschreitungsfaktor für Kurzzeitwerte
- **I** Stoffe, bei denen die lokale Wirkung grenzwertbestimmend ist, oder atemwegssensibilisierende Stoffe
- **II** resportiv wirkende Stoffe

3 Bemerkungen

- **H** hautresorptive Stoffe: Stoffe, die durch die Haut in den Körper gelangen können
- **S** sensibilisierende Stoffe: Stoffe, die die Haut und/oder die Atemwege sensibilisieren
- **Y** Stoffe, bei denen bei Einhaltung des AGW eine Fruchtschädigung (Schwangerschaft) nicht zu befürchten ist
- **Z** Stoffe, bei denen bei Einhaltung des AGW eine Fruchtschädigung (Schwangerschaft) nicht ausgeschlossen ist

4 K krebserzeugende Stoffe

1. Stoffe, die beim Menschen Krebs erzeugen
2. Stoffe, die beim Menschen als krebserzeugend angesehen werden sollten
3. Stoffe, die wegen möglicher krebserzeugender Wirkung Anlass zur Besorgnis geben

5 M erbgutverändernde Stoffe

1. Stoffe, die beim Menschen erbgutverändernd wirken
2. Stoffe, die beim Menschen als erbgutverändernd angesehen werden sollten
3. Stoffe, die wegen möglicher erbgutverändernder Wirkung Anlass zur Besorgnis geben

6 R_E fruchtschädigende (entwicklungsschädigende) Stoffe

1. Stoffe, die beim Menschen fruchtschädigend wirken
2. Stoffe, die als fruchtschädigend angesehen werden sollten
3. Stoffe, die wegen möglicher fruchtschädigender Wirkung Anlass zur Besorgnis geben sollten

7 R_F Beeinträchtigung der Fortpflanzungsfähigkeit

1. Stoffe, die beim Menschen die Fortpflanzungsfähigkeit beeinträchtigen
2. Stoffe, die als beeinträchtigend für die Fortpflanzungsfähigkeit angesehen werden sollten
3. Stoffe, die wegen möglicher Beeinträchtigung der Fortpflanzungsfähigkeit Anlass zur Besorgnis geben sollten

Arbeits- und Umweltschutz
Protection of labour and environmental protection

Lärmschutz

TRLV Lärm: 2010-01

Begriffsbestimmung	
Begriff	Erklärung
Lärm	Schall im Frequenzbereich von 16 Hz bis 16 kHz (Hörschall), der zu einer Beeinträchtigung des Hörvermögens oder zu einer sonstigen mittelbaren oder unmittelbaren Gefährdung von Gesundheit und Sicherheit der Beschäftigten führen kann.
Maximal zulässige Expositionswerte	Auf das Gehör des Beschäftigten einwirkende Tages-Lärmexpositionspegel bzw. Spitzenschalldruckpegel, die nicht überschritten werden dürfen
Tages-Lärmexpositionspegel $L_{EX, 8h}$ in dB(A)	Personenbezogener Dauerschallpegel für einen Achtstundentag, der alle am Arbeitsplatz auftretenden Schallereignisse umfasst
Wochen-Lärmexpositionspegel $L_{EX, 40h}$ in dB(A)	Der über die Zeit gemittelte Tages-Lärmexpositionspegel für eine 40-Stundenwoche, der nur bei erheblichen Schwankungen der Lärmexposition von einem Arbeitstag zum anderen anzuwenden ist
Spitzenschalldruckpegel $L_{pC, peak}$ in dB(C)	Höchstwert des Schalldruckpegels für das lauteste Schallereignis innerhalb einer Arbeitsschicht
Lärmbereich	Arbeitsbereiche, in denen der ortsbezogene Lärmexpositionspegel oder der Spitzenschalldruckpegel einen der oberen Auslösewerte erreicht bzw. überschreitet

Auslösewerte für Präventionsmaßnahmen

Untere Auslösewerte		Obere Auslösewerte	
Tages-Lärmexpositionspegel $L_{EX, 8h}$	Spitzenschalldruckpegel $L_{pC, peak}$	Tages-Lärmexpositionspegel $L_{EX, 8h}$	Spitzenschalldruckpegel $L_{pC, peak}$
80 dB(A)	135 dB(C)	85 dB(A)	137 dB(C)

Maßnahmen beim Erreichen bzw. Überschreiten von unteren bzw. oberen Auslösewerten

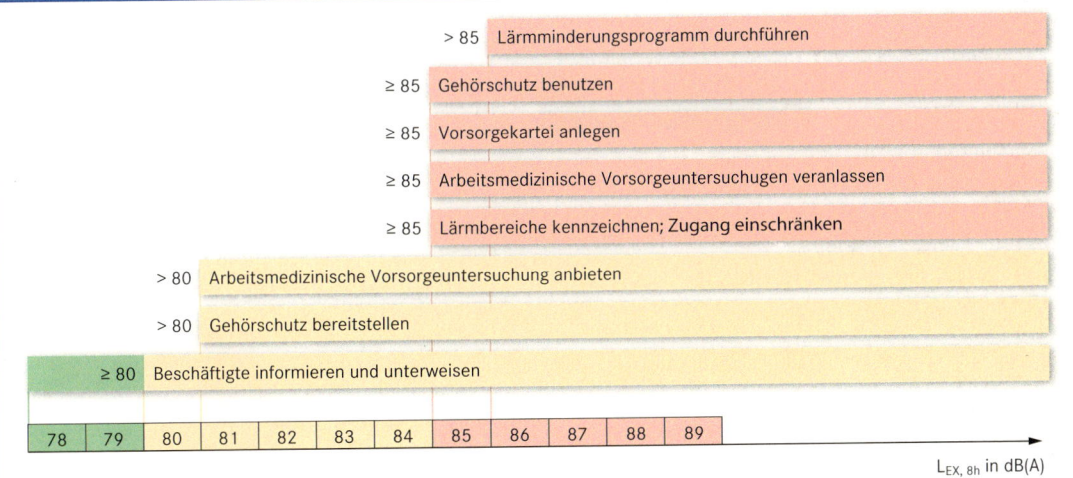

Maßnahmen von Lärmminderungsprogrammen

Maßnahmen an der Lärmquelle	Maßnahmen auf dem Übertragungsweg	Organisatorische Maßnahmen
Mechanische Geräusche ■ Minderung oder zeitliche Dehnung von Krafteinwirkungen ■ Versteifung von Strukturen im Kraftfluss ■ Beeinflussung der Schallabstrahlung Strömungsmechanische Geräusche: ■ Vermeidung von Turbulenzen ■ Minderung von Druckschwankungen	■ Körperschallisolierung (z. B. Aufstellung von Maschinen auf Schwingelementen) ■ Kapselung von Maschinen ■ Einsatz von Schalldämpfern ■ Abschirmung durch Stellwände ■ Schallschutzkabine, (z. B. Maschinenkontrollstand)	■ Verlagerung lärmintensiver Arbeiten und Maschinen in einen separaten Raum ■ Verlagerung lärmintensiver Arbeiten in personalarme Schichten ■ Koordinierung von lärmarmen und lärmintensiven temporären Arbeiten
In regelmäßigen Abständen müssen Wirksamkeitskontrollen durchgeführt werden. Lärmminderungsprogramme sind solange durchzuführen, bis die oberen Auslösewerte nicht mehr überschritten werden.		

Lastaufnahmeeinrichtungen
Load handling equipment

Komponenten der Lastaufnahmeeinrichtung
BGI 556: 2006

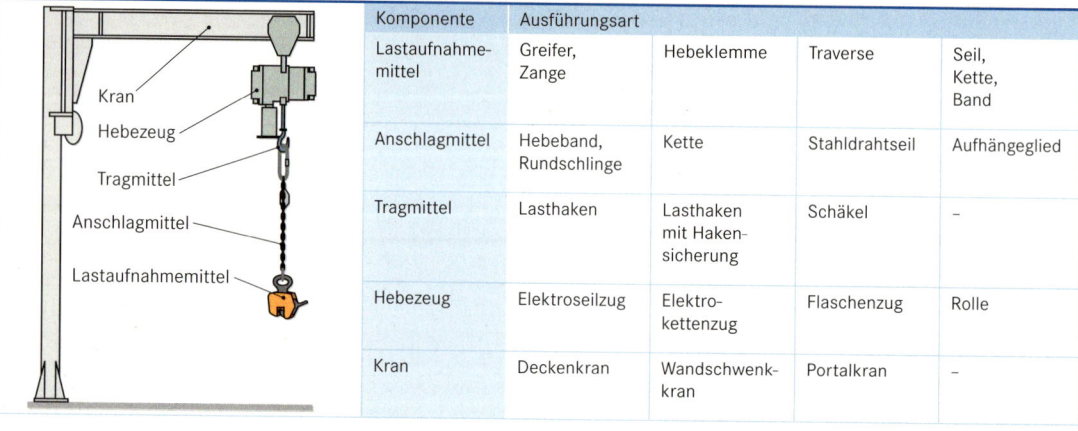

Komponente	Ausführungsart			
Lastaufnahme-mittel	Greifer, Zange	Hebeklemme	Traverse	Seil, Kette, Band
Anschlagmittel	Hebeband, Rundschlinge	Kette	Stahldrahtseil	Aufhängeglied
Tragmittel	Lasthaken	Lasthaken mit Haken-sicherung	Schäkel	–
Hebezeug	Elektroseilzug	Elektro-kettenzug	Flaschenzug	Rolle
Kran	Deckenkran	Wandschwenk-kran	Portalkran	–

Auswahl der Lastaufnahmemittel nach Art und Zustand der Last-Oberfläche
BGI 556: 2006

Art und Zustand der Lastoberfläche	Lastaufnahmemittel
Glatt, empfindlich, runde Kanten	Hebeband, Rundschlinge
Scharfkantig, hohe Oberflächentemperatur	Kette
Glatt, ölig, wenig gerundete Kanten	Stahldrahtseil

Kennzeichnung der Tragfähigkeit von Rundschlingen und Hebebändern durch Farben
DIN EN 1492-1,2: 2008-10

Tragfähigkeit in kg	Farbkennzeichnung	Tragfähigkeit in kg	Farbkennzeichnung
1000	violett	4000	rosa
2000	grün	5000	rot
3000	gelb		

Güteklassen von Ketten
EN 818: 2008-12

Güteklasse	Bruchspannung im Kettenglied in N/mm^2
4	400
5	500
6	630
8	800

Kennzeichnung von Ketten mit Kettenanhänger
DIN 685-4: 2001-02

Kettenanhänger für Ketten der Güteklassen 3–8

Die Anzahl der Ecken des Kettenanhängers gibt die Güteklasse an.

Die Kettenanhänger der Güteklassen 3 bis 7 sind grau eingefärbt, die der Güteklasse 8 rot.

Tragfähigkeit bei verschiedenen Neigungswinkeln

Anzahl der Stränge

Nenndicke der Kette

45°: 17000 kg
60°: 12500 kg
2, 20

Ketten der Güteklasse 1 werden nicht mehr hergestellt.
Ketten der Güteklasse 2 werden nur noch für Lastaufnahmeeinrichtungen in Verzinkungsbädern verwendet.
Die Güteklassen 3, 7 und 9 werden in der Norm nicht aufgeführt.

Lastaufnahmeeinrichtungen
Load handling equipment

Tragfähigkeitstabelle für Anschlagketten der Güteklasse 8
DIN EN 818-4: 2008-12

Tragfähigkeit der Anschlagketten in kg

Gehängeart						
Anzahl der Stränge	1-Strang	2-Strang		3/4-Strang		Kranz
Neigungswinkel β[1]	–	> 0–45	> 45–60	0–45	> 45–60	–
Faktor	1,0	1,4	1,0	2,1	1,5	1,6
Symbol des Gehänges						
Kettendurchmesser in mm 6	1120	1600	1120	2360	1700	1800
7	1500	2120	1500	3150	2240	2500
8	2000	2800	2000	4250	3000	3150
10	3150	4250	3150	6700	4750	5000
13	5300	7500	5300	11200	8000	8500
16	8000	11200	8000	17000	11800	12500
20	12500	17000	12500	26500	19000	20000
22	15000	21200	15000	31500	22400	23600
26	21200	30000	21200	45000	31500	33500
32	31500	45000	31500	67000	47500	50000

[1] Der Neigungswinkel β darf nicht mehr als 60° betragen, weil sonst die Belastung der Stränge zu groß wird.

Kennzeichnung von Seilen mit Drahtseilanhänger

Neigungswinkel 45°

2 Stränge $\frac{2}{20}$ — 4000 kg

d = Ø des Einzelseils = 20 mm

Neigungswinkel 60° — 2800 kg

Lastaufnahme in Abhängigkeit vom Neigungswinkel

Der Drahtseilanhänger besteht aus unlackiertem Aluminium.

Die Festigkeitsangaben beziehen sich auf den angegebenen Drahtseildurchmesser sowie eine bestimmte Drahtseilausführung und -güte.

Tragfähigkeitstabelle für Anschlagseile
DIN EN 13414-1: 2009-02

Tragfähigkeit der Anschlagseile in kg

Gehängeart					
Anzahl der Stränge	1-Strang	2-Strang direkt		3/4-Strang direkt	
Symbol des Gehänges					
Neigungswinkel β[1]	direkt	β > 0–45°	β > 45–60°	β > 0–45°	β > 45–60°
Seildurchmesser in mm 8	700	950	700	1450	1050
10	1000	1400	1000	2100	1500
12	1500	2100	1500	3200	2300
14	2000	2800	2000	4200	3000
16	2700	3800	2700	5650	4000
18	3150	4400	3150	6600	4700
20	4000	5600	4000	8400	6000
22	5000	7000	5000	10500	7500

Arbeits- und Umweltschutz

Heben und Tragen
Lifting and carrying

ArbSchG: 2006-10, LasthandhabV: 1996-12[1)]

Beurteilung der Arbeitsbedingungen beim Heben und Tragen von Lasten

1. Lastwichtung

Wirksame Last für Frauen	Wirksame Last für Männer	Lastwichtung
< 5 kg	< 10 kg	1
5 … 10 kg	10 … 20 kg	2
10 … 15 kg	20 … 30 kg	4
15 … 25 kg	30 … 40 kg	7
> 25 kg	> 40 kg	25

2. Ausführungswichtung

Ausführungsbedingungen	Wichtung
gute ergonomische Bedingungen (z. B. ausreichend Platz)	0
Bewegungsfreiheit eingeschränkt (z. B. geringe Arbeitshöhe und -fläche)	1
Bewegungsfreiheit stark eingeschränkt	2

3. Haltungswichtung

Lastposition und Körperhaltung		Haltungswichtung
	■ Oberkörper aufrecht und nicht verdreht ■ Last am Körper	1
	■ geringe Vorneigung oder Verdrehung des Körpers ■ Last am Körper bzw. körpernah	2
	■ tiefes Beugen oder weites Vorneigen ■ Last körperfern oder über Schulterhöhe	4
	■ weites Vorneigen mit gleichzeitigem Verdrehen des Oberkörpers ■ Last körperfern ■ hocken oder knien	8

4. Zeitwichtung

Tragen (> 5 m)		Halten (> 5 s)		Hebe- oder Umsetzvorgänge	
Gesamtweg pro Arbeitstag	Zeitwichtung	Gesamtdauer pro Arbeitstag	Zeitwichtung	Anzahl pro Arbeitstag	Zeitwichtung
< 300 m	1	< 5 min	1	< 10	1
300 m … 1 km	2	5 … 15 min	2	10 … 40	2
1 km … 4 km	4	15 min … 1 h	4	40 … 200	4
4 km … 8 km	6	1 h … 2 h	6	200 … 500	6
8 km … 16 km	8	2 h … 4 h	8	500 … 1000	8
> 16 km	10	> 4 h	10	> 1000	10

5. Bewertung

Beispiel: Umsetzen von 300 Leuchten (12 kg) in 1,50 m Höhe

+	2	Lastwichtung
+	1	Ausführungswichtung
=	4	Haltungswichtung
	7 × 6 = 42 Zeitwichtung Punktwert	

Punktwert	Beschreibung
< 10	geringe Belastung
10 … 25	erhöhte Belastung
25 … 50	wesentlich erhöhte Belastung
> 50	hohe Belastung

Der tätigkeitsbezogene Punktwert gibt Aufschluss über die jeweilige Belastung. Bei einem Punktwert > 10 sind Maßnahmen (Gewichtsverminderung, geringe zeitliche Belastung) erforderlich.

[1)] Verordnung über Sicherheit und Gesundheitsschutz bei der manuellen Handhabung von Lasten bei der Arbeit

Arbeits- und Umweltschutz
Protection of labour and environmental protection

Abfallvermeidung, -verwertung, -entsorgung

AbfG § 1 a ff.: 2007-07

Abfälle sind zu vermeiden, z. B. durch Einsatz reststoffarmer Verfahren oder Rücknahme von Reststoffen.
Abfälle sind zu verwerten, z. B. durch Wiederaufbereitung von Reststoffen.
Abfälle sind zu entsorgen, dass das Wohl der Allgemeinheit nicht beeinträchtigt wird.

An die Entsorgung von gesundheits- und umweltgefährdenden Abfällen sind besondere Anforderungen zu stellen. Sie dürfen nicht mit dem hausmüllartigen Gewerbemüll entsorgt werden.

Eine Übergabe der Abfälle an ein Entsorgungsunternehmen darf nur erfolgen, wenn behördliche Transport- und Entsorgungsgenehmigungen vorliegen.

Entsorgung besonders überwachungsbedürftiger Abfälle (Auswahl)

AbfBestV: 1990-04

Abfall-schlüssel	Abfallart	Beispiele für die Herkunft des Abfalls	CPB	HMV	SAD	SAV	UTD
17211	Holz-Sägemehl, ölgetränkt oder mit schädlichen Verunreinigungen	Aufsaugen von Mineralöl Holzimprägnierungsanlagen		🔴		🟢	
18712	Zellstofftücher mit schädlichen, organischen Verunreinigungen	Putztücher		🔴		🟢	
35106	Eisenmetallbehälter mit schädlichen Restinhalten	Dosen mit Farbresten, Klebern, Rostentfernern, Farbeindringmitteln				🟢	🟢
35323	Nickel-Cadmium-Akkumulatoren	Akkumulatoren für Handschrauber			🔴		🟢
35326	Quecksilber, quecksilberhaltige Rückstände	Leuchtstoffröhren, Quecksilberdampflampen	🟢		🔴		🟢
54106	Trafoöle, Wärmeträgeröle, Hydrauliköle	Transformatoren, Heizungsanlagen, Hydrauliksysteme				🟢	
54109	Bohr-, Schneid- und Schleiföle	Metallbearbeitung, Oberflächenbehandlung	🟢			🟢	
54112	Verbrennungsmotoren- und Getriebeöle	Altöl aus Motoren und Getrieben, Kompressoröl	🔴			🟢	
54202	Fettabfälle	Kfz-Werkstätten, Getriebebau				🟢	
54209	Feste fett- und ölverschmutzte Betriebsmittel	Putzlappen, fett- oder ölverschmutzte Pinsel, Öl- und Fettbehälter			🔴	🟢	
54401	Synthetische Kühl- und Schmiermittel	Metallbearbeitung, Oberflächenbehandlung	🔴			🟢	
54402	Bohr- und Schleifemulsionen Emulsionsgemische	Metallbearbeitung, Oberflächenbehandlung	🟢			🟢	
54405	Kompressorkondensate	Luft- und Gasverdichter	🟢			🟢	
54406	Wachsemulsionen	Entwachsen von Kraftfahrzeugen	🟢			🟢	
54710	Schleifschlamm, ölhaltig	Metallbearbeitung			🔴	🟢	
57125	Ionenaustauscherharze mit schädlichen Verbindungen	Galvanotechnik, Harz für Erodiermaschinen	🟢			🟢	
57127	Kunststoffbehältnisse mit schädlichen Restinhalten	Altöle, Reinigungsmittel				🟢	

Rückgabe der Abfälle an den Lieferanten der jeweiligen Stoffe oder Entsorgung durch zugelassene Spezialunternehmen oder Schadstoffmobil. Die besonders überwachungsbedürftigen Abfälle sind getrennt aufzubewahren.

1 Kurzzeichen für die Entsorgung

Kurzzeichen	Entsorger
CPB	Chemische/physikalische, biologische Behandlungsanlage
HMV	Hausmüllverbrennungsanlage
SAD	Oberirdische Deponie für besonders überwachungsbedürftige Abfälle
SAV	Verbrennungsanlage für besonders überwachungsbedürftige Abfälle
UTD	Untertagedeponie für besonders überwachungsbedürftige Abfälle

🔴 In diesen Anlagen ist die Entsorgung nur bedingt möglich.

Recycling

→ *Recycling ist die Gewinnung von Rohstoffen aus Abfällen, ihre Rückgewinnung in den Wirtschaftskreislauf und die Verarbeitung zu neuen Produkten. Zum Recycling eignen sich vor allem Glas; Papier, Pappe, Kartonagen, Stahl, Nichteisenmetalle und Kunststoffe. Voraussetzung für die stoffliche Verwertung ist eine möglichst sortenreine Sammlung der Wertstoffe oder ihre leichte Trennung aus dem Abfall.*

Verpackungsverordnung

Um eine sortenreine Sammlung zu ermöglichen, sind Produkte durch das Pfeildreieck und einen Recyclingcode gekennzeichnet.

Pfeildreieck

Recyclingcode		
01	PET	Polyethylenterephtalat
02	HDPE	Polyethylen hoher Dichte
03	PVC	Polyvinylchlorid
04	LDPE	Polyethylen niedriger Dichte
05	PP	Polypropylen
06	PS	Polystyrol
07	O	andere Kunststoffe
20	PAP	Wellpappe
21	PAP	sonstige Pappe
22	PAP	Papier
40	FE	Stahl
41	ALU	Aluminium
50	FOR	Holz
51	FOR	Kork
60	TEX	Baumwolle
61	TEX	Jute
70	GL	Farbloses Glas
71	GL	Grünes Glas
72	GL	Braunes Glas
80	–	Papier + Pappe/versch. Metalle
81	–	Papier + Pappe/Kunststoffe
82	–	Papier + Pappe/Aluminium
83	–	Papier + Pappe/Weißblech
84	–	Papier + Pappe/Kunststoff/Aluminium
85	–	Papier + Pappe/Kunststoff/Aluminium/Weißblech
90	–	Kunststoff/Aluminium
91	–	Kunststoff/Weißblech
92	–	Kunststoff/versch. Metalle
95	–	Glas/Kunststoff
96	–	Glas/Aluminium
97	–	Glas/Weißblech
98	–	Glas/versch. Metalle

Kennzeichnungsbeispiel:

PVC

Kunststoffrecycling

Man unterscheidet zwei Techniken:
- das werkstoffliche Recycling und
- das rohstoffliche Recycling.

Werkstoffliches Recycling

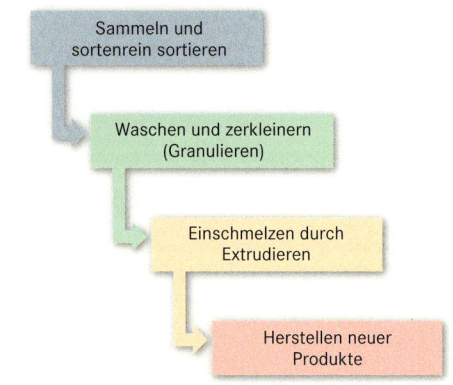

Rohstoffliches Recycling

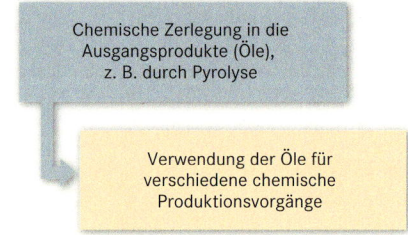

i Pyrolyse: Zersetzung chemischer Verbindungen durch Wärmeeinwirkung

Metallrecycling

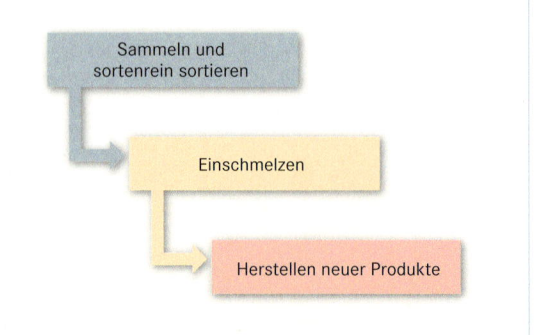

Technische Grundlagen 2

Technische Kommunikation

Zeichnungen und Stücklisten – Begriffe 20
Papier-Endformate, Vordrucke,
Faltung, Maßstäbe 21
Beschriftung, Schriftfelder 22
Schraffuren 23
Linien 24
Projektionsmethoden 25
Allgemeine Grundlagen der Darstellung 27
Maßeintragung 31
Bauzeichnungen 41
Positionsnummer, Gestaltabweichungen,
Rauheitskenngrößen 45
Angabe der Oberflächenbeschaffenheit 46
Herstellverfahren der Rauheit
von Oberflächen 48
Allgemeintoleranzen 49
ISO-System für Grenzmaße und Passungen 50
Passungssysteme 51
ISO-Passungen für Einheitsbohrung 52
Passungsauswahl, Passungsbeispiele 54
Geometrische Tolerierung 56
Toleranzen im Bauwesen 59

Werkstofftechnik

Einteilung der Stähle 61
Bezeichnungssystem für Stähle –
Kurznamen 62
Einfluss der Legierungselemente 64
Bezeichnungssysteme für Stähle –
Nummernsystem 65
Begriffsbestimmungen für Stahlerzeugnisse 65
Baustähle 66
Nichtrostende Stähle 69

Kaltgewalzte Flacherzeugnisse aus
weichen Stählen 70
Stähle für Rohre 70
Werkzeugstähle 71
Bezeichnungssystem für Gusseisen 72
Eisen-Gusswerkstoffe 73
Aluminium und Aluminium-Legierungen 74
Kupfer und Kupfer-Legierungen 76
Nickel und Nickel-Legierungen 77
Sintermetalle 78
Kunststoffe 79
Keramische Werkstoffe 83
Stahlprofile 84
Stahlblech 93
Bleche mit Muster 94
Stahlrohre 95
Blankstahlerzeugnisse 98
Profile aus Aluminium und
Aluminium-Legierungen 99

Werkstoffprüfung

Festigkeitslehre 100
Elastizitäts- und Schubmodul 102
Zugversuch 103
Biegeversuch 104
Kerbschlagbiegeversuch nach Charpy 104
Dauerschwingversuch 105
Brucharten 105
Härteprüfung nach Brinell 106
Härteprüfung nach Vickers 107
Härteprüfung nach Rockwell 108
Vergleich verschiedener Härteskalen 108
Zerstörungsfreie Prüfverfahren 110

Zeichnungen und Stücklisten – Begriffe
Drawings and items lists – term

Zeichnungen
DIN 199-1: 2002-03

Begriff	Erklärung
Anordnungsplan	Technische Zeichnung, die die räumliche Lage von Gegenständen zueinander darstellt
CAD-Plot	Ausgabe einer CAD-Zeichnung auf einen Zeichnungsträger
CAD-Zeichnung	Eine durch ein Rechnerprogramm erzeugte Zeichnung, die z. B. auf einen Bildschirm angezeigt wird
Diagramm	Zeichnung zur Darstellung funktionaler Zusammenhänge in einem Koordinatensystem
Einzelteilzeichnung	Technische Zeichnung, die ein Einzelteil ohne räumliche Zuordnung zu anderen Teilen darstellt
Fertigungszeichnung	Zeichnung mit allen Informationen, die für die Fertigung des dargestellten Gegenstandes nötig sind
Gesamtzeichnung, Gruppenzeichnung	Zeichnung, die ein Gerät, eine Maschine oder eine Gruppe von Teilen vollständig darstellt
Konstruktionszeichnung	Technische Zeichnung, die einen Gegenstand im Endzustand darstellt
Originalzeichnung	Dauerhaft gespeicherte Zeichnung mit verbindlichem Informationsgehalt
Prüfzeichnung	Technische Zeichnung zur Prüfung des dargestellten Gegenstandes
Skizze	Zeichnung, die im Regelfall freihändig und nicht unbedingt maßstäblich erstellt wurde
Technische Zeichnung	Zeichnung in der für technische Zwecke erforderlichen Art und Vollständigkeit
Zusammenbauzeichnung	Technische Zeichnung zur Erläuterung der räumlichen Lage und Anzahl von Teilen für Zusammenbauvorgänge

Stücklisten
DIN 199-1: 2002-03

Begriff	Erklärung
Auftragsliste	Eine aus der Stückliste entstandene und durch Auftragsdaten ergänzte Liste
Bereitstellungsliste	Liste aller Gegenstände, die zu einer bestimmten Zeit an einem bestimmten Ort zur Verfügung stehen müssen
Einzelteil	Teil, das nicht zerstörungsfrei zerlegt werden kann
Fertigungsstückliste	Stückliste, die im Aufbau und im Inhalt die Anforderungen der Fertigung berücksichtigt
Halbzeug	Erzeugnisse, die z. B. durch Stranggießen entstanden sind und im Allgemeinen für die Umformung, z. B. für Flacherzeugnisse bestimmt sind
Kalkulations-Stückliste	Stückliste, die mit Angaben zur Kostenermittlung ergänzt ist
Rohteil	Zur Herstellung eines bestimmten Gegenstandes spanlos gefertigtes Teil, das noch der Bearbeitung bedarf
Stückliste	Ein für den jeweiligen Zweck vollständiges, formal aufgebautes Verzeichnis für einen Gegenstand. In dem Verzeichnis werden alle dazugehörenden Gegenstände unter Angabe der Bezeichnung, Menge und Einheit aufgezählt.
Variante	Gegenstände mit ähnlicher Form und/oder Funktion

Bauzeichnungen
DIN 1356-1: 1995-02

Begriff	Erklärung
Entwurfszeichnung	Bauzeichnung mit Darstellung des durchgearbeiteten Planungskonzeptes
Bauvorlagezeichnung	Entwurfszeichnung mit allen Angaben gemäß den gesetzlichen Bestimmungen
Ausführungszeichnung	Bauzeichnung des geplanten Objektes mit allen für die Ausführung notwendigen Einzelangaben
Baubestandszeichnung	Bauzeichnung mit allen für den jeweiligen Zweck notwendigen Angaben über die fertiggestellte bauliche Anlage
Positionsplan	Zeichnung eines Tragwerkes zur Erläuterung der statischen Berechnung
Rohbauzeichnung	Bauzeichnung mit allen für die Ausführung des Rohbaus erforderlichen Angaben
Verlegezeichnung	Bauzeichnung mit allen für den Einbau und Anschluss von Fertigteilen notwendigen Angaben

Papier-Endformate
Paper trimmed sizes

DIN EN ISO 216: 2002-03

Benennung	Format in mm
A 0	841 x 1189
A 1	594 x 841
A 2	420 x 594
A 3	297 x 420
A 4	210 x 297
A 5	148 x 210
A 6	105 x 148

Die Fläche des Ausgangsformates A 0 beträgt $A = x \cdot y = 1\,m^2$.

Die Seiten x und y verhalten sich zueinander wie die Seiten eines Quadrates zu dessen Diagonale:
$x : y = 1 : \sqrt{2}$

Die Formate lassen sich durch fortgesetztes Halbieren ermitteln.

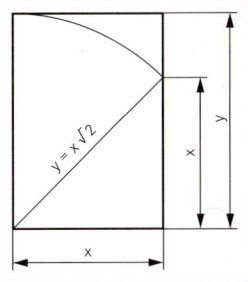

Vordrucke für Zeichnungen (Blattgrößen)
Printed forms for drawing sheets

DIN EN ISO 5457: 1999-07

Alle Zeichenblattgrößen können in Hoch- oder Querlage verwendet werden. Schriftfeld und Stückliste stehen in der rechten unteren Ecke. Bei Formaten A 4 ist das Schriftfeld an der kurzen Seite (unten) anzuordnen. Die Formate ≤ A 3 müssen einen Heftrand von 20 mm haben.

Bezeichnung eines vorgedruckten Zeichnungsbogens nach ISO 5457 mit dem Format A3, beschnitten (T), aus Transparentpapier (TP) mit einem Flächengewicht von 92,5 g/m², rückseitig bedruckt (R), Schriftfeld nach Vereinbarung (TBL):

Zeichnungsvordruck
ISO 5457 - A3T - TP 92,5 - R - TBL

Faltung auf Ablageformat
Folding for filing

DIN 824: 1981-03

Faltung entsprechend Form A mit ausgefaltetem Heftrand

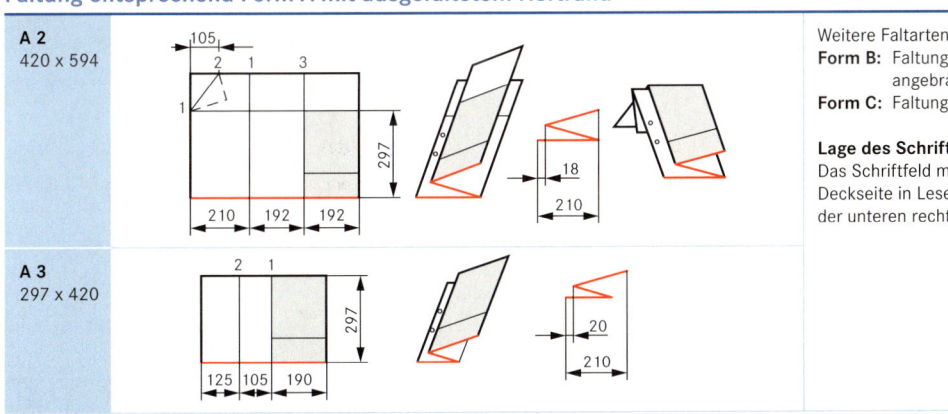

A 2 420 x 594

A 3 297 x 420

Weitere Faltarten:
Form B: Faltung mit zusätzlich angebrachtem Heftrand
Form C: Faltung ohne Heftrand

Lage des Schriftfeldes:
Das Schriftfeld muss auf der Deckseite in Leserichtung und in der unteren rechten Ecke liegen.

Maßstäbe
Scales

DIN ISO 5455: 1979-12

Natürlicher Maßstab	Vergrößerungsmaßstab	Verkleinerungsmaßstab	
1 : 1	2 : 1 5 : 1 10 : 1 20 : 1 50 : 1	1 : 2 1 : 5 1 : 10 1 : 20 1 : 50 1 : 100 1 : 200 1 : 500 1 : 1000 1 : 2000 1 : 5000 1 : 10000	Der angewendete Maßstab ist in das Schriftfeld der Zeichnung einzutragen. Wird mehr als ein Maßstab benötigt, so sollen der Hauptmaßstab in das Schriftfeld und alle anderen Maßstäbe in der Nähe der Positionsnummer oder der Kennbuchstaben der Einzelheit eingetragen werden.

Technische Kommunikation

Beschriftung
Lettering

DIN EN ISO 3098-0: 1998-04

Schrift BVL (Schriftform B, vertikal, lateinisches Alphabet)

ABCDEFGHIJKLMNOPQRSTUVWXYZ ÄÖÜ

1) aabcdefghijklmnopqrstuvwxyz ääöüß±☐ 1)

[(!?.,'-=+×·√%&)]⌀ 1234567789 0 IVX

1) In Deutschland sind die Zeichen a, ä, 7 zu bevorzugen.

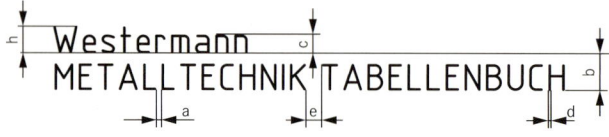

	Schriftform A $d = h/14$	Schriftform B $d = h/10$
h	(14/14) h	(10/10) h
c	(10/14) h	(7/10) h
a	(2/14) h	(2/10) h
b	(21/14) h	(15/10) h
e	(6/14) h	(6/10) h
d	(1/14) h	(1/10) h

→ Die Schrift nach Form A und B darf vertikal oder unter einem Winkel von 15° nach rechts kursiv sein.

Schriftfelder, Stücklisten
Title blocks, parts lists

Grundschriftfeld für Zeichnungen

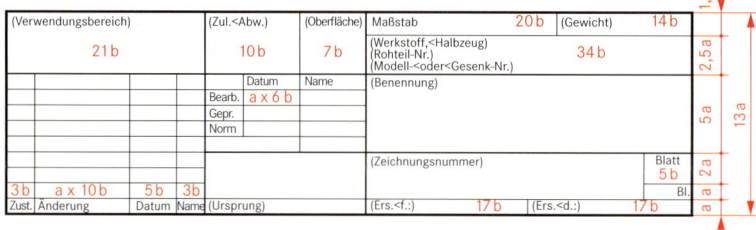

Die in Klammern stehenden Ausdrücke dienen zur Erläuterung.

Rastermaße für Format A 4 bis A 0:
$a = 4{,}25$ mm
$b = 2{,}6$ mm

Größe des Grundschriftfeldes:
187,2 mm x 55,25 mm

Linienbreiten nach DIN 15:
Begrenzung des Schriftfeldes 0,7
Begrenzung der Hauptfelder 0,35
übrige Linien 0,18

Stückliste Form A mit einem Grundschriftfeld für Pläne und Listen

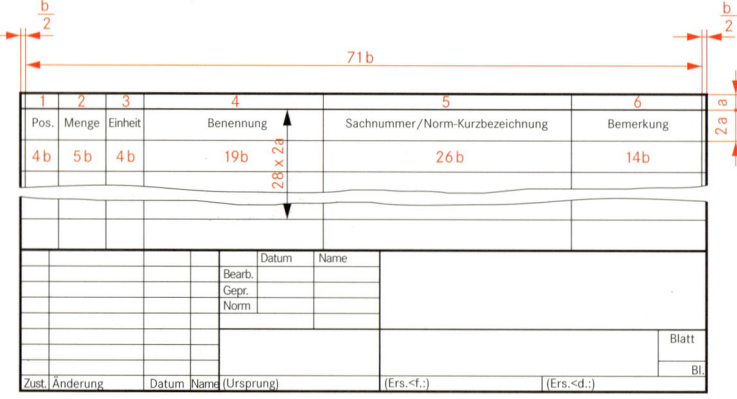

Die Stückliste Form A besteht aus einem Grundschriftfeld für Pläne und Listen und einem darüber angeordneten Stücklistenfeld. Sie hat das Format A 4 hoch. Für die Einteilung der Spalten und Zeilen gelten die obigen Rastermaße a und b. Für jede Position ist eine Zeile mit der Teilung $2a$ vorgesehen, die doppelreihig beschrieben werden darf.

Die Stückliste Form B ist um weitere notwendige Angaben (Spalten) gegenüber Form A erweitert. Die Stückliste hat das Format A4 quer.

Schraffuren
Hatchings

DIN ISO 128-50: 2002-05

Schraffuren für Schnittflächen

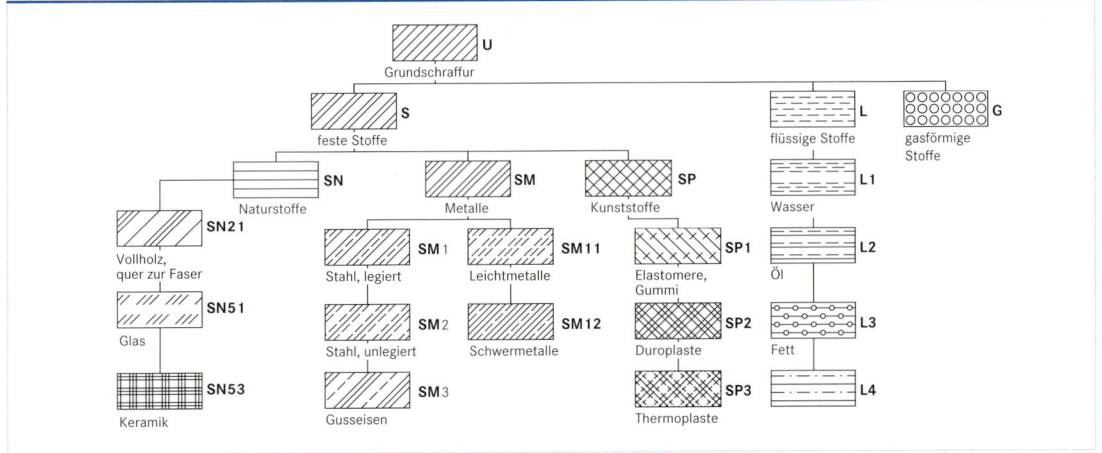

Kennzeichnung von Schnittflächen in Bauzeichnungen

DIN 1356-1: 1995-02

Anwendungsbereich	Kennzeichnung	Anwendungsbereich	Kennzeichnung
Boden		Holz, quer zur Faser	
Kies		Holz, längs zur Faser	
Sand		Baustahl	
Beton, unbewehrt		Mörtel, Putz	
Beton, bewehrt		Dämmstoff	
Leichtbeton		Abdichtung	
Mauerwerk		Dichtstoff	

Technische Kommunikation

Linien / Lines

DIN ISO 128-24: 1999-12

Nr.	Benennung Darstellung	Liniengruppe 0,35	0,5	0,7	Anwendung	Benennung nach DIN 15
01.1	Volllinie, schmal	0,18	0,25	0,35	.1 Lichtkanten bei Durchdringungen .2 Maßlinien .3 Maßhilfslinien .4 Hinweis- und Bezugslinien .5 Schraffuren .6 Umrisse eingeklappter Schnitte .7 kurze Mittellinien .8 Gewindegrund .9 Maßlinienbegrenzungen .10 Diagonalkreuze zur Kennzeichnung ebener Flächen .11 Biegelinien an Roh- und bearbeiteten Teilen .12 Umrahmungen von Einzelheiten .13 Kennzeichnung sich wiederholender Einzelheiten .14 Zuordnungslinien an konischen Formelementen .15 Lagerichtung von Schichtungen .16 Projektionslinien .17 Rasterlinien	B
	Freihandlinie, schmal				.18 Vorzugsweise manuell dargestellte Begrenzung von Teil- oder unterbrochenen Ansichten und Schnitten, wenn die Begrenzung keine Symmetrie- oder Mittellinie ist	C
	Zickzacklinie, schmal				.19 Vorzugsweise mit Zeichenautomaten dargestellte Begrenzung von Teil- oder unterbrochenen Ansichten und Schnitten, wenn die Begrenzung keine Symmetrie- oder Mittellinie ist	D
01.2	Volllinie, breit	0,35	0,5	0,7	.1 Sichtbare Kanten .2 Sichtbare Umrisse .3 Gewindespitzen .4 Grenze der nutzbaren Gewindelänge .5 Hauptdarstellungen in Diagrammen, Karten, Fließbildern .6 Systemlinien (Metallbau-Konstruktionen) .7 Formteilungslinien in Ansichten .8 Schnittpfeillinien	A
02.1	Strichlinie, schmal	0,18	0,25	0,35	.1 Verdeckte Kanten .2 Unsichtbare Umrisse	F
02.2	Strichlinie, breit	0,35	0,5	0,7	.1 Kennzeichnung zulässiger Oberflächenbehandlung	E
04.1	Strich-Punktlinie, schmal	0,18	0,25	0,35	.1 Mittellinien .2 Symmetrielinien .3 Teilkreise von Verzahnungen .4 Teilkreise von Löchern	G
04.2	Strich-Punktlinie, breit	0,35	0,5	0,7	.1 Kennzeichnung begrenzter Bereiche, z. B. der Wärmebehandlung .2 Kennzeichnung von Schnittebenen .3 Formteilungslinien in Schnitten	J
05.1	Strich-Zweipunktlinie, schmal	0,18	0,25	0,35	.1 Umrisse benachbarter Teile .2 Endstellung beweglicher Teile .3 Schwerpunktlinien .4 Umrisse vor der Formgebung .5 Teile vor der Schnittebene .6 Umrisse alternativer Ausführungen .7 Umrisse von Fertigteilen in Rohteilen .8 Umrahmung besonderer Bereiche oder Felder .9 Projizierte Toleranzzone	K

In technischen Zeichnungen werden in der Regel zwei Linienbreiten angewendet (z. B. 0,5 – 0,25). Bei Beschriftungen nach ISO 3098-BVL ist für Maß- und Textangaben sowie für grafische Symbole eine dritte Linienbreite (z. B. 0,35) erforderlich.

Linien
Lines

DIN ISO 128-24: 1999-12

Beispiele für die Anwendung von Linien

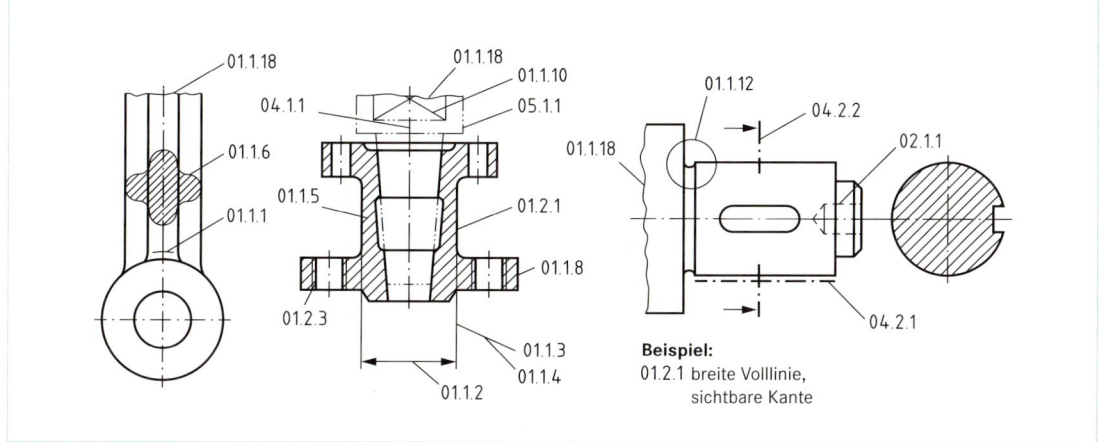

Beispiel:
01.2.1 breite Volllinie, sichtbare Kante

Projektionsmethoden
Projection methods

Axonometrische Darstellungen

DIN ISO 5456-3: 1998-04

Isometrische Projektion

→ Die isometrische Projektion wird angewendet, wenn in drei Ansichten Wesentliches klar gezeigt werden soll.

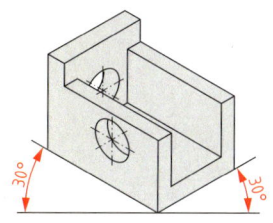

Die 3 Hauptflächen werden verzerrt dargestellt.

Senkrechte Kanten verlaufen in der Projektion ebenfalls senkrecht.

Waagerechte Körperkanten verlaufen unter 30° zur Horizontalen.

Die Seiten (Länge, Breite und Höhe) werden im Verhältnis 1 : 1 : 1 dargestellt.

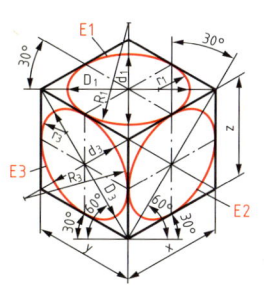

Achsverhältnis bei allen Ellipsen:
$d : D = 1 : 1{,}7$

Angenäherte Ellipsenkonstruktionen:
Große Achse: $D \approx 1{,}22 \cdot y$
Kleine Achse: $d \approx D : 1{,}7$

Die Ellipsen werden annähernd genau durch Krümmungskreise konstruiert:

$R \approx 1{,}06 \cdot y$ $r \approx 0{,}3 \cdot y$

Dimetrische Projektion

→ Die dimetrische Projektion wird angewendet, wenn in einer Ansicht Wesentliches gezeigt werden soll.

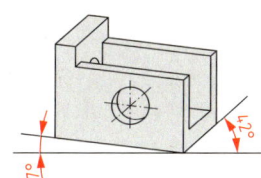

Die 3 Hauptflächen werden verzerrt dargestellt.

Senkrechte Kanten verlaufen in der Projektion ebenfalls senkrecht.

Waagerechte Körperkanten verlaufen unter 7° und 42° zur Horizontalen.

Senkrechte und unter 7° verlaufende Kanten werden verhältnisgleich (1 : 1), die unter 42° verlaufenden Kanten werden um die Hälfte verkürzt (1 : 2) dargestellt.

Ellipse E3 wird vereinfacht als Kreis gezeichnet.

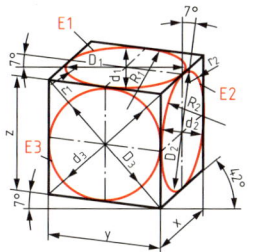

Achsverhältnis bei E1 und E2:
$d : D = 1 : 3$

Angenäherte Ellipsenkonstruktionen:
Große Achse: $D_1 = D_2 \approx 1{,}06 \cdot y$
Kleine Achse: $d_1 = d_2 \approx D : 3$

Die Ellipsen E1 und E2 werden annähernd genau durch Krümmungskreise konstruiert:

$R \approx 1{,}6 \cdot y$ $r \approx 0{,}06 \cdot y$

Technische Kommunikation

Projektionsmethoden
Projection methods

Orthogonale Darstellungen

DIN ISO 5456-2: 1998-04

Projektionsmethode 1

i **orthogonal:** rechtwinklig; senkrecht aufeinander stehend

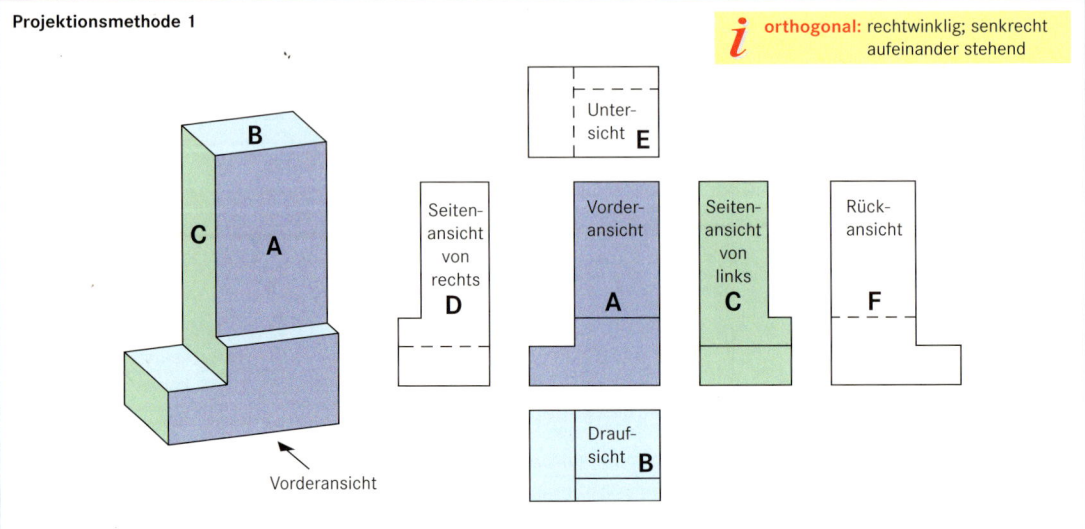

- In Gesamtzeichnungen und Gruppenzeichnungen werden die Gegenstände in der Regel in Gebrauchslage, in Teilzeichnungen in der Fertigungslage dargestellt.
- Es sind nur so viele Ansichten des Gegenstandes zu zeichnen, wie zum eindeutigen Erkennen und Bemaßen erforderlich sind.
- Die aussagefähigste Ansicht ist als Hauptansicht – Vorderansicht – zu wählen.
- Verdeckte Kanten werden nur eingezeichnet, wenn die Darstellung dadurch deutlicher wird oder zusätzliche Ansichten ohne Verlust der Deutlichkeit eingespart werden können.

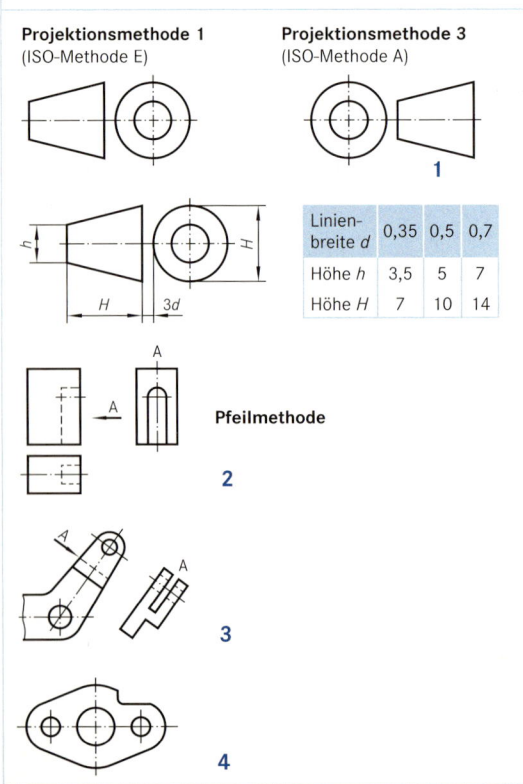

Linienbreite d	0,35	0,5	0,7
Höhe h	3,5	5	7
Höhe H	7	10	14

Neben der üblichen Projektionsmethode 1 gibt es die Projektionsmethode 3:
Draufsicht oberhalb der Vorderansicht,
Untersicht unterhalb der Vorderansicht,
Seitenansicht von links auf der linken Seite,
Seitenansicht von rechts auf der rechten Seite.

1 Das Symbol für die angewandte Methode ist in der Zeichnung im Schriftfeld oder in dessen Nähe einzutragen.

2 Die Ansichten dürfen auch beliebig zueinander angeordnet werden. Die Blickrichtung wird, bezogen auf die Hauptansicht, durch einen Pfeil und einen Großbuchstaben angegeben. Über die betreffende Darstellung, die sich an beliebiger Stelle der Zeichnung befinden darf, ist der Buchstabe zu setzen (Pfeilmethode).

3 Um ungünstige Projektionen zu vermeiden, z. B. Verkürzungen, kann eine Ansicht in der durch einen Pfeil gekennzeichneten Richtung projektionsgerecht gezeichnet werden.

4 Symmetrische Formen werden, auch wenn die symmetrische Grundform einseitig in Einzelheiten verändert ist, durch eine Symmetrielinie (ISO 128-04.1.2) gekennzeichnet.

Allgemeine Grundlagen der Darstellung
General principles of presentation

Ansichten und besondere Darstellungen

DIN ISO 128-30: 2002-05; DIN ISO 128-34: 2002-05

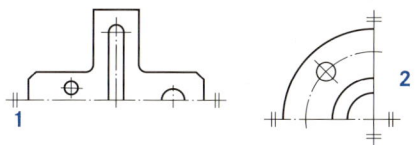

1 Bei symmetrischen Werkstücken kann an Stelle einer Gesamtansicht eine halbe oder eine Viertelansicht dargestellt werden. Zwei kurze, parallele Striche **2** (ISO 128-01.1) kennzeichnen die Symmetrielinie.

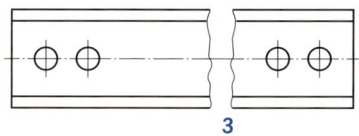

3 Gegenstände können zur Ersparnis an Zeichenfläche abgebrochen dargestellt werden.
Die Bruchkanten werden durch eine Freihandlinie (ISO 128-01.1.18) oder eine Zickzacklinie (ISO 128-01.1.19) dargestellt. Dies gilt auch für rotationssymmetrische Körper **4**.

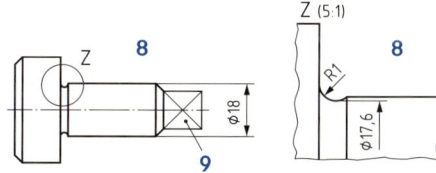

5 Der Bruch hohler Rundkörper wird im Vollschnitt durch eine Freihandlinie (ISO 128-01.1.18) dargestellt.

6 Auf Durchdringungskurven bei der Durchdringung von Zylindern, deren Durchmesser sich wesentlich unterscheiden, darf zur Vereinfachung verzichtet werden.

7 Gerundete Übergänge von Durchdringungen können durch schmale Volllinien (ISO 128-01.1.1) dargestellt werden, wenn das Bild dadurch anschaulicher wird.

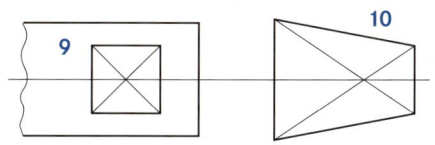

8 Bereiche eines Gegenstandes, die sich in der Gesamtdarstellung nicht deutlich zeichnen, bemaßen oder kennzeichnen lassen, werden als Einzelheit gesondert gezeichnet.
Der als Einzelheit bezeichnete Bereich wird in der Gesamtdarstellung mit einer schmalen Volllinie (ISO 128-01.1.1) eingerahmt. Die Einzelheit wird möglichst in der Nähe vergrößert dargestellt. Der eingerahmte Bereich und die Einzelheit sind mit den gleichen Großbuchstaben zu kennzeichnen.
Bei der Einzelheit ist der Maßstab anzugeben.

9 Um das Zeichnen einer zusätzlichen Ansicht oder eines Schnittes zu vermeiden, können quadratische Flächen oder Enden sowie verjüngte quadratische Enden an Wellen **10** mit einem Diagonalkreuz gekennzeichnet werden (schmale Volllinie ISO 128-01.1.10).

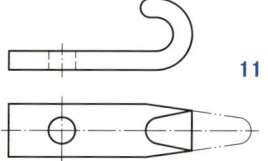

11 Die ursprüngliche Form wird durch eine Strich-Zweipunktlinie (ISO 128-05.1.4) dargestellt.

Allgemeine Grundlagen der Darstellung
General principles of presentation

Ansichten und besondere Darstellungen
DIN ISO 128-30: 2002-05; DIN ISO 128-34: 2002-05

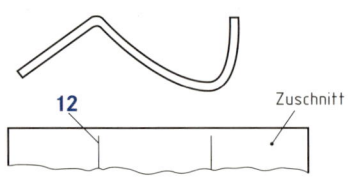

12 Biegelinien werden als schmale Volllinien dargestellt (ISO 128-01.1.11).

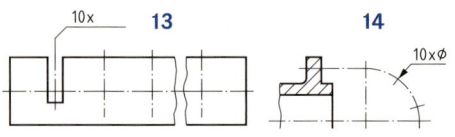

13 Regelmäßig sich wiederholende Elemente brauchen nur so oft dargestellt zu werden, wie es zu ihrer eindeutigen Bestimmung notwendig ist.

14 Die Mitten sich wiederholender Bohrungen sind durch Mittellinienkreuze festzulegen.

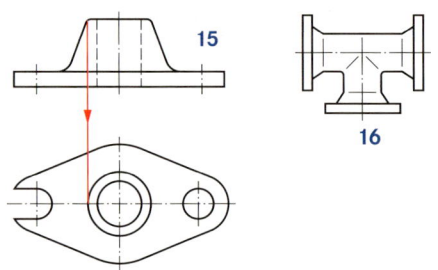

15 Lassen sich geringe Neigungen nicht deutlich zeigen, kann auf ihre Darstellung verzichtet werden.

16 Lichtkanten werden durch schmale Volllinien (ISO 128-01.1.1) dargestellt, sie berühren die Umrisslinien nicht.

Schnitte
DIN ISO 128-40: 2002-05; DIN ISO 128-44: 2002-05; DIN ISO 128-50: 2002-05

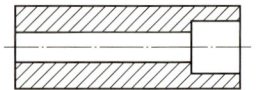

Ein Schnitt ist das gedachte Zerlegen eines Teiles durch eine oder mehrere Ebenen. Es werden hauptsächlich Hohlkörper im Schnitt dargestellt, um die innere Form klar erkennen und ggf. bemaßen zu können.

Man unterscheidet:
1 Schnitt,
2 Halbschnitt,
3 Teilschnitt (Ausbruch).

Schnittflächen werden mit schmalen Volllinien (ISO 128-01.1.5) möglichst unter 45° zur Achse schraffiert.
Der Abstand der Schraffurlinien ist der Größe der Schnittfläche anzupassen.

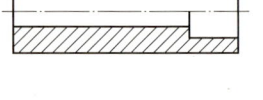

Für Maßzahlen, Beschriftung und Oberflächenangaben wird die Schraffur unterbrochen.

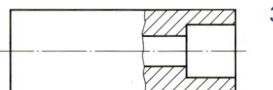

Halbschnitte werden bei waagerechter Mittellinie vorzugsweise unterhalb **2**, bei senkrechter Mittellinie vorzugsweise rechts von dieser angeordnet.

4 Schmale Schnittflächen können voll geschwärzt werden. Stoßen geschwärzte Schnittflächen aneinander, so sind sie mit schmalen Abständen voneinander darzustellen.

Allgemeine Grundlagen der Darstellung
General principles of presentation

Schnitte DIN ISO 128-40: 2002-05; DIN ISO 128-44: 2002-05; DIN ISO 128-50: 2002-05

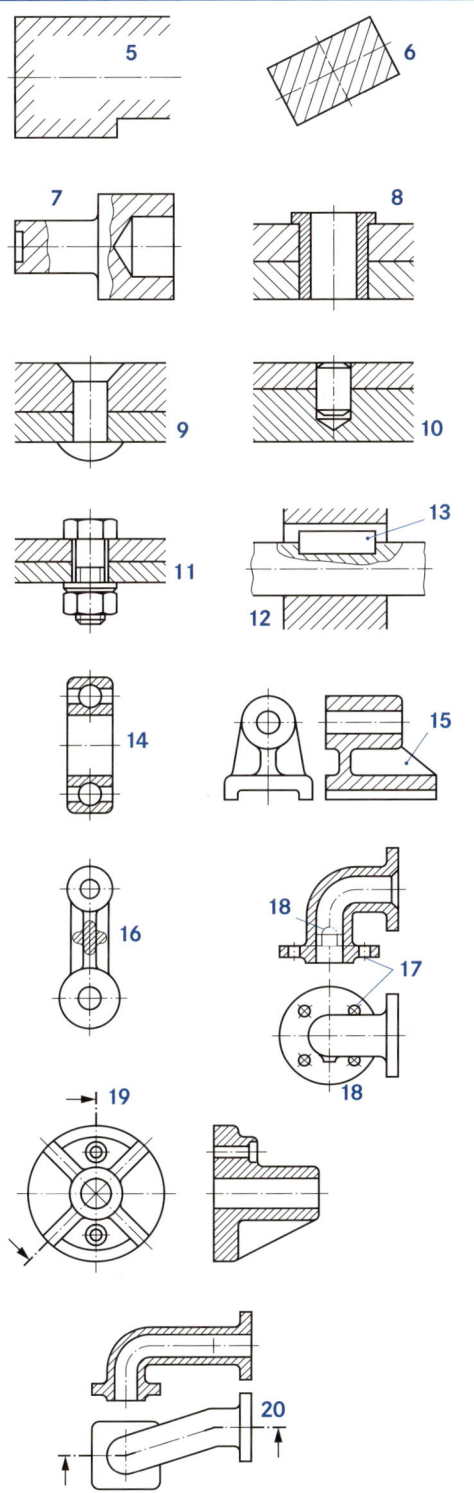

5 Bei großen Schnittflächen kann die Schraffur auf die Randzone beschränkt bleiben.

6 Sind die Achsen eines Teiles gedreht, so wird die Schnittfläche unter 45° zu den Hauptumrissen schraffiert.

7 Alle Schnittflächen und Ausbrüche desselben Teiles in einer oder mehreren Ansichten werden in gleicher Art schraffiert.

8 Aneinander grenzende Schnittflächen verschiedener Teile werden unterschiedlich schraffiert:
- durch verschiedene Schraffurrichtungen,
- durch verschiedene Abstände der Schraffurlinien.

Liegen Normteile oder volle Werkstücke in der Schnittebene, werden sie in Längsrichtung nicht im Schnitt dargestellt. Dazu zählen z. B.:
9 Niete, **10** Stifte, **11** Schrauben, Muttern, Scheiben,
12 Wellen, **13** Keile und Federn,
14 Wälzlagerkörper (z. B. Kugeln, Rollen),
15 Rippen, Speichen und Griffe von Gussstücken.

16 Schnittflächen können innerhalb der Darstellung in die Zeichenebene geklappt und mit schmalen Volllinien gezeichnet werden.

17 Zur Darstellung von Flanschlöchern, die nicht in der Schnittebene liegen, können diese in die Schnittebene gedreht werden.

18 Wenn es notwendig ist, können Einzelheiten, die vor der Schnittebene liegen, durch schmale Strich-Zweipunkt-Linien (ISO 128-05.1.5) dargestellt werden.

19 Stehen zwei Schnittebenen in einem Winkel zueinander, wird der Schnitt so gezeichnet, als lägen die Schnittflächen in einer Ebene.

20 Ein Gegenstand, der in zwei parallelen Ebenen und einer schräg zu diesen liegenden Verbindungsebene geschnitten ist, wird so dargestellt, dass das Bild aus der schräg liegenden Ebene in der Projektion erscheint.

Allgemeine Grundlagen der Darstellung
General principles of presentation

Schnitte DIN ISO 128-40: 2002-05; DIN ISO 128-44: 2002-05; DIN ISO 128-50: 2002-05

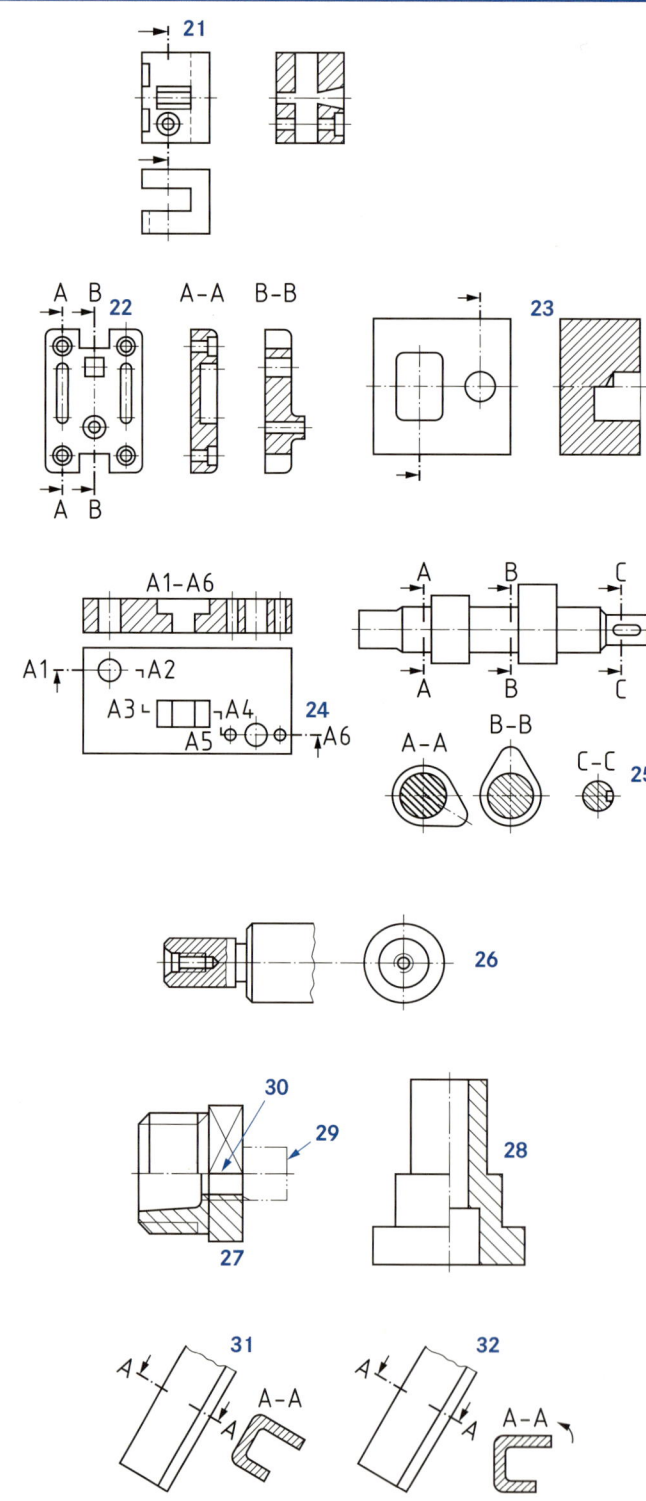

21 Wird aus einer Darstellung der Schnittverlauf nicht eindeutig ersichtlich, muss er durch eine breite Strich-Punkt-Linie (ISO 128-04.2.2) kenntlich gemacht werden. Die Blickrichtung auf den Schnitt wird durch Pfeile angedeutet. Sie sind vollschwarz, schließen einen Winkel von 15° ein und sind 1,5 x Maßpfeilgröße lang.
(Maßpfeilgröße s. DIN 406-11)

22 Verlaufen durch ein Werkstück mehrere Schnittebenen, muss jeder Schnittverlauf gekennzeichnet werden.

23 Liegen zwei parallele Schnittebenen eines Teiles getrennt voneinander und werden die Schnittflächen der Einfachheit halber angrenzend dargestellt, so sind die Schraffurlinien versetzt zu zeichnen.

24 Führt eine Schnittlinie durch mehrere Schnittebenen, so muss die Kennzeichnung am Anfang und am Ende und – falls erforderlich – auch an den Knickstellen durch Großbuchstaben ggf. mit Ziffern erfolgen.

25 Falls erforderlich, dürfen mehrere Schnitte vereinfacht durch eine Welle oder ein ähnliches Teil gelegt werden.

26 Fasen, Senkungen und ähnliche Formelemente brauchen nur in den Ansichten oder Schnitten dargestellt zu werden, in denen sie zu erkennen sind und bemaßt werden können.

Halbschnitte werden bei waagerechter Mittellinie vorzugsweise unterhalb **27**, bei senkrechter Mittellinie vorzugsweise rechts von dieser **28** angeordnet.

29 Benachbarte Teile werden durch eine Strich-Zweipunkt-Linie (ISO 128-05.1.1) dargestellt.

30 Fällt bei einem Schnitt eine Körperkante auf die Mittellinie, so ist die Körperkante als breite Volllinie (ISO 128-01.2.1) zu zeichnen.

31 Der Schnitt an einem Werkstück kann in jeder beliebigen, jedoch möglichst projektionsgerechten Lage angebracht werden.

32 Wird der Schnitt in einer anderen Lage angebracht, so ist an die Buchstaben ein Symbol für die Drehung in der entsprechenden Richtung anzufügen.

Maßeintragung
Dimensioning

Systeme
DIN 406-10: 1992-12

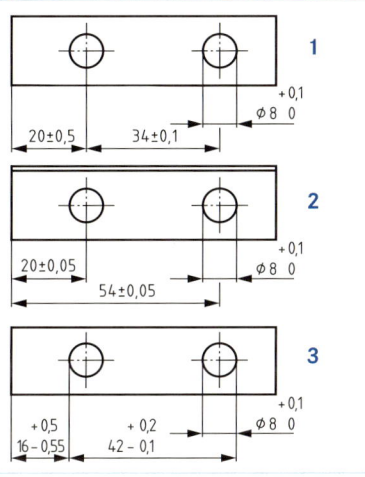

1. Die **funktionsbezogene Maßeintragung** liegt vor, wenn die Eintragung und Tolerierung der Maße nur nach konstruktiven Erfordernissen entsprechend der Zweckbestimmung des Erzeugnisses vorgenommen wird. Die Fertigungs- und Prüfbedingungen werden nicht berücksichtigt.

2. Die **fertigungsbezogene Maßeintragung** liegt vor, wenn die für die Fertigung unmittelbar benötigten Maße in die Zeichnung eingetragen und fertigungsgerecht toleriert werden. Diese Maßeintragung hängt vom Fertigungsverfahren ab.

3. Die **prüfbezogene Maßeintragung** liegt vor, wenn Maße und Maßtoleranzen entsprechend dem vorgesehenen Prüfverfahren in die Zeichnung eingetragen werden.

Anwendung
DIN 406-11: 1992-12

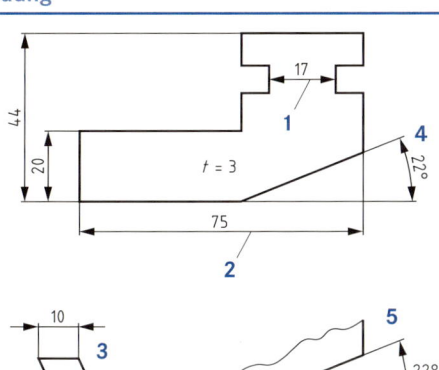

Elemente der Maßeintragung sind:
- Maßlinie,
- Maßhilfslinie,
- Maßlinienbegrenzung,
- Maßzahl,
- Maßeinheit,
- Hinweislinien,
- besondere Kennzeichen.

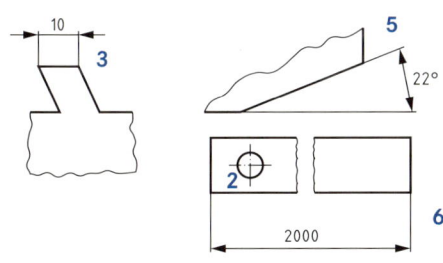

Maßlinien werden parallel zu der zu bemaßenden Länge oder als Kreisbogen um den Scheitelpunkt des Winkels bzw. Mittelpunkt des Bogens eingetragen. **1 2 3 4**. Die Maßlinien werden nicht unterbrochen.

Winkelmaße bis 30° dürfen mit gerader Maßlinie senkrecht zur Winkelhalbierenden angegeben werden. **5**

Bei unterbrochen dargestellten Formelementen wird die Maßlinie durchgezogen. **6**

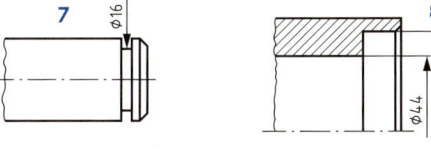

Maßlinien dürfen abgebrochen werden, wenn
- Durchmessermaße eingetragen werden **7**,
- nur eine Hälfte eines symmetrischen Teiles in Ansicht oder Schnitt dargestellt wird **8**,
- ein Gegenstand im Halbschnitt dargestellt wird **9**,
- sich die Bezugspunkte der Bemaßung nicht in der Zeichenfläche befinden **10**.

Maßlinien sollen sich untereinander und mit anderen Linien nicht schneiden.

Ist dieses nicht zu vermeiden, werden sie ohne Unterbrechung gezeichnet. **11**

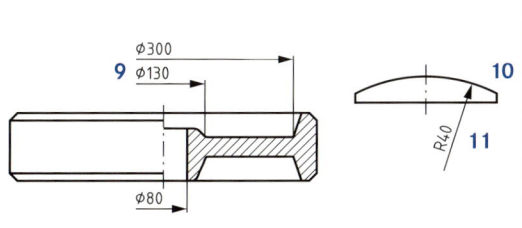

Technische Kommunikation

Maßeintragung
Dimensioning

Anwendung

DIN 406-11: 1992-12

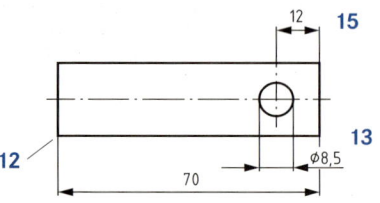

Maßhilfslinien werden rechtwinklig zur zugehörigen Messstrecke eingetragen. **12**

Sie dürfen unterbrochen werden, wenn ihre Fortsetzung eindeutig erkennbar ist. **13**

In Einzelfällen dürfen Maßhilfslinien unter einem Winkel von etwa 60° zur Maßlinie stehen, wenn dadurch die Bemaßung deutlicher wird. **14**

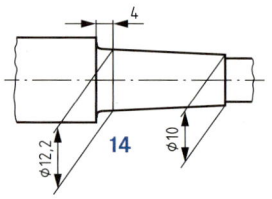

Mittellinien dürfen als Maßhilfslinien verwendet werden. Sie werden außerhalb der Körperkanten als schmale Volllinie gezeichnet (ISO 128-01.1.3). **15**

Maßhilfslinien dürfen nicht von einer Ansicht zur anderen durchgezogen werden.

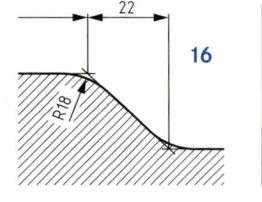
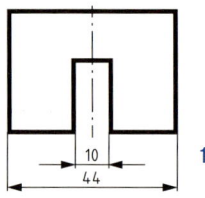

Einander schneidende Projektionslinien werden über den Schnittpunkt hinausgehend gezeichnet. Die Maßhilfslinie wird am Schnittpunkt angesetzt. **16**

Werden besonders große Linienbreiten angewendet, werden die Maßhilfslinien für Außenmaße am äußeren Rand der Umrisslinie, für Innenmaße am inneren Rand eingetragen. **17**

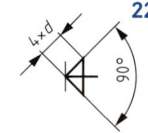
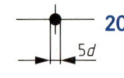
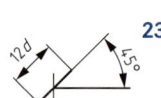
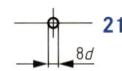

Maßlinienbegrenzung sind:
- ein geschwärzter 15°-Pfeil, **18**
- ein offener Pfeil vorzugsweise bei rechnerunterstützt angefertigten Zeichnungen, **19**
- ein Punkt bei Platzmangel, **20**
- ein Kreis für die Ursprungsangabe, **21**
- ein 90°-Pfeil, **22**
- ein Schrägstrich. **23**

In Zeichnungen dürfen nur kombiniert werden:
- 15°-Pfeil, Punkt, Ursprungskreis oder
- 90°-Pfeil, Schrägstrich, Ursprungskreis (nur fachbezogen z. B. für Bauzeichnungen)

d: Linienbreite der breiten Volllinie (ISO 128-01.2.1)

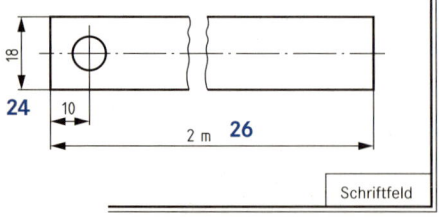

Die **Maßzahlen** werden in der Schrift DIN ISO 3098-BVL eingetragen.

Alle Maße, grafischen Symbole und Wortangaben sind vorzugsweise so einzutragen, dass sie in Leselage der Zeichnung von unten oder von rechts lesbar sind. Die **Leselage** der Zeichnung entspricht der Leselage des Schriftfeldes. **24 25**
Dieses gilt auch, wenn die Gebrauchslage eines Teiles nicht der Leselage der Zeichnung entspricht.

Maßeintragung
Dimensioning

Anwendung

DIN 406-11: 1992-12

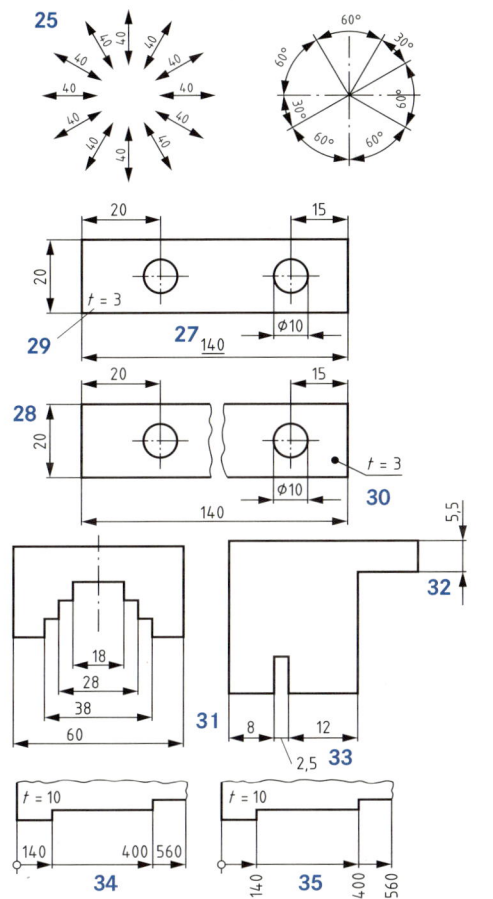

Alle Maße in einer Zeichnung werden in der gleichen Einheit, vorzugsweise in mm angegeben. Die Einheit wird nicht mitgeschrieben. Wird von dieser Regel abgewichen, muss die **Maßeinheit** mitgeschrieben werden. **26**

Werden Formelemente, z. B. bei Änderungen, ausnahmsweise **nicht maßstäblich** dargestellt, sind die Maßzahlen zu unterstreichen. **27** Diese Kennzeichnung ist bei rechnerunterstützt angefertigten Zeichnungen nicht zulässig. Ebenso gilt dies nicht für unter- oder abgebrochene Gegenstände. **28**

Die **Werkstückdicke** darf bei flachen Teilen in der Darstellung **29** oder auf einer abgeknickten Hinweislinie neben der Darstellung **30** angegeben werden.

Bei parallelen oder konzentrischen Maßlinien werden die Maßzahlen in der Regel versetzt eingetragen. **31**

Reicht der Platz über der Maßlinie nicht aus, wird die Maßzahl über der Verlängerung der Maßlinie **32** oder an einer Hinweislinie **33** eingetragen.

Bei steigender Bemaßung werden die Maßzahlen entweder in der Nähe der Maßlinienbegrenzung **34** oder in der Nähe der Maßlinienbegrenzung parallel zur Maßhilfslinie **35** eingetragen. Dies gilt sinngemäß auch für die Winkelbemaßung.

Anordnung der Maße

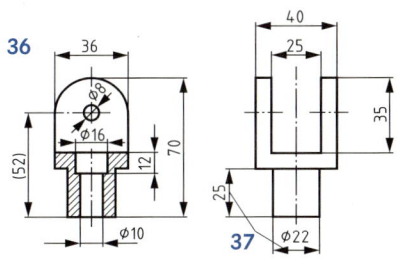

In einer Zeichnung ist jedes Maß nur einmal in der Ansicht einzutragen, in der die Zuordnungen von Darstellung und Maß deutlich erkennbar ist. **36**

Zusammengehörende Maße sind möglichst zusammen einzutragen. **37**

Maße, die sich durch die Fertigung von selbst ergeben, werden nicht eingetragen.
Maßlinien und Maßhilfslinien werden an Volllinien angesetzt. Das Ansetzen an Strichlinien (verdeckten Kanten) ist zu vermeiden.

Die Eintragung aller Maße als Maßkette ist zulässig, wenn ein Maß als Hilfsmaß eingetragen wird **38** oder die Maße als theoretisch genaue Maße angegeben werden.

Ein Bereich, für den besondere Bedingungen gelten, wird durch eine breite Strich-Punktlinie (ISO 128-04.2) gekennzeichnet und bemaßt. **39**

Für beschichtete Oberflächen dürfen die Maße vor und nach der Behandlung angegeben werden. Das Vorbereitungsmaß wird in eckige Klammern gesetzt. **40**

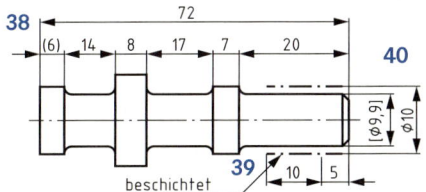

Maßeintragung
Dimensioning

Anwendung

DIN 406-11: 1992-12

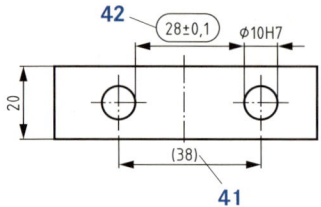

42

41

Hilfsmaße dienen zur Kennzeichnung funktioneller Zusammenhänge. Sie sind zur geometrischen Bestimmung eines Gegenstandes nicht erforderlich. Hilfsmaße werden in runde Klammern gesetzt. **41**

Prüfmaße, die bei der Festlegung des Prüfumfanges besonders beachtet werden müssen, werden in einen Rahmen gesetzt. **42** (Linie ISO 128-01.1)

Rohmaße, die sich auf den Ausgangszustand eines Gegenstandes beziehen, werden in eckige Klammern gesetzt, wenn keine Rohteilzeichnung angefertigt wird.

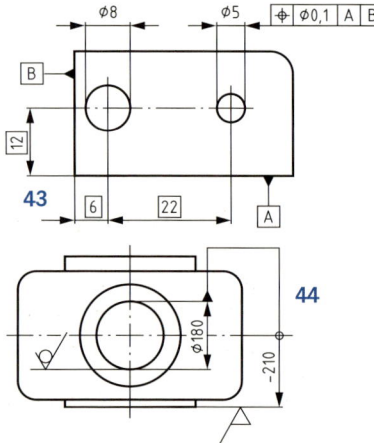

43

44

Theoretisch genaue Maße dienen zur Angabe der geometrisch idealen, theoretisch genauen Lage oder Form eines Formelementes. Sie werden in einen rechteckigen Rahmen gesetzt. **43** (Linie ISO 128-01.1)

Auch in Tabellen werden theoretisch genaue Maße durch einen rechteckigen Rahmen gekennzeichnet.

Maße für die erste materialabtrennende Bearbeitung von Rohteilen können mit einem Bezugsmaß eingetragen werden. **44**

Informationsmaße sind z. B. Gesamtmaße fertiger Baugruppen in Angebotszeichnungen. Sie werden in der Regel nicht besonders gekennzeichnet und nicht toleriert.

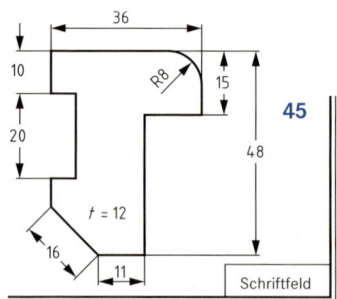

45

Alle Maße können auch in Leselage des Schriftfeldes eingetragen werden. Nicht horizontale Maßlinien werden dann unterbrochen. **45 46**

Winkelmaße dürfen auch ohne Unterbrechung der Maßlinie in Leselage des Schriftfeldes angebracht werden. **47**

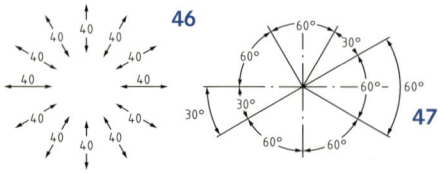

46

47

34 Technische Kommunikation

Maßeintragung
Dimensioning

Anwendung

DIN 406-11: 1992-12

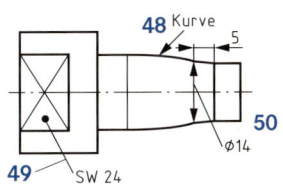

Hinweislinien sind schräg aus der Darstellung herauszuziehen und enden
- mit einem Pfeil an der Körperkante, **48**
- mit einem Punkt in der Fläche, **49**
- ohne Begrenzungszeichen an Linien, auch an Maßlinien. **50**

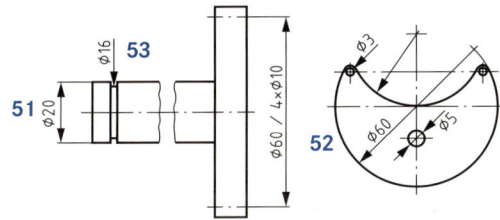

Das grafische Symbol Ø für den **Durchmesser** ist **immer** vor die Maßzahl zu setzen. **51 52**

Bei Platzmangel dürfen Durchmessermaße von außen angesetzt werden. **53**

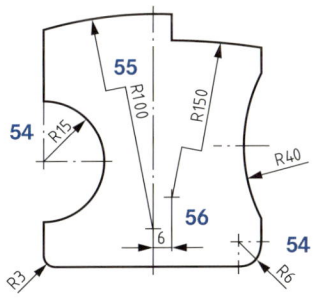

Radien werden in allen Fällen durch den vor die Maßzahl zu setzenden Großbuchstaben R gekennzeichnet.

Die Maßlinien sind vom Mittelpunkt des Radius oder aus dessen Richtung mit einem Maßpfeil innen oder außen an den Kreisbogen zu setzen. **54**

55 Bei großen Radien darf aus Platzmangel die Maßlinie rechtwinklig abgeknickt und verkürzt gezeichnet werden. Der mit dem Maßpfeil versehene Teil der Maßlinie muss auf den Mittelpunkt des Kreisbogens gerichtet sein.

Bei rechnerunterstützter Anfertigung von Zeichnungen dürfen nur gerade Maßlinien verwendet werden.

56 Der Mittelpunkt eines Radius ist zu bemaßen, wenn er sich nicht aus den geometrischen Beziehungen ergibt.

57 Werden mehrere Radien um einen zentralen Mittelpunkt angeordnet, darf statt eines Mittelpunktes ein kleiner Hilfskreisbogen gezeichnet werden.

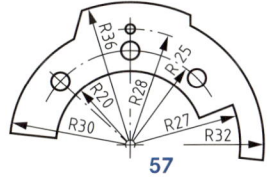

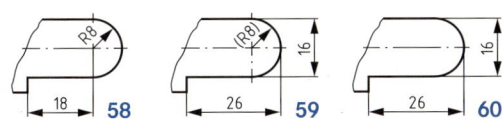

Der Radius, der parallele Linien miteinander verbindet,
- wird angegeben, **58**
- wird als Hilfsmaß angegeben **59** oder
- darf bei Eindeutigkeit weggelassen werden. **60**

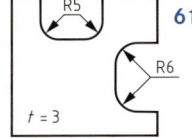

Die Maßlinien mehrerer Radien gleicher Größe können zusammengefasst werden. **61**

Technische Kommunikation

Maßeintragung
Dimensioning

Anwendung

DIN 406-11: 1992-12

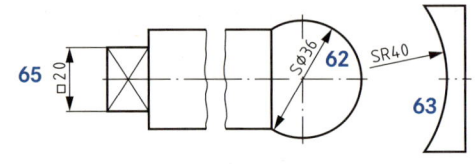

Eine **Kugelform** wird in jedem Fall durch den Großbuchstaben S vor der Durchmesser- oder Radiusangabe gekennzeichnet. **62 63**

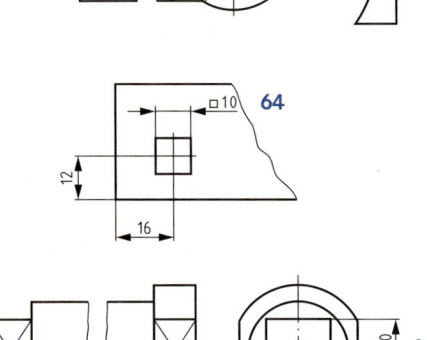

Quadratische Formen werden in jedem Fall durch das grafische Symbol □ vor der Maßzahl gekennzeichnet. Es wird nur eine Seitenlänge des Quadrates angegeben. **64 65 66**

67 Die Schlüsselweite ist der Abstand von zwei parallel gegenüberliegenden Flächen. Sie wird durch das Zeichen SW vor dem Zahlenwert der Schlüsselweite gekennzeichnet, wenn sie in der Darstellung nicht bemaßt werden kann.
Die Auswahl der Schlüsselweite erfolgt nach DIN 475-1.

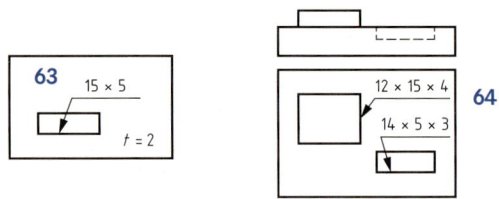

Die Seitenlängen eines **Rechteckes** dürfen mit einer Hinweislinie angegeben werden. Das Maß der Länge, an der die Hinweislinie eingetragen ist, steht an erster Stelle. **63**

Werden drei Maße kombiniert (Länge – Länge – Dicke/Tiefe), muss eine zweite Ansicht oder ein Schnitt gezeichnet werden. **64**

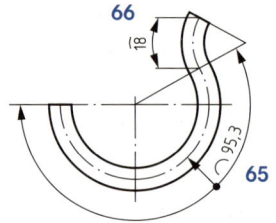

Zur Kennzeichnung von **Bögen** wird das graphische Symbol ⌒ vor die Maßzahl gesetzt. **65**

Bei manuell angefertigten Zeichnungen darf es abgewandelt über die Maßzahl gesetzt werden. **66**

Bei Zentriwinkeln $\alpha \leq 90°$ werden die Maßhilfslinien parallel zur Winkelhalbierenden gezeichnet, bei Zentriwinkeln $\alpha \geq 90°$ werden sie zum Bogenmittelpunkt hin gezeichnet.

Bei nicht eindeutigem Bezug ist die Verbindung zwischen Bogenlänge und Maßzahl durch eine Linie mit Pfeil und Punkt zu kennzeichnen. **65**

36 Technische Kommunikation

Maßeintragung
Dimensioning

Anwendung

DIN 406-11: 1992-12

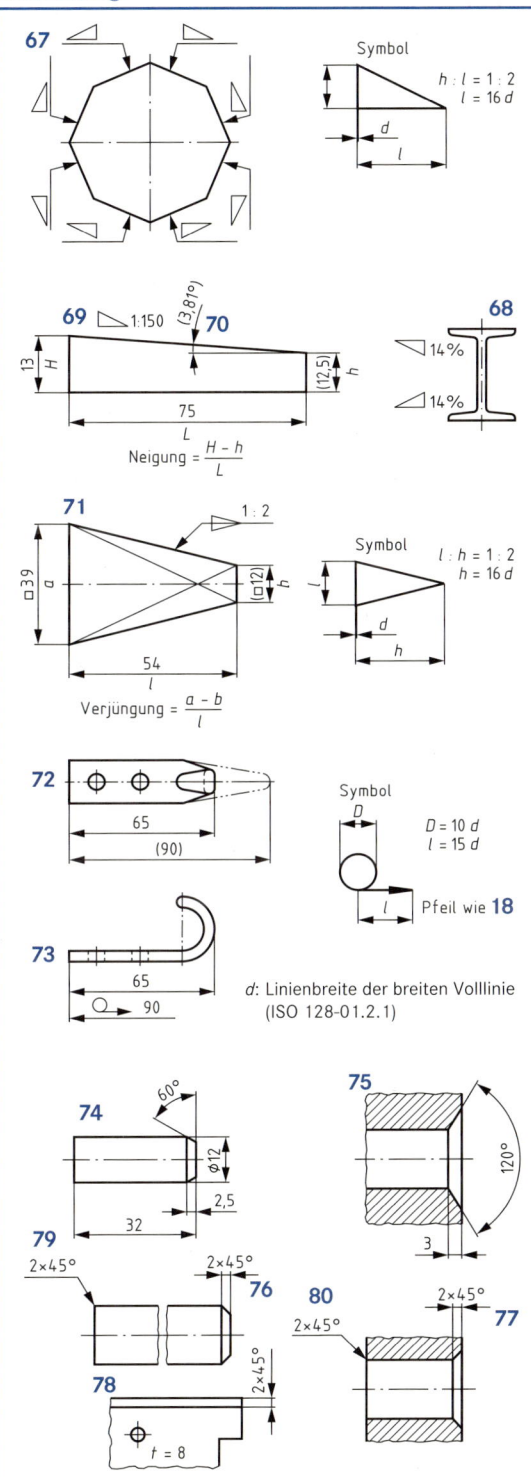

Das grafische Symbol ⟋ wird in jedem Fall vor die Maßzahl der **Neigung** als Verhältnis oder in Prozent gesetzt. Die Angabe erfolgt vorzugsweise auf einer abgeknickten Hinweislinie. **67**

Das Symbol darf auch waagerecht **68** oder an der Linie der geneigten Fläche eingetragen werden. **69**

Aus fertigungstechnischen Gründen kann der Neigungswinkel als Hilfsmaß angegeben werden. **70**

Das grafische Symbol ▷ wird in jedem Fall vor der Maßzahl der **Verjüngung** als Verhältnis oder in Prozent in einer abgeknickten Hinweislinie angegeben. Die Richtung des Symbols muss mit der Richtung der Verjüngung übereinstimmen. **71**

Eintragungen der Maße und Toleranzen für Kegel siehe DIN ISO 3040.

Abwicklungen werden durch Hilfsmaße bemaßt. **72**

Wird die Abwicklung nicht dargestellt, erfolgt die Bemaßung durch Voranstellen des Symbols ⌒ für die **gestreckte Länge**. **73**

d: Linienbreite der breiten Volllinie (ISO 128-01.2.1)

Fasen und Senkungen mit einem Winkel $\alpha \neq 45°$ werden mit Maßlinie und Maßhilfslinie bemaßt. **74 75**

Fasen und Senkungen mit einem Winkel $\alpha = 45°$ werden vereinfacht dargestellt. **76 77 78**

Bei dargestellten und nicht dargestellten Fasen und Senkungen dürfen die Maße mittels einer Hinweislinie eingetragen werden. **79 80**

Technische Kommunikation   37

Maßeintragung
Dimensioning

Anwendung

DIN 406-11: 1992-12

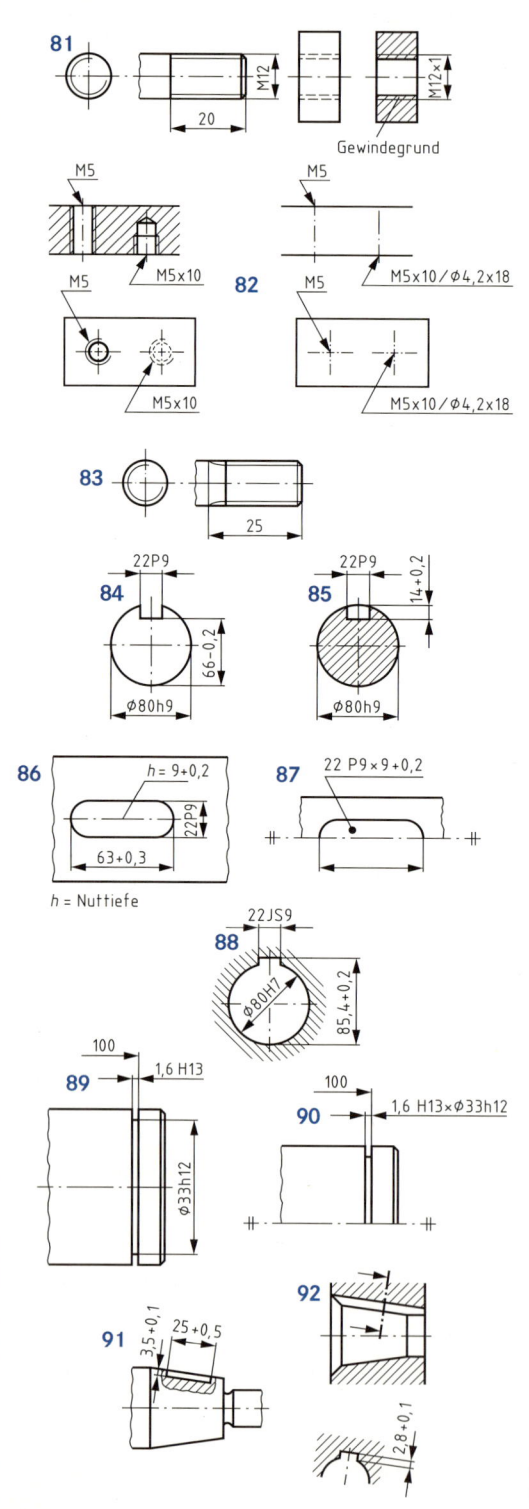

81 Für genormte **Gewinde** werden Kurzbezeichnungen nach DIN 202 angewandt:
- Kurzzeichen für das Gewinde,
- Nenndurchmesser,
- Steigung (Teilung),
- Gangzahl,
- zusätzliche Angaben.

In allen Fällen bezieht sich der Nenndurchmesser bei Außengewinden auf die Gewindespitzen, bei Innengewinden auf den Gewindegrund.

82 Die vereinfachte Darstellung der Gewinde ist zulässig bei Durchmessern ≤ 6 mm (in der Zeichnung) oder bei einem regelmäßigen Muster von Löchern und Gewinden derselben Art und Größe. (DIN ISO 6410-3)

83 Der Gewindeauslauf wird in der Regel nicht gezeichnet. Er wird nur dargestellt und bemaßt, wenn dies in besonderen Fällen notwendig ist.

Nuten für Passfedern und Keile werden bei durchgehenden Nuten nach **84** und bei nicht durchgehenden Nuten nach **85** bemaßt.

Ist in einer Darstellung nur die Draufsicht erforderlich, genügt die vereinfachte Darstellung nach **86** oder **87**.

88 Nuten in zylindrischen Bohrungen werden entsprechend bemaßt.

Einstiche, z. B. für Sicherungsringe, werden gemäß **89** oder vereinfacht gemäß **90** bemaßt.

Die Bemaßung der Einstiche in Naben erfolgt sinngemäß.

Verläuft der **Nutgrund** parallel zur Mantellinie eines Kegels, so ist die Tiefe nach **91** zu bemaßen. Bei kegeligen Nabenbohrungen ist entsprechend zu bemaßen. **92**

Maßeintragung
Dimensioning

Anwendung

DIN 406-11: 1992-12

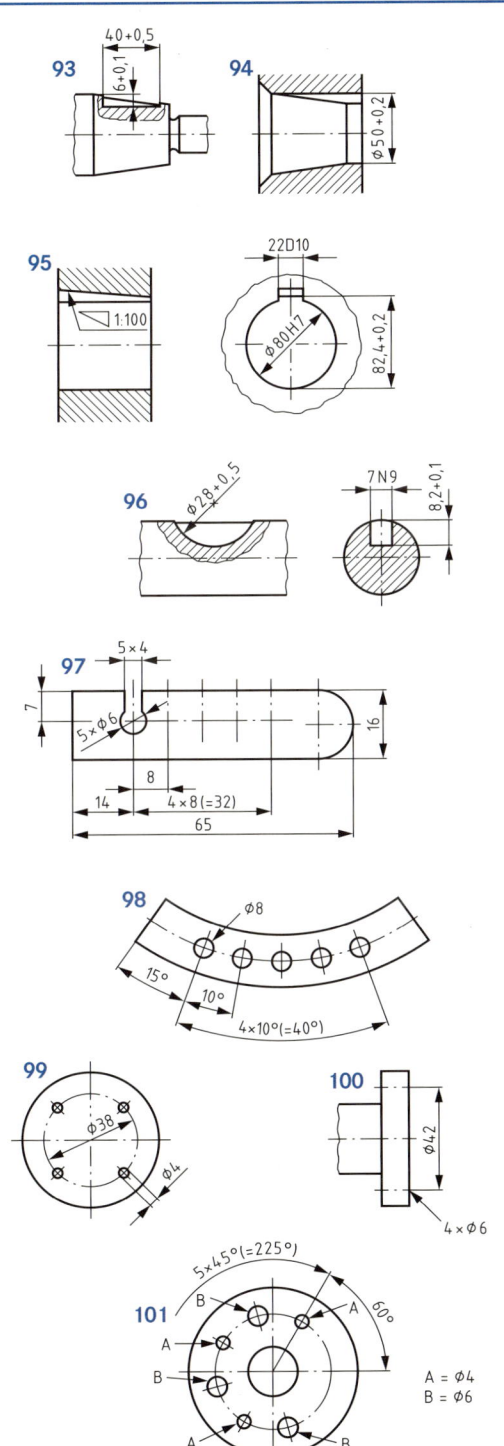

93 Wenn der Nutgrund parallel zur Kegelachse verläuft, so ist die Tiefe von der Mantellinie des größeren Zylinders aus zu bemaßen. Dabei ist die Toleranz des Durchmesser zu berücksichtigen.

94 Nuten in kegeligen Nabenbohrungen, deren Nutgrund parallel zur Kegelachse verläuft, werden entsprechend bemaßt.

95 Bei der Bemaßung von Nuten für Keile ist die Richtung der Neigung durch das Symbol ⟋ zu kennzeichnen.

Nuten für Scheibenfedern werden gemäß **96** bemaßt.

Längen- oder Winkelmaße für sich wiederholende Formelemente mit gleichem Abstand, sog. Teilungen, werden gemäß **97** und **98** bemaßt. Das Gesamtmaß wird als Hilfsmaß angegeben. Die Formelemente dürfen vereinfacht dargestellt werden.

Die Gegenstände können auch unterbrochen dargestellt werden.

Sich wiederholende Bohrungen auf einem **Lochkreis** werden gemäß **99** dargestellt und bemaßt.

Wenn nur die Seitenansicht dargestellt wird, werden Lochkreis, Anzahl und Durchmesser der Bohrungen vereinfacht angegeben. **100**

Unterschiedliche, sich wiederholende Formelemente werden mit Großbuchstaben gekennzeichnet. Die Bedeutung der Buchstaben ist in der Nähe der Darstellung anzugeben. **101**

Die Angabe von Buchstaben und die direkte Bemaßung dürfen kombiniert werden.

Technische Kommunikation

Maßeintragung
Dimensioning

Toleranzen für Längen- und Winkelmaße

DIN 406-12: 1992-12

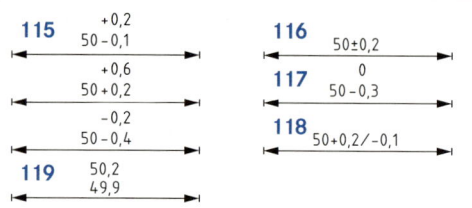

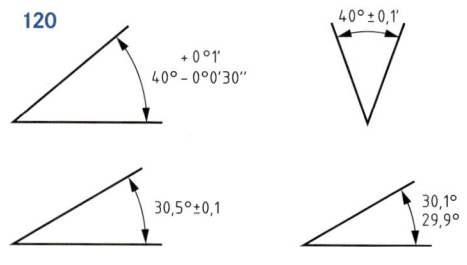

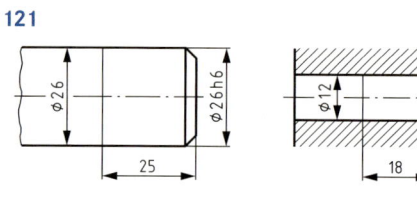

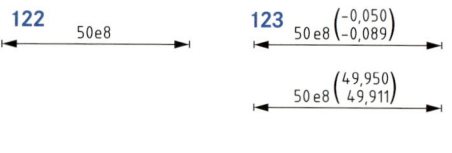

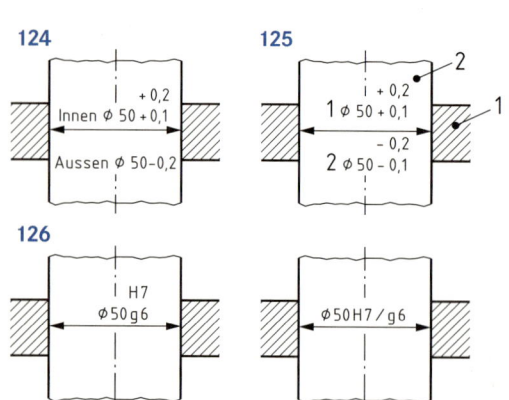

Toleranzen können angegeben werden durch
- Allgemeintoleranzen (DIN ISO 2768),
- Abmaße,
- Kurzzeichen der Toleranzklasse (DIN ISO 286).

Alle Toleranzen gelten im Endzustand, einschließlich Oberflächenüberzügen, sofern nichts anderes vorgeschrieben ist.

Die **Abmaße** sind mit Vorzeichen vorzugsweise in gleicher Schriftgröße hinter dem Nennmaß einzutragen. Die Schriftgröße der Abmaße darf auch eine Stufe kleiner als die des Nennmaßes gewählt werden. **115**

Haben oberes und unteres Abmaß den gleichen Betrag, steht der Wert für das Abmaß mit dem Vorzeichen ± nur einmal hinter dem Nennmaß. **116**

Wenn ein Abmaß Null ist, darf dies durch eine „0" angegeben werden. **117**

Nennmaß und Abmaße können in dieselbe Zeile eingetragen werden. **118**

Grenzmaße dürfen als Höchst- und Mindestmaß angegeben werden. **119**

Beim Eintragen von Winkelmaßen werden die Einheiten für das Winkel-Nennmaß und die Abmaße immer angegeben. **120** Ansonsten sind die Regeln für das Eintragen von Toleranzen für Längenmaße anzuwenden.

Wenn Toleranzen nur für einen bestimmten Bereich gelten, so wird dies durch eine schmale Volllinie (ISO 128-01.1) gekennzeichnet. **121**

Die **Kurzzeichen der Toleranzklasse** sind vorzugsweise in gleicher Schriftgröße hinter dem Nennmaß einzutragen. **122**

Falls erforderlich, können die Werte der Abmaße oder die Grenzmaße zusätzlich in Klammern angegeben werden. **123**

Toleranzklasse und zutreffende Abmaße können auch in Tabellenform in der Zeichnung angegeben werden.

Bei Gegenständen, die zusammengebaut dargestellt werden, ist das Innenmaß über dem Außenmaß einzutragen. **124**

Die Zuordnung der Maße ist durch Wortangabe **124** oder Positionsnummern **125** zu kennzeichnen. Die Angabe von Positionsnummern ist vorzuziehen.

Alle Maße können auch oberhalb einer Maßlinie eingetragen werden.

Die Kurzzeichen der Toleranzklasse für das Innenmaß werden über oder vor der Toleranzklasse für das Außenmaß eingetragen. **126**

Zusätzlich können die Abmaße in Klammern angegeben werden.

Bauzeichnungen
Building and civil engineering drawings

DIN 1356-1: 1995-02

Grundregeln der Darstellung

Grundriss (Typ A)

Schnittebene: waagerecht

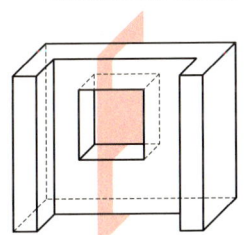

Der Grundriss (Typ A) ist die Draufsicht auf den unteren Teil eines horizontal geschnittenen Bauwerkes.

Der Grundriss (Typ B) ist die gespiegelte Untersicht auf den oberen Teil eines horizontal geschnittenen Bauwerkes.

Schnitt

Schnittebene: senkrecht

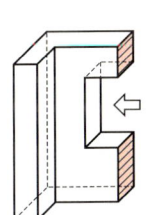

Der Schnitt ist die Ansicht des hinteren Teiles eines vertikal geschnittenen Bauwerkes. Die Schnittebene liegt – auch verspringend – so im Bauwerk, dass die wesentlichen Einzelheiten, z. B. Wände, Decken, Treppen, Fenster und Türen geschnitten werden.

Die Lage der vertikalen Schnittebene ist im Grundriss durch eine Strich-Punktlinie und Blickrichtung anzugeben.

Linienarten und Linienbreiten

Linienart	Anwendungsbereich	Liniengruppe[1]	
		II	III
Volllinie	Begrenzung von Schnittflächen	0,5	1,0
Volllinie	Sichtbare Kanten und sichtbare Umrisse von Bauteilen, Begrenzung von Schnittflächen von schmalen und kleinen Bauteilen	0,35	0,5
Volllinie	Maßlinien, Maßhilfslinien, Hinweislinien, Begrenzung von Ausschnittdarstellungen, vereinfachte Darstellungen	0,25	0,35
Strichlinie	Verdeckte Kanten und verdeckte Umrisse von Bauteilen	0,35	0,5
Strich-Punktlinie	Kennzeichnung der Lage der Schnittebenen	0,5	1,0
Strich-Punktlinie	Achsen	0,25	0,35
Punktlinie	Bauteile vor bzw. über der Schnittebene	0,35	0,5

[1] Liniengruppe II für Maßstäbe ≤ 1 : 100, Liniengruppe III für Maßstäbe ≥ 1 : 50

Allgemeine Zeichen

Zeichen	Anwendungsbereich	Zeichen	Anwendungsbereich
←	Richtung	▲ – · – ▲	Angabe der Schnittführung in Blickrichtung
▽ ▼	Höhenangabe Oberfläche ■ Fertigkonstruktion ■ Rohkonstruktion	◆ – · – ◆	Angabe der horizontalen Schnittführung für den Grundriss Typ B
△ ▲	Höhenangabe Unterfläche ■ Fertigkonstruktion ■ Rohkonstruktion		Radius

Bauzeichnungen
Building and civil engineering drawings

DIN 1356-1: 1995-02

Bemaßung

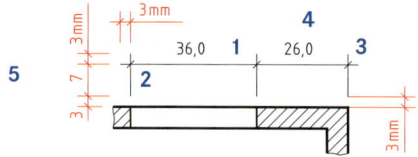

Elemente der Maßeintragung sind:
- Maßlinie,
- Maßhilfslinie,
- Maßlinienbegrenzung,
- Maßzahl,
- Maßeinheit,
- Hinweislinien.

Maßlinien sind parallel zu den zu bemaßenden Strecken anzuordnen. **1**

Maßhilfslinien stehen in der Regel rechtwinklig zur Maßlinie und gehen etwas über diese hinaus. Maßhilfslinien sind von den dazugehörigen Körperkanten abzusetzen. **2**

Maßlinienbegrenzung sind:
- ein Schrägstrich, **3**
- ein offener 90°-Pfeil,
- ein Punkt bei Platzmangel,
- ein Kreis für die Ursprungsangabe. (s. a. DIN 406-11).

Maßzahlen sind in der Regel über der durchgezogenen Maßlinie zu schreiben. Sie müssen in der Gebrauchslage der Zeichnung von unten bzw. von rechts zu lesen sein. **4**

Maßeinheiten werden nach der Bauart oder der Art des Bauwerkes gewählt.

Grundriss

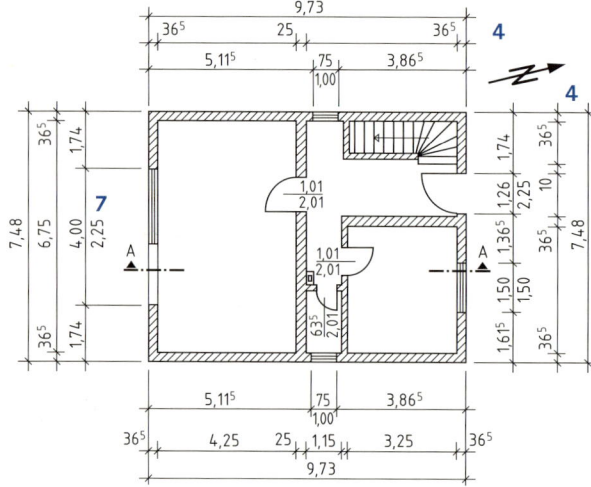

Bemaßung in	Maße unter 1 m	Maße über 1 m
cm	25	86.5	464.5
cm und mm	25	86[5]	4.64[5]
mm	250	865	4654

Statt des Dezimalpunktes kann auch ein Komma gesetzt werden. Die Maßeinheit ist mit dem Maßstab im Schriftfeld anzugeben.

Die Maßanordnung erfolgt im Allgemeinen unter bzw. rechts der Darstellung. Bei mehreren parallelen Maßketten sind diese von innen nach außen im Abstand ≥ 7 mm anzuordnen. Flächen in der Raummitte sollen möglichst frei bleiben. **5**

Rechteckquerschnitte können durch Angabe der Längen in Bruchform bemaßt werden (Breite/Höhe). **6**

Runde Querschnitte erhalten vor der Maßzahl das Durchmesserzeichen Ø.

Radien werden durch ein R vor der Maßzahl gekennzeichnet.

Wandöffnungen werden in Grundrissen mit der Angabe der Breite und Höhe bemaßt. Die Maßzahl für die Breite steht über der Maßlinie, die Maßzahl für die Höhe direkt darunter unter der Maßzahl. **7**

Schnitt A

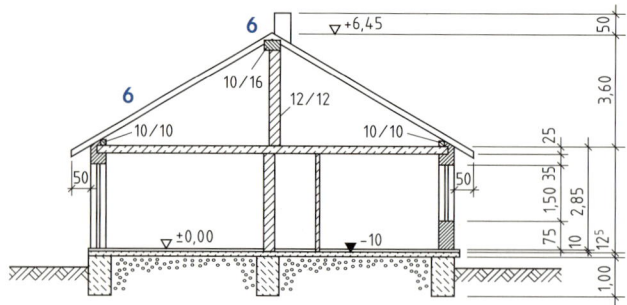

Bauzeichnungen
Building and civil engineering drawings
DIN 1356-1: 1995-02

Bemaßung

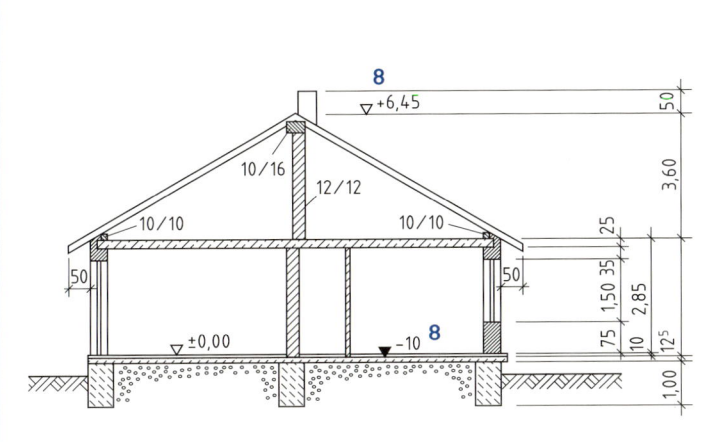

Höhenangaben sind in Schnitten und Grundrissen einzutragen. Das Vorzeichen + oder − der Maßzahlen bezieht sich auf die Höhenlage ± 0,00. Dies ist die Höhenlage der Oberfläche der Fertigkonstruktion des Fußbodens im Eingangsbereich, bezogen auf NN. **8**

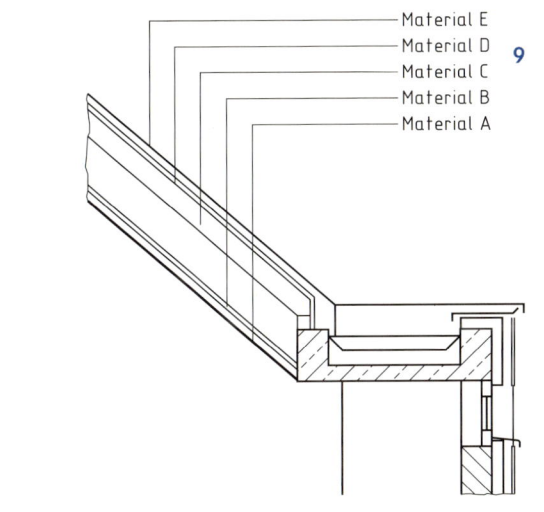

Hinweislinien sind aus der Darstellung herauszuziehen.
Sie sind rechtwinklig anzuordnen und dürfen einmal abgewinkelt werden.

Das Herausziehen unter 45° soll nur angewendet werden, wenn es der Verdeutlichung dient. Hinweislinien können mit einem Pfeil enden.

Bei Platzmangel dürfen Hinweislinien auch für Maße angewendet werden.

Hinweise sind in Blockform anzugeben. **9**

Vereinfachte Darstellungen

Treppen und Rampen im Grundriss (mit Steigungsrichtung)			
Einläufige Treppe		Treppenlauf, horizontal geschnitten, mit darunterliegendem Lauf	
Zweiläufige Treppe		Baustahl	
Spindeltreppe		Rampe	

Technische Kommunikation

Bauzeichnungen
Building and civil engineering drawings

DIN 1356-1: 1995-02

Vereinfachte Darstellungen

Öffnungsarten von Türen im Grundriss

Bezeichnung	Symbol	Bezeichnung	Symbol
Drehflügel, einflügelig		Hebe-Drehflügel	
Drehflügel, zweiflügelig		Drehtür	
Drehflügel, zweiflügelig gegeneinander schlagend		Schiebeflügel	
		Hebe-Schiebeflügel	
Pendelflügel, einflügelig		Falttür	
Pendelflügel, zweiflügelig		Schwingflügel	

Öffnungsarten von Türen und Fenstern in der Ans

Bezeichnung	Symbol	Bezeichnung	Symbol
Drehflügel		Schwingflügel	
Kippflügel		Wendeflügel	
Klappflügel		Schiebeflügel, vertikal	
Dreh-Kippflügel		Schiebeflügel, horizontal	
Hebe-Drehflügel		Hebe-Schwingflügel	
		Fensterverglasung	

Positionsnummern
Item references

DIN ISO 6433: 1982-09

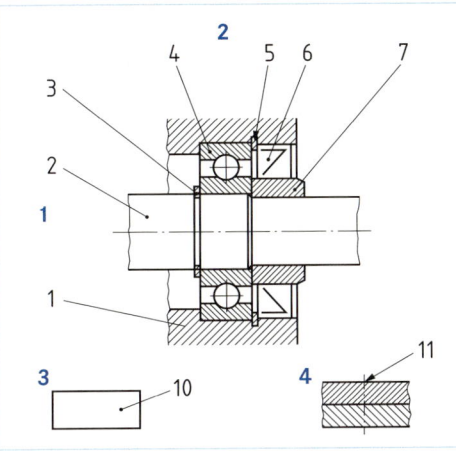

Positionsnummern werden aus arabischen Ziffern gebildet. Falls erforderlich werden sie durch Großbuchstaben ergänzt.

Positionsnummern werden doppelt so groß geschrieben wie die Bemaßung.

Die Positionsnummer ist mit dem zugeordneten Teil mit einer Hinweislinie zu verbinden. Hinweislinien dürfen sich nicht kreuzen. Sie sollen schräg zur Positionsnummer herausgezogen werden.

Für die bessere Lesbarkeit sind die Positionsnummern senkrecht untereinander **1** oder waagerecht nebeneinander **2** anzuordnen.

Positionsnummern von zusammengehörenden Teilen dürfen an einer Hinweislinie eingetragen werden.

Hinweislinien enden mit einem Punkt **3** oder einem Pfeil **4**.

Gestaltabweichungen
Form deviations

DIN 4760: 1982-06

→ Gestaltabweichungen sind Abweichungen der Ist-Oberfläche von der Ideal-Oberfläche.

Ordnung	1.	2.	3.	4.	5.	6.
bildliche Darstellung	Formabweichung	Welligkeit	← Rauheit	→	–	–
Beispiel	Geradheits-, Rundheits-Abweichungen	Wellen	Rillen	Riefen, Schuppen	Gefügestruktur	Gitteraufbau des Werkstoffes
mögliche Entstehungsursachen	Durchbiegen der Maschine oder des Werkstückes	Schwingungen der Werkzeugmaschine	Form der Werkzeugschneide, Vorschub des Werkzeuges	Vorgang der Spanbildung (Reißspan, Aufbauschneide)	Kristallisationsvorgänge, Korrosionsvorgänge	–

Die Gestaltabweichungen 1.–4. Ordnung überlagern sich in der Regel zur Istoberfläche.

Rauheitskenngrößen
Surface roughness parameters

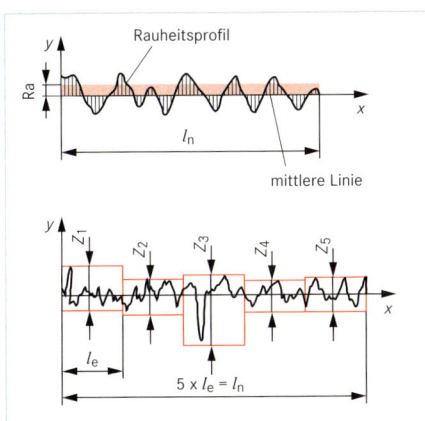

Arithmetischer Mittenrauwert Ra: Der arithmetische Mittenrauwert Ra entspricht der Höhe eines Rechteckes, dessen Länge gleich der Gesamtmesslänge l_n ist und das flächengleich mit der Summe der zwischen Rauheitsprofil und mittlerer Linie eingeschlossenen Flächen ist.

Gemittelte Rautiefe Rz: Die gemittelte Rautiefe Rz ist das arithmetische Mittel aus den Einzelrautiefen fünf aneinander grenzender Einzelmessstrecken l_e. Die Einzelrautiefe Z ist der Abstand des höchsten vom tiefsten Punkt des Profils innerhalb der Einzelmessstrecke.

$$Rz = \frac{Z_1 + Z_2 + Z_3 + Z_4 + Z_5}{5}$$

Maximale Rautiefe R_{max}: Die maximale Rautiefe R_{max} ist die größte Einzelrautiefe auf der Gesamtmessstrecke l_n.

Angabe der Oberflächenbeschaffenheit
Methode of indicating surface texture

DIN EN ISO 1302: 2002-06

Grundsymbol

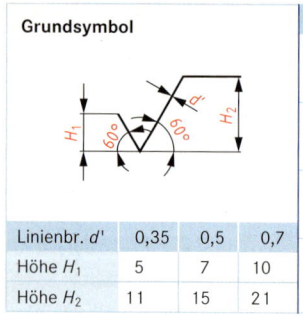

Linienbr. d'	0,35	0,5	0,7
Höhe H_1	5	7	10
Höhe H_2	11	15	21

Lage der Oberflächenangaben am Symbol

Beispiele

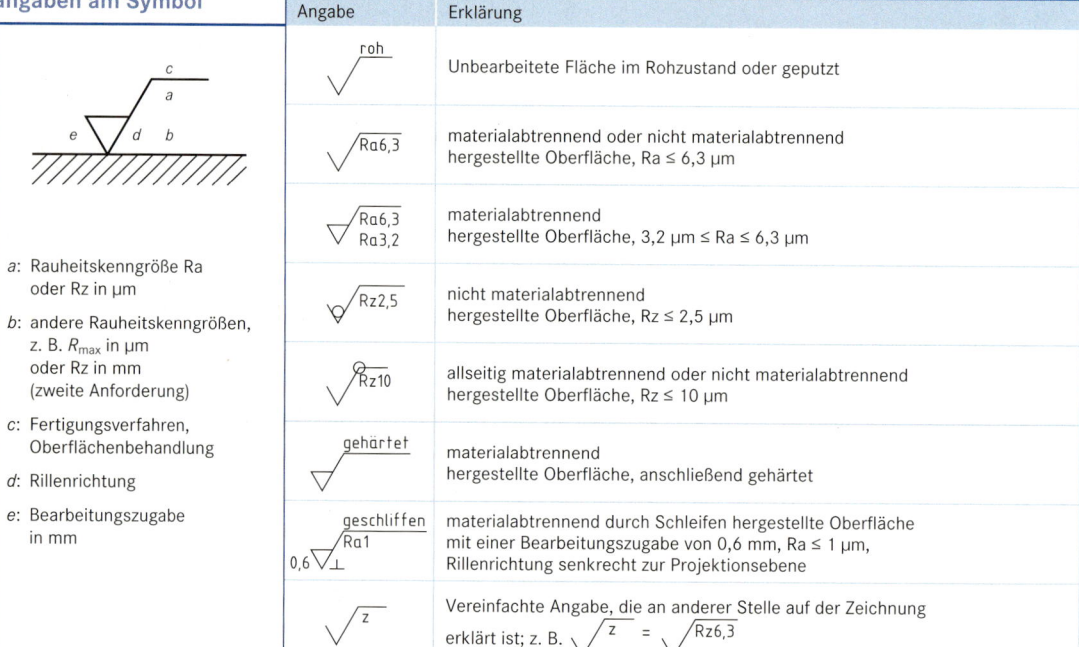

a: Rauheitskenngröße Ra oder Rz in µm

b: andere Rauheitskenngrößen, z. B. R_{max} in µm oder Rz in mm (zweite Anforderung)

c: Fertigungsverfahren, Oberflächenbehandlung

d: Rillenrichtung

e: Bearbeitungszugabe in mm

Zusammenhang von Rauheitskenngröße Ra und Rauheitsklasse N
(Angabe der Rauheitsklasse nicht in Neukonstruktionen)

Rauheitskenngröße Ra in µm	50	25	12,5	6,3	3,2	1,6	0,8	0,4	0,2	0,1	0,05	0,025
Rauheitsklasse N	N 12	N 11	N 10	N 9	N 8	N 7	N 6	N 5	N 4	N 3	N 2	N 1

Symbole für die Oberflächenstruktur

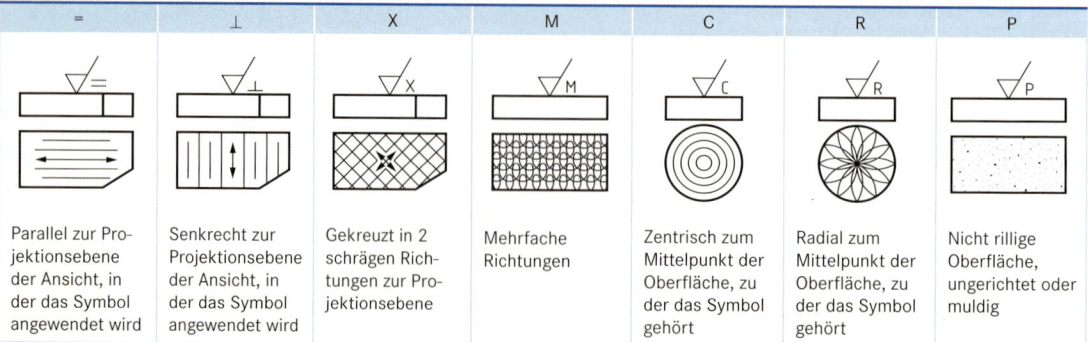

Angabe der Oberflächenbeschaffenheit
Methode of indicating surface texture

Umstellung bestehender Zeichnungen auf Angaben nach DIN ISO 1302 (zurückgezogen)

Angabe der Oberflächenbeschaffenheit durch die gemittelte Rautiefe Rz				Oberflächenzeichen nach DIN 3141 (zurückgezogen)	Angabe der Oberflächenbeschaffenheit durch den Mittenrauwert Ra			
Reihe 1	Reihe 2	Reihe 3	Reihe 4		Reihe 1	Reihe 2	Reihe 3	Reihe 4
geputzt oder	roh oder	oder	Rz63	∇	geputzt oder	roh oder	oder	6,3
Rz160	Rz100	Rz63	Rz25	∇∇	Ra25	Ra12,5	Ra6,3	Ra3,2
Rz40	Rz25	Rz16	Rz10	∇∇	Ra6,3	Ra3,2	Ra1,6	Ra1,6
Rz16	Rz6,3	Rz4	Rz2,5	∇∇∇	Ra1,6	Ra0,8	Ra0,4	Ra0,2
—	Rz1	Rz1	Rz0,4	∇∇∇∇	—	Ra0,1	Ra0,1	Ra0,025

Hinweis: Zwischen den Rauheitskenngrößen Rz und Ra besteht keine direkte Beziehung, da sich das Verhältnis von Rz zu Ra in Abhängigkeit vom Fertigungsverfahren ändern kann.

Anordnung der Symbole

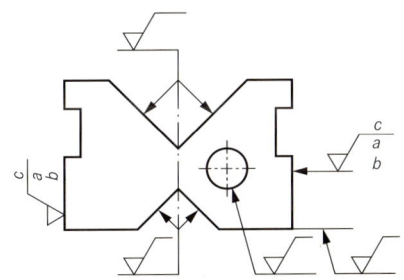

Die Symbole sind so anzuordnen, dass sie mit den Angaben von unten oder von rechts lesbar sind.

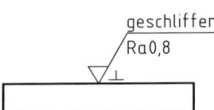

geschliffen Ra0,8

Oberflächenbeschaffenheit hergestellt durch Schleifen
Ra ≦ 0,8 µm,
Rillenrichtung senkrecht zur Projektionsebene

5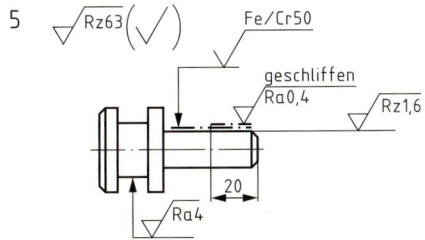

Wenn es notwendig ist, wird die Oberflächenbeschaffenheit vor und nach der Oberflächenbehandlung angegeben.

6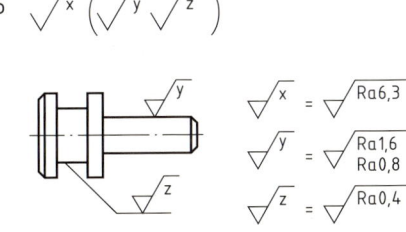

Vereinfachte Angaben müssen erläutert werden.

Technische Kommunikation 47

Rauheitskenngrößen
Surface roughness parameters

Herstellverfahren der Rauheit von Oberflächen

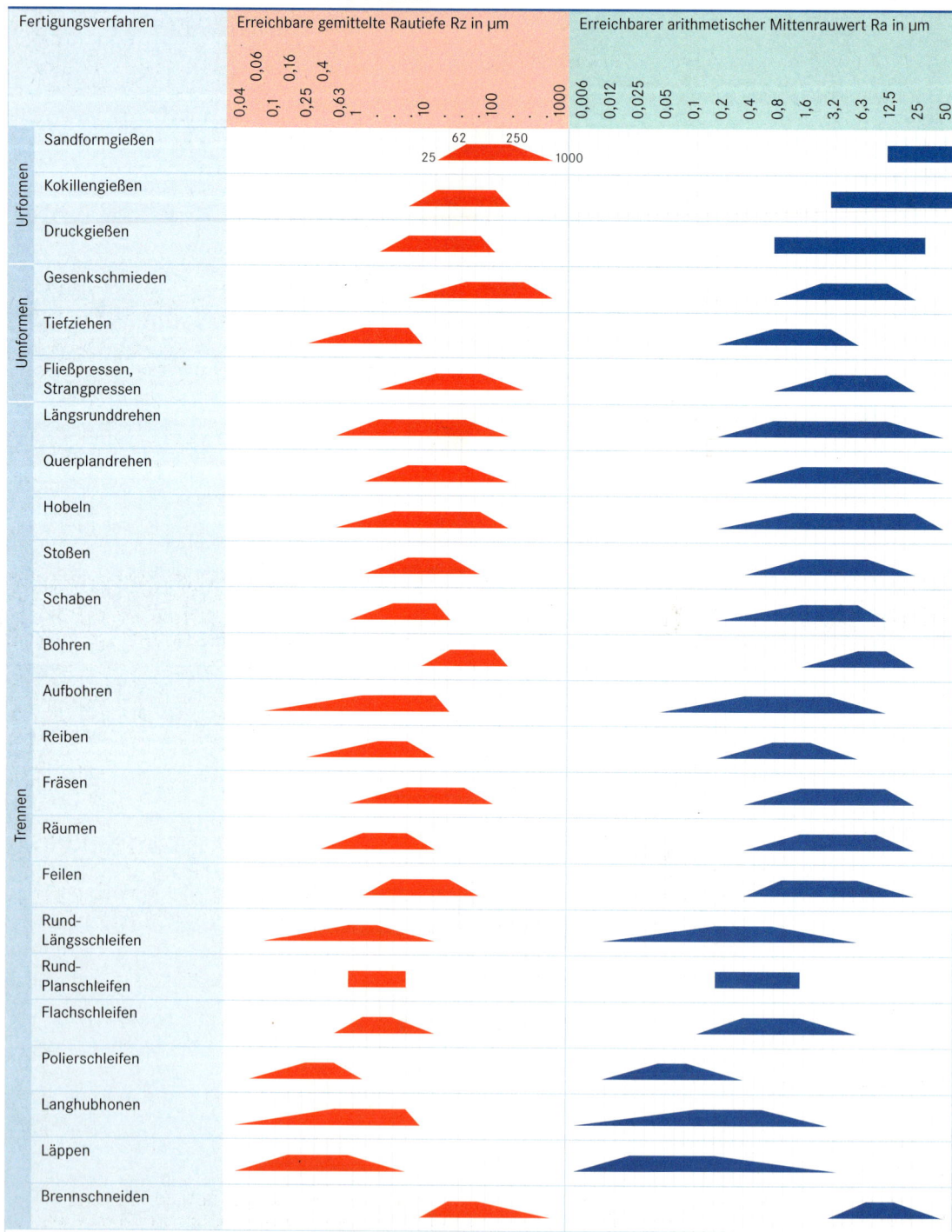

Die in den Tabellen angegebenen Werte sind Orientierungs- und Erfahrungswerte.
Die unteren Werte der jeweiligen Bereiche der erreichbaren Rautiefe Rz dürfen nicht als obere Grenzwerte in einer Zeichnungsangabe verwendet werden.
Soll ein bestimmter Ra- oder Rz-Wert vorgeschrieben werden, so muss dies durch Rauheitsangaben nach DIN ISO 1302 geschehen.

Allgemeintoleranzen für Längen- und Winkelmaße
General tolerances for linear and angular dimensions

DIN ISO 2768-1: 1991-06

Grenzabmaße für Längenmaße

Toleranz-klasse	Grenzabmaße in mm für Nennmaßbereiche in mm							
	0,5 bis 3	über 3 bis 6	über 6 bis 30	über 30 bis 120	über 120 bis 400	über 400 bis 1000	über 1000 bis 2000	über 2000 bis 4000
f (fein)	± 0,05	± 0,05	± 0,1	± 0,15	± 0,2	± 0,3	± 0,5	–
m (mittel)	± 0,1	± 0,1	± 0,2	± 0,3	± 0,5	± 0,8	± 1,2	± 2
c (grob)	± 0,2	± 0,3	± 0,5	± 0,8	± 1,2	± 2	± 3	± 4
v (sehr grob)	–	± 0,5	± 1	± 1,5	± 2,5	± 4	± 6	± 8

Grenzabmaße für Rundungshalbmesser und Fasenhöhen (gebrochene Kanten)

Toleranz-klasse	Grenzabmaße in mm für Nennmaßbereiche in mm		
	0,5 bis 3	über 3 bis 6	über 6
f (fein) / m (mittel)	± 0,2	± 0,5	± 1
c (grob) / v (sehr grob)	± 0,4	± 1	± 2

Grenzabmaße für Winkelmaße

Toleranz-klasse	Grenzabmaße in Winkeleinheiten für Längenbereiche des **kürzeren Schenkels** in mm				
	bis 10	über 10 bis 50	über 50 bis 120	über 120 bis 400	über 400
f (fein) / m (mittel)	± 1°	± 0°30'	± 0°20'	± 0°10'	± 0°5'
c (grob)	± 1°30'	± 1°	± 0°30'	± 0°15'	± 0°10'
v (sehr grob)	± 3°	± 2°	± 1°	± 0°30'	± 0°20'

Zeichnungseintragung: z. B. für die Toleranzklasse „mittel" in das vorgesehene Feld des Schriftfeldes: **ISO 2768-m**

Allgemeintoleranzen für Form und Lage
General geometrical tolerances for features

DIN ISO 2768-2: 1991-04

Toleranz-klasse	Allgemeintoleranzen in mm für Geradheit und Ebenheit für Nennmaßbereiche in mm						Lauftoleranzen in mm
	bis 10	über 10 bis 30	über 30 bis 100	über 100 bis 300	über 300 bis 1000	über 1000 bis 3000	
H	0,02	0,05	0,1	0,2	0,3	0,4	0,1
K	0,05	0,1	0,2	0,4	0,6	0,8	0,2
L	0,1	0,2	0,4	0,8	1,2	1,6	0,5

Toleranz-klasse	Rechtwinkligkeitstoleranzen in mm für Nennmaßbereiche für den kürzeren Schenkel in mm				Symmetrietoleranzen in mm für Nennmaßbereiche in mm			
	bis 100	über 100 bis 300	über 300 bis 1000	über 1000 bis 3000	bis 100	über 100 bis 300	über 300 bis 1000	über 1000 bis 3000
H	0,2	0,3	0,4	0,5	0,5			
K	0,4	0,6	0,8	1	0,6	0,6	0,8	1
L	0,6	1	1,5	2	0,6	1	1,5	2

Anmerkungen zur Rundheit, Zylinderform, Koaxialität, Parallelität siehe DIN 7168

Zeichnungseintragungen:

Toleranzklasse m für Maßtoleranz und Toleranzklasse K für Form- und Lagetoleranz : ISO 2768-mK
    soll die Allgemeintoleranz für Maße nicht gelten   : ISO 2768-K
    soll die Hüllbedingung Ⓔ auch für einzelne Maßelemente gelten   : ISO 2768-mK-E

Die Hüllbedingung Ⓔ fordert, dass das Formelement die geometrisch ideale Hülle vom Maximum-Material-Maß nicht durchbricht. Das Maximum-Material-Maß beschreibt den Zustand, bei dem das Material des Formelementes sein Maximum hat, z. B. Durchmesser der kleinsten Bohrung oder der größten Welle.

ISO-System für Grenzmaße und Passungen
ISO system of limits and fits

DIN ISO 286-1: 1990-11

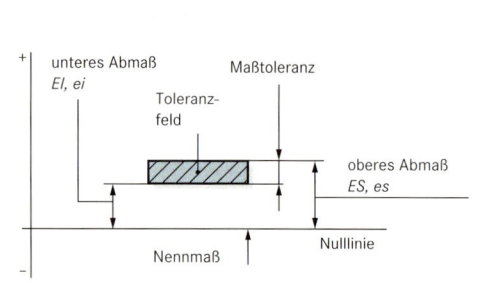

Benennung	Erklärung
Welle	Begriff zur Beschreibung eines äußeren Formelementes eines Werkstückes einschließlich nichtzylindrischer Formelemente
Bohrung	Begriff zur Beschreibung eines inneren Formelementes eines Werkstückes einschließlich nichtzylindrischer Formelemente
Nennmaß	Maß, von dem die Grenzmaße abgeleitet werden (bisher Kurzzeichen N)
Nulllinie	In der grafischen Darstellung die Linie, die dem Nennmaß entspricht
Maßtoleranz	Höchstmaß minus Mindestmaß oder oberes Abmaß minus unteres Abmaß (bisher Kurzzeichen T)
Grenzabmaße	Oberes Abmaß ES (Bohrung), es (Welle) oder unteres Abmaß EI (Bohrung), ei (Welle)
Grenzmaße	Höchstmaß oder Mindestmaß (bisher Kurzzeichen G_o oder G_u)
Mindestmaß	Bohrung: $G_{uB} = N + EI$ Welle: $G_{uW} = N + ei$
Höchstmaß	Bohrung: $G_{oB} = N + ES$ Welle: $G_{oW} = N + es$

Maßtoleranz:

Bohrung: $T = G_{oB} - G_{uB}$
$T = ES - EI$

Welle: $T = G_{oW} - G_{uW}$
$T = es - ei$

Grenzabmaße für Wellen

Grenzabmaße für Bohrungen

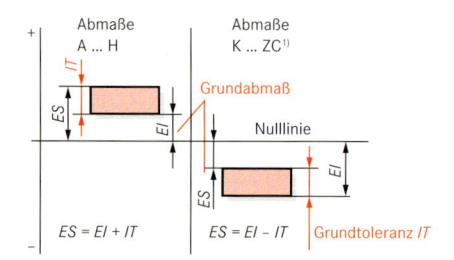

[1] nicht gültig
- für Grundtoleranzgrade ≤ IT 8 bei Toleranzfeldlage k
- Toleranzklasse M8

Benennung	Erklärung
Grundabmaß	Das Abmaß, das die Lage des Toleranzfeldes in Bezug zur Nulllinie festlegt (oberes oder unteres Abmaß, das der Nulllinie am nächsten liegt), Kennzeichnung durch Großbuchstaben für eine Bohrung und Kleinbuchstaben für eine Welle
Grundtoleranz IT	Jede zum ISO-System gehörende Toleranz
Grundtoleranzgrad	Gruppe von Toleranzen, die dem gleichen Genauigkeitsniveau für alle Nennmaße zugeordnet sind, z. B. IT 8

Benennung	Erklärung
Toleranzgrad	Zahl des Grundtoleranzgrades
Toleranzklasse	Benennung für eine Kombination eines Grundabmaßes und eines Toleranzgrades, z. B. H8
Toleranzfeld	In der grafischen Darstellung das Intervall zwischen dem Höchstmaß und dem Mindestmaß
Passung	Differenz zwischen den Maßen zweier zu fügender Formelemente

Spielpassung
$G_{uB} \geq G_{oW}$

Übermaßpassung
$G_{oB} \leq G_{uW}$

Übergangspassung
Spiel oder Übermaß

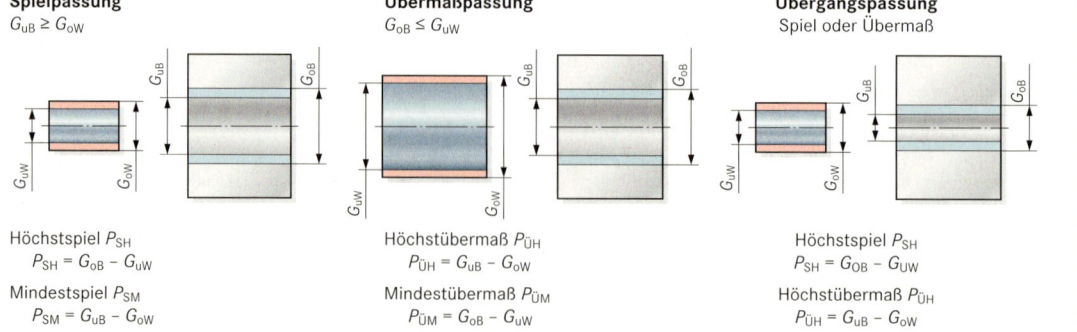

Höchstspiel P_{SH}
$P_{SH} = G_{oB} - G_{uW}$
Mindestspiel P_{SM}
$P_{SM} = G_{uB} - G_{oW}$

Höchstübermaß $P_{ÜH}$
$P_{ÜH} = G_{uB} - G_{oW}$
Mindestübermaß $P_{ÜM}$
$P_{ÜM} = G_{oB} - G_{uW}$

Höchstspiel P_{SH}
$P_{SH} = G_{OB} - G_{UW}$
Höchstübermaß $P_{ÜH}$
$P_{ÜH} = G_{uB} - G_{oW}$

Passungssysteme
Systems of fits

DIN ISO 286-1: 1990-11

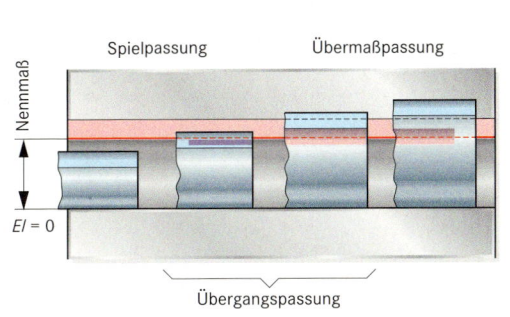

Passungssystem Einheitsbohrung
Passungssystem, in dem das untere Abmaß der Bohrung Null ist.

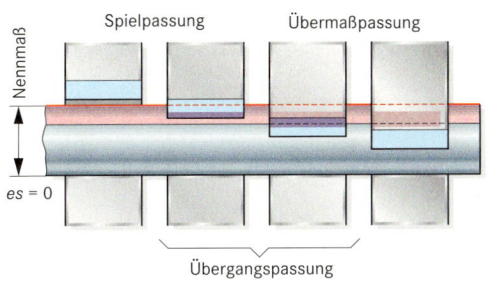

Passungssystem Einheitswelle
Passungssystem, in dem das obere Abmaß der Welle Null ist.

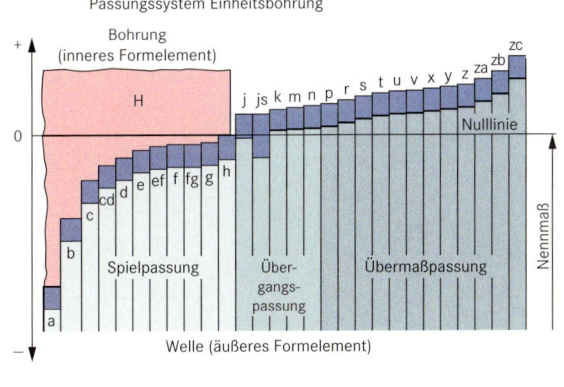

Die Maßtoleranz ist eine Funktion des Nennmaßes. Sie wird durch eine Zahl (Toleranzgrad) ausgedrückt.

Die Lage des Toleranzfeldes zur Nulllinie wird durch einen, in einigen Fällen durch zwei Buchstaben gekennzeichnet.

Dabei gilt:
– Großbuchstaben für Bohrungen
– Kleinbuchstaben für Wellen

Mit JS bzw. js werden J- bzw. j-Toleranzfelder bezeichnet, deren Lage symmetrisch zur Nulllinie ist.

Kennzeichnung eines tolerierten Maßes

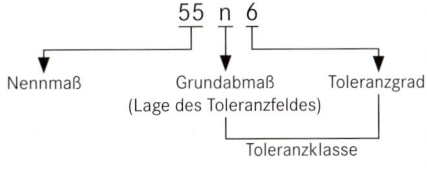

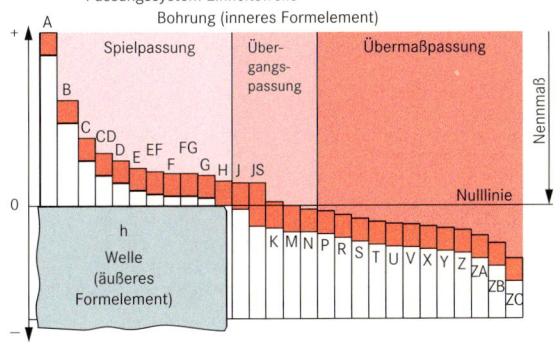

Kennzeichnung einer Passung

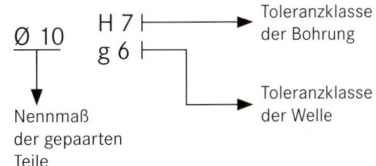

ISO-Passungen für Einheitsbohrung
ISO-fits for the hole basis system

DIN ISO 286-2: 1990-11; DIN 7154-1: 1966-08

Nennmaß-bereich in mm		Grenzabmaße in µm													
		Bohrg. H6	Welle					Bohrg. H7	Welle						
von	bis		r5	n5	k6	j6	h5		s6	r6	n6	m6	k6	j6	h6	g6	f7
von 1	bis 3	+ 6 / 0	+ 14 / + 10	+ 8 / + 4	+ 6 / 0	+ 4 / − 2	0 / − 4	+ 10 / 0	+ 20 / + 14	+ 16 / + 10	+ 10 / + 4	+ 8 / + 2	+ 6 / 0	+ 4 / − 2	0 / − 6	− 2 / − 8	− 6 / − 16
über 3	bis 6	+ 8 / 0	+ 20 / + 15	+ 13 / + 8	+ 9 / + 1	+ 6 / − 2	0 / − 5	+ 12 / 0	+ 27 / + 19	+ 23 / + 15	+ 16 / + 8	+ 12 / + 4	+ 9 / + 1	+ 6 / − 2	0 / − 8	− 4 / − 12	− 10 / − 22
über 6	bis 10	+ 9 / 0	+ 25 / + 19	+ 16 / + 10	+ 10 / + 1	+ 7 / − 2	0 / − 6	+ 15 / 0	+ 32 / + 23	+ 28 / + 19	+ 19 / + 10	+ 15 / + 6	+ 10 / + 1	+ 7 / − 2	0 / − 9	− 5 / − 14	− 13 / − 28
über 10	bis 14	+ 11 / 0	+ 31 / + 23	+ 20 / + 12	+ 12 / + 1	+ 8 / − 3	0 / − 8	+ 18 / 0	+ 39 / + 28	+ 34 / + 23	+ 23 / + 12	+ 18 / + 7	+ 12 / + 1	+ 8 / − 3	0 / − 11	− 6 / − 17	− 16 / − 34
über 14	bis 18																
über 18	bis 24	+ 13 / 0	+ 37 / + 28	+ 24 / + 15	+ 15 / + 2	+ 9 / − 4	0 / − 9	+ 21 / 0	+ 48 / + 35	+ 41 / + 28	+ 28 / + 15	+ 21 / + 8	+ 15 / + 2	+ 9 / − 4	0 / − 13	− 7 / − 20	− 20 / − 41
über 24	bis 30																
über 30	bis 40	+ 16 / 0	+ 45 / + 34	+ 28 / + 17	+ 18 / + 2	+ 11 / − 5	0 / − 11	+ 25 / 0	+ 59 / + 43	+ 50 / + 34	+ 33 / + 17	+ 25 / + 9	+ 18 / + 2	+ 11 / − 5	0 / − 16	− 9 / − 25	− 25 / − 50
über 40	bis 50																
über 50	bis 65	+ 19 / 0	+ 54 / + 41	+ 33 / + 20	+ 21 / + 2	+ 12 / − 7	0 / − 13	+ 30 / 0	+ 72 / + 53	+ 60 / + 41	+ 39 / + 20	+ 30 / + 11	+ 21 / + 2	+ 12 / − 7	0 / − 19	− 10 / − 29	− 30 / − 60
über 65	bis 80		+ 56 / + 43						+ 78 / + 59	+ 62 / + 43							
über 80	bis 100	+ 22 / 0	+ 66 / + 51	+ 38 / + 23	+ 25 / + 3	+ 13 / − 9	0 / − 15	+ 35 / 0	+ 93 / + 71	+ 73 / + 51	+ 45 / + 23	+ 35 / + 13	+ 25 / + 3	+ 13 / − 9	0 / − 22	− 12 / − 34	− 36 / − 71
über 100	bis 120		+ 69 / + 54						+ 101 / + 79	+ 76 / + 54							
über 120	bis 140	+ 25 / 0	+ 81 / + 63	+ 45 / + 27	+ 28 / + 3	+ 14 / − 11	0 / − 18	+ 40 / 0	+ 117 / + 92	+ 88 / + 63	+ 52 / + 27	+ 40 / + 15	+ 28 / + 3	+ 14 / − 11	0 / − 25	− 14 / − 39	− 43 / − 83
über 140	bis 160		+ 83 / + 65						+ 125 / + 100	+ 90 / + 65							
über 160	bis 180		+ 86 / + 68						+ 133 / + 108	+ 93 / + 68							
über 180	bis 200	+ 29 / 0	+ 97 / + 77	+ 51 / + 31	+ 33 / + 4	+ 16 / − 13	0 / − 20	+ 46 / 0	+ 151 / + 122	+ 106 / + 77	+ 60 / + 31	+ 46 / + 17	+ 33 / + 4	+ 16 / − 13	0 / − 29	− 15 / − 44	− 50 / − 96
über 200	bis 225		+ 100 / + 80						+ 159 / + 130	+ 109 / + 80							
über 225	bis 250		+ 104 / + 84						+ 169 / + 140	+ 113 / + 84							
über 250	bis 280	+ 32 / 0	+ 117 / + 94	+ 57 / + 34	+ 36 / + 4	+ 16 / − 16	0 / − 23	+ 52 / 0	+ 190 / + 158	+ 126 / + 94	+ 66 / + 34	+ 52 / + 20	+ 36 / + 4	+ 16 / − 16	0 / − 32	− 17 / − 49	− 56 / − 108
über 280	bis 315		+ 121 / + 98						+ 202 / + 170	+ 130 / + 98							
über 315	bis 355	+ 36 / 0	+ 133 / + 108	+ 62 / + 37	+ 40 / + 4	+ 18 / − 18	0 / − 25	+ 57 / 0	+ 226 / + 190	+ 144 / + 108	+ 73 / + 37	+ 57 / + 21	+ 40 / + 4	+ 18 / − 18	0 / − 36	− 18 / − 54	− 62 / − 119
über 355	bis 400		+ 139 / + 114						+ 244 / + 208	+ 150 / + 114							
über 400	bis 450	+ 40 / 0	+ 153 / + 126	+ 67 / + 40	+ 45 / + 5	+ 20 / − 20	0 / − 27	+ 63 / 0	+ 272 / + 232	+ 166 / + 126	+ 80 / + 40	+ 63 / + 23	+ 45 / + 5	+ 20 / − 20	0 / − 40	− 20 / − 60	− 68 / − 131
über 450	bis 500		+ 159 / + 132						+ 292 / + 252	+ 172 / + 132							

ISO-Passungen für Einheitsbohrung
ISO-fits for the hole basis system

DIN ISO 286-2: 1990-11; DIN 7154-1: 1966-08

Nennmaß-bereich in mm	Bohrg. H8	Welle x8	Welle u8	Welle s8	Welle h9	Welle f7	Welle e8	Welle d9	Bohrg. H11	Welle h9	Welle h11	Welle d9	Welle c11	Welle a11
von 1 bis 3	+14 / 0	+34 / +20	–	+28 / +14	0 / −25	−6 / −16	−14 / −28	−20 / −45	+60 / 0	0 / −25	0 / −60	−20 / −45	−60 / −120	−270 / −330
über 3 bis 6	+18 / 0	+46 / +28	–	+37 / +19	0 / −30	−10 / −22	−20 / −38	−30 / −60	+75 / 0	0 / −30	0 / −75	−30 / −60	−70 / −145	−270 / −345
über 6 bis 10	+22 / 0	+56 / +34	–	+45 / +23	0 / −36	−13 / −28	−25 / −47	−40 / −76	+90 / 0	0 / −36	0 / −90	−40 / −76	−80 / −170	−280 / −370
über 10 bis 14	+27 / 0	+67 / +40	–	+55 / +28	0 / −43	−16 / −34	−32 / −59	−50 / −93	+110 / 0	0 / −43	0 / −110	−50 / −93	−95 / −205	−290 / −400
über 14 bis 18	+27 / 0	+72 / +45	–	+55 / +28	0 / −43	−16 / −34	−32 / −59	−50 / −93	+110 / 0	0 / −43	0 / −110	−50 / −93	−95 / −205	−290 / −400
über 18 bis 24	+33 / 0	+87 / +54	–	+68 / +35	0 / −52	−20 / −41	−40 / −73	−65 / −117	+130 / 0	0 / −52	0 / −130	−65 / −117	−110 / −240	−300 / −430
über 24 bis 30	+33 / 0	+97 / +64	+81 / +48	+68 / +35	0 / −52	−20 / −41	−40 / −73	−65 / −117	+130 / 0	0 / −52	0 / −130	−65 / −117	−110 / −240	−300 / −430
über 30 bis 40	+39 / 0	+119 / +80	+99 / +60	+82 / +43	0 / −62	−25 / −50	−50 / −89	−80 / −142	+160 / 0	0 / −62	0 / −160	−80 / −142	−120 / −280	−310 / −470
über 40 bis 50	+39 / 0	+136 / +97	+109 / +70	+82 / +43	0 / −62	−25 / −50	−50 / −89	−80 / −142	+160 / 0	0 / −62	0 / −160	−80 / −142	−130 / −290	−320 / −480
über 50 bis 65	+46 / 0	+168 / +122	+133 / +87	+99 / +53	0 / −74	−30 / −60	−60 / −106	−100 / −174	+190 / 0	0 / −74	0 / −190	−100 / −174	−140 / −330	−340 / −530
über 65 bis 80	+46 / 0	+192 / +146	+148 / +102	+105 / +59	0 / −74	−30 / −60	−60 / −106	−100 / −174	+190 / 0	0 / −74	0 / −190	−100 / −174	−150 / −340	−360 / −550
über 80 bis 100	+54 / 0	+232 / +178	+178 / +124	+125 / +71	0 / −87	−36 / −71	−72 / −126	−120 / −207	+220 / 0	0 / −87	0 / −220	−120 / −207	−170 / −390	−380 / −600
über 100 bis 120	+54 / 0	+264 / +210	+198 / +144	+133 / +79	0 / −87	−36 / −71	−72 / −126	−120 / −207	+220 / 0	0 / −87	0 / −220	−120 / −207	−180 / −400	−410 / −630
über 120 bis 140	+63 / 0	+311 / +248	+233 / +170	+155 / +92	0 / −100	−43 / −83	−85 / −148	−145 / −245	+250 / 0	0 / −100	0 / −250	−145 / −245	−200 / −450	−460 / −710
über 140 bis 160	+63 / 0	+343 / +280	+253 / +190	+163 / +100	0 / −100	−43 / −83	−85 / −148	−145 / −245	+250 / 0	0 / −100	0 / −250	−145 / −245	−210 / −460	−520 / −770
über 160 bis 180	+63 / 0	+373 / +310	+273 / +210	+171 / +108	0 / −100	−43 / −83	−85 / −148	−145 / −245	+250 / 0	0 / −100	0 / −250	−145 / −245	−230 / −480	−580 / −830
über 180 bis 200	+72 / 0	+422 / +350	+308 / +236	+194 / +122	0 / −115	−50 / −96	−100 / −172	−170 / −285	+290 / 0	0 / −115	0 / −290	−170 / −285	−240 / −530	−660 / −950
über 200 bis 225	+72 / 0	+457 / +385	+330 / +258	+202 / +130	0 / −115	−50 / −96	−100 / −172	−170 / −285	+290 / 0	0 / −115	0 / −290	−170 / −285	−260 / −550	−740 / −1030
über 225 bis 250	+72 / 0	+497 / +425	+356 / +284	+212 / +140	0 / −115	−50 / −96	−100 / −172	−170 / −285	+290 / 0	0 / −115	0 / −290	−170 / −285	−280 / −570	−820 / −1110
über 250 bis 280	+81 / 0	+556 / +475	+396 / +315	+239 / +158	0 / −130	−56 / −108	−110 / −191	−190 / −320	+320 / 0	0 / −130	0 / −320	−190 / −320	−300 / −620	−920 / −1240
über 280 bis 315	+81 / 0	+606 / +525	+431 / +350	+251 / +170	0 / −130	−56 / −108	−110 / −191	−190 / −320	+320 / 0	0 / −130	0 / −320	−190 / −320	−330 / −650	−1050 / −1370
über 315 bis 355	+89 / 0	+679 / +590	+479 / +390	+279 / +190	0 / −140	−62 / −119	−125 / −214	−210 / −350	+360 / 0	0 / −140	0 / −360	−210 / −350	−360 / −720	−1200 / −1560
über 355 bis 400	+89 / 0	–	+524 / +435	+297 / +208	0 / −140	−62 / −119	−125 / −214	−210 / −350	+360 / 0	0 / −140	0 / −360	−210 / −350	−400 / −760	−1350 / −1710
über 400 bis 450	+97 / 0	–	+587 / +490	+329 / +232	0 / −155	−68 / −131	−135 / −232	−230 / −385	+400 / 0	0 / −155	0 / −400	−230 / −385	−440 / −840	−1500 / −1900
über 450 bis 500	+97 / 0	–	+637 / +540	+349 / +252	0 / −155	−68 / −131	−135 / −232	−230 / −385	+400 / 0	0 / −155	0 / −400	−230 / −385	−480 / −880	−1650 / −2050

Grenzabmaße in μm

Passungsauswahl
Selection of fits

DIN 7157: 1966-01

Die beliebige Paarung möglicher Toleranzfelder würde zu einer zu großen Zahl von Passungen führen. Eine wirtschaftliche Fertigung erfordert eine Einschränkung der Zahl der Toleranzfelder, deren Paarung zu allgemein anwendbaren und empfohlenen Passungen führt. Nur in Sonderfällen sollte von dieser Empfehlung abgewichen werden.

Die Toleranzfelder werden in 2 Reihen aufgeteilt:

Reihe 1 (Grundreihe)	x8[1]	u8[1]	r6	n6		h6	h9		f7		H7	H8		F8	E9	D10	C11
Reihe 2 (Ergänzungsreihe)					s6			k6	j6		h11	g6		e8	d9	c11	a11	H11	G7		A11

[1] bis Nennmaß 24 mm: x8, über Nennmaß 24 mm: u8

Die Toleranzfelder der Reihe 1 und der Reihe 2 können zu folgenden Passungen gepaart werden

Passungen aus Reihe 1	H8/x8	H8/u8	H7/r6	H7/n6	H8/h9	H7/f7	H8/h6	H8/f7	F8/h9	E9/h9	D10/h11	C11/h11
Passungen aus Reihe 1 und 2	H7/s6	H7/k6	H7/j6	H11/h9	G7/h6	H7/g6	H8/e8	H8/d9	D10/h11	C11/h11		
Passungen aus Reihe 2	H11/h11	H11/d9	H11/c11	A11/h11	H11/a11							

System Einheitsbohrung (rosa) / System Einheitswelle (blau)

Beispiel
Example

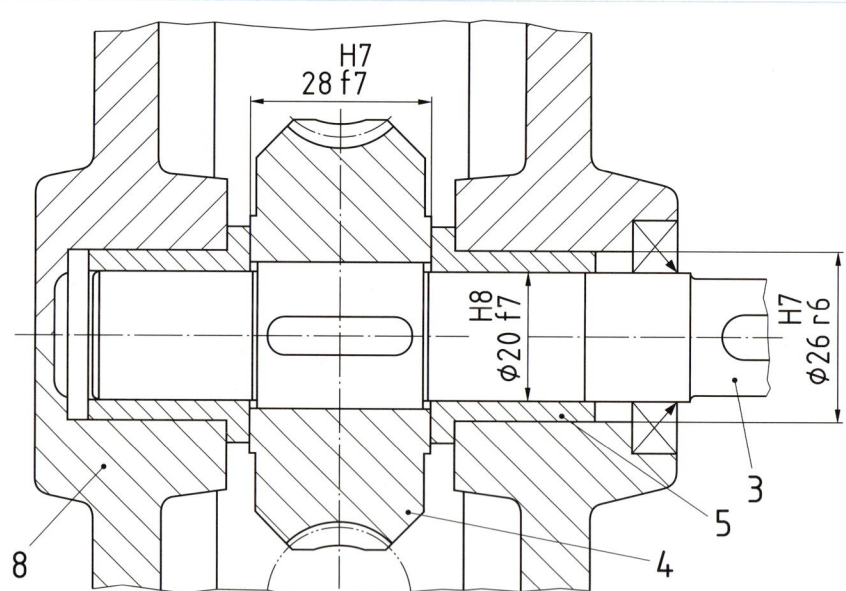

Die Welle (Pos. 3) ist durch zwei Gleitlager (Pos. 5) im Gehäuse (Pos. 8) gelagert. Auf der Welle ist ein Schneckenrad (Pos. 4) montiert. Die Welle muss sich in den Gleitlagern mit Spiel drehen, dagegen müssen die Lager im Gehäuse fest sitzen.

Passung	Grenzabmaße in µm				Höchstspiel/Mindestspiel in µm	Höchstübermaß/Mindestübermaß in µm
Ø 20 G7/f7	H8 +33	0	f7 −20	−41	+74/+20	−
Ø 26 H7/r6	H7 +21	0	r6 +41	+28	−	−41/−28
28 H7/f7	H7 +21	0	f7 −20	−41	+62/+20	−

Passungsbeispiele
Examples of fits

Übermaßpassung

Kurzzeichen	Beschreibung		Anwendungsbeispiele
H8/x8 (H8/u8)		Teile können nur unter hohem Druck oder durch Schrumpfen gefügt werden, zusätzliche Sicherung nicht erforderlich.	Kupplungen auf Wellen, Buchsen in Radnaben, Zahnkränze auf Zahnkörpern
H7/r6			

Übergangspassung

Kurzzeichen	Beschreibung		Anwendungsbeispiele
H7/n6		Teile können nur unter hohem Druck gefügt werden, Sicherung gegen Verdrehen erforderlich.	Zahn- und Schneckenräder, Lagerbuchsen, Antriebsräder
H7/k6		Teile lassen sich unter geringem Kraftaufwand fügen, Sicherung gegen Verdrehen und Verschieben erforderlich.	Riemenscheiben, Bremsscheiben, Lagerinnenringe für mittlere Belastung
H7/j6		Teile lassen sich von Hand zusammenschieben, Sicherung gegen Verdrehen und Verschieben erforderlich.	Häufig auszubauende Teile, Handräder, Lagerschalen, Wechselräder

Spielpassung

Kurzzeichen	Beschreibung		Anwendungsbeispiele
H7/h6		Gleitsitzteile, durch Hand verschiebbar	Pinolen auf Reitstock, Dichtungsringe
H8/h9		Teile haben kaum Spiel, sie sind von Hand verschiebbar	Scheiben, Räder, Stellringe, Hebel
H7/g6		Laufsitzteile mit geringem Spiel	Schieberäder, verschiebbare Kupplungen
H7/f7		Laufsitzteile mit reichlich Spiel	Lagerpassungen, Gleitführungen
F8/h9			Kolben im Zylinder
D10/h9		Teile haben sehr reichliches Spiel.	Achsbuchsen für Landmaschinen und Transmissionslager
H11/h11		Grobsitz, Teile haben große Toleranzen bei geringem Spiel.	Teile, die verstiftet, verschraubt oder verschweißt werden, Griffe, Hebel
C11/h11		Grobsitz, Teile haben große Toleranzen und große Spiele.	Lager an Landmaschinen und Haushaltsmaschinen
A11/h11		Grobsitz, Teile haben große Toleranzen und sehr lockeren Sitz.	Türangeln, Feder- und Bremsgestänge an Fahrzeugen

Geometrische Tolerierung
Geometrical tolerencing

DIN EN ISO 1101: 2008-08

→ *Eine geometrische Tolerierung eines Elementes definiert die Zone, innerhalb der dieses Element – Fläche, Achse oder Mittelebene – liegen muss.*

Toleranzrahmen

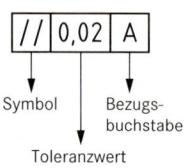

Das Ø-Zeichen wird vor den Toleranzwert gesetzt, wenn die Toleranzzone kreisförmig oder zylinderförmig ist.

Tolerierte Elemente

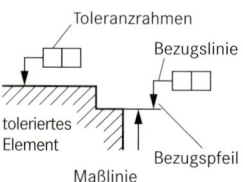

Die Toleranz bezieht sich auf eine Linie oder Fläche.

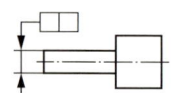

Die Toleranz bezieht sich auf die Achse oder Mittelebene

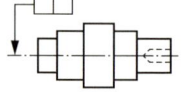

Die Toleranz bezieht sich auf alle durch die Mittellinie dargestellten Achsen oder Mittelebenen.

Symbole
nach DIN ISO 7083

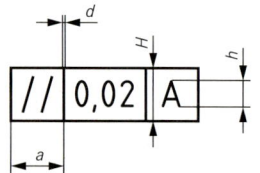

Maße, Schrift BVL

Linienbreite d	H	h	a
0,35	7	3,5	7
0,5	10	5	10
0,7	14	7	14

Bezüge

Bezieht sich ein toleriertes Element auf ein Bezugselement, so wird dieser durch Bezugsbuchstaben gekennzeichnet.

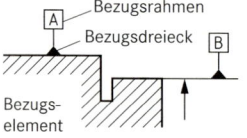

Der Bezug ist eine Linie oder Fläche.

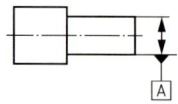

Der Bezug ist die Achse oder Mittelebene.

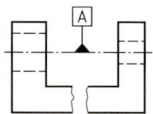

Der Bezug ist die gemeinsame Achse oder Mittelebene von zwei Elementen.

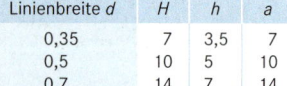
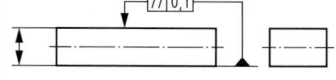

Kann der Toleranzrahmen direkt mit dem Bezug durch eine Bezugslinie verbunden werden, so kann der Bezugsbuchstabe entfallen.

Toleranzart	Toleranz	Symbol	Toleranzzone	Zeichnungseintragung	Erklärung
Formtoleranzen	Geradheitstoleranz	—			Die Achse des mit dem Toleranzrahmen verbundenen Zylinders muss innerhalb einer zylindrischen Toleranzzone vom Durchmesser 0,06 mm liegen.
	Ebenheitstoleranz	▱			Die Fläche muss zwischen zwei parallelen Ebenen vom Abstand 0,06 mm liegen.
	Rundheitstoleranz	○			Die Umfangslinie jedes Querschnittes muss zwischen zwei in derselben Ebene liegenden konzentrischen Kreisen vom Abstand 0,1 mm liegen.
	Zylinderformtoleranz	⌭			Die Zylindermantelfläche muss zwischen zwei koaxialen Zylindern vom Abstand 0,1 mm liegen.

Geometrische Tolerierung
Geometrical tolerencing

DIN EN ISO 1101: 2006-02

Toleranzart	Toleranz	Symbol	Toleranzzone	Zeichnungseintragung	Erklärung
Formtoleranzen	Profilformtoleranz einer beliebigen Linie	⌒	Øt	⌒ 0,03	Das tolerierte Profil muss zwischen zwei Linien liegen, die Kreise vom Durchmesser 0,03 mm einhüllen, deren Mitten auf einer Linie von geometrisch-idealer Form liegen.
	Profilformtoleranz einer beliebigen Fläche	⌓	Kugel Øt	⌓ 0,03	Die betrachtete Fläche muss zwischen zwei Flächen liegen, die Kugeln vom Durchmesser 0,03 mm einhüllen, deren Mitten auf einer Fläche von geometrisch-idealer Form liegen.
Lagetoleranzen / Richtungstoleranzen	Parallelitätstoleranz einer Linie zu einer Bezugslinie		Øt	// Ø0,02 A	Die tolerierte Achse muss innerhalb eines Zylinders vom Durchmesser 0,02 mm liegen, der parallel zur Bezugsachse A liegt.
	Parallelitätstoleranz einer Linie zu einer Bezugsfläche	//		// Ø0,02 A	Die tolerierte Achse der Bohrung muss zwischen zwei zur Bezugsfläche A parallelen Ebenen vom Abstand 0,02 mm liegen.
	Parallelitätstoleranz einer Fläche zu einer Bezugsfläche			// 0,02 B	Die tolerierte Fläche muss zwischen zwei zur Bezugsfläche B parallelen Ebenen vom Abstand 0,02 mm liegen.
	Rechtwinkligkeitstoleranz einer Linie zu einer Bezugsfläche	⊥	Øt	⊥ Ø0,02 A	Die tolerierte Achse des Zylinders muss innerhalb eines zur Bezugsfläche A senkrechten Zylinders vom Durchmesser 0,02 mm liegen.
	Rechtwinkligkeitstoleranz einer Fläche zu einer Bezugslinie			⊥ 0,1 B	Die tolerierte Planfläche des Werkstückes muss zwischen zwei parallelen und zur Bezugsachse B senkrechten Ebenen vom Abstand 0,1 mm liegen.
	Neigungstoleranz einer Linie zu einer Bezugslinie	∠		∠ 0,06 A-B 75°	Die tolerierte Achse der Bohrung muss zwischen zwei parallelen Linien vom Abstand 0,06 mm liegen, die im Winkel 75° zur Bezugsachse A-B geneigt sind.

Geometrische Tolerierung
Geometrical tolerencing

DIN EN ISO 1101: 2006-02

Toleranzart	Toleranz	Symbol	Toleranzzone	Zeichnungseintragung	Erklärung
Lagetoleranzen — Richtungstoleranzen	Neigungstoleranz einer Fläche zu einer Bezugslinie	∠			Die tolerierte Fläche muss zwischen zwei parallelen Ebenen vom Abstand 0,1 mm liegen, die um 75° zur Bezugsachse A geneigt sind.
Lagetoleranzen — Ortstoleranzen	Positionstoleranz einer Linie	⌖			Jede der tolerierten Linien muss zwischen zwei parallelen geraden Linien vom Abstand 0,05 mm liegen, die zur Bezugsfläche A symmetrisch zum theoretisch genauen Ort liegen.
	Koaxialitätstoleranz einer Achse	◎			Die Achse des tolerierten Zylinders muss innerhalb eines zur Bezugsachse A-B koaxialen Zylinders vom Durchmesser 0,1 mm liegen.
	Symmetrietoleranz einer Linie oder einer Achse	⌯			Die Achse der Bohrung muss zwischen zwei parallelen Ebenen vom Abstand 0,08 mm liegen, die symmetrisch zur gemeinsamen Mittelebene der Bezugsnuten A und B liegen.
Lagetoleranzen — Lauftoleranzen	Rundlauftoleranz	↗			Bei einer Umdrehung um die Bezugsachse A-B darf die Rundlaufabweichung in jeder Messebene 0,08 mm nicht überschreiten.
	Planlauftoleranz	↗			Bei einer Umdrehung um die Bezugsachse C darf die Planlaufabweichung an jeder beliebigen Messposition nicht größer als 0,08 mm sein.
	Gesamtrundlauftoleranz	↗↗			Bei mehrmaliger Drehung um die Bezugsachse A-B und bei axialer Verschiebung zwischen Werkstück und Messgerät müssen alle Punkte der Oberfläche des tolerierten Elementes innerhalb der Gesamt-Rundlauftoleranz von $t = 0,1$ mm liegen.
	Gesamtplanlauftoleranz	↗↗			Bei mehrmaliger Drehung um die Bezugsachse C und bei radialer Verschiebung zwischen Werkstück und Messgerät müssen alle Punkte der Oberfläche des tolerierten Elementes innerhalb der Gesamt-Planlauftoleranz von $t = 0,1$ mm liegen.

Technische Kommunikation

Toleranzen im Bauwesen
Tolerances in building

Begriffe
DIN 18 202: 2005-10

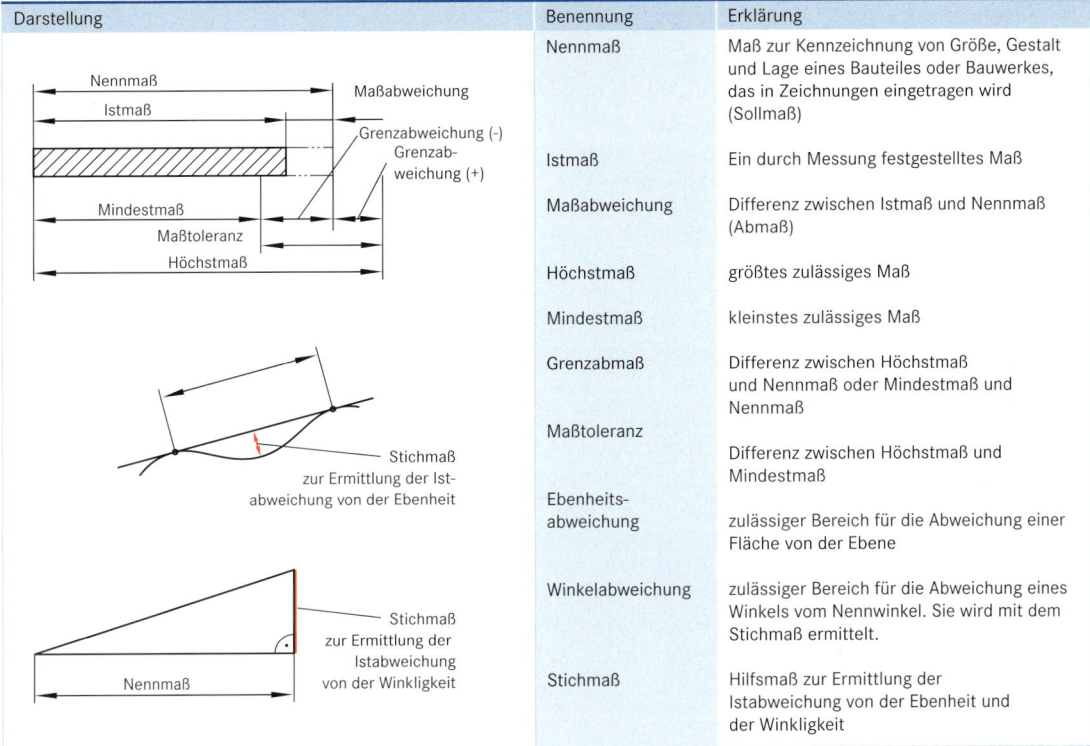

Darstellung	Benennung	Erklärung
	Nennmaß	Maß zur Kennzeichnung von Größe, Gestalt und Lage eines Bauteiles oder Bauwerkes, das in Zeichnungen eingetragen wird (Sollmaß)
	Istmaß	Ein durch Messung festgestelltes Maß
	Maßabweichung	Differenz zwischen Istmaß und Nennmaß (Abmaß)
	Höchstmaß	größtes zulässiges Maß
	Mindestmaß	kleinstes zulässiges Maß
	Grenzabmaß	Differenz zwischen Höchstmaß und Nennmaß oder Mindestmaß und Nennmaß
	Maßtoleranz	Differenz zwischen Höchstmaß und Mindestmaß
	Ebenheitsabweichung	zulässiger Bereich für die Abweichung einer Fläche von der Ebene
	Winkelabweichung	zulässiger Bereich für die Abweichung eines Winkels vom Nennwinkel. Sie wird mit dem Stichmaß ermittelt.
	Stichmaß	Hilfsmaß zur Ermittlung der Istabweichung von der Ebenheit und der Winkligkeit

Eintragen von Grenzabmaßen
DIN ISO 6284: 1997-09

symmetrisches Grenzabmaß	asymmetrisches Grenzabmaß				
860±12	860 +4/-16	oder	860+4;<-16	oder	860+4/-16

Toleranzen für Bauwerke
DIN 18 202: 2005-10

Grenzabmaße für Bauwerksmaße

Bezug	Grenzabmaße in mm bei Nennmaßen in m					
	bis 1	über 1 bis 3	über 3 bis 6	über 6 bis 15	über 15 bis 30	über 30
Maße im Grundriss (z. B. Längen, Rastermaße)	± 10	± 12	± 16	± 20	± 24	± 30
Maße im Aufriss (z. B. Geschosshöhen)	± 10	± 16	± 16	± 20	± 30	± 30
Lichte Maße im Grundriss (z. B. zwischen Stützen)	± 12	± 16	± 20	± 24	± 30	–
Lichte Maße im Aufriss (z. B. unter Decken)	± 16	± 20	± 20	± 30	–	–
Öffnungen (z. B. Fenster, Türen, Einbauelemente)	± 10	± 12	± 16	–	–	–
Öffnungen mit oberflächenfertigen Leibungen	± 8	± 10	± 12	–	–	–

Winkeltoleranzen

Bezug	Stichmaße als Grenzwerte in mm bei Nennmaßen in m					
	bis 0,5	über 0,5 bis 1	über 1 bis 3	über 3 bis 6	über 6 bis 15	über 15 bis 30	über 30
vertikale, horizontale und geneigte Flächen	3	6	8	12	16	20	30

Toleranzen im Bauwesen
Tolerances in building

Toleranzen für Bauwerke
DIN 18 202: 2005-10

Ebenheitstoleranzen

Bezug	Stichmaße als Grenzwerte in mm bei Messpunktabständen in m				
	bis 0,1	bis 1	bis 4	bis 10	bis 15[1]
nichtflächenfertige Oberseiten von Decken, Unterbeton	10	15	20	25	30
nichtflächenfertige Oberseiten von Decken mit erhöhten Anforderungen (z. B. Industrieböden) fertige Oberflächen für untergeordnete Zwecke (z. B. Keller, Lagerräume)	5	8	12	15	20
flächenfertige Böden (z. B. Estriche) Bodenbeläge	2	4	10	12	15
flächenfertige Böden mit erhöhten Anforderungen	1	3	9	12	15
nichtflächenfertige Wände, Unterseiten von Rohdecken	5	10	15	25	30
flächenfertige Wände, Unterseiten von Rohdecken (z. B. geputzte Wände)	3	5	10	20	25
flächenfertige Wände, Unterseiten von Rohdecken mit erhöhten Anforderungen	2	3	8	15	20

[1] Die Stichmaße gelten auch für Messpunktabstände über 15 m.

Toleranzen für vorgefertigte Teile aus Beton, Stahlbeton und Spannbeton
DIN 18 203-1: 1997-04

Winkeltoleranzen

Bezug	Stichmaße als Grenzwerte in mm bei Nennmaßen in m						
	bis 1,5	über 1,5 bis 3	über 3 bis 6	über 6 bis 10	über 10 bis 15	über 15 bis 22	über 22 bis 30	über 30
Längen stabförmiger Bauteile (z. B. Binder)	± 6	± 8	± 10	± 12	± 14	± 16	± 18	± 20
Längen und Breiten von Deckenplatten und Wandtafeln	± 8	± 8	± 10	± 12	± 16	± 20	± 20	± 20
Längen vorgespannter Bauteile	–	–	–	± 16	± 16	± 20	± 25	± 30
Längen und Breiten von Fassadentafeln	± 5	± 6	± 8	± 10	–	–	–	–

Grenzabmaße für Querschnittsmaße

Bezug	Grenzabmaße in mm bei Nennmaßen in m					
	bis 0,15	über 0,15 bis 0,3	über 0,3 bis 0,6	über 0,6 bis 1,0	über 1,0 bis 1,5	über 1,5
Dicken von Deckenplatten	± 6	± 8	± 10	–	–	–
Dicken von Wand- und Fassadentafeln	± 5	± 6	± 8	–	–	–
Querschnittsmaße stabförmiger Bauteile	± 6	± 6	± 8	± 12	± 16	± 20

Winkeltoleranzen

Bezug	Winkeltoleranzen als Stichmaß in mm bei Längen in m					
	bis 0,4	über 0,4 bis 1,0	über 1,0 bis 1,5	über 1,5 bis 3,0	über 3,0 bis 6,0	über 6,0
nichtoberflächenfertige Wandtafeln und Deckenplatten	8	8	8	8	10	12
oberflächenfertige Wandtafeln und Fassadentafeln	5	5	5	6	8	10
Querschnitte stabförmiger Bauteile	4	6	8	–	–	–

Toleranzen für vorgefertigte Teile aus Stahl
DIN 18 203-2: 2006-08

Grenzabmaße in mm bei Nennmaßen in mm				
bis 2000	über 2000 bis 4000	über 4000 bis 8000	über 8000 bis 12 000	über 12 000 bis 16 000
± 2	± 4	± 5	± 6	± 8

Einteilung der Stähle
Classification of grades of steels

DIN EN 10 020: 2000-07

→ *Stahl ist ein Werkstoff, dessen Masseanteil an Eisen größer ist als der jedes anderen Elementes, dessen C-Gehalt im Allgemeinen kleiner als 2 % ist und der andere Elemente enthält.*

Einteilung nach der chemischen Zusammensetzung

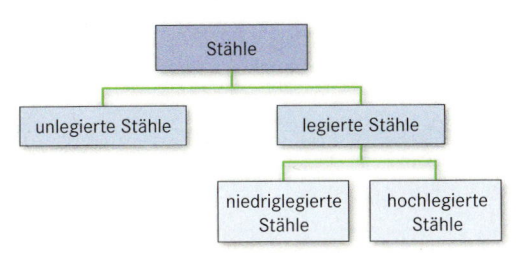

Stähle sind legiert, wenn der Grenzgehalt wenigstens eines Elementes erreicht oder überschritten wird.

Grenzgehalte für die Einteilung unlegierter und legierter Stähle

Element	Masseanteil in %	Element	Masseanteil in %
Al	0,30	Ni	0,30
B	0,001	Pb	0,40
Bi	0,10	Se	0,10
Co	0,30	Si	0,60
Cr	0,30	Te	0,10
Cu	0,40	Ti	0,05
La	0,10	V	0,10
Mn	1,65	W	0,30
Mo	0,08	Zr	0,05
Nb	0,06	sonstige	0,10

Einteilung nach Hauptgüteklassen

Unlegierte Qualitätsstähle

Stahlsorten mit festgelegten Anforderungen an Zähigkeit, Korngröße und Umformbarkeit; eine Wärmebehandlung ist nur bedingt möglich. Die Stahlsorten umfassen auch die bisherigen Grundstähle.

Beispiele: Unlegierte Baustähle
 Einsatzstähle
 Vergütungsstähle
 Schweißgeeignete Feinkornbaustähle

Legierte Qualitätsstähle

Stahlsorten mit besonderen Anforderungen an Zähigkeit, Korngröße und Umformbarkeit; sie sind im Allgemeinen nicht zum Vergüten oder Oberflächenhärten vorgesehen.

Beispiele: Stähle für den Stahlbau
 Schweißgeeignete Feinkornbaustähle
 Stähle für Schienen und Spundbohlen
 Stähle für warm- oder kaltgewalzte Flacherzeugnisse

Unlegierte Edelstähle

Stahlsorten mit höherem Reinheitsgrad als unlegierte Qualitätsstähle mit genauer Einstellung der chemischen Zusammensetzung. Sie sind zum Vergüten und Oberflächenhärten vorgesehen. Der Höchstgehalt an P und S beträgt ≤ 0,020 %.

Beispiele: Stähle für den Stahlbau
 Einsatzstähle
 Vergütungsstähle
 Federstähle
 Werkzeugstähle

Legierte Edelstähle

Stahlsorten mit genauer Einstellung der chemischen Zusammensetzung und verbesserten Eigenschaften durch besondere Herstellungs- und Prüfbedingungen außer nichtrostenden Stählen.

Beispiele: Maschinenbaustähle
 Stähle für Druckbehälter
 Wälzlagerstähle
 Werkzeugstähle
 Warmfeste Stähle

Nichtrostende Stähle

Nichtrostende Stähle sind Stähle mit einem Masseanteil Cr ≥ 10,5 % und C ≤ 1,2 %.

Die Stähle werden weiter nach folgenden Kriterien unterteilt:

nach dem Nickelgehalt in
 Ni < 2,5 %,
 Ni ≥ 2,5 %,

nach den Haupteigenschaften in
 korrosionsbeständig,
 hitzebeständig,
 warmfest.

Grenzgehalte für die Einteilung der schweißgeeigneten legierten Feinkornbaustähle in Qualitäts- und Edelstähle

Element	Masseanteil in %
Cr	0,50
Cu	0,50
Mn	1,80
Mo	0,10
Nb	0,08
Ni	0,50
Ti	0,12
V	0,12
Zr	0,12

Für nicht genannte Elemente gilt die obere Tabelle.

Ein Feinkornbaustahl gilt als Qualitätsstahl, wenn die maßgebenden Gehalte unter den angegebenen Grenzwerten liegen.

Werkstofftechnik

Bezeichnungssysteme für Stähle – Kurznamen
Designation systems for steels – short-names

DIN EN 10 027-1: 2005-10

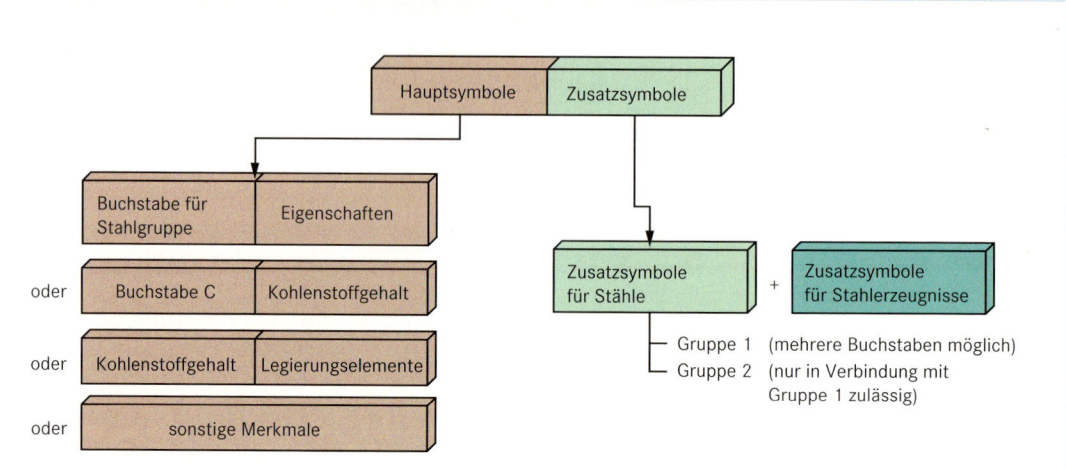

	Buch-stabe	Eigenschaften	Zusatzsymbole für Stähle Gruppe 1				Zusatzsymbole für Stähle Gruppe 2	
Stähle für den Stahlbau	S	Mindeststreckgrenze R_e in N/mm² für die geringste Erzeugnisdicke Beispiel: **S 355 J2 G3** voll beruhigt vergossener Stahl	Kerbschlagarbeit			Prüftemperatur	C mit besonderer Kaltumformbarkeit D für Schmelztauchüberzüge E für Emaillierung F zum Schmieden H für Hohlprofile L für Niedrigtemperatur M thermomechanisch gewalzt N normalgeglüht oder normalisierend gewalzt P Spundwandstahl Q vergütet S für Schiffsbau T für Rohre W wetterfest evtl. Symbole für vorgeschriebene zusätzliche Elemente und einer Ziffer (= 10fache des Gehalts)	
			27 J	40 J	60 J	°C		
			JR J0 J2 J3 J4 J5 J6	KR K0 K2 K3 K4 K5 K6	LR L0 L2 L3 L4 L5 L6	+20 0 −20 −30 −40 −50 −60		
			für Feinkornbaustähle A ausscheidungshärtend M thermomechanisch gewalzt N normalgeglüht oder normalisierend gewalzt Q vergütet G andere Güten (evtl. mit Ziffern) (s. Stähle für den Maschinenbau)					
	G... = Stahl-guss							
Stähle für den Druck-behälterbau	P	Mindeststreckgrenze R_e in N/mm² für die geringste Erzeugnisdicke Beispiel: **P 355 N H** GP 240 GH	für Feinkornbaustähle M thermomechanisch gewalzt N normalgeglüht oder normalisierend gewalzt Q vergütet T für Rohre B für Glasflaschen S für einfache Druckbehälter G andere Güten (evtl. mit Ziffern)				H für Hochtemperatur L für Niedrigtemperatur R für Raumtemperatur X für Hoch- und Niedrig-temperatur	
	G... = Stahl-guss							
Stähle für Leitungsrohre	L	Mindeststreckgrenze R_e in N/mm² für die geringste Erzeugnisdicke Beispiel: **L 360 NB**	für Feinkornbaustähle M thermomechanisch gewalzt N normalgeglüht oder normalisierend gewalzt Q vergütet G andere Güten (evtl. mit Ziffern)				Anforderungsklasse (evtl. mit Ziffern)	
Höherfeste Stähle für Flacherzeugnisse zum Kaltumformen	H	Mindeststreckgrenze R_e in N/mm² Beispiel: **H 420 M**	M thermomechanisch gewalzt P phosphorlegiert B bake hardening[1] X Dualphasengefüge G andere Güten (evtl. mit Ziffern)				D für Schmelztauchüberzüge	
	HT	wenn Mindestzug-festigkeit R_m ange-geben wird						
			[1] Bake-hardening-Stahl: bei Raumtemperatur alterungsbeständig mit geringer Streckgrenze, der unter Wärme, z. B. Lackeinbrennen, zusätzlich verfestigt.					

Bezeichnungssysteme für Stähle – Kurznamen
Designation systems for steels – short-names

DIN EN 10 027-1: 2005-10

	Buchstabe	Eigenschaften	Zusatzsymbole für Stähle Gruppe 1	Zusatzsymbole für Stähle Gruppe 2
Stähle für Flacherzeugnisse zum Kaltumformen	D	C kaltgewalzt D warmgewalzt X kalt- oder warmgewalzt gefolgt von 2stelliger Zahl für d. Stahlsorte Beispiel: **DC 04** **DC 03 + ZE**	D für Schmelztauchüberzüge EK für konventionelles Emaillieren ED für direktes Emaillieren H für Hohlprofile T für Rohre G andere Güten (evtl. mit Ziffern) evtl. Symbole für vorgeschriebene zusätzliche Elemente und einer Ziffer (= 10fache des Gehalts)	
Stähle für Verpackungsbleche und -band	T	Mindeststreckgrenze R_e in N/mm^2 H kontinuierlich geglühte Sorten S losweise geglühte Sorten Beispiel: **TH 550**		
Stähle für den Maschinenbau	E	Mindeststreckgrenze R_e in N/mm^2 für die geringste Erzeugnisdicke Beispiel: **E 355**	G andere Güten (evtl. mit Ziffer) G1 unberuhigt vergossen G2 beruhigt vergossen G3 voll beruhigt vergossen G4 voll beruhigt vergossen, vorgeschriebener Lieferungszustand	C mit besonderer Kaltziehbarkeit

	Buchst.	Kohlenstoffgehalt	Zusatzsymbole für Stähle	
Unlegierte Stähle, Mn-Gehalt < 1 %, außer Automatenstähle	C	100 × mittlerer C-Gehalt Beispiel: **C 35 E**	E vorgeschriebener max. Schwefel-Gehalt R vorgeschriebener Bereich für Schwefel-Gehalt D zum Drahtziehen C mit besonderer Kaltumformbarkeit S für Federn U für Werkzeuge W für Schweißdraht G andere Güten (evtl. mit Ziffern)	

	Buchst.	Kohlenstoffgehalt	Legierungselemente	
Unlegierte Stähle, Mn-Gehalt > 1 % **Legierte Stähle**, Gehalt der einzelnen Leg.-elemente < 5 % G... = Stahlguss	ohne	100 × mittlerer C-Gehalt Beispiel für unleg. Stahl: **28 Mn 6** Beispiel für leg. Stahl: **42 CrMo 4** G 20Mo 5	Buchstaben für die charakteristischen Legierungselemente, geordnet nach abnehmenden Gehalten gefolgt von Zahlen, getrennt durch Bindestrich, die dem mittleren prozentualen Gehalt der Elemente × Faktor entsprechen, geordnet in der Reihenfolge der Legierungselemente	

Elemente	Faktor
Cr, Co, Mn, Ni, Si, W	4
Al, Be, Cu, Mo, Nb, Pb, Ta, Ti, V, Zr	10
C, Ce, N, P, S	100
B	1000

	Buchst.	Kohlenstoffgehalt	Legierungselemente	
Legierte Stähle, mind. ein Leg.-element ≥ 5 % G... = Stahlguss	X	100 × mittlerer C-Gehalt Beispiel: **X 22 CrMoV 12-1** GX7 CrNi Mo 12-1	Buchstaben für die charakteristischen Legierungselemente, geordnet nach abnehmenden Gehalten gefolgt von Zahlen, getrennt durch Bindestrich, die dem mittleren prozentualen Gehalt der Elemente entsprechen, geordnet in der Reihenfolge der Legierungselemente	

	Buchst.	Legierungselemente
Schnellarbeitsstähle	HS	Zahlen, getrennt durch Bindestrich, die den prozentualen Gehalt der Legierungselemente in folgender Reihenfolge angeben: W-Mo-V-Co; Beispiel: **HS 7-4-2-5**
	HSS	Schnellarbeitsstahl mit weniger als 4,5 % Co und weniger als 2,6 % V
	HSS-E	Schnellarbeitsstahl mit mind. 4,5 % Co und/oder mind. 2,6 % V

weitere Stähle:

Betonstähle	B	Angabe der Mindeststreckgrenze	**Stähle für Schienen**	R	Mindestzugfestigkeit
Spannstähle	Y	Nennwert der Zugfestigkeit	**Elektroblech und -band**	M	max. Ummagnetisierungsverlust

Werkstofftechnik

Bezeichnungssysteme für Stähle – Kurznamen
Designation systems for steels – short-names

DIN EN 10 027-1: 2005-10

Zusatzsymbole für Stahlerzeugnisse

Symbole für den Behandlungszustand	
+A	weichgeglüht
+AC	geglüht zur Erzielung kugeliger Karbide
+AR	wie gewalzt, ohne besondere Wärmebehandlung
+AT	lösungsgeglüht
+C	kaltverfestigt
+Cxxx	kaltverfestigt auf R_m = xxx N/mm²
+CPxxx	kaltverfestigt auf $R_{p0,2}$ = xxx N/mm²
+CR	kaltgewalzt
+DC	Lieferzustand dem Hersteller überlassen
+FP	behandelt auf Ferrit-Perlit-Gefüge
+HC	warm-kalt geformt
+I	isothermisch behandelt
+LC	leicht kalt nachgezogen bzw. leicht nachgewalzt
+M	thermomechanisch gewalzt
+N	normalgeglüht oder normalisierend gewalzt
+NT	normalgeglüht und angelassen
+P	ausscheidungsgehärtet
+Q	abgeschreckt
+QA	luftgehärtet
+QO	ölgehärtet
+QT	vergütet
+QW	wassergehärtet
+RA	rekristallationsgeglüht
+S	kaltscherbar
+SR	spannungsarm gekühlt
+T	angelassen
+TH	behandelt auf Härtespanne
+U	unbehandelt
+WW	warmverfestigt

Um Verwechslungen zu vermeiden, kann der Buchstabe T vorangestellt werden, z. B. +TA.

Symbole für die Art des Überzuges	
+A	feueraluminiert
+AS	mit Al-Si-Leg. überzogen
+AZ	mit Al-Zn-Leg. überzogen
+CE	elektrolytisch verchromt
+CU	Cu-Überzug
+IC	anorganisch beschichtet
+OC	organisch beschichtet
+S	feuerverzinnt
+SE	elektrolytisch verzinnt
+T	schmelztauchveredelt mit Pb-Sn-Leg.
+TE	elektrolytisch mit Pb-Sn-Leg. überzogen
+Z	feuerverzinkt
+ZA	mit Zn-Al-Leg. überzogen
+ZE	elektrolytisch verzinkt
+ZF	diffusionsgeglühte Zinküberzüge
+ZN	Zn-Ni-Überzug

Um Verwechslungen zu vermeiden, kann der Buchstabe S vorangestellt werden, z. B. +SA.

Symbole für besondere Anforderungen	
+CH	Kernhärtbarkeit
+H	mit besonderer Härtbarkeit
+Zxx	Mindestbrucheinschnürung senkrecht zur Oberfläche von xx %

Einfluss der Legierungselemente auf die Stahleigenschaften
Influence of the alloying elements on the properties of steel

beeinflusste Eigenschaft	Legierungselement												
	C	Si	S	P	Al	Co	Cr	Cu	Mn[1]	Mo	Ni[1]	V	W
Zugfestigkeit	+	+	o	+	o	+	+	+	+	+	+	+	+
Streckgrenze	+	+	o	+	o	+	+	+	+ | –	+	+ | –	+	+
Bruchdehnung	–	–	–	o	–	–	o	–	o | +	–	o | ++	o	–
Kerbschlagarbeit	–	–	– –	–	–	–	o	o	+	–	o | ++	+	o
Warmfestigkeit	+	+	o	o	o	+	+	+	o	+	+ | ++	+	++
Warmumformbarkeit	–	–	– –	–	–	–	–	– –	+ | – –	–	– | – –	+	–
Zerspanbarkeit	–	–	++	+	o	o	o	o	– | – –	–	– | – –	o	–
Härte	–	+	o	+	o	+	+	+	+ | – –	+	+ | –	+	+
Nitrierbarkeit	/	–	o	o	++	o	+	o	o	+	o	+	+
Korrosionsbeständigkeit	o	o	–	o	o	++	+	o	o	o | +	+	o
Verschleißfestigkeit	/	– –	o	o	o	++	+	o	– | o	+	o	+	++

++ = starke Erhöhung, + = Erhöhung, o = gleichbleibend oder ohne Bedeutung, – = Verminderung, – – = starke Verminderung, / = ohne Angabe

[1] Angaben für perlitische Stähle | austenitische Stähle

Bezeichnungssysteme für Stähle – Nummernsystem
Designation systems for steels – numerical system

DIN EN 10 027-2: 1992-09

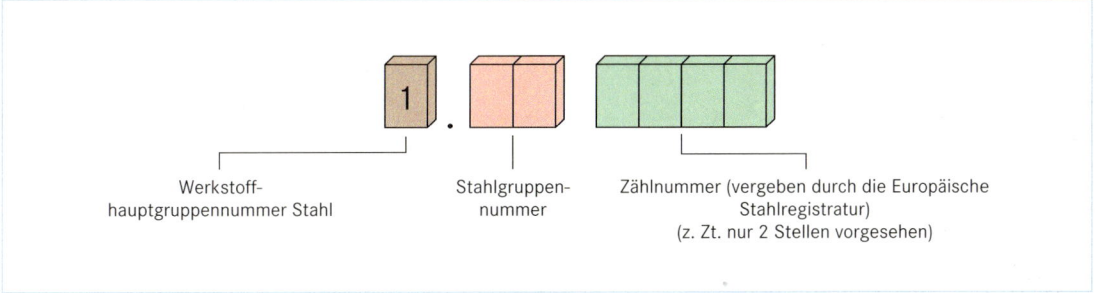

Werkstoff-hauptgruppennummer Stahl | Stahlgruppen-nummer | Zählnummer (vergeben durch die Europäische Stahlregistratur) (z. Zt. nur 2 Stellen vorgesehen)

Stahlgruppennummer

unlegierte Stähle		legierte Stähle	
00, 90	**Grundstähle**		**Qualitätsstähle**
		08, 98	Stähle mit bes. physikalischen Eigenschaften
	Qualitätsstähle	09, 99	Stähle für verschiedene Anwendungsbereiche
01, 91	Allgem. Baustähle, R_m < 500 N/mm²		
02, 92	Sonstige, nicht für Wärmebehandlung vorgesehene Baustähle, R_m < 500 N/mm²		**Edelstähle**
		20 … 28	Werkzeugstähle
03, 93	Stähle mit < 0,12 % C, R_m < 400 N/mm²	29	frei
04, 94	Stähle mit 0,12 % ≤ C < 0,25 % oder 400 N/mm² ≤ R_m < 500 N/mm²	30, 31	frei
		32	Schnellarbeitsstähle mit Co
05, 95	Stähle mit 0,25 % ≤ C < 0,55 % oder 500 N/mm² ≤ R_m < 700 N/mm²	33	Schnellarbeitsstähle ohne Co
		34	frei
06, 96	Stähle mit ≥ 0,55 % C, R_m ≥ 700 N/mm²	35	Wälzlagerstähle
07, 97	Stähle mit höherem P- oder S-Gehalt	36, 37	Stähle mit bes. magnetischen Eigenschaften
		38, 39	Stähle mit bes. physikalischen Eigenschaften
	Edelstähle	40 … 45	nichtrostende Stähle
10	Stähle mit bes. physikalischen Eigenschaften	46	chem. beständige u. hochwarmfeste Ni-Leg.
11	Bau-, Maschinenbau- und Behälterstähle mit < 0,50 % C	47, 48	Hitzebeständige Stähle
		49	Hochwarmfeste Werkstoffe
12	Maschinenbaustähle mit ≥ 0,50 % C	50 … 84	Bau-, Maschinenbau- und Behälterstähle geordnet nach Legierungselementen
13	Bau-, Maschinenbau- und Behälterstähle mit bes. Anforderungen	85	Nitrierstähle
14	frei	86	frei
15 … 18	Werkzeugstähle	87 … 89	nicht für Wärmebehandlung bestimmte Stähle, hochfeste schweißgeeignete Stähle
19	frei		

Begriffsbestimmungen für Stahlerzeugnisse
Definition of steel products

DIN EN 10 079: 2007-01

Begriff		Symbol	Erklärung
deutsch	englisch		
Flacherzeugnis	flat product	–FL	Erzeugnis mit rechteckigem Querschnitt, bei dem die Breite viel größer als die Dicke ist
Stab- oder Formstahl	bar	–B	Erzeugnis in Form gerader Stäbe, nicht in Form von Ringen geliefert
Draht	wire	–W	durch Warm- oder Kaltumformen hergestellt, zu Ringen aufgewickelt
Schmiedestück	forging	–FO	Erzeugnis, das durch Druckumformen in die annähernd endgültige Form gebracht wird
Gussstück	casting	–C	Erzeugnis, dessen endgültige Form und Maße unmittelbar durch die Erstarrung des Stahles in Formen erzeugt wird
nahtloses Rohr	seamless tube	–TS	durch Walzen oder Strangpressen geformtes Rohr
geschweißtes Rohr	welded tube	–TW	zu einem kreisförmigen Profil eingeformtes Flacherzeugnis mit anschließend verschweißten Kanten

Werkstofftechnik

Baustähle
Structural steels

Unlegierte Baustähle – warmgewalzt

DIN EN 10025-2: 2005-04

Kurzname	Werkstoffnummer	bisheriger Kurzname	Zugfestigkeit R_m in N/mm² [1]	Streckgrenze R_{eH} in N/mm² für Erzeugnisdicken in mm				Bruchdehnung A_5 in % [2]	Kerbschlagarbeit in J [3] bei −20° ... +20 °C	Bemerkungen
				≤ 16	> 16 ≤ 40	> 40 ≤ 63	> 63 ≤ 80	> 80 ≤ 100		
S 185	1.0035	St 33	290 ... 510	185	175	175	175	175	18		
S 235 JR	1.0038	St 37-2	360 ... 510	235	225	215	215	215	26	27	für gering beanspruchte Teile im Maschinenbau und Stahlbau, gut bearbeitbar
S 235 J0	1.0114	St 37-3U									
S 235 J2	1.0117	–							24		
S 275 JR	1.0044	St 44-2	410 ... 560	275	265	255	245	235	23	27	für mittelmäßig beanspruchte Teile, z. B. Achsen, Hebel
S 275 J0	1.0143	St 44-3U									
S 275 J2	1.0145	–							21		
S 355 JR	1.0045	–	470 ... 630	355	345	335	325	315	22	27	für hoch beanspruchte Teile im Maschinen- und Stahlbau, z. B. Brücken, Kräne
S 355 J0	1.0553	St 52-3U									
S 355 J2	1.0577	–									
S 355 K2	1.0596	–							20		
E 295	1.0050	St 50-2	470 ... 610	295	285	275	265	255	20	–	für mittelmäßig beanspruchte Teile im Maschinenbau
E 335	1.0060	St 60-2	570 ... 710	335	325	315	305	295	16	–	für höher beanspruchte Teile im Maschinenbau
E 360	1.0070	St 70-2	670 ... 830	360	355	345	335	325	11		

[1] für Erzeugnisdicken $3 \leq t \leq 100$
[2] für Längsproben, Erzeugnisdicken $3 \text{ mm} \leq t \leq 40 \text{ mm}$
[3] für Erzeugnisdicken $150 < t \leq 250$

Lieferzustand

Stahlsorte und Gütegruppe	Lieferzustand	
	Flacherzeugnisse	Langerzeugnisse
S 185	nach Vereinbarung	
S 235 JR, S 235 J0	nach Vereinbarung	
S 275 JR, S 275 J0		
S 355 JR, S 355 J0		
S 235 J2 G3, S 275 J2 G3	normalgeglüht	nach Vereinbarung
S 235 J2 G3, S 355 K2 G3		
S 235 J2 G4, S 275 J2 G4	nach Wahl des Herstellers	
S 355 J2 G4, S 355 K2 G4		
E 295, E 335, E 360	nach Vereinbarung	

Mindestbiegeradien beim Abkanten von Flacherzeugnissen
– quer zur Walzrichtung –

Kurzname	Nenndicken in mm				
	> 3 ≤ 4	> 4 ≤ 5	> 5 ≤ 6	> 6 ≤ 7	> 7 ≤ 8
S 235 JRC	5	6	8	10	12
S 235 J0C					
S 235 J2C	6	8	10	12	16
S 275 JRC	5	8	10	12	16
S 275 J0C					
S 275 J2C	6	10	12	16	20
S 355 J0C	6	8	10	12	16
S 355 J2C					
S 355 K2C	8	10	12	16	20

Technologische Eigenschaften

Schweißbarkeit	Warmumformbarkeit	Kaltumformbarkeit
Stähle der Gütegruppen JR, J0, J2 sind im Allgemeinen mit allen Verfahren schweißbar. Die Schweißeignung verbessert sich von JR bis K2.	Für normalgeglühte und normalisierend gewalzte Erzeugnisse ist die Warmumformbarkeit gewährleistet.	Kaltbiegen, Abkanten und Kaltbördeln sind bis zu einer Nenndicke $t \leq 30$ mm gewährleistet, wenn die gewünschte Eignung bei Bestellung vereinbart war (Zusatzsymbol C).

Baustähle
Structural steels

Warmgewalzte Erzeugnisse aus schweißgeeigneten Feinkornbaustählen
DIN EN 10025-3: 2005-02; DIN EN 10025-4: 2005-04

Kurzname	Werkstoffnummer	bisheriger Kurzname	Lieferzustand [1]	Zugfestigkeit R_m in N/mm² [2]	Streckgrenze R_{eH} in N/mm² für Erzeugnisdicken in mm					Bruchdehnung A_5 in % [3]	Bemerkungen und Verwendung
					≤ 16	> 16 ≤ 40	> 40 ≤ 68	> 68 ≤ 90	> 90 ≤ 100		
S 275 N	1.0490	StE 285	N	370 ... 510	275	265	255	245	235	24	Die Stähle sind auch mit festgelegten Mindestwerten der Kerbschlagarbeit bis –50 °C erhältlich. Sie erhalten das Zusatzsymbol NL oder ML, z. B. S 275 NL
S 275 M	1.8818	–	M	360 ... 510							
S 355 N	1.0545	StE 355	N	470 ... 630	355	345	335	325	315	22	
S 355 M	1.8823	StE 355 TM	M	440 ... 600							
S 420 N	1.8902	StE 420	N	520 ... 680	420	400	390	370	360	19	
S 420 M	1.8825	StE 420 TM	M	470 ... 630							
S 460 N	1.8901	StE 460	N	550 ... 720	460	440	430	410	400	17	
S 460 M	1.8827	StE 420 TM	M	500 ... 680							

[1] N = normalgeglüht oder normalisierend gewalzt; M = thermomechanisch gewalzt
[2] für Erzeugnisdicken ≤ 100 mm
[3] für Erzeugnisdicken ≤ 16 mm

Einsatzstähle
DIN EN 10084: 2008-06

Kurzname	Werkstoffnummer	Härte HB [1]	Zugfestigkeit R_m [2] in N/mm²	Streckgrenze R_e [2] in N/mm²	Bruchdehnung A_5 [2] in %	Verwendung
C 10 E [3]	1.1121	131	> 400	295	16	Verschleißteile geringer Festigkeit, z. B. Bolzen, Gelenke
C 15 E [3]	1.1141	143	> 600	355	14	
16 MnCr 5	1.7131	207	> 900	590	10	Getriebeteile, z. B. Wellen, Bolzen, Zahnräder
16 MnCr S5	1.7139					
20 MnCr 5	1.7147	217	> 1000	685	8	
20 MnCr S5	1.7149					
20 MoCr 4	1.7321	207	> 800	590	10	
20 MoCr S4	1.7323					
18 CrNiMo 7-6	1.6587	229	> 1100	785	8	hochbeanspruchte Getriebeteile, z. B. Antriebsritzel
20 NiCrMo 2-2	1.6523	212	> 800	590	10	

[1] Zustand weichgeglüht (A)
[2] für Erzeugnisdicken 16 mm < d < 40 mm
[3] Die Stähle sind auch mit einem vorgeschriebenen Bereich des S-Gehaltes lieferbar, z. B. C 10 R

Nitrierstähle
DIN EN 10085: 2001-07

Kurzname	Werkstoffnummer	Härte HB [1]	Zugfestigkeit R_m [2] in N/mm²	Dehngrenze $R_{p\,0,2}$ in N/mm²	Bruchdehnung A_5 in %	Verwendung
31 CrMo V 9	1.8519	248	1000 ... 1200	800	11	für hochbeanspruchte, verschleißfeste Teile, z. B. Kurbelwellen, Ventilspindeln, Heißdampfarmaturenteile
34 CrAlMo 5	1.8507		800 ... 1000 [3]	600 [3]	14 [3]	
34 CrAlNi 7	1.8550		850 ... 1050	650	12	
40 CrMoV 13-9	1.8523		950 ... 1150	750	11	

[1] Behandlungszustand: vergütet
[2] Angabe der mechanischen Eigenschaften an vergüteten Proben, d ≤ 100 mm
[3] Angabe der mechanischen Eigenschaften an vergüteten Proben, d ≤ 70 mm

Werkstofftechnik

Baustähle
Structural steels

Vergütungsstähle

DIN EN 10 083-2: 2006-10, DIN EN 10 083-3: 2007-01

Kurzname	Werkstoff-nummer	Haupt-güte-klasse[1]	Zugfestigkeit R_m in N/mm² [2]	Streckgrenze R_{eH}/Dehngrenze $R_{p\,0,2}$ in N/mm² für Querschnitt mit d in mm $d \leq 16$	$16 < d \leq 40$	$40 < d \leq 100$	Bruch-dehnung A_5 in % [2]	Verwendung
C 35[3]	1.0501	UQ	600 ... 750	430	380	320	19	für niedrig beanspruchte Teile mit kleinem Vergütungsquerschnitt, z. B.: Achsen, Wellen
C 45[3]	1.0503	UQ	650 ... 800	490	430	370	16	
C 60[3]	1.0601	UQ	800 ... 950	580	520	450	13	
28 Mn 6	1.1170	UE	700 ... 850	590	490	440	15	allgemeiner Maschinenbau
38 Cr 2	1.7003	LE	700 ... 850	550	450	350	15	allgemeiner Motorenbau, z. B.: Kurbelwellen, Wellen, Zahnräder
46 Cr 2	1.7006	LE	800 ... 950	650	550	400	14	
34 Cr 4[4]	1.7033	LE	800 ... 950	700	590	460	14	
37 Cr 4[4]	1.7034	LE	850 ... 1000	750	630	510	13	
41 Cr 4[4]	1.7035	LE	900 ... 1100	800	660	560	12	
25CrMo4[4]	1.7218	LE	800 ... 950	700	600	450	14	Turbinenteile, Pleuelstangen, Ritzelwellen, Wellen mit hoher Festigkeit und Zähigkeit
34CrMo4[4]	1.7220	LE	900 ... 1100	800	650	550	12	
42CrMo4[4]	1.7225	LE	1000 ... 1200	900	750	650	11	
50CrMo4[4]	1.7228	LE	1000 ... 1200	900	780	700	10	
30CrNiMo8	1.6580	LE	1250 ... 1450	1050	1050	900	9	für hochbeanspruchte Teile im Fahrzeug- und Getriebebau, z. B.: Kurbelwellen, Antriebsachsen
34CrNiMo6	1.6582	LE	1100 ... 1300	1000	900	800	10	
36NiCrMo16	1.6773	LE	1250 ... 1450	1050	1050	900	9	
51CrV4	1.8159	LE	1000 ... 1200	900	800	700	10	

[1] UQ = unlegierter Qualitätsstahl, UE = unlegierter Edelstahl, LE legierter Edelstahl
[2] für einen Querschnitt mit 16 mm < d ≤ 40 mm im vergüteten Zustand
[3] Die Stähle sind auch mit einem vorgeschriebenen Bereich des S-Gehaltes, z. B.: C22R, oder mit einem vorgeschriebenen max. S-Gehalt, z. B.: C22E, lieferbar.
[4] Die Stähle werden auch mit einem Zusatz von Schwefel für verbesserte Zerspanung geliefert.

Automatenstähle

DIN EN 10 087: 1999-01

Kurzname	Werkstoff-nummer	unbehandelt Härte HB	Zugfestigkeit R_m in N/mm²	vergütet Dehngrenze $R_{p\,0,2}$ in N/mm²	Zugfestigkeit R_m in N/mm²	Bruch-dehnung A in %	Verwendung
nicht für die Wärmebehandlung bestimmte Stähle							
11 S Mn 30[1]	1.0715	112 ... 169	380 ... 570	–	–	–	für Teile mit geringer Beanspruchung, z. B. Griffe, Stifte, Scheiben
11 S Mn 37[1]	1.0736						
Einsatzstähle							
10 S 20[1]	1.0721	107 ... 156	360 ... 530	–	–	–	Bolzen, Stifte
15 S Mn 13	1.0725	128 ... 178	430 ... 600	–	–	–	Kleinteile
Vergütungsstähle							
35 S 20[1]	1.0726	154 ... 201	520 ... 680	380	600 ... 750	15	für Teile mit hoher Beanspruchung, z. B. Wellen, Spindeln, Stifte, Schrauben
36 S Mn 14[1]	1.0764	166 ... 222	560 ... 750	420	670 ... 820	15	
38 S Mn 28[1]	1.0760	166 ... 216	530 ... 730	420	700 ... 850	15	
44 S Mn 28[1]	1.0762	187 ... 242	630 ... 820	420	700 ... 850	16	
46 S 20[1]	1.0727	175 ... 225	590 ... 760	430	650 ... 800	13	

Angabe der mechanischen Eigenschaften an Proben von über 16 mm bis 40 mm Dicke.
[1] Die Stähle werden auch mit einem Zusatz von Blei für verbesserte Zerspanung geliefert.

Baustähle
Structural steels

Flacherzeugnisse aus Druckbehälterstählen

Kurzname	Werkstoffnummer	bisheriger Kurzname	Lieferzustand[1]	Hauptgüteklasse[2]	Zugfestigkeit R_m in N/mm²	Streckgrenze R_{eH}/Dehngrenze $R_{p\,0,2}$ in N/mm²						Bruchdehnung A_5 in %
						20 °C	100 °C	200 °C	300 °C	400 °C	500 °C	
Unlegierte und legierte warmfeste Stähle											DIN EN 10028-2: 2003-09	
P 235 GH	1.0345	HI	N	UQ	360 … 480[3]	235[3]	190[3]	170[3]	130[3]	110[3]	–[3]	25
P 265 GH	1.0425	HII	N	UQ	410 … 530	265	215	195	155	130	–	23
P 295 GH	1.0481	17Mn4	N	UQ	460 … 580	295	250	225	185	155	–	22
P 355 GH	1.0473	19Mn6	N	UQ	510 … 650	355	290	255	215	180	–	21
16Mo3	1.5415	15Mo3	N	LE	440 … 590	275	–	215	170	150	140	24
13CrMo4–5	1.7335	13CrMo44	NT	LE	450 … 600	300	–	230	205	180	165	20
10CrMo9–10	1.7380	10CrMo910	NT	LE	480 … 630	310	–	245	220	200	180	18
13CrMoV9–10	1.7703	–	NT	LE	600 … 780	450	395	375	365	380	–	18
Schweißgeeignete Feinkornbaustähle, normalgeglüht											DIN EN 10028-3: 2003-09	
P275 NH[4]	1.0487	WStE285	N	UQ	390 … 510	275	250	213	179	156	–	24
P275 NL1[4]	1.0488	TStE285		UQ		–	–	–	–	–	–	
P275 NL2	1.1104	EStE285		UE								
P355 N	1.0562	StE355	N	UQ	490 … 630	355	–	–	–	–	–	22
P355 NH	1.0565	WStE355		UQ			323	275	232	202	–	
P355 NL1	1.0566	TStE355		UQ			–	–	–	–	–	
P355 NL2	1.1106	EStE355		UE								
P460NH	1.8935	WStE460	N	LE	570 … 720	460	419	356	300	261	–	17
P460NL1	1.8915	TStE460		LE		–	–	–	–	–	–	
P460NL2	1.8918	EStE460		LE								

[1] N = normalgeglüht oder normalisierend gewalzt, T = angelassen
[2] UQ = unlegierter Qualitätsstahl, UE = unlegierter Edelstahl, LE = legierter Edelstahl
[3] für Erzeugnisdicken ≤ 16 mm
[4] NH = warmfeste Stähle, NL = kaltzähe Stähle (Reihe 1 und Reihe 2)

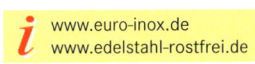
www.euro-inox.de
www.edelstahl-rostfrei.de

Nichtrostende Stähle
Stainless steels

DIN EN 10088-3: 2005-09

Kurzname	Werkstoffnummer	Zugfestigkeit R_m in N/mm²	Dehngrenze $R_{p\,0,2}$ in N/mm²	Bruchdehnung A in %	Verwendung
Ferritische und martensitische Stähle					
X 2 CrNi 12	1.4003	450 … 600	260	20	Apparatebau, Fördertechnik
X 6 Cr 13	1.4000	400 … 630	230	20	Haushaltsgeräte, Beschläge
X 12 Cr 13[1]	1.4006	650 … 850	450	15	Lebensmittelindustrie
X 20 Cr 13[1]	1.4021	700 … 850	500	13	Pumpenteile, Ventilkegel
X 30 Cr 13[1]	1.4028	850 … 1000	650	10	Federn, Schrauben
X 50 CrMoV 15	1.4116	≤ 900	–	–	Schneidwerkzeuge
Austenitische Stähle					
X 10 CrNi 18-8	1.4310	500 … 750	175	40	Bleche, Federn
X 2 CrNi 19-11	1.4306	460 … 680	180	45	Nahrungsmittelindustrie
X 5 CrNi 18-10	1.4301	500 … 700	190	45	Nahrungsmittelindustrie
X 6 CrNiTi 18-10	1.4541	500 … 700	190	40	Film- und Fotoindustrie
X 6 CrNiMoNb 17-12-2	1.4580	510 … 740	215	35	chemische Industrie
X 2 CrNiMo 18-15-4	1.4438	500 … 700	200	40	chemische Industrie

[1] Angabe der mechanischen Eigenschaften an vergüteten Proben

Kaltgewalzte Flacherzeugnisse aus weichen Stählen zum Kaltumformen
Cold rolled low carbon steel for cold forming

DIN EN 10 130: 2007-02

Stahlsorte	alter Kurzname nach DIN 1623	Werkstoffnummer	Oberflächenart	Zugfestigkeit R_m in N/mm²	Streckgrenze R_{eH} in N/mm²	Bruchdehnung A_{80} in %[1]
unlegierter Qualitätsstahl						
DC 01	St 12	1.0330	A–B	270 … 410	140 … 280	28
DC 03	RR St 13	1.0347	A–B	270 … 370	140 … 240	34
DC 04	St 14	1.0338	A–B	270 … 350	140 … 210	38
DC 05	–	1.0312	A–B	270 … 330	140 … 180	40
legierter Qualitätsstahl						
DC 06	–	1.0873	A–B	270 … 360	120 … 170	41
DC 07	–	1.0898	A–B	250 … 310	100 … 150	44

[1] A_{80}: Bruchdehnung bei einer Anfangsmesslänge L_0 = 80 mm

Oberflächenart			Oberflächenausführung		
A	(O3)[2]	Fehler, die eine spätere Umformung oder Beschichtung nicht beeinträchtigen, sind zulässig.	b	besonders glatt	$R_a \leq 0{,}4$ µm
			g	glatt	$R_a \leq 0{,}9$ µm
B	(O5)	Das einheitliche Aussehen einer Qualitätslackierung oder eines elektrolytischen Überzuges darf nicht beeinträchtigt werden.	m	matt	$0{,}6$ µm $< R_a \leq 1{,}9$ µm
			r	rau	$R_a > 1{,}6$ µm

[2] alte Bezeichnung nach DIN 1623

Blech EN 10 130 – DC 03-A-m oder **Blech EN 10 130 – 1.0347-A-m**
Bezeichnung eines Bleches aus der Stahlsorte DC 03, Oberflächenart A, Oberflächenausführung matt

Stähle für Rohre
Steels for tubes

Stahlrohre für Rohrleitungen für brennbare Materialien

DIN EN 10 208-1: 2009-07

Kurzname	Werkstoffnummer	Zugfestigkeit R_m in N/mm²	Streckgrenze R_{eH} in N/mm²	Bruchdehnung A_5 in %	Herstellungsverfahren	Kurzzeichen	Bemerkungen
L 210 GA	1.0319	335 … 475	210	25	nahtlos	S	vergütete Rohre werden mit +Q und thermomechanische gelieferte Rohre werden mit +M gekennzeichnet
L 235 GA	1.0458	370 … 510	235	23			
L 245 GA	1.0459	415 … 555	245	22	elektrisch geschweißt	EW	
L 290 GA	1.0483	415 … 555	290	21	stumpfgeschweißt	BW	
L 360 GA	1.0499	460 … 620	360	20	unterpulvergeschweißt	SAW	

Nahtlose Stahlrohre für Druckbeanspruchung
Geschweißte Stahlrohre für Druckbeanspruchung

DIN EN 10 216-1: 2004-07
DIN EN 10 217-1: 2005-04

Kurzname	Werkstoffnummer	Zugfestigkeit R_m in N/mm²	Streckgrenze R_{eH} in N/mm²			Bruchdehnung A in %[2]	Kerbschlagarbeit KV in J bei	
			$t \leq 16$	$16 < t \leq 40$	$40 \leq t \leq 60$		0 °C	–10 °C
P195TR1	1.0107	320 … 440	195	185	175[1]	27	–	–
P195TR2	1.0108						40	28
P235TR1	1.0254	360 … 500	235	225	215[1]	25	–	–
P235TR2	1.0255						40	28
P265TR1	1.0258	410 … 570	265	255	245[1]	21	–	–
P265TR2	1.0259						40	28

[1] keine Angaben für geschweißte Rohre
[2] in Längsrichtung

Werkzeugstähle
Tool steels

DIN EN ISO 4957: 2001-02

Kurzname	Werkstoff-nummer	bisheriger Kurzname	Härte HB weichgeglüht	Verwendung
Unlegierte Kaltarbeitsstähle				
C 45 U	1.1730	C 45 W	207	Handwerkzeuge aller Art, z. B.: Zangen, Hämmer, Schraubendreher, Spitz- und Kreuzmeißel
C 70 U	1.1620	C 70 W2	183	Drucklufteinsteckwerkzeuge in Berg- und Straßenbau
C 80 U	1.1525	C 80 W1	192	Messer, Meißel, Körner, Stemmeisen, Schlaghämmer, Kaltschlagwerkzeuge, Baumscheren
C 105 U	1.1545	C 105 W1	212	Prägewerkzeuge, Lochstempel, Dorne, Durchschläge, Schlaghämmer, Hobelmesser
Legierte Kaltarbeitsstähle				
21 MnCr 5	1.2162	21 MnCr 5	217	Werkzeuge für die Kunststoffbearbeitung, die einsatzgehärtet werden
60 WCrV 8	1.2550	60 WCrV 7	229	Schneidwerkzeuge, Scherenmesser, Holzbearbeitungswerkzeuge, Körner, Handmeißel
90 MnCrV 8	1.2842	90 MnCrV 8	229	Schneidwerkzeuge, Gewindeschneidringe, Tiefziehwerkzeuge, Industriemesser, Messwerkzeuge
102 Cr 6	1.2067	100 Cr 6	223	Drehbankspitzen, Gewindebohrer, Lehren, Dorne, Holzbearbeitungswerkzeuge, Kaltwalzen
45 NiCrMo 16	1.2767	X 45 NiCrMo 4	285	Höchstbeanspruchte Massivprägewerkzeuge, Besteckstanzen, Scherenmesser, Biegewerkzeuge
X 38 CrMo 16	1.2316	X 36 CrMo 17	300[1]	Werkzeuge für die Verarbeitung von chemisch angreifenden Kunststoffen
X 153 CrMoV 12	1.2379	X 155 CrVMo 12-1	255	Metallsägen, Kaltschermesser, Gewindewalzwerkzeuge
X 210 Cr 12	1.2080	X 210 Cr 12	248	Hochleistungsschnitt- und -stanzwerkzeuge, Stempel, Messer, Räumnadeln
X 210 CrW 12	1.2436	X 210 CrW 12	255	Schneidwerkzeuge, Führungsleisten, Sandstrahldüsen, Ziehdorne, Holzfräser
Warmarbeitsstähle				
32 CrMoV 12-28	1.2365	X 32 CrMoV 3-3	229	Druckgussformen, Press- und Lochdorne an Stangenpressen
55 NiCrMoV 7	1.2714	56 NiCrMoV 7	248	kleinere Gesenke, Pressstempel, Formteilpressgesenke
X 37 CrMoV 5-1	1.2343	X 38 CrMoV 5-1	229	Druckgussformen für Leichtmetallverarbeitung, Zylinder und Kolben an Kaltkammermaschinen
X 40 CrMoV 5-1	1.2344	X 40 CrMoV 5-1	229	Presswerkzeuge, Druckgießformen für Leichtmetalle
Schnellarbeitsstähle				
HS 3-3-2	1.3333	HS 3-3-2	255	Spiralbohrer, Fräser, Reibahlen
HS 2-9-2	1.3348	HS 2-9-2	269	Fräser, Gewindebohrer, Zähne und Segmente für Kreissägen
HS 6-5-2 C	1.3343	HS 6-5-2	269	Spiralbohrer, Gewindebohrer, Fräser, Reibahlen, Räumnadeln, Kreissägeblätter
HS 6-5-3	1.3344	HS 6-5-3	269	Hochleistungsfräser, hochbeanspruchte Reibahlen, Räumnadeln mit bester Schnitthaltigkeit und Zähigkeit
HS 6-5-2-5	1.3243	HS 6-5-2-5	269	hochbeanspruchte Spiralbohrer, Profilwerkzeuge, Drehstähle, Schruppwerkzeuge ausgezeichneter Zähigkeit
HS 2-9-1-8	1.3247	HS 2-9-1-8	277	Gesenk- und Gravierfräser, Kaltfließpress- und Schnittstempel
HS 10-4-3-10	1.3207	HS 10-4-3-10	302	Drehstähle für Schrupp- und Schlichtarbeiten, Formstähle, insbesondere für Automatenbearbeitung
Bezeichnung der Schnellarbeitsstahlgruppen für Schneidwerkzeuge (DIN ISO 11054)				
HSS	Schnellarbeitsstahl mit weniger als 4,5 % Co und weniger als 2,6 % V			
HSS-E	Schnellarbeitsstahl mit mind. 4,5 % Co und oder mind. 2,6 % V			

[1] Stahl wird üblicherweise im vergüteten Zustand geliefert.

Bezeichnungssystem für Gusseisen
Designation system for cast iron

Bezeichnung von Gusseisenwerkstoffen durch Kurzzeichen

DIN EN 1560: 1997-08

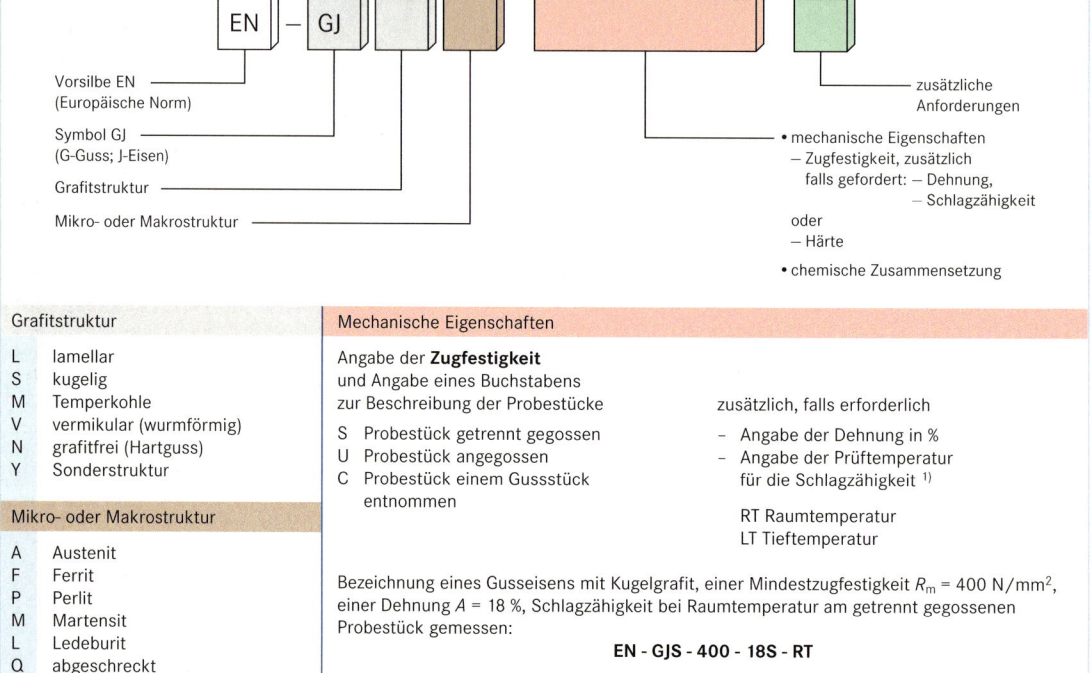

Grafitstruktur		Mechanische Eigenschaften		
L	lamellar	Angabe der **Zugfestigkeit** und Angabe eines Buchstabens zur Beschreibung der Probestücke		
S	kugelig			
M	Temperkohle		zusätzlich, falls erforderlich	
V	vermikular (wurmförmig)	S Probestück getrennt gegossen	– Angabe der Dehnung in %	
N	grafitfrei (Hartguss)	U Probestück angegossen	– Angabe der Prüftemperatur für die Schlagzähigkeit [1]	
Y	Sonderstruktur	C Probestück einem Gussstück entnommen	RT Raumtemperatur	
			LT Tieftemperatur	

Mikro- oder Makrostruktur

A	Austenit
F	Ferrit
P	Perlit
M	Martensit
L	Ledeburit
Q	abgeschreckt
T	vergütet
B	nicht entkohlend geglüht*
W	entkohlend geglüht*

* nur für Temperguss

Bezeichnung eines Gusseisens mit Kugelgrafit, einer Mindestzugfestigkeit R_m = 400 N/mm², einer Dehnung A = 18 %, Schlagzähigkeit bei Raumtemperatur am getrennt gegossenen Probestück gemessen:

EN - GJS - 400 - 18S - RT

Angabe der **Härte**:
Bezeichnung eines Gusseisens mit Kugelgrafit und einer Härte von 150 HB:
EN - GJS - HB 150

[1] Die Schlagzähigkeit wird an ungekerbten Proben bestimmt (s. DIN EN 10 045-1)

Zusätzliche Anforderungen

D	Rohgussstück
H	wärmebehandeltes Gussstück
W	schweißgeeignet
Z	zusätzlich festgelegte Anforderungen

Angabe der chemischen Zusammensetzung

Buchstabe X und die Angabe der wesentlichen Legierungselemente in fallender Reihenfolge und deren Gehalte in fallender Reihenfolge.

Bezeichnung eines legierten Gusseisens mit Lamellengrafit, mit 13 % Ni und 7 % Mn:
EN - GJL - XNiMn 13-7

Bezeichnung der Gusseisenwerkstoffe durch Werkstoffnummer

DIN EN 1560: 1997-08

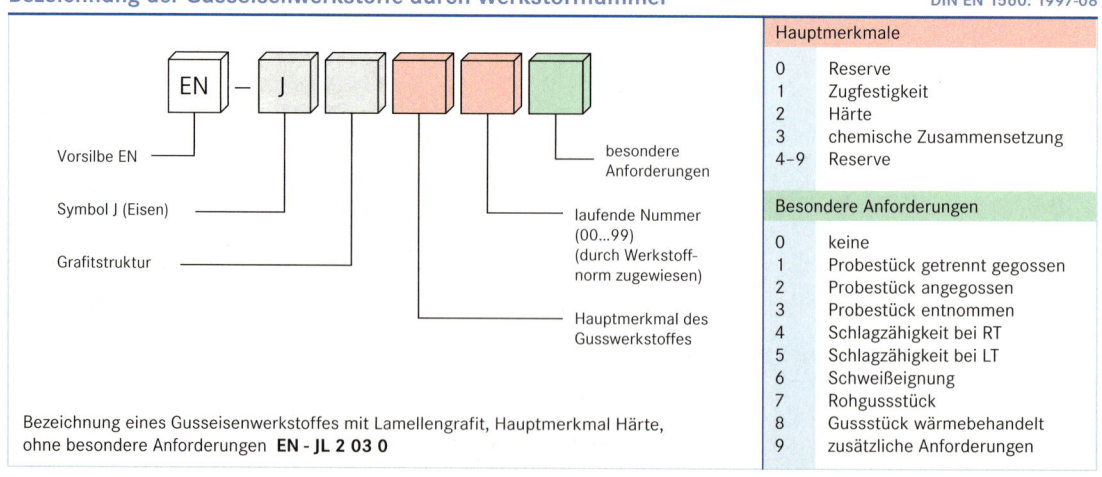

Hauptmerkmale

0	Reserve
1	Zugfestigkeit
2	Härte
3	chemische Zusammensetzung
4–9	Reserve

Besondere Anforderungen

0	keine
1	Probestück getrennt gegossen
2	Probestück angegossen
3	Probestück entnommen
4	Schlagzähigkeit bei RT
5	Schlagzähigkeit bei LT
6	Schweißeignung
7	Rohgussstück
8	Gussstück wärmebehandelt
9	zusätzliche Anforderungen

Bezeichnung eines Gusseisenwerkstoffes mit Lamellengrafit, Hauptmerkmal Härte, ohne besondere Anforderungen **EN - JL 2 03 0**

Eisen-Gusswerkstoffe
Cast irons

Gusseisen mit Lamellengrafit

DIN EN 1561: 1997-08

Zugfestigkeit als kennzeichnende Eigenschaft					Brinellhärte als kennzeichnende Eigenschaft						
Kurzname	Werkstoff-nummer	bisheriger Kurzname	Wanddicke in mm		Zugfestigkeit R_m in N/mm²	Kurzname	Werkstoff-nummer	bisheriger Kurzname	Wanddicke in mm		Brinellhärte HB 30	
			über	bis					über	bis	min.	max.
EN-GJL-150	EN-JL 1020	GG-15	5	10	155	EN-GJL-HB 155	EN-JL 2010	GG-150 HB	5	10	–	185
			10	20	130				10	20	–	170
			20	40	110				20	40	–	160
			40	80	95				40	80	–	155
			80	150	80	EN-GJL-HB 175	EN-JL 2020	GG-170 HB	5	10	140	225
EN-GJL-200	EN-JL 1030	GG-20	5	10	205				10	20	125	205
			10	20	180				20	40	110	186
			20	40	155				40	80	100	175
			40	80	130	EN-GJL-HB 195	EN-JL 2030	GG-190 HB	5	10	170	260
			80	150	115				10	20	150	230
EN-GJL-250	EN-JL 1040	GG-25	5	10	250				20	40	135	210
			10	20	225				40	80	120	195
			20	40	195	EN-GJL-HB 215	EN-JL 2040	GG-220 HB	5	10	200	275
			40	80	170				10	20	180	255
			80	150	155				20	40	160	235
EN-GJL-300	EN-JL 1050	GG-30	10	20	270				40	80	145	215
			20	40	240	EN-GJL-HB 235	EN-JL 2050	GG-240 HB	10	20	200	275
			40	80	210				20	40	180	255
			80	150	195				40	80	165	235
EN-GJL-350	EN-JL 1060	GG-35	10	20	315	EN-GJL-HB 255	EN-JL 2060	GG-260 HB	20	40	200	275
			20	40	280				40	80	185	255
			40	80	250							
			80	150	225							

Im Allgemeinen wird die Zugfestigkeit als kennzeichnende Eigenschaft angegeben. Die Angabe der Brinellhärte wird dann bevorzugt, wenn die Gussstücke auf Verschleiß beansprucht werden. Die chemische Zusammensetzung der Gusssorten bleibt weitgehend dem Hersteller überlassen.

Bemerkungen und Verwendung: gut gießbar; sehr gute Dämpfungseigenschaften, die mit steigender Festigkeit abnehmen; korrosionsbeständig;
Getriebegehäuse, Ständer für WZ-Maschinen, Turbinengehäuse, Führungsleisten

Gusseisen mit Kugelgrafit

DIN EN 1563: 2005-10

Zugfestigkeit als kennzeichnende Eigenschaft						Brinellhärte als kennzeichnende Eigenschaft		
Kurzname	Werkstoff-nummer	bisheriger Kurzname	Zugfestigkeit R_m in N/mm²	Dehngrenze $R_{p\,0,2}$ in N/mm²	Bruchdehnung A in %	Kurzname	Werkstoff-nummer	Brinellhärte HB
EN-GJS-350-22	EN-JS 1010	–	350	220	22	EN-GJS-HB 130	EN-JS 2010	< 160
EN-GJS-400-18	EN-JS 1020	–	400	250	18	EN-GJS-HB 150	EN-JS 2020	130 ... 175
EN-GJS-400-15	EN-JS 1030	GGG-40	400	250	15	EN-GJS-HB 155	EN-JS 2030	135 ... 180
EN-GJS-450-10	EN-JS 1040	–	450	310	10	EN-GJS-HB 185	EN-JS 2040	160 ... 210
EN-GJS-500-7	EN-JS 1050	GGG-50	500	320	7	EN-GJS-HB 200	EN-JS 2050	170 ... 230
EN-GJS-600-3	EN-JS 1060	GGG-60	600	370	3	EN-GJS-HB 230	EN-JS 2060	190 ... 270
EN-GJS-700-2	EN-JS 1070	GGG-70	700	420	2	EN-GJS-HB 265	EN-JS 2070	225 ... 305
EN-GJS-800-2	EN-JS 1080	GGG-80	800	480	2	EN-GJS-HB 300	EN-JS 2080	245 ... 335

Mechanische Eigenschaften gelten an getrennt gegossenen Probestücken.
Die chemische Zusammensetzung bleibt weitgehend dem Hersteller überlassen.

Bemerkungen und Verwendung: gute Bearbeitbarkeit, Verschleißfestigkeit nimmt mit der Festigkeit zu;
Kurbelwellen, Walzen, Zahnräder, schlagbeanspruchte Teile im Fahrzeugbau

Aluminium und Aluminium-Legierungen
Aluminium and aluminium alloys

Numerisches Bezeichnungssystem für Aluminium-Knetwerkstoffe
DIN EN 573-1: 2005-02

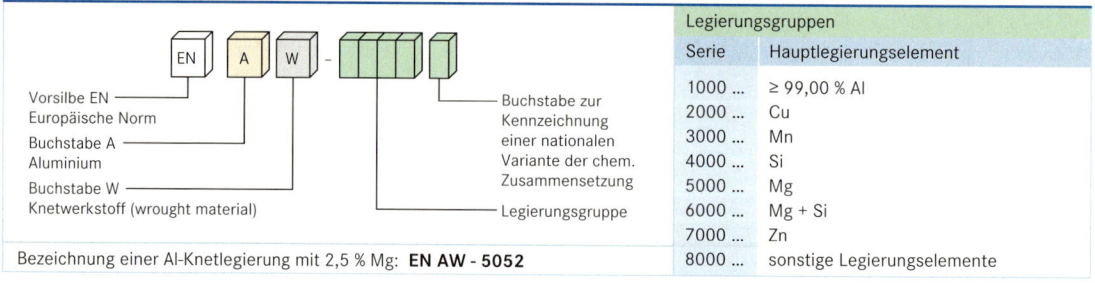

EN — Vorsilbe EN Europäische Norm
A — Buchstabe A Aluminium
W — Buchstabe W Knetwerkstoff (wrought material)
— Buchstabe zur Kennzeichnung einer nationalen Variante der chem. Zusammensetzung
— Legierungsgruppe

Bezeichnung einer Al-Knetlegierung mit 2,5 % Mg: **EN AW - 5052**

Legierungsgruppen	
Serie	Hauptlegierungselement
1000 …	≥ 99,00 % Al
2000 …	Cu
3000 …	Mn
4000 …	Si
5000 …	Mg
6000 …	Mg + Si
7000 …	Zn
8000 …	sonstige Legierungselemente

Bezeichnungssystem mit chemischen Symbolen für Aluminium-Knetwerkstoffe
DIN EN 573-2: 1994-12

Numerische Bezeichnung nach DIN EN 573-1 — chemische Zusammensetzung: Angabe des Grundwerkstoffes und der Legierungselemente mit der Kennzahl für die Massenanteile in % in fallender Reihenfolge; zur weiteren Unterscheidung wird ggf. ein Buchstabe in Klammern angefügt

Bezeichnung einer Al-Knetlegierung mit 2,5 % Mg:
EN AW - 5052 [Al Mg 2,5]
Auf die Angabe der Legierungsgruppe kann verzichtet werden:
EN AW-Al Mg 2,5

Bezeichnung der Werkstoffzustände für Halbzeug
DIN EN 515: 1993-12

Kurzzeichen	Bedeutung
F	Herstellungszustand
O	weichgeglüht
H12	kaltverfestigt, 1/4 hart
H14	kaltverfestigt, 1/2 hart
H16	kaltverfestigt, 3/4 hart
H18	kaltverfestigt, 4/4 hart (voll durchgehärtet)
W	lösungsgeglüht (instabil)
T1	abgeschreckt aus der Warmumformungstemperatur und kalt ausgelagert
T4	lösungsgeglüht und kalt ausgelagert
T6	lösungsgeglüht und warm ausgelagert
T8	lösungsgeglüht, kalt umgeformt und warm ausgelagert

Numerisches Bezeichnungssystem für Aluminium-Gusswerkstoffe
DIN EN 1780-1: 2003-01

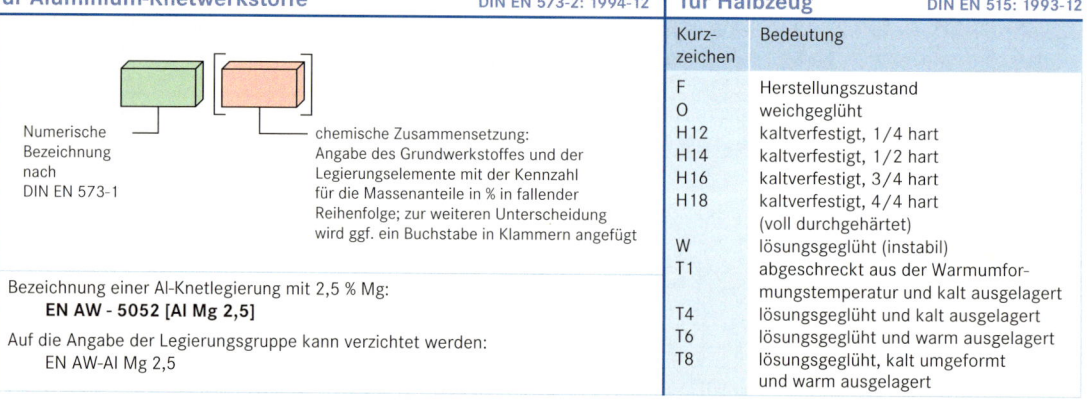

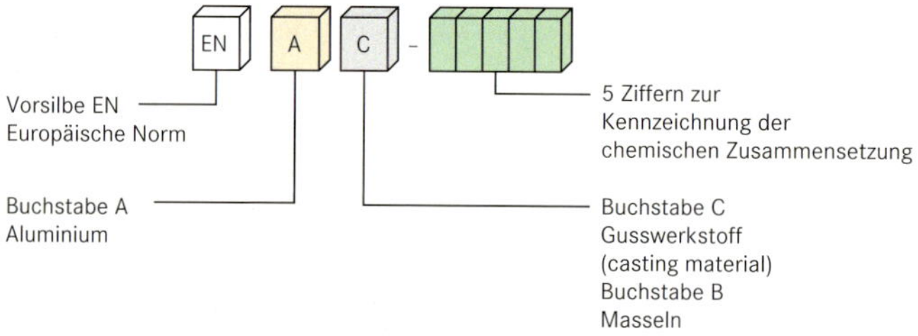

EN — Vorsilbe EN Europäische Norm
A — Buchstabe A Aluminium
C — Buchstabe C Gusswerkstoff (casting material) Buchstabe B Masseln
— 5 Ziffern zur Kennzeichnung der chemischen Zusammensetzung

Bezeichnung einer Al-Gusslegierung mit ca. 6 % Si und ca. 4 % Cu:
EN AC - 45 000

Bezeichnungssystem mit chemischen Symbolen für Aluminium-Gusswerkstoffe
DIN EN 1780-2: 2003-01

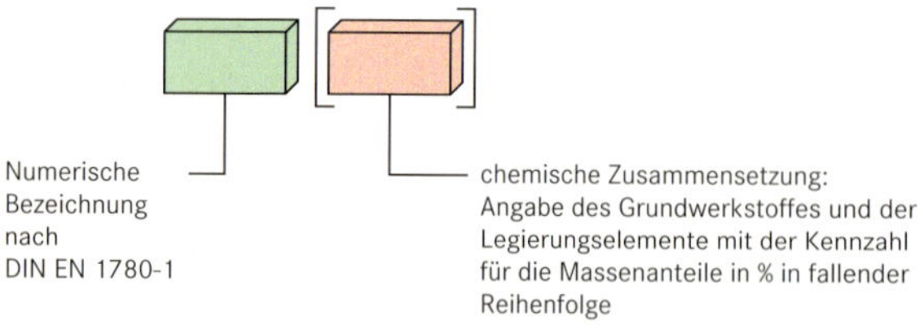

Numerische Bezeichnung nach DIN EN 1780-1 — chemische Zusammensetzung: Angabe des Grundwerkstoffes und der Legierungselemente mit der Kennzahl für die Massenanteile in % in fallender Reihenfolge

Bezeichnung einer Al-Gusslegierung mit ca. 6 % Si und ca. 4 % Cu:
EN AC - 45 000 [Al Si 6 Cu 4]
Auf die Angabe der Legierungsgruppe kann verzichtet werden:
EN AC-Al Si 6 Cu 4

Kennzeichnung der chemischen Zusammensetzung

unlegiertes Aluminium:

1. Ziffer	1
2. Ziffer	0
3. und 4. Ziffer	Angabe des min. Al-Gehaltes ≙ 2 Ziffern rechts hinter dem Komma für den Al-Gehalt Beispiel: AB-10 970 für Al 99,97
5. Ziffer	0 [1]

legiertes Aluminium:

1. Ziffer		2. Ziffer	
2	Cu	1	Al Cu
4	Si	1	Al Si Mg Ti
		2	Al Si 7 Mg
		3	Al Si 10 Mg
		4	Al Si
		5	Al Si 5 Cu
		6	Al Si 9 Cu
		7	Al Si (Cu)
		8	Al Si Cu Ni Mg
5	Mg	1	Al Mg
7	Zn	1	Al Zn Mg

3. Ziffer	nicht festgelegt
4. Ziffer	0
5. Ziffer	0 [1]

[1] 5. Ziffer bei Legierungen für Luft- und Raumfahrt nie 0.

Aluminium und Aluminium-Legierungen
Aluminium and aluminium alloys

Aluminium und Aluminium-Knetlegierungen für stranggepresste Halbzeuge
DIN EN 755-2: 1997-08

Werkstoffbezeichnung	bisheriges Kurzzeichen	Werkstoffzustand[1]	Zugfestigkeit R_m in N/mm²	Dehngrenze $R_{p\,0,2}$ in N/mm²	Bruchdehnung A_5 in %	Verwendung
EN AW-1050 A [Al 99,5]	Al 99,5	O	60 … 95	20	23	Apparate, Geschirr, Nahrungsmittelindustrie,
EN AW-1350 [E Al 99,5]	E Al	H 112	60	–	23	elektrischer Leiterwerkstoff
EN AW-2007 [Al Cu 4 Pb Mg Mn]	Al Cu Mg Pb	T 4	330 … 370	210 … 250	6	Automatenlegierung
EN AW-2017 A [Al Cu 4 Mg Si (A)]	Al Cu Mg 1	T 4	360 … 380	220 … 260	10	Maschinenbau, Fahrzeugbau, Niete
EN AW-2024 [Al Cu 4 Mg 1]	Al Cu Mg 2	T 3	400 … 450	270 … 310	6	Verbindungselemente, z. B. Niete, Schrauben
EN AW-3103 [Al Mn 1]	Al Mn 1	O	95 … 135	35	20	Bedachungen, Kältetechnik, Wärmetauscher
EN AW-5005 A [Al Mg 1 (C)]	Al Mg 1	O	100 … 150	40	16	Teile für Fassaden- und Fahrzeugbau, Metallwaren
EN AW-5019 [Al Mg 5]	Al Mg 5	O	250 … 320	110	13	Apparate, Bauwesen, Drehteile, Reflektoren
EN AW-5754 [Al Mg 3]	Al Mg 3	O	180 … 250	80	15	Apparatebau, Fahrzeugbau, Schiffbau, Nahrungsmittelindustrie, Schrauben, Niete
EN AW-5083 [Al Mg 4,5 Mn 0,7]	Al Mg 4,5 Mn	O	270	110	10	Fahrzeugbau, Schiffbau, Druckbehälter
EN AW-6012 [Al Mg Si Pb]	Al Mg Si Pb	T 6	260 … 310	200 … 260	6	Automatenlegierung, Drehteile
EN AW-6060 [Al Mg Si]	Al Mg Si 0,5	T 6	190	150	6	Fenster, Türen, Teile für die Nahrungsmittelindustrie
EN AW-6101 B [E Al Mg Si (B)]	E-Al Mg Si 0,5	T 6	215	160	6	elektrischer Leiterwerkstoff, Stromschienen
EN AW-6082 [Al Si 1 Mg Mn]	Al Mg Si 1	T 6	270 … 295	200 … 250	6	Maschinenbau, Fahrzeugbau, Schrauben
EN AW-7020 [Al Zn 4,5 Mg 1]	Al Zn 4,5 Mg 1	T 6	340 … 350	275 … 290	8	Schweißkonstruktionen im Maschinen- und Fahrzeugbau
EN AW-7075 [Al Zn 5,5 Mg Cu]	Al Zn Mg Cu 1,5	T 6	470 … 540	400 … 480	5	Maschinenbau, Fahrzeugbau, Flugzeugbau

[1] O: weichgeglüht; H 112: durch Warm- oder Kaltumformen geringfügig kaltverfestigt; T 3: lösungsgeglüht, kalt umgeformt und kalt ausgelagert; T 4: lösungsgeglüht und kalt ausgelagert; T 6: lösungsgeglüht und warm ausgelagert

Aluminium-Gusslegierungen
DIN EN 1706: 1998-06

Werkstoffbezeichnung	bisheriges Kurzzeichen	Werkstoffzustand[1]	Zugfestigkeit R_m in N/mm²	Dehngrenze $R_{p\,0,2}$ in N/mm²	Bruchdehnung A_5 in %	Brinellhärte HBS	Verwendung
EN AC-21000 [Al Cu 4 Mg Ti]	G-Al Cu 4 Ti Mg	T 4	320	200	8	90	Fahrzeugbau, Flugzeugbau
EN AC-42100 [Al Si 7 Mg 0,3]	G-Al Si 7 Mg	T 6	290	210	4	90	Flugzeugbau, Gussstücke mittlerer Wanddicke
EN AC-43000 [Al Si 10 Mg]	G-Al Si 10 Mg	T 6	260	220	1	90	Motorenbau, Gussstücke geringer Wanddicke
EN AC-44200 [Al Si 12]	G-Al Si 12	F	170	80	6	55	dünnwandige, druck- und schwingungsfeste Gussstücke
EN AC-45000 [Al Si 6 Cu 4]	G-Al Si 6 Cu 4	F	170	100	1	75	Maschinenbau, Zylinderköpfe
EN AC-51100 [Al Mg 3]	G-Al Mg 3	F	150	70	5	50	Apparate, Armaturen, chemische Industrie
EN AC-51300 [Al Mg 5]	G- Al Mg 5	F	180	100	4	60	chemische Industrie, Nahrungsmittelindustrie
EN AC-51400 [Al Mg 5 (Si)]	G-Al Mg 5 Si	F	180	110	3	65	warmfeste Gussstücke, chemische Industrie

[1] F: Gusszustand; T 4: lösungsgeglüht und kalt ausgelagert; T 6: lösungsgeglüht und warm ausgelagert

Werkstofftechnik

Kupfer und Kupfer-Legierungen
Copper and copper alloys

→ *Bezeichnung der Kupfer-Knetlegierungen durch Angabe des chemischen Symbols des Grundwerkstoffes und der Legierungselemente mit Kennzahl für die Masseanteile in %.*

Kupfer-Knetlegierungen

DIN EN 12 163: 1998-04; DIN EN 12 167: 1998-04; DIN EN 1652: 1998-03

Kennzeichen	Werkstoff-nummer	Zu-stand [1)]	Härte HB	Zug-festigkeit R_m in N/mm²	Dehn-grenze $R_{p\,0,2}$ in N/mm²	Bruch-dehnung A_5 in %	Bemerkungen und Verwendung
Kupfer-Aluminium-Legierungen							
Cu Al 6 Si 2 Fe	CW 301 G	R 500	–	500	250	20	hohe Festigkeit, korrosions-beständig, noch kalt umformbar; Kondensatorböden, Bleche für chemischen Apparatebau
		H 120	120	–	–	–	
		R 600	–	600	350	12	
		H 140	140	–	–	–	
Cu Al 10 Fe 3 Mn 2	CW 306 G	R 590	–	590	330	12	hohe Festigkeit, korrosions-beständig; hoch belastete Lager-teile, Getriebe- und Schnecken-räder, Ventilsitze
		H 140	140	–	–	–	
		R 690	–	690	510	6	
		H 170	170	–	–	–	
Cu Al 10 Ni 5 Fe 4	CW 307 G	R 680	–	680	480	10	hohe Festigkeit, korrosions-beständig; Wellen, Schrauben, Verschleißteile, Schneckenräder, Lagerbuchsen
		H 170	170	–	–	–	
		R 740	–	740	530	8	
		H 200	200	–	–	–	
Kupfer-Zinn-Legierungen							
Cu Sn 6	CW 452 K	R 340	–	340	230	45	Federn, besonders für Elektro-industrie, Steckverbinder, Siebdrähte
		H 085	85	–	–	–	
		R 400	–	400	250	26	
		H 120	120	–	–	–	
Cu Sn 8	CW 453 K	R 390	–	390	260	45	Gleitelemente, besonders für dünnwandige Gleitlagerbuchsen
		H 090	90	–	–	–	
		R 450	–	450	280	26	
		H 125	125	–	–	–	
Kupfer-Nickel-Legierungen							
Cu Ni 10 Fe 1 Mn	CW 352 W	R 300	–	300	≥ 100	30	ausgezeichneter Widerstand gegen Erosion, Kavitation und Korrosion, gut schweißbar; Wärmetauscher, Apparatebau, Bremsleitungen
		H 070	70	–	1	–	
		R 320	–	320	≥ 200	15	
		H 100	100	–	–	–	
Cu Ni 30 Mn 1 Fe	CW 354 H	R 350	–	350	≥ 130	35	ausgezeichneter Widerstand gegen Erosion, Kavitation und Korrosion, gut schweißbar; Ölkühler
		H 080	80	–	–	–	
		R 410	–	410	≥ 300	14	
		H 110	110	–	–	–	
Kupfer-Nickel-Zink-Legierungen							
Cu Ni 12 Zn 24	CW 403 J	R 430	–	430	≥ 230	15	gut kalt umformbar; Tiefziehteile, Tafelgerät, Federn
		H 110	110	–	–	–	
		R 550	–	550	≥ 480	8	
		H 170	170	–	–	–	
Cu Ni 18 Zn 20	CW 409 J	R 450	–	450	≥ 250	18	anlaufbeständiger als Cu Ni 12 Zn 24; Federn
		H 115	115	–	–	–	
		R 580	–	580	≥ 510	–	
		H 180	180	–	–	–	
Cu Ni 12 Zn 30 Pb 1	CW 406 J	R 430	–	430	260	15	für spanabhebende Bearbeitung, Feinmechanik, Optik, Schlüssel
		H 110	110	–	–	–	
		R 480	–	480	330	10	
		H 130	130	–	–	–	

[1)] R: Mindestzugfestigkeit; H: Mindesthärte

Kupfer und Kupfer-Legierungen
Copper and copper alloys

Kupfer-Knetlegierungen

DIN EN 12 163: 1998-04; DIN EN 12 167: 1998-04; DIN EN 1652: 1998-03

Kennzeichen	Werkstoff-nummer	Zu-stand [1]	Härte HB	Zug-festigkeit R_m in N/mm²	Dehn-grenze $R_{p\,0,2}$ in N/mm²	Bruch-dehnung A_5 in %	Bemerkungen und Verwendung
Kupfer-Zink-Legierungen							
Cu Zn 15 F 26	CW 502 L	R 400	–	400	270	–	sehr gut kalt umformbar, gut geeignet zum Drücken, Prägen, Treiben
		H 120	120	–	–	–	
		R 600	–	600	590	–	
		H 165	165	–	–	–	
Cu Zn 40 F 34	CW 509 L	R 400	–	400	190	10	gut warm und kalt umformbar, geeignet zum Nieten, Stauchen, Bördeln, Biegen
		H 100	100	–	–	–	
		R 440	–	440	300	18	
		H 120	120	–	–	–	
Cu Zn 36 Pb 3	CW 603 N	R 440	–	440	300	–	gut spanbar und kalt umformbar, Automatenlegierung
		H 120	120	–	–	–	
		R 500	–	500	380	3	
		H 140	140	–	–	–	
Cu Zn 40 Pb 2	CW 617 N	R 420	120	420	200	8	sehr gut spanbar, gut warm umformbar; Legierung für spanende Bearbeitung; Uhrenmessing
		H 120	–	–	–	–	
		R 520	155	520	400	–	
		H 155	–	–	–	–	
Cu Zn 31 Si 1	CW 708 R	R 460	–	460	250	22	für gleitende Beanspruchung auch bei höherer Belastung, Lagerbuchsen, Führungen
		H 115	115	–	–	–	
		R 530	–	530	330	12	
		H 140	140	–	–	–	
Cu Zn 37 Mn 8 Al 2 Pb Si	CW 713 R	R 540	–	540	250	10	Konstruktionswerkstoff hoher Festigkeit, gute Beständigkeit gegen Witterungseinflüsse, für erhöhte Anforderung an gleitende Beanspruchung
		H 130	130	–	–	–	
		R 590	–	590	350	8	
		H 160	160	–	–	–	
Cu Zn 40 Mn 1 Pb	CW 720 R	R 420	–	420	190	12	Automatenlegierung mittlerer Festigkeit und guter Zerspanbarkeit; Wälzlagerkäfige
		H 105	105	–	–	–	
		R 470	–	470	320	8	
		H 125	125	–	–	–	

Nickel und Nickel-Legierungen
Nickel and nickel alloys

Kennzeichen	Werkstoff-nummer	chemische Zusammensetzung Masseanteile in %	Zug-festigkeit R_m in N/mm²	Dehn-grenze $R_{p\,0,2}$ in N/mm²	Bruch-dehnung A_5 in %	Bemerkungen und Verwendung
Hüttennickel						DIN 1701: 1980-05
H-Ni 99,96	2.4011	≥ 99,96 Ni; ≤ 0,01 Co	–	–	–	Hüttennickel dient zur Herstellung von Nickelsorten und Ni-Legierungen sowie als Legierungselement
H-Ni 99,95	2.4017	≥ 99,95 Ni; ≤ 0,1 Co	–	–	–	
H-Ni 99,90	2.4021	≥ 99,90 Ni; ≤ 0,5 Co	–	–	–	
H-Ni 99,5	2.4022	≥ 99,5 Ni; 1,0 Co	–	–	–	
Nickel-Knetlegierungen			DIN 17 742: 2002-09; DIN 17 743: 2002-09; DIN 17 744: 2002-09			
Ni Cr 15 Fe F 55	2.4816.10	72 Ni + Co (≤ 1,0 Co); 14 ... 17 Cr; 6 ... 10 Fe	550	200	30	hitze- und korrosionsbestän-dige Bauteile, Zündkerzen
Ni Cu 30 Fe F 45	2.4360.10	63 Ni + Co (≤ 1,0 Co); 28 ... 34 Cu; 1,0 ... 2,5 Fe	450	175	30	korrosionsbeständige Bauteile
Ni Cu 30 Al F 62	2.4375.40	63 Ni + Co (≤ 1,0 Co); 2,2 ... 3,5 Al; 27 ... 34 Cu; 0,5 ... 2,0 Fe; 0,3 ... 1,0 Ti	620	270	25	aushärtbare Legierungen für korrosionsbeständige Bauteile
Ni Cr 21 Mo 6 Cu F 55	2.4641.10	39 ... 46 Ni; ≤ 0,2 Al; ≤ 1,0 Co; 20 ... 23 Cr; 1,5 ... 3,0 Cu; 5,5 ... 7,0 Mo; 0,6 ... 1,0 Ti	550	240	30	Halbzeuge für korrosions-beständige Bauteile

Sintermetalle
Sintered metals

DIN 30 910-3: 2004-11, DIN 30 910-4: 2010-03

Kennzeichnung

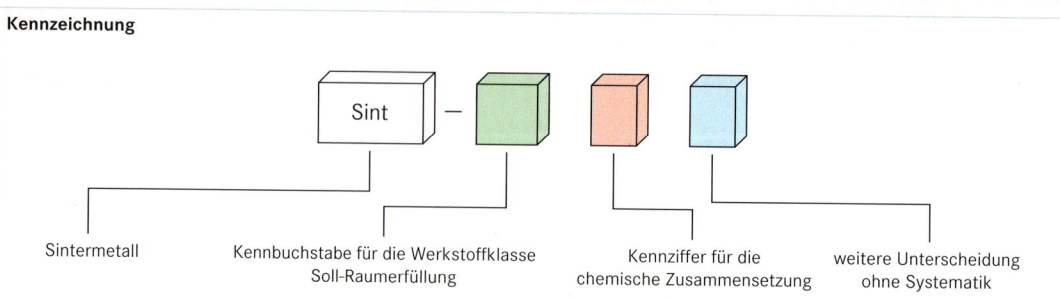

- Sintermetall
- Kennbuchstabe für die Werkstoffklasse Soll-Raumerfüllung
- Kennziffer für die chemische Zusammensetzung
- weitere Unterscheidung ohne Systematik

Werkstoffklasse			Chemische Zusammensetzung	
Kennbuchstabe	Raumerfüllung R_x in %	bevorzugtes Einsatzgebiet	Kennziffer	chemische Zusammensetzung
AF	< 73	Filter	0	Sintereisen/Sinterstahl, 0 ... 1 % Cu, mit oder ohne C
A	75 (± 2,5)	Gleitlager	1	Sinterstahl, 1 ... 5 % Cu, mit oder ohne C
B	80 (± 2,5)	Gleitlager, Formteile	2	Sinterstahl, > 5 % Cu, mit oder ohne C
C	85 (± 2,5)	Gleitlager, Formteile	3	Sinterstahl, mit oder ohne C und Cu, ≤ 6 % andere Leg.-Elemente
D	90 (± 2,5)	Formteile	4	Sinterstahl, mit oder ohne C und Cu, > 6 % andere Leg.-Elemente
E	94 (± 1,5)	Formteile	5	Sinterlegierungen mit > 60 % Cu
F	> 95,5	sintergeschmiedete Formteile	6	Sinterbuntmetalle, die nicht in 5 enthalten sind
			7	Sinterleichtmetalle
			8	
			9	Reserve

Sintermetalle für Filter

Kurzzeichen	Werkstoff	Dichte ϱ in g/cm³	Filterfeinheit in µm
Sint-AF 40	Rostfreier Sinterstahl Cr- und Ni-haltig	3,8 ... 5,6	3, 10, 20, 80, 150
Sint-AF 50	Sinterbronze	5,0 ... 6,5	8, 20, 80, 150, 200

Die Filterfeinheit wird im Kurzzeichen angegeben, z. B. Sint-AF 40-20

Sintermetalle für Lager und Formteile mit Gleiteigenschaften

Kurzzeichen	Werkstoff	Radiale Bruchfestigkeit in N/mm²	Härte HB
Sint-A 00 Sint-B 00 Sint-C 00	Sintereisen	> 150 > 180 > 220	> 25 > 30 > 40
Sint-A 10 Sint-B 10 Sint-C 10	Sinterstahl Cu-haltig	> 160 > 190 > 230	> 35 > 40 > 55
Sint-A 20 Sint-B 20	Sinterstahl, höher Cu-haltig	> 180 > 200	> 30 > 45
Sint-A 50 Sint-B 50 Sint-C 50	Sinterbronze	> 120 > 170 > 200	> 25 > 30 > 35

Sinterschmiedestähle für Formteile

Kurzzeichen	Werkstoff	Härte HB geschmiedet	Härte HB vergütet
Sint-F 00	C- und Mn-haltig	> 140	> 220
Sint-F 30	C-, Mn, Ni-, Mo- und Cr-haltig	> 160	> 260
Sint-F 31	C-, Mn, Ni, Mo-haltig	> 180	> 300

Sintermetalle für Formteile

Kurzzeichen	Werkstoff		Zugfestigkeit R_m in N/mm²	Härte HB
Sint-D 00 Sint-E 00	Sintereisen		170 240	> 50 > 60
Sint-D 01		C-haltig	300	> 90
Sint-D 10 Sint-E 10		Cu-haltig	250 340	> 80 > 110
Sint-C 11 Sint-C 21		Cu- und C-haltig	390 460	> 115 > 130
Sint-C 30 Sint-D 30 Sint-E 30	Sinterstahl	Cu-, Ni- und Mo-haltig	360 460 570	> 100 > 125 > 160
Sint-D 36		Cu- und P-haltig	350	> 95
Sint-D 39		Cu-, Ni-, Mo-, und C-haltig	560	> 160
Sint-C 40 Sint-C 42 Sint-C 43	Rostfreier Sinterstahl, hoch Cr-haltig		> 330 > 420 > 510	> 110 > 170 > 180
Sint-E 73	Cu-haltig		180	> 65

Sintermetalle für Formteile mit weichmagnetischen Eigenschaften

Kurzzeichen	Werkstoff	Zugfestigkeit R_m in N/mm²	Härte HB
Sint-C 02 Sint-D 02 Sint-E 02	Sintereisen	150 200 240	> 35 > 40 > 50
Sint-C 38 Sint-D 38	Sintereisen, P-haltig	250 230	> 55 > 65

Kunststoffe
Plastics

Einteilung der Kunststoffe nach Ausgangsprodukten

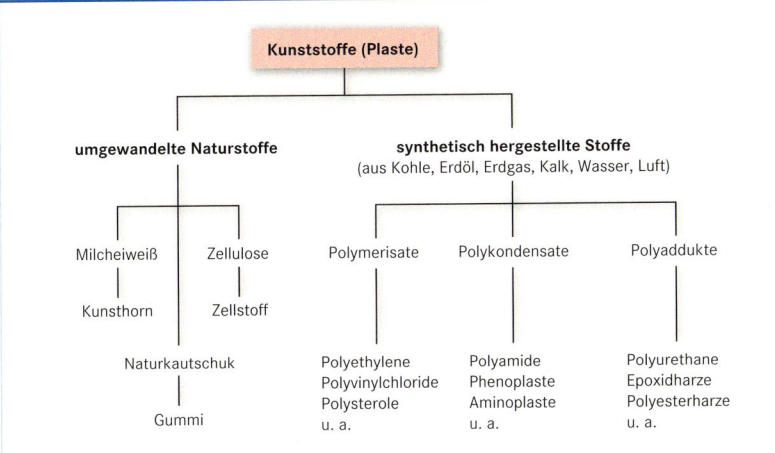

Einteilung der Kunststoffe nach Eigenschaften
DIN 7724: 1993-04

Kunststoffe

- **Elastomere**
  gummielastisch, nicht warm umformbar und nicht schweißbar

- **Thermoplaste**
  warm umformbar und schweißbar

- **Duroplaste**
  nicht warm umformbar und nicht schweißbar

Basis-Polymere – Bezeichnungen
DIN EN ISO 1043-1: 2002-06

Kennbuchstaben für die Komponentenbegriffe

Kennbuchstabe	Komponenten-Begriff	Kennbuchstabe	Komponenten-Begriff	Kennbuchstabe	Komponenten-Begriff
A	Acetat, Acryl, Acrylat, Acrylnitril, Amid	E	Ethyl, Ethylen, Ester	OX	Oxid
AC	Acetat	EP	Epoxid	P	Penten, Phenol, Phenylen, Phthalat, Poly, Polyester, Propylen, Pyrrolidon, Per
AK	Acrylat	F	Fluor, Fluorid, Formaldehyd		
AL	Alkohol	FM	Formal	S	Styrol, Sulfid
AN	Acrylnitril	I	Iso, Imid	SI	Silicon
B	Butadien, Buten, Butyral, Butyrat, Butylen	IR	Isocyanurat	SU	Sulfon
		K	Carbazol, Keton	T	Tetra, Tri, Terephthalat
C	Carbonat, Carboxy, Cellulose, Chlor, Chlorid, chloriert, Cresol	L	flüssig	U	Urea, ungesättigt
		M	Melamin, Meth, Methyl, Methylen	UR	Urethan
		N	Nitrat, Naphtalat	V	Vinyl
D	Di, Dien	O	Octyl, Oxy, Olefin	VD	Vinyliden

Kurzzeichen für Polymere

Kurzzeichen	Bezeichnung	Kurzzeichen	Bezeichnung
ABS	Acrylnitril-Butadien-Styrol	PET	Polyethylenterephthalat
AMMA	Acrylnitril-Methylmethacrylat	PF	Phenol-Formaldehyd
ASA	Acrylnitril-Styrol-Acrylester	PIB	Polyisobutylen
CA	Celluloseacetat	PMMA	Polymethylmethacrylat
CAB	Celluloseacetobutyrat	POM	Polyoxymethylen, Polyformaldehyd
CF	Kresol-Formaldehyd	PP	Polypropylen
CMC	Carboxymethylcellulose, Celluloseglykolsäure	PS	Polystyrol
		PSU	Polysulfon
CN	Cellulosenitrat	PTFE	Polytetrafluorethylen
CP	Cellulosepropionat	PUR	Polyurethan
EC	Ethylcellulose	PVAC	Polyvinylacetat
EP	Epoxid	PVAL	Polyvinylalkohol
EVAC	Ethylen-Vinylacetat	PVB	Polyvinylbutyral
ETFE	Ethylen-Tetrafluorethylen	PVC	Polyvinylchlorid
MC	Methylcellulose	PVDC	Polyvinylidenchlorid
MF	Melamin-Formaldehyd	PVF	Polyvinylfluorid
MPF	Melamin-Phenol-Formaldehyd	PVFM	Polyvinylformal
PA	Polyamid	SAN	Styrol-Acrylnitril
PAN	Polyacrylnitril	SB	Styrol-Butadien
PC	Polycarbonat	SI	Silicon
PCTFE	Polychlortrifluorethylen	SMS	Styrol-α-Methylstyrol
PDAP	Polydiallyphthalat	UF	Urea-Formaldehyd
PE	Polyethylen	UP	Ungesättigter Polyester

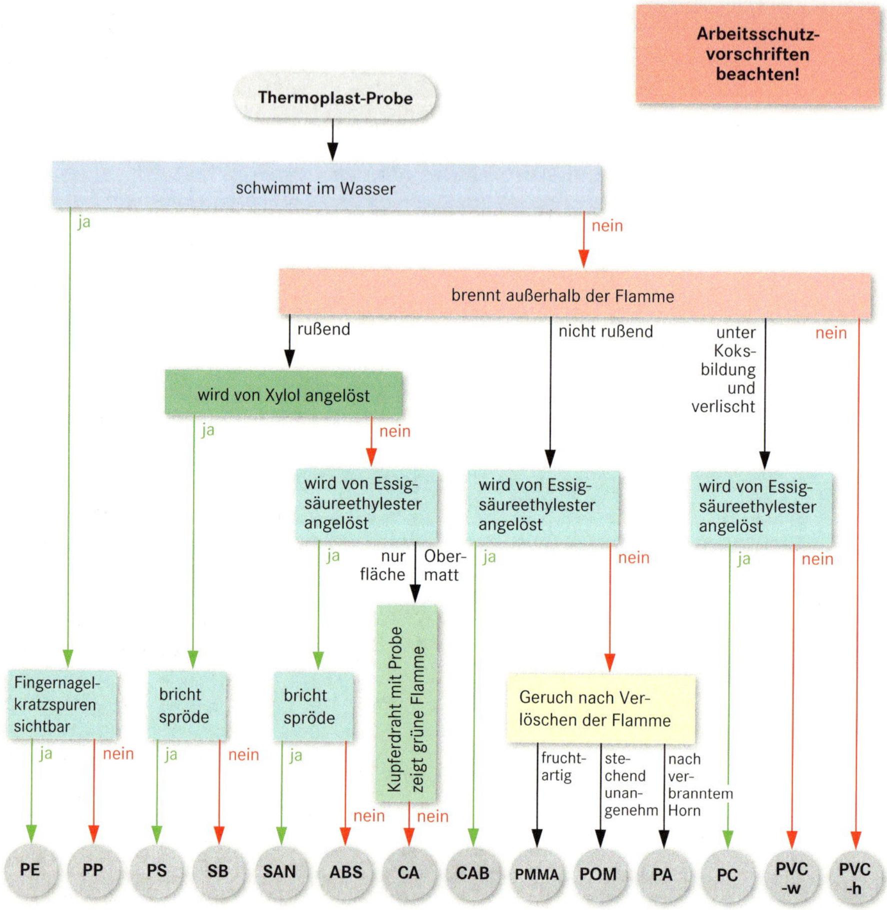

Erkennen von Kunststoffen
Recognizing plastics

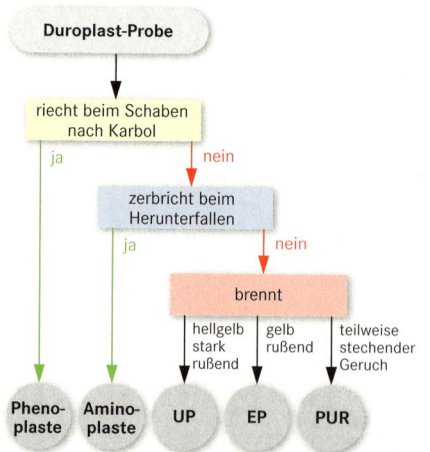

Weitere typische Merkmale	
Kunststoff	Merkmal
Aminoplast	brennt nicht
Phenoplast, Phenolharz	brennt nicht, nur Füllstoffe brennen
PE-w, PVC-w, PP, PUR	elastisch, unzerbrechlich
ABS	entwickelt **Blausäure** beim Verbrennen!! Hinterlässt harte, schwarze Asche
PMMA, Acrylglas, Acrylharz	verbrennt vollständig
PUR, vernetzt (Duroplast)	brauner Rückstand nach Verbrennung
PUR, linear (Thermoplast)	kein brauner Rückstand nach Verbrennung
PVC	entwickelt **Salzsäure** beim Verbrennen!!

Kunststoffe
Plastics

Kennzeichnung thermoplastischer Formmassen

Polyethylen — DIN EN ISO 1872-1: 1999-10
Polypropylen — DIN EN ISO 1873-1: 1995-12
Polycarbonat — DIN EN ISO 7391-1: 2006-06

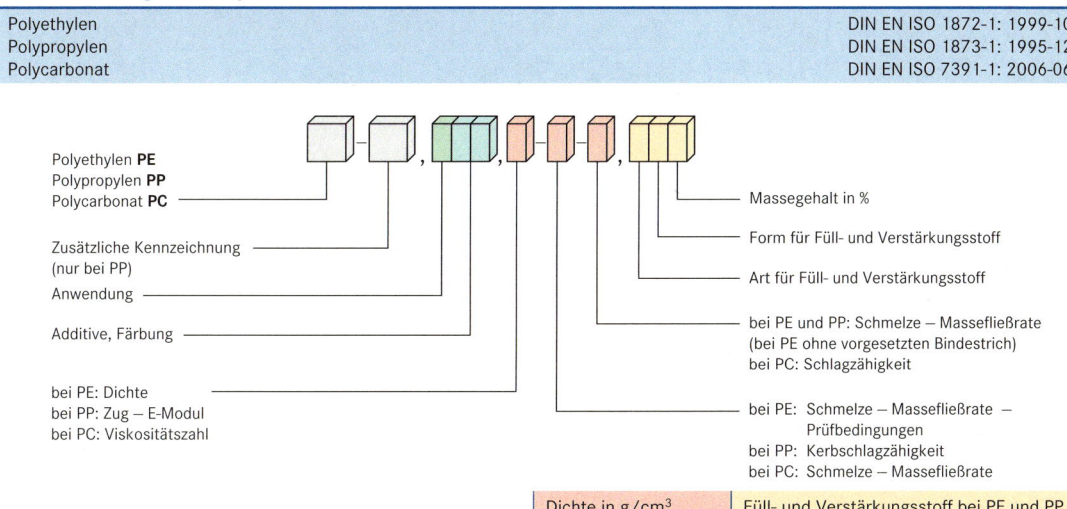

- Polyethylen **PE**
- Polypropylen **PP**
- Polycarbonat **PC**
- Zusätzliche Kennzeichnung (nur bei PP)
- Anwendung
- Additive, Färbung
- bei PE: Dichte
- bei PP: Zug – E-Modul
- bei PC: Viskositätszahl
- Massegehalt in %
- Form für Füll- und Verstärkungsstoff
- Art für Füll- und Verstärkungsstoff
- bei PE und PP: Schmelze – Massefließrate (bei PE ohne vorgesetzten Bindestrich)
- bei PC: Schlagzähigkeit
- bei PE: Schmelze – Massefließrate – Prüfbedingungen
- bei PP: Kerbschlagzähigkeit
- bei PC: Schmelze – Massefließrate

Bezeichnung einer PE-Formmasse für Extrusion von Folien mit Gleitmittel, naturfarben, einer Dichte von 0,921 g/cm³, einer Schmelze-Massefließrate von 4,2 g/10 min unter den Prüfbedingungen 190 °C/2,16 kg:

Thermoplast ISO 1872 – PE, FSN, 20-D045

Anwendung	
B	Blasformen
C	Kalandrieren
D	Schallplattenherstellung
E	Extrudieren (Rohre)
F	Extrudieren (Folien)
G	Allgem. Anwendung
H	Beschichtung
K	Kabel-, Drahtisolierung
L	Monofilextrusion
M	Spritzgießen
Q	Pressen
R	Rotationsformen
S	Pulversintern
T	Bandherstellung
X	keine Angabe
Y	Faserherstellung

Zusätzliche Kennzeichnung bei Polypropylen	
H	Homopolymerisate des Polypropylens
B	Thermoplastisches schlagzähes Polypropylen
R	Thermopl. statische Copolymerisate

Additive, Färbung	
A	Verarbeitungsstabilisator
B	Antiblockmittel
C	Farbmittel
D	Pulver
E	Treibmittel
F	Brandschutzmittel
G	Granulat
H	Wärmealterungsstabilisator
K	Metalldesaktivator
L	Lichtstabilisator
N	Naturfarben
P	schlagzäh modifiziert
R	Entformungshilfsmittel
S	Gleit-, Schmiermittel
T	erhöhte Transparenz
W	Hydrolyse stabilisiert
X	vernetzbar
Y	erhöhte elektr. Leitfähigkeit
Z	Antistatikum

Dichte in g/cm³ bei Polyethylen

Kennzahl	über	bis
15		0,917
20	0,917	0,922
25	0,922	0,927
30	0,927	0,932
35	0,932	0,937
40	0,937	0,942
45	0,942	0,947
50	0,947	0,952
55	0,952	0,957
60	0,957	0,962
65	0,962	

Füll- und Verstärkungsstoff bei PE und PP

Art		Form	
B	Bor	B	Kugeln
C	Kohlenstoff	D	Pulver
G	Glas	F	Fasern
K	Kreide (CaCO₃)	G	Mahlgut
L	Cellulose	H	Whisker (faserförmige Einkristalle)
M	Mineralien, Metall		
S	Synth. organ. Mat.		
T	Talkum	S	Blättchen
W	Holz	X	nicht spezifiziert
X	nicht spezifiziert	Z	andere
Y	andere		

Viskositätszahl bei Polycarbonat in cm³/g

Kennzahl	über	bis
46		46
49	46	52
50	52	58
61	58	64
67	64	70
70	70	

Schlagzähigkeit bei Polycarbonat in kJ/m²

Bereiche	a_n über	bis
0		10
1	10	30
3	30	50
5	50	70
7	70	90
9	90	

Schmelze-Massefließrate in g/10 min
Schmelze-Volumenfließrate in cm³/10 min (PC)

für PE, PP			für PC		
Kennzahl	über	bis	Kennzahl	über	bis
000		0,1	03		2,8
001	0,1	0,2	05	2,8	5,7
003	0,2	0,4	09	5,7	11,4
006	0,4	0,8	18	11,4	22,7
012	0,8	1,5	24	22,7	
022	1,5	3,0			
045	3,0	6,0			
090	6,0	12			
200	12	25			
400	25	50			
700	50				

Die Schmelze-Massefließrate gibt die Masse an, die unter den festgelegten Bedingungen durch eine Düse gedrückt wird.

Prüfbedingungen

Zeichen	Temperatur in °C	Auflast in kg
E	190	0,325
D		2,16
T		5,00
G		21,6

Zug – E-Modul T in MPa

Zeichen	T über	bis
02		400
06	400	800
10	800	1200
16	1200	2000
28	2000	3500
40	3500	

Kerbschlagzähigkeit a_k in kJ/m²

Zeichen	a_k über	bis
02		3
05	3	6
09	6	12
16	12	20
25	20	30
35	30	

Werkstofftechnik

Kunststoffe / Plastics

Thermoplaste

Kurz-zeichen	Bezeichnung	Handelsnamen	Festigkeit N/mm^2	Kerbschlagzähigkeit a_k in kJ/m^2	Anwendungstemperatur in °C bis	Chemische Beständigkeit[5] Mineralöl	Benzin	Trichlorethylen	verdünnte Säuren	verdünnte Laugen	Bemerkungen und Verwendung
PE	Polyethylen	Baylon, Hostalen, Lupolen, Vestolen	8 ...[1] 30	–	80 ... 105	b	bb	bb	b	b	Dichtungen, Handgriffe, Hohlkörper, Folien, Isoliermaterial in der Elektrotechnik
PP	Polypropylen	Hastalen PP, Novolen, Vestolen P	30 ...[1] 37	4 ... 7	110	bb	bb	u	b	b	Teile für Haushaltsmaschinen, Gehäuse, Ventilatoren, Transportkästen
PVC hart	Polyvinylchlorid hart	Hostalit Vinoflex Vestolit	50 ...[2] 60	4	60 ... 70	b	b	u	b	b	Rohrleitungen, Dachrinnen, Behälter für chemische Industrie, Öl- und Getränkeflaschen
PVC weich	Polyvinylchlorid weich		10 ...[2] 30	–	40 ... 60	b	b	u	b	bb	Dichtungen, Fußbodenbeläge, Abdeckfolien, Spielzeug, Bekleidung
PS	Polystyrol	Hostyren N. Polystyrol, Vestyron	40 ...[3] 65	2	70 ... 80	bb	u	u	b	b	Verpackungen mit hohem Oberflächenglanz und Durchsichtigkeit, Leuchten, Wegwerfgeschirr
S/B	Styrol/Butadien	Hostyren S. Polystyrol 400 Vestyron 500	20 ...[3] 50	4 ... 14	75	bb	u	u	bb	bb	technische Teile mit guter Zähigkeit und gutem Oberflächenglanz, Gehäuse, Toilettenartikel, Spielwaren
SAN	Polystyrol/Acrylnitril	Luran, Vestoran	70 ...[3] 80	4 ... 6	90	b	b	u	b	b	Gehäuseteile, Schaugläser, Verpackungen
ABS	Acrylnitril/Butadien/Styrol	Novodur, Terluran	35 ...[1] 50	8 ... 19	85 ... 100	b	b	u	b	b	Gehäuse, Sitzmöbel, verchromte Zierleisten, Bootskörper, Schutzhelme
PMMA	Polymethylmethacrylat	Degulan, Deglas, Plexiglas, Resarit	64 ...[2] 75	2	65 ... 85	b	b	u	bb	bb	Verglasungen, optische Gläser, Schreib- und Zeichengeräte, Leuchten, sanitäre Installationsteile
PA	Polyamide	Durethan, Ultramid, Vestamid, Nylon	40 ...[1] 80	15 ... o.B[4]	80 ... 140	b	b	b	bb	b	Zahnräder, Riemenscheiben, Gleitlager, Gehäuse, Türbeschläge, Folien, Borsten, als Faser: Perlon
POM	Polyoxymethylen	Hostaform, Ultraform	65 ...[1] 70	–	100 ... 150	b	b	bb	bb	b	Zahnräder, Laufräder, Getriebeteile in Haushaltsgeräten, Feuerzeugtanks
PC	Polycarbonat	Makrolon	... 60[1]	35	... 130	b	b	u	b	u	Maschinenteile, Sicherheitsverglasung, Schutzhelme, Lineale, Schriftschablonen
PET	Pholyethylenterephthalat	Hostaphan Mylar	47	4	–20 ... 100	b	b	bb	b	bb	Flaschen, Dosen, Folien
PTFE	Polytetrafluorethylen	Hostaflon TF Teflon	20 ... 40[3]	16	260 ... 280	b	b	b	b	b	Schläuche, Dichtungen, Gleitlager, Beschichtungen, Laborgeräte
PCTFE	Polychlortrifluorethylen	Hostaflon C 2	32 ...[1] 42	8 ... 9	150	b	b	b	b	b	Schläuche, Dichtungen, Laborgeräte
CA	Celluloseacetat	Cellidor A, U, S	35 ...[1] 42	8 ... 10	60 ... 110	b	b	bb	bb	u	Lenkräder, Leuchten, Knöpfe, Werkzeuggriffe, Stuhlsitzflächen, Brillengestelle, Kämme, Schreibmaschinentasten
CP	Cellulosepropionat	Cellidor CP	30[2]	26							
PUR	Polyurethan-Elastomere	Desmopan Vulkollan Urepan	25 ...[3] 55	–	–40 ... 110	u	b	u	bb	bb	Lager, Buchsen, Schläuche, Zahnriemen, Dichtungen, Rollen und Laufrollenbeläge, Skischuhe

[1] Streckspannung
[2] Zugfestigkeit
[3] Reißfestigkeit
[4] Probe nicht gebrochen
[5] b: beständig bb: bedingt beständig u: unbeständig

Verstärkte Kunststoffe
Reinforced plastics

Grundwerkstoff	Faserart[1]	Faseranteil in %	Dichte ϱ in g/cm³	Zugfestigkeit σ_B in N/mm²	Streckspannung σ_s in N/mm²	Dehnung ε in %	E-Modul E in N/mm²	Gebrauchstemperatur t in °C max.	Verwendung
PP Polypropylen	GF	30	1,17	107	–	5	7 100	100	Gehäuse, Verpackungsbänder, Behälter
POM Polyacetal	GF	30	1,56	–	140	3	10 000	110	Kfz-Teile, Zahnräder, Lager, Gehäuse
PA Polyamid	GF	35	1,40	–	160	5	10 000	130	Zahnräder, Führungs- und Kupplungsteile, Gehäuseteile
PC Polycarbonat	GF	30	1,44	–	75	3,5	5 500	115	Schaltkästen, Zählergehäuse, Pumpenteile, Büromaschinenteile, Verkehrszeichen
PET Polyethylenterephthalat	GF	33	1,52	165	–	2	1 150	100	Führungs- und Lagerelemente
PBT Polybutylenterephthalat	GF	30	1,52	135	–	3	9 000	100	Lagerwerkstoff
PPS Polyphenylsulfid	GF GFM	40 65	1,60 1,90	116 83	– –	0,9 0,5	11 700 12 400	200 200	Pumpengehäuse, Laufräder, Lagerbuchsen
PEEK Polyetheretherketon	GF CF	30 30	1,49 1,44	157 208	– –	2,2 1,3	10 300 13 000	250 250	Automobil- und Luftfahrtindustrie, Metallersatz
PAI Polyamidimid	GF CF	30 30	1,56 1,50	205 205	– –	7 6	11 700 19 900	260 260	Hebel, Ventilplatten, Kolbenringe, Metallersatz
UP ungesättigtes Polyesterharz	GF	35 65	1,45 1,80	100 300	– –	– –	7 000 18 000	150 150	Behälter, Tanks, Rohre
EP Epoxidharz	GF	50 65	1,60 1,80	220 350	– –	– –	10 000 18 000	150 150	Behälter, Bootskörper, Karosserieteile

[1] GF = Glasfaser, GFM = Glasfaser und mineralische Füllstoffe, CF = Kohlefaser

Keramische Werkstoffe
Ceramic materials

Werkstoff		Dichte ϱ in g/cm³	Biegefestigkeit σ_b in N/mm²	E-Modul E in N/mm²	Längenausdehnungskoeffizient α in 10^{-6}/K	Verwendung
Aluminiumoxid	Al₂O₃	4	400	390 000	6,5	verschleißfeste Teile im Maschinenbau, Schneidstoffe, Umformwerkzeuge, Schleifmittel
Zirkoniumdioxid	ZrO₂	6,1	600	210 000	10	Umformwerkzeuge, Messsonden
Siliciumkarbid	SiC	2,4	400	380 000	3,5 … 4,0	Schleifmittel, Lager, Ventile, Brennkammern
Siliciumnitrid	Si₃N₄	3,3	800	320 000	8	Schneidstoffe, Turbinenschaufeln
Kubisches Bornitrid	CBN	3,4	550	680 000	4	Schneidstoffe, Schleifmittel
Polykristalliner Diamant	D	3,5	1 100	960 000	1	Werkzeuge zur Präzisionsbearbeitung, Schleifmittel, Schneidstoffe

Stahlprofile
Steel sections

Warmgewalzte Stahlprofile – Übersicht

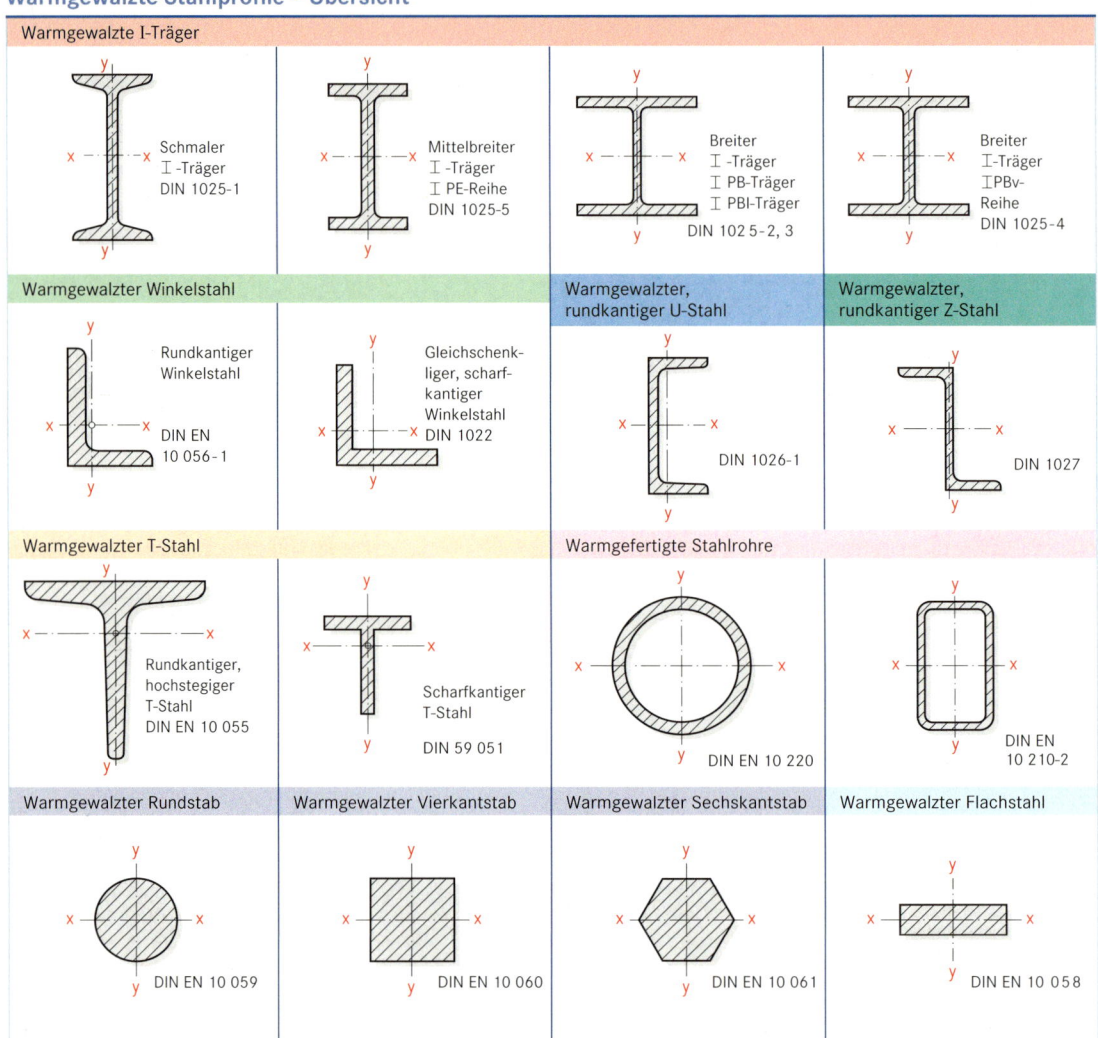

Abkürzungen von Benennungen für Halbzeug

Benennung	Abkürzung			Bildzeichen	Benennung	Abkürzung			Bildzeichen
Band	Bd	BD	bd		Profile				
Blech	Bl	BL	bl		– Doppel-T, schmalflansig	I	I	i	I
Draht	Dr	DR	dr		– Doppel-T, breitflansig	IB	IB	ib	
Folie	Fol	FOL	fol		– Doppel-T, breitflansig,				
Platte	Pl	PL	pl		mit parallelen Flanschflächen	IPB[1]	IPB	ipb	
Rohr	Ro	RO	ro	Ø	– Doppel-T, breitflansig,				
Tafel	Tfl	TFL	tfl		mit parallelen Flanschflächen				
Profile					leichte Ausführung	IPBI[1]	IPBl	ipbl	
– Flach	Fl	FL	fl		– Doppel-T, breitflansig,				
– Rund	Rd	RD	rd	Ø	mit parallelen Flanschflächen				
– Sechskant	6 kt	6 KT	6 kt	◯	verstärkte Ausführung	IPBv[1]	IPBv	ipbv	
– T	T	T	t	T	– Doppel-T, mittelbreit mit				
– U	U	U	u	⊏	parallelen Flanschflächen	IPE	IPE	ipe	
– Vierkant (Quadrat)	4 kt	4 KT	4 kt	▢	– Z	Z	Z	z	⌐
– Winkel, rundkantig	L	L	l	∟					
– Winkel, scharfkantig	LS	LS	ls	∟	[1] nach EURONORM 53–62: IPB = HE ... B, IPBI = HE ... A, IPBv = HE ... M				

Stahlprofile
Steel sections

Warmgewalzte I-Träger, schmale I-Träger
DIN 1025-1: 1995-05

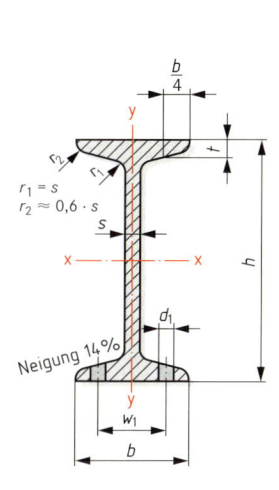

Kurz-zei-chen I	h mm	b mm	s mm	t mm	Für die Biegeachse				A cm²	m' kg/m	Maße nach DIN 997: 1970-10	
					x–x		y–y				$d_{1\,max}$[1]) mm	w_1 mm
					I_x cm⁴	W_x cm³	I_y cm⁴	W_y cm³				
80	80	42	3,9	5,9	77,8	19,5	6,29	3,00	7,57	5,94	6,4	22
100	100	50	4,5	6,8	171	34,2	12,2	4,88	10,6	8,34	6,4	28
120	120	58	5,1	7,7	328	54,7	21,5	7,41	14,2	11,1	8,4	32
140	140	66	5,7	8,6	573	81,9	35,2	10,7	18,2	14,3	11	34
160	160	74	6,3	9,5	935	117	54,7	14,8	22,8	17,9	11	40
180	180	82	6,9	10,4	1 450	161	81,3	19,8	27,9	21,9	13[2])	44
200	200	90	7,5	11,3	2 140	214	117	26,0	33,4	26,2	13	48
220	220	98	8,1	12,2	3 060	278	162	33,1	39,5	31,1	13	52
240	240	106	8,7	13,1	4 250	354	221	41,7	46,1	36,2	17/13[3])	56
260	260	113	9,4	14,1	5 740	442	288	51,0	53,3	41,9	17	60
280	280	119	10,1	15,2	7 590	542	364	61,2	61,0	47,9	17	60
300	300	125	10,8	16,2	9 800	653	451	72,2	69,0	54,2	21/17	64
320	320	131	11,5	17,3	12 510	782	555	84,7	77,7	61,0	21/17[3])	70
340	340	137	12,2	18,3	15 700	923	674	98,4	86,7	68,0	21	74
360	360	143	13,0	19,5	19 610	1090	818	114	97,0	76,1	23/21[3])	76
400	400	155	14,4	21,6	29 210	1460	1160	149	118	92,4	23	86
450	450	170	16,2	24,3	45 850	2040	1730	203	147	115	25/23[3])	94
500	500	185	18,0	27,0	68 740	2750	2480	268	179	141	28	100

(auch als halbierter I-Träger)
Normallängen:
h < 300: 8 m … 16 m
h ≥ 300: 8 m … 18 m
Werkstoff:
Stahl nach DIN EN 10 025

Bezeichnung eines warmgewalzten schmalen I-Trägers, Höhe h = 260 mm aus S 235 JR: **I-Profil DIN 1025 – I 260 – S 235 JR**

Warmgewalzte I-Träger, mittelbreite Träger, IPE-Reihe
DIN 1025-5: 1994-03

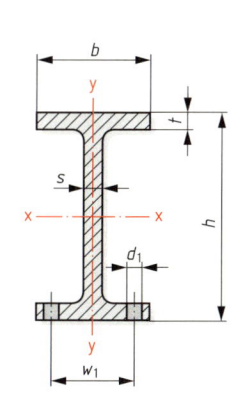

Kurz-zei-chen I	h mm	b mm	s mm	t mm	Für die Biegeachse				A cm²	m' kg/m	Maße nach DIN 997: 1970-10	
					x–x		y–y				$d_{1\,max}$[1]) mm	w_1 mm
					I_x cm⁴	W_x cm³	I_y cm⁴	W_y cm³				
80	80	46	3,8	5,2	80,1	20,0	8,49	3,69	7,64	6,00	6,4	26
100	100	55	4,1	5,7	171	34,2	15,9	5,79	10,3	8,10	8,4	30
120	120	64	4,4	6,3	318	53,0	27,7	8,65	13,2	10,4	8,4	36
140	140	73	4,7	6,9	541	77,3	44,9	12,3	16,4	12,9	11	40
160	160	82	5,0	7,4	869	109	68,3	16,7	20,1	15,8	13[2])	44
180	180	91	5,3	8,0	1 320	146	101	22,2	23,9	18,8	13	50
200	200	100	5,6	8,5	1 940	194	142	28,5	28,5	22,4	13	56
220	220	110	5,9	9,2	2 770	252	205	37,3	33,4	26,2	17	60
240	240	120	6,2	9,8	3 890	324	284	47,3	39,1	30,7	17	68
270	270	135	6,6	10,2	5 790	429	420	62,2	45,9	36,1	21/17[3])	72
300	300	150	7,1	10,7	8 360	557	604	80,5	53,8	42,2	23	80
330	330	160	7,5	11,5	11 770	713	788	98,5	62,6	49,1	25/23[3])	86
360	360	170	8,0	12,7	16 270	904	1040	123	72,7	57,1	25	90
400	400	180	8,6	13,5	23 130	1160	1320	146	84,5	66,3	28/25[3])	96
450	450	190	9,4	14,6	33 740	1500	1680	176	98,8	77,6	28	106
500	500	200	10,2	16,0	48 200	1930	2140	214	116	90,7	28	110

(auch als halbierter I-Träger)
Normallängen:
h < 300: 8 m … 16 m
h ≥ 300: 8 m … 18 m
Werkstoff:
Stahl nach DIN EN 10 025

Bezeichnung eines warmgewalzten mittelbreiten I-Trägers, Höhe h = 200 mm aus S 235 JR: **I-Profil DIN 1025 – IPE 200 – S 235 JR**

[1]) Haben Niete und Schrauben einen kleineren als den hier angegebenen Durchmesser, können dennoch die gleichen Anreißmaße angewendet werden.
[2]) Genormte Schrauben für HV-Verbindungen sind hier nicht anwendbar.
[3]) Sind für d_1 zwei Werte angegeben, dann gilt der kleinere Wert für HV-Schrauben.

Werkstofftechnik

Stahlprofile
Steel sections

Warmgewalzte breite I-Träger, IPB-Reihe und IPBl-Reihe

DIN 1025-2: 1995-11; DIN 1025-3: 1994-03

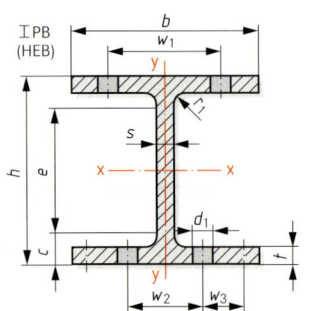
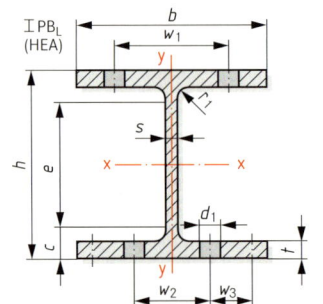

(auch als halbierter I-Träger)
Normallängen: 8 m ... 16 m
Werkstoff:
Stahl nach DIN EN 10 025

$e = h - 2c$

Kurz-zeichen					Für die Biegeachse						Maße nach DIN 997: 1970-10				
					$x-x$		$y-y$								
IPB (HEB)	h mm	b mm	s mm	t mm	r_1 mm	I_x cm^4	W_x cm^3	I_y cm^4	W_y cm^3	A cm^2	m' kg/m	c mm	e mm	$d_{1\,max}$ [1] mm	w_1 mm	w_2 mm	w_3 mm
100	100	100	6	10	12	450	89,9	167	33,5	26,0	20,4	22	56	13	56	–	–
120	120	120	6,5	11	12	864	144	318	52,9	34,0	26,7	23	74	17	66	–	–
140	140	140	7	12	12	1510	216	550	78,5	43,0	33,7	24	92	21	76	–	–
160	160	160	8	13	15	2490	311	889	111	54,3	42,6	28	104	23	86	–	–
180	180	180	8,5	14	15	3830	426	1360	151	65,3	51,2	29	122	25	100	–	–
200	200	200	9	15	18	5700	570	2000	200	78,1	61,3	33	134	25	110	–	–
220	220	220	9,5	16	18	8090	736	2840	258	91,0	71,5	34	152	25	120	–	–
240	240	240	10	17	21	11260	938	3920	327	106	83,2	38	164	25	–	96	35
260	260	260	10	17,5	24	14920	1150	5130	395	118	93,0	41,5	177	25	–	106	40
280	280	280	10,5	18	24	19270	1380	6590	471	131	103	42	196	25	–	110	45
300	300	300	11	19	27	25170	1680	8560	571	149	117	46	208	28	–	120	45
IPB$_L$ (HEA)																
100	96	100	5	8	12	349	72,8	134	26,8	21,2	16,7	20	56	13	56	–	–
120	114	120	5	8	12	606	106	231	38,5	25,3	19,9	20	74	17	66	–	–
140	133	140	5,5	8,5	12	1030	155	389	55,6	31,4	24,7	20,5	92	21	76	–	–
160	152	160	6	9	15	1670	220	616	76,9	38,8	30,4	24	104	23	86	–	–
180	171	180	6	9,5	15	2510	294	925	103	45,3	35,5	24,5	122	25	100	–	–
200	190	200	6,5	10	18	3690	389	1340	134	53,8	42,3	28	134	25	110	–	–
220	210	220	7	11	18	5410	515	1950	178	64,3	50,5	29	152	25	120	–	–
240	230	240	7,5	12	21	7760	675	2770	231	76,8	60,3	33	164	25	–	94	35
260	250	260	7,5	12,5	24	10450	836	3670	282	86,8	68,2	36,5	177	25	–	100	40
280	270	280	8	13	24	13670	1010	4760	340	97,3	76,4	37	196	25	–	110	45
300	290	300	8,5	14	27	18260	1260	6310	421	112	88,3	41	208	28	–	120	45

Bezeichnung eines breiten I-Trägers mit parallelen Flanschflächen, h = 260 mm aus S 235 JR:
I-Profil DIN 1025 – IPB 260 – S 235 JR

Bezeichnung eines breiten I-Trägers mit parallelen Flanschflächen leichte Reihe, h = 240 mm aus S 235 JR:
I-Profil DIN 1025 – IPBl 240 – S 235 JR

[1] Haben Niete und Schrauben einen kleineren als den hier angegebenen Durchmesser, können dennoch die gleichen Anreißmaße angewendet werden.

Warmgewalzter scharfkantiger T-Stahl

DIN 59 051: 2004-04

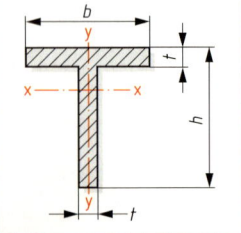

Kurz-zeichen TPS	h +1,2/-0,5 mm	b +0,6/-0,25 mm	t ±0,5 mm	A cm^2	m' kg/m
20	20	20	3	1,11	0,871
25	25	25	3,5	1,63	1,28
30	30	30	4	2,24	1,76
35	35	35	4,5	2,95	2,31
40	40	40	5	3,75	2,94

Normallängen: 6 m ... 12 m
Werkstoff:
Stahl nach DIN EN 10 025

Bezeichnung eines warmgewalzten T-Stahls scharfkantig (TPS), h = 30 mm aus S 235 JR:
T-Profil DIN 59 051 – TPS 30 – S 235 JR

Stahlprofile
Steel sections

Warmgewalzte breite I-Träger, verstärkte Ausführung
DIN 1025-4: 1994-03

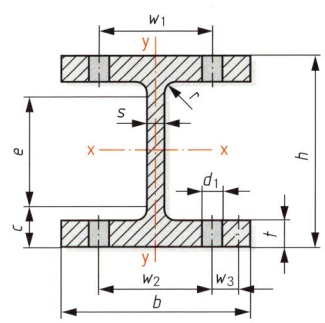

(auch als halbierter I-Träger)
Normallängen: 4 m ... 15 m

Werkstoff: Stahl nach DIN EN 10 025

$e = h - 2c$

Kurz-zeichen IPBV (HEM)	h mm	b mm	s mm	t mm	Für die Biegeachse $x-x$		Für die Biegeachse $y-y$		A cm²	m' kg/m	Maße nach DIN 997: 1970-10					
					I_x cm⁴	W_x cm³	I_y cm⁴	W_y cm³			c mm	e mm	$d_{1\,max}$[1] mm	w_1 mm	w_2 mm	w_3 mm
100	120	106	12	20	1140	190	399	75,3	53,2	41,8	32	56	13	60	–	–
120	140	126	12,5	21	2020	288	703	112	66,4	52,1	33	74	17	68	–	–
140	160	146	13	22	3290	411	1140	157	80,6	63,2	34	92	21	76	–	–
160	180	166	14	23	5100	566	1760	212	97,1	76,2	38	104	23	86	–	–
180	200	186	14,5	24	7480	748	2580	277	113	88,9	39	122	25	100	–	–
200	220	206	15	25	10640	967	3650	354	131	103	43	134	25	110	–	–
220	240	226	15,5	26	14600	1220	5010	444	149	117	44	152	25	120	–	–
240	270	248	18	32	24290	1800	8150	657	200	157	53	164	25/23	–	100	35
260	290	268	18	32,5	31310	2160	10450	780	220	172	56,5	177	25	–	110	40
280	310	288	18,5	33	39550	2550	13160	914	240	189	57	196	25	–	116	45
300	340	310	21	39	59200	3480	19400	1250	303	238	66	208	25	–	120	50
320/305	320	305	16	29	40950	2560	13740	901	225	177	56	208	28	–	120	50
320	359	309	21	40	68130	3800	19710	1280	312	245	67	225	28	–	126	47
340	377	309	21	40	76370	4050	19710	1280	316	248	67	243	28	–	126	47
360	395	308	21	40	84870	4300	19520	1270	319	250	67	261	28	–	126	47
400	432	307	21	40	104100	4820	19330	1260	326	256	67	298	28	–	126	47
450	478	307	21	40	131500	5500	19340	1260	335	263	67	344	28	–	126	47
500	524	306	21	40	161900	6180	19150	1250	344	270	67	390	28	–	130	45

Bezeichnung eines warmgewalzten breiten I-Trägers, IPBv-Reihe, von einer Höhe h = 320 mm aus S 235 JR:
I-Profil DIN 1025 – IPBv 320 – S 235 JR

Warmgewalzter rundkantiger Z-Stahl
DIN 1027: 2004-04

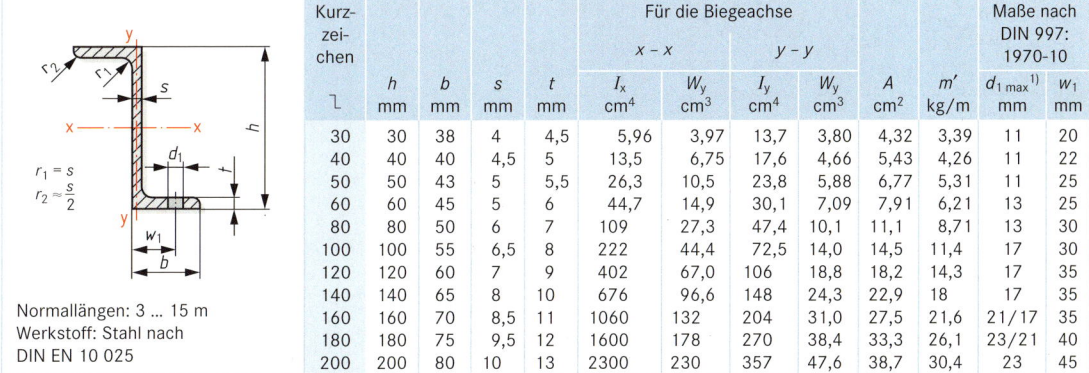

Kurz-zeichen ⌐	h mm	b mm	s mm	t mm	Für die Biegeachse $x-x$		Für die Biegeachse $y-y$		A cm²	m' kg/m	Maße nach DIN 997: 1970-10	
					I_x cm⁴	W_y cm³	I_y cm⁴	W_y cm³			$d_{1\,max}$[1] mm	w_1 mm
30	30	38	4	4,5	5,96	3,97	13,7	3,80	4,32	3,39	11	20
40	40	40	4,5	5	13,5	6,75	17,6	4,66	5,43	4,26	11	22
50	50	43	5	5,5	26,3	10,5	23,8	5,88	6,77	5,31	11	25
60	60	45	5	6	44,7	14,9	30,1	7,09	7,91	6,21	13	25
80	80	50	6	7	109	27,3	47,4	10,1	11,1	8,71	13	30
100	100	55	6,5	8	222	44,4	72,5	14,0	14,5	11,4	17	30
120	120	60	7	9	402	67,0	106	18,8	18,2	14,3	17	35
140	140	65	8	10	676	96,6	148	24,3	22,9	18	17	35
160	160	70	8,5	11	1060	132	204	31,0	27,5	21,6	21/17	35
180	180	75	9,5	12	1600	178	270	38,4	33,3	26,1	23/21	40
200	200	80	10	13	2300	230	357	47,6	38,7	30,4	23	45

Normallängen: 3 ... 15 m
Werkstoff: Stahl nach DIN EN 10 025

Bezeichnung eines warmgewalzten rundkantigen Z-Stahls von einer Höhe h = 100 mm aus S 235 JR:
Z-Profil DIN 1027 – ⌐ 100 – S 235 JR

---

[1] Sind für d_1 zwei Werte angegeben, dann gilt der kleinere Wert für HV-Schrauben.
Haben Niete und Schrauben einen kleineren als den hier angegebenen Durchmesser, können dennoch die gleichen Anreißmaße verwendet werden.

Stahlprofile
Steel sections

Warmgewalzter gleichschenkliger rundkantiger T-Stahl
DIN EN 10 055: 1995-12

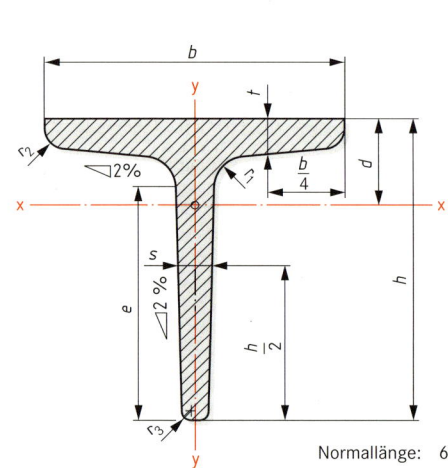 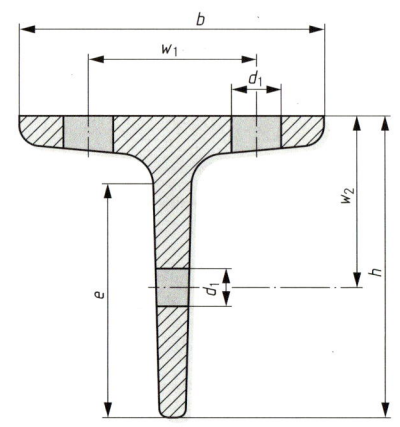

Normallänge: 6 m ... 12 m
Werkstoff: Stahl nach DIN EN 10 025

Kurz-zeichen					Quer-schnitt		Abstand der x-Achse	Für die Biegeachse				Maße nach DIN 997: 1970-10			
								x – x		y – y					
T	$h = b$ mm	$s = t$ mm	r_1 mm	r_2 mm	r_3 mm	A cm²	m' kg/m	d cm	I_x cm⁴	W_x cm³	I_y cm⁴	W_y cm³	w_1 mm	w_2 mm	d_1 mm	e mm
30	30	4	4	2	1	2,26	1,77	0,85	1,72	0,80	0,87	0,58	17	17	4,3	21
35	35	4,5	4,5	2,5	1	2,97	2,33	0,99	3,10	1,23	1,57	0,90	19	19	4,3	25
40	40	5	5	2,5	1	3,77	2,96	1,12	5,28	1,84	2,58	1,29	21	22	6,4	29
50	50	6	6	3	1,5	5,66	4,44	1,39	12,1	3,36	6,06	2,42	30	30	6,4	37
60	60	7	7	3,5	2	7,94	6,23	1,66	23,8	5,48	12,2	4,07	34	35	8,4	45
70	70	8	8	4	2	10,6	8,23	1,94	44,5	8,79	22,1	6,32	38	40	11	53
80	80	9	9	4,5	2	13,6	10,7	2,22	73,7	12,8	37,0	9,25	45	45	11	61
100	100	11	11	5,5	3	20,9	16,4	2,74	179	24,6	88,3	17,7	60	60	13	77
120	120	13	13	6,5	3	29,6	23,2	3,28	366	42,0	178	29,7	70	70	17	93
140	140	15	15	7,5	4	39,9	31,3	3,80	660	64,7	330	47,2	80	75	21	109

Bezeichnung eines warmgewalzten gleichschenkligen rundkantigen T-Stahls mit einer Höhe h = 50 mm aus S 235 JO:

T-Profil EN 10 055 – T50 – Stahl EN 10 025-S 235 JO

Warmgewalzter gleichschenkliger scharfkantiger Winkelstahl
DIN 1022: 2004-04

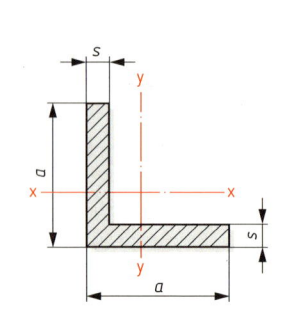

Kurz-zeichen LS	a +1,2/ −0,5 mm	s +0,6/ −0,25 mm	A cm²	m' kg/m
20 × 3	20	3	1,11	0,871
20 × 4		4	1,44	1,13
25 × 3	25	3	1,41	1,11
25 × 4		4	1,84	1,44
30 × 3	30	3	1,71	1,34
30 × 4		4	2,24	1,76
35 × 4	35	4	2,64	2,07
40 × 4	40	4	3,04	2,39
40 × 5		5	3,75	2,94
45 × 5	45	5	4,25	3,34
50 × 5	50	5	4,75	3,73

Bezeichnung eines warmgewalzten gleichschenkligen scharfkantigen Winkelstahles (LS) von a = 20 mm, s = 4 mm aus S 235 JR:

LS-Profil DIN 1022 – LS 20 × 4 – S 235 JR

Normallängen: 3 m ... 12 m
Werkstoff: Stahl nach DIN EN 10 025

Stahlprofile
Steel sections

Warmgewalzter rundkantiger U-Stahl

DIN 1026-1: 2000-03

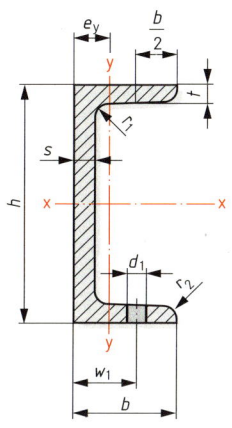

$b_1 = \dfrac{b}{2}$ bei $h \leq 300$

$b_1 = \dfrac{b - t_s}{2}$ bei $h > 300$

Neigung bei
$h \leq 300$ mm: 8 %
$h > 300$ mm: 5 %

$r_1 = t$

$r_2 \approx \dfrac{t}{2}$

Normallänge: 8 m ... 16 m
Werkstoff:
Stahl nach DIN EN 10 025

Kurz-zeichen					Abstand der y-Achse	Für die Biegeachse						Maße nach DIN 997: 1970-10	
						x – x		y – y					
U	h mm	b mm	s mm	t mm	e_y cm	I_x cm^4	W_x cm^3	I_y cm^4	W_y cm^3	A cm^2	m' kg/m	d_1 mm	w_1 mm
30 × 15	30	15	4	4,5	0,52	2,53	1,69	0,38	0,39	2,21	1,74	4,3	10
30	30	33	5	7	1,31	6,39	4,26	5,33	2,68	5,44	4,27	8,4	20
40 × 20[3]	40	20	5	5,5	0,67	7,58	3,79	1,14	0,86	3,66	2,87	6,4	11
40	40	35	5	7	1,33	14,1	7,05	6,68	3,08	6,21	4,87	8,4	20
50 × 25	50	25	5	6	0,81	16,8	6,73	2,49	1,48	4,92	3,86	8,4	16
50	50	38	5	7	1,37	26,4	10,6	9,12	3,75	7,12	5,59	11	20
60	60	30	6	6	0,91	31,6	10,5	4,51	2,16	6,46	5,07	8,4	18
65	65	42	5,5	7,5	1,42	57,5	17,7	14,1	5,07	9,03	7,09	11	25
80	80	45	6	8	1,45	106	26,5	19,4	6,36	11,0	8,64	13[1]	25
100	100	50	6	8,5	1,55	206	41,2	29,3	8,49	13,5	10,6	13	30
120	120	55	7	9	1,60	364	60,7	43,2	11,1	17,0	13,4	17/13[2]	30
140	140	60	7	10	1,75	605	86,4	62,7	14,8	20,4	16,0	17	35
160	160	65	7,5	10,5	1,84	925	116	85,3	18,3	24,0	18,8	21/17[2]	35
180	180	70	8	11	1,92	1350	150	114	22,4	28,0	22,0	21	40
200	200	75	8,5	11,5	2,01	1910	191	148	27,0	32,2	25,3	23/21[2]	40
220	220	80	9	12,5	2,14	2690	245	197	33,6	37,4	29,4	23	45
240	240	85	9,5	13	2,23	3600	300	248	39,8	42,3	33,2	25/23[2]	45
260	260	90	10	14	2,36	4820	371	317	47,7	48,3	37,9	25	50
280	280	95	10	15	2,53	6280	448	399	57,2	53,3	41,8	25	50
300	300	100	10	16	2,70	8030	535	495	67,8	58,8	46,2	28	55

Bezeichnung eines warmgewalzten rundkantigen U-Stahls mit einer Höhe $h = 200$ mm aus S 235 JR:

U-Profil DIN 1026 – U 200 – S 235 JR

[1] Genormte Schrauben für HV-Verbindungen sind hier nicht anwendbar.
[2] Sind für d_1 zwei Werte angegeben, dann gilt der kleinere Wert für HV-Schrauben.
[3] Bei U 40 × 20 ist $t = 5,5$ mm und $r_1 = 5$ mm.

Stahlprofile
Steel sections

Warmgewalzter gleichschenkliger rundkantiger Winkelstahl

DIN EN 10 056-1: 1998-10

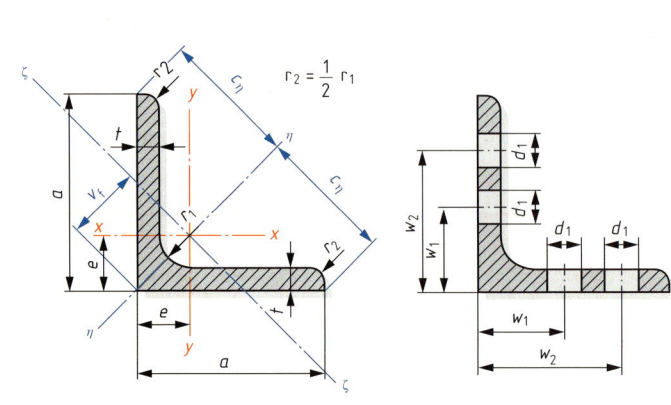

Normallänge: 6 m ... 12 m
Werkstoff: Stahl nach DIN EN 10 025

Bezeichnung eines warmgewalzten gleichschenkligen rundkantigen Winkelstahls mit
a = 80 mm, t = 10 mm aus S 235 JO

L EN 10 056-1-80 x 80 x 10
Stahl EN 10 025 - S 235 JO

Kurzzeichen L	a mm	t mm	r_1 mm	e cm	c_η cm	c_ζ cm	Für die Biegeachse $x-x$ und $y-y$ $I_x = I_y$ cm^4	$W_x = W_y$ cm^3	$\eta-\eta$ I_η cm^4	$\zeta-\zeta$ I_ζ cm^4	W_ζ cm^3	A cm^2	m' kg/m	Maße nach DIN 997: 1970-10 d_1 mm	w_1 mm	w_2 mm
20 x 20 x 3	20	3	3,5	0,598	1,41	0,846	0,392	0,279	0,618	0,165	0,195	1,12	0,882	4,3	12	-
25 x 25 x 3	25	3	3,5	0,723	1,77	1,02	0,803	0,452	1,27	0,334	0,326	1,14	1,12	6,4	15	-
25 x 25 x 4	25	4	3,5	0,762	1,77	1,08	1,02	0,586	16,1	0,430	0,399	1,85	1,45	6,4	15	-
30 x 30 x 3	30	3	5	0,835	2,12	1,18	1,40	0,649	2,22	0,585	0,496	1,74	1,36	8,4	17	-
30 x 30 x 4	30	4	5	0,878	2,12	1,24	1,80	0,850	2,85	0,754	0,607	2,27	1,78	8,4	17	-
35 x 35 x 4	35	4	5	1,00	2,47	1,42	2,95	1,18	4,68	1,23	0,865	2,67	2,09	11	18	-
40 x 40 x 4	40	4	6	1,12	2,83	1,58	4,47	1,55	7,09	1,86	1,17	3,08	2,42	11	22	-
40 x 40 x 5	40	5	6	1,16	2,83	1,64	5,43	1,91	8,60	2,26	1,38	3,79	2,97	11	22	-
50 x 50 x 4	50	4	7	1,35	3,54	1,92	8,97	1,46	14,2	3,73	1,94	3,89	30,6	13	30	-
50 x 50 x 5	50	5	7	1,40	3,54	1,99	11,0	3,05	17,4	4,55	2,29	4,80	3,77	13	30	-
50 x 50 x 6	50	6	7	1,45	3,54	2,04	12,8	3,61	20,3	5,34	2,61	5,69	4,47	13	30	-
60 x 60 x 5	60	5	8	1,64	4,24	2,32	19,4	4,45	30,7	8,03	3,46	5,82	4,57	17	35	-
60 x 60 x 6	60	6	8	1,69	4,24	2,39	22,8	5,29	36,1	9,44	3,96	6,91	5,42	17	35	-
60 x 60 x 8	60	8	8	1,77	4,24	2,50	29,2	6,89	46,1	12,2	4,86	9,03	7,09	17	35	-
65 x 65 x 7	65	7	9	1,85	4,60	2,62	33,4	7,18	53,0	13,8	5,27	8,70	6,83	21	35	-
70 x 70 x 6	70	6	9	1,93	4,95	2,73	36,9	7,27	58,5	15,3	5,60	8,13	6,38	21	40	-
70 x 70 x 7	70	7	9	1,97	4,95	2,46	42,3	8,41	67,1	17,5	6,28	9,40	7,38	21	40	-
75 x 75 x 6	75	6	9	2,05	5,30	2,90	45,8	8,41	72,7	18,9	6,53	8,73	6,85	23	40	-
75 x 75 x 8	75	8	9	2,12	5,30	3,02	59,1	11,0	93,8	24,5	8,09	11,4	8,99	23	40	-
80 x 80 x 8	80	8	10	2,26	5,66	3,19	72,2	12,6	115	29,9	9,37	12,3	9,63	23	45	-
80 x 80 x 10	80	10	10	2,34	5,66	3,30	87,5	15,4	139	36,4	11,0	15,1	11,9	23	45	-
100 x 100 x 8	100	8	12	2,74	7,07	3,87	145	19,9	230	59,9	15,5	15,5	12,2	25	55	-
100 x 100 x 10	100	10	12	2,82	7,07	3,99	177	24,6	280	73,0	18,3	19,2	15,0	25	55	-
100 x 100 x 12	100	12	12	2,90	7,07	4,11	207	28,1	328	85,7	20,9	22,7	17,8	25	55	-
120 x 120 x 10	120	10	13	3,31	8,49	4,69	331	36,0	497	129	27,5	23,2	18,2	25	50	80
120 x 120 x 12	120	12	13	3,40	8,49	4,80	368	42,7	584	152	31,6	27,5	21,6	25	50	80
130 x 130 x 12	130	12	14	3,64	9,19	5,15	472	50,4	750	194	37,7	30,0	23,6	25	50	90
150 x 150 x 10	150	10	16	4,03	10,6	5,71	624	56,9	990	258	45,1	29,3	23,0	28	60	105
150 x 150 x 12	150	12	16	4,12	10,6	5,83	737	67,7	1170	303	52,0	34,8	27,3	28	60	105
150 x 150 x 15	150	15	16	4,25	10,6	6,01	989	83,5	1430	370	61,6	43,0	33,8	28	60	105
200 x 200 x 16	200	16	18	5,52	14,1	7,81	2340	162	3720	960	123	61,8	48,5	28	65	150
200 x 200 x 18	200	18	18	5,60	14,1	7,92	2600	181	4150	1050	133	69,1	54,3	28	65	150
200 x 200 x 20	200	20	18	5,68	14,1	8,04	2850	199	4530	1170	146	76,3	59,9	28	65	150
200 x 200 x 24	200	24	18	5,84	14,1	8,26	3330	235	5280	1380	167	90,6	71,7	28	65	150

Stahlprofile
Steel sections

Warmgewalzter ungleichschenkliger rundkantiger Winkelstahl

DIN EN 10 056-1: 1998-10

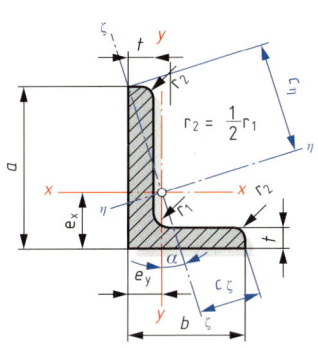
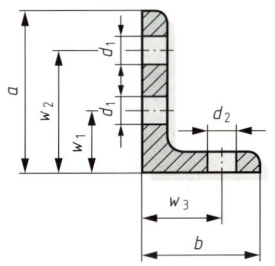

Normallängen: 6 ... 12 m
Werkstoff: Stahl nach DIN EN 10 025

Bezeichnung eines warmgewalzten ungleichschenkligen rundkantigen Winkelstahls mit a = 100 mm, b = 50 mm, t = 6 mm aus S 235 JR:

L EN 10 056-1-100 x 50 x 6
Stahl EN 10 025-S235 JR

Kurz-zeichen L	a mm	b mm	t mm	r_1 mm	e_x cm	e_y cm	Für die Biegeachsen $x-x$ I_x cm⁴	W_x cm³	$y-y$ I_y cm⁴	W_y cm³	A cm²	m' kg/m	Maße nach DIN 998: 1970-10 d_1[1] mm	d_2[1] mm	w_1 mm	w_2 mm	w_3 mm
30 × 20 × 3	30	20	3	4	0,99	0,50	1,25	0,62	0,44	0,29	1,43	1,12	8,4	4,3	17	–	12
30 × 20 × 4	30	20	4	4	1,03	0,54	1,59	0,81	0,55	0,38	1,86	1,46	8,4	4,3	17	–	12
40 × 20 × 4	40	20	4	4	1,47	0,48	3,59	1,42	0,60	0,39	2,26	1,77	11	4,3	22	–	12
45 × 30 × 4	45	30	4	4,5	1,48	0,74	5,78	1,91	2,05	0,91	2,87	2,25	13	8,4	25	–	17
50 × 30 × 5	50	30	5	5	1,73	0,74	9,36	2,86	2,51	1,11	3,78	2,96	13	8,4	30	–	17
60 × 30 × 5	60	30	5	5	2,17	0,68	15,6	4,07	2,63	1,14	4,28	3,36	17	8,4	35	–	17
60 × 40 × 5	60	40	5	6	1,96	0,97	17,2	4,25	6,11	2,02	4,79	3,76	17	11	35	–	22
60 × 40 × 6	60	40	6	6	2,00	1,01	20,1	5,03	7,12	2,38	5,68	4,46	17	11	35	–	22
65 × 50 × 5	65	50	5	6	1,99	1,25	23,2	5,14	11,9	3,19	5,54	4,35	21	13	35	–	30
70 × 50 × 6	70	50	6	7	2,23	1,25	33,4	7,01	14,2	3,78	6,89	5,41	21	13	40	–	30
75 × 50 × 6	75	50	6	7	2,44	1,21	40,5	8,01	14,4	3,81	7,19	5,65	23	13	35	–	30
75 × 50 × 8	75	50	8	7	2,52	1,29	52,0	10,4	18,4	4,95	9,41	7,39	23	13	35	–	30
80 × 40 × 6	80	40	6	7	2,85	0,88	44,9	8,73	7,59	2,44	6,89	5,41	23	11	45	–	22
80 × 40 × 8	80	40	8	7	2,94	0,96	57,6	11,4	9,61	3,16	9,01	7,07	23	11	45	–	22
80 × 60 × 7	80	60	7	7	2,51	1,52	59,0	10,7	28,4	6,34	9,38	7,36	23	17	45	–	35
100 × 50 × 6	100	50	6	8	3,51	1,05	89,9	13,8	15,4	3,89	8,71	6,84	25	13	55	–	30
100 × 50 × 8	100	50	8	8	3,60	1,13	116	18,2	19,7	5,08	11,4	8,97	25	13	55	–	30
100 × 75 × 8	100	75	8	10	3,10	1,87	133	19,3	64,1	11,4	13,5	10,6	25	23	55	–	40
100 × 75 × 10	100	75	10	10	3,19	1,95	162	23,8	77,6	14,0	16,6	13,0	25	[2]	55	–	40
100 × 75 × 12	100	75	12	10	3,27	2,03	189	28,0	90,2	16,5	19,7	15,4	25	[2]	[2]	–	[2]
120 × 80 × 8	120	80	8	11	3,83	1,87	226	27,6	80,8	13,2	15,5	12,2	25	23	50	80	45
120 × 80 × 10	120	80	10	11	3,92	1,95	276	34,1	98,1	16,2	19,1	15,0	25	23	50	80	45
120 × 80 × 12	120	80	12	11	4,00	2,03	323	40,4	114	19,1	22,7	17,8	25	23	50	80	45
135 × 65 × 8	135	65	8	11	4,78	1,34	291	33,4	45,2	8,75	15,5	12,2	[2]	[2]	[2]	[2]	[2]
135 × 65 × 10	135	65	10	11	4,88	1,42	356	41,3	54,7	10,8	19,1	15,0	[2]	[2]	[2]	[2]	[2]
150 × 75 × 10	150	75	10	12	5,31	1,61	501	51,6	85,6	14,5	21,7	17,0	28	23	60	105	40
150 × 75 × 12	150	75	12	12	5,40	1,69	588	61,3	99,6	17,1	25,7	20,2	28	23	60	105	40
150 × 100 × 10	150	100	10	12	4,81	2,34	553	54,2	199	25,9	24,2	19,0	28	25	60	105	55
150 × 100 × 12	150	100	12	12	4,89	2,42	651	64,4	233	30,7	28,7	22,5	28	25	60	105	55
200 × 100 × 10	200	100	10	15	6,93	2,01	1220	93,2	210	26,3	29,2	23,0	28	25	65	150	55
200 × 100 × 12	200	100	12	15	7,03	2,10	1440	111	247	31,3	34,8	27,3	28	25	65	150	55
200 × 100 × 15	200	100	15	15	7,16	2,22	1758	137	299	38,5	43,0	33,75	28	25	65	150	55

[1] Haben Niete und Schrauben einen kleineren als den hier angegebenen Durchmesser, können dennoch die gleichen Anreißmaße verwendet werden.

[2] Werte nicht genormt

Stahlprofile
Steel sections

Warmgewalzter Rundstab (DIN EN 10 060: 2004-02), **Warmgewalzter Vierkantstab** (DIN EN 10 059: 2004-02), **Warmgewalzter Sechskantstab** (DIN EN 10 061: 2004-02)

Maße d, a, s[1] in mm	Masse m' in kg/m[2] ⌀	Masse m' in kg/m[2] ⬛	Masse m' in kg/m[2] ⬢	Maße d, a, s[1] in mm	Masse m' in kg/m[2] ⌀	Masse m' in kg/m[2] ⬛	Masse m' in kg/m[2] ⬢	Maße d, a, s[1] in mm	Masse m' in kg/m[2] ⌀	Masse m' in kg/m[2] ⬛	Masse m' in kg/m[2] ⬢
8	–	0,505	–	32 (31,5)	6,31	8,04	6,75	90 (88)	49,9	63,6	52,6
10	0,617	0,785	–	35 (35,5)	7,55	9,62	8,56	95 (93)	55,6	–	58,8
12	0,888	1,13	–	36	7,99	–	–	100 (103)	61,7	78,5	72,1
13	1,04	1,33	1,15	38 (37,5)	8,90	–	9,56	110	74,6	95,0	–
14	1,21	1,54	1,33	40 (39,5)	9,86	12,6	10,6	120	88,8	113	–
15	1,39	1,77	1,53	45 (42,5)	12,5	15,9	12,3	130	104	133	–
16	1,58	2,01	1,74	48 (47,5)	14,2	–	15,3	140	121	154	–
18	2,00	2,54	2,20	50	15,4	19,6	–	150	139	177	–
19	2,23	–	2,46	52	16,7	–	18,4	160	158	–	–
20 (20,5)	2,47	3,14	2,86	55	18,7	23,7	–	170	178	–	–
22 (22,5)	2,98	3,80	3,44	60	22,2	28,3	–	180	200	–	–
24 (23,5)	3,55	4,52	3,75	63 (62)	24,5	–	26,1	190	223	–	–
25 (25,5)	3,85	4,91	4,42	65 (67)	26,0	33,2	30,5	200	247	–	–
26	4,17	5,31	–	70 (72)	30,2	38,5	35,2	220	298	–	–
27	4,49	–	–	75	34,7	44,2	–	250	385	–	–
28 (28,5)	4,83	6,15	5,52	80 (78)	39,5	50,2	41,4				
30	5,55	7,07	–	85 (83)	44,5	–	46,8				

[1] Die in Klammern gesetzten Maße gelten für Sechseckstäbe statt der nicht in Klammern gesetzten Maße.
[2] mit einer Dichte $\varrho = 7{,}85$ kg/dm³ berechnet.

Normlänge je nach Durchmesser oder Seitenlänge: 3 … 13 m; Werkstoff: Stahl EN 10 025.
Bezeichnung eines warmgewalzten Rundstahles, Nenndurchmesser $d = 50$ mm aus S 235 JR:
Rundstab EN 10 060-50 Stahl EN 10 025 – S 235 JR

Warmgewalzter Flachstab
DIN EN 10 058: 2004-02

Breite in mm	Masse m' in kg/m[1] für die Dicke t in mm											
	5	6	8	10	12	15	20	25	30	35	40	50
10	0,393	–	–	–	–	–	–	–	–	–	–	–
12	0,471	0,565	–	–	–	–	–	–	–	–	–	–
14	0,589	0,707	0,942	1,18	–	–	–	–	–	–	–	–
16	0,628	0,754	1,00	1,26	–	–	–	–	–	–	–	–
20	0,785	0,942	1,26	1,57	1,88	2,36	–	–	–	–	–	–
25	0,981	1,018	1,57	1,96	2,36	2,94	–	–	–	–	–	–
30	1,18	1,41	1,88	2,36	2,83	3,53	4,71	5,89	–	–	–	–
35	1,37	1,65	2,20	2,75	3,30	4,12	5,50	6,87	–	–	–	–
40	1,57	1,88	2,51	3,14	3,77	4,71	6,28	7,85	9,42	–	–	–
45	1,77	2,12	2,83	3,53	4,24	5,30	7,07	8,83	10,6	–	–	–
50	1,96	2,36	3,14	3,93	4,71	5,89	7,85	9,81	11,8	–	–	–
60	2,36	2,83	3,77	4,71	5,65	7,07	9,42	11,8	14,1	16,5	18,8	–
70	2,75	3,30	4,40	5,50	6,59	8,24	11,0	13,7	16,5	19,2	22,0	–
80	3,14	3,77	5,02	6,28	7,54	9,42	12,6	15,7	18,8	22,0	25,1	31,4
90	3,53	4,24	5,65	7,07	8,48	10,6	14,1	17,7	21,2	24,7	28,3	35,3
100	3,93	4,71	6,28	7,85	9,42	11,8	15,7	19,6	23,6	27,5	31,4	39,3

[1] errechnet mit einer Dichte $\varrho = 7{,}85$ kg/dm³

Normallängen: 3 … 13 m; Werkstoff nach DIN EN 10 025, DIN EN 10 083, DIN EN 10 084, DIN 10 087
Bezeichnung eines warmgewalzten Flachstabes mit der Breite 30 mm und der Dicke 15 mm aus S 235 JR:
Flachstab EN 10 058 – 30 × 15 Stahl EN 10 025 – S 235 JR

Stahlblech, Stahldraht
Steel sheet, steel wire

Warmgewalztes Blech und Band
DIN EN 10 051: 1997-11

Produkt	Breite in mm	Dicke in mm	Werkstoff: alle unlegierten und legierten Stähle
Blech Breitband	≥ 600	2 ... 25	Bezeichnung eines Bleches, 2 mm dick, 1500 mm breit mit geschnittenen Kanten (GK), 2500 mm lang aus 34 Cr 4: **Blech EN 10 051 – 2,0 × 1500 GK × 2500 Stahl EN 10 083-1-34 Cr 4**
Band (aus Breitband längsgeteilt)	< 600		Bezeichnung eines Bandes, 5 mm dick, 500 mm breit mit Naturwalzkanten aus Stahl S 235 JR: **Band EN 10 051 – 5,0 × 500 Stahl EN 10 025 – S 235 JR**

Kaltgewalzte Verpackungsblecherzeugnisse
DIN EN 10 202: 2001-07

Stahlsorte		Härte HR 30 Tm[1] max.	$R_{p\,0,2}$ in N/mm^2
Kurzname	Werkstoff-nummer		
TS 230	1.0371	53	230
TS 245	1.0372	53	245
TS 275	1.0375	58	275
TH 415	1.0377	62	415
TH 435	1.0378	65	435
Doppelt reduziertes Blech			
TH 520	1.0384	–	520
TH 550	1.0373	–	550
TH 580	1.0382	–	580
TH 620	1.0374	–	620

Einfach kaltgewalztes Feinstblech und Weißblech:
Nenndicke 0,17 ... 0,49 mm
Doppelt reduziertes Feinstblech und Weißblech:
Nenndicke 0,13 ... 0,29 mm

Bevorzugte Werte der Zinnauflage bei Weißblech sind beidseitig:
1,0 – 1,4 – 2,0 – 2,8 – 4,0 – 5,0 – 5,6 – 8,4 – 11,2 – 14,0 – 15,1 g/m^2.

Bezeichnung eines Weißbleches, Stahlsorte TS 245, kontinuierlich geglüht (CA), Oberfläche stone finish (ST) (gerichtete Oberflächenstruktur), elektrolytisch mit einer Auflage von beidseitig 2,0 g/m^2 verzinnt (E), Dicke 0,22 mm, Breite 600 mm und Länge 800 mm:

Weißblech
Tafel EN 10 202-TS 245 - CA - ST-E 2,0/2,0 – 0,22 × 600 × 800

[1] ähnlich dem Verfahren HR 30T, jedoch ist das Auftreten von Verformungsspuren auf der Rückseite der Probe erlaubt.

Kaltgewalztes Breitband und Blech aus unlegierten Stählen
DIN EN 10 131: 2006-09

Dicke	Breite	Masse m'' in kg/m^2 [1]
0,35		2,75
0,40		3,14
0,50		3,93
0,60	600 ... 2000	4,71
0,70	(auch für Stäbe < 600, die	5,50
0,80	vom Band abgesägt sind)	6,28
0,90		7,07
1,00		7,85
1,20		9,42
1,50		11,78
2,00		15,70
2,50		19,63
3,00		23,55

Werkstoff: alle Stähle nach DIN EN 10 130

Bezeichnung eines Bandes von 0,80 mm Dicke und 1200 mm Breite aus DC 04 Am:

Band EN 10 131 – 0,80 × 1200
Stahl EN 10 130 – DC 04 Am

[1] Errechnet mit einer Dichte 7,85 kg/dm^3

Stahldraht
DIN EN 10 218-2: 1996-08

Durchmesserbereich in mm	Grenzabmaße in mm Toleranzklasse T3	Durchmesserbereich in mm	Grenzabmaße in mm Toleranzklasse T3	Durchmesserbereich in mm	Grenzabmaße in mm Toleranzklasse T3
0,05 bis < 0,12	± 0,006	0,91 bis < 1,42	± 0,025	5,67 bis < 8,17	± 0,060
0,12 bis < 0,15	± 0,008	1,42 bis < 2,05	± 0,030	8,17 bis < 11,12	± 0,070
0,15 bis < 0,23	± 0,010	2,05 bis < 2,78	± 0,035	11,12 bis < 14,52	± 0,080
0,23 bis < 0,33	± 0,012	2,78 bis < 3,63	± 0,040	14,52 bis < 18,37	± 0,090
0,33 bis < 0,52	± 0,015	3,63 bis < 4,60	± 0,045	18,37 bis < 22,68	± 0,100
0,52 bis < 0,91	± 0,020	4,60 bis < 5,67	± 0,050	22,68 bis ≤ 25	± 0,120

$T1 = 0,035 \cdot \sqrt{d}$ für dickverzinkten Draht
$T2 = 0,027 \cdot \sqrt{d}$ für verzinkten Draht
$T3 = 0,021 \cdot \sqrt{d}$ ⎫
$T4 = 0,015 \cdot \sqrt{d}$ ⎬ für blanken Draht mit steigender Präzision
$T5 = 0,010 \cdot \sqrt{d}$ ⎭

Werkstoff: unlegierte Stähle
Bezeichnung eines blanken Drahtes,
Durchmesser d = 1,0 mm,
Toleranzklasse T3:
Draht EN 10 218-Ø1,0 T3

Bleche mit Muster
Tread plate

Warmgewalztes Blech aus Stahl

DIN 59 220: 2000-4

Ausführungsart T Tränenblech	Ausführungsart R Riffelblech	Nenndicke s in mm ohne Musterauflage	Nennlängen l in mm	Masse m' in kg/m² Ausführungsart T	Masse m' in kg/m² Ausführungsart R
		3	4000 … 20 000	25,55	27,55
		4		33,40	35,40
		5		41,25	43,25
		6		49,10	51,10
		8		64,80	66,80
		10		80,50	82,50

Bezeichnung eines Bleches mit Muster aus S 235JRG2 nach DIN 10 025, Ausführungsart T, Nenndicke s = 6 mm
Blech DIN 59 220 – S 235JRG2 – T – 6

Bleche mit eingewalzten Mustern aus Aluminium und Aluminiumlegierungen

DIN EN 1386: 2008-5

Musterarten	Werkstoff	Werkstoffzustand	Nenndicke t in mm über	Nenndicke t in mm bis	Biegeradius bei 90°
Duett	EN-AW-1050A[Al 99,5]	H244	≥1,2	1,5	1 t
			1,5	3,0	1,5 t
			3,0	6,0	2 t
			6,0	20,0	–
	EN-AW-3103[AlMn1]	H244	≥1,2	1,5	1,25 t
			1,5	3,0	1,5 t
			3,0	6,0	2,5 t
			6,0	20,0	–
Quintett		H244	≥1,2	1,5	1,25 t
			1,5	3,0	1,5 t
			3,0	6,0	2,5 t
			6,0	20,0	–
	EN-AW-5754[AlMg3]	H224	≥1,2	1,5	2 t
			1,5	3,0	2,5 t
			3,0	6,0	2,5 t
			6,0	2,0	–
Diamant		H244	≥1,2	1,5	2,5 t
			1,5	3,0	3 t
			3,0	6,0	3,5 t
			6,0	20,0	–
	EN-AW-6061[AlMg1SiCu]	T 4	≥1,2	1,5	4 t
			1,5	3,0	4 t
			3,0	6,0	4 t
			6,0	20,0	–
Reiskorn	EN-AW-6082[AlSi1MgMn]	T4	≥1,2	1,5	4 t
			1,5	3,0	4 t
			3,0	6,0	4 t
			6,0	20,0	–
	EN-AW-7020[AlZn4,5Mg1]	T6	≥1,2	1,5	
			1,5	3,0	
			3,0	6,0	
			6,0	20,0	
Mandel					

Werkstoffzustand	
H114	Blech mit eingewalztem Muster, kaltverfestigt und rückgeglüht, 1/8 hart
H224	Blech mit eingewalztem Muster, kaltverfestigt und rückgeglüht, 1/4 hart
H244	Blech mit eingewalztem Muster, kaltverfestigt und rückgeglüht, 1/2 hart
T4	lösungsgeglüht und kalt ausgelagert
T6	lösungsgeglüht und warm ausgelagert

Stahlrohre
Steel tubes

Nahtlose Stahlrohre und Geschweißte Stahlrohre

DIN EN 10 220: 2003-03

Außen-durch-messer	Masse m' in kg/m[1]) für Wanddicke s in mm																
	1,6	2	2,3	2,6	2,9	3,2	4	4,5	5	5,6	6,3	7,1	8	10	12,5	16	20
10,2	0,339	0,404	0,448	0,487	–	–	–	–	–	–	–	–	–	–	–	–	–
13,5	0,470	0,567	0,635	0,699	0,758	0,813	–	–	–	–	–	–	–	–	–	–	–
17,2	0,616	0,750	0,845	0,936	1,02	1,10	1,30	1,41	–	–	–	–	–	–	–	–	–
21,3	0,777	0,952	1,08	1,20	1,32	1,43	1,71	1,86	2,01	–	–	–	–	–	–	–	–
26,9	0,998	1,23	1,40	1,56	1,72	1,87	2,26	2,49	2,70	2,94	3,20	3,47	–	–	–	–	–
33,7	1,27	1,56	1,78	1,99	2,20	2,41	2,93	3,24	3,54	3,88	4,26	4,66	5,07	–	–	–	–
42,4	1,61	1,99	2,27	2,55	2,82	3,09	3,79	4,21	4,61	5,08	5,61	6,18	6,79	7,99	–	–	–
48,3	1,84	2,28	2,61	2,93	3,25	3,56	4,37	4,86	5,34	5,90	6,53	7,21	7,95	9,45	11,0	–	–
60,3	2,32	2,88	3,29	3,70	4,11	4,51	5,55	6,19	6,82	7,55	8,39	9,32	10,3	12,4	14,7	17,5	–
76,1	2,94	3,65	4,19	4,71	5,24	5,75	7,11	7,95	8,77	9,74	10,8	12,1	13,4	16,3	19,6	23,7	27,7
88,9	3,44	4,29	4,91	5,53	6,15	6,76	8,38	9,37	10,3	11,5	12,8	14,3	16,0	19,5	23,6	28,8	34,0
114,3	–	5,54	6,35	7,16	7,97	8,77	10,9	12,2	13,5	15,0	16,8	18,8	21,0	25,7	31,4	38,8	46,5

Bezeichnung eines nahtlosen Stahlrohres von 88,9 mm Außendurchmesser und 5 mm Wanddicke aus P 235 TR 1:
Rohr EN 10 220 – 88,9 × 5 – P 235 TR 1

Nahtlose Präzisionsstahlrohre

DIN EN 10 305-1: 2003-02

Außen-durch-messer	Masse m' in kg/m[1]) für Wanddicke s in mm														
	0,5	0,8	1	1,5	2	2,5	3	4	5	6	8	10	12	14	16	18
5	0,056	0,083	0,099	–	–	–	–	–	–	–	–	–	Werkstoff:			
6	0,068	0,103	0,123	0,166	0,197	–	–	–	–	–	–	–	E 215			
8	0,092	0,142	0,173	0,240	0,296	0,339	–	–	–	–	–	–	E 235			
10	0,117	0,182	0,222	0,314	0,395	0,462	0,519	–	–	–	–	–	E 355			
15	0,179	0,280	0,345	0,499	0,641	0,771	0,888	1,09	1,23	–	–	–				
20	0,240	0,379	0,469	0,684	0,888	1,08	1,26	1,58	1,85	2,07	–	–	Normallänge: 2 … 7 m			
30	0,364	0,576	0,715	1,05	1,38	1,70	2,00	2,56	3,08	3,55	4,34	4,93				
40	0,487	0,773	0,962	1,42	1,87	2,31	2,74	3,55	4,32	5,03	6,31	7,40	–	–	–	–
50	–	–	1,21	1,79	2,37	2,93	3,48	4,54	5,55	6,51	8,29	9,86	–	–	–	–
70	–	–	1,70	2,53	3,35	4,16	4,96	6,51	8,01	9,47	12,2	14,8	17,2	19,3	–	–
100	–	–	–	–	4,83	6,01	7,18	9,47	11,7	13,9	18,2	22,2	26,0	29,7	33,1	36,4

Bezeichnung eines Rohres aus E 235 normalgeglüht vom Außendurchmesser $d = 50$ mm und einem Innendurchmesser $D_1 = 44$ mm:
Rohr EN 10 305 – 1 – 50 × ID44 – E235 + N

Mittelschwere Gewinderohre

DIN EN 10 255: 2007-07

Außen-durch-messer d_1	Gewinde-größe	Nenn-weite DN	Wand-dicke T	Masse m' in kg/m[1])	Muffe nach DIN EN 10 241		Außen-durch-messer d_1	Gewinde-größe	Nenn-weite DN	Wand-dicke T	Masse m' in kg/m[1])	Muffe nach DIN EN 10 241	
					Außen-durch-messer	Länge						Außen-durch-messer	Länge
10,2	R 1/8	6	2,0	0,407	15	17	48,3	R 1 1/2	40	3,2	3,60	54,5	48
13,5	R 1/4	8	2,3	0,645	18,5	25	60,3	R 2	50	3,6	5,10	66,2	56
17,2	R 3/8	10	2,3	0,845	21,3	26	76,1	R 2 1/2	65	3,6	6,54	82,0	65
21,3	R 1/2	15	2,6	1,22	26,6	34	88,9	R 3	80	4,0	8,53	95,0	71
26,9	R 3/4	20	2,6	1,57	31,8	36	114,3	R 4	100	4,5	12,50	121,4	83
33,7	R 1	25	3,2	2,43	39,5	43	139,7	R 5	125	5,0	17,10	146,3	92
42,4	R 1 1/4	32	3,2	3,13	48,3	48	165,1	R 6	150	5,0	20,40	173,3	92

Werkstoff: vollberuhigter Stahl nach Wahl des Herstellers
Rohre nahtlos (S) oder längsnahtgeschweißt (W)
Bezeichnung eines nahtlosen Gewinderohres mit dem Außendurchmesser $d = 33,7$ mm und einer Wanddicke $T = 3,2$ mm:
S-Rohr EN 10 255 – 33,7 × 3,2

[1]) Errechnet mit einer Dichte 7,85 kg/dm³

Werkstofftechnik

Stahlrohre
Steel tubes

Warmgefertigte quadratische und rechteckige Stahlrohre für den Stahlbau
DIN EN 10 210-2: 2006-07

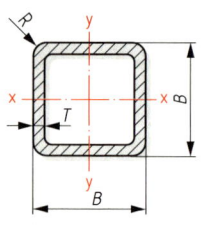
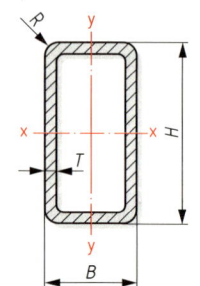

Normallänge: 4 ... 16 m

Werkstoff: Unlegierte Baustähle und Feinkornstähle

$R = 3 \cdot T$

Kurzzeichen:
HFRHF = warmgefertigte quadratische oder rechteckige Hohlprofile

Quadratische Stahlrohre

Nennmaß $B \times B$ mm	Wanddicke T mm	für die Biegeachse $x-x = y-y$		Querschnitt A cm²	Masse m' kg/m
		I_x cm⁴	W_x cm³		
40	3,2	10,2	5,11	4,60	3,61
	4,0	11,8	5,91	5,59	4,39
50	3,2	21,2	8,49	5,88	4,62
	4,0	25,0	9,99	7,19	5,64
60	4,0	45,4	15,1	8,79	6,90
	6,3	61,6	20,5	13,1	10,5
	8,0	69,7	23,2	16,0	12,5
70	4,0	74,7	21,3	10,4	8,15
	6,3	104	29,7	15,6	12,3
	8,0	120	34,2	19,2	15,0
80	4,0	114	28,6	12,0	9,41
	6,3	162	40,5	18,1	14,2
	8,0	189	47,3	22,4	17,5
90	4,0	166	37,0	13,6	10,7
	6,3	238	53,0	20,7	16,2
	8,0	281	62,6	25,6	20,1
100	6,3	336	67,1	23,2	18,2
	8,0	400	79,9	28,8	22,6
	10,0	462	92,4	34,9	27,4
120	6,3	603	100	28,2	22,2
	8,0	726	121	35,2	27,6
	10,0	852	142	42,9	33,7
140	6,3	984	141	33,3	26,1
	8,0	1195	171	41,6	32,6
	10,0	1416	202	50,9	40,0
160	8,0	1831	229	48,0	37,6
	12,5	2576	322	72,1	56,6
	16,0	3028	379	89,4	70,0
180	8,0	2661	296	54,4	42,7
	12,5	3790	421	82,1	64,4
	16,0	4504	500	102	80,2
200	8,0	3709	371	60,8	47,7
	12,5	5336	534	92,1	72,3
	16,0	6394	639	115	90,3

Rechteckige Stahlrohre

Nennmaß $H \times B$ mm	Wanddicke T mm	für die Biegeachse $x-x$		$y-y$		Querschnitt A cm²	Masse m' kg/m
		I_x cm⁴	W_x cm³	I_y cm⁴	W_y cm³		
50 × 30	3,2	14,2	5,68	6,20	4,13	4,60	3,61
	4,0	16,5	6,60	7,08	4,72	5,59	4,39
	5,0	18,7	7,49	7,89	5,26	6,73	5,28
60 × 40	3,2	27,8	9,27	14,6	7,29	5,88	4,62
	4,0	32,8	10,9	17,0	8,52	7,19	5,64
	5,0	38,1	12,7	19,5	9,77	8,73	6,85
80 × 40	4,0	68,2	17,1	22,2	11,1	8,79	6,90
	6,3	93,3	23,3	29,2	14,6	13,1	10,2
	8,0	106	26,5	32,1	16,1	16,0	12,5
90 × 50	4,0	107	23,8	41,9	16,8	10,4	8,15
	6,3	150	33,3	57,0	22,8	15,6	12,3
	8,0	174	38,6	64,6	25,8	19,2	15,0
100 × 50	4,0	140	27,9	46,2	18,5	11,2	8,78
	6,3	197	39,4	63,0	25,2	16,9	13,3
	8,0	230	46,0	71,7	28,7	20,8	16,3
100 × 60	4,0	198	31,6	70,5	23,5	12,0	9,41
	6,3	225	45,0	98,1	32,7	18,1	14,2
	8,0	264	52,8	113	37,8	22,4	17,5
120 × 60	6,3	398	59,7	116	38,8	20,7	16,2
	8,0	425	70,8	135	45,0	25,6	20,1
	10,0	488	81,4	152	50,5	30,9	24,3
140 × 80	6,3	646	92,3	265	66,2	25,7	20,2
	8,0	776	111	314	78,5	32,0	25,1
	10,0	908	130	362	90,5	38,9	30,6
160 × 80	6,3	903	113	299	74,8	28,2	22,2
	8,0	1091	136	356	89,0	35,2	27,6
	10,0	1284	161	411	103	42,9	33,7
180 × 100	6,3	1407	156	557	111	33,3	26,1
	8,0	1713	190	671	134	41,6	32,6
	10,0	2036	226	787	157	50,9	40,0
200 × 120	8,0	2529	253	1128	188	48,0	37,6
	10,0	3026	303	1337	223	58,9	46,3
	12,5	3576	358	1562	260	72,1	56,6

Bezeichnung eines quadratischen Hohlprofils mit der Seitenlänge B = 100 mm und der Wanddicke T = 5,0 mm aus S 235 JR:

HFRHF – EN 10 210 – 100 × 100 × 5
Stahl EN 10 025 – S 235 JR

Bezeichnung eines rechteckigen Hohlprofils mit den Seitenlängen H = 90 mm und B = 50 mm, der Wanddicke T = 4,0 mm aus S 235 JR:

HFRHF – EN 10 210 – 90 × 50 × 6
Stahl EN 10 025 – S 235 JR

Stahlrohre
Steel tubes

Kaltgefertigte geschweißte quadratische und rechteckige Stahlrohre
DIN EN 10 219-2: 2006-07

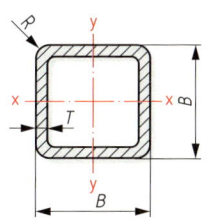
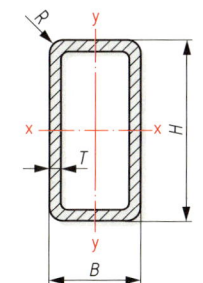

Normallänge: 4 ... 16 m

Werkstoff: Unlegierte Baustähle und Feinkornstähle

Kurzzeichen:
CFRHS = kaltgefertigtes quadratisches oder rechteckiges Hohlprofil

Zulässige Rundung R		
Wanddicke T		Rundung R
–	bis 6	1,6 ... 2,4 T
über 6	bis 10	2,0 ... 3,0 T
über 10		2,4 ... 3,6 T

Quadratische Stahlrohre

Nenn-maß B mm	Wand-dicke T mm	für die Biegeachse $x-x = y-y$		Quer-schnitt A cm²	Masse m' kg/m
		I_x cm⁴	W_x cm³		
20	2,0	0,692	0,692	1,34	1,05
25	2,0	1,48	1,19	1,74	1,36
30	2,0	2,72	1,81	2,14	1,68
	2,5	3,16	2,10	2,59	2,03
	3,0	3,50	2,34	3,01	2,36
40	2,0	6,94	3,47	2,94	2,31
	3,0	9,32	4,66	4,21	3,30
	4,0	11,1	5,54	5,35	4,20
50	2,0	14,1	5,66	3,74	2,93
	3,0	19,5	7,79	5,41	4,25
	4,0	23,7	9,49	6,95	5,45
60	3,0	35,1	11,7	6,61	5,19
	4,0	43,6	14,5	8,55	6,71
	5,0	50,5	16,8	10,4	8,13
70	3,0	57,5	16,4	7,81	6,13
	4,0	72,1	20,6	10,1	7,97
	5,0	84,6	24,2	12,4	9,70
80	4,0	111	27,8	11,7	9,22
	6,0	149	37,3	16,8	13,2
	8,0	168	42,1	20,8	16,4
90	4,0	162	36,0	13,3	10,5
	6,0	220	49,0	19,2	15,1
	8,0	255	56,6	24,0	18,9
100	4,0	226	45,3	14,9	11,7
	6,0	311	62,3	21,6	17,0
	8,0	366	73,2	27,2	21,4
120	6,0	562	93,7	26,4	20,7
	8,0	677	113	33,6	26,4
	10,0	777	129	40,6	31,8
140	6,0	920	131	31,2	24,5
	8,0	1127	161	40,0	31,4
	10,0	1312	187	48,6	38,1
150	8,0	1412	188	43,2	33,9
	10,0	1653	220	52,6	41,3
	12,0	1780	237	60,1	47,1

Rechteckige Stahlrohre

Nenn-maß $H \times B$ mm	Wand-dicke T mm	für die Biegeachse				Quer-schnitt A cm²	Masse m' kg/m
		$x-x$		$y-y$			
		I_x cm⁴	W_x cm³	I_y cm⁴	W_y cm³		
40 × 20	2,0	4,05	2,02	1,38	1,34	2,14	1,68
	3,0	5,21	2,60	1,68	1,68	3,01	2,36
50 × 30	2,0	9,54	3,81	4,29	2,86	2,94	2,31
	3,0	12,8	5,13	5,70	3,80	4,21	3,30
	4,0	15,3	6,10	6,69	4,46	5,35	4,20
60 × 40	2,0	18,4	6,14	9,83	4,92	3,74	2,93
	3,0	25,4	8,46	13,4	6,72	5,41	4,25
	4,0	31,0	10,3	16,3	8,14	6,95	5,45
80 × 40	3,0	52,3	13,1	17,6	8,78	6,61	5,19
	4,0	64,8	16,2	21,5	10,7	8,55	6,17
	5,0	75,1	18,8	24,6	12,3	10,4	8,13
90 × 50	3,0	81,9	18,2	32,7	13,1	7,81	6,13
	4,0	103	22,8	40,7	16,3	10,1	7,97
	5,0	121	26,8	47,4	18,9	12,4	9,70
100 × 50	3,0	106	21,3	36,1	14,4	8,41	6,60
	4,0	134	26,8	44,9	18,0	10,9	8,59
	5,0	158	31,6	52,5	21,0	13,4	10,5
100 × 80	4,0	189	37,9	134	33,5	13,3	10,5
	5,0	226	45,2	160	39,9	16,4	12,8
	6,0	258	51,7	182	45,5	19,2	15,1
120 × 60	4,0	241	40,1	81,2	27,1	13,3	10,5
	6,0	328	54,7	109	36,3	19,2	15,1
	8,0	375	62,6	124	41,3	24,0	18,9
120 × 80	4,0	295	49,1	157	39,3	14,9	11,7
	6,0	406	67,7	215	53,8	21,6	17,0
	8,0	476	79,3	252	62,9	27,2	21,4
140 × 80	4,0	430	61,4	180	45,1	16,5	13,0
	6,0	597	85,3	248	62,0	24,0	18,9
	8,0	708	101	293	73,3	30,4	23,9
150 × 100	6,0	835	111	444	88,8	27,6	21,7
	8,0	1008	134	536	107	35,2	27,7
	10,0	1162	155	614	123	42,6	33,4
160 × 80	6,0	836	105	281	70,2	26,4	20,7
	8,0	1001	125	335	83,7	33,6	26,4
	10,0	1146	143	380	95,0	40,6	31,8

Bezeichnung eines quadratischen Hohlprofils mit der Seitenlänge B = 60 mm und der Wanddicke T = 4,0 mm aus S 235 JR:
CFRHS – EN 10 219 – S 235 JR – 60 × 60 × 4

Bezeichnung eines rechteckigen Hohlprofils mit den Seitenlängen H = 120 mm und B = 60 mm, der Wanddicke T = 6,0 mm aus S 355 J2G3:
CFRHS – EN 10 219 – S 355 J2G3 – 120 × 60 × 6

Blankstahlerzeugnisse
Bright steel products

Blankstahlerzeugnisse sind in DIN EN 10 278: 1999-12 genormt. Nennmaße und eine längenbezogene Masse werden in der Norm nicht mehr angegeben.

Normen für technische Lieferbedingungen.

Stähle für allgemeine Verwendug	DIN EN 10277-2	Einsatzstähle	DIN EN 10 277-4
Automatenstähle	DIN EN 10 277-3	Vergütungsstähle	DIN EN 10 277-5

Bezeichnung eines Flachstahles mit der Breite b = 50 mm und der Dicke t = 10 mm, Toleranzfeld h 11, mit einer Länge l = 100 mm
aus S 235 JR, geschält:

Flach EN 10 278-50x10 h11 x 100 EN 10 277-2-S235 JR + SH

Blanker Flachstab

Breite b in mm	Masse m' in kg/m[1] — Dicke h in mm												
	1,6	2,0	2,5	3,0	4,0	5,0	6,0	8,0	10	12	16	20	25	32	40	50
5	–	0,079	0,098	0,118	–	–	–	–	–	–	–	–	–	–	–	–
6	–	0,094	0,118	0,141	0,188	–	–	–	–	–	–	–	–	–	–	–
8	0,100	0,126	0,157	0,188	0,251	0,314	0,377	–	–	–	–	–	–	–	–	–
10	0,126	0,157	0,196	0,236	0,314	0,393	0,471	–	–	–	–	–	–	–	–	–
12	1,151	0,188	0,236	0,283	0,377	0,471	0,565	0,754	–	–	–	–	–	–	–	–
14	0,176	0,220	0,275	0,330	0,440	0,550	0,659	0,879	–	–	–	–	–	–	–	–
16	0,201	0,251	0,314	0,377	0,502	0,628	0,754	1,00	1,26	–	–	–	–	–	–	–
20	0,251	0,314	0,393	0,471	0,628	0,785	0,942	1,26	1,57	1,88	2,51	–	–	–	–	–
25	–	0,393	0,491	0,589	0,785	0,981	1,18	1,57	1,96	2,36	3,14	3,93	–	–	–	–
32	–	0,502	0,628	0,754	1,00	1,26	1,51	2,01	2,51	–	4,02	5,02	6,28	–	–	–
40	–	0,628	–	0,942	1,26	1,57	1,88	2,51	3,14	3,77	5,02	6,28	7,85	10,0	–	–
50	–	0,785	–	1,18	1,57	1,96	2,36	3,14	3,93	4,71	6,28	7,85	9,81	12,6	–	–

[1] Errechnet mit einer Dichte 7,85 kg/dm³.

Blanker Rundstab

Maße d, a, s in mm	Masse m' in kg/m[1]		
	d	a	s
2	0,0247	0,0341	0,0272
2,5	0,0385	–	0,0425
3	0,0555	0,0707	0,0612
3,5	0,0755	0,0962	0,0833
4	0,0986	0,126	0,109
4,5	0,125	0,159	0,138
5	0,154	0,196	0,170
5,5	0,187	0,237	0,206
6	0,222	0,283	0,245
7	0,302	0,385	0,333
8	0,395	0,502	0,435
9	0,499	0,636	0,551
10	0,617	0,785	0,680

Blanker Quadratstab

Maße d, a, s in mm	Masse m' in kg/m[1]		
	d	a	s
11	0,746	0,950	0,823
12	0,888	1,13	0,979
13	1,04	1,33	1,15
14	1,21	1,54	1,33
15	1,39	–	1,53
16	1,58	2,01	1,74
17	1,78	–	1,96
18	2,00	2,54	–
19	2,23	–	2,45
20	2,47	3,14	–
21	2,72	–	3,00
22	2,98	3,80	3,29
24	3,55	–	3,92

Blanker Sechskantstab

Maße d, a, s in mm	Masse m' in kg/m[1]		
	d	a	s
27	4,49	[5,72]	4,96
30	5,55	[7,07]	6,12
32	6,31	8,04	6,96
36	7,99	10,2	8,81
38	8,90	–	9,82
40	9,86	12,6	–
45	12,5	15,9	–
50	15,4	19,6	17,0
60	22,2	–	24,5
70	30,2	38,5	33,3
80	39,5	50,2	43,5
90	49,9	–	55,1
100	61,7	78,5	68,0

[1] Errechnet mit einer Dichte 7,85 kg/dm³.

Profile aus Aluminium und Aluminium-Legierungen
Sections of aluminium and aluminium alloys

Rohr, nahtlos gezogen
DIN EN 754-7: 1998-10

Bezeichnung eines Rohres aus Al Mg 3 von 20 mm Außendurchmesser und 2 mm Wanddicke:

Rohr EN 754 – 20 × 2 – EN AW – 5754 [AlMg3]

Außendurchmesser d_1 in mm	Masse m' in kg/m[1)] für Wanddicke t in mm							
	0,5	1	2	3	4	5	10	16
5	0,019	0,034	–	–	–	–	–	–
10	0,040	0,076	0,136	0,178	–	–	–	–
15	0,062	0,119	0,221	0,306	0,373	–	–	–
20	–	0,161	0,306	0,433	0,543	0,636	–	–
30	–	0,246	0,475	0,687	0,882	1,06	–	–
40	–	0,331	0,645	0,942	1,22	1,48	2,54	–
50	–	0,416	0,814	1,20	1,56	1,91	3,39	4,61
60	–	0,500	0,984	1,45	1,90	2,33	4,24	5,98
80	–	–	1,32	1,96	2,58	3,18	5,94	8,70
100	–	–	1,66	2,47	3,26	4,03	7,64	11,4
125	–	–	2,10	3,10	4,10	5,09	9,64	14,8
160	–	–	2,68	4,00	5,29	6,57	12,7	19,6
200	–	–	3,36	5,01	6,65	8,27	16,1	25,0

Folien
DIN EN 546-2: 2007-03

Dicke t in mm	Breite	Masse m'' in kg/m²[1)]
0,005		13,5
0,010		27,0
0,015		40,5
0,020		54,0
0,025	nach Angaben des Herstellers	67,5
0,030		81,0
0,035		94,5
0,040		108,0
0,045		121,5
0,050		135,0
0,100		270,0
0,150		405,0
0,200		540,0

Bezeichnung eines Bandes aus Al 99,5 F 9 von 0,25 mm Dicke:
Band DIN 1784 – BD-0,25 – Al 99,5 F 9
(BD: Band, BL: Blech)

Bänder und Bleche
DIN EN 485-4: 1994-01

Dicke t in mm	Breite	Masse m'' in kg/m²[1)]
0,4		1,08
0,5		1,35
1,0		2,70
1,5		4,05
2,0		5,40
4,0	Bänder ...2600 / Bleche und Platten ...3500	10,8
6,0		16,2
10,0		27,0
15		40,5
20		54,0
30		81,0
40		108
50		135

Stangen – gezogen –
Vierkantstangen
DIN EN 754-4: 1996-01

Seitenlänge a in mm	Querschnitt S in mm²	Masse m' in kg/m[1)]
3	9	0,0243
4	16	0,0432
5	25	0,0675
6	36	0,0972
7	49	0,132
8	64	0,173
9	81	0,219
10	100	0,270
15	225	0,607
20	400	1,08
30	900	2,43
40	1600	4,32
50	2500	6,75

Bezeichnung einer Vierkantstange aus Al Mg Si von 30 mm Seitenlänge:
Vierkant EN 754 – 30 – EN AW – 6060 [Al Mg Si]

Rundstangen
DIN EN 754-3: 1996-01

Durchmesser d in mm	Querschnitt S in mm²	Masse m' in kg/m[1)]
3	7,069	0,0191
4	12,57	0,0339
5	19,63	0,0530
6	28,27	0,0763
7	38,48	0,104
8	50,27	0,136
9	63,62	0,172
10	78,54	0,212
16	201,1	0,543
20	314,2	0,848
30	706,9	1,91
40	1257	3,39
50	1963	5,30

Aluminium und Aluminium-Knetlegierungen für Halbzeuge

	EN AW-Al 99,8 (A)	EN AW-Al 99,5	EN AW-Al Si Fe (A)	EN AW-Al Mn 1	EN AW-Al Mg 1 (C)	EN AW-Al Mg 3	EN AW-Al Mg 5	EN AW-Al Mg 4,5 Mn 0,7	EN AW-Al Mg Si	EN AW-Al Si 1 Mg Mn	EN AW-Mg Si Pb	EN AW-Al Cu 4 Mg Si (A)	EN AW-Al Cu 4 Pb Mg Mn	EN AW-Al Zn 4,5 Mg 1	EN AW-Al Zn 5,5 Mg Cu
Umrechnungsfaktor für die Masse	1	1	1	1,011	0,996	0,985	1,004	0,985	1	1	1,019	1,037	1,056	1,026	1,037
Rohr — DIN EN 754-7				●	●	●	●	●	●	●	●	●	●		●
Folien — DIN EN 546-2	●	●	●												
Bänder und Bleche — DIN EN 485-4	●	●		●	●	●	●	●	●			●		●	●
Vierkantstangen — DIN EN 754-4		●		●	●	●	●	●	●	●	●	●	●	●	●
Rundstangen — DIN EN 754-3	●			●	●	●	●	●	●	●	●	●	●	●	●

[1)] Errechnet mit einer Dichte ϱ = 2,70 kg/dm³.
 Für Al-Werkstoffe mit einer anderen Dichte ist entsprechend der unteren Tabelle umzurechnen.

Festigkeitslehre
Science of strength of materials

Spannungsarten

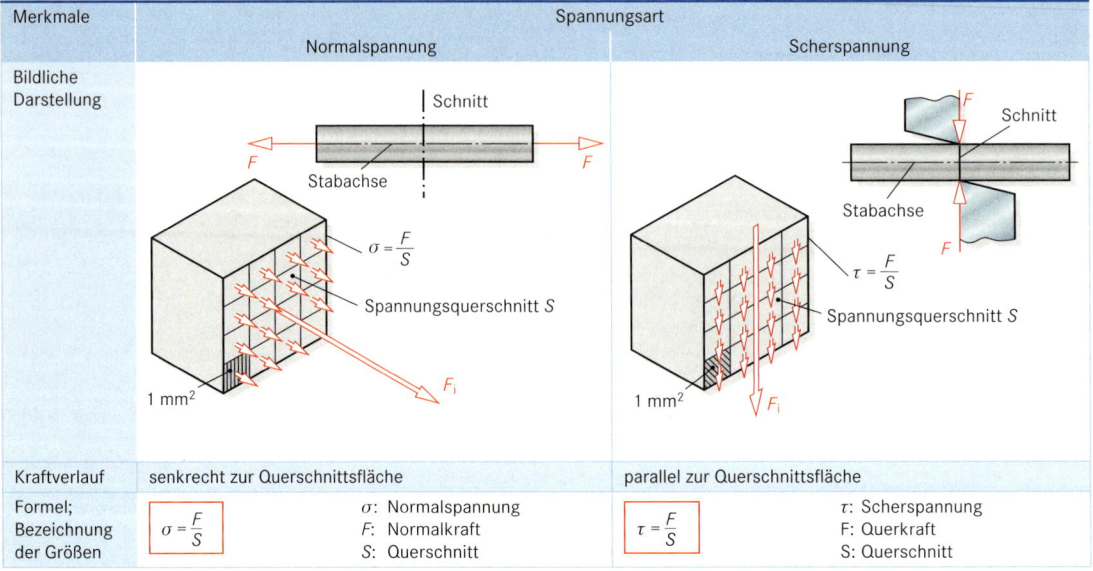

Merkmale	Spannungsart	
	Normalspannung	Scherspannung
Kraftverlauf	senkrecht zur Querschnittsfläche	parallel zur Querschnittsfläche
Formel; Bezeichnung der Größen	$\sigma = \dfrac{F}{S}$ σ: Normalspannung F: Normalkraft S: Querschnitt	$\tau = \dfrac{F}{S}$ τ: Scherspannung F: Querkraft S: Querschnitt

Grundbeanspruchungsarten

Merkmale	Beanspruchung auf					
	Zug	Druck	Abscherung	Biegung	Verdrehung (Torsion)	Knickung
Zerstörung durch	Zerreißen	Zerquetschen	Abscheren	Zerbrechen	Abdrehen	Knicken
Spannungsart; Formelzeichen	Zugspannung σ_z	Druckspannung σ_d	Scherspannung τ_a	Biegespannung σ_b	Torsionsspannung τ_t	Knickspannung σ_k
Festigkeit; Formelzeichen	Zugfestigkeit R_m	Druckfestigkeit σ_{dB}	Scherfestigkeit τ_{aB}	Biegefestigkeit σ_{bB}	Torsionsfestigkeit τ_{tB}	Knickfestigkeit σ_{kB}
Grenzwert der bleibenden Formänderung	Streckgrenze R_e 0,2 %-Dehngrenze $R_{p\,0,2}$ [1]	Quetschgrenze σ_{dF} 0,2 %-Stauchgrenze $\sigma_{d\,0,2}$ [1]	–	Biegefließgrenze σ_{bF}	Torsionsfließgrenze τ_{tF}	–
Bleibende Formänderung	Dehnung ε Bruchdehnung A	Stauchung ε_d Bruchstauchung ε_{dB}	–	Durchbiegung f	Verdrehwinkel φ	–

[1] Mit der 0,2 %-Dehngrenze $R_{p\,0,2}$ (0,2 %-Stauchgrenze $\sigma_{d\,0,2}$) wird bei solchen Werkstoffen gerechnet, die keine ausgeprägte Streckgrenze R_e (Quetschgrenze σ_{dF}) aufweisen.

Sicherheitszahlen v

Werkstoff	St, GS, Al (zäh; hart)			GJL, GJS, GJMB, GJMW		
Belastungsfall	I	II	III	I	II	III
Sicherheitszahl v	1,2 … 1,5	1,8 … 2,4	3 … 4	2 … 4	3 … 5	5 … 6

Festigkeitslehre
Science of strength of materials

Maximale Festigkeitswerte σ_{max} bzw. τ_{max}

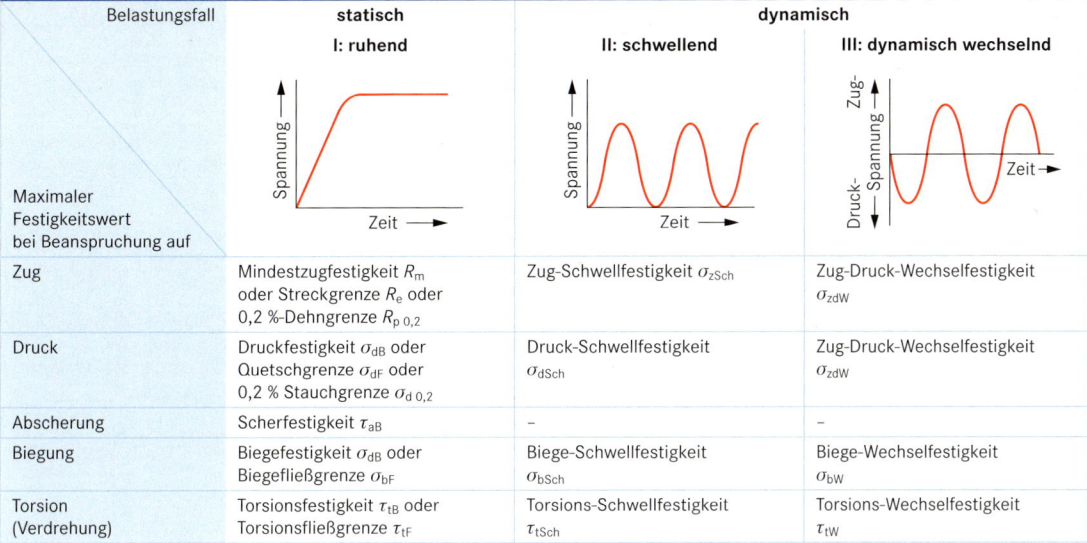

Belastungsfall	statisch I: ruhend	dynamisch II: schwellend	dynamisch III: dynamisch wechselnd
Maximaler Festigkeitswert bei Beanspruchung auf			
Zug	Mindestzugfestigkeit R_m oder Streckgrenze R_e oder 0,2 %-Dehngrenze $R_{p\,0,2}$	Zug-Schwellfestigkeit σ_{zSch}	Zug-Druck-Wechselfestigkeit σ_{zdW}
Druck	Druckfestigkeit σ_{dB} oder Quetschgrenze σ_{dF} oder 0,2 % Stauchgrenze $\sigma_{d\,0,2}$	Druck-Schwellfestigkeit σ_{dSch}	Zug-Druck-Wechselfestigkeit σ_{zdW}
Abscherung	Scherfestigkeit τ_{aB}	–	–
Biegung	Biegefestigkeit σ_{dB} oder Biegefließgrenze σ_{bF}	Biege-Schwellfestigkeit σ_{bSch}	Biege-Wechselfestigkeit σ_{bW}
Torsion (Verdrehung)	Torsionsfestigkeit τ_{tB} oder Torsionsfließgrenze τ_{tF}	Torsions-Schwellfestigkeit τ_{tSch}	Torsions-Wechselfestigkeit τ_{tW}

Zulässige Spannung

Normalspannung

$$\sigma_{zul} = \frac{\sigma_{max}}{\nu}$$

wenn	$\sigma_{max} = R_m$ (spröde Werkstoffe)	$\sigma_{max} = R_e$ (Werkstoffe mit ausgeprägter Fließgrenze)	$\sigma_{max} = R_{p0,2}$ (Werkstoffe ohne ausgeprägte Fließgrenze)	
dann	$\sigma_{zul} = \frac{R_m}{\nu}$	$\sigma_{zul} = \frac{R_e}{\nu}$	$\sigma_{zul} = \frac{R_{p0,2}}{\nu}$	

Scherspannung

$$\tau_{zul} = \frac{\tau_{max}}{\nu}$$

σ_{zul} : zulässige Normalspannung
τ_{zul} : zulässige Scherspannung
σ_{max} : maximale Normalspannung
τ_{max} : maximale Scherspannung
ν : Sicherheitszahl

Maximal zulässige Spannungen (N/mm²) des glatten, polierten Probestabes ($d \leq 16$ mm; Sicherheitszahl $\nu = 1$)

Beanspruchungsart	Zug, Druck			Abscherung	Biegung			Verdrehung		
Belastungsfall	I	II	III	I	I	II	III	I	II	III
max. Spannung σ_{max}/τ_{max}	R_e; $R_{p0,2}$ σ_{dF}; $\sigma_{d0,2}$	σ_{zSch} σ_{dSch}	σ_{zdW} σ_{zdW}	τ_{ab}	σ_{bF}	σ_{bSch}	σ_{bW}	τ_{tF}	τ_{tSch}	τ_{tW}
S235 JR	235	235	150	290	330	290	170	140	140	120
E295	295	295	210	390	410	410	240	170	170	150
E335	335	335	250	470	470	470	280	190	190	160
E360	360	360	300	550	510	510	330	210	210	190
C22; C22E	340	340	220	400	490	410	240	245	245	165
C45; C45E	490	490	280	560	700	520	310	350	350	210
46 Cr2	650	630	370	720	910	670	390	455	480	270
50CrMo4	900	760	450	880	1260	820	480	630	560	330
C10; C10E	390	390	310	530	540	540	330	210	210	190
C15; C15E	440	440	330	600	610	610	370	250	250	210
16MnCr5	635	635	430	880	890	740	440	360	360	270
20MnCr5	735	735	480	940	1030	920	540	420	420	310
GS-38	200	200	160	300	260	260	150	115	115	90
GS-45	230	230	185	360	300	300	180	135	135	105
GS-52	260	260	210	420	340	340	210	150	150	120
GS-60	300	300	240	480	390	390	240	175	175	140
EN-GJS-400-15	250	240	140	400	350	345	220	200	195	115
EN-GJS-500-7	320	270	155	500	420	380	240	240	225	130
EN-GJS-600-3	370	330	190	600	500	470	270	290	275	160
EN-GJS-700-2	420	355	205	700	560	520	300	320	305	175

Die Werte gelten für Baustähle im normalgeglühten Zustand, für Vergütungsstähle im vergüteten Zustand, für Einsatzstähle für die Kernfestigkeit nach Einsatzhärten und Rückfeinen.

Elastizitäts- und Schubmodul
Modulus of elasticity and modulus of shear

Der **Elastizitätsmodul E** (in N/mm² oder kN/mm²) ist eine Spannung. Er ist ein Maß für den Widerstand, den ein Werkstoff seiner elastischen Verlängerung entgegensetzt.

Innerhalb einer Legierungsgruppe verändert sich der E-Modul nur wenig. Je leichter ein Werkstoff elastisch dehnbar ist, um so kleiner wird sein E-Modul. Je steiler der Anstieg der Hookschen Geraden bei Stahlwerkstoffen ist, um so größer wird der E-Modul. Werkstoffe mit hohem E-Modul haben einen großen Formänderungswiderstand.

Für die Dehnung im elastischen Bereich gilt:

$$E = \frac{\sigma}{\varepsilon_e} \cdot 100\,\%$$

E : Elastizitätsmodul
σ : Spannung
ε_e : Dehnung im elastischen Bereich

Werkstoff	Elastizitäts-modul (kN/mm²)	Schubmodul (kN/mm²)	Werkstoff	Elastizitäts-modul (kN/mm²)	Schubmodul (kN/mm²)
Aluminium	72,2	27,2	Magnesium	45,15	17,7
Aluminium-Legierung	60 ... 80	27,2	Magnesium-Legierung	40 ... 45	
EN AW-6082 [AlSiMgMn]	70		MgMn2	45	
EN AW-5019 [AlMg5]	69,5		MgAl6Zn	44	
EN AW-2024 [AlCu4Mg1]	71,5	28	GD-MgAl6Zn1	44	
EN AC-44200 [AlSi12]	76		Mangan	200	
Antimon	56		Molybdän	326	
Beryllium	300		Nickel	197	75
Bismut	34		Niob	120	
Blei	16	5,7	Platin	173	
Cadmium	63		Silber	81	
Chrom	250		Tantal	190	
Eisen (α-Fe)	215	84	Titan	105,2	38,7
Stahl; Stahlguss	185 ... 216	80 ... 83	Titan-Legierung	112 ... 130	
54SiCr6	206	80	Vanadium	130	
C60	206	78	Wolfram	415	
X12CrNi17-7	185	70	Zink	94	37,9
EN-GJL150	80 ... 90	40	Zinn	55	20,6
EN-GJL200	90 ... 115	40	Hart-PVC-Tafeln	1,5 ... 3,6	
EN-GJL200-300	90 ... 140	40 ... 50	PVC weich		
EN-GJL250	103 ... 118	49	Glasfaserverstärkte Epoxidharze	10 ... 30	
EN-GJL300	110 ... 140	50	Glasfaserverstärkte Polyesterharze	4 ... 30	
EN-GJL350	123 ... 143		Acrylglas	3 ... 4	
EN-GJS400	170 ... 185		Silikatglas (Fensterglas)	70 ... 75	
EN-GJS400-700	170 ... 185	64 ... 71	Buche, Eiche, Teak parallel zur Faser	12,5	
EN-GJMW-350-4	170	68	Buche, Eiche, Teak quer zur Faser	0,6	
Gold	81		Nadelhölzer parallel zur Faser	10	
Kobalt	215		Nadelhölzer quer zur Faser	0,3	
Kupfer	125	46,4	Granit; dichter Sandstein	10 ... 70	
CuAl6Si2 Fe	123	47	Basalt; Diabas	60 ... 150	
CuNi25	142	55	Mauerziegel (Vollziegel; Hochlochziegel)	3,5 ... 22,5[1]	
CuSn8F66	116	43	Kalksand-Vollstein	1,9 ... 21,5[1]	
CuZn40 F34	104	40	Kalksand-Lochstein	3,2 ... 9,3[1]	
CuNi18Zn20F83	135	45	Stahlbeton	22 ... 39[1]	
CuBe1,7F124	135	47			

[1] je nach Festigkeitsklasse und Mörtelgruppe

Zugversuch
Tensile test

DIN EN 10 002-1: 2009-12

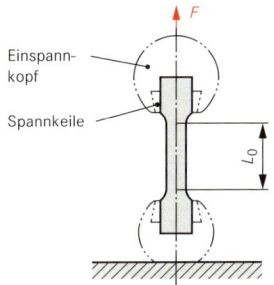

Einspannkopf
Spannkeile
L_0

Beim Zugversuch werden mehrere Festigkeits- und Verformungskenngrößen ermittelt. Dazu wird eine Probe bis zum Bruch gedehnt, die erforderliche Zugkraft wird gemessen. Das Verhältnis aus Spannung und Dehnung wird in einem Diagramm aufgezeichnet.

Spannung	$\sigma = \dfrac{F}{S_0}$	$[\sigma] = \dfrac{N}{mm^2}$
Zugfestigkeit	$R_m = \dfrac{F_m}{S_0}$	$[R_m] = \dfrac{N}{mm^2}$
obere Streckgrenze	$R_{eH} = \dfrac{F_{eH}}{S_0}$	$[R_{eH}] = \dfrac{N}{mm^2}$
untere Streckgrenze	$R_{eL} = \dfrac{F_{eL}}{S_0}$	$[R_{eL}] = \dfrac{N}{mm^2}$
0,2 %-Dehngrenze	$R_{p\,0,2} = \dfrac{F_{0,2}}{S_0}$	$[R_{p\,0,2}] = \dfrac{N}{mm^2}$
Verlängerung	$\Delta L = L - L_0$	$[\Delta L] = mm$
Dehnung	$\varepsilon = \dfrac{L - L_0}{L_0} \cdot 100\,\%$	
Bruchdehnung	$A = \dfrac{L_u - L_0}{L_0} \cdot 100\,\%$	
	L_u = Länge bei Bruch	

Spannung-Dehnung-Diagramm
mit unstetigem Übergang vom elastischen in den plastischen Bereich

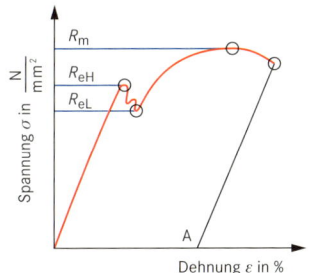

Spannung-Dehnung-Diagramm
mit stetigem Übergang vom elastischen in den plastischen Bereich

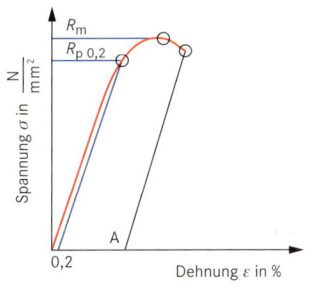

Hooke'sches Gesetz $\quad \sigma \sim \varepsilon_e$

Das Hooke'sche Gesetz gilt nur im Bereich einer elastischen Verlängerung.

ε_e : Dehnung im elastischen Bereich

$\sigma = \dfrac{E \cdot \varepsilon_e}{100\,\%}$

Elastizitätsmodul $\quad E = \dfrac{\sigma}{\varepsilon_e} \cdot 100\,\% \qquad [E] = N/mm^2$

Prüfgeschwindigkeit		
E-Modul des Werkstoffes E in N/mm²	Spannungszunahme $\Delta\sigma$ in N/mm² · s⁻¹ bis R_{eH}	
	min.	max.
< 150 000	2	20
≥ 150 000	6	60
Zunahme der Dehnung im plastischen Bereich ≤ 0,0025 s⁻¹		

Zugproben
DIN 50 125: 2009-07

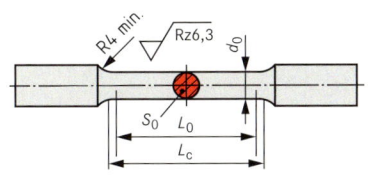

L_c = Versuchslänge ($L_c \geq L_0 + d_0$)

In der Regel werden Proportionalstäbe verwandt, $L_0 = 5\,d_0$.
Bei Flachproben ist $L_0 = 5{,}65\sqrt{S_0}$.

Bezeichnung einer Zugprobe:

Zugprobe DIN 50 125 – A 12 x 60

Form A
Probendurchmesser d_0 in mm
Anfangsmesslänge L_0 in mm

Benennung	Form	Verwendung
Rundproben mit Zylinderköpfen	A	für allgemeine Prüfungen
Rundprobe mit Gewindeköpfen	B	
Rundprobe mit Schulterköpfen	C	für Feindehnmessungen
Rundprobe mit Kegelköpfen	D	
Flachprobe mit Köpfen für Spannkeile	E	zum Prüfen von Blechen und Flachstählen
Abschnitte von Rundstangen, unbearbeitet	F	zum Prüfen von Rundmaterial

Werkstoffprüfung

Biegeversuch
Bend test

DIN EN ISO 7438: 2005-10

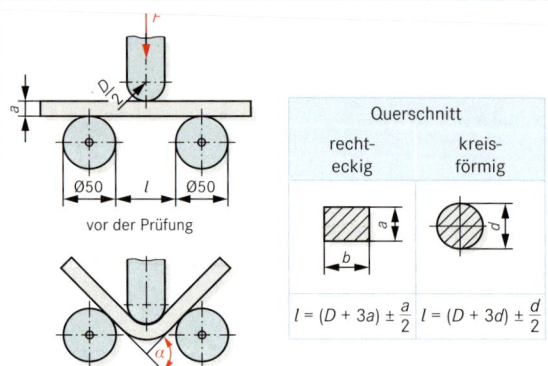

vor der Prüfung

während der Prüfung

Der Dorndurchmesser D ist den Gütenormen oder Lieferbedingungen der zu prüfenden Werkstoffe zu entnehmen.

Mit Hilfe des technologischen Biegeversuchs (Faltversuch) wird das Umformvermögen eines metallischen Werkstoffes ermittelt. Dazu wird eine rechteckige oder kreisförmige Biegeprobe in einer Vorrichtung zügig gebogen, bis ein bestimmter Biegewinkel erreicht oder das Umformvermögen erschöpft ist. Der Biegewinkel α ist unter Beanspruchung zu messen.

Querschnitt

rechteckig	kreisförmig
$l = (D + 3a) \pm \frac{a}{2}$	$l = (D + 3d) \pm \frac{d}{2}$

Probenabmessungen für Bleche, Bänder, Flach- und Rundstücke

Probenlänge L in mm	abhängig von der Probendicke und der Prüfvorrichtung
Probenbreite b in mm	$b = 20 \ldots 50$
Probendicke a in mm	a: Erzeugungsdicke, falls diese > 25 mm ist, darf sie einseitig auf 25 mm abgearbeitet werden.
Probendurchmesser d in mm	d: 20 ... 50 Ab einem Durchmesser $d = 30$ mm darf, bei einem Durchmesser $d > 50$ mm muss die Probe herausgearbeitet werden.

Kerbschlagbiegeversuch nach Charpy
Charpy impact test

DIN EN 10 045-1: 1991-04

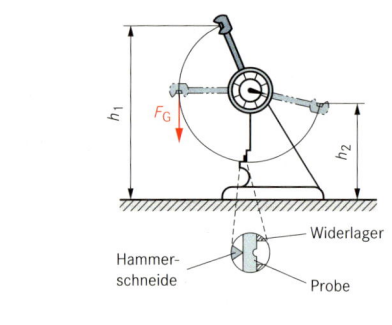

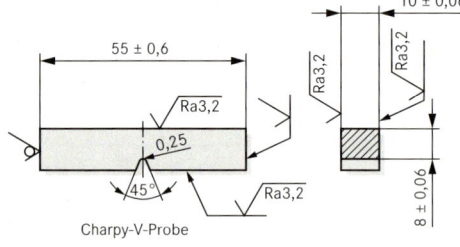

Charpy-V-Probe

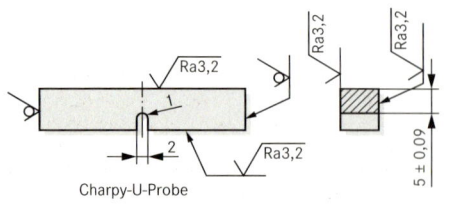

Charpy-U-Probe

Der Kerbschlagbiegeversuch gibt Aufschluss über die Zähigkeit und Verformbarkeit von Stahl und Stahlguss.
Eine Probe wird durch ein Schlagwerk mit einem Schlag durchbrochen oder durch die Widerlager gezogen. Die Schlagarbeit wird in Abhängigkeit von der Temperatur der Probe gemessen.

Kerbschlagarbeit $KV = F_G (h_1 - h_2)$ $[KV] = J$

Kurzzeichen für die Kerbschlagarbeit:

$$KV = 121\ J$$

Kerbschlagarbeit
Probe mit V-Kerb
(Probe mit U-Kerb: KU)
verbrauchte Schlagarbeit

Arbeitsvermögen des Pendelschlagwerks 300 J
(ein anderes Arbeitsvermögen muss angegeben werden, z. B. KV 150 = 80 J)

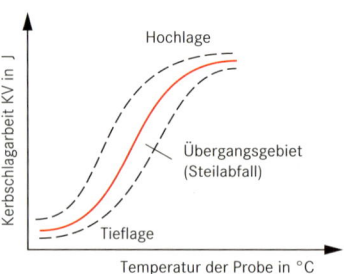

Kerbschlagarbeit-Temperatur-Kurve (schematisch)

Der Kerbschlagbiegeversuch liefert keine Kennwerte für die Festigkeitsberechnung, er wird nur vergleichend angewandt.

$$\text{Kerbschlagzähigkeit} = \frac{\text{Kerbschlagarbeit}}{\text{Probenquerschnitt}}$$

[1] DVM: Deutscher Verband für Materialprüfung

Dauerschwingversuch
Continuous vibration test

DIN 50 100: 1978-02

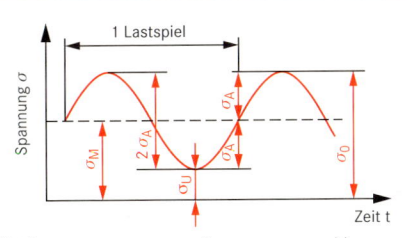

σ_M : Mittelspannung
σ_U : Unterspannung
σ_O : Oberspannung
σ_A : Spannungsausschlag
$2\sigma_A$: Schwingbreite (Amplitude)

Beispiel einer **Wöhlerkurve**

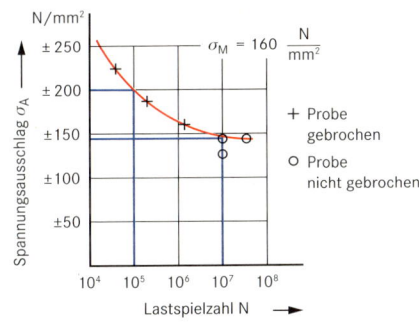

Der Dauerschwingversuch dient zur Ermittlung von Kennwerten für das mechanische Verhalten von Werkstoffen oder Bauteilen bei schwellender oder wechselnder Belastung.

Die **Dauerschwingfestigkeit** ist der um eine Mittelspannung schwingende größte Spannungsausschlag, den eine Probe „unendlich oft" ohne Bruch und zulässige Verformung aushält.

$$\sigma_D = \sigma_M \pm \sigma_A \qquad [\sigma_D] = \frac{N}{mm^2}$$

Wöhlerversuch

6 – 10 gleichwertige Proben werden einer Schwingbeanspruchung unterworfen. Bei konstanter Mittelspannung σ_M wird der Spannungsausschlag σ_A von Probe zu Probe so gestaffelt, dass wenigstens eine Probe bricht und die größte Beanspruchung gefunden wird, die ohne Bruch bis zu einer Grenzlastspielzahl ertragen wird.

Grenzlastspielzahl   für Stahl: $2 \cdot 10^6 \ldots 10 \cdot 10^6$
                       für Leichtmetalle: $10 \cdot 10^6 \ldots 100 \cdot 10^6$

Aus dem Beispiel der Wöhlerkurve ergibt sich:

N	Spannungsausschlag σ_A	Wechselbeanspruchung Zug $\sigma_D = \sigma_M + \sigma_A$	Wechselbeanspruchung Druck $\sigma_D = \sigma_M - \sigma_A$	Ergebnis
10^7	140	300	20	kein Bruch
10^5	200	360	–40	Bruch

Dauerschwingfestigkeit:

$$\sigma_D = \pm 140 \frac{N}{mm^2} \quad \text{für} \quad \sigma_M = 160 \frac{N}{mm^2}$$

Brucharten
Types of failures

	Bruchart	Beschreibung	Entstehung
vorwiegend statische Belastung	**Trennbruch**/Sprödbruch	Ebene, glänzende, je nach Gefüge grob- oder feinkörnige Bruchfläche	Trennbruch entsteht bei Werkstoffen mit komplizierten Kristallgittern (z. B. gehärteter Stahl) oder spröden Werkstoffen (z. B. Gusseisen mit Lamellengrafit) unter statischer Beanspruchung. Ein Trennbruch entsteht plötzlich, ohne vorherige Verformung.
	Verformungsbruch	Unebene, matt glänzende, unter 45° liegende Bruchfläche, dabei Einschnürung des Werkstückes	Ein Verformungsbruch entsteht bei zähen Werkstoffen unter statischer Beanspruchung. Er entwickelt sich langsam. Ihm geht eine plastische Formänderung (Einschnürung) voraus.
	Mischbruch	Ebene, glänzende Bruchfläche, umgeben von einer unebenen, matten Bruchfläche, dabei Einschnürung des Werkstückes	Der Mischbruch entsteht bei den meisten Stählen unter Zugbelastung. Er ist eine Kombination aus Verformungsbruch und Trennbruch.
vorwiegend dynamische Belastung	**Dauerbruch**	Ebene, matt glänzende Dauerbruchfläche mit Rastlinien, Restbruchfläche körnig und zerklüftet (Gewaltbruch)	Der Dauerbruch geht aus von z. B. Kerben, Nuten, Riefen, Schweißnähten, Gefügeeinschlüssen unter dynamischer Belastung. Die Dauerbruchfläche entsteht fortschreitend über längere Zeit. Ist der verbleibende Restquerschnitt zu klein, führt dies zum endgültigen Bruch (Gewaltbruch).

Werkstoffprüfung

Härteprüfung nach Brinell
Brinell hardness test

DIN EN ISO 6506-1: 2006-03

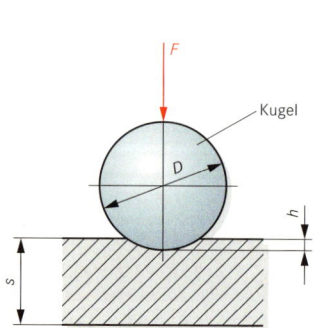

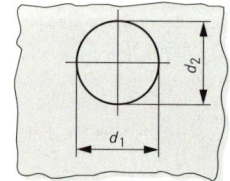

$d = \dfrac{d_1 + d_2}{2}$

Mindestdicke der Probe:
$s_{min} = 8 \cdot h$

Bei der Härteprüfung nach Brinell wird eine Hartmetallkugel mit einer Prüfkraft F in die Probe eingedrückt.

$$\text{Brinellhärte} = \text{Konstante} \cdot \dfrac{\text{Prüfkraft}}{\text{Oberfläche des Eindruckes}}$$

$$HBW = 0{,}102 \cdot \dfrac{2F}{\pi D^2 \left(1 - \sqrt{1 - d^2/D^2}\right)} \quad ^{1)}$$

Kurzzeichen für die Angaben des Härtewertes:

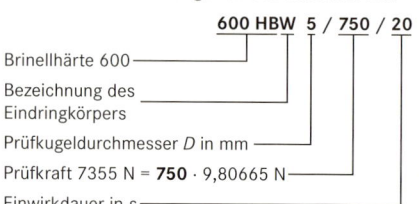

Brinellhärte 600
Bezeichnung des Eindringkörpers
Prüfkugeldurchmesser D in mm
Prüfkraft 7355 N = **750** · 9,80665 N
Einwirkdauer in s

(Angabe entfällt bei Verwendung der üblichen Einwirkdauer)

Übliche Einwirkdauer der Prüfkraft: 10 … 15 s.

Die gesamte Prüfkraft ist innerhalb von 2 … 8 s aufzubringen.

Die Härtewerte werden nicht errechnet, sondern aus Tabellen abgelesen.

> ℹ **Johan August Brinell** (1849–1929), schwedischer Ingenieur. Das nach ihm benannte Härteprüfverfahren wurde 1900 auf der Pariser Weltausstellung vorgestellt.

Anwendungsbereiche und Prüfbedingungen

Werkstoffgruppen	Brinell-härte	Beanspru-chungsgrad $0{,}102 \cdot \dfrac{F}{D^2}$ N/mm²	Zeichen für die Härte	Kugeldurch-messer D mm	Beanspru-chungsgrad $0{,}102 \cdot \dfrac{F}{D^2}$ N/mm²	Prüfkraft F N
Stahl, Nickel und Titanlegierungen	–	30	HBW 10/3000 HBW 10/1500 HBW 10/1000 HBW 10/500 HBW 10/250 HBW 10/100	10 10 10 10 10 10	30 15 10 5 2,5 1	29 420 1 471 9 807 4 903 2 452 980,7
Gusseisen	< 140 ≥ 140	10 30				
Kupfer und Kupferlegierungen	< 35 35 … 200 > 200	5 10 30	HBW 5/750 HBW 5/250 HBW 5/125 HBW 5/62,5 HBW 5/25	5 5 5 5 5	30 10 5 2,5 1	7 355 2 452 1 226 612,9 245,2
Leichtmetalle und ihre Legierungen	< 35 35 … 80 > 80	2,5 5 10 15 10 15	HBW 2,5/187,5 HBW 2,5/62,5 HBW 2,5/31,25 HBW 2,5/15,625 HBW 2,5/6,25	2,5 2,5 2,5 2,5 2,5	30 10 5 2,5 1	1 839 612,9 306,5 153,2 61,29
Blei, Zinn	–	1	HBW 1/30 HBW 1/10 HBW 1/5 HBW 1/2,5 HBW 1/1	1 1 1 1 1	30 10 5 2,5 1	294,2 98,07 49,03 24,52 9,807

$^{1)}$ Die Konstante 0,102 $\left(\approx \dfrac{1}{g} = \dfrac{1}{9{,}80665}\right)$ ist ein Umrechnungsfaktor für die Prüfkraft.

Härteprüfung nach Vickers
Vickers hardness test

DIN EN ISO 6507-1: 2006-03

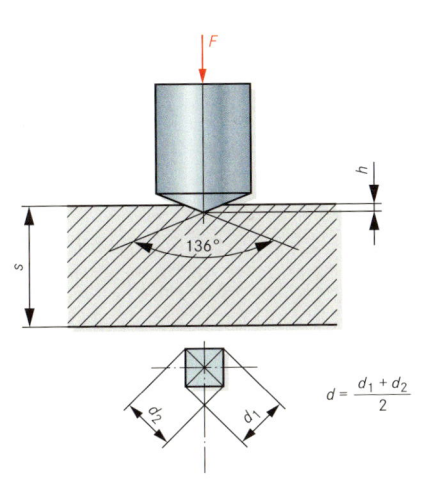

Mit Hilfe der Härteprüfung nach Vickers werden besonders harte Stoffe, dünne Proben und Schichten untersucht. Eine Diamantpyramide mit einem Winkel von 136° zwischen zwei gegenüber liegenden Flächen wird mit einer Prüfkraft F in die Probe eingedrückt.

$$\text{Vickershärte} = \text{Konstante} \cdot \frac{\text{Prüfkraft}}{\text{Oberfläche des Eindruckes}}$$

$$HV = 0{,}102 \; \frac{2 \, F \cdot \sin \frac{136°}{2}}{d^2} \approx 0{,}1891 \, \frac{F}{d^2}$$

Kurzzeichen für die Angabe des Härtewertes:

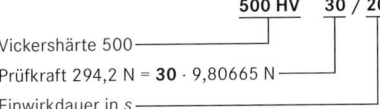

Vickershärte 500
Prüfkraft 294,2 N = **30** · 9,80665 N
Einwirkdauer in s

(Angabe entfällt bei Verwendung der üblichen Einwirkdauer)

Übliche Einwirkdauer der Prüfkraft: 10 ... 15 s.

Die gesamte Prüfkraft ist innerhalb von 2 ... 8 s und im Kleinkraftbereich und im Mikrohärtebereich innerhalb von max. 10 s aufzubringen.

$d = \frac{d_1 + d_2}{2}$

i 1925 entwickeltes Härteprüfverfahren für harte Werkstoffe; benannt nach der britischen Flugzeugbaufirma Vickers.

Anzuwendende Prüfkräfte

Konventioneller Härtebereich		Kleinkraftbereich		Mikrohärtebereich		
Härte-symbol	Prüfkraft F in N	Härte-symbol	Prüfkraft F in N	Härte-symbol	Prüfkraft F in N	Die Prüfkraft ist aufgrund des angenommenen und zu überprüfenden Härtewertes zu wählen.
HV 5	49,03	HV 0,2	1,961	HV 0,01	0,09807	
HV 10	98,07	HV 0,3	2,942	HV 0,015	0,1470	
HV 20	196,1	HV 0,5	4,903	HV 0,02	0,1961	
HV 30	294,2	HV 1	9,807	HV 0,025	0,2452	
HV 50	490,3	HV 2	19,61	HV 0,05	0,4903	
HV 100	980,7	HV 3	29,42	HV 0,1	0,9817	

Mindestdicke der Proben

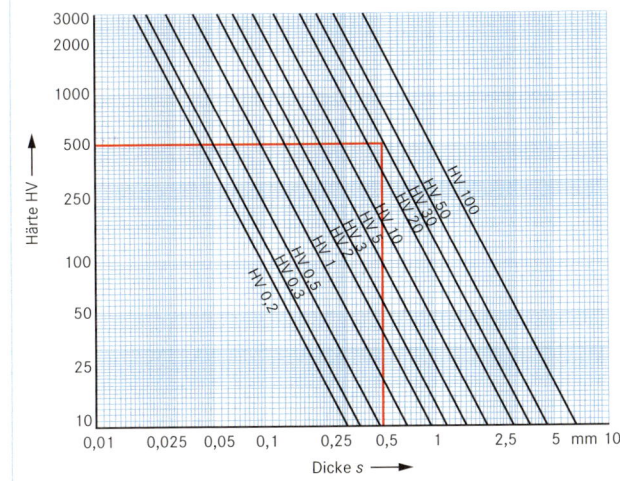

Die Mindestdicke der Proben beträgt:

$s_{min} = 10 \cdot h \triangleq 1{,}5 \cdot d$

Im Diagramm ist die Mindestdicke der Proben in Abhängigkeit von der Härte und der Prüfkraft zu ermitteln.

[1] Die Konstante 0,102 $\left(= \frac{1}{g} = \frac{1}{9{,}80665} \right)$ ist ein Umrechnungsfaktor für die Prüfkraft.

Härteprüfung nach Rockwell
Rockwell hardness test

DIN EN ISO 6508-1: 2006-03

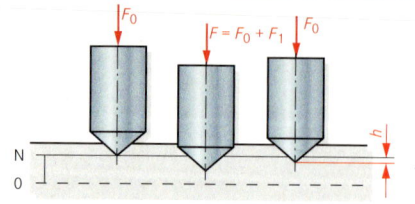

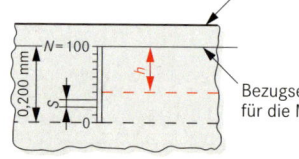

Oberfläche der Probe

Bezugsebene für die Messung

Die Einwirkdauer der Prüfvorkraft F_0 darf 3s nicht überschreiten.

i 1920 von amerikanischem Ingenieur Stanley Rockwell entwickeltes Härteprüfverfahren.

Bei der Härteprüfung nach Rockwell wird ein Eindringkörper in 2 Stufen in die Probe gedrückt. Aus der bleibenden Eindringtiefe h in mm, gemessen nach Kraftminderung von F auf F_0, wird direkt die Rockwellhärte abgeleitet.

Rockwellhärte = $N - \dfrac{h}{S}$

N = Zahlenwert entsprechend der Skala des Prüfgerätes
h = bleibende Eindringtiefe
S = Skalenteilung

Kurzzeichen für die Angabe des Härtewertes:

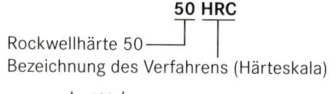

Rockwellhärte 50
Bezeichnung des Verfahrens (Härteskala)

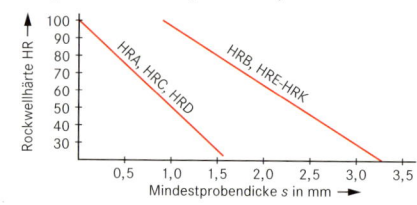

Härte-skala	Symbol für Härte	Eindringkörper	Prüf-vorkraft F_0 in N	Prüf-zusatzkraft F_1 in N	Prüf-gesamtkraft F in N	Anwendungs-bereich	N	S in mm
A	HRA	Diamantkegel	98,07	490,3	588,4	20 … 88 HRA	100	0,002
C	HRC			1373	1471	20 … 70 HRC		
D	HRD			882,6	980,7	40 … 77 HRD		
B	HRB	Stahlkugel Ø 1,5875 mm	98,07	882,6	980,7	20 … 100 HRB	130	0,002
E	HRE	(S) oder Ø 3,175 mm		882,6	980,7	70 … 100 HRE		
F	HRF	Hartmetall- Ø 1,5875 mm		490,3	588,4	60 … 100 HRF		
G	HRG	kugel (W) Ø 3,175 mm		1373	1471	30 … 94 HRG		
H	HRH	Ø 3,175 mm		490,3	588,4	80 … 100 HRH		
K	HRK			1373	1471	40 … 100 HRK		
15 N	HR 15 N	Diamantkegel	29,42	117,7	147,1	70 … 94 HR 15 N	100	0,001
30 N	HR 30 N			264,8	294,2	42 … 86 HR 30 N		
45 N	HR 45 N			411,9	441,3	20 … 77 HR 45 N		
15 T	HR 15 T	Stahlkugel (S) oder Hartmetallkugel (W) Ø 1,5875 mm	29,42	117,7	147,1	67 … 93 HR 15 T	100	0,001
30 T	HR 30 T			264,8	294,2	29 … 82 HR 30 T		
45 T	HR 45 T			411,9	441,3	10 … 72 HR 45 T		

Vergleich verschiedener Härteskalen
Comparison of different hardness scales

Ein quantitativer Vergleich der einzelnen Härteskalen ist nur bedingt möglich. Siehe auch DIN 50 150.

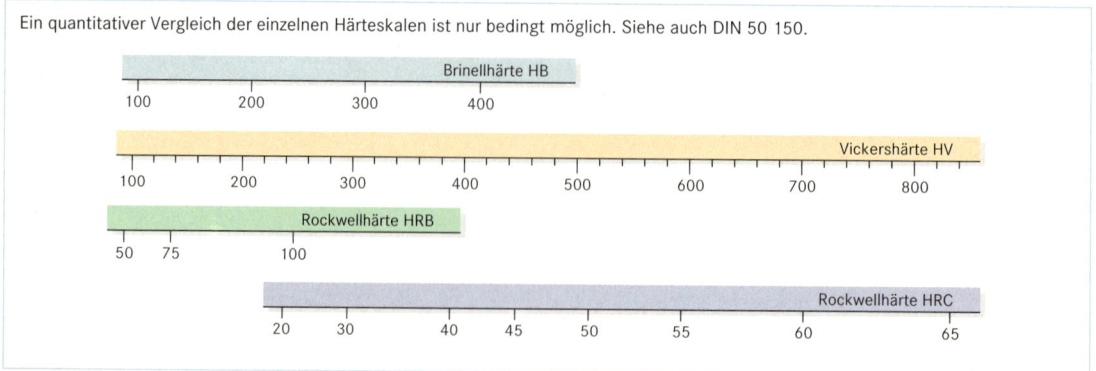

Vergleich verschiedener Härteskalen
Comparison of different hardness scales

DIN EN ISO 18 265: 2004-02

Umwertung für Härte in Härte und Härte in Zugfestigkeit für unlegierte und niedriglegierte Stähle und Stahlguss

DIN EN ISO 18 265: 2004-02

Die Umwertungstabelle für Vickershärte, Brinellhärte, Rockwellhärte und Zugfestigkeit gilt für unlegierte und niedriglegierte Stähle und Stahlguss im warmumgeformten oder wärmebehandelten Zustand.

Eine Härteumwertung soll wegen der damit verbundenen Ungenauigkeit nur dann vorgenommen werden, wenn das vorgeschriebene Prüfverfahren nicht angewendet werden kann.

Zug-festigkeit MPa	Vickers-härte HV 10	Brinell-härte HB	Rockwellhärte HRB	Rockwellhärte HRC	Zug-festigkeit MPa	Vickers-härte HV 10	Brinell-härte HB	Rockwellhärte HRB	Rockwellhärte HRC
255	80	76,0			1 125	350	333		35,5
270	85	80,7	41,0		1 155	360	342		36,6
285	90	85,5	48,0		1 190	370	352		37,7
305	95	90,2	52,0		1 220	380	361		38,8
320	100	95,0	56,2		1 255	390	371		39,8
335	105	99,8			1290	400	380		40,8
350	110	105	62,3		1320	410	390		41,8
370	115	109			1350	420	399		42,7
385	120	114	66,7		1385	430	409		43,6
400	125	119			1420	440	418		44,5
415	130	124	71,2		1455	450	428		45,3
430	135	128			1485	460	437		46,1
450	140	133	75,0		1520	470	447		46,9
465	145	138			1555	480	456		47,7
480	150	143	78,7		1595	490	466		48,4
495	155	147			1630	500	475		49,1
510	160	152	81,7		1665	510	485		49,8
530	165	156			1700	520	494		50,5
545	170	162	85,0		1740	530	504		51,1
560	175	166			1775	540	513		51,7
575	180	171	87,1		1810	550	523		52,3
595	185	176			1845	560	532		53,0
610	190	181	89,5		1880	570	542		53,6
625	195	185			1920	580	551		54,1
640	200	190	91,5		1955	590	561		54,7
660	205	195	92,5		1995	600	570		55,2
675	210	199	93,5		2030	610	580		55,7
690	215	204	94,0		2070	620	589		56,3
705	220	209	95,0		2105	630	599		56,8
720	225	214	96,0		2145	640	608		57,3
740	230	219	96,7		2180	650	618		57,8
755	235	223				660			58,3
770	240	228	98,1	20,3		670			58,8
785	245	233		21,3		680			59,2
800	250	238	99,5	22,2		690			59,7
820	255	242		23,1		700			60,1
835	260	247	(101)	24,0		720			61,0
850	265	252		24,8		740			61,8
865	270	257	(102)	25,6		760			62,5
880	275	261		26,4		780			63,3
900	280	266	(104)	27,1		800			64,0
915	285	271		27,8		820			64,7
930	290	276	(105)	28,5		840			65,3
950	295	280		29,2		860			65,9
965	300	285		29,8		880			66,4
995	310	295		31,0		900			67,0
1030	320	304		32,2		920			67,5
1060	330	314		33,3		940			68,0
1095	340	323		34,4					

Die eingeklammerten Zahlen sind Härtewerte, die außerhalb des Definitionsbereiches der genormten Härteprüfungsverfahren liegen, praktisch jedoch vielfach als Näherungswerte benutzt werden.

Werkstoffprüfung

Zerstörungsfreie Prüfverfahren
Non-destructive tests

Prüfverfahren	Eignung	Prüfvorgang	Anwendung
Eindringverfahren DIN EN 571-1: 1997-03 vom Entwickler herausgezogenes Prüfmittel Oberflächenriss	Geeignet zum Nachweis von Fehlern, die zur Oberfläche hin offen sind	1. Vorreinigen, 2. Auftragen der Prüfflüssigkeit und Eindringen durch Kapillarwirkung, 3. Zwischenreinigen und Trocknen, 4. Auftragen eines Entwicklers, das im Riss verbliebene Prüfmittel wird herausgezogen 5. Inspektion, 6. Protokollieren, 7. Nachreinigen.	Überprüfung von Werkstoffgefüge, insbesondere der NE-Metalle und nicht magnetisierbaren Stähle auf Risse, Poren, Überlappungen und Bindefehler im Serienverfahren.
Magnetische Streufluss-Verfahren DIN 54 130: 1974-04 magnetischer Streufluss Magnetpulver Oberflächenriss Fehler dicht unter der Oberfläche	Geeignet zum Nachweis von Oberflächenfehlern in ferromagnetischen Werkstoffen	1. Vorreinigen, 2. Magnetisieren des Werkstückes durch – Jochmagnetisierung oder – Spulenmagnetisierung oder – Stromdurchflutung 3. Nachweis des im Bereich des Fehlers austretenden magnetischen Streuflusses durch Magnetpulver, 4. Protokollieren, 5. Nachreinigen.	Nachweis von Oberflächeninhomogenitäten, insbesondere von Rissen. Nach der Prüfung ist ggf. eine Entmagnetisierung vorzunehmen.
Ultraschallprüfung DIN EN 583-1: 1998-12 Winkelprüfkopf (Sender – Empfänger) Fehleranzeige Fehler Bildschirm	Geeignet zum Nachweis von innenliegenden Fehlern, die überwiegend senkrecht zur Strahlungsrichtung liegen	1. Vorreinigen, 2. Einschallen des Ultraschalles mit Hilfe eines Normalprüfkopfes (senkrechte Einschallung) oder eines Winkelprüfkopfes, 3. Reflexion der Schallwellen an Grenzschichten oder Abnahme des durchlaufenden Schalles, 4. Auswertung der Schallsignale auf einem Bildschirm, 5. Protokollieren, 6. Nachreinigen.	Überprüfung von Werkstoffgefüge auf Risse, Lunker, Schlackeneinschlüsse im Innern von Werkstücken und Schweißnähten, Dopplungsprüfung, Schichtdickenmessung.
Prüfung mit Röntgen- oder Gammastrahlen DIN EN 444: 1994-04 Strahlenquelle Fehler Film Bild des Fehlers belichteter Film	Geeignet zum Nachweis von innenliegenden Fehlern, die überwiegend parallel zur Strahlungsrichtung liegen	1. Durchstrahlung mit Hilfe – einer Röntgenröhre oder – eines Radioisotopes (z. B. Co 60, Ir 192) 2. Auswertung des belichteten Filmes, 3. Protokollieren.	Überprüfung von Werkstoffgefüge auf Risse, Lunker, Schlackeneinschlüsse im Innern von Werkstücken und Schweißnähten. **Strahlenschutzbestimmungen beachten!**

3 Fertigen von Baueinheiten

Fertigen mit Werkzeugmaschinen

Zerspanungs-Anwendungsgruppen 112
Umdrehungsfrequenz – Schaubild 114
Spezifische Schnittkraft 115
Kühlschmierstoffe 116
Sägen 117
Bohren 118
Reiben 121
Senken 121
Drehen 122
Drehmeißel 126
Fräsen 127
Schleifen 130
Schleifen – Werkzeugauswahl 133
Fertigungsplanung – Begriffe 134
Auftragszeit nach REFA 135
Betriebsmittel-Belegungszeit nach REFA 136
Kostenrechnung 137
Berechnung der Hauptnutzungszeit 138

Fertigen mit numerisch gesteuerten Werkzeugmaschinen

CNC-Technik 141
Befehlscodierung nach DIN 66025 und PAL 142
Fräsen: Grundlagen nach DIN 66025 144
Fräsen: Koordinatensysteme und Interpolationsparameter nach PAL 145
Drehen: Grundlagen nach DIN 66025 146
Drehen: Koordinatensysteme und Interpolationsparameter nach PAL 147
Handhabungstechnik 148
Robotertechnik 149

Fertigen durch Umformen

Umformen 150

Fertigen durch Scherschneiden und Abtragen

Brennschneiden 154
Thermisches Abtragen 155

Wärmebehandlung

Eisen-Kohlenstoff-Diagramm 156
Begriffe der Wärmebehandlung 157
Gefügebilder, Glühfarben, Anlassfarben 158
Wärmebehandlung von Stählen 159

Qualitätssicherung

Qualitätsmanagementsysteme 161
Lastenheft, Pflichtenheft 162

Zerspanungs-Anwendungsgruppen
Groups of application for chip removal

Werkzeug-Anwendungsgruppen für Zerspanwerkzeuge aus Schnellarbeitsstahl
DIN 1836: 1984-01

Allgemeine Werkzeug-Anwendungsgruppen		WZ-Anwendungsgruppe	Form des Spanteilers an der Schneide des Schruppfräsers
WZ-Anwendungsgruppe	Anwendungsbereich		
N	Werkstoffe mit normaler Festigkeit und Härte	NF / HF	Spanteiler mit flachem Profil
H	Harte und zähharte Werkstoffe		
W	Weiche und zähe Werkstoffe und/oder langspanende Werkstoffe und/oder kurzspanende Werkstoffe	NR / HR	Spanteiler mit rundem Profil

Zu bearbeitender Werkstoff		Zugfestigkeit R_m in N/mm² oder Härte HB	Werkzeug-Anwendungsgruppe[1]				
			N	H	W	NF/NR	HF/HR
Automatenstahl		370 … 600	●		●	●	
		550 … 1000	●	●		●	●
Baustahl		… 600	●		●	●	
		500 … 900	●			●	
Einsatzstahl	unlegiert	… 600	●		●	●	
	legiert	500 … 800	●			●	
Nitrierstahl	weichgeglüht	700 … 900	●			●	
	vergütet	800 … 1250	●	●		●	●
Nichtrostender Stahl und nichtrostender Stahlguss		450 … 950	●			●	
Stahlguss		400 … 1100	●			●	
Vergütungsstahl	weich- oder normalgeglüht	500 … 750	●			●	
	unlegiert, vergütet	700 … 1000	●			●	
	legiert, vergütet	700 … 1000	●			●	
		900 … 1250	●	●			
Werkzeugstahl	legiert, vergütet	900 … 1250	●	●		●	●
	unlegiert oder legiert, weichgeglüht	180 … 240 HB	●			●	
	hochgekohlt und/oder legiert, weichgeglüht	220 … 300 HB	●	●		●	●
Gusseisen	mit Lamellengrafit	100 … 240 HB	●			●/●	
		230 … 320 HB	●	●		●/●	●
	mit Kugelgrafit	100 … 240 HB	●			●/●	●
		230 … 320 HB	●			●/–	
Temperguss		100 … 270 HB	●			●/●	●
Al-Knet- und Al-Gusslegierungen (Si-Gehalt ≤10 %)		… 180	●		●		
Al-Gusslegierungen (Si-Gehalt >10 %)		150 … 250	●		●	●/–	
Kupfer		200 … 400	●		●		
Kupferlegierungen	hoher Cu-Gehalt, geringe Festigkeit	200 … 550	●		●		
	geringer oder hoher Cu-Gehalt und hohe Festigkeit	250 … 850	●		●	–/●	
	mit spanbrechenden Zusätzen (Pb, P, Te)	250 … 500	●	●			
Mg-Knet- und Mg-Gusslegierungen		150 … 300	●		●		
Titanlegierungen	mittlere Festigkeit	… 700	●		●	●/●	
	hohe Festigkeit	600 … 1100	●	●		●/–	●

[1] ● = Regelfall, ● = Sonderfall

Zerspanungs-Anwendungsgruppen
Groups of application for chip removal

Bezeichnung harter Schneidstoffe

DIN ISO 513: 2005-11

Kurzzeichen	Schneidstoffgruppe
HW	Unbeschichtetes Hartmetall, Hauptbestandteil Wolframcarbid (WC) mit Korngröße ≥ 1 μm
HF	Unbeschichtetes Hartmetall, Hauptbestandteil Wolframcarbid (WC) mit Korngröße ≥ 1 μm
HT[a]	Unbeschichtetes Hartmetall, Hauptbestandteil Titancarbid (TiC) oder Titannitrit (TiN) oder beides
HC	Hartmetalle wie oben, jedoch beschichtet
BL	Kubisch-kristallines Bornitrid mit niedrigem Bornitritgehalt
BH	Kubisch-kristallines Bornitrid mit hohem Bornitritgehalt
BC	Kubisch-kristallines Bornitrid wie oben, jedoch beschichtet

Kurzzeichen	Schneidstoffgruppe
CA	Schneidkeramik, Hauptbestandteil Aluminiumoxid (Al_2O_3)
CM	Mischkeramik, Hauptbestandteil Aluminiumoxid (Al_2O_3), zusammen mit anderen Bestandteilen als Oxiden
CN	Siliziumnitridkeramik, Hauptbestandteil Siliziumnitrit (Si_3N_4)
CR	Schneidkeramik, Hauptbestandteil Aluminiumoxid (Al_2O_3), verstärkt
CC	Schneidkeramik wie oben, jedoch beschichtet
DP	Polykristalliner Diamant
DM	Monokristalliner Diamant

Bezeichnungsbeispiele: **HW-P10, HC-K20, CA-K10**

i **Cermets:** Verbundwerkstoff aus Keramik (**cer**amic) in einem metallischen Bindemittel (**met**al)

Klassifizierung harter Schneidstoffe

Hauptanwendungs-gruppen	Anwendungsgruppen		Werkstoff	
P Kennfarbe blau	P01 P10 P20 P30 P40 P50	P05 P15 P25 P35 P45	Stahl und Stahlguss, ausgenommen nichtrostender Stahl mit austenitischem Gefüge	
M Kennfarbe gelb	M01 M10 M20 M30 M40	M05 M15 M25 M35	Nichtrostender austenitischer und austenitisch-ferritischer Stahl und Stahlguss	
K Kennfarbe rot	K01 K10 K20 K30 K40	K05 K15 K25 K35	Gusseisen mit Lamellengraphit, Gusseisen mit Kugelgraphit, Temperguss	
N Kennfarbe grün	N01 N10 N20 N30	N05 N15 N25	Aluminium und andere Nicht-eisenmetalle, Nichtmetallwerkstoffe	
S Kennfarbe braun	S01 S10 S20 S30	S05 S15 S25	Hochwarmfeste Speziallegierungen auf der Basis von Eisen, Nickel und Kobalt. Titan und Titanlegierungen	
H Kennfarbe grau	H01 H10 H20 H30	H05 H15 H25	Gehärteter Stahl, gehärtete Gusseisenwerkstoffe, Gusseisen für Kokillenguss	

↑ zunehmende Schnittgeschwindigkeit v_c
   zunehmende Verschleißfestigkeit

↓ zunehmender Vorschub f
   zunehmende Zähigkeit

Fertigen mit Werkzeugmaschinen

Umdrehungsfrequenzen – Schaubild
Rotational frequency diagram

Geometrische Stufung der Umdrehungsfrequenzen, logarithmische Achsenteilung

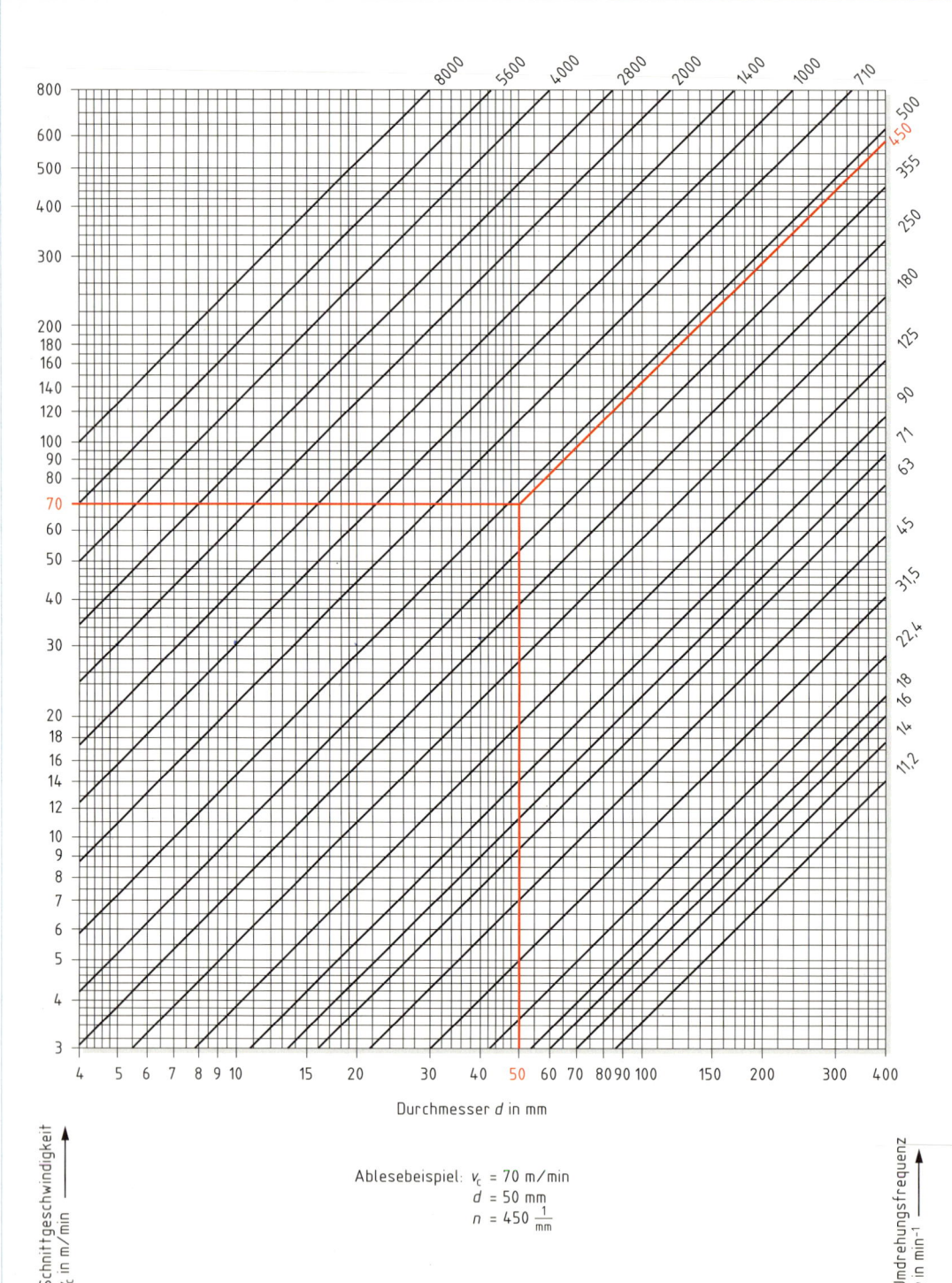

Ablesebeispiel: $v_c = 70$ m/min
$d = 50$ mm
$n = 450 \frac{1}{\text{mm}}$

Spezifische Schnittkraft
Specific cutting force

Werkstoff	m	k_c in N/mm² bei h in mm											$k_{c1,1}$
		0,08	0,1	0,125	0,16	0,2	0,25	0,315	0,4	0,5	0,63	0,8	1,0
S185, S253JR, S275	0,17	2730	2630	2540	2430	2340	2250	2170	2080	2000	1930	1850	1780
S355, E295	0,26	3840	3620	3430	3210	3020	2850	2690	2530	2380	2250	2110	1990
E335	0,17	3240	3120	3000	2880	2770	2670	2570	2470	2370	2280	2190	2110
E360	0,30	4820	4510	4220	3920	3660	3430	3200	2980	2780	2600	2420	2260
C15	0,22	3170	3020	2880	2720	2590	2470	2350	2230	2120	2020	1910	1820
C35	0,20	3080	2950	2820	2680	2570	2450	2340	2230	2140	2040	1950	1860
C45E	0,14	3,16	3070	2970	2870	2780	2700	2610	2520	2450	2370	2290	2220
C60E	0,18	3360	3220	3100	2960	2850	2700	2620	2510	2410	2320	2220	2130
16MnCr5	0,26	4050	3820	3610	3380	3190	3010	2840	2660	2510	2370	2230	2100
18CrNi6	0,30	4820	4510	4220	3920	3660	3430	3200	2980	2780	2600	2420	2260
20MnCr5	0,25	4020	3810	3600	3380	3200	3030	2860	2690	2550	2400	2260	2140
25CrMo4	0,25	3890	3680	3480	3270	3100	2930	2760	2600	2460	2320	2190	2070
34CrNiMo8	0,20	4310	4120	3940	3750	2590	3430	3280	3120	2990	2850	2720	2600
34CrMoS4	0,21	3810	3630	3470	3290	3140	3000	2860	2720	2590	2470	2350	2240
37MnV7	0,26	3490	3290	3110	2920	2750	2600	2440	2300	2170	2040	1920	1810
37MnSi5	0,20	3750	3580	3430	3260	3120	2980	2850	2720	2600	2480	2360	2260
42CrMo4	0,26	4820	4550	4290	4030	3800	3580	3380	3170	2990	2820	2650	2500
50CrV4	0,26	4280	4040	3810	3580	3370	3180	3000	2820	2660	2500	2350	2220
55NiCrMoV6N	0,24	3190	3020	2870	2700	2560	2430	2300	2170	2050	1940	1840	1740
55NiCrMoV6 vergütet	0,24	3520	3340	3160	2980	2830	2680	2530	2390	2270	2150	2030	1920
Mn-, CrNi-Stähle	0,21	3990	3810	3640	3450	3300	3140	3000	2850	2720	2590	2460	2350
CrMo- u. a. legierte Stähle	0,19	4200	4030	3860	3680	3530	3380	3240	3090	2970	2840	2710	2600
Nichtrostende Stähle	0,18	4020	3860	3710	3550	3410	3270	3140	3010	2890	2770	2650	2550
NiCr80.20 legiert	0,29	4343	4071	3816	3552	3330	3121	2919	2723	2553	2387	2268	2088
GG-15	0,21	1610	1540	1470	1400	1330	1270	1210	1150	1100	1050	1000	950
GG-20	0,25	1920	1810	1720	1610	1530	1440	1360	1280	1210	1150	1080	1020
GG-25	0,26	2240	2110	1990	1870	1760	1660	1570	1470	1390	1310	1230	1160
GJS-400-15	0,25	1896	1794	1703	1595	1500	1421	1340	1272	1196	1129	1069	1005
GJS-500-7	0,21	1929	1841	1756	1668	1591	1518	1447	1376	1313	1250	1189	1135
GJS-600-3	0,48	3529	3171	2849	2530	2273	2043	1828	1630	1464	1311	1169	1050
GJS-700-2	0,5	3564	3187	2851	2520	2254	2016	1796	1594	1425	1270	1127	1008
GJS-800-2	0,44	3439	3118	2826	2535	2298	2083	1882	1694	1536	1387	1249	1132
Hartguss	0,19	3330	3190	3060	2920	2800	2680	2570	2450	2350	2250	2150	2060
Cu-Sn-Gusslegierung	0,17	2730	2630	2540	2430	2340	2250	2170	2080	2000	1930	1850	1780
Rotguss, Al-Guss	0,25	1200	1140	1080	1010	960	910	850	810	760	720	680	640
Cu-Zn-Legierungen	0,18	1230	1180	1130	1090	1040	1000	960	920	880	850	810	780
Mg-Legierungen	0,19	450	430	420	400	380	360	350	330	320	310	290	280

Kühlschmierstoffe
Cooling lubricants

Kühlschmierstoffe – Begriffe

DIN 51 385: 1991-06

Benennung	Kenn-buchst.	Richt-linien	Definition
Kühlschmierstoff	S		Stoff, der beim Trennen von Werkstoffen zum Kühlen und Schmieren eingesetzt wird
Nichtwassermisch-barer Kühlschmier-stoff	SN		Kühlschmierstoff, der für die Anwendung nicht mit Wasser gemischt wird
		S1	Kühlschmierstoff mit Fettstoffzusätzen, z. B. pflanzlichen oder tierischen Fettstoffen, zur Verbesserung der Haftung auf der Metalloberfläche, sehr gute Schmierwirkung
		S2	Kühlschmierstoff mit mild wirkenden EP-Zusätzen[1] zur Erhöhung der Druckfestigkeit
		S3	Kühlschmierstoff mit Fettstoffzusätzen und EP-Zusätzen[1]
		S4	Kühlschmierstoff mit aktiven EP-Zusätzen[1], besser als S2, aber chemische Angriffe der Metalloberfläche möglich
		S5	Kühlschmierstoff mit Fettstoffzusätzen und aktiven EP-Zusätzen[1]
Wassermischbarer Kühlschmierstoff	SE	E1	Kühlschmierstoff, der vor seiner Anwendung mit Wasser gemischt wird
		… 10 %	Emulsion mit 1 … 10 % Öl in Wasser. Anwendung, wenn intensive Kühlung, aber nur geringe Schmierung verlangt wird, z. B. bei hohen Schnittgeschwindigkeiten
Wassergemischter Kühlschmierstoff	SEW		Mit Wasser gemischter Kühlschmierstoff
Kühlschmier-Lösung	SESW	L1	Lösungen von vorwiegend organischen (meist synthetischen) Stoffen in Wasser, Anwendungsbereich entspricht dem der Emulsion
		L2	Lösungen von anorganischen Stoffen (Soda, Natriumfluorid, Natriumnitrit) in Wasser, gute Kühlwirkung, geringe Schmierwirkung, Lösungen bilden keinen ausreichend druckfesten Schmierfilm

[1] EP: Extreme Pressure (extrem hohem Druck widerstehend), Zusätze sind Cl-, P-, S- und N-Verbindungen.

Richtlinien für die Auswahl von Kühlschmierstoffen

Fertigungs-verfahren	Stahl normal spanbar	Stahl schwer spanbar	Gusseisen Temperguss	Kupfer Cu-Legierungen	Aluminium Al-Legierungen	Magnesium Mg-Leg.
Drehen Schruppen	E 2 … 5 %, L 1	E 10 %, S 4, S 5	trocken	trocken, L 1, S 1	E 2 … 5 %, L 1, S 1, S 3	trocken, S 1, S 2
Schlichten	E 2 … 5 %, S 3	E 10 %, S 4, S 5	trocken, E 2 … 5 %	trocken, L 1, S 1, S 2	trocken, S 1, S 2, S 3	trocken, S 1, S 2, S 3
Automaten-drehen	S 1, S 2, S 3	S 4, S 5	S 1, S 2, S 3	S 1, S 2, S 3	S 1, S 2, S 3	S 1, S 2, S 3
Bohren	E 2 … 5 %	E 10 %, S 4, S 5	trocken, E 1 … 3 %	trocken, E 2 … 5 %, S 1, S 2, S 3	E 2 … 5 %, S 1, S 2, S 3	trocken, S 1, S 2, S 3
Tiefbohren	S 3	S 5	S 3	S 3	S 3	S 3
Reiben	S 2, S 3, E 10 %	S 3, S 4, S 5	trocken, S 1	trocken, S 1, S 2, S 3	S 1, S 2, S 3 L 1, S 3	S 1, S 2, S 3
Fräsen	E 5 … 10 % L 1, S 3	E 10 %, S 4, S 5	trocken, E 1 … 3 %	trocken, E 2 … 5 %, S 1, S 2, S 3	S 1, S 2, S 3 E 2 … 5 %	trocken S 1, S 2, S 3
Sägen	E 2 … 5 %, L 1	E 10 %	trocken, E 2 … 5 %	S 1, S 2, S 3 E 2 … 5 %	S 1, S 2, S 3, E 2 … 5 %	trocken S 1, S 2, S 3
Hobeln	trocken, E 2 … 5 %	trocken, E 10 %, S 1	trocken	–	–	–
Stoßen	trocken, S 1, S 2, S 3	S 4, S 5	trocken	trocken, S 1, S 2, S 3	–	–
Räumen	S 2, S 3, E 10 %	S 4, S 5	E 2 … 5 %	S 1, S 2, S 3	S 1, S 2, S 3	S 1, S 2, S 3
Schleifen	E 1 %, L 1, L 2	S 3, L 1, L 2	L 1, L 2, E 1 %	E 1 %, L 1, L 2	L 1, E 1 %	–
Honen, Läppen	S 2, S 3	S 4, S 5	S 2	–	–	–
Gewinde-schneiden	S 3	S 5	S 3, E 5 … 10 %	S 3	S 3	S 3, trocken
Gewindefräsen	S 2, S 3	S 4, S 5	S 2	S 1, S 2, S 3	S 1, S 2, S 3	S 1, S 2, S 3
Gewinde-schleifen	S 3	S 5	–	–	–	–
Zahnradfräsen	S 3	S 5	E 5 … 10 %	S 3	S 2, S 3	–
Zahnradstoßen	S 3	S 5	S 3	–	–	–
Zahnflanken-schleifen	S 2, S 4	S 4	–	–	–	–

Hinweis: Bei der Bearbeitung von Magnesium oder Mg-Legierungen keinen Kühlschmierstoff oder nur Öl verwenden.

Sägen
Sawing

Ermittlung der einzustellenden Arbeitswerte

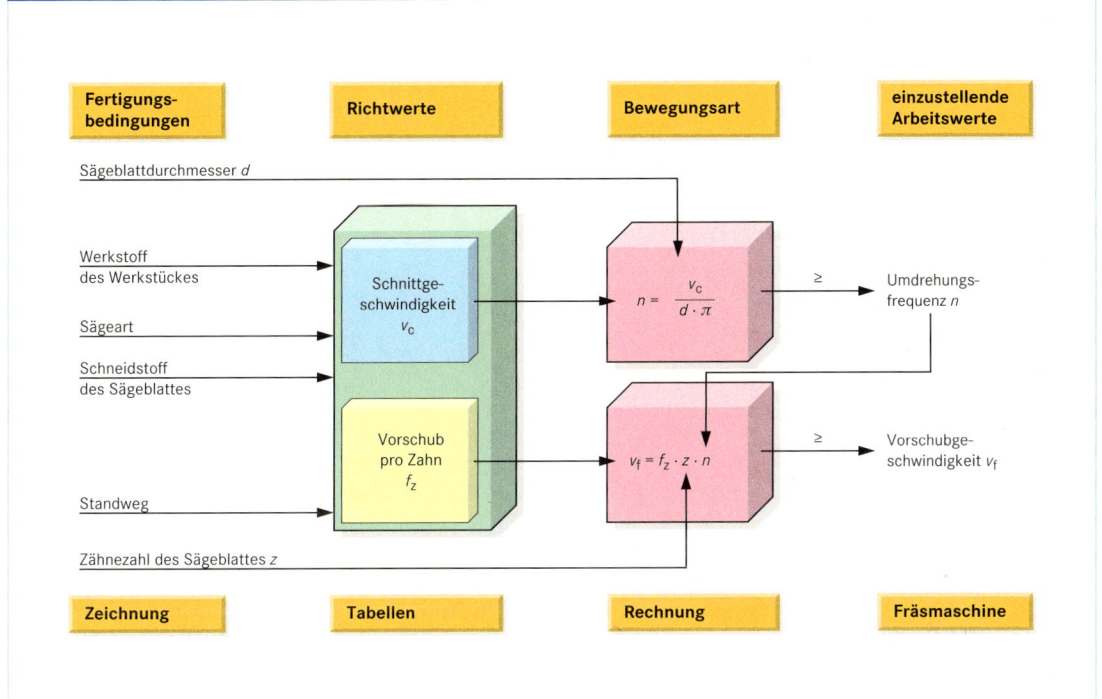

Richtwerte für das Sägen

Werkstoff	R_m in N/mm²	Sägebänder HSS Ø 100…300	Sägebänder HSS Ø 400…800	Kreissägeblätter HSS	Kreissägeblätter HSS	Kreissägeblätter HM	Kreissägeblätter HM
		v_c in m/min	v_c in m/min	v_c in m/min	f_z in mm	v_c in m/min	f_z in mm
Allg. Baustähle	<500	85…95	60…75	25…50		150…250	0,01…0,03
	500…850	65…70	48…50	15…30		100…180	0,005…0,025
Automatenstähle	<850	85…95	60…75	15…30		100…180	0,005…0,025
unlegierte Vergütungsstähle	<700	65…70	48…50	15…30		100…180	0,005…0,025
	700…850	65…70	48…50				
legierte Vergütungsstähle	850…1000	55…60	40…50	10…20		60…120	0,005…0,015
	1000…1200	36…40	25…32	10…15		20…60	0,002…0,010
unlegierte Einsatzstähle	<750	85…95	60…75	15…30		100…180	0,005…0,025
legierte Einsatzstähle	<1000	55…60	40…50	10…20	abhängig vom Material des Sägeblattes und den maschinellen Bedingungen	60…120	0,005…0,015
Werkzeugstähle	<850	50…55	35…45	15…30		100…180	0,005…0,025
	850…1100	50…55	35…45	10…20		60…120	0,005…0,015
	1100…1400	25…30	20…24	7…15		20…60	0,002…0,010
verschleißfeste Konstruktionsstähle	1350	30…35	22…28	5…10		20…60	0,002…0,010
nichtrostende Stähle	<700	30…35	22…28	7…15		60…160	0,005…0,015
	<850	20…25	15…20				
Aluminiumlegierung	<350	2100…2500	1300…2000	800…1500		400…2000	0,01…0,04
CuZn-Legierungen	<600	120	120	400…1000		200…600	0,01…0,04
CuSn-Legierungen	650…850	85…95	60…75	120…200		150…300	0,02…0,06
Thermoplaste	–	50…400	50…400	1500…2400		3000…4500	0,03…0,05

Fertigen mit Werkzeugmaschinen

Bohren
Drilling

Begriffe
DIN 6581: 1985-10; DIN 6584: 1982-10

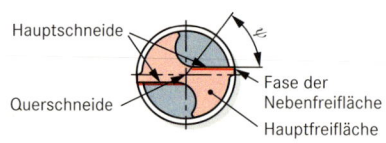
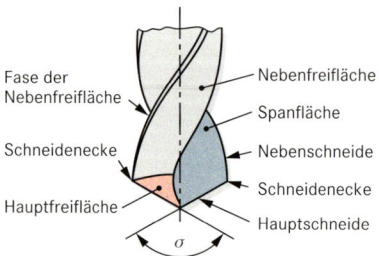
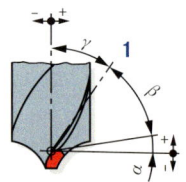
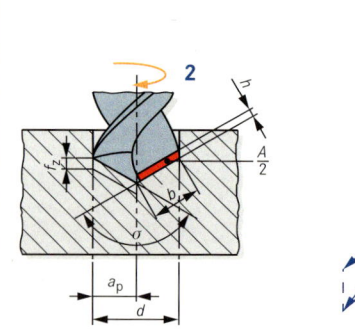
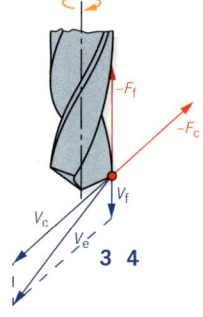

1 Winkel am Schneidkeil
α_f : Seitenfreiwinkel
β_f : Seitenkeilwinkel
γ_f : Seitenspanwinkel (Drallwinkel)
σ : Spitzenwinkel
ψ : Querschneidenwinkel $\psi = 49° \ldots 55°$

2 Spanungsgrößen
b : Spanungsbreite
h : Spanungsdicke
f : Vorschub
f_z : Vorschub/Schneide
a_p : Schnitttiefe
A : Spanungsquerschnitt (2 Schneiden)

$$A = 2b \cdot h = a_p \cdot f$$

$$b = \frac{a_p}{\sin\frac{\sigma}{2}} \qquad h = f_z \cdot \sin\frac{\sigma}{2} = \frac{f}{2} \cdot \sin\frac{\sigma}{2}$$

3 Geschwindigkeiten
v_c : Schnittgeschwindigkeit in m/min
v_f : Vorschubgeschwindigkeit in mm/min
v_e : Wirkgeschwindigkeit

$$v_c = d \cdot \pi \cdot n \qquad v_f = f \cdot n$$

4 Kräfte am Schneidkeil
F_c : Schnittkraft
F_f : Vorschubkraft

$$F_c = A \cdot k_c \qquad k_c : \text{spez. Schnittkraft in N/mm}^2$$

Schnittleistung

$$P_c = \frac{F_c \cdot v_c}{2} \qquad \begin{array}{l} P_c : \text{Schnittleistung in W} \\ v_c : \text{Schnittgeschwindigkeit in m/s} \end{array}$$

Zeitspanungsvolumen
Q : Zeitspanungsvolumen in cm³/min

$$Q = A \cdot v_c$$

Auswahl der Bohrertypen

Werkstoff		WZ-Anwendungsgruppe DIN 1836	Seitenspanwinkel γ_f in °	Spitzenwinkel σ in °
Werkstoffe mit mittlerer Härte und Festigkeit	unlegierter und niedriglegierter Stahl, Gusseisen	N	19 … 40	118
	Kupferlegierungen hoher Festigkeit, Al-Legierungen (> 10 % Si)			130
harte und zähharte oder kurzspanende Werkstoffe	hochlegierter Werkzeugstahl	H	10 … 19	118
	Hartguss			130
	Thermoplaste			80
weiche, zähe oder langspanende Werkstoffe	Kupfer und Kupferlegierungen geringer Festigkeit, Aluminium, Al-Legierungen (< 10 % Si)	W	27 … 45	130

Fertigen mit Werkzeugmaschinen

Bohren
Drilling

Ermittlung der einzustellenden Arbeitswerte

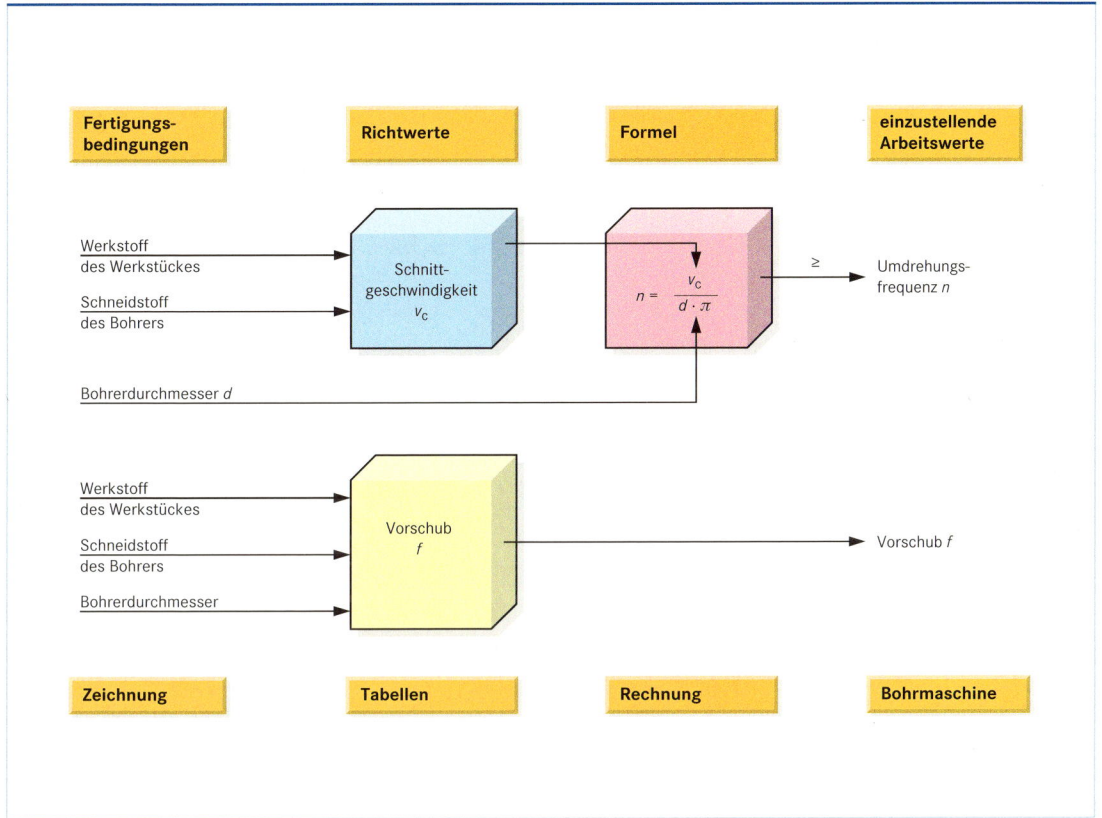

Richtwerte für Spiralbohrer aus Schnellarbeitsstahl

Werkstoff	R_m in N/mm² (HB, HRC)	v_c in m/min	\multicolumn{8}{c}{f in mm für Bohrerdurchmesser d in mm}								
			2	4	6	10	16	25	40	63	80
unlegierte Stähle (C < 0,2 %) (C 0,2 ... 0,3 %) (C 0,3 ... 0,4 %) (C 0,4 ... 0,5 %)	500 600 700 800	30 ... 40 25 ... 30 25 ... 30 20 ... 30	0,04 0,05 0,05 0,03	0,08 0,10 0,10 0,06	0,10 0,12 0,12 0,08	0,16 0,20 0,20 0,12	0,20 0,25 0,25 0,16	0,30 0,30 0,40 0,25	0,40 0,50 0,50 0,30	0,60 0,80 0,80 0,50	0,80 1,00 1,00 0,60
legierte Stähle	700 800 900 1000	20 ... 30 15 ... 25 15 ... 20 10 ... 20	0,03 0,03 0,02 0,02	0,06 0,06 0,04 0,04	0,08 0,08 0,05 0,05	0,12 0,12 0,08 0,08	0,16 0,16 0,10 0,10	0,25 0,25 0,16 0,16	0,30 0,30 0,20 0,20	0,50 0,50 0,30 0,30	0,60 0,60 0,40 0,40
rost-, säure-, hitzebeständige Stähle	500 600 ... 750 900	8 ... 12 6 ... 10 4 ... 8	0,02	0,04	0,05	0,08	0,12	0,16	0,20	0,30	0,40
Gusseisen, Temperguss	150 ... 200 HB 200 ... 220 HB 220 ... 250 HB 250 ... 320 HB	18 ... 25 15 ... 22 12 ... 18 5 ... 15	0,05 0,05 0,04 0,03	0,10 0,10 0,08 0,06	0,12 0,12 0,10 0,08	0,20 0,20 0,16 0,12	0,25 0,25 0,20 0,16	0,40 0,40 0,30 0,25	0,50 0,50 0,40 0,30	0,80 0,80 0,60 0,50	1,00 1,00 0,80 0,60
Titan und Titanlegierungen	–	3 ... 6	0,02	0,04	0,05	0,08	0,10	0,16	0,20	0,30	0,40
Kupfer Kupferlegierungen	– –	40 ... 60 20 ... 50	0,05	0,10	0,12	0,20	0,25	0,40	0,50	0,80	1,00
Al-Knetlegierungen Al-Legierungen ≤ 10 % Si > 10 % Si	– – –	... 100 ... 65 ... 30	0,05	0,10	0,12	0,20	0,25	0,40	0,50	0,80	1,00
Magnesiumlegierungen	–	... 100	0,08	0,10	0,12	0,16	0,20	0,30	0,50	0,80	1,00

Bohren
Drilling

Richtwerte für Spiralbohrer aus Hartmetall oder Wendeplattenbohrer

Werkstoff	R_m in N/mm² (HB, HRC)	v_c in m/min		\multicolumn{8}{c}{f in mm für Bohrerdurchmesser d in mm}
				2	4	6	10	16	25	40	63	80
unlegierte Stähle												
(C < 0,2 %)	500	100 ... 150	200 ... 450	–	–	0,04	0,08	0,16	0,06	0,08	0,12	0,12
(C 0,2 ... 0,3 %)	600	100 ... 150	180 ... 400	–	–	0,04	0,08	0,16	0,06	0,08	0,12	0,12
(C 0,3 ... 0,4 %)	700	80 ... 130	150 ... 350	–	–	0,04	0,08	0,12	0,06	0,08	0,12	0,12
(C 0,4 ... 0,5 %)	800	80 ... 130	120 ... 300	–	–	0,04	0,08	0,12	0,06	0,08	0,12	0,12
legierte Stähle	700	80 ... 130	120 ... 300	–	–	0,04	0,08	0,12	0,06	0,08	0,12	0,12
	800	80 ... 130	120 ... 300	–	–	0,04	0,08	0,12	0,08	0,12	0,16	0,16
	900	70 ... 120	120 ... 250	–	–	0,04	0,08	0,12	0,08	0,12	0,16	0,16
	1000	60 ... 100	100 ... 200	–	–	0,04	0,08	0,12	0,08	0,12	0,20	0,20
rost-, säure-, hitzebeständige Stähle	500	60 ... 120	150 ... 300	–	–	0,03	0,06	0,10	0,04	0,06	0,10	0,10
	600	60 ... 120	130 ... 280	–	–							
	750	40 ... 80	100 ... 200	–	–							
	900	20 ... 40	30 ... 70	–	–							
Gusseisen, Temperguss	150 ... 220 HB	80 ... 100	80 ... 140	–	–	0,06	0,12	0,20	0,10 ... 0,40			
	220 ... 250 HB	60 ... 80	70 ... 130	–	–	0,06	0,12	0,20				
	250 ... 320 HB	40 ... 70	70 ... 110	–	–	0,04	0,08	0,16				
Titan und Titanlegierungen	–	20 ... 40	30 ... 80	–	–	0,02	0,04	0,08	0,04	0,05	0,10	0,12
Stahl, gehärtet	48 ... 64 HRC	10 ... 30	–	–	–	0,02	0,04	0,08	–	–	–	–
Kupfer Kupferlegierungen	–	... 180	... 500	–	–	0,02	0,04	0,08	0,03	0,04	0,06	0,06
	–	... 150	... 350	–	–	0,05	0,08	0,16	0,16	0,25	0,50	0,50
Al-Knetlegierungen Al-Legierungen ≤ 10 % Si > 10 % Si	–	... 150	... 600	–	–	0,04	0,06	0,10	0,04	0,08	0,16	0,20
	–	... 180	... 600	–	–							
	–	... 140	... 450	–	–							
Magnesiumlegierungen	–	... 180	... 600	–	–	0,04	0,06	0,10	0,04	0,08	0,16	0,20

▨ : Richtwerte für Spiralbohrer aus Hartmetall   ▨ : Richtwerte für Spiralbohrer mit Wendeplatten

Richtwerte für das Gewindebohren mit Maschinen-Gewindebohrern

Werkstoff	R_m in N/mm²	Schneidstoff: Schnellarbeitsstahl		Kühlschmierstoffe
		Spanwinkel γ_0 in °	v_c in m/min	
unlegierte Stähle	< 700	10 ... 12	16	Rüböl oder Schneidöl
unlegierte Stähle legierte Stähle	> 700 < 1000	6 ... 8	10	
legierte Stähle	> 1000	8 ... 10	5	
Gusseisen	< 250	5 ... 6	10	trocken oder Petroleum
	> 250	0 ... 3	8	
Cu-Legierungen – spöde – zäh	– –	2 ... 4 12 ... 14	25 16	Schneidöl oder Emulsion
Al-Legierungen – langspanend – ≤ 10 % Si		20 ... 22 16 ... 18	20 16	Schneidöl

Fertigen mit Werkzeugmaschinen

Reiben / Reaming

Richtwerte für das Reiben mit Maschinenreibahlen aus Schnellarbeitsstahl

Werkstoff	R_m in N/mm²	v_c in m/min	f in mm für Reibahlendurchmesser d in mm				
			5	12	16	25	40
unlegierter Stahl	... 700	8 ... 10	0,10	0,20	0,25	0,35	0,40
	700 ... 900	6 ... 8	0,10	0,20	0,25	0,35	0,40
legierter Stahl	> 900	4 ... 6	0,08	0,15	0,20	0,25	0,35
Gusseisen	≤ 250	8 ... 10	0,15	0,25	0,30	0,40	0,50
	≥ 250	4 ... 6	0,10	0,20	0,25	0,35	0,40
Cu-Legierungen	–	15 ... 20	0,15	0,25	0,30	0,40	0,50
Al-Legierungen	–	... 40	0,10	0,30	0,40	0,60	1,00

Reibuntermaße

Werkstoff	Untermaße in mm für Reibahlendurchmesser d in mm			
	≤ 10	11 ... 20	21 ... 30	31 ... 50
Stahl, Stahlguss, Gusseisen	0,10	0,15	0,30	0,40
	0,15	0,25	0,30	0,35
Cu-, Al-Legierungen	0,20	0,35	0,50	0,70
	0,20	0,30	0,40	0,50

☐ Reibahlen aus Schnellarbeitsstahl
☐ hartmetallbestückte Reibahlen

Richtwerte für das Reiben mit hartmetallbestückten Reibahlen

Werkstoff	R_m in N/mm²	v_c in m/min	f in mm und a_p in mm für Reibahlendurchmesser d in mm					
			< 10		10 ... 24		> 24 ... 40	
			f	a_p	f	a_p	f	a_p
Stahl	≤ 1000	8 ... 12	0,15 ... 0,25	0,02 ...	0,20 ... 0,40	0,05 ...	0,30 ... 0,50	0,12 ...
	> 1000	6 ... 10	0,12 ... 0,20	0,05 ...	0,15 ... 0,30	0,12	0,20 ... 0,40	0,20
Stahlguss	≤ 500	8 ... 12	0,15 ... 0,25	0,02 ...	0,20 ... 0,40	0,05 ...	0,30 ... 0,50	0,12 ...
	> 500	6 ... 10	0,12 ... 0,20	0,05 ...	0,50 ... 0,30	0,12	0,20 ... 0,40	0,20
Gusseisen	≤ 200 HB	8 ... 15	0,20 ... 0,30	0,03 ...	0,30 ... 0,50	0,06 ...	0,40 ... 0,70	0,15 ...
	> 200 HB	6 ... 12	0,15 ... 0,25	0,06 ...	0,20 ... 0,40	0,15	0,30 ... 0,50	0,25
Cu-Legierungen	–	15 ... 30	0,20 ... 0,30	0,03 ...	0,30 ... 0,50	0,06 ...	0,40 ... 0,70	0,15 ...
				0,06 ...		0,15		0,25
Al-Legierungen	–	15 ... 20	0,20 ... 0,30	0,03 ...	0,30 ... 0,50	0,06 ...	0,40 ... 0,70	0,15 ...
				0,06 ...		0,15		0,25

Senken / Countersinking

Richtwerte für das Senken mit Senkern aus Schnellarbeitsstahl

Werkstoff	R_m in N/mm² (HB)	v_c in m/min	Vorschub f in mm für Senkerdurchmesser d in mm							
			5	10	16	20	25	30	40	50
Stahl	≤ 750	33	0,14	0,28	0,40	0,45	0,45	0,50	0,56	0,63
	≤ 1300	27	0,10	0,25	0,34	0,36	0,40	0,50	0,56	0,63
Gusseisen	≤ 245 HB	21	0,11	0,28	0,40	0,36	0,45	0,50	0,56	0,63
Cu-Sn-Legierungen	–	33	0,10	0,25	0,32	0,36	0,40	0,45	0,50	0,56
Cu-Zn-Legierungen	–	67	0,11	0,28	0,36	0,40	0,45	0,50	0,56	0,63
Al-Legierungen, lang spanend	–	105	0,13	0,32	0,40	0,45	0,50	0,56	0,63	0,71
Al-Legierungen, kurz spanend	–	133	0,18	0,40	0,50	0,56	0,63	0,71	0,80	0,90
Hartgewebe	–	33	0,08	0,18	0,22	0,25	0,28	0,32	0,36	0,40

Drehen
Turning

Begriffe
DIN 6581: 1985-10; DIN 6584: 1982-10

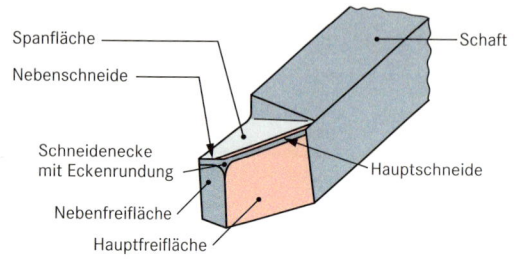

1 Winkel am Schneidkeil

α_0 : Freiwinkel $\quad \alpha_0 = \alpha$
β_0 : Keilwinkel $\quad \beta_0 = \beta \quad$ bei $\quad \lambda_s = 0°$
γ_0 : Spanwinkel $\quad \gamma_0 = \gamma$
λ_s : Neigungswinkel
$\varkappa_r$: Einstellwinkel
ε_r : Eckenwinkel

$$\alpha_0 + \beta_0 + \gamma_0 = 90°$$

2 Spanungsgrößen

b : Spanungsbreite
h : Spanungsdicke
f : Vorschub
a_p : Schnitttiefe
A : Spanungsquerschnitt

$$A = a_p \cdot f = b \cdot h$$

$$b = \frac{a_p}{\sin \varkappa_r} \qquad h = f \cdot \sin \varkappa_r$$

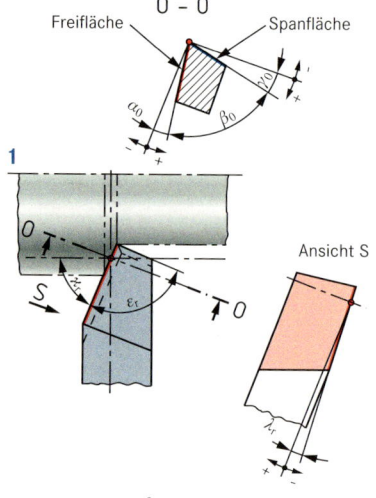

3 Geschwindigkeiten

d : Durchmesser in mm
v_c : Schnittgeschwindigkeit in m/min
v_f : Vorschubgeschwindigkeit in mm/min
v_e : Wirkgeschwindigkeit
f : Vorschub
n : Umdrehungsfrequenz in 1/min

$$v_c = d \cdot \pi \cdot n \qquad v_f = f \cdot n$$

3 Kräfte am Schneidkeil

F : Zerspankraft
F_c : Schnittkraft
F_f : Vorschubkraft
F_p : Passivkraft

$$F_c = A \cdot k_c$$

$$k_c = \frac{k_{c\,1.1}}{h^{m_c}}$$

$$F_c = b \cdot h^{(1-m_c)} \cdot k_{c\,1.1}$$

k_c : spez. Schnittkraft in N/mm²
$k_{c\,1.1}$: Hauptwert der spez. Schnittkraft in N/mm² bei $b = 1$ mm, $h = 1$ mm und $\varkappa = 90°$
m_c : Werkstoffkonstante

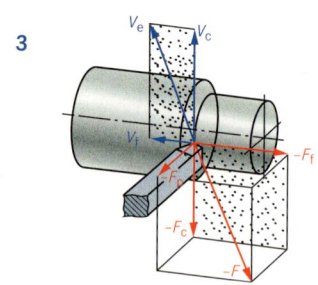

Schnittleistung

P_c : Schnittleistung in W
F_c : Schnittkraft in N
v_c : Schnittgeschwindigkeit in m/s

$$P_c = F_c \cdot v_c$$

Zeitspanungsvolumen

Q : Zeitspanungsvolumen in cm³/min

$$Q = A \cdot v_c$$

Fertigen mit Werkzeugmaschinen

Drehen
Turning

Ermittlung der einzustellenden Arbeitswerte

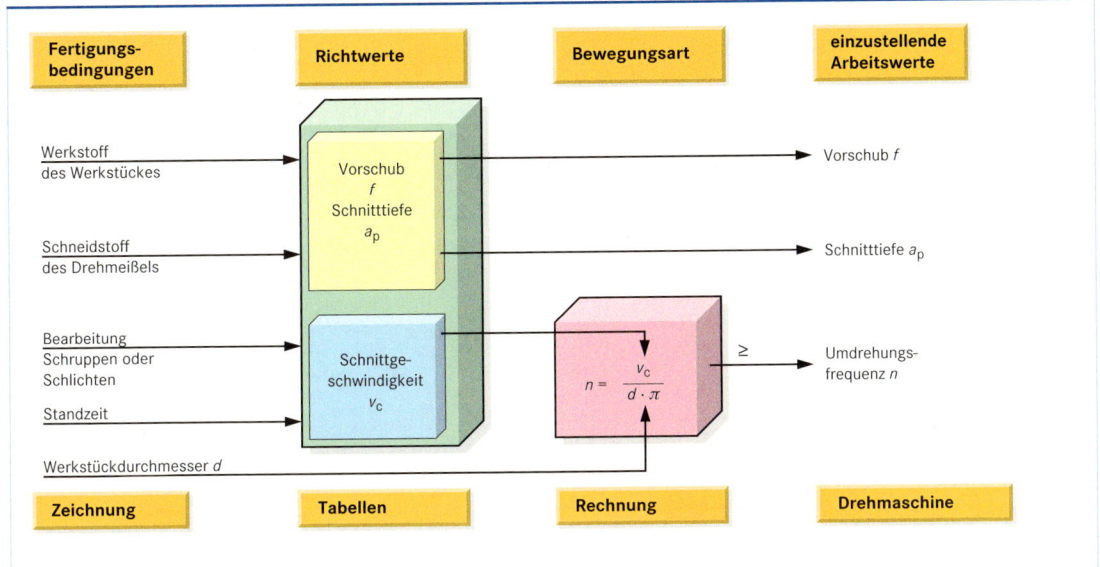

Erreichbare Oberflächenqualität beim Drehen

$$Rz = \frac{f^2}{8 \cdot r}$$

Rz: Rautiefe
f : Vorschub
r : Spitzenradius

Spitzenradius r in mm	Vorschub f in mm					
	Rz 100	Rz 63	Rz 25	Rz 16	Rz 6,3	Rz 4
0,5	0,63	0,50	0,32	0,26	0,16	0,13
1,0	0,89	0,71	0,45	0,36	0,22	0,18
1,5	1,10	0,87	0,55	0,44	0,27	0,22
2,0	1,26	1,00	0,63	0,50	0,31	0,25
3,0	1,55	1,22	0,77	0,62	0,38	0,31

Richtwerte für das Drehen mit oxidkeramischen Schneidstoffen

Werkstoff	R_m in N/mm² (HRC, HB)	v_c in m/min		f in mm		Bevorzugte Winkel
		Schruppen	Schlichten	Schruppen	Schlichten	
Baustähle	500 ... 800	300 ... 100	500 ... 200	0,3 ... 0,5	0,1 ... 0,3	Freiwinkel $\alpha_0 = 6°$
Vergütungsstähle	800 ... 1000	250 ... 100	400 ... 200	0,2 ... 0,4	0,1 ... 0,3	Keilwinkel $\beta_0 = 90°$
	1000 ... 1200	200 ... 100	350 ... 200	0,2 ... 0,4	0,1 ... 0,3	Spanwinkel $\gamma_0 = -6°$
Warmarbeitsstähle	45 ... 55 HRC	–	150 ... 50	–	0,05 ... 0,2	Neigungswinkel $\lambda_s = 4 ... 6°$
Kaltarbeitsstähle	55 ... 60 HRC	–	80 ... 30	–	0,05 ... 0,15	Einstellwinkel $\varkappa_r = 75°$
	60 ... 65 HRC	–	50 ... 20	–	0,05 ... 0,1	
Gusseisen	140 ... 220 HB	300 ... 100	400 ... 200	0,3 ... 0,8	0,1 ... 0,3	
	220 ... 300 HB	250 ... 80	300 ... 100	0,2 ... 0,6	0,1 ... 0,3	
Al-Legierungen	–	1000 ... 600	2000 ... 800	0,3 ... 0,8	0,1 ... 0,3	

Richtwerte für das Drehen von NE-Metallen mit Schnellarbeitsstahl

Werkstoff	R_m in N/mm²	Schneidstoff	f in mm	a_p in mm	v_c in m/min	Freiwinkel α_0 in °	Spanwinkel γ_0 in °	Neigungswinkel λ_s in °	Standzeit T in min
Kupfer, Kupferlegierungen	–	HS 10-4-3-10	0,3	3	150 ... 100	10	18 ... 30	4	120
			0,6	6	120 ... 80				
Aluminium, Al-Knetlegierungen	nicht ausgehärtet	HS 10-4-3-10	0,6	6	180 ... 120	10	25 ... 35	4	240
	ausgehärtet	HS 10-4-3-10	0,1	1	140 ... 100	10	18 ... 30	4 ... 0	240
			0,6	6	120 ... 80				

Fertigen mit Werkzeugmaschinen

Drehen / Turning

Richtwerte für das Drehen mit Schnellarbeitsstahl

Werkstoff	R_m in N/mm²	Schneidstoff	f in mm	a_p in mm	v_c in m/min	Frei-winkel α_0 in °	Span-winkel γ_0 in °	Neigungs-winkel λ_s in °	Standzeit T in min
Unlegierte Baustähle Einsatzstähle Vergütungsstähle Werkzeugstähle	... 500	HS 10-4-3-10	0,1	0,5	75 ... 60	8	18	0 ... 4	60
			0,5	3	65 ... 50				
		HS 18-1-2-10	1,0	6	50 ... 35	8	18	−4	
	500 ... 700	HS 10-4-3-10	0,1	0,5	70 ... 50	8	14	0 ... 4	60
			0,5	3	50 ... 30			0	
		HS 18-1-2-10	1,0	6	35 ... 25	8	14	−	
	700 ... 900	HS 10-4-3-10	0,1	0,5	45 ... 30			0	60
		HS 18-1-2-10	0,5	3	30 ... 22	8	14	−4	
			1,0	5	22 ... 18				
	900 ... 1100	HS 10-4-3-10	0,1	0,5	30 ... 20	8	14	−4	60
			0,4	3	20 ... 15				
			0,8	6	18 ... 10				
Rost-, säure-, hitzebeständige Stähle	−	HS 10-4-3-10	0,1	0,5	55 ... 45	8 ... 10	14 ... 18	0	60
			0,5	3	45 ... 35				
			1,0	6	35 ... 25				
Automatenstähle	≤ 700	HS 10-4-3-10 und HS 18-1-2-10	0,1	0,5	90 ... 60	8	... 20	0 ... 4	240
			0,3	3	75 ... 50				
			0,6	6	55 ... 35				
	> 700	HS 10-4-3-10 und HS 18-1-2-10	0,1	0,5	70 ... 40	8	... 20	0	240
			0,3	3	50 ... 30				
			0,5	6	40 ... 20			−4	
Unlegierter Stahlguss niedriglegierter Vergütungsstahlguss warmfester Stahlguss	... 500	HS 10-4-3-10	0,1	0,5	70 ... 50	8	18	0 ... 4	60
			0,5	3	50 ... 30				
			1,0	6	35 ... 25			−4	
	500 ... 700	HS 10-4-3-10	0,1	0,5	50 ... 30	8	14	0 ... 4	60
			0,5	3	30 ... 20			0	
		HS 18-1-2-10	1,0	6	22 ... 15	8	14	−4	
Rost-, säurehitze-beständiger Stahlguss	−	HS 10-4-3-10	0,1	0,5	25 ... 20	8	14 ... 18	0 ... 4	60
			0,5	3	20 ... 15				
			1,0	6	15 ... 10				
Gusseisen	... 250	HS 12-1-4-5	0,1	0,5	40 ... 32	8	0 ... 6	0	60
			0,3	3	32 ... 23			−	
			0,6	6	23 ... 15				
Temperguss, schwarz	... 220	HS 12-1-4-5	0,1	0,5	70 ... 45	8	10	0	−
			0,3	3	60 ... 40			−4	
			0,6	6	40 ... 25				
Temperguss, weiß	... 240	HS 12-1-4-5	0,1	0,5	60 ... 40	8	10	0	60
			0,3	3	50 ... 35			−4	
			0,6	6	35 ... 20				

Drehen / Turning

Richtwerte für das Drehen mit Hartmetall (Standzeit 15 min)

Werkstoff	R_m in N/mm²	HM-Sorte	f in mm	a_p in mm	v_c in m/min	Werkstoff	R_m in N/mm²	HM-Sorte	f in mm	a_p in mm	v_c in m/min
Stahl und Stahlguss, unlegiert und legiert	< 500	HW-P10	0,10 0,25 0,50	1	290 … 380 240 … 320 210 … 280	Gusseisen, Temperguss	< 700	HW-K10	0,25 0,50	1	160 … 210 145 … 195
			0,10 0,25 0,50	3	260 … 340 220 … 280 190 … 250				0,25 0,50	3	140 … 190 130 … 180
			0,10 0,25 0,50	5	250 … 320 200 … 260 180 … 230				0,25 0,50	5	135 … 180 120 … 165
			0,10 0,25 0,50	8	230 … 300 195 … 250 170 … 220				0,25 0,50	8	130 … 170 115 … 160
	500 … 900	HW-P10	0,10 0,25 0,50	1	195 … 350 140 … 280 110 … 240		> 700	HW-K10	0,25 0,50	1	110 … 140 100 … 125
			0,10 0,25 0,50	3	170 … 310 120 … 250 100 … 210				0,25 0,50	3	100 … 120 90 … 110
			0,10 0,25 0,50	5	160 … 290 110 … 230 90 … 200				0,25 0,50	5	90 … 115 80 … 105
			0,10 0,25 0,50	8	150 … 280 110 … 225 85 … 190				0,25 0,50	8	90 … 110 80 … 100
	900 … 1200	HW-P10	0,10 0,25 0,50	1	170 … 240 120 … 170 90 … 130	Titan und Titanlegierungen	–	HW-K20	0,10 0,20	2 8	30 … 80 15 … 30
			0,10 0,25 0,50	3	150 … 210 100 … 150 80 … 110	Kupfer und Kupferlegierungen	–	HW-K10	0,1 0,25 0,5	1 3 5	350 … 600 300 … 500 200 … 400
			0,10 0,25 0,50	5	140 … 190 90 … 140 70 … 105	Aluminium, nicht aushärtbare Knetwerkstoffe	–	HW-K10	… 0,8	… 6	… 2000
			0,10 0,25 0,50	8	130 … 180 90 … 130 65 … 100	Aluminium, ausgeh. Knetwerkstoffe, Gusswerkstoffe mit ≤ 10 % Si-Geh.	–	HW-K10	… 0,6	… 6	… 1200
Stahl und Stahlguss, hochlegiert und nicht rostend	< 900	HW-P25	0,25 0,50	1	105 … 160 90 … 130	Aluminium, Gusswerkstoffe mit > 10 % Si-Geh.	–	HW-K10	… 0,6	… 4	… 400
			0,25 0,50	3	90 … 140 80 … 115						
			0,25 0,50	5	85 … 130 70 … 110						
			0,25 0,50	8	80 … 120 70 … 100						
	> 900	HW-P25	0,25 0,50	1	70 … 100 60 … 90						
			0,25 0,50	3	60 … 90 50 … 75						
			0,25 0,50	5	55 … 85 45 … 70						
			0,25 0,50	1	55 … 80 45 … 65						

Werkzeugwinkel beim Drehen mit Hartmetall

Werkstoff	R_m in N/mm² (HB)	Freiwinkel α_0 in °	Spanwinkel γ_0 in °	Neigungswinkel λ_s in °
Baustahl, Einsatzstahl	< 500	6 … 8	12 … 18	–4
	500 … 800		12	
Baustahl, Vergütungsstahl	750 … 900	6 … 8	12	–4
Vergütungsstahl	850 … 1000	6 … 8	8 … 12	–4
	1000 … 1400		6	
Stahlguss	300 … 350	6 … 8	12	–4
Gusseisen	… 2200 HB	6 … 8	8 … 12	–4
Kupferlegierungen	… 1200 HB	10	12	0
Aluminium-Legierungen	… 1000 HB	10	12	–4

Drehmeißel
Turning tools

Drehmeißel – Übersicht

Benennung	Drehmeißel mit HS-Schneide	Drehmeißel mit gelöteter HM-Schneidplatte, DIN 4982	
	Norm	Norm	Kennzahl nach ISO
Gerader Drehmeißel	DIN 4951	DIN 4971	1
Gebogener Drehmeißel	DIN 4952	DIN 4972	2
Innendrehmeißel	DIN 4953	DIN 4973	8
Inneneckdrehmeißel	DIN 4954	DIN 4974	9
Spitzer Drehmeißel	DIN 4955	DIN 4975	–
Breiter Drehmeißel	DIN 4956	DIN 4976	4
Abgesetzter Drehmeißel	–	DIN 4977	5
Abgesetzter Eckdrehmeißel	–	DIN 4978	3
Abgesetzter Seitendrehmeißel	DIN 4960	DIN 4980	6
Stechdrehmeißel	DIN 4961	DIN 4981	7
Innen-Stechdrehmeißel	DIN 4963	–	–

Ausführung eines Drehmeißels aus Schnellarbeitsstahl

V	Drehmeißel vollständig aus Schnellarbeitsstahl
S	Drehmeißel mit stumpfgeschweißtem Schneidkopf aus Schnellarbeitsstahl
P	Drehmeißel mit einer Schneidplatte aus Schnellarbeitsstahl

Anwendung der Drehmeißel

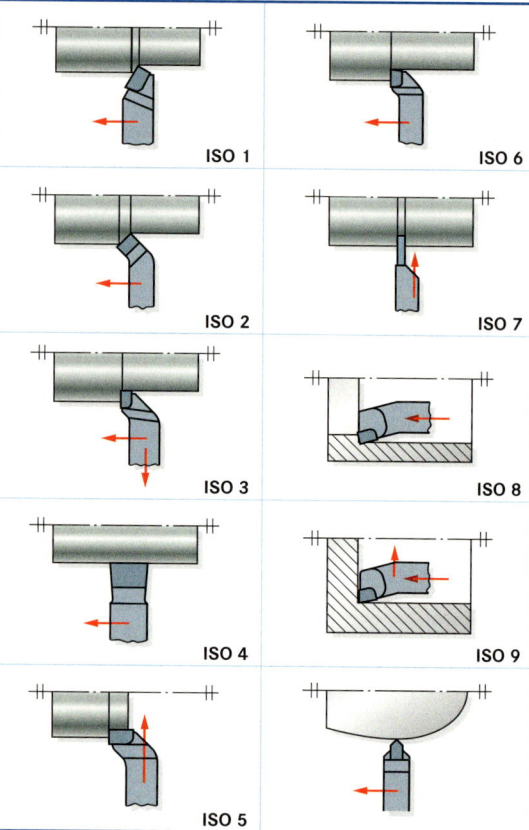

ISO 1, ISO 6, ISO 2, ISO 7, ISO 3, ISO 8, ISO 4, ISO 9, ISO 5

Bezeichnung eines Drehmeißels mit einer Schneide aus HS

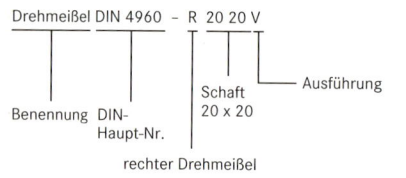

Drehmeißel DIN 4960 – R 20 20 V

- Benennung
- DIN-Haupt-Nr.
- Schaft 20 x 20
- Ausführung

rechter Drehmeißel

Bezeichnung eines Drehmeißels mit HM-Schneidplatte

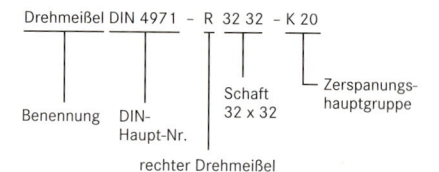

Drehmeißel DIN 4971 – R 32 32 – K 20

- Benennung
- DIN-Haupt-Nr.
- Schaft 32 x 32
- Zerspanungshauptgruppe

rechter Drehmeißel

Wendeschneidplatten für verschiedene Dreharbeiten

Außenlängsdrehen

Außenplandrehen

Innenlängsdrehen

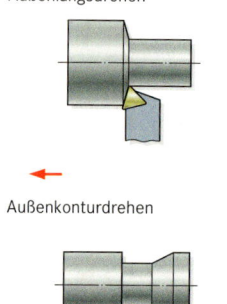

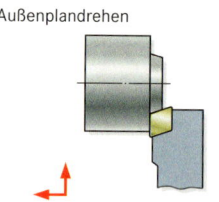

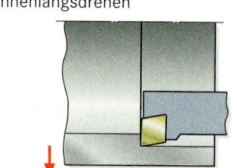

Außenkonturdrehen

Einstechdrehen

Außengewindedrehen

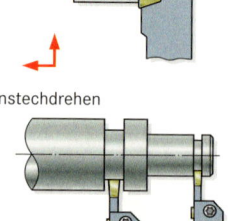

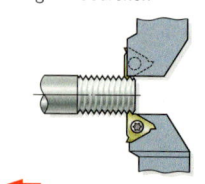

Fertigen mit Werkzeugmaschinen

Fräsen
Milling

Begriffe
DIN 6581: 1985-10; DIN 6584: 1982-10

Fräsmesserkopf

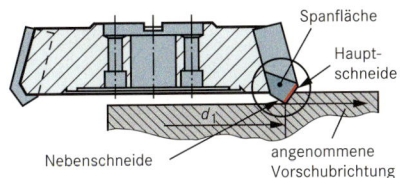

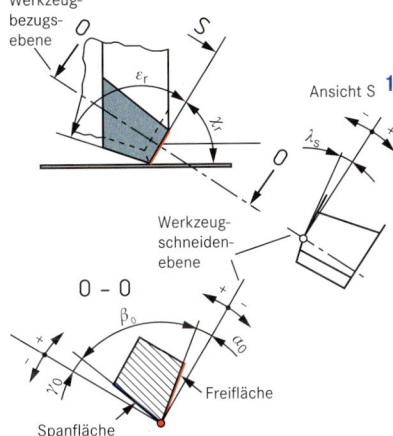

1 Winkel am Schneidkeil
α_0 : Freiwinkel $\alpha_0 = \alpha$
β_0 : Keilwinkel $\beta_0 = \beta$ bei $\lambda_s = 0°$
γ_0 : Spanwinkel $\gamma_0 = \gamma$

$\varkappa_r$: Einstellwinkel
ε_r : Eckenwinkel

$$\alpha_0 + \beta_0 + \gamma_0 = 90°$$

2 Spanungsgrößen
b : Spanungsbreite
h : Spanungsdicke
z : Anzahl der Schneiden
z_e : Anzahl der im Eingriff stehenden Schneiden
f_z : Vorschub/Schneide
a_p : Schnitttiefe
a_e : Arbeitseingriff
φ_s : Eingriffswinkel
λ_s : Neigungswinkel
A : Spanungsquerschnitt

$$A = b \cdot h \cdot z_e = a_p \cdot f_z \cdot z_e$$

$$b = \frac{a_p}{\sin \varkappa_r} \qquad h = f_z \cdot \sin \varkappa_r$$

$$\sin \frac{\varphi_s}{2} = \frac{a_e}{d}$$

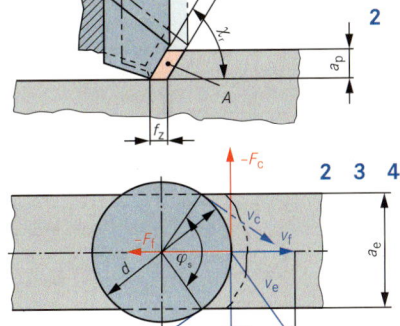

3 Geschwindigkeiten
v_c : Schnittgeschwindigkeit in m/min
v_f : Vorschubgeschwindigkeit in mm/min
v_e : Wirkgeschwindigkeit
f_z : Vorschub/Schneide
z : Anzahl der Schneiden

$$v_f = n \cdot f = n \cdot f_z \cdot z \qquad f = f_z \cdot z$$

$$v_c = d \cdot \pi \cdot n$$

4 Kräfte am Schneidkeil
F_c : Schnittkraft
F_f : Vorschubkraft
k_c = spezifische Schnittkraft in N/mm²

$$F_c = A \cdot k_c$$

Schnittleistung
P_c = Schnittleistung in W
v_c = Schnittgeschwindigkeit in m/s

$$P_c = F_c \cdot v_c$$

Zeitspanungsvolumen

$$Q = a_p \cdot a_e \cdot v_f$$

Walzenstirnfräser

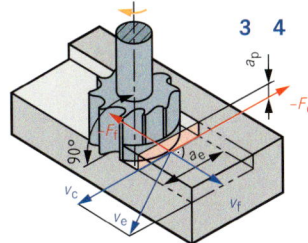

Fräsen
Milling

Ermittlung der einzustellenden Arbeitswerte

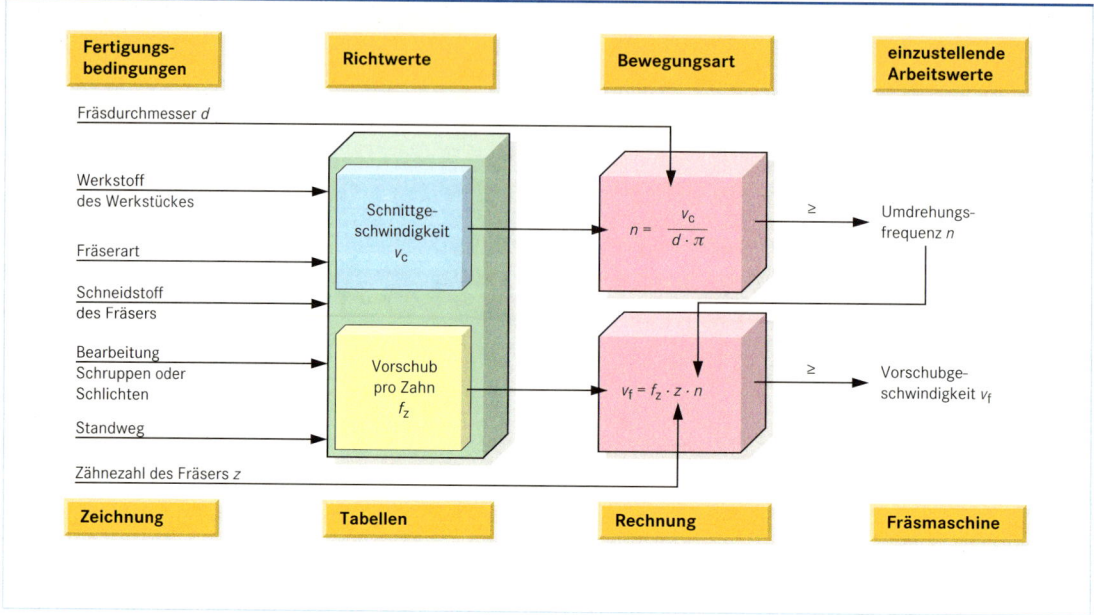

Richtwerte für das Fräsen mit Schnellarbeitsstahl (Standweg L = 15 m)

Werkstoff	R_m in N/mm²	Walzenfräser			Walzenstirnfräser			Scheibenfräser			Schaftfräser		
		f_z [1] in mm	a_p in mm	v_c in m/min	f_z [1] in mm	a_p in mm	v_c in m/min	f_z [1] in mm	b in mm	v_c in m/min	f_z [1] in mm	d in mm	v_c in m/min
Unlegierte Baustähle, Einsatzstähle, Vergütungsstähle	< 500	0,22	1 8	33 24	0,22	1 8	30 20	0,12	≤ 20	16	0,10	≤ 20 > 20	28 24
	500 … 800	0,18	1 8	33 20	0,18	1 8	30 18	0,12	≤ 20	14	0,08	≤ 20 > 20	24 20
	750 … 900	0,12	1 8	28 15	0,12	1 8	25 14	0,09	≤ 20	12	0,06	≤ 20 > 20	12 18
	850 … 1000	0,12	1 8	25 10	0,12	1 8	18 9	0,08	≤ 20	16	0,08	≤ 20 > 20	20 16
	1000 … 1400	0,09	1 8	13 8	0,09	1 8	12 7	0,07	≤ 20	10	0,06	≤ 20 > 20	24 20
Stahlguss	450 … 520	0,18	1 8	16 12	0,12	1 8	14 10	0,09	≤ 20	12	0,08	≤ 20 > 20	20 18
Gusseisen	100 … 300	0,22	1 8	25 15	0,22	1 8	22 13	0,12	≤ 20	14	0,08	≤ 20 > 20	20 18
	250 … 400	0,22	1 8	18 10	0,18	1 8	16 9	0,09	≤ 20	12	0,07	≤ 20 > 20	18 14
Kupfer und Cu-Legierungen	–	0,22	1 8	75 35	0,18	1 8	70 32	0,08	≤ 20	40	0,08	≤ 20 > 20	60 50
Aluminium, Al-Legierungen (< 10 % Si)	–	0,12	1 8	200 80	0,12	1 8	180 70	0,09	≤ 20	180	0,06	≤ 20 > 20	240 200

[1] Die Werte für f_z, Vorschub je Fräserzahn, gelten für eine Schruppbearbeitung. Für eine Schlichtbearbeitung gilt: 0,5 f_z … 0,6 f_z.

Fräsen / Milling

Richtwerte für das Fräsen mit Hartmetall

Werkstoff	R_m in N/mm²	HM-Sorte	f_z in mm	a_p in mm	v_c in m/min	Werkstoff	R_m in N/mm²	HM-Sorte	f_z in mm	a_p in mm	v_c in m/min
Unlegierte Stähle C < 0,35 %	< 500	HM-P25	0,10 0,20 0,50	1	230 205 180	Titan und Titanlegierungen	–	HM-K20	0,05 … 0,20	8	25 … 60
			0,10 0,20 0,50	3	220 190 170	Gusseisen, Temperguss	140 … 200 HB	HM-K10	0,10 0,20 0,50	1	150 140 130
			0,10 0,20 0,50	5	200 180 160				0,10 0,20 0,50	3	145 135 125
			0,10 0,20 0,50	10	160 150 130				0,10 0,20 0,50	5	140 130 120
Unlegierte Stähle C < 0,35 % Legierte Stähle	500 … 900	HM-P25	0,10 0,20 0,50	1	135 … 180 125 … 165 115 … 140				0,10 0,20 0,50	10	130 120 110
			0,10 0,20 0,50	3	130 … 170 120 … 150 105 … 135	Gusseisen, Temperguss	190 … 260 HB	HM-K10	0,10 0,20 0,50	1	130 120 110
			0,10 0,20 0,50	5	120 … 160 105 … 135 90 … 115				0,10 0,20 0,50	3	125 115 105
			0,10 0,20 0,50	10	100 … 130 85 … 115 60 … 105				0,10 0,20 0,50	5	120 110 100
Legierte Stähle	< 1400	HM-P25	0,10 0,20 0,50	1	120 110 95				0,10 0,20 0,50	10	110 100 90
			0,10 0,20 0,50	3	115 105 85	Gusseisen	240 … 330 HB	HM-K10	0,10 0,20 0,50	1	100 90 80
			0,10 0,20 0,50	5	105 95 80				0,10 0,20 0,50	3	95 85 75
			0,10 0,20 0,50	10	85 75 –				0,10 0,20 0,50	5	90 80 70
Rost- und säurebeständige Stähle	< 600	HM-P25	0,10 0,20	1	125 110				0,10 0,20 0,50	10	80 70 –
			0,10 0,20	3	110 95	Aluminium, nicht aushärtbare Knetwerkstoffe	–	HM-K10	0,3	0,5 … 8,0	… 2500
			0,10 0,20	5	100 90	Aluminium, aushärtbare Knetwerkstoffe, Gusswerkstoffe mit ≤ 10 % Si-Gehalt	–	HM-K10	0,3	0,5 … 8,0	… 700
Rost- und säurebeständige Stähle	600 … 1100	HM-P25	0,10 0,20	1	65 55						
			0,10 0,20	3	55 45	Aluminium, Gusswerkstoffe mit > 10 % Si-Gehalt	–	HM-K10	0,3	–	… 300
			0,10 0,20	5	50 40						

Schleifen
Grinding

Begriffe

Umfangs-Planschleifen

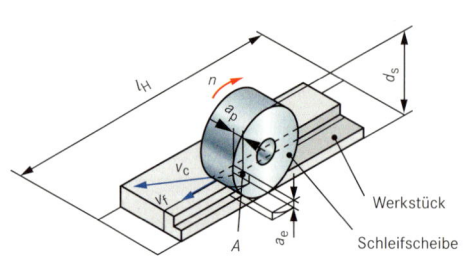

Seitenplanschleifen

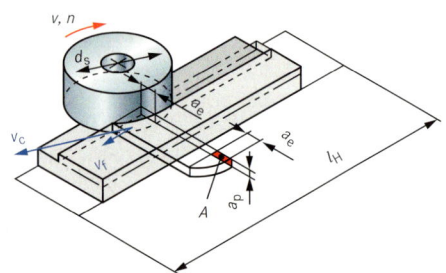

Umfangs-Außen-Rundschleifen

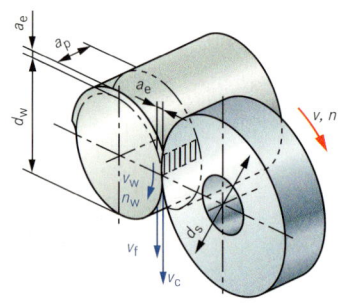

Spanungsgrößen
d : Schleifscheibendurchmesser
a_p : Schnitttiefe
a_e : Arbeitseingriff
A : Spanungsquerschnitt

$$A = a_p \cdot a_e$$

Geschwindigkeiten
v_c : Schnittgeschwindigkeit in m/s
n : Umdrehungsfrequenz der Schleifscheibe
v_f : Vorschubgeschwindigkeit des Werkstückes in m/min
l_H : Länge des Hubes
n_H : Hubzahl pro Zeiteinheit
v_w : Umfangsgeschwindigkeit des Werkstückes

$$v_c = d \cdot \pi \cdot n$$

$$v_f = l_H \cdot n_H$$

q : Geschwindigkeitsverhältniszahl

$$q = \frac{v_c}{v_f} \quad \text{beim Planschleifen}$$

$$q = \frac{v_c}{v_w} \quad \text{beim Rundschleifen}$$

Zeitspanungsvolumen
Q : Zeitspanungsvolumen in cm³/min

$$Q = A \cdot v_f$$

Geschwindigkeitsverhältniszahl q (Richtwerte)

Werkstoff	Planschleifen (Flachschleifen) mit			Rundschleifen		spitzenloses Schleifen
	gerader Scheibe	Segmenten	Topfscheibe	außen	innen	
Stahl, gehärtet oder ungehärtet	80	50	50	125	80	125
Gusseisen	63	40	40	100	63	80
Kupfer, Cu-Legierungen	50	32	32	80	50	50
Leichtmetalle	32	20	20	50	32	50

Schleifen
Grinding

Verwendungseinschränkungen und Farbkennzeichnungen

DIN EN 12 413: 2007-09

Verwendungseinschränkungen	DSA 101-3: 1992-10	Farbkennzeichnungen	
VE 1	Nicht zulässig für Freihand- und handgeführtes Schleifen	Arbeitshöchstgeschwindigkeit v_s in m/s	Farbstreifen
VE 2	Nicht zulässig für Freihandtrennschleifen	50	1 × blau
VE 3	Nicht zulässig für Nassschleifen	63	1 × gelb
VE 4	Zulässig nur für geschlossene Arbeitsbereiche (z. B. für ortsfeste Maschinen mit besonderen Schutzvorrichtungen)	80	1 × rot
		100	1 × grün
VE 6	Nicht zulässig für Seitenschleifen	125	1 × blau + 1 × gelb

Richtwerte für Schnittgeschwindigkeit v_c, Umfangsgeschwindigkeit v_w bzw. Vorschubgeschwindigkeit v_f

Werkstoff	Planschleifen (Flachschleifen)				Rundschleifen					Trennschleifen
	mit Umfang		mit Stirnseite		Außenrundschleifen			Innenrundschleifen		
	v_c in $\frac{m}{s}$	v_t in $\frac{m}{min}$	v_c in $\frac{m}{s}$	v_t in $\frac{m}{min}$	v_c in $\frac{m}{s}$	v_w in $\frac{m}{min}$ Schruppen	v_w in $\frac{m}{min}$ Schlichten	v_c in $\frac{m}{s}$	v_t in $\frac{m}{min}$	v_c in $\frac{m}{s}$
Stahl, weich	25 … 32	10 … 35	20 … 25	6 … 25	25 … 32	12 … 15	8 … 12	25	18 … 21	45 … 80
Stahl, gehärtet	25 … 32	10 … 32	20 … 25	6 … 25	25 … 32	14 … 18	8 … 12	25	21 … 24	45 … 80
Stahl, legiert	25 … 32	10 … 35	20 … 25	6 … 25	25 … 35	14 … 18	10 … 14	25	20 … 25	45 … 80
Gusseisen	25 … 31	10 … 35	20 … 25	6 … 25	25	12 … 15	9 … 12	25	21 … 24	45 … 80
Al-Legierungen	16 … 20	15 … 40	16 … 20	20 … 45	16 … 20	20 … 40	24 … 30	12 … 20	30 … 40	–
Cu-Legierungen	25	15 … 40	16 … 20	20 … 45	25 … 35	18 … 21	15 … 18	25	21 … 27	45 … 80
Hartmetall	8 … 15	4	8 … 15	4	8 … 15	5	4	8 … 15	8	45

Auswahl von Schleifscheiben ($v_c \leq 35$ m/s)

	Werkstoff		Schleifmittel	gerade Schleifscheibe		Schleiftopf				Schleifsegment	
				Schleifscheibendurchmesser in mm							
				bis 200		bis 200		über 200 … 350			
				Körnung	Härte	Körnung	Härte	Körnung	Härte	Körnung	Härte
Planschleifen	Stahl, ungehärtet		A	46	J	46	J	40	J	24	J
	Stahl, gehärtet,	HRC ≤ 63	A	46	H	40	H	24	H	24	G
		HRC > 63	A	46	G	40	G	30	G	30	F
	Stahl, vergütet, $R_m \leq 1200 \frac{N}{mm^2}$		A	46	H	46	H	30	G	24	H
	HSS, gehärtet,	HRC ≤ 63	A	46	F	46	F	30	F	30	E
		HRC > 63	A	46	E	46	E	30	E	30	D
	Hartmetall		C	60	H	60	H	54	H	46	H
	Gusseisen		A	46	J	46	J	40	J	30	J

	Werkstoff		Schleifmittel	Schleifscheibendurchmesser in mm							
				bis 16		über 16 … 36		über 36 … 80		über 80 … 125	
				Körnung	Härte	Körnung	Härte	Körnung	Härte	Körnung	Härte
Innenrundschleifen	Stahl, ungehärtet		A	80	L	60	K	46	K	46	J
	Stahl, gehärtet,	HRC ≤ 63	A	80	K	60	K	46	J	46	I
		HRC > 63	A	80	K	60	J	46	I	46	H
	Stahl, vergütet, $R_m \leq 1200 \frac{N}{mm^2}$		A	80	K	60	K	46	J	46	I
	Hartmetall		D	D 100	–	D 150	–	D 200	–	D 250	–
	Gusseisen		C	80	K	60	J	46	H	40	H

	Werkstoff		Schleifmittel	Schleifscheibendurchmesser in mm					
				bis 350		über 350 … 450		über 450 … 600	
				Körnung	Härte	Körnung	Härte	Körnung	Härte
Außenrundschleifen	Stahl, ungehärtet		A	60	L	60	L	60	L
	Stahl, gehärtet,	HRC ≤ 63	A	60	K	54	K	46	K
		HRC > 63	A	60	K	54	K	46	K
	Stahl, vergütet, $R_m \leq 1200 \frac{N}{mm^2}$		A	60	K	54	K	46	K
	HSS, gehärtet,	HRC ≤ 63	A	60	I	54	I	46	I
		HRC > 63	C	60	I	54	I	46	I
	Hartmetall		C	80	H	60	H	–	–
	Gusseisen		C	60	J	46	J	40	J

Fertigen mit Werkzeugmaschinen

Schleifen / Grinding

Schleifkörper aus gebundenem Schleifmittel
DIN ISO 525: 2000-08

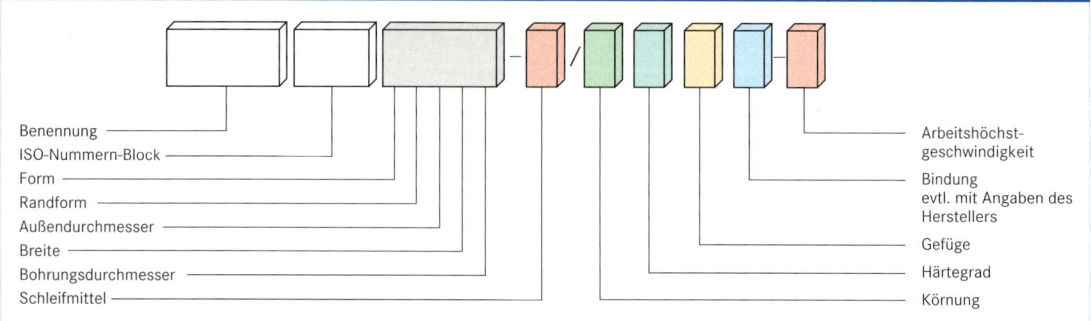

Benennung
ISO-Nummern-Block
Form
Randform
Außendurchmesser
Breite
Bohrungsdurchmesser
Schleifmittel

Arbeitshöchstgeschwindigkeit
Bindung evtl. mit Angaben des Herstellers
Gefüge
Härtegrad
Körnung

Schleifscheibe ISO 603-1 1 B 300 × 20 × 127 – A/F60 L 6 V – 35
Schleifscheibe für Außenrundschleifen nach ISO 603-1, Form 1, Randform B, Durchmesser D = 300, Breite T = 20 mm, Bohrungsdurchmesser H = 127 mm, Schleifmittel Edelkorund, Körnung 60, Härtegrad L, Gefüge 6, keramische Bindung und Arbeitshöchstgeschwindigkeit 35 m/s.

Schleifmittel

Name	Chemische Zusammensetzung	Kurzzeichen	Mohs-Härte	Anwendung
Zirkonkorund	Al_2O_3 + ZrO_2	Z	–	nichtrostender Stahl
Normalkorund	Al_2O_3 + Beimengungen	A	9	zähe Werkstoffe (unlegierter, ungehärteter Stahl, Stahlguss, Temperguss)
Edelkorund	Al_2O_3 in kristalliner Form		9,3	harte Werkstoffe (legierter, gehärteter Stahl, Titan, Glas)
Siliziumkarbid	SiC in kristalliner Form	C	9,5	weiche Werkstoffe (Kupfer, Aluminium, Kunststoffe) harte Werkstoffe (Gusseisen, Hartguss, Hartmetall, Gestein, Glas)
Bornitrid	BN in kristalliner Form	CBN	–	Werkzeugstahl über 60 HRC, Schnellarbeitsstahl
Borkarbid	B_4C in kristalliner Form	BK	9,6	loses Schleifmittel zum Läppen von Hartmetall
Diamant	C in kristalliner Form	D	10	Hartmetall, Glas, Ferro-TiC, Gusseisen Abrichten von Schleifscheiben

Körnung

Körnung	Körnungsnummer
Makrokörnung F4 … F220	
grob	4 5 6 7 8 10 12 14 16 20 22 24
mittel	30 36 40 46 54 60
fein	70 80 90 100 120 150 180 220
Mikrokörnung F230 … F1200	
sehr fein	230 240 280 320 400 500 600 800 1000 1200

Körnung von Diamantschleifmitteln von 0,5 µm … 300 µm
Bezeichnung: D 0,5 … D 300

Bindung

Kurzzeichen	Bindungsart
V	Keramische Bindung
R	Gummibindung
RF	faserverstärkt
B	Kunstharzbindung
BF	faserstoffverstärkt
E	Schelllackbindung
MG	Magnesitbindung
PL	Plastikbindung

Härtegrad

Härtegrad	Bezeichnung
äußerst weich	A B C D
sehr weich	E F G
weich	H I J K
mittel	L M N O
hart	P Q R S
sehr hart	T U V W
äußerst hart	X Y Z

Gefüge

0 --- 30
geschlossenes Gefüge --- offenes Gefüge

Randformen für Schleifscheiben

A | B | C | D
E | F | G | H

A: (flach) T
B: 3,2, 65°, T
C: 3,2, 65°, T
D: r = 0,3 T, 60°, T
E: 60°/60°, r = 0,5 T, T
F: r = 0,13 T, T
G: 65°/65°, r = 0,13 T, T
H: 80°/80°, r = 0,13 T, T

[1] Andere Breiten sind bei Bestellung zu vereinbaren.

Schleifen – Werkzeugauswahl
Grinding – Choice of tools

DIN EN 12 413: 2007-09

Benennung *Maßbuchstaben* Form	Maschinenart	Anwendungsart[1]	Arbeitshöchstgeschwindigkeit v_s in m/s Bindung							
			V	B	BF	R	RF	E	MG	PL
Gerade Schleifscheibe D x T x H Form 1	Ortsfeste Schleifmaschinen	Zwangsgeführtes Schleifen Handgeführtes Schleifen	40 35	50 50	63 63	50 50	– 50	40 40	25 25	50 50
	Handschleifmaschinen	Zwangsgeführtes Schleifen	–	50	80	50	80	–	–	50
Einseitig konische Schleifscheibe D/J x T x H Form 3	Ortsfeste Schleifmaschinen	Zwangsgeführtes Schleifen	40	50	–	50	–	–	–	50
Einseitig ausgesparte Schleifscheibe D x T x H – P x F Form 5	Ortsfeste Schleifmaschinen	Zwangsgeführtes Schleifen Handgeführtes Schleifen	40 35	50 50	– –	50 50	– –	– –	– –	50 50
	Handschleifmaschinen	Freihandschleifen	–	50	80	50	80	–	–	50
Zylindrischer Schleiftopf D x T x H – P x F Form 6	Ortsfeste Schleifmaschinen	Zwangsgeführtes Schleifen Handgeführtes Schleifen	32 32	40 40	– –	40 40	– –	– –	– –	40 40
	Handschleifmaschinen	Freihandschleifen	–	50	–	–	–	–	–	–
Kegeliger Schleiftopf D/J x T x H – W x E Form 11	Ortsfeste Schleifmaschinen	Zwangsgeführtes Schleifen Handgeführtes Schleifen	32 32	40 40	– –	40 40	– –	– –	– –	40 40
	Handschleifmaschinen	Freihandschleifen	–	50	–	–	–	–	–	40
Schleifteller D/J x T x H Form 12	Ortsfeste Schleifmaschinen	Zwangsgeführtes Schleifen Handgeführtes Schleifen	32 32	40 40	– –	40 40	– –	– –	– –	40 –
Zweiseitig verjüngte Schleifscheibe D/K x T/N x H Form 21	Ortsfeste Schleifmaschinen	Zwangsgeführtes Schleifen	40	50	–	50	–	–	–	–
Gekröpfte Schleifscheibe D x U x H Form 27	Handschleifmaschinen	Freihandschleifen	–	–	80	–	–	–	–	–
Gerade Trennschleifscheibe D x T x H Form 41	Ortsfeste Schleifmaschinen	Zwangsgeführtes Schleifen Handgeführtes Schleifen	– –	80 80	100 100	63 63	80 80	63 63	– –	– –
	Handschleifmaschinen	Freihandschleifen	–	–	80	–	–	–	–	–
Schleifstifte D x T x S Form 52	Ortsfeste Schleifmaschinen	Zwangsgeführtes Schleifen	40	50	–	50	–	–	–	50
	Handschleifmaschinen	Freihandschleifen	50	50	–	50	–	–	–	50

[1] Zwangsgeführtes Schleifen: Vorschubbewegung von Werkzeug und/oder Werkstück durch mechanische Hilfsmittel
Handgeführtes Schleifen: Vorschubbewegung von Werkzeug und/oder Werkstück durch Bedienperson von Hand
Freihandschleifen: Schleifmaschine wird gänzlich von Hand geführt.

Fertigen mit Werkzeugmaschinen

Fertigungsplanung – Begriffe
Production planning – terms

Begriff	Kurzzeichen	Bedeutung
Auftragzeit für den arbeitsausführenden Menschen		
Tätigkeitszeit	t_t	Vorgabezeit, durch die ein Fortschritt am Werkstück entsteht
beeinflussbare/unbeeinflussbare Tätigkeitszeit	t_{tb}/t_{tu}	Vorgabezeiten, die durch Anstrengung und Geschicklichkeit beeinflusst/nicht beeinflusst werden können
persönliche/sachliche Verteilzeit[1]	t_p/t_s	Gelegentlich vorkommende, unvorhersehbare Zeiten, die persönlich (z. B. Gespräch mit Vorgesetzten)/sachlich (z. B. zwischenzeitliches Reinigen des Arbeitsplatzes) bedingt sind
Wartezeit	t_w	Vorgabezeit, bei der fertigungsbedingt gewartet werden muss
Rüstzeit	t_r	Vorgabezeit für Vor- und Nachbereiten von Arbeitsplatz, Werkzeugen und Maschinen
Rüstgrundzeit	t_{rg}	Vorgabezeit für planmäßiges Rüsten
Rüstverteilzeit[1]	t_{rv}	Unregelmäßige, unvorhersehbare, über das regelmäßige Rüsten hinausgehende Zeit
Rüsterholungszeit	t_{rer}	Planmäßige Erholungszeit während des Rüstens
Grundzeit	t_g	Vorgabezeit für planmäßiges Ausführen ohne Erholungs- und Verteilzeiten
Erholungszeit	t_{er}	Planmäßige Erholungszeit während des Ausführens
Verteilzeit	t_v	Unregelmäßige, unvorhersehbare, über das regelmäßige Ausführen hinausgehende Zeit
Zeit je Einheit	t_e	Vorgabezeit für den arbeitsausführenden Menschen an einer Einheit des Auftrags
Ausführungszeit	t_a	Vorgabezeit zur Ausführung der Arbeit an allen Einheiten des Auftrags
Auftragszeit	T	Vorgabezeit für den arbeitsausführenden Menschen
Betriebsmittel-Belegungszeit		
Hauptnutzungszeit	t_h	Vorgabezeit, durch die ein Fortschritt am Werkstück entsteht
beeinflussbare/unbeeinflussbare Hauptnutzungszeit	t_{hb}/t_{hu}	Vorgabezeiten, die durch Anstrengung und Geschicklichkeit beeinflusst/nicht beeinflusst werden können
Nebennutzungszeit	t_n	Vorgabezeit für planmäßige Vorbereitung, Beschickung, Entleerung oder Unterbrechung des Betriebsmittels
beeinflussbare/unbeeinflussbare Nebennutzungszeit	t_{nb}/t_{nu}	Vorgabezeiten, die durch Anstrengung und Geschicklichkeit beeinflusst/nicht beeinflusst werden können
Brachzeit	t_b	Verfahrensbedingte Unterbrechung in der planmäßigen Nutzung des Betriebsmittels
Betriebsmittel-Rüstzeit	t_{rB}	Vorgabezeit für Vor- und Nachbereiten des Betriebsmittels
Betriebsmittel-Rüstgrundzeit	t_{rgB}	Vorgabezeit für planmäßiges Rüsten des Betriebsmittels
Betriebsmittel-Rüstverteilzeit[1]	t_{rvB}	Unregelmäßige, unvorhersehbare, über das planmäßige Rüsten hinausgehende Zeit
Betriebmittel-Grundzeit	t_{gB}	Vorgabezeit für die planmäßige Belegung des Betriebsmittels während der Fertigung
Betriebsmittel-Verteilzeit[1]	t_{vB}	Unregelmäßige, unvorhersehbare, über die planmäßige Belegung hinausgehende Zeit
Betriebsmittelzeit je Einheit	t_{eB}	Vorgabezeit für das Betriebsmittel an einer Einheit des Auftrags
Betriebsmittel-Ausführungszeit	t_{aB}	Vorgabezeit zur Ausführung der Arbeit an allen Einheiten des Auftrags
Betriebsmittel-Belegungszeit	T_{bB}	Vorgabezeit für das zu belegende Betriebsmittel
Kostenrechnung		
Werkstoffeinzelkosten	WEK	Kosten für benötigten Werkstoff einschließlich Verschnitt und Abfall
Werkstoffgemeinkosten[2]	WGK	Kosten für Einkauf, Lagerung, Verwaltung des Werkstoffs
Werkstoffkosten	WK	Summe der Werkstoffeinzel- und Werkstoffgemeinkosten
Fertigungslohnkosten	FLK	Produktive Löhne
Fertigungsgemeinkosten[2]	FGK	Kosten für Betriebsleitung, Transport, Werkzeuge, sonstige Hilfs- und Betriebsstoffe, Ausbildungswesen, Instandhaltung, Sozialkosten, Abschreibung
Fertigungssonderkosten	FSK	Auftragsgebundene Entwicklungs-, Modell-, Vorrichtungs- und Werkzeugkosten
Maschineneinzelkosten	MEK	Abschreibung, Verzinsung, Instandhaltung, Energiekosten, anteilige Raumkosten
Fertigungskosten	FK	Fertigungslohn-, Fertigungsgemein-, Fertigungssonder- und Maschineneinzelkosten
Herstellkosten	HK	Summe der Werkstoff- und Fertigungskosten
Verwaltungs- und Vertriebskosten[3]	VVK	Kosten für Rechnungswesen, Verkauf, Kundendienst, Werbung, Personalkosten, Betriebsrat, Ausbildungswesen, kaufmännische Verwaltung
Selbstkosten	SK	Kosten für die Produktion einer Ware
Gewinn	G	Durch den Verkauf der Ware angestrebter Erlös
Nettoverkaufspreis	NVP	Verkaufspreis einer Ware ohne Mehrwertsteuer

[1] Unregelmäßig auftretende und unvorhersehbare Zeiten (Gespräche mit Vorgesetzten, Stromausfall, Zusatzarbeiten) werden durch einen prozentualen Zuschlag zu den Grundzeiten berücksichtigt.

[2] Gemeinkosten können nicht für ein einzelnes Produkt erfasst werden. Sie werden auf alle hergestellten Produkte verteilt und als prozentualer Zuschlag zu Werkstoffeinzel- und Fertigungslohnkosten berücksichtigt.

[3] Verwaltungs- und Vertriebskosten werden durch einen prozentualen Zuschlag zu den Herstellkosten, der angestrebte Gewinn durch einen prozentualen Zuschlag zu den Selbstkosten berücksichtigt.

Auftragszeit nach REFA[1]
Job time in accordance to REFA

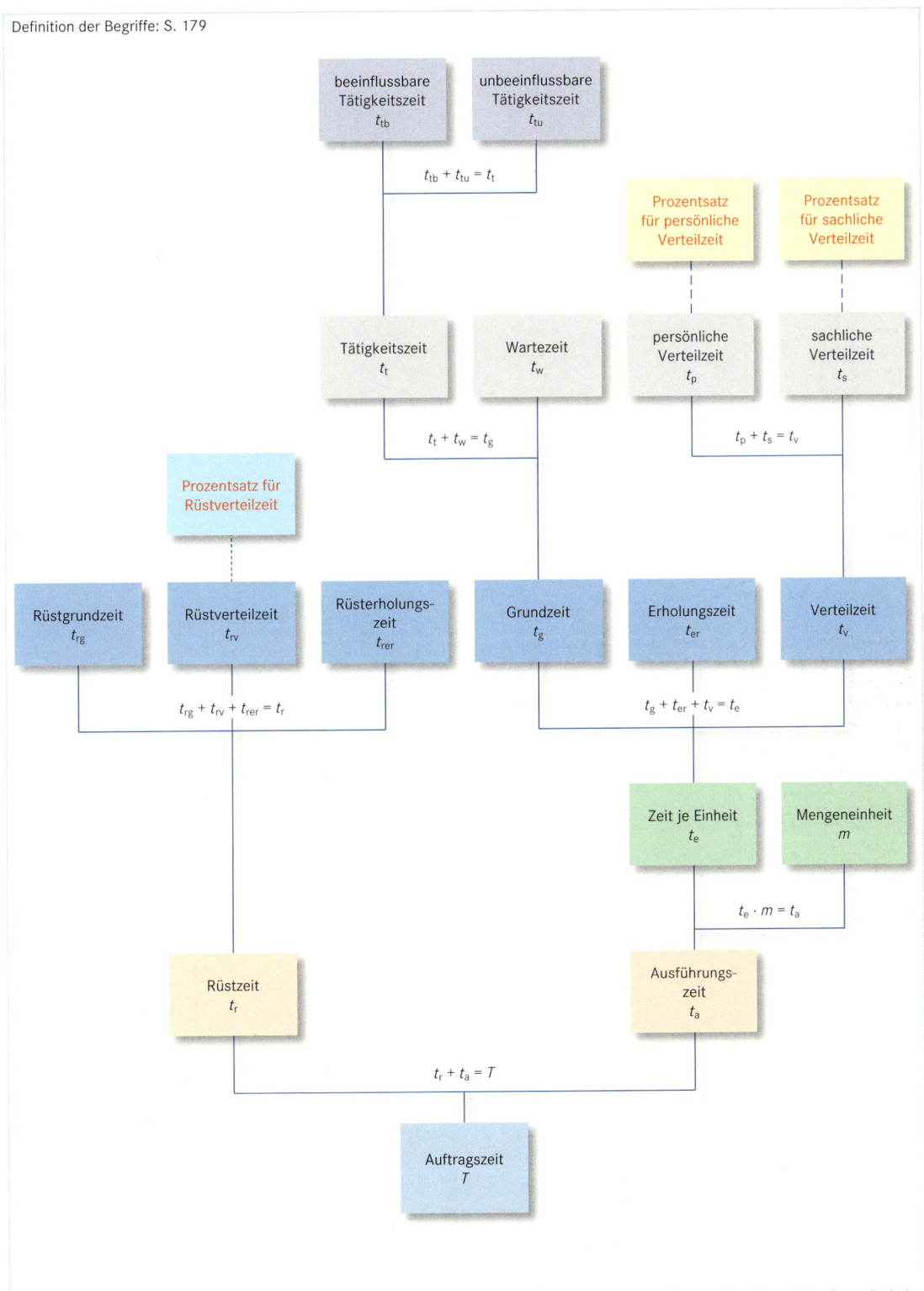

Fertigen mit Werkzeugmaschinen

[1] REFA: Verband für Arbeitsstudien und Betriebsorganisation (1924 in Berlin als „**Re**ichsausschuss **f**ür **A**rbeitszeitermittlung" gegründet).

Betriebsmittel-Belegungszeit nach REFA[1)]
Resource holding time in accordance to REFA

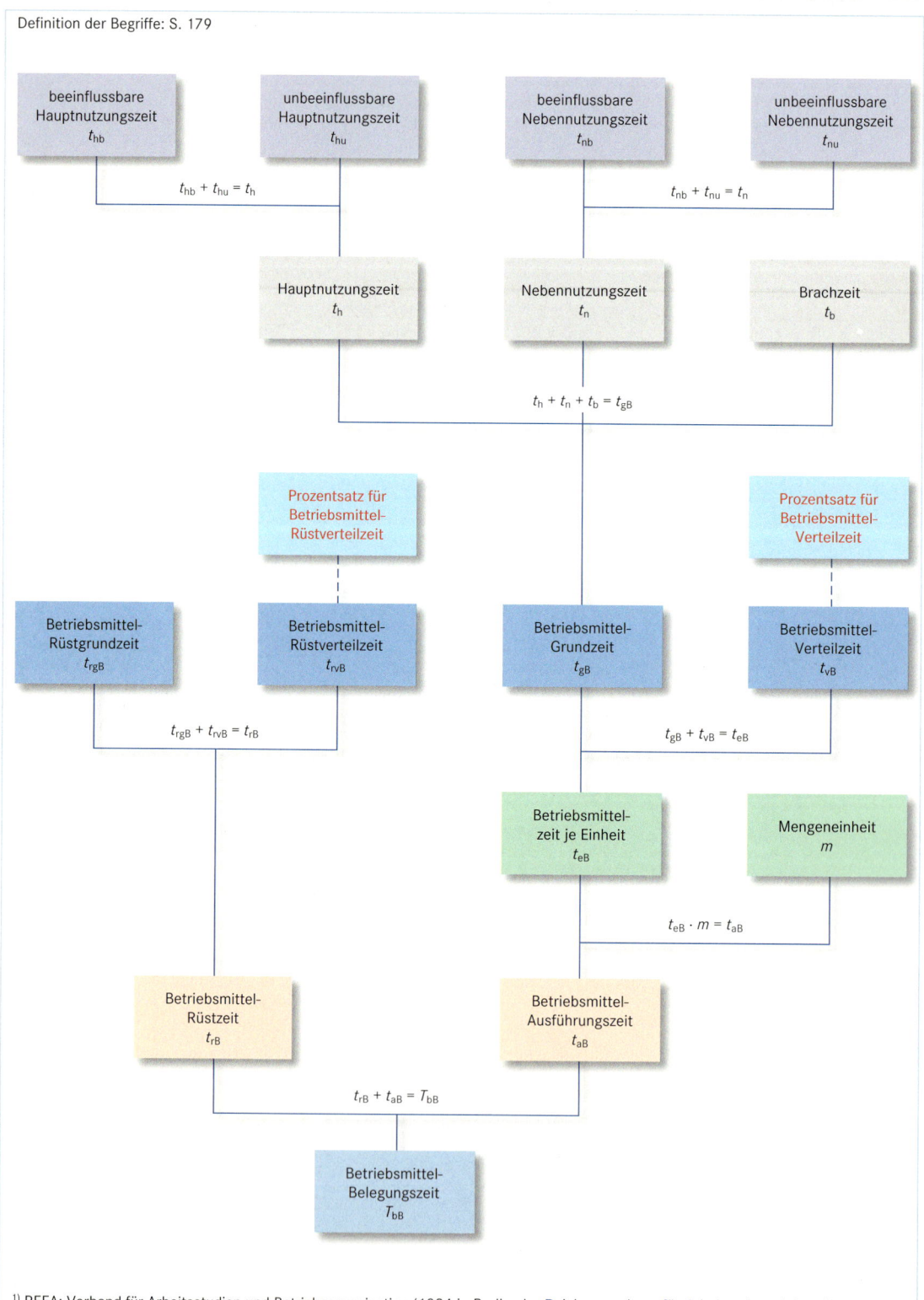

[1)] REFA: Verband für Arbeitsstudien und Betriebsorganisation (1924 in Berlin als „**Re**ichsausschuss **f**ür **A**rbeitszeitermittlung" gegründet).

Kostenrechnung
Cost calculation

Definition der Begriffe: S. 179

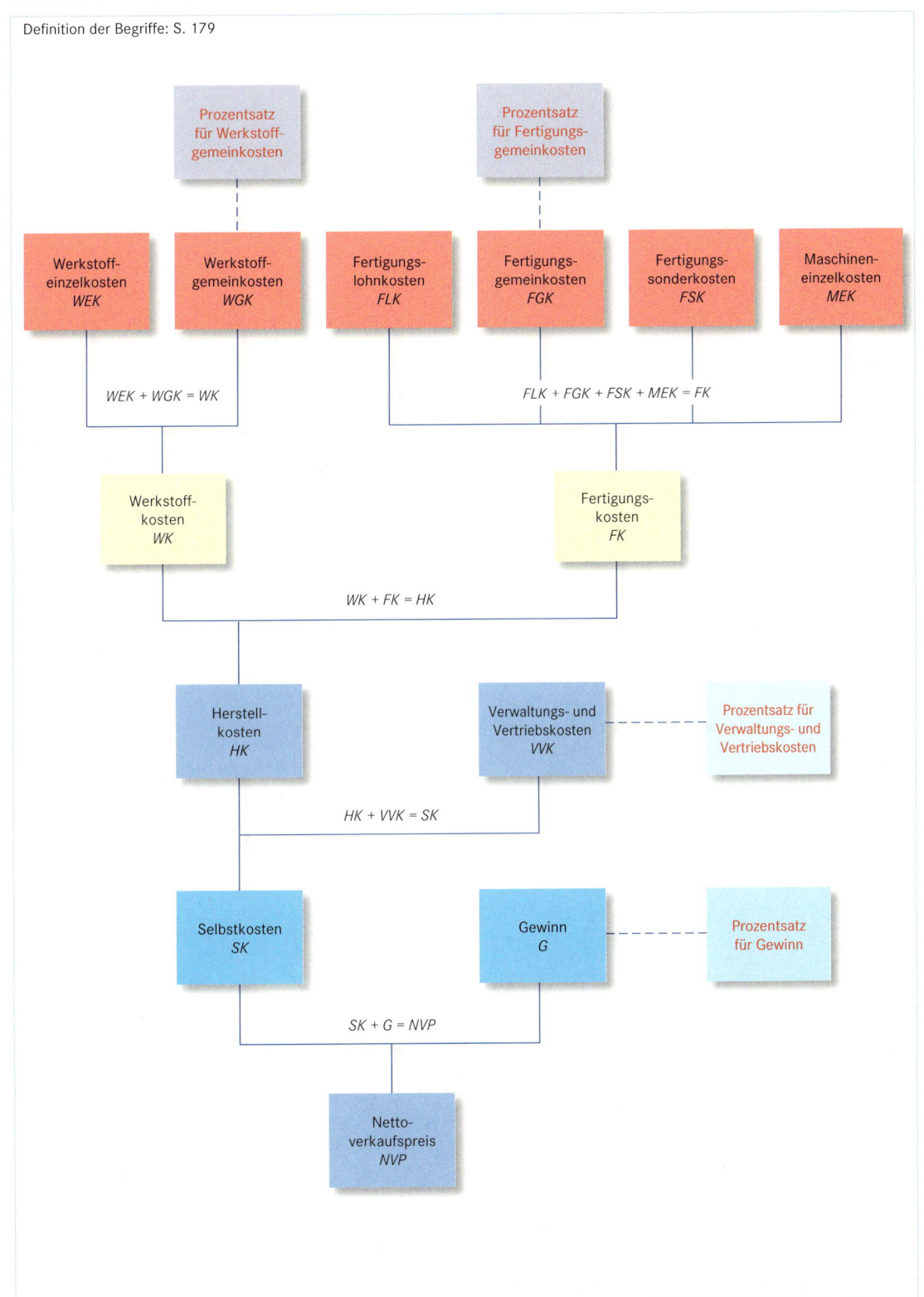

Berechnung der Hauptnutzungszeit
Calculation of the main time of utilization

Hauptnutzungszeit beim Bohren, Reiben, Senken

Bohren

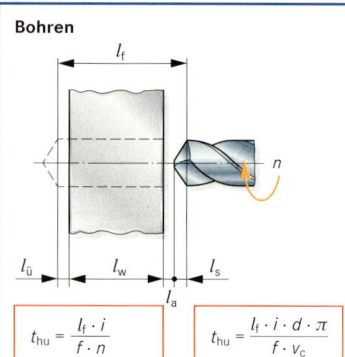

$$t_{hu} = \frac{l_f \cdot i}{f \cdot n}$$

$l_f = l_a + l_s + l_w + l_\ddot{u}$

$l_s = d \cdot \dfrac{1}{2 \cdot \tan\frac{\sigma}{2}}$

Reiben

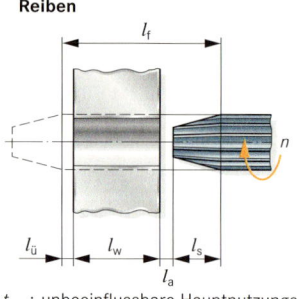

$$t_{hu} = \frac{l_f \cdot i \cdot d \cdot \pi}{f \cdot v_c}$$

t_{hu} : unbeeinflussbare Hauptnutzungszeit
l_f : Vorschubweg
f : Vorschub
n : Umdrehungsfrequenz
v_c : Schnittgeschwindigkeit
l_a : Anlauflänge
l_w : Werkstücklänge

Flachsenken

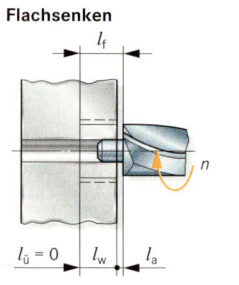

$l_\ddot{u}$: Überlauflänge
i : Anzahl gleichartiger Vorgänge
d : Durchmesser des Bohrers
σ : Spitzenwinkel des Bohrers
l_s : Spitzenlänge des Bohrers
   Anschnittlänge der Reibahle

Richtwerte für die Spitzenlängen

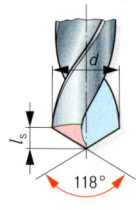
118°
$l_s = 0{,}3 \cdot d$

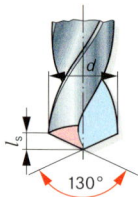
130°
$l_s = 0{,}23 \cdot d$

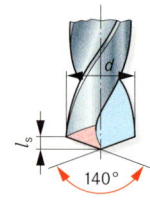
140°
$l_s = 0{,}18 \cdot d$

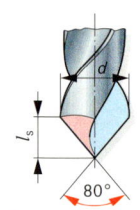
80°
$l_s = 0{,}6 \cdot d$

Hauptnutzungszeit beim Abtragen durch Erodieren oder Funkenerosion

Schneiderodieren

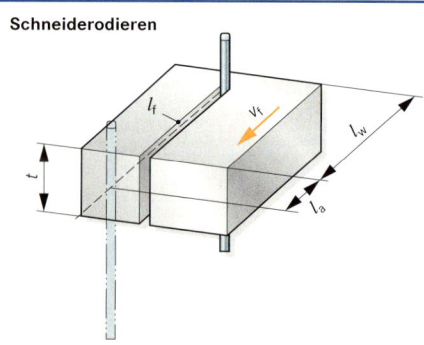

$$t_{hu} = \frac{l_f \cdot i}{v_f}$$

$$A_c = v_f \cdot t$$

$l_f = l_a + l_w$

t_{hu} : unbeeinflussbare Hauptnutzungszeit
l_f : Vorschubweg
i : Anzahl gleichartiger Vorgänge
v_f : Vorschubgeschwindigkeit
A_c : Schneidrate
t : Werkstückdicke
l_a : Anlauflänge

Senkerodieren

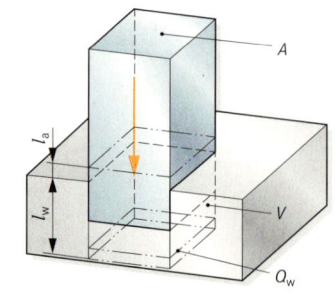

$$t_{hu} = \frac{A \cdot l_f \cdot i}{Q_w}$$

$l_f = l_a + l_w$

Q_w : spezifisches Abtragsvolumen
A : Querschnitt des abzutragenden Volumens
l_w : Höhe des abzutragenden Volumens
i : Anzahl gleichartiger Vorgänge
l_f : Vorschubweg
l_a : Anlauflänge

Berechnung der Hauptnutzungszeit
Calculation of the main time of utilization

Hauptnutzungszeit beim Drehen

Längsrunddrehen

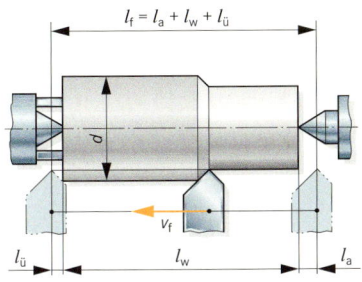

$$t_{hu} = \frac{l_f \cdot i}{f \cdot n}$$

$$l_f = l_a + l_w + l_ü$$

$$n = \frac{v_c}{d \cdot \pi}$$

t_{hu} : unbeeinflussbare Hauptnutzungszeit
l_f : Vorschubweg
l_a : Anlauflänge
l_w : Werkstücklänge
$l_ü$: Überlauflänge
i : Anzahl gleichartiger Vorgänge
f : Vorschub
n : Umdrehungsfrequenz

v_c : Schnittgeschwindigkeit
d : Durchmesser des Werkstückes

Maschinen mit gestuftem Getriebe:

$n_{tats.} \leq n$

Querplandrehen

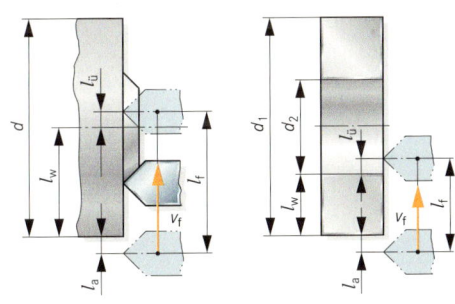

Maschinen mit stufenlosem Getriebe:

$n = n_{tats.}$

$$t_{hu} = \frac{l_f \cdot i \cdot d \cdot \pi}{f \cdot v_c}$$

Für Maschinen mit stufenlosem Getriebe kann auch mit der Schnittgeschwindigkeit gerechnet werden:

v_c : Schnittgeschwindigkeit

Hauptnutzungszeit beim Gewindedrehen

Gewinde mit Gewindeauslauf

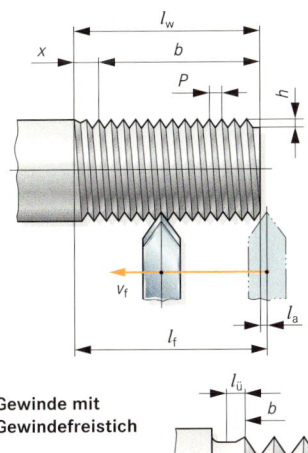

$$t_{hu} = \frac{l_f \cdot i \cdot g}{P \cdot n}$$

$$i = \frac{h}{a_p}$$

t_{hu} : unbeeinflussbare Hauptnutzungszeit
l_f : Vorschubweg
i : Anzahl gleichartiger Vorgänge
g : Gangzahl des Gewindes
P : Steigung
n : Umdrehungsfrequenz
h : Gewindetiefe
a_p : Schnitttiefe (Zustellung)

Gewinde mit Gewindeauslauf:

$l_f = l_a + l_w$

$l_w = b + x$

b : nutzbare Gewindelänge
x : Gewindeauslauf nach DIN 76

Gewinde mit Gewindefreistich:

$l_f = l_a + l_w + l_ü$ $l_w = b$

Gewinde mit Gewindefreistich

Fertigen mit Werkzeugmaschinen

Berechnung der Hauptnutzungszeit
Calculation of the main time of utilization

Hauptnutzungszeit beim Fräsen

Umfangsplanfräsen

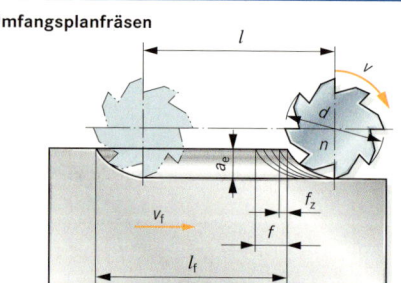

$$t_{hu} = \frac{l_f \cdot i}{v_f}$$

t_{hu} : unbeeinflussbare Hauptnutzungszeit
l_f : Vorschubweg
i : Anzahl der gleichen Schnitte
v_f : Vorschubgeschwindigkeit in $\frac{mm}{min}$
a_e : Arbeitseingriff
a_p : Schnitttiefe

Vorschub je Fräserumdrehung:

$$f = f_z \cdot z$$

$$v_f = f_z \cdot z \cdot n$$

$l_f = l_s + l_a + l_w + l_ü$

$l_s = \sqrt{a_e \cdot d - a_e^2}$

f : Vorschub je Fräserumdrehung
f_z : Vorschub je Fräserzahn
z : Zähnezahl des Fräsers
n : Umdrehungsfrequenz des Fräsers
l_a : Anlauflänge
l_w : Werkstücklänge
$l_ü$: Überlauflänge
l_s : Anschnittlänge

Stirn-Umfangsplanfräsen

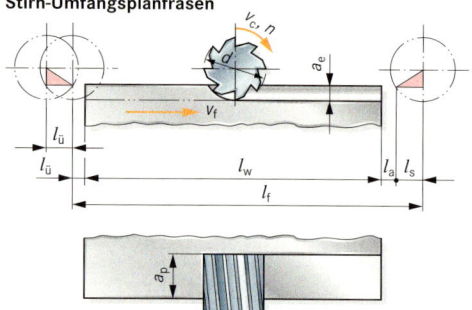

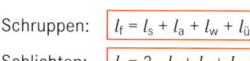

Schruppen: $l_f = l_s + l_a + l_w + l_ü$

Schlichten: $l_f = 2 \cdot l_s + l_a + l_w + l_ü$

Maschinen mit gestuftem Getriebe

$$n = \frac{v_c}{d \cdot \pi}$$

v_c : Schnittgeschwindigkeit in $\frac{m}{min}$
d : Fräserdurchmesser

$n_{tats} \leq n$

$v_{f\,tats} \leq v_f$

Stirnplanfräsen

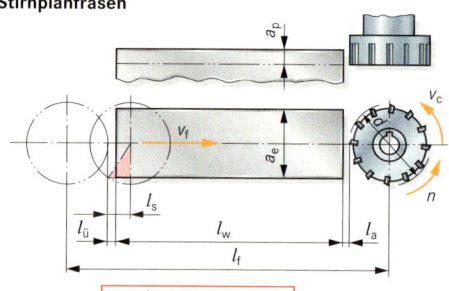

$$t_{hu} = \frac{l_f \cdot i}{f_z \cdot z \cdot n}$$

Maschinen mit stufenlosem Getriebe

$n = n_{tats}$

$n_{tats} = \frac{v_c}{d \cdot \pi}$

$l_s = \frac{1}{2}\sqrt{d^2 - a_e^2}$

$v_{f\,tats} = f_z \cdot z \cdot n_{tats}$

$$t_{hu} = \frac{l_f \cdot i \cdot d \cdot \pi}{f_z \cdot z \cdot v_c}$$

Schruppen: $l_f = \frac{d}{2} + l_a + l_w + l_ü - l_s$

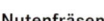

Schlichten: $l_f = \frac{d}{2} + l_a + l_w + l_ü + \frac{d}{2}$

Nutenfräsen

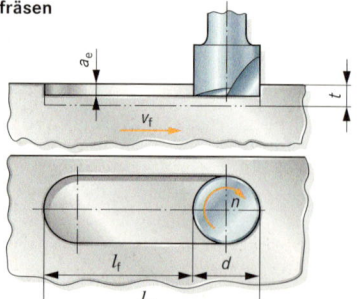

Nut geschlossen: $l_f = l_w - d$

Nut einseitig offen: $l_f = l_w + l_a - \frac{d}{2}$

Nut beidseitig offen: $l_f = \frac{d}{2} + l_a + l_w + l_ü$

$i = \frac{t}{a_e}$

t : Nuttiefe
a_e : Arbeitseingriff

CNC-Technik
CNC-technology

Koordinatenachsen an CNC-Werkzeugmaschinen

DIN 66 217: 1975-12

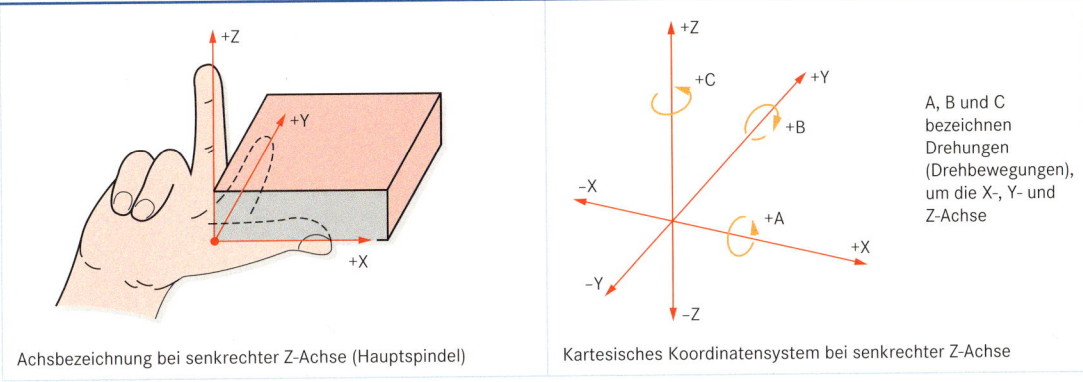

Achsbezeichnung bei senkrechter Z-Achse (Hauptspindel)

Kartesisches Koordinatensystem bei senkrechter Z-Achse

A, B und C bezeichnen Drehungen (Drehbewegungen), um die X-, Y- und Z-Achse

Bewegungsrichtungen an CNC-Werkzeugmaschinen

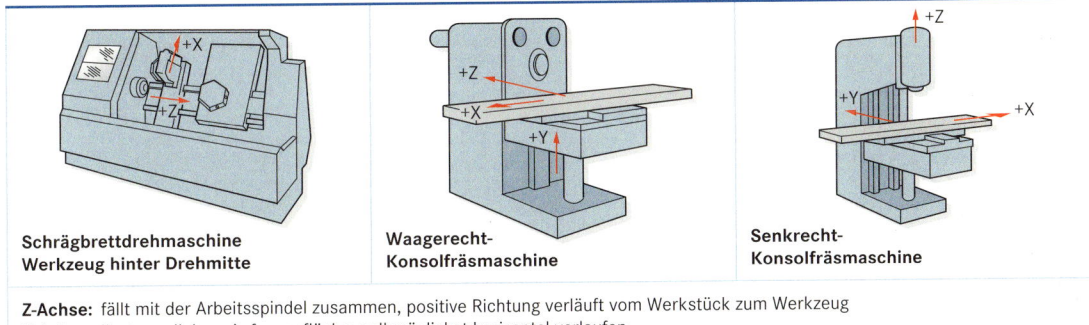

Schrägbrettdrehmaschine Werkzeug hinter Drehmitte

Waagerecht-Konsolfräsmaschine

Senkrecht-Konsolfräsmaschine

Z-Achse: fällt mit der Arbeitsspindel zusammen, positive Richtung verläuft vom Werkstück zum Werkzeug
X-Achse: liegt parallel zur Aufspannfläche; soll möglichst horizontal verlaufen
Y-Achse: ist durch Lage und Richtung von Z- und X-Achse festgelegt

Bezugspunkte an CNC-Werkzeugmaschinen

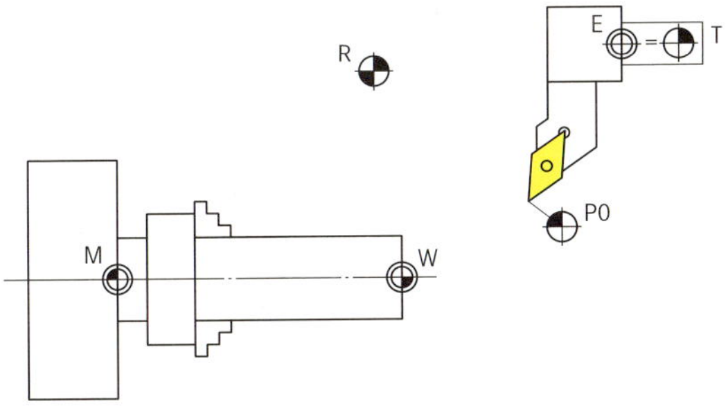

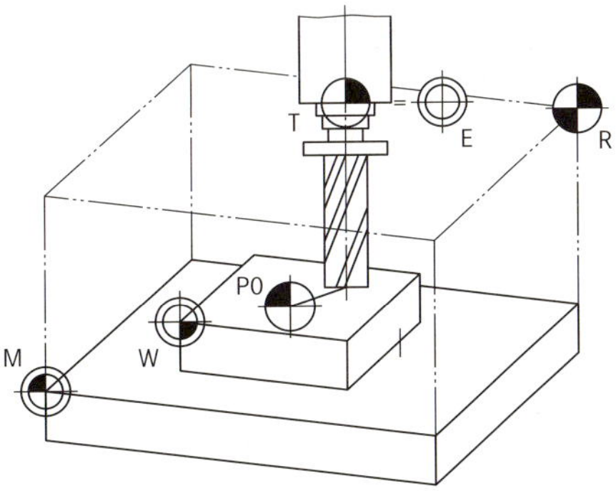

Maschinennullpunkt M Ursprung des Maschinen-Koordinatensystems	**Referenzpunkt R** Ursprung des Wegmess-systems der Maschine	**Werkstücknullpunkt W** Ursprung des Werkstück-Koordinatensystems
Werkzeugträger-Bezugspunkt T In der Mitte der Planfläche der Werkzeugaufnahme	**Werkzeugeinstellpunkt E** Bei eingesetztem Werkzeug = Werkzeugträger-Bezugspunkt	**Programmstartpunkt P0** Position des 1. Werkzeugs vor dem Programmstart

Fertigen mit numerisch gesteuerten Werkzeugmaschinen

Befehlscodierung nach DIN 66 025 und PAL[1)]
Instruction code according to DIN 66 025 and PAL

Programmaufbau für CNC-Maschinen

DIN 66 025-1: 1983-01

Ein Programm besteht aus Daten, die in Form von Programmsätzen in die Steuerung eingegeben werden. Jeder Satz kann aus mehreren Wörtern bestehen. Die Wörter eines Satzes können enthalten: programmtechnische Anweisungen, geometrische Anweisungen, technologische Anweisungen. Jedes Wort besteht aus einem Adressbuchstaben und einer Schlüsselzahl; z. B. G01

Number	**G**0		**F**eed	**S**peed	**T**ool	**M**iscellaneous
N40	G00	X50 Z-120	F0.35	S1400	T05	M03
Satznummer (40)	Wegbedingung (Eilgang)	Koordinaten des Zielpunktes	Vorschub (0,35 mm)	Umdrehungsfrequenz (1400 $\frac{1}{min}$)	Werkzeug (Nr. 5)	Zusatzfunktion (Spindel dreht im Uhrzeigersinn)
programmtechn. Anweisungen	geometrische Anweisungen		technologische Anweisungen			

Adressbuchstaben

Buchstabe	Bedeutung	Buchstabe	Bedeutung
A	Drehung um die X-Achse	M	Zusatzfunktion
B	Drehung um die Y-Achse	N	Satz-Nr.
C	Drehung um die Z-Achse	O	frei verfügbar
D	Werkzeugkorrekturspeicher (oder frei verfügbar)	P	dritte Bewegung parallel zur X-Achse
E	zweiter Vorschub (oder frei verfügbar)	Q	dritte Bewegung parallel zur Y-Achse
F	Vorschub	R	dritte Bewegung parallel zur Z-Achse
G	Wegbedingung	S	Spindelumdrehungsfrequenz oder Schnittgeschwindigkeit
H	frei verfügbar		
I	Interpolationsparameter oder Gewindesteigung parallel zur X-Achse	T	Werkzeug-Nr.
J	Interpolationsparameter oder Gewindesteigung parallel zur Y-Achse	U	zweite Bewegung parallel zur X-Achse
		V	zweite Bewegung parallel zur Y-Achse
K	Interpolationsparameter oder Gewindesteigung parallel zur Z-Achse	W	zweite Bewegung parallel zur Z-Achse
		X	Bewegung in Richtung X-Achse
		Y	Bewegung in Richtung Y-Achse
L	frei verfügbar	Z	Bewegung in Richtung Z-Achse

DIN- und PAL-Zusatzfunktionen (Vergleich)

Code	DIN 66 025[2)]	PAL-Drehen	PAL-Fräsen
M00 [4)]	Programmierter Halt	Programmierter Halt	Programmierter Halt
M01 [4)]	Wahlweiser Halt		
M02 [4)]	Programmende		
M03 [3)]	Arbeitsspindel EIN im Uhrzeigersinn	Spindel einschalten; Drehrichtung rechts (Uhrzeigersinn)	Spindel einschalten; Drehrichtung rechts (Uhrzeigersinn)
M04 [3)]	Arbeitsspindel EIN im Gegenuhrzeigersinn	Spindel einschalten; Drehrichtung links (Gegenuhrzeigersinn)	Spindel einschalten; Drehrichtung links (Gegenuhrzeigersinn)
M05 [4)]	Arbeitsspindel HALT	Spindel ausschalten	Spindel ausschalten
M06	Werkzeugwechsel		Werkzeugwechsel
M07 [3)]	Kühlschmiermittel Nr. 2 EIN	2. Kühlmittelpumpe einschalten	2. Kühlmittelpumpe einschalten
M08 [3)]	Kühlschmiermittel Nr. 1 EIN	Kühlmittelpumpe einschalten	Kühlmittelpumpe einschalten
M09 [4)]	Kühlschmiermittel AUS	Kühlmittelpumpe ausschalten	Kühlmittelpumpe ausschalten
M10	Klemmen	Reitstock-Pinole lösen[4)]	
M11	Lösen	Reitstock-Pinole setzen[3)]	
M13	vorläufig frei verfügbar		Spindeldrehung rechts + Kühlmittel ein
M14	vorläufig frei verfügbar		Spindeldrehung links + Kühlmittel ein
M15	vorläufig frei verfügbar		Spindel und Kühlmittel ausschalten
M17	vorläufig frei verfügbar	Unterprogramm Ende[4)]	Unterprogramm Ende[4)]
M30 [4)]	Programmende mit Rücksetzen	Hauptprogramm Ende	Hauptprogramm Ende
M60	Werkstückwechsel[4)]		Konstanter Vorschub[3)] (Werkzeugschneide)
M61	vorläufig frei verfügbar		Konstanter Vorschub mit Beeinflussung an Innen- und Außenecken[3)]

[1)] **P**rüfungs**A**ufgaben- und **L**ehrmittelentwicklungsstelle
[2)] Auswahl für Fräs- und Bohrmaschinen, Lehrenbohrwerke, Drehmaschinen, Bearbeitungszentren
[3)] sofort wirksam   [4)] wirksam nach Abarbeitung der anderen Satzinhalte   gespeichert wirksam   satzweise wirksam

Befehlscodierung nach DIN 66 025 und PAL
Instruction code according to DIN 66 025 and PAL

DIN- und PAL-Wegbedingungen (Vergleich)

Code	DIN 66025	PAL-Drehen	PAL-Fräsen
G00	Punktsteuerungsverhalten	Verfahren im Eilgang	
G01	Geraden-Interpolation	Linear-Interpolation im Arbeitsgang	
G02	Kreis-Interpolation im Uhrzeigersinn	Kreis-Interpolation im Uhrzeigersinn	
G03	Kreis-Interpolation Gegenuhrzeigersinn	Kreis-Interpolation Gegenuhrzeigersinn	
G04	Verweilzeit	Verweildauer	
G08	Geschwindigkeitszunahme		
G09	Geschwindigkeitsabnahme	Genauhalt	
G10	vorläufig frei verfügbar		Verfahren im Eilgang in Polarkoordinaten
G11	vorläufig frei verfügbar		Linear-Interpolation mit Polarkoordinaten
G12	vorläufig frei verfügbar		Kreis-Interpolation Uhrzeigers. Polarkoord.
G13	vorläufig frei verfügbar		Kreis-Interpol. Gegenuhrzeigers. Polarkoord.
G14		Konfig. Werkzeugwechselpunkt anfahren	
G17	Ebenenauswahl XY		Ebenenanwahl 2½D-Bearbeitung
G18	Ebenenauswahl ZX	Drehebenenanwahl	Ebenenanwahl 2½D-Bearbeitung
G19	Ebenenauswahl YZ		Ebenenanwahl 2½D-Bearbeitung
G22	vorläufig frei verfügbar	Unterprogrammaufruf	
G23	vorläufig frei verfügbar	Programmteilwiederholung	
G29	vorläufig frei verfügbar	Bedingte Programmsprünge	
G31	vorläufig frei verfügbar	Gewindezyklus	
G32	vorläufig frei verfügbar	Gewindebohrzyklus	
G33	Gewindeschneiden	Gewindestrehlgang	
G40	Aufheben der Werkzeugkorrektur	Abwahl der Schneidenradiuskorrektur	Abwahl der Fräserradiuskorrektur
G41	Werkzeugbahnkorrektur, links	Schneidenradiuskorrektur, links	Anwahl der Fräserradiuskorrektur links
G42	Werkzeugbahnkorrektur, rechts	Schneidenradiuskorrektur, rechts	Anwahl der Fräserradiuskorrektur rechts
G45	vorläufig frei verfügbar		Lineares tangent. Anfahren an die Kontur
G46	vorläufig frei verfügbar		Lineares tangent. Abfahren von der Kontur
G47	vorläufig frei verfügbar		Tangent. Anfahren an die Kontur im ¼-Kreis
G48	vorläufig frei verfügbar		Tangent. Abfahren von der Kontur im ¼-Kreis
G50	vorläufig frei verfügbar	Aufheben von inkrementellen Nullpunktverschiebungen und Drehungen	
G53	Aufheben der Verschiebung	Alle Nullpunktverschiebungen und Drehungen aufheben	
G54–G57	Verschiebung 1 ... 4	Einstellbare absolute Nullpunkte	
G58	Verschiebung 5		Inkrem. Nullpunktversch. polar und Drehung
G59	Verschiebung 6	Inkrementelle Nullpunktverschiebung kartesisch und Drehung	
G66	vorläufig frei verfügbar		Spiegeln um X- und/oder Y-Achse
G67	vorläufig frei verfügbar		Skalieren (Vergrößern/Verkleinern/Aufheben)
G70	Maßangaben in Inch	Umschalten auf Maßeinheit Inch	
G71	Maßangaben in Millimeter	Umschalten auf Maßeinheit Millimeter	
G72	vorläufig frei verfügbar		Rechtecktaschenfräszyklus
G73	vorläufig frei verfügbar		Kreistaschen- und Zapfenfräszyklus
G74	Anfahren Referenzpunkt		Nutenfräszyklus
G75	vorläufig frei verfügbar		Kreisbogennut-Fräszyklus
G76	vorläufig frei verfügbar		Mehrfachzyklusaufruf auf einer Geraden
G77	vorläufig frei verfügbar		Mehrfachzyklusaufruf auf einem Teilkreis
G78	vorläufig frei verfügbar		Zyklusaufruf an einem Punkt (Polarkoordin.)
G79	vorläufig frei verfügbar		Zyklusaufruf an Punkt (kartes. Koordinaten)
G80	Aufheben Arbeitszyklus	Abschluss einer Bearbeitungszyklus-Konturbeschreibung	
G81	Arbeitszyklus 1	Längsschruppzyklus	Bohrzyklus
G82	Arbeitszyklus 2	Planschruppzyklus	Tiefbohrzyklus
G83	Arbeitszyklus 3	Konturparalleler Schruppzyklus	Tiefbohrzyklus mit Spanbruch und Entspänen
G84	Arbeitszyklus 4	Bohrzyklus	Gewindebohrzyklus
G85	Arbeitszyklus 5	Freistichzyklus	Reibzyklus
G86	Arbeitszyklus 6	Radialer Stechzyklus	Ausdrehzyklus
G87	Arbeitszyklus 7	Radialer Konturstechzyklus	Bohrfräszyklus
G88	Arbeitszyklus 8	Axialer Stechzyklus	Innengewindefräszyklus
G89	Arbeitszyklus 9	Axialer Konturstechzyklus	Außengewindefräszyklus
G90	absolute Maßangaben	Absolutmaßangabe einschalten	Absolutmaßangabe einschalten
G91	inkrementale Maßangaben	Kettenmaßangabe einschalten	Kettenmaßangabe einschalten
G92	Speicher setzen	Drehzahlbegrenzung	
G94	Vorschubgeschwindigkeit in mm/min	Vorschub in Millimeter pro Minute	Vorschub in Millimeter pro Minute
G95	Vorschub in mm/U	Vorschub in Millimeter pro Umdrehung	Vorschub in Millimeter pro Umdrehung
G96	Konstante Schnittgeschwindigkeit	Konstante Schnittgeschwindigkeit	Konstante Schnittgeschwindigkeit
G97	Angabe der Spindeldrehzahl in 1/min	Konstante Drehzahl	konstante Drehzahl

gespeichert wirksam (selbsthaltend)   satzweise wirksam

Fertigen mit numerisch gesteuerten Werkzeugmaschinen

Fräsen: Grundlagen nach DIN 66 025
Milling: Fundamentals according to DIN 66 025

Elementare Arbeitsbewegungen

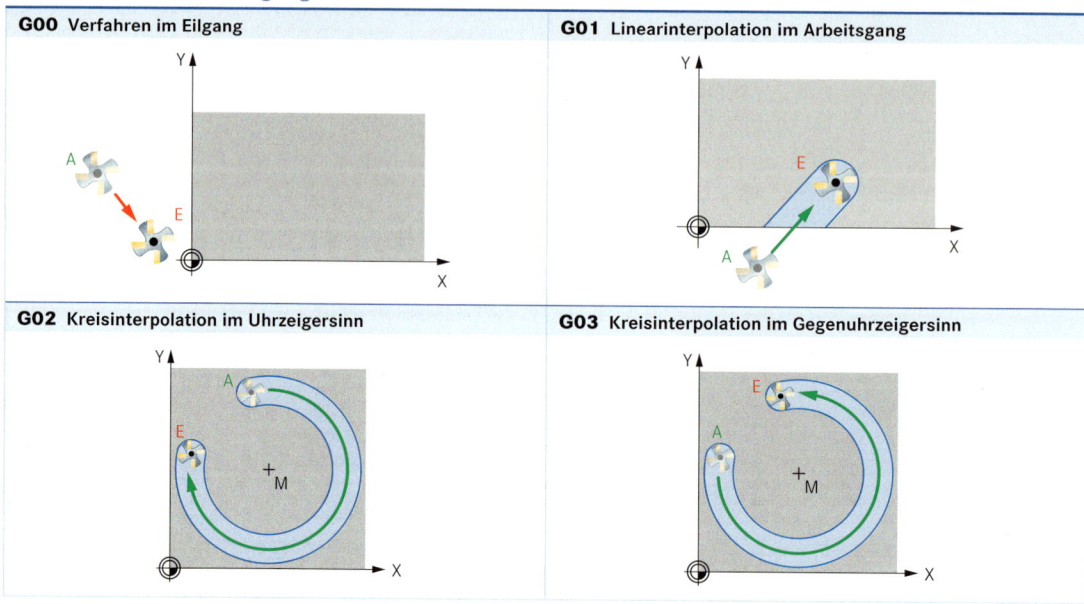

Bahnkorrekturen

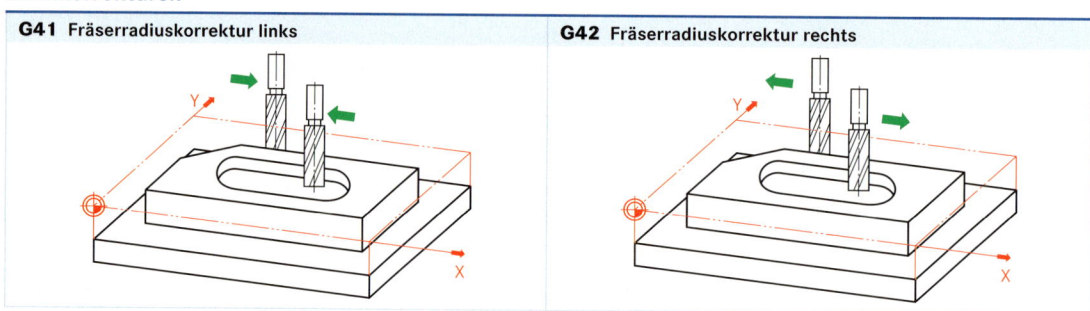

Werkzeugkorrekturen (nicht genormt)

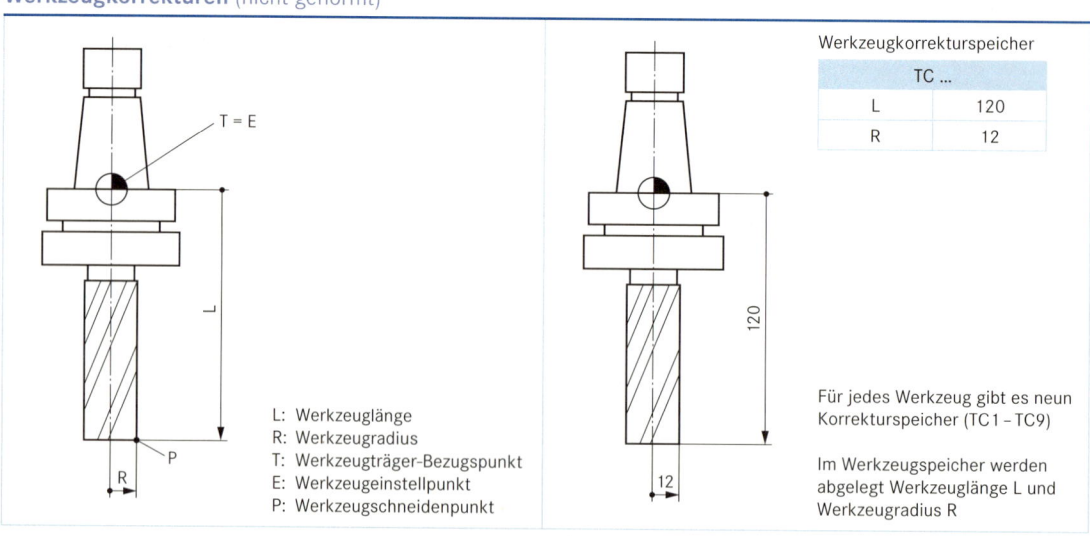

Werkzeugkorrekturspeicher	
TC ...	
L	120
R	12

L: Werkzeuglänge
R: Werkzeugradius
T: Werkzeugträger-Bezugspunkt
E: Werkzeugeinstellpunkt
P: Werkzeugschneidenpunkt

Für jedes Werkzeug gibt es neun Korrekturspeicher (TC1 – TC9)

Im Werkzeugspeicher werden abgelegt Werkzeuglänge L und Werkzeugradius R

Fräsen: Koordinatensysteme und Interpolationsparameter nach PAL
Milling: Systems of coordinates and interpolation parameters according to PAL

Linearinterpolation G00/G01

G90 (Werkstückkoordinatensystem)	G91 (Werkzeugkoordinatensystem)	Adressen
		bei G90 (Werkstückkoordinatensystem): X absolute X-Koordinate Y absolute Y-Koordinate XI inkrementale X-Koordinate YI inkrementale Y-Koordinate bei G91 (Werkzeugkoordinatensystem): X inkrementale X-Koordinate Y inkrementale Y-Koordinate XA absolute X-Koordinate YA absolute Y-Koordinate

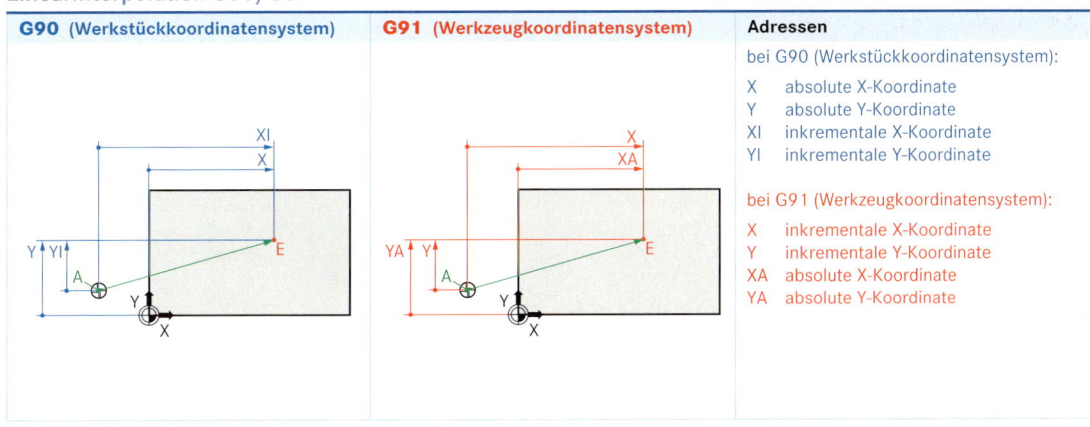

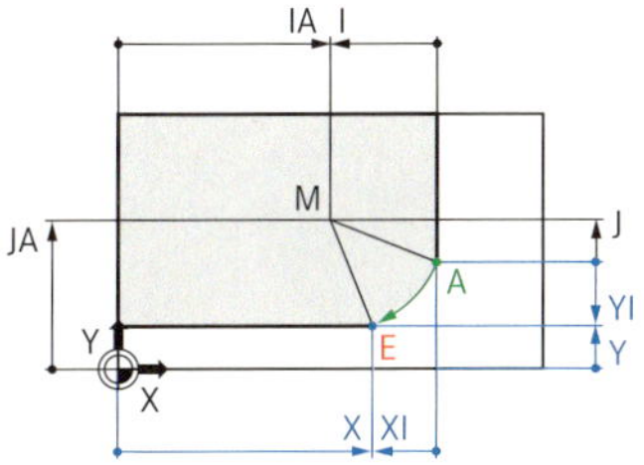

Kreisinterpolation G02/G03

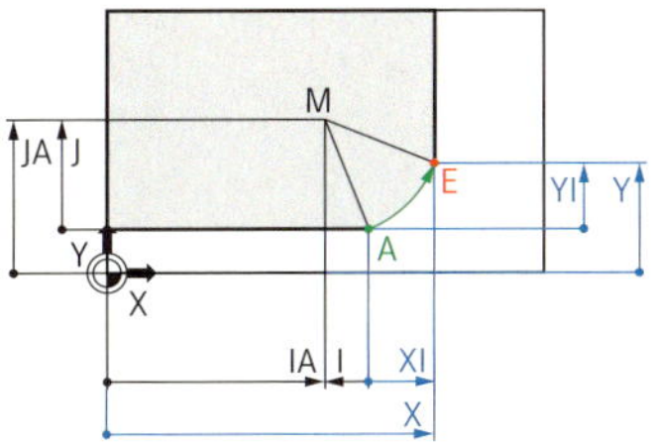

G90 (Werkstückkoordinatensystem) G02	G91 (Werkzeugkoordinatensystem) G02	Adressen
		bei G90 (Werkstückkoordinatensystem): X absolute X-Koordinate Y absolute Y-Koordinate XI inkrementale X-Koordinate YI inkrementale Y-Koordinate bei G91 (Werkzeugkoordinatensystem): X inkrementale X-Koordinate Y inkrementale Y-Koordinate XA absolute X-Koordinate YA absolute Y-Koordinate bei G90 und G91: I inkrementale X-Koordinatendifferenz zwischen Anfangspunkt A und Kreismittelpunkt M J inkrementale Y-Koordinatendifferenz zwischen Anfangspunkt A und Kreismittelpunkt M IA absolute X-Mittelpunktkoordinate in Werkstückkoordinaten JA absolute Y-Mittelpunktkoordinate in Werkstückkoordinaten
G03	G03	A Anfangspunkt der Bewegung (= aktuelle Werkzeugposition) E Endpunkt der Bewegung

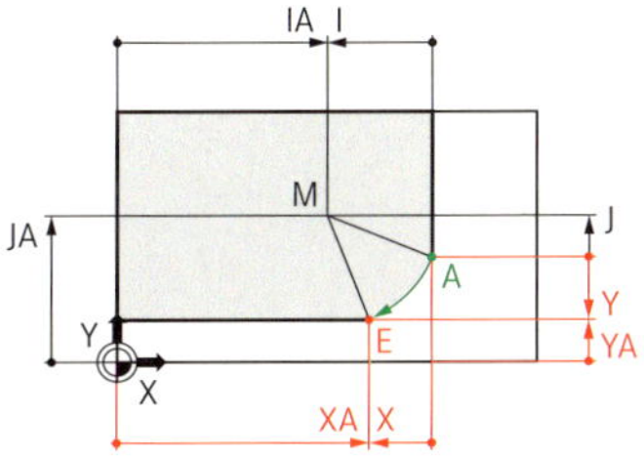

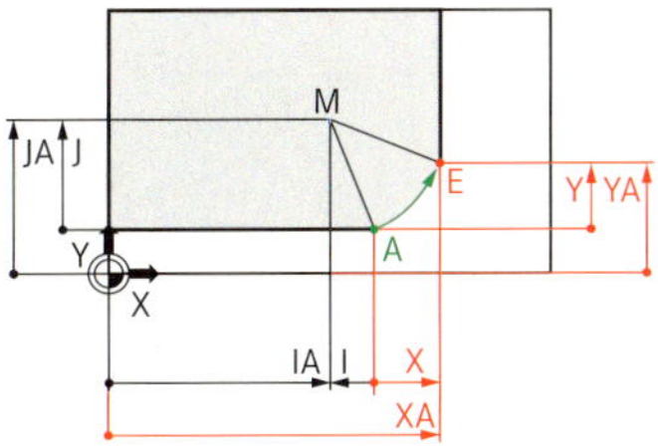

Fertigen mit numerisch gesteuerten Werkzeugmaschinen

Drehen: Grundlagen nach DIN 66 025
Turning: Fundamentals according to DIN 66 025

Elementare Arbeitsbewegungen

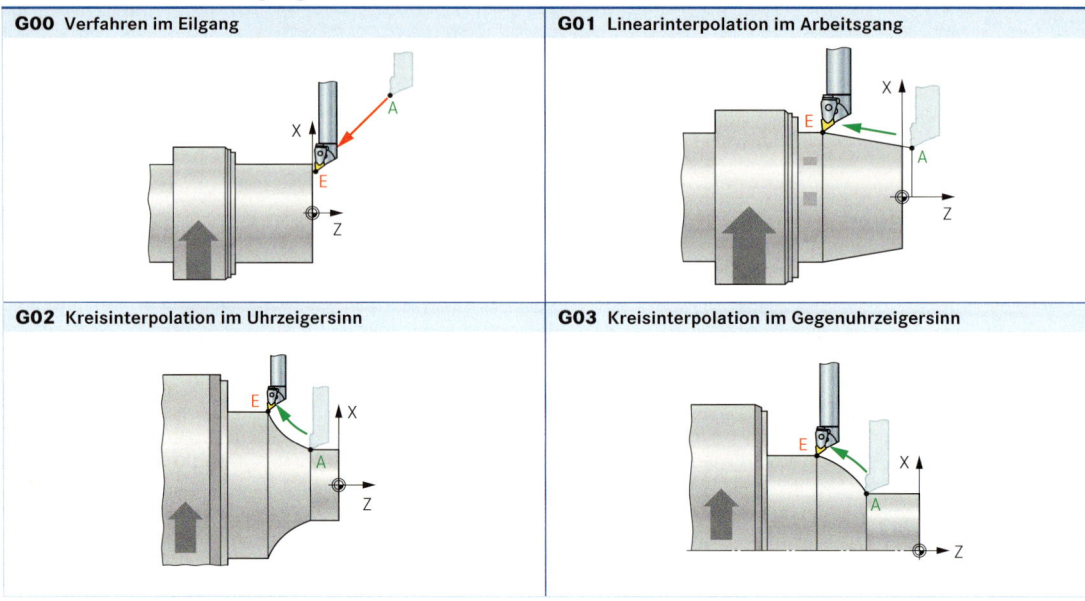

| G00 Verfahren im Eilgang | G01 Linearinterpolation im Arbeitsgang |
| G02 Kreisinterpolation im Uhrzeigersinn | G03 Kreisinterpolation im Gegenuhrzeigersinn |

Bahnkorrekturen

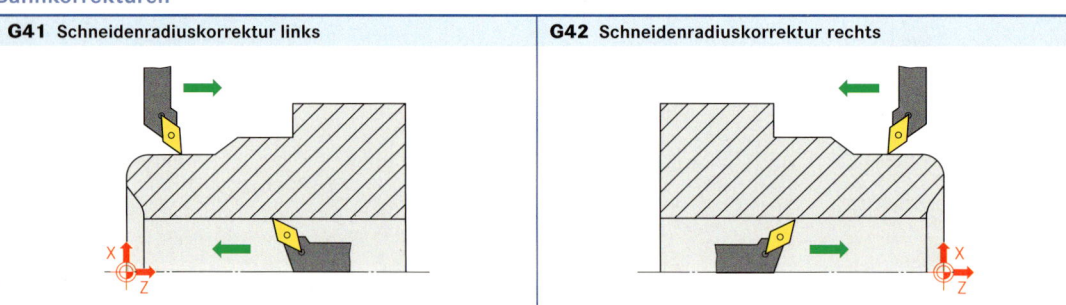

G41 Schneidenradiuskorrektur links
G42 Schneidenradiuskorrektur rechts

Werkzeugkorrekturen (nicht genormt)

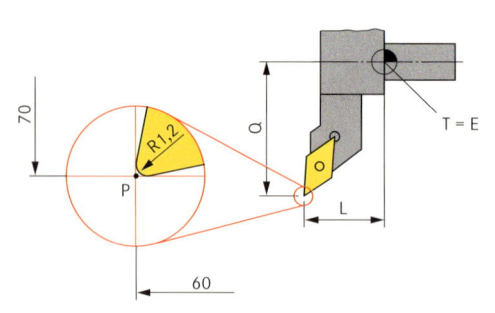

Lagekennzahlen K

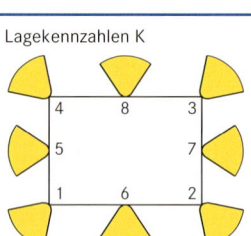

Werkzeugkorrekturspeicher

TC ...	
L	60
Q	70
r_ε	1,2
Lagekennzahl	3

L: Ausspannlänge in Z-Richtung
Q: Querablage in X-Richtung
r_ε: Schneidenradius
T: Werkzeugträger-Bezugspunkt
E: Werkzeugeinstellpunkt
P: theoretischer Schneidenpunkt

Für jedes Werkzeug gibt es neun Korrekturspeicher (TC1–TC9).
Im Werkzeugspeicher werden abgelegt Ausspannlänge L, Querablage Q, Schneidenradius r_ε und die Lagekennzahl K der Werkzeugschneide.
Durch die Angabe von Lagekennzahl K und Schneidenradius r_ε wird bei Bearbeitungen mit Bahnkorrektur an Stelle des theoretischen Schneidenpunktes P der tatsächliche Bearbeitungspunkt berücksichtigt.

Drehen: Koordinatensysteme und Interpolationsparameter nach PAL
Turning: Systems of coordinates and interpolation parameters according to PAL

Linearinterpolation G00/G01

G90 (Werkstückkoordinatensystem)	G91 (Werkzeugkoordinatensystem)	Adressen
		bei G90 (Werkstückkoordinatensystem):
		X absolute X-Koordinate als Durchmessermaß
		Z absolute Z-Koordinate
		XI inkrementale X-Koordinate als Radiusmaß
		ZI inkrementale Z-Koordinate
		bei G91 (Werkzeugkoordinatensystem):
		X inkrementale X-Koordinate als Radiusmaß
		Z inkrementale Z-Koordinate
		XA absolute X-Koordinate als Durchmessermaß
		ZA absolute Z-Koordinate

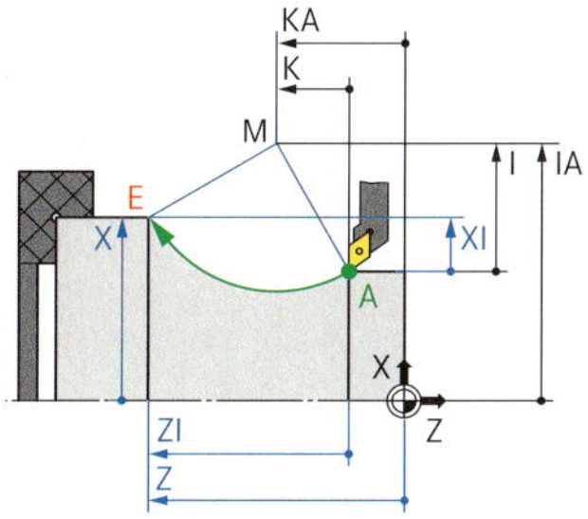

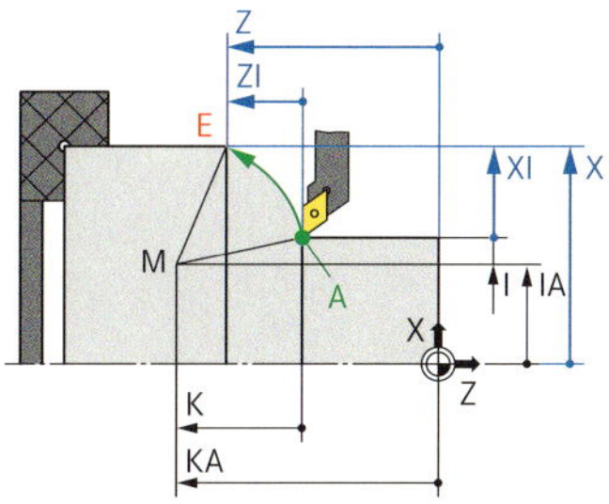

Kreisinterpolation G02/G03

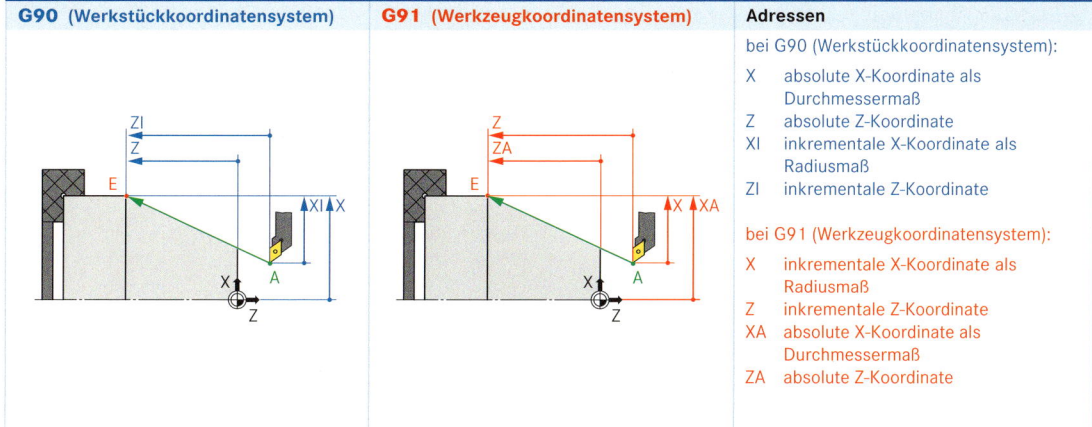

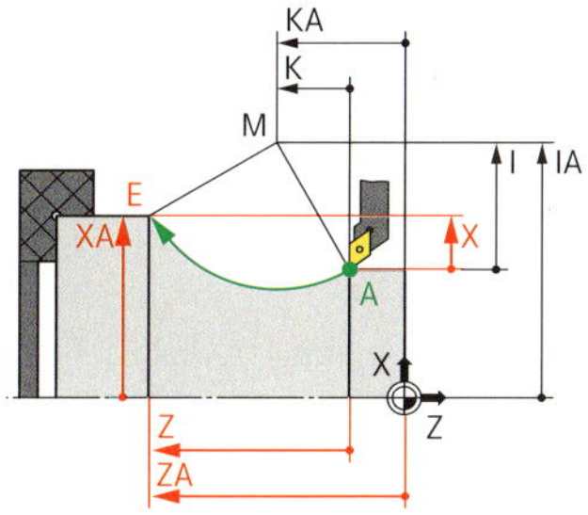

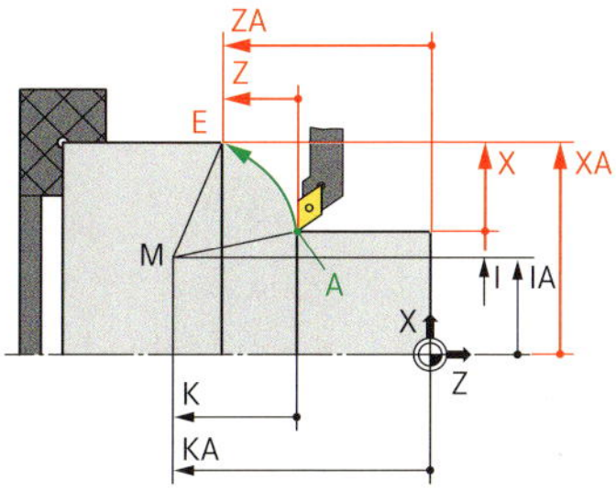

Adressen

bei G90 (Werkstückkoordinatensystem):

- X   absolute X-Koordinate als Durchmessermaß
- Z   absolute Z-Koordinate
- XI inkrementale X-Koordinate als Radiusmaß
- ZI inkrementale Z-Koordinate

bei G91 (Werkzeugkoordinatensystem):

- X   inkrementale X-Koordinate als Radiusmaß
- Z   inkrementale Z-Koordinate
- XA absolute X-Koordinate als Durchmessermaß
- ZA absolute Z-Koordinate

bei G90 und G91:

- I   inkrementale X-Koordinatendifferenz zwischen Anfangspunkt A und Kreismittelpunkt M als Radiusmaß
- K inkrementale Z-Koordinatendifferenz zwischen Anfangspunkt A und Kreismittelpunkt M
- IA absolute X-Mittelpunktkoordinate in Werkstückkoordinaten als Durchmessermaß
- KA absolute Z-Mittelpunktkoordinate in Werkstückkoordinaten

- A Anfangspunkt der Bewegung (= aktuelle Werkzeugposition)
- E Endpunkt der Bewegung

Fertigen mit numerisch gesteuerten Werkzeugmaschinen

Handhabungstechnik
Handling technology

Begriffe

VDI 2860: 1990-05

Handhaben ist das Schaffen, definierte Verändern oder vorübergehende Aufrechterhalten einer vorgegebenen räumlichen Anordnung[1] von geometrisch bestimmten Körpern in einem Bezugskoordinatensystem.

Es können weitere Bedingungen – wie z. B. Zeit, Menge und Bewegungsbahn – vorgegeben sein.

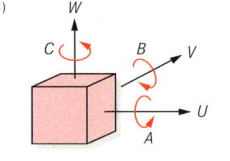

[1] VDI 2861 Bl. 1

Die räumliche Anordnung eines Körpers ergibt sich aus seinen sechs Freiheitsgraden der Bewegung in einem Bezugskoordinatensystem.

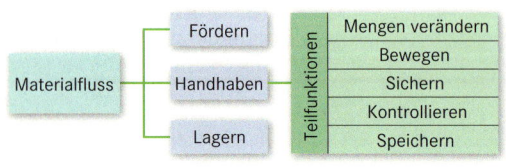

Teilfunktionen der Handhabungstechnik bestehen aus Elementarfunktionen und zusammengesetzten Funktionen.

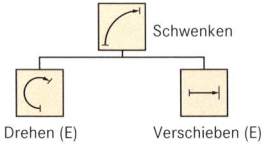

Symbolische Darstellung von Handhabungsfunktionen

Teilfunktion	Elementarfunktionen		zusammengesetzte Funktionen				
Mengen verändern	Teilen	Vereinigen	Abteilen	Zuteilen	Verzweigen	Zusammen-führen	Sortieren
Bewegen	Verschieben		Orientieren	Positionieren	Ordnen		
	Drehen		Schwenken	Führen	Weitergeben	Fördern	
Sichern	Halten	Lösen	Spannen	Entspannen			
Kontrollieren	Prüfen		Form prüfen	Anwesenheit prüfen	Identität prüfen	Größe prüfen	Farbe prüfen	Gewicht prüfen
			Position prüfen	Orientierung prüfen	Messen	Zählen	Orientierung messen	Position messen
Speichern			geordnetes Speichern	teilgeordnetes Speichern	ungeordnetes Speichern		
Aufgabe	**Verbal:** Ordnen und weiterführen von ungeordneten Kleinteilen		**Symbolisch:** 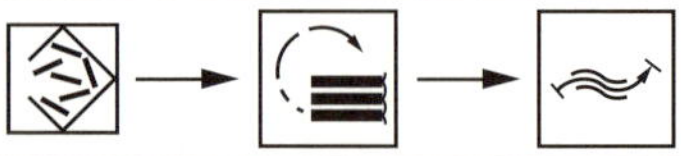				

Fertigen mit numerisch gesteuerten Werkzeugmaschinen

Robotertechnik
Robotics technology

Freiheitsgrade
VDI 2860: 1990-05; VDI 2861: 1988-06

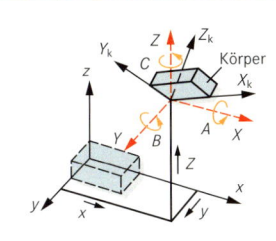

X, Y, Z: Bezugskoordinatensystem
X_K, Y_K, Z_K: „Körpereigenes" Koordinatensystem
A, B, C: Drehungen

Soll der Körper in das Bezugs-Koordinatensystem überführt werden, sind **drei** Drehungen A, B, C und **drei** Verschiebungen in X, Y, Z erforderlich.

Ein frei im Raum bewegter Körper lässt sich auf den Achsen X, Y, Z translatorisch bewegen. Um jede Achse ist wiederum eine rotatorische Bewegung (Drehungen A, B, C) möglich. Die Summe der möglichen unabhängigen Bewegungen (translatorisch und rotatorisch) gegenüber einem Bezugskoordinatensystem bezeichnet man als **Freiheitsgrad** (f); $f_{max.} = 6$

Achsen

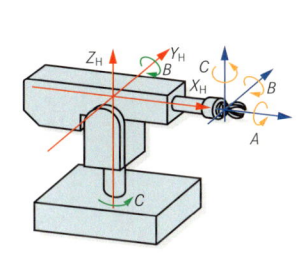

8-Achsen Industrieroboter

8 Bewegungsmöglichkeiten (Achsen)

- 🔴 translatorisch in den **Haupt**achsen: X_H, Y_H, Z_H (3)
- 🟢 rotatorisch in den **Haupt**achsen: B, C (2)
- 🟡 rotatorisch in den **Neben**achsen: A, B, C (3)

Achsen sind geführte, unabhängig voneinander angetriebene Glieder. Mit translatorischen und rotatorischen Achsen werden definierte Bewegungen zum Positionieren und Orientieren von Objekten ausgeführt.

Hauptachsen: Bestimmen den Arbeitsraum des Roboters

Nebenachsen: Im Verhältnis zu den Hauptachsen sind hier nur kleine Positionsänderungen möglich (Drehung des Objektes).

Symbolik und Darstellung

Darstellung	Bezeichnung	Symbol	Beispiel
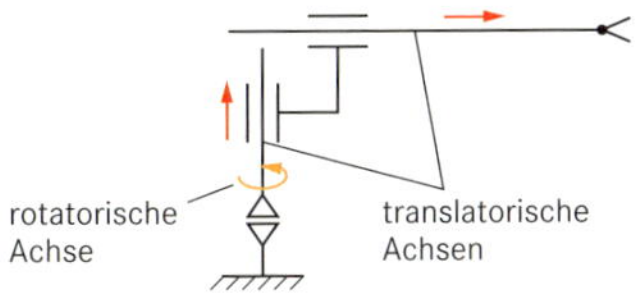 rotatorische Achse / translatorische Achsen	**Translationsachse**		
	Translation fluchtend (Teleskop)		
	Translation nicht fluchtend		
Achsen DIN 66 217	Verfahrachse		
	Rotationsachse		
	Rotation fluchtend		
	Rotation nicht fluchtend		
X, Y, Z 🔴 Haupttranslationsachsen, parallel zum Bezugskoordinatensystem	**Werkzeuge**		Spritzpistole, Schweißzange
... U, V, W 🔵 Nebentranslationsachse, parallel zu X, Y, Z oder beliebiger Achse	**Greifer**		Zangengreifer
	Kennzeichnung von **Systemgrenzen**		echte Schnittstelle, z. B. auswechselbare Werkzeuge
A, B, C 🟡 Hauptrotationsachsen, um X, Y, Z oder andere Achsen drehend	Trennung zwischen Haupt- und Nebenachsen		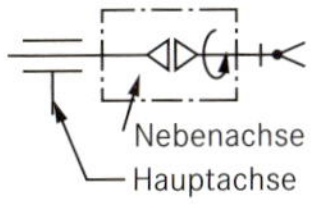 Nebenachse / Hauptachse
D, E, F ... 🔵 rotatorische Nebenachsen			

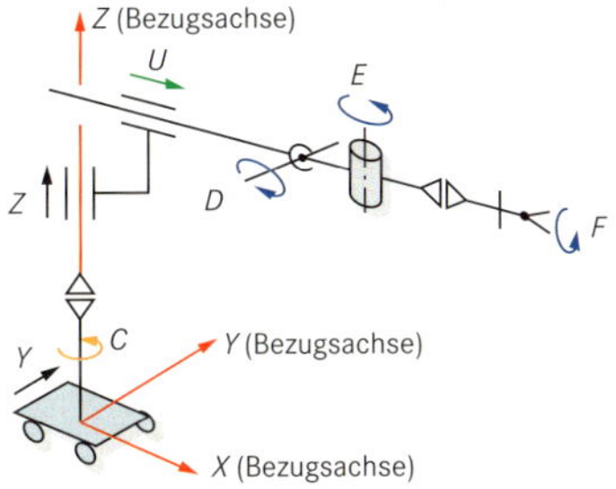

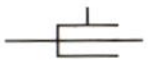

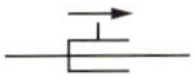

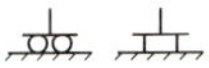

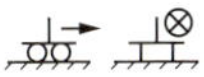

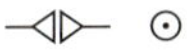

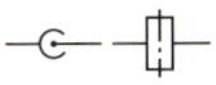

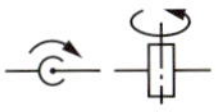

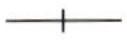

Fertigen mit numerisch gesteuerten Werkzeugmaschinen

Umformen
Metal forming

Mindestbiegeradius für das Kaltbiegen von Flacherzeugnissen aus Stahl DIN 5520: 2002-07

Werkstoff mit einer Mindestzugfestigkeit R_m in N/mm²	... 1	> 1 ... 1,5	> 1,5 ... 2,5	> 2,5 ... 3	> 3 ... 4	> 4 ... 5	> 5 ... 6	> 6 ... 7	> 7 ... 8	> 8 ... 10	> 10 ... 12	> 12 ... 14	> 14 ... 16	> 16 ... 18	> 18 ... 20
... 390	1	1,6	2,5	3	5	6	8	10	12	16	20	25	28	36	40
> 390 ... 490	1,2	2	3	4	5	8	10	12	16	20	25	28	32	40	45
> 490 ... 640	1,6	2,5	4	5	6	8	10	12	16	20	25	32	36	45	50

Die Werte gelten für Kaltbiegen quer zur Walzrichtung und für Biegewinkel $\alpha \leq 120°$. Beim Biegen längs zur Walzrichtung und Biegewinkeln $\alpha > 120°$ ist der Wert für die nächsthöhere Blechdicke zu wählen.

Biegeradien für Bleche und Bänder aus Aluminium und Aluminiumlegierungen DIN 5520: 2002-07

Werkstoff	Zustand	... 0,8	> 0,8 ... 1	> 1 ... 1,5	> 1,5 ... 2,5	> 2,5 ... 3	> 3 ... 4	> 4 ... 5	> 5 ... 6	> 6 ... 7	> 7 ... 8
EN AW-1050-H12	kaltverfestigt, ¼ hart	0,8	1	1,2	1,6	2,5	4	5	6	8	10
EN AW-5754-H111	weichgeglüht, gering kaltverfestigt	0,4	0,6	1,0	2,0	3,0	4,0	6,0	8,0	10,0	14,0
EN AW-5754-H12	kaltverfestigt, ¼ hart	1,2	1,6	2,5	4,0	6,0	10,0	14,0	18,0	–	–
EN AW-5754-H14	kaltverfestigt, ½ hart	1,6	2	3	4	6	8	12	16	–	–
EN AW-5754-H22	kaltverfestigt, ¼ hart, rückgeglüht	0,8	1,0	1,5	3,0	4,5	6,0	8,0	10,0	–	–
EN AW-5083-H111	weichgeglüht, gering kaltverfestigt	0,6	1,0	1,5	2,5	4,0	6,0	8,0	10,0	14,0	20,0
EN AW-5083-H22	kaltverfestigt, ¼ hart, rückgeglüht	1,2	1,6	2,5	4,0	6,0	10,0	16,0	20,0	25,0	32,0
EN AW-6082-T6	lösungsgeglüht, warm ausgelagert	2,5	4,0	5,0	8,0	12,0	16,0	23,0	28,0	36,0	44,0
EN AW-7020-T6	lösungsgeglüht, warm ausgelagert	1,2	1,6	3	4	5	6	8	10	12	16

Die Werte gelten für Kaltbiegen längs und quer zur Walzrichtung für Biegewinkel $\alpha = 90°$.

Radien in mm DIN 250: 2002-04

0,2				0,3		0,4		0,5		0,6		0,8		1		1,2		1,6	
2		2,5		3		4		5		6		8		10		12		16	18
20	20	25	28	32	36	40	45	50	56	63	70	80	90	100	110	125	140	160	180	200

    Vorzugsreihe

Gestreckte Länge (neutrale Faser)

Kreisförmig gebogen

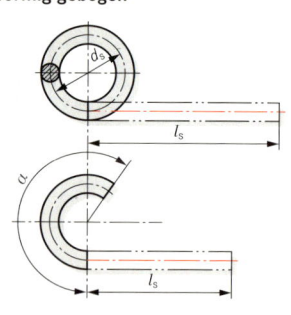

$$l_s = d_s \cdot \pi \qquad d_s = \frac{l_s}{\pi}$$

$$l_s = \frac{d_s \cdot \pi \cdot \alpha}{360°} \qquad d_s = \frac{l_s \cdot 360°}{\pi \cdot \alpha} \qquad \alpha = \frac{l_s \cdot 360°}{d_s \cdot \pi}$$

l_s : gestreckte Länge
d_s : Durchmesser der Schwerpunktlinie
d_i : Innendurchmesser
d : Durchmesser
α : Biegewinkel
π : 3,14159 ...

Scharfkantig gebogen
a) Ecken gestaucht

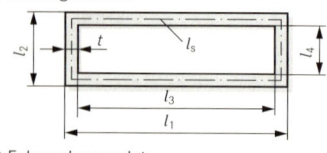

$l_s = 2 \cdot l_1 + 2 \cdot l_2 - n \cdot t$

$l_s = 2 \cdot l_3 + 2 \cdot l_4 + n \cdot t$

b) Ecken abgerundet

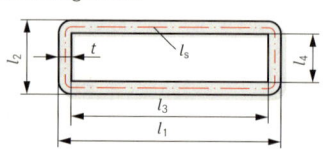

$l_s = 2 \cdot l_1 + 2 \cdot l_2 + t \cdot \pi - 8 \cdot t$

$l_s = 2 \cdot l_3 + 2 \cdot l_4 + t \cdot \pi$

l_s : gestreckte Länge
$l_1; l_2$: Außenmaße
$l_3; l_4$: Innenmaße
n : Anzahl der Biegekanten
t : Werkstückdicke

Umformen
Metal forming

Zuschnittlänge für 90°-Biegungen

DIN 6935 Beiblatt 1: 2010-01

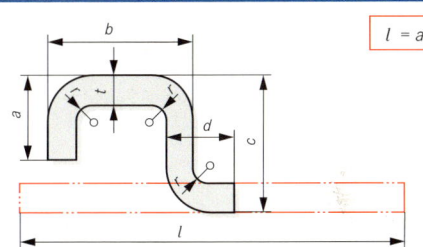

$l = a + b + c + d + \ldots - n \cdot v$

Ergebnis auf volle Millimeter aufrunden

- l : gestreckte Länge
- $a, b, c \ldots$: Länge der Schenkel (Außenmaße)
- r : Biegeradius (Innenmaß)
- t : Blechdicke
- n : Anzahl der Biegestellen
- v : Ausgleichswert

Biegeradius r in mm	Ausgleichswert v je Biegestelle in mm für Blechdicke t in mm																	
	0,3	0,4	0,5	0,6	0,8	1,0	1,2	1,5	2,0	2,5	3,0	4,0	5,0	6,0	8,0	10,0	12,0	15,0	18,0
1,0	0,9	1,0	1,2	1,3	1,7	1,9													
1,6	1,0	1,3	1,4	1,6	1,8	2,1	2,5	2,9											
2,5	1,4	1,6	1,8	2,0	2,2	2,4	2,8	3,2	4,0	4,8									
4,0	2,0	2,2	2,4	2,5	2,8	3,0	3,5	3,7	4,5	5,2	6,0	7,7							
6,0	2,9	3,0	3,2	3,3	3,4	3,8	4,4	4,5	5,2	5,9	6,7	8,3	9,9	11,6					
10,0	4,6	4,7	4,9	5,0	5,1	5,5	5,8	6,1	6,7	7,4	8,1	9,6	11,2	12,7	15,9	19,3			
16,0	7,1	7,2	7,4	7,5	7,7	8,1	8,3	8,7	9,3	9,9	10,5	11,9	13,3	14,8	17,8	21,0	24,2	29,1	
20,0	8,8	8,9	9,1	9,2	9,3	9,8	10,2	10,4	11,0	11,6	12,2	13,4	14,9	16,3	19,3	22,3	25,4	30,2	35,2
25,0	11,0	11,1	11,2	11,3	11,5	11,9	12,1	12,6	13,2	13,8	14,4	15,6	16,8	18,2	21,1	24,1	27,0	31,8	36,6

Zuschnittlänge für beliebige Biegewinkel

DIN 6935 Beiblatt 1: 1975-10

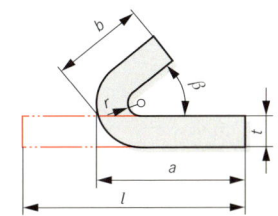

$l = a + b - v$

$k = 0{,}65 + 0{,}5 \cdot \log \dfrac{r}{t}$

Ergebnis auf volle Millimeter aufrunden

- l : gestreckte Länge
- $a, b \ldots$: Länge der Schenkel (Außenmaße)
- v : Ausgleichswert
- r : Biegeradius (Innenmaß)
- t : Blechdicke
- β : Öffnungswinkel
- k : Korrekturfaktor

Öffnungswinkel β	Ausgleichswert v
0° … 90°	$2 \cdot (r + t) - \pi \cdot \left(\dfrac{180° - \beta}{180°}\right) \cdot \left(r + \dfrac{t}{2} \cdot k\right)$
> 90° … 165°	$2 \cdot (r + t) \cdot \tan\left(\dfrac{180° - \beta}{2}\right) - \pi \cdot \left(\dfrac{180° - \beta}{180°}\right) \cdot \left(r + \dfrac{t}{2} \cdot k\right)$
> 165° … 180°	0 (vernachlässigbar klein)

Korrekturfaktor k (ausgewählte Werte)						
$r : t$	0,25	0,5	0,75	1,0	1,5	2,0	2,5
k	0,35	0,5	0,59	0,65	0,74	0,8	0,85
$r : t$	3,0	3,5	4,0	4,5	5,0	5,5	6,0
k	0,89	0,92	0,95	0,98	1,0	1,02	1,04

Rückfederung beim Biegen

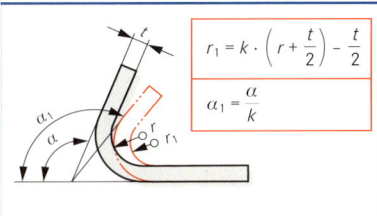

$r_1 = k \cdot \left(r + \dfrac{t}{2}\right) - \dfrac{t}{2}$

$\alpha_1 = \dfrac{\alpha}{k}$

- α : Biegewinkel am Werkstück
- α_1 : Winkel vor der Rückfederung
- r : Biegeradius am Werkstück
- r_1 : Radius vor der Rückfederung
- t : Blechdicke
- k : Rückfederungsfaktor

Werkstoff	Rückfederungsfaktor k für das Verhältnis $r : t$									
	1,0	1,6	2,5	4,0	6,3	10	16	25	40	63	100
S 235 JR	0,98	0,98	0,98	0,97	0,96	0,94	0,91	0,87	0,82	0,74	0,64
S 275 JR	0,98	0,98	0,98	0,98	0,98	0,97	0,96	0,94	0,92	0,87	0,84
C 15 E	0,98	0,98	0,98	0,96	0,94	0,91	0,86	0,78	0,67	0,51	0,25
X12CrNi 18-8	0,99	0,98	0,97	0,95	0,93	0,89	0,84	0,76	0,63	–	–
Cu Zn 33-R290	0,97	0,97	0,96	0,95	0,94	0,93	0,89	0,86	0,83	0,77	0,73
E-Cu F 20	0,98	0,97	0,97	0,96	0,95	0,93	0,90	0,85	0,79	0,72	0,60
EN AW-Al99,5	0,99	0,99	0,99	0,99	0,98	0,98	0,97	0,97	0,96	0,95	0,93
EN AW-AlSi1MgMn	0,98	0,98	0,97	0,96	0,95	0,93	0,90	0,86	0,82	0,76	0,72
EN AW-AlCu4Mg1	0,98	0,98	0,98	0,98	0,97	0,97	0,96	0,95	0,93	0,91	0,87

Umformen
Metal forming

Tiefziehen

– im Erstzug

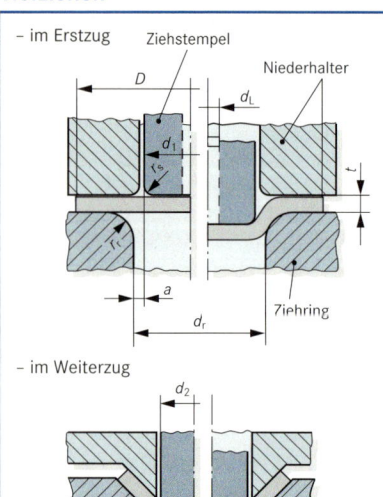

– im Weiterzug

$$\beta_1 = \frac{D}{d_1}$$

$a = t + k \cdot \sqrt{10 \cdot t}$

$d_r = d_1 + 2 \cdot a$

$r_s = 4 \cdot t \ldots 5 \cdot t$

$r_r = 0{,}035 \cdot [50 + (D - d_1)] \cdot \sqrt{t}$

$F_z = (d_1 + t) \cdot \pi \cdot t \cdot R_m \cdot 1{,}2 \dfrac{\beta_1 - 1}{\beta_{1\,max} - 1}$

$F_N = (D^2 - d_N^2) \cdot \dfrac{\pi}{4} \cdot p$

mit $d_N = d_1 + 2 \cdot a + 2 \cdot r_r$

$F = F_z + F_N$

$$\beta_2 = \frac{d_1}{d_2};\ \beta_3 = \frac{d_2}{d_3} \ldots$$

$$\beta_{ges} = \beta_1 \cdot \beta_2 \cdot \beta_3 \ldots$$

D : Zuschnittdurchmesser
d_1 : Stempeldurchmesser 1. Zug
d_2 : Stempeldurchmesser 2. Zug
d_r : Ziehringdurchmesser
d_L : Durchmesser der Entlüftungsbohrung
a : Ziehspalt
r_s : Ziehstempelradius
r_r : Ziehringradius
k : Werkstofffaktor
t : Blechdicke
β_1 : Tiefziehverhältnis 1. Zug
β_2 : Tiefziehverhältnis 2. Zug
β_{ges} : Gesamttiefziehverhältnis
β_{max} : Grenztiefziehverhältnis
d_r : Ziehringdurchmesser
F_z : Tiefziehkraft
F_N : Niederhalterkraft
d_N : Auflagedurchmesser des Niederhalters
F : Gesamttiefziehkraft
R_m : Mindestzugfestigkeit
A : vom Niederhalter gespannte Werkstückfläche
p : Flächenpressung

Werkstofffaktor k		Richtwerte für Entlüftungsbohrungen		Ziehstempelradius für Erstzug r_s		Schmierstoffe beim Tiefziehen	
Werkstoff	Werkstofffaktor k	Ø d_1 in mm	Ø d_L in mm	$r : t$	r_s	Werkstoff	Schmierstoff
Tiefziehstahlblech	0,07					Tiefziehstahlblech	Öl + Molybdänisulfid; Talg + Grafit
Aluminiumblech	0,02	bis 100	6	bis 0,3	$2 \cdot r_r$	Al-Blech	Petroleum + Grafit; Talg
sonstige NE-Bleche	0,04	> 100 ... 200	8	> 0,3 ... 0,6	$1{,}5 \cdot r_r$		
hochwarmfeste Legierungen	0,2	> 200	10	> 0,6	$1{,}0 \cdot r_r$	Cu-Blech	wie Al-Bleche
						CuZn-Blech	warme Rüböl-Seifenwasser-Emulsion

Grenztiefziehverhältnis $\beta_{1\,max}$ und maximale Flächenpressung p_{max} im Niederhalter

Werkstoff	$\beta_{1\,max}$	$\beta_{2\,max}$ ohne Zwischenglühen	$\beta_{2\,max}$ mit Zwischenglühen	Flächenpressung p_{max} in N/mm²	Werkstoff	$\beta_{1\,max}$	$\beta_{2\,max}$ ohne Zwischenglühen	$\beta_{2\,max}$ mit Zwischenglühen	Flächenpressung p_{max} in N/mm²
(St 10)	1,7	1,2	1,5	2,5	CuZn 37 h	1,9	1,2	1,7	2,4
DC 01 (St 12)	1,8	1,2	1,6	2,5	EN AW-Al 99,5	2,1	1,6	2,0	1,2
DC 03 (St 13)	1,9	1,25	1,65	2,5	EN AW-AlMg 1	1,85	1,3	1,75	1,2
DC 04 (St 14)	2,0	1,3	1,7	2,5	EN AW-AlMn 1	1,85	1,3	1,75	1,2
Cu	2,1	1,3	1,9	2,0	EN AW-AlSi1MgMn	2,05	1,4	1,85	1,5
CuZn 37 w	2,1	1,4	2,0	2,0	EN AW-AlCu4Mg 1	2,0	1,5	1,8	1,5

Die Werte für $\beta_{1\,max}$ und $\beta_{2\,max}$ gelten bis $D : t = 300$. Sie wurden aufgenommen für $t = 1$ mm und $D_1 = 100$ mm.
Bei anderen Blechdicken und/oder Stempeldurchmessern ändern sie sich nur geringfügig.

Umformen
Metal forming

Durchmesser von Zuschnitten für rotationssymmetrische Tiefziehteile

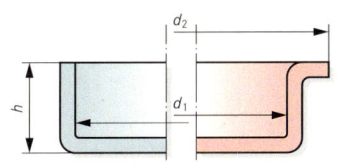

ohne Rand: $D = \sqrt{d_1^2 + 4 \cdot d_1 \cdot h}$

mit Rand: $D = \sqrt{d_2^2 + 4 \cdot d_1 \cdot h}$

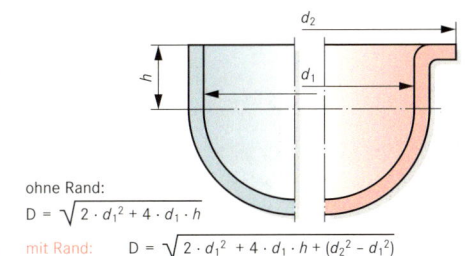

ohne Rand: $D = \sqrt{2 \cdot d_1^2 + 4 \cdot d_1 \cdot h}$

mit Rand: $D = \sqrt{2 \cdot d_1^2 + 4 \cdot d_1 \cdot h + (d_2^2 - d_1^2)}$

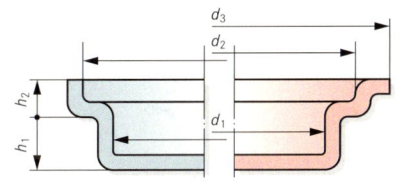

ohne Rand: $D = \sqrt{d_2^2 + 4 \cdot (d_1 \cdot h_1 + d_2 \cdot h_2)}$

mit Rand: $D = \sqrt{d_3^2 + 4 \cdot (d_1 \cdot h_1 + d_2 \cdot h_2)}$

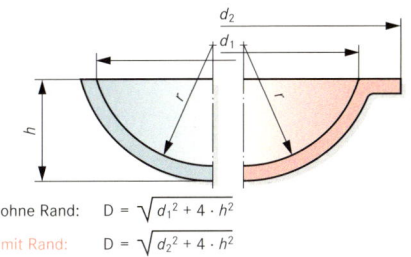

ohne Rand: $D = \sqrt{d_1^2 + 4 \cdot h^2}$

mit Rand: $D = \sqrt{d_2^2 + 4 \cdot h^2}$

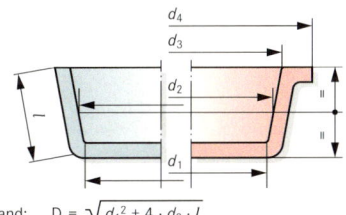

ohne Rand: $D = \sqrt{d_1^2 + 4 \cdot d_2 \cdot l}$

mit Rand: $D = \sqrt{d_1^2 + 4 \cdot d_2 \cdot l + (d_4^2 - d_3^2)}$

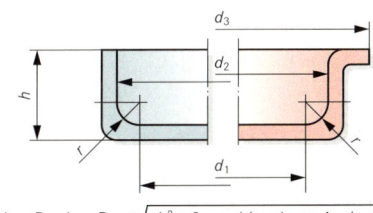

ohne Rand: $D = \sqrt{d_1^2 + 2 \cdot \pi \cdot (d_1 + r) \cdot r + 4 \cdot d_2 \cdot h}$

mit Rand: $D = \sqrt{d_1^2 + 2 \cdot \pi \cdot (d_1 + r) \cdot r + 4 \cdot d_2 \cdot h + (d_3^2 - d_2^2)}$

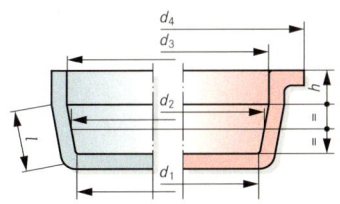

ohne Rand: $D = \sqrt{d_1^2 + 4 \cdot d_2 \cdot l + d_3 \cdot h}$

mit Rand: $D = \sqrt{d_1^2 + 4 \cdot d_2 \cdot l + d_3 \cdot h + (d_4^2 - d_3^2)}$

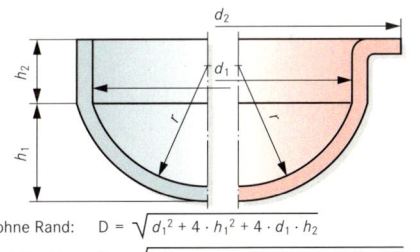

ohne Rand: $D = \sqrt{d_1^2 + 4 \cdot h_1^2 + 4 \cdot d_1 \cdot h_2}$

mit Rand: $D = \sqrt{d_1^2 + 4 \cdot h_1^2 + 4 \cdot d_1 \cdot h_2 + (d_2^2 - d_1^2)}$

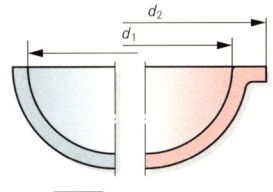

ohne Rand: $D = \sqrt{2 \cdot d_1^2}$

mit Rand: $D = \sqrt{d_1^2 + d_2^2}$

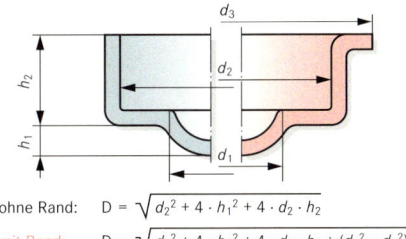

ohne Rand: $D = \sqrt{d_2^2 + 4 \cdot h_1^2 + 4 \cdot d_2 \cdot h_2}$

mit Rand: $D = \sqrt{d_2^2 + 4 \cdot h_1^2 + 4 \cdot d_2 \cdot h_2 + (d_3^2 - d_2^2)}$

Fertigen durch Scherschneiden und Abtragen

Brennschneiden
Thermally cutting

Leistungswerte und Verbrauchsmegen von Brennschneiddüsen

Werkstück-dicke in mm	Schneid-düse in mm	Sauerstoffdruck in bar		Acetylen-druck in bar	Gesamt-verbrauch Sauerstoff in m³/h	Acetylen-verbrauch in m³/h	Schnittfu-genbreite in mm	Schnittgeschwindigkeit in mm/min	
		Heizen	Schneiden					Konstruk-tionsschnitt	Trenn-schnitt
3	3 … 10	2,0	2,0	0,2	1,64	0,24	1,5	730	870
5			2,0		1,67	0,27		690	840
8			2,5		1,92	0,32		640	780
10			3,0		2,14	0,34		600	740
10	10 … 25	2,5	2,5	0,2	2,46	0,36	1,8	620	750
15			3,0		2,67	0,37		520	690
20			3,5		2,98	0,38		450	640
25			4,0		3,20	0,40		410	600
25	25 … 40	2,5	4,0	0,2	3,20	0,40	2,0	410	600
30			4,3		3,42	0,42		380	570
35			4,5		3,54	0,44		360	550
40			5,0		3,85	0,45		340	530
40	40 … 60	2,5	4,0	0,2	4,95	0,46	2,2	340	540
50			4,5		5,39	0,49		320	500
60			5,0		5,83	0,52		310	460
60	60 … 100	2,5	5,0	0,2	8,56	0,56	3,5	320	480
80			5,5		9,22	0,62	3,5	280	410
100			6,0		9,97	0,67	4,0	260	330

Qualität und Maßtoleranzen thermischer Schnitte

DIN EN ISO 9013: 2003-07

Qualität der Schnitte				
Schnittdicke a in mm	Bereich	Rechtwinkligkeits- oder Neigungstoleranz u in mm	Gemittelte Rauhtiefe Rz5 in µm[1]	
3 … 300	1	0,05 + 0,003 a	10 + 0,6a[2]	
	2	0,15 + 0,007 a	40 + 0,8a[2]	
	3	0,4 + 0,01 a	70 + 1,2a[2]	
	4	0,8 + 0,02 a	110 + 1,8a[2]	
	5	102 + 0,035 a	–	

Angabe in technischen Zeichnungen:

1 2 3 4

1 Norm-Hauptnummer
2 Rechtwinkligkeits- oder Neigungstoleranz u
3 Gemittelte Rauhtiefe Rz5
4 Toleranzklasse

Beispiel: ISO 9013 – 342

[1] 1 x 1 Messung je 1 Meter Schnitt
[2] a wird als Zahlenwert in mm eingesetzt

Grenzabmaße – Toleranzklassen

Werkstückdicke t in mm	Nennmaße in mm														
	> 0 < 3		≥ 3 < 10		≥ 10 < 35		≥ 35 < 125		≥ 125 < 315		≥ 315 < 1000		≥ 1000 < 2000		≥ 2000 < 4000
> 0 ≤ 1	±0,04	±0,1	±0,1	±0,3	±0,1	±0,4	±0,2	±0,5	±0,2	±0,7	±0,3	±0,8	±0,3	±0,9	±0,3	±0,9
> 1 ≤ 3,15	±0,1	±0,2	±0,2	±0,4	±0,2	±0,5	±0,3	±0,7	±0,3	±0,8	±0,4	±0,9	±0,4	±1,0	±0,4	±1,1
> 3,15 ≤ 6,3	±0,3	±0,5	±0,3	±0,7	±0,4	±0,8	±0,4	±0,9	±0,5	±1,1	±0,5	±1,2	±0,5	±1,3	±0,6	±1,3
> 6,3 ≤ 10			±0,5	±1,0	±0,6	±1,1	±0,6	±1,3	±0,7	±1,4	±0,7	±1,5	±0,7	±1,6	±0,8	±1,7
> 10 ≤ 50			±0,6	±1,8	±0,7	±1,8	±0,7	±1,8	±0,8	±1,9	±1,0	±2,3	±1,6	±3,0	±2,5	±4,2
> 50 ≤ 100					±1,3	±2,5	±1,3	±2,5	±1,4	±2,6	±1,7	±3,0	±2,2	±3,7	±3,1	±4,9
> 100 ≤ 150					±1,9	±3,2	±2,0	±3,3	±2,1	±3,4	±2,3	±3,7	±2,9	±4,4	±3,8	±5,7
> 150 ≤ 200					±2,6	±4,0	±2,7	±4,0	±2,7	±4,1	±3,0	±4,5	±3,6	±5,2	±4,5	±6,4
> 200 ≤ 250											±3,7	±5,2	±4,2	±5,9	±5,2	±7,2
> 250 ≤ 300											±4,4	±6,0	±4,9	±6,7	±5,9	±7,9

■ : Toleranzklasse 1   ■ : Toleranzklasse 2

Thermisches Abtragen
Thermally eroding

Richtwerte für das Laserstrahlschneiden mit CO_2-Laser

Werkstoff	Werk-stück-dicke t in mm	Lei-stung P_{exi} in W	Laser-strahl-durch-messer d in mm	Schnitt-geschwin-digkeit v_c in m/mm	Schneid-gas	Werkstoff	Werk-stück-dicke t in mm	Lei-stung P_{exi} in W	Laser-strahl-durch-messer d in mm	Schnitt-geschwin-digkeit v_c in m/mm	Schneid-gas [1]
Unlegierter Stahl	1	200	0,1	30	O_2	PVC-hart	3,2	200	0,5	12	N_2
	3	200	0,2	6		Polystyrol	3,2	200	0,4	42	N_2
	2,2	850	0,3	57,5		Polyester	10	200	0,5	26	N_2
Nichtrosten-der Stahl	1	200	0,1	15	O_2	Nylon	0,1	200	0,1	300	N_2
	3	850	0,3	25			0,75	200	–	50	O_2
	5	850	0,3	12		Quarzglas	2	200	0,2	6	O_2
	9	850	0,3	1		Keramik	6,5	850	0,3	6,5	Ar
Titanlegierung	2	200	0,2	35	O_2						
Acrylglas	3	200	0,4	45	N_2						
	10	200	0,7	8	N_2						
	32	850	0,3	9	Ar						

[1] Bei allen Nichtmetallen kann an Stelle der angegebenen Schneidgase auch Luft verwendet werden.

Wasserstrahlschneiden

Werkstoff	Dicke t in mm	Vorschubgeschwindigkeit v_c in m/min	Werkstoff	Dicke t in mm	Vorschubgeschwindigkeit v_c in m/min
Aluminium	1,0	1,2	Polyethylen	3,0	0,3
	2,0	0,2			
Glasfaserverstärkter Kunststoff	3,5	2,4	Polycarbonat	8,0	0,2
	15,0	0,2			
Kohlefaserverstärkter Kunststoff	2,5	2,3	Wellpappe	6,25	180,0
	6,0	0,1		14,0	80,0
Polyamid	6,5	1,2	Gummi	1,5	30,0
				25,0	7,5

Plasmaschneiden

Werkstückdicke t in mm	Stromstärke I in A	Düsendurch-messer s in mm	Schneidgase Ar l/min	Schneidgase H_2 l/min	Schnittgeschwindigkeit v_c in mm/min Güteschnitt	Schnittgeschwindigkeit v_c in mm/min Trennschnitt
Hochlegierte Stähle						
10	200	2,0	15	10	1250	3500
20	200	2,0	15	12	650	2000
30	280	2,5	20	12	500	1000
40	280	2,5	20	12	350	700
50	280	2,5	20	12	200	600
Aluminium						
10	200	2,0	15	10	4000	6000
20	200	2,0	15	12	1400	3500
30	200	2,0	20	12	750	2500
40	200	2,0	20	12	450	2000
50	280	2,5	20	12	600	1200

Richtwerte für das funkenerosive Schneiden (Drahterodieren)

Werkstück: X 210 Cr 12 (1.2080); Draht: Cu, Durchmesser 0,25 mm; Dielektrium: entsalztes Wasser

Schnittart	Schnellschnitt						Qualitätsschnitt						Präzisionsschnitt					
Werkstückdicke t in mm	10	20	30	50	70	100	10	20	30	50	70	100	10	20	30	50	70	100
Arbeitsstrom I_e in A			15				13	13	15	15	15	15	15	15	15	15	15	11
Drahtgeschwindigkeit v_d in m/min			200				90	90	120	120	120	120			200			
Schneidvorschub v_f in mm/min	12,5	7,2	5,3	3,55	2,15	1,3	3,9	2,45	1,8	1,2	0,9	0,61	8,5	5,5	4,0	2,5	1,7	0,95
Schneidrate A_c in mm²/min	125	144	159	177	150	130	39	48	54	59	63	61	3,45	2,63	1,88	1,25	0,94	0,6
Ra/Rz in µm			1,8/10						1,8/9,5						1,4/7,5			

Eisen-Kohlenstoff-Diagramm
Iron-carbon diagram

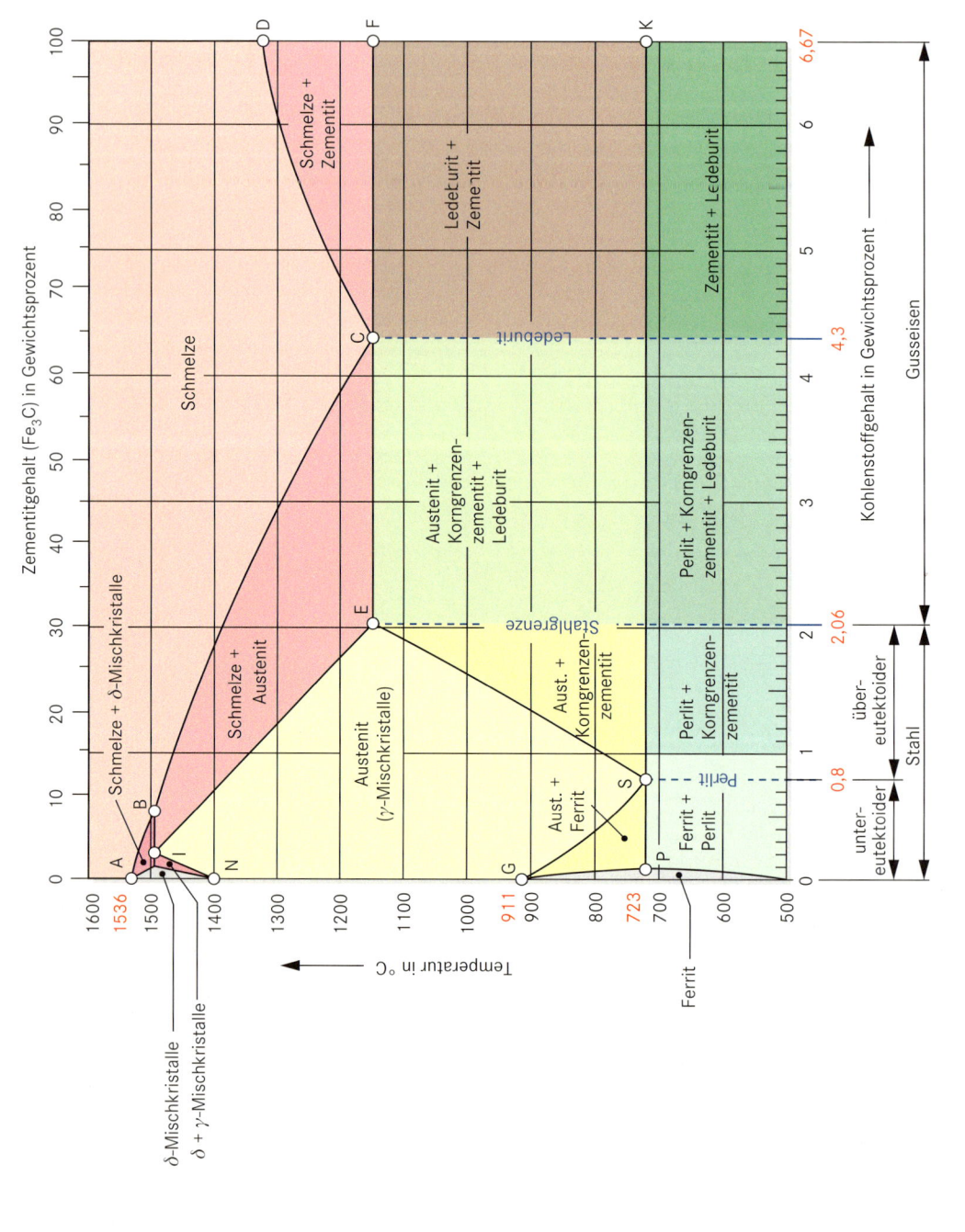

Eisen-Kohlenstoff-Diagramm
Iron-carbon diagram

Ausschnitt aus dem Eisen-Kohlenstoff-Diagramm

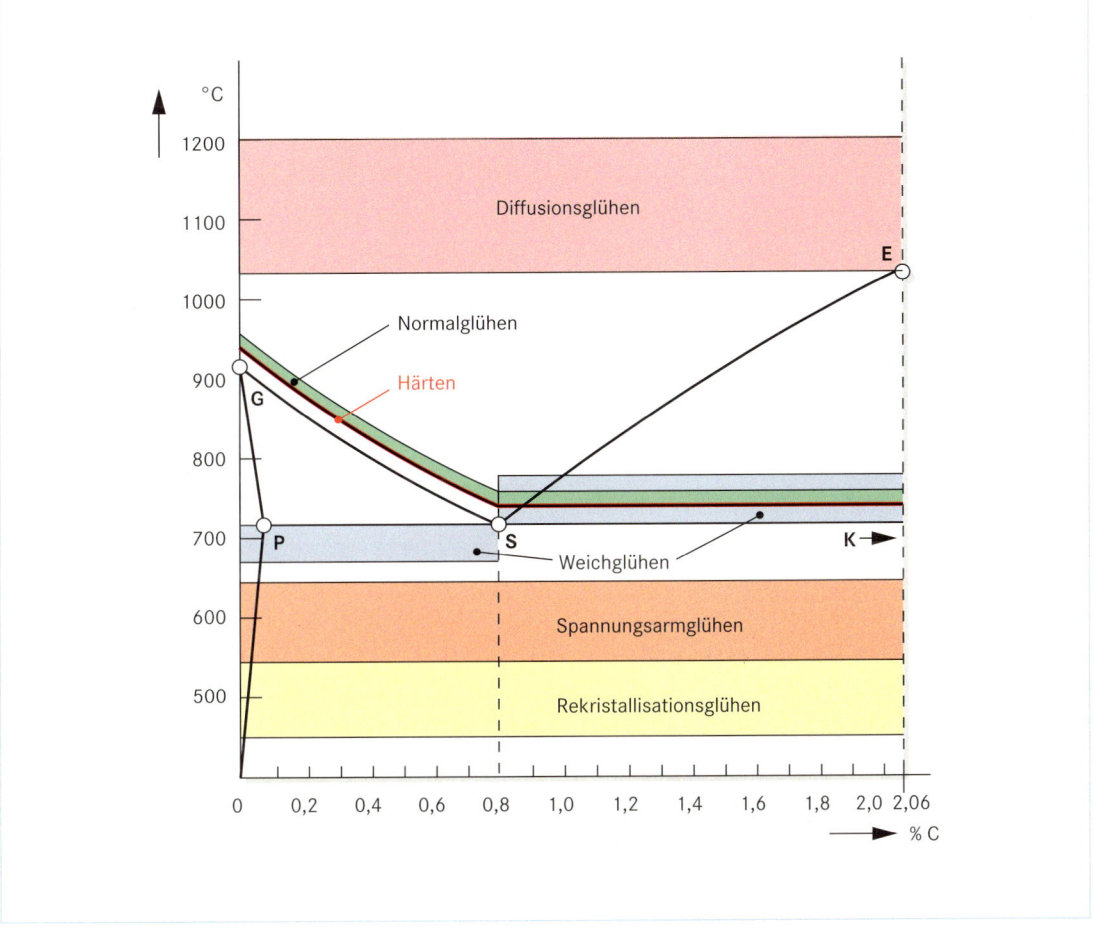

Begriffe der Wärmebehandlung

DIN EN 10052: 1994-01

Diffusionsglühen	Glühen bei hoher Temperatur, um Unterschiede der chemischen Zusammensetzung zu verringern	Einsatzhärten	Aufkohlen oder Carbonitrieren mit anschließender, zur Härtung führender Behandlung
Normalglühen	Erwärmen auf eine Temperatur oberhalb der GSK-Linie mit anschließendem Abkühlen in ruhender Luft	Vergüten	Härten und Anlassen bei höherer Temperatur, um gewünschte Kombination der mechanischen Eigenschaften, insbesondere hohe Zähigkeit und Verformbarkeit, zu erreichen
Rekristallisationsglühen	Glühen zur Erreichung einer Kornneubildung in kalt umgeformtem Werkstoff ohne Phasenumwandlung	Abschrecken	Abkühlen eines Werkstücks mit größerer Geschwindigkeit als bei ruhender Luft
Spannungsarmglühen	Glühen bei einer Temperatur unterhalb der PSK-Linie mit anschließendem langsamen Abkühlen zur Herabsetzung der Eigenspannungen	Anlassen	Wärmebehandlung, die nach einem Härten durchgeführt wird, um gewünschte Werte für bestimmte Eigenschaften zu erreichen
Weichglühen	Glühen dicht unterhalb oder dicht oberhalb der PSK-Linie mit anschließendem langsamen Abkühlen zur Verminderung der Härte	Nitrieren	Thermochemisches Behandeln zum Anreichern der Randschicht eines Werkstücks mit Stickstoff zur Erreichung einer Oberflächenhärte
Härten	Erwärmen und Halten auf einer Temperatur oberhalb der GSK-Linie mit anschließendem Abschrecken, so dass durch Martensitbildung eine Härtesteigerung eintritt	Altern	Ändern der Eigenschaften eines Werkstoffes bei oder in Nähe der Raumtemperatur durch Wandern gelöster Elemente

Wärmebehandlung

Gefügebilder, Glühfarben, Anlassfarben
Pictures of microstructures, heat colours, tempering colours

Gefügebilder

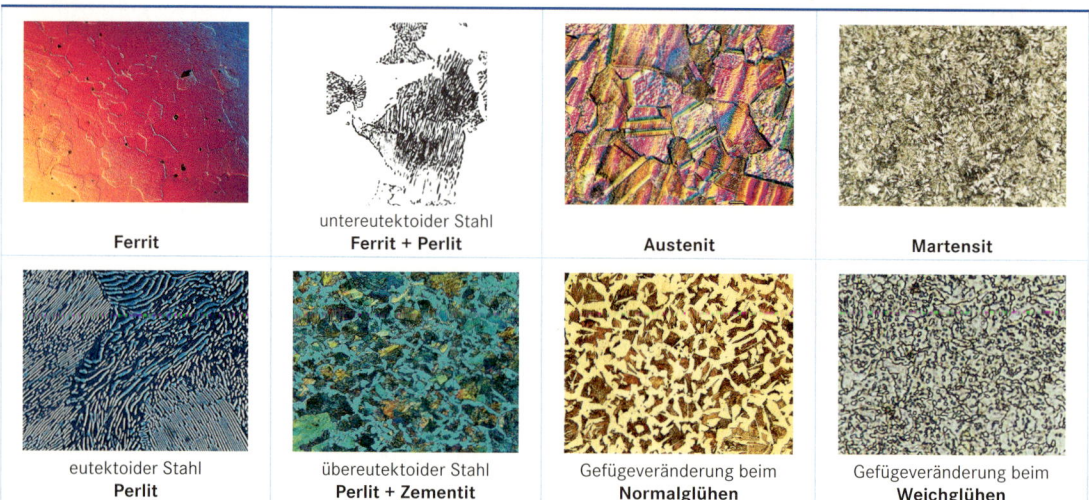

| Ferrit | untereutektoider Stahl Ferrit + Perlit | Austenit | Martensit |
| eutektoider Stahl Perlit | übereutektoider Stahl Perlit + Zementit | Gefügeveränderung beim Normalglühen | Gefügeveränderung beim Weichglühen |

Glühfarben für Stähle

Dunkelbraun	550 °C
Braunrot	630 °C
Dunkelrot	680 °C
Dunkelkirschrot	740 °C
Kirschrot	780 °C
Hellkirschrot	810 °C
Hellrot	850 °C
gut Hellrot	900 °C
Gelbrot	950 °C
Hellgelbrot	1000 °C
Gelb	1100 °C
Hellgelb	1200 °C
Gelbweiß	1300 °C und darüber

Anlassfarben für unlegierten Werkzeugstahl

Weißgelb	200 °C
Strohgelb	220 °C
Goldgelb	230 °C
Gelbbraun	240 °C
Braunrot	250 °C
Rot	260 °C
Purpurrot	270 °C
Violett	280 °C
Dunkelblau	290 °C
Kornblumenblau	300 °C
Hellblau	320 °C
Blaugrau	340 °C
Grau	360 °C

Wärmebehandlung

Wärmebehandlung von Einsatzstählen und Vergütungsstählen
Heat treatment of case-hardening steels and quenched and and tempered steels

Einsatzstähle

DIN EN 10 084: 2008-06

Kurzname	Werkstoff-nummer	Auf-kohlungs-temperatur in °C	Kernhärten bei °C	Rand-härten bei °C	Abkühlmittel	Anlassen bei °C
C 10 E	1.1121	880 ... 980	880 ... 920	780 ... 820	Die Wahl des Abkühlmittels richtet sich in Abhängigkeit von den zu erzielenden Eigenschaften nach der Härtbarkeit, der Gestalt und dem Querschnitt des Werkstückes und nach der Wirkung des Abkühlmittels	150 ... 200
C 15 E	1.1141					
16 MnCr 5	1.7131		860 ... 900			
20 MnCr 5	1.7147					
20 MoCr 4	1.7321					
20 NiCrMo 2-2	1.6523		860 ... 900			
18 CrNiMo 7-6	1.6587		830 ... 870			

Gewährleistete Härte

Kurzname	Werkstoff-nummer	Härte im Behandlungszustand			Kurzname	Werkstoff-nummer	Härte im Behandlungszustand		
		A[1] HB 30 max.	TH[2] HB 30	FP[3] HB 30			A HB 30 max.	TH HB 30	FP HB 30
C 10 E	1.1121	131	–	–	20 NiCrMo 2-2	1.6523	212	161 ... 212	149 ... 194
C 15 E	1.1141	143	–	–	18 CrNiMo 7-6	1.6587	229	179 ... 229	159 ... 207
16 MnCr 5	1.7131	207	156 ... 207	140 ... 187					
20 MnCr 5	1.7147	217	170 ... 217	152 ... 201					
20 MoCr 4	1.7321	207	156 ... 207	140 ... 187					

[1] A: weichgeglüht
[2] TH: wärmebehandelt auf Härtespanne
[3] FP: wärmebehandelt auf Ferrit-Perlit-Gefüge und Härtespanne

Vergütungsstähle

DIN EN 10 083-3: 2007-01

Kurzname	Werk-stoff-nummer	Weichglühen bei °C	Normalglühen bei °C	Härten in Wasser bei °C	Härten in Öl bei °C	Anlassen bei °C	Härte in Stirnabschreckversuch in HRC
C 22[1]	1.0402	650 ... 700	880 ... 920	860 ... 900	–	550 ... 660	–
C 25[1]	1.0406		880 ... 920	860 ... 900	–		–
C 35[1]	1.0501		860 ... 900	840 ... 880	840 ... 880		–
C 45[1]	1.0503		840 ... 880	840 ... 880	820 ... 860		–
C 60[1]	1.0601		820 ... 860	800 ... 840	800 ... 810		–
28 Mn 6	1.1170	650 ... 700	850 ... 890	830 ... 870	830 ... 870	540 ... 680	54 ... 45
38 Cr 2[2]	1.7003	650 ... 700	–	830 ... 870	830 ... 870		59 ... 51
46 Cr 2[2]	1.7003	650 ... 700	–	820 ... 860	820 ... 860		63 ... 54
34 Cr 4[2]	1.7033	680 ... 720	–	830 ... 870	830 ... 870		57 ... 49
37 Cr 4[2]	1.7034	680 ... 720	–	825 ... 865	825 ... 865		59 ... 51
41 Cr 4[2]	1.7035	680 ... 720	–	820 ... 860	820 ... 860		61 ... 53
25 CrMo 4	1.7218	680 ... 720	860 ... 900	840 ... 880	840 ... 880		52 ... 44
34 CrMo 4	1.7220		850 ... 890	830 ... 870	830 ... 870		57 ... 49
42 CrMo 4	1.7225		840 ... 880	820 ... 860	820 ... 860		61 ... 53
50 CrMo 4	1.7228		840 ... 880	–	820 ... 860		65 ... 58
30 CrNiMo 8	1.6580	650 ... 700	–	–	830 ... 860	550 ... 660	56 ... 48
34 CrNiMo 6	1.6582	650 ... 700	–	–	830 ... 860	540 ... 660	58 ... 50
36 CrNiMo 4	1.6511	650 ... 700	–	820 ... 850	820 ... 850	540 ... 680	59 ... 51
36 CrNiMo 16	1.6773	–	–	–	865 ... 885	550 ... 650	57 ... 50
51 CrV 4	1.8159	680 ... 720	–	–	820 ... 860	540 ... 680	65 ... 57

[1] Die Angaben gelten auch für Stähle mit einem vorgeschriebenen Bereich des S-Gehaltes, z. B.: C 22 R, oder mit einem vorgeschriebenen maximalen S-Gehalt, z. B.: C 22 E.

[2] Die Angaben gelten auch für Stähle mit einem gewährleisteten S-Gehalt, z. B.: 38 Cr S2.

Wärmebehandlung von Werkzeugstählen und nichtrostenden Stählen
Heat treatment of tool steels and stainless steels

Werkzeugstähle

DIN EN ISO 4957: 2001-02

Kurzname	Werkstoff-nummer	Härte HB weichgeglüht	Härtetemperatur in °C	Abschreck-mittel [1]	Anlass-temperatur in °C	Härte HRC min.
Unlegierte Kaltarbeitsstähle						
C 45 U	1.1730	207	810	W	180	54
C 70 U	1.1620	183	800	W	180	57
C 80 U	1.1525	192	790	W	180	58
C 105 U	1.1545	212	780	W	180	61
Legierte Kaltarbeitsstähle						
21 MnCr 5	1.2162	217	aufgekohlt, abgeschreckt und angelassen			60
60 WCrV 8	1.2550	229	910	O	180	58
90 MnCrV 8	1.2842	229	790	O	180	60
102 Cr 6	1.2067	223	840	O	180	60
45 NiCrMo 16	1.2767	285	850	O	180	52
X 38 CrMo 16	1.2316	300	vergütet geliefert			300 HB
X 153 CrMoV12	1.2379	255	1020	A	180	61
X 210 Cr 12	1.2080	248	970	O	180	62
X 210 CrW 12	1.2436	255	970	O	180	62
Warmarbeitsstähle						
32 CrMoV 12-28	1.2365	229	1040	O	550	46
55 NiCrMoV 7	1.2714	248	850	O	500	46
X 37 CrMoV 5-1	1.2343	229	1020	O	550	48
X 40 CrMoV 5-1	1.2344	229	1020	O	550	50
Schnellarbeitsstähle						
HS 3-3-2	1.3333	255	1190	A, O, Salzbad	560	62
HS 2-9-2	1.3348	269	1200	A, O, Salzbad	560	64
HS 6-5-2 C	1.3343	269	1210	A, O, Salzbad	560	64
HS 6-5-3	1.3344	269	1200	A, O, Salzbad	560	64
HS 6-5-2-5	1.3243	269	1210	A, O, Salzbad	560	64
HS 2-9-1-8	1.3247	277	1190	A, O, Salzbad	550	66
HS 10-4-3-10	1.3207	302	1230	A, O, Salzbad	560	66

[1] W: Wasser; O: Öl; A: Luft

Nichtrostende Stähle

DIN EN 10088-3: 2005-09

Kurzzeichen	Werkstoff-nummer	Glühen bei °C	Abkühlungsart	Abschrecken Temperatur °C	Abkühlungsart	Anlassen bei °C
Ferritische und martensitische Stähle						
X 2 CrNi 12	1.4003	680 ... 740	Luft	–	–	–
X 6 Cr 13	1.4000	750 ... 800		–	–	–
X 12 Cr 13 [1]	1.4006	–		950 ... 1000	Öl, Luft	680 ... 780
X 20 Cr 13 [1]	1.4021	745 ... 825		950 ... 1050		650 ... 750
X 30 Cr 13 [1]	1.4028	745 ... 825		950 ... 1050		625 ... 675
X 50 CrMoV 15	1.4116	750 ... 850		–	–	–
Austenitische Stähle						
X 10 CrNi 18-8	1.4310	1000 ... 1100	Wasser, Luft	–	–	–
X 2 CrNi 19-11	1.4306			–	–	–
X 5 CrNi 18-10	1.4301			–	–	–
X 6 CrNiTi 18-10	1.4541			–	–	–
X 6 CrNiMoNb 17-12-2	1.4580	1020 ... 1120		–	–	–
X 2 CrNiMo 18-15-4	1.4438			–	–	–

Qualitätsmanagementsysteme
Quality management systems

Grundlagen und Begriffe

DIN EN ISO 9000: 2005-12

Das erfolgreiche Führen und Betreiben einer Organisation, z. B. eines Betriebes, erfordert, dass sie in systematischer und klarer Weise geleitet und gelenkt wird. Ein Weg zum Erfolg kann die Einführung und Aufrechterhaltung eines Managementsystems sein, das auf ständige Leistungsverbesserung ausgerichtet ist. Dabei werden die Erfordernisse aller interessierten Parteien, z. B. Lieferant und Kunde, berücksichtigt.

Qualitätsmanagementsysteme können Organisationen beim Erhöhen der Kundenzufriedenheit unterstützen.

Kunden verlangen Produkte oder Dienstleistungen, die ihre Erfordernisse und Erwartungen erfüllen. Diese Erfordernisse und Erwartungen werden in Produktspezifikationen oder Kundenanforderungen ausgedrückt.
Kundenanforderungen können vom Kunden vertraglich festgelegt werden oder von der Organisation selber ermittelt werden. In beiden Fällen befindet der Kunde über die Annehmbarkeit des Produktes.

Ansatz für Qualitätsmanagementsysteme (QM-Systeme)

Um ein Qualitätsmanagementsystem zu entwickeln und zu verwirklichen, müssen

- Erfordernisse und Erwartungen der Kunden ermittelt,
- Qualitätspolitik und Qualitätsziele festgelegt,
- erforderliche Prozesse und Verantwortlichkeiten, um die Qualitätsziele zu erreichen, festgelegt,
- erforderliche Ressourcen, um die Qualitätsziele zu erreichen, festgelegt und bereitgestellt,
- Methoden, die Wirksamkeit und Effizienz jedes einzelnen Prozesses messen, eingeführt,
- diese Messungen zur Ermittlung der aktuellen Wirksamkeit und Effizienz jedes einzelnen Prozesses angewendet,
- Mittel zur Verhinderung von Fehlern und zur Beseitigung ihrer Ursachen festgelegt,
- Prozesse zur ständigen Verbesserung des Qualitätsmanagementsystems eingeführt und angewendet

werden.

Anforderungen

DIN EN ISO 9001: 2000-12

Die Kundenzufriedenheit wird durch die Erfüllung der Kundenanforderungen erhöht. Dieses erreicht man durch einen prozessorientierten Ansatz für die Entwicklung, Verwirklichung und Verbesserung der Wirksamkeit eines Qualitätsmanagementsystems.

Der prozessorientierte Ansatz bedeutet

- das Verstehen und Erfüllen der Anforderungen,
- die Notwendigkeit, Prozesse aus der Sicht der Wertschöpfung zu betrachten,
- das Erzielen von Ergebnissen bezüglich Prozessleistung und Prozesswirksamkeit und
- die ständige Verbesserung von Prozessen auf der Grundlage objektiver Messungen.

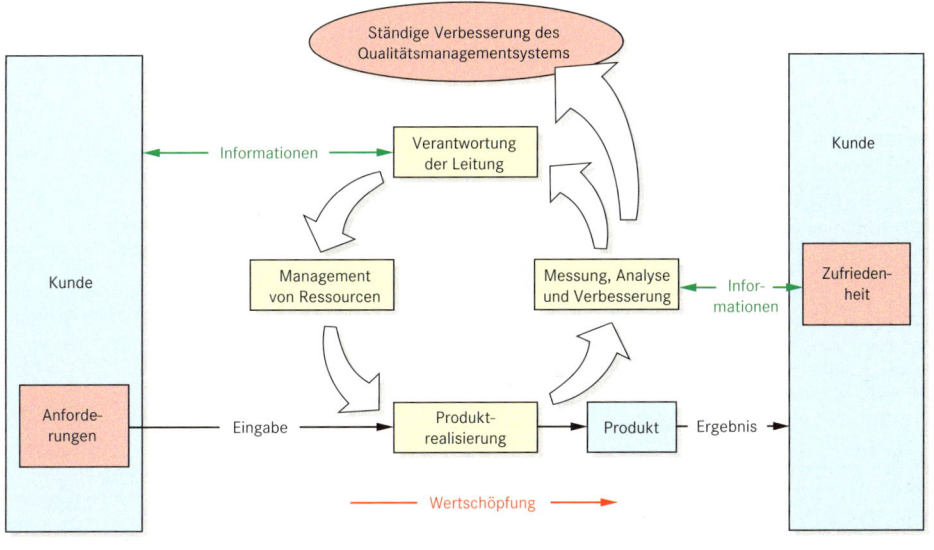

Lastenheft, Pflichtenheft
Requirement specification, system specification

Lastenheft

Definition

DIN VDI/VDE 3694: 91-04
- Das Lastenheft enthält alle Forderungen des Auftraggebers (Kunden) an die Lieferungen und/oder Leistungen eines Auftragnehmers.
- Die Forderungen sind aus Anwendersicht einschließlich aller Randbedingungen zu beschreiben. Diese sollten quantifizierbar und prüfbar sein.
- Im Lastenheft wird definiert, was für eine Aufgabe vorliegt und wofür diese zu lösen ist.

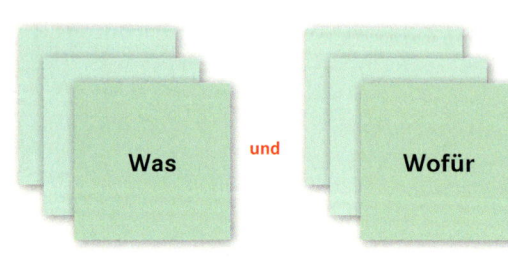

Pflichtenheft

Definition

DIN VDI/VDE 3694: 91-04
- Das Pflichtenheft enthält das vom Auftragnehmer erarbeitete Realisierungsvorhaben auf der Grundlage des Lastenheftes.
- Das Pflichtenheft enthält als Anlage das Lastenheft.
- Im Pflichtenheft werden die Anwendervorgaben detailliert und in einer Erweiterung die Realisierungsforderungen unter Berücksichtigung konkreter Lösungsansätze beschrieben.
- Im Pflichtenheft wird definiert, wie und womit die Forderungen zu realisieren sind.

Voraussetzungen für die Erstellung
- Guten Kontakt zwischen allen Beteiligten herstellen
- Wesentliche Anforderungen durch Markt-, Kunden- und Umfeldanalyse ermitteln

Funktion
- „Roter Faden" während des Ablaufs der Entwicklung, Produktion, …

Durchführung
- Keine allgemeingültigen Vorgaben
- Umfang und Inhalt ist stark von der Zielsetzung abhängig
- Ermittlung der z. B.
  - Anforderungsträger
  - Produktfaktoren aus Kundensicht
  - Kaufentscheidende Faktoren
  - Anforderungen aus dem Umfeld
  - Anforderungen aus dem Unternehmen
  - Anforderungen des Vertriebs
  - Anforderungen von Lieferanten und von Kooperationspartnern
  - Produktionsprofile
  - …

Vorteile
- Einheitliche Vorgabe für alle am Entwicklungsprozess Beteiligten
- Weniger Missverständnisse und Versäumnisse durch eine systematische Dokumentation
- Rechtsverbindliche Festlegungen

Nachteile
- Hoher Aufwand
- Individuelle Erstellung (keine Standardisierung)
- Statische Problemlösungsstruktur

Einsatzbereiche
- Dokumentation der Anforderungen als Abschluss der Planung eines Produktes bzw. einer Dienstleistung
- Prinzipiell für alle Produkte bzw. Dienstleistungen einsetzbar

Wesentliche Bestandteile (Beispiele)
- Name des Prozesses, Projektes, Vorhabens, …
- Verfasser des Pflichtenheftes
- Version
- Ablage der Datei, Dokumentation
- Ziele
  Beschreibung, Nutzen für den Auftraggeber (Kunden), aktuelle Situation (z. B. bisheriges System)
- Anforderungen
  - **Vollständigkeit**
    Alle Details der Anforderungen sind zu definieren. Es sollten so wenig wie möglich Aspekte als selbstverständlich eingeschätzt werden.
  - **Eindeutigkeit**
    Damit keine Missverständnisse entstehen, sind die Anforderungen möglichst mit einfachen Worten zu definieren.
  - **Testbarkeit**
    Alle Anforderungen müssen überprüfbar sein. Dieses ist eine Voraussetzung für die Abnahme durch den Auftraggeber.
- Schnittstellen
  (Verbindungen zu anderen Systemen, Projekten usw.)
- Randbedingungen
- Unterschriften
  - Projektauftraggeber
  - Projektleiter
  - …

Herstellen von Baugruppen 4

Fügeverbindungen

Darstellung von Schweiß- und Lötverbindungen . 164
Schweißnahtvorbereitung für Stahl 168
Schweißnahtvorbereitung für Aluminium 169
Gas-Betriebsstoffe 170
Arbeitspositionen, Richtwerte, Schweißstäbe
für Gasschweißen... 171
Stabelektroden für das
Lichtbogenhandschweißen................................... 172
Richtwerte für das Lichtbogenhandschweißen..... 173
Punktschweißen.. 173
Schutzgasschweißen.. 174
Schweißzusätze für NE-Metalle 176
Schweißen von Kunststoffen................................. 177
Bewerten von Schweißnähten an Stahl 178
Allgemeintoleranzen für Schweißkonstruktionen .. 180
Herstellerqualifikation.. 181
Löten 182
Kleben 185
Gewindeübersicht 186
Gewindedarstellung 188
Gewinde 189
Schlüsselweiten 194
Mechanische Eigenschaften von
Verbindungselementen 195
Festigkeitswerte, Mindesteinschraubtiefe und
Durchgangslöcher... 196
Vorspannkräfte, Anziehmomente 197
Schraubenübersicht.. 198
Schrauben- und Mutternübersicht........................ 199
Sechskantschrauben... 200
Passschrauben.. 201
Sechskantschrauben, Passschrauben,
Schrauben mit dünnem Schaft............................. 202
Zylinderschrauben... 203
Senkschrauben 204
Flachkopfschrauben, Blechschrauben,
Gewindeschneidschrauben 205
Flachrundschrauben, Senkschrauben,
Hammerschrauben, Stiftschrauben...................... 206
Hammerschrauben, Gewindestifte 207
Sechskantmuttern 208
Muttern 209
Senkungen 212
Scheiben 214
Scheiben, Federringe 215
Niete 217
Blindniete, Spannstifte.. 218
Kegelstifte, Kerbstifte, Kerbnägel.......................... 219
Spannstifte, Zylinderstifte, Kegelstifte 220
Bolzen, Splinte 221

Lagerungen

Wälzlagerbezeichnungen 222
Wälzlager 224
Toleranzen für den Einbau von Wälzlagern 227
Vereinfachte Darstellung von Lagern 228
Sicherungsringe 229
O-Ringe 230
Radial-Wellendichtringe, Filzringe 231
Vereinfachte Darstellungen
von Wellendichtungen... 232

Übertragen von Drehmomenten

Passfedern, Passfedernuten................................. 233
Zahnräder.. 234
Zahnräder – Zahnradpaarungen 236
Keilriementriebe.. 237
Getriebe, Übersetzungen...................................... 238

Normteile für Vorrichtungen

Schraubendruckfedern... 239
Tellerfedern... 240

Darstellung von Schweiß- und Lötverbindungen
Representation of welded and soldered joints

Stoßart

DIN EN ISO 17 659: 2005-09

Stoßart	Lage der Teile	Beschreibung	Stoßart	Lage der Teile	Beschreibung
Stumpf-stoß		Die Teile liegen in einer Ebene und stoßen stumpf gegeneinander.	Schräg-stoß		Ein Teil stößt schräg gegen ein anderes.
Parallel-stoß		Die Teile liegen parallel aufeinander.	Eckstoß		Zwei Teile stoßen unter einem Winkel > 30° aneinander (Ecke).
Überlapp-stoß		Die Teile liegen parallel aufeinander und überlappen sich.	Stirnstoß		Zwei Teile stoßen unter einem Winkel von 0° bis 30° gegeneinander.
T-Stoß		Die Teile stoßen rechtwinklig (T-förmig) aufeinander.	Mehrfach-stoß		Drei oder mehr Teile stoßen unter beliebigem Winkel aneinander.
Doppel-I-Stoß		Zwei in einer Ebene liegende Teile stoßen rechtwinklig (doppel T-förmig) auf ein dazwischen liegendes drittes.	Kreu-zungsstoß		Zwei Teile liegen kreuzend übereinander.

Zeichnerische Darstellung und Symbole

DIN EN 22 553: 1997-03

Benennung Symbol der Nahtart	Darstellung erläuternd	Darstellung symbolhaft	Benennung Symbol der Nahtart	Darstellung erläuternd	Darstellung symbolhaft
Bördelnaht			Y-Naht		
I-Naht	Obere Werkstückfläche		HY-Naht		
	Werkstück-Gegenfläche		U-Naht		
			HU-Naht		
V-Naht			Kehlnaht		
HV-Naht			Lochnaht		
			Punktnaht		

Fügeverbindung

Darstellung von Schweiß- und Lötverbindungen
Representation of welded and soldered joints

Zeichnerische Darstellung und Symbole

DIN EN 22553: 1997-03

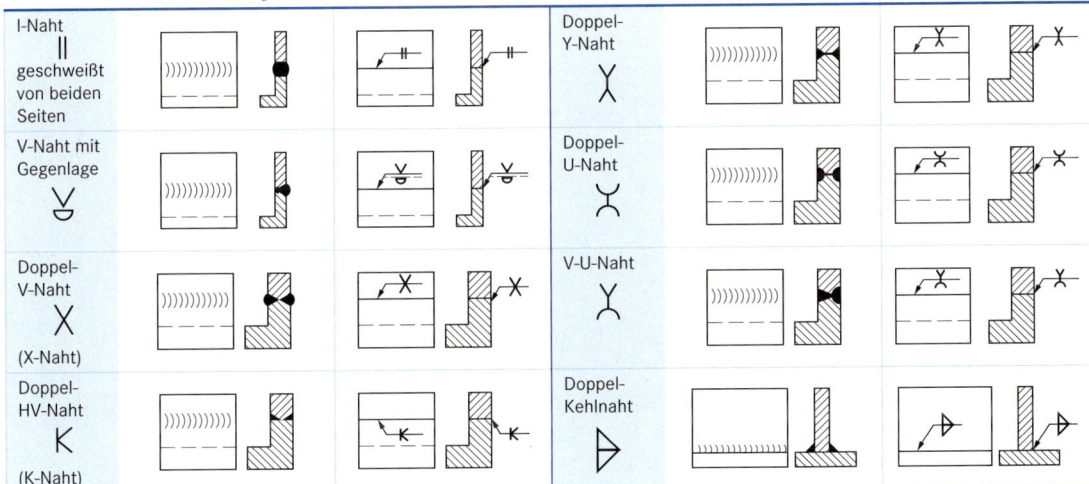

Zusatzsymbole – Ergänzende Angaben

Zusatzsymbole für die Form der Oberfläche oder der Naht		Ergänzende Angaben für charakteristische Merkmale der Naht	
Oberflächenform/Nahtform	Symbol	Merkmal	Symbol
hohl (konkav)	‿	Ringsum-Naht	⌀
flach (eben)	—	Baustellennaht	⚑
gewölbt (konvex)	⌢	Angabe des Schweißprozesses (s. DIN EN 24063)	z. B. ⟨111
Nahtübergänge kerbfrei	⌣	Bezugszeichen (Bedeutung ist in der Nähe des Schriftfeldes zu erläutern)	z. B. ⟨A1

Die Stellung des Symbols zur Bezugslinie gibt die Lage der Naht am Stoß an.
Die Pfeillinie zeigt auf die Pfeilseite, die andere Seite ist die Gegenseite.
Wird das Symbol auf die Seite der Bezugs-Volllinie gesetzt, befindet sich die Naht auf der Pfeilseite. Wird das Symbol auf die Seite der Bezugs-Strichlinie gesetzt, befindet sich die Naht auf der Gegenseite. Die Bezugs-Strichlinie kann unter oder über der Bezugs-Volllinie gezeichnet werden.

Darstellung von Schweiß- und Lötverbindungen
Representation of welded and soldered joints

Bemaßung von Schweißnähten

DIN EN 22 553: 1987-03

Jedem Symbol dürfen Maße zugeordnet werden. Die Nahtdicke *a* oder die Schenkeldicke *z* werden vor dem Symbol, die Längenmaße hinter dem Symbol eingetragen. Fehlt die Angabe nach dem Symbol, verläuft die Naht ununterbrochen über die gesamte Länge des Werkstückes.

Nahtart	Darstellung erläuternd	Darstellung symbolhaft	Bemerkungen	
Bördelnaht	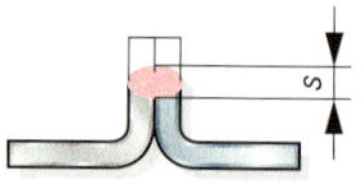	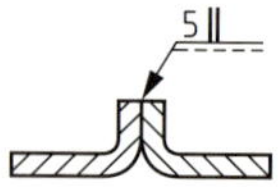	Nahtdicke s = 5 mm Bördelnähte, die nicht durchgeschweißt sind, werden als I-Nähte mit der Nahtdicke s gekennzeichnet.	
Nicht durchgeschweißte, unterbrochene I-Naht			Nahtdicke Vormaß Anzahl der Einzelnähte Länge der Einzelnähte Länge der Zwischenräume	s = 5 mm v = 10 mm n = 2 l = 20 mm e = 10 mm
Punktnaht			Punktdurchmesser Punktabstand Anzahl der Punkte Vormaß	d = 4 mm e = 10 mm n = 15 v = 7 mm
Einfache Kehlnaht	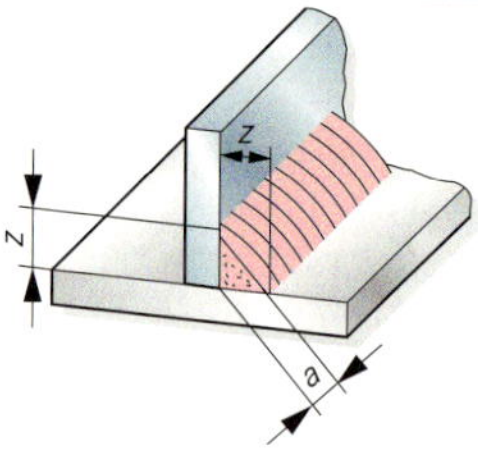	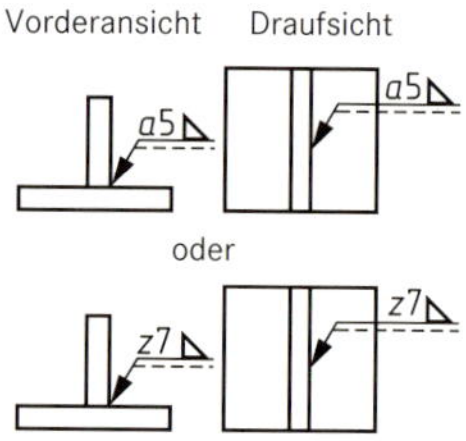	Nahtdicke Schenkeldicke	a = 5 mm Z = 7 mm
Unterbrochene Kehlnaht ohne Vormaß			Nahtdicke Anzahl der Einzelnähte Länge der Einzelnähte Länge der Zwischenräume	a = 5 mm n = 3 l = 75 mm e = 100 mm
Doppelte Kehlnaht unterbrochen, versetzt, beidseitig mit Vormaß			Nahtdicke Schenkeldicke Anzahl der Einzelnähte Länge der Einzelnähte Länge der Zwischenräume Vormaß 1 Vormaß 2 Z Zeichen für unterbrochene Nähte	a = 5 mm z = 7 mm n = 5 l = 50 mm e = 60 mm v_1 = 55 mm v_2 = 110 mm

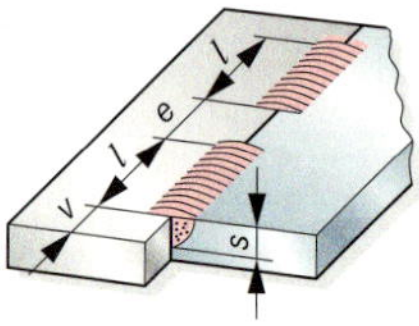

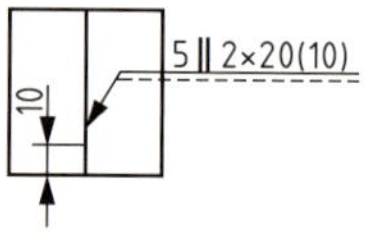

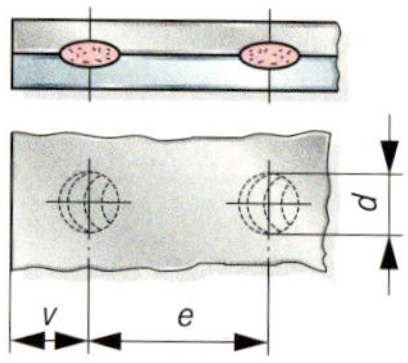

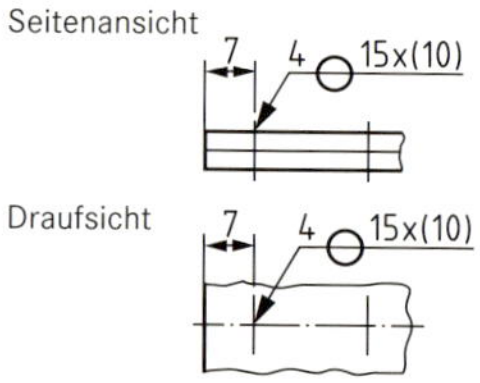

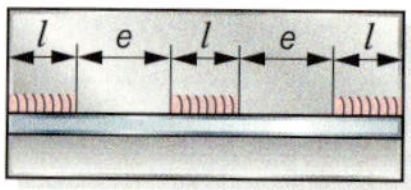

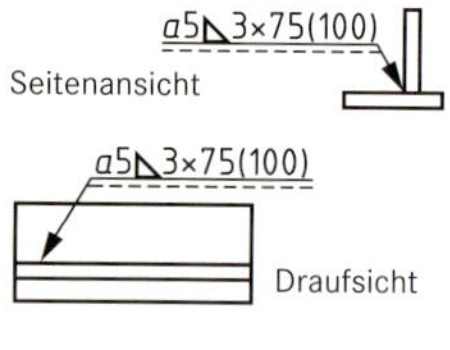

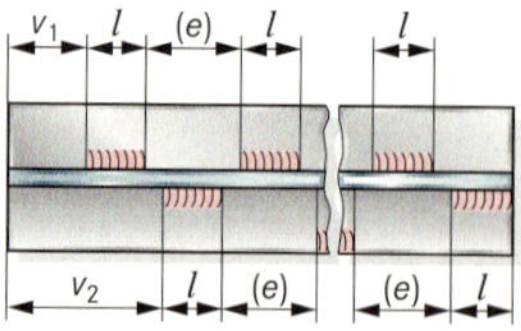

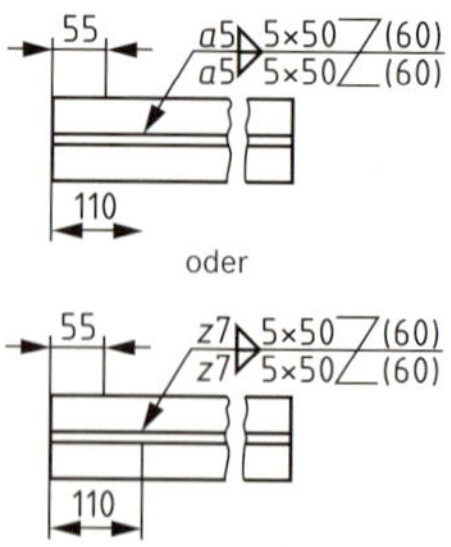

Fügeverbindung

Darstellung von Schweiß- und Lötverbindungen
Representation of welded and soldered joints

Stellung des Symbols bei Kehlnähten

erläuternd	Darstellung	
		symbolhaft
(Gegenseite / Pfeilseite) Schweißnaht auf der Pfeilseite	(Pfeilseite / Gegenseite) Schweißnaht auf der Gegenseite	
Stoß A: Pfeilseite für A / Gegenseite für B; Gegenseite für A / Pfeilseite für B	Stoß A: Gegenseite für A / Pfeilseite für A; Pfeilseite für A / Gegenseite für B; Stoß B	
Gegenseite für A, Stoß A, Pfeilseite für A; Pfeilseite für B, Stoß B, Gegenseite für B	Pfeilseite für A, Stoß A, Gegenseite für A; Gegenseite für B, Stoß B, Pfeilseite für B	

Kennzahlen für Schweiß- und Lötverfahren

DIN EN ISO 4063: 2000-04

Kennzahl	Verfahren	Kennzahl	Verfahren
1	Lichtbogenschmelzschweißen	3	Gasschmelzschweißen
11	Metalllichtbogenschweißen ohne Gas	311	Gasschweißen mit Sauerstoff-Acetylen-Flamme
111	Lichtbogenhandschweißen	312	Gasschweißen mit Sauerstoff-Propan-Flamme
13	Metall-Schutzgasschweißen	4	Pressschweißen
131	Metall-Inertgasschweißen	41	Ultraschallschweißen
135	Metall-Aktivgasschweißen	5	Strahlschweißen
14	Wolfram-Schutzgasschweißen	512	Elektronenstrahlschweißen
141	Wolfram-Inertgasschweißen	52	Laserstrahlschweißen
15	Plasmaschweißen	83	Plasmaschneiden
2	Widerstandsschweißen	9	Löten
21	Widerstands-Punktschweißen	91	Hartlöten
		94	Weichlöten

Angaben in der Gabel des Bezugszeichens für eine durchgeschweißte V-Naht mit Gegenlage durch Lichtbogenhandschweißen, geforderte Bewertungsgruppe D DIN EN ISO 5817, geschweißt in Wannenposition nach DIN EN ISO 6947, verwendete Stabelektrode nach DIN EN ISO 2560.

Angaben in der Gabel des Bezugszeichens für eine gelötete Flächennaht, hergestellt durch Weichlöten in Wannenposition mit einem Lot nach DIN EN 29453.

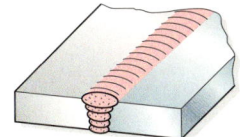

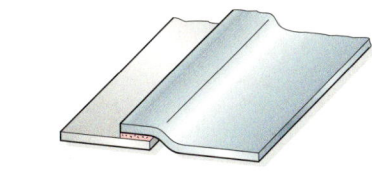

Vorderansicht

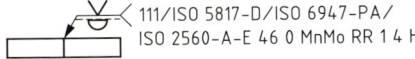
111/ISO 5817-D/ISO 6947-PA/
ISO 2560-A-E 46 0 MnMo RR 1 4 H5

Vorderansicht
94/w/ISO 9453-S-Pb60Sn40

Draufsicht

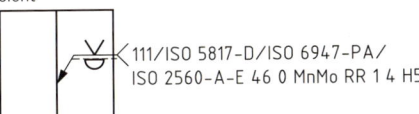
111/ISO 5817-D/ISO 6947-PA/
ISO 2560-A-E 46 0 MnMo RR 1 4 H5

Draufsicht
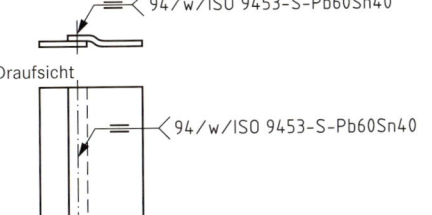
94/w/ISO 9453-S-Pb60Sn40

Fügeverbindung

Schweißnahtvorbereitung für Stahl
Joint preparation for steel

DIN EN ISO 9692-1: 2004-05

Benennung Symbol	Materialdicke t in mm	Nahtdarstellung	Maße Winkel α, β in °	Maße Spalt b in mm	Maße Steghöhe c in mm	Empfohlenes Schweißverfahren	Bemerkungen
Bördelnaht	$t \leq 2$		–	–	–	3 111 141 512	meist ohne Zusatzwerkstoff
I-Naht	$t \leq 4$		–	$b \approx t$	–	3, 111, 141	keine Nahtvorbereitung
	$3 < t \leq 8$		–	$6 \leq b \leq 8$	–	13	
	$t \leq 15$		–	$b \leq 1$	–	141	beidseitig geschweißt
V-Naht	$3 < t \leq 10$		$40° \leq \alpha \leq 60°$	$b \leq 4$	$c \leq 2$	3, 111, 13, 141	ein- oder mehrlagig geschweißt, bei dynamischer Beanspruchung Wurzel gegengeschweißt
	$8 < t \leq 12$		$6° \leq \alpha \leq 8°$	–		52	
Y-Naht	$5 \leq t \leq 40$		$\alpha \approx 60°$	$1 \leq b \leq 4$	$2 \leq c \leq 4$	111 13 141	beidseitig geschweißt
HV-Naht	$3 < t \leq 10$		$35° \leq \beta \leq 60°$	$2 \leq b \leq 4$	$1 \leq c \leq 2$	111 13 141	einseitig oder beidseitig geschweißt
Doppel-V-Naht	$t > 10$		$40° \leq \alpha \leq 60°$	$1 \leq b \leq 3$	$c \leq 2$	13	$h = \dfrac{t}{2}$ beidseitig geschweißt
			$\alpha \approx 60°$			111 141	
Doppel-HV-Naht	$t > 10$		$35° \leq \beta \leq 60°$	$1 \leq b \leq 4$	$c \leq 2$	111 13 141	$h = \dfrac{t}{2}$ beidseitig geschweißt
Kehlnaht	$t_1 > 2$ $t_2 > 2$		$70° \leq \alpha \leq 100°$	$b \leq 2$	–	3 111 13 141	–
Doppel-Kehlnaht	$2 \leq t_1 \leq 4$ $2 \leq t_2 \leq 4$		–	$b \leq 2$	–	3 111	–
	$t_1 > 4$ $t_2 > 4$		–	–	–	13 141	

Fügeverbindung

Schweißnahtvorbereitung für Aluminium
Joint preparation for aluminium

DIN EN ISO 9692-3: 2001-07

Benennung Symbol	Materialdicke t in mm	Nahtdarstellung	Winkel α, β in °	Spalt b in mm	Steghöhe c in mm	Empfohlenes Schweißverfahren	Bemerkungen
Bördelnaht ⋏	$t \leq 2$		–	–	–	141	–
I-Naht ‖	$t \leq 4$		–	$b \leq 2$	–	141	Brechung der Wurzelseite wird empfohlen
	$2 \leq t \leq 4$		–	$b \leq 1{,}5$	–	131	I-Naht mit Unterlage
V-Naht V	$3 \leq t \leq 5$		$\alpha \geq 50°$	$b \leq 3$	–	141	–
			$60° \leq \alpha \leq 90°$	$b \leq 2$	$c \leq 2$	131	–
			$60° \leq \alpha \leq 90°$	$b \leq 4$	$c \leq 2$	131	V-Naht mit Unterlage
Y-Naht Y	$3 \leq t \leq 15$		$\alpha \geq 50°$	$b \leq 2$	$c \leq 2$	131 / 141	–
	$6 \leq t \leq 25$		$\alpha \geq 50°$	$4 \leq b \leq 10$	$c = 3$	131	Y-Naht mit Unterlage
HV-Naht ⋁	$4 < t \leq 10$		$\beta \geq 50°$	$b \leq 3$	$c \leq 2$	131 / 141	–
Doppel-V-Naht X	$6 \leq t \leq 15$		$\alpha \geq 60°$	$b \leq 3$	$c \leq 2$	141	
	$t > 15$		$\alpha \geq 70°$			131	
Doppel-HV-Naht K	$t_1 \geq 8$ $t_2 \geq 8$		$\beta \geq 50°$	$b \leq 2$	$c \leq 2$	141 / 131	
Kehlnaht ◺	–		$\alpha \approx 90°$	$b \leq 2$	–	141 / 131	–
Doppel-Kehlnaht	–		$\alpha \approx 90°$	$b \leq 2$	–	141 / 131	–

Fügeverbindung

Gas-Betriebsstoffe
Fuel gas

Druckgasflaschen

Gasart	Farbkennzeichnung der Flasche nach DIN EN 1089-3: 2004-06	bisher	Anschlüsse der Ventile DIN 477-1: 1990-05	Volumen in l	Druck in bar	Füllmenge
Sauerstoff	weiß	blau	R ¾	40 / 50	150 / 200	6 000 l / 10 000 l
Acetylen	kastanienbraun	gelb	Spannbügel	40 / 50	18 / 19	6,3 kg / 10 kg
Propan	rot	rot	W 21,80 × $\frac{1}{14}$ – LH [1]	10 / 50	8,53	4,25 kg / 21,25 kg
Wasserstoff	rot	rot	W 21,80 × $\frac{1}{14}$ – LH [1]	10 / 50	200	1 800 l / 8 900 l
Stickstoff	schwarz	grün	W 24,32 × $\frac{1}{14}$ [1]	40 / 50	150 / 200	6 000 l / 10 000 l
Kohlendioxid	grau	grau	W 21,80 × $\frac{1}{14}$ [1]	13,4 / 40	57,29	10 kg / 30 kg
Argon	dunkelgrün	grau	W 21,80 × $\frac{1}{14}$ [1]	10 / 50	200	2 000 l / 10 000 l
Helium	braun					
Druckluft	leuchtend grün	grau	R ⅝ Innengewinde	40 / 50	150 / 200	6 000 l / 10 000 l

[1] W: Kurzzeichen für Withworth-Gewinde (Nenndurchmesser in mm × Steigung in ''), LH: Linksgewinde

Mengenberechnung von Gas-Betriebsstoffen

Verfügbare Gasmenge (Flascheninhalt) bei Normaldruck

$$V_{amb} = \frac{p_e \cdot V_{Fl}}{p_{amb}}$$

V_{amb} : Gasvolumen bei Normaldruck
p_{amb} : Normaldruck
V_{Fl} : Flaschenvolumen
p_e : Flaschendruck lt. Inhaltsmanometer

Gasverbrauch von ungelösten Gasen

$$\Delta V = \frac{V_{Fl} \cdot (p_{e1} - p_{e2})}{p_{amb}}$$

$\Delta V = V_1 - V_2$
$\Delta p_e = p_{e1} - p_{e2}$

ΔV : Gasverbrauch
V_1 : Flascheninhalt **vor** der Gasentnahme
V_2 : Flascheninhalt **nach** der Gasentnahme
V_{Fl} : Flaschenvolumen
p_{e1} : Flaschendruck **vor** der Gasentnahme
p_{e2} : Flaschendruck **nach** der Gasentnahme
Δp_e : Druckunterschied

Gasverbrauch von gelösten Gasen

$$\Delta V = \frac{V_F \cdot (p_{e1} - p_{e2})}{p_F}$$

für Acetylen: 1 l Aceton löst bei 1 bar Druck 25 l Acetylen

$V_F = V_L \cdot 25 \cdot p_F$

Einheitengleichung: $l = l \cdot \frac{1}{l \cdot bar} \cdot bar$

ΔV: Gasverbrauch — in l
V_F : Füllvolumen — in l
p_{e1} : Flaschendruck **vor** der Gasentnahme — in bar
p_{e2} : Flaschendruck **nach** der Gasentnahme — in bar
p_F : Fülldruck der Flasche — in bar
V_L : Volumen Lösungsmittel — in l
(13 l Aceton in einer 40 l-Acetylen-Normalflasche und 18 bar Fülldruck)

Grafische Ermittlung des Gasverbrauchs (40-l-Flaschen)

Sauerstoff: Volumen 40 l, Druck 150 bar, Füllmenge 6000 l
Acetylen: Volumen 40 l, Druck 18 bar, Füllmenge 6,3 kg

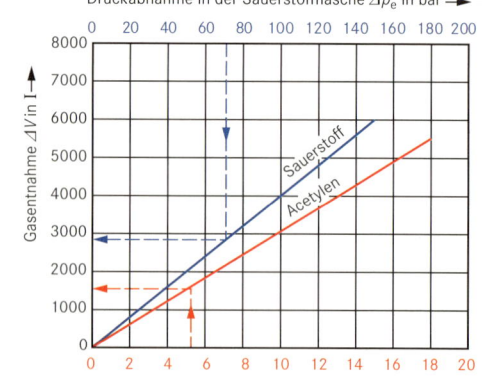

Beispiel: Bei einer Druckabnahme von 70 bar in der Sauerstoffflasche werden ca. 2800 l Sauerstoff entnommen.

Arbeitspositionen, Richtwerte, Schweißstäbe für das Gasschweißen
Working positions, values, welding rods for gas welding

Arbeitsposition beim Schweißen

DIN EN ISO 6947: 1997-05

Benennung	Kurzz.	bisher	Beschreibung
Wannenposition	PA	w	waagerechtes Arbeiten, Nahtmittellinie senkrecht, Decklage oben
Horizontalposition	PB	h	horizontales Arbeiten, Decklage nach oben
Steigposition	PF	s	steigendes Arbeiten
Fallposition	PG	f	fallendes Arbeiten
Querposition	PC	q	horizontales Arbeiten, Nahtmittellinie horizontal
Überkopfposition	PE	ü	horizontales Arbeiten, Überkopf, Nahtmittellinie senkrecht, Decklage unten
Horizontale Überkopfposition	PD	hü	horizontales Arbeiten, Überkopf, Decklage nach unten

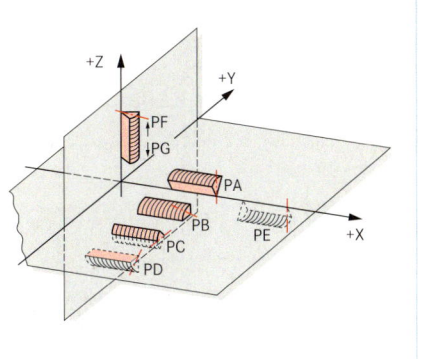

Richtwerte für das Gasschmelzschweißen

Werkstoff: unlegierter Baustahl, Schweißposition: PA

Werkstückdicke t in mm	Größe des Schweißeinsatzes	Nahtart	Betriebsdruck in bar		Schweißstabdurchmesser mm	Schweißrichtung	Verbrauchswerte			Schweißzeit min/m	Schweißleistung m/h
			Sauerstoff	Acetylen			Sauerstoff l/h	Acetylen l/h	Schweißstab g/m		
0,5	1	八	2,5	0,03	–	NL	80	80	–	4	15
1	1	八		... 0,8	–	NL	80	80	–	9	6,7
1	1	‖			1	NL	160	160	12	10	6
1,5	1 ... 2	八			–	NL	160	160	–	10	6
2	1 ... 2	‖			2	NL	160	160	35	11	5,5
3	2 ... 4	‖			2	NR	315	315	65	12	5
4	2 ... 4	V			3	NR	315	315	115	15	4
6	4 ... 6	V			4	NR	500	500	250	22	2,7

NL: Nachlinksschweißen; NR: Nachrechtsschweißen

Schweißstäbe für das Gasschweißen – Eignung

DIN EN 12 536: 2000-08

Grundwerkstoff		Geeignete Schweißstabklasse					
Stahlart	Stahlsorte	O I	O II	O III	O IV	O V	O VI
Stähle nach DIN EN 10025	S 235 JRG 1, S 235 JRG 2, S 235 J0			×	×		
Stähle für Rohre nach DIN 1615	St 33	×	×	×	×		
Stähle für Rohre nach DIN 1626, DIN 1629	U St 37.0, St 37.0, St 44.0, St 52.0	×	×	×	×		
Stähle für Rohre nach DIN 1628, DIN 1630	St 37.4, St 44.4, St 52.4			×	×		
Stähle nach DIN EN 10028	P 235 GH, P 265 GH, P 295 GH			×	×		
	16 Mo 3				×		
	13 Cr Mo 4-5					×	
	10 Cr Mo 9-10						×
Schweißverhalten	Fließverhalten	dünn fließend	weniger dünn fließend	zäh fließend			
	Spritzer	viele	wenig	keine			
	Poreneingang	ja		nein			

Lieferformen: Durchmesser in mm: 2 – 2,5 – 3 – 4 – 5, Längen in mm: 1000
Bezeichnung eines Schweißstabes der Schweißstabklasse IV: **Stab EN 12 536-O IV**

Stabelektroden für das Lichtbogenhandschweißen
Electrodes for manual metal arc welding

Umhüllte Stabelektroden zum Lichtbogenhandschweißen von unlegierten Stählen und Feinkornstählen

DIN EN ISO 2560: 2006-03

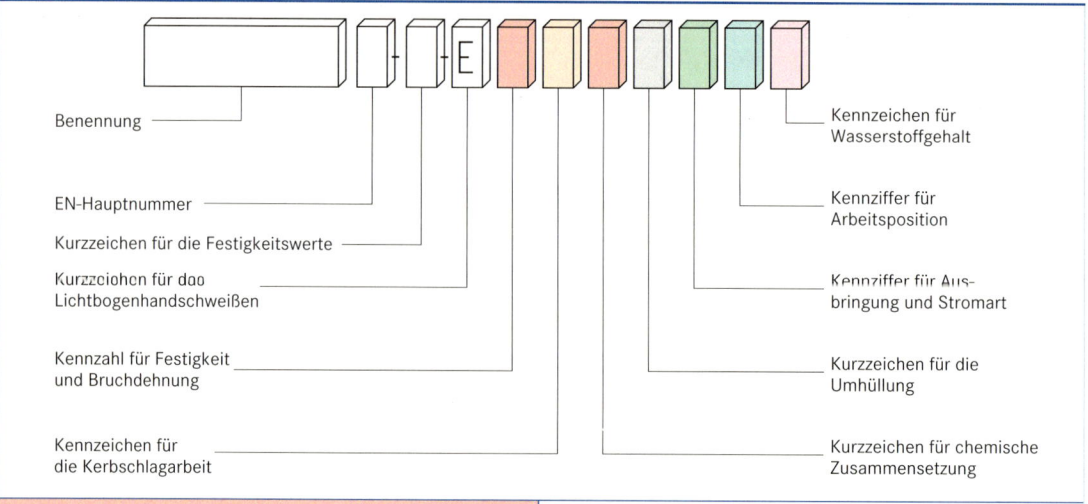

- Benennung
- EN-Hauptnummer
- Kurzzeichen für die Festigkeitswerte
- Kurzzeichen für das Lichtbogenhandschweißen
- Kennzahl für Festigkeit und Bruchdehnung
- Kennzeichen für die Kerbschlagarbeit
- Kennzeichen für Wasserstoffgehalt
- Kennziffer für Arbeitsposition
- Kennziffer für Ausbringung und Stromart
- Kurzzeichen für die Umhüllung
- Kurzzeichen für chemische Zusammensetzung

Kennzeichen für die Festigkeitswerte

A	Bezeichnung nach Streckgrenze und Kerbschlagarbeit von 47 J.
B	Bezeichnung nach Zugfestigkeit und Kerbschlagarbeit von 27 J (gebräuchliche Festlegung im Pazifikraum).

Kennzahl für Festigkeit und Bruchdehnung

Kennzahl	Mindeststreckgrenze $R_{eL}/R_{p0,2}$ in N/mm^2	Zugfestigkeit R_m in N/mm^2	Mindestbruchdehnung A_5 in %
35	355	440 … 570	22
38	380	470 … 600	20
42	420	500 … 640	20
46	460	530 … 680	20
50	500	560 … 720	18

Kennzeichen für die Kerbschlagarbeit

Kennzeichen	Temperatur in °C für Mindestkerbschlagarbeit 47 J
Z	keine Anforderungen
A	+20
0	0
2	−20
3	−30
4	−40
5	−50
6	−60

Kennzeichen für die chemische Zusammensetzung des Schweißgutes

Legierungskennzeichen	chemische Zusammensetzung		
	Mn	Mo	Ni
Mo	≤ 1,4	0,3 … 0,6	–
MnMo	1,4 … 2,0	0,3 … 0,6	–
1Ni	≤ 1,4	–	0,6 … 1,2
2Ni	≤ 1,4	–	1,8 … 2,6
3Ni	≤ 1,4	–	2,6 … 3,8
Mn1Ni	1,4 … 2,0	–	0,6 … 1,2
1NiMo	≤ 1,4	0,3 … 0,6	0,6 … 1,2
Z kein Kurzzeichen	andere vereinbarte Zusammensetzung ≤ 2,0	–	–

Stabelektrode ISO 2560-A-E 46 3 1Ni B 54 H5
Bezeichnung einer Stabelektrode

Bedeutung:
- A: Bezeichnung nach Streckgrenze und Kerbschlagarbeit von 47 J.
- E: Lichtbogenhandschweißen
- 46: Festigkeit und Bruchdehnung
- 3: Kerbschlagarbeit
- 1Ni: chem. Zusammensetzung
- B: Umhüllungstyp
- 5: Ausbringung und Stromart
- 4: Schweißposition
- H5: Wasserstoffgehalt

Kurzzeichen für die Umhüllung

A	sauerumhüllt	R	rutilumhüllt
B	basischumhüllt	RR	dick rutilumhüllt
C	zelluloseumhüllt	RA	rutil-sauer-umhüllt
		RB	rutilbasisch-umhüllt
		RC	rutilzellulose-umhüllt

i **Rutil:** Titanmineral TiO$_2$

Kennziffer für die Ausbringung und Stromart

Kennziffer	Ausbringung in %	Stromart
1	≤ 105	Wechsel- und Gleichstrom
2	≤ 105	Gleichstrom
3	105 … 125	Wechsel- und Gleichstrom
4	105 … 125	Gleichstrom
5	125 … 160	Wechsel- und Gleichstrom
6	125 … 160	Gleichstrom
7	> 160	Wechsel- und Gleichstrom
8	> 160	Gleichstrom

Kennziffer für Arbeitspositionen

s. DIN EN ISO 6947
1. alle Positionen
2. alle Positionen außer PG
3. Stumpfnaht: PA Kehlnaht: PA, PB
4. Stumpfnaht: PA Kehlnaht: PA
5. wie 3 und PG

Kennzeichen für den Wasserstoffgehalt

Kennzeichen	Wasserstoffgehalt in ml/100 g Schweißgut
H5	5
H10	10
H15	15

Richtwerte für das Lichtbogenhandschweißen
Quantities for manual welding

Elektrodenbedarf

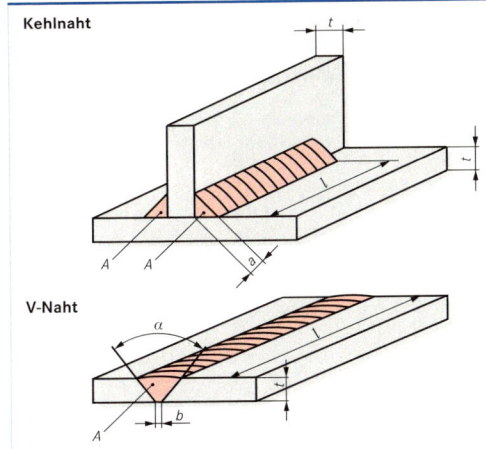

Kehlnaht

V-Naht

t : Blechdicke
a : Nahtdicke
l : Nahtlänge
A : Nahtquerschnitt

$$A = a^2$$

b : Nahtspaltbreite
α : Nahtöffnungswinkel
c : Nahtformfaktor

$$A = t \cdot (c \cdot t + b)$$

V_N: Nahtvolumen

$$V_N = A \cdot l$$

Nahtformfaktor c		
Nahtöffnungswinkel α in °	V-Naht	X-Naht
60	0,58	0,29
70	0,71	0,36
90	1,00	0,50

V_E: Elektrodenvolumen
k_E: Ausbringungsfaktor (0,9 … 1,8)
i_E: Anzahl der Elektroden

$$i_E = \frac{V_N}{V_E \cdot k_E}$$

Richtwerte für das Lichtbogenhandschweißen

Werkstoff: unlegierter Baustahl, Schweißposition: PB; Schweißgut: EN 499-E 42 0 RR

	Kehlnahtdicke a in mm	Elektrodenabmessungen in mm	Strom I in A	Leistungswerte		
				Schweißgut m in g/m	Abschmelzzeit der Elektrode t in s	Elektrodenverbrauch n in 1/m
Kehlnähte	2	2,5 x 350	85	48	58	4
	4	4,0 x 450	180	155	89	3
	6			325		4
	8			575		4
	10			905		4

Werkstoff: unlegierter Baustahl, Schweißposition: PA; Schweißgut: EN 499-E 38 2 RA 12

	Werkstückdicke t in mm	Öffnungswinkel α in °	Spalt b in mm	Elektrodenabmessungen in mm	Strom I in A	Leistungswerte		
						Schweißgut m in g/m	Abschmelzzeit der Elektrode t in s	Elektrodenverbrauch n in 1/m
Stumpfnähte (V-Nähte)	4	60	1,0	2,5 x 350	75	103	58	8,5
	6		1,0	3,25 x 450	140	209	79	4,0
	8		1,5			382		
	10		2,0			608		
	15		2,0	4,0 x 450	180	1250	98	
	20		2,0			2125		

Punktschweißen
Spot welding

Richtwerte für das Punktschweißen von Stahlblechen

Einzelblechdicke t in mm	Schweißzeit t in s				Schweißstrom I in kA	Elektrodenhaltekraft F in KN	Durchmesser Schweißpunkt d_{Sp} in mm
	Vorhaltezeit	Stromzeit	Nachhaltezeit	Gesamt			
0,5	0,3	0,01	0,4	0,71	6,5	1,3	3,5
0,8	0,3	0,16	0,4	0,86	8	2	5,5
1,0	0,3	0,2	0,4	0,9	9,5	2,5	6
1,5	0,3	0,28	0,4	0,98	10	3,1	7
2,0	0,3	0,32	0,4	1,02	12	3,5	8
2,5	0,3	0,4	0,4	1,1	13	4	9
3,0	0,3	0,48	0,4	1,18	14	4,5	10

Fügeverbindung

Schutzgasschweißen
Inert gas shielded arc welding

Drahtelektroden und Schweißgut zum Metall-Schutzgasschweißen von unlegierten Stählen und Feinkornstählen

DIN EN 440: 1994-11

Kurzzeichen	Chemische Zusammensetzung in Masse-%
G0	jede andere vereinbarte Zusammensetzung
G2Si1	0,06 ... 0,14 C; 0,5 ... 0,8 Si; 0,9 ... 1,3 Mn
G3Si1	0,06 ... 0,14 C; 0,7 ... 1,0 Si; 1,3 ... 1,6 Mn
G4Si1	0,06 ... 0,14 C; 0,8 ... 1,2 Si; 1,6 ... 1,9 Mn
G3Si2	0,06 ... 0,14 C; 1,0 ... 1,3 Si; 1,3 ... 1,6 Mn
G2Ti	0,04 ... 0,14 C; 0,4 ... 0,8 Si; 0,9 ... 1,4 Mn; 0,05 ... 0,20 Al; 0,05 ... 0,25 Ti und Zr
G3Ni1	0,06 ... 0,14 C; 0,5 ... 0,9 Si; 1,0 ... 1,6 Mn; 0,8 ... 1,5 Ni
G2Ni2	0,06 ... 0,14 C; 0,4 ... 0,8 Si; 0,8 ... 1,4 Mn; 2,1 ... 2,7 Ni
G2Mo	0,08 ... 0,12 C; 0,3 ... 0,7 Si; 0,9 ... 1,3 Mn; 0,4 ... 0,6 Mo
G4Mo	0,06 ... 0,14 C; 0,5 ... 0,8 Si; 1,7 ... 2,1 Mn; 0,4 ... 0,6 Mo
G2Al	0,08 ... 0,14 C; 0,3 ... 0,5 Si; 0,9 ... 1,3 Mn; 0,35 ... 0,75 Al

Bezeichnung eines Schweißgutes:
Schweißgut EN 440-G463MG3Si1

Bedeutung:
- EN 440 Norm-Hauptnummer
- G Drahtelektrode für das Metall-Schutzgasschweißen
- 46 Festigkeit und Bruchdehnung (DIN EN 499)
- 3 Kerbschlagarbeit (DIN EN 499)
- M Schutzgas (Mischgas)
- G3Si1 chemische Zusammensetzung der Drahtelektrode

Schutzgase zum Lichtbogenschweißen und Schneiden

DIN EN 439: 1995-05

Gasart	chem. Zeichen	Dichte bei 0 °C und 1,013 bar in kg/m^3	Siedetemperatur bei 1,013 bar in °C	Reaktionsverhalten beim Schweißen
Argon	Ar	1,784	−189,4	inert
Helium	He	0,178	−268,9	inert
Kohlendioxid	CO_2	1,977	−78,5	oxidierend
Sauerstoff	O_2	1,429	−183,0	oxidierend
Stickstoff	N_2	1,251	−195,8	reaktionsträge
Wasserstoff	H_2	0,090	−252,9	reduzierend

Einteilung der Schutzgase

DIN EN 439: 1995-05

Gruppe	Kennzahl	inert		oxidierend		reduzierend	reaktionsträge	Anwendung	Bemerkung
		Ar	He	CO_2	O_2	H_2	N_2		
R	1	Rest[1]	−	−	−	> 0 ... 15	−	141, 15, 83 Wurzelschutz	reduzierend
	2	Rest[1]	−	−	−	> 15 ... 35	−		
I	1	100	−	−	−	−	−	131, 141, 15 Wurzelschutz	inert
	2	−	100	−	−	−	−		
	3	Rest[1]	> 0 ... 95	−	−	−	−		
M 1	1	Rest[1]	−	> 0 ... 5	−	> 0 ... 5	−	135	schwach oxidierend
	2	Rest[1]	−	> 0 ... 5	−	−	−		
	3	Rest[1]	−	−	> 0 ... 3	−	−		
	4	Rest[1]	−	> 0 ... 5	> 0 ... 3	−	−		
M 2	1	Rest[1]	−	> 5 ... 25	−	−	−		
	2	Rest[1]	−	−	> 3 ... 10	−	−		
	3	Rest[1]	−	> 0 ... 5	> 3 ... 10	−	−		
	4	Rest[1]	−	> 5 ... 25	> 0 ... 8	−	−		
M 3	1	Rest[1]	−	> 25 ... 50	−	−	−		
	2	Rest[1]	−	−	> 10 ... 15	−	−		
	3	Rest[1]	−	> 5 ... 50	> 8 ... 15	−	−		
C	1	−	−	100	−	−	−		stark oxidierend
	2	−	−	Rest	> 0 ... 30	−	−		
F	1	−	−	−	−	−	100	83 Wurzelschutz	reaktionsträge bis reduzierend
	2	−	−	−	−	> 0 ... 50	Rest		

[1] Ar darf teilweise durch He ersetzt werden.

Bezeichnung eines Mischgases der Gruppe M 2 mit einem CO_2-Anteil von 25 %:
Schutzgas EN 439 – M 21

Wurzelschutz durch so genanntes Formieren: Umspülen der Schweißnahtwurzel und der hocherhitzten Nahtrandbereiche mit Schutzgasen bei gleichzeitiger Verdrängung sauerstoffhaltiger Atmosphäre.

Schutzgasschweißen
Inert gas shielded arc welding

Wolframelektroden für Wolfram-Schutzgasschweißen und für Plasmaschneiden und Plasmaschweißen

DIN EN ISO 6848: 2005-03

Kurzzeichen, Zusammensetzung und Kennfarbe					Eignung der Stromart			
Kurz-zeichen	Zusammensetzung Oxidzusatz		Verunreinigungen in %	Kennfarbe	zu schweißender Werkstoff	Gleichstrom		Wechselstrom
	Art	in %				Elektrode negativ	Elektrode positiv	
WP	keiner	–	max. 5 %	grün	Aluminium ($t \leq 2{,}5$ mm)	$2^{1)}$	2	1
WCe20	CeO_2	1,8 ... 2,2		grau	Aluminium ($t > 2{,}5$ mm)	2	3	1
WLa10	La_2O_3	0,8 ... 1,2		schwarz	und Al-Legierungen	2	3	1
WLa15	La_2O_3	1,3 ... 1,7		gold	Magnesium und Mg-Leg.	3	2	1
WLa20	La_2O_3	1,8 ... 2,2		blau	Kohlenstoffstahl und	1	3	3
WTh10	ThO_2	0,8 ... 1,2		gelb	niedriglegierte Stähle			
WTh20	ThO_2	1,7 ... 2,2		rot	nichtrostende Stähle	1	3	3
WTh30	ThO_2	2,8 ... 3,2		violett	Kupfer	1	3	3
WZr8	ZrO_2	0,15 ... 0,5		braun	Bronze	1	3	2
WZr8	ZrO_2	0,7 ... 0,9		weiß	Aluminium-Bronze	2	3	1
					Silizium-Bronze	1	3	3
Durchmesserabstufung in mm:					Nickel und Ni-Legierungen	1	3	2
0,5 – 1,0 – 1,5 – 1,6 – 2,0 – 2,5 – 3,2 – 4,0 – 5,0 – 6,3 – 8,0 – 10,0					Titan	1	3	2
Längenabstufung in mm:					$^{1)}$ 1: Stromart für beste Ergebnisse; 2: Stromart für gute Ergebnisse; 3: Stromart nicht zu empfehlen oder nicht möglich			
50 – 75 – 150 – 300 – 450 – 600								

Empfohlene Stromstärkebereiche bei Argonschutz

Elektroden-durchmesser	Gleichstrom I in A				Wechselstrom I in A		Die Oxidzusätze erhöhen die Elektronenemission und damit die Lebensdauer der Elektroden. Der Zusatz vermindert das Risiko einer Verunreinigung der Schweißnaht mit Wolfram. Die Oxidzusätze sind im Wolfram in der Regel fein verteilt. Zusammengesetzte Elektroden bestehen aus einem reinen Wolframkern mit einer Oxidbeschichtung. Zusammengesetzte Elektroden werden durch einen zweiten rosa Ring gekennzeichnet.
	Elektrode negativ		Elektrode positiv				
	Reines Wolfram	Wolfram mit Oxidzusatz	Reines Wolfram	Wolfram mit Oxidzusatz	Reines Wolfram	Wolfram mit Oxidzusatz	
0,5	2 ... 20	2 ... 20	nicht anwendbar		2 ... 15	2 ... 15	
1,0	10 ... 75	10 ... 75	nicht anwendbar		15 ... 55	15 ... 70	
1,5 ... 1,6	60 ... 150	60 ... 150	10 ... 20		45 ... 90	60 ... 125	
2,0	75 ... 180	100 ... 200	15 ... 25		65 ... 125	85 ... 160	
2,5	130 ... 230	170 ... 250	17 ... 30		80 ... 140	120 ... 210	
3,2	160 ... 310	225 ... 330	20 ... 35		150 ... 190	150 ... 250	
4,0	275 ... 450	350 ... 480	35 ... 50		180 ... 260	240 ... 350	
5,0	400 ... 625	500 ... 675	50 ... 70		240 ... 350	330 ... 460	
6,3	550 ... 875	650 ... 950	65 ... 100		300 ... 450	430 ... 575	
8,0	–	–	–		–	650 ... 830	

Bezeichnung einer Wolframelektrode mit einem Oxidzusatz von 2,8 % ... 3,2 % ThO$_2$: **WT 30**

Richtwerte für das MAG-Schweißen

Werkstoff: unlegierter Baustahl, Schweißposition: PA, Schweißgut: EN 440-G42MG3Si1, Schutzgas: EN 439-M21

	Werkstückdicke t in min	Spalt b in mm	Einstellwerte				Lagenzahl	Leistungswerte		
			Spannung U in V	Stromstärke I in A	Drahtvorschub v_f in m/min	Schutzgasentnahme V in l/min		Schweißgut m in g/m	Schutzgasverbrauch V in l/m	Abschmelzzeit t in min/m
Stumpfnähte (V-Nähte)	6	2,0	21,0	205	8,3	12	2	249	78	6,5
	8	2,0	27,5	270	8,1	10 ... 15	3	374	100	8,3
	10	2,5	28,0	290	9,0	10 ... 15	4	591	134	10,6
	12	2,5	28,0	290	9,0	10 ... 15	4	791	168	12,7
	15	3,0	28,5	300	9,2	10 ... 15	5	1275	263	19,5
	20	3,0	29,0	310	9,5	10 ... 15	12	2085	400	29,0

Öffnungswinkel des Spaltes: $\alpha = 50°$; Elektrodendurchmesser $d = 1{,}2$ mm ($d = 1{,}0$ bei $t = 6$ mm)

Werkstoff: unlegierter Baustahl, Schweißposition: PB, Schweißgut: EN 440-G42ZMG3Si1, Schutzgas: EN 439-M21

	Werkstückdicke t in min	Spalt b in mm	Einstellwerte				Lagenzahl	Leistungswerte		
			Spannung U in V	Stromstärke I in A	Drahtvorschub v_f in m/min	Schutzgasentnahme V in l/min		Schweißgut m in g/m	Schutzgasverbrauch V in l/m	Abschmelzzeit t in min/m
Kehlnähte	2	0,8	20,0	105	7,3	10	1	44	15	1,5
	4	1,0	23,0	220	10,7	10	1	140	21	2,1
	6	1,2	29,5	300	9,5	15	1	300	53	3,5
	8	1,2	29,5	300	9,0	15	3	545	97	6,4
	10	1,2	29,5	300	9,5	15	6	805	143	9,5

Fügeverbindung

Schweißzusätze für NE-Metalle
Welding filter metals for non ferrous metals

Schweißzusätze zum Schmelzschweißen von Kupfer und Kupferlegierungen
DIN EN 14640: 2005-07

Legierungskurzzeichen		Legierungskurzzeichen		Legierungskurzzeichen	
numerisch	chemisch	numerisch	chemisch	numerisch	chemisch
Kupfer – niedriglegiert		**Kupfer – Zinn**		**Kupfer – Aluminium**	
Cu 1897	Cu Ag	Cu 5180	Cu Sn6 P	Cu 6061	Cu Al5 Mn1 Ni1
Cu 1898	Cu Sn1	Cu 5210	Cu Sn9 P	Cu 6100	Cu Al8
Kupfer – Silizium		Cu 5211	Cu Sn10	Cu 6180	Cu Al10
Cu 6511	Cu Si2 Mn1	Cu 5410	Cu Sn12 P	Cu 6240	Cu Al11 Fe
Cu 6560	Cu Si3 Mn1	**Kupfer – Zink**		Cu 6325	Cu Al8 Fe4 Ni2
Cu 6561	Cu Si2 Mn1 Sn	Cu 4700	Cu Zn40	Cu 6327	Cu Al8 Ni2
Kupfer – Nickel		Cu 4701	Cu Zn40 Sn Si Mn	Cu 6328	Cu Al9 Ni5
Cu 7061	Cu Ni10	Cu 6800	Cu Zn40 Ni	**Kupfer – Mangan**	
Cu 7158	Cu Ni30	Cu 6810	Cu Zn40 Sn Si	Cu 6338	Cu Mn13 Al7

Eine Zuordnung der Schweißzusätze zu einem Schweißverfahren (z. B. Schutzgasschweißen, WIG-Schweißen oder Plasmaschweißen) gibt es nicht.

Bezeichnung eines Massivdrahtes der Legierung Cu 6511: **Massivdraht EN 14640 – S Cu 6511.**
Die chemische Zusammensetzung kann in Klammern nachgesetzt werden.
S ist das Kurzzeichen für den Massivdraht oder Massivstab.

Schweißzusätze für das Lichtbogenschweißen von Aluminium und Aluminiumlegierungen
DIN EN 1011-4: 2001-02

Typ	Gruppeneinteilung			Auswahl der Zusatzstoffe (Typen)									
	Legierungsbezeichnung	Chemische Bezeichnung	Grundwerkstoff	Al	AlMn	AlMg (< 1 %)	AlMg3	AlMg5	AlMg-Si	AlZn-Mg	AlSi-Cu (< 1 %)	AlMg-Si	AlSi-Cu	AlCu
1	R-1450	Al99,5Ti	Al	4	–	–	–	–	–	–	–	–	–	–
	R-1080A	Al99,8	AlMn	4	3/4	–	–	–	–	–	–	–	–	–
3	R-3103	AlMn1	AlMg (< 1 %)	4	4	4	–	–	–	–	–	–	–	–
4	R-4043A	AlSi5	AlMg3	4/5	5	5	5	–	–	–	–	–	–	–
	R-4046	AlSi10Mg	AlMg5	5	5	5	5	5	–	–	–	–	–	–
	R-4047A	AlSi12(A)	AlMgSi	4/5	4	4	5	5	5	–	–	–	–	–
	R-4018	AlSi7Mg	AlZnMg	5	5	5	5	5	5	–	–	–	–	–
5	R-5249	AlMg2Mn0,8Zr	AlSiCu (< 1 %)	4	4	4	4	4	4	4	4	–	–	–
	R-5754	AlMg3	AlSiMg	4	4	4	4	4	4	4	4	4	–	–
	R-5556A	AlMg5,2Mn	AlSiCu	4	4	4	4	4	4	4	4	4	4	–
	R-5183	AlMg4,5Mn0,7(A)	AlCu	–	–	–	–	–	4	4	4	4	4	4
	R-5087	AlMg4,5MnZr												
	R-5356	AlMg5Cr(A)												

Die Angaben gelten für Guss- und Knetlegierungen.
Schweißverfahren: 131 (MIG), 141 (WIG), 15 (Plasmaschweißen)

Schweißen von Kunststoffen
Welding of thermoplastic materials

Nahtarten
DIN 16 960-1: 1974-02

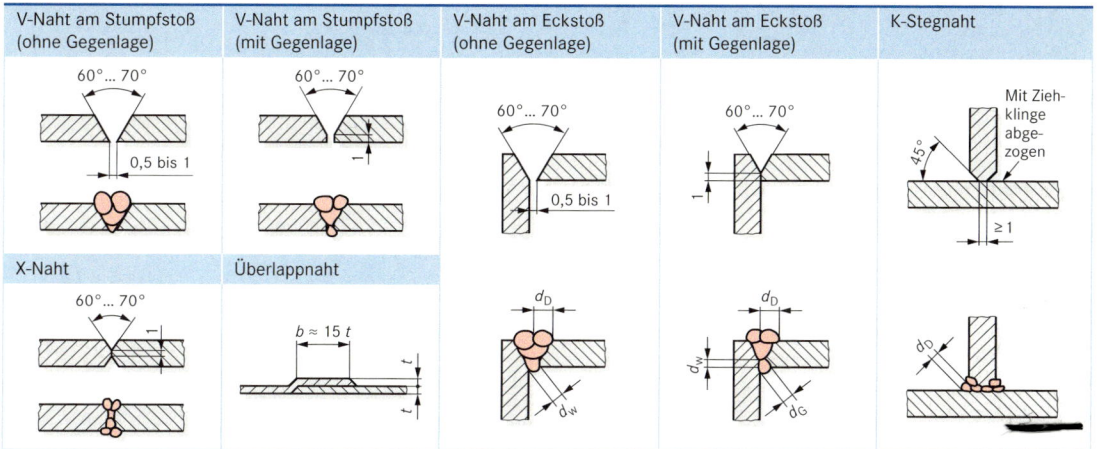

Schweißparameter für das Warmgasschweißen von thermoplastischen Kunststoffen
DVS 2207-3: 2005-04

Schweiß-verfahren	Werkstoff	Kurzzeichen	Warmgas-temperatur in °C	Warmgas-volumenstrom in Nl/min	Schweiß-geschwindig-keit in mm/min	Schweißkraft in N Stabdurchmesser	
						3 mm	4 mm
WF Warmgas-fächel-schweißen	Polyethylen hoher Dichte	PE-HD	300 ... 320	40 ... 50	70 ... 90	8 ... 10	20 ... 25
	Polypropylen	PP	305 ... 315		60 ... 85		
	Polyvinylchlorid weichmacherfrei	PVC-U	330 ... 350		110 ... 170		
	Polyvinylchlorid chloriert	PVC-C	340 ... 360		55 ... 85	15 ... 20	
	Polyvinylidenfluorid	PVDF	350 ... 370		45 ... 50		25 ... 30
WZ Warmgas-ziehschwei-ßen	Polyethylen hoher Dichte	PE-HD	300 ... 340	45 ... 55	250 ... 350	15 ... 20	25 ... 35
	Polypropylen	PP	300 ... 340				
	Polyvinylchlorid weichmacherfrei	PVC-U	350 ... 370				
	Polyvinylchlorid chloriert	PVC-C	370 ... 390		180 ... 220	20 ... 25	30 ... 35
	Polyvinylidenfluorid	PVDF	365 ... 385		200 ... 250		
	Polyethylen	PE	350 ... 380	50 ... 60 Warmgas Stickstoff	220 ... 250	10 ... 15	keine Angaben
	Tetrafluorethylenper-flourpropylen Copolymerisat	FEP	380 ... 390	50 ... 60	60 ... 80		

Warmgas-Schweißverfahren

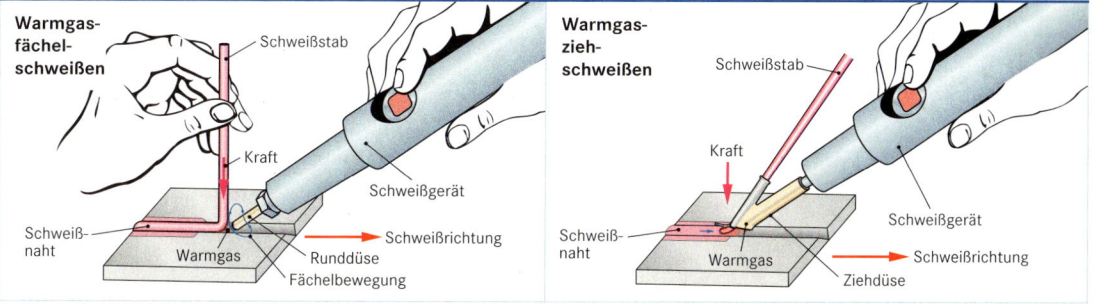

Fügeverbindung

Bewerten von Schweißnähten an Stahl
Valuation of welded joints on steel

Bewertungsgruppen von Unregelmäßigkeiten

DIN EN ISO 5817: 2006-10

Definitionen:
Gebrauchstauglichkeit: Ein Erzeugnis ist für den beabsichtigten Zweck tauglich, wenn es im Betrieb während der vorgesehenen Lebensdauer zufriedenstellend funktioniert.
Kurze Unregelmäßigkeiten: Eine oder mehrere Unregelmäßigkeiten mit einer Gesamtlänge von max. 25 mm auf jeweils 100 mm Nahtlänge oder max. 25 % der Schweißnahtlänge, die kürzer als 100 mm ist
Systematische Unregelmäßigkeit: Unregelmäßigkeiten, die sich in regelmäßigen Abständen in der Schweißnaht über die untersuchte Länge wiederholen
Projizierte Fläche: Fläche, auf der die über die Schweißnaht verteilten Unregelmäßigkeiten zweidimensional abgebildet werden.
Querschnittsfläche: Fläche, die nach dem Bruch zu beurteilen ist

Kurzzeichen:
- a Sollmaß der Kehlnahtdicke
- b Breite der Nahtüberhöhung
- d Porendurchmesser
- h Größe der Unregelmäßigkeit (Höhe und Breite)
- l Länge der Unregelmäßigkeit
- s Nennmaß der Stumpfnahtdicke oder: vorgeschriebene Einbrandtiefe
- t Rohrwand- oder Blechdicke
- z Sollmaß der Schenkellänge bei Kehlnähten

Unregel-mäßigkeit	Darstellung		Grenzwerte für die Unregelmäßigkeit Bewertungsgruppen		
			niedrig **D**	mittel **C**	hoch **B**
Risse		Alle Arten von Rissen außer Mikrorisse	nicht zulässig		
Poren		Summe der Poren auf der abgebildeten oder gebrochenen Oberfläche	≤ 4 %	≤ 2 %	≤ 1 %
		Maß einer Pore bei einer Stumpfnaht	$d ≤ 0{,}4\,s$	$d ≤ 0{,}3\,s$	$d ≤ 0{,}2\,s$
		Kehlnaht	$d ≤ 0{,}4\,a$	$d ≤ 0{,}3\,a$	$d ≤ 0{,}2\,a$
		Maß einer Pore	$d ≤ 5$ mm	$d ≤ 4$ mm	$d ≤ 3$ mm
Porennest		Summe der Poren auf der abgebildeten oder gebrochenen Oberfläche	≤ 16 %	≤ 8 %	≤ 4 %
		Maß einer Pore bei einer Stumpfnaht	$d ≤ 0{,}4\,s$	$d ≤ 0{,}3\,s$	$d ≤ 0{,}2\,s$
		Kehlnaht	$d ≤ 0{,}4\,a$	$d ≤ 0{,}3\,a$	$d ≤ 0{,}2\,a$
		Maß einer Pore	$d ≤ 4$ mm	$d ≤ 3$ mm	$d ≤ 2$ mm
Feste Einschlüsse		Schlackeneinschluss			
		Metallischer Einschluss (außer Cu)			
		Stumpfnaht	$h ≤ 0{,}4\,s$	$h ≤ 0{,}3\,s$	$h ≤ 0{,}2\,s$
		Kehlnaht	$h ≤ 0{,}4\,a$	$h ≤ 0{,}3\,a$	$h ≤ 0{,}2\,a$
		Größtmaß für Einschlüsse	$h ≤ 4$ mm	$h ≤ 3$ mm	$h ≤ 2$ mm
Bindefehler			kurze Unregel-mäßigkeiten zulässig, aber nicht bis zur Oberfläche	nicht zulässig	
		Stumpfnaht	$h ≤ 0{,}4\,s$		
		Kehlnaht	$h ≤ 0{,}4\,a$		
		Größtmaß für Einschlüsse	$h ≤ 4$ mm		
Ungenügende Durchschweißung	tatsächlicher Einbrand a) Solleinbrand		Kurze Unregelmäßigkeiten		nicht zulässig
			$h ≤ 0{,}2\,s$ $h ≤ 2$ mm	$h ≤ 0{,}1\,s$ $h ≤ 1{,}5$ mm	
	b)		Kurze Unregelmäßigkeiten		nicht zulässig
			$h ≤ 0{,}2\,a$ $h ≤ 2$ mm	nicht zulässig	

Bewerten von Schweißnähten an Stahl
Valuation of welded joints on steel

Bewertungsgruppen von Unregelmäßigkeiten

DIN EN ISO 5817: 2006-10

Unregel-mäßigkeit	Darstellung		Grenzwerte für die Unregelmäßigkeit Bewertungsgruppen		
			niedrig **D**	mittel **C**	hoch **B**
Einbrand-kerbe	a)		Kurze Unregelmäßigkeiten $h \leq 0,2\,t$	$h \leq 0,1\,t$	nicht zulässig
	b)	weicher Übergang wird verlangt	$h \leq 0,2\,t$ $h \leq 1$ mm	$h \leq 0,1\,t$ $h \leq 0,5$ mm	$h \leq 0,05\,t$ $h \leq 0,5$ mm
Zu große Nahtüber-höhung	a) Stumpfnaht		$h \leq 1$ mm + 0,25 b $h \leq 10$ mm	$h \leq 1$ mm + 0,15 b $h \leq 7$ mm	$h \leq 1$ mm + 0,1 b $h \leq 5$ mm
	b) Kehl-naht		$h \leq 1$ mm + 0,25 b $h \leq 5$ mm	$h \leq 1$ mm + 0,15 b $h \leq 4$ mm	$h \leq 1$ mm + 0,1 b $h \leq 3$ mm
Nahtdicken-über-schreitung	Sollnahtdicke / tatsächliche Nahtdicke	Für viele Anwendungen ist eine Überschreitung der Nahtdicke kein Grund für eine Zurückweisung.	zulässig	$h \leq 1$ mm + 0,2 a $h \leq 4$ mm	$h \leq 1$ mm + 0,15 a $h \leq 3$ mm
Nahtdicken-unter-schreitung	Sollnahtdicke / tatsächliche Nahtdicke		Lange Unregelmäßigkeiten nicht zulässig		nicht zulässig
			Kurze Unregelmäßigkeiten: $h \leq 0,3$ mm + 0,1 a		
			$h \leq 2$ mm	$h \leq 1$ mm	
Zu große Wurzelüber-höhung			$h \leq 1$ mm + 0,6 b	$h \leq 1$ mm + 0,3 b	$h \leq 1$ mm + 0,1 b
Kanten-versatz	a) Bleche und Langschweißnähte		$h \leq 0,25\,t$ $h \leq 5$ mm	$h \leq 0,15\,t$ $h \leq 4$ mm	$h \leq 0,1\,t$ $h \leq 3$ mm
	b) Umfangsschweißnähte		$h \leq 0,5\,t$ $h \leq 4$ mm	$h \leq 0,5\,t$ $h \leq 3$ mm	$h \leq 0,5\,t$ $h \leq 2$ mm
Decklagen-unter-wölbung		Weicher Übergang wird verlangt.	Lange Unregelmäßigkeiten nicht zulässig		
			Kurze Unregelmäßigkeiten bei $t > 3$:		
			$h \leq 0,25 \cdot t$ $h \leq 2$ mm	$h \leq 0,1\,t$ $h \leq 1$ mm	$h \leq 0,05\,t$ $h \leq 0,5$ mm

Fügeverbindung

Bewerten von Schweißnähten an Stahl
Valuation of welded joints on steel

Bewertungsgruppen von Unregelmäßigkeiten

DIN EN ISO 5817: 2006-10

Unregel-mäßigkeit	Darstellung	Grenzwerte für die Unregelmäßigkeit Bewertungsgruppen		
		niedrig D	mittel C	hoch B
Übermäßige Ungleich-schenklig-keit bei Kehlnähten	Sollform / tatsächliche Form	$h \leq 2$ mm $+ 0{,}2\, a$	$h \leq 2$ mm $+ 0{,}15\, a$	$h \leq 1{,}5$ mm $+ 0{,}15\, a$
Wurzel-rückfall Wurzelkerbe	Weicher Übergang wird verlangt.	Kurze Unregelmäßigkeiten bei $t > 3$:		
		$h \leq 0{,}2\, t$ $h \leq 2$ mm	$h \leq 0{,}1\, t$ $h \leq 1$ mm	$h \leq 0{,}05\, t$ $h \leq 0{,}5$ mm
Schweißgut-überlauf		Kurze Unregelmäßig-keiten zulässig $h \leq 0{,}2\, b$	nicht zulässig	
Schweiß-spritzer		Die Zulässigkeit hängt von der Anwendung ab. z. B. Werkstoff, Korrosionsschutz		

Allgemeintoleranzen für Schweißkonstruktionen
General tolerances for welding constructions

DIN EN ISO 13920: 1996-11

Tole-ranz-klasse	Nennmaßbereich in mm									Grenzabmaße für Winkelmaße		
	2 bis 30	über 30 bis 120	über 120 bis 400	über 400 bis 1000	über 1000 bis 2000	über 2000 bis 4000	über 4000 bis 8000	über 8000 bis 12 000	über 12 000 bis 16 000	über 16 000 bis 20 000	über 20 000	Tole-ranz-klasse	Abmaße in Grad und Minuten für Nennmaß-bereiche in mm (Länge des kürzeren Schenkels)
Grenzabmaße für Längenmaße														
A	± 1	± 1	± 1	± 2	± 3	± 4	± 5	± 6	± 7	± 8	± 9		bis 400	über 400 bis 1000	über 1000
B	± 1	± 2	± 2	± 3	± 4	± 6	± 8	± 10	± 12	± 14	± 16	A	± 20'	± 15'	± 10'
C	± 1	± 3	± 4	± 6	± 8	± 11	± 14	± 18	± 21	± 24	± 27	B	± 45'	± 30'	± 20'
D	± 1	± 4	± 7	± 9	± 12	± 16	± 21	± 27	± 32	± 36	± 40	C	± 1°	± 45'	± 30'
Geradheits-, Ebenheits- und Parallelitätstoleranz												D	± 1°30'	± 1°15'	± 1°
E	–	0,5	1,0	1,5	2,0	3	4	5	6	7	8				
F	–	1,0	1,5	3,0	4,5	6	8	10	12	14	16				
G	–	1,5	3,0	5,5	9,0	11	16	20	22	25	25				
H	–	2,0	5,0	9,0	14,0	18	26	32	36	40	40				

Die übrigen in DIN ISO 1101 definierten Form- und Lagetoleranzen dürfen in der Regel innerhalb der für den jeweiligen Nennmaßbereich zulässigen Abweichungen liegen (s. Tabellen „Allgemein-toleranzen für Längen" und „Zulässige Grenzabmaße für Winkelmaße"). In besonderen Fällen müssen die Form- und Lagetoleranzen entsprechend DIN ISO 1101 eingetragen werden.

Zeichnungseintragungen: Toleranzklasse B für Maßtoleranz und Toleranzklasse G für Ebenheitstoleranz: **EN ISO 13920 - BG**

Herstellerqualifikation
Qualification of producer

DIN 18 800-7: 2002-09

Klasse	A	B	C	D	E
Eignungsnachweis	Kein Eignungsnachweis erforderlich	Kleiner Eignungsnachweis erforderlich	Kleiner Eignungsnachweis mit Erweiterung erforderlich	Großer Eignungsnachweis erforderlich	Großer Eignungsnachweis mit Erweiterung auf dynamischen Bereich erforderlich
Art der Einwirkung	Tragwerke vorwiegend ruhend beansprucht				Tragwerke vorwiegend nicht ruhend beansprucht
Geltungsbereich	**Werkstoffe:** Unlegierte Stähle im Festigkeitsbereich bis S275	**Werkstoffe:** wie Klasse A	**Werkstoffe:** wie Klasse B und wetterfeste Stähle	**Werkstoffe:** Baustähle bis S 355, Feinkornbaustähle bis S 355 M, Vergütungsstahl C35	**Werkstoffe:** Baustähle bis S 355, Feinkornbaustähle bis S 355M, Vergütungsstahl C35
	Materialdicken: ≤ 16 mm, bei anzuschweißenden Kopf- und Fußplatte ≤ 30 mm	**Materialdicken:** ≤ 22 mm bei anzuschweißenden Kopf- und Fußplatten ≤ 30 mm	**Materialdicken:** ≤ 30 mm, bei anzuschweißenden Kopf- und Fußplatten ≤ 40 mm	**Materialdicken:** nach den Regelwerken	**Materialdicken:** nach den Regelwerken
	Schweißprozesse: manuelle und teilmechanische Verfahren	**Schweißprozesse:** manuelle und teilmechanische Verfahren	**Schweißprozesse:** alle Verfahren	**Schweißprozesse:** alle Verfahren	**Schweißprozesse:** alle Verfahren
	Bauteile: Stützen mit Kopf- und Fußplatten, Treppen in Wohngebäuden bis 5 m Länge, Geländer (Horizontallast ≤ 0,5 kN/m)	**Bauteile:** Fachwerkträger bis 20 m Stützweite für eingeschossige Gebäude; Treppen (Verkehrslast ≤ 5 kN/m) Geländer (Horizontallast > 0,5 kN/m)	**Bauteile:** Alle Bauteile der Klasse B erweitert auf 30 m Stützweite	**Bauteile:** alle nach den Stahlbaugrundnormen und Stahlbaufachnormen bemessene Konstruktionen	**Bauteile:** Alle Bauteile der Klasse D und nicht vorwiegend ruhend beanspruchte Bauteile z. B. Brücken, Kranbahnen
Werkseigene Produktionskontrolle	Ist durchzuführen in Verantwortung des Herstellers				
Betriebsanforderungen	kein Nachweis erforderlich	Nachweis gegenüber anerkannten Stellen erforderlich			
Stufe der Anforderungen (DIN EN 729-2 ... 4)	Schweißer mit gültiger Schweißerprüfung, elementare Anforderungen (DIN EN 729-4)	Schweißer mit gültiger Schweißerprüfung, Standardanforderungen (DIN EN 729-3)	Schweißer mit gültiger Schweißerprüfung, Geltungsbereich der Prüfung muss Einsatzbereich voll abdecken, Schweißaufsicht durch eine ständig dem Betrieb angehörende Schweißaufsichtsperson Umfassende Qualitätsanforderungen (DIN EN 729-2)		
Stufe der technischen Kenntnisse der Schweißaufsichtsperson (DIN EN 719)	Keine besonderen Anforderungen	Technische Basiskenntnisse	Spezielle technische Kenntnisse	Umfassende technische Kenntnisse	

Fügeverbindung

Löten / Soldering

Flussmittel zum Weichlöten

DIN EN 29 454-1: 1994-02

Flussmitteltyp	Flussmittelbasis	Flussmittelaktivator	Fluss-mittelart	Kurzzeichen nach DIN EN 29 454	Kurzzeichen nach DIN 8511 (bisher)	Rückstände
1 Harz	1 Kolophonium 2 ohne Kolophonium	1 ohne Aktivator 2 mit Halogenen aktiviert 3 ohne Halogene aktiviert	A flüssig	für Leichtmetalle 3.1.1. 2.1.3. 2.1.2.	F-LW-1 F-LW-2 F-LW-3	korrodierend
2 organisch	1 wasserlöslich 2 nicht wasserlöslich		B fest	für Schwermetalle 3.2.2. 3.1.1.	F-SW-11 F-SW-12	korrodierend
3 anorganisch	1 Salze	1 mit Ammoniumchlorid 2 ohne Ammoniumchlorid	C Paste	3.1.1. 3.1.2. 2.1.3.	F-SW-21 F-SW-22 F-SW-23	bedingt korrodierend
	2 Säuren	1 Phosphorsäure 2 andere Säuren		2.1.1. 2.1.2. 1.1.2.	F-SW-24 F-SW-25 F-SW-26	
		1 Amine und/oder Ammoniak		1.1.1. 1.1.3.	F-SW-31 F-SW-32	nicht korrodierend

Bezeichnung eines Flussmittels vom Typ 1 auf Kolophoniumbasis ohne Aktivator in Pastenform:
Flussmittel EN 29 454 – 1.1.1. C

i **Kolophonium:** gelbes bis braunschwarzes Baumharz

Flussmittel zum Hartlöten

DIN EN 1045: 1997-08

Kurzzeichen	Entfernung der Rückstände	Bemerkungen und Verwendung
für Leichtmetalle		
FL 10	ja, mit Salpetersäure und/oder heißem Wasser	auf der Basis hygroskopischer Chloride und Fluoride
FL 20	im Allgemeinen nein	auf der Basis nicht hygroskopischer Fluoride; Lötstelle vor Nässe schützen
für Schwermetalle		
FH 10	ja, abwaschen oder abbeizen	Borverbindungen oder Fluoride, Wirktemperatur 550 … 800 °C
FH 11		Borverbindungen oder Fluoride und Chloride, Wirktemperatur: 550 … 800 °C
FH 21	ja, mechanisch oder abbeizen	Borverbindungen, Wirktemperatur: 750 … 1100 °C
FH 30		Borverbindungen, Phosphate, Silikate, Wirktemperatur 1000 … 1250 °C
FH 40	ja, abwaschen oder abbeizen	Chloride und Fluoride, Wirktemperatur: 600 … 1000 °C

Zusammensetzung des Kurzzeichens:
F – Flussmittel; L – Leichtmetall; H – Schwermetall, ergänzt durch Zahlen

Lotzusätze für das Hartlöten

DIN EN 1044: 1999-07

Kurz-zeichen	Kennzeichen nach DIN EN ISO 3677	bisheriges Kurzzeichen	Schmelzbereich in °C[1]	Form der Lötstelle	Art der Lotzufuhr	Verwendung Grundwerkstoff
Nickelhartlote						
NI 101	B-Ni73CrFeSiB(C)-980/1060	L-Ni 1	980 … 106	Spalt	angelegt oder eingelegt	Nickel, Nickel-Legierungen
NI 102	B-Ni82CrSiBFe-970/1000	L-Ni 2	970 … 100			Kobalt, Kobalt-Legierungen
NI 103	B-Ni92SiB-980/1040	L-Ni 3	980 … 104			
NI 104	B-Ni95SiB-980/1070	L-Ni 4	980 … 107			legierte Stähle
NI 105	B-Ni71CrSi-1080/1135	L-Ni 5	1080 … 11			bedingt Sondermetalle
NI 106	B-Ni89P-875	L-Ni 6	875			
NI 107	B-Ni76CrP-890	L-Ni 7	890			
NI 108	B-Ni66MnSiCu-980/1010	L-Ni 8	980 … 101			
NI 109	B-Ni81CrB-1055	–	1055			
NI 110	B-Ni63WCrFeSiB-970/1105	–	970 … 110			

[1] untere Angabe: Solidustemperatur, obere Angabe: Liquidustemperatur

Löten / Soldering

Lotzusätze für das Hartlöten — DIN EN 1044: 1999-07

Kurz-zeichen	Kennzeichen nach DIN EN ISO 3677	bisheriges Kurzzeichen	Schmelz-bereich in °C[1]	Form der Lötstelle	Art der Lotzufuhr	Verwendung Grundwerkstoff
Aluminiumhartlote						
AL 101	B-Al95Si-575/630	–	575 ... 630	Spalt	angelegt oder eingelegt	Aluminium, Aluminium-Legierungen vom Typ AlMn, AlMnMg, AlMg, AlMgSi, lotplattierte Bänder und Bleche
AL 102	B-Al92Si-575/615	L-AlSi7,5	575 ... 615			
AL 103	B-Al90Si-575/590	L-AlSi10	575 ... 590			
AL 104	B-Al99Si-575/585	L-AlSi12	575 ... 585			
AL 201	B-Al86SiCu-520/585	–	520 ... 585			
AL 301	B-Al89SiMg-555/585	–	555 ... 590			
Silberhartlote						
AG 101	B-Ag60CuZnSn-620/685	L-Ag60Sn	620 ... 685	Spalt	angelegt oder eingelegt	Edelmetall
AG 104	B-Ag45CuZnSn-640/680	L-Ag45Sn	640 ... 680			Stähle, Temperguss, Kupfer, Kupferlegierungen, Nickel, Nickellegierungen
AG 106	B-Cu36AgZnSn-630/730	L-Ag34Sn	630 ... 730			
AG 201	B-Ag63CuZn690/730	–	690 ... 730			Edelmetall
AG 202	B-Ag63CuZn-695/730	L-Ag60	695 ... 730			
AG 203	B-Ag44CuZn675/735	L-Ag44	675 ... 735			Stähle, Temperguss, Kupfer, Kupferlegierungen, Nickel, Nickellegierungen
AG 204	B-Cu38ZnAg-680/765	L-Ag30	680 ... 765			
AG 205	B-Cu40ZnAg-700/790	L-Ag25	700 ... 790			
AG 206	B-Cu44ZnAg(Si)-690/810	L-Ag20	690 ... 810			
AG 207	B-Cu48ZnAg(Si)800/830	L-Ag12	800 ... 830			
AG 208	B-Cu55ZnAg(Si)-820/870	L-Ag5	820 ... 870			
–	–	L-Ag67Cd	635 ... 720			Edelmetalle
AG 301	B-Ag50CdZnCu-620/640	LAg50Cd	620 ... 640			Edelmetalle, Kupferlegierungen
AG 302	B-Ag45CdZnCu-605/620	L-Ag45Cd	605 ... 620			
AG 304	B-Ag40ZnCdCu-595/630	L-Ag40Cd	595 ... 630			Stähle, Temperguss, Kupfer, Kupferlegierungen, Nickel, Nickellegierungen
AG 306	B-Ag30CuCdZn-600/690	L-Ag30Cd	600 ... 690			
AG 309	B-Cu40ZnAgCd-605/765	L-Ag20Cd	605 ... 765			
AG 351	B-Ag50CdZnCuNi-635/655	L-Ag50CdNi	635 ... 655			Hartmetall aus Stahl
AG 403	B-Ag56CuInNi-600/710	L-Ag56InNi	600 ... 710			Cr- und Cr-Ni-Stähle
AG 501	B-Ag85Mn-960/970	L-Ag85	960 ... 970			Nickel und Nickellegierungen
AG 502	B-Ag49ZnCuMnNi-680/705	L-Ag49	680 ... 705			Hartmetall auf Stahl, Wolfram- und Molybdän-Werkstoffe
AG 503	B-Cu38AgZnMnNi-680/830	L-Ag27	680 ... 830			
Kupfer-Phosphorhartlote						
CP 102	B-Cu80AgP-645/800	L-Ag15P	645 ... 800	Spalt	angelegt oder eingelegt	Kupfer
CP 104	B-Cu89PAg-645/815	L-Ag5P	645 ... 815			Kupfer-Zink-Legierungen
CP 105	B-Cu92PAg-645/825	L-Ag2P	645 ... 825			Kupfer-Zinn-Legierungen
CP 202	B-Cu93P-710/820	L-CuP7	710 ... 820			Kupfer, Fe- und Ni-freie Kupferlegierungen
Kupferhartlote						
CU 104	B-Cu100(P)-1085	L-SFCu	1085	Spalt	angelegt oder eingelegt	Stähle
CU 201	B-Cu94Sn(P)-910/1040	L-CuSn6	910 ... 1040			Eisen- und Nickelwerkstoffe
CU 202	B-Cu88Sn(P)-825/990	L-CuSn12	625 ... 990			
CU 301	B-Cu60Zn(Si)-875/895	L-CuZn40	875 ... 895			Stähle, Temperguss, Kupfer
CU 304	B-Cu60Zn(Sn)(Si)(Mn)-	L-CuZn39Sn	870 ... 900			wie Cu 301 und Gusseisen
CU 305	B-Cu48ZnNi(Si)-890/920	L-CuNi10Zn42	890 ... 920			Stähle, Temperguss, Nickel und Nickellegierungen, Gusseisen
–		L-ZnCu42	835 ... 845		eingelegt	Neusilber

Vorsatz B von englisch: brazing = Hartlöten
[1] untere Angabe: Solidustemperatur, obere Angabe: Liquidustemperatur

Alle cadmiumhaltigen Hartlote sind auf der Verpackung mit dem Gefahrensymbol „ ☒ gesundheitsschädlich" zu kennzeichnen.

Bezeichnung eines Hartlotes mit ca. 40 % Cu, Zn und Ag und einem Schmelzbereich von Δt = 700 ... 790:
wahlweise: – **Lotzusatz EN 1044-AG 205** oder – **Lotzusatz EN 1044-B-Cu40ZnAg-700/790**

Fügeverbindung

Löten
Soldering

Lötzusätze für das Weichlöten

DIN EN ISO 9453: 2006-12

Gruppe	Legie-rungs-Nr.[1]	Legierungs-kurzzeichen[2]	bisheriges Kurz-zeichen nach DIN 1707	Schmelz-temperatur in °C[3]	Verwendung
Zinn-Blei-Legierungen	101	S-Sn 63 Pb 37	L-Sn 63 Pb	183	Miniaturtechnik, Feinwerktechnik, Elektroindustrie
	102	S-Sn 63 Pb 37 E			
	103	S-Sn 60 Pb 40	L-Sn 60 Pb	183 … 190	Verzinnung, Elektroindustrie, gedruckte Schaltungen
	104	S-Sn 60 Pb 40 E			
	111	S-Pb 50 Sn 50	L-Sn 50 Pb	183 … 215	Verzinnung, Elektroindustrie
	112	S-Pb 50 Sn 50 E			
	113	S-Pb 55 Sn 45	–	183 … 226	
	114	S-Pb 60 Sn 40	L-Pb Sn 40	183 … 235	Feinblechpackungen, Metallwaren
	115	S-Pb 65 Sn 35	–	183 … 245	Klempnerarbeiten
	116	S-Pb 70 Sn 30	–	183 … 255	Verzinkte Feinbleche
	117	S-Pb 80 Sn 20	–	183 … 280	
	123	S-Pb 95 Sn 5	–	300 … 314	
	124	S-Pb 98 Sn 2	L-Pb Sn 2	320 … 325	Kühlerbau
Zinn-Blei-Legierungen mit Antimon	132	S-Sn 63 Pb 37 Sb	–	183	Feinwerktechnik
	131	S-Sn 60 Pb 40 Sb	L-Sn 60 Pb (Sb)	183 … 190	Verzinnung, Feinlötungen
	133	S-Pb 50 Sn 50	L-Sn 50 Pb (Sb)	183 … 216	Verzinnung, Feinblechpackungen
	134	S-Pb 58 Sn 40 Sb 2	L-Pb Sn 40 Sb	185 … 231	Verzinnung, Klempnerarbeiten
	135	S-Pb 69 Sn 30 Sb 1	L-Pb Sn 30 Sb	185 … 250	Bleilötungen
	136	S-Pb 74 Sn 25 Sb 1	L-Pb Sn 25 Sb	185 … 263	Kühlerbau (Schmierlot)
	137	S-Pb 78 Sn 20 Sb 2	L-Pb Sn 20 Sb	185 … 270	Karosseriebau (Schmierlot)
Zinn-Antimon-Legierung	201	S-Sn 95 Sb 5	L-Sn Sb 5	230 … 240	Kälteindustrie
Zinn-Blei-Bismuth-Legierungen	141	S-Sn 60 Pb 38 Bi 2	–	180 … 185	Feinlötungen
	142	S-Pb 49 Sn 48 Bi 3	–	178 … 205	
	301	S-Bi 58 Sn 42	–	139	Niedertemperaturlot
Zinn-Blei-Cadium-Legierungen	151	S-Sn 50 Pb 32 Cd 18	L-Sn Pb Cd 18	145	Feinlötungen, Zinnwaren, Kondensatoren, Schmelzsicherungen
Zinn-Kupfer- und Zinn-Blei-Kupfer-Legierungen	401	S-Sn 99 Cu 1	–	230 … 240	Kupferrohrinstallation,
	402	S-Sn 97 Cu 3	L-Sn Cu 3	230 … 250	Klempnerarbeiten
	161	S-Sn 60 Pb 39 Cu 1	L-Sn 60 Pb Cu 2	183 … 190	Elektronik, gedruckte Schaltungen,
	162	S-Sn 50 Pb 49 Cu 1	L-Sn 50 Pb Cu	183 … 215	Elektrogerätebau
Zinn-Indium-Legierung	601	S-In 52 Sn 48	–	118	Glas-Metall-Lötungen
Zinn-Silber- und Zinn-Blei-Silber-Legierungen	701	S-Sn 96 Ag 4	(L-Sn Ag 5)[4]	221	Kupferrohrinstallation, Kältetechnik
	702	S-Sn 97 Ag 3		221 … 230	
	171	S-Sn 62 Pb 36 Ag 2	(L-Sn 63 Pb Ag)[4]	179	Elektrogerätebau, Miniaturtechnik, gedruckte Schaltungen
Blei-Silber- und Blei-Zinn-Silber-Legierungen	181	S-Pb 98 Ag 2	–	304 … 305	Elektroindustrie
	182	S-Pb 95 Ag 5	L-Pb Ag 5	304 … 365	für hohe Betriebstemperaturen
	191	S-Pb 93 Sn 5 Ag 2	–	296 … 301	Elektrotechnik, Elektromotoren

[1] Legierungsnummern sind Ersatz für die Werkstoffnummern
[2] Vorsatz S- von englisch solder = Lot
[3] Die Temperaturen dienen der Information. Sie sind keine festgelegten Anforderungen für die Legierungen. Der kleinere Wert entspricht der Solidustemperatur, der größere Wert der Liquidustemperatur.
[4] annähernd vergleichbar mit den neuen Legierungen

Bezeichnung eines Weichlotes mit dem Kurzzeichen S-Sn 60 Pb 38 Cu 2

Weichlot ISO 9453 – Sn 60 Pb 39 Cu 1 oder Weichlot ISO 9453 – 161

Kleben
Glueing

Verfahren zur Klebflächenvorbehandlung

VDI 2229: 1979-06

Werkstoff	Reinigen	Entfetten	Spülen	bei niedriger Beanspruchung	bei mittlerer Beanspruchung	bei hoher Beanspruchung	Beanspruchungsgrade:
Stahl	Entfernen von Schmutz, Zunder, Rost und Farbresten	Entfetten mit organischen Lösemitteln (Aceton, Methylenchlorid, Trichloräthan, Perchloräthylen) Entfetten in anorganischen Entfettungsmitteln (alkalische, neutrale oder saure Lösungen)	Spülen mit vollentsalztem oder destilliertem Wasser	keine Weiterbehandlung	Schmirgeln, Schleifen	Strahlen	1. **niedrige Beanspruchung:** Zugscherfestigkeit < 5 N/mm^2, trockene Atmosphäre, Feinmechanik, Elektrotechnik, einfache Reparaturen. 2. **mittlere Beanspruchung:** Zugscherfestigkeit 5 ... 10 N/mm^2, feuchte Atmosphäre, Öle, Treibstoffe; Maschinenbau, Fahrzeugbau, Reparaturen. 3. **hohe Beanspruchung:** Zugscherfestigkeit 10 N/mm^2, direkte Berührung mit Ölen, Treibstoffen, wässrigen Lösungen, Lösungsmitteln; Fahrzeugbau, Schiffbau, Behälterbau.
Stahl, verzinkt				keine Weiterbehandlung			
Stahl, brüniert				sehr gründlich entfetten		Strahlen	
Gusseisen				Gusshaut	Schmirgeln, Schleifen	Strahlen	
Aluminium, Aluminiumlegierungen				keine Weiterbehandlung	1. Entfetten durch Beizen 2. Schleifen, Bürsten	1. Strahlen 2. Beizen (27,5 % Schwefelsäure, 7,5 % Natriumdichromat, 65 % vollentsalztes Wasser) 3. evtl. anodisieren	
Kupfer, Kupferlegierungen				keine Weiterbehandlung	Schmirgeln, Schleifen	Strahlen	
Magnesium				keine Weiterbehandlung	Schmirgeln, Schleifen	1. Strahlen 2. Beizen (20 % Salpetersäure, 15 % Kaliumdichromat, 65 % H$_2$O)	
Titan				keine Weiterbehandlung	Bürsten mit Stahlbürste	Beizen (15 % Flusssäure (50 %ig), 85 % H$_2$O)	

Konstruktionsklebstoffe

Klebstofftyp	Anwendung	Max. Anwendungstemperatur in °C	Mittl. Zugscherfestigkeit bei 20 °C in N/mm^2	Abbindebedingungen Temperatur in °C	Zeit in min	Druck notwendig	Bemerkungen
Epoxidharz (EP)	Metall-Metall Metall-Kunststoff Metall-Holz Metall-Keramik	120	10 ... 35	20 ... 180	> 60	nein	gute Kapillarwirkung, starre Klebung
EP-Polyamid	Metall-Metall Metall-Kunststoff	120	35 ... 49	180	60	ja	beste Flexibilität
Polyesterharz (UP)	Metall-Metall Metall-Kunststoff Metall-Holz	80	10 ... 20	10 ... 30	> 60	nein	nicht für hochfeste Verbindungen
PVC-Plastisole	Metall-Metall Metall-Holz Metall-Kunststoff	80	3 ... 6	140 ... 200	5 ... 30	nein	hohe Flexibilität
Cyanacrylat	Meta-Metall	20	17 ... 19	25	0,5 ... 5	nein	schnell abbindend
Methyl-Methacrylat	Metall-Metall Metall-Kunststoff Metall-Holz Metall-Keramik	–	10 ... 25	80	25	nein	Kleber mittlerer Festigkeit

Fügeverbindung

Gewinde / Threads

Gewinde-Übersicht

DIN 202: 1999-11

Gewinde-Benennung	Gewindeprofil	Kenn-buchstabe	Kurzzeichen, Beispiel	Nenndurchmesser, Gewindegröße, Rohr-Nennweite	Norm	Anwendung, Beispiel
Metrisches ISO-Gewinde	55°	M	M 20	1 mm ... 68 mm	DIN 13-1	Regelgewinde
			M 20 × 1	1 mm ... 1000 mm	DIN 13-2 ... 11	Feingewinde
Metrisches kegeliges Außengewinde	60°, 1:16		M 36 × 2 keg	6 mm ... 60 mm	DIN 158	für Verschluss-schrauben und Schmiernippel
Zylindrisches Rohrgewinde für nicht im Gewinde dichtende Verbindungen	55°	G	G 1 $\frac{1}{4}$ A	$\frac{1}{16}$ ... 6 inch	DIN ISO 228-1	Außengewinde für Rohre und Rohr-verbindungen
			G 1 $\frac{1}{4}$ B			
			G 1 $\frac{1}{4}$			Innengewinde für Rohre und Rohr-verbindungen
Zylindrisches Rohrgewinde für im Gewinde dichtende Verbindungen		Rp	Rp $\frac{3}{4}$	$\frac{1}{16}$ ... 6 inch	DIN 2999-1	Innengewinde für Gewinderohre und Fittings
			Rp $\frac{1}{8}$	$\frac{1}{8}$ ... 1 $\frac{1}{2}$ inch	DIN 3858	Innengewinde für Rohrverschrau-bungen
Kegeliges Rohrgewinde für im Gewinde dichtende Verbindungen	55°, 1:16	R	R $\frac{3}{4}$	$\frac{1}{16}$ ... 6 inch	DIN 2999-1	Außengewinde für Gewinderohre und Fittings
			R $\frac{1}{8}$ – 1	$\frac{1}{8}$ ... 1 $\frac{1}{2}$ inch	DIN 3858	Außengewinde für Rohrverschrau-bungen
Metrisches ISO-Trapez-gewinde	30°	Tr	Tr 40 × 7	8 mm ... 300 mm	DIN 103-1 ... 8	allgemein
			Tr 40 × 14 P 7			
Metrisches Sägengewinde	3°, 30°	S	S 48 × 8	10 mm ... 640 mm	DIN 513-1 ... 3	allgemein
			S 40 × 14 P 7			
Zylindrisches Rundgewinde	30°	Rd	Rd 40 × $\frac{1}{6}$	8 mm ... 200 mm	DIN 405-1/2	allgemein
			Rd 40 × $\frac{1}{3}$ P $\frac{1}{6}$			
Blechschrauben-Gewinde	60°	ST	ST 3,5	1,5 mm ... 9,5 mm	DIN EN ISO 1478	für Blechschrauben

Fügeverbindung

Gewinde
Threads

Gewinde ausländischer Normen

Gewindeart	Symbol	Gewindeprofil	Beispiel	Land
ISO-UNC-Regelgewinde ISO Inch screw thread coarse thread series	UNC	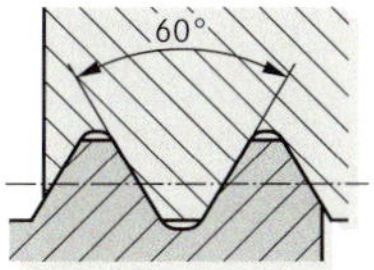 60°	**¼ 20 UNC 2A** ISO-UNC-Gewinde, ¼ inch Nenndurchmesser, 20 Gewindegänge/inch, Passungsklasse 2A	Argentinien, Australien, Großbritannien, Indien, Japan, Norwegen, Schweden, u. a.
ISO-UNF-Feingewinde ISO Inch screw thread fine thread series	UNF	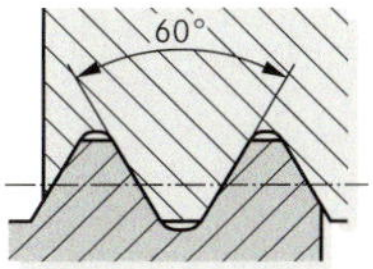 60°	**¼ 28 UNF** ISO-UNF-Gewinde, ¼ inch Nenndurchmesser, 28 Gewindegänge/inch	Argentinien, Australien, Großbritannien, Indien, Japan, Norwegen, Schweden, u. a.
Trocken dichtendes kegeliges Rohrgewinde Dryseal taper pipe thread	NPTF	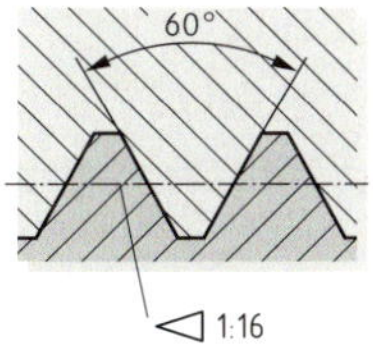 60° 1:16	**⅛ 27 NPTF** NPTF-Gewinde, ⅛ inch Nenndurchmesser, 27 Gewindegänge/inch	Brasilien, USA
Trapezgewinde Acme screw thread	Acme	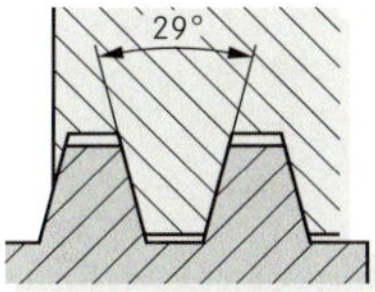 29°	**1 ¾-4 Acme-2G** Acme-Gewinde, 1 ¾ inch Nenndurchmesser, 4 Gewindegänge/inch, Passungsklasse 2G	Australien, Großbritannien, Niederlande, USA

Erläuterungen zu den Gewinde-Kurzzeichen

Kurzzeichen	Erläuterungen
M 20	Metrisches ISO-Gewinde, Regelgewinde, Nenndurchmesser 20 mm
M 20 × 1	Metrisches ISO-Gewinde, Feingewinde, Nenndurchmesser 20 mm, Steigung 1 mm
M 20 – LH	Metrisches ISO-Gewinde, Regelgewinde, Nenndurchmesser 20 mm, Linksgewinde (LH = Left Hand)
M 20 – RH	Metrisches ISO-Gewinde, Regelgewinde, Nenndurchmesser 20 mm, Rechtsgewinde (RH = Right Hand) (bei Teilen mit Rechts- und Linksgewinde)
G 1 ¼	Zylindrisches Rohrinnengewinde (nicht dichtend), Nenndurchmesser 1 ¼ inch
G 1 ¼ A	Zylindrisches Rohraußengewinde (nicht dichtend), Nenndurchmesser 1 ¼ inch, Toleranzklasse A
Rp ¾	Zylindrisches Rohrinnengewinde (dichtend), Nenndurchmesser ¾ inch
R ¾	Kegeliges Rohraußengewinde (dichtend), Nenndurchmesser ¾ inch
R ⅛ – 1	Kegeliges Rohraußengewinde (dichtend), Nenndurchmesser ⅛ inch, Toleranzfeldlage 1 (Normalausführung) (Toleranzfeldlage 2: Kurzausführung)
Tr 40 × 7	Metrisches Trapezgewinde, Nenndurchmesser 40 mm, Steigung 7 mm
Tr 40 × 14 P7	Metrisches Trapezgewinde, Nenndurchmesser 40 mm, Steigung 14 mm, Teilung 7 mm (2-gängig)
S 48 × 8	Metrisches Sägengewinde, Nenndurchmesser 48 mm, Steigung 8 mm
S 40 × 14 P7	Metrisches Sägengewinde, Nenndurchmesser 48 mm, Steigung 14 mm, Teilung 7 mm (2-gängig)
ST 3,5	Gewinde für Blechschrauben, Nenndurchmesser 3,5 mm

Gewindedarstellung
Representation of thread

DIN ISO 6490: 1993-12

Sichtbare Gewinde
Grenze der nutzbaren Gewindelänge und
    Gewindespitzen: breite Volllinie (ISO 128-01.2.3)

Verdeckte Gewinde
Gewindespitzen und
    Gewindegrund: schmale Strichlinie
          (ISO 128-02.1.1)

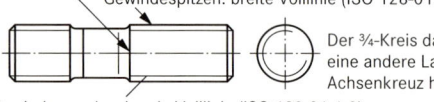
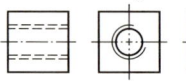 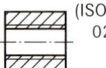

Der ¾-Kreis darf auch eine andere Lage zum Achsenkreuz haben.

Gewindegrund: schmale Volllinie (ISO 128-01.1.8)
Schnitte von Gewindeteilen
Die Schraffur ist bis zu den Gewindespitzen durchzuziehen.

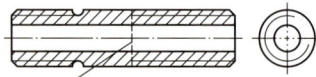

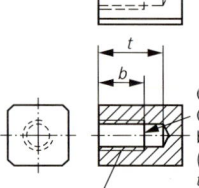

Grenze der nutzbaren Gewindelänge: schmale Strichlinie (ISO 128-02.1.1)
Zusammengebaute Gewindeteiles

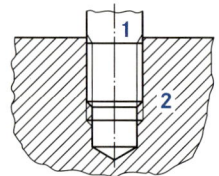

1 Gewindeausläufe sind nur dann zu zeichnen, wenn dies aus Funktionsgründen notwendig ist.

2 Teile mit Außengewinde sind so darzustellen, dass sie Teile mit Innengewinde überdecken.

Grenze der nutzbaren Gewindelänge b: breite Volllinie (ISO 128-01.2.4)
t: s. Bohrlochtiefe

Gewindegrund: Schmale Volllinie (ISO 128-01.1.8)

Bezeichnung eines Gewindes siehe DIN 406-11 und DIN 202.

Vereinfachte Darstellung

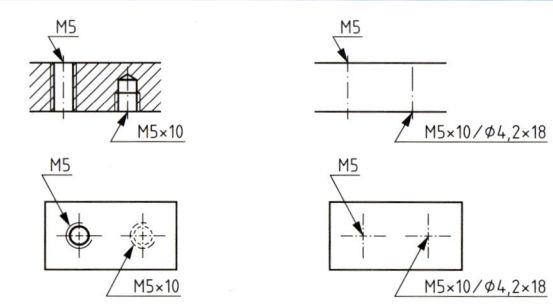

Die Vereinfachung ist zulässig bei Durchmessern ≤ 6 mm (in der Zeichnung) oder bei einem regelmäßigen Muster von Löchern und Gewinden derselben Art und Größe.

Schrauben und Muttern

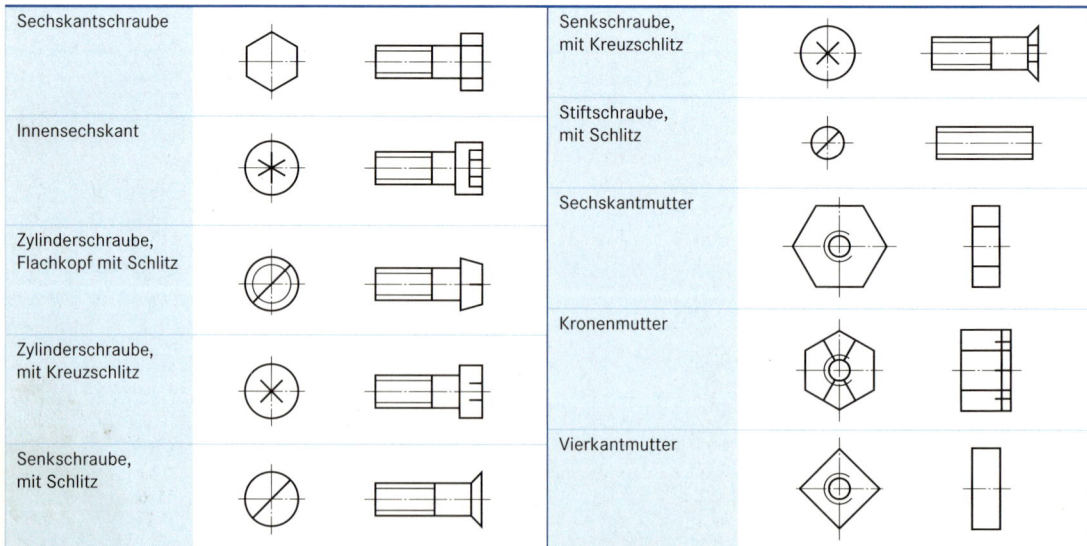

Sechskantschraube			Senkschraube, mit Kreuzschlitz		
Innensechskant			Stiftschraube, mit Schlitz		
Zylinderschraube, Flachkopf mit Schlitz			Sechskantmutter		
Zylinderschraube, mit Kreuzschlitz			Kronenmutter		
Senkschraube, mit Schlitz			Vierkantmutter		

Fügeverbindung

Gewinde
Threads

Metrisches ISO-Gewinde

DIN 13-1: 1999-11

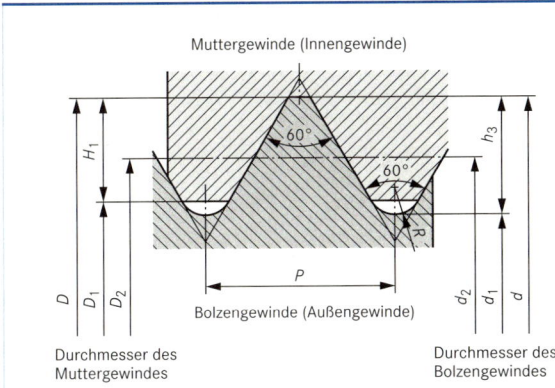

Durchmesser des Muttergewindes | Bolzengewinde (Außengewinde) | Durchmesser des Bolzengewindes

Nenndurchmesser	$d = D$
Steigung	P
Flankenwinkel	60°
Gewindetiefe des Bolzengewindes	$h_3 = 0{,}61343 \cdot P$
Gewindetiefe des Muttergewindes	$H_1 = 0{,}54127 \cdot P$
Rundung	$R = 0{,}14434 \cdot P$
Flankendurchmesser	$d_2 = D_2 = d - 0{,}64952 \cdot P$
Kerndurchmesser des Bolzengewindes	$d_3 = d - 1{,}22687 \cdot P$
Kerndurchmesser des Muttergewindes	$D_1 = d - 2 \cdot H_1$
Spannungsquerschnitt	$S = 0{,}785 \cdot (d - 0{,}9382 \cdot P)^2$

Regelgewinde

Gewinde-Nenndurchmesser $d = D$		Steigung P	Flankendurchmesser $d_2 = D_2$	Kerndurchmesser Bolzen d_3	Kerndurchmesser Mutter D_1	Gewindetiefe Bolzen h_3	Gewindetiefe Mutter H_1	Rundung R	Kernlochbohrerdurchmesser	Spannungsquerschnitt S in mm²	Schlüsselweite SW DIN ISO 272
Reihe 1	Reihe 2										
1		0,25	0,838	0,693	0,729	0,153	0,135	0,036	0,75	0,460	–
	1,1	0,25	0,938	0,793	0,829	0,153	0,135	0,036	0,85	0,588	–
1,2		0,25	1,038	0,893	0,929	0,153	0,135	0,036	0,95	0,732	–
	1,4	0,3	1,205	1,032	1,075	0,184	0,162	0,043	1,10	0,983	–
1,6		0,35	1,373	1,171	1,221	0,215	0,189	0,051	1,25	1,27	3,2
	1,8	0,35	1,573	1,371	1,421	0,251	0,189	0,051	1,45	1,70	–
2		0,4	1,740	1,509	1,567	0,245	0,217	0,058	1,60	2,07	4
	2,2	0,45	1,908	1,648	1,713	0,276	0,244	0,065	1,75	2,48	–
2,5		0,45	2,208	1,948	2,013	0,276	0,244	0,065	2,05	3,39	5
3		0,5	2,675	2,387	2,459	0,307	0,271	0,072	2,5	5,03	5,5
	3,5	0,6	3,110	2,764	2,850	0,368	0,325	0,087	2,9	6,78	–
4		0,7	3,545	3,141	3,242	0,429	0,379	0,101	3,3	8,78	7
	4,5	0,75	4,013	3,580	3,688	0,460	0,406	0,108	3,7	11,3	–
5		0,8	4,480	4,019	4,134	0,491	0,433	0,115	4,2	14,2	8
6		1	5,350	4,773	4,917	0,613	0,541	0,144	5,0	20,1	10
	7	1	6,350	5,773	5,917	0,613	0,541	0,144	6,0	28,9	11
8		1,25	7,188	6,466	6,647	0,767	0,677	0,180	6,8	36,6	13
10		1,5	9,026	8,160	8,376	0,920	0,812	0,217	8,5	58,0	16
12		1,75	10,863	9,853	10,106	1,074	0,947	0,253	10,2	84,3	18
	14	2	12,701	11,546	11,835	1,227	1,083	0,289	12,0	115	21
16		2	14,701	13,546	13,835	1,227	1,083	0,289	14,0	157	24
	18	2,5	16,376	14,933	15,294	1,534	1,353	0,361	15,5	193	27
20		2,5	18,376	16,933	17,294	1,534	1,353	0,361	17,5	245	30
	22	2,5	20,376	18,933	19,294	1,534	1,353	0,361	19,5	303	34
24		3	22,051	20,319	20,752	1,840	1,624	0,433	21,0	353	36
	27	3	25,051	23,319	23,752	1,840	1,624	0,433	24,0	459	41
30		3,5	27,727	25,706	26,211	2,147	1,894	0,505	26,5	561	46
	33	3,5	30,727	28,706	29,211	2,147	1,894	0,505	29,5	694	50
36		4	33,402	31,093	31,670	2,454	2,165	0,577	32,0	817	55
	39	4	36,402	34,093	34,670	2,454	2,156	0,577	35,0	976	60
42		4,5	39,077	36,479	37,129	2,760	2,436	0,650	37,5	1121	65
	45	4,5	42,077	39,479	40,129	2,760	2,436	0,650	40,5	1306	70
48		5	44,752	41,866	42,587	3,067	2,706	0,722	43,0	1473	75
	52	5	48,752	45,866	46,587	3,067	2,706	0,722	47,0	1758	80
56		5,5	52,428	49,252	50,046	3,374	2,977	0,794	50,5	2030	85
	60	5,5	56,428	53,252	54,046	3,374	2,977	0,794	54,5	2362	90
64		6	60,103	56,639	57,505	3,681	3,248	0,866	58,0	2676	95
	68	6	64,103	60,639	61,505	3,681	3,248	0,866	62,0	3055	100

Gewinde / Threads

Feingewinde

DIN 13-2 ... 10: 1999-11

Bezeichnung	Flanken-Ø	Kerndurchmesser		Kernlochbohrerdurchmesser	Bezeichnung	Flanken-Ø	Kerndurchmesser		Kernlochbohrerdurchmesser
		Bolzen	Mutter				Bolzen	Mutter	
$d \times P$	$d_2 = D_2$	d_3	D_1		$d \times P$	$d_2 = D_2$	d_3	D_1	
M 2,5 × 0,35	2,273	2,071	2,121	2,15	M 30 × 1	29,350	28,773	28,917	29,00
M 3 × 0,35	2,773	2,571	2,621	2,65	M 27 × 1,5	26,026	25,16	25,376	25,50
M 3,5 × 0,35	3,273	3,071	3,121	3,15	M 27 × 2	25,701	24,54	24,835	25,00
M 4 × 0,5	3,675	3,387	3,459	3,50	M 28 × 1,5	27,026	26,16	26,376	26,50
M 4,5 × 0,5	4,175	3,887	3,959	4,00	M 28 × 2	26,701	25,54	25,835	26,00
M 5 × 0,5	4,675	4,387	4,459	4,50	M 30 × 1,5	29,026	28,16	28,376	28,50
M 5,5 × 0,5	5,175	4,887	4,959	5,00	M 30 × 2	28,701	27,54	27,835	28,00
M 6 × 0,75	5,513	5,080	5,188	5,20	M 30 × 3	28,051	26,31	26,752	27,00
M 7 × 0,75	6,513	6,080	6,188	6,20	M 32 × 1,5	31,026	30,16	30,376	30,50
M 8 × 0,75	7,513	7,080	7,188	7,20	M 32 × 2	30,701	29,54	29,835	30,00
M 8 × 1	7,350	6,773	6,917	7,00	M 33 × 1,5	32,026	31,16	31,376	31,50
M 9 × 0,75	8,513	8,080	8,188	8,20	M 33 × 2	31,701	30,54	30,835	31,00
M 9 × 1	8,350	7,773	7,917	8,00	M 33 × 3	31,051	29,31	29,752	30,00
M 10 × 0,75	9,513	9,080	9,188	9,20	M 35 × 1,5	34,026	33,16	33,376	33,50
M 10 × 1	9,350	8,773	8,917	9,00	M 36 × 1,5	35,026	34,16	34,376	34,50
M 10 × 1,25	9,188	8,466	8,647	8,80	M 36 × 2	34,701	33,54	33,835	34,00
M 11 × 0,75	10,513	10,080	10,188	10,20	M 36 × 3	34,051	32,31	32,752	33,00
M 11 × 1	10,350	9,773	9,917	10,00	M 38 × 1,5	37,026	36,16	36,376	36,50
M 12 × 1	11,350	10,773	10,917	11,00	M 39 × 1,5	38,026	37,16	37,376	37,50
M 12 × 1,25	11,188	10,466	10,647	10,80	M 39 × 2	37,701	36,54	36,835	37,00
M 12 × 1,5	11,026	10,160	10,376	10,50	M 39 × 3	37,051	35,31	35,752	36,00
M 14 × 1	13,350	12,773	12,917	13,00	M 40 × 1,5	39,026	38,16	38,376	38,50
M 14 × 1,5	13,026	12,160	12,376	12,50	M 40 × 2	38,701	37,54	37,835	38,00
M 15 × 1	14,350	13,773	13,917	14,00	M 40 × 3	38,051	36,31	36,752	37,00
M 15 × 1,5	14,026	13,160	13,376	13,50	M 42 × 1,5	41,026	40,16	40,376	40,50
M 16 × 1	15,350	14,773	14,917	15,00	M 42 × 2	40,701	39,54	39,835	40,00
M 16 × 1,5	15,026	14,160	14,376	14,50	M 42 × 3	40,051	38,31	38,752	39,00
M 17 × 1	16,350	15,773	15,917	16,00	M 45 × 1,5	44,026	43,16	43,376	43,50
M 17 × 1,5	16,026	15,160	15,376	15,50	M 45 × 2	43,701	42,54	42,835	43,00
M 18 × 1	17,350	16,773	16,917	17,00	M 45 × 3	43,051	41,31	41,752	42,00
M 18 × 1,5	17,026	16,160	16,376	16,50	M 48 × 1,5	47,026	46,16	46,376	46,50
M 18 × 2	18,701	15,546	15,835	16,00	M 48 × 2	46,701	45,54	45,835	46,00
M 20 × 1	19,350	18,773	18,917	19,00	M 48 × 3	46,051	44,31	44,752	45,00
M 20 × 1,5	19,026	18,160	18,376	18,50	M 50 × 1,5	49,026	48,16	48,376	48,50
M 20 × 2	18,701	17,546	17,835	18,00	M 50 × 2	48,701	47,54	47,835	48,00
M 22 × 1	21,350	20,773	20,917	21,00	M 50 × 3	48,051	46,31	46,752	47,00
M 22 × 1,5	21,026	20,160	20,376	20,50	M 52 × 1,5	51,026	50,16	50,376	50,50
M 22 × 2	20,701	19,546	19,835	20,00	M 52 × 2	50,701	49,54	49,835	50,00
M 24 × 1	23,350	22,773	22,917	23,00	M 52 × 3	50,051	48,31	48,752	49,00
M 24 × 1,5	23,026	22,160	22,376	22,50	M 42 × 4	39,402	37,09	37,670	38,00
M 24 × 2	22,701	21,546	21,835	22,00	M 45 × 4	42,402	40,09	40,670	41,00
M 27 × 1	26,350	25,773	25,917	26,00	M 48 × 4	45,402	43,09	43,670	44,00
M 28 × 1	27,350	26,773	26,917	27,00	M 52 × 4	49,402	47,09	47,670	48,00

Gewinde / Threads

Metrisches kegeliges Außengewinde mit zugehörigem zylindrischen Innengewinde

DIN 158-1: 1997-06

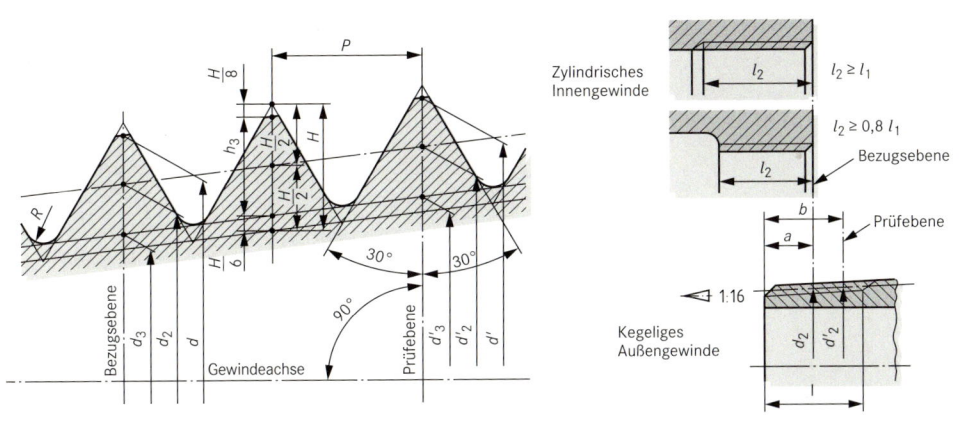

Gewinde	Steigung	Nutzbare Gewindelänge[1]	Gewindetiefe[1]	Maße in der Bezugsebene				Maße in der Prüfebene			
				Abstand der Bezugsebene[1]	Gewindemaße in der Bezugsebene			Abstand der Prüfebene[1]	Gewindemaße in der Prüfebene		
					Außen-Ø	Flanken-Ø	Kern-Ø				
	P	l_1	h_3 max.	a	$d = D$	$d_2 = D_2$	d_3	b	d'	d'_2	d'_3
M 6 keg	1	5,5	0,659	2,5	6	5,350	4,773	3,5	6,063	5,413	4,836
M 8 × 1 keg		(4,0)	(0,644)	(2,0)	8	7,350	6,773	(3,0)	8,063	7,413	6,836
M 10 × 1 keg					10	9,350	8,773		10,063	9,413	8,836
M 12 × 1,5 keg	1,5	8,5	0,983	3,5	12	11,026	10,160	6,5	12,188	11,214	10,348
M 14 × 1,5 keg		(7,3)	(0,967)	(2,5)	14	13,026	12,160	(5,5)	14,188	13,214	12,348
M 16 × 1,5 keg					16	15,026	14,160		16,188	15,214	14,348
M 18 × 1,5 keg					18	17,026	16,160		18,188	17,214	16,348
M 20 × 1,5 keg					20	19,026	18,160		20,188	19,214	18,348
M 22 × 1,5 keg					22	21,026	20,160		22,188	21,214	20,348
M 24 × 1,5 keg					24	23,026	22,160		24,188	23,214	22,348
M 26 × 1,5 keg					26	25,026	24,160		26,188	25,214	24,348
M 30 × 1,5 keg					30	29,026	28,160		30,188	29,214	28,348
M 36 × 1,5 keg	1,5	10,5	1,014	4,5	36	35,026	34,160	8,0	36,219	35,245	34,379
M 38 × 1,5 keg		(9,0)	(0,983)	(3,4)	38	37,026	36,160	(6,9)	38,219	37,245	36,379
M 42 × 1,5 keg					42	41,026	40,160		42,219	41,245	40,379
M 45 × 1,5 keg					45	44,026	43,160		45,219	44,245	43,379
M 48 × 1,5 keg					48	47,026	46,160		48,219	47,245	46,379
M 52 × 1,5 keg					52	51,026	50,160		52,219	51,245	50,379
M 27 × 2 keg	2	12,0	1,321	5,0	27	25,701	24,546	9,0	27,250	25,951	24,796
M 30 × 2 keg		(10,0)	(1,290)	(4,0)	30	28,701	27,546	(8,0)	30,250	28,951	27,796
M 33 × 2 keg					33	31,701	30,546		33,250	31,951	30,796
M 36 × 2 keg	2	13,0	1,342	6,0	36	34,701	33,546	10,0	36,250	34,951	33,796
M 39 × 2 keg		(11,5)	(1,302)	(4,8)	39	37,701	36,546	(8,8)	39,250	37,951	36,796
M 42 × 2 keg					42	40,701	39,546		42,250	40,951	39,796
M 45 × 2 keg					45	43,701	42,546		45,250	43,951	41,796
M 48 × 2 keg					48	46,701	45,546		48,250	46,951	45,796

Bezeichnung eines metrischen kegeligen Außengewindes M 36 × 2 mit nutzbarer Gewindelänge in Regelausführung:
Gewinde DIN 158 – M 36 × 2 keg
Bezeichnung in Kurzausführung: **Gewinde DIN 158 – M 36 × 2 keg kurz**

Kegeliges Außengewinde nach dieser Norm wird für selbstdichtende Verbindungen angewendet, wie es an Verschlussschrauben, Einschraubstutzen und Schmiernippel vorkommt. Es wird dort eingesetzt, wo eine zylindrische Gewindeverbindung mit Dichtring aus technischen und wirtschaftlichen Gründen nachteilig ist. Die Verbindung des kegeligen Außengewindes mit zylindrischem Innengewinde ist wirtschaftlicher als die Verbindung mit kegeligem Innengewinde, da ein zylindrisches Innengewinde leichter herzustellen ist.
Bei Wirkmedien wie Ölen, sonstigen Flüssigkeiten und Gasen ist eine dichte Verbindung bis M 26 ohne Dichtmittel erreichbar.
Über M 26 ist ein im Gewinde wirkendes Dichtmittel erforderlich.

[1] Regelausführung   (Kurzausführung)

Gewinde
Threads

Metrisches ISO-Trapezgewinde
DIN 103-1: 1977-04

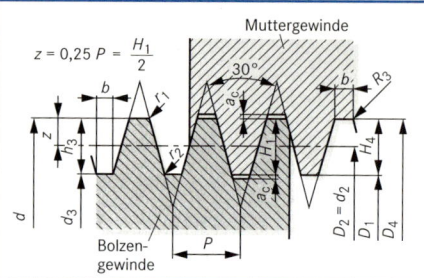

Nenndurchmesser d
Steigung eingängig P
Steigung mehrgängig $P_h = n \cdot P$
Gangzahl $n = P_h : P$
Flankenwinkel $30°$
Gewindetiefe $h_3 = H_4 = H_1 + a_c = 0,5 \cdot P + a_c$
Flankenüberdeckung $H_1 = 0,5 \cdot P$
Spitzenspiel a_c: (crest = Spitze)
Kerndurchmesser des Bolzengewindes $d_3 = d - (P + 2 \cdot a_c)$
Kerndurchmesser des Muttergewindes $D_1 = d - P$
Außendurchmesser des Muttergewindes $D_4 = d + 2 \cdot a_c$
Flankendurchmesser des Gewindes $d_2 = D_2 = d - 0,5 \cdot P = d - 2 \cdot z$
Rundungen $r_1 = \max 0,5 \cdot a_c; r_2 = R_3 = \max a_c$
Drehmeißelbreite $b = 0,366 \cdot P - 0,54 \cdot a_c$

Maß	für Steigung P			
	1,5	2 ... 5	6 ... 12	14 ... 44
a_c	0,15	0,25	0,5	1
r_1	0,075	0,125	0,25	0,5
$r_2 = R_3$	0,15	0,25	0,5	1

Gewinde-bezeichnung	Flanken-durchmesser	Kern-Ø		Außen-Ø Mutter	Gewinde-tiefe	Dreh-meißel-breite	Gewinde-bezeichnung	Flanken-durchmesser	Kern-Ø		Außen-Ø Mutter	Gewinde-tiefe	Dreh-meißel-breite
		Bolzen	Mutter						Bolzen	Mutter			
$d \times P$	$d_2 = D_2$	d_3	D_1	D_4	$b_3 = H_4$	b	$d \times P$	$d_2 = D_2$	d_3	D_1	D_4	$b_3 = H_4$	b
Tr 10 × 2	9	7,5	8	10,5	1,25	0,597	Tr 42 × 7	38,5	34	35	43	4	2,292
Tr 12 × 3	10,5	8,5	9	12,5	1,75	0,963	Tr 44 × 7	40,5	36	37	45	4	2,292
Tr 14 × 3	12,5	10,5	11	14,5	1,75	0,963	Tr 46 × 8	42	37	38	47	4,5	2,658
Tr 16 × 4	14	11,5	12	16,5	2,25	1,329	Tr 48 × 8	44	39	40	49	4,5	2,658
Tr 20 × 4	18	15,5	16	20,5	2,25	1,329	Tr 50 × 8	46	41	42	51	4,5	2,658
Tr 24 × 5	21,5	18,5	19	24,5	2,75	1,695	Tr 52 × 8	48	43	44	53	4,5	2,658
Tr 28 × 5	25,5	22,5	23	28,5	2,75	1,695	Tr 60 × 9	55,5	50	51	61	5	3,024
Tr 30 × 6	27	23	24	31	3,5	1,926	Tr 70 × 10	65	59,5	60	71	5,5	3,390
Tr 32 × 6	29	25	26	33	3,5	1,926	Tr 80 × 10	75	69	70	81	5,5	3,390
Tr 36 × 6	33	29	30	37	3,5	1,926	Tr 90 × 12	84	77	78	91	6,5	4,122
Tr 40 × 7	36,5	32	33	41	4	2,297	Tr 100 × 12	94	87	88	101	6,5	4,122

Für Gewinde ohne Toleranzangabe gilt Toleranzklasse mittel: Toleranzfeld 7 e für Bolzengewinde, 7 H für Muttergewinde

Metrisches Sägengewinde
DIN 513-1: 1985-04

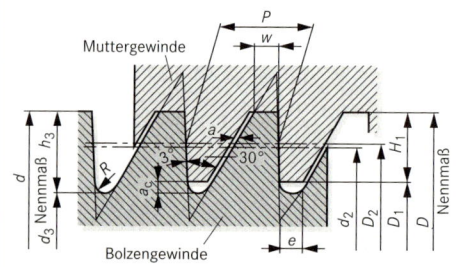

Nenndurchmesser $D = d$
Steigung des eingängigen Gewindes P
Flankenwinkel $33° = 30° + 3°$
Gewindetiefe des Bolzens $h_3 = H_1 + a_c$
Gewindetiefe der Mutter $H_1 = 0,75 \cdot P$
Kerndurchmesser des Bolzengewindes $d_3 = d - 2h_3$
Kerndurchmesser des Muttergewindes $D_1 = d - 2H_1$
Flankendurchmesser des Bolzengewindes $d_2 = d - 0,75 \cdot P$
Flankendurchmesser des Muttergewindes $D_2 = d - 0,75 \cdot P + 3,1758 \cdot a$
Axialspiel $a = 0,1 \cdot \sqrt{P}$
Spitzenspiel (c = crest = Spitze) $a_c = 0,11777 \cdot P$
Profilbreite $w = 0,26384 \cdot P$

Gewinde-bezeichnung	Bolzen		Mutter		Run-dung	Gewinde-bezeichnung	Bolzen		Mutter		Run-dung
$d \times P$	d_3	h_3	D_1	H_1	R	$d \times P$	d_3	h_3	D_1	H_1	R
S 10 × 2	6,528	1,736	7,0	1,50	0,249	S 40 × 7	27,852	6,074	29,5	5,25	0,870
S 12 × 3	6,794	2,603	7,5	2,25	0,373	S 42 × 7	29,852	6,074	31,5	5,25	0,870
S 14 × 3	8,794	2,603	9,5	2,25	0,373	S 44 × 7	31,852	6,074	33,5	5,25	0,870
S 16 × 4	9,058	3,471	10,0	3,00	0,497	S 46 × 8	32,116	6,942	34,0	6,00	0,994
S 18 × 4	11,058	3,471	12,0	3,00	0,497	S 48 × 8	34,116	6,942	36,0	6,00	0,994
S 20 × 4	13,058	3,471	14,0	3,00	0,497	S 50 × 8	36,116	6,942	38,0	6,00	0,994
S 24 × 5	15,322	4,339	16,5	3,75	0,621	S 60 × 9	44,380	7,810	46,5	6,75	1,118
S 28 × 5	19,322	4,339	20,5	3,75	0,621	S 65 × 10	47,644	8,678	50,0	7,50	1,243
S 30 × 6	19,586	5,207	21,0	4,50	0,746	S 70 × 10	52,644	8,678	55,0	7,50	1,243
S 34 × 6	23,586	5,207	25,0	4,50	0,746	S 75 × 10	57,644	8,678	60,0	7,50	1,243
S 36 × 6	25,586	5,207	27,0	4,50	0,746	S 80 × 10	62,644	8,678	65,0	7,50	1,243
S 38 × 7	25,852	6,074	27,5	5,25	0,870	S 90 × 12	69,174	10,413	72,0	9,00	1,491

Fügeverbindung

Gewinde
Threads

Rohrgewinde für nicht im Gewinde dichtende Verbindungen
DIN EN ISO 228-1: 2003-05

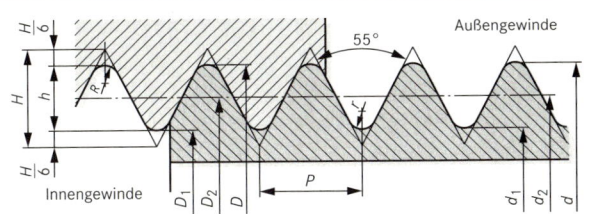

Gewindedurchmesser $d = D$
Steigung P
Flankendurchmesser $d_2 = D_2 = d - h$
Kerndurchmesser $d_1 = D_1 = d - 2h$
Höhe des Gewindeprofils $h = 0{,}640327 \cdot P$
Flankenwinkel $55°$
Radius $r = R = 0{,}137329 \cdot P$
Höhe des Grunddreiecks $H = 0{,}960491 \cdot P$

Das nicht dichtende Gewinde soll lediglich axiale Kräfte aufnehmen. Eine Dichtung des zylindrischen Innen- und Außengewindes wird durch Pressung der Stirnfläche des Innengewindeteiles gegen einen Bund am Außengewindeteil unter Einlegen eines Dichtungsmittels erreicht.

ISO 228-1	EN 10226		ISO 228-1 und EN 10226					EN 10226			
Kurzzeichen Innengewinde	Kurzzeichen Innengewinde	Kurzzeichen Außengewinde	Anzahl der Teilungen auf 25,4 mm	Steigung P	Außendurchmesser $d = D$	Flankendurchmesser $d_2 = D_2$	Kerndurchmesser $d_1 = D_1$	Profilhöhe $h_1 = H_1$	Nennweite der Rohre	Abstand Prüfebene	Rundung $r = R$	Nutzbare Gewindelänge l_e
G 1/16	Rp 1/16	R 1/16	28	0,907	7,723	7,142	6,561	0,581	3	4,0	0,125	6,5
G 1/8	Rp 1/8	R 1/8	28	0,907	9,728	9,147	8,566	0,581	6	4,0	0,125	6,5
G 1/4	Rp 1/4	R 1/4	19	1,337	13,157	12,301	11,445	0,856	8	6,0	0,184	9,7
G 3/8	Rp 3/8	R 3/8	19	1,337	16,662	15,806	14,950	0,856	10	6,4	0,184	10,1
G 1/2	Rp 1/2	R 1/2	14	1,814	20,955	19,793	18,631	1,162	15	8,2	0,249	13,2
G 5/8	–	–	14	1,814	22,911	21,749	20,587	1,162	–	–	–	–
G 3/4	Rp 3/4	R 3/4	14	1,814	26,441	25,279	24,117	1,162	20	9,5	0,249	14,5
G 1	Rp 1	R 1	11	2,309	33,249	31,770	30,291	1,479	25	10,4	0,317	16,8
G 1 1/4	Rp 1 1/4	R 1 1/4	11	2,309	41,910	40,431	38,952	1,479	32	12,7	0,317	19,1
G 1 1/2	Rp 1 1/2	R 1 1/2	11	2,309	47,803	46,324	44,845	1,479	40	12,7	0,317	19,1
G 1 3/4	–	–	11	2,309	53,746	52,267	50,788	1,479	–	–	–	–
G 2	Rp 2	R 2	11	2,309	59,614	58,135	56,656	1,479	50	15,9	0,317	23,4
G 2 1/4	–	–	11	2,309	65,710	64,231	62,752	1,479	–	–	–	–
G 2 1/2	Rp 2 1/2	R 2 1/2	11	2,309	75,184	73,705	72,226	1,479	65	17,5	0,317	26,7
G 2 3/4	–	–	11	2,309	81,534	80,055	78,576	1,479	–	–	–	–
G 3	Rp 3	R 3	11	2,309	87,884	86,405	84,926	1,479	80	20,6	0,317	29,8
G 4	Rp 4	R 4	11	2,309	113,030	111,551	110,072	1,479	100	25,4	0,317	35,8
G 5	Rp 5	R 5	11	2,309	138,430	136,951	135,472	1,479	125	28,6	0,317	40,1
G 6	Rp 6	R 6	11	2,309	163,830	162,351	160,872	1,479	150	28,6	0,317	40,1

Bezeichnungsbeispiele für Rohrgewinde der Nenngröße 1¼:
- für Innengewinde: **Rohrgewinde ISO 228 – G1 ¼**
- für Außengewinde, Toleranzklasse A (mittel): **Rohrgewinde ISO 228 – G1 ¼ A**
- für Außengewinde, Toleranzklasse B (grob): **Rohrgewinde ISO 228 – G1 ¼ B**

Rohrgewinde für im Gewinde dichtende Verbindungen
DIN EN 10226-1: 2004-10

Zylindrisches Innengewinde (Kurzzeichen Rp)   **Kegeliges Außengewinde (Kurzzeichen R)**

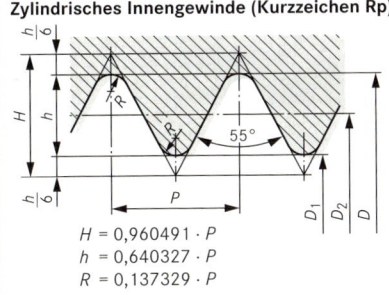

$H = 0{,}960491 \cdot P$
$h = 0{,}640327 \cdot P$
$R = 0{,}137329 \cdot P$

$H = 0{,}960237 \cdot P$
$h = 0{,}640327 \cdot P$
$r = 0{,}137278 \cdot P$

Das Profil des zylindrischen Innengewindes stimmt mit dem nach DIN ISO 228-1 überein.

Bezeichnung eines kegeligen Rohraußengewindes der Nenngröße ¾: **Rohrgewinde EN 10226 – R ¾**
Bezeichnung eines zylindrischen Rohrinnengewindes der Nenngröße ¾: **Rohrgewinde EN 10226 – Rp ¾**

Fügeverbindung

Whitworth-Gewinde
British standard whitworth thread

Whitworth-Gewinde

nicht genormt

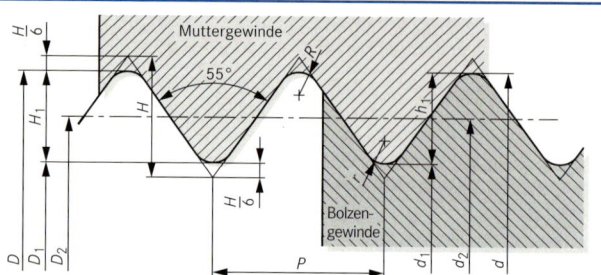

Außendurchmesser $d = D$
Kerndurchmesser $d_1 = D_1 = d - 1{,}28 \cdot P$
Flankendurchmesser $d_2 = D_2 = d - 0{,}640 \cdot P$
Gangzahl pro inch z
Steigung $P = \dfrac{25{,}4 \text{ mm}}{z}$
Gewindetiefe $h_1 = H_1 = 0{,}640 \cdot P$
Rundung $R = 0{,}137 \cdot P$
Flankenwinkel $55°$

| Gewinde-bezeichnung | Abmessungen in mm für Bolzen- und Muttergewinde ||||| | Gewinde-bezeichnung | Abmessungen in mm für Bolzen- und Muttergewinde ||||| |
| | Außen-Ø | Kern-Ø | Flanken-Ø | Gangzahl pro inch | Gewindetiefe | Kernquerschnitt | | Außen-Ø | Kern-Ø | Flanken-Ø | Gangzahl pro inch | Gewindetiefe | Kernquerschnitt |
d	$d = D$	$d_1 = D_1$	$d_2 = D_2$	z	$h_1 = H_1$	mm²	d	$d = D$	$d_1 = D_1$	$d_2 = D_2$	z	$h_1 = H_1$	mm²
1/4"	6,35	4,72	5,54	20	0,813	17,5	1 1/4"	31,75	27,10	29,43	7	2,324	577
5/16"	7,94	6,13	7,03	18	0,904	29,5	1 1/2"	38,10	32,68	35,39	6	2,711	839
3/8"	9,53	7,49	8,51	16	1,017	44,1	1 3/4"	44,45	37,95	41,20	5	3,253	1131
1/2"	12,70	9,99	11,35	12	1,355	78,4	2"	50,80	43,57	47,19	4 1/2	3,614	1491
5/8"	15,88	12,92	14,40	11	1,479	131,0	2 1/4"	57,15	49,02	53,09	4	4,066	1886
3/4"	19,05	15,80	17,42	10	1,627	196,0	2 1/2"	63,50	55,37	59,44	4	4,066	2408
7/8"	22,23	18,61	20,42	9	1,807	272,0	3"	76,20	66,91	72,56	3 1/2	4,647	3516
1"	25,40	21,34	23,37	8	2,033	358,0	3 1/2"	88,90	78,89	83,87	3 1/4	5,000	4888

Schlüsselweiten
Widths across flats

Schlüsselweiten für Schrauben, Armaturen und Fittings

DIN 475-1: 1984-01

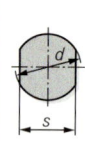 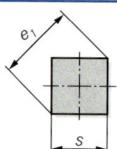 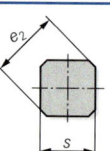 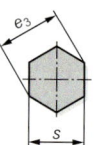 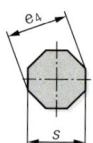

Toleranzklassen			
Reihe 1		Reihe 2	
s ≤ 4	h 12	s ≤ 19	h 14
4 < s ≤ 32	h 13	19 < s ≤ 60	h 15
s > 32	h 14	60 > s ≤ 180	h 16

| | Reihe || | | | | | Reihe || | | | | Reihe || |
| | 1 | 2 | | | | | | 1 | 2 | | | | | 1 | 2 | |
s_{max}	s_{min}	s_{min}	d	e_1	$e_{2\,min}$	$e_{3\,min}$	$e_{3\,min}$	s_{max}	s_{min}	s_{min}	d	e_1	$e_{2\,min}$	$e_{3\,min}$	$e_{3\,min}$	$e_{4\,min}$
5	4,82	–	6	7,1	6,5	5,45	–	22	21,67	21,16	25	31,1	28	24,49	23,91	23,8
6	5,82	–	7	8,5	8	6,58	–	23	22,67	22,16	26	32,5	30,5	25,62	25,04	24,9
7	6,78	–	8	9,9	9	7,66	–	24	23,67	23,16	28	33,9	32	26,75	26,17	26
8	7,78	7,64	9	11,3	10	8,79	8,63	25	24,67	24,16	29	35,5	33,5	27,88	27,30	27
9	8,78	8,64	10	12,7	12	9,92	9,76	26	25,67	25,16	31	36,8	34,5	29,01	28,43	28,1
10	9,78	9,64	12	14,1	13	11,05	10,89	27	26,67	26,16	32	38,2	36	30,14	29,56	29,1
11	10,73	10,57	13	15,6	14	12,12	11,94	28	27,67	47,16	33	39,6	37,5	31,27	30,39	30,2
12	11,73	11,57	14	17	16	13,25	13,07	30	29,67	29,16	35	42,4	40	33,53	32,95	32,5
13	12,73	12,57	15	18,4	17	14,38	14,20	32	31,61	31,00	38	45,3	42	35,72	35,03	34,6
14	13,73	13,57	16	19,8	18	15,51	15,33	34	33,38	33,00	40	48	46	37,72	37,29	36,7
15	14,73	14,57	17	21,2	20	16,64	16,46	36	35,38	25,00	42	50,9	48	39,98	39,55	39
16	15,73	15,57	18	22,6	21	17,77	17,59	41	40,38	40,00	48	58	54	45,63	45,20	44,4
17	16,73	16,57	19	24	22	18,90	18,72	46	45,38	45,00	52	65,1	60	51,28	50,85	49,8
18	17,73	17,57	21	25,4	23,5	20,03	19,85	50	49,38	49,00	58	70,7	65	55,80	55,37	54,1
19	18,67	18,48	22	26,9	25	21,10	20,88	55	54,26	53,80	65	77,8	72	61,31	60,79	59,5
20	19,67	19,16	23	28,3	26	22,23	21,65	60	59,26	58,80	70	84,8	80	66,96	66,44	64,9
								65	64,26	63,10	75	91,9	85	72,61	71,30	70,3

Bezeichnung einer Schlüsselweite mit Nennmaß s = 16 mm (SW 16), Reihe 1: **DIN 475 – SW 16 – 1**

Mechanische Eigenschaften von Verbindungselementen
Mechanical properties of fasteners

Mechanische Eigenschaften von Schrauben aus Stahl
DIN EN ISO 898-1: 1999-11

Festigkeitsklasse	3.6	4.6	4.8	5.6	5.8	6.8	8.8	9.8	10.9	12.9
Zugfestigkeit R_m in N/mm²	300	400		500		600	800	900	1000	1200
Streckgrenze R_{eL} in N/mm²	180	240	320	300	400	480	–	–	–	–
0,2 Dehngrenze $R_{p\,0,2}$ in N/mm²	–	–	–	–	–	–	640	720	900	1080
Bruchdehnung A in % ≥	25	22	–	20	–	–	12	10	9	8

Mechanische Eigenschaften von Muttern aus Stahl und zugehörige Schrauben
DIN EN 20 898-2: 1994-02

Mutterhöhe		$0,5 \cdot d \leq m < 0,8 \cdot d$				$m \geq 0,8 \cdot d$				
Festigkeitsklasse		04	05	4	5	6	8	9	10	12
Prüfspannung in N/mm²		380	500	510	520 ... 630	600 ... 720	800 ... 920	900 ... 950	1040 ... 1060	1140 ... 1200
Typ		niedrig	niedrig	1	1	1	1[1]	2	1	1[2]
Gewindebereich		≤ M 39	≤ M 39	> M 16	≤ M 39		≤ M 16	≤ M 39		≤ M 16
Zugehörige Schraube	Festigkeitsklasse			3.6 4.6 4.8	3.6 4.6 4.8	5.6 5.8	6.8	8.8	9.8	10.9	12.9
	Gewindebereich	≤ M 39		> M 16	≤ M 16	≤ M 39		≤ M 39	≤ M 16	≤ M 39	

[1] zusätzlich Typ 2 für Gewindebereich > M 16 ≤ M 39   [2] zusätzlich Typ 2 für Gewindebereich ≤ M 39

Mechanische Eigenschaften von Schrauben und Muttern aus Nichteisenmetallen
DIN EN 28839: 1991-12

Werkstoff		Gewindedurch-messer	Zugfestigkeit	0,2 %-Dehngrenze	Bruchdehnung
Kennzeichen	Kurzzeichen	d	R_m in N/mm² ≥	$R_{p0,2}$ in N/mm² ≥	A in % ≥
CU 1	Cu-ETP	$d \leq$ M 39	240	160	14
CU 2	CuZn 37	$d \leq$ M 60 M 6 < $d \leq$ M 39	440 370	340 250	11 19
CU 3	Cu Zn 39 Pb 3	$d \leq$ M 60 M 6 < $d \leq$ M 39	440 370	340 250	11 19
CU 4	Cu Sn 6	$d \leq$ M 12 M 12 < $d \leq$ M 39	470 400	340 200	22 33
CU 5	Cu Ni 1 Si	$d \leq$ M 39	590	540	12
CU 6	Cu Zn 40 Mn 1 Pb	M 6 < $d \leq$ M 39	440	180	18
CU 7	Cu Al 10 Ni 5 Fe 4	M 12 < $d \leq$ M 39	640	270	15
AL 1	EN AW-Al Mg 3	$d \leq$ M 10 M 10 < $d \leq$ M 20	270 250	230 180	3 4
AL 2	EN AW-Al Mg 5	$d \leq$ M 14 M 14 < $d \leq$ M 36	310 280	205 200	6 6
AL 3	EN AW-Al Si Mg Mn	$d \leq$ M 60 M 6 < $d \leq$ M 39	320 310	250 260	7 10
AL 4	EN AW-Al Cu 4 Mg Si	$d \leq$ M 10 M 10 < $d \leq$ M 39	420 380	290 260	6 10
AL 5	EN AW-Al Zn 5 Mg 3 Cu	$d \leq$ M 39	460	380	7

Bezeichnung einer Sechskantschraube nach DIN EN 24 014, Gewinde M 10, 50 mm lang aus CuZn 39 Pb 3:
Sechskantschraube ISO 4014-M 10 × 50-CU3

Mechanische Eigenschaften von Gewindestiften aus unlegiertem oder legiertem Stahl
DIN EN ISO 898-5: 1998-10

Festigkeitsklasse[1]	Werkstoff	Wärmebehandlung	Vickershärte HV 10	Brinellhärte HB 30
14 H	Kohlenstoffstahl	–	140 ... 290	133 ... 276
22 H	Kohlenstoffstahl	abgeschreckt und angelassen	220 ... 300	209 ... 285
33 H	Kohlenstoffstahl		330 ... 440	314 ... 418
45 H	Legierter Stahl		450 ... 560	428 ... 532

[1] Festigkeitsklassen 14 H; 22 H und 33 H nicht für Gewindestifte mit Innensechskant

Festigkeitswerte, Mindesteinschraubtiefen und Durchgangslöcher
Mechanical strength properties, minimum reach of screws and through hole

Mechanische Eigenschaften von Schrauben und Muttern aus nichtrostenden Stählen DIN EN ISO 3506-1, 2:1998-03

Werk-stoff-gruppe	Stahl-gruppe	Festig-keits-klasse	Durch-messer-bereich	Schrauben			Schrauben, Stiftschr., Muttern			Zustand
				R_m in N/mm^2	$R_{p\,0,2}$ in N/mm^2	Bruch-dehnung A_L in mm	HV min	HB min	HRC min	
Austenitisch	A 1, A 2, A 3, A 4, A 5	50	≤ M 39	500	210	0,6 d	–	–	–	weich
		70	≤ M 24	700	450	0,4 d	–	–	–	kaltverfestigt
		80	≤ M 24	800	600	0,3 d	–	–	–	stark kaltverfestigt
Martensitisch	C 1	50	alle Durch-messer	500	250	0,2 d	155	147	–	weich
		70		700	410		220	209	20	vergütet
	C 3	80		800	640		240	228	21	vergütet
	C 4	50		500	250		155	147	–	weich
		70		700	410		220	209	20	vergütet
Ferritisch	F 1	45		450	250		135	128	–	weich
		60		600	410		180	171	–	kaltverfestigt

Bezeichnungsbeispiel für austenitischen Stahl, kaltverfestigt, Mindestzugfestigkeit 700 N/mm²: **A 2 – 70**

Toleranzen für Schrauben und Muttern mit Gewindedurchmessern von 1,6 mm bis 150 mm
DIN EN ISO 4759-1: 2001-04

Gewinde	Produktklasse (Ausführung)		
	A (bisher m: mittel)	B (bisher mg: mittelgrob)	C (bisher g: grob)
Innengewinde (Mutter)	6 H	6 H	7 H
Außengewinde (Schraube)	6 g	6 g	8 g

Durchgangslöcher für Schrauben DIN EN 20 273: 1992-02

Gewinde d	Durchgangslochdurchmesser d_H		
	fein (H12)	mittel (H 13)	grob (H 14)
M 2	2,2	2,4	2,6
M 3	3,2	3,4	3,6
M 4	4,3	4,5	4,8
M 5	5,3	5,5	5,8
M 6	6,4	6,6	7,0
M 8	8,4	9,0	10
M 10	10,5	11	12
M 12	13	13,5	14,5
M 16	17	17,5	18,5
M 20	21	22	24
M 24	25	26	28
M 30	31	33	35

fein (H12): möglichst vermeiden; mittel (H 13): für Schrauben in Produktklassen A und B; grob (H 14): für Schrauben in Produktklasse C

Zulässige Beanspruchungen von Bolzen und Stiften bei ruhender Belastung

Werkstoff	Bauteile	zulässige Beanspruchung		
		p_{zul} N/mm^2	σ_{zul} N/mm^2	τ_{zul} N/mm^2
S 235 JR	Stifte, Wellen, Naben	100	85	70
E 295; C 35; 10S20	Stifte, Wellen, Naben	140	120	100
E 335; C 35 E; C35 +QT E 295 +C, 9 SMnPb 28 +C	Bolzen, Kerbstifte, Wellen	170	140	120
E 360, E 335 +C, C 60 +QT	Bolzen, Wellen	200	170	140

Für Schwellbelastung Werte mit 0,7, für Wechselbelastung mit 0,5 multiplizieren.

Mindesteinschraubtiefe l_e in Grundlochgewinden

Werkstoff des Muttergewindes	Festigkeitsklasse				
	8.8	8.8	10.9	10.9	12.9
	Gewindefeinheit $\frac{d}{P}$				
	< 9	≥ 9	< 9	≥ 9	< 9
Harte Aluminiumlegierungen z. B. EN AW-Al Cu 4 Mg Si	1,1 d	1,4 d		–	
Gusseisen mit Lamellengrafit z. B. EN-GJL – 200	1,0 d	1,25 d		1,4 d	
Stahl niedriger Festigkeit z. B. S 235 JR, C 15 + N	1,0 d	1,25 d		1,4 d	
Stahl mittlerer Festigkeit z. B. E 295, C 35 + N	0,9 d	1,0 d		1,2 d	
Stahl hoher Festigkeit mit R_m > 800 N/mm² z. B. 31 Cr 4	0,8 d	0,9 d		1,0 d	

Bohrlochtiefe t

Gewinde d	u ≈ 3 P	e_1
M 3	1,5	2,8
M 4	2,1	3,8
M 5	2,4	4,2
M 6	3	5,1
M 8	3,75	6,2
M 10	4,5	7,3
M 12	5,25	8,3
M 16	6	9,3
M 20	7,5	11,2
M 24	9	13,1
M 30	10,5	15,2

$t \approx l_e + u + e_1$

Vorspannkräfte, Anziehmomente
Presstress forces, tightening moments

Schaftschrauben

Gewinde	Spannungsquerschnitt	Maximale Vorspannkraft F_v in kN									Maximales Anziehmoment M_A in Nm								
		Festigkeitsklasse									Festigkeitsklasse								
		8.8			10.9			12.9			8.8			10.9			12.9		
d	S	Reibungszahl $\mu_{ges.}$[1]									Reibungszahl $\mu_{ges.}$[1]								
$d \times P$	mm²	0,10	0,16	0,20	0,10	0,16	0,20	0,10	0,16	0,20	0,10	0,16	0,20	0,10	0,16	0,20	0,10	0,16	0,20
Regelgewinde																			
M 5	14,2	6,9	6,1	5,65	10,2	9,0	8,25	11,9	10,5	9,65	4,8	6,4	7,1	7,1	9,3	10	8,3	11	12
M 6	20,1	9,75	8,65	7,95	14,3	12,7	11,7	16,8	14,8	13,6	8,3	11	12	12	16	18	14	19	21
M 8	36,6	17,9	15,9	14,6	26,3	23,3	21,4	30,7	27,3	25,1	20	27	30	30	39	44	35	46	52
M 10	58,0	28,5	25,3	23,2	41,8	37,1	34,1	48,9	43,4	39,9	40	53	60	59	78	87	69	91	100
M 12	84,3	41,5	36,8	33,9	61,0	54,0	49,8	71,5	63,5	58,0	69	92	105	100	135	151	120	155	177
M 16	157	78,5	69,5	64,0	115	102	94,0	135	120	110	170	230	260	250	335	380	290	390	445
M 20	245	126	112	103	180	160	147	210	187	172	340	460	520	490	660	740	570	770	870
M 22	303	158	140	129	224	200	184	263	234	216	470	630	710	660	900	1000	780	1050	1200
M 24	353	182	162	149	259	230	212	303	269	248	590	790	890	840	1150	1250	980	1300	1500
M 27	459	239	213	196	340	303	279	398	355	327	870	1150	1350	1250	1650	1900	1450	1950	2200
M 30	561	291	259	238	414	369	339	484	431	397	1200	1600	1800	1700	2250	2550	1940	2650	3000
Feingewinde																			
M 8 × 1	39,2	19,6	17,4	16,0	28,7	25,6	23,5	33,6	29,9	27,6	22	29	33	32	43	48	37	50	56
M 10 × 1	64,5	32,8	29,3	27,0	48,1	43	39,6	56,5	50,5	46,4	44	60	68	64	88	100	76	105	115
M 12 × 1,5	88,1	44	39,2	36,1	64,5	57,5	53,0	75,5	67,5	62,0	72	96	110	105	140	160	125	165	185
M 16 × 1,5	167	85,5	76	70,5	125	112	103	147	131	121	180	245	280	265	360	410	310	425	480
M 18 × 1,5	216	114	102	94,5	163	146	135	191	171	157	270	370	420	385	530	600	450	620	700
M 20 × 1,5	272	144	129	119	206	184	170	241	216	199	375	520	590	530	740	840	620	860	980
M 22 × 1,5	333	178	159	147	253	227	210	296	266	245	510	700	800	720	1000	1150	840	1150	1350
M 24 × 2	384	203	182	168	290	259	239	339	303	280	630	870	990	900	1250	1400	1050	1450	1650
M 27 × 2	496	264	236	218	375	337	311	439	394	364	920	1300	1450	1300	1800	2100	1550	2150	2450
M 30 × 2	621	332	298	275	472	424	391	553	496	458	1300	1800	2050	1850	2550	2900	2150	3000	3400

Dehnschrauben

Gewinde	Spannungsquerschnitt	Maximale Vorspannkraft F_v in kN									Maximales Anziehmoment M_A in Nm								
		Festigkeitsklasse									Festigkeitsklasse								
		8.8			10.9			12.9			8.8			10.9			12.9		
d	A_T[1]	Reibungszahl $\mu_{ges.}$[1]									Reibungszahl $\mu_{ges.}$[1]								
$d \times P$	mm²	0,10	0,16	0,20	0,10	0,16	0,20	0,10	0,16	0,20	0,10	0,16	0,20	0,10	0,16	0,20	0,10	0,16	0,20
Regelgewinde																			
M 5	10,3	3,9	3,3	2,95	5,7	4,85	4,35	6,65	5,7	5,1	2,7	3,4	3,8	4,0	5,0	5,5	4,6	5,9	6,5
M 6	14,5	5,35	4,55	4,1	7,85	6,7	6,0	9,2	7,8	7,05	4,6	5,8	6,4	6,7	8,5	9,3	7,9	10	11
M 8	26,6	10,5	8,9	8,05	15,3	13,1	11,8	18	15,3	13,8	12	15	17	17	22	24	20	26	28
M 10	42,4	16,4	14	12,6	24,1	20,6	18,5	28,2	24,1	21,7	23	29	32	34	43	47	40	51	56
M 12	61,8	24,7	21,1	19,1	36,3	31,1	28	42,5	36,3	32,8	41	53	58	60	77	85	70	90	100
M 16	117	51,0	44,2	40	75,0	65	59	88	76	69	110	145	160	165	215	235	190	250	275
M 20	182	83,5	72	65,5	119	103	93	139	120	109	225	295	330	325	420	470	375	495	550
M 22	228	102	88	79,5	145	125	113	170	147	133	305	400	440	430	560	630	500	660	740
M 24	263	121	105	94,5	127	149	135	202	174	158	390	510	570	560	730	810	650	850	950
M 27	346	158	137	124	225	195	177	264	228	207	570	760	840	820	1100	1200	960	1250	1400
M 30	420	190	164	149	271	234	212	317	274	248	770	1000	1100	1100	1450	1600	1300	1700	1850
Feingewinde																			
M 8 x 1	29,2	12,1	10,4	9,4	17,7	15,3	13,8	20,8	17,8	16,1	13	17	19	19	25	28	23	30	33
M 10 x 1	49,0	21,3	8,4	16,7	31,2	27	24,5	36,6	31,6	28,6	29	38	42	42	55	62	49	65	72
M 12 x 1,5	65,7	27,9	24	21,7	41,0	35,3	31,9	48	41,3	37,4	45	59	66	67	87	96	78	100	115
M 16 x 1,5	128	57,5	49,7	45,1	84,0	73	66	98,5	85,5	77,5	120	160	180	175	235	265	210	275	310
M 18 x 1,5	166	81,0	71	64,5	116	101	91,5	135	118	107	190	255	290	270	365	410	320	430	480
M 20 x 1,5	210	99,5	86,5	75,5	142	123	112	166	144	1321	260	345	390	365	495	550	430	580	650
M 22 x 1,5	259	127	112	102	182	159	145	212	186	169	360	495	560	520	700	790	600	820	920
M 24 x 2	295	139	121	110	198	172	156	232	202	183	435	580	650	620	830	930	720	970	1100
M 27 x 2	383	180	157	142	256	223	203	300	261	237	630	850	950	900	1200	1350	1050	1400	1600
M 30 x 2	483	237	207	189	335	296	269	395	346	315	920	1050	1400	1300	1750	2000	1550	2100	2350

[1] A_T: Schaftquerschnitt; Schaftdurchmesser $d_T = 0{,}9 \cdot d_3$.
[2] Die Gesamtreibungszahl $\mu_{ges.}$ ist abhängig von der Schmierung und dem Oberflächenzustand der Bauteile. Die Tabellenwerte berücksichtigen eine 90 %ige Ausnutzung der Streckgrenze des Schraubenwerkstoffes.

Schraubenübersicht
Synopsis of screws

Sechskantschrauben

DIN EN ISO 4014 DIN EN ISO 4016 DIN EN ISO 8765	DIN EN ISO 4017 DIN EN ISO 4018 DIN EN ISO 8676	HV-Schraube DIN 6914	für Stahlkonstruktionen DIN 7990	Passschraube DIN 7968, DIN 7999
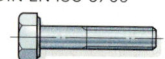				

Zylinderschrauben

Passschraube DIN 609	mit Flansch DIN EN 1665	mit Dünnschaft DIN EN 24015	mit Schlitz DIN EN ISO 1207	mit Innensechskant DIN 6912
	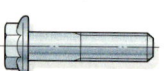			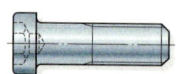

Senkschrauben

mit Innensechskant DIN EN ISO 4762, DIN 7984	mit Schlitz DIN EN ISO 2009	Linsen-Senkschraube mit Schlitz DIN EN ISO 2010	mit Kreuzschlitz DIN EN ISO 7046	Linsen-Senkschraube mit Kreuzschlitz DIN EN ISO 7047
		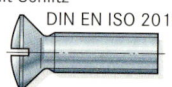	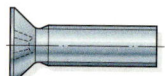	

Flachkopfschrauben

mit Innensechskant DIN EN ISO 10642	für Stahlkonstruktionen mit Schlitz DIN 7969	mit Nase DIN 604	mit Schlitz DIN EN ISO 1580	mit Kreuzschlitz DIN EN ISO 7045
				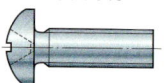

Blechschrauben

DIN ISO 1481	mit Schlitz DIN ISO 1482	mit Schlitz DIN ISO 1483	mit Kreuzschlitz DIN ISO 7049	mit Kreuzschlitz DIN ISO 7050

Gewindeschneidschrauben | | | Gewindefurchende Schraube | Flachrundschraube

mit Kreuzschlitz DIN ISO 7051	DIN 7513, mit Schlitz	mit Kreuzschlitz DIN 7516	Gewindefurchende Schraube DIN 7500-1 (Form DE)	DIN 603
			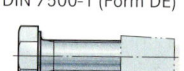	

Hammerschraube | Stiftschrauben | Vierkantschrauben | Gewindestift mit Schlitz

Hammerschraube mit Vierkant DIN 186	Stiftschrauben DIN 835; 938; 939	Vierkantschrauben DIN 478; 479; 480	mit Kegelkuppe DIN EN 24766	mit Spitze DIN EN 7434
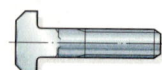				

Gewindestift mit Innensechskant

mit Zapfen DIN EN 27435	mit Ringschneide DIN EN 27436	mit Kegelkuppe DIN 913	mit Spitze DIN 914	mit Zapfen DIN 915

mit Ringschneide DIN 916	Flügelschraube DIN 316	Rändelschrauben DIN 464, DIN 653	Augenschraube DIN 444	Schraube für T-Nuten DIN 787
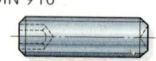	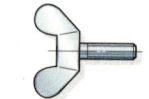			

Schrauben- und Mutter-Übersicht
Synopsis of screws and nuts

Verschlussschrauben

DIN 906 mit Innensechskant (kegeliges Gewinde)	mit Bund und Innensechskant DIN 908 (zylindrisches Gewinde)	mit Außensechskant DIN 909 (kegeliges Gewinde)	mit Bund und Außensechskant DIN 910 (zylindrisches Gewinde, schwere Ausführung)	mit Außensechskant DIN 7604 (zylindrisches Gewinde, leichte Ausführung)
	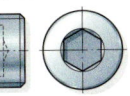	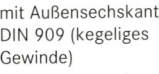 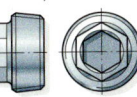		

Sechskantmuttern

DIN EN ISO 4032 DIN EN ISO 4032	DIN EN ISO 8673 DIN EN ISO 8673	DIN EN ISO 4034 Produktklasse C	DIN EN ISO 4035 DIN EN ISO 8675	DIN EN ISO 4036
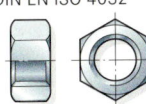	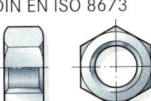	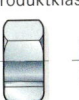 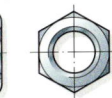	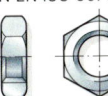	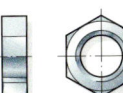

mit Flansch DIN EN 1661	mit nichtmet. Klemmteil DIN EN ISO 7040, DIN EN ISO 10 512	mit met. Klemmteil DIN EN ISO 7042 DIN EN ISO 10 513	mit Flansch, nichtmet. DIN EN 1663 Klemmteil	mit Flansch, metall. DIN EN 1664 Klemmteil
	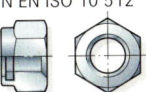	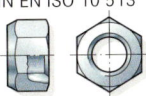	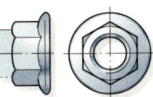	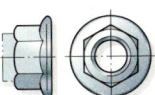

Kronenmuttern / Hutmuttern

für HV-Verbindungen DIN 6915	DIN 935-1	DIN 935-3	niedrige Form DIN 979	niedrige Form DIN 917
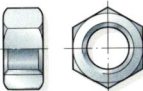	 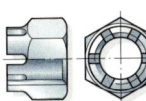	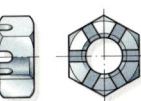	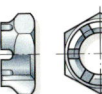	 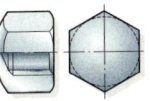

Nutmuttern / Kreuzlochmuttern

hohe Form DIN 1587	mit Klemmteil DIN 986	DIN 981	DIN 1804	DIN 1816
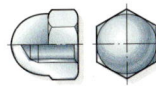	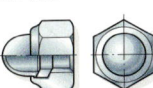	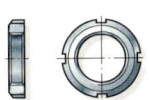	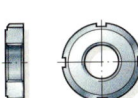	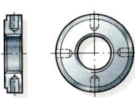

Zweilochmuttern / Schlitzmuttern / Sechskantmuttern 1,5 d hoch

DIN 548	DIN 547	DIN 546	DIN 6331 mit Bund	DIN 6330 mit kugeliger Auflagefläche
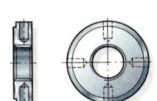				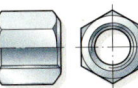

Ringmuttern / Rohrmuttern / Rändelmuttern

Ringmuttern DIN 582	Rohrmuttern DIN 431	DIN 466 (hohe Form)	DIN 467 (niedrige Form)	DIN 6303 (mit Stiftloch)
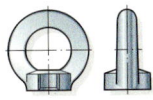	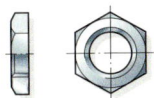			

Schweißmuttern / Muttern für T-Nuten / Flügelmuttern / Vierkantmuttern

Vierkant-, DIN 928	Sechskant-, DIN 929	DIN 508	DIN 315	DIN 557
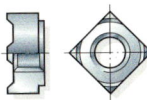		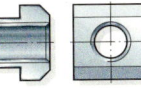		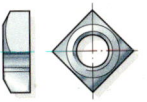

Fügeverbindung

Sechskantschrauben
Hexagon head cap screws

Sechskantschrauben

DIN EN ISO 4014, DIN EN ISO 4017, DIN EN ISO 8765, DIN EN ISO 8676: alle 2001-03

Mit Schaft, metr. Regelgewinde, DIN EN ISO 4014
Mit Schaft, metr. Feingewinde, DIN EN ISO 8765

Mit Gewinde bis Kopf, metr. Regelgewinde, DIN EN ISO 4017
Mit Gewinde bis Kopf, metr. Feingewinde, DIN EN ISO 8676

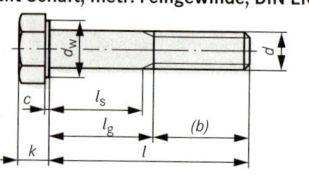
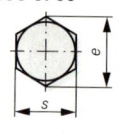
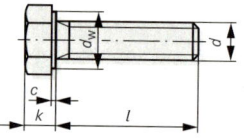

$l_g = l - b$
$l_s = l_g - 5 \cdot P$
l_g = Mindest-Klemmlänge

DIN EN ISO 4014; 4017 8765; 0676	Gewinde d Gewinde $d \times P$		M 4	M 5	M 6	M 8 M 8 × 1	M 10 M 10 × 1	M 12 M 12 × 1,5	M 16 M 16 × 1,5	M 20 M 20 × 1,5	M 24 M 24 × 2
4014	b für $l \leq 125$		14	16	18	22	26	30	38	46	54
8765			–	–	–	22	26	30	38	46	54
4014 4017 8765 8676	d_w k_{max} s e_{min} c	(Produktkl. A) (Produktkl. A) max. (Produktkl. A) max.	5,88 2,925 7 7,66 0,4	6,88 3,65 8 8,79 0,5	8,88 4,15 10 11,05 0,5	11,63 5,45 13 14,38 0,6	14,63 6,58 16 17,77 0,6	16,63 7,68 18 20,03 0,6	22,49 10,18 24 26,75 0,8	28,19 12,715 30 33,53 0,8	33,61 15,215 36 39,98 0,8
4014	l	von bis	25 40	25 50	30 60	40 80	45 100	50 120	65 160	80 200	90 240
4017	l	von bis	8 40	10 50	12 60	16 80	20 100	25 120	30 200	40 200	50 200
8765	l	von bis	– –	– –	– –	40 80	45 100	50 120	65 160	80 200	100 240
8676	l	von bis	– –	– –	– –	16 80	20 100	25 120	35 160	40 200	40 200

Längen l: 8, 10, 12, 16, 20, 25, 30, 35 ... 70, 80, 90, 100 ... 160, 180, 200, 220, 240 mm
Werkstoff: Stahl 5.6; 8.8; 10.9; nichtrostender Stahl für $d \leq 20$ mm: A2-70, für $d > 20$ mm: A2-50
Ausführung: Produktklasse A: für $d \leq 24$ mm und $l \leq 10\,d$ bzw. 150 mm
Produktklasse B: für $d > 24$ mm oder $l > 10\,d$ bzw. 150 mm
Bezeichnung einer Sechskantschraube mit Schaft und Regelgewinde M 10, l = 80 mm, Festigkeitsklasse 8.8:
Sechskantschraube ISO 4014 – M 10 × 80 – 8.8

Sechskantschrauben, Produktklasse C

DIN EN ISO 4016: 2001-03; DIN EN ISO 4018: 2001-03

Mit Schaft, DIN EN ISO 4016

Mit Gewinde bis Kopf, DIN EN ISO 4018

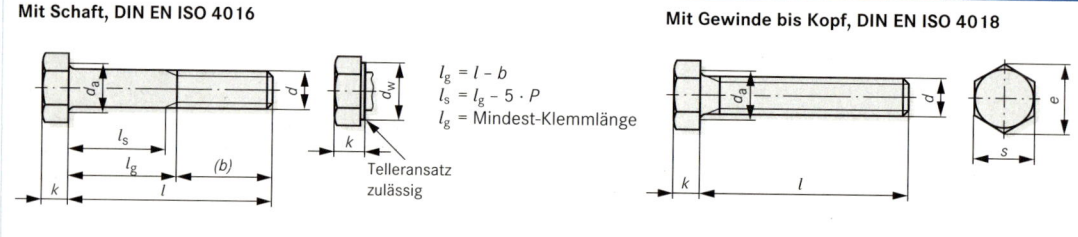

$l_g = l - b$
$l_s = l_g - 5 \cdot P$
l_g = Mindest-Klemmlänge

Telleransatz zulässig

Gewinde d		M 5	M 6	M 8	M 10	M 12	M 16	M 20	M 24	M 30	M 36
b für $l \leq 125$		16	18	22	26	30	38	46	54	66	–
d_w	min	6,74	8,74	11,47	14,47	16,47	22	27,7	33,25	42,75	51,11
k	max	3,875	4,375	5,675	6,85	7,95	10,75	13,4	15,9	19,75	23,55
s	max	8	10	13	16	18	24	30	36	46	55
e	min	8,63	10,89	14,2	17,59	19,85	26,17	32,95	39,55	50,85	60,79
d_a	max	6	7,2	10,2	12,5	14,7	18,7	24,4	28,4	35,4	42,4
l	von bis	25 [1] 50	30 [1] 60	40 [1] 80	45 [1] 100	55 [1] 120	65 [1] 160	80 [1] 200	100 [1] 240	120 [1] 300	140 [1] 360

Längenabstufung: 10; 12; 16; 20 ... 70 je 5 mm gestuft, 80 ... 160 je 10 mm gestuft, 180 ... 360 je 20 mm gestuft
Werkstoff: Stahl, Festigkeitsklasse 3.6; 4.6; 4.8. Bezeichnung einer Sechskantschraube mit Schaft, d = M 10, l = 50 mm, Festigkeitsklasse 4.6: **Sechskantschraube ISO 4016 – M 10 × 50 – 4.6**

[1] DIN EN ISO 4018

Sechskantschrauben, Passschrauben
Hexagon head cap screws, close-tolerance bolts

Sechskantschrauben mit großen Schlüsselweiten, HV-Schrauben   DIN EN 14 399-4: 2006-06

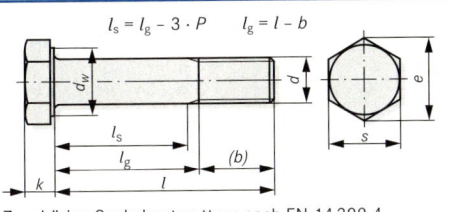

$l_s = l_g - 3 \cdot P \qquad l_g = l - b$

d		M 12	M 16	M 20	M 22	M 24	M 27	M 30
b_{min}		23	28	33	34	39	41	44
c_{max}		0,6	0,6	0,8	0,8	0,8	0,8	0,8
d_w		20,1	24,9	29,5	33,3	38,0	42,8	46,6
e	≈	23,9	29,6	35	39,6	45,2	50,9	55,4
k_{max}		8,45	10,75	13,9	14,9	15,9	17,9	20,05
r_{min}		1,2	1,2	1,5	1,5	1,5	2	2
s_{max}		22	27	32	36	41	46	50
l	von	35	40	45	50	60	70	75
	bis	95	130	155	165	195	200	200

Zugehörige Sechskantmuttern nach EN 14 399-4
Zugehörige Scheiben nach EN 14 399-4/5

Bezeichnung einer Sechskantschraube mit
d = M 20 und l = 85 mm:
Sechskantschraube EN 14 399-4 – M 20 × 85 – 10.9 – HV

Längenabstufung je 5 mm, Produktklasse C
Werkstoff: Stahl, Festigkeitsklasse 10.9

Sechskantschrauben mit Sechskantmuttern für Stahlkonstruktionen   DIN 7990: 2007-07

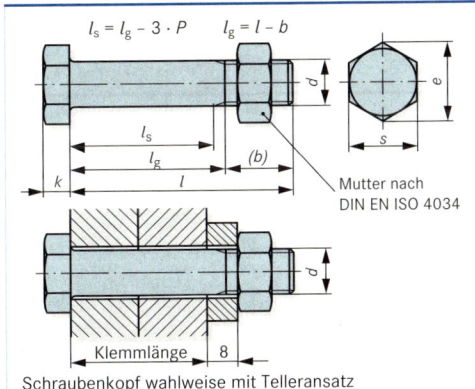

$l_s = l_g - 3 \cdot P \qquad l_g = l - b$

Mutter nach DIN EN ISO 4034

Klemmlänge 8
Schraubenkopf wahlweise mit Telleransatz

d		M 12	M 16	M 20	M 24	M 27	M 30
b		20,5	24,5	28,5	33	35,5	38,5
c_{max}		0,6	0,8	0,8	0,8	0,8	0,8
d_w		16,4	22	27,7	33,2	38	42,7
e_{min}		19,85	26,17	32,95	39,55	45,20	50,85
k_{max}		8,45	10,75	13,9	15,9	17,9	20,05
s_{max}		18	24	30	36	41	46
l	von	30	35	40	45	50	55
	bis	120	150	180	200	200	200

Längenabstufung je 5 mm, Produktklasse C
Werkstoff: Stahl, Festigkeitsklasse 4.6; 5.6
Bezeichnung einer Sechskantschraube mit
d = M 16 und l = 80 mm mit Mutter, Festigkeitsklasse 4.6:
Sechskantschraube DIN 7990 – M 16 × 80 Mu – 4.6

Sechskant-Passschrauben mit oder ohne Sechskantmutter für Stahlkonstruktionen   DIN 7968: 2007-07
Sechskant-Passschrauben, hochfest, mit großen Schlüsselweiten für Stahlkonstruktionen   DIN 7999: 1983-12

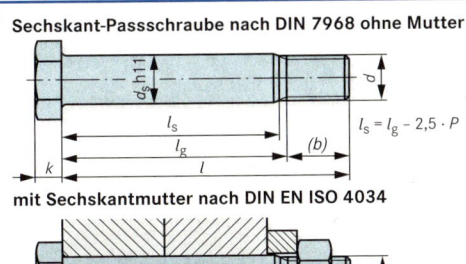

Sechskant-Passschraube nach DIN 7968 ohne Mutter
$l_s = l_g - 2{,}5 \cdot P$

mit Sechskantmutter nach DIN EN ISO 4034

Klemmlänge 8
Telleransatz wahlweise zulässig
Sechskant-Passschraube nach DIN 7999

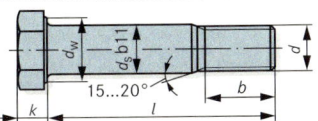

Zugehörige Sechskantmuttern nach DIN 6915
Zugehörige Scheiben nach DIN 6916, DIN 6917 oder DIN 6918

	d		M 12	M 16	M 20	M 24	M 27
DIN 7968 DIN 7999	d_s		13	17	21	25	28
	k_{max}		8,45	10,75	13,9	15,9	17,9
	c_{max}		0,6	0,8	0,8	0,8	0,8
	d_w		16,4	22	27,7	33,2	38
DIN 7968	b	≈	20,5	24,5	28,5	33	35,5
	e	≈	19,9	26,2	33	39,6	45,2
	s_{max}		18	24	30	36	41
	l	von	35	40	45	55	60
		bis	120	160	180	200	200
DIN 7999	d_w		19	25	32	39	43,5
	b		18,5	22	26	29,5	32,5
	e	≈	22,8	29,6	37,3	45,2	50,9
	s		21	27	34	41	46
	l	von	40	45	50	55	60
		bis	120	160	180	200	200

Längenabstufung je 5 mm, Produktklasse C
Werkstoff: Stahl, DIN 7968 Festigkeitsklasse 5.6
DIN 7999 Festigkeitsklasse 10.9
Bezeichnung einer Sechskant-Passschraube nach DIN 7968
mit d = M 24, l = 100 mm mit Sechskantmutter:
Sechskant-Passschraube DIN 7968 – M 24 × 100 – Mu – 5.6

Fügeverbindung

Sechskantschrauben, Passschrauben, Schrauben mit dünnem Schaft
Hexagon head cap screws, close-tolerance bolts, screws with thin shank

Sechskant-Passschrauben mit langem Gewindezapfen DIN 609: 1995-02

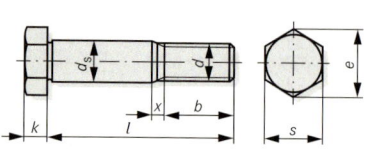

Bezeichnung einer Passschraube mit Gewinde M 12, l = 50 mm, Festigkeitsklasse 8.8:
Passschraube DIN 609 – M 12 × 50 – 8.8

Bezeichnung einer Passschraube mit Gewinde M 10 × 1,25, l = 60 mm, neue SW, Festigkeitsklasse 8.8:
Passschraube DIN 609 – M 10 × 1,25 × 60 – SW 16-8.8

[1] Für Neukonstruktionen sind SW 16 und SW 18 anzugeben

d $d \times P$		M 8 M 8 × 1	M 10 M 10 × 1,25	M 12 M 12 × 1,25	M 16 M 16 × 1,5	M 20 M 20 × 1,5	M 24 M 24 × 2
b für $l \leq 50$		14,5	17,5	20,5	25	28,5	–
für $50 < l \leq 150$		16,5	19,5	22,5	27	30,5	36,5
für $l > 150$		21,5	24,5	27,5	32	35,5	41,5
x	min	3,6	3,9	4,2	4,5	5,2	5,8
d_s	k 6	9	11	13	17	21	25
k		5,3	6,4	7,5	10	12,5	15
s		13	16[1] 17	18[1] 19	24	30	36
e	≈	14,4	17,8 18,9	19,9 20,9	26,2	33	40
l	von	25	30	32	38	45	55
	bis	80	100	120	150	150	150

Längenabstufung: 25; 28; 30; 32; 35; 38; 40; 42; 45; 48; 50 ... 150 je 5 mm
Werkstoff: Stahl, Festigkeitsklasse 8.8 nach DIN EN 20 898-1
Nichtrostender Stahl, A2-70 für ≤ M20, A2-50 für > M 20 ... M 39
Nichteisenmetall, CU 2 und CU 3 nach DIN EN 28 839
Produktklasse A für ≤ M 10, B für ≥ M12 nach DIN ISO 4759-1

Sechskantschrauben mit Flansch DIN EN 1665: 1998-11

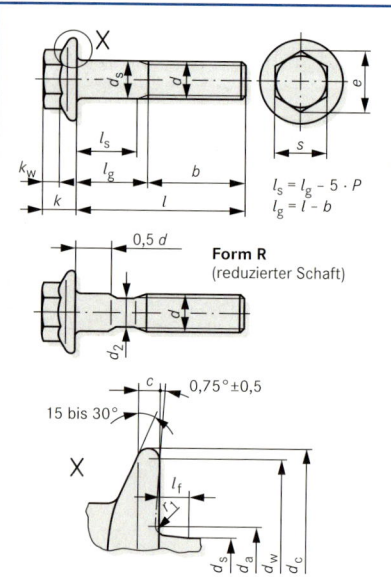

Form R (reduzierter Schaft)

$l_s = l_g - 5 \cdot P$
$l_g = l - b$

d		M 5	M 6	M 8	M 10	M 12	M 16	M 20
b für $l \leq 125$		16	18	22	26	30	38	46
für $125 < l \leq 200$		–	–	28	32	36	44	52
d_a	max	5,7	6,8	9,2	11,2	13,7	17,7	22,4
d_c	max	11,8	14,2	18	22,3	26,6	35	43
d_2		≈ Gewindeflankendurchmesser						
d_s	max	5	6	8	10	12	16	20
d_w	min	9,8	12,2	15,8	19,6	23,8	31,9	39,9
e	≈	8,71	10,95	14,26	17,62	19,86	26,51	33,32
s	max	8	10	13	16	18	24	30
k	max	5,8	6,6	8,1	10,4	11,8	15,4	18,9
k_w	min	2,6	3,0	3,9	4,1	5,6	7,3	8,9
r_1	min	0,2	0,25	0,4	0,4	0,6	0,6	0,8
l_f	max	1,4	1,6	2,1	2,1	2,1	3,2	4,2
l	≈ von	25	30	35	40	45	55	65
	bis	50	60	80	100	120	160	200

Längenabstufung: 30; 35; 40; 45; 50; 55; 60; 65; 70; 80; 90; 100; 110; 120; 130; 140; 150; 160; 180; 200
Werkstoff: Stahl, Festigkeitsklasse 8.8; 10.9; 12.9 nach DIN EN 20 898-1
Nichtrostender Stahl A2-70 nach DIN EN ISO 3506-1
Bezeichnung für d = M 8, l = 60, Festigkeitsklasse 10.9:
Sechskantschraube DIN EN 1665 – M8 × 60 – 10.9

Sechskantschrauben mit Dünnschaft DIN EN 24 015: 1991-12

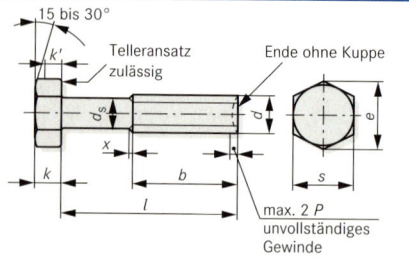

Bezeichnung einer Sechskantschraube mit d = M 10, l = 60 mm und der Festigkeitsklasse 5.8:
Sechskantschraube ISO 4015 M 10 × 60 – 5.8

Gewinde d		M 4	M 5	M 6	M 8	M 10	M 12	M 16	M 20
b für $l \leq 125$		14	16	18	22	26	30	38	46
für $125 < l \leq 200$		–	–	–	28	32	36	44	52
d_s	≈	3,5	4,4	5,3	7,1	8,9	10,7	14,5	18,2
k	max	3,00	3,74	4,24	5,54	6,69	7,79	10,29	12,85
x		1,75	2,0	2,5	3,2	3,8	4,3	5,0	6,3
e	min	7,50	8,63	10,89	14,20	17,59	19,85	26,17	32,95
s	max	7	8	10	13	16	18	24	30
l	von	20	25	25	30	40	45	55	65
	bis	40	50	60	80	100	120	150	150

Längenabstufung: 20 ... 70 je 5 mm, 70 ... 150 je 10 mm gestuft
Werkstoff: Stahl 5.8 ... 8.8, nichtrostender Stahl A 2-70 Produktklasse B

Zylinderschrauben
Cheese head screws

Zylinderschrauben mit Schlitz DIN EN ISO 1207: 1994-10

d		M 1,6	M 2	M 2,5	M 3	M 4	M 5	M 6	M 8	M 10
a_{max}		0,7	0,8	0,9	1	1,4	1,6	2	2,5	3
b_{min}		25	25	25	25	38	38	38	38	38
$d_{k\,max}$		3	3,8	4,5	5,5	7	8,5	10	13	16
$d_{a\,max}$		2	2,6	3,1	3,6	4,7	5,7	6,8	9,2	11,2
k_{max}		1,1	1,4	1,8	2	2,6	3,3	3,9	5	6
l	von	2	3	3	4	5	6	8	10	12
	bis	16	20	25	30	40	50	60	80	80

Längenabstufung: 2; 3; 4; 5; 6; 8; 10; 12; 16; 20; 25; 30; 35; 40; 45; 50; 60; 70; 80 mm
Gewinde annähernd bis Kopf: M1 … M3 für $l \leq 30$, M4 … M10 für $l \leq 40$ mm
Werkstoff: Stahl, Festigkeitsklasse 4.8; 5.8;
Nichtrostender Stahl; Festigkeitsklasse A2-50, A2-70
Produktklasse A
Bezeichnung einer Zylinderschraube mit Gewinde M 5, l = 30 mm,
Festigkeitsklasse 4.8: **Zylinderschraube ISO 1207 – M 5 × 30 – 4.8**

Zylinderschrauben mit Innensechskant und niedrigem Kopf mit Schlüsselführung DIN 6912: 2002-12

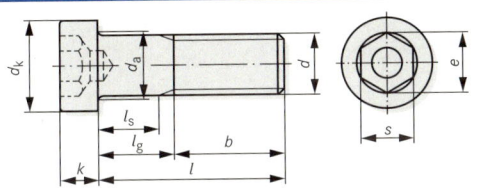

d		M 5	M 6	M 8	M 10	M 12	M 16	M 20	M 24
k		3,5	4	5	6,5	7,5	10	12	14
s		4	5	6	8	10	14	17	19
e		4,6	5,7	6,9	9,2	11,4	16	19,4	21,7
l	von	10	10	12	16	16	20	30	60
	bis	60	70	80	90	100	140	180	200

d_k, d_a und b siehe DIN 7984 $l_g = l - b$; $l_s = l_g - 5 \cdot P$
Bezeichnungsbeispiel für Schraube M 10, l = 60,
Festigkeitsklasse 8.8:
Zylinderschraube DIN 6912 – M 10 × 60 – 8.8

Längenabstufung: 10; 12; 16; 20; 25; 30; 35; 40 … 200 je 10 mm
Werkstoff: Stahl, Festigkeitsklasse 8.8
Nichtrostender Stahl, A2-70 für ≤ M20; A2-50 für > M20,
Produktklasse A

Zylinderschrauben mit Innensechskant DIN EN ISO 4762: 2004-06
Zylinderschrauben mit Innensechskant und niedrigem Kopf DIN 7984: 2002-12

		d	M 5	M 6	M 8	M 10	M 12	M 16	M 20	M 24
ISO 4762 und 7984										
ISO 4762 und 7984	d_k		8,5	10	13	16	18	24	30	36
	d_a		5,7	6,8	9,2	11,2	13,7	17,7	22,4	26,4
ISO 4762	b für $l \leq 125$		22	24	28	32	36	44	52	60
	k		5	6	8	10	12	16	20	24
	s		4	5	6	8	10	14	17	19
	e		4,58	5,72	6,86	9,15	11,43	16	19,44	21,73
	l [1)]	von	8	10	12	16	20	25	30	35
		bis	25	30	35	40	50	60	70	80
	l [2)]	von	30	35	40	45	55	65	80	90
		bis	50	60	80	100	120	160	200	200
DIN 7984	b für $l \leq 125$		16	18	22	26	30	38	46	54
	k_s		3,5	4	5	6	7	9	11	13
	s		3	4	5	6	8	12	14	17
	e ≈		3,4	4,6	5,7	8	9,2	13,7	16	19,4
	l [1)]	von	8	10	12	16	20	30	40	50
		bis	25	25	30	35	45	(55)	60	80
	l [2)]	von	30	30	35	40	50	60	70	90
		bis	–	40	60	70	80	80	100	100

Werkstoff: Stahl,
Festigkeitsklasse für
ISO 4762: 8.8, 10.9; 12.9,
A3, A5,
DIN 7984: 8.8,
Produktklasse A

Längenabstufung: 8; 10; 12; 16; 20 … 70 (je 5 mm gestuft); 70 … 160 (je 10 mm gestuft); 180; 200
Bezeichnung einer Zylinderschraube mit Innensechskant, niedrigem Kopf, d = M 10, l = 50:
Zylinderschraube DIN 7984 – M 10 × 50 – 8.8

[1)] Gewinde bis Kopf ($l_{g\,max} = 3 \cdot P$), [2)] Schrauben mit Schaft: $l_{g\,max} = l - b$; $l_{s\,min} = l_{g\,max} - 5 \cdot P$

Fügeverbindung

Senkschrauben
Countersunk screws

Senkschrauben mit Schlitz
Senkschrauben mit Kreuzschlitz

DIN EN ISO 2009, DIN EN ISO 2010, DIN EN ISO 7046-1, DIN EN ISO 7047: alle 1994-10

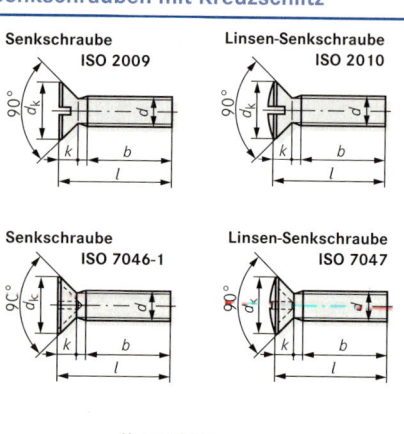

Gewinde d		M 1,6	M 2	M 2,5	M 3	M 4	M 5	M 6	M 8	M 10
b	min	25	25	25	25	38	38	38	38	38
d_k	max	3	3,8	4,7	5,5	8,4	9,3	11,3	15,8	18,3
k	max	1	1,2	1,5	1,65	2,7	2,7	3,3	4,65	5
Kreuzschlitz-Größe		0		1		2		3		4
DIN EN ISO 2009 / DIN EN ISO 2010 l	von	2,5	3	4	5	6	8	8	10	12
	bis	16	20	25	30	40	50	60	80	80
Längenabstufung		2,5 – 3 – 4 – 5 – 6 – 8 – 10 – 12 – 16 – 20 – 25 – 30 – 35 – 40 – 45 – 50 – 60 – 70 – 80								
Werkstoff		Stahl: 4.8; 5.8, Nichtrostender Stahl: A 2-50, A 2-70, Nichteisenmetall, Produktklasse A								
DIN EN ISO 7046-1 / DIN EN ISO 7047 l	von	3	3	3	4	5	6	8	10	12
	bis	16	20	25	30	40	50	60	60	60
Längenabstufung		3 – 4 – 5 – 6 – 8 – 10 – 12 – 16 – 20 – 25 – 30 – 35 – 40 – 45 – 50 – 60								
Werkstoff		Stahl: 4.8, Nichtrostender Stahl[1]: A 2-50, A 2-70, Nichteisenmetall[1], Produktklasse A								

Bezeichnung einer Senkschraube mit Gewinde d = M 6, l = 50 mm, Festigkeitsklasse 4.8 und Kreuzschlitz Form Z:
Senkschraube ISO 7046-1 – M 6 × 50 – 4.8 – Z

[1] nicht für Senkschraube ISO 7046-1

Senkschrauben mit Innensechskant

DIN EN ISO 10 642: 2004-06

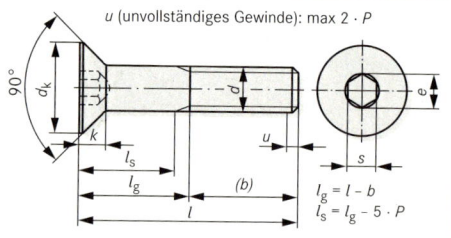

Gewinde d		M 4	M 5	M 6	M 8	M 10	M 12	M 16	M 20
$l ≤ 125$		14	16	18	22	26	30	38	46
b	$l > 125$ < 200	20	22	24	28	32	36	44	52
d_k	max	8,96	11,2	13,44	17,92	22,4	26,88	33,6	40,32
e	≈	2,87	3,44	4,58	5,72	6,86	9,15	11,43	13,72
s		2,5	3	4	5	6	8	10	12
k	max	2,48	3,1	3,72	4,96	6,2	7,44	8,8	10,16
l	von	8	8	8	10	12	20	30	35
	bis	40	50	50	80	100	100	100	100

Längenabstufung: 8; 10; 12; 16; 20; 25; 30; 35; 40; 50; 60; 70; 80; 90; 100
Werkstoff: Stahl: Festigkeitsklassen 8.8, 10.9, 12.9
Produktklasse A

Bezeichnung einer Senkschraube mit Innensechskant mit Gewinde d = M 10, Nennlänge l = 50 mm, Festigkeitsklasse 8.8:
Senkschraube ISO 10 642 – M 10 × 50 – 8.8

Senkschrauben mit Schlitz

DIN 7969: 2007-10

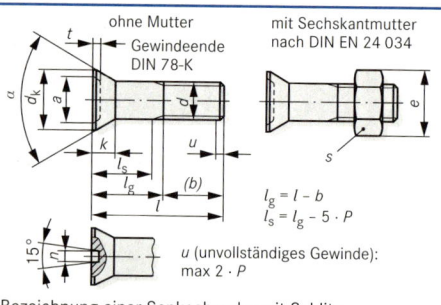

Gewinde d		M 12	M 16	M 20	M 24
$α$		75° + 5°		60° + 5°	
a		16	22	25	29
b	b_1	22	28	32	38
	b_2	28	35	40	50
d_k		21	28	32	38
s		18	24	30	36
k	max	7,29	9,29	11,85	13,35
n		3	3	3,5	3,5
t		3	3	3,5	3,5
l	von	40	50	60	70
	bis	160	160	160	160

Bezeichnung einer Senkschraube mit Schlitz, mit Gewinde M 20 und Nennlänge l = 90 mm, mit Mutter, Festigkeitsklasse 4.6:
Senkschraube DIN 7969 – M 20 × 90 – Mu – 4.6

b_1 und l_1 bzw. b_2 und l_2 sind jeweils zusammengehörig. Längenabstufung: 20 ... 80 je 5 mm, 80 ... 160 je 10 mm gestuft
Werkstoff: Stahl, Festigkeitsklasse 4.6, Produktklasse C. Bezeichnung einer Senkschraube mit Schlitz, mit Gewinde M 16, Nennlänge l = 60 mm, ohne Mutter, Festigkeitsklasse 4.6: **Senkschraube DIN 7969 – M 16 × 60 – 4.6**

Flachkopfschrauben, Blechschrauben, Gewindeschneidschrauben
Pan head screws, sheet metal screws, thread-forming screws

Flachkopfschrauben m. Schlitz, Flachkopfschrauben m. Kreuzschlitz DIN EN ISO 1580, DIN EN ISO 7045: alle 1994-10

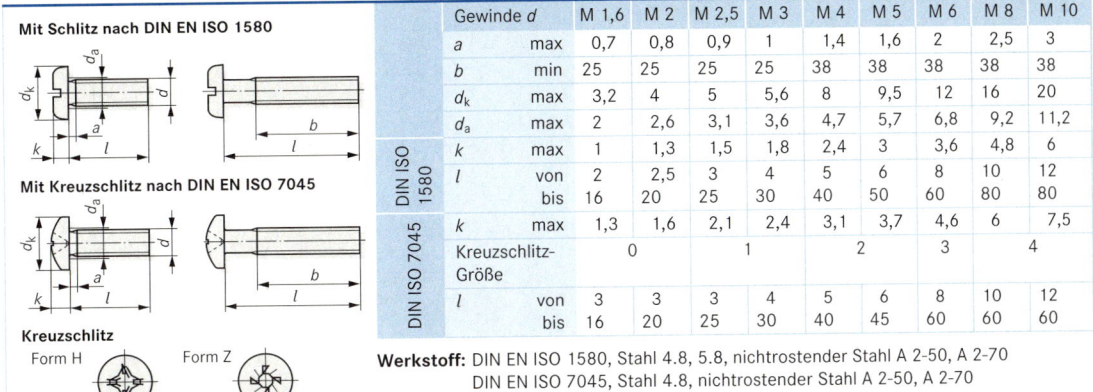

		Gewinde d		M 1,6	M 2	M 2,5	M 3	M 4	M 5	M 6	M 8	M 10
DIN ISO 1580		a	max	0,7	0,8	0,9	1	1,4	1,6	2	2,5	3
		b	min	25	25	25	25	38	38	38	38	38
		d_k	max	3,2	4	5	5,6	8	9,5	12	16	20
		d_a	max	2	2,6	3,1	3,6	4,7	5,7	6,8	9,2	11,2
		k	max	1	1,3	1,5	1,8	2,4	3	3,6	4,8	6
		l	von	2	2,5	3	4	5	6	8	10	12
			bis	16	20	25	30	40	50	60	80	80
DIN ISO 7045		k	max	1,3	1,6	2,1	2,4	3,1	3,7	4,6	6	7,5
		Kreuzschlitz-Größe		0		1		2		3		4
		l	von	3	3	3	4	5	6	8	10	12
			bis	16	20	25	30	40	45	60	60	60

Werkstoff: DIN EN ISO 1580, Stahl 4.8, 5.8, nichtrostender Stahl A 2-50, A 2-70
DIN EN ISO 7045, Stahl 4.8, nichtrostender Stahl A 2-50, A 2-70
Produktklasse A

Blechschrauben mit Schlitz
Blechschrauben mit Kreuzschlitz
DIN ISO 1481, DIN ISO 1482, DIN ISO 1483,
DIN ISO 7049, DIN ISO 7050, DIN ISO 7051: alle 1990-08

DIN ISO	Gewinde		ST 2,2	ST 2,9	ST 3,5	ST 4,2	ST 4,8	ST 5,5	ST 6,3
1482, 1483 7050, 7051	d_k	max	3,8	5,5	7,3	8,4	9,3	10,3	11,3
1481, 7049			4	5,6	7	8	9,5	11	12
1482, 1483 7050, 7051	k	max	1,1	1,7	2,35	2,6	2,8	3	3,15
1481			1,3	1,8	2,1	2,4	3	3,2	3,6
7049			1,6	2,4	2,6	3,1	3,7	4	4,6
1481 ... 1483	y	Form C	2	2,6	3,2	3,7	4,3	5	6
7049 ... 7051		Form F	1,6	2,1	2,5	2,8	3,2	3,6	3,6
1481 ... 1483	n		0,5	0,8	1	1,2	1,2	1,6	1,6
7049 ... 7051	Kreuzschlitz-Größe		0	1		2		3	
1481	l	von	4,5	6,5	6,5	9,5	9,5	13	13
		bis	16	19	22	25	32	32	38
1482, 7050 7051	l	von	4,5	6,5	9,5	9,5	9,5	13	13
		bis	16	19	25	32	32	38	38
1483	l	von	4,5	6,5	9,5	9,5	9,5	13	13
		bis	16	19	22	25	32	32	38
7049	l	von	4,5	6,5	9,5	9,5	9,5	13	13
		bis	16	19	25	32	38	38	38

Längenabstufung: 4,5; 6,5; 9,5; 13; 16; 19; 22; 25; 32; 38; 45; 50 mm
Werkstoff: Stahl, Produktklasse A
Bezeichnung einer Senk-Blechschraube mit Gewinde ST 4,2, l = 22 mm, spitze Form C, Kreuzschlitz Form Z: **Blechschraube ISO 7050 – ST 4,2 × 22 – C – Z**

Gewindeschneidschrauben DIN 7513, DIN 7516: alle 1995-09

Schlitzschrauben nach DIN 7513			Kreuzschlitzschrauben nach DIN 7516			Kreuzschlitz	d		M 3	M 4	M 5	M 6	M 8
Form	Bild	Maße nach	Form	Bild	Maße nach		Kernloch-Ø d H11		2,7	3,6	4,5	5,5	7,4
BE		DIN EN ISO 1207	AE		DIN EN ISO 7045	Form H	l	von	6	8	10	12	16
								bis	20	25	30	35	40
FE		DIN EN ISO 2009	DE		DIN EN ISO 7046	Form Z	Längenabstufung: 6; 8; 10; 12; 16; 20; 25; 30; 35 und 40 mm **Werkstoff:** Stahl nach DIN 17 210, DIN EN 10 083 Bezeichnung einer Kreuzschlitzschraube mit d = M 5, l = 20, Form DE, Kreuzschlitz Form H: **Schneidschraube DIN 7516 – DE M5 × 20 – St – H**						
GE		DIN EN ISO 2010	EE		DIN EN ISO 7047								

Flachrundschrauben, Senkschrauben, Hammerschrauben, Stiftschrauben
Saucer-head screws, countersunk screws, T-head bolts, locking screws

Flachrundschrauben mit Vierkantansatz
DIN 603: 1981-10

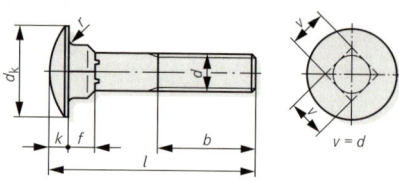

d		M 5	M 6	M 8	M 10	M 12	M 16	M 20
d_k	≈	13,5	16,5	20,6	24,6	30,6	38,8	46,8
k	max	3,3	3,88	4,88	5,38	6,95	8,95	11,0
f	max	4,1	4,6	5,6	6,6	8,75	12,9	15,9
b	für $l ≤ 125$	16	18	22	26	30	38	46
b	für $l > 125$	22	24	28	32	36	44	52
r	≈	0,5	0,5	0,5	0,5	1	1	1
l	von	16	16	20	20	30	55	70
	bis	80	150	150	200	200	200	200

Bezeichnung einer Flachrundschraube mit Vierkantansatz, d = M 12, l = 80, Festigkeitsklasse nach Wahl des Herstellers:
Flachrundschraube DIN 603 – M 12 × 80

Längenabstufung l: 16, 20, 25, 30, 35, 40, 45, 50, 55, 60, 65, 70, 80, 90, 100, 110, 120, 130, 140, 150, 160, 180 und 200 mm
Werkstoff: Stahl, Festigkeitsklasse 3.6 oder 4.6
Ausführung: Produktklasse C

Senkschrauben mit Nase
DIN 604: 1981-10

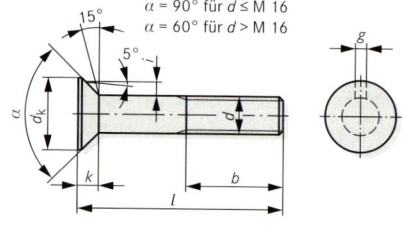

$\alpha = 90°$ für $d ≤$ M 16
$\alpha = 60°$ für $d >$ M 16

d		M 6	M 8	M 10	M 12	M 16	M 20	M 24
d_k	≈	12,5	16,5	19,6	24,6	32,8	32,8	38,8
k		4	5	5,5	7	9	11,5	13
i		2,8	3,5	4,2	5,7	7,5	5,7	6,7
g		2,5	3	3,2	3,6	4,2	5,4	6,6
b	für $l ≤ 125$	18	22	26	30	38	46	54
b	für $l > 125$	24	28	32	36	44	52	60
l	von	20	20	20	25	30	50	60
	bis	100	150	160	160	160	160	160

Bezeichnung einer Senkschraube mit Nase, d = M 10, l = 60, Festigkeitsklasse 3.6:
Senkschraube DIN 604 – M 10 × 60 – 3.6

Längenabstufung l: 20, 25, 30, 35, 40, 45, 50, 55, 60, 65, 70, 80, 90, 100, 110, 120, 130, 140, 150, 160 mm
Werkstoff: Stahl, Festigkeitsklasse 3.6 oder 4.6
Ausführung: Produktklasse C

Augenschrauben
DIN 444: 1983-04

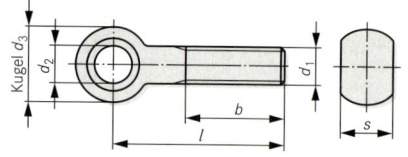

d_1		M 6	M 8	M 10	M 12	M 16	M 20
	für $l ≤ 125$ mm	18	22	26	30	38	46
b	für 125 mm $< l ≤ 200$ mm	–	28	32	36	44	52
	für $l > 200$ mm	–	–	–	49	57	65
d_2 H9		6	8	10	12	16	18
d_3		14	18	20	25	32	40
s	für Form A	9	11	14	17	19	24
	für Formen B und C	7	9	12	14	17	22
l	von	35	40	45	55	70	100
	bis	90	140	150	260	260	260

Form A (Produktklasse C)
Form B (Produktklasse B)
Form C (Produktklasse A)
Formen LA, LB, LC: Gewinde bis Auge

Bezeichnung einer Augenschraube
Form A, d_1 = M 10, l = 70 mm:
Augenschraube DIN 444 – A M 10 × 70 – 5.6

Längenabstufungen für $l ≤ 80$ je 5 mm, für $80 < l ≤ 160$ je 10 mm, für $160 < l ≤ 300$ je 20 mm
Werkstoff: Stahl, Festigkeitsklassen 4.6; 5.6

Stiftschrauben
DIN 835, 938, 939: alle 1995-02

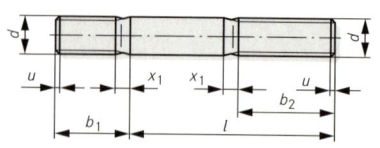

d		M 6	M 8	M 10	M 12	M 16	M 20	M 24
		–	8 × 1	10 × 1,25	12 × 1,25	16 × 1,5	20 × 1,5	24 × 2
b_2 für $l ≤ 125$		18	22	26	30	38	46	54
b_2 für $l > 125$		24	28	32	36	44	52	60
l	von	25	30	35	40	50	60	70
	bis	60	80	100	120	160	200	200

Längenabstufung l: 25, 30, 35, 40, 45, 50, 55, 60, 65, 70, 75, 80, 90, 100, 110, 120, 130, 140, 150 ... 200 mm
DIN 938: $b_1 ≈ 1\,d$ zum Einschrauben in Stahl
DIN 939: $b_1 ≈ 1{,}25\,d$ zum Einschrauben in Gusseisen
DIN 835: $b_1 ≈ 2\,d$ zum Einschrauben in Al-Legierungen
Werkstoff: Stahl, Festigkeitsklasse 5.6, 8.8 oder 10.9
Ausführung: Produktklasse A

Bezeichnung einer Stiftschraube, d = M 12, l = 90, Festigkeitsklasse 5.6 nach DIN 938:
Stiftschraube DIN 938 – M 12 × 90 – 5.6

Schrauben, Muttern, Gewindestifte
Screws, nuts, set screws

Flügelmuttern und Flügelschrauben
DIN 315, DIN 316: alle 1998-07

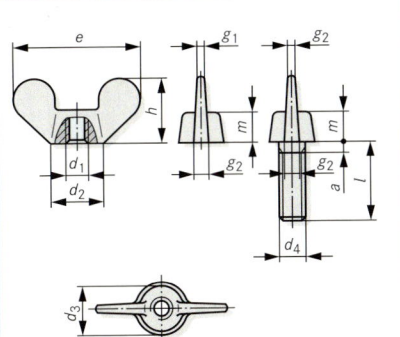

d_1		M 4	M 5	M 6	M 8	M 10	M 12	M 16	M 20	M 24
Steigung P		0,7	0,8	1	1,25	1,5	1,75	2	2,5	3
d_2	max	8	11	13	16	20	23	29	35	44
d_3	max	7	9	11	12,5	16,5	19,5	23	29	37,5
e	max	20	26	33	39	51	65	73	90	110
g_1	max	1,9	2,3	2,3	2,8	4,4	4,9	6,4	6,9	9,4
g_2	max	2,3	2,8	3,3	4,4	5,4	6,4	7,5	8	10,5
h	max	10,5	13	17	20	25	33,5	37,5	46,5	56,5
m	max	4,6	6,5	8	10	12	14	17	21	25
l	von	6	8	8	10	16	16	20	30	35
	bis	20	30	40	50	60	60	60	60	60

Längenabstufungen l: 6, 8, 10, 12, 16, 20, 25, 30, 35, 40, 50 und 60
Werkstoff: Temperguss, Stahl, austenitischer Stahl, CuZn-Legierung
Ausführung: Produktklasse C (Gewindetoleranz 6 H bzw. 6 g)
Bezeichnung einer Flügelmutter mit Gewinde d_1 = M 6 aus Temperguss (GT), Produktklasse C: **Flügelmutter DIN 315 – M 6 – GT**

Gewinde an der Auflageseite unter 120° bis auf den Gewindedurchmesser aufgesenkt.

Hammerschrauben mit Vierkant
DIN 186: 1988-04

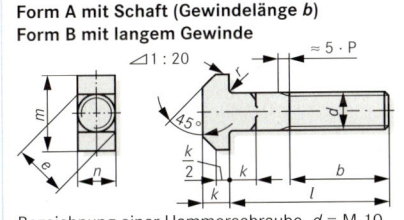

Form A mit Schaft (Gewindelänge b)
Form B mit langem Gewinde

d		M 6	M 8	M 10	M 12	M 16	M 20	M 24
m		16	18	21	26	30	36	43
n		6	8	10	12	16	20	24
k		4,5	5,5	7	8	10,5	13	15
e	≈	6,9	9,2	11,8	14,2	19,3	24,3	29,5
b für l ≤ 120		18	22	26	30	38	46	54
b für l > 120		–	–	–	–	44	52	60
l	von	30	30	30	40	50	60	70
	bis	60	80	100	120	160	200	200

Bezeichnung einer Hammerschraube, d = M 10, l = 40, Form B und Festigkeitsklasse 3.6:
Hammerschraube DIN 186 – B M 10 × 40 – 3.6

Längenabstufung l: 30, 40, 50, 60 ... 100, 120, 140, 160, 180 und 200 mm
Werkstoff: Stahl, Festigkeitsklasse 3.6 oder 4.6, Produktklasse C

Gewindestifte mit Schlitz
Gewindestifte mit Innensechskant

DIN EN 24 766, DIN EN 27 434, DIN EN 27 435, DIN EN 27 436: alle 1992-10
DIN EN ISO 4026, DIN EN ISO 4027, DIN EN ISO 4028, DIN EN ISO 4029: alle 2004-05

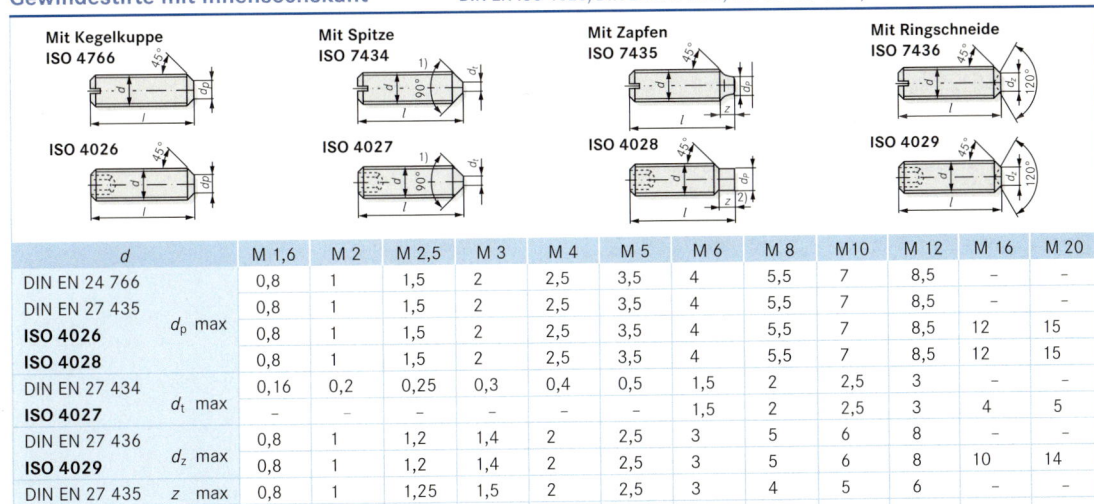

d		M 1,6	M 2	M 2,5	M 3	M 4	M 5	M 6	M 8	M10	M 12	M 16	M 20
DIN EN 24 766		0,8	1	1,5	2	2,5	3,5	4	5,5	7	8,5	–	–
DIN EN 27 435		0,8	1	1,5	2	2,5	3,5	4	5,5	7	8,5	–	–
ISO 4026	d_p max	0,8	1	1,5	2	2,5	3,5	4	5,5	7	8,5	12	15
ISO 4028		0,8	1	1,5	2	2,5	3,5	4	5,5	7	8,5	12	15
DIN EN 27 434		0,16	0,2	0,25	0,3	0,4	0,5	1,5	2	2,5	3	–	–
ISO 4027	d_t max	–	–	–	–	–	–	1,5	2	2,5	3	4	5
DIN EN 27 436		0,8	1	1,2	1,4	2	2,5	3	5	6	8	–	–
ISO 4029	d_z max	0,8	1	1,2	1,4	2	2,5	3	5	6	8	10	14
DIN EN 27 435	z max	0,8	1	1,25	1,5	2	2,5	3	4	5	6	–	–
ISO 4028	$z^{2)}$ min	0,4	0,5	0,63	0,75	1	1,25	1,5	2	2,5	3	4	5
	max	1,05	1,25	1,5	1,75	2,25	2,75	3,25	4,3	5,3	6,3	8,36	10,36

Längen abhängig vom Gewindedurchmesser, l: 2; 2,5; 3; 4; 5; 6; 8; 10; 12; 16; 20; 25; 30; 35; 40; 45; 50; 55; 60 mm
Werkstoff für Gewindestift mit Schlitz: Stahl 14 H, 22 H, nichtrostender Stahl A 1–50, Produktklasse A
Werkstoff für Gewindestift mit Innensechskant: Stahl 45 H, nichtrostender Stahl A 2–70
Bezeichnung eines Gewindestiftes mit Schlitz und Zapfen, Gewinde M 5, l = 12 mm und Festigkeitsklasse 14 H:
Gewindestift ISO 7435 – M 5 × 12 – 14 H

Sechskantmuttern
Hexagon nuts

Sechskantmutter Typ 1 (Regelgewinde)	DIN EN ISO 4032: 2001-03
Sechskantmutter Typ 2 (Regelgewinde)	DIN EN ISO 4033: 2001-03
Sechskantmutter Typ 1 (Feingewinde)	DIN EN ISO 8673: 2001-03
Sechskantmutter Typ 2 (Feingewinde)	DIN EN ISO 8674: 2001-03
Sechskantmutter (Regelgewinde) Produktklasse C	DIN EN ISO 4034: 2001-03
Sechskantmutter, niedrige Form (Regelgewinde)	DIN EN ISO 4035: 2001-03
Niedrige Sechskantmutter (Feingewinde)	DIN EN ISO 8675: 2001-03
Niedrige Sechskantmutter ohne Fase (Regelgewinde)	DIN EN ISO 4036: 2001-03

Telleransatz möglich

m (Typ 2) ≈ 1,1 m (Typ 1)

Sechskantmuttern mit Regelgewinde

DIN EN ISO	Gewinde d	M 2	M 3	M 4	M 5	M 6	M 8	M 10	M 12	M 16	M 20	M 24	M 30	M 36
4032	e	4,3	6	7,7	8,8	11,1	14,4	17,8	20	26,8	33	39,6	50,9	60,8
	m	1,6	2,4	3,2	4,7	5,2	6,8	8,4	10,8	14,8	18	21,5	25,6	31
	s	4	5,5	7	8	10	13	16	18	24	30	36	46	55
4033	e	-	-	-	8,8	11,1	14,4	17,8	20	26,8	33	39,6	50,9	60,8
	m	-	-	-	5,1	5,7	7,5	9,3	12	16,4	20,3	23,9	28,6	34,7
4034	e	-	-	-	8,6	10,9	14,2	17,6	19,9	26,2	33	39,6	50,9	60,8
	m	-	-	-	5,6	6,1	7,9	9,5	12,2	15,9	19	22,3	26,4	31,5
4035	e	4,3	6	7,7	8,8	11,1	14,4	17,8	20	26,8	33	39,6	50,9	60,8
	m	1,2	1,8	2,2	2,7	3,2	4	5	6	8	10	12	15	18
4036	e	4,2	5,9	7,5	8,6	10,9	14,2	17,6	-	-	-	-	-	-
	m	1,2	1,8	2,2	2,7	3,2	4	5	-	-	-	-	-	-

Sechskantmuttern mit Feingewinde

DIN EN ISO	Gewinde $d \times P$	M 8 × 1	M 10 × 1	M 12 × 1,5	M 16 × 1,5	M 20 × 1,5	M 24 × 2	M 30 × 2	M 36 × 3	
8673	m	6,8	8,4	10,8	14,8	18	21,5	25,6	31	Größen s und e für alle Muttern siehe DIN EN ISO 4032
8674	m	7,5	9,3	12	16,4	20,3	23,9	28,6	34,7	
8675	m	4	5	6	8	10	12	15	18	

Festigkeitsklassen (Werkstoffe) und Produktklassen für Sechskantmuttern aus Stahl

DIN EN ISO	Stahl	Norm	Produktklasse	Nichtrostender Stahl	Norm	Produktklasse
4032	M 3 ≤ d ≤ M 39: 6; 8; 10	M 3 ≤ d ≤ M 39: DIN EN 20898-2	d ≤ M 16 : A d > M 16 : B	d ≤ M 20: A2-70 M 20 < d ≤ M 39: A2-50	d ≤ M 39: DIN ISO 3506	d ≤ M 16 : A d > M 16 : B
4033	9 ... 12	DIN EN 20898-2	-	-	-	-
4034	d ≤ M 16 : 5 M 16 < d ≤ M 39: 4; 5	d ≤ M 39: DIN EN 20898-2	C	-	-	-
4035	d < M 3 : 14 H M 3 ≤ d ≤ M 39: 04; 05	d < M 3: DIN EN ISO 898-6 M 3 ≤ d ≤ M 39: DIN EN 20898-2	d ≤ M 16 : A d > M 16 : B	d ≤ M 20: A2-70 M 20 < d ≤ M 39: A2-50	d ≤ M 39: DIN ISO 3506	d ≤ M 16 : A d > M 16 : B
4036	min 110 HV	-	B	-	-	-
8673	d ≤ 39 mm: 6; 8 d ≤ 16 mm: 10	d ≤ 39 mm: DIN EN ISO 898-6	d ≤ 16 mm : A d > 16 mm : B	d ≤ 20 mm: A2-70 20 mm < d ≤ 39 mm: A2-50	d ≤ 39 mm: DIN ISO 3506	d ≤ 16 mm : A d > 16 mm : B
8674	d ≤ 16 mm: 8; 12 d ≤ 39 mm: 10	DIN EN ISO 898-6		-	-	-
8675	d ≤ 39 mm: 04; 05	d ≤ 39 mm: DIN EN ISO 898-6		d ≤ 20 mm: A2-70 20 mm < d ≤ 39 mm: A2-50	d ≤ 39 mm: DIN ISO 3506	d ≤ 16 mm : A d > 16 mm : B

Produktklassen siehe DIN ISO 4759-1.
Sechskantmutter ISO 4032 – M 10 – 8
Bezeichnung einer Sechskantmutter, Typ 1, mit Gewinde M 10 und Festigkeitsklasse 8

Muttern
Nuts

Sechskantmuttern mit Flansch   DIN EN 1661: 1998-02

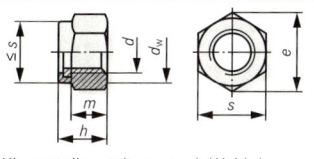

d	M 5	M 6	M 8 M 8 × 1	M 10 M 10 × 1,25	M 12 M 12 × 1,5	M 16 M 16 × 1,5	M 20 M 20 × 1,5
d_c	11,8	14,2	17,9	21,8	26	34,5	42,8
d_w	9,8	12,2	15,8	19,6	23,8	31,9	39,9
e	8,79	11,05	14,38	16,64	20,03	26,75	32,95
s_w	8	10	13	15	18	24	30
m	5	6	8	10	12	16	20

Sechskantmutter EN-1661 – M 10 – 8
Bezeichnung für eine Sechskantmutter mit dem Nenndurchmesser M 10 und Festigkeitsklasse 8

Werkstoff: Stahl, Festigkeitsklassen 8; 10; 12 nach DIN EN 20 898-2
Nichtrostender Stahl, A 2 – 70 nach DIN ISO 3506
Produktklasse A

Sechskantmuttern mit Klemmteil, Typ 1   DIN EN ISO 7040: 1998-02; DIN EN ISO 10 512: 1998-02

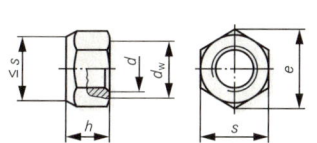

d	M 3	M 4	M 5	M 6	M 8 M 8 × 1	M 10 M 10 ×1	M 12 M 12 × 1,5	M 16 M 16 × 1,5	M 20 M 20 × 1,5
d_w	4,6	5,9	6,9	8,9	11,6	14,6	16,6	22,5	27,7
e	6,01	7,66	8,79	11,05	14,38	17,77	20,03	26,75	32,95
s	5,5	7	8	10	13	16	18	24	30
h	4,5	6	6,8	8	9,5	11,9	14,9	19,1	22,8
m	2,15	2,9	4,4	4,9	6,44	8,04	10,37	14,1	16,9

Klemmteilgestaltung nach Wahl des Herstellers, m = Mindestgewindehöhe
Sechskantmutter ISO 7040 – M 8 – 8
Bezeichnung einer Sechskantmutter mit dem Nenndurchmesser M 8 und Festigkeitsklasse 8

Werkstoff: St, Festigkeitsklassen: 8, 10; für Feingewinde: 6, 8, 10
Produktklasse für $d \leq$ M 16: A, für $d >$ M 16: B
Feingewinde: ISO 10 512

Sechskantmuttern mit Klemmteil (Ganzmetallmuttern), Typ 2   DIN EN ISO 7042: 1998-02; DIN EN ISO 10 513: 1998-02

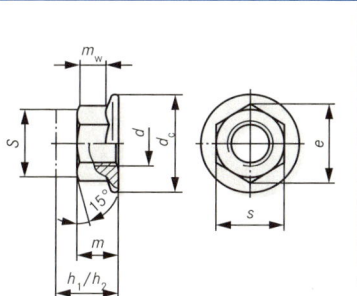

d	M 5	M 6	M 8 M 8 × 1	M 10 M 10 × 1,25	M 12 M 12 × 1,5	M 16 M 16 × 1,5	M 20 M 20 × 1,5
h	5,1	6	8	10	12	16	20
w	3,52	3,92	5,15	6,43	8,3	11,28	13,52

Abmessungen für d_w, e und s siehe DIN EN ISO 7040, 10 512
Werkstoff: Stahl, Festigkeitsklassen 5; 8; 10; 12, für Muttern mit Feingewinde: 8, 10, 12;
Produktklasse A für $d \leq$ M16, B für $d >$ M 16
Feingewinde: ISO 10 513

Klemmteilgestaltung nach Wahl des Herstellers
Sechskantmutter ISO 10 513 – M10 × 1,25 – 10
Bezeichnung einer Sechskantmutter mit dem Nenndurchmesser M 10 × 1,25 und Festigkeitsklasse 10

Sechskantmutter mit Flansch und Klemmteil, nichtmetallischer Einsatz   DIN EN 1663: 1998-02
Sechskantmutter mit Flansch und Klemmteil, Ganzmetallmuttern   DIN EN 1664: 1998-02

d	M 5	M 6	M 8 M 8 × 1	M 10 M 10 × 1,25	M 12 M 12 × 1,5	M 16 M 16 × 1,5	M 20 M 20 × 1,5
d_c	11,8	14,2	17,9	21,8	26	34,5	42,8
e	8,79	11,05	14,38	16,64	20,03	26,75	32,95
s	8	10	13	16	18	24	30
h_1	7,1	9,1	11,1	13,5	16,1	20,3	24,8
h_2	6,2	7,3	9,4	11,4	13,8	18,3	22,4
m	4,7	5,7	7,6	9,6	11,6	15,3	18,7
m_w	2,5	3,1	4,6	5,9	6,8	8,9	10,7

h_1: DIN EN 1663
h_2: DIN EN 1664

Werkstoff: Stahl, Festigkeitsklassen 8; 10; 12 ($\leq$ M 16), Produktklasse A für $d \leq$ M 16;
Produktklasse B für $d >$ M 16

Sechskantmutter EN 1664 – M 12 – 10
Bezeichnung einer Sechskantmutter mit Flansch und Klemmteil, Ganzmetallmutter, für $d =$ M12, Festigkeitsklasse 10

Fügeverbindung

Muttern
Nuts

Sechskantmuttern mit großen Schlüsselweiten für HV-Verbindungen in Stahlkonstruktionen

DIN EN 14 399-4: 2006-06

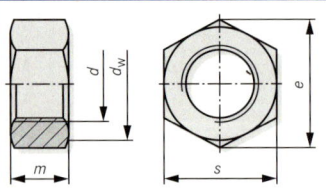

d	M 12	M 16	M 20	M 22	M 24	M 27	M 30	M 36
d_w min	20	25	30	34	39	43,5	47,5	57
e min ≈	23,9	29,6	35	39,6	45,2	50,9	55,4	66,4
m	10	13	16	18	20	22	24	29
s	22	27	32	36	41	46	50	60

Für HV-Schrauben nach DIN 6914

Werkstoff: Stahl, Festigkeitsklasse 10 (DIN EN 20 898-2)
Ausführung: Produktklasse B (Ausführung mg)
Bezeichnung einer Sechskantmutter mit d = M 22:
Sechskantmutter DIN EN 14 339 – M 22

Sechskant-Schweißmuttern

DIN 929: 2000-01

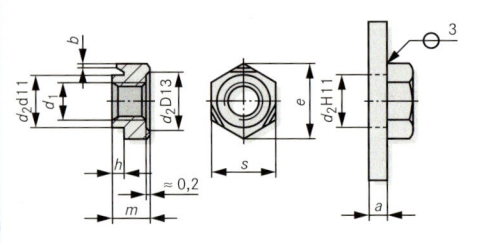

d_1	b	d_2	e	h	m	s	a_{max}
M 3	0,8	4,5	8,15	0,55	3	7,5	1,5
M 4	0,8	6	9,83	0,65	3,5	9	1,5
M 5	0,8	7	10,95	0,7	4	10	2
M 6	0,9	8	12,02	0,75	5	11	2,5
M 8	1	10,5	15,38	0,9	6,5	14	3
M 10	1,25	12,5	18,74	1,15	8	17	4
M 12	1,25	14,8	20,91	1,4	10	19	5
M 16	1,5	18,8	26,51	1,8	13	24	6

Werkstoff: Stahl mit max. C-Gehalt von 0,25 %
Produktklasse A
Bezeichnung einer Sechskant-Schweißmutter, d = M 10:
Schweißmutter DIN 929 – M 10 – St

Vierkant-Schweißmuttern

DIN 928: 2000-01

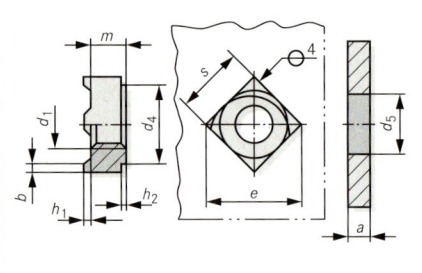

d_1	d_4	b	h_1	h_2	m	e	s	Anschlussblech	
	min				h 14	min	h 14	a_{max}	d_5 H 11
M 4	6,4	0,8	0,6	1	3,5	9	7	1,5	6
M 5	8,2	1	0,8	1,2	4,2	12	9	2	7
M 6	9,1	1,2	0,8	1,5	5	13	10	2,5	8
M 8	12,8	1,5	1	1,8	6,5	18	14	3	10,5
M 10	15,6	1,8	1,2	2	8	22	17	4	12,5
M 12	17,4	2	1,4	2,5	9,5	25	19	5	14,8

Werkstoff: Stahl mit max. C-Gehalt von 0,25 %
Produktklasse A
Bezeichnung einer Vierkant-Schweißmutter, d = M 8:
Schweißmutter DIN 928 – M 8 – St

Sechskant-Spannschlossmuttern

DIN 1479: 1998-02

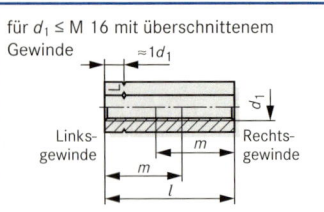

für d_1 ≤ M 16 mit überschnittenem Gewinde

Gewinde d_1		M 6	M 8	M 10	M 12	M 16	M 20	M 24	M 30
d_2							21	26	32
l		30	35	45	55	75	95	115	125
m		22,5	25	33	40	55	24	29	36
Sechs-kant	Schlüsselweite	10	13	16	18	24	30	36	46
	Eckenmaß min	11,05	14,38	17,77	20,03	26,75	33,53	39,98	51,28
Nachstellbarkeit ≈		15	15	21	25	35	47	57	53

Kennzeichnung des Linksgewindes:
wahlweise durch L oder durch Rille über die Sechskantecken

für d_1 > M 16 mit Aussparung

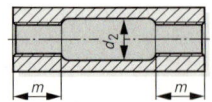

Übrige Maße und Angaben wie oberes Bild.

Werkstoff: Stahl R_m ≥ 330 N/mm^2, austenitischer Stahl (A) ISO 3506-2

Bezeichnung einer Spannschlossmutter (SP) mit Links- und Rechtsgewinde M 20; aus Stahl:
Spannschlossmutter DIN 1479 – SP – M 20 – St

Fügeverbindung

Hutmuttern, Sicherungsmuttern, Kreuzlochmuttern
Domed cap nuts, locking nuts, round nuts

Sechskant-Hutmuttern

DIN 917: 2000-10; DIN 1587: 2000-10; DIN 986: 2000-10

Niedrige Form nach DIN 917
$d \leq M\,10 \qquad d \geq M\,12$

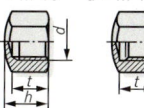 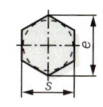

Hohe Form nach DIN 1587
$d \leq M\,10 \qquad d \geq M\,12$

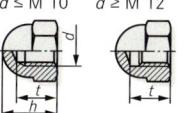 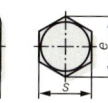

Mit Klemmteil nach DIN 986

für M10, M12, M14 und M22 zusätzlich SW angeben
z. B. Hutmutter DIN 917 – M12 – SW 18 – 6
Hutmutter DIN 986 – M 16 – 8
Bezeichnung einer Hutmutter nach DIN 986, d = M 16, Festigkeitsklasse 8

		M 4	M 5	M 6	M 8	M 10	M 12	M 16	M 20
$d \times P$		–	–	–	M 8 × 1	M 10 × 1	M 12 × 1,5	M 16 × 1,5[1)]	M 20 × 2
		–	–	–	–	M 10 × 1,25[1)]	M 12 × 1,25[1)]	–	M 20 × 1,5
DIN 917	h	5,5	7	9	12	14	16	20	25
	t	4,4	5,2	7	9,5	11	13,5	17	21
DIN 1587	h	8	10	12	15	18	22	28	34
	t	5,5	7,5	8	11	13	16	21	26
DIN 986	h	9,6	10,5	12	14	18,1	22,5	27,5	35
	t	2,9	4,4	4,9	6,44	8,04	10,37	14,1	16,9

Abmessungen für s und e siehe DIN EN 24032

Werkstoff: DIN 917 Festigkeitsklasse 5; 6, A1-50 nach DIN ISO 3506,
Nichteisenmetall nach DIN EN 28 839, Produktklasse A
DIN 1587 Festigkeitsklasse 6, A1-50 nach DIN ISO 3506, CU 3, CU 6
nach Wahl des Herstellers, Produktklasse A oder B
DIN 986 Festigkeitsklasse 5; 6 (nur Feingewinde), 8; 10, Einsatz Nichtmetall,
z. B. Polyamid, Kappe Stahlblech, Produktklasse A für $d \leq 16$ mm,
B für $d > 16$ mm

[1)] Anwendung für DIN 986 möglichst vermeiden

Sicherungsmuttern

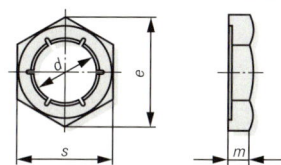

Werkstoff: Stahl, verzinkt, A2, A4
Sicherungsmutter DIN 7967: 1970-11 – M 10 – St
Bezeichnung einer Sicherungsmutter für Gewinde M 10
aus Stahlblech, verzinkt

Gewinde d	Höhe m mm	Schlüssel-weite SW	Eckenmaß e
M 8	3,5	13	15
M 10	4	17	19,6
M 12	4,5	19	22
M 16	5	24	27,7
M 20	6	30	34,6
M 24	7	36	41,6
M 27	7	41	47,3
M 30	8	46	53,1

Nutmuttern, Kreuzlochmuttern

DIN 1804: 1971-03; DIN 1816: 1971-03

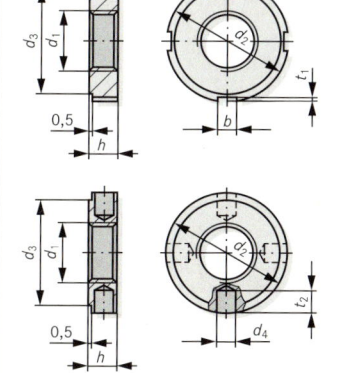

Nutmutter DIN 1804
Zugehöriges
Sicherungsblech
nach DIN 462

**Kreuzlochmutter
DIN 1816**

d_1	d_2	d_3	d_4	h	b	t_1	t_2
M 16 × 1,5	32	27	4	7	5	2	6
M 20 × 1,5	36	30	4	8	6	2,5	6
M 24 × 1,5	42	36	4	9	6	2,5	6
M 28 × 1,5	50	43	5	10	7	3	7
M 30 × 1,5	50	43	5	10	7	3	7
M 32 × 1,5	52	45	5	11	7	3	7
M 35 × 1,5	55	48	5	11	7	3	7
M 40 × 1,5	62	54	6	12	8	3,5	8
M 42 × 1,5	62	54	6	12	8	3,5	8
M 45 × 1,5	68	60	6	12	8	3,5	8
M 50 × 1,5	75	67	6	13	8	3,5	10
M 60 × 1,5	90	80	6	13	10	4	10

Nutmutter DIN 1804 – M 40 × 1,5 – h
Bezeichnung einer Nutmutter d_1 = M 40 × 1,5, gehärtet

Ausführungen:
w = ungehärtet und ungeschliffen
h = gehärtet und Planflächen geschliffen

Senkungen
Counter sinks

Senkdurchmesser für Schrauben mit Zylinderkopf
DIN 974-1: 2008-02

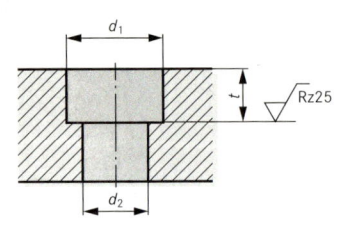

Gewinde-Nenn-Ø		Senkdurchmesser d_1 H 13				
		ohne Unterlegteile		Schrauben mit Unterlegteilen		
d	d_2	Reihe 1	Reihe 2	Reihe 4	Reihe 5	Reihe 6
1	1,2	2,2	–	–	–	–
1,2	1,4	2,5	–	–	–	–
1,4	1,6	3	–	–	–	–
1,6	1,8	3,5	3,5	–	–	–
1,8	2,1	3,8	–	–	–	–
2	2,4	4,4	5	5,5	6	6
2,5	2,9	5,5	6	6	7	7
3	3,4	6,5	7	7	9	8
3,5	3,9	6,5	8	8	9	9
4	4,5	8	9	9	10	10
5	5,5	10	11	11	13	13
6	6,6	11	13	13	15	15
8	9	15	18	16	18	20
10	11	18	24	20	24	24
12	13,5	20	–	24	26	33
14	15,5	24	–	26	30	40
16	17,5	26	–	30	33	43
18	20	30	–	33	36	46
20	22	33	–	36	40	48
22	24	36	–	40	43	54
24	26	40	–	43	48	58
27	30	46	–	46	54	63
30	33	50	–	54	61	73
33	36	54	–	–	63	–
36	39	58	–	63	69	–

Gewinde-Nenndurchmesser d			Zugabe
von 1	bis	1,4	0,2
über 1,4	bis	6	0,4
über 6	bis	20	0,6
über 20	bis	27	0,8
über 27	bis	100	1,0

Beispiel zur Ermittlung der Senktiefe t
für eine Zylinderschraube
DIN EN ISO 4762 – M 12 × 60 – 12.9
mit Scheibe DIN 433–13–HV300:

Maximale Kopfhöhe: k_{max} = 12 mm
Maximale Scheibendicke: h_{max} = 2,2 mm
Zugabe: 0,6 mm

$t = k_{max} + h_{max} + \text{Zugabe}$

t = 12 mm + 2,2 mm + 0,6 mm = 14,8 mm

Reihe 1 für Schrauben[1]) nach DIN EN ISO 1207, DIN EN ISO 4762, DIN 6912 und DIN 7984 ohne Unterlegteile
Reihe 2 für Schrauben[1]) nach DIN ISO 1580 und DIN ISO 7045 ohne Unterlegteile
Reihe 4 für Schrauben mit Zylinderkopf mit Unterlegteilen nach DIN 433-1 und 2, DIN 6902 Form C, DIN 137 Form A, DIN 128,
DIN 6905, DIN 6797, DIN 6798 und DIN 6907
Reihe 5 für Schrauben mit Zylinderkopf mit Unterlegteilen nach DIN 125-1 und 2, DIN 6902 Form A, DIN 137 Form B und DIN 6904
Reihe 6 für Schrauben mit Zylinderkopf mit Spannscheiben nach DIN 6796 und DIN 6908

[1]) Gilt auch für gewindeschneidende Schrauben nach DIN 7513 und DIN 7516 und gewindefurchende Schrauben
nach DIN 7500-1, soweit sie Köpfe nach den angegebenen Maßnormen für Schrauben haben.

Senkdurchmesser für Sechskantschrauben und Sechskantmuttern
DIN 974-2: 1991-05

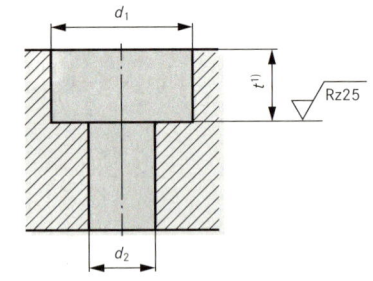

Gewinde-Nenn-Ø	d_2 H13	Schlüssel-weite S	d_1 H13		
d			Reihe 1	Reihe 2	Reihe 3
4	4,5	7	13	15	10
5	5,5	8	15	18	11
6	6,6	10	18	20	13
8	9	13	24	26	18
10	11	16	28	33	22
12	13,5	18	33	36	26
14	15,5	21	36	43	30
16	17,5	24	40	46	33
20	22	30	46	54	40
24	26	36	58	73	48
27	30	41	61	76	54
30	33	46	73	82	61
33	36	50	76	89	69
36	39	55	82	93	73
42	45	65	98	107	82

Reihe 1: für Steckschlüssel nach DIN 659, DIN 896, DIN 3112,
DIN 3124
Reihe 2: für Ringschlüssel nach DIN 838, DIN 897, DIN 3129
Reihe 3: für Ansenkungen bei beengten Raumverhältnissen
(nicht für Spannscheiben)

[1]) siehe DIN 974-1

Senkungen
Counter sinks

Senkungen für Senkschrauben
DIN 74: 2003-04

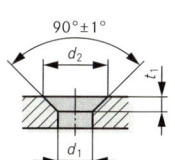

Form A

Gewinde-Ø	1,6	2	2,5	3	4	4,5	5	6	7	8
d_1 H13[1]	1,8	2,4	2,9	3,4	4,5	5	5,5	6,6	7,6	9
d_2 H13	3,7	4,6	5,7	6,5	8,6	9,5	10,4	12,4	14,4	16,4
$t_1 \approx$	0,9	1,1	1,4	1,6	2,1	2,3	2,5	2,9	3,3	3,7

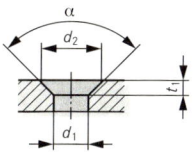

Form E

Gewinde-Ø	10	12	16	20	22	24
d_1 H13[1]	10,5	13	17	21	23	25
d_2 H13	19	24	31	34	37	40
$t_1 \approx$	5,5	7	9	11,5	12	13
α	75° ± 1°	75° ± 1°	75° ± 1°	60° ± 1°	60° ± 1°	60° ± 1°

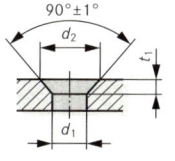

Form F

Gewinde-Ø	3	4	5	6	8	10	12	14	16	20
d_1 H13[1]	3,4	4,5	5,5	6,6	9	11	13,5	15,5	17,5	22
d_2 H13	6,9	9,2	11,5	13,7	18,3	22,7	27,2	31,2	34,0	40,7
$t_1 \approx$	1,8	2,3	3,0	3,6	4,6	5,9	6,9	7,8	8,2	9,4

Form A: Senkholzschrauben DIN 97, DIN 7997
Linsensenk-Holzschrauben DIN 35, DIN 7995
Form E: für Senkschrauben für Stahlkonstruktionen DIN 7967
Form F: für Senkschrauben mit Innensechskant nach DIN EN ISO 10 642

Senkung DIN 74 – A8
Bezeichnung einer Senkung Form A mit Durchgangsloch mittel für Gewindedurchmesser 8 mm

[1] Durchgangsloch mittel nach DIN EN 20 273

Zeichnungseintragungen

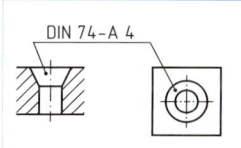 bei Anwendung von Kurzbezeichnung

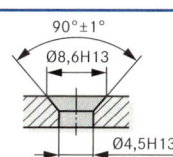 bei Angabe des Senkdurchmessers

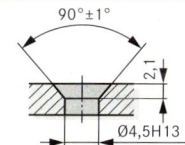 bei Angabe der Senktiefe

Senkungen für Senkschrauben mit Kopfform nach ISO 7721
DIN EN ISO 15 065: 2005-05

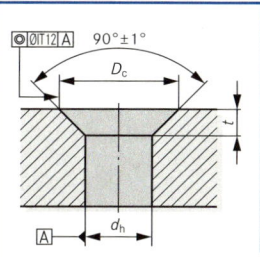

Durchgangsloch d_h nach DIN EN 20 273

Nenngröße	2	3	4	5	6	8	10
Metrische Schrauben	M2	M3	M4	M5	M6	M8	M10
Blechschrauben	ST2,2	ST2,9	ST4,2	ST4,8	ST6,3	ST8	ST9,5
d_h (mittel) H 13	2,4	3,4	4,5	5,5	6,6	9	11
D_C	4,4	6,3	9,4	10,4	12,6	17,3	20
$t \approx$	1,05	1,55	2,55	2,58	3,13	4,28	4,65

Senkungen für Schrauben nach:
DIN ISO 1482, DIN ISO 1483, DIN ISO 2009, DIN ISO 2010, ISO 15 482, ISO 15 483, ISO 14 584
DIN ISO 7046, DIN ISO 7047, DIN ISO 7050, DIN ISO 7051, ISO 14 586, ISO 14 587

Senkung ISO 15 065 – 5
Bezeichnung einer Senkschraube mit Kopfform nach ISO 7721 mit metrischem Gewinde M 5 oder Blechschraubengewinde St 4,8

Scheiben / Washers

Flache Scheiben mit Fase, normale Reihe, Produktklasse A — DIN EN ISO 7090: 2000-11

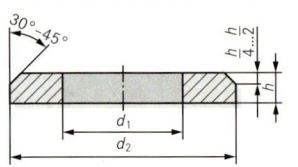

Nenngröße	5	6	8	10	12	16	20
Gewindenenn-Ø	M5	M6	M8	M10	M12	M16	M20
$d_{1\,min}$ (Nennmaß)	5,3	6,4	8,4	10,5	13,0	17,0	21,0
$d_{2\,max}$ (Nennmaß)	10,0	12,0	16,0	20,0	24,0	30,0	37,0
h	0,9 – 1,1	1,4 – 1,8	1,4 – 1,8	1,8 – 2,2	2,3 – 2,7	2,7 – 3,3	2,7 – 3,3
Nenngröße	24	30	36	42	48	56	64
Gewindenenn-Ø	M24	M30	M36	M42	M48	M56	M64
$d_{1\,min}$ (Nennmaß)	25,0	31,0	37,0	45,0	52,0	62,0	70,0
$d_{2\,max}$ (Nennmaß)	44,0	56,0	66,0	78,0	92,0	105,0	115,0
h	3,7 – 4,3	3,7 – 4,3	4,4 – 5,6	7 – 9	7 – 9	9 – 11	9 – 11
Werkstoffe[1]	Stahl			nichtrostender Stahl			
Stahlsorte	–			A2, A4, F1, C1, C4 (ISO 3506-1)			
Härteklasse	200 HV	300 HV (vergütet)		200 HV			

Anwendungsbereiche für Härteklasse 200 HV:
- Sechskantschrauben mit Festigkeitsklassen ≤ 8.8
- Sechskantmuttern mit Festigkeitsklassen ≤ 8
- Sechskantschrauben und -muttern aus nichtrostendem Stahl

Härteklasse 300 HV:
- Sechskantschrauben mit Festigkeitsklassen ≤ 10.9
- Sechskantmuttern mit Festigkeitsklassen ≤ 10

Scheibe ISO 7090 – 10 – 200 HV – A 4
Bezeichnung einer flachen Scheibe mit Fase, Produktklasse A, mit der Nenngröße 10 aus nichtrostendem Stahl der Stahlsorte A4, Härteklasse 200 HV

[1] andere Metalle nach Vereinbarung

Flache Scheiben, normale Reihe, Produktklasse C — DIN EN ISO 7091: 2000-11

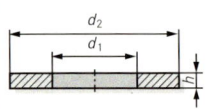

Nenngröße	4	5	6	8	10	12	16	20	24	30	36	42	48
Gewindenenn-Ø	M4	M5	M6	M8	M10	M12	M16	M20	M24	M30	M36	M42	M48
$d_{1\,min}$ (Nennmaß)	4,5	5,5	6,6	9	11	13,5	17,5	22	26	33	39	45	52
$d_{2\,max}$ (Nennmaß)	9	10	12	16	20	24	30	37	44	56	66	78	92
h (Nennmaß)	0,8	1	1,6	1,6	2	2,5	3	3	4	4	5	8	8

Werkstoff: Stahl;
Härteklasse 100 HV

Scheibe ISO 7091 – 8 – 100 HV
Bezeichnung einer Scheibe mit Nenn-Ø 8 mm

Flache Scheiben, kleine Reihe, Produktklasse A — DIN EN ISO 7092: 2000-11

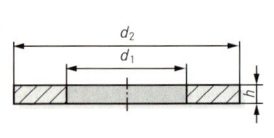

Nenngröße	3	4	5	6	8	10	12	16	20	24	30	36
Gewindenenn-Ø	M3	M4	M5	M6	M8	M10	M12	M16	M20	M24	M30	M36
$d_{1\,min}$ (Nennmaß)	3,2	4,3	5,3	6,4	8,4	10,5	13	17	21	25	31	37
$d_{2\,max}$ (Nennmaß)	6	8	9	11	15	18	20	28	34	39	50	60
h (Nennmaß)	0,5	0,5	1	1,6	1,6	1,6	2	2,5	3	4	4	5
Werkstoffe[1]	Stahl					nichtrostender Stahl						
Stahlsorte	–					A2, A4, F1, C1, C4 (SO 3506-1)						
Härteklasse	200 HV	300 HV (vergütet)				200 HV						

Anwendungsbereich für HV 200:
Zylinderschrauben der Festigkeitsklassen ≤ 8.8 oder nichtrostender Stahl

Anwendungsbereich für HV 300:
Zylinderschrauben der Festigkeitsklassen ≤ 10.9

Scheibe ISO 7092 – 10 – 200 HV – A2
Bezeichnung einer flachen Scheibe, kleine Reihe, Produktklasse A, Nenngröße 10 mm, nichtrostender Stahl A2, Härteklasse 200 HV

[1] andere Metalle nach Vereinbarung

Scheiben, Produktklasse A, für Bolzen — DIN EN 28 738: 1992-10
Scheiben, Ausführung grob, für Bolzen — DIN 1441: 1974-07

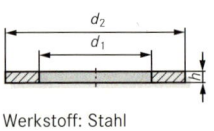

d_1 H11 (mittel)	5	6	8	10	12	14	16	18	20	22	23	24	25	26	27	28	30
d_1 (grob)	5,5	7	9	11	13	15	17	19	21	23	24	25	26	27	28	29	31
d_2	10	12	16	20	25	28	28	30	32	34	36	38	40	40	40	41	45
h	0,8	1,6	2	2,5	3	3	3	4	4	4	4	4	4	5	5	5	5
Für Bolzen-Ø	5	6	8	10	12	14	16	18	20	22	23	24	25	26	27	28	30

Werkstoff: Stahl

Scheiben, Federringe
Washers, spring lock washers

Scheiben vierkant, keilförmig, für U-Träger
Scheiben vierkant, keilförmig, für I-Träger

DIN 434: 2000-04
DIN 435: 2000-01

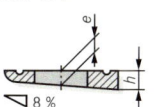
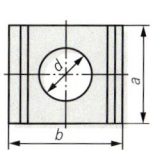
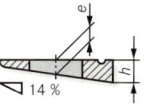
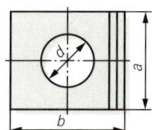

DIN 434 — 8 %
DIN 435 — 14 %

$d^{1)}$	für Gewinde	DIN 434 und DIN 435		DIN 434		DIN 435	
		$a^{2)}$	$b^{2)}$	$h^{2)}$	e	$h^{2)}$	e
9	M 8	22	22	3,8	2,9	4,6	3,05
11	M 10	22	22	3,8	2,9	4,6	3,05
13,5	M 12	26	30	4,9	3,7	6,2	4,1
17,5	M 16	32	36	5,9	4,45	7,5	5
22	M 20	40	44	7	5,25	9,2	6,1
24	M 22	44	50	8	6	10	6,5
26	M 24	56	56	8,5	6,26	10,8	6,9
30	M 27	56	56	8,5	6,26	10,8	6,9

Scheiben für Schraubenverbindungen bis Festigkeitsklasse 5.6

8 %	$e = h - 0{,}04 \cdot b$
14 %	$e = h - 0{,}07 \cdot b$

Werkstoff: St, Härte: 100 HV 10 ... 250 HV 10

Bezeichnung einer Scheibe für U-Träger und der Nenngröße 22:
U-Scheibe DIN 434 – 22

Bezeichnung einer Scheibe für I-Träger und der Nenngröße 11:
I-Scheibe DIN 435-11

[1] Nenngröße; entspricht dem Maß d_{min}
[2] jeweils Nennmaße

Scheiben vierkant, keilförmig, für HV-Schrauben an U-Profilen
Scheiben vierkant, keilförmig, für HV-Schrauben an I-Profilen

DIN 6918: 1990-04
DIN 6917: 1989-10

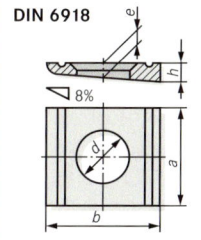
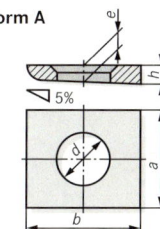

DIN 6918 — 8%
Form A — 5%

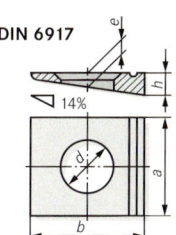

DIN 6917 — 14%

$d^{1)}$	für Gewinde	DIN 6918 und DIN 6917		DIN 6918		DIN 6917	
		$a^{2)}$	$b^{2)}$	$h^{2)}$	e	$h^{2)}$	e
13	M 12	26	30	4,9	3,7	6,2	4,1
17	M 16	32	36	5,9	4,45	7,5	5
21	M 20	40	44	7	5,25	9,2	6,1
23	M 22	44	50	8	6	10	6,5
25	M 24	56	56	8,5	6,26	1,8	6,9
25 (A)	M 24	56	56	7,65	6,25	–	–
28	M 27	56	56	8,5	6,26	10,8	6,9
28 (A)	M 27	56	56	7,65	6,25	–	–
31	M 30	62	62	9	6,52	11,7	7,5
31 (A)	M 30	62	62	8,05	6,5	–	–
37	M 36	68	68	9,4	6,68	12,5	8
37 (A)	M 36	68	68	8,7	7	–	–

Scheiben für HV-Schrauben nach DIN 6914 und Sechskantmuttern nach DIN 6915

5 %	$e = h - 0{,}025 \cdot b$
8 %	$e = h - 0{,}04 \cdot b$
14 %	$e = h - 0{,}07 \cdot b$

Werkstoff: St, Härte 295 HV 10 ... 350 HV 10, z. B. C 45
Bezeichnung einer Scheibe für U-Profile und
d = 25 mm, Form A: **U-Scheibe DIN 6918 – 25A**
Bezeichnung einer Scheibe für I-Profile und
d = 25 mm: **I-Scheibe DIN 6917 – 25**

Federringe

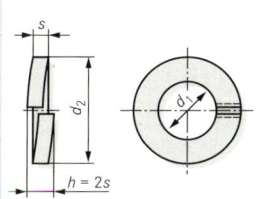

$h = 2s$

Größe[1]	3	4	5	6	8	10	12	14	16	18	20	22	24	27	30
d_1 min	3,1	4,1	5,1	6,1	8,1	10,2	12,2	14,2	16,2	18,2	20,2	22,5	24,5	27,5	30,5
d_2 max	6,2	7,6	9,2	11,8	14,8	18,1	21,1	24,1	27,4	29,4	33,6	35,9	40	43	48,2
s	0,7	0,8	1,0	1,3	1,6	1,8	2,1	2,4	2,8	3,2	3,2	3,2	4,0	4,0	6,0

Werkstoff: Federstahl (FSt)
Bezeichnung eines Federringes für Schraube M 6:
Federring D 6,1 – FSt
Federringe sind mit Schrauben der Festigkeitsklasse ≤ 8.8 zu verwenden.

[1] Auch Gewindedurchmesser

Scheiben
Washers

Spannscheiben für Schraubenverbindungen
DIN 6796: 1987-10

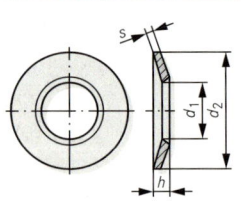

Größe[1]		4	5	6	8	10	12	14	16	18	20
d_1	H14	4,3	5,3	6,4	8,4	10,5	13	15	17	19	21
d_2	h14	9	11	14	18	23	29	35	39	42	45
s		1	1,2	1,5	2	2,5	3	3,5	4	4,5	5
h	max	1,3	1,55	2	2,6	3,2	3,95	4,65	5,25	5,8	6,4
h	min	1,12	1,35	1,7	2,24	2,8	3,43	4,04	4,58	5,08	5,6

Spannscheiben dieser Norm sind mit Schrauben der Festigkeitsklassen 8.8 bis 10.9 zu verwenden.

Werkstoff: Federstahl (FSt)
Bezeichnung einer Spannscheibe von der Größe 10 aus Federstahl:
Spannscheibe DIN 6796 – 10 – FSt

Federscheiben, gewölbt oder gewellt[2]

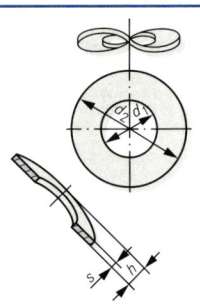

Größe[1]		4	5	6	8	10	12	14	16	18	20	24	27	30	33	36
d_1	H14	4,3	5,3	6,4	8,4	10,5	13	15	17	19	21	25	28	31	34	37
d_2		9	11	12	15	21	24	28	30	34	36	44	50	56	60	68
h_{min}		1	1,1	1,3	1,5	2,1	2,5	3	3,2	3,3	3,7	4,1	4,7	5,0	5,3	5,8
h_{max}		2	2,2	2,6	3	4,2	5	6	6,4	6,6	7,4	8,2	9,4	10,0	10,6	11,6
s		0,5	0,5	0,5	0,8	1	1,2	1,6	1,6	1,6	1,6	1,8	2	2,2	2,2	2,5

Werkstoff: Federstahl (FSt)
Bezeichnung einer Federscheibe Form B von der Größe 14 aus Federstahl:
Federscheibe B 14 – FSt

Federscheiben sind mit Schrauben der Festigkeitsklassen < 5.8 zu verwenden.

Zahnscheiben[2]

Form A außenverzahnt   **Form J** innenverzahnt   **Form V** versenkbar

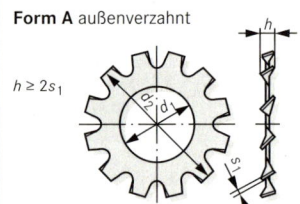
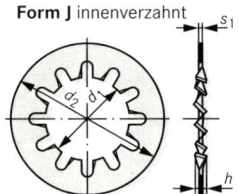

Werkstoff: Federstahl (FSt), Abmaße siehe Fächerscheiben
Bezeichnung einer Zahnscheibe, Form A, d_1 = 6,4: **Zahnscheibe A 6,4 – FSt**

Fächerscheiben[2]

Form A außenverzahnt   **Form J** innenverzahnt   **Form V** versenkbar

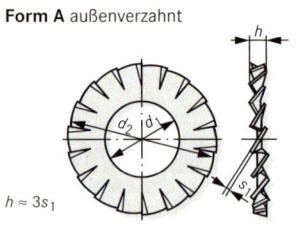

$h \approx 3s_1$

d_1	4,3	5,3	6,4	8,4	10,5	13	15	17	19	21	23	25
d_2	8	10	11	15	18	20,5	24	26	30	33	36	38
d_3	8	9,8	11,8	15,3	19	23	26,2	30,2	–	–	–	–
s_1	0,5	0,6	0,7	0,8	0,9	1	1	1,2	1,4	1,4	1,5	1,5
s_2	0,25	0,3	0,4	0,4	0,5	0,5	0,6	0,6	–	–	–	–

Werkstoff: Federstahl (FSt)
Bezeichnung einer Fächerscheibe, Form A, d_1 = 6,4:
Fächerscheibe A 6,4 – FSt

[1] Auch Gewindedurchmesser

[2] Die Normen für Feder-, Fächer- und Zahnscheiben sind zurückgezogen, da die Scheiben bei dynamischer Belastung als nicht sicher gelten.

Niete / Rivets

Halbrundniete, Nenndurchmesser 1 mm bis 8 mm — DIN 660: 1993-05
Senkniete, Nenndurchmesser 1 mm bis 8 mm — DIN 661: 1993-05

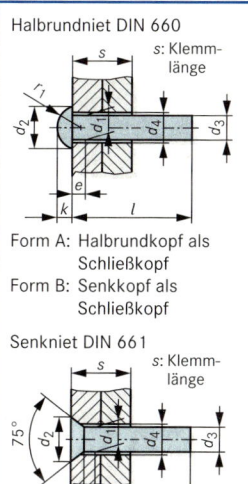

Halbrundniet DIN 660
s: Klemmlänge

Form A: Halbrundkopf als Schließkopf
Form B: Senkkopf als Schließkopf

Senkniet DIN 661
s: Klemmlänge

Form A: Halbrundkopf als Schließkopf
Form B: Senkkopf als Schließkopf

	Nenn-Ø d_1		1	1,2	1,6	2	2,5	3	4	5	6	8
	d_2		1,8	2,1	2,8	3,5	4,4	5,2	7	8,8	10,5	14
	d_3	min	0,93	1,13	1,52	1,87	2,37	2,87	3,87	4,82	5,82	7,76
	d_4	H12	1,05	1,25	1,65	2,1	2,6	3,1	4,2	5,2	6,3	8,4
	e	max	0,5	0,6	0,8	1	1,25	1,5	2	2,5	3	4
	r_1	≈	1	1,2	1,6	1,9	2,4	2,8	3,8	4,6	5,7	7,5
DIN 660	k		0,6	0,7	1	1,2	1,5	1,8	2,4	3	3,6	4,8
	l	von	2	2	2	2	3	3	4	5	6	8
		bis	6	8	12	20	25	30	40	40	40	40
	$s^{1); 3)}$	von	0,5	0,5	0,5	0,5	0,5	0,5	1	2	2,5	2,5
		bis	3,5	5	8	14	18	23	30	30	28	27
DIN 661	k	≈	0,5	0,6	0,8	1	1,2	1,4	2	2,5	3	4
	l	von	2	2	2	3	4	5	6	8	10	12
		bis	5	6	8	10	12	16	20	25	30	40
	$s^{2); 3)}$	von	1	1	0,5	1,5	2,5	3,5	3,5	5	6,6	7,5
		bis	3,5	4,5	6	7,5	9,5	12,5	15	20	24	31

Längenabstufung l: 2; 3 … 6; 8 … 22; 25; 28; 30; 32; 35; 38; 40 mm
Werkstoff:[4] Stahl: QSt 32-3 oder QSt 36-3 (R_m ≥ 290 N/mm²)
Nichteisenmetall: CuZn37; Cu-DHP, EN AW - Al 99,5
Nichtrostender Stahl: A2; A4 (R_m ≥ 500 N/mm²)

Bezeichnung eines Halbrundnietes mit Nenndurchmesser d_1 = 5 mm, Länge l = 20 mm, aus Stahl:
Niet DIN 660 - 4 × 20 - St

Halbrundniete, Nenndurchmesser 10 mm bis 36 mm — DIN 124: 1993-05
Senkniete, Nenndurchmesser 10 mm bis 36 mm — DIN 302: 1993-05

Halbrundniet DIN 124
s: Klemmlänge

Form A: Halbrundkopf als Schließkopf
Form B: Senkkopf als Schließkopf

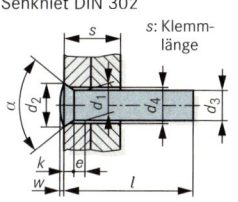

Senkniet DIN 302
s: Klemmlänge

Form A: Halbrundkopf als Schließkopf
Form B: Senkkopf als Schließkopf

	Nenn-Ø d_1		10	12	(14)[5]	16	(18)[5]	20	(22)[5]	24	30	36
	d_2	DIN 124	16	19	22	25	28	32	36	40	48	58
		DIN 302	14,5	18	21,5	26	30	31,5	34,5	38	42,5	51
	d_3	min	9,4	11,3	13,2	15,2	17,1	19,1	20,9	22,9	28,6	34,6
	d_4	H12	10,5	13	15	17	19	21	23	25	31	37
	e	max	5	6	7	8	9	10	11	12	15	18
	r_1	≈	8	9,5	11	13	14,5	16,5	18,5	20,5	24,5	30
DIN 124	k		6,5	7,5	9	10	11,5	13	14	16	19	23
	l	von	16	18	20	24	26	30	34	38	50	60
		bis	50	60	70	80	90	100	110	120	150	160
	$s^{1); 3)}$	von	5	5	4	6	5	6	9	7,3	15	19
		bis	33	38	45	52	59	65	73	78	101	103
DIN 302	k	≈	3	4	5	6,5	8	10	11	12	15	18
	w	≈	1	1	1	1	1	1	2	2	2	2
	α	≈			75°				60°		45°	
	l	von	10	14	18	24	26	30	32	36	45	55
		bis	52	60	70	80	90	100	110	120	150	160
	$s^{2); 3)}$	von	4	10	12	16	16	20	20	22	28	40
		bis	42	48	55	62	70	79	88	96	124	130

Längenabstufung l: 10; 12 … 42; 45; 48; 50; 52; 55; 58; 60; 62; 65; 68; 70; 72; 75; 78; 80; 85; 90 … 160
Werkstoff:[4] Stahl: QSt 32-3 oder QSt 36-3 (R_m ≥ 290 N/mm²)

Bezeichnung eines Senknietes mit Nenndurchmesser d_1 = 20 mm, Länge l = 50 mm, aus Stahl:
Niet DIN 302 - 20 × 50 – St

[1] Mit Halbrundkopf als Schließkopf
[2] Mit Senkkopf als Schließkopf
[3] Die angegebenen Klemmlängen sind nur Anhaltswerte. Vor allem für Massenfertigung werden Probenietungen empfohlen.
[4] Andere Werkstoffe nach Vereinbarung.
[5] Eingeklammerte Größen sollen möglichst vermieden werden.

Blindniete, Spannstifte
Blind rivets, spring-type straight pins

Blindniete mit Sollbruchdorn

DIN EN ISO 15 977: 2003-04; DIN EN ISO 15 978: 2003-04

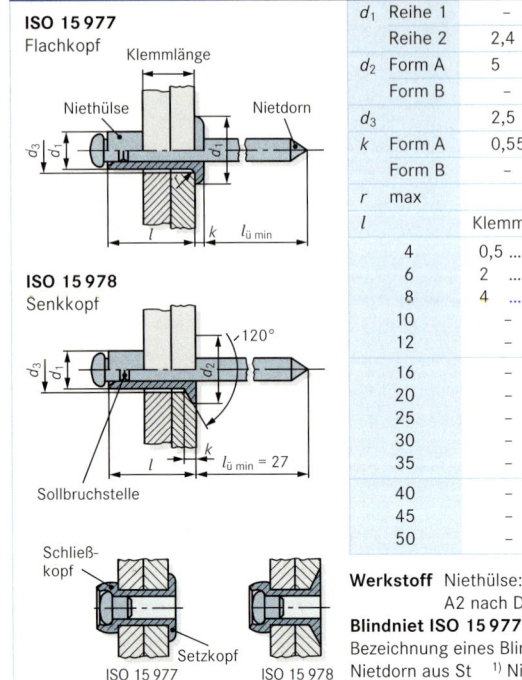

ISO 15 977 Flachkopf
ISO 15 978 Senkkopf

d_1	Reihe 1	–	3	–	4	–	5	6[1]	–
	Reihe 2	2,4	–	3,2	–	4,8	–	–	6,4[1]
d_2	Form A	5	6,5	6,5	8	9,5	9,5	12	13
	Form B	–	6	6	7,5	9	9	11	12
d_3		2,5	3,1	3,3	4,1	4,9	5,1	6,1	6,5
k	Form A	0,55	0,8	0,8	1	1,1	1,1	1,5	1,8
	Form B	–	0,9	0,9	1	1,2	1,2	1,5	1,6
r	max		0,2			0,3		0,4	0,5
l		\multicolumn{8}{c}{Klemmlängenbereich für Niethülse aus Al, Nietdorn aus St oder A2}
	4	0,5 … 2	0,5 … 1,5	–	–	–	–	–	–
	6	2 … 4	1,5 … 3,5	1,5 … 3	2 … 3	–	–	–	
	8	4 … 6	3,5 … 5,5	3 … 5	3 … 4,5	2 … 4	–		
	10	–	5,5 … 7	5 … 6,5	4,5 … 6	4 … 6	–		
	12	–	7 … 9	6,5 … 8,5	6 … 8	6 … 8	2 … 6		
	16	–	9 … 13	8,5 … 12,5	8 … 12	8 … 11	6 … 10		
	20	–	13 … 17	12,5 … 16,5	12 … 16	11 … 15	10 … 14		
	25	–	17 … 22	16,5 … 21,5	16 … 21	15 … 20	14 … 18		
	30	–	–	–	21 … 25	20 … 24	18 … 23		
	35	–	–	–	25 … 30	24 … 29	–		
	40	–	–	–	30 … 35	29 … 34	–		
	45	–	–	–	35 … 40	34 … 39	–		
	50	–	–	–	40 … 45	39 … 44	–		

Werkstoff Niethülse: AlA, St, A2, NiCu, CuNi, Nietdorn: St, A2, CuSn
A2 nach DIN 267-11

Blindniet ISO 15 977 – A 5 × 25 – AlA/St
Bezeichnung eines Blindnietes mit Flachkopf mit d_1 = 5 mm, l = 25 mm, Niethülse aus AlA, Nietdorn aus St   [1] Nicht für ISO 15 978

Spannstifte, geschlitzt, schwere Ausführung

DIN EN ISO 8752: 2009-10

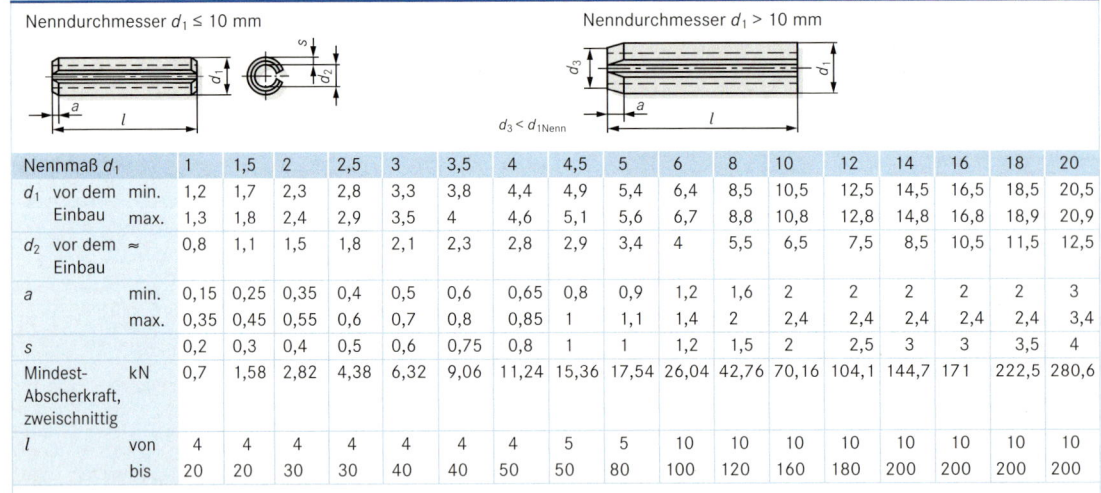

Nennmaß d_1		1	1,5	2	2,5	3	3,5	4	4,5	5	6	8	10	12	14	16	18	20
d_1 vor dem Einbau	min.	1,2	1,7	2,3	2,8	3,3	3,8	4,4	4,9	5,4	6,4	8,5	10,5	12,5	14,5	16,5	18,5	20,5
	max.	1,3	1,8	2,4	2,9	3,5	4	4,6	5,1	5,6	6,7	8,8	10,8	12,8	14,8	16,8	18,9	20,9
d_2 vor dem Einbau	≈	0,8	1,1	1,5	1,8	2,1	2,3	2,8	2,9	3,4	4	5,5	6,5	7,5	8,5	10,5	11,5	12,5
a	min.	0,15	0,25	0,35	0,4	0,5	0,6	0,65	0,8	0,9	1,2	1,6	2	2	2	2	2	3
	max.	0,35	0,45	0,55	0,6	0,7	0,8	0,85	1	1,1	1,4	2	2,4	2,4	2,4	2,4	2,4	3,4
s		0,2	0,3	0,4	0,5	0,6	0,75	0,8	1	1	1,2	1,5	2	2,5	3	3	3,5	4
Mindest-Abscherkraft, zweischnittig	kN	0,7	1,58	2,82	4,38	6,32	9,06	11,24	15,36	17,54	26,04	42,76	70,16	104,1	144,7	171	222,5	280,6
l	von	4	4	4	4	4	4	4	5	5	10	10	10	10	10	10	10	10
	bis	20	20	30	30	40	40	50	50	80	100	120	160	180	200	200	200	200

Längenabstufung l: 4; 5; 6; 8; 10 … 32; 35; 40; 45 … 100; 120; 140; 160; 180; 200 mm

Werkstoff: Stahl (St), Kohlenstoffstahl, gehärtet und angelassen auf eine Härte von 420 … 520 HV 30 oder Silicium-Mangan-Stahl, gehärtet u. angelassen auf eine Härte von 420 … 560 HV30; nichtrostender Stahl (A: austenitisch, C: martensitisch)

Schlitz: Normalfall: Form und Breite des Schlitzes nach Wahl des Herstellers.
Form N: Form und Breite des Schlitzes, die das Nichtverhaken gewährleisten, können zwischen Lieferer und (nicht verhakend) Besteller vereinbart werden.

Anwendung: Der Durchmesser der Aufnahmebohrung muss gleich dem Nenndurchmesser d_1 des Stiftes unter Berücksichtigung der Toleranz H 12 sein. Nach Einbau der Stifte in die kleinste Aufnahmebohrung darf der Schlitz nicht ganz geschlossen sein.

Spannstift ISO 8752 – 8 × 30 – St
Bezeichnung eines Spannstiftes aus Stahl, geschlitzt, schwere Ausführung, mit Nenndurchmesser d_1 = 8 mm und Nennlänge l = 30 mm

Kegelstifte, Kerbstifte, Kerbnägel
Taper pins, grooved pins, grooved drive studs

Kegelstifte mit Innengewinde, ungehärtet DIN EN 28 736: 1992-10

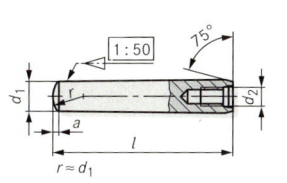

d_1	h10[1]	6	8	10	12	16	20	25	30	40	50
d_2		M 4	M 5	M 6	M 8	M 10	M 12	M 16	M 20	M 20	M 24
l	von	16	18	22	26	30	35	50	60	80	100
	bis	60	80	100	120	160	200	220	240	260	280

Längenabstufung l: 16; 18...32; 40...100; 120 ... 280 mm;
Werkstoff:[2] Typ A (geschliffen): R_a = 0,8 μm; Typ B (gedreht): R_a = 3,2 μm;
Bezeichnung eines ungehärteten Kegelstifts mit Innengewinde, Typ A, d_1 = 10 mm, l = 32 mm
aus Stahl: **Kegelstift ISO 8736 – A – 10 × 32 – St**

Kegelstifte mit Gewindezapfen, ungehärtet DIN EN 28 737: 1992-10

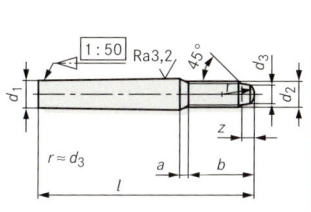

d_1	h10[1]	5	6	8	10	12	16	20	25	30	40	50
a	max	2,4	3	4	4,5	5,3	6	6	7,5	9	10,5	12
b	min	14	18	22	24	27	35	35	40	46	58	70
d_2		M 5	M 6	M 8	M 10	M 12	M 16	M 16	M 20	M 24	M 30	M 36
d_3	max	3,5	4	5,5	7	8,5	12	12	15	18	23	28
z	max	1,5	1,75	2,25	2,75	3,25	4,3	4,3	5,3	6,3	7,5	9,4
	min	1,25	1,5	2	2,5	3	4	4	5	6	7	9
l	von	40	45	55	65	85	100	120	140	160	190	220
	bis	50	60	85	100	120	160	190	250	280	320	400

Längenabstufung l: 40; 45 ... 65; 75; 85; 100; 120 ... 160; 190; 220 ... 280; 320; 360; 400 mm
Werkstoff:[2]
Bezeichnung eines ungehärteten Kegelstifts mit Gewindezapfen, d_1 = 10 mm, l = 65 mm
aus Stahl: **Kegelstift ISO 8737 – 10 × 65 – St**

Kerbstifte DIN EN ISO 8740 ... 8745: alle 1998-03

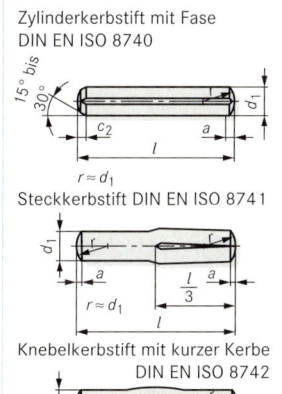

Zylinderkerbstift mit Fase
DIN EN ISO 8740

Steckkerbstift DIN EN ISO 8741

Knebelkerbstift mit kurzer Kerbe
DIN EN ISO 8742

DIN EN ISO	d_1		1,5	2	2,5	3	4	5	6	8	10	12	16
8740	a	≈	0,2	0,25	0,3	0,4	0,5	0,63	0,8	1	1,2	1,6	2
	c_2		0,6	0,8	1	1,2	1,4	1,7	2,1	2,6	3	3,8	4,6
	l	von	8	8	10	10	10	14	14	14	14	18	22
		bis	20	30	30	40	60	60	80	100	100	100	100
8741	l	von	8	8	8	8	10	10	12	14	18	26	26
		bis	20	30	30	40	60	60	80	100	160	200	200
8742	l	von	8	12	12	12	18	18	22	26	32	40	45
		bis	20	30	30	40	60	60	80	100	160	200	200
8744	l	von	8	8	8	8	8	8	10	12	14	14	24
		bis	20	30	30	40	60	60	80	100	120	120	120
8745	l	von	8	8	8	8	10	10	10	14	14	18	26
		bis	20	30	30	40	60	60	80	100	200	200	200

Längenabstufung l: 8; 10 ... 32; 35; 40 ... 100; 120 ... 200 mm; **Werkstoff:**[2]
Bezeichnung für Passkerbstift mit d_1 = 6 mm, l = 32 mm aus Stahl: **Kerbstift ISO 8745 – 6 × 32 – St**

Kegelkerbstift DIN EN ISO 8744 — 3 Kerben am Umfang

Passkerbstift DIN EN ISO 8745

Halbrundkerbnägel, Senkkerbnägel DIN EN ISO 8746: 1998-03; DIN EN ISO 8747: 1998-03

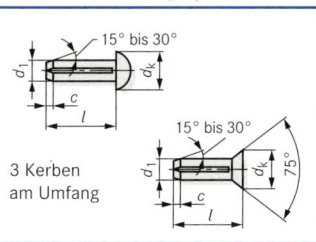

3 Kerben am Umfang

d_1		1,4	1,6	2	2,5	3	4	5	6	8	10	12
d_k		2,6 (2,7)	3	3,7	4,6	5,45	7,25	9,1	10,8	14,4	16	19
c		0,42	0,48	0,6	0,75	0,9	1,2	1,5	1,8	2,4	3,0	3,6
l	von	3	3	3 (4)	3 (4)	4 (5)	5 (6)	6 (8)	8	10	12	16
	bis	6	8	10	12	16	20	25	30	40	40	40

( )-Werte für DIN EN ISO 8747
Längenabstufung l: 3; 4; 5; 6; 8 ... 12; 16; 20; 25 ... 40 mm;
Werkstoff:[2] Bezeichnung eines Halbrundkerbnagels mit d_1 = 8 mm und l = 40 mm aus Stahl:
Kerbnagel ISO 8746 – 8 × 40 – St

---
[1] Andere Toleranzklassen nach Vereinbarung (z. B. a11; c11; f8).
[2] Kaltumformstahl (St) (Härte 125 ... 245 HV) – Andere Werkstoffe nach Vereinbarung

Spannstifte, Zylinderstifte, Kegelstifte
Spring-type straight pins, parallel pins, taper pins

Spannstifte (Spannhülsen) leichte Ausführung DIN EN ISO 13 337: 2009-10

Abbildung Spannstifte siehe DIN EN ISO 8752, Abbildung Scheiben siehe DIN 125

Nenndurchmesser d_1		2	2,5	3	3,5	4	4,5	5	6	8	10	12	13	14	16	18	20
	a	0,2	0,25	0,25	0,3	0,5	0,5	0,5	0,7	1,5	2	2	2	2	2	2	2
vor dem Einbau	d_1 min	2,3	2,8	3,3	3,8	4,4	4,9	5,4	6,4	8,5	10,5	12,5	13,5	14,5	16,5	18,5	20,5
	max	2,4	2,9	3,5	4	4,6	5,1	5,6	6,7	8,8	10,8	12,8	13,8	14,8	16,8	18,9	20,9
	$d_2 \approx$	1,9	2,3	2,7	3,1	3,4	3,8	4,4	4,9	7	8,5	10,5	11	11,5	13,5	15	16,5
	s	0,2	0,25	0,3	0,35	0,5	0,5	0,5	0,75	0,75	1	1	1,2	1,5	1,5	1,7	2
Abscherkraft in kN[1]		0,75	1,2	1,75	2,3	4	4,4	5,2	9	12	20	24	33	42	49	63	79
l	von	4	4	4	4	4	4	5	10	10	10	10	10	10	10	10	10
	bis	30	30	40	40	50	50	80	100	120	160	180	180	200	200	200	200
Für Schraube		–	–	–	–	M 3	–	M 4	M 6	–	M 10	–	M 12	M 14	–		
Scheibe DIN 125		–	–	–	–	3,2		4,3	6,4	–	–	10,5	–	13	15	–	

Längenabstufungen, Schlitz und Werkstoffe siehe DIN EN ISO 8752
Spannstift ISO 13 337 – 8 × 30 – N – St
Bezeichnung eines Spannstiftes aus Stahl, geschlitzt, leichte Ausführung, mit Nenndurchmesser d_1 = 8 mm und Nennlänge l = 30 mm, nicht verhakend (N)
[1] zweischnittig (nicht für austenitisch nichtrostenden Stahl)

Zylinderstifte, ungehärtet DIN EN ISO 2338: 1998-02

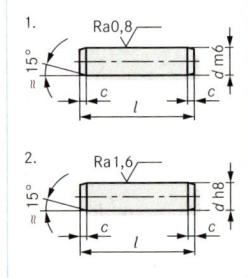

d	m6/h8	0,6	0,8	1	1,2	1,5	2	2,5	3	4	5
c	≈	0,12	0,16	0,2	0,25	0,3	0,35	0,4	0,5	0,63	0,8
l	von	2	2	4	4	4	6	6	8	8	10
	bis	6	8	10	12	16	20	24	30	40	50
d	m6/h8	6	8	10	12	16	20	25	30	40	50
c	≈	1,2	1,6	2	2,5	3	3,5	4	5	6,3	8
l	von	12	14	18	22	26	35	50	60	80	95
	bis	60	80	95	140	180	200	200	200	200	200

Längenabstufung l: 2; 3; 4; 5; 6; 8; 10 ... 32; 35; 40; 45 ... 100; 120; 160; 180; 200 mm
Werkstoff: Stahl (St), Härte 125 - 245 HV 30, oder austenitisch nichtrostender Stahl (A1)
Zylinderstift ISO 2338 – 12 m6 × 40 – St Bezeichnung eines Zylinderstiftes aus Stahl, ungehärtet, mit Nenndurchmesser d = 12 mm, Toleranzklasse m6 und Nennlänge l = 40 mm

Zylinderstifte, gehärtet DIN EN ISO 8734: 1998-03

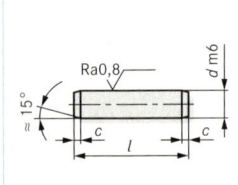

d	m6	1	1,5	2	2,5	3	4	5	6	8	10	12	16	20
c	≈	0,2	0,3	0,35	0,4	0,5	0,63	0,8	1,2	1,6	2	2,5	3	3,5
l	von	3	4	5	6	8	10	12	14	18	22	26	40	50
	bis	10	16	20	24	30	40	50	60	80	100	100	100	100

Längenabstufung l: 3; 4; 5; 6; 8; 10 ... 32; 35; 40; 45 ... 100 mm
Werkstoff: Stahl (St) Typ A: 550 ... 650 HV 30, Typ B: Oberflächenhärte 600 ... 700 HV 1, martensitischer nichtrostender Stahl der Sorte C1 (ISO 3506-1), gehärtet
Oberfläche: blank, geölt oder wie vereinbart
Zylinderstift ISO 8734 – 5 × 22 – A – St Bezeichnung eines Zylinderstiftes aus Stahl, gehärtet, Typ A, mit Nenndurchmesser d = 5 mm und Nennlänge l = 22 mm

Kegelstifte, ungehärtet DIN EN 22 339: 1992-10

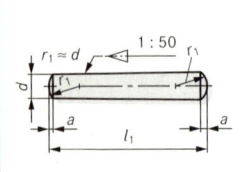

d	h10	0,6	0,8	1	1,2	1,5	2	2,5	3	4	5
a	≈	0,08	0,1	0,12	0,16	0,2	0,25	0,3	0,4	0,5	0,63
l	von	4	5	6	6	8	10	10	12	14	18
	bis	8	12	16	20	24	35	35	45	55	60
d	h10	6	8	10	12	16	20	25	30	40	50
a	≈	0,8	1	1,2	1,6	2	2,5	3	4	5	6,5
l	von	22	22	26	32	40	45	50	55	60	65
	bis	90	120	160	180	200	200	200	200	200	200

Werkstoff: Automatenstahl (St), Kegelstifte Typ A (geschliffen), R_a = 0,8 μm, Typ B (gedreht), R_a = 3,2 μm.
Kegelstift ISO 2339 – A – 8 × 35 – St
Bezeichnung eines Kegelstiftes aus Stahl, Typ A mit d = 8 und l = 35 mm

Bolzen, Splinte
Pins, split pins

Bolzen ohne und mit Kopf

DIN EN 22 340: 1992-10; DIN EN 22 341: 1992-10

Bolzen ohne Kopf, DIN EN 22 340

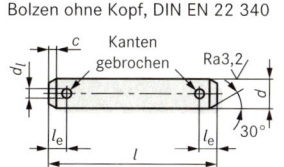

Bolzen mit Kopf, DIN EN 22 341

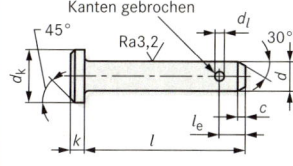

d	h11[1]	3	4	5	6	8	10	12	14	16	18	20
d_k	h14	5	6	8	10	14	18	20	22	25	28	30
d_1	H13[2]	0,8	1	1,2	1,6	2	3,2	3,2	4	4	5	5
c	max	1	1	2	2	2	2	3	3	3	3	4
k	js14	1	1	1,6	2	3	4	4	4	4,5	5	5
l_e	min	1,6	2,2	2,9	3,2	3,5	4,5	5,5	6	6	7	8
l	von	6	8	10	12	16	20	24	28	32	35	40
	bis	30	40	50	60	80	100	120	140	160	180	200

Längenabstufung l: 6; 8; 10 ... 32; 35; 40 ... 100; 120; 140 ... 200 mm;
Form A: ohne Splintloch; Form B: mit Splintloch
Werkstoff: St = Automatenstahl (Härte 125 ... 245 HV) – Andere Werkstoffe nach Vereinbarung

Bezeichnung eines Bolzens ohne Kopf, Form B, d = 16 mm, l = 100 mm, d_1 = 4 mm aus St:
Bolzen ISO 2340 – B – 16 × 100 × 4 – St

[1] Andere Toleranzklassen nach Vereinbarung (z. B. a11; c11; f8)
[2] Lochdurchmesser d_1 = Nenndurchmesser des Splints

Bolzen mit Kopf und Gewindezapfen

DIN 1445: 1977-02

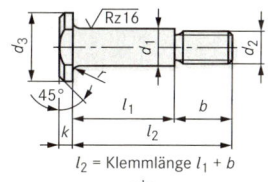

l_2 = Klemmlänge l_1 + b

d_1	h11	8	10	12	14	16	18	20	22	24	27	30
b	min	11	14	17	20	20	20	25	25	29	29	36
d_2		M 6	M 8	M 10	M 12	M 12	M 12	M 16	M 16	M 20	M 20	M 24
d_3	h14	14	18	20	22	25	28	30	33	36	40	44
k	js14	3	4	4	4	4,5	5	5	5,5	6	6	8
s		11	13	17	19	22	24	27	30	32	36	36

Längenabstufung l_2: ab 16 mm ... 100 mm wie DIN 1443; 1444; 100 < l_2 ≤ 200 je 10 mm gestuft
Werkstoff: 11 SMn Pb 30
Bezeichnung eines Bolzen, d_1 = 16, Toleranzfeld h 11, Klemmlänge l_1 = 50, l_2 = 70 aus St:
Bolzen DIN 1445 – 16 h 11 × 50 × 70 – St

Splinte

DIN EN ISO 1234: 1998-02

Die Nenngröße entspricht dem Durchmesser des Splintloches

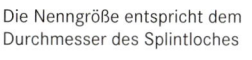
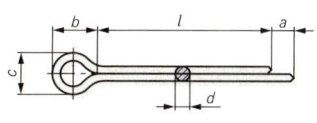
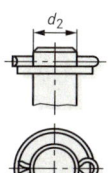
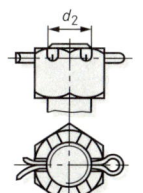
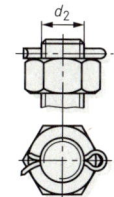

Nenngröße		1	1,2	1,6	2	2,5	3,2	4	5	6,3	8	10	13	16	20
d	max	0,9	1	1,4	1,8	2,3	2,9	3,7	4,6	5,9	7,5	9,5	12,4	15,4	19,3
	min	0,8	0,9	1,3	1,7	2,1	2,7	3,5	4,4	5,7	7,3	9,3	12,1	15,1	19,0
a	max	1,6	2,5	2,5	2,5	2,5	3,2	4	4	4	4	6,3	6,3	6,3	6,3
b	≈	3	3	3,2	4	5	6,4	8	10	12,6	16	20	26	32	40
c	max	1,8	2	2,8	3,6	4,6	5,8	7,4	9,2	11,8	15	19	24,8	30,8	38,5
l	von	6	–	8	10	12	18	20	20	28	36	56	56	100	–
	bis	18	–	32	40	50	80	125	125	140	140	140	140	250	–
Für Schrauben d_2	über	3,5	4,5	5,5	7	9	11	14	20	27	39	56	80	120	170
	bis	4,5	5,5	7	9	11	14	20	27	39	56	80	120	170	–
Für Bolzen d_2	über	3	4	5	6	8	9	12	17	23	29	44	69	110	160
	bis	4	5	6	8	9	12	17	23	29	44	69	110	160	–

Längenabstufung l: 4; 5; 6; 8; 10; 12; 14; 16; 18; 20; 22; 25; 28; 32; 36; 40; 45; 50; 56; 63; 71; 80; 90; 100; 112; 125; 140; ...
Werkstoff: St, Cu Zn, Cu, Al-Legierung, A (Austenitischer nichtrostender Stahl)
Bezeichnung eines Splintes mit Nenngröße 4 mm, l = 32 aus Stahl: **Splint ISO 1234 – 4 × 32 – St**

Fügeverbindung

Wälzlagerbezeichnungen
Identification of rolling bearings

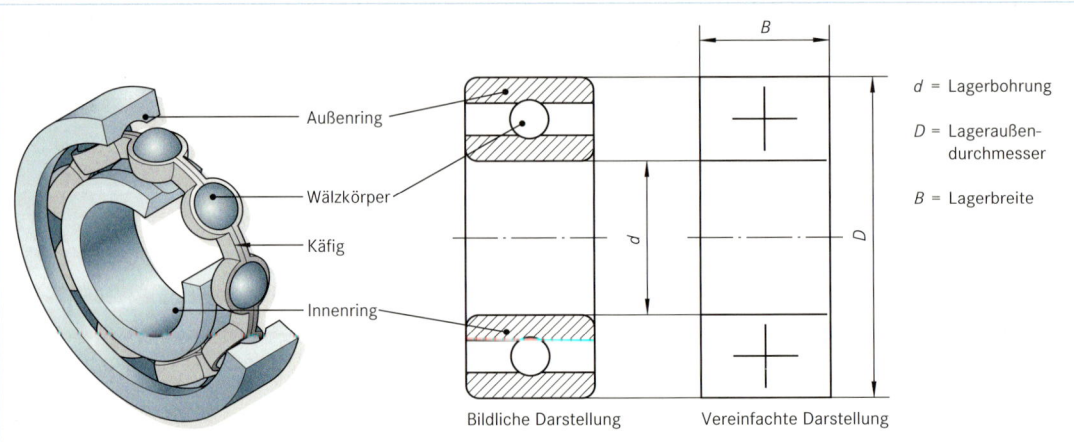

Wälzlager haben genormte Einbaugrößen. Diese richten sich nach den konstruktiven Bedingungen, dem Belastungsfall oder der Drehfrequenz.
Bei der Größenbestimmung richtet man sich im Regelfall nach dem Wellendurchmesser, der die Lagerbohrung „d" festlegt.
Die komplette Lagerbezeichnung besteht aus mehreren Einzelzeichen:

Beispiel: Rillenkugellager DIN 625 ■ 62310 ■ ■

An zentraler Stelle steht das Basiszeichen. Aus ihm lassen sich die Lagerart und die wesentlichen Lagerabmaße bestimmen. Es kann, vom Lager abhängig, aus vier oder mehr Ziffern und Buchstaben bestehen.
Vor- und Nachsetzzeichen sowie Ergänzungszeichen sind optional.

Basiszeichen – 1. Stelle
DIN 623-1: 1993-05

Das 1. Basiszeichen stellt die Kennziffer für die Lagerart dar:

Lagerart		Kennziffer	Lagerart		Kennziffer
	Pendelkugellager DIN 630	1		Schrägkugellager DIN 628	7
	Pendelrollenlager DIN 635	2		Axial-Zylinderrollenlager	8
	Kegelrollenlager DIN 720	3		Zylinderrollenlager DIN 5412	N
	Rillenkugellager (2-reihig)	4		Zylinderrollenlager DIN 5412	NV
	Axial-Rillenkugellager DIN 711	5		Zylinderrollenlager DIN 5412	NVP
	Rillenkugellager DIN 625	6		Zylinderrollenlager DIN 5412	NJ

z. B. Lagerkennziffer: **30208** — Kegelrollenlager

Wälzlagerbezeichnungen
Identification of rolling bearings

Basiszeichen – 2. und 3. Stelle (Lagerabmessungen)

DIN 616: 1994-06

Diese Basiszeichen bestimmen die **Lagerbreite** und den **Lagerdurchmesser**; beide zusammen die Maßreihe.

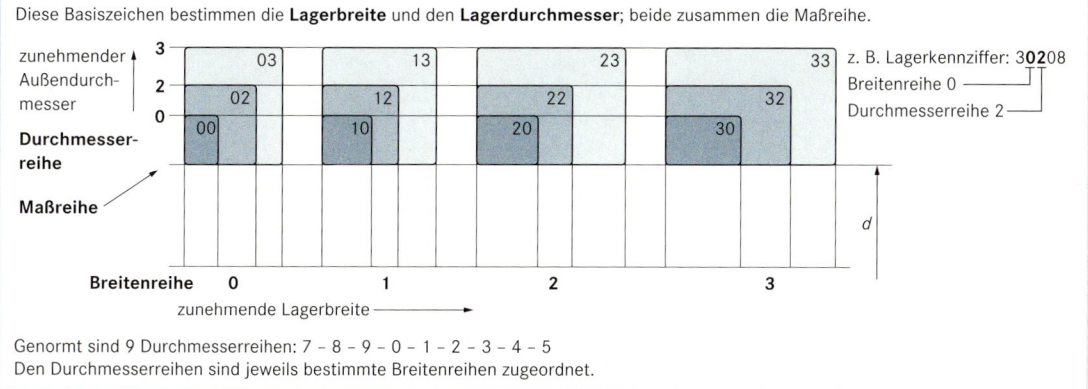

Genormt sind 9 Durchmesserreihen: 7 – 8 – 9 – 0 – 1 – 2 – 3 – 4 – 5
Den Durchmesserreihen sind jeweils bestimmte Breitenreihen zugeordnet.

Basiszeichen – 4. Stelle

Dieses Basiszeichen bestimmt die **Lagerbohrung**:

Lagerbohrung	Bohrungskennzahl
10 mm	00
12 mm	01
15 mm	02
17 mm	03
20 mm	04
25 mm	05
30 mm	06

ab 20 mm Durchmesser der Lagerbohrung ergibt die Bohrungskennziffer mit fünf multipliziert das Bohrungsmaß

z. B. Bohrungskennzahl:

302**08**
08 × 5 = 40 mm Lagerbohrung

Vorsetzzeichen (Auswahl)

AR	Kugel bzw. Rollenkränze	L	Freie Ringe zerlegbarer Lager
GS	Gehäusescheibe eines Axial-Zylinderrollenlagers	OR	Außenring eines Radiallagers
IR	Innenring eines Axiallagers	OW	Gehäusescheibe eines Axiallagers
IW	Wellenscheibe eines Axiallagers	R	Ring mit Wälzkörpersatz
K	Radial- oder Axial-Zylinderrollenkränze	S	Nichtrostender Stahl
		WS	Wellenscheibe eines Axial-Zylinderrollenlagers

Nachsetzzeichen (Auswahl)

A, B, C	Abweichende Konstruktion	J	Käfig aus Stahlblech gepresst (unterschiedliche Käfigausführungen)
ICN	Lagerluft „Normal"		
IC1	Lagerluft kleiner C2	K	Lager mit kegeliger Bohrung
IC2	Lagerluft kleiner CN	L	Massiv-Käfig aus Leichtmetall
IC3	Lagerluft größer CN	LS	Lager mit Dichtscheibe – einseitig
IHV	Lager/Lagerteile aus nichtrostendem, härtbarem Stahl	2LS	Lager mit Dichtscheibe – beidseitig
		IP4	Lager mit besonders hoher Laufgenauigkeit

verwendete Normen: DIN 616 Lagerabmessungen, DIN 623-1 Bezeichnung von Wälzlagern, DIN ISO 8826-1/2 Zeichnungsnormen

weiterführende Informationen: www.fag.de

Bezeichnungsbeispiel

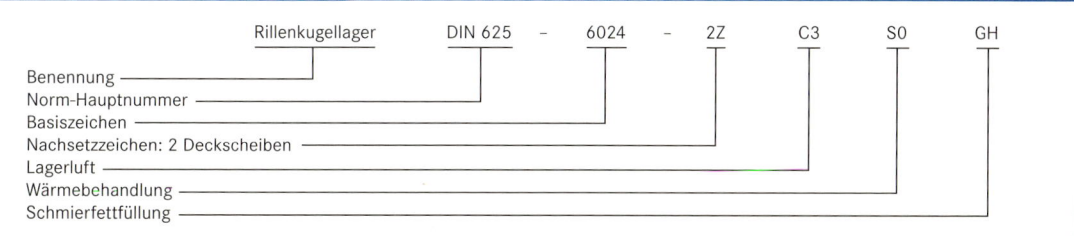

Lagerungen 223

Wälzlager
Rolling bearings

Auswahlkriterien für Wälzlager (Auswahl)

Lagerbauart	Radial-belastung	Axial-belastung	Lager zerlegbar	Fluchtfehler-ausgleich	hohe Drehzahl	geräusch-armer Lauf	Festlager	Loslager
Rillenkugellager[1]	2	3	5	4	1	1	2	3
Schrägkugellager[1]	2	2[2]	5	5	1	2	1	3
Pendelkugellager	2	4	5	1	2	4	3	3
Zylinderrollenlager (N, NU)	1	5	1	4	1	3	5	1
Kegelrollenlager	1	1[2]	1	4	3	4	1	4
Pendelrollenlager	1	2	5	1	3	4	2	3
Axial-Rillenkugellager	5	2[2]	1	3	3	4	3	5
Nadellager	1	5	1	5	2	3	5	1

[1] einreihig
[2] in eine Richtung

Eignung: 1 (sehr gut); 2 (gut); 3 (normal); 4 (eingeschränkt); 5 (nicht geeignet)

Rillenkugellager

DIN 625-1: 1989-04

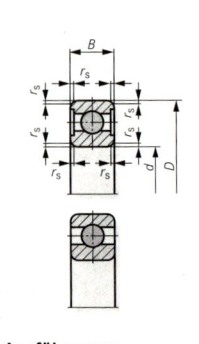

	Lagerreihe 160			Lagerreihe 60			Lagerreihe 62			Lagerreihe 63			Lagerreihe 64			Bohrgs.-Kennzahl
d	D	B	$r_{s\,min}$	D	B	$r_{s\,min}$	D	B	$r_{s\,min}$	D	B	$r_{s\,min}$	D	B	$r_{s\,min}$	
15	32	8	0,3	32	9	0,3	35	11	0,6	42	13	1	–	–	–	2
20	42	8	0,3	42	12	0,6	47	14	1	52	15	1,1	72	19	1,1	4
25	47	8	0,3	47	12	0,6	52	15	1	62	17	1,1	80	21	1,5	5
30	55	9	0,3	55	13	1	62	16	1	72	19	1,1	90	23	1,5	6
35	62	9	0,3	62	14	1	72	17	1,1	80	21	1,5	100	25	1,5	7
40	68	9	0,3	68	15	1	80	18	1,1	90	23	1,5	110	27	2	8
45	75	10	0,6	75	16	1	85	19	1,1	100	25	1,5	120	29	2	9
50	80	10	0,6	80	16	1	90	20	1,1	110	27	2	130	31	2,1	10
55	90	11	0,6	90	18	1,1	100	21	1,5	120	29	2	140	33	2,1	11
60	95	11	0,6	95	18	1,1	110	22	1,5	130	31	2,1	150	35	2,1	12
65	100	11	0,6	100	18	1,1	120	23	1,5	140	33	2,1	160	37	2,1	13
70	110	13	0,6	110	20	1,1	125	24	1,5	150	35	2,1	180	42	3	14
75	115	13	0,6	115	20	1,1	130	25	1,5	160	37	2,1	190	45	3	15
80	125	14	0,6	125	22	1,1	140	26	2	170	39	2,1	200	48	3	16

Ausführungen
Z   : 1 Deckscheibe
2Z : 2 Deckscheiben
RS : 1 Dichtscheibe
2RS : 2 Dichtscheiben
N   : Nut im Außenring

Rillenkugellager DIN 625 – 16008 – 2Z
Bezeichnung eines Rillenkugellagers der Lagerreihe 160 mit d = 40 mm (Bohrungskennzahl 08), mit 2 Deckscheiben, Toleranzklasse P0 (Normaltoleranz), radiale Lagerluft C0 (normal)

Radial-Schrägkugellager (einreihig), Lagerreihen 72 und 73
(zweireihig), Lagerreihe 33

DIN 628-1: 2008-02, DIN 628-3: 2008-02

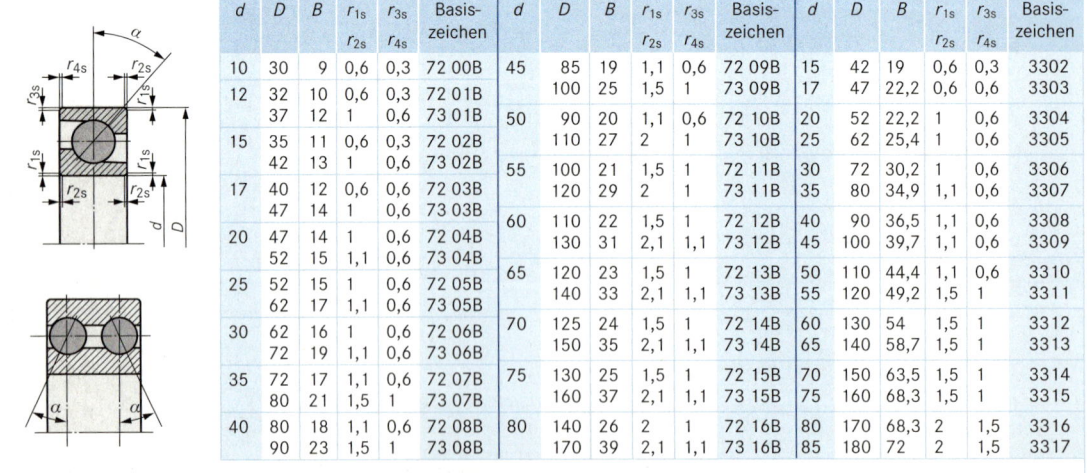

d	D	B	r_{1s} / r_{2s}	r_{3s} / r_{4s}	Basis-zeichen	d	D	B	r_{1s} / r_{2s}	r_{3s} / r_{4s}	Basis-zeichen	d	D	B	r_{1s} / r_{2s}	r_{3s} / r_{4s}	Basis-zeichen
10	30	9	0,6	0,3	72 00B	45	85	19	1,1	0,6	72 09B	15	42	19	0,6	0,3	3302
12	32	10	0,6	0,3	72 01B		100	25	1,5	1	73 09B	17	47	22,2	0,6	0,6	3303
	37	12	1	0,6	73 01B	50	90	20	1,1	0,6	72 10B	20	52	22,2	1	0,6	3304
15	35	11	0,6	0,3	72 02B		110	27	2	1	73 10B	25	62	25,4	1	0,6	3305
	42	13	1	0,6	73 02B	55	100	21	1,5	1	72 11B	30	72	30,2	1	0,6	3306
17	40	12	0,6	0,6	72 03B		120	29	2	1	73 11B	35	80	34,9	1,1	0,6	3307
	47	14	1	0,6	73 03B	60	110	22	1,5	1	72 12B	40	90	36,5	1,1	0,6	3308
20	47	14	1	0,6	72 04B		130	31	2,1	1,1	73 12B	45	100	39,7	1,1	0,6	3309
	52	15	1,1	0,6	73 04B	65	120	23	1,5	1	72 13B	50	110	44,4	1,1	0,6	3310
25	52	15	1	0,6	72 05B		140	33	2,1	1,1	73 13B	55	120	49,2	1,5	1	3311
	62	17	1,1	0,6	73 05B	70	125	24	1,5	1	72 14B	60	130	54	1,5	1	3312
30	62	16	1	0,6	72 06B		150	35	2,1	1,1	73 14B	65	140	58,7	1,5	1	3313
	72	19	1,1	0,6	73 06B	75	130	25	1,5	1	72 15B	70	150	63,5	1,5	1	3314
35	72	17	1,1	0,6	72 07B		160	37	2,1	1,1	73 15B	75	160	68,3	1,5	1	3315
	80	21	1,5	1	73 07B	80	140	26	2	1	72 16B	80	170	68,3	2	1,5	3316
40	80	18	1,1	0,6	72 08B		170	39	2,1	1,1	73 16B	85	180	72	2	1,5	3317
	90	23	1,5	1	73 08B												

Berührungswinkel α = 40°
Einbaumaße nach DIN 5418

Schrägkugellager DIN 628 – 7206B
Bezeichnung eines Schrägkugellagers, Lagerreihe 72, d = 30 mm, Toleranzklasse PN

Wälzlager
Rolling bearings

Zylinderrollenlager

DIN 5412-1: 2005-08

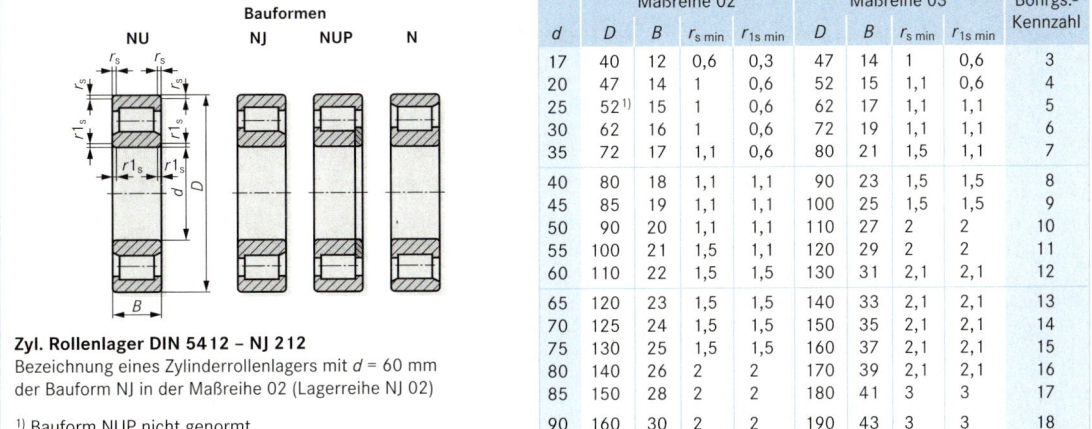

Zyl. Rollenlager DIN 5412 – NJ 212
Bezeichnung eines Zylinderrollenlagers mit $d = 60$ mm der Bauform NJ in der Maßreihe 02 (Lagerreihe NJ 02)

[1] Bauform NUP nicht genormt

d	Maßreihe 02				Maßreihe 03				Bohrgs.-Kennzahl
	D	B	$r_{s\,min}$	$r_{1s\,min}$	D	B	$r_{s\,min}$	$r_{1s\,min}$	
17	40	12	0,6	0,3	47	14	1	0,6	3
20	47	14	1	0,6	52	15	1,1	0,6	4
25	52[1]	15	1	0,6	62	17	1,1	1,1	5
30	62	16	1	0,6	72	19	1,1	1,1	6
35	72	17	1,1	0,6	80	21	1,5	1,1	7
40	80	18	1,1	1,1	90	23	1,5	1,5	8
45	85	19	1,1	1,1	100	25	1,5	1,5	9
50	90	20	1,1	1,1	110	27	2	2	10
55	100	21	1,5	1,1	120	29	2	2	11
60	110	22	1,5	1,5	130	31	2,1	2,1	12
65	120	23	1,5	1,5	140	33	2,1	2,1	13
70	125	24	1,5	1,5	150	35	2,1	2,1	14
75	130	25	1,5	1,5	160	37	2,1	2,1	15
80	140	26	2	2	170	39	2,1	2,1	16
85	150	28	2	2	180	41	3	3	17
90	160	30	2	2	190	43	3	3	18

Kegelrollenlager

DIN 720: 2008-08

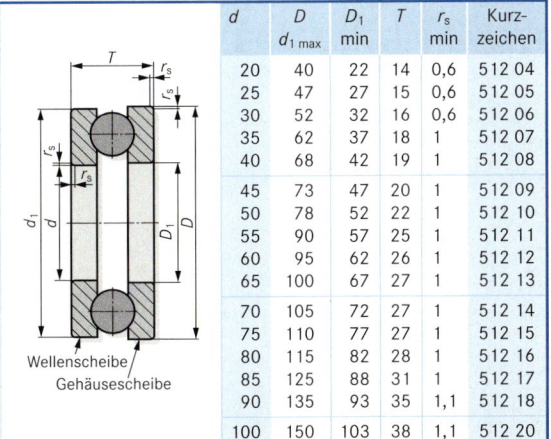

Kegelrollenlager DIN 720 – 302 08
Bezeichnung eines Kegelrollenlagers der Breitenreihe 0 und der Durchmesserreihe 2 und $d = 40$

d	Lagerreihe 302							d	Lagerreihe 303						
	D	B	C	T	r_1/r_2 min	r_3/r_4 min	Kurz-zeichen		D	B	C	T	r_1/r_2 min	r_3/r_4 min	Kurz-zeichen
17	40	12	11	13,25	1	1	302 03	15	42	13	11	14,25	1	1	303 02
20	47	14	12	15,25	1	1	302 04	20	52	15	13	16,25	1,5	1,5	303 04
25	52	15	13	16,25	1	1	302 05	25	62	17	15	18,25	1,5	1,5	303 05
30	62	16	14	17,25	1	1	302 06	30	72	19	16	20,75	1,5	1,5	303 06
35	72	17	15	18,15	1,5	1,5	302 07	35	80	21	18	22,75	2	1,5	303 07
40	80	18	16	19,75	1,5	1,5	302 08	40	90	23	20	25,25	2	1,5	303 08
45	85	19	16	20,75	1,5	1,5	302 09	45	100	25	22	27,25	2	1,5	303 09
50	90	20	17	21,75	1,5	1,5	302 10	50	110	27	23	29,25	2,5	2	303 10
55	100	21	18	22,75	2	1,5	302 11	55	120	29	25	31,5	2,5	2	303 11
60	110	22	19	23,75	2	1,5	302 12	60	130	31	26	33,5	3	2,5	303 12
65	120	23	20	24,75	2	1,5	302 13	65	140	33	28	36	3	2,5	303 13
70	125	24	21	26,25	2	1,5	302 14	70	150	35	30	38	3	2,5	303 14
75	130	25	22	27,25	2	1,5	302 15	75	160	37	31	40	3	2,5	303 15
80	140	26	22	28,25	2,5	2	302 16	80	170	39	33	42,5	3	2,5	303 16

Axial-Rillenkugellager, einseitig wirkend

DIN 711: 1988-02

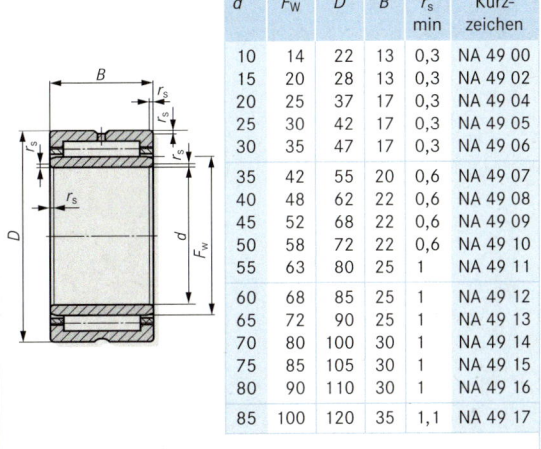

d	D $d_{1\,max}$	D_1 min	T	r_s min	Kurz-zeichen
20	40	22	14	0,6	512 04
25	47	27	15	0,6	512 05
30	52	32	16	0,6	512 06
35	62	37	18	1	512 07
40	68	42	19	1	512 08
45	73	47	20	1	512 09
50	78	52	22	1	512 10
55	90	57	25	1	512 11
60	95	62	26	1	512 12
65	100	67	27	1	512 13
70	105	72	27	1	512 14
75	110	77	27	1	512 15
80	115	82	28	1	512 16
85	125	88	31	1	512 17
90	135	93	35	1,1	512 18
100	150	103	38	1,1	512 20

Axial Rillenkugellager DIN 711 – 51212 Bezeichnung eines einseitig wirkenden Axial-Rillenkugellagers mit $d = 60$ mm, $D = 95$ mm

Nadellager m. Innenring, Maßreihe 49

DIN 617: 2008-10

d	F_W	D	B	r_s min	Kurz-zeichen
10	14	22	13	0,3	NA 49 00
15	20	28	13	0,3	NA 49 02
20	25	37	17	0,3	NA 49 04
25	30	42	17	0,3	NA 49 05
30	35	47	17	0,3	NA 49 06
35	42	55	20	0,6	NA 49 07
40	48	62	22	0,6	NA 49 08
45	52	68	22	0,6	NA 49 09
50	58	72	22	0,6	NA 49 10
55	63	80	25	1	NA 49 11
60	68	85	25	1	NA 49 12
65	72	90	25	1	NA 49 13
70	80	100	30	1	NA 49 14
75	85	105	30	1	NA 49 15
80	90	110	30	1	NA 49 16
85	100	120	35	1,1	NA 49 17

Nadellager DIN 617 – NA 49 12 Bezeichnung eines Nadellagers mit Innenring $d = 60$ mm, $D = 85$ mm, $B = 25$ mm

Lagerungen

Wälzlager
Rolling bearings

Pendelrollenlager, zweireihig
DIN 635-2: 2009-01

d	D	B	r_s	Kurz-zeichen	d	D	B	r_s	Kurz-zeichen	d	D	B	r_s	Kurz-zeichen
20	52	15	1,1	213 04	55	100	25	1,5	222 11	80	140	33	2	222 16
25	52	18	1	222 05		120	29	2	213 11		170	39	2,1	213 16
	62	17	1,1	213 05		120	43	2	223 11		170	58	2,1	223 16
30	62	20	1	222 06	60	110	28	1,5	222 12	85	150	36	2	222 17
	72	19	1,1	213 06		130	31	2,1	213 12		180	41	3	213 17
35	72	23	1,1	222 07		130	46	2,1	223 12		180	60	3	223 17
	80	21	1,5	213 07	65	120	31	1,5	222 13	90	160	40	2	222 18
40	80	23	1,1	222 08		140	33	2,1	213 13		160	52,4	2	232 18
	90	23	1,5	213 08		140	48	2,1	223 13		190	43	3	213 18
	90	33	1,5	223 08	70	125	31	1,5	222 14		190	64	3	223 18
45	85	23	1,1	222 09		150	35	2,1	213 14	95	170	43	2,1	222 19
	100	25	1,5	213 09		150	51	2,1	223 14		200	45	3	213 19
	100	36	1,5	223 09	75	130	31	1,5	222 15		200	67	3	223 19
50	90	23	1,1	222 10		160	37	2,1	213 15					
	110	27	2	213 10		160	55	2,1	223 15					
	110	40	2	223 10										

Pendelrollenlager DIN 635 – 223 13 Bezeichnung eines zweireihigen Pendelrollenlagers mit d = 65 mm, zylindrischer Bohrung und D = 140 mm

Radial Pendelkugellager, zweireihig, zylindrische und kegelige Bohrung
DIN 630: 2009-09

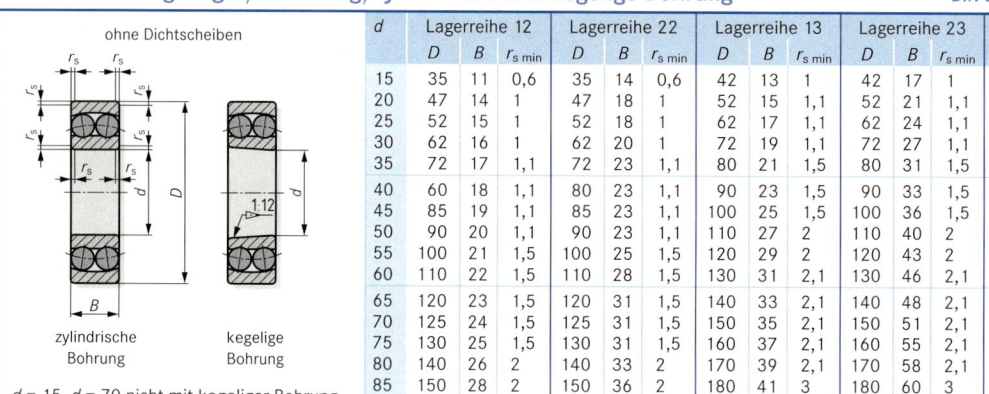

d	Lagerreihe 12			Lagerreihe 22			Lagerreihe 13			Lagerreihe 23			Bohrungs-kennzahl
	D	B	$r_{s\,min}$	D	B	$r_{s\,min}$	D	B	$r_{s\,min}$	D	B	$r_{s\,min}$	
15	35	11	0,6	35	14	0,6	42	13	1	42	17	1	02
20	47	14	1	47	18	1	52	15	1,1	52	21	1,1	04
25	52	15	1	52	18	1	62	17	1,1	62	24	1,1	05
30	62	16	1	62	20	1	72	19	1,1	72	27	1,1	06
35	72	17	1,1	72	23	1,1	80	21	1,5	80	31	1,5	07
40	80	18	1,1	80	23	1,1	90	23	1,5	90	33	1,5	08
45	85	19	1,1	85	23	1,1	100	25	1,5	100	36	1,5	09
50	90	20	1,1	90	23	1,1	110	27	2	110	40	2	10
55	100	21	1,5	100	25	1,5	120	29	2	120	43	2	11
60	110	22	1,5	110	28	1,5	130	31	2,1	130	46	2,1	12
65	120	23	1,5	120	31	1,5	140	33	2,1	140	48	2,1	13
70	125	24	1,5	125	31	1,5	150	35	2,1	150	51	2,1	14
75	130	25	1,5	130	31	1,5	160	37	2,1	160	55	2,1	15
80	140	26	2	140	33	2	170	39	2,1	170	58	2,1	16
85	150	28	2	150	36	2	180	41	3	180	60	3	17

d = 15, d = 70 nicht mit kegeliger Bohrung

Pendelkugellager DIN 630 – 1210K Bezeichnung eines Pendelkugellagers der Reihe 12 mit zylindrischer Bohrung d = 50 mm (Bohrungskennzahl 10): **Pendelkugellager DIN 630 – 1210** ... mit kegeliger Bohrung

Einbaumaße für Wälzlager
DIN 5418: 1993-02

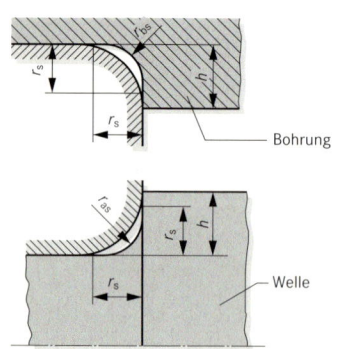

Rundungen und Schulterhöhen für Radiallager und Axiallager (Ausnahme: Kegelrollenlager)				
Kanten-abstand am Wälzlager	Hohlkehl-radius	Schulterhöhe h[1] Durchmesserreihe nach DIN 616		
r_s	r_{as}; r_{bs}	8; 9; 0	1; 2; 3	4
0,05	0,05	0,2	–	–
0,08	0,08	0,26	–	–
0,1	0,1	0,3	0,6	–
0,2	0,2	0,7	0,9	–
0,3	0,3	1	1,2	–
0,6	0,6	1,6	2,1	–
1	1	2,3	2,8	–
2	2	4,4	5,5	6,5
3	2,5	6,2	7	8
4	3	7,3	8,5	10
5	4	9	10	12

Ersatzweise kann der Freistich Form F nach DIN 509 angewendet werden.

[1] Bei Axiallagern soll die Schulter mindestens bis zur Mitte der Wellen oder Gehäusescheibe reichen.

Toleranzen für den Einbau von Wälzlagern (bis 500 mm Bohrungsnenndurchmesser)
Mounting tolerances for rolling bearings

DIN 5425-1: 1984-11

Radiallager

Bewegungsverhältnisse		Innenring/Welle			Grundabmaß für Welle[1])		Außenring/Gehäuse			Grundabmaß für Welle[1])	
Beschreibung	Schema	Lastfall	Passung	Belastung	Kugellager	Rollenlager	Lastfall	Passung	Belastung	Kugellager	Rollenlager
Innenring rotiert, Außenring steht still, Lastrichtung unveränderlich		Umfangslast für Innenring	fester Sitz erforderlich	niedrig	h k j k m	k m k m m p n p	Punktlast für Außenring	fester Sitz zulässig	beliebig	J[2]) H G[3]) F[3])	
Innenring steht still, Außenring rotiert, Lastrichtung rotiert mit Außenring				mittel							
				hoch							
Innenring steht still, Außenring rotiert, Lastrichtung unveränderlich		Punktlast für Innenring	loser Sitz zulässig	beliebig	j h g f		Umfangslast für Außenring	fester Sitz erforderlich	niedrig	J K M	K M N
Innenring rotiert, Außenring steht still, Lastrichtung rotiert mit Innenring									mittel		
									hoch	–	N P
Kombination von verschiedenen Bewegungsverhältnissen	–	Unbestimmt	Das Grundabmaß wird bestimmt von dem dominierenden Lastfall sowie der Montierbarkeit der Lagerung				Unbestimmt	Das Grundabmaß wird bestimmt von dem dominierenden Lastfall sowie der Montierbarkeit der Lagerung			

Axiallager

Belastungsart	Wellenscheibe/Welle			Gehäusescheibe/Gehäuse		
	Lastfall	Passung	Grundabmaß für Welle[1])	Lastfall	Passung	Grundabmaß für Welle[1])
Kombinierte Last	Umfangslast	fester Sitz erforderlich	j k m	Punktlast	loser Sitz zulässig	H J
	Punktlast	loser Sitz zulässig	j	Umfangslast	fester Sitz erforderlich	K M
Reine Axiallast	–	–	h j k	–	–	H G E

[1]) Reihenfolge der Grundabmaße von oben nach unten ist nach steigender Lagergröße geordnet.
[2]) Nicht für geteilte Gehäuse.
[3]) Diese Grundabmaße werden auch bei Wärmezufuhr von der Welle angewandt.

Toleranzklassen

Wellentoleranzen:	Toleranzgrad 6	z. B.: m6
Gehäusetoleranzen:	Toleranzgrad 7	z. B.: H7

Wälzlagertoleranzen

DIN 620-2: 1988:02

Toleranzklasse P0:	Innen- und Außenring haben etwa die Toleranzklasse h6 nach DIN ISO 286

Empfohlene Werte für die Oberflächenrauheit von Passflächen

Wellen- oder Gehäusedurchmesser in mm		Genauigkeit der Durchmessertoleranzen von Wellen- oder Gehäusepassflächen			
		Toleranzgrad 6		Toleranzgrad 7	
über	bis	Rz in µm	Ra in µm	Rz in µm	Ra in µm
–	80	6,3	1,6	10	3,2
80	500	10	3,2	16	3,2
500	1250	16	3,2	25	6,3

Lagerungen

Vereinfachte Darstellungen von Lagern
Simplified representations of bearings

Wälzlager

DIN ISO 8826-1: 1990-12; DIN ISO 8826-2: 1995-10

Bildliche Darstellung	Vereinfachte Darstellung allgemein	detailliert	Bemerkung
			Eine vereinfachte Darstellung wird auf einer oder auf beiden Seiten der Achse angewendet. Das freistehende Kreuz darf die Begrenzungslinien nicht berühren. Alle Linien: DIN 15-A

Elemente für die detaillierte vereinfachte Darstellung

Element	Anwendung
─── lange, gerade Volllinie	Achse des Wälzlagerelementes ohne Einstellmöglichkeit, z. B.: Radial-Rillenkugellager
⌒ lange, gebogene Volllinie	Achse des Wälzlagerelementes mit Einstellmöglichkeit, z. B.: Pendelkugellager
│ kurze, gerade Volllinie, kreuzt lange Volllinie unter 90°	Lage und Reihenzahl der Wälzelemente, z. B.: zweireihiges Radial-Rillenkugellager

Anstelle der kurzen, geraden Volllinien dürfen die Elemente Kreis und Rechteck zur Darstellung der Wälzkörper angewendet werden.

Element		Anwendung
○	Kreis	Kugel
▭	breites Rechteck	Rolle
▭	schmales Rechteck	Nadel

Detaillierte vereinfachte Darstellungen

Bildliche Darstellung		Vereinfachte Darstellung detailliert	Bildliche Darstellung	Vereinfachte Darstellung detailliert
Radial-Rillenkugellager einreihig	Zylinder-Rillenkugellager einreihig	+	Schrägkugellager, zweireihig, mit geteiltem Innenring	⋎⋏
Radial-Rillenkugellager zweireihig	Zylinder-Rillenkugellager zweireihig	++	Nadellager, einreihig / Nadelkranz	─┼─
Radial-Pendelrollenlager, einreihig		⌒	Kombiniertes Radial-Nadellager/Kugellager	─┼⋏
Radial-Pendelrollenlager, zweireihig		⌒⌒	Einseitig wirkendes Axial-Kugellager	+ +
Schrägkugellager, einreihig	Kegelrollenlager	⨯	Axial-Rillenkugellager, einseitig wirkend, mit kugeliger Gehäusescheibe	+ +

Sicherungsringe
Retaining rings

Sicherungsringe (Halteringe) für Wellen
DIN 471: 1981-09

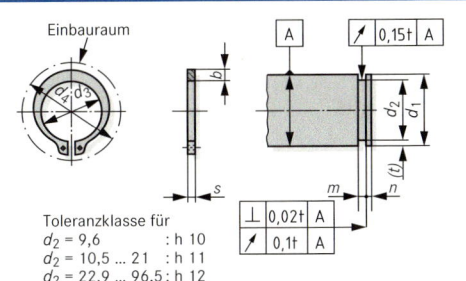

Toleranzklasse für
$d_2 = 9,6$: h 10
$d_2 = 10,5 ... 21$: h 11
$d_2 = 22,9 ... 96,5$: h 12

Sicherungsringe (Halteringe) für Bohrungen
DIN 472: 1981-09

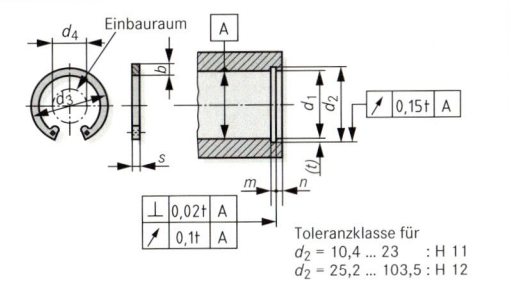

Toleranzklasse für
$d_2 = 10,4 ... 23$: H 11
$d_2 = 25,2 ... 103,5$: H 12

Welle d_1	s	d_3	Ring zul. Abw.	b ≈	d_2	m H13	t	n min	d_4	Bohr. d_1	s	d_3	Ring zul. Abw.	b ≈	d_2	m H13	t	n min	d_4
10	1	9,3	+0,10	1,8	9,6	1,1	0,2	0,6	17	10	1	10,8	+0,36	1,4	10,4	1,1	0,2	0,6	3,3
11	1	10,2	−0,36	1,8	10,5	1,1	0,25	0,8	18	11	1	11,8	−0,10	1,5	11,4	1,1	0,2	0,6	4,1
12	1	11		1,8	11,5	1,1	0,25	0,8	19	12	1	13		1,7	12,5	1,1	0,25	0,8	4,9
13	1	11,9		2	12,4	1,1	0,3	0,9	20,2	13	1	14,1		1,8	13,6	1,1	0,3	0,9	5,4
14	1	12,9		2,1	13,4	1,1	0,3	0,9	21,4	14	1	15,1		1,9	14,6	1,1	0,3	0,9	6,2
15	1	13,8		2,2	14,3	1,1	0,35	1,1	22,6	15	1	16,2		2	15,7	1,1	0,35	1,1	7,2
16	1	14,7		2,2	15,2	1,1	0,4	1,2	23,8	16	1	17,3		2	16,8	1,1	0,4	1,2	8
17	1	15,7		2,3	16,2	1,1	0,4	1,2	25	17	1	18,3	+0,42	2,1	17,8	1,1	0,4	1,2	8,8
18	1,2	16,5		2,4	17	1,3	0,5	1,5	26,2	18	1	19,5	−0,13	2,2	19	1,1	0,5	1,5	9,4
19	1,2	17,5		2,5	18	1,3	0,5	1,5	27,2	19	1	20,5		2,2	20	1,1	0,5	1,5	10,4
20	1,2	18,5	+0,13	2,6	19	1,3	0,5	1,5	28,4	20	1	21,5		2,3	21	1,1	0,5	1,5	11,2
21	1,2	19,5	−0,42	2,7	20	1,3	0,5	1,5	29,6	21	1	22,5		2,4	22	1,1	0,5	1,5	12,2
22	1,2	20,5		2,8	21	1,3	0,5	1,5	30,8	22	1	23,5		2,5	23	1,1	0,5	1,5	13,2
24	1,2	22,2	+0,21	3	22,9	1,3	0,55	1,7	33,2	24	1,2	25,9	+0,42	2,6	25,2	1,3	0,6	1,8	14,8
25	1,2	23,2	−0,42	3	23,9	1,3	0,55	1,7	34,2	25	1,2	26,9	−0,21	2,7	26,2	1,3	0,6	1,8	15,5
26	1,2	24,2		3,1	24,9	1,3	0,55	1,7	35,5	26	1,2	27,9		2,8	27,2	1,3	0,6	1,8	16,1
28	1,5	25,9		3,2	26,6	1,6	0,7	2,1	37,9	28	1,2	30,1	+0,5	2,9	29,4	1,3	0,7	2,1	17,9
30	1,5	27,9		3,5	28,6	1,6	0,7	2,1	40,5	30	1,2	32,1	−0,25	3	31,4	1,3	0,7	2,1	19,9
32	1,5	29,6		3,6	30,3	1,6	0,85	2,6	43	32	1,2	34,4		3,2	33,7	1,3	0,85	2,6	20,6
34	1,5	31,5	+0,25	3,8	32,3	1,6	0,85	2,6	45,4	34	1,5	36,5		3,3	35,7	1,6	0,85	2,6	22,6
35	1,5	32,2	−0,5	3,9	33	1,6	1	3	46,8	35	1,5	37,8		3,4	37	1,6	1	3	23,6
36	1,75	33,2		4	34	1,85	1	3	47,8	36	1,5	38,8		3,5	38	1,6	1	3	24,6
38	1,75	35,2		4,2	36	1,85	1	3	50,2	38	1,5	40,8		3,7	40	1,6	1	3	26,4
40	1,75	36,5	+0,39	4,4	37,5	1,85	1,25	3,8	52,6	40	1,75	43,5	+0,9	3,9	42,5	1,85	1,25	3,8	27,8
42	1,75	38,5	−0,9	4,5	39,5	1,85	1,25	3,8	55,7	42	1,75	45,5	−0,39	4,1	44,5	1,85	1,25	3,8	29,6
45	1,75	41,5		4,7	42,5	1,85	1,25	3,8	59,1	45	1,75	48,5		4,3	47,5	1,85	1,25	3,8	32
48	1,75	44,5		5	45,5	1,85	1,25	3,8	62,5	48	1,75	51,5	+1,1	4,5	50,5	1,85	1,25	3,8	34,5
50	2	45,8		5,1	47	2,15	1,5	4,5	64,5	50	2	54,2	−0,46	4,6	53	2,15	1,5	4,5	36,3
52	2	47,8		5,2	49	2,15	1,5	4,5	66,7	52	2	56,2		4,7	55	2,15	1,5	4,5	37,9
55	2	50,8	+0,46	5,4	52	2,15	1,5	4,5	70,2	55	2	59,2		5	58	2,15	1,5	4,5	40,7
56	2	51,8	−1,1	5,5	53	2,15	1,5	4,5	71,6	56	2	60,2		5,1	59	2,15	1,5	4,5	41,7
58	2	53,8		5,6	55	2,15	1,5	4,5	73,6	58	2	62,2		5,2	61	2,15	1,5	4,5	43,5
60	2	55,8		5,8	57	2,15	1,5	4,5	75,6	60	2	64,2		5,4	63	2,15	1,5	4,5	44,7
62	2	57,8		6	59	2,15	1,5	4,5	77,8	62	2	66,2		5,5	65	2,15	1,5	4,5	46,7
65	2,5	60,8		6,3	62	2,65	1,5	4,5	81,4	65	2,5	69,2		5,8	68	2,65	1,5	4,5	49
70	2,5	65,5		6,6	67	2,65	1,5	4,5	87	70	2,5	74,5		6,2	73	2,65	1,5	4,5	53,6
75	2,5	70,5		7	72	2,65	1,5	4,5	92,7	75	2,5	79,5		6,6	78	2,65	1,5	4,5	58,6
80	2,5	74,5		7,4	76,5	2,65	1,75	5,3	98,1	80	2,5	85,5	+1,3	7	83,5	2,65	1,75	5,3	62,1
85	3	79,5		7,8	81,5	3,15	1,75	5,3	103,3	85	3	90,5	−0,54	7,2	88,5	3,15	1,75	5,3	66,9
90	3	84,5	+0,54	8,2	86,5	3,15	1,75	5,3	108,5	90	3	95,5		7,6	93,5	3,15	1,75	5,3	71,9
95	3	89,5	−1,3	8,6	91,5	3,15	1,75	5,3	114,8	95	3	100,5		8,1	98,5	3,15	1,75	5,3	76,5
100	3	94,5		9	96,5	3,15	1,75	5,3	120,2	100	3	105,5		8,4	103,5	3,15	1,75	5,3	80,6

Werkstoff: Federstahl C67, C75 oder C75E. Bezeichnung eines Sicherungsringes für Wellendurchmesser $d_1 = 50$ mm und Ringdicke $s = 2$ mm: **Sicherungsring DIN 471 − 50 × 2**

Werkstoff: Federstahl C67, C75 oder C75E. Bezeichnung eines Sicherungsringes für Bohrungsdurchmesser $d_1 = 50$ mm und Ringdicke $s = 2$ mm: **Sicherungsring DIN 472 − 50 × 2**

Zangen: DIN 5254 für Wellen
DIN 5256 für Bohrungen

Lagerungen

O-Ringe / O-rings

O-Ringe, Einbauräume

DIN 3771-1/3: 1984-12; DIN 3771-5: 1993-11

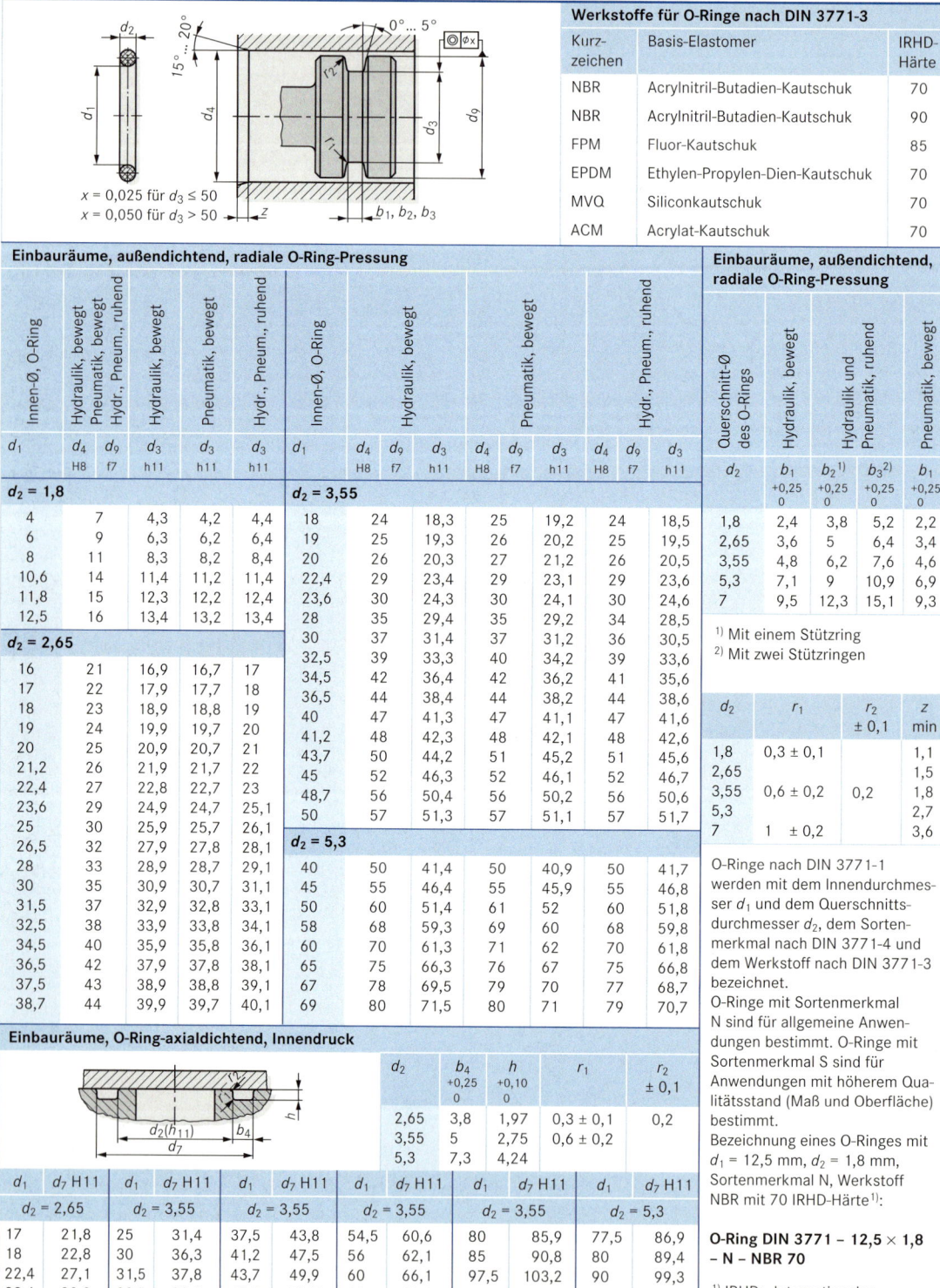

$x = 0{,}025$ für $d_3 \leq 50$
$x = 0{,}050$ für $d_3 > 50$

Werkstoffe für O-Ringe nach DIN 3771-3

Kurzzeichen	Basis-Elastomer	IRHD-Härte
NBR	Acrylnitril-Butadien-Kautschuk	70
NBR	Acrylnitril-Butadien-Kautschuk	90
FPM	Fluor-Kautschuk	85
EPDM	Ethylen-Propylen-Dien-Kautschuk	70
MVQ	Silikonkautschuk	70
ACM	Acrylat-Kautschuk	70

Einbauräume, außendichtend, radiale O-Ring-Pressung

Innen-Ø, O-Ring	Hydraulik, bewegt	Pneumatik, bewegt Hydr., Pneum., ruhend	Hydraulik, bewegt	Pneumatik, bewegt	Hydr., Pneum., ruhend	Innen-Ø, O-Ring	Hydraulik, bewegt	Pneumatik, bewegt	Hydr., Pneum., ruhend	Hydraulik, bewegt	Pneumatik, bewegt	Hydr., Pneum., ruhend
d_1	d_4 H8	d_9 f7	d_3 h11	d_3 h11	d_3 h11	d_1	d_4 H8	d_9 f7	d_3 h11	d_4 H8	d_9 f7	d_3 h11
$d_2 = 1{,}8$						**$d_2 = 3{,}55$**						
4	7		4,3	4,2	4,4	18	24		18,3	25		19,2
6	9		6,3	6,2	6,4	19	25		19,3	26		20,2
8	11		8,3	8,2	8,4	20	26		20,3	27		21,2
10,6	14		11,4	11,2	11,4	22,4	29		23,4	29		23,1
11,8	15		12,3	12,2	12,4	23,6	30		24,3	30		24,1
12,5	16		13,4	13,2	13,4	28	35		29,4	35		29,2
$d_2 = 2{,}65$						30	37		31,4	37		31,2
16	21		16,9	16,7	17	32,5	39		33,3	40		34,2
17	22		17,9	17,7	18	34,5	42		36,4	42		36,2
18	23		18,9	18,8	19	36,5	44		38,4	44		38,2
19	24		19,9	19,7	20	40	47		41,3	47		41,1
20	25		20,9	20,7	21	41,2	48		42,3	48		42,1
21,2	26		21,9	21,7	22	43,7	50		44,2	51		45,2
22,4	27		22,8	22,7	23	45	52		46,3	52		46,1
23,6	29		24,9	24,7	25,1	48,7	56		50,4	56		50,2
25	30		25,9	25,7	26,1	50	57		51,3	57		51,1
26,5	32		27,9	27,8	28,1	**$d_2 = 5{,}3$**						
28	33		28,9	28,7	29,1	40	50		41,4	50		40,9
30	35		30,9	30,7	31,1	45	55		46,4	55		45,9
31,5	37		32,9	32,8	33,1	50	60		51,4	61		52
32,5	38		33,9	33,8	34,1	58	68		59,3	69		60
34,5	40		35,9	35,8	36,1	60	70		61,3	71		62
36,5	42		37,9	37,8	38,1	65	75		66,3	76		67
37,5	43		38,9	38,8	39,1	67	78		69,5	79		70
38,7	44		39,9	39,7	40,1	69	80		71,5	80		71

(Rechte Spalten — Fortsetzung $d_2 = 3{,}55$ / $d_2 = 5{,}3$):

d_4 H8	d_3 h11
24	18,5
25	19,5
26	20,5
29	23,6
30	24,6
34	28,5
36	30,5
39	33,6
41	35,6
44	38,6
47	41,6
48	42,6
51	45,6
52	46,7
56	50,6
57	51,7
50	41,7
55	46,8
60	51,8
68	59,8
70	61,8
75	66,8
77	68,7
79	70,7

Einbauräume, außendichtend, radiale O-Ring-Pressung

Querschnitt-Ø des O-Rings	Hydraulik, bewegt	Hydraulik und Pneumatik, ruhend	Pneumatik, bewegt
d_2	b_1 +0,25 / 0	b_2[1] +0,25 / 0	b_3[2] +0,25 / 0	b_1 +0,25 / 0
1,8	2,4	3,8	5,2	2,2
2,65	3,6	5	6,4	3,4
3,55	4,8	6,2	7,6	4,6
5,3	7,1	9	10,9	6,9
7	9,5	12,3	15,1	9,3

[1] Mit einem Stützring
[2] Mit zwei Stützringen

d_2	r_1	r_2	z min
		± 0,1	
1,8	0,3 ± 0,1		1,1
2,65			1,5
3,55	0,6 ± 0,2	0,2	1,8
5,3			2,7
7	1 ± 0,2		3,6

O-Ringe nach DIN 3771-1 werden mit dem Innendurchmesser d_1 und dem Querschnittsdurchmesser d_2, dem Sortenmerkmal nach DIN 3771-4 und dem Werkstoff nach DIN 3771-3 bezeichnet.
O-Ringe mit Sortenmerkmal N sind für allgemeine Anwendungen bestimmt. O-Ringe mit Sortenmerkmal S sind für Anwendungen mit höherem Qualitätsstand (Maß und Oberfläche) bestimmt.
Bezeichnung eines O-Ringes mit d_1 = 12,5 mm, d_2 = 1,8 mm, Sortenmerkmal N, Werkstoff NBR mit 70 IRHD-Härte[1]:

O-Ring DIN 3771 – 12,5 × 1,8 – N – NBR 70

[1] IRHD: Internationaler Gummihärtegrad

Einbauräume, O-Ring-axialdichtend, Innendruck

d_2	b_4 +0,25 / 0	h +0,10 / 0	r_1	r_2 ± 0,1
2,65	3,8	1,97	0,3 ± 0,1	0,2
3,55	5	2,75	0,6 ± 0,2	
5,3	7,3	4,24		

d_1	d_7 H11	d_1	d_7 H11	d_1	d_7 H11	d_1	d_7 H11	d_1	d_7 H11
$d_2 = 2{,}65$		$d_2 = 3{,}55$		$d_2 = 3{,}55$		$d_2 = 3{,}55$		$d_2 = 5{,}3$	
17	21,8	25	31,4	37,5	43,8	54,5	60,6	80	85,9	77,5	86,9
18	22,8	30	36,3	41,2	47,5	56	62,1	85	90,8	80	89,4
22,4	27,1	31,5	37,8	43,7	49,9	60	66,1	97,5	103,2	90	99,3
23,6	28,3	32,5	38,8	47,5	53,7	63	69,1	109	114,7	95	104,3
–	–	35,5	41,8	50	56,2	69	75	136	141,5	109	118,2

Radial-Wellendichtringe, Filzringe
Rotary shaft lip type seals, felt rings

Radial-Wellendichtringe
DIN 3760: 1996-09

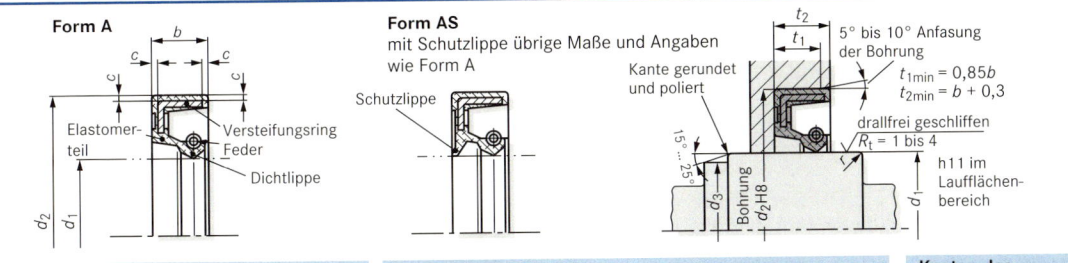

Zugabe für Übermaßpassung (Maße in mm)			Anschrägung der Welle										Kanten des Wellendichtrings	
Außen-Ø d_2	Zugabe	zulässige Unrundheit	d_1	d_3	d_1	d_3	d_1	d_3	d_1	d_3	d_1	c_{min}
≤ 50	+0,3 +0,15	0,25	10	8,4	25	22,5	18	15,8	38	34,9	10 … 26	0,3
			12	10,2	28	25,3	20	17,7	40	36,8	28 … 60	0,4
			14	12,1	30	27,3	22	19,6	42	38,7	62 … 80	0,5
50 < d_2 ≤ 80	+0,35 +0,2	0,35	15	13,1	32	29,2	24	21,5	42	38,7	85 … 135	0,8
			16	14	35	32	36	33	45	41,6	135 … 190	1

d_1	d_2	$b \pm 0{,}2$	d_1	d_2	$b \pm 0{,}2$	d_1	d_2	$b \pm 0{,}2$	d_1	d_2	$b \pm 0{,}2$	d_1	d_2	$b \pm 0{,}2$
10	22		18	35		30	40		40	55		60	75	
	25		20	30			42			62			80	8
	26			35			47		42	55			85	
12	22			40			52			62		65	85	
	25		22	35		32	45		45	60	7		90	
	30			40			47			62		70	90	
14	24	7		47			52			65			95	
	30		25	35		35	47	7	48	62		75	95	
15	26			40	7		50		50	65			100	10
	30			47			52			68		80	100	
	35			52			55			72	8		110	
16	30		28	40		38	55		55	70				
	35			47			62			72				
18	30			52		40	52			80				

Werkstoffe: Acrylnitril-Butadien-Kautschuk, NBR oder Fluorkautschuk, FKM
Bezeichnung eines Radial-Wellendichtringes (RWDR) Form A für Wellendurchmesser d_1 = 25 mm, Außendurchmesser d_2 = 40 mm und Breite b = 7 mm, Elastomerteil aus Fluorkautschuk (FKM):
Radial-Wellendichtring DIN 3760 – A 25 × 40 × 7 – FKM oder **RWDR DIN 3760 – A 25 × 40 × 7 – FKM**

Filzringe und Filzstreifen
DIN 5419: 1959-09

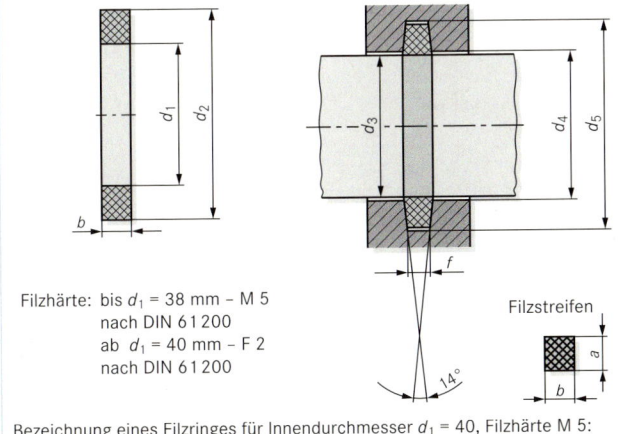

Filzhärte: bis d_1 = 38 mm – M 5 nach DIN 61200
ab d_1 = 40 mm – F 2 nach DIN 61200

Filzringe					
d_1	d_2	b	d_3 h 11	d_4 H 12	d_5 H 12	f H 13
20	30	4	20	21	31	3
25	37	5	25	26	38	4
30	42		30	31	43	
35	47		35	36	48	
40	52		40	41	53	
45	57		45	46	58	
50	66	6,5	50	51	67	5
55	71		55	56	72	
60	76		60	61,5	77	
65	81		65	66,5	82	
70	88	7,5	70	71,5	89	6
75	93		75	76,5	94	
80	98		80	81,5	99	
85	103		85	86,5	104	
90	110	8,5	90	92	111	7
95	115		95	97	116	
100	124	10	100	102	125	8

Bezeichnung eines Filzringes für Innendurchmesser d_1 = 40, Filzhärte M 5:
Filzring DIN 5419 – 40 – M 5
Bezeichnung eines Filzstreifens von a = 6, b = 5, Länge 132, für Wellendurchmesser d_3 = 30, Filzhärte F 2:
Filzstreifen DIN 5419 – 6 × 5 × 132 – F 2

Vereinfachte Darstellungen
Simplified representations

Dichtungen für dynamische Belastungen

DIN ISO 9222-1: 1990-12; DIN ISO 9222-2: 1991-03

Bildliche Darstellung	Vereinfachte Darstellung		Bemerkung
	allgemein	detailliert	
(Bild)	⊠ ⊠ Druckrichtung	◺	Die vereinfachte Darstellung wird auf einer Seite oder auf beiden Seiten der Achse angewendet. Der Pfeil, der die Dichtrichtung angibt, kann weggelassen werden. Alle Linien: ISO 128-01.2

Elemente für detaillierte vereinfachte Darstellung

Element		Anwendung	Element		Anwendung
—	lange, gerade Volllinie	statisches Dichtelement	<	kurze, gerade Volllinien, die zum Mittelpunkt des Quadrates zeigen	Dichtlippen von U-Dichtungen, V-Ringen, Packungssätzen
<	lange, gerade Volllinie, diagonal zu den Umrissen	dynamisches Dichtelement	T	T (männlich)	Berührungsfreie Dichtungen, z. B.: Labyrinthdichtungen
<	kurze, gerade Volllinien, diagonal zu den Umrissen unter 90° zum Dichtelement	Staublippen, Abstreifringe	U	U (weiblich)	

Detaillierte vereinfachte Darstellungen

Bildliche Darstellung		Vereinfachte Darstellung detailliert	Bildliche Darstellung		Vereinfachte Darstellung detailliert
(Bild)	Radial-Wellendichtring ohne Staublippe Ummantelung: Gummi	◺	(Bild)	Packung	≫
(Bild)	Radial-Wellendichtring mit Staublippe Ummantelung: Gummi	⊠	(Bild)	Labyrinth-Dichtung	T
(Bild)	Radial-Wellendichtring ohne Staublippe, doppeltwirkend Ummantelung: Gummi	⊠	**Anwendungsbeispiel** (Bild) Druckrichtung, Dichtrichtung		detaillierte vereinfachte Darstellung bildliche Darstellung
(Bild)	U-Dichtung	Y			

Passfedern, Passfedernuten
Feather keys, grooves of feather keys

Passfedern, Passfedernuten
DIN 6885-1: 1968-08

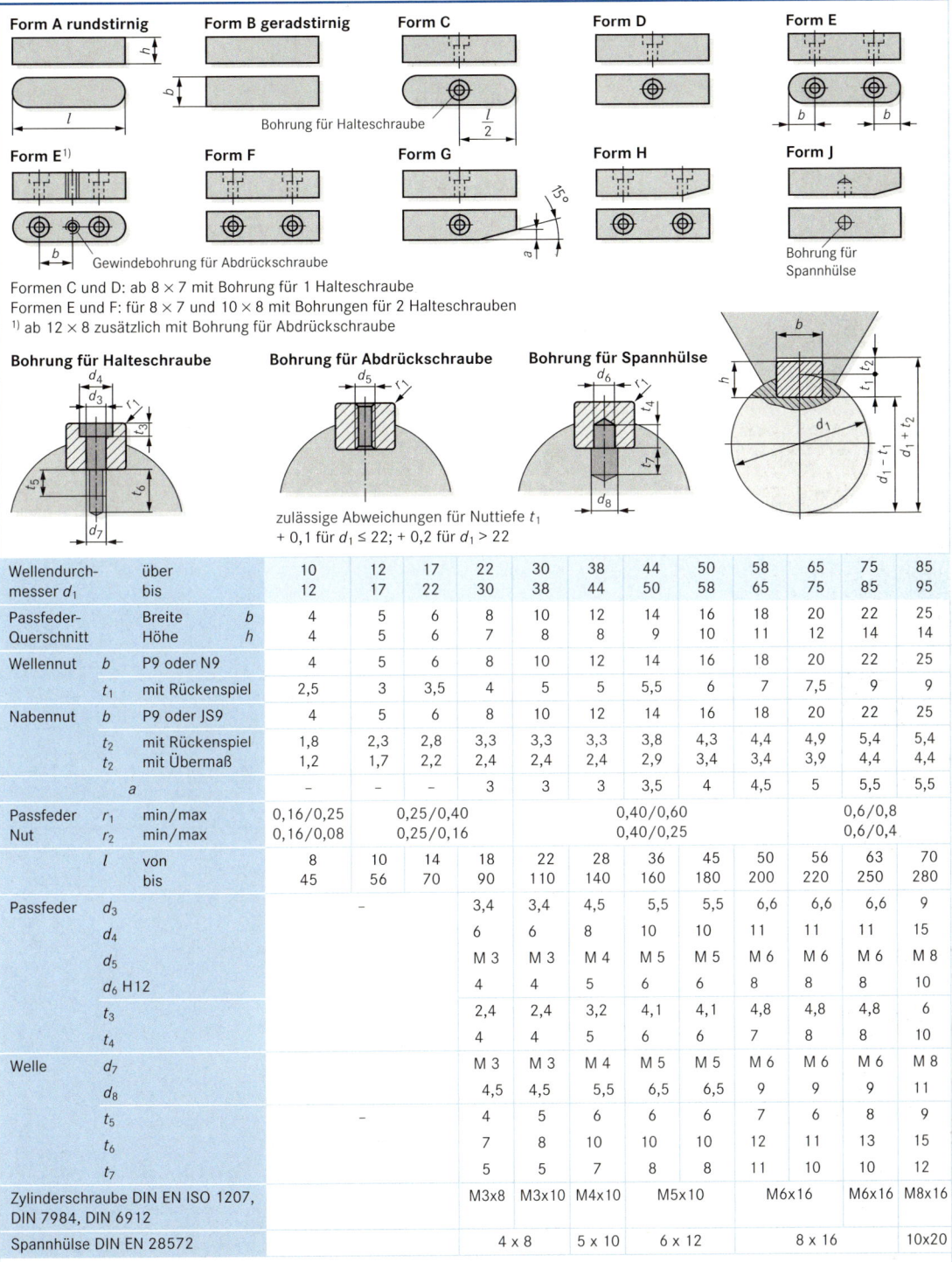

Formen C und D: ab 8 × 7 mit Bohrung für 1 Halteschraube
Formen E und F: für 8 × 7 und 10 × 8 mit Bohrungen für 2 Halteschrauben
[1] ab 12 × 8 zusätzlich mit Bohrung für Abdrückschraube

zulässige Abweichungen für Nuttiefe t_1
+ 0,1 für $d_1 \leq 22$; + 0,2 für $d_1 > 22$

Wellendurch-	über		10	12	17	22	30	38	44	50	58	65	75	85
messer d_1	bis		12	17	22	30	38	44	50	58	65	75	85	95
Passfeder-	Breite	b	4	5	6	8	10	12	14	16	18	20	22	25
Querschnitt	Höhe	h	4	5	6	7	8	8	9	10	11	12	14	14
Wellennut	b	P9 oder N9	4	5	6	8	10	12	14	16	18	20	22	25
	t_1	mit Rückenspiel	2,5	3	3,5	4	5	5	5,5	6	7	7,5	9	9
Nabennut	b	P9 oder JS9	4	5	6	8	10	12	14	16	18	20	22	25
	t_2	mit Rückenspiel	1,8	2,3	2,8	3,3	3,3	3,3	3,8	4,3	4,4	4,9	5,4	5,4
	t_2	mit Übermaß	1,2	1,7	2,2	2,4	2,4	2,4	2,9	3,4	3,4	3,9	4,4	4,4
	a		-	-	-	3	3	3	3,5	4	4,5	5	5,5	5,5
Passfeder	r_1	min/max	0,16/0,25	0,25/0,40		0,40/0,60					0,6/0,8			
Nut	r_2	min/max	0,16/0,08	0,25/0,16		0,40/0,25					0,6/0,4			
	l	von	8	10	14	18	22	28	36	45	50	56	63	70
		bis	45	56	70	90	110	140	160	180	200	220	250	280
Passfeder	d_3					3,4	3,4	4,5	5,5	5,5	6,6	6,6	6,6	9
	d_4					6	6	8	10	10	11	11	11	15
	d_5					M 3	M 3	M 4	M 5	M 5	M 6	M 6	M 6	M 8
	d_6 H12					4	4	5	6	6	8	8	8	10
	t_3					2,4	2,4	3,2	4,1	4,1	4,8	4,8	4,8	6
	t_4					4	4	5	6	6	7	8	8	10
Welle	d_7					M 3	M 3	M 4	M 5	M 5	M 6	M 6	M 6	M 8
	d_8					4,5	4,5	5,5	6,5	6,5	9	9	9	11
	t_5			-		4	5	6	6	6	7	6	8	9
	t_6					7	8	10	10	10	12	11	13	15
	t_7					5	5	7	8	8	11	10	10	12
Zylinderschraube DIN EN ISO 1207, DIN 7984, DIN 6912						M3x8	M3x10	M4x10	M5x10		M6x16		M6x16	M8x16
Spannhülse DIN EN 28572							4 x 8	5 x 10	6 x 12		8 x 16			10x20

Längenabstufungen l: 8, 10, 12, 14, 16, 18, 20, 22, 25, 28, 32, 36, 40, 45, 50, 56, 63, 70, 80, 90, 100, 110, 125, 140, 160, 180, 200, 220, 250, 320, 360, 400 **Werkstoff:** C45E
Bezeichnung einer Passfeder Form A, $b = 12$, $h = 8$, $l = 70$: **Passfeder DIN 6885 – A 12 × 8 × 70**

Zahnräder
Gears

Stirnräder mit Geradverzahnung

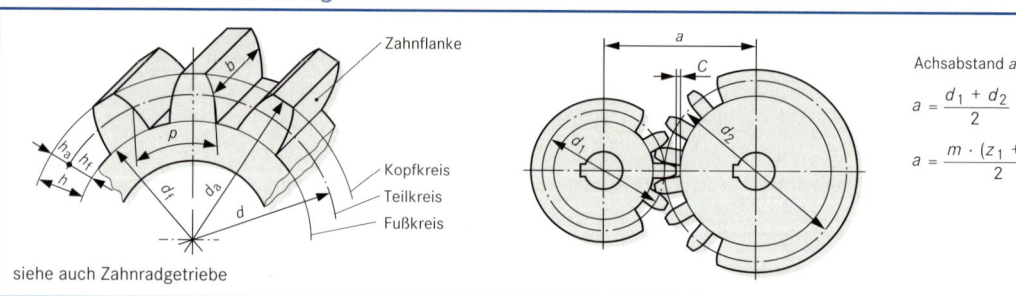

Achsabstand a

$$a = \frac{d_1 + d_2}{2}$$

$$a = \frac{m \cdot (z_1 + z_2)}{2}$$

siehe auch Zahnradgetriebe

Bezeichnungen geradverzahnter Stirnräder			
Teilung	$p = m \cdot \pi$	Teilkreisdurchmesser	$d = m \cdot z$
Modul	$m = \dfrac{p}{\pi} = \dfrac{d}{z}$	Kopfkreisdurchmesser	$d_a = d + 2 \cdot m = m \cdot (z + 2)$
Zähnezahl	$z = \dfrac{d}{m} = \dfrac{d_a - 2 \cdot m}{m}$	Fußkreisdurchmesser	$d_f = d - 2 \cdot (m + c)$
Kopfspiel	$c = 0{,}1 \cdot m \ldots 0{,}3 \cdot m$ Maschinenbau $c = 0{,}167 \cdot m$	Zahnhöhe	$h = 2 \cdot m + c$
Zahnkopfhöhe	$h_a = m$	Zahnfußhöhe	$h_f = m + c$

Modulreihen nach DIN 780-1: 1977-05

Reihe I	0,05	0,06	0,08	0,1	0,12	0,16	0,2	0,25	0,3	0,4	0,5	0,6	0,7	0,8	0,9	1	1,25
	1,5	2	2,5	3	4	5	6	8	10	12	16	20	25	32	40	50	60
Reihe II	0,055	0,07	0,09	0,11	0,14	0,18	0,22	0,28	0,35	0,45	0,55	0,65	0,75	0,85	0,95	1,125	1,375
	1,75	2,25	2,75	3,5	4,5	5,5	7	9	11	14	18	22	28	36	45	55	70

Modulfräsersatz bis Modul $m = 8$

Fräser-Nr.	1	2	3	4	5	6	7	8
Zähnezahl	12 … 13	14 … 16	17 … 20	21 … 25	26 … 34	35 … 54	55 … 134	135 − ∞

Für Zahnräder $m > 9$ mm besteht der Satz aus 15 Fräsern.

Stirnräder mit Schrägverzahnung und parallelen Achsen

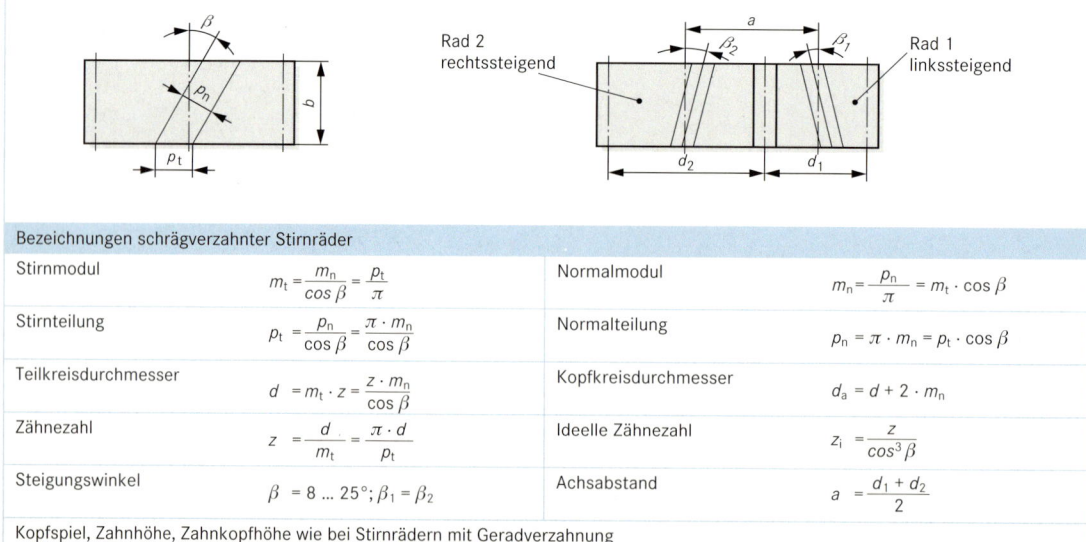

Rad 2 rechtssteigend

Rad 1 linkssteigend

Bezeichnungen schrägverzahnter Stirnräder			
Stirnmodul	$m_t = \dfrac{m_n}{\cos \beta} = \dfrac{p_t}{\pi}$	Normalmodul	$m_n = \dfrac{p_n}{\pi} = m_t \cdot \cos \beta$
Stirnteilung	$p_t = \dfrac{p_n}{\cos \beta} = \dfrac{\pi \cdot m_n}{\cos \beta}$	Normalteilung	$p_n = \pi \cdot m_n = p_t \cdot \cos \beta$
Teilkreisdurchmesser	$d = m_t \cdot z = \dfrac{z \cdot m_n}{\cos \beta}$	Kopfkreisdurchmesser	$d_a = d + 2 \cdot m_n$
Zähnezahl	$z = \dfrac{d}{m_t} = \dfrac{\pi \cdot d}{p_t}$	Ideelle Zähnezahl	$z_i = \dfrac{z}{\cos^3 \beta}$
Steigungswinkel	$\beta = 8 \ldots 25°; \beta_1 = \beta_2$	Achsabstand	$a = \dfrac{d_1 + d_2}{2}$
Kopfspiel, Zahnhöhe, Zahnkopfhöhe wie bei Stirnrädern mit Geradverzahnung			

Zahnräder
Gears

Kegelräder mit Geradverzahnung

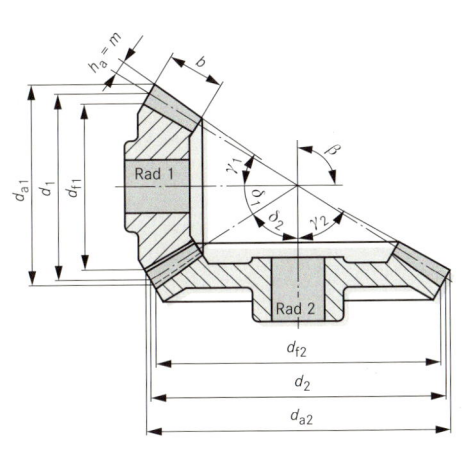

Teilkreisdurchmesser	d	$= m \cdot z$
Kopfkreisdurchmesser	d_a	$= d + 2 \cdot m \cdot \cos \delta$
Fußkreisdurchmesser	d_f	$= d - 2 \cdot (m + c) \cos \delta$

Teilkreiswinkel
$$\tan \delta_1 = \frac{d_1}{d_2} = \frac{z_1}{z_2} = \frac{1}{i}$$
$$\tan \delta_2 = \frac{d_2}{d_1} = \frac{z_2}{z_1} = i$$

Achsenwinkel $\quad \beta = \delta_1 + \delta_2$

Kegelwinkel
$$\tan \gamma_1 = \frac{z_1 + 2 \cos \delta_1}{z_2 - 2 \sin \delta_1}$$
$$\tan \gamma_2 = \frac{z_2 + 2 \cos \delta_2}{z_1 - 2 \sin \delta_2}$$

Teilung p und Modul m werden am größten Teilkreisdurchmesser d gemessen.
Modul m siehe Modulreihe nach DIN 780.

Zylinder-Schneckentrieb

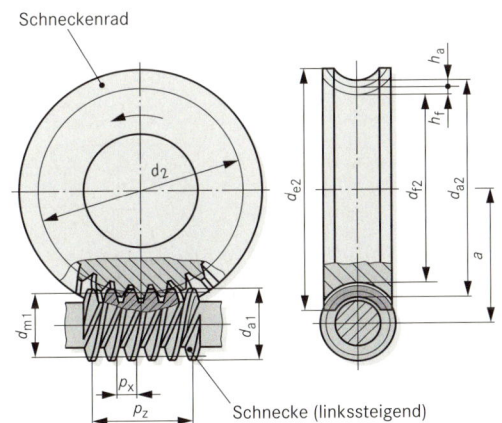

Schnecke (linkssteigend)

Schneckentrieb

Axialteilung	p_x	$= m \cdot \pi$
Normalmodul	m_n	$= m \cdot \cos \gamma_m$
Normalteilung	p_n	$= p_x \cdot \cos \gamma_m$
Kopfhöhe	h_a	$= m$
Fußhöhe	h_f	$= m + c = 1{,}2 \cdot m$
Kopfspiel	c	$= 0{,}2 \cdot m$
Zahnhöhe	h	$= 2 \cdot m + c$

Zylinderschnecke

Steigungshöhe	p_{z1}	$= p_x \cdot z_1$
Mittenkreisdurchmesser	d_{m1}	$= \dfrac{z_1 \cdot m}{\tan \gamma_m}$
Kopfkreisdurchmesser	d_{a1}	$= d_{m1} + 2 \cdot m$
Fußkreisdurchmesser	d_{f1}	$= d_{m1} - 2 \cdot (m + c)$

Schneckenrad

Teilkreisdurchmesser	d_2	$= m \cdot z_2$
Kopfkreisdurchmesser	d_{a2}	$= d_2 + 2 \cdot m$
Fußkreisdurchmesser	d_{f2}	$= d_2 - 2 \cdot (m + c)$
Kopfradius	R_k	$= \dfrac{d_{m1}}{2} - m$
Achsabstand	a	$= \dfrac{d_{m1} + d_2}{2}$
Außendurchmesser	d_{e2}	$\approx d_{a2} + m$

Module für Zylinder-Schneckentrieb m:
0,1; 0,12; 0,16; 0,2; 0,25; 0,3; 0,4; 0,5; 0,6; 0,7; 0,8; 0,9; 1; 1,25; 1,6; 2; 2,5; 3,15; 4; 5; 6,3; 8; 10; 12,5; 16; 20

Schnecken haben einen Zahn oder mehrere Zähne, die wie Gewindegänge um die Schneckenachse gewunden sind.
Die Zähnezahl z_1 der Schnecke ist die Anzahl der in einem Stirnschnitt geschnittenen Zähne. Die Zähnezahl wurde früher Gangzahl genannt ($z_1 = g$).
Eine Schnecke ist rechtssteigend, wenn die Flankenlinie einer Rechtsschraube entspricht. Der Steigungssinn bestimmt die Drehrichtung des Schneckenrades.
Die Zähnezahl der Schnecke wählt man zweckmäßig in Abhängigkeit von dem Übersetzungsverhältnis i.

i	5 ... 10	10 ... 15	15 ... 30	> 30
z_1	4	3	2	1

$$i = \frac{n_1}{n_2} = \frac{z_2}{z_1} \geq 1$$

z_2: Zähnezahl des Schneckenrades

Übertragen von Drehmomenten

Zahnräder – Zahnradpaarungen
Gears – gear pairs

Darstellung von Zahnrädern

DIN ISO 2203: 1976-06

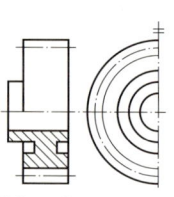 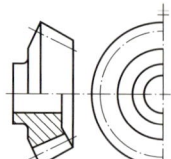 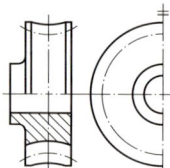

Schrägzahnrad   Schneckenrad

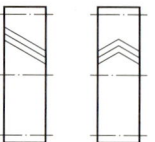

Stirnrad
Die Zahnfußfläche wird nur in Schnitten dargestellt, in besonderen Fällen auch in der Ansicht als schmale Volllinie.

Kegelrad
In der Ansicht ist der Teilkreis des Rückenkegels darzustellen.

Schneckenrad
In der Ansicht des Schneckenrades ist der Mittelkehlkreis als Strich-Punkt-Linie darzustellen.

rechts-steigend   pfeil-verzahnt

Falls erforderlich, wird die Flankenrichtung eines Rades durch drei schmale Volllinien der entsprechenden Form und Richtung eingezeichnet. Bei Zahnradpaaren wird die Flankenrichtung nur an einem Rad gezeigt.

Zusammenstellungszeichnungen von Zahnradpaaren

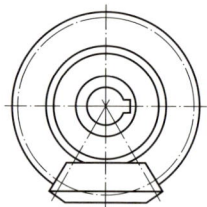

Stirnrad mit außenliegendem Gegenrad

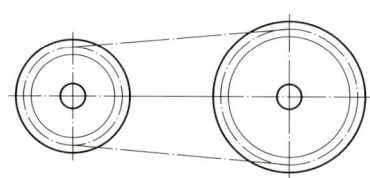

Kettenräder

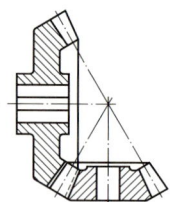

Kegelradpaar, Achswinkel = 90°

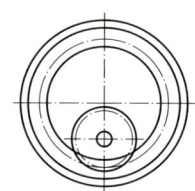

Stirnrad mit innenliegendem Gegenrad

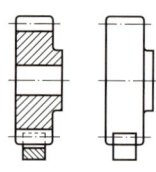

Stirnrad mit Zahnstange

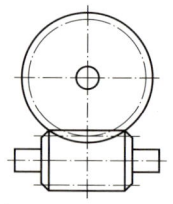

Schnecke und Schneckenrad

Räderpaarung – vereinfachte Darstellung

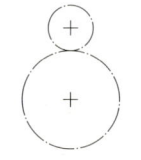    auf der Welle drehbar nicht verschiebbar    auf der Welle nicht drehbar, verschiebbar

auf der Welle drehbar und verschiebbar   auf der Welle fest

236 Übertragen von Drehmomenten

Keilriementriebe
Wedge belt drives

Endlose Schmalkeilriemen, Schmalkeilriemenscheiben
DIN 7753-1: 1988-01; DIN 2211-1: 1984-03

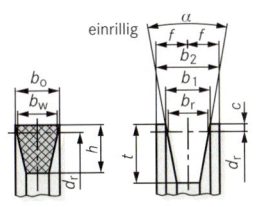 einrillig

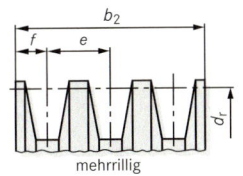 mehrrillig

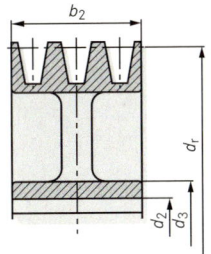

	Riemenprofil	ummantelt		SPZ	SPA	SPB	SPC	Richtlängen L_r	
		flankenoffen gezahnt		XPZ	XPA	XPB	XPC	630	3150
Schmalkeilriemen DIN 7753	Obere Riemenbreite	$b_o \approx$		9,7	12,7	16,3	22	710	3550
	Wirkbreite (Nennmaß)	b_w		8,5	11	14	19	800	4000
								900	4500
	Riemenhöhe	S $h \approx$		8	10	13	18	1000	5000
		X		8	9	13	18	1120	5600
	Richt-Ø der zugehörigen	S d_{rmin}		63	90	140	224	1250	6300
	kleinsten zul. Scheibe	X		50	63	100	160	1400	7100
	Richtlänge	S L_r von		630	800	1250	2000	1600	8000
		bis		3550	4500	8000	12500	1800	9000
		X L_r von		630	800	1250	2000	2000	10000
		bis		3550	3550	3550	3550	2240	11200
Scheibe DIN 2211	Richtbreite	b_r		8,5	11	14	19	2500	12500
		$b_1 \approx$		9,7	12,7	16,3	22	2800	
		c		2	2,8	3,5	4,8	Nabendurchmesser	
	Rillenabstand	e		12	15	19	25,5	$d_3 \approx (1.8…1,6) d_2$	
		f		8	10	12,5	17	Kranzbreite	
	Rillentiefe	t		11	13,8	17,5	23,8	$b_2 = e(z-1) + 2f$	
	Richtdurchmesser d_r	$\alpha = 34°$		≤ 80	≤ 118	≤ 190	≤ 315	z = Rillenanzahl	
		$\alpha = 38°$		> 80	> 118	> 190	> 315		

Bezeichnung eines Schmalkeilriemens mit Riemenprofil-Kurzzeichen SPZ und Richtlänge L_r = 800 mm: **Schmalkeilriemen DIN 7753 – SPZ800**

Bezeichnung einer Schmalkeilriemenscheibe für Profil SPZ, einteilig (1T), d_r = 100, z = 4, d_2 = 30, Passfedernut (PN) nach DIN 6885 T.1: **Scheibe DIN 2211 – SPZ – 1T 100 × 4 × 30 PN**

Endlose Keilriemen (Normalkeilriemen), Keilriemenscheiben
DIN 2215: 1998-08; DIN 2217-1: 1973-02

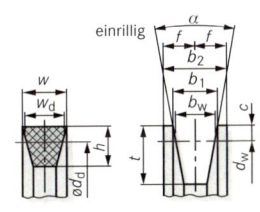 einrillig

mehrrillig

Kranzbreite
$b_2 = e(z-1) + 2f$
z = Rillenzahl

	Riemenprofil	Kurzzeichen[1]		6	10	13	17	22	32	40
		ISO-Kurzzeichen		Y	Z	A	B	C	D	E
Keilriemen DIN 2215	Obere Richtbreite	w		6	10	13	17	22	32	40
	Richtbreite (Nennmaß)	w_d		5,3	8,5	11	14	19	27	32
	Riemenhöhe	h		4	6	8	11	14	20	25
	Richtdurchmesser der zugehörigen kleinsten zulässigen Scheiben	$d_{d\,min}$		28	50	75	125	200	355	500
	Richtlängen für Riemen[2]	L_d von		295	312	437	610	1148	2075	3080
		bis		865	2522	5030	7140	8058	11275	12580
Scheibe DIN 2217	Wirkbreite	b_w		5,3	8,5	11	14	19	27	32
		$b_1 \approx$		6,3	9,7	12,7	16,3	22	32	40
		c		1,6	2	2,8	3,5	4,8	8,1	12
	Rillenabstand	e		8	12	15	19	25,5	37	44,5
		f		6	8	10	12,5	17	24	29
	Rillentiefe	t		7	11	13,8	17,5	23,8	28	33
	Wirkdurchmesser d_w	$\alpha = 32°$		≤ 63	–	–	–	–	–	–
		$\alpha = 34°$		–	≤ 80	≤ 118	≤ 190	≤ 315	–	–
		$\alpha = 36°$		> 63	–	–	–	–	≤ 500	≤ 630
		$\alpha = 38°$		–	> 80	> 118	> 190	> 315	> 500	> 630

Bezeichnung eines Keilriemens mit Riemenprofil-Kurzzeichen A und Innenlänge L_i = 1000 mm:
Keilriemen DIN 2215 – A 1000

Bezeichnung einer Keilriemenscheibe für Profil 6, einteilig (1T), d_w = 100, z = 3, Nabenbohrung d_2 = 20, Passfedernut (PN) nach DIN 6885 T.1:
Scheibe DIN 2217 – 6 – 1T 100 × 3 × 20 PN

[1] Nicht für Neukonstruktionen
[2] Größere oder kleinere Richtlängen nach Rücksprache mit dem Hersteller

Getriebe; Übersetzungen
Gears; transmission ratios

Einfache Übersetzung
– Flachriemengetriebe

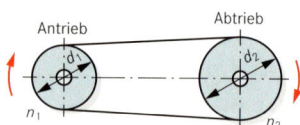

$$d_1 \cdot n_1 = d_2 \cdot n_2$$
$$i = \frac{n_1}{n_2} = \frac{d_2}{d_1} = \frac{M_2}{M_1}$$
$$n_1 = \frac{d_2 \cdot n_2}{d_1} \qquad n_2 = \frac{d_1 \cdot n_1}{d_2}$$

d_1 : Durchmesser der treibenden Scheibe
d_2 : Durchmesser der getriebenen Scheibe
n_1 : Umdrehungsfrequenz der treibenden Scheibe
n_2 : Umdrehungsfrequenz der getriebenen Scheibe
i : Übersetzungsverhältnis
$M_1; M_2$: Kraftmomente

– Zahnradgetriebe

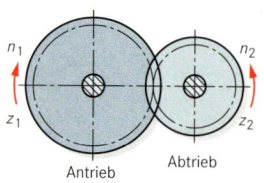

$$z_1 \cdot n_1 = z_2 \cdot n_2$$
$$i = \frac{n_1}{n_2} = \frac{z_2}{z_1} = \frac{M_2}{M_1}$$
$$n_1 = \frac{z_2 \cdot n_2}{z_1} \qquad n_2 = \frac{z_1 \cdot n_1}{z_2}$$

z_1 : Zähnezahl des treibenden Rades
z_2 : Zähnezahl des getriebenen Rades
n_1 : Umdrehungsfrequenz des treibenden Rades
n_2 : Umdrehungsfrequenz des getriebenen Rades
i : Übersetzungsverhältnis
$M_1; M_2$: Kraftmomente

– Zahnradgetriebe mit Zwischenrad

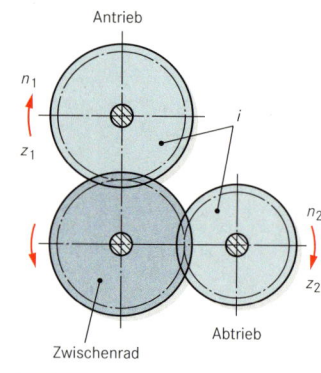

$$z_1 \cdot n_1 = z_2 \cdot n_2$$
$$i = \frac{n_1}{n_2} = \frac{z_2}{z_1} = \frac{M_2}{M_1}$$

Ein Zwischenrad ändert **nur** die Drehrichtung des getriebenen Rades. Übersetzungsverhältnis und Umdrehungsfrequenz bleiben gleich.

z_1 : Zähnezahl des treibenden Rades
z_2 : Zähnezahl des getriebenen Rades
n_1 : Umdrehungsfrequenz des treibenden Rades
n_2 : Umdrehungsfrequenz des getriebenen Rades
i : Übersetzungsverhältnis
$M_1; M_2$: Kraftmomente

– Kegelradgetriebe

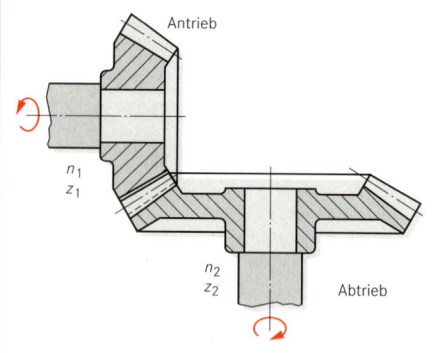

$$z_1 \cdot n_1 = z_2 \cdot n_2$$
$$i = \frac{n_1}{n_2} = \frac{z_2}{z_1} = \frac{M_2}{M_1}$$
$$n_1 = \frac{z_2 \cdot n_2}{z_1} \qquad n_2 = \frac{z_1 \cdot n_1}{z_2}$$

z_1 : Zähnezahl des treibenden Rades
z_2 : Zähnezahl des getriebenen Rades
n_1 : Umdrehungsfrequenz des treibenden Rades
n_2 : Umdrehungsfrequenz des getriebenen Rades
i : Übersetzungsverhältnis
$M_1; M_2$: Kraftmomente

Schreibweisen für das Übersetzungsverhältnis

$i = \frac{5}{1}$	$i = 5 : 1$	$i = 5$	$i > 1$ → Verminderung der Umdrehungsfrequenz
$i = \frac{1}{5}$	$i = 1 : 5$	$i = 0{,}2$	$i < 1$ → Vergrößerung der Umdrehungsfrequenz
$i = \frac{1}{1}$	$i = 1 : 1$	$i = 1$	$i = 1$ → keine Änderung der Umdrehungsfrequenz

Schraubendruckfedern
Helical pressure springs

Zylindrische Schraubendruckfedern aus runden Drähten

DIN 2098-1: 1968-10; DIN 2098-2: 1970-08

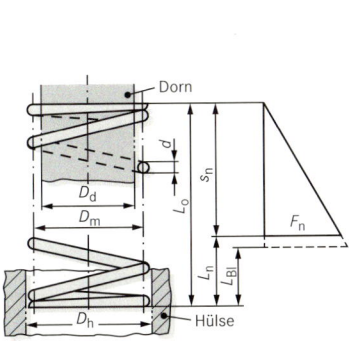

D_d : Dorndurchmesser
D_h : Hülsendurchmesser
D_m : Mittlerer Windungsdurchmesser
L_o : Länge der unbelasteten Feder
L_{Bl} : Blocklänge der Feder (Windungen liegen aneinander)
L_n : kleinste zulässige Prüflänge der Feder
F_n : Höchste zulässige Federkraft in N, zugeordnet der Länge L_n
R : Federrate in N/mm
d : Drahtdurchmesser
s_n : größter zulässiger Federweg in mm, zugeordnet der Kraft F_n
i_f : Anzahl der federnden Windungen
i_g : Gesamtzahl der Windungen

$$i_g = i_f + 2$$

Werkstoff: Federstahldraht nach DIN EN 10 270-1, Drahtsorte SM
Bezeichnung einer Druckfeder mit d = 2 mm, D_m = 16 mm und L_o = 30 mm:
Druckfeder DIN 2098 – 2 × 16 × 30

d	D_m	D_d max.	D_d min.	F_n in N	$i_f = 3,5$			$i_f = 5,5$			$i_f = 8,5$			$i_f = 12,5$		
					L_o	s_n	R	L_o	s_n	R	L_o	s_n	R	L_o	s_n	R
0,25	3,2	2,5	4,0	1,5	7,1	5,0	0,31	10,7	7,9	0,2	16,1	12,2	0,13	23,3	18,0	0,09
	2,0	1,5	2,6	2,3	3,7	1,9	1,2	5,5	2,9	0,8	8,0	4,6	0,52	11,4	6,7	0,36
	1,2	0,7	1,7	3,4	2,4	0,6	5,9	3,3	0,9	3,7	4,7	1,4	2,4	6,6	2,1	1,6
0,5	6,3	5,3	7,5	6,6	13,5	9,2	0,73	20,0	14,0	0,46	30,0	21,3	0,3	44,0	31,8	0,21
	4,0	3,1	5,0	9,3	7,0	3,3	2,84	10,0	4,9	1,81	15,0	7,9	1,17	21,5	11,7	0,79
	2,5	1,7	3,4	10,4	4,4	0,9	11,6	6,1	1,4	7,43	8,7	2,2	4,8	12,0	3,0	3,27
1	12,5	10,8	14,4	22,0	24,0	14,6	1,49	36,5	23,1	0,95	55,5	36,1	0,61	80,5	53,1	0,41
	8,0	6,5	9,6	33,2	13,0	5,7	5,68	19,0	8,9	3,61	28,5	14,2	2,33	40,5	20,6	1,59
	5,0	3,6	6,5	43,8	8,5	1,9	23,2	12,0	3,0	14,8	17,0	4,4	9,57	24,0	6,6	6,51
1,6	20,0	17,5	22,6	84,9	48,0	35,6	2,38	73,5	55,9	1,52	110,0	84,5	0,99	165,0	129,0	0,67
	12,5	10,3	14,7	135,0	24,0	14,0	9,76	36,0	21,9	6,23	53,5	33,4	4,0	78,0	50,0	2,73
	8,0	5,9	10,1	212,0	14,5	5,5	37,3	21,5	8,9	23,7	31,5	13,6	15,4	45,0	20,2	10,4
2	25,0	22,0	28,0	128,0	58,0	43,0	2,98	88,5	67,1	1,9	135,0	104,0	1,23	195,0	151,0	0,83
	16,0	13,4	18,6	198,0	30,0	17,5	11,4	45,0	27,3	7,24	68,0	42,5	4,69	98,0	62,1	3,19
	10,0	7,5	12,5	318,0	18,0	6,8	46,6	26,5	10,9	29,7	38,5	16,5	19,2	55,0	24,4	13,0
2,5	32,0	28,3	36,0	182,0	71,5	52,2	3,48	110,0	82,1	2,22	170,0	129,0	1,43	245,0	187,0	0,97
	25,0	21,6	28,4	233,0	49,0	32,2	7,29	74,5	50,5	4,64	115,0	80,2	3,0	165,0	116,0	2,04
	20,0	16,8	23,2	292,0	36,0	20,5	14,2	54,0	32,1	9,05	81,5	50,0	5,86	120,0	75,7	3,98
	16,0	12,9	19,1	365,0	27,5	12,9	27,8	41,0	20,5	17,7	61,0	31,7	11,5	88,0	49,9	7,78
3,2	40,0	35,6	44,6	288,0	82,0	60,8	4,76	125,0	95,3	3,03	190,0	148,0	1,96	275,0	216,0	1,33
	32,0	27,6	36,5	361,0	58,5	38,7	9,3	88,5	61,1	5,92	135,0	96,2	3,82	190,0	136,0	2,61
	25,0	21,1	28,9	461,0	42,5	23,4	19,4	63,5	37,2	12,4	94,5	57,4	8,0	135,0	83,4	5,54
	20,0	16,1	23,9	577,0	33,5	15,0	38,2	49,5	23,6	24,2	74,0	36,9	15,7	105,0	53,4	10,7
4	50,0	44,0	56,0	427,0	99,0	71,6	5,95	150,0	111,0	3,79	230,0	175,0	2,45	335,0	257,0	1,65
	40,0	34,8	45,2	533,0	71,0	45,8	11,7	105,0	69,9	7,41	160,0	110,0	4,79	235,0	165,0	3,26
	32,0	27,0	37,0	666,0	53,5	29,5	22,8	79,5	46,2	14,4	120,0	72,8	9,35	170,0	104,0	6,36
	25,0	20,3	29,7	852,0	41,0	18,1	47,7	60,5	28,3	30,3	89,5	43,5	19,6	130,0	65,5	13,3
5	63,0	56,0	70,0	623,0	120,0	87,7	7,27	180,0	135,0	4,63	275,0	210,0	2,99	395,0	304,0	2,03
	50,0	43,0	57,0	785,0	85,0	54,1	14,5	130,0	86,8	9,25	195,0	133,0	5,98	280,0	194,0	4,07
	40,0	34,0	46,0	981,0	64,0	34,4	28,4	95,5	54,5	18,1	140,0	81,6	11,7	205,0	124,0	7,95
	32,0	26,0	38,0	1226,0	51,0	22,3	55,4	75,0	34,8	35,3	110,0	52,5	22,9	160,0	79,5	15,5
6,3	80,0	71,0	89,0	932,0	145,0	103,0	8,96	220,0	160,0	5,7	335,0	250,0	3,69	490,0	370,0	2,51
	63,0	55,0	71,5	1177,0	105,0	65,0	18,3	155,0	99,0	11,7	235,0	155,0	7,55	340,0	277,0	5,13
	50,0	42,0	58,0	1481,0	80,0	42,0	36,7	115,0	62,0	23,3	175,0	100,0	15,1	250,0	145,0	10,3
	40,0	32,6	47,5	1854,0	60,0	24,0	71,7	90,0	39,7	45,6	135,0	63,2	29,5	195,0	95,0	20,1
8	100,0	89,0	111,0	1413,0	170,0	118,0	11,9	260,0	187,0	7,58	390,0	286,0	4,9	570,0	423,0	3,34
	80,0	69,0	91,0	1766,0	125,0	76,0	23,2	180,0	111,0	14,8	285,0	186,0	9,58	410,0	271,0	6,51
	63,0	53,0	73,0	2237,0	95,0	48,0	47,0	140,0	74,0	30,3	205,0	112,0	19,6	300,0	169,0	13,3
	50,0	40,5	60,0	2825,0	75,0	30,0	95,4	110,0	46,8	60,8	160,0	70,0	39,2	230,0	103,0	26,7

Tellerfedern
Disc springs

Tellerfedern

DIN 2093: 1992-01

Tellerfeder der Gruppen 1 und 2

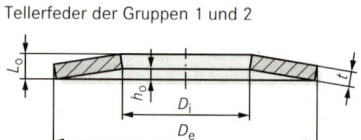

Tellerfeder der Gruppe 3

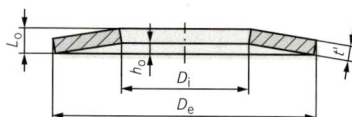

D_d : Außendurchmesser
D_i : Innendurchmesser
h_o : Rechengröße ($h_o = l_o - t$)
l_o : Bauhöhe des unbelasteten Einzeltellers
t : Dicke des Einzeltellers
t' : Reduzierte Dicke des Einzeltellers
s : Federweg des Einzeltellers
F : Federkraft des Einzeltellers
n : Anzahl der gleichsinnig geschichteten Federn
i : Anzahl der wechselsinnig geschichteten Federn

gleichsinnig geschichtetes Federpaket

$F_{ges} = n \cdot F$
$s_{ges} = s$
$L_{ges} = l_o + (n-1) \cdot t$

wechselsinnig geschichtetes Federpaket

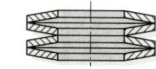

$F_{ges} = i \cdot F$
$s_{ges} = i \cdot s$
$L_{ges} = i \cdot l_o$

Werkstoff: Edelstahl mit $E = 206\,000$ N/mm^2
Bezeichnung einer Tellerfeder der Reihe A mit Außendurchmesser $D_e = 50$ mm:
Tellerfeder DIN 2093 – A 50

Gruppe	Tellerdicke t	Auflagefläche
1	kleiner als 1,25	nein
2	1,25 … 6	nein
3	über 6 … 14	ja

Gruppe	D_e h12	D_i H12	Reihe A: harte Federn $D_e/t \approx 18$; $h_o/t \approx 0{,}4$				Reihe B: mittelharte Federn $D_e/t \approx 28$; $h_o/t \approx 0{,}75$					Reihe C: weiche Federn $D_e/t \approx 40$; $h_o/t \approx 1{,}3$				
			t	t'	l_o	$F^{1)}$ (kN)	$s^{2)}$	t	t'	l_o	$F^{1)}$ (kN)	$s^{2)}$	t	t'	l_o	$F^{1)}$ (kN)	$s^{2)}$
1	8	4,2	0,4	–	0,6	0,21	0,15	0,3	–	0,55	0,12	0,19	0,2	–	0,45	0,04	0,19
	10	5,2	0,5	–	0,75	0,33	0,19	0,4	–	0,7	0,21	0,23	0,25	–	0,55	0,06	0,23
	14	7,2	0,8	–	1,1	0,81	0,23	0,5	–	0,9	0,28	0,3	0,35	–	0,8	0,12	0,34
	16	8,2	0,9	–	1,25	1	0,26	0,6	–	1,05	0,41	0,34	0,4	–	0,9	0,16	0,38
	18	9,2	1	–	1,4	1,25	0,3	0,7	–	1,2	0,57	0,38	0,45	–	1,05	0,21	0,45
	20	10,2	1,1	–	1,55	1,53	0,34	0,8	–	1,35	0,75	0,41	0,5	–	1,15	0,25	0,49
	25	12,2	–	–	–	–	–	0,9	–	1,6	0,87	0,53	0,7	–	1,6	0,6	0,68
	28	14,2	–	–	–	–	–	1	–	1,8	1,11	0,6	0,8	–	1,8	0,8	0,75
	35,5	18,3	–	–	–	–	–	–	–	–	–	–	0,9	–	2,05	0,83	0,86
	40	20,4	–	–	–	–	–	–	–	–	–	–	1	–	2,3	1,02	0,98
2	25	12,2	1,5	–	2,05	2,91	0,41	–	–	–	–	–	–	–	–	–	–
	28	14,2	1,5	–	2,15	2,85	0,49	–	–	–	–	–	–	–	–	–	–
	40	20,4	2,2	–	3,15	6,54	0,68	1,5	–	2,6	2,62	0,86	–	–	–	–	–
	45	22,4	3	–	4,1	7,72	0,75	1,7	–	3	3,66	0,98	1,25	–	2,85	1,89	1,2
	50	25,4	3	–	4,3	12	0,83	2	–	3,4	4,76	1,05	1,25	–	2,85	1,55	1,2
	56	28,5	3,5	–	4,9	11,4	0,98	2	–	3,6	4,44	1,2	1,5	–	3,45	2,62	1,46
	63	31	4	–	5,6	15	1,05	2,5	–	4,2	7,18	1,31	1,8	–	4,15	4,24	1,76
	71	36	5	–	6,7	20,5	1,2	2,5	–	4,5	6,73	1,5	2	–	4,6	5,14	1,95
	80	41	5	–	7	33,7	1,28	3	–	5,3	10,5	1,73	2,25	–	5,2	6,61	2,21
	90	46	6	–	8,2	31,4	1,5	3,5	–	6	14,2	1,88	2,5	–	5,7	7,68	2,4
	100	51	6	–	8,5	48	1,65	3,5	–	6,3	13,1	2,1	2,7	–	6,2	8,61	2,63
	125	64	–	–	–	–	–	5	–	8,5	30	2,63	3,5	–	8	15,4	3,38
	140	72	–	–	–	–	–	5	–	9	27,9	3	3,8	–	8,7	17,2	3,68
	160	82	–	–	–	–	–	6	–	10,5	41,1	3,38	4,3	–	9,9	21,8	4,2
	180	92	–	–	–	–	–	6	–	11,1	37,5	3,83	4,8	–	11	26,4	4,65
	200	102	–	–	–	–	–	–	–	–	–	–	5,5	–	12,5	36,1	5,25
3	125	64	8	7,5	10,6	85,9	1,95	–	–	–	–	–	–	–	–	–	–
	140	72	8	7,5	11,2	85,3	2,4	–	–	–	–	–	–	–	–	–	–
	160	82	10	9,4	13,5	139	2,63	–	–	–	–	–	–	–	–	–	–
	180	92	10	9,4	14	125	3	–	–	–	–	–	–	–	–	–	–
	200	102	12	11,25	16,2	183	3,15	8	7,5	13,6	76,4	4,2	–	–	–	–	–
	225	112	12	11,25	17	171	3,75	8	7,5	14,5	70,8	4,88	6,5	6,2	13,6	44,66	5,33
	250	127	14	13,1	19,6	249	4,2	10	9,4	17	119	5,25	7	7	14,8	50,5	5,85

[1] Federkraft des Einzeltellers bei $s \approx 0{,}75 \cdot h_o$ [2] $s \approx 0{,}75 \cdot h_o$

Herstellen von Stahlbaukonstruktionen

5

Einwirkungen auf Tragwerke

Wichte und Flächenlasten von Baustoffen........ 242
Lotrechte Nutzlasten... 243
Eigen- und Nutzlasten 244
Anpralllasten... 244
Windlasten 245
Schnee- und Eislasten 251

Bemessen von Stahlbauten

Einwirkungen durch Kräfte 254
Tragsicherheit... 256
Gebrauchstauglichkeit, Bauteilverformung 261
Lagesicherheit 262
Auflagerabstände 263
Schraubenverbindungen 265
Vereinfachte Darstellung von
Verbindungselementen 266
Tragfähigkeit von Schraubenverbindungen 268
Gebrauchstauglichkeit von
Schraubenverbindungen 271
Tragfähigkeit von Schweißverbindungen 272
Schweißnahtdicke, Schweißnahtlänge............. 273

Typisierte Anschlüsse im Stahlhochbau

Anschlüsse.. 275
Pfettenschuhe 275
Trägeranschlüsse mit Winkeln 276
Trägeranschlüsse mit Stirnplatten 280
Ausklinkungen bei Trägeranschlüssen............. 284
Pfettenstöße 286

Einwirkungen auf Tragwerke
Actions on structures

Wichte und Flächenlasten von Baustoffen, Bauteilen und Lagerstoffen
DIN 1055-1: 2002-06

Lagerstoffe	Last in kN/m³	Metalle	Last in kN/m³	Holz und Holzwerkstoffe	Last in kN/m³	Fußboden- und Wandbeläge	Last in kN/m³
Glas	25	Aluminium	27	Nadelholz, allgemein	4–6	Asphaltbeton	24
Drahtglas	26	Aluminium-legierung	28			Gussasphalt	23
Acrylglas	12			Laubholz	6–8	Betonwerkstein-platten	24
Kalk, gebrannt	13	Blei	114	Hölzer aus Übersee	laut Nachweis		
Kies und Sand		CuSn-Legierung	85	Spannplatten nach DIN 68 671 + 68 763	5–7,5	Zementestrich	22
trocken oder	18	CUZn-Legierung	85			Gummi	15
erdfeucht nass	20	Gusseisen	72,5			keramische Wandfliesen	19
Zement gemahlen	16	Kupfer	89	Furnierplatten nach DIN 68 705-3	4,5–8	Bodenfliesen	22
Kunststoffe		Magnesium	18,5	Tischlerplatten nach DIN 68 705-4	4,5–6,5	Kunststoffböden	15
PE; PS Granulat	6,5	Nickel	89			Teppichböden	3
Polyesterharz	12	Stahl	78,5	Brettschichtholz im Holzleimbau	4–5		
		Zink, gewalzt	72				
		Zinn, gewalzt	74				

Wände aus Beton

Porenbeton, bewehrt DIN 4223

Rohdichteklasse in g/cm³	0,5	0,6	0,7	0,8
Last in kN/m³	6,2	7,2	8,4	9,5

Normalbeton mit geschlossenem Gefüge DIN 1045

Betonfestigkeitsklasse	bis B 10	ab B 15
Last in kN/m³	23	24

Stahlbeton aus Normalbeton DIN 1045

Betonfestigkeitsklasse	ab B 15
Last in kN/m³	25

Wandmauerwerk aus künstlichen Steinen

Mauerwerk DIN 1053-1

Rohdichteklasse in g/cm³	0,4	0,5	0,6	0,7	0,8	0,9	1,0
Last in kN/m³	6	7	8	9	10	11	12

Rohdichteklasse in g/cm³	1,2	1,4	1,6	1,8	2,0	2,1	2,2
Last in kN/m³	14	15	17	18	20	21	22

Mauer- und Putzmörtel

	Last in kN/m³
Gipsmörtel ohne Sand	12
Kalk- und Gipssandmörtel	18
Kalkzement- und Zementmörtel	20
Lehmmörtel	20
Mörtel mit Putz- und Mauerbinder	21

Geschoss- und Dachdecken

Stahlbetonplatten DIN 1045	Flächenlast je 1 cm Plattendicke: 0,25 kN/m²

Stahlbeton-Hohldielen DIN 1045

Plattendicke in cm		6	7	8	9	10	11	12	14	16
Last in kN/m²	Normal-beton	1,0	1,15	1,3	1,5	1,65	1,85	2,01	–	–
	Leicht-beton	0,6	0,65	0,72	0,8	0,88	0,95	1,0	1,17	1,35

Decken aus Voll- und Lochsteinen DIN 105, DIN 106; DIN 398 oder Leichtbetonvollsteinen DIN 18 152 mit einer Gesamtdeckendicke d = 11,5 cm

Steinart	Dichte in $\frac{kN}{m^3}$	Last in $\frac{kN}{m^2}$
KS- und Ziegelvollstein	1,8	2,2
Leichtbetonvollstein	1,6	2,05
Loch- und Porenstein	1,4/1,2	1,9/1,7

Dachdeckung

Ziegel und Dachsteine	Last in kN/m²
Betondachsteine in verschiedener Ausführung	0,5–0,65
Falzziegel; Falzpfannen	0,55

Nichteisenmetalldeckung incl. Holzschalung von 22 mm Dicke	Last in kN/m²
Aluminiumblech, Bleckdicke 0,7 mm	0,25
Kupferblech doppelt gefalzt, Blechdicke 0,6 mm	0,30

Faserzement-Wellplatten	Last in kN/m²
Kurzwellplatten – Dichte 1,6 g/cm³	0,24
Wellplatten nach DIN 274-1…3	0,20

Kunststoffwellplatten	Last in kN/m²
glasfaserverstärkte Polyesterharzplatten	0,03
Plexiglasplatten – Dichte 1,2 g/cm³	0,08

Trapez-, Steg-, Doppelsicken-Profilstahlblech

Profilhöhe in mm	Blechdicke in mm	Last in kN/m²
26 mm	1,0	0,10
	1,5	0,15
70 mm	1,0	0,145
	1,5	0,22
121 mm	1,0	0,16

Einwirkungen auf Tragwerke
Actions on structures

Wichte und Flächenlasten von Baustoffen, Bauteilen und Lagerstoffen   DIN 1055-1: 2002-06

Wandbauplatten							
Wand- und Hohlwandplatten aus Leichtbeton							
Plattenrohdichte in g/cm^3		0,6	0,7	0,8	0,9	1,0	1,2	1,4
Lasten in kN/m^2 je 1 cm Plattendicke	Wandbauplatten DIN 18 162			0,09	0,1	0,11	0,13	0,15
	Hohlwandplatten DIN 18 148	0,08	0,09	0,1	0,11	0,12	0,14	0,15
Wandbauplatten aus Gips DIN 18 163; Gipskartonplatten DIN 18 180							
Bauweise	Porengips-bauplatten		Gipswand-bauplatten		Gipskarton-platten		
Plattenrohdichte in g/cm^3	0,7		0,9		1,1		
Last in kN/m^2 je 1 cm Plattendicke	0,07		0,09		0,11		

Sperr-, Dämm- und Füllstoffe	
Platten, Matten, Bahnen	Last in kN/m^3
Faserdämmstoffe nach DIN 18 165	1,0
Holzfaserplatten nach DIN 68 750, hart	10
DIN 68 752, DIN 68 754-1 mittelhart	8,0
weich	4,0
Holzwolle Leichtbauplatten Plattendicke 15 mm	6,0
DIN 1101 Plattendicke 100 mm	4,0
Korkschrotplatten aus imprägniertem Kork nach DIN 18 161-1 bitumiert/geteert	2,0
Korkschrotplatten aus Backkork DIN 18 161-1	1,2
Schaumkunststoffplatten DIN 18 164-1 + 2	0,4
DIN 1055-1 gibt die Rechenwerte der Belastung durch die genannten Stoffe an. Sind obere und untere Werte angegeben, so ist entweder der obere oder der untere Wert zu verwenden, so dass sich die ungünstigste Belastung ergibt.	

Eigen- und Nutzlasten für Hochbauten   DIN 1055-3: 2002-10

Lotrechte gleichmäßig verteilte Nutzlasten und Einzellasten für Dächer		
Dachart und Nutzung	Flächenlast q$_k$ in kN/m^2	Einzellast Q$_k$ in kN
Nicht begehbare Dächer, außer für übliche Erhaltungsmaßnahmen bzw. Reparaturen (Die Einzellast Q$_k$ wirkt auf einer quadratischen Aufstandsfläche mit einer Seitenlänge von 5 cm)	–	1
Fluchtwege auf Dächern	3	–

Lotrechte gleichmäßig verteilte Nutzlasten und Einzellasten für Decken und Balkone

Art der Nutzung	Flächenlast q$_k$ in kN/m^2	Einzellast Q$_k$ in kN	Art der Nutzung	Flächenlast q$_k$ in kN/m^2	Einzellast Q$_k$ in kN
Als Dachraum zugängliche Spitzbodendecke	1,0	1,0	Decken von Räumen mit fester Bestuhlung, z. B. Kinos, Hörsäle, Versammlungsräume, Wartesäle	4,0	4,0
Raumdecken und Flure in Wohngebäuden; Decken von Bettenräumen, Hotelzimmern usw. mit ausreichender Querverteilung der Last	1,5	–	Decken von frei begehbaren Räumen in Museen, Eingangsbereiche in öffentlichen Gebäuden und Hotels, Flächen von Einzelhandelsgeschäften und Fabriken mit leichtem Betrieb	5,0	4,0
Raumdecken ohne ausreichende Querverteilung der Last	2,0	1,0	Flächen von Fabriken mit mittlerem oder schwerem Betrieb sowie Flächen mit erheblichen Menschenansammlungen z. B. in Stadien	7,5	10
Decken von Fluren und Räumen in Bürogebäuden	2,0	2,0			
Decken von Fluren in Krankenhäusern, Hotels und Internaten	3,0	3,0	Dachterrassen, Balkone, Loggien, Laubengänge	4,0	2,0
Decken von Räumen mit Tischen, z. B. Schulräume, Restaurants, Lesesäle	3,0	4,0	Verkehrs- und Parkflächen für KFZ mit Gesamtgewicht bis 25 KN	2,5	2 x 20

Einwirkungen auf Tragwerke
Actions on structures

Eigen- und Nutzlasten für Hochbauten — DIN 1055-3: 2002-10

Lotrechte gleichmäßig verteilte Nutzlasten und Einzellasten für Treppen

Art der Nutzung	Flächenlast q_k in kN/m²	Einzellast Q_k in kN	Art der Nutzung	Flächenlast q_k in kN/m²	Einzellast Q_k in kN
Treppen und Treppenpodeste ohne nennenswerten Publikumsverkehr	3,0	2,0	Treppen und Treppenpodeste, die als Fluchtweg dienen	5,0	2,0
Treppen und Treppenpodeste mit nennenswertem Publikumsverkehr	5,0	2,0	Zugänge und Treppen von Tribünen ohne feste Sitzplätze, die als Fluchtweg dienen	7,5	3,0

Lotrechte Nutzlasten aus Betrieb mit Gegengewichtsstaplern mit zulässiger Gesamtlast > 25 kN

Maßvorgaben, Lasten und Tragfähigkeiten für Gegengewichtsstaplerregelfahrzeuge	Zulässige Gesamtlast (ergibt sich als Summe aus Nenntragfähigkeit und Eigenlast) in kN	Gesamtlänge in m	Gesamtbreite in m	Nenntragfähigkeit in kN	Flächenlast q_k in kN/m²	Einzellasten (Achslasten) $2 \times Q_k$ in kN
	31	2,60	1,00	10	12,5	26
	46	3,00	1,10	15	15,0	40
	69	3,30	1,20	25	17,5	63
	100	4,00	1,40	40	20,0	90
	150	4,60	1,90	60	20,0	140
	190	5,10	2,30	80	20,0	170

Horizontale Nutzlasten infolge von Personen auf Brüstungen, Geländer und andere Konstruktionen

Verwendung als Absperrung und Absturzsicherung	Horizontale Nutzlast q_k in kN/m
■ an Orten **ohne** nennenswerten Publikumsverkehr	0,5
■ an Orten **mit** nennenswertem Publikumsverkehr	1,0
■ in besonderen Bereichen	2,0

Horizontallasten zur Erzielung einer ausreichenden Längs- und Quersteifigkeit

Bauteilart	Horizontallast
Tribünenbauten und ähnliche Sitz- und Steheinrichtungen mit angenommenem Lastangriff in Fußbodenhöhe	1/20 der lotrechten Verkehrslast
Gerüste mit angenommenem Lastangriff in Schalungshöhe	1/100 aller lotrechten Lasten
Kippgefährdete Einbauten innerhalb geschlossener Bauwerke ohne Windbeanspruchung mit angenommenem Lastangriff im Schwerpunkt	1/100 der Gesamtlast

Anpralllasten — DIN 1055-9: 2003-08

Anprall von Kraftfahrzeugen an stützende Bauteile

Lage bzw. Einbauort der stützenden Bauteile	Last in Fahrtrichtung F_x in kN	Last rechtwinklig zur Fahrtrichtung F_y in kN
an Straßen außerorts sowie innerorts bei $v \geq 50$ km/h	1000	500
an Straßen innerorts bei $v < 50$ km/h mit weniger als 1 m Abstand zum Bordstein:		
■ an ausspringenden Gebäudeecken	500	500
■ bei anderen stützenden Bauteilen	250	250
für nicht am fließenden Verkehr liegende Stützen von Tankstellenüberdachungen	100	100
in Parkgaragen für PKW mit weniger als 25 kN Gesamtgewicht		
■ bis maximal zwei Einstellplätze und bei Carports	10	10
■ bei mehr als zwei Einstellplätzen	40	25
in Gebäuden mit LKW-Verkehr und Verkehr von PKW mit mehr als 25 kN Gesamtgewicht	100	100
Die Lasten wirken bei PKW 0,5 m und bei LKW 1,25 m über der Fahrbahn. Auf den Festigkeitsnachweis kann verzichtet werden, wenn bei Ausfall des stützenden Bauteils keine Einsturzgefahr besteht.		

Einwirkungen auf Tragwerke
Actions on structures

Windlasten
DIN 1055-4: 2005-03

Windkräfte bei nicht schwingungsanfälligen Bauwerken

$F_w = c \cdot q(z_e) \cdot A_{ref}$

- F_w: Gesamtwindkraft ohne Reibungskräfte in kN
- c: aerodynamischer Kraftbeiwert
- $q(z_e)$: Geschwindigkeitsdruck in Abhängigkeit von der Gebäudelage in kN/m²
- A_{ref}: Bezugsfläche für den aerodynamischen Kraftbeiwert c in m²

Kraftbeiwerte c

Baukörper Form		Abmessung	Bezugsfläche A_{ref} in m²	Kraftbeiwert c
Rechteckige Bauteile		$b/a \leq 0{,}2$	$a \cdot h$	$c = 2$ [1]
		$0{,}2 \leq b/a \leq 0{,}7$		$2 \leq c \leq 2{,}4$
		$0{,}7 \leq b/a \leq 5$		$2{,}4 \geq c \geq 1$
		$5 \leq b/a \leq 10$		$1 \geq c \geq 0{,}9$
		$b/a > 10$		$c = 0{,}9$
Zylinder		$h/d \leq \infty$	$h \cdot d$	$\leq 1{,}2$ [2]

Bei großen Werten von h ist ein Abminderungsfaktor zu berücksichtigen.

[1] Die Werte gelten für scharfkantige Körper. Für den Einfluss abgerundeter Ecken siehe DIN 1055-4, Abschnitt 12.

[2] Der Kraftbeiwert c für Zylinder kann in Abhängigkeit von den Abmessungen und den Oberflächenrauigkeiten geringere Werte bis $c = 0{,}4$ annehmen. Näheres siehe DIN 1055-4; Abschnitt 12.

Geschwindigkeitsdruck $q(z_e)$
Bestimmung des Geschwindigkeitsdruckes $q(z_e)$ mittels Tabelle für Gebäudehöhen bis 25 m

Windzone	Geländelage	Geschwindigkeitsdruck $q(z_e)$ in kN/m²		
		Gebäudehöhe h		
		$h \leq 10$ m	$10\,m \leq h \leq 18\,m$	$18\,m \leq h \leq 25\,m$
1	Binnenland	0,50	0,65	0,75
2	Binnenland	0,65	0,80	0,90
	Küste und Inseln der Ostsee	0,85	1,00	1,10
3	Binnenland	0,80	0,95	1,10
	Küste und Inseln der Ostsee	1,05	1,20	1,30
4	Binnenland	0,95	1,15	1,30
	Küste und Inseln der Ostsee	1,25	1,40	1,55
	Inseln der Nordsee	1,40	Berechnung	Berechnung

Windzonen

- Windzone 1
- Windzone 2
- Windzone 3
- Windzone 4

Windzone	gemittelte Windgeschwindigkeit v_{ref} in m/s	gemittelter Geschwindigkeitsdruck q_{ref} in kN/m²
1	22,5	0,32
2	25,0	0,39
3	27,5	0,47
4	30,0	0,56

v_{ref}: über einen Zeitraum von 10 Minuten gemittelte Windgeschwindigkeit gemessen in 10 m Höhe in ebenem, offenem Gelände.

Gemittelter Geschwindigkeitsdruck q_{ref}

$$q = \frac{1}{2} \varrho \cdot v^2$$

- q: Geschwindigkeitsdruck in KN/m²
- ϱ_{ref}: Dichte der Luft $\varrho = 1{,}25$ kg/m³
- v: Windgeschwindigkeit in m/s

Bei der **Berechnung** der Winddruckkräfte auf Gebäude mit mehr als 25 m Höhe sind zusätzlich zum gemittelten Geschwindigkeitsdruck q_{ref} weitere Einflüsse zu berücksichtigen, vgl. Norm.

Einwirkungen auf Tragwerke
Actions on structures

Windlasten
DIN 1055-4: 2005-03

Winddruck auf Bauteilflächen nicht schwingungsanfälliger Konstruktionen

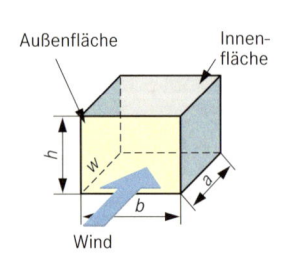

$F_{w,L} = w_{ges} \cdot A_L$

$w_{ges} = w_e + w_i$

Außenflächen

$w_e = c_{pe} \cdot q(z_e)$

$F_{w,L}$: Windkraft auf eine Fläche in kN

A_L: Lasteinzugsfläche; Größe der durch den Winddruck belasteten Fläche in m²

w_{ges}: Gesamtwinddruck auf eine Fläche in kN/m²

$w_{e,i}$: Winddruck auf eine Außenfläche (w_e) bzw. eine Innenfläche (w_i) in kN/m²

c_{pe}: aerodynamischer Beiwert für den Außendruck

$q(z_e)$: Geschwindigkeitsdruck in Abhängigkeit von der Flächenlage in kN/m²

- c_{pe} kann als Überdruck positive oder als Sog negative Werte annehmen.
- Die Berechnung des Winddruckes auf Innenflächen (w_i) wird an späterer Stelle gezeigt.

Aerodynamische Beiwerte für den Außendruck auf vertikale Wände an Gebäuden mit rechteckigem Grundriss

Abmes-sung	Außendruckbeiwerte c_{pe}									
	Druckfläche am rechteckigen Gebäude									
	A		B		C		D		E	
h/d	$c_{pe,10}$	$c_{pe,1}$	$c_{pe,10}$	$c_{pe,1}$	$c_{pe,10}$	$c_{pe,1}$	$c_{pe,10}$	$c_{pe,1}$	$c_{pe,10}$	$c_{pe,1}$
≥ 5	–1,4	–1,7	–0,8	–1,1	–0,5	–0,7	+0,8	+1,0	–0,5	–0,7
1	–1,2	–1,4	–0,8	–1,1	–0,5	–0,5	+0,8	+1,0	–0,5	–0,5
< 0,25	–1,2	–1,4	–0,8	–1,1	–0,5	–0,5	+0,7	+1,0	–0,3	–0,5

Zwischenwerte näherungsweise interpolieren!

Die Werte gelten für beliebige Dachneigungen.

Die mit A, B, C, D und E gekennzeichneten Flächen stellen die bei der Berechnung zu unterscheidenden Lasteinzugsflächen dar. Ihre hier dargestellte Verteilung und Größe gilt unter folgenden Bedingungen:

$h \leq b$ und $b < d$;

$e = b$ oder $e = 2 \times h$; es gilt der kleinere Wert.

Beispiel:
Berechnung der Größe der Windkraft F_w auf die Lasteinzugsfläche B:

$F_{w,B} = \frac{4}{5} \cdot e \cdot h \cdot c_{pe} \cdot q(z_e)$

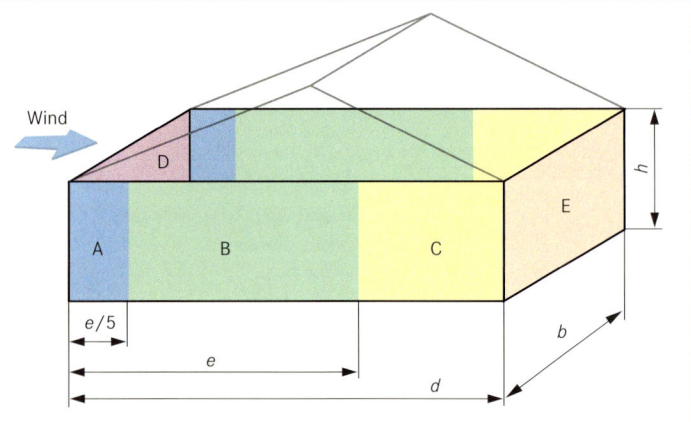

Aerodynamische Beiwerte für den Außendruck in Abhängigkeit von der Größe der Lasteinzugsfläche

$c_{pe} = c_{pe,1} + (c_{pe,10} - c_{pe,1}) \cdot \lg A_L$

c_{pe}: aerodynamischer Beiwert für den Außendruck nach Tabelle

A_L: Lasteinzugsfläche; Größe der durch den Winddruck belasteten Fläche in m²

$c_{pe,1}$: Außendruckbeiwert für eine Lasteinzugsfläche A ≤ 1 m²

$c_{pe,10}$: Außendruckbeiwert für eine Lasteinzugsfläche A ≥ 10 m²

Für Lasteinzugsflächengrößen A_L zwischen 1 m² und 10 m² Fläche sind die aerodynamischen Beiwerte für den Außendruck c_{pe} nach der hier dargestellten Formel zu berechnen.

Die Außendruckbeiwerte fallen von $c_{pe,1}$ auf $c_{pe,10}$ ab. Diese Außendruckbeiwerte für Lasteinzugsflächengrößen A_L zwischen 1 m² und 10 m² dienen der Berechnung von Verankerungen von winddruckbelasteten Einzelbauteilflächen wie z. B. Fenstern, Toren usw.

Einwirkungen auf Tragwerke
Actions on structures

Windlasten
DIN 1055-4: 2005-03

Aerodynamische Beiwerte für den Außendruck für vertikale Wände an Gebäuden mit rechteckigem Grundriss

Die mit A, B, D und E gekennzeichneten Flächen stellen die verschiedenen Lasteinzugsflächen dar. Ihre hier gezeigte Verteilung und Größe gilt unter folgenden Bedingungen:

$h \leq b$ und $d \leq b \leq 5 \times d$;

$e = b$ oder $e = 2 \times h$, es gilt der kleinere Wert.

Die mit A, D und E gekennzeichneten Flächen stellen die verschiedenen Lasteinzugsflächen dar. Ihre hier gezeigte Verteilung und Größe gilt unter folgenden Bedingungen:

$h \leq b$ und $b > 5 \times d$

Die Größen der Außendruckbeiwerte c_{pe} für die hier gezeigten Druckflächen bitte den Tabellen auf der vorangegangenen Seite entnehmen.

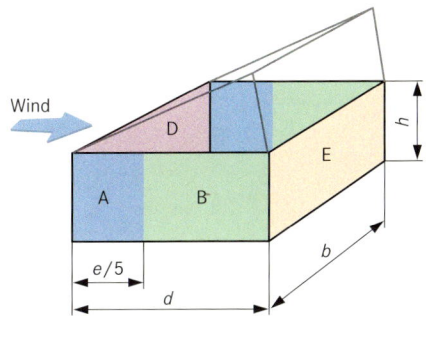
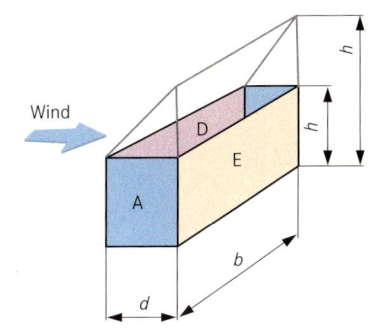

Aerodynamische Beiwerte für den Außendruck bei Flachdächern

Grundriss des Gebäudes mit Druckflächen des Flachdaches

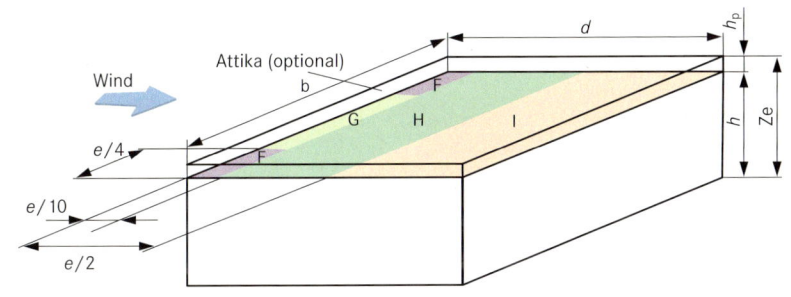

Die dargestellte Größe und Verteilung der Druckflächen sowie die Tabellenwerte gelten für folgende Bedingungen:

- Windanströmung quer zur Breite b
- $e = b$ oder $e = 2 \times h$, es gilt der kleinere Wert.
- Das Dach wird sowohl durch Druck als auch durch Sog belastet; positive bzw. negative c_{pe}-Werte zeigen dies an.
- Bei der Teilfläche I müssen die positiven und negativen Werte durch getrennte Berechnungen berücksichtigt werden.

Beispiel: Berechnung der Größe des Winddruckes w_e auf bestimmte Lasteinzugsflächen:

Fläche F: $w_{e,F} = 1/4 \, e \cdot 1/10 \, e \cdot c_{pe} \cdot q(z_e)$

Fläche H: $w_{e,H} = 4/10 \, e \cdot b \cdot c_{pe} \cdot q(z_e)$

Gestalt der Flachdachoberkante		Außendruckbeiwerte c_{pe} für Flachdächer							
		Druckfläche des Flachdaches							
		F		G		H		I	
		$c_{pe,10}$	$c_{pe,1}$	$c_{pe,10}$	$c_{pe,1}$	$c_{pe,10}$	$c_{pe,1}$	$c_{pe,10}$	$c_{pe,1}$
Scharfkantiger Traufbereich ohne Attika		−1,8	−2,5	−1,2	−2,0	−0,7	−1,2	+0,2 / −0,6	
Scharfkantiger Traufbereich mit Attika	$h_p/h = 0{,}025$	−1,6	−2,2	−1,1	−1,8	−0,7	−1,2	+0,2 / −0,6	
	$h_p/h = 0{,}05$	−1,4	−2,0	−0,9	−1,6	−0,7	−1,2	+0,2 / −0,6	
	$h_p/h = 0{,}10$	−1,2	−1,8	−0,8	−1,4	−0,7	−1,2	+0,2 / −0,6	

Herstellen von Stahlbaukonstruktionen

Einwirkungen auf Tragwerke
Actions on structures

Windlasten

DIN 1055-4: 2005-03

Aerodynamische Beiwerte für den Außendruck bei Pultdächern

Gebäude mit den Druckflächen F–I für die Windrichtungen $\Theta = 0°$, $\Theta = 90°$ und $\Theta = 180°$

Draufsicht auf das Gebäude für $\Theta = 0°$ und für $\Theta = 180°$

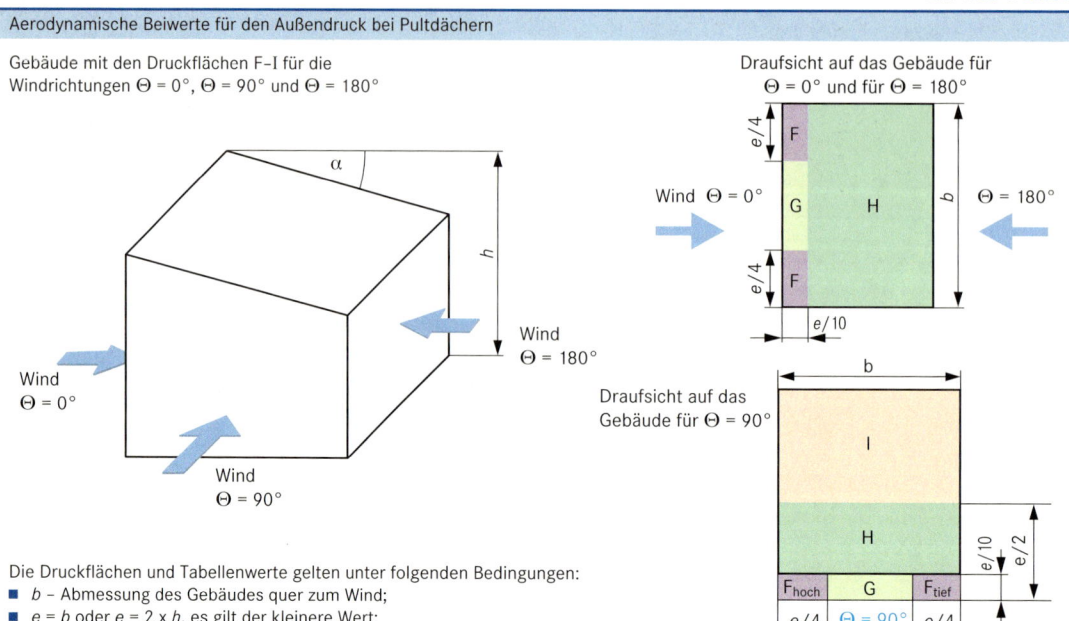

Draufsicht auf das Gebäude für $\Theta = 90°$

Die Druckflächen und Tabellenwerte gelten unter folgenden Bedingungen:
- b – Abmessung des Gebäudes quer zum Wind;
- $e = b$ oder $e = 2 \times h$, es gilt der kleinere Wert;
- die positiven und negativen c_{pe}-Werte sind durch getrennte Berechnungen zu berücksichtigen;
- Für Dachneigungen zwischen den in der Tabelle angegebenen Werten darf c_{pe} interpoliert werden, wenn das Vorzeichen der c_{pe}-Werte nicht wechselt.

Neigungs-winkel α	Außendruckbeiwerte c_{pe} für Pultdächer bei einer Windrichtung $\Theta = 180°$						Außendruckbeiwerte c_{pe} für Pultdächer bei einer Windrichtung $\Theta = 0°$					
	Druckfläche des Pultdaches						Druckfläche des Pultdaches					
	F		G		H		F		G		H	
	$c_{pe,10}$	$c_{pe,1}$	$c_{pe,10}$	$c_{pe,1}$	$c_{pe,10}$	$c_{pe,1}$	$c_{pe,10}$	$c_{pe,1}$	$c_{pe,10}$	$c_{pe,1}$	$c_{pe,10}$	$c_{pe,1}$
5°	−1,7	−2,5	−1,2	−2,0	−0,6 / +0,2	−1,2	−2,3	−2,5	−1,3	−2,0	−0,8	−1,2
10°	−1,3	−2,2	−1,0	−1,7	−0,4 / +0,2	−0,7	−2,4	−2,6	−1,3	−2,0	−0,8	−1,2
15°	−0,9 / +0,2	−2,0	−0,8 / +0,2	−1,5	−0,3 / +0,2		−2,5	−2,8	−1,3	−2,0	−0,8	−1,2
30°	−0,5 / +0,7	−1,5	−0,5 / +0,7	−1,5	−0,2 / +0,4		−1,1	−2,3	−0,8	−1,5	−0,8	
45°	+0,7		+0,7		+0,6		−0,6	−1,3	−0,5		−0,7	
60°	+0,7		+0,7		+0,7		−0,5	−1,0	−0,5		−0,5	
75°	+0,8		+0,8		+0,8		−0,5	−1,0	−0,5		−0,5	

Neigungs-winkel α	Außendruckbeiwerte c_{pe} für Pultdächer bei einer Windrichtung $\Theta = 90°$									
	Druckfläche des Pultdaches									
	F_{hoch}		F_{tief}		G		H		I	
	$c_{pe,10}$	$c_{pe,1}$	$c_{pe,10}$	$c_{pe,1}$	$c_{pe,10}$	$c_{pe,1}$	$c_{pe,10}$	$c_{pe,1}$	$c_{pe,10}$	$c_{pe,1}$
5°	−2,1	−2,6	−2,1	−2,4	−1,8	−2,0	−0,6	−1,2	−0,6 / +0,2	
10°	−2,2	−2,7	−1,8	−2,4	−1,8	−2,2	−0,7	−1,2	−0,6 / +0,2	
15°	−2,4	−2,9	−1,6	−2,4	−1,9	−2,5	−0,8	−1,2	−0,7	−1,2
30°	−2,1	−2,9	−1,3	−2,0	−1,5	−2,0	−1,0	−1,3	−0,8	−1,2
45°	−1,5	−2,4	−1,3	−2,0	−1,4	−2,0	−1,0	−1,3	−0,9	−1,2
60°	−1,2	−2,0	−1,2	−2,0	−1,2	−2,0	−1,0	−1,3	−0,7	−1,2
75°	−1,2	−2,0	−1,2	−2,0	−1,2	−2,0	−1,0	−1,3	−0,5	

Einwirkungen auf Tragwerke
Actions on structures

Windlasten

DIN 1055-4: 2005-03

Aerodynamische Beiwerte für den Außendruck bei Satteldächern und Trogdächern

Gebäude mit den Druckflächen F–J für die Windrichtungen $\Theta = 0°$ und $\Theta = 90°$

Draufsicht auf das Gebäude für $\Theta = 0°$ und für $\Theta = 180°$

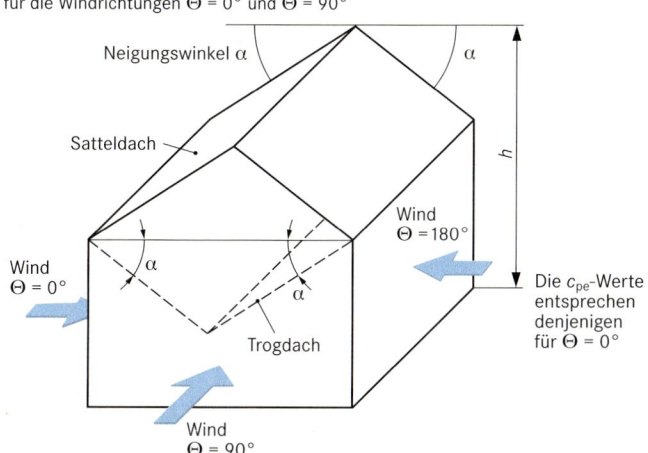

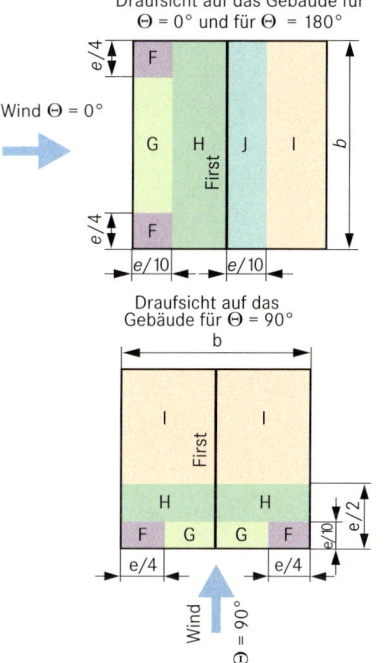

Die c_{pe}-Werte entsprechen denjenigen für $\Theta = 0°$

Die Druckflächen und Tabellenwerte gelten unter folgenden Bedingungen:
- b – Abmessung des Gebäudes quer zum Wind;
- $e = b$ oder $e = 2 \times h$, es gilt der kleinere Wert;
- die positiven und negativen c_{pe}-Werte sind durch getrennte Berechnungen zu berücksichtigen;
- Für Dachneigungen zwischen den in der Tabelle angegebenen Werten darf c_{pe} interpoliert werden, wenn das Vorzeichen der c_{pe}-Werte nicht wechselt.
- Die negativen Neigungswinkel gelten für Trogdächer.

Neigungs-winkel α	Außendruckbeiwerte c_{pe} für Sattel- und Trogdächer bei einer Windrichtung $\Theta = 0°$ und $180°$ Druckfläche des Sattel- bzw. Trogdächer									
	F		G		H		I		J	
	$c_{pe,10}$	$c_{pe,1}$	$c_{pe,10}$	$c_{pe,1}$	$c_{pe,10}$	$c_{pe,1}$	$c_{pe,10}$	$c_{pe,1}$	$c_{pe,10}$	$c_{pe,1}$
−45°	−0,6		−0,6		−0,8		−0,7		−1,0	−1,5
−30°	−1,1	−2,0	−0,8	−1,5	−0,8		−0,6		−0,8	−1,4
−15°	−2,5	−2,8	−1,3	−2,0	−0,9	−1,2	−0,5		−0,7	−1,2
−5°	−2,3	−2,5	−1,2	−2,0	−0,8	−1,2	−0,6/+0,2		−0,6/+0,2	
5°	−1,7	−2,5	−1,2	−2,0	−0,6	−1,2	−0,6/+0,2		−0,6/+0,2	
10°	−1,3	−2,2	−1,0	−1,7	−0,4		−0,5/+0,2		−0,8	+0,2
15°	−0,9	−2,0	−0,8	−1,5	−0,3		−0,4		−1,0	−1,5
	+0,2		+0,2		+0,2						
30°	−0,5	−1,5	−0,5	−1,5	−0,2		−0,4		−0,5	
	+0,7		+0,7		+0,4						
45°	+0,7		+0,7		+0,6		−0,4		−0,5	

Neigungs-winkel α	Außendruckbeiwerte c_{pe} für Sattel- und Trogdächer bei einer Windrichtung $\Theta = 90°$ Druckfläche des Sattel- bzw. Trogdächer							
	F		G		H		I	
	$c_{pe,10}$	$c_{pe,1}$	$c_{pe,10}$	$c_{pe,1}$	$c_{pe,10}$	$c_{pe,1}$	$c_{pe,10}$	$c_{pe,1}$
−45°	−1,4	−2,0	−1,2	−2,0	−1,0	−1,3	−0,9	−1,2
−30°	−1,5	−2,1	−1,2	−2,0	−1,0	−1,3	−0,9	−1,2
−15°	−1,9	−2,5	−1,2	−2,0	−0,8	−1,2	−0,8	−1,2
−5°	−1,8	−2,5	−1,2	−2,0	−0,7	−1,2	−0,6	−1,2
5°	−1,6	−2,2	−1,3	−2,0	−0,7	−1,2	−0,6/+0,2	
10°	−1,4	−2,1	−1,3	−2,0	−0,6	−1,2	−0,6/+0,2	
15°	−1,3	−2,0	−1,3	−2,0	−0,6	−1,2	−0,5	
30°	−1,1	−1,5	−1,4	−2,0	−0,8	−1,2	−0,5	
45°	−1,1	−1,5	−1,4	−2,0	−0,9	−1,2	−0,5	

DIN 1055-4: 2005-03

...druck auf innen liegende Oberflächen offener Baukörper

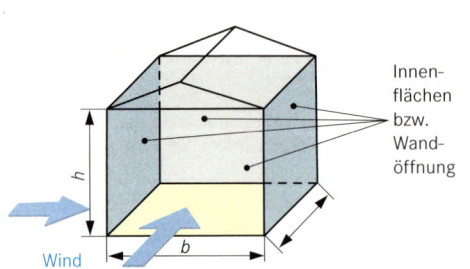

$w_{ges} = w_e + w_i$

$w_i = c_{pi} \times q(z_e)$

w_{ges}: Gesamtwinddruck auf eine Fläche

$w_{e,i}$: Winddruck auf eine Außenfläche (w_e) bzw. eine Innenfläche (w_i) in kN/m²

c_{pi}: aerodynamischer Beiwert für den Innendruck

$q(z_e)$: Geschwindigkeitsdruck in Abhängigkeit von der Flächenlage in kN/m²

c_{pi} kann als Überdruck positive oder als Sog negative Werte annehmen.

Druckbeiwerte für innen liegende Oberflächen offener Baukörper

Lage des Bauwerkes mit Windrichtung und Innendruckbeiwert c_{pi}

windzugewandte Seite offen	windabgewandte Seite offen	windzugewandte Seite offen und eine Seitenfläche offen
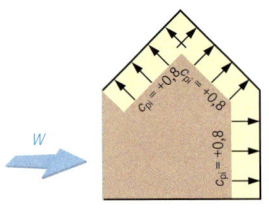 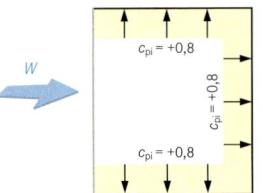	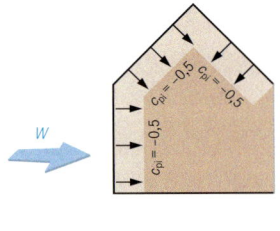 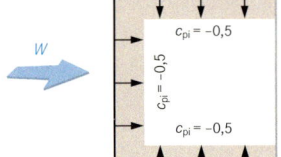	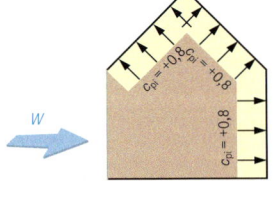 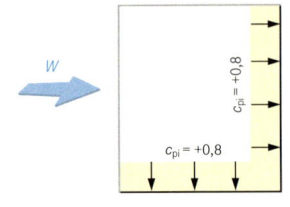
windzugewandte und windabgewandte Seite geschlossen; eine Seitenfläche offen	windzugewandte Seite geschlossen; windabgewandte Seite und eine Seitenfläche offen	windzugewandte und windabgewandte Seite geschlossen, beide Seitenwände offen
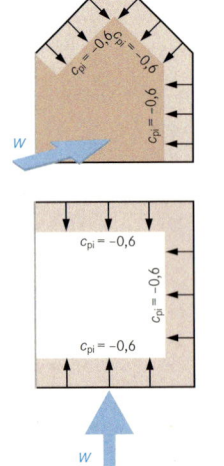	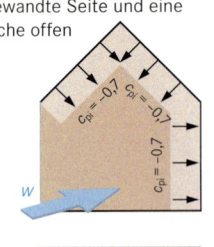 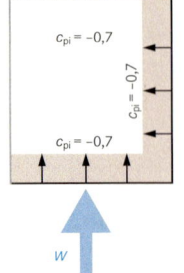	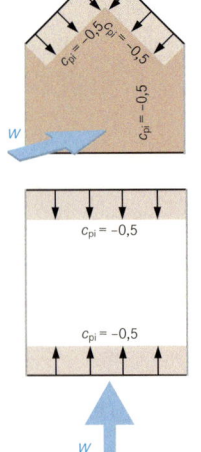

Einwirkungen auf Tragwerke
Actions on structures

Schnee- und Eislasten
DIN 1055-5: 2005-07

Eislast durch Klareis und Glatteis

Klareis entsteht durch auf der Bauteiloberfläche gefrierenden Nebel, Glatteis durch gefrierenden Regen.

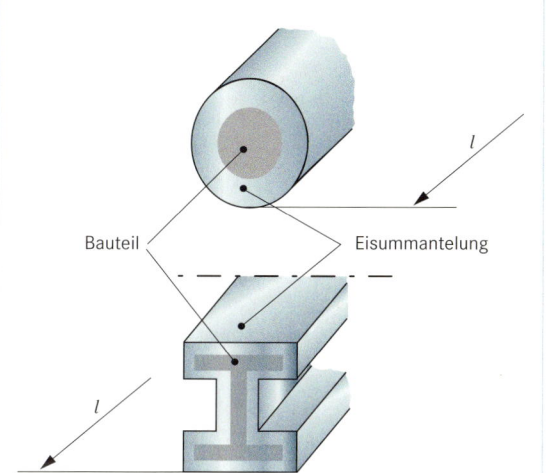

$$F_k = \rho_k \cdot A \cdot l$$

$\rho_k = 9 \text{ kN/m}^3$

F_k: charakteristischer Wert der Eislast in kN

ρ_k: charakteristischer Wert der Eisrohdichte in kN/m³

A: Querschnittsfäche der Eisummantelung in m²

l: Vereisungslänge in m

Dicke der Eisummantelung

Klareis- bzw- Glatteis-Vereisungsklasse	Dicke t der Klareis- bzw. Glatteis-Ummantelung in m
G 1	0,01
G 2	0,02

Eislastzonen und Vereisungsklassen

Eislast-Zone Z	Region	Vereisungs-klassen*)
1	Küste	G 1, R1
2	Binnenland	G 2, R1
3	Mittelgebirge unter 400 m Geländehöhe	G 2, R2
4	Mittelgebirge über 400 m bis 600 m Geländehöhe	G 2, R3
4	Mittelgebirge über 600 m Geländehöhe	G 2, R4, R5

In den Eislastzonen 3 und 4 sind zusätzlich die Vorgaben der örtlichen Bauämter zu beachten.

*) Neben den Klareis- bzw. Glatteisvereisungsklassen G1 und G2 werden noch die Raueisvereisungsklassen R1 bis R5 unterschieden.

Eislastzonenkarte

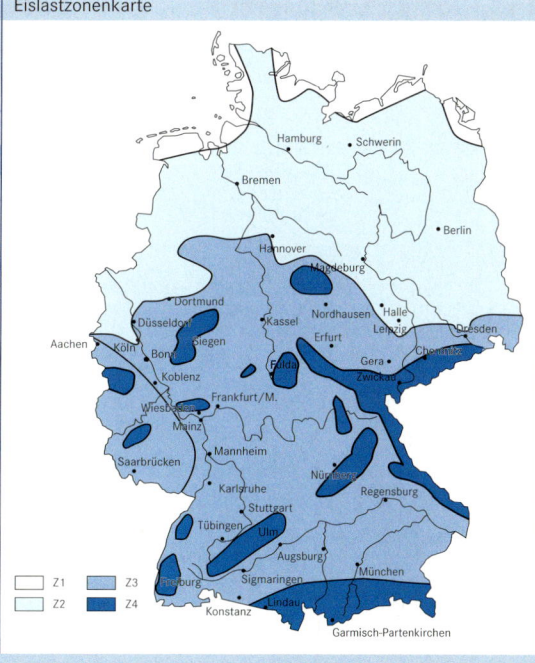

Eislast durch Raueis

Zusätzlich zum Klar- und Glatteisansatz ist die Eislast durch Raueis zu beachten. Raueis entsteht durch Anwachsen einer Eisfahne entgegen der Windrichtung unter Vereisungsbedingungen. Die Stärke dieser Vereisung ist durch die Raueisvereisungsklassen R1 bis R5 bestimmt; Näheres siehe Norm.

Einwirkungen auf Tragwerke
Actions on structures

Schnee- und Eislasten
DIN 1055-5: 2005-07

Schneelast auf Dächern

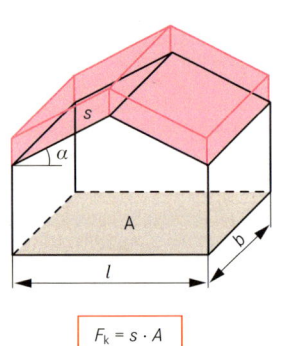

$F_k = s \cdot A$
$s = \mu \cdot s_k$
$A = l \cdot b$

F_k: charakteristischer Wert[*] der Gesamtkraft der Schneelast auf Dächern in kN

A: Grundrissprojektion der Dachfläche in m²

s: flächenbezogene Schneelast auf einer bestimmten Dachform in kN/m²

μ: Formbeiwert der Schneelast für flache und geneigte Dächer für eine lotrecht wirkende, gleichmäßig über die gesamte Dachlänge l verteilte Schneelast.
Dieser Formbeiwert der Schneelast setzt Dachkonstruktionen mit einem Wärmedurchgangskoeffizienten von $U < 1$ W/m² x K voraus.

s_k: charakteristischer Wert[*] der flächenbezogenen Schneelast in kN/m²

l, b: Länge und Breite der projizierten Dachfläche

[*] Dies ist ein statistischer Mittelwert, der bei der Dimensionierung von Bauteilen durch verschiedene Sicherheitsfaktoren erhöht wird, um zeitlich und örtlich vorkommende Abweichungen zu berücksichtigen.

Schneelasten auf dem Boden

Schneelastzone Z	Geländehöhe H in m über NN	Größe der Schneelast s_k in kN/m²
1	0–400	0,65
1a	0–400	0,8125
2	0–285	0,85
2a	0–285	1,0625
3	0–255	1,10

Schneelast in größeren Geländehöhen

Schneelastzone Z	Geländehöhe H in m über NN	Größe der Schneelast s_k in kN/m²
1	>400	$s_k = 0,19 + 0,91 \times [(H + 140)/760]^2$
1a	>400	$s_k = \{0,19 + 0,91 \times [(H + 140)/760]^2\} \times 1,25$
2	>285	$s_k = 0,25 + 1,91 \times [(H + 140)/760]^2$
2a	>285	$s_k = \{0,25 + 1,91 \times [(H + 140)/760]^2\} \times 1,25$
3	>255	$s_k = 0,31 + 2,91 \times [(H + 140)/760]^2$

Bestimmte Lagen der Schneelastzone 3, wie z. B. die Hochlagen des Harzes, des Erzgebirges und des Fichtelgebirges, erfordern höhere Werte für s_k; Auskunft geben örtliche Bauämter.

Schneelastzonen:

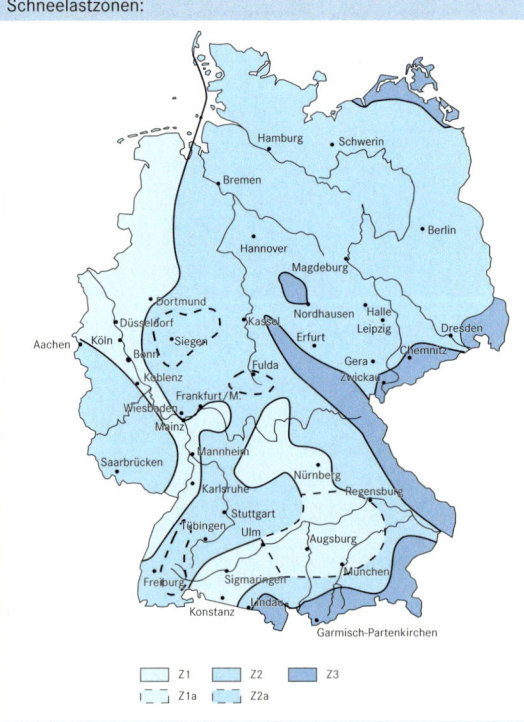

Z1, Z2, Z3, Z1a, Z2a

Einwirkungen auf Tragwerke
Actions on structures

Schnee- und Eislasten
DIN 1055-5: 2005-07

Formbeiwerte und Verteilung der Schneelast auf Flachdächern und Pultdächern

Pultdach

gleichmäßige Schneelastverteilung
$\mu(\alpha)$

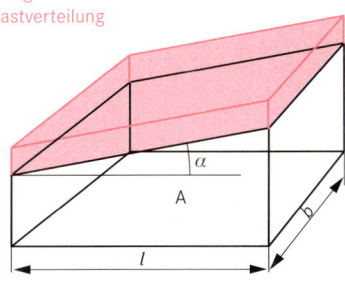

α: Dachneigung in °

μ: Formbeiwert der Schneelast für Flach- und Pultdächer

A: Grundrissprojektion der Dachfläche

l: Dachlänge

α	$0° < \alpha < 30°$	$30° < \alpha < 60°$	$\alpha > 60°$
μ	0,8	$\dfrac{0{,}8 \cdot (60° - \alpha)}{30°}$	0

Verteilung der Schneelast: gleichmäßig über die gesamte Dachlänge

Berechnung der flächenbezogenen Schneelast s: $\quad s = \mu \cdot s_k$

Formbeiwerte und Verteilung der Schneelast auf Satteldächern

Satteldach

Schneelastverteilung
Fall A:
$\mu(\alpha_1)$

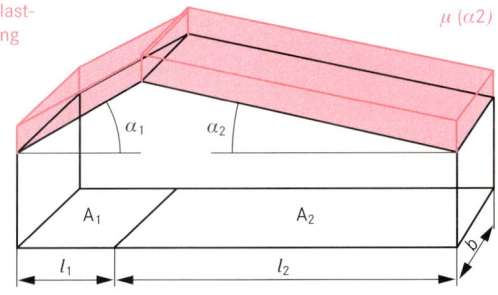

$\alpha_{1,2}$: Dachneigungen des Satteldaches in °

μ: Formbeiwert der Schneelast für das Satteldach

$A_{1,2}$: Grundrissprojektionen der Einzeldachflächen

$l_{1,2}$: projizierte Teildachlängen

$\alpha_{1,2}$	$0° < \alpha < 30°$	$30° < \alpha < 60°$	$\alpha > 60°$
μ	0,8	$\dfrac{0{,}8 \cdot (60° - \alpha)}{30°}$	0

Verteilung der Schneelast : Gleichmäßige Verteilung auf der jeweiligen Dachneigungsfläche

Satteldach

Schneelastverteilung
Fall B:
$0{,}5 \cdot \mu(\alpha_1)$

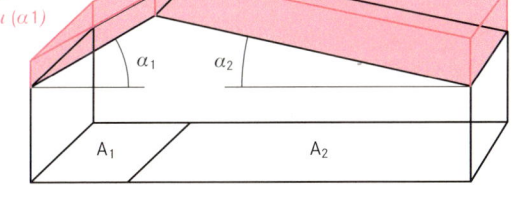

Berechnung der flächenbezogenen Gesamtschneelast s_{ges}

$$s_{ges} = s_1 + s_2$$

s_{ges}: Gesamtschneelast in kN/m²
$s_{1,2}$: Einzelschneelasten in kN/m²

Es sind die Gesamtschneelasten für die folgenden drei Fälle A), B) und C) der Schneelastverteilung zu berechnen. Der für die gegebene Konstruktion ungünstigste Fall von s_{ges} ist bei der Dimensionierung des Bauwerkes zu berücksichtigen.

Satteldach

Schneelastverteilung
Fall C:
$\mu(\alpha_1)$

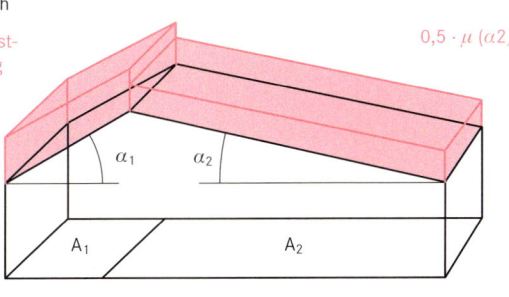

Berechnung der flächenbezogenen Schneelasten s_1 und s_2

Fall A): $s_1 = \mu(\alpha_1) \cdot s_k; \qquad s_2 = \mu(\alpha_2) \cdot s_k$

Fall B): $s_1 = 0{,}5 \cdot \mu(\alpha_1) \cdot s_k; \qquad s_2 = \mu(\alpha_2) \cdot s_k$

Fall C): $s_1 = \mu(\alpha_1) \cdot s_k; \qquad s_2 = 0{,}5 \cdot \mu(\alpha_2) \cdot s_k$

Herstellen von Stahlbaukonstruktionen

Bemessen von Stahlbauten
Design of structural steelwork

Einwirkungen durch Kräfte
DIN 18 800-1: 1990-11

Einteilung der Einwirkungen

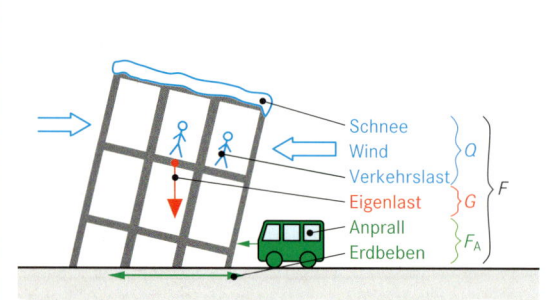

F – Einwirkungen durch Kräfte, allgemein

Q – veränderliche Einwirkungen

G – ständige Einwirkungen

F_A – außergewöhnliche Einwirkungen

Schnee, Wind, Verkehrslast $\}Q$
Eigenlast $\}G$
Anprall, Erdbeben $\}F_A$

Charakteristische Größen und Bemessungswerte

$G_d = G_k \cdot \gamma_F$

$Q_d = Q_k \cdot \gamma_F$

$F_{Ad} = F_{Ak} \cdot \gamma_F$

G_d ; Q_d ; F_{Ad} : Bemessungswerte der Einwirkungen

G_k ; Q_k ; F_{Ak} : charakteristische Werte der Einwirkung z. B. nach DIN 1055

γ_F : Teilsicherheitsbeiwert zur Berücksichtigung der zeitlichen und örtlichen Streuung der Einwirkungen und zur Absicherung von Vereinfachungen bei der Berechnung

Fälle der Einwirkungskombinationen

Fall	Beschreibung der Einwirkungskombinationen	Bemessungswerte der Einwirkungen F_d	Teilsicherheitsbeiwert γ_F für ständige Einwirkungen G	Teilsicherheitsbeiwert γ_F für veränderliche Einwirkungen Q	Kombinationsbeiwert Ψ
1	Berücksichtigt die ständigen Einwirkungen G und die Summe aller ungünstig wirkenden veränderlichen Einwirkungen	$F_d = G_k \cdot \gamma_F + \sum\limits_{i=1}^{n} Q_{k,i} \cdot \gamma_F \cdot \Psi$	1,35	1,35	0,9
2	Berücksichtigt die ständigen Einwirkungen G und alle ungünstig wirkenden veränderlichen Einwirkungen $Q_{k,i}$[1] einzeln	$F_d = G_k \cdot \gamma_F + Q_{k,i} \cdot \gamma_F$	1,35	1,5	–
3	Berücksichtigt die ständigen Einwirkungen G und die Summe aller ungünstig wirkenden veränderlichen Einwirkungen sowie jeweils eine außergewöhnliche Einwirkung F_A	$F_d = G_k \cdot \gamma_F + \sum\limits_{i=1}^{n} Q_{k,i} \cdot \gamma_F \cdot \Psi + F_{Ak}$	1,0	1,0	0,9

Der für das jeweilige Bauteil ungünstigste Fall der Einwirkungskombinationen ist maßgebend.

[1] Für den Fall, dass ständige Einwirkungen G (z. B. Eigenlast) die Beanspruchungen aus veränderlichen Einwirkungen (z. B. Windsog bei Dächern) mindern, muss G_d wie folgt berechnet werden: $G_d = \gamma_F \cdot G_k$ mit $\gamma_F = 1,0$

Beanspruchungen S_d

Zugbeanspruchung

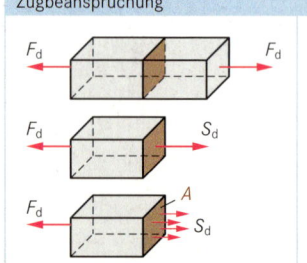

S_d als Zugkraft
$S_d = F_d$

S_d als Spannung
$S_d = \sigma_d$
$\sigma_d = F_d/A$

S_d: Beanspruchung als Zustandsgröße im Bauteil, die sich aus den Bemessungswerten der Einwirkungen und den Bauteilabmessungen ergibt. Sie kann berechnet werden als Zugkraft oder als Spannung.

F_d: Bemessungswert der Einwirkungen — z. B. in kN

σ_d: Bemessungswert der Normalspannung — z. B. in kN/cm²

A: Querschnittsfläche des Bauteils — z. B. in cm²

Bemessen von Stahlbauten
Design of structural steelwork

Beanspruchungen S_d

Biegebeanspruchung

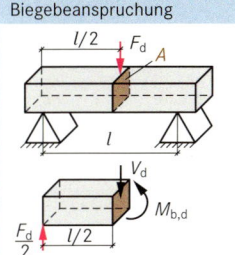

S_d als Querkraft:
$S_d = V_d$
$V_d = F_d/2$

S_d als Biegemoment:
$S_d = M_{b,d}$
$M_{b,d} = F_d/2 \cdot l/2$

S_d als Spannungen:
a) $S_d = \tau_{ad}$
$\tau_{a,d} = V_d/A$
b) $S_d = \sigma_{b,d}$
$\sigma_{b,d} = M_{b,d}/W$

S_d: Beanspruchungen als Zustandsgrößen im Bauteil, die sich aus den Bemessungsgrößen der Einwirkungen und den Bauteilabmessungen ergeben. Sie können berechnet werden als Querkräfte, als Biegemomente oder als Spannungen
F_d: Bemessungswert der Einwirkungen z. B. in kN
l: Bauteillänge z. B. in cm
V_d: Bemessungswert der Querkraft z. B. in kN
$M_{b,d}$: Bemessungswert des Biegemoments z. B. in kN cm
$\tau_{a,d}$: Bemessungswert der Scherspannung z. B. in kN/cm²
A: Querschnittsfläche des Bauteils z. B. in cm²
$\sigma_{b,d}$: Bemessungswert der Biegespannung z. B. kN/cm²
W: Widerstandsmoment des Bauteils z. B. in cm³

Beanspruchbarkeit R_d

$R_d = M_d$

R_d: Beanspruchbarkeit als sicherer Grenzwert (Bemessungswert) des Bauteilwiderstands gegen Einwirkungen z. B. in kN
M_d: Bemessungswert des Widerstandes gegenüber Einwirkungen z. B. in kN

Widerstand M

Biegebeanspruchung

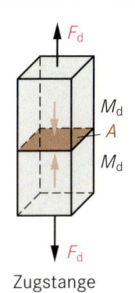
Zugstange

$M_d = M_k/\gamma_M$

$\gamma_M = 1{,}1$ allgemein für Festigkeiten und Steifigkeiten
$\gamma_M = 1{,}0$ für Festigkeiten und Steifigkeiten beim Gebrauchstauglichkeitsnachweis, vgl. DIN 18 800

Beispiel: Widerstand gegen Zugbeanspruchung (Zugkraft)
$M_{k\,Zugstange} = A \cdot f_{y,k}$
$M_{d\,Zugstange} = A \cdot f_{y,d}$
$f_{y,d} = f_{y,k}/\gamma_M$

M: Widerstand, den das Bauteil den Einwirkungen entgegensetzt in N
M_d: Bemessungswert des Widerstandes in N
M_k: charakteristischer Wert des Widerstandes in N
γ_M: Teilsicherheitsbeiwert zur Erfassung der Streuung der Festigkeiten bzw. Steifigkeiten (Teilsicherheitsbeiwert der Widerstandsgrößen)
A: Querschnittsfläche des Bauteils in mm²
$f_{y,k}$: charakteristischer Wert der Streckgrenze (R_e) eines Werkstoffes in N/mm²
$f_{y,d}$: Bemessungswert der Streckgrenze eines Werkstoffes in N/mm²
F_d: Bemessungswert der Einwirkung auf Zug in N

Charakteristische Werte für Walz- und Gussstahl

DIN 18 800-1: 1990-11

Stahlbezeichnung DIN 18 800-1		Bezeichnung nach DIN EN 10 025, DIN EN 10 083	Erzeugnisdicke t in mm	Charakteristische Werte			
				Streckgrenze $f_{y,k}$ in N/mm²	Zugfestigkeit $f_{u,k}$ in N/mm²	E-Modul E in N/mm²	Schubmodul G in N/mm²
Baustahl	St 37-2 USt 37-2 RSt 37-2 St 37-3	S235JR S235JRG1 S235JRG2 S235J0 S235J2G3	$t \leq 40$	240	360	210 000	81 000
			$40 < t \leq 80$	215			
Baustahl	St 52-2	S355J0 S355J2G3	$t \leq 40$	360	510		
			$40 < t \leq 80$	325			
Feinkornbaustahl	StE 355	S355N	$t \leq 40$	360	510		
	WStE 355	S355NL	$40 < t \leq 80$	325			
Stahlguss	GS-52	GS-52		260	520		
	GS-20 Mn5		$t \leq 100$	260	500		
Vergütungsstahl	C 35 N	C 35	$t \leq 16$	300	480		
			$16 < t \leq 80$	270			

Bemessen von Stahlbauten
Design of structural steelwork

Nachweis der Tragsicherheit
DIN 18 800-1: 1990-11

allgemeine Form		
$\dfrac{S_d}{R_d} \leq 1$	S_d: Beanspruchung, die sich aus den Bemessungswerten der Einwirkungen ergibt	z. B. in kN
	R_d: Beanspruchbarkeit, die sich aus den Bemessungswerten der Widerstände ergibt	z. B. in kN
	Der Tragsicherheitsnachweis belegt, dass ein Bauteil bzw. ein ganzes Tragwerk gegen Versagen (z. B. durch Einsturz) ausreichend sicher ist.	

Tragsicherheitsnachweis nach dem Verfahren „Elastisch-Elastisch"
DIN 18 800-1: 1990-11

allgemeiner Nachweis

$\dfrac{\sigma_d}{\sigma_{R,d}} \leq 1$ $\quad$ $\sigma_{R,d} = \dfrac{f_{y,k}}{\gamma_M}$

$\dfrac{\tau_d}{\tau_{R,d}} \leq 1$ $\quad$ $\tau_{R,d} = \dfrac{f_{y,k}}{\gamma_M \cdot \sqrt{3}}$

$\gamma_M = 1{,}1$

- σ_d: Bemessungswert der Normalspannung infolge der Einwirkungen — z. B. in N/mm²
- $\sigma_{R,d}$: Grenznormalspannung — z. B. in N/mm²
- $f_{y,k}$: charakteristischer Wert der Streckgrenze — z. B. in N/mm²
- γ_M: Teilsicherheitsbeiwert zur Erfassung der Streuung der Festigkeitswerte
- τ_d: Bemessungswert der Schubspannung infolge der Einwirkungen — z. B. in N/mm²
- $\tau_{R,d}$: Grenzschubspannung — z. B. in N/mm²

Zugbeanspruchung

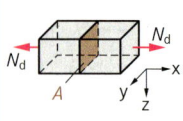

Zugbeanspruchung

$\sigma_d = N_d / A$

- σ_d: Bemessungswert der Normalspannung infolge Zugbeanspruchung — in N/mm²
- N_d: Bemessungswert der Kraft in Richtung der Stablängsachse x — in N
- A: maßgebende Querschnittsfläche (vgl. z. B. Lochschwächung etc.) — in mm²

Biegebeanspruchung

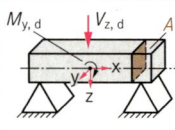

$\sigma_d = \dfrac{M_{y,d}}{W_y}$ $\quad$ $^{1)}\tau_d = \dfrac{V_{z,d/2}}{A}$

$\sigma_d = \dfrac{M_{z,d}}{W_z}$ $\quad$ $^{1)}\tau_d = \dfrac{V_{y,d/2}}{A}$

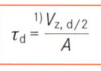

$^{1)}$ nur bei konstanter Spannungsverteilung

- σ_d: Bemessungswert der Normalspannung — in N/mm²
- $M_{y,d}$: Bemessungswert des Biegemoments um die y-Achse — in N · mm
- W_y: Widerstandsmoment des Bauteils bezogen auf die y-Achse, das zur größten Beanspruchung führt — in mm³
- τ_d: Bemessungswert der Schubspannung — in N/mm²
- $V_{z,d}$: Bemessungswert der Querkraft in Richtung z-Achse — in N
- A: Querschnittsfläche des Bauteils — in mm²
- $M_{z,d}$: Bemessungswert des Biegemoments um die z-Achse — in N · mm
- W_z: Widerstandsmoment des Bauteils bezogen auf die z-Achse, das zur größten Beanspruchung führt — in mm³
- $V_{y,d}$: Bemessungswert der Querkraft in Richtung y-Achse — in N

Zug- und Biegebeanspruchung

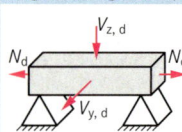

$\sigma_d = \dfrac{N_d}{A} + \dfrac{M_{y,d}}{W_y} + \dfrac{M_{z,d}}{W_z}$

Berechnungsformel gilt nur für achssymmetrische Profile

- σ_d: Bemessungswert der Normalspannung — in N/mm²
- N_d: Bemessungswert der Stablängskraft — in N
- A: Bauteilquerschnitt — in mm²
- $M_{y,d}$; $M_{z,d}$: Bemessungswert der Biegemomente — in N · mm
- W_y, W_z: Widerstandsmoment bezogen auf die y- und z-Achse — in mm³
- $V_{y,d}$; $V_{z,d}$: Bemessungswert der Querkräfte — in N

Beanspruchung von I-Profilen

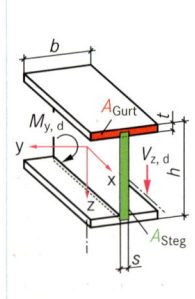

Bedingung:
$A_{gurt} / A_{steg} > 0{,}6$

Schubbeanspruchung im Steg

$\tau_{m,d} = \dfrac{V_{z,d}}{A_{steg}}$

$A_{steg} = (h - t) \cdot s$
$A_{gurt} = b \cdot t$

gleichzeitige Beanspruchung durch $M_{y,d}$ und $V_{z,d}$

$\sigma_{v,d} = \sqrt{\sigma_{r,d}^2 + 3 \cdot \tau_m^2}$

- $\tau_{m,d}$: Bemessungswert der mittleren Schubspannung im Steg des I-Trägers — in N/mm²
- $V_{z,d}$: Bemessungswert der Querkraft in Richtung der z-Achse — in N
- A_{steg}: Querschnittsfläche des Steges eines I-Trägers — in mm²
- A_{gurt}: Querschnittsfläche des Gurtes eines I-Trägers — in mm²
- h: Profilhöhe — in mm
- t: Flanschdicke — in mm
- s: Stegdicke — in mm
- b: Profilbreite — in mm
- $\sigma_{v,d}$: Bemessungswert der Vergleichsspannung für gleichzeitige Beanspruchung auf Biegung und Schub — in N/mm²
- $\sigma_{r,d}$: Bemessungswert der errechneten Biegespannung im I-Träger direkt unterhalb der Stegausrundung — in N/mm²

Bemessen von Stahlbauten
Design of structural steelwork

Tragsicherheitsnachweis für gedrückte Stäbe nach dem Omegaverfahren – Knickung

Biegebeanspruchung

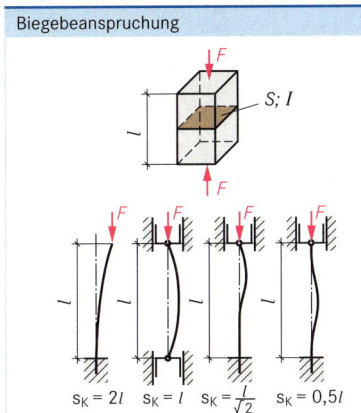

$\sigma_\omega / \sigma_{zul} \leq 1$

$\sigma_\omega = \dfrac{F}{S} \cdot \omega$

$\lambda = \dfrac{s_K}{i_{min}}$

$i_{min} = \sqrt{\dfrac{I_{min}}{S}}$

σ_ω: Omegaspannung eines Knickstabes — in N/mm²
σ_{zul}: zulässige Spannung für auf Knickung beanspruchte Stäbe [1] — in N/mm²
F: Knickkraft — in N
S: Querschnittsfläche des Knickstabes — in mm²
ω: Knickzahl
λ: Schlankheitsgrad des Knickstabes
s_K: Knicklänge eines Stabes, abhängig vom Einspannungsfall — in cm
i_{min}: minimaler Trägheitsradius des Knickstabprofils — in cm
I_{min}: minimales Flächenmoment 2. Ordnung des Knickstabprofils — in cm⁴

$s_K = 2l$; $s_K = l$; $s_K = \dfrac{l}{\sqrt{2}}$; $s_K = 0{,}5l$

[1] für S235: σ_{zul} = 140 N/mm²; für S355: σ_{zul} = 210 N/mm²

Knickzahlen ω für Vollprofile aus S235

Schlankheitsgrad des Knickstabes $\lambda = 63 \rightarrow \omega = 1{,}33$

λ	0	1	2	3	4	5	6	7	8	9
20	1,04	1,04	1,04	1,05	1,05	1,06	1,06	1,07	1,07	1,08
30	1,08	1,09	1,09	1,10	1,10	1,11	1,11	1,12	1,13	1,13
40	1,14	1,14	1,15	1,16	1,16	1,17	1,18	1,19	1,19	1,20
50	1,21	1,22	1,23	1,23	1,24	1,25	1,26	1,27	1,28	1,29
60	1,30	1,31	1,32	1,33	1,34	1,35	1,36	1,37	1,39	1,40
70	1,41	1,42	1,44	1,45	1,46	1,48	1,49	1,50	1,52	1,53
80	1,55	1,56	1,58	1,59	1,61	1,62	1,64	1,66	1,68	1,69
90	1,71	1,73	1,74	1,76	1,78	1,80	1,82	1,84	1,86	1,88
100	1,90	1,92	1,94	1,96	1,98	2,00	2,02	2,05	2,07	2,09
110	2,11	2,14	2,16	2,18	2,21	2,23	2,27	2,31	2,35	2,39
120	2,43	2,47	2,51	2,55	2,60	2,64	2,68	2,72	2,77	2,81
130	2,85	2,90	2,94	2,99	3,03	3,08	3,12	6,17	3,22	3,26
140	3,31	3,36	3,41	3,45	3,50	3,55	3,60	3,65	3,70	3,75
150	3,80	3,85	3,90	3,95	4,00	4,06	4,11	4,16	4,22	4,27
160	4,32	4,38	4,43	4,49	4,54	4,60	4,65	4,71	4,77	4,82
170	4,88	4,94	5,00	5,05	5,11	5,17	5,23	5,29	5,35	5,41
180	5,47	5,53	5,59	5,66	5,72	5,75	5,84	5,91	5,97	6,03
190	6,10	6,16	6,23	9,29	9,36	6,42	6,49	6,55	6,62	6,69
200	6,75	6,82	6,89	6,96	7,03	7,10	7,17	7,24	7,31	7,38
210	7,45	7,52	7,59	7,66	7,73	7,81	7,88	7,95	8,03	8,10
220	8,17	8,25	8,32	8,40	8,47	8,55	8,63	8,70	8,78	8,86
230	8,93	9,01	9,09	9,17	9,25	9,33	9,41	9,49	9,57	9,65
240	9,73	9,81	9,89	9,97	10,05	10,14	10,22	10,30	10,39	10,47
250	10,55									

Knickzahlen ω für Vollprofile aus S355

Schlankheitsgrad des Knickstabes

λ	0	1	2	3	4	5	6	7	8	9
20	1,06	1,06	1,07	1,07	1,08	1,08	1,09	1,09	1,10	1,11
30	1,11	1,12	1,12	1,13	1,14	1,15	1,15	1,16	1,17	1,18
40	1,19	1,20	1,19	1,21	1,22	1,23	1,24	1,25	1,26	1,27
50	1,28	1,31	1,30	1,32	1,33	1,35	1,36	1,37	1,39	1,40
60	1,41	1,44	1,43	1,46	1,48	1,49	1,51	1,53	1,54	1,56
70	1,58	1,62	1,60	1,64	1,66	1,68	1,70	1,72	1,74	1,77
80	1,79	1,83	1,81	1,86	1,88	1,91	1,93	1,95	1,98	2,01
90	2,05	2,14	2,10	2,19	2,24	2,29	2,33	2,38	2,43	2,48
100	2,53	2,64	2,58	2,68	2,74	2,79	2,85	2,90	2,95	3,01
110	3,06	3,18	3,12	3,23	3,29	3,35	3,41	3,47	3,53	3,59
120	3,65	3,77	3,71	3,83	3,89	3,96	4,02	4,09	4,15	4,22
130	4,28	4,41	4,35	4,48	4,55	4,62	4,69	4,75	4,82	4,89
140	4,96	5,11	5,04	5,18	5,25	5,33	5,40	5,47	5,55	5,62
150	5,70	5,85	5,78	5,93	6,01	6,09	6,16	6,24	6,32	6,40
160	6,48	6,65	6,57	6,73	6,81	6,90	9,98	7,06	7,15	7,23
170	7,32	7,49	7,41	7,58	7,67	7,76	7,85	7,94	8,03	8,12
180	8,21	8,39	8,30	8,48	8,58	8,67	8,76	8,86	8,95	9,05
190	9,14	9,34	9,24	9,44	9,53	9,63	9,73	9,83	9,93	10,03
200	10,13	10,34	10,23	10,44	10,54	10,65	10,75	10,85	10,96	11,06
210	10,13	10,34	10,23	10,44	10,54	10,65	10,75	10,85	10,96	11,06
220	12,26	12,48	12,37	12,60	12,71	12,82	12,94	13,05	13,17	13,28
230	13,40	13,63	13,52	13,75	13,87	13,99	14,11	14,23	14,35	14,47
240	14,59	14,83	14,71	14,96	15,08	15,02	15,33	15,45	15,58	15,71
250	15,83									

Knickzahlen ω für Hohlprofile (und Rundrohre) aus S235

Schlankheitsgrad des Knickstabes

λ	0	1	2	3	4	5	6	7	8	9
20	1,00	1,00	1,00	1,00	1,01	1,01	1,01	1,02	1,02	1,02
30	1,03	1,03	1,04	1,04	1,04	1,05	1,05	1,05	1,06	1,06
40	1,07	1,07	1,08	1,08	1,09	1,09	1,10	1,10	1,10	1,11
50	1,12	1,13	1,13	1,14	1,15	1,15	1,16	1,17	1,17	1,18
60	1,19	1,20	1,20	1,21	1,22	1,23	1,24	1,25	1,26	1,27
70	1,28	1,29	1,30	1,31	1,32	1,33	1,34	1,35	1,36	1,37
80	1,39	1,40	1,41	1,42	1,44	1,46	1,47	1,48	1,50	1,51
90	1,53	1,54	1,58	1,59	1,59	1,61	1,63	1,64	1,66	1,68
100	1,70	1,73	1,76	1,79	1,83	1,87	1,90	1,94	1,97	2,01
110	2,05	2,08	2,12	2,16	2,20	2,23				

Knickzahlen ω für Hohlprofile (und Rundrohre) aus S355

Schlankheitsgrad des Knickstabes

λ	0	1	2	3	4	5	6	7	8	9
20	1,02	1,02	1,02	1,03	1,03	1,03	1,04	1,04	1,05	1,05
30	1,05	1,06	1,06	1,07	1,07	1,08	1,08	1,09	1,10	1,10
40	1,11	1,11	1,12	1,13	1,13	1,14	1,15	1,16	1,16	1,17
50	1,18	1,19	1,20	1,21	1,22	1,23	1,24	1,25	1,26	1,27
60	1,28	1,19	1,20	1,21	1,22	1,23	1,24	1,25	1,26	1,27
70	1,42	1,44	1,46	1,47	1,49	1,51	1,53	1,55	1,57	1,59
80	1,62	1,66	1,71	1,75	1,79	1,83	1,88	1,92	1,97	2,01
90	2,05									

Herstellen von Stahlbaukonstruktionen

Bemessen von Stahlbauten
Design of structural steelwork

Tragsicherheitsnachweis für gedrückte Stäbe mittels Abminderungsfaktor ϰ

DIN 18 800-2: 1990-11

$N_d/N_{Rd} \leq 1$

$N_{Rd} = \varkappa \cdot N_{pl,d}$

$N_{Pl,d} = \delta_{R,d} \cdot S$

$\delta_{R,d} = f_{y,k}/\gamma_M$

$\overline{\lambda} = \lambda_k / \lambda_a$

$\lambda_k = s_k / i$

$i = \sqrt{\dfrac{I}{S}}$

$\lambda_a = \pi \cdot \sqrt{\dfrac{E}{f_{y,k}}}$

N_d:	Bemessungswert der Normalkraft	in kN
$N_{R,d}$:	Grenzdruckkraft eines Stabes	in kN
$\varkappa$:	Abminderungsfaktor	
$\delta_{R,d}$:	Grenznormalspannung	in kN/cm²
$N_{pl,d}$:	Grenzwert der Normalkraft im vollplastischen Zustand	in kN
$\overline{\lambda}$:	bezogener Schlankheitsgrad	
λ_k:	Schlankheitsgrad	
λ_a:	Bezugsschlankheitsgrad	
s_k:	Knicklänge eines Stabes	in cm
γ_M:	Teilsicherheitsbeiwert der Widerstandgrößen	
i:	Trägheitsradius des Knickstabprofils	in cm
I:	Flächenmoment 2. Ordnung des Knickstabprofils	in cm⁴
S:	Querschnittsfläche des Knickstabprofils	in cm²
E:	Elastizitätsmodul des Knickstabwerkstoffes	in N/mm²
$f_{y,k}$:	charakteristischer Wert der Streckgrenze	in kN/cm²

Zuordnung der Knickstabquerschnitte zu den Knickfällen

DIN 18 800-2: 1990-11

Querschnittsform und Art der Herstellung			Knicken rechtwinklig zur Achse	Knickfall
Hohlprofile:	warm gefertigt		y–y, z–z	a
	kalt gefertigt		y–y, z–z	b
geschweißte Kastenquerschnitte:			y–y, z–z	b
gewalzte I-Profile:	alle IPE ≥ HEA 400 ≥ HEB 400	$h/b > 1{,}2$; $t \leq 40$	y–y	a
			z–z	b
	≤ HEA 360 ≤ HEA 360	$h/b > 1{,}2$; $40 < t \leq 80$ $h/b \leq 1{,}2$; $t \leq 80$	y–y	b
			z–z	c
	$t > 80$		y–y, z–z	d
I-Querschnitte geschweißt: $i = 1, 2, ..., n$	$t_i \leq 40$		y–y	b
			z–z	c
	$t_i > 40$		y–y	c
			z–z	d
U-, L-, T- und Vollquerschnitt und mehrteilige Stäbe:			y–y	c
			z–z	

Abminderungsfaktor ϰ

DIN 18 800-2: 1990-11

| $\overline{\lambda}$ | für Knickfall | | | | $\overline{\lambda}$ | für Knickfall | | | | $\overline{\lambda}$ | für Knickfall | | | |
	a	b	c	d		a	b	c	d		a	b	c	d
0,2	1,000	1,000	1,000	1,000	1,1	0,596	0,535	0,484	0,414	2,1	0,204	0,192	0,180	0,163
0,3	0,978	0,964	0,949	0,924	1,2	0,530	0,478	0,434	0,376	2,2	0,187	0,17	0,166	0,159
0,4	0,953	0,926	0,897	0,850	1,3	0,470	0,427	0,389	0,339	2,3	0,172	0,163	0,154	0,140
0,5	0,924	0,884	0,843	0,779	1,4	0,418	0,382	0,349	0,306	2,4	0,159	0,151	0,142	0,130
0,6	0,890	0,837	0,785	0,710	1,5	0,372	0,342	0,315	0,277	2,5	0,147	0,140	0,133	0,121
0,7	0,848	0,784	0,725	0,643	1,6	0,333	0,308	0,284	0,251	2,6	0,136	0,130	0,123	0,113
0,8	0,796	0,725	0,662	0,580	1,7	0,299	0,278	0,258	0,229	2,7	0,127	0,120	0,115	0,106
0,9	0,734	0,661	0,600	0,529	1,8	0,270	0,252	0,235	0,209	2,8	0,118	0,113	0,110	0,100
1,0	0,666	0,598	0,540	0,467	1,9	0,245	0,229	0,214	0,192	2,9	0,111	0,106	0,101	0,094
					2,0	0,223	0,210	0,196	0,177	3,0	0,104	0,099	0,095	0,089

Bemessen von Stahlbauten
Design of structural steelwork

Grenzwert der Normalkraft im vollplastischen Zustand $N_{pL,d}$ von Profilen aus S235 JR

IPE DIN 1025-5		IPB$_L$ DIN 1025-3		IB DIN 1025-2		IPB$_v$ DIN 1025-4		gleichschenkel. Winkel DIN EN 10 056-1		U DIN 1026-1		quadrat. Hohlprofil DIN EN 10 210-2	
Kurzzeichen IPE	$N_{pl,d}$ in kN	Kurzzeichen IPB$_L$	$N_{pl,d}$ in kN	Kurzzeichen IPB	$N_{pl,d}$ in kN	Kurzzeichen IPB$_v$	$N_{pl,d}$ in kN	Kurzzeichen L	$N_{pl,d}$ in kN	Kurzzeichen U	$N_{pl,d}$ in kN	Kurzzeichen HFRHF	$N_{pl,d}$ in kN
80	167	100	463	100	568	100	1162	40 x 40 x 4	67	30	118	40 x 40 x 3	95
100	225	120	553	120	742	120	1449	40 x 40 x 5	83	40	135	40 x 40 x 4	122
120	288	140	686	140	937	140	1758			50	155		
140	358	160	846	160	1184	160	2117	50 x 50 x 5	105	60	141	50 x 50 x 3	121
160	438	180	987	180	1424	180	2472	50 x 50 x 6	124	65	197	50 x 50 x 4	157
180	523									80	240		
		200	1174	200	1704	200	2865	60 x 60 x 5	127	100	295		
200	621	220	1404	220	1986	220	3260	60 x 60 x 6	151	120	371	60 x 60 x 4	192
220	728	240	1677	240	2313	240	4355	60 x 60 x 8	197	140	445	60 x 60 x 5	275
240	584	260	1894	260	2583	260	4791	65 x 65 x 7	190	160	524	60 x 60 x 8	349
270	1003	280	2122	280	2837	280	5241			180	611		
								70 x 70 x 6	177			70 x 70 x 4	227
300	1174	300	2455	300	3253	300	6613	70 x 70 x 7	205	200	703	70 x 70 x 5	327
330	1366	320	2714	320	3519	320/305	4911	75 x 75 x 8	249	220	816	70 x 70 x 3	419
360	1587	340	2913	340	3729	320	6807			240	923	80 x 80 x 4	261,8
		360	3116	360	3940	340	6890	80 x 80 x 8	268	260	1045	80 x 80 x 6	379,6
400	1843					360	6956	80 x 80 x 10	330	280	1163	80 x 80 x 8	488,7
450	2156	400	3469	400	4316								
		450	3884	450	4756	400	7108	100 x 100 x 8	338	300	1283	90 x 90 x 4	296,7
500	2520					450	7318	100 x 100 x 10	400	320	1654	90 x 90 x 6	431,9
550	2932	500	4309	500	5206					350	1686	90 x 90 x 8	558,5
		550	4621	550	5544	500	7512	120 x 120 x 10	506	380	1754		
600	3404					550	7732	150 x 150 x 12	760			100 x 100 x 6	484,3
		600	4942	600	5891					400	1996	100 x 100 x 8	628,3
		650	5271	650	6247	600	7935	200 x 200 x 18	1508			100 x 100 x 10	671,4

Tragsicherheitsnachweis für gedrückte Stäbe IPE

Profil-kurzzeichen	Grenzdruckkraft $N_{R,d}$ für das Knicken rechtwinklig zur y-Achse nach DIN 18 800 für Stäbe aus S235JR in kN												
	Knicklänge S_k in m												
	1,50	2,00	2,50	3,00	3,50	4,00	4,50	5,00	5,50	6,00	6,50	7,00	8,00
80	154	144	130	111	92,3	75,5	62,4	51,9	43,8	37,3	32,2	28,0	21,7
100	214	206	195	180	161	141	121	103	88,3	76,1	66,1	57,8	45,2
120	280	271	262	250	234	216	194	172	152	133	117	103	81,5
140	351	343	334	323	310	295	276	254	230	207	185	166	133
160	434	426	417	407	395	381	364	344	322	297	272	248	204
180	519	511	502	492	481	468	453	436	416	393	368	342	290
200	622	613	604	594	583	570	556	540	522	501	477	451	395
220	732	723	713	703	692	680	666	651	634	615	693	568	513
240	860	850	840	829	818	806	792	778	761	743	723	700	646
270	1014	1003	993	982	970	959	946	932	917	901	882	862	815
300	1192	1181	1169	1158	1147	1135	1122	1108	1094	1078	1061	1043	1000
330	1390	1379	1367	1355	1343	1331	1318	1304	1290	1274	1258	1240	1201
360	1618	1605	1593	1581	1586	1555	1542	1528	1513	1498	1482	1464	1426
400	1885	1872	1859	1846	1832	1819	1805	1791	1776	1761	1745	1729	1692
450	2208	2195	2181	2167	2154	2140	2126	2112	2097	2082	2066	2049	2014
500	2597	2583	2568	2554	2539	2525	2510	2495	2480	2464	2448	2431	2396
550	3005	2989	2974	2959	2944	2928	2913	2898	2882	2866	2849	2832	2797
600	3502	3486	3469	3453	3437	3421	3404	3388	3371	3354	3337	3319	3282

Bemessen von Stahlbauten
Design of structural steelwork

Tragsicherheitsnachweis für gedrückte Stäbe IPB$_L$

Profil-kurzzei-chen	Grenzdruckkraft $N_{R,d}$ für das Knicken rechtwinklig zur y-Achse nach DIN 18 800 für Stäbe aus S235 JR in kN									
	Knicklänge S_k in m									
	3,00	3,50	4,00	4,50	5,00	5,50	6,00	6,50	7,00	7,50	8,00
100	183	146	118	96,7	80,6	68,2	58,3	50,4	44,0	38,8	34,4
120	277	228	188	157	132	112	96,6	83,9	73,5	64,9	57,7
140	404	343	290	246	209	180	156	136	120	106	94,5
160	555	484	419	361	312	270	236	207	183	162	145
180	707	633	561	493	433	380	335	296	263	235	211
200	889	810	731	653	581	516	459	408	365	327	295
240	1377	1289	1197	1103	1009	919	834	756	685	621	565
260	1600	1511	1417	1320	1221	1124	1030	942	860	785	717
300	2162	2065	1964	1859	1751	1640	1530	1421	1317	1218	1125
340	2563	2448	2328	2202	2073	1942	1810	1681	1557	1440	1330
360	2739	2615	2485	2351	2212	2070	1929	1791	1658	1532	1415
400	3157	3047	2927	2796	2653	2499	2339	2175	2013	1857	1710
450	3529	3405	3270	3121	2959	2786	2604	2420	2238	2063	1898

Tragsicherheitsnachweis für gedrückte Stäbe IPB

Profil-kurzzei-chen	Grenzdruckkraft $N_{R,d}$ für das Knicken rechtwinklig zur y-Achse nach DIN 18 800 für Stäbe aus S235 JR in kN									
	Knicklänge S_k in m									
	3,00	3,50	4,00	4,50	5,00	5,50	6,00	6,50	7,00	7,50	8,00
100	227	181	147	121	101	85,0	72,8	63,0	55,0	48,4	43,0
120	377	311	257	214	181	154	132	115	101	89,0	79,2
140	561	478	405	344	294	252	219	191	168	149	133
160	786	688	597	516	446	387	338	297	263	234	209
180	1026	921	818	721	633	557	490	434	386	345	309
200	1300	1188	1075	964	860	765	681	607	543	487	439
240	1910	1790	1665	1537	1410	1286	1169	1060	962	874	795
260	2192	2071	1945	1815	1683	1551	1424	1304	1192	1089	996
300	2874	2748	2616	2479	2337	2193	2048	1906	1768	1637	1514
340	3289	3134	2991	2832	2669	2502	2335	2171	2013	1862	1722
360	3471	3316	3154	2954	2811	2634	2457	2283	2116	1957	1808
400	3933	3798	3651	3490	3314	3126	2928	2726	2526	2333	2149
450	4327	4177	4012	3832	3635	3425	3204	2980	2758	2544	2342

Tragsicherheitsnachweis für gedrückte Stäbe IPB$_V$

Profil-kurzzei-chen	Grenzdruckkraft $N_{R,d}$ für das Knicken rechtwinklig zur y-Achse nach DIN 18 800 für Stäbe aus S235 JR in kN									
	Knicklänge S_k in m									
	3,00	3,50	4,00	4,50	5,00	5,50	6,00	6,50	7,00	7,50	8,00
100	516	416	340	281	235	199	171	148	129	114	101
120	789	658	549	461	390	334	288	251	220	195	173
140	1102	950	813	695	569	515	447	392	345	306	274
160	1457	1290	1130	984	856	747	655	577	511	455	408
180	1827	1654	1480	1314	1162	1026	908	806	718	643	578
200	2229	2051	1868	1687	1513	1354	1210	1083	971	874	789
240	3659	3448	3227	2999	2769	2543	2326	2122	1934	1763	1609
260	4124	3914	3694	3466	3232	2998	2768	2548	2340	2148	1971
300	5922	5682	5433	5173	4905	4629	4350	4072	3800	3537	3288
340	6357	6162	5952	5722	5473	5204	4918	4620	4318	4020	3730
360	6407	6207	5991	5756	5500	4223	4930	4626	4319	4015	3722
400	6529	6320	6094	5846	5577	5287	4981	4664	4345	4032	3731
450	6703	6483	6245	5984	5699	5394	5071	4739	4406	4081	3771

Bemessen von Stahlbauten
Design of structural steelwork

Nachweis der Gebrauchstauglichkeit

DIN 18 800-1: 1990-11

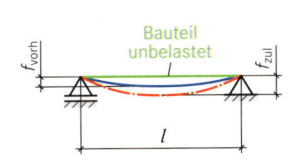

$$\frac{f_{vorh}}{f_{zul}} \leq 1$$

f_{vorh}: vorhandene Verformung (z. B. Durchbiegung) eines Bauteils infolge der Einwirkungen — z. B. in mm

l: Bauteillänge (Auflagerabstand) — z. B. in mm

f_{zul}: zulässige bzw. empfohlene maximale Verformung (z. B. Durchbiegung) eines Bauteils — z. B. in mm

Bei der Berechnung der entstehenden Verformungen werden die charakteristischen Größen der Einwirkungen G_K und Q_K nicht mit Teilsicherheitswerten γ_F erhöht. Die Widerstandsgrößen sind hierbei nicht mit dem Teilsicherheitsbeiwert abzumindern.
Ausnahme: Wenn $f_{vorh} > f_{zul}$ sind die besonderen Hinweise nach DIN 18 800-1 zu beachten.

Zulässige lotrechte Bauteilverformungen

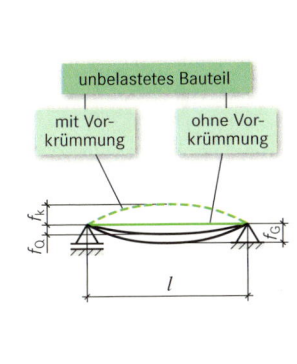

$f_Q \leq f_{Q\,zul}$

$f_{Q\,zul} = l/x$

$f_{ges} \leq f_{ges\,zul}$

$f_{ges} = f_G + f_Q - f_K$

$f_{ges\,zul} = l/y$

f_Q: Bauteilverformung infolge veränderlicher Einwirkungen — in mm

$f_{Q\,zul}$: zulässige Bauteilverformung infolge veränderlicher Einwirkungen — in mm

l: Bauteillänge (Auflagerabstand) — in mm

x: Kennzahl für zulässige Bauteilverformung infolge veränderlicher Einwirkungen

f_{ges}: Bauteilverformung infolge veränderlicher und ständiger Einwirkungen — in mm

$f_{ges\,zul}$: zulässige Bauteilverformung infolge veränderlicher und ständiger Einwirkungen — in mm

f_G: Bauteilverformung infolge ständiger Einwirkungen — in mm

f_k: Vorkrümmung des Bauteils — in mm

y: Kennzahl für zulässige Bauteilverformung infolge ständiger und veränderlicher Einwirkungen

Kennzahlen zur Berechnung der zulässigen lotrechten Bauteilverformung

Bauteilart	Kennzahlen	
	für veränderliche Einwirkung x	für ständige und veränderliche Einwirkung y
Dächer, allgemein	250	200
begehbare Dächer und Decken, allgemein	300	250
Decken und Dächer mit Putz oder anderen spröden Deckschichten	350	250
Decken, die Stützen tragen	500	400

Zulässige waagerechte Bauteilverformungen

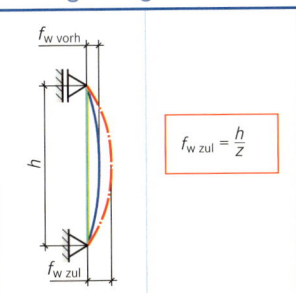

$f_{w\,zul} = \frac{h}{z}$

h: Stockwerk- bzw. Gebäudehöhe — in mm

$f_{w\,vorh}$: vorhandene Bauteilverformung — in mm

$f_{w\,zul}$: zulässige Bauteilverformung infolge veränderlicher und ständiger Einwirkungen — in mm

z: Kennzahl für zulässige waagerechte Bauteilverformung

Kennzahl z für zulässige waagerechte Bauteilverformungen	
Bauteilart	z
eingeschossige Gebäude	300
mehrgeschossige Gebäude	
– für die Gesamtgebäudehöhe	500
– für eine Stockwerkhöhe	300

Herstellen von Stahlbaukonstruktionen

Bemessen von Stahlbauten
Design of structural steelwork

Nachweis der Lagesicherheit

Sicherheit gegen Abheben

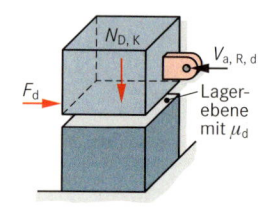

$$\frac{N_{Z,d}}{N_{D,k} + F_{A,R,d}} \leq 1$$

$N_{Z,d}$:	Bemessungswert der maximal abhebenden Zugkraft senkrecht zur Lagerebene	in kN
$N_{D,k}$:	Druckkraft (Auflagerkraft) senkrecht zur Lagerebene (charakteristischer Wert)	in kN
$F_{A,R,d}$:	Beanspruchbarkeit der Verankerung gegenüber Abheben	in kN

Sicherheit gegen Gleiten

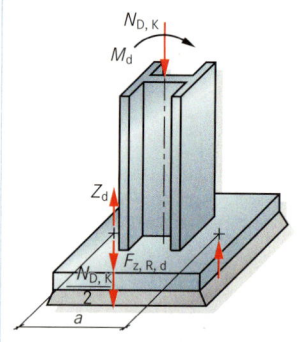

$$F_d / V_{R,d} \leq 1$$

$$V_{R,d} = \mu_d \cdot \frac{N_{D,k}}{1{,}5} + V_{a,R,d}$$

F_d:	Bemessungswert der in der Lagerebene angreifenden äußeren Kraft	in kN
$V_{R,d}$:	Grenzgleitkraft in der Lagerebene infolge Reibung und eventueller Verankerung nach DIN 4141-1	in kN
μ_d:	Reibungszahl in der Lagerebene	
$N_{D,k}$:	Druckkraft (Auflagerkraft) senkrecht zur Lagerebene (charakteristischer Wert)	in kN
$V_{a,R,d}$:	Beanspruchbarkeit einer Verankerung auf Schub	in kN

$\mu_{d\ Stahl/Stahl} = 0{,}2$; $\mu_{d\ Stahl/Beton} = 0{,}5$ diese Werte gelten für unbeschichtete, verzinkte oder silikatbeschichtete und fettfreie Stahloberflächen

Sicherheit gegen Umkippen

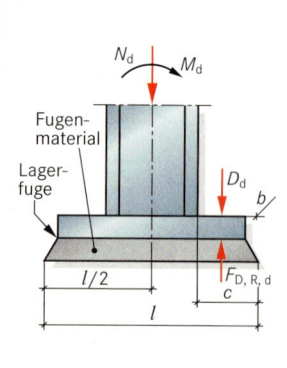

$$\frac{Z_d}{\frac{N_{D,k}}{2} + F_{Z,R,d}} \leq 1$$

$$Z_d = \frac{M_d}{a}$$

Z_d:	Bemessungswert der Zugkraft infolge Moment M_d	in kN
$N_{D,k}$:	charakteristischer Wert der Druckkraft	in kN
$F_{Z,R,d}$:	Beanspruchbarkeit einer Verbindung auf Zug	in kN
M_d:	Bemessungswert des Moments	in kN · m
a:	Abstand der Verankerungsbefestigungen in Richtung der Kippebene	in m

Sicherheit gegen Nachgeben der Lagerfuge

$$\frac{D_d}{F_{D,R,d}} \leq 1$$

$$D_d = \frac{M_d}{l/2} + \frac{N_d}{2}$$

$$F_{D,R,d} = \sigma_{D,R,d} \cdot A$$

$$\sigma_{D,R,d} = \beta_{WN} / 1{,}3$$

$$A = c \cdot b$$

$$c = l/4$$

D_d:	Bemessungswert der Gesamtdruckkraft infolge Moment M_d und Druckkraft N_d	in kN
$F_{D,R,d}$:	Beanspruchbarkeit der Lagerfuge bzw. des Fugenmaterials auf Druck	in kN
M_d:	Bemessungswert des Moments	in kN · m
N_d:	Bemessungswert der Druckkraft senkrecht zur Lagerebene	in kN
$\sigma_{D,R,d}$:	Grenzdruckspannung des Fugenmaterials	in kN/m²
A:	angenommene Lagerfugendruckfläche	in m²
c:	angenommene Länge der Lagerfugendruckfläche	in m²
l, b:	Länge, Breite der Lagerfugendruckfläche	in cm²
β_{WN}:	Nennfestigkeit von Beton nach DIN 1045 z. B. B 15 → β_{WN} = 15 N/mm² = 15.000 kN/m²	in kN/m²

Bemessen von Stahlbauten
Design of structural steelwork

Maximale Auflagerabstände (Grenzstützweiten) / für Walzprofilträger

Maximaler Auflagerabstand l in m für Einzellast in Trägermitte (Trägereigenlast ist berücksichtigt)

Walzprofilträger $l \leq 18$ m

Einzel-last F in kN	Träger werk-stoff	IPE 300	IPE 360	IPE 400	IPE 450	IPE 500	IPE 600	HEA (IPBl) 300	HEA 400	HEA 500	HEA 600	HEA 700	HEA 800	HEB (IPB) 300	HEB 400	HEB 500	HEB 600	HEB 700	HEB 800	HEM (IPBv) 300	HEM 400	HEM 500	HEM 600	HEM 700
50	S235	6,1	9,6	12,0	15,1	18,0	$l>18$	12,7	$l>18$	$l>18$	$l>18$	$l>18$	$l>18$	15,5	$l>18$	$l>18$	$l>18$	$l>18$	$l>18$	$l>18$	$l>18$	$l>18$	$l>18$	$l>18$
50	S355	9,0	14,1	17,4	$l>18$	$l>18$	$l>18$	18,0	$l>18$	$l>18$	$l>18$	$l>18$	$l>18$	$l>18$	$l>18$	$l>18$	$l>18$	$l>18$	$l>18$	$l>18$	$l>18$	$l>18$	$l>18$	$l>18$
60	S235	5,1	8,1	10,2	12,9	13,1	$l>18$	10,9	17,2	$l>18$	$l>18$	$l>18$	$l>18$	13,9	$l>18$	$l>18$	$l>18$	$l>18$	$l>18$	18,0	$l>18$	$l>18$	$l>18$	$l>18$
60	S355	7,6	12,0	15,0	18,0	$l>18$	$l>18$	15,9	$l>18$	$l>18$	$l>18$	$l>18$	$l>18$	18,0	$l>18$	$l>18$	$l>18$	$l>18$	$l>18$	$l>18$	$l>18$	$l>18$	$l>18$	$l>18$
80	S235	3,9	6,2	7,9	10,1	12,7	18,0	8,4	14,6	$l>18$	$l>18$	$l>18$	$l>18$	10,9	17,2	$l>18$	$l>18$	$l>18$	$l>18$	16,3	$l>18$	$l>18$	$l>18$	$l>18$
80	S355	5,8	9,2	11,6	14,9	18,0	$l>18$	12,4	18,0	$l>18$	$l>18$	$l>18$	$l>18$	15,8	$l>18$	$l>18$	$l>18$	$l>18$	$l>18$	$l>18$	$l>18$	$l>18$	$l>18$	$l>18$
100	S235	3,7	5,0	6,4	8,2	10,4	15,7	6,9	12,0	17,5	$l>18$	$l>18$	$l>18$	8,9	14,5	18,0	$l>18$	$l>18$	$l>18$	15,9	$l>18$	$l>18$	$l>18$	$l>18$
100	S355	4,6	7,4	9,4	12,0	15,2	$l>18$	10,1	17,4	$l>18$	$l>18$	$l>18$	$l>18$	13,1	$l>18$	$l>18$	$l>18$	$l>18$	$l>18$	$l>18$	$l>18$	$l>18$	$l>18$	$l>18$
120	S235	2,6	4,2	5,3	6,9	8,7	13,4	5,8	10,2	15,1	18,0	$l>18$	$l>18$	7,6	12,5	17,6	$l>18$	$l>18$	$l>18$	14,2	18,0	$l>18$	$l>18$	$l>18$
120	S355	3,9	6,2	7,9	10,2	12,9	18,0	8,6	15,0	$l>18$	$l>18$	$l>18$	$l>18$	11,6	18,0	$l>18$	$l>18$	$l>18$	$l>18$	18,0	$l>18$	$l>18$	$l>18$	$l>18$
150	S235	2,1	3,4	4,3	5,5	7,1	11,0	4,6	8,3	12,5	16,3	18,0	$l>18$	6,1	10,2	14,7	18,0	$l>18$	$l>18$	11,9	15,9	18,0	$l>18$	$l>18$
150	S355	3,1	5,0	6,4	8,2	10,5	16,1	6,9	12,3	18,0	$l>18$	$l>18$	$l>18$	9,1	15,0	$l>18$	$l>18$	$l>18$	$l>18$	17,1	$l>18$	$l>18$	$l>18$	$l>18$
200	S235	1,6	2,5	3,3	4,2	5,3	8,4	3,5	6,3	9,6	12,7	16,2	18,0	4,6	7,8	11,4	14,8	18,0	18,0	9,2	12,5	15,7	18,0	$l>18$
200	S355	2,3	3,8	4,8	6,2	8,0	12,4	5,2	9,4	14,1	18,0	$l>18$	$l>18$	6,9	11,6	16,7	18,0	$l>18$	$l>18$	13,5	18,0	$l>18$	$l>18$	$l>18$
250	S235	1,3	2,0	2,6	3,4	4,3	6,8	2,8	5,1	7,8	10,4	13,3	16,1	3,7	6,3	9,3	12,2	15,3	18,0	7,5	10,3	13,0	15,8	18,0
250	S355	1,9	3,0	3,9	5,0	6,4	10,1	4,2	7,6	11,5	15,3	18,0	$l>18$	5,6	9,4	13,7	17,8	$l>18$	$l>18$	11,1	15,1	18,0	$l>18$	$l>18$
300	S235	1,0	1,7	2,2	2,8	3,6	5,7	2,4	4,3	6,5	8,7	11,2	13,6	3,1	5,3	7,8	10,3	13,0	15,7	6,3	8,7	11,0	13,5	15,9
300	S355	1,6	2,5	3,3	4,2	5,4	8,5	3,5	6,4	9,7	12,9	16,5	18,0	4,7	7,9	11,6	15,2	18,0	$l>18$	9,4	12,8	16,1	18,0	$l>18$
400	S235	0,8	1,3	1,6	2,1	2,7	4,3	1,8	3,2	4,9	6,6	8,6	10,5	2,4	4,0	5,9	7,8	10,0	12,1	4,8	6,6	8,4	10,3	12,3
400	S355	1,2	1,9	2,4	3,2	4,0	6,4	2,7	4,8	7,4	9,8	12,7	15,5	3,5	6,0	8,8	11,6	14,8	17,8	7,2	9,8	12,5	15,3	18,0
500	S235	0,6	1,0	1,3	1,7	2,2	3,4	1,4	2,6	4,0	5,3	6,9	8,4	1,9	3,2	4,8	6,3	8,1	9,8	3,9	5,3	6,8	8,4	10,0
500	S355	0,9	1,5	2,0	2,5	3,2	5,1	2,1	3,9	5,9	7,9	10,3	12,5	2,8	4,6	7,1	9,4	12,0	14,5	5,8	7,9	10,1	12,4	14,8

Herstellen von Stahlbaukonstruktionen

Bemessen von Stahlbauten
Design of structural steelwork

Maximale Auflagerabstände (Grenzstützweiten) / für Walzprofilträger

Maximaler Auflagerabstand l in m für gleichmäßig verteilte Streckenlast (Trägereigenlast nicht berücksichtigt)

Walzprofilträger $l \leq 18$ m

Strecken-last q in kN/m	Träger werk-stoff	IPE 300	IPE 360	IPE 400	IPE 450	IPE 500	IPE 600	HEA (IPBl) 300	400	500	600	700	800	HEB (IPB) 300	400	500	600	700	800	HEM (IPBv) 300	400	500	600	700
5	S235	11,2	14,2	16,1	18,0	$l>18$	$l>18$	16,8	$l>18$	$l>18$	$l>18$	$l>18$	$l>18$	18,0	$l>18$	$l>18$	$l>18$	$l>18$	$l>18$	$l>18$	$l>18$	$l>18$	$l>18$	$l>18$
	S355	13,7	17,4	18,0	$l>18$	$l>18$	$l>18$	$l>18$	$l>18$	$l>18$	$l>18$	$l>18$	$l>18$	$l>18$	$l>18$	$l>18$	$l>18$	$l>18$	$l>18$	$l>18$	$l>18$	$l>18$	$l>18$	$l>18$
10	S235	7,9	10,1	11,4	13,0	14,7	18,0	11,9	16,1	$l>18$	$l>18$	$l>18$	$l>18$	13,7	18,0	$l>18$	$l>18$	$l>18$	$l>18$	18,0	$l>18$	$l>18$	$l>18$	$l>18$
	S355	9,7	12,3	14,0	15,9	18,0	$l>18$	14,6	18,0	$l>18$	$l>18$	$l>18$	$l>18$	16,8	$l>18$	$l>18$	$l>18$	$l>18$	$l>18$	$l>18$	$l>18$	$l>18$	$l>18$	$l>18$
15	S235	6,5	8,2	9,3	10,6	12,0	15,1	9,7	13,1	16,3	18,0	$l>18$	$l>18$	11,2	14,7	17,9	$l>18$	$l>18$	$l>18$	16,1	18,0	$l>18$	$l>18$	$l>18$
	S355	7,9	10,1	11,4	13,0	14,7	18,0	11,9	16,1	$l>18$	$l>18$	$l>18$	$l>18$	13,7	18,0	$l>18$	$l>18$	$l>18$	$l>18$	18,0	$l>18$	$l>18$	$l>18$	$l>18$
20	S235	5,6	7,1	8,1	9,2	10,4	13,1	8,4	11,4	14,1	16,4	18,0	$l>18$	9,7	12,7	15,5	17,9	$l>18$	$l>18$	14,0	16,1	18,0	$l>18$	$l>18$
	S355	6,9	8,7	9,9	11,2	12,7	16,1	10,3	13,9	17,3	18,0	$l>18$	$l>18$	11,9	18,0	18,0	$l>18$	$l>18$	$l>18$	17,1	$l>18$	$l>18$	$l>18$	$l>18$
25	S235	5,0	6,4	7,2	8,2	9,2	11,7	7,5	10,2	11,4	12,6	14,7	16,7	8,7	11,4	13,9	16,0	18,0	18,0	12,5	14,0	15,2	16,6	18,0
	S355	6,1	7,8	8,8	10,0	11,4	14,4	9,2	12,5	14,4	17,9	18,0	$l>18$	10,6	13,9	17,0	18,0	$l>18$	$l>18$	15,3	17,1	18,0	$l>18$	$l>18$
30	S235	4,6	5,8	6,6	7,5	8,5	10,7	6,9	9,3	11,5	13,4	15,3	16,9	7,9	10,4	12,7	14,6	16,6	18,0	11,4	13,4	15,2	16,9	18,0
	S355	5,6	7,1	8,1	9,2	10,4	13,1	8,4	11,4	14,1	16,4	18,0	$l>18$	9,7	12,7	15,5	17,9	$l>18$	$l>18$	14,0	16,4	18,0	$l>18$	$l>18$
35	S235	4,2	5,4	6,1	6,9	7,9	9,9	6,4	8,6	10,7	12,4	14,1	15,7	7,3	9,6	11,7	13,5	15,3	17,0	10,6	12,4	14,1	15,7	17,2
	S355	5,2	6,6	7,5	8,5	9,6	12,1	7,8	10,5	13,1	15,2	17,3	18,9	9,0	11,8	14,4	16,6	18,0	$l>18$	12,9	15,2	17,2	18,0	$l>18$
40	S235	3,9	5,0	5,7	6,5	7,4	9,3	5,9	8,0	10,0	11,6	13,2	14,7	6,9	9,0	11,0	12,6	14,3	15,9	9,9	11,6	13,2	14,7	16,1
	S355	4,8	6,2	7,0	7,9	9,0	11,4	7,3	9,9	12,2	14,2	16,2	18,0	8,4	11,0	13,4	15,5	17,6	$l>18$	12,1	14,2	16,1	17,9	$l>18$
45	S235	3,7	4,7	5,4	6,1	6,9	8,7	5,6	7,6	9,4	10,9	12,5	13,8	6,5	8,5	10,3	11,9	13,5	15,0	9,3	11,0	12,4	13,8	15,1
	S355	4,6	5,8	6,6	7,5	8,5	10,7	6,9	9,3	11,5	13,4	15,3	16,9	7,9	10,4	12,7	14,6	16,6	18,0	11,4	13,4	15,2	16,9	18,0
50	S235	3,5	4,5	5,1	5,8	6,6	7,4	5,3	7,2	8,9	10,4	11,8	13,1	6,1	8,0	9,8	11,3	12,8	14,2	8,8	10,4	11,8	13,1	14,4
	S355	4,3	5,5	6,3	7,1	8,1	9,1	6,5	8,8	10,9	12,7	14,5	16,1	7,5	9,8	12,0	13,8	15,7	17,4	10,8	12,7	14,4	16,0	17,6

Herstellen von Stahlbaukonstruktionen

Bemessen von Stahlbauten
Design of structural steelwork

Schraubenverbindungen

Benennung der Verbindungsart	Kurzzeichen	Art der Vorspannung	Lochspiel[1] Δd in mm	Bezeichnung und Normung der Schraube	Festigkeitsklasse	Vorspannung
Scher-Lochleibungsverbindung (vorwiegend ruhende Belastung)	SL	nicht planmäßig vorgespannt	≤ 2	Sechskantschraube DIN 7990 (Rohe Schraube)	4.6 / 5.6	0
				Sechskantschraube DIN 6914	10.9	freigestellt
				Sechskantschraube DIN EN 24 014	8.8	0
Scher-Lochleibungs-Passverbindung	SLP		≤ 1	Senkschraube DIN 7969	4.6 / 5.6	0
			≤ 0,3	Sechskant-Passschraube DIN 7968	5.6	0
				Sechskant-Passschraube DIN 7999	10.9	freigestellt
Scher-Lochleibungsverbindung, vorgespannt	SLV	planmäßige Vorspannung ohne gleitfeste Reibfläche	≤ 2	Sechskantschraube DIN 6914	10.9	$1,0 \cdot F_V$[2]
Scher-Lochleibungs-Passverbindung, vorgespannt	SLVP		≤ 0,3	Sechskant-Passschraube DIN 7999	10.9	$1,0 \cdot F_V$
Gleitfeste Verbindung	GV	Planmäßige Vorspannung mit gleitfester Reibfläche	≤ 2	Sechskantschraube DIN 6914	10.9	$1,0 \cdot F_V$
Gleitfeste Passverbindung	GVP		≤ 0,3	Sechskant-Passschraube DIN 7999	10.9	$1,0 \cdot F_V$

[1] Lochspiel Δd = Lochdurchmesser d_l – Schaftdurchmesser d_{sch}
[2] F_V – Vorspannkraft einer Schraube nach DIN 18 800-7

Schraubendurchmesser und Bauteildicken von Schraubenverbindungen

Bauteildicke der Verbindung t in mm	3–5	4–7	5–10	6–13	8–17	11–20	14–24	18–24
passende Schraubengröße	M10	M12	M16	M20	M22	M24	M27	M30

Rand- und Lochabstände von Schrauben und Nieten

DIN 18 800-1: 1990-11

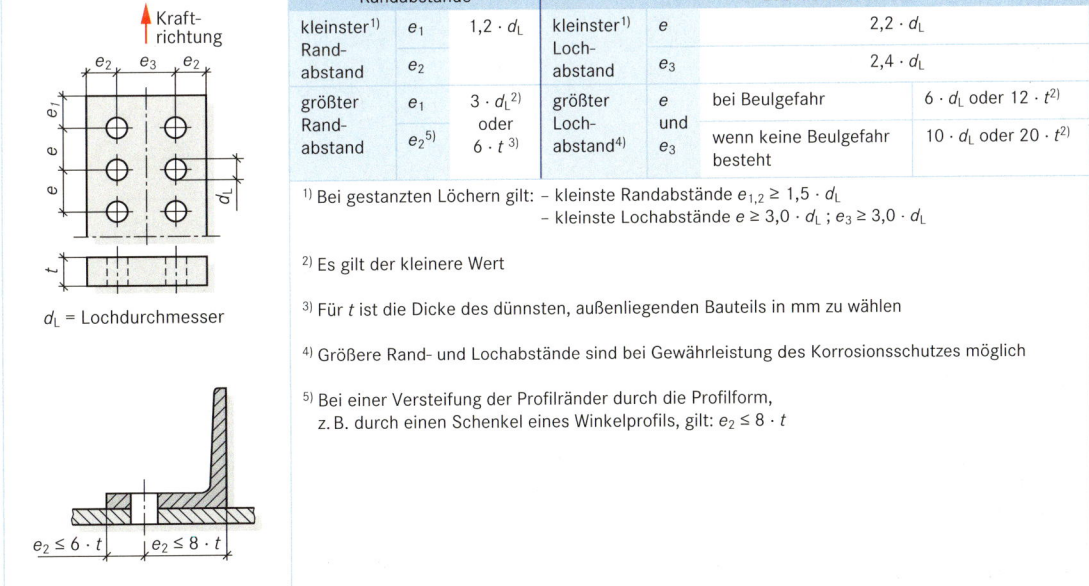

	Randabstände			Lochabstände	
kleinster[1] Randabstand	e_1	$1,2 \cdot d_L$	kleinster[1] Lochabstand	e	$2,2 \cdot d_L$
	e_2			e_3	$2,4 \cdot d_L$
größter Randabstand	e_1	$3 \cdot d_L$[2] oder $6 \cdot t$[3]	größter Lochabstand[4]	e und e_3 bei Beulgefahr	$6 \cdot d_L$ oder $12 \cdot t$[2]
	e_2[5]			wenn keine Beulgefahr besteht	$10 \cdot d_L$ oder $20 \cdot t$[2]

[1] Bei gestanzten Löchern gilt: – kleinste Randabstände $e_{1,2} \geq 1,5 \cdot d_L$
– kleinste Lochabstände $e \geq 3,0 \cdot d_L$; $e_3 \geq 3,0 \cdot d_L$

[2] Es gilt der kleinere Wert

[3] Für t ist die Dicke des dünnsten, außenliegenden Bauteils in mm zu wählen

[4] Größere Rand- und Lochabstände sind bei Gewährleistung des Korrosionsschutzes möglich

[5] Bei einer Versteifung der Profilränder durch die Profilform, z. B. durch einen Schenkel eines Winkelprofils, gilt: $e_2 \leq 8 \cdot t$

Vereinfachte Darstellung von Verbindungselementen
Simplified representation of fasteners

DIN ISO 5845-1: 1997-04

Darstellung von Löchern und von in die Löcher passende Schrauben und Niete

Loch und Schraube oder Niet	Loch			
	ohne Senkung	Senkung auf der Vorderseite	Senkung auf der Rückseite	Senkung auf beiden Seiten
in der Werkstatt gebohrt und eingebaut	+	✶	✶	✶
in der Werkstatt gebohrt und auf der Baustelle eingebaut				
auf der Baustelle gebohrt und eingebaut				

Darstellung von Löchern, Schrauben und Niete parallel zur Achse

	Loch			Anmerkung:
	ohne Senkung	Senkung auf der Vorderseite	Senkung auf der Rückseite	Zur Unterscheidung von Schrauben und Niete muss in der Bezeichnung für Schrauben das Kurzzeichen der Gewindeart angegeben werden.
in der Werkstatt gebohrt und eingebaut				
in der Werkstatt gebohrt und auf der Baustelle eingebaut				

	Symbol für eingebaute Schraube oder Niet		Symbol für Senkniet	Symbol für Schraube mit Lageangabe der Mutter
	nicht gesenkt	Senkung auf einer Seite	Senkung auf beiden Seiten	
in der Werkstatt eingebaut				
auf der Baustelle eingebaut				
auf der Baustelle gebohrt und eingebaut				

Bemaßung und Bezeichnung

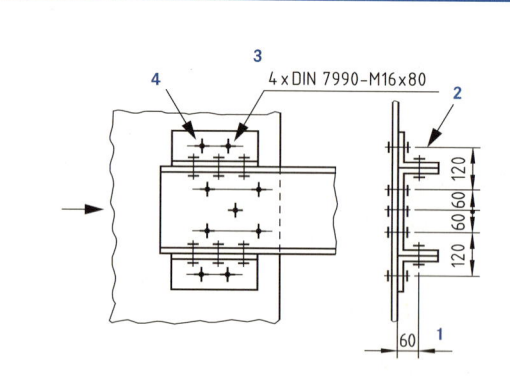

1 Die Maßlinie erhält am Anfang und am Ende einen geschwärzten Pfeil (DIN 406-11), bei Platzmangel einen Punkt.

2 Maßhilfslinien sind von den Symbolen für Löcher, Schrauben und Niete in der Zeichenebene parallel zu ihren Achsen zu trennen.

3 Die Bezeichnung der Schrauben und Niete soll mit den DIN- oder ISO-Bezeichnungen übereinstimmen.

4 Schrauben oder Niete sind in der Mitte des Kreuzes durch einen Punkt mit dem Durchmesser der fünffachen Linienbreite zu kennzeichnen.

Herstellen von Stahlbaukonstruktionen

Vereinfachte Darstellung von Verbindungselementen
Simplified representation of fasteners

DIN ISO 5845-1: 1997-04

Bemaßung und Bezeichnung

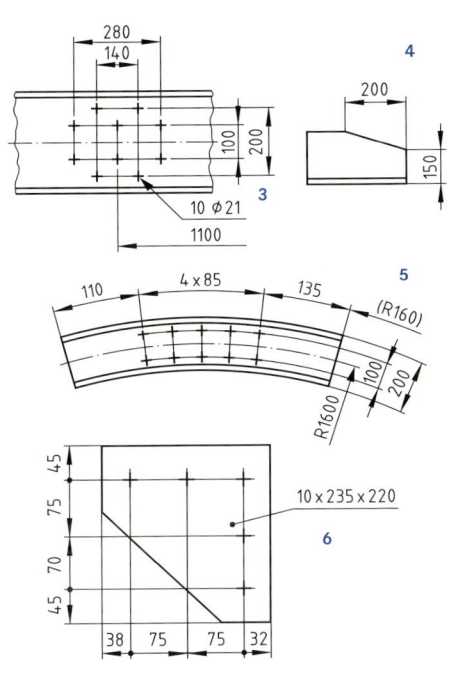

3 Die Bezeichnung von Löchern, Schrauben und Niete wird in der Nähe des jeweiligen Symbols angegeben. Beziehen sich die Bezeichnungen auf eine Gruppe gleicher Verbindungselemente, braucht nur ein äußeres Element bezeichnet zu werden.

4 Schrägen werden durch Längenmaße angegeben.

5 Bei Abwicklungsmaßen von gebogenen Teilen soll der Krümmungsradius, auf den sich die Maße beziehen, in Klammern angefügt werden.

6 Bleche werden mit der Dicke und den Maßen des umgebenden Rechteckes bezeichnet.

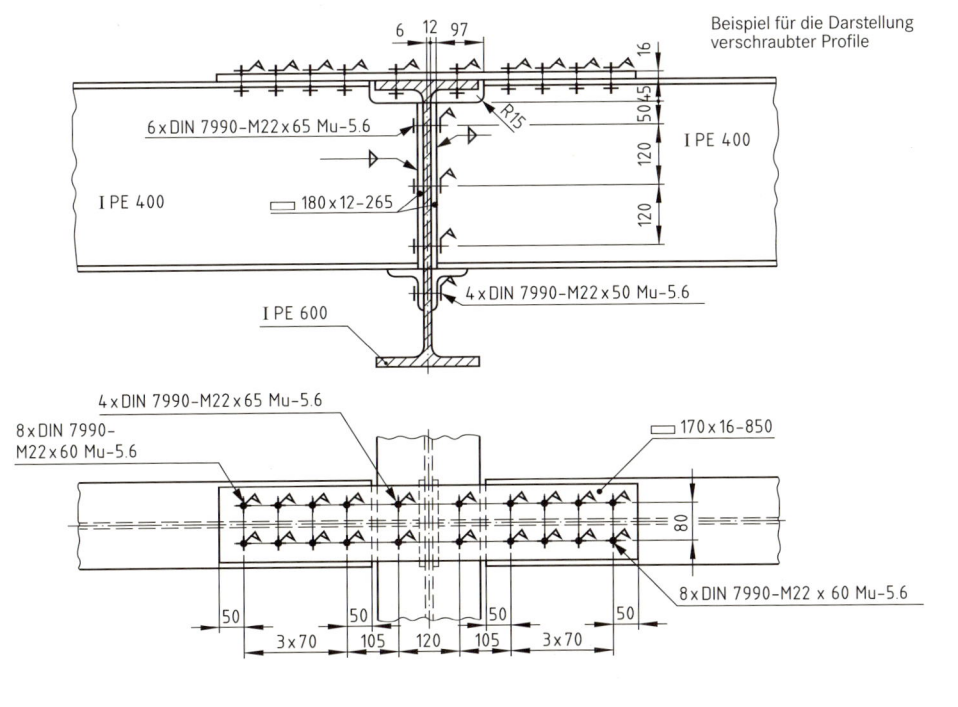

Beispiel für die Darstellung verschraubter Profile

Herstellen von Stahlbaukonstruktionen 267

Bemessen von Stahlbauten
Design of structural steelwork

Nachweis der Tragfähigkeit von Schraubenverbindungen bei Scherbeanspruchung
DIN 18 800-1: 1990-11

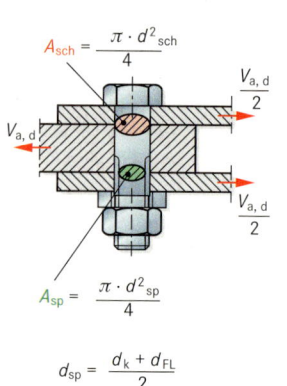

$A_{sch} = \dfrac{\pi \cdot d^2_{sch}}{4}$

$A_{sp} = \dfrac{\pi \cdot d^2_{sp}}{4}$

$d_{sp} = \dfrac{d_k + d_{FL}}{2}$

$V_{a,d} / V_{a,R,d} \leq 1$

$V_{a,R,d} = A_a \cdot \tau_{a,R,d}$

Scherfläche im Schaft: $A_a = A_{sch}$

Scherfläche im Gewinde: $A_a = A_{sp}$

$\tau_{a,R,d} = \alpha_a \cdot \dfrac{f_{u,b,k}}{\gamma_M}$

Symbol	Bezeichnung	Einheit
$V_{a,d}$:	Bemessungswert der einwirkenden Abscherkraft	in N
$V_{a,R,d}$:	Grenzabscherkraft	in N
A_a:	beanspruchte Querschnittsfläche	in mm²
$\tau_{a,R,d}$:	Grenzabscherspannung	in N/mm²
A_{sch}:	Querschnittsfläche des Schraubenschaftes	in mm²
A_{sp}:	Querschnittsfläche des Schraubengewindes	in mm²
d_{sch}:	Schaftdurchmesser	in mm
d_{sp}:	gemittelter Durchmesser des Gewindequerschnittes	in mm
d_k:	Kerndurchmesser des Schraubengewindes	in mm
d_{FL}:	Flankendurchmesser des Schraubengewindes	in mm
α_a:	Scherfestigkeitsverhältnisbeiwert	
$f_{u,b,k}$:	charakteristischer Wert der Zugfestigkeit des Schrauben-(Bolzen-)Werkstoffes	in N/mm²
γ_M:	Teilsicherheitsbeiwert der Widerstandsgrößen	

Für Schrauben der Festigkeitsklassen 4.6; 5.6 und 8.8 : $\alpha_a = 0{,}6$
Für Schrauben der Festigkeitsklasse   10.9 : $\alpha_a = 0{,}55$

Grenzabscherkraft $V_{a,R,d}$ einer Schraube für eine Scherfuge
DIN 18 800-1: 1990-11

Verbindungsart	Schrauben-festigkeits-klasse	Schraubenwerk-stofffestigkeit		Grenzabscherkraft $V_{a,R,d}$ in kN							
		$f_{u,b,k}$ in N/mm²	$f_{y,b,k}$ in N/mm²	Lochdurchmesser und Durchmesser für Passschrauben in mm							
				13	17	21	23	25	28	31	37
							Schraubengröße				
				M12	M16	M20	M22	M24	M27	M30	M36
SL	4.6	400	240	24,68 (18,39)[1]	43,87 (34,18)	68,54 (53,41)	82,94 (66,20)	98,70 (76,91)	124,9 (100,2)	154,2 (122,3)	222,1 (178,2)
	5.6	500	300	30,84 (22,98)	54,84 (42,73)	85,68 (66,76)	103,7 (82,75)	123,4 (96,14)	156,2 (125,3)	192,8 (152,9)	277,6 (222,7)
SL SLV GV	8.8	800	640	49,35 (36,77)	87,74 (68,36)	137,1 (106,8)	165,9	197,4 (153,8)	249,8 (200,5)	308,4 (244,6)	444,2 (356,4)
	10.9	1000	900	56,55 (42,13)	100,5 (78,33)	157,1 (122,4)	190,1 (151,7)	226,2 (176,3)	286,3 (229,7)	353,4 (280,3)	509,9 (408,4)
SLP	4.6	400	240	28,96	49,52	75,57	90,65	107,1	134,3	164,7	234,6
	5.6	500	300	36,20	61,90	94,46	113,3	133,9	167,9	205,8	293,2
SLP, SLVP, GVP	8.8	800	640	57,92	99,05	151,1	181,3	214,2	268,7	329,4	469,2
	10.9	1000	900	66,37	113,5	173,2	207,7	245,2	307,9	377,4	537,6

[1] Die Klammerwerte gelten, wenn das Gewinde der Schraube in der Scherfuge liegt.

Bemessen von Stahlbauten
Design of structural steelwork

Nachweis der Tragfähigkeit von Schraubenverbindungen bei Lochleibungsbeanspruchung   DIN 18 800-1: 1990-11

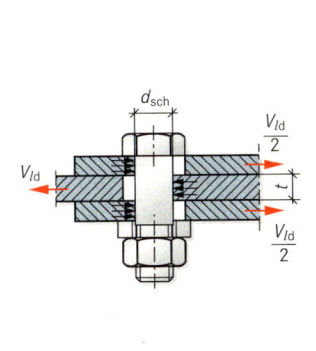

$V_{l,d} / V_{l,R,d} \leq 1$

bei einschnittiger Verbindung mit einer Schraube gilt:
$V_{l,d} / V_{l,R,d} \leq 0{,}83$

$V_{l,R,d} = d_{sch} \cdot t \cdot \sigma_{l,R,d}$

$\sigma_{l,R,d} = \alpha_l \cdot f_{y,k} / \gamma_M$

$V_{l,d}$:	Bemessungswert der einwirkenden Lochleibungskraft	in N
$V_{l,R,d}$:	Grenzlochleibungskraft	in N
d_{sch}:	Schraubenschaftdurchmesser	in mm
t:	Blechdicke	in mm
$\sigma_{l,R,d}$:	Grenzlochleibungsspannung	in N/mm²
α_l:	Abstandsbeiwert	
$f_{y,k}$:	charakteristischer Wert der Streckgrenze des Bauteilwerkstoffes	in N/mm²
γ_M:	Teilsicherheitsbeiwert der Widerstandsgrößen	

Für Schrauben der Festigkeitsklassen 4.6; 5.6 und 8.8 : $\alpha_a = 0{,}6$
Für Schrauben der Festigkeitskasse 10.9 : $\alpha_a = 0{,}55$

Bestimmung des Abstandsbeiwertes α_l für Lochleibungsbeanspruchung

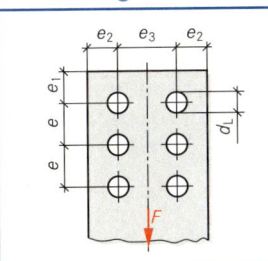

Bedingung[1]		Berechnungen von α_l	Verhinderung des Versagens durch
I.	$e_2/d_L = 1{,}2$	$\alpha_l = 0{,}73 \cdot \dfrac{e_1}{d_L} - 0{,}20$	Ausreißen am Rand
	$e_3/d_L = 2{,}4$	$\alpha_l = 0{,}72 \cdot \dfrac{e}{d_L} - 0{,}51$	Riss zwischen den Schrauben
II.	$e_2/d_L \geq 1{,}5$	$\alpha_l = 1{,}1 \cdot \dfrac{e_1}{d_L} - 0{,}30$	Ausreißen am Rand
	$e_3/d_L \geq 3{,}0$	$\alpha_l = 1{,}08 \cdot \dfrac{e}{d_L} - 0{,}77$	Riss zwischen den Schrauben

[1] Für Bedingung I. gilt : $\alpha_l \leq 2{,}0$; für Bedingung II. gilt: $\alpha_l \leq 3{,}0$

Grenzlochleibungskraft $V_{l,R,d}$ einer Schraube je 10 mm Werkstoffdicke eines zu verbindenden Bauteils

Abstands-beiwert α_l	$\dfrac{e}{d_L}$	$\dfrac{e_1}{d_L}$	Verbin-dungs-art	Bauteil-werk-stoff	Grenzlochleibungskraft $V_{l,R,d}$ in kN						
					Loch- und Schaftdurchmesser für Passschrauben in mm						
					13	17	21	23	25	28	31	37
					Schraubengröße						
					M12	M16	M20	M22	M24	M27	M30	M36
1,9	2,5	2,0	SL SLV GV	S 235	49,75	66,33	82,91	91,20	99,49	111,9	124,4	149,2
				S 355	74,62	99,49	124,4	136,8	149,2	167,9	186,5	223,9
			SLP SLVP GVP	S 235	53,89	70,47	87,05	95,35	103,6	116,1	128,5	153,4
				S 355	80,84	105,7	130,6	143,0	155,5	174,1	192,8	230,1
2,47	3,0	2,52	SL SLV GV	S 235	64,67	86,33	107,8	118,6	129,3	145,5	161,7	194,0
				S 355	97,0	129,3	161,7	177,8	194,0	218,3	242,5	291,0
			SLP SLVP GVP	S 235	70,06	91,61	113,2	123,9	134,7	150,9	167,1	199,4
				S 355	105,1	137,4	169,8	185,9	202,1	226,3	250,6	299,1
3,0	3,5	3,0	SL SLV GV	S 235	78,55	104,7	130,9	144,0	157,1	176,7	196,4	235,6
				S 355	117,8	157,1	196,4	216,0	235,6	265,1	294,5	353,5
			SLP SLVP GVP	S 235	85,09	111,3	137,5	150,5	163,6	183,3	202,9	242,3
				S 355	127,6	166,9	206,2	225,8	245,5	274,9	304,4	363,3

Tabellenwerte gelten für: – $e_2/d_L \geq 1{,}5$ und $e_3/d_L \geq 3{,}0$; Blechdicke 3 mm $\leq t \leq$ 40 mm;
– glatter Teil des Schraubenschafts in der Lochung
– Addition von maximal 8 Schrauben hintereinander

Herstellen von Stahlbaukonstruktionen

Bemessen von Stahlbauten
Design of structural steelwork

Nachweis der Tragfähigkeit von Schraubenverbindungen bei Zugbeanspruchung

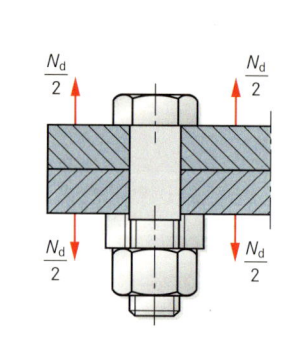

$N_d / N_{R,d} \leq 1$

$N_{R,d} = A_{sch} \cdot f_{y,b,k} / (1{,}1 \cdot \gamma_M)$
$N_{R,d} = A_{sp} \cdot f_{u,b,k} / (1{,}25 \cdot \gamma_M)$

der kleinere Wert ist maßgebend
$\gamma_M = 1{,}1$

N_d: Bemessungswert der einwirkenden Zugkraft — in N
$N_{R,d}$: Grenzzugkraft — in N
A_{sch}: Querschnittsfläche des Schraubenschaftes — in mm²
$f_{y,b,k}$: charakteristischer Wert der Streckgrenze des Schrauben-(Bolzen-)Werkstoffes — in N/mm²
γ_M: Teilsicherheitsbeiwert der Widerstandsgrößen
A_{sp}: Querschnittsfläche des Schraubengewindes
$f_{u,b,k}$: charakteristischer Wert der Zugfestigkeit des Schrauben-(Bolzen-)Werkstoffes

Grenzzugkraft $N_{R,d}$ einer Schraube

Verbindungsart	Schraubenfestigkeitsklasse	Schraubenwerkstofffestigkeit $f_{u,b,k}$ in N/mm²	$f_{y,b,k}$ in N/mm²	\multicolumn{7}{c}{Grenzzugkraft $N_{R,d}$ in kN — Schraubengröße}						
				M12	M16	M20	M22	M24	M27	M30	M36
SL	4.6	400	240	22,43	39,88	62,31	75,40	89,73	113,6	140,2	201,9
	5.6	500	300	28,04	49,85	77,89	94,25	112,2	142,0	175,3	252,4
SLV, GV	8.8	800	640	49,03	91,15	142,4	176,5	205,1	267,3	326,2	475,2
	10.9	1000	900	61,28	113,9	178,0	220,7	256,4	334,1	407,7	594,0
SLP	4.6	400	240	24,51	45,02	68,70	82,41	97,36	122,1	149,7	213,3
	5.6	500	300	30,64	56,28	85,87	103,0	121,7	152,7	187,1	266,6
SLVP, GVP	8.8	800	640	49,03	91,15	142,4	176,5	205,1	267,3	326,2	475,2
	10.9	1000	900	61,28	113,9	178,0	220,7	256,4	334,1	407,7	594,0

Nachweis der Tragfähigkeit von Schraubenverbindungen bei gleichzeitiger Beanspruchung auf Zug und Abscheren

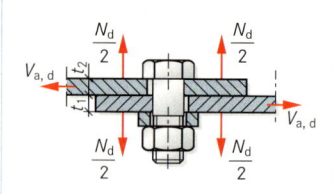

$\left(\dfrac{N_d}{N_{R,d}}\right)^2 + \left(\dfrac{V_{a,d}}{V_{a,R,d}}\right)^2 \leq 1$

N_d: Bemessungswert der einwirkenden Zugkraft — in N
$N_{R,d}$: Grenzzugkraft — in N
$V_{a,d}$: Bemessungswert der einwirkenden Abscherkraft — in N
$V_{a,R,d}$: Grenzabscherkraft — in N

Der Nachweis ist zu führen, wenn $N_d > 0{,}25\, N_{R,d}$

Grenzkraft von Bauteilen bei Lochschwächung

DIN 18 800-1: 1990-11

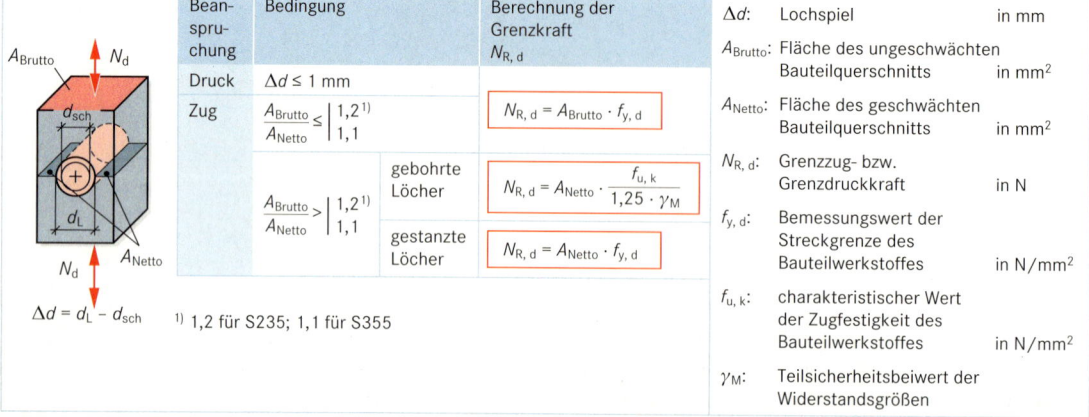

Beanspruchung	Bedingung		Berechnung der Grenzkraft $N_{R,d}$
Druck	$\Delta d \leq 1$ mm		
Zug	$\dfrac{A_{Brutto}}{A_{Netto}} \leq \begin{array}{l}1{,}2^{1)}\\1{,}1\end{array}$		$N_{R,d} = A_{Brutto} \cdot f_{y,d}$
	$\dfrac{A_{Brutto}}{A_{Netto}} > \begin{array}{l}1{,}2^{1)}\\1{,}1\end{array}$	gebohrte Löcher	$N_{R,d} = A_{Netto} \cdot \dfrac{f_{u,k}}{1{,}25 \cdot \gamma_M}$
		gestanzte Löcher	$N_{R,d} = A_{Netto} \cdot f_{y,d}$

$\Delta d = d_L - d_{sch}$

1) 1,2 für S235; 1,1 für S355

Δd: Lochspiel — in mm
A_{Brutto}: Fläche des ungeschwächten Bauteilquerschnitts — in mm²
A_{Netto}: Fläche des geschwächten Bauteilquerschnitts — in mm²
$N_{R,d}$: Grenzzug- bzw. Grenzdruckkraft — in N
$f_{y,d}$: Bemessungswert der Streckgrenze des Bauteilwerkstoffes — in N/mm²
$f_{u,k}$: charakteristischer Wert der Zugfestigkeit des Bauteilwerkstoffes — in N/mm²
γ_M: Teilsicherheitsbeiwert der Widerstandsgrößen

Bemessen von Stahlbauten
Design of structural steelwork

Grenzkraft von Zugstäben mit unsymmetrischem Anschluss durch eine Schraube DIN 18 800-1: 1990-11

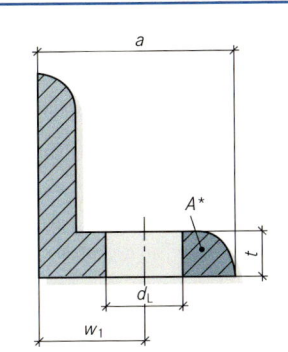

$$N_{R,d} = A_{Netto} \cdot f_{y,d}$$

$$A_{Netto} = 2 \cdot A^*$$

Beispiel Winkelstahl:

$$A^* = (a - w_1 - d_L/2) \cdot t$$

$N_{R,d}$: Grenzzugkraft — in N

A_{Netto}: Fläche, die bei der Berechnung von Grenzkräften unsymmetrischer Anschlüsse zu berücksichtigen ist — in mm²

$f_{y,d}$: Bemessungswert der Streckgrenze des Bauteilwerkstoffes — in N/mm²

A^*: kleinerer Teil des Gesamtprofilquerschnittes — in mm²

Nachweis der Gebrauchstauglichkeit von gleitfest vorgespannten Schraubenverbindungen DIN 18 800-1: 1990-11

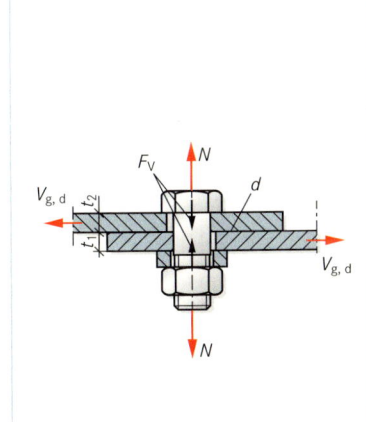

$$V_{g,d} / V_{g,R,d} \leq 1$$

Verbindungen ohne zusätzliche Zugbeanspruchung der Schraube
$(N = 0)$

$$V_{g,R,d} = \alpha \cdot F_V / (1{,}15 \cdot \gamma_M)$$

Verbindungen mit zusätzlicher Zugbeanspruchung der Schraube
$(N > 0)$

$$V_{g,R,d} = \alpha \cdot F_V \cdot \frac{1 - N/F_V}{1{,}15 \cdot \gamma_M}$$

$\alpha = 0{,}5; \quad \gamma_M = 1$

$V_{g,d}$: Bemessungswert der einwirkenden Kraft — in N

$V_{g,R,d}$: Grenzgleitkraft — in N

α: Reibungszahl für Reibflächen mit einer Vorbehandlung nach DIN 18 800-7

F_V: Vorspannkraft nach DIN 18 800-7 — in N

γ_M: Teilsicherheitsbeiwert der Widerstandsgrößen

N: anteilig auf die Schraube entfallende Zugkraft entsprechend den Einwirkungen des Gebrauchstauglichkeitsnachweises — in N

Vorspannkraft F_V einer Schraube (Drehmomentverfahren) DIN 18 800-7: 2002-09

Schrauben-festigkeits-klasse	Vorspannkraft F_V in kN							
	Schraubengröße							
	M12	M16	M20	M22	M24	M27	M30	M36
8.8	35	70	110	130	150	200	245	355
10.9	50	100	160	190	220	290	350	510

Grenzgleitkraft $V_{g,R,d}$ einer Reibfläche einer Schraube

Verbindungsart	Schrauben-festigkeits-klasse	Grenzgleitkraft $V_{g,R,d}$ in kN[1]							
		Schraubengröße							
		M12	M16	M20	M22	M24	M27	M30	M36
GV, GVP	10.9	21,74	43,48	69,57	82,61	95,65	126,1	152,2	221,7

[1] Die Zahlenwerte gelten für planmäßig vorgespannte Verbindungen ohne zusätzliche Zugbeanspruchung der Schrauben ($N = 0$)

Bemessen von Stahlbauten
Design of structural steelwork

Nachweis der Tragfähigkeit von Schweißverbindungen

DIN 18 800-1: 1990-11

Schweißnahtspannungen in der Stumpfnaht

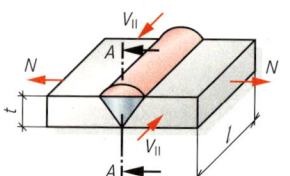

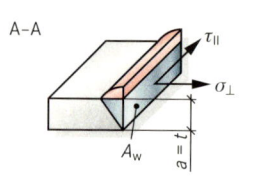

Schweißnahtspannungen in der Kehlnaht

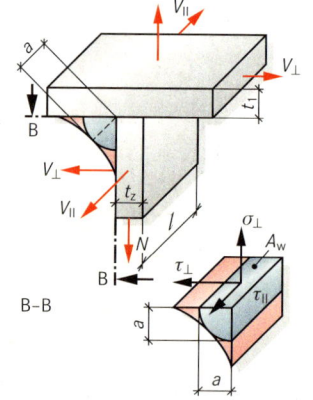

allgemeiner Nachweis

$$\sigma_{w,v} / \sigma_{w,R,d} \leq 1$$

$$\sigma_{w,R,d} = \alpha_w \cdot \frac{f_{y,k}}{\gamma_M}$$

$$\sigma_{w,v} = \sqrt{\sigma_\perp^2 + \tau_\perp^2 + \tau_\parallel^2}$$

$$\sigma_\perp = \frac{N}{A_w}$$

$$\tau_\parallel = \frac{V_\parallel}{A_w}$$

$$\tau_\perp = \frac{V_\perp}{A_w}$$

$$A_w = a \cdot l$$

$\sigma_{w,v}$:	Vergleichsspannung in der Schweißnaht infolge äußerer Einwirkungen	in N/mm²
$\sigma_{w,R,d}$:	Grenzschweißnahtspannung	in N/mm²
α_w:	Grenzspannungsbeiwert	
$f_{y,k}$:	charakteristischer Wert der Streckgrenze des Bauteilwerkstoffes für $t \leq 40$ mm	in N/mm²
γ_M:	Teilsicherheitsbeiwert der Widerstandsgrößen	
$\sigma_\perp$:	Normalspannung senkrecht zur Schweißnaht	in N/mm²
$\tau_\parallel$:	Schubspannung parallel zur Schweißnaht	in N/mm²
$\tau_\perp$:	Schubspannung senkrecht zur Schweißnaht	in N/mm²
N:	Normalkraft senkrecht zur Schweißnaht	in N
$V_\parallel$:	Querkraft parallel zur Schweißnaht	in N
$V_\perp$:	Querkraft senkrecht zur Schweißnaht	in N
A_w:	rechnerische Schweißnahtfläche	in mm²
a:	rechnerische Schweißnahtdicke	in mm
l:	rechnerische Schweißnahtlänge	in mm

Grenzspannungsbeiwert α_w

DIN 18 800-1: 1990-11

Stoßart	Nahtart	Beanspruchungsart	Beiwert α_w Werkstoff S235JR; S235JRG1; S235JRG2	S355
Stumpfstoß	V-Naht	Druck	1,0	1,0
T-Stoß	K-Naht; HV-Naht mit Kapplage; HV-Naht mit durchgeschweißter Wurzel	Zug	0,95[1]	0,8[1]
Stumpfstoß	HY-Naht mit Öffnungswinkel $\alpha \leq 60°$; K-Naht mit $\alpha \leq 60°$; I-Naht	Zug und Druck	0,95[2]	0,8
T-Stoß	HY-Naht mit $\alpha \geq 60°$; K-Naht mit $\alpha \geq 60°$; einfache und doppelte Kehlnaht			
Stumpf- und T-Stoß	alle oben genannten Nahtarten	Schub	0,95	0,8

[1] Bei Nachweis der Nahtgüte durch Ultraschall-Prüfverfahren nach DIN 54 119 bzw. Röntgen- oder Gammastrahlen nach DIN 54 111 gilt hier: $\alpha_w = 1,0$
[2] Für Stumpfstöße aus Formstählen aus S235JR und S235JRG1 mit der Erzeugnisdicke $t > 16$ mm gilt: $\alpha_w = 0,55$

Bemessen von Stahlbauten
Design of structural steelwork

Rechnerische Schweißnahtdicke a

DIN 18 800-1: 1990-11

Art der Schweißung	Nahtart			Nahtdicke a
Durch- oder gegengeschweißte Nähte	V-Naht			
	K-Naht;	HV-Naht; mit Kapplage	HV-Naht durchgeschweißt	
Nicht durchgeschweißte Nähte	HY-Naht;	K-Naht		$\alpha \leq 60°$
	Doppel-I-Naht ohne Nahtvorbereitung			
	HY-Naht; mit Kehlnaht	K-Naht mit Doppelkehlnaht		$\alpha \leq 60°$
	Kehlnaht	Doppelkehlnaht		theoretischer Wurzelpunkt $a \geq \sqrt{t_{max}} - 0{,}5; a \leq 0{,}7 \cdot t_{min}$ $a_{min} = 2$ mm

Rechnerische Schweißnahtlänge l_{ges} bei Stabanschlüssen

DIN 18 800-1: 1990-11

Nahtart	Anschlussdarstellung	Rechnerische[2] Nahtlänge l_{ges}	Nahtart	Anschlussdarstellung	Rechnerische[2] Nahtlänge l_{ges}
Flankenkehlnähte[1]		$l_{ges} = 2 \cdot l_1$	Ringsumlaufende Kehlnaht mit der Schwerachse näher zur längeren Naht		$l_{ges} = l_1 + l_2 + 2 \cdot b$
Stirn- und Flankenkehlnähte	Endkrater unzulässig	$l_{ges} = b + 2 \cdot l_1$	Ringsumlaufende Kehlnaht mit der Schwerachse näher zur kürzeren Naht		$l_{ges} = 2 \cdot l_1 + 2 \cdot b$

[1] Für Flankenkehlnähte ist die rechnerische Nahtlänge begrenzt: $6 \cdot a \leq l_{ges} \leq 150 \cdot a$; $l_{min} = 30$ mm
[2] Nur Nahtanfänge und -enden, die die verlangte Nahtdicke erreichen, zählen zur Nahtlänge

Herstellen von Stahlbaukonstruktionen

Bemessen von Stahlbauten
Design of structural steelwork

Bestimmung des Spannungszustandes geschweißter Bauteile

Spannungszustand	Bauteilbeschreibung	Bauteilbeispiele[1]
hoch	Bauteile im Bereich von: ■ schroffen Querschnittsübergängen ■ konzentrierten Krafteinleitungen ■ Spannungsspitzen und räumlichen Zugspannungszuständen	
mittel	■ Knotenbleche an Zuggurten ■ Gurtverstärkungen ■ spannungsarmgeglühte Bauteile des Spannungszustandes „hoch"	
niedrig	■ Aussteifungen: Schäfte, Verbände Gurte ■ spannungsarmgeglühte Bauteile des Spannungszustandes „mittel"	

[1] ▬▨ zu bestimmende Bauteile.

Bestimmung der Klassifizierungsstufen   DASt-Ri 009

Spannungs-zustand in der Schweiß-naht bzw. im Bauteil	Bedeutung des Bauteils für die Funktions-fähigkeit der Kon-struktion[1]	Klassifizierungsstufe			
		Beanspruchungsart			
		Druck		Zug	
		angenommene Temperatur T			
		über $-10\,°C$	unter $-10\,°C$ bis $-30\,°C$	über $-10\,°C$	unter $-10\,°C$ bis $-30\,°C$
hoch	1. Ordnung	IV	III	II	I
	2. Ordnung	V	IV	III	II
mittel	1. Ordnung	V	IV	III	II
	2. Ordnung	V	V	IV	III
niedrig	1. Ordnung	V	IV	IV	III
	2. Ordnung	V	V	V	IV

[1] Alle Bauteile, von deren Funktion der Bestand des Gesamtbauwerkes abhängt, sind Bauteile 1. Ordnung.

Bestimmung der Stahlgüte nach DIN EN 10 025 für geschweißte Stahlbauten   DASt-Ri 009[1]

Klassifi-zierungs-stufe	erforderliche Stahlgüte zulässige Bauteildicke t in mm über ... bis
I	K2G3
II	K2G4
III	JR, JRG2, JO, J2G3
IV	JRG1, J2G4
V	JR

(0, 5, 10, 20, 30, 40, 50, 60, 70)

[1] DASt-Ri: Richtlinie des Deutschen Ausschusses für Stahlbau

Schweißnahtmindestabstand l_{min} bei kaltumgeformten Werkstoffbereichen

$l_{min} = 5 \cdot t$

Einzuhaltender Mindestbiegeradius r bei Baustählen

zu schweißende Werkstoffdicke t in mm	$t \leq 4$	$4 < t \leq 8$	$8 < t \leq 12$	$12 < t \leq 24$	$24 < t \leq 50$
Mindestbiege-radius r in mm	$r \geq 1 \cdot t$	$r \geq 1{,}5 \cdot t$	$r \geq 2 \cdot t$	$r \geq 3 \cdot t$	$r \geq 10 \cdot t$

Fugenform von Stumpfnähten   DIN EN ISO 9692-1: 2004-05

Werkstückdicke t in mm	einseitig: $t \leq 4$ zweiseitig: $t \leq 8$	$3 \leq t \leq 10$	$5 \leq t \leq 40$	$t > 16$	$t > 10$	$t > 12$
Fugenform	$0{,}5 \cdot t \leq b \leq 1 \cdot t$	≈ 60°, 0 bis 4 mm	≈ 60°, 2 bis 4 mm, 1 bis 4 mm	5 bis 20°, 5 bis 15 mm	≈ 60°, 1 bis 3 mm	≈ 8 bis 12°, 6 mm, 3 mm, 1 bis 4 mm
Benennung	I-Naht	V-Naht	Y-Naht	Steilflankennaht	X-Naht	U-Naht

Typisierte Anschlüsse im Stahlhochbau
Standardized connections in steel-framed structure

DSTV: 2000

Pfettenschuhe für I- und IPE-Profile

Bezeichnung

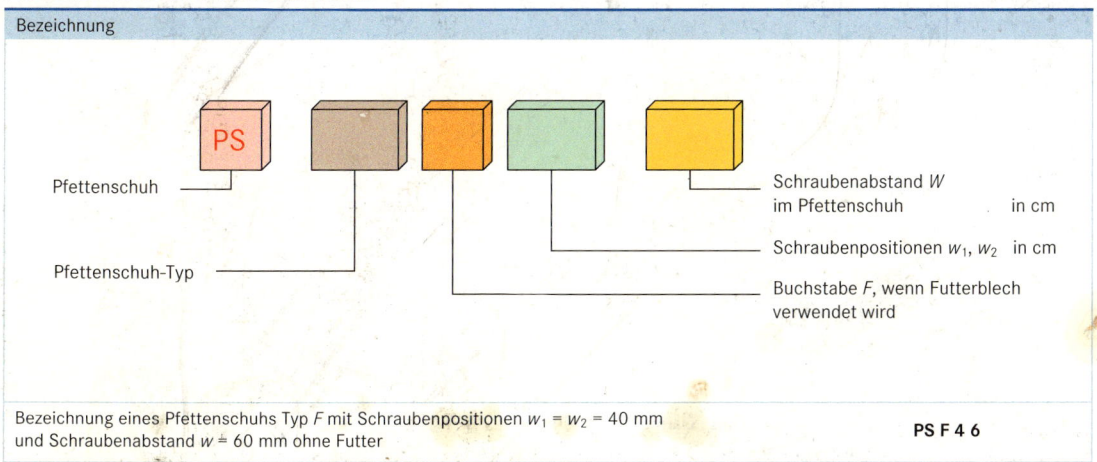

Bezeichnung eines Pfettenschuhs Typ F mit Schraubenpositionen $w_1 = w_2 = 40$ mm und Schraubenabstand $w = 60$ mm ohne Futter — PS F 4 6

Ausführungsmöglichkeiten von Pfettenschuhen Typ F aus abgewinkeltem Flachstahl

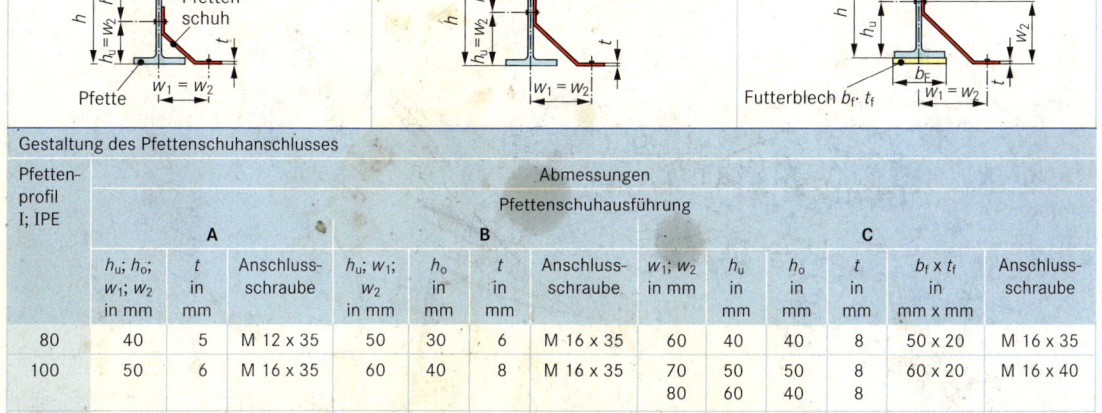

Ausführung A mit mittigem Schraubanschluss

Ausführung B mit außermittigem Schraubanschluss

Ausführung C mit außermittigem Schraubanschluss und Futter

Gestaltung des Pfettenschuhanschlusses

Pfetten-profil I; IPE	Abmessungen Pfettenschuhausführung											
	A			B				C				
	$h_u; h_o;$ $w_1; w_2$ in mm	t in mm	Anschluss-schraube	$h_u; w_1;$ w_2 in mm	h_o in mm	t in mm	Anschluss-schraube	$w_1; w_2$ in mm	h_u in mm	h_o in mm	t in mm	$b_f \times t_f$ in mm × mm	Anschluss-schraube
80	40	5	M 12 × 35	50	30	6	M 16 × 35	60	40	40	8	50 × 20	M 16 × 35
100	50	6	M 16 × 35	60	40	8	M 16 × 35	70 80	50 60	50 40	8 8	60 × 20	M 16 × 40
120	60	8	M 16 × 35	70 80	50 40	8 8	M 16 × 40 M 16 × 40	80 90	60 70	60 50	8 8	70 × 20	M 16 × 40 M 16 × 45
140	70	8	M 16 × 40	80 90	60 50	8 8	M 16 × 40 M 16 × 45	90 100	70 80	70 60	8 10	80 × 20 80 × 20	M 16 × 45 M 16 × 45
160	80	8	M 16 × 40	90 100	70 60	8 10	M 16 × 45 M 16 × 45	100	80	80	10	90 × 20	M 16 × 45
180	90	8	M 16 × 45	100	80	10	M 16 × 45	–	–	–	–	–	–
200	100	10	M 16 × 45	–	–	–	–	–	–	–	–	–	–

Pfettenschuhanschluss am Binder

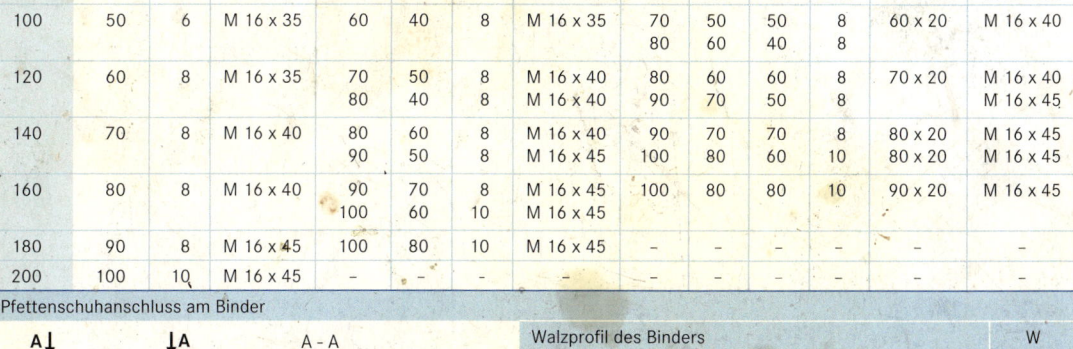

Walzprofil des Binders			W in mm
I	IPE	HEA; HEB; HEM	
200…220 240…300	180…200 220…240	100 120	50 60
320…400 450…500	270…330 360…500	140…160 180…300	80 100
550…600	550…600	320…1000	120

Herstellen von Stahlbaukonstruktionen

Typisierte Anschlüsse im Stahlhochbau
Standard connections in steel-framed structure
DSTV: 2000

Gelenkige I-Träger-Winkelanschlüsse IW

Typbezeichnung

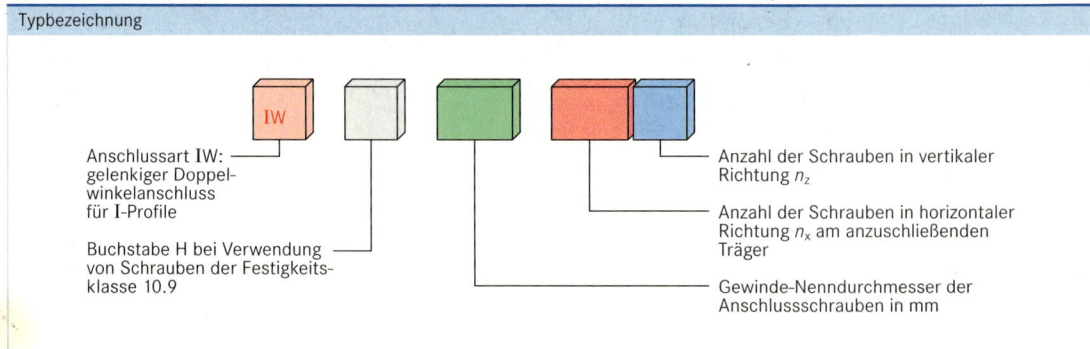

Anschlussart IW: gelenkiger Doppelwinkelanschluss für I-Profile

Buchstabe H bei Verwendung von Schrauben der Festigkeitsklasse 10.9

Anzahl der Schrauben in vertikaler Richtung n_z

Anzahl der Schrauben in horizontaler Richtung n_x am anzuschließenden Träger

Gewinde-Nenndurchmesser der Anschlussschrauben in mm

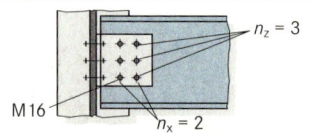

Bezeichnung eines Doppelwinkelanschlusses mit Schrauben M 16 - 10.9 und jeweils zwei Schrauben in horizontaler Richtung n_x = 2 und jeweils drei Schrauben in vertikaler Richtung n_z = 3

IW H 16 2 3

Anschlusstypen

Typ 1: Doppelwinkelanschluss mit gleichschenkeligen Winkeln und jeweils einer Schraube in horizontaler Richtung; n_x = 1

Typ 2: Doppelwinkelanschluss mit ungleichschenkeligen Winkeln und jeweils zwei Schrauben in horizontaler Richtung; n_x = 2

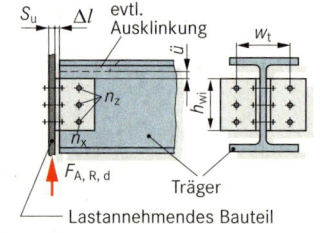

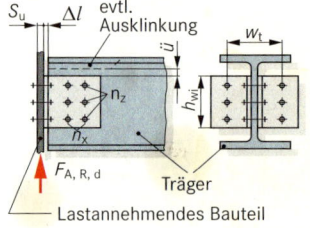

Δl = 10 mm

Δl = 10 mm

S_u: erforderliche Dicke des lastannehmenden Bauteils in mm

Δl: Abstand der Trägerkante zum lastannehmenden Bauteil in mm

$F_{A, R, d}$: Grenzanschlusskraft in kN

$\ddot{U}$: Mindestwinkelabstand zur Ausklinkung in mm

n_z: Anzahl der Schrauben in vertikaler Richtung

n_x: Anzahl der Schrauben in horizontaler Richtung am anzuschließenden Träger

w_t: horizontales Anreißmaß am lastannehmenden Bauteil in mm

h_{wi}: Höhe des Anschlusswinkels in mm

Beanspruchbarkeit von gelenkigen I-Trägeranschlüssen IW aus S235

Profil	Typbezeichnung	Schraube	horizontales Anreißmaß W_t in mm	Höhe des Anschlusswinkels h_{wi} in mm	Dicke des lastannehmenden Bauteils S_u in mm	Mindestwinkelabstand zur Ausklinkung $\ddot{U}$ in mm	Grenzanschlusskraft DIN 18 800 $F_{A, R, d}$ in kN
IPE 100	IW 16 21	M 16 - 4.6	105	70	2,2	16	23,42
IPE 120	IW 16 21	M 16 - 4.6	105	70	2,4	16	25,14
IPE 140	IW 20 21	M 20 - 4.6	125	80	2,7	23	33,13
IPE 160	IW 16 12	M 16 - 4.6	106	120	1,5	16	35,10
	IW 20 21	M 20 - 4.6	126	80	2,8	23	35,25
	IW H 20 21	M 20 - 10.9	126	120	2,2	23	35,25
IPE 180	IW 16 12	M 16 - 4.6	106	120	1,6	16	37,21
	IW 16 22	M 16 - 4.6	106	120	2,6	16	60,53
	IW 24 21	M 24 - 4.6	126	100	2,5	25	44,4
IPE 200	IW 20 12	M 20 - 4.6	126	150	1,7	23	59,65
	IW 20 22	M 20 - 4.6	126	150	2,7	23	96,02
	IW 24 21	M 24 - 4.6	126	100	2,6	25	46,92
IPE 220	IW 20 12	M 20 - 4.6	126	150	1,8	23	62,85
	IW 16 23	M 16 - 4.6	106	170	2,7	16	115,6
	IW 24 21	M 24 - 4.6	126	100	2,8	25	49,43

Typisierte Anschlüsse im Stahlhochbau
Standard connections in steel-framed structure

DSTV: 2000

Beanspruchbarkeit von gelenkigen I-Träger-Winkelanschlüssen IW aus S235

Profil		Typ-bezeichnung	Schraube	horizontales Anreißmaß W_t in mm	Höhe des Anschlusswinkels h_{wi} in mm	Dicke des last-annehmenden Bauteils S_u in mm	Mindestwinkel-abstand zur Ausklinkung $Ü$ in mm	Grenzan-schlusskraft DIN 18 800 $F_{A, R, d}$ in KN
IPE	240	IW 1612	M 16 - 4.6	107	120	1,9	16	43,53
		IW 1623	M 16 - 4.6	107	170	1,9	16	81,68
		IW 2422	M 24 - 4.6	127	180	2,7	25	122,3
IPE	300	IW 1612	M 16 - 4.6	108	120	2,1	16	49,84
		IW 2023	M 20 - 4.6	128	220	3,3	23	209,7
		IW 2422	M 24 - 4.6	128	180	3,1	25	140,1
IPE	360	IW 1612	M 16 - 4.6	109	120	2,4	16	56,16
		IW 2024	M 20 - 4.6	129	290	3,8	23	350,0
		IW 2423	M 24 - 4.6	129	260	3,6	25	275,0
IPE	400	IW 1612	M 16 - 4.6	109	120	2,6	16	60,37
		IW 2024	M 20 - 4.6	129	290	4,2	23	385,7
		IW 2423	M 24 - 4.6	129	260	3,9	25	295,6
IPE	500	IW 1612	M 16 - 4.6	111	120	3,1	16	71,61
		IW 2024	M 20 - 4.6	131	290	5,0	23	457,5
		IW 2425	M 24 - 4.6	131	420	4,6	25	621,9
IPE	600	IW 1612	M 16 - 4.6	113	120	3,3	16	78,47
		IW 2024	M 20 - 4.6	133	290	5,6	23	507,9
		IW 2425	M 24 - 4.6	133	420	6,5	25	878,2
HEA (IPB$_L$)	160	IW 2421	M 24 - 4.6	127	100	2,8	25	50,27
	200	IW 1622	M 16 - 4.6	107	120	3,2	16	74,23
	300	IW 2422	M 24 - 4.6	129	180	3,7	25	167,7
	400	IW 2423	M 24 - 4.6	132	260	4,9	25	378,1
	500	IW 2424	M 24 - 4.6	133	340	5,9	25	628,3
HEA (IPB$_L$)	600	IW 2425		134	420	6,8		925,2
	700	IW 2425		135	420	7,0		953,1
	800	IW 2425	M 24 - 4.6	136	420	7,0	25	953,1
	900	IW 2425		137	420	7,0		953,1
	1000	IW 2425		137	420	7,0		953,1
HEB (IPB)	160	IW 2421	M 24 - 4.6	129	100	3,7	25	67,03
	200	IW 1622	M 16 - 4.6	110	120	4,4	16	102,8
	300	IW 2422	M 24 - 4.6	132	180	4,8	25	217,0
	400	IW 2024	M 20 - 4.6	134	290	5,6	23	507,9
	500	IW 2424	M 24 - 4.6	135	340	7,0	25	747,4
HEB (IPB)	600	IW 2425		136				
	700	IW 2425		138				
	800	IW 2425	M 24 - 4.6	138	420	7,0	25	953,1
	900	IW 2425		139				
	1000	IW 2425		140				
HEM (IPB$_V$)	160	IW 2421	M 24 - 4.6	135	100	5,9	25	105,3
	200	IW 1622	M 16 - 4.6	116	120	5,2	16	121,5
	300	IW 2422	M 24 - 4.6	142	180	6,4	25	287,7
	400	IW 2423	M 24 - 4.6	142	260	6,7	25	513,9
	500	IW 2424	M 24 - 4.6	142	340	7,0	25	747,4
HEM (IPB$_V$)	600	IW 2425						
	700	IW 2425						
	800	IW 2425	M 24 - 4.6	142	420	7,0	25	953,1
	900	IW 2425						
	1000	IW 2425						

Herstellen von Stahlbaukonstruktionen

Typisierte Anschlüsse im Stahlhochbau
Standard connections in steel-framed structure

DSTV: 2000

Maße von gelenkigen I-Träger-Winkelanschlüssen IW

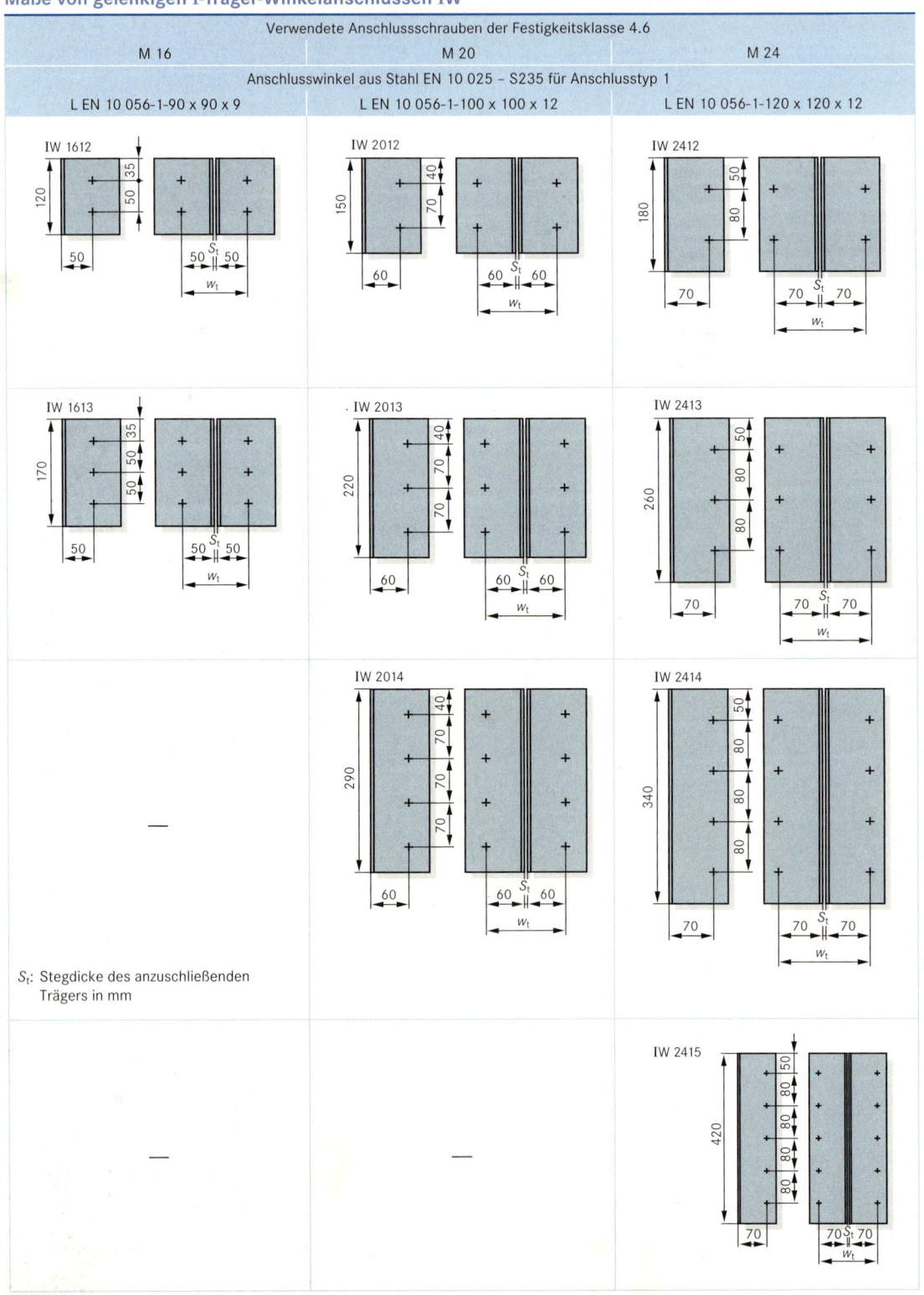

S_t: Stegdicke des anzuschließenden Trägers in mm

Typisierte Anschlüsse im Stahlhochbau
Standard connections in steel-framed structure

DSTV: 2000

Maße von gelenkigen I-Träger-Winkelanschlüssen IW

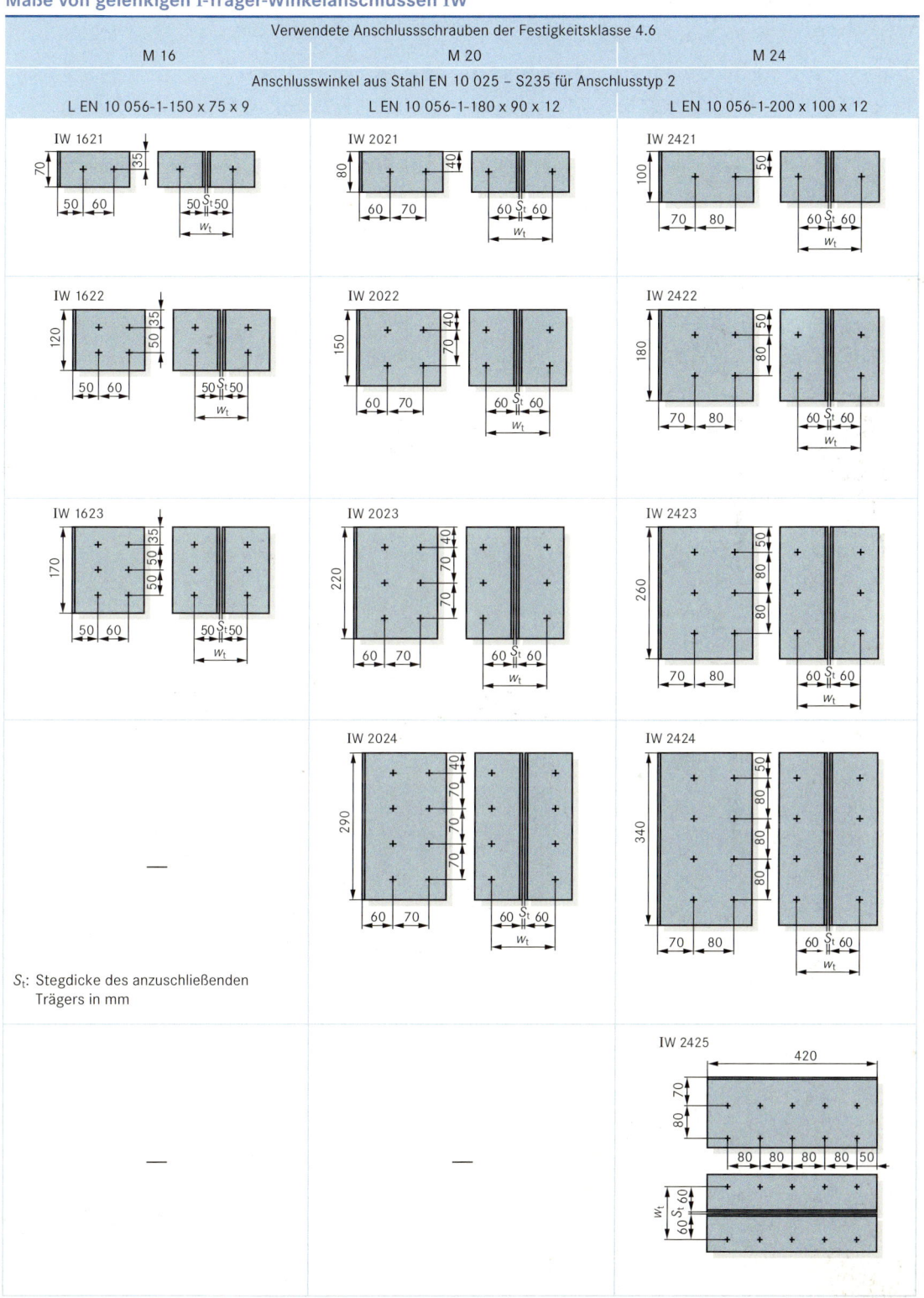

S_t: Stegdicke des anzuschließenden Trägers in mm

Herstellen von Stahlbaukonstruktionen

Typisierte Anschlüsse im Stahlhochbau
Standard connections in steel-framed structure
DSTV: 2000

Gelenkige Stirnplattenanschlüsse IS

Typbezeichnung

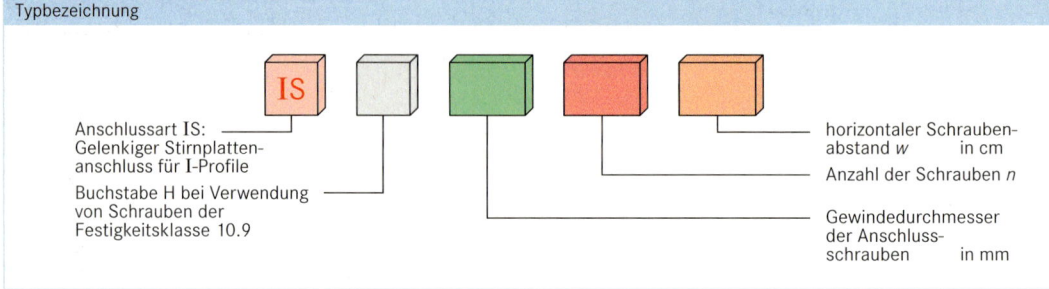

Anschlussart IS: Gelenkiger Stirnplattenanschluss für I-Profile
Buchstabe H bei Verwendung von Schrauben der Festigkeitsklasse 10.9
horizontaler Schraubenabstand w in cm
Anzahl der Schrauben n
Gewindedurchmesser der Anschlussschrauben in mm

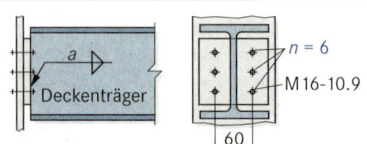

Bezeichnung eines gelenkigen Stirnplattenanschlusses mit 6 Schrauben M 16 - 10.9 und horizontalem Schraubenabstand w = 6 cm $\triangleq$ 60 mm

IS H 16 6 6

Ausführungsmöglichkeiten

Ausführungsmöglichkeit 1:
Anschluss der Stirnplatte durch Doppelkehlnaht am Trägersteg und Kehlnaht an einem Flansch

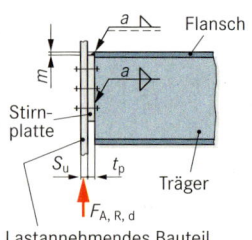

Ausführungsmöglichkeit 2:
Anschluss der Stirnplatte durch Doppelkehlnaht am Trägersteg

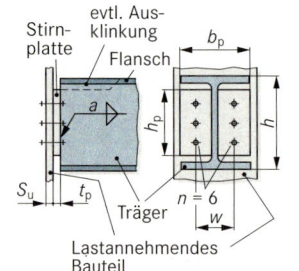

S_u: erforderliche Dicke des lastannehmenden Bauteils in mm
t_p: Dicke der Stirnplatte in mm
b_p: Breite der Stirnplatte in mm
h_p: Höhe der Stirnplatte in mm
a: Kehlnahtdicke am Trägersteg in mm
m: Abstand zwischen Flanschoberkante und Stirnplattenoberkante in mm
$F_{A, R, d}$: Grenzanschlusskraft in kN
n: Gesamtanzahl der Schrauben
w: Horizontaler Schraubenabstand in cm

t_p = 12 mm für Schrauben M 24 - 10.9;
t_p = 10 mm für alle anderen Schrauben

m = 5 mm für Trägernennhöhen $h \leq$ 600 mm
m = 6 mm für Trägernennhöhe $h >$ 600 mm

Das horizontale Schraubenabstandsmaß w ist nur durch die Einbausituation bestimmt und nicht entscheidend für die Tragfähigkeit des Stirnplattenanschlusses.

Beanspruchbarkeit von gelenkigen Stirnplattenanschlüssen IS aus S235

Profil		Typbezeichnung ohne Maß w	Schraube	Schraubenzahl	Stirnplattenhöhe h_p in mm	Dicke des lastannehmenden Bauteils S_u in mm	Kehlnahtdicke a in mm	Grenzanschlusskraft DIN 18 800 $F_{A, R, d}$ in KN
IPE	100	IS 16 2	M 16 - 4.6	2	70	1,9	3	39,77
IPE	160	IS 24 2	M 24 - 4.6	2	100	2,2	3	69,28
IPE	180	IS 24 2	M 24 - 4.6	2	100	2,3	3	73,44
IPE	200	IS 16 2	M 16 - 4.6	2	70	2,6	3	54,32
		IS 20 4	M 20 - 4.6	4	150	2,3	3	116,4
IPE	300	IS 20 6	M 20 - 4.6	6	220	2,9	3	216,4
		IS 24 6	M 24 - 4.6	6	260	2,9	3	255,8
IPE	400	IS 20 8	M 20 - 4.6	8	290	3,4	3	345,6
		IS 24 8	M 24 - 4.6	8	340	3,5	3	405,2
IPE	500	IS 20 8	M 20 - 4.6	8	290	4,1	4	409,9
		IS 24 8	M 24 - 4.6	8	340	4,1	4	480,5
IPE	600	IS 24 8	M 24 - 4.6	8	340	4,9	5	565,3
HEA	200	IS 16 4	M 16 - 4.6	4	120	2,9	3	108,1
(IPB$_L$)	400	IS 20 8	M 20 - 4.6	8	290	4,4	4	442,0
	600	IS 24 8	M 24 - 4.6	8	340	5,3	5	612,5
	800	IS 24 8	M 24 - 4.6	8	340	5,4	5	628,2
	900	IS 24 8	M 24 - 4.6	8	340	5,4	5	628,2
	1000	IS 24 8	M 24 - 4.6	8	340	5,4	5	628,2

Typisierte Anschlüsse im Stahlhochbau
Standard connections in steel-framed structure

DSTV: 2000

Beanspruchbarkeit von gelenkigen Stirnplattenanschlüssen IS aus S235

Profil		Typbezeichnung ohne Maß w	Schraube	Schraubenzahl	Stirnplattenhöhe h_p in mm	Dicke des lastannehmenden Bauteils S_u in mm	Kehlnahtdicke a in mm	Grenzanschlusskraft DIN 18 800 $F_{A,R,d}$ in KN
HEB (IPB)	200	IS 20 4	M 20 - 4.6	4	150	3,7	4	187,1
	300	IS 20 6	M 20 - 4.6	6	220	4,4	4	335,3
	400	IS 20 8	M 20 - 4.6	8	290	5,3	5	535,8
	500	IS 20 8	M 24 - 4.6	8	340	5,4	5	628,2
	600	IS 20 8	M 24 - 4.6	8	340	5,4	5	628,2
	700	IS 20 8	M 24 - 4.6	8	340	5,4	5	628,2
	800	IS 20 8	M 24 - 4.6	8	340	5,4	5	628,2
	900	IS 20 8	M 24 - 4.6	8	340	5,4	5	628,2
	1000	IS 20 8	M 24 - 4.6	8	340	5,4	5	628,2
HEM (IPB$_v$)	200	IS 20 4	M 20 - 4.6	4	150	5,2	5	266,7
	400	IS 20 8	M 20 - 4.6	8	290	5,3	5	535,8
	500	IS 20 8	M 24 - 4.6	8	340	5,4	5	628,2
	600	IS 20 8	M 24 - 4.6	8	340	5,4	5	628,2
	700	IS 20 8	M 24 - 4.6	8	340	5,4	5	628,2
	800	IS 20 8	M 24 - 4.6	8	340	5,4	5	628,2
	900	IS 20 8	M 24 - 4.6	8	340	5,4	5	628,2
	1000	IS 20 8	M 24 - 4.6	8	340	5,4	5	628,2

Maße von gelenkigen Stirnplattenanschlüssen IS

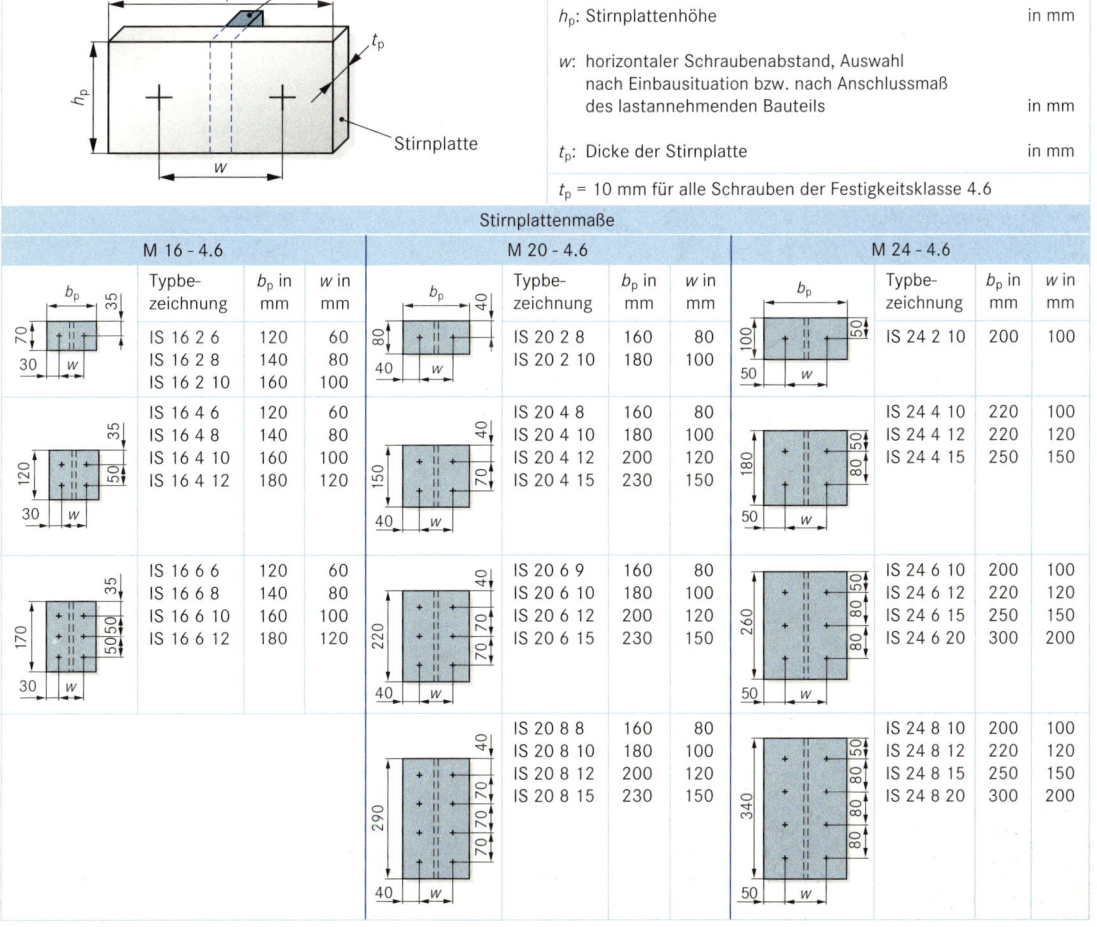

b_p: Breite der Stirnplatte — in mm
h_p: Stirnplattenhöhe — in mm
w: horizontaler Schraubenabstand, Auswahl nach Einbausituation bzw. nach Anschlussmaß des lastannehmenden Bauteils — in mm
t_p: Dicke der Stirnplatte — in mm

t_p = 10 mm für alle Schrauben der Festigkeitsklasse 4.6

Stirnplattenmaße

M 16 - 4.6

Typbezeichnung	b_p in mm	w in mm
IS 16 2 6	120	60
IS 16 2 8	140	80
IS 16 2 10	160	100
IS 16 4 6	120	60
IS 16 4 8	140	80
IS 16 4 10	160	100
IS 16 4 12	180	120
IS 16 6 6	120	60
IS 16 6 8	140	80
IS 16 6 10	160	100
IS 16 6 12	180	120

M 20 - 4.6

Typbezeichnung	b_p in mm	w in mm
IS 20 2 8	160	80
IS 20 2 10	180	100
IS 20 4 8	160	80
IS 20 4 10	180	100
IS 20 4 12	200	120
IS 20 4 15	230	150
IS 20 6 9	160	80
IS 20 6 10	180	100
IS 20 6 12	200	120
IS 20 6 15	230	150
IS 20 8 8	160	80
IS 20 8 10	180	100
IS 20 8 12	200	120
IS 20 8 15	230	150

M 24 - 4.6

Typbezeichnung	b_p in mm	w in mm
IS 24 2 10	200	100
IS 24 4 10	220	100
IS 24 4 12	220	120
IS 24 4 15	250	150
IS 24 6 10	200	100
IS 24 6 12	220	120
IS 24 6 15	250	150
IS 24 6 20	300	200
IS 24 8 10	200	100
IS 24 8 12	220	120
IS 24 8 15	250	150
IS 24 8 20	300	200

Herstellen von Stahlbaukonstruktionen

Typisierte Anschlüsse im Stahlhochbau
Standard connections in steel-framed structure

DSTV: 2000

Momententragfähige Stirnplattenanschlüsse IH

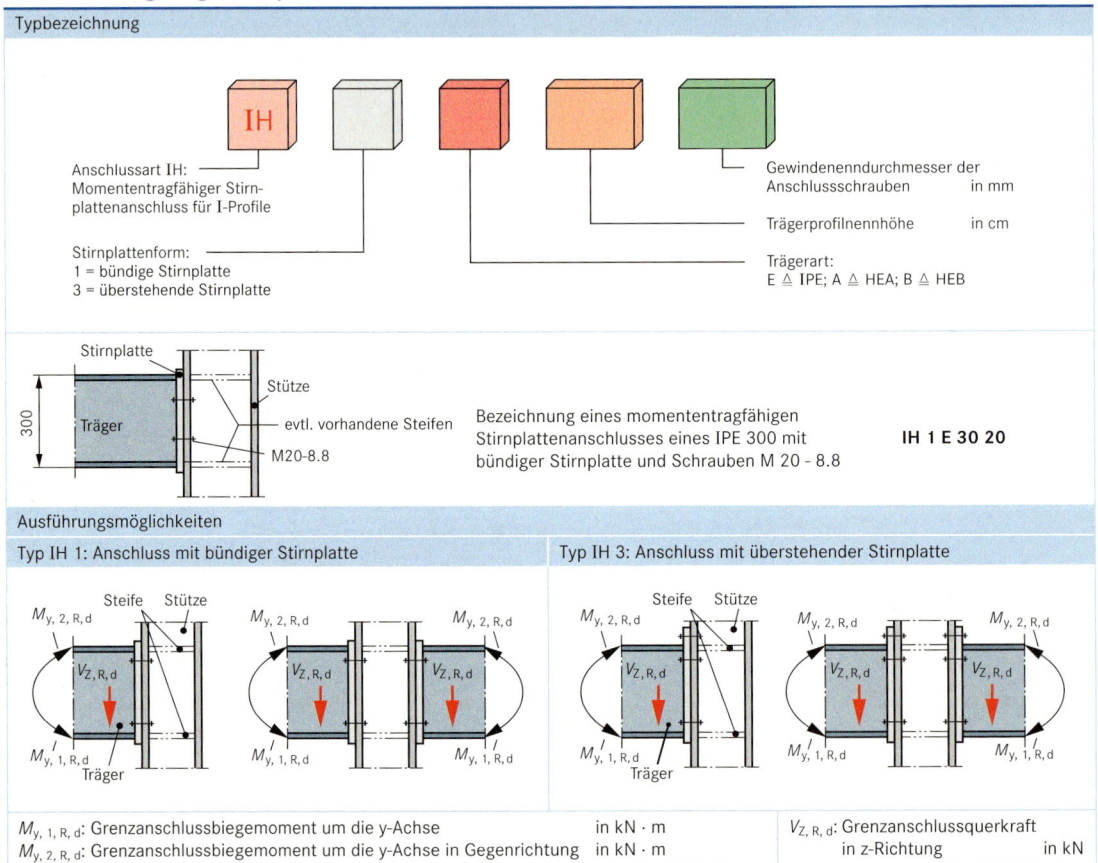

$M_{y, 1, R, d}$: Grenzanschlussbiegemoment um die y-Achse in kN · m
$M_{y, 2, R, d}$: Grenzanschlussbiegemoment um die y-Achse in Gegenrichtung in kN · m
$V_{Z, R, d}$: Grenzanschlussquerkraft in z-Richtung in kN

Beanspruchbarkeit und erforderliche Stützenprofile von momententragfähigen Stirnplattenanschlüssen IH aus S235

Träger	Typbezeichnung	Schraube	erforderliche Stützen aus S235				Grenzanschlussbiegemoment		Grenzanschlusskraft nach DIN 18 800 $V_{Z, R, d}$ in kN
			IPE	HEA (IPB$_L$)	HEB (IPB)	HEM (IPB$_V$)	$M_{y, 1, R, d}$ in kN · m	$M_{y, 2, R, d}$ in kN · m	
IPE 120	IH 1 E 12 16	M 16 - 8.8	240	160	120	120	10,3	10,3	56,72
IPE 160	IH 1 E 16 16	M 16 - 8.8	St[1)]	St	St	120	21	21	86,5
IPE 180	IH 1 E 18 20	M 20 - 8.8	450	St	200	140	28,6	28,6	103,3
IPE 200	IH 1 E 20 20	M 20 - 8.8	St	St	240	140	39,5	39,5	121,6
	IH 3 E 20 16	M 20 - 8.8	St	St	St	140	53,1	29,7	121,6
IPE 240	IH 1 E 24 24	M 24 - 8.8	St	St	St	180	65,5	65,5	161,8
IPE 300	IH 1 E 30 27	M 27 - 8.8	St	600	450	240	114	114	232,9
IPE 360	IH 1 E 36 30	M 30 - 8.8	St	600	450	240	159,1	159,1	315
IPE 400	IH 1 E 40 30	M 30 - 8.8	St	700	500	240	194,8	194,8	376,8
	IH 3 E 40 20	M 20 - 8.8	600	St	260	200	165,5	79,7	301,6
IPE 500	IH 1 E 50 30	M 30 - 8.8	–	900	600	240	269,5	269,5	529,8
	IH 3 E 50 27	M 27 - 8.8	St	900	600	300	427,2	226,2	529,8
IPE 600	IH 1 E 60 30	M 30 - 8.8	–	900	600	240	329,9	329,9	639,2
	IH 3 E 60 30	M 30 - 8.8	–	St	700	300	602,6	342,9	639,2
HEA 200	IH 1 A 20 24	M 24 - 8.8	St	St	St	200	50,8	50,8	132,6
IPB$_L$ 200	IH 3 A 20 20	M 20 - 8.8	600	St	280	200	85	42,3	132,6
300	IH 1 A 30 30	M 30 - 8.8	–	900	650	260	134,4	134,4	266
400	IH 3 A 40 30	M 30 - 8.8	–	St	900	320	405,5	204,9	462,7

[1)] St: Steife notwendig

Typisierte Anschlüsse im Stahlhochbau
Standard connections in steel-framed structure

DSTV: 2000

Beanspruchbarkeit und erforderliche Stützenprofile von momententragfähigen Stirnplattenanschlüssen IH aus S235

Träger		Typbezeichnung	Schraube	erforderliche Stützen aus S235				Grenzanschlussbiegemoment		Grenzanschlusskraft nach DIN 18 800 $V_{Z,R,d}$ in kN
				IPE	HEA (IPB$_L$)	HEB (IPB)	HEM (IPB$_V$)	$M_{y,1,R,d}$ in kN·m	$M_{y,2,R,d}$ in kN·m	
HEA (IPB$_L$)	450	IH 3 A 45 30	M 30 - 8.8	–	St	900	320	463,6	234,3	546,3
	500	IH 3 A 50 30	M 30 - 8.8	–	St	900	320	519	263,2	635,3
	600	IH 3 A 60 30	M 30 - 8.8	–	St	900	320	631,7	325,2	604,4
HEB (IPB)	200	IH 3 B 20 24	M 24 - 8.8	St[1]	St	St	240	120,7	62,4	188,8
	300	IH 3 B 30 30	M 30 - 8.8	–	St	900	320	304,2	151,3	350,4
	400	IH 3 B 40 30	M 30 - 8.8	–	St	900	320	416,1	207,2	575,5
	500	IH 3 B 50 30	M 30 - 8.8	–	St	900	320	524,3	265,4	646,7
	600	IH 3 B 60 30	M 30 - 8.8	–	St	900	320	637	327,2	604,4

[1] St: Steife notwendig

Abmessungen von momententragfähigen Stirnplattenanschlüssen IH

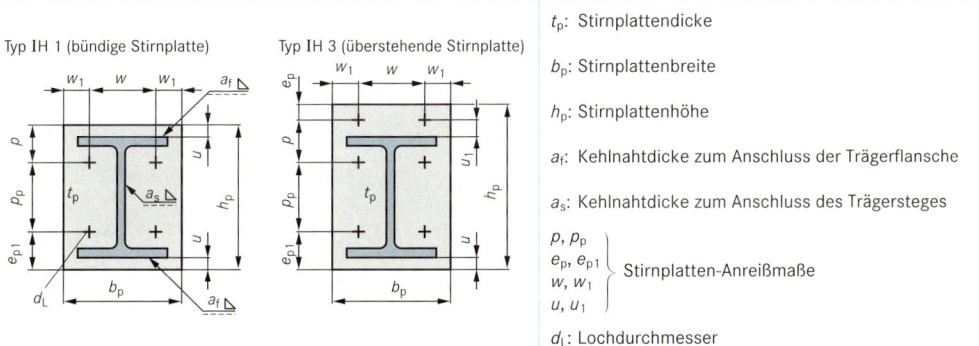

Typ IH 1 (bündige Stirnplatte)   Typ IH 3 (überstehende Stirnplatte)

- t_p: Stirnplattendicke — in mm
- b_p: Stirnplattenbreite — in mm
- h_p: Stirnplattenhöhe — in mm
- a_f: Kehlnahtdicke zum Anschluss der Trägerflansche — in mm
- a_s: Kehlnahtdicke zum Anschluss des Trägersteges — in mm
- $p, p_p, e_p, e_{p1}, w, w_1, u, u_1$: Stirnplatten-Anreißmaße — in mm
- d_L: Lochdurchmesser — in mm

Trägerprofil		Typbezeichnung	max. Lochdurchmesser d_L in mm	Stirnplattenabmessungen			Stirnplattenanreißmaße							Kehlnahtdicke am:	
				Dicke t_p	Breite b_p	Höhe h_p	p	p_p	e_p	e_{p1}	w	w_1	u	u_1	Trägerflansch a_f in mm	Trägersteg a_s in mm
				in mm			in mm									
IPE	120	IH 1 E 12 16	17	25	120	140	45	50	–	45	70	25	10	–	4	3
IPE	160	IH 1 E 16 16	17	25	120	180	50	80	–	50	70	25	10	–	5	3
IPE	180	IH 1 E 18 20	21	30	150	200	60	80	–	60	90	30	10	–	5	3
IPE	200	IH 1 E 20 20	21	30	150	220	60	100	–	60	90	30	10	–	5	3
		IH 3 E 20 16	17	20	120	265	70	120	25	50	70	25	10	30	7	3
IPE	240	IH 1 E 24 24	25	35	180	280	80	120	–	80	110	35	20	–	6	3
IPE	300	IH 1 E 30 27	28	45	210	340	90	160	–	90	130	40	20	–	7	3
IPE	400	IH 1 E 40 30	31	45	220	460	105	250	–	105	130	45	30	–	7	4
		IH 3 E 40 20	21	20	180	500	95	290	30	85	90	45	30	40	8	3
IPE	500	IH 1 E 50 30	31	45	230	560	105	350	–	105	140	45	30	–	8	3
		IH 3 E 50 27	28	30	220	630	135	350	40	105	140	40	30	60	11	3
IPE	600	IH 1 E 60 30	31	45	230	660	110	440	–	110	140	45	30	–	9	3
		IH 3 E 60 30		30	230	735	140	440	45	110	140	45	30	60	12	3
HEA (IPB$_L$)	200	IH 1 A 20 24	25	30	200	210	70	70	–	70	110	45	10	–	5	3
	200	IH 3 A 20 20	21	20	200	270	90	90	30	60	100	50	10	40	6	3
	300	IH 1 A 30 30	31	40	300	330	95	140	–	95	150	75	20	–	6	4
	400	IH 3 A 40 30	31	30	300	515	140	230	45	100	150	75	20	60	10	5
HEA (IPB$_L$)	450	IH 3 A 45 30	31	30	300	575	140	280	45	110	150	75	30	60	11	4
	500	IH 3 A 50 30		30	300	625	145	320	45	115	150	75	30	60	12	4
	600	IH 3 A 60 30		30	300	675	145	370	45	115	150	75	30	60	13	3
HEB (IPB)	200	IH 3 B 20 24	25	25	200	305	115	70	35	85	110	45	20	50	10	5
	300	IH 3 B 30 30	31	30	300	425	140	140	45	100	150	75	20	60	10	6
	400	IH 3 B 40 30	31	30	300	535	145	115	45	115	150	75	30	60	12	5
	500	IH 3 B 50 30	31	30	300	635	150	320	45	120	160	70	30	60	12	4
	600	IH 3 B 60 30	31	30	300	735	150	420	45	120	160	70	30	60	12	3

Typisierte Anschlüsse im Stahlhochbau
Standard connection in steel-framed structure

DSTV: 2000

Ausklinkungen bei Trägeranschlüssen an Unterzügen

Bezeichnung

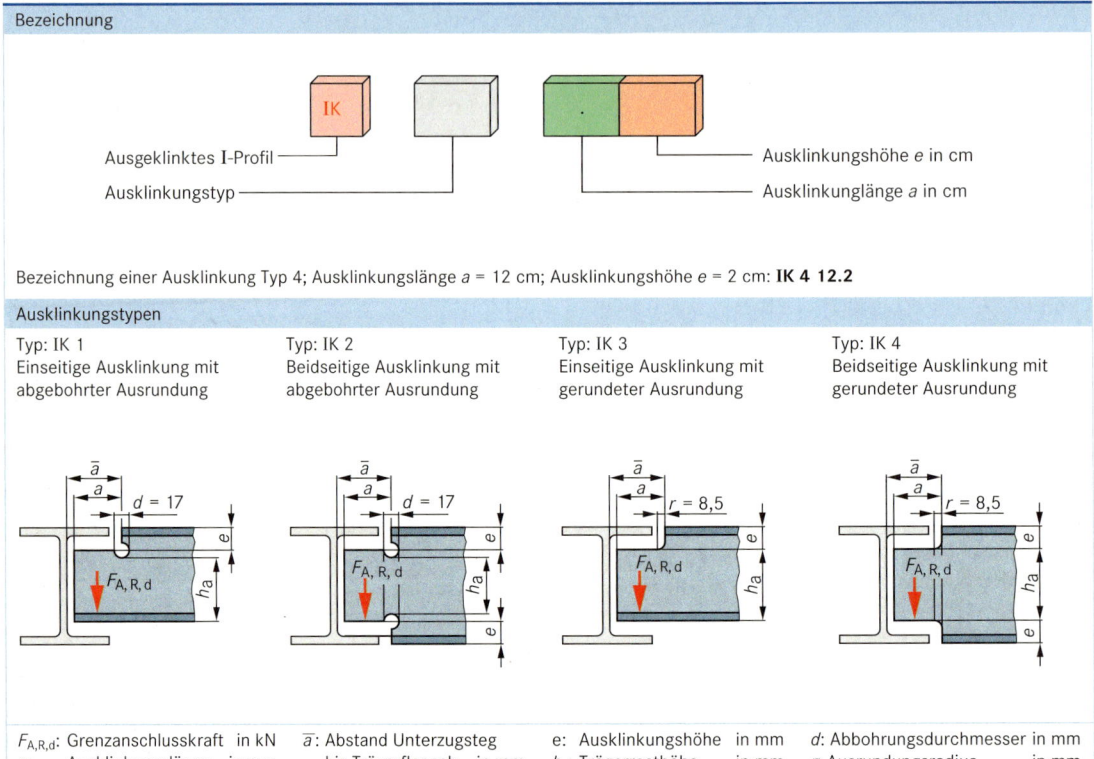

Bezeichnung einer Ausklinkung Typ 4; Ausklinkungslänge a = 12 cm; Ausklinkungshöhe e = 2 cm: **IK 4 12.2**

Ausklinkungstypen

Typ: IK 1 — Einseitige Ausklinkung mit abgebohrter Ausrundung
Typ: IK 2 — Beidseitige Ausklinkung mit abgebohrter Ausrundung
Typ: IK 3 — Einseitige Ausklinkung mit gerundeter Ausrundung
Typ: IK 4 — Beidseitige Ausklinkung mit gerundeter Ausrundung

$F_{A,R,d}$: Grenzanschlusskraft in kN
a: Ausklinkungslänge in mm
$\bar{a}$: Abstand Unterzugsteg bis Trägerflansch in mm
e: Ausklinkungshöhe in mm
h_a: Trägerresthöhe in mm
d: Abbohrungsdurchmesser in mm
r: Ausrundungsradius in mm

Beanspruchbarkeit von Ausklinkungen an Trägern aus S235

Profil	Typbe-zeichnung	Ausklinkungshöhe e in mm	Trägerresthöhe h_a in mm	Grenzanschlusskraft nach DIN $F_{A,R,d}$ in kN — Ausklinkungslänge a in mm					Profil	Typbe-zeichnung	Ausklinkungshöhe e in mm	Trägerresthöhe h_a in mm	Grenzanschlusskraft nach DIN $F_{A,R,d}$ in kN — Ausklinkungslänge a in mm				
				40	60	80	100	120					40	60	80	100	120
IPE 100	IK1	30	70	19,38	13,84	10,77	8,809	7,454	IPE 300	IK3	40	260	186,4	186,4	186,4	186,4	186,4
	IK3	30	70	24,98	17,84	13,88	11,36	9,608		IK4	40	220	144,3	144,3	144,3	125,0	105,7
	IK2	20	60	6,065	4,332	3,369	2,757	2,330	IPE 360	IK3	50	310	250,5	250,5	250,5	250,5	250,5
	IK4	20	60	11,81	8,434	6,560	5,367	4,542		IK4	50	260	192,1	192,1	192,1	192,1	166,4
IPE 120	IK3	30	90	39,22	31,72	24,67	20,19	17,08	IPE 400	IK3	50	350	305,0	305,0	305,0	305,0	305,0
	IK4	30	60	12,67	9,051	7,040	5,760	4,870		IK4	50	300	238,3	238,3	238,3	238,3	238,3
IPE 140	IK3	30	110	51,47	50,68	39,42	32,25	27,29	IPE 500	IK3	60	440	456,5	456,5	456,5	456,5	456,5
	IK4	30	80	24,06	17,19	13,37	10,94	9,250		IK4	60	380	358,1	358,1	358,1	358,1	358,1
IPE 160	IK3	30	130	64,99	64,99	58,56	47,91	40,54	IPE 600	IK3	70	530	648,0	648,0	648,0	648,0	648,0
	IK4	30	100	40,00	28,57	22,22	18,18	15,39		IK4	70	460	509,9	509,9	509,9	509,9	509,9
IPE 180	IK3	30	150	79,68	79,68	79,68	67,68	57,26	HEA (IPB$_L$) 160	IK1	30	122	65,05	65,05	57,45	47,00	39,77
	IK4	30	120	58,75	43,61	33,92	27,75	23,48		IK3	30	122	70,35	70,35	66,32	54,26	45,92
IPE 200	IK3	40	160	89,71	89,71	89,71	81,78	69,20		IK2	25	102	34,66	24,77	19,27	15,76	13,34
	IK4	40	120	62,08	46,08	35,84	29,32	24,81		IK4	25	102	49,94	35,67	27,74	22,70	19,21
IPE 220	IK3	40	180	106,4	106,4	106,4	106,4	92,52	HEA (IPB$_L$) 200	IK3	30	160	100,6	100,6	100,6	100,6	86,34
	IK4	40	140	76,30	66,08	51,40	42,05	35,58		IK4	30	130	78,06	62,77	48,82	39,95	33,80
IPE 240	IK1	40	200	118,8	118,8	118,8	118,8	110,6	HEA (IPB$_L$) 300	IK1	45	245	194,1	194,1	194,1	194,1	194,1
	IK3	40	200	124,4	124,4	124,4	124,4	120,2		IK3	45	245	201,7	201,7	201,7	201,7	201,7
	IK2	40	160	81,90	72,45	56,35	46,10	39,01		IK2	45	200	143,7	143,7	126,5	103,5	87,59
	IK4	40	160	91,64	90,70	70,54	57,72	48,84		IK4	45	200	157,0	157,0	151,1	123,6	104,6

Typisierte Anschlüsse im Stahlhochbau
Standard connections in steel-framed structure
DSTV: 2000

Beanspruchbarkeit von Ausklinkungen an Trägern aus S235

Profil	Type-bezeich-nung	Aus-klin-kungs-höhe e in mm	Träger-rest-höhe h_a in mm	Grenzanschlusskraft nach DIN $F_{A,R,d}$ in kN / Ausklinkungslänge a in mm					Profil	Type-bezeich-nung	Aus-klin-kungs-höhe e in mm	Träger-rest-höhe h_a in mm	Grenzanschlusskraft nach DIN $F_{A,R,d}$ in kN / Ausklinkungslänge a in mm				
				40	60	80	100	120					40	60	80	100	120
HEA (IPB$_L$) 400	IK1	60	330	345,6	345,6	345,6	345,6	245,6	HEB (IPB) 700	IK1	60	640	1078	1078	1078	1078	1078
	IK3	60	330	355,4	355,4	355,4	355,4	355,4		IK3	60	640	1094	1094	1094	1094	1094
	IK2	60	270	257,1	257,1	257,1	256,0	216,6		IK2	60	580	884,1	884,1	884,1	884,1	884,1
	IK4	60	270	274,4	274,4	274,4	274,4	246,7		IK4	60	580	910,8	910,8	910,8	910,8	910,8
HEA (IPB$_L$) 500	IK1	60	430	499,1	499,1	499,1	499,1	499,1	HEB (IPB) 800	IK1	70	730	1276	1276	1276	1276	1276
	IK3	60	430	509,9	509,9	509,9	509,9	509,9		IK3	70	730	1292	1292	1292	1292	1292
	IK2	60	370	391,3	391,3	391,3	391,3	391,3		IK2	70	660	1039	1039	1039	1039	1039
	IK4	60	370	410,2	410,2	410,2	410,2	410,2		IK4	70	660	1067	1067	1067	1067	1067
HEA (IPB$_L$) 600	IK1	70	520	663,1	663,1	663,1	663,1	663,1	HEB (IPB) 900	IK1	70	830	1542	1542	1542	1542	1542
	IK3	70	520	674,8	674,8	674,8	674,8	674,8		IK3	70	830	1559	1559	1559	1559	1559
	IK2	60	470	544,0	544,0	544,0	544,0	544,0		IK4	70	760	1299	1299	1299	1299	1299
	IK4	60	470	564,4	564,4	564,4	564,4	564,4	HEB (IPB) 1000	IK1	70	930	1783	1783	1783	1783	1783
HEA (IPB$_L$) 700	IK1	60	630	908,2	908,2	908,2	908,2	908,2		IK3	70	930	1800	1800	1800	1800	1800
	IK3	60	630	921,3	921,3	921,3	921,3	921,3		IK4	70	860	1509	1509	1509	1509	1509
	IK2	60	570	740,7	740,7	740,7	740,7	740,7	HEM (IPB$_V$) 160	IK1	40	140	167,2	167,2	162,9	133,3	112,8
	IK4	60	570	763,5	763,5	763,5	763,5	763,5		IK3	40	140	179,6	179,6	179,6	151,9	128,6
HEA (IPB$_L$) 800	IK1	70	720	1082	1082	1082	1082	1082		IK2	40	100	77,16	55,11	42,87	36,07	29,68
	IK3	70	720	1095	1095	1095	1095	1095		IK4	40	100	112,0	80,00	62,22	50,91	43,08
	IK2	60	650	877,1	877,1	877,1	877,1	877,1	HEM (IPB$_V$) 200	IK1	45	175	229,9	229,9	229,9	229,9	198,7
	IK4	70	650	900,7	900,7	900,7	900,7	900,7		IK3	45	175	243,2	243,2	243,2	243,2	220,2
HEA (IPB$_L$) 900	IK1	70	820	1321	1321	1321	1321	1321		IK2	45	130	153,2	109,4	85,13	69,65	58,93
	IK3	70	820	1335	1335	1335	1335	1335		IK4	45	130	180,1	144,9	112,7	92,18	78,00
	IK2	70	750	1083	1083	1083	1083	1083	HEM (IPB$_V$) 300	IK1	70	270	504,3	504,3	504,3	504,3	504,3
	IK4	70	750	1109	1109	1109	1109	1109		IK3	70	270	522,8	522,8	522,8	522,8	522,8
HEA (IPB$_L$) 1000	IK1	70	920	1535	1535	1535	1535	1535		IK2	70	200	355,0	355,0	312,6	255,7	216,4
	IK3	70	920	1550	1550	1550	1550	1550		IK4	70	200	388,0	388,0	373,3	305,5	258,5
	IK2	70	850	1270	1270	1270	1270	1270	HEM (IPB$_V$) 400	IK1	70	362	704,5	704,5	704,5	70,5	704,5
	IK4	70	850	1296	1296	1296	1296	1296		IK3	70	362	723,2	723,2	723,2	723,2	723,2
HEB (IPB) 160	IK1	70	90	58,56	48,18	37,47	30,66	25,94		IK2	70	292	533,5	533,5	533,5	533,5	488,7
	IK3	30	130	98,51	98,51	97,94	80,14	67,81		IK4	70	292	566,2	566,2	566,2	566,2	550,9
	IK2	30	100	44,09	31,49	24,49	20,04	16,96	HEM (IPB$_V$) 500	IK1	70	454	908,3	908,3	908,3	908,3	908,3
	IK4	30	100	64,00	45,71	35,56	29,09	24,62		IK3	70	454	927,1	927,1	927,1	927,1	927,1
HEB (IPB) 200	IK1	35	165	133,3	133,3	133,3	131,9	111,6		IK2	70	384	711,9	711,9	711,9	711,9	711,9
	IK3	35	165	141,3	141,3	141,3	141,3	124,1		IK4	70	384	744,9	744,9	744,9	744,9	744,9
	IK4	35	130	108,1	86,91	67,60	55,31	46,80	HEM (IPB$_V$) 600	IK1	70	550	1122	1122	1122	1122	1122
HEB (IPB) 300	IK1	50	250	253,6	253,6	253,6	253,6	253,6		IK3	70	550	1141	1141	1141	1141	1141
	IK3	50	250	263,4	263,4	263,4	263,4	263,4		IK4	70	480	931,2	931,2	931,2	931,2	931,2
	IK2	50	200	186,0	186,0	167,3	134,0	113,3	HEM (IPB$_V$) 700	IK1	70	646	1336	1336	1336	1336	1336
	IK4	50	200	203,2	203,2	195,6	160,0	135,4		IK3	70	646	1355	1355	1355	1355	1355
HEB (IPB) 400	IK1	55	345	441,5	441,5	441,5	441,5	441,5		IK4	70	576	1117	1117	1117	1117	1117
	IK3	55	345	453,5	453,5	453,5	453,5	453,5	HEM (IPB$_V$) 800	IK1	70	744	1554	1554	1554	1554	1554
	IK2	55	290	340,5	340,5	340,5	340,5	309,6		IK3	70	744	1573	1573	1573	1573	1573
	IK4	55	290	361,7	361,7	361,7	361,7	349,3		IK4	70	674	1307	1307	1307	1307	1307
HEB (IPB) 500	IK1	60	440	614,5	614,5	641,5	614,5	614,5	HEM (IPB$_V$) 900	IK1	70	840	1767	1767	1767	1767	1767
	IK3	60	440	627,6	627,6	627,6	627,6	627,6		IK3	70	840	1786	1786	1786	1786	1786
	IK2	60	380	486,2	486,2	486,2	486,2	486,2		IK4	70	770	1494	1494	1494	1494	1494
	IK4	60	380	509,0	509,0	509,0	509,0	509,0	HEM (IPB$_V$) 1000	IK1	70	938	1983	1983	1983	1983	1983
HEB (IPB) 600	IK3	60	540	833,4	833,4	833,4	833,4	833,4		IK3	70	938	2002	2002	2002	2002	2002
	IK2	60	480	662,9	662,9	662,9	662,9	662,9		IK4	70	868	1684	1684	1684	1684	1684
	IK4	60	480	687,3	687,3	687,3	687,3	687,3									

Herstellen von Stahlbaukonstruktionen

Typisierte Anschlüsse im Stahlhochbau
Standard connections in steel-framed structure

DSTV: 2000

Gelenkige Pfettenstöße PQ

Typbezeichnung

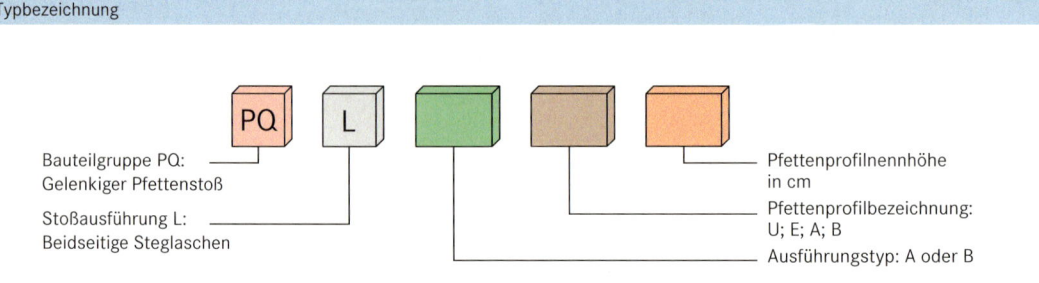

- Bauteilgruppe PQ: Gelenkiger Pfettenstoß
- Stoßausführung L: Beidseitige Steglaschen
- Pfettenprofilnennhöhe in cm
- Pfettenprofilbezeichnung: U; E; A; B
- Ausführungstyp: A oder B

Ausführungstypen und Maße

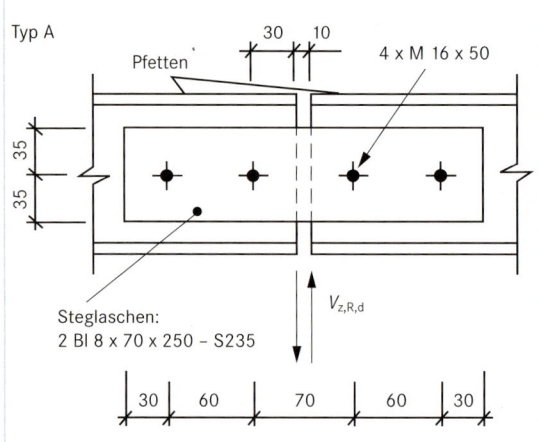

Typ A — Pfetten — 4 x M 16 x 50
Steglaschen: 2 Bl 8 x 70 x 250 – S235
$V_{z,R,d}$

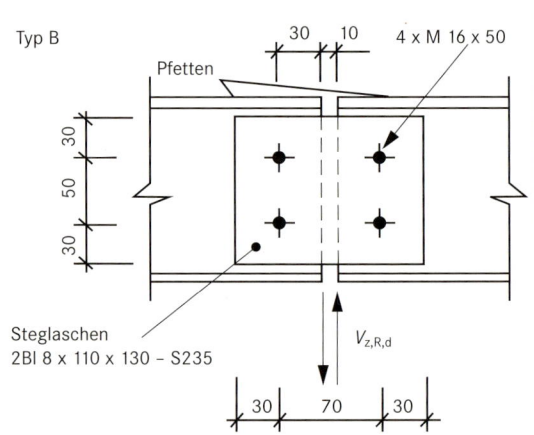

Typ B — Pfetten — 4 x M 16 x 50
Steglaschen: 2Bl 8 x 110 x 130 – S235
$V_{z,R,d}$

Beanspruchbarkeit gelenkiger Pfettenstöße

Nennhöhe des Pfettenprofils	Ausführungs-typ	Querkrafttragfähigkeit $V_{z,R,d}$ des Pfettenstoßes in kN nach DIN			
		Pfettenprofilbezeichnung/Profilart			
		U/U-Pofil	E/IPE-Profil	A/HEA-Profil	B/HEB-Profil
100	A	39,69	27,12	–	–
120	A	46,30	29,10	33,07	42,99
140	A	46,30	31,09	36,38	46,30
	B	50,13	33,66	–	–
160	A	49,61	33,07	39,69	52,92
	B	53,71	35,81	42,97	57,30
180	B	57,30	37,96	42,97	60,88
200	B	60,88	40,11	46,55	64,46

Herstellen von Metallbaukonstruktionen

Einwirkungen auf Metallbaukonstruktionen
Einwirkung durch Temperatur 288
Wärmeleitfähigkeit 291
Wärmedurchlasswiderstände 292
Wärmedurchgangskoeffizient 293
Wärmeschutz an Bauwerken 294
Einwirkung durch Feuchte 296
Einwirkung durch Schall 298
Schallschutz 299
Einwirkung durch Feuer/Brandschutz 302
Brandschutz 303

Fenster
Fenster 305
Schallschutzfenster 309
Fugenausbildung bei Fenstern 310
Windbeanspruchung bei Fenstern 311

Türen und Tore
Türen 314
Feuerhemmende Stahltüren 316
Türbänder 318
Türschließer 320
Türbeschläge 321
Tore 322
Schlösser 324
Schließzylinder 328
Schließanlagen 329

Treppen und Geländer
Gebäudetreppen 332
Ausführung von Treppen 336
Trittstufen 341
Geländer in Wohngebäuden und öffentlichen Gebäuden 342
Geländer an ortsfesten Zugängen zu maschinellen Anlagen 351

Befestigungstechnik
Dübelbefestigungen 352
Dübelübersicht 355

Einwirkung durch Temperatur
Action of temperature

Außentemperaturen

DIN EN 12 831: 2003-08

Normaußentemperatur			frühere Bezeichnung
$\Theta_e = \Theta'_e + \Delta\Theta_e$	Θ_e: Norm-Außentemperatur in °C		ϑ_a
	Θ'_e: Außentemperatur nach Tabelle in °C		ϑ'_a
	$\Delta\Theta_e$: Außentemperaturkorrektur in K		$\Delta\vartheta_a$

Außentemperaturen Θ'_e mit Hinweis W für Städte in windstarker Gegend

Stadt	Θ'_e in °C	Stadt	Θ'_e in °C
Aachen	−12	Köln	−10
Augsburg	−14	Leipzig	−14
Berlin	−14	Lübeck	−10 W
Braunschweig	−14 W	Magdeburg	−14
Bremen	−12 W	Mainz	−12
Chemnitz	−14	München	−16
Cottbus	−16	Nürnberg	−16 W
Dortmund	−12	Oberstorf	−20
Dresden	−14	Potsdam	−14
Eisenach	−16	Rostock	−10 W
Erlangen	−16	Saarbrücken	−12
Essen	−10	Schwerin	−12 W
Frankfurt/Main	−12	Siegen	−12
Frankfurt/Oder	−16	Stuttgart	−12
Freiburg i. Br.	−12	Trier	−10
Garmisch-Part.	−18	Tübingen	−16
Gotha	−14	Ulm	−14
Göttingen	−16	Weimar	−14
Güstrow	−12 W	Wiesbaden	−10
Hamburg	−12 W	Wismar	−10 W
Hannover	−14 W	Wolfsburg	−14 W
Heidelberg	−10	Worms	−12
Jena	−14	Wuppertal	−12
Karlsruhe	−12	Würzburg	−12
Kiel	−10 W	Zugspitze	−24 W

Außentemperaturen und Windzonen

Als windstarke Gebiete gelten:
- das gesamte Gebiet nördlich der Grenzlinie **1**;
- zwischen den Grenzlinien **1** und **2** alle Orte oberhalb von 400 m über NN
- zwischen den Grenzlinien **2** und **3** alle Orte oberhalb von 600 m über Talgrund
- südlich der Grenzlinie **3** alle Orte oberhalb von 500 m über Talgrund

Außentemperaturkorrektur $\Delta\Theta_e$

Bauart des Gebäudes	außenflächenbezogene Gebäudespeichermasse	Korrekturfaktor $\Delta\Theta_e$ in K	
leicht	$m/\Sigma A_a < 600$ kg/m²	0	m: Masse der Gebäudeaußenwände in kg
mittel	$m/\Sigma A_a = 600 ... 1400$ kg/m²	2	ΣA_a: Summe der Außenflächen des Gebäudes in m²
schwer	$m/\Sigma A_a > 1400$ kg/m²	4	

Einwirkungen auf Metallbaukonstruktionen

Einwirkung durch Temperatur
Action of temperature

Norm-Innentemperaturen Θ_i für beheizte Räume
DIN EN 12 831: 2003-08

Raumart	Θ_i in °C	Raumart	Θ_i in °C	Raumart	Θ_i in °C
1 Wohnhäuser		**4 Hotels und Gaststätten**		**7 Kirchen**	
Wohn- und Schlafräume	20	Hotelzimmer, Hotelhalle	20	Kirchenraum	15
Küchen	20	Sitzungszimmer, Festsäle	20	WC, Neben- und Treppenräume wie 2	
Bäder	24	WC, Haupttreppenhäuser Neben- und Nebentreppenräume	20		
WC	20		15	**8 Krankenhäuser**	
beheizte Nebenräume	15	**5 Unterrichtsgebäude**		OP, Anästhesie- und Vorbereitungsräume	25
Flure, Treppenräume	10	Unterrichts-, Verwaltungs-, Gymnastik- und Mehrzweckräume	20	übrige Räume	22
2 Verwaltungsgebäude				**Räume in sonstigen Gebäuden, Fertigungs- und Werkstatträumen**	
Ausstellungs-, Büro- und Haupttreppenräume	20	Pausen- und Turnhalle	20		
Schalterhallen und Sitzungszimmer	20	Lehrerzimmer, Bibliothek, Aula und Kindergärten	20	Werkstatträume	15
				bei sitzender Beschäftigung	20
WC, Neben- und Nebentreppenräume	15	Werkräume je nach körperlicher Beanspruchung	15 … 20	**Kasernen und Vollzugsanstalten** Unterkunftsräume übrige Räume wie 5	20
3 Geschäftshäuser		Bade- und Duschräume	24		
allgemeine Verkaufsräume und Haupttreppenhäuser	20	Arzt- und Untersuchungszimmer	24		
Lebensmittelverkauf und allgemeine Lager	18	WC, Neben- und Nebentreppenräume	15	**Schwimmbäder** Hallen ($\vartheta_L \geq \vartheta_W + 2$ K)	mind. 28
Käselager	12	**6 Theater und Konzert**		**Bahnhöfe und Ausstellungshallen**	mind. 15
Wurstlager, Fleischverarbeitung und Verkauf	15	Veranstaltungsräume einschließlich Vorräume	20	**Flughäfen, Museen und Galerien**	20
WC, Neben- und Nebentreppenräume	15	WC, Neben- und Treppenräume wie 1			

Für Räume, die **frostfrei** zu halten sind, beträgt die Norm-Innentemperatur Θ_i = 5 °C

Temperaturen in Nachbarräumen Θ_i'
DIN EN 12 831: 2003-08

Standortabhängige Norm-Außentemperatur Θ_e in °C	≥ –10	–12	–14	–16	≤ –18
Art der Räume	Innentemperaturen in Nachbarräumen Θ_i' in °C				
Teilweise eingeschränkt beheizte Wohn- und Schlafräume	15	15	15	15	15
Nicht beheizte Räume					
■ Räume ohne Gebäudeeingangstür; Kellerräume	7	6	5	4	3
■ Räume mit Gebäudeeingangstür (z. B. Vorflur, Windfang, Garage im Haus)	4	3	2	1	0
■ vorgebaute Treppenräume	–5	–7	–9	–10	–11
Fremdbeheizte Nachbarräume	15	15	15	15	15
Heizräume	15	15	15	15	15

Einwirkung durch Temperatur
Action of temperature

Wärmetransport

Wärmedurchgang

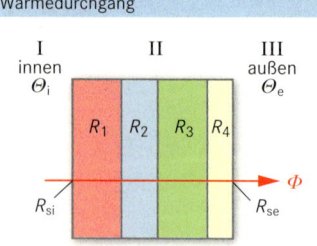

I – Wärmeübertragung von der Raumluft zur raumseitigen Wandoberfläche ($\rightarrow R_{si}$)
II – Wärmedurchgang durch das Bauteil ($\rightarrow R_{1,2,3,4}$)
III – Wärmeübertragung von der außenseitigen Wandoberfläche an die Außenluft ($\rightarrow R_{se}$)

$$\Phi = A \cdot \Delta\Theta \cdot U$$

$$\Delta\Theta = \Theta_i - \Theta_e$$

$$U = \frac{1}{R_T}$$

$$R_T = R_{si} + R_1 + \ldots + R_n + R_{se} = R_{si} + \Sigma R_n + R_{se}$$

$$R = \frac{d}{\lambda}$$

			bisher
Φ:	Wärmestrom	in W	Q
$\Delta\Theta$:	Temperaturunterschied	in K	$\Delta\vartheta$
$\Theta_i; \Theta_e$:	Temperaturen (innen/außen)	in °C	$\vartheta_i; \vartheta_a$
A:	Wärmedurchgangsfläche	in m²	A
U:	Wärmedurchgangskoeffizient	in W/(m²·k)	K
R_T:	Wärmedurchgangswiderstand	in m²·K/W	R_K
R_{si}:	innerer Wärmeübergangswiderstand	in m²·k/W	R_i
R_{se}:	äußerer Wärmeübergangswiderstand	in m²·K/W	R_a
$R_{1,2,\ldots,n}$:	Wärmeleitwiderstände	in m²·K/W	R_λ
d:	Baustoffschichtdicke	in m	s
λ:	Wärmeleitfähigkeit eines Baustoffes von 1 m² Fläche und 1 m Dicke	in W/m·K	λ

Temperaturverlauf in Bauteilen

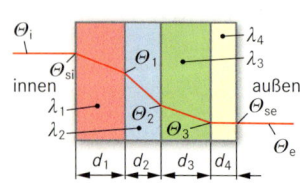

$q = \Delta\Theta \cdot U$
$\Theta_{si} = \Theta_i - R_{si} \cdot q$
$\Theta_{se} = \Theta_e - R_{se} \cdot q$
$\Theta_1 = \Theta_{si} - R_1 \cdot q$
$\Theta_2 = \Theta_1 - R_2 \cdot q$
$\Theta_n = \Theta_{n-1} - R_n \cdot q$

			bisher
q:	Wärmestromdichte	in W/m²	q
$\Theta_{s\,i,\,e}$:	Bauteiloberflächentemperaturen innen bzw. außen	in °C	$\vartheta_{O_{i,a}}$
$\Theta_{1,2,\ldots,n}$:	Temperaturen innerhalb des Bauteils nach der ersten, zweiten bzw. n-ten Schicht	in °C	$\vartheta_{1,2\ldots,n}$

Misch-U-Wert inhomogener Schichten (bisher Misch-k-Wert)

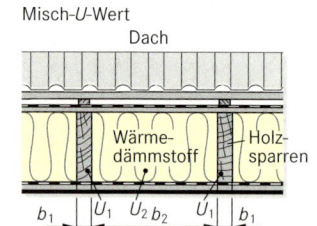

Misch-U-Wert Dach

$$U_M = \frac{A_1 \cdot U_1 + A_2 \cdot U_2 + \ldots}{A_1 + A_2 + \ldots}$$

$$A_1 = l_1 \cdot b_1 \quad \text{usw.}$$

Für $l_1 = l_2 = \ldots$ gilt:

$$U_M = \frac{b_1 \cdot U_1 + b_2 \cdot U_2 + \ldots}{b_1 + b_2 + \ldots}$$

U_M:	Misch-U-Wert	in W/(m²·K)
$A_1, A_2, \ldots$:	Fläche des Bauteils	in m²
$l_1, l_2, \ldots$:	Länge des Bauteils	in m
$b_1, b_2, \ldots$:	Breite des Bauteils	in m
$U_1, U_2, \ldots$:	U-Wert des Bauteils	in W/(m²·K)

Wärmeübergangswiderstände R_{si} und R_{se} — DIN EN ISO 6946: 2003-11

Art des Wärmeübergangs	Wärmeübergangswiderstand R_s in m²·K/W
Übergang von der Luft:	R_{si} (innen)
■ an die Innenseite von Wandflächen und Fenstern in geschlossenen Räumen bei natürlicher Luftbewegung	0,13
■ von unten nach oben an Decken	0,10
■ von oben nach unten an Fußböden	0,17
Übergang von einer Fläche:	R_{se} (außen)
■ an der Außenseite von Gebäuden bei mittleren Windgeschwindigkeiten an die Außenluft	0,04
■ an die Luft in hinterlüfteten Hohlräumen von Vorhangfassaden	
■ an der Gebäudeaußenseite in das angrenzende Erdreich	

Wärmeleitwiderstände R ruhender Luftschichten — DIN EN ISO 6946: 2003-11

Dicke d der Luftschicht in mm	Richtung des Wärmestroms		
	aufwärts	horizontal	abwärts
	Wärmeleitwiderstand R in m²·K/W		
0	0,00	0,00	0,00
5	0,11	0,11	0,11
7	0,13	0,13	0,13
10	0,15	0,15	0,15
15	0,16	0,17	0,17
25	0,16	0,18	0,19
50	0,16	0,18	0,21
100	0,16	0,18	0,22
300	0,16	0,18	0,23

Einwirkung durch Temperatur
Action of temperature

Wärmeleitfähigkeit λ von Baustoffen

DIN EN 12 524: 2000-07

Baustoff	Dichte ϱ in kg/m³	Wärmeleitfähigkeit λ in W/(m·K)	Baustoff	Dichte ϱ in kg/m³	Wärmeleitfähigkeit λ in W/(m·K)
Putze, Mörtel und Estriche			**Wärmedämmstoffe**		
Putzmörtel aus Kalk, Kalkzement und hydr. Kalk	1800	1	Holzwolle-Leichtbauplatten $d \geq 25$ mm — WLG 065 ... WLG 090	360 ... 460	0,065 ... 0,090
Putzmörtel aus Kalkgips, Gips und Kalkanhydrit	1400 ≤ 1000	0,70 0,38	Polyurethan-Schaum (Treibmittel CO_2) — WLG 035 / WLG 040	> 45	0,035 / 0,040
Leichtputz	1200	0,51	Polyurethan-Hartschaum — WLG 020 / WLG 030 / WLG 040	≥ 30	0,020 / 0,030 / 0,040
Gipsputz ohne Zuschlag Wärmedämmputz nach WLG[1] — WLG 060 ... WLG 100	≥ 200	0,060 ... 0,100	Korkdämmstoffe — WLG 045 ... WLG 055	80 bis 500	0,045 ... 0,055
Zementmörtel	2000	1,6	Polystyrol-Extruderschaum — WLG 030 / WLG 040	≥ 30	0,030 / 0,040
Leichtmörtel LM 21	≤ 700	0,21	Mineralische und pflanzliche Faserdämmstoffe — WLG 035 / 040 / 045 / 050	8 bis 500	0,035 / 0,040 / 0,045 / 0,050
Zement-Estrich	2000	1,4			
Guss-Asphalt	2300	0,9	Kapillarplatte aus Polycarbonat[2] — WLG 110	> 40	0,11
Beton-Bauteile			Schaumglas — WLG 045 ... WLG 060	100 bis 150	0,045 ... 0,060
Normalbeton	2200	1,6			
Leicht- und Stahlleichtbeton	1200	0,62	Holzfaserdämmplatten — WLG 040 ... WLG 070	120 bis 450	0,040 ... 0,070
Dampfgehärteter Porenbeton	600	0,19			
Leichtbeton mit porigem Gefüge unter Verwendung von Naturbims	800	0,24	**Beläge, Abdichtstoffe und Abdichtungsbahnen**		
Bauplatten			Linoleum	1200	0,17
Porenbetonbauplatten	600	0,24	Korklinoleum	700	0,081
Wandplatten aus Leichtbeton	1000	0,37	Kunststoffbeläge	1500	0,23
Gipskartonplatten	800	0,25	Bitumen	1100	0,17
Mauerwerk einschließlich Mörtelfugen			Bitumendachbahnen	1200	0,17
Vollklinker, Hochlochklinker	2000	0,96	**Sonstige gebräuchliche Stoffe**		
Vollziegel, Hochlochziegel	1600	0,68	lose Schüttung (Blähperlit)	≤ 100	0,06
Leichthochlochziegel W	800	0,33	Sand, Kies, Splitt (trocken)	1800	0,70
Kalksandstein	1400	0,70	Fliesen	2000	1,00
Hüttenstein	1400	0,58	Glas	2500	0,80
Porenbeton-Blockstein	500	0,22	Massivlehm	2000	1,2
Porenbeton-Planstein	500	0,16	Strohlehm	1500	0,70
Hohlblöcke aus Beton mit porigen Zuschlägen	≤ 900	0,65	Leichtlehm	1000	0,40
Hohlblöcke aus Leichtbeton	800	0,39	Keramik und Glasmosaik	2000	1,20
Vollsteine aus Leichtbeton	1000	0,46	Stahl (unlegiert)	7850	50
Vollblöcke aus Naturbims Länge $l \geq 490$ mm	500 800	0,20 0,28	Kupfer	8920	380
Holz und Holzwerkstoffe			Aluminium	2700	200
Fichte, Kiefer, Tanne	600	0,13	Blei	11340	35
Buche, Eiche	800	0,20	Naturgummi	1500	0,13
Sperrholz	800	0,15			
Harte Holzfaserplatten	1000	0,17			

[1] WLG-Wärmeleitfähigkeitsgruppe [2] nach Herstellerangabe

Einwirkung durch Temperatur
Action of temperature

Mindestwerte für Wärmedurchlasswiderstände von Bauteilen

DIN 4108-2: 2003-07

Der Mindestwärmeschutz ist an jeder Stelle eines Bauteils auch in Bereichen von Wärmebrücken einzuhalten.
So wird bei ausreichender Beheizung und Lüftung sowie üblicher Nutzung bei einem hygienischen Raumklima Tauwasserfreiheit an Innenoberflächen von Außenbauteilen sichergestellt.
Bei der Berechnung des Wärmedurchlasswiderstandes R werden nur die raumseitigen Schichten bis zur Bauwerksabdichtung bzw. der Dachdichtung berücksichtigt.

Bauteil	R in m$^2 \cdot$ K/W
Außenwände; Wände von Aufenthaltsräumen gegen Bodenräume, Durchfahrten, offene Hausflure, Garagen, Erdreich	1,2
Wände zwischen fremdgenutzten Räumen; Wohnungstrennwände	0,07
Treppenraumwände	
zu Treppenräumen mit wesentlich niedrigeren Innentemperaturen (z. B. indirekt beheizte Treppenräume); Innentemperatur $\theta \leq 10$ °C, aber Treppenraum mindestens frostfrei	0,25
zu Treppenräumen mit Innentemperaturen $\theta_i \geq 10$ °C (z. B. in Verwaltungsgebäuden, Geschäftshäusern, Unterrichtsgebäuden, Hotels, Gaststätten und Wohngebäuden)	0,07
Wohnungstrenndecken, Decken zwischen fremden Arbeitsräumen; Decken unter Räumen zwischen gedämmten Dachschrägen und Abseitenwänden bei ausgebauten Dachräumen	
allgemein	0,35
in zentralbeheizten Bürogebäuden	0,17
Unterer Abschluss nicht unterkellerter Aufenthaltsräume	
unmittelbar an das Erdreich bis zu einer Raumtiefe von 5 m[1]	0,90
über einen nicht belüfteten Hohlraum an das Erdreich grenzend	0,90
Decken unter nicht ausgebauten Dachräumen; Decken unter bekriechbaren oder noch niedrigeren Räumen; Decken unter belüfteten Räumen zwischen Dachschrägen und Abseitenwänden bei ausgebauten Dachräumen, wärmegedämmte Dachschrägen	0,90
Kellerdecken; Decken gegen abgeschlossene, unbeheizte Hausflure u. Ä.	0,90
Decken (auch Dächer), die Aufenthaltsräume gegen die Außenluft abgrenzen[2]	
nach unten gegen Garagen (auch beheizte), Durchfahrten (auch verschließbare) und belüftete Kriechkeller	1,75
nach oben, z. B. Dächer nach DIN 18 530, Dächer und Decken unter Terrassen; Umkehrdächer	1,2

[1] Bei einer Perimeterdämmung geht ergänzend die Wärmedämmschicht außerhalb der Abdichtung in die Berechnung ein. Bedingung ist, dass die Dämmung nicht ständig im Grundwasser liegt. Langanhaltendes Stauwasser oder drückendes Wasser ist im Bereich der Dämmschicht zu vermeiden.

[2] Bei Dächern in nicht ausgebauten Dachräumen ist die Erfüllung des Mindestwärmeschutzes nicht erforderlich, wenn die oberste Geschossdecke einen Wärmedurchlasswiderstand $R \leq 0{,}17$ m$^2 \cdot$ K/W hat.

Einwirkung durch Temperatur
Action of temperature

Höchstwerte für Wärmedurchgangskoeffizienten U

EnEV: 2004-12

Bauteil	Maßnahmen	Gebäude mit normalen Innentemperaturen U_{max} in W/(m²K)	Gebäude mit niedrigen Innentemperaturen U_{max} in W/(m²K)
Außenwände	Allgemein	0,45	0,75
	Anbringen von Bekleidungen in Form von Platten oder plattenartigen Bauteilen oder Verschalungen sowie Mauerwerks-Vorsatzschalen, Einbau von Dämmschichten, Erneuern des Außenputzes einer bestehenden Wand mit einem Wärmedurchgangskoeffizienten größer 0,69 W/(m²K).	0,35	0,75
Außen liegende Fenster, Fenstertüren, Dachflächenfenster	Ersetzen des gesamten Bauteils oder erstmaliger Einbau, Einbau zusätzlicher Vor- oder Innenfenster.	1,7	2,8
Verglasungen	Ersetzen der Verglasung	1,5	–
Vorhangfassaden	Allgemein	1,9	3,0
Sonderverglasungen	Ersetzen der Verglasung	1,6	–
Vorhangfassaden mit Sonderverglasung	Ersetzen des gesamten Bauteils oder erstmaliger Einbau, Ersetzen der Füllung	2,3	3,8
Decken, Dächer und Dachschrägen in Steildächern	Ersetzen oder erstmaliger Einbau, Ersetzen oder Neuaufbau der Dachhaut bzw. außenseitigen Bekleidungen, Aufbringen oder Erneuern innenseitiger Bekleidungen oder Dämmschichten an Wänden zum unbeheizten Dachraum.	0,30	0,40
Flachdächer	Ersatz und erstmaliger Einbau, Ersatz oder Neuaufbau von Dachhaut bzw. außenseitigen Bekleidungen oder Verschalungen, Aufbringen oder Erneuern innenseitiger Bekleidungen oder Verschalungen, Einbau von Dämmschichten	0,25	0,40
Außentüren	Erneuerung	2,9	2,9

Wärmedurchgangskoeffizient U_W für Fenstertüren

DIN V 4180-4: 2004-07

Verglasungsart	Wärmedurchgangskoeffizient der Verglasung U_g in W/m²·K	Bemessungswert des Wärmedurchgangskoeffizienten des Rahmens $U_{f,BW}$								
		0,8	1,0	1,2	1,4	1,8	2,2	2,6	3,0	3,4	7,0
		Wärmedurchgangskoeffizient U_w in W/m²·K								
Einfachglas	5,7	4,2	4,3	4,3	4,4	4,5	4,6	4,8	4,9	5,0	6,1
Zweischeibenisolierverglasung	3,2	2,6	2,6	2,7	2,8	2,9	3,0	3,2	3,3	3,4	4,3
	3,0	2,4	2,5	2,6	2,6	2,7	2,9	3,0	3,1	3,3	4,2
	2,8	2,3	2,4	2,4	2,5	2,6	2,7	2,9	3,0	3,1	4,1
	2,6	2,2	2,3	2,3	2,4	2,5	2,6	2,8	2,9	3,0	4,0
	2,4	2,1	2,1	2,2	2,2	2,4	2,5	2,7	2,8	2,9	3,8
	2,2	1,9	2,0	2,0	2,1	2,2	2,3	2,5	2,6	2,8	3,7
	2,0	1,8	1,8	1,9	2,0	2,1	2,2	2,4	2,5	2,6	3,6
	1,9	1,7	1,8	1,8	1,9	2,0	2,1	2,3	2,4	2,5	3,5
	1,8	1,6	1,7	1,8	1,8	1,9	2,1	2,2	2,4	2,5	3,4
	1,7	1,6	1,6	1,7	1,8	1,9	2,0	2,2	2,3	2,4	3,3
	1,6	1,5	1,6	1,6	1,7	1,8	2,0	2,1	2,2	2,3	3,3
	1,5	1,4	1,5	1,6	1,6	1,7	1,9	2,0	2,1	2,3	3,2
	1,4	1,4	1,4	1,5	1,5	1,7	1,8	2,0	2,1	2,2	3,1
	1,3	1,3	1,4	1,4	1,5	1,6	1,7	1,9	2,0	2,1	3,1
	1,2	1,2	1,3	1,3	1,4	1,5	1,7	1,8	1,9	2,1	3,0
	1,1	1,2	1,2	1,3	1,3	1,5	1,6	1,7	1,9	2,0	2,9
	1,0	1,1	1,1	1,2	1,3	1,4	1,5	1,7	1,8	1,9	2,9

Wärmeschutz an Bauwerken
Thermal protection on buildings

Mindestanforderungen an den sommerlichen Wärmeschutz — DIN 4108-2: 2003-07

Bestimmung des Sonneneintragskennwertes

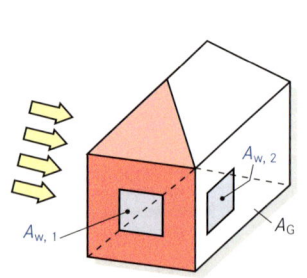

$S < S_{zul}$

$S = \Sigma (A_{W1,2} \ldots \cdot g_{total}) / A_G$

$g_{total} = g \cdot F_c$

$S_{zul} = \Sigma S_{x1-5}$

$f_{AG} = \Sigma (A_{W1,2} \ldots) \cdot 100 / A_G$

S: Sonneneintragskennwert einer Fassade

S_{zul}: zulässiger Höchstwert des Sonneneintragskennwertes

$A_{W1,2}$: Größe der Fensterflächen eines Raumes in m²

A_G: Grundfläche des Raumes

g_{total}: Gesamtenergiedurchlassgrad der Verglasung einschließlich Sonnenschutzvorrichtung

F_C: Abminderungsfaktor für Sonnenschutzvorrichtungen

S_{x1-5}: Anteilige Sonneneintrags-Kennwerte

f_{AG}: Grundflächenbezogener Fensterflächenanteil in %

Zulässige Werte des grundflächenbezogenen Fensterflächenanteils, unterhalb dessen auf den Nachweis des sommerlichen Wärmeschutzes verzichtet werden kann

Neigung der Fenster gegenüber der Horizontalen	Orientierung der Fenster	Maximal zulässiger grundflächenbezogener Fensterflächenanteil f_{AG} in %
Über 60° bis 90°	Nord-West- über Süd bis Nord-Ost	10
	Alle anderen Nordorientierungen	15
Von 0° bis 60°	Alle Orientierungen	7

Gesamtenergiedurchlassgrad von Verglasungen — DIN V 4108-6: 2000-11

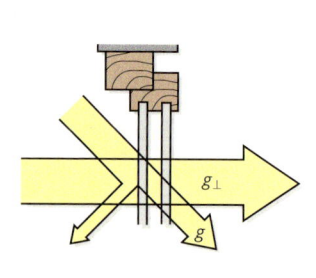

$g = F_W \cdot g_\perp$

g: Gesamtenergiedurchlassgrad der Verglasung

F_W: Abminderungsfaktor für nicht senkrechten Strahlungseinfall; allgemein gilt: $F_W = 0{,}9$

$g_\perp$: Gesamtenergiedurchlassgrad bei senkrechtem Strahlungseinfall

Gesamtenergiedurchlassgrad $g_\perp$ bei senkrechtem Strahlungseinfall — DIN V 4108-6: 2000-11

Art der Verglasung	$g_\perp$
Einfachverglasung	0,87
Doppelverglasung	0,75
Wärmeschutzverglasung, doppelt verglast mit selektiver Beschichtung	0,50–0,70
Dreifachverglasung, normal	0,60–0,70
Dreifachverglasung mit zweifacher selektiver Beschichtung	0,35–0,50
Sonnenschutzverglasung	0,20–0,50

Wärmeschutz an Bauwerken
Thermal protection on buildings

Mindestanforderungen an den sommerlichen Wärmeschutz
DIN 4108-2: 2003-7

Anhaltswerte für den Abminderungsfaktor F_c von fest installierten Sonnenschutzvorrichtungen

Beschaffenheit der Sonnenschutzvorrichtung	Abminderungsfaktor F_c
Ohne Sonnenschutzvorrichtung	1
Innen- oder zwischen den Scheiben liegende Sonnenschutzvorrichtung:	
■ Weiße oder reflektierende Oberfläche mit geringer Transparenz	0,75
■ Helle Oberfläche mit geringer Transparenz	0,8
■ Dunkle Oberfläche mit geringer Transparenz oder Jalousien mit höherer Transparenz	0,9
Außenliegende Sonnenschutzvorrichtungen:	
■ Jalousien allgemein	0,4
■ hinterlüftete drehbare Lamellen und hinterlüftete Jalousien und Stoffe mit geringer Transparenz	0,25
■ Rollläden und Fensterläden	0,3
■ Markisen allgemein und Vordächer oder Loggien, die das Fenster vollständig beschatten	0,5
■ oben und seitlich ventilierte Markisen, die das Fenster vollständig beschatten	0,4

Anteilige Sonneneintragskennwerte S_x zur Bestimmung des zulässigen Höchstwertes des Sonneneintragskennwertes S_{zul}

Lage des Gebäudes, Gebäudebeschaffenheit, Ausrichtung der Fassade	Anteiliger Sonneneintragskennwert S_x
1. Gebäudelage in Klimaregion	
■ A	0,04
■ B	0,03
■ C	0,015
2. Bauart	
■ leicht (z. B. innengedämmte Wände)	$0,06 \cdot f_{gew}$
■ mittel (z. B. Bauwerk aus Porenbeton)	$0,10 \cdot f_{gew}$
■ schwer (z. B. Bauwerk aus Vollstein)	$0,115 \cdot f_{gew}$
3. Erhöhte Nachtlüftung während der zweiten Nachthälfte mit $t > 1,5$ h	
■ bei leichter und mittlerer Bauart	0,02
■ bei schwerer Bauart	0,03
4. Ausrichtung der Fassade	
■ Nordwest-, Nord- und Nordost sowie dauernd beschattete Fenster	$0,10 \times f_{nord}$
5. Sonnenschutzverglasung mit $g \leq 0,4$	0,03

Flächen zur Berechnung der anteiligen Sonneneintragskennwerte

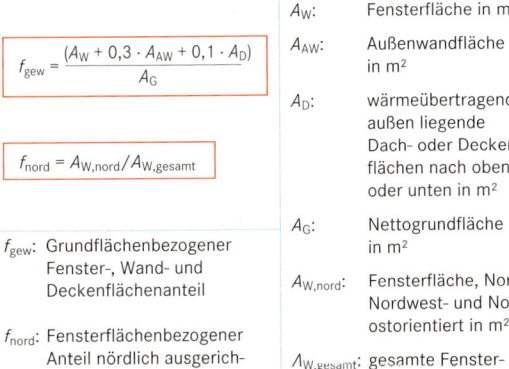

$$f_{gew} = \frac{(A_W + 0,3 \cdot A_{AW} + 0,1 \cdot A_D)}{A_G}$$

$$f_{nord} = A_{W,nord} / A_{W,gesamt}$$

A_W: Fensterfläche in m²
A_{AW}: Außenwandfläche in m²
A_D: wärmeübertragende außen liegende Dach- oder Deckenflächen nach oben oder unten in m²
A_G: Nettogrundfläche in m²
$A_{W,nord}$: Fensterfläche, Nord-, Nordwest- und Nordostorientiert in m²
$A_{W,gesamt}$: gesamte Fensterfläche in m²

f_{gew}: Grundflächenbezogener Fenster-, Wand- und Deckenflächenanteil
f_{nord}: Fensterflächenbezogener Anteil nördlich ausgerichteter Fensterflächen

Sommer-Klimaregionen für den sommerlichen Wärmeschutznachweis

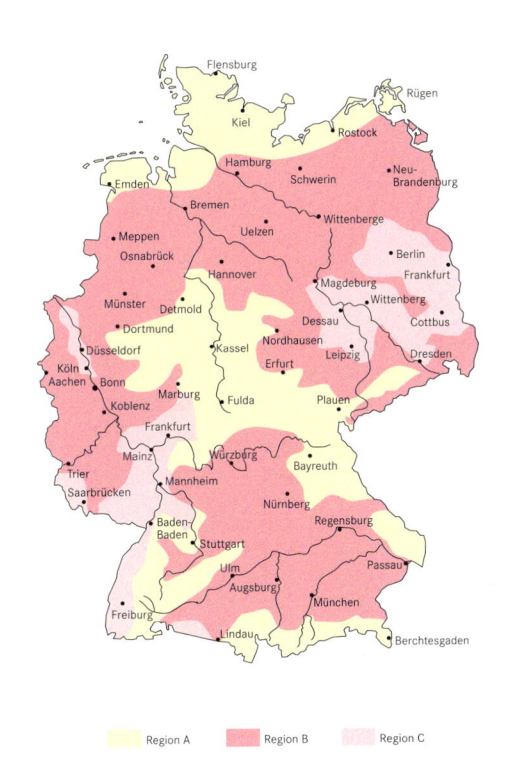

Region A, Region B, Region C

Merkmale und Temperaturen der Sommer-Klimaregionen

Region	Merkmal	Innenhöchsttemperatur	Außendurchschnittstemperatur
A	sommerkühl	25 °C	< 16,5 °C
B	gemäßigt	26 °C	16,5 °C bis 18 °C
C	sommerheiß	27 °C	> 18 °C

Einwirkung durch Feuchte
Action of moisture

Formelzeichen nach DIN EN ISO 6946; 7345; 9346	Erläuterung der Formelzeichen		Formelzeichen bisher
Θ_{si}	Temperatur der Bauteiloberfläche auf der Innenseite des Bauteils	in °C	ϑ_{oi}
Θ_s	Taupunkttemperatur einer Luftmasse für eine bestimmte relative Luftfeuchte	in °C	ϑ_s
Θ_i	Temperatur der Luft im Gebäudeinnern	in °C	ϑ_i
R_{si}	Wärmeübergangswiderstand an der Bauteilinnenseite	in m²·k/W	$1/\alpha_i$
q	Wärmestromdichte	in W/m²	q
Φ	relative Luftfeuchte	in %	φ
C	absolute Luftfeuchte, d. h. Wasserdampfkonzentration in einer Luftmasse	in gH₂O/m³	C
C_s	maximale Luftfeuchte, d. h. Wasserdampfsättigungskonzentration einer Luftmasse	in gH₂O/m³	C_s
erf R	erforderlicher Wärmedurchlasswiderstand des Gesamtbauteils	in m²·k/W	erf $1/\Lambda$
Θ_e	Temperatur der Außenluft	in °C	ϑ_a
R_{se}	Wärmeübergangswiderstand an der Bauteilaußenseite	in m²·k/W	$1/\alpha_a$

Tauwasserbildung auf Bauteiloberflächen im Gebäudeinneren

Bauteildimensionierung zur Verhinderung der Tauwasserbildung auf Bauteiloberflächen im Gebäudeinneren
DIN 4108-3: 2001-07

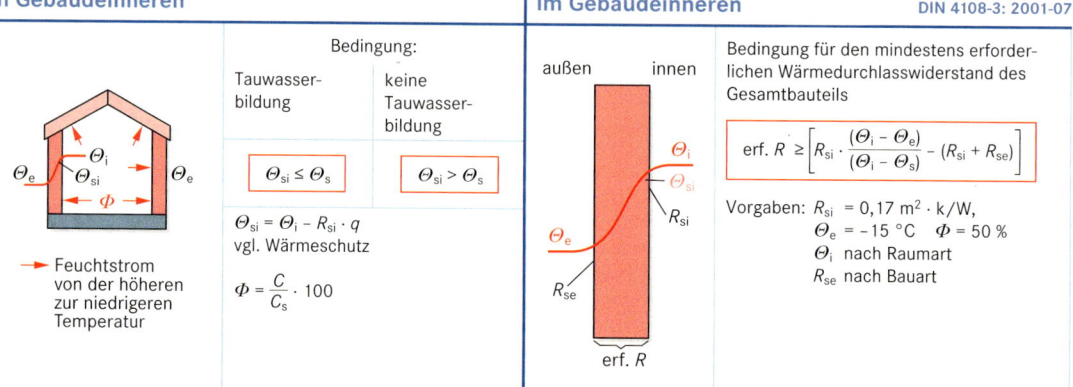

Bedingung:
- Tauwasserbildung: $\Theta_{si} \leq \Theta_s$
- keine Tauwasserbildung: $\Theta_{si} > \Theta_s$

$\Theta_{si} = \Theta_i - R_{si} \cdot q$
vgl. Wärmeschutz

$\Phi = \dfrac{C}{C_s} \cdot 100$

Feuchtstrom von der höheren zur niedrigeren Temperatur

Bedingung für den mindestens erforderlichen Wärmedurchlasswiderstand des Gesamtbauteils

$$\text{erf. } R \geq \left[R_{si} \cdot \dfrac{(\Theta_i - \Theta_e)}{(\Theta_i - \Theta_s)} - (R_{si} + R_{se}) \right]$$

Vorgaben: $R_{si} = 0{,}17$ m²·k/W,
$\Theta_e = -15$ °C $\Phi = 50$ %
Θ_i nach Raumart
R_{se} nach Bauart

Taupunkttemperatur Θ_s der Luft in Abhängigkeit von der Lufttemperatur Θ_L und der relativen Luftfeuchte Φ

Lufttemperatur Θ_L in °C	Taupunkt Θ_s in °C — relative Luftfeuchte Φ													
	30 %	35 %	40 %	45 %	50 %	55 %	60 %	65 %	70 %	75 %	80 %	85 %	90 %	95 %
30	10,5	12,9	14,9	16,8	18,4	20,0	21,4	22,7	23,9	25,1	26,2	27,2	28,2	29,1
29	9,7	12,0	14,0	15,9	17,5	19,0	20,4	21,7	23,0	24,1	25,2	26,2	27,2	28,1
28	8,8	11,1	13,1	15,0	16,6	18,1	19,5	20,8	22,0	23,2	24,2	25,2	26,2	27,1
27	8,0	10,2	12,2	14,1	15,7	17,2	18,6	19,9	21,1	22,2	23,3	24,3	25,2	26,1
26	7,1	9,4	11,4	13,2	14,8	16,3	17,6	18,9	20,1	21,2	22,3	23,3	24,2	25,1
25	6,2	8,5	10,5	12,2	13,9	15,3	16,7	18,0	19,1	20,3	21,3	22,3	23,2	24,1
24	5,4	7,6	9,6	11,3	12,9	14,4	15,8	17,0	18,2	19,3	20,3	21,3	22,3	23,1
23	4,5	6,7	8,7	10,4	12,0	13,5	14,8	16,1	17,2	18,3	19,4	20,3	21,3	22,2
22	3,6	5,9	7,8	9,5	11,1	12,5	13,9	15,1	16,3	17,4	18,4	19,4	20,3	21,2
21	2,8	5,0	6,9	8,6	10,2	11,6	12,9	14,2	15,3	16,4	17,4	18,4	19,3	20,2
20	1,9	4,1	6,0	7,7	9,3	10,7	12,0	13,2	14,4	15,4	16,4	17,4	18,3	19,2
19	1,0	3,2	5,1	6,8	8,3	9,8	11,1	12,3	13,4	14,5	15,5	16,4	17,3	18,2
18	0,2	2,3	4,2	5,9	7,4	8,8	10,1	11,3	12,5	13,5	14,5	15,4	16,3	17,2
17	−0,6	1,4	3,3	5,0	6,5	7,9	9,2	10,4	11,5	12,5	13,5	14,5	15,3	16,2
16	−1,4	0,5	2,4	4,1	5,6	7,0	8,2	9,4	10,5	11,6	12,6	13,5	14,4	15,2
15	−2,2	−0,3	1,5	3,2	4,7	6,1	7,3	8,5	9,6	10,6	11,6	12,5	13,4	14,2
14	−2,9	−1,0	0,6	2,3	3,7	5,1	6,4	7,5	8,6	9,6	10,6	11,5	12,4	13,2
13	−3,7	−1,9	−0,1	1,3	2,8	4,2	5,5	6,6	7,7	8,7	9,6	10,5	11,4	12,2
12	−4,5	−2,6	−0,1	0,4	1,9	3,2	4,5	5,7	6,7	7,7	8,7	9,6	10,4	11,2
11	−5,2	−3,4	−1,8	−0,4	1,0	2,3	3,5	4,7	5,8	6,7	7,7	8,6	9,8	10,2
10	−6,0	−4,2	−2,6	−1,2	0,1	1,4	2,6	3,7	4,8	5,8	6,7	7,6	8,4	9,2

Einwirkung durch Feuchte
Action of moisture

Tauwasserbildung im Bauteilinneren — DIN 4108-3: 2001-07

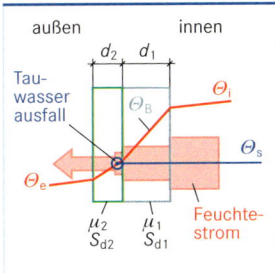

Bedingung für Tauwasserausfall im Bauteil

$$\Theta_B < \Theta_s$$

Forderung zur Verhinderung einer dauerhaften Bauteildurchfeuchtung

$$S_{d1} > S_{d2}$$

$$S_d = \mu \cdot d$$

Θ_i:	Innentemperatur	in °C
Θ_s:	Taupunkttemperatur der Raumluftmasse	in °C
Θ_B:	Temperatur an einer bestimmten Stelle im Bauteil	in °C
Θ_e:	Außentemperatur	
d_1:	Dicke des Bauteils 1	in m
d_2:	Dicke des Bauteils 2	in m
μ:	Wasserdampfdiffusionswiderstandszahl	
S_d:	Wasserdampfdiffusionsäquivalente Luftschichtdicke	in m

Vermeidung von Bauteilschäden infolge innerer Durchfeuchtung — DIN 4108-3: 2001-07

Forderung	Bedingungen
keine Minderung des Wärmeschutzes und der Standsicherheit durch die Feuchtegehalterhöhung der Bauteile infolge Tauwasserbildung	m_{WT} [1] $< m_{WV}$ [2] innerhalb einer Tau- und Verdunstungsperiode
	$m_{WT} \leq 0{,}5$ kg/m² bei nicht wasseraufnahmefähigen Schichten
	$m_{WT} \leq 1$ kg/m² bei kappilar wasseraufnahmefähigen Schichten
	keine Beschädigung von Bauteilen infolge von Tauwasserbildung z. B. durch Pilzbefall, Korrosion etc.

[1] m_{WT}: ausfallende Tauwassermenge im Außenbauteil während der Tauperiode angegeben in kg H_2O pro 1 m² Bauteilfläche

[2] m_{WT}: verdunstende Wassermasse aus einem Außenbauteil während der Verdunstungsperiode angegeben in kg H_2O pro 1 m² Bauteilfläche

Wasserdampfdiffusionswiderstandszahl μ

Baustoff	μ	Baustoff	μ	Baustoff	μ
Polyethylenfolie	100 000	Normalbeton	70 / 150	Gipswandbauplatten	5 / 10
Metallfolie	∞	Kalksandstein (schwer)	15 / 25	mineralische Faserdämmplatte	1

Feuchteeinwirkung durch Außenwasser — DIN 4108-3: 2001-07

Formen der Außenwassereinwirkung

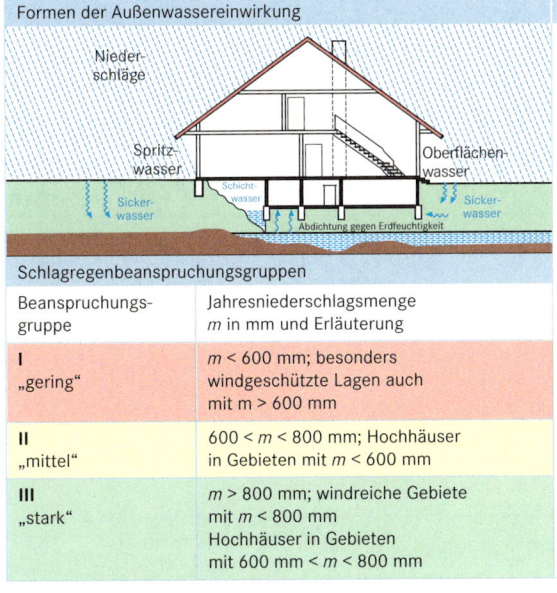

Übersichtskarte zur Schlagregenbeanspruchung in Deutschland

Schlagregenbeanspruchungsgruppen

Beanspruchungs-gruppe	Jahresniederschlagsmenge m in mm und Erläuterung
I „gering"	$m < 600$ mm; besonders windgeschützte Lagen auch mit $m > 600$ mm
II „mittel"	$600 < m < 800$ mm; Hochhäuser in Gebieten mit $m < 600$ mm
III „stark"	$m > 800$ mm; windreiche Gebiete mit $m < 800$ mm Hochhäuser in Gebieten mit 600 mm $< m < 800$ mm

Anforderungen an den Regenschutz von Baustoffen an Gebäudeaußenseiten

Regenschutzanforderung	Wasseraufnahmekoeffizient W in kg/m² · h^{0,5}	Diffusionsäquivalente Luftschicht-dicke S_d in m	Produkt $W \cdot S_d$ in kg/m · h^{0,5}
wasserhemmend	$0{,}5 < W < 2{,}0$	–	–
wasserabweisend	$W \leq 0{,}5$	$S_d \leq 2{,}0$	$W \times S_d \leq 2{,}0$

Einwirkungen auf Metallbaukonstruktionen

Einwirkung durch Schall
Action of sound

Schallarten und Schallentstehung

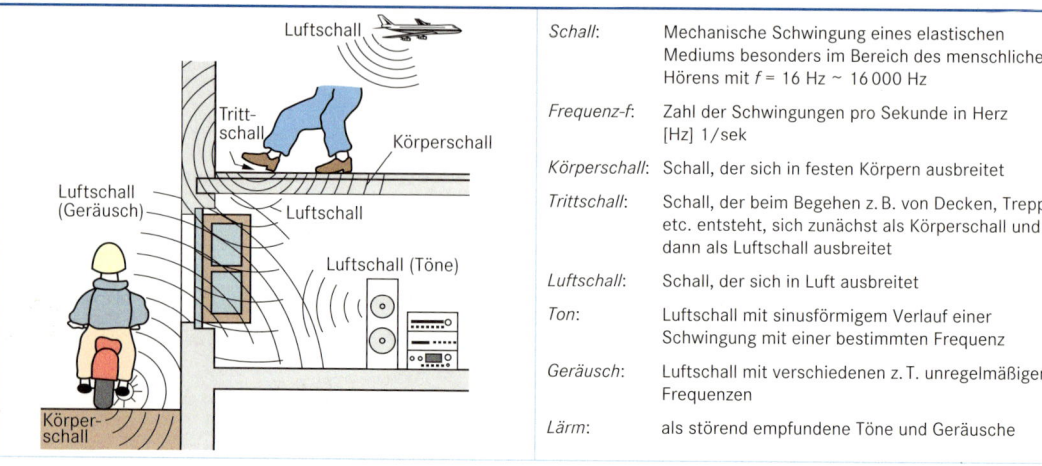

Schall:	Mechanische Schwingung eines elastischen Mediums besonders im Bereich des menschlichen Hörens mit f = 16 Hz ~ 16 000 Hz
Frequenz-f:	Zahl der Schwingungen pro Sekunde in Herz [Hz] 1/sek
Körperschall:	Schall, der sich in festen Körpern ausbreitet
Trittschall:	Schall, der beim Begehen z. B. von Decken, Treppen etc. entsteht, sich zunächst als Körperschall und dann als Luftschall ausbreitet
Luftschall:	Schall, der sich in Luft ausbreitet
Ton:	Luftschall mit sinusförmigem Verlauf einer Schwingung mit einer bestimmten Frequenz
Geräusch:	Luftschall mit verschiedenen z. T. unregelmäßigen Frequenzen
Lärm:	als störend empfundene Töne und Geräusche

Schallgeschwindigkeit c

Ausbreitungsmedium der Schallwellen	Schallgeschwindigkeit c in m/s	Ausbreitungsmedium der Schallwellen	Schallgeschwindigkeit c in m/s
Luft bei 20 °C	334	Holz je nach Richtung	3400–5000
Wasser je nach Temperatur	1400–1480	Stahl	4800–5100
Mauerwerk und Beton	3000–4000	Glas	5000–5400

Schallmessung

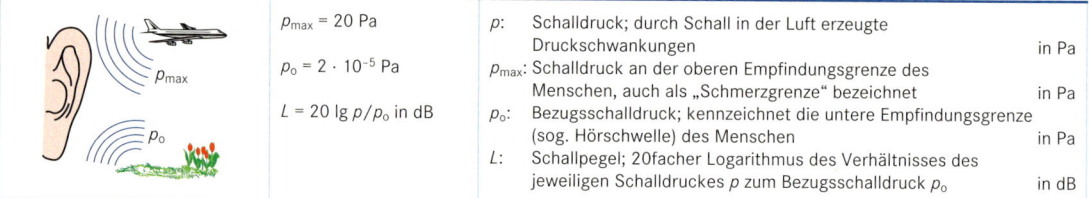

p_{max} = 20 Pa

p_o = 2 · 10⁻⁵ Pa

L = 20 lg p/p_o in dB

p:	Schalldruck; durch Schall in der Luft erzeugte Druckschwankungen	in Pa
p_{max}:	Schalldruck an der oberen Empfindungsgrenze des Menschen, auch als „Schmerzgrenze" bezeichnet	in Pa
p_o:	Bezugsschalldruck; kennzeichnet die untere Empfindungsgrenze (sog. Hörschwelle) des Menschen	in Pa
L:	Schallpegel; 20facher Logarithmus des Verhältnisses des jeweiligen Schalldruckes p zum Bezugsschalldruck p_o	in dB

Bewerteter Schallpegel L_A

DIN 4109: 1989-11

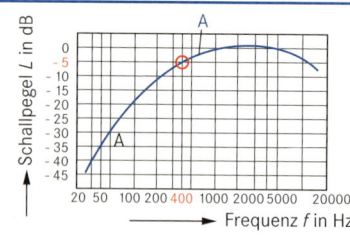

Ablese-Beispiel:
Ton mit
f = **400 Hz**

Das Ohr empfindet diesen Ton um **5 dB** „leiser" als einen Ton der Frequenz f = 1000 Hz

A: Schalldruckbewertungskurve „A", sie gibt die unterschiedliche Empfindlichkeit des menschlichen Ohres hinsichtlich verschiedener Frequenzen an. Messgräte besitzen Filter, die diese unterschiedliche Dämpfung verschiedener Frequenzen berücksichtigen und als Messergebnis den bewerteten Schallpegel L_A anzeigen.

L_A: A-bewerteter Schallpegel in dB (A)

Bewertete Schallpegel L_A verschiedener Geräusche

Entstehungsort bzw. Art des Geräusches	bewerteter Schallpegel L_A in dB (A)
Schmerzschwelle	120
Startendes Verkehrsflugzeug	120–150
Fabrikraum im Schwermaschinenbau	bis 100
Verkehrslärm an einer Hauptverkehrsstraße	75–80
Laute Sprache	70–75
Musik und Sprache in Zimmerlautstärke	60–70
Leise Unterhaltung bzw. Musik	50–60
Nachtgrundpegel in städtischem Wohngebiet	30–40
Schwaches Blätterrauschen	10–20

Schallschutz
Sound isolation

Schallschutzmaßnahmen
DIN 4109: 1989-11

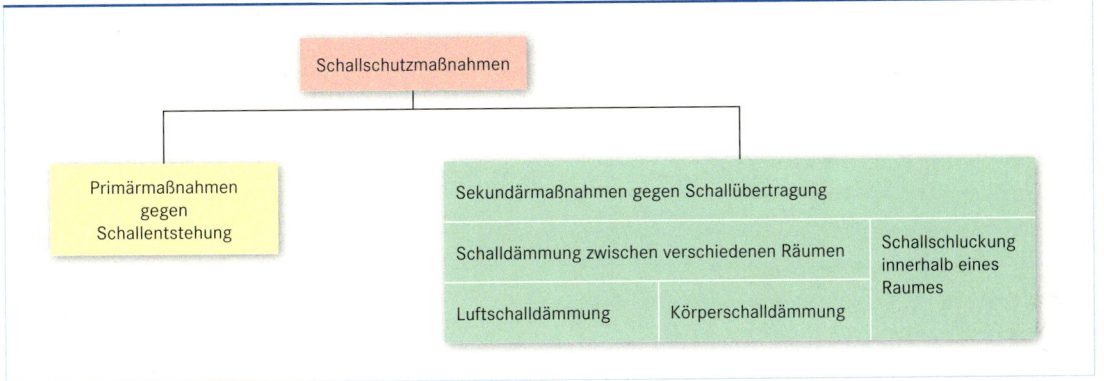

Nachweis des Schutzschutzes
DIN 4109: 1989-11

Nachweisverfahren

Nachweis der Eignung ohne akustische Messungen durch Rechenwerte der erforderlichen Luft- und Trittschalldämmung von Bauteilen

$R'_{w,R} \geq$ erf. R'_w

$L'_{n,w,R} \leq$ erf. $L'_{n,w}$

$R'_{w,R}$:	Rechenwert des bewerteten Bau-Schalldämm-Maßes	in dB
erf. R'_w:	erforderlicher Wert des bewerteten Bau-Schalldämm-Maßes	in dB
$L'_{n,w,R}$:	Rechenwert des bewerteten Bau-Norm-Trittschallpegels	in dB
erf. $L'_{n,w}$:	erforderlicher Wert des bewerteten Bau-Norm-Trittschallpegels	in dB

Nachweis der Eignung von Bauteilen mit bauakustischen Messungen

Eignungsprüfung I	Eignungsprüfung III[1]
Prüfung von Bauteilen in Prüfständen nach DIN 52210-2	Prüfung von Bauteilen in Sondergrößen oder Sonderbauarten in ausgeführten Bauten
$R'_{w,P} \geq$ erf. R'_w	$R'_{w,B} \geq$ erf. R'_w
$L'_{n,w,P} \leq$ erf. $L'_{n,W}$	$L'_{n,w,B} \leq$ erf. $L'_{n,w}$

$R'_{w,P}$: bewertetes Bau-Schalldämm-Maß nach
$R'_{w,B}$: Eignungsprüfung I bzw. III

$L'_{n,w,P}$: bewerteter Bau-Norm-Trittschallpegel
$L'_{n,w,B}$: nach Eignungsprüfung I bzw. III

[1] Eignungsprüfung II wird nicht mehr gefordert

Mindestforderungen für den Schutz von Aufenthaltsräumen gegen Außenlärm
DIN 4109: 1989-11

Außenlärmpegelbereich	Maßgeblicher Außenlärmpegel L in dB (A)	erforderliches bewertetes Bauschalldämm-Maß erf. R'_w in dB von Außenbauteilen		
		Raumart		
		Bettenräume in Krankenanstalten und Sanatorien	Wohnräume; Übernachtungsräume in Beherbergungsstätten; Unterrichtsräume u. Ä.	Büroräume u. Ä.
I	≤ 55	≥ 35	30	–
II	56 bis 60	35	30	30
III	61 bis 65	40	35	30
IV	66 bis 70	45	40	35
V	71 bis 75	50	45	40
VI	76 bis 80	nach örtlichen Gegebenheiten	50	45
VII	> 80	nach örtlichen Gegebenheiten	nach örtlichen Gegebenheiten	50

Schallschutz
Sound isolation

Mindestforderungen und Vorschläge für den erhöhten Schallschutz von Aufenthaltsräumen gegenüber Schallübertragung aus einem fremden Wohn- oder Arbeitsbereich

DIN 4109: 1989-11

Gebäude- und Bauteilart	Mindestforderung		Erhöhter Schallschutz	
	erf. R'_w in dB	erf. $L'_{n,w}$ in dB	erf. R'_w in dB	erf. $L'_{n,w}$ in dB
Geschosshäuser mit Wohnungen und Arbeitsräumen				
Decken unter allg. nutzbaren Dachräumen, Trockenböden, Abstellräume	53	53	≥ 55	≤ 46
Wohnungstrenndecken (auch Treppen) und Decken zw. fremd. Arbeitsräumen	54	53[1]	≥ 55	≤ 46
Decken über Kellern, Hausfluren, Treppenräumen unter Aufenthaltsräumen	52	53[1]	≥ 55	≤ 46
Decken über Durchfahrten, Sammelgaragen u. Ä.	55		–	≤ 46
Decken unter/über Spiel- und ähnlichen Gemeinschaftsräumen	55	46	–	–
Decken unter Terrassen und Loggien über Aufenthaltsräumen	–	53	–	≤ 46
Decken unter Laubengängen	–	53	–	≤ 46
Decken und Treppen innerhalb zweigeschossiger Wohneinheiten	–	53	–	≤ 46
Decken unter Hausfluren	–	53	–	≤ 46
Treppen und Treppenpodeste	–	58[2]	–	≤ 46
Wohnungstrennwände und Wände zwischen fremden Arbeitsräumen	53	–	≥ 55	–
Treppenhauswände und Wände neben Hausfluren	52	–	≥ 55	–
Wände neben Durchfahrten, Einfahrten von Sammelgaragen u. Ä.	55	–	–	–
Türen zwischen Treppenhäusern und Wohnraumfluren	27[4]			
Einfamilien-Doppelhäuser und Einfamilien-Reihenhäuser				
Decken	–	48	–	≤ 38
Treppen, Treppenpodeste und Decken unter Fluren	–	53[3]	–	≤ 46
Haus- bzw. Wohnungstrennwände	57		≥ 67	
Schulen und vergleichbare Unterrichtsgebäude				
Decken zwischen Unterrichtsräumen oder ähnlichen Räumen	55	53	–	–
Decken zwischen „besonders lauten" Räumen und Unterrichtsräumen	55	46	–	–
Wände zwischen Unterrichtsräumen oder ähnlichen Räumen und Fluren	47	–	–	–
Wände zwischen Unterrichtsräumen und Treppenräumen	52	–	–	–
Wände zw. Unterrichtsräumen und „besonders lauten" Räumen (Sporthallen)	55	–	–	–
Türen zwischen Fluren und Unterrichtsräumen oder ähnlichen Räumen	32[4]	–	–	–

[1] Weichfedernde Bodenbeläge dürfen außer bei Wohnungen mit max. 2 Wohnräumen nicht beim Trittschallschutz berücksichtigt werden.
[2] Keine Anforderungen in Gebäuden mit max. 2 Wohnungen und in Gebäuden mit Aufzug.
[3] Bei einschaligen Decken werden auch hier weichfedernde Bodenbeläge für den Trittschallschutz nicht berücksichtigt.
[4] Bei Türen wird nur die Schallübertragung über die Tür berücksichtigt.

Luftschalldämmung durch Massivdecken

DIN 4109: 1989-11

Flächenbezogene Masse der Decke und Masse des Estrich in kg/m²	Rechenwerte des bewerteten Bau-Schalldämm-Maßes $R'_{w,R}$ in dB			
	Deckenbauweise			
	Einschalige Massivdecke, Estrich und Gehbelag unmittelbar aufgebracht	Einschalige Massivdecke mit schwimmendem Estrich	Massivdecke mit Unterdecke, Gehbelag und Estrich unmittelbar aufgebracht	Massivdecke mit schwimmendem Estrich und biegeweicher Unterdecke
200	44	51	51	54
300	49	55	55	58
400	53	57	57	60
500	55	59	59	62

Schallschutz
Sound isolation

Luftschalldämmung durch gemauerte Wände
DIN 4109: 1989-11

	Einschaliges Mauerwerk							Zweischaliges Mauerwerk mit Gebäudetrennfuge					
Steinrohdichteklasse in ϱ kg/dm³	1,6	2,2	1,2	1,8	1,4	2,2	1,6	2,0	0,9	1,0	0,8	1,4	1,4	1,8
Wanddicke S in cm	17,5	11,5	36,5	24	36,5	24	36,5	30	2 x 17,5	2 x 15	17,5/24	2 x 11,5	2 x 17,5	11,5/17,5
Rechenwert des bewerteten Bau-Schalldämm-Maßes $R'_{W,R}$	47 dB		53 dB		55 dB		57 dB		57 dB		62 dB		67 dB	

Luftschalldämmung durch zweischalige Wände aus Gipskarton- oder Spanplatten mit Stützen aus Blech-Profilen

Wandaufbau und Maße	Anzahl der Platten je Seite	Schalenabstand S in mm	Dämmstoffdicke S_o in mm	Rechenwert des bewerteten Bau-Schalldämm-Maßes $R'_{W,R}$
Seite A ≥ 600, Seite B, Blech-Profil	1	≥ 50	≥ 40	39 dB
	2			46 dB
	2	≥ 100	≥ 80	50 dB

Luftschalldämmung durch Fenster
DIN 4109: 1989-11

Fensterart	Verglasungsart	Rechenwert des bewerteten Schalldämm-Maßes $R_{W,R}$
Einfachfenster	normale Isolierglasscheibe	30 dB–40 dB
	hochschalldämmendes Isolierglas	–45 dB
Verbundfenster	normale Ausführung	35 dB–43 dB
	hochschalldämmende Ausführung	–46 dB
Kastenfenster	je nach Verglasung und Rahmen	48 dB–55 dB

Luftschalldämmung durch Türen
DIN 4109: 1989-11

Türausführung	Rechenwert des bewerteten Schalldämm-Maßes $R_{W,R}$
einfache, leichte Zimmertüren ohne besondere Dichtungsmaßnahmen	17 dB–25 dB
schwer ausgeführte Zimmertüren mit zusätzlicher Falzdichtung	25 dB–32 dB
schalldämmende Spezialtüren	32 dB–40 dB
hochschalldämmende Türen (z. B. als doppelschalige Stahlblechtüren)	40 dB–50 dB
zwei einfache Einzeltüren, hintereinander geschaltet	40 dB

Trittschalldämmung durch Treppenbauteile
DIN 4109: 1989-11

Art des Treppenbauteils und der Befestigung	Rechenwert des bewerteten Bau-Norm-Trittschallpegels $L'_{n,w,R}$
Treppe und Treppenraumwand: ■ Treppenpodest fest verbunden mit einschaliger Treppenraumwand mit einer Flächenmasse $m ≥ 380$ kg/m²	70 dB
■ Treppenpodest fest verbunden mit Treppenraumwand bei durchgehender Gebäudetrennfuge	≤ 50 dB
Treppenlauf ■ fest verbunden mit einschaliger Treppenraumwand mit einer Flächenmasse $m ≥ 380$ kg/m²	65 dB
■ von einschaliger Treppenraumwand abgesetzt – zusätzlich mit durchgehender Gebäudetrennfuge – zusätzlich mit durchgehender Gebäudetrennfuge und auf Treppenpodest elastisch gelagert	58 dB ≤ 43 dB 42 dB

Einwirkungen auf Metallbaukonstruktionen

Einwirkung durch Feuer/Brandschutz
Action of fire/fire protection

Norm-Brandbedingungen

DIN 4102-2: 1977-09

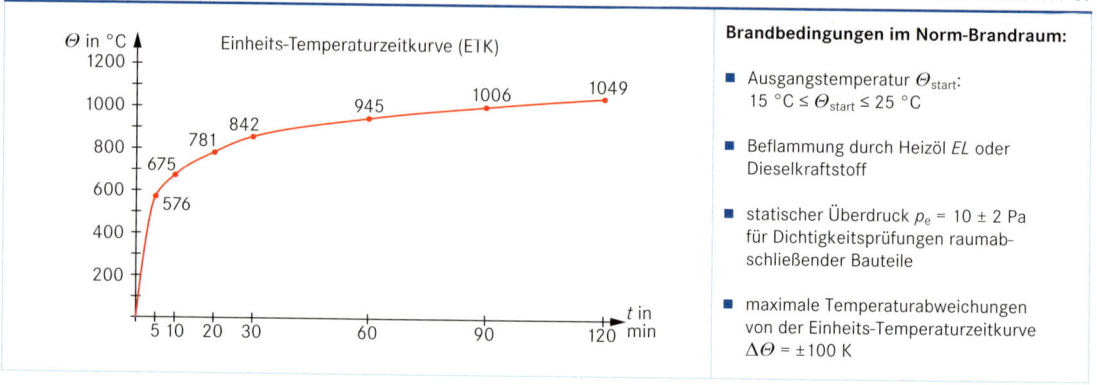

Brandbedingungen im Norm-Brandraum:

- Ausgangstemperatur Θ_{start}: 15 °C ≤ Θ_{start} ≤ 25 °C
- Beflammung durch Heizöl *EL* oder Dieselkraftstoff
- statischer Überdruck p_e = 10 ± 2 Pa für Dichtigkeitsprüfungen raumabschließender Bauteile
- maximale Temperaturabweichungen von der Einheits-Temperaturzeitkurve $\Delta\Theta$ = ±100 K

Brandschutz

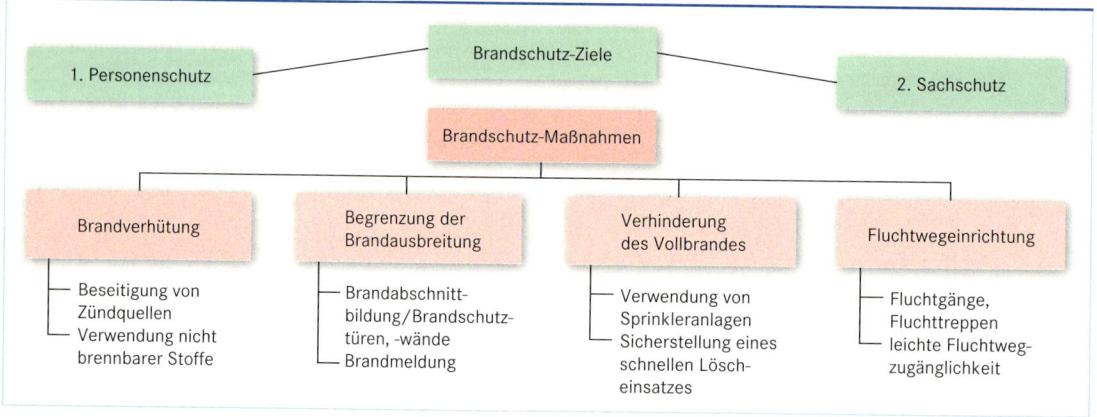

Nachweis des erforderlichen Brandschutzes

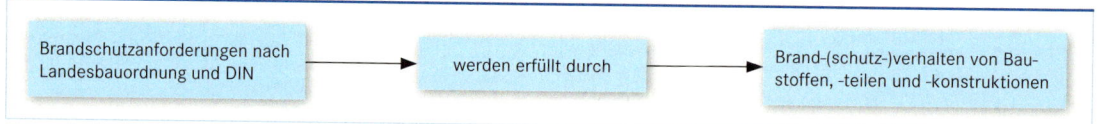

Brandschutzanforderungen an Wohngebäude

Bau O - NRW: 2000-03

Gebäudeart		Anforderungen							
maximale Anzahl der Wohneinheiten	maximale Stockwerkhöhe $h^{1)}$ in m	\multicolumn{8}{c}{Bauteilart}
		notwendige Treppen	Brüstungen von notwendigen Fluren, die als offene Gänge vor Außenwänden liegen	Türen von Aufenthaltsräumen und Rettungswegen in Kellergeschossen	Tragende und aussteifende Wände und Pfeiler			Wohnungstrennwände	
					Dach	Keller	sonstige Räume	Dach	sonstige Räume
2	≤7	keine Anforderungen	F 30–B	keine Anforderungen	keine Anforderung	F 30–AB	F 30–B	F 30–B	F 30–B
3	≤7	aus nicht brennbaren Stoffen	F 30–B	T 30	keine Anforderung	F 90–AB	F 30–AB	F 30–B	F 60–AB
–	>7	F 90–A	F 30–AB	T 30	keine Anforderung	F 90–AB	F 90–AB	F 90–B	F 90–AB

1) Höhe *h* gemessen von der Oberkante der Erdgeschossdecke bis zur Oberkante der obersten Stockwerkdecke.

Brandschutz
Fire protection

Brandverhalten von Bauteilen

DIN 4102-2: 1977-09

Baurechtliche Benennung	Feuerwiderstandsdauer t in Minuten	Kurzbezeichnung der Feuerwiderstandsklasse Bauteilart				
		F Träger, Stützen; tragende Wände, Decken, Verglasungen mit Berücksichtigung der Wärmestrahlung	W Nichttragende Wände, Stürze, Brüstungen	T Feuerschutzabschlüsse im eingebauten Zustand: Türen, Klappen, Rolläden	G Verglasungen ohne Berücksichtigung der Wärmestrahlung	L Lüftungsleitungen
feuerhemmend	$t \geq 30$	F 30–B	W 30–B	T 30	G 30	L 30
feuerhemmend und in den tragenden Teilen aus nicht brennbaren Stoffen	$t \geq 30$	F 30–AB	W 30–AB			
feuerhemmend aus nicht brennbaren Stoffen	$t \geq 30$	F 30–A	W 30–A			
–	$t \geq 60$	F 60–B F 60–AB F 60–A	W 60–B W 60–AB W 60–A	T 60	G 60	L 60
–	$t \geq 90$	F 90–B	W 90–B	T 90	G 90	L 90
feuerbeständig	$t \geq 90$	F 90–AB	W 90–AB			
feuerbeständig und aus nicht brennbaren Stoffen	$t \geq 90$	F 90–A	W 90–A			
–	$t \geq 120$	F 120–B F 120–AB F 120–A	W 120–B W 120–AB W 120–A	T 120	G 120	L 120
–	$t \geq 180$	F 180–B F 180–AB F 180–A	W 180–B W 180–AB W 180–A	T 180	G 180	L 180

Ablesebeispiele:

- F 90–AB: z. B. tragende Bauteile mit 90 Minuten Feuerwiderstandsdauer, in den wesentlichen[1] Teilen aus nicht brennbaren Baustoffen, mit der baurechtlichen Bezeichnung „feuerbeständig".
- T 120: z. B. Türen als Feuerabschlüsse mit 120 Minuten Feuerwiderstandsdauer.

[1] zu den wesentlichen Teilen gehören: tragende und aussteifende Teile, Rahmenkonstruktionen von nichttragenden Wänden, etc.

Brandverhalten von Baustoffen

DIN 4102-1: 1998-05; DIN 4102-4: 1994-03

Baustoffklasse		bauaufsichtliche Benennung/ Beschreibung des Baustoffes		erforderlicher Nachweis durch	Baustoffbeispiele
A		nichtbrennbare Baustoffe			
	A1	**ohne** brennbare Bestandteile	■ genormte Stoffe	DIN 4102–4	Ziegel, Beton, Glas, Stahl
			■ nicht genormte Stoffe	Prüfzeugnis	nicht genormte Steinwolleplatten, ohne brennbare Bestandteile
	A2	**mit** brennbaren Bestandteilen	■ genormte und nicht genormte Stoffe	Prüfbescheid mit Prüfzeichen	Gipskartonplatten nach DIN 18 180

Brandschutz
Fire protection

Brandverhalten von Baustoffen

DIN 4102-1: 1998-05; DIN 4102-4: 1994-03

Baustoffklasse		bauaufsichtliche Benennung/ Beschreibung des Baustoffes		erforderlicher Nachweis durch	Baustoffbeispiele
B		brennbare Baustoffe			
	B_1	schwer entflammbare Baustoffe	genormte Stoffe	DIN 4102-4	Holzwolle-Leichtbauplatten DIN 1101
			nicht genormte Stoffe	Prüfbescheid mit Prüfzeichen	Kunststoff-Hartschaumplatten
	B_2	normal entflammbare Baustoffe	genormte Stoffe	Prüfzeugnis	Gipskartonverbundplatten DIN 18 184
			nicht genormte Stoffe		Holz mit $\varrho \geq 400$ kg/m³ und einer Dicke $t > 2$ mm
	B_3	leicht entflammbare Baustoffe	genormte Stoffe	Prüfzeugnis	Kunststoffe, die nicht B_2 zugeordnet sind
			nicht genormte Stoffe		Papier, Holzwolle

Verhalten von Stahlbauten im Brandfall

Feuerwiderstandsdauer t ungeschützter Stahlträger

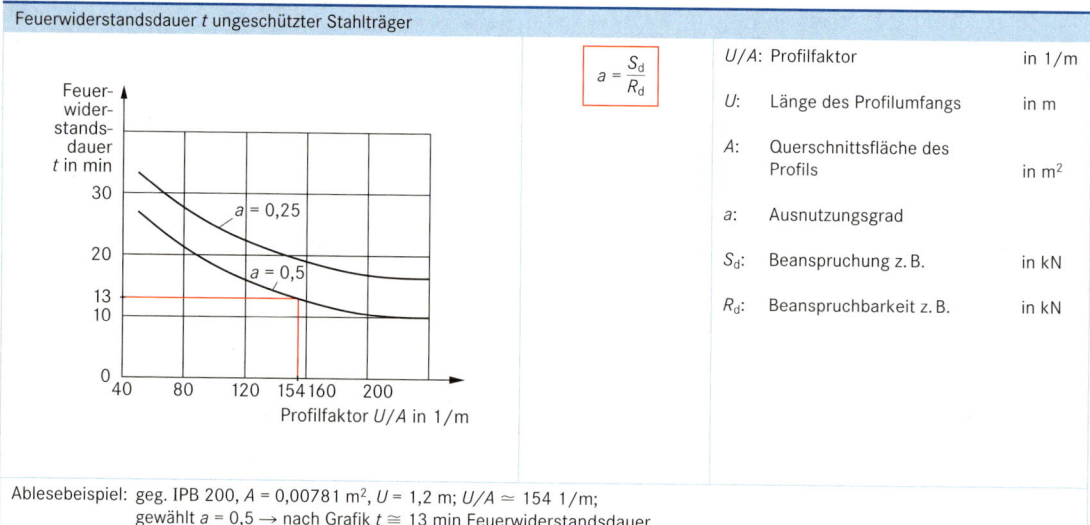

$$a = \frac{S_d}{R_d}$$

- U/A: Profilfaktor — in 1/m
- U: Länge des Profilumfangs — in m
- A: Querschnittsfläche des Profils — in m²
- a: Ausnutzungsgrad
- S_d: Beanspruchung z. B. — in kN
- R_d: Beanspruchbarkeit z. B. — in kN

Ablesebeispiel: geg. IPB 200, A = 0,00781 m², U = 1,2 m; $U/A \approx 154$ 1/m;
gewählt a = 0,5 → nach Grafik $t \approx 13$ min Feuerwiderstandsdauer

Mindestdicken d in mm für Ummantelung von Stahlträgern und Stahlstützen[1]

DSTV

Profilfaktor U/A in 1/m	Feuerwiderstandsklasse F 60		Feuerwiderstandsklasse F 90		Feuerwiderstandsklasse F 120	
	Profilfolgende Ummantelung	Kastenförmige Ummantelung	Profilfolgende Ummantelung	Kastenförmige Ummantelung	Profilfolgende Ummantelung	Kastenförmige Ummantelung
bis 70	10	10	15	15	20	20
71– 90	10	10	15	20	20	20
91–120	10	10	20	20	30	20
121–145	15	12	25	20	35	25
146–175	15	15	25	20	35	25
176–200	20	20	30	20	40	30
201–215	20	20	30	25	40	30
216–235	20	20	30	25	40	35
236–245	20	20	30	30	40	35
246–265	20	20	30	30	40	40
266–275	20	20	30	30	40	40
276–290	20	25	30	35	40	40
291–300	20	25	30	40	40	40

[1] Die Mindestdicken in mm gelten für profilfolgende Ummantelungen aus Vermiculite-Spritzputz an Trägern bzw. für kastenförmige Ummantelungen aus vorgefertigten Fiber-Silikat-Platten an Stützen.

Fenster
Windows

Bezeichnung mit links oder rechts   DIN 107: 1974-04

Architekten- und Metallbaueransicht

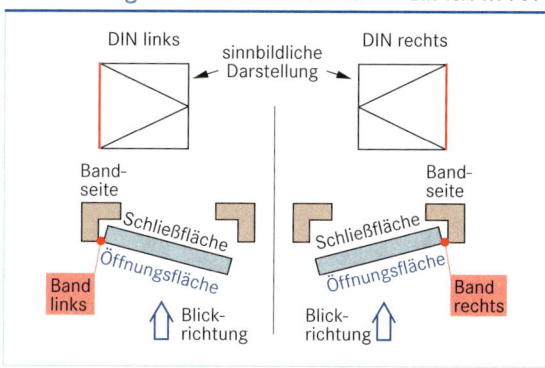

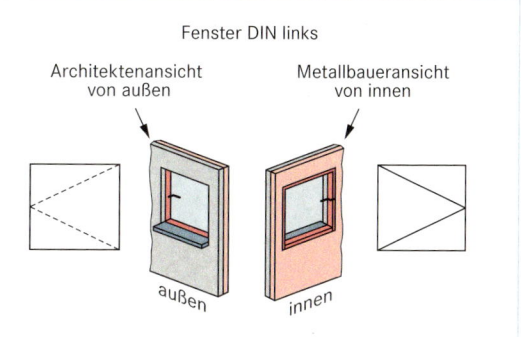

Bauarten und Darstellung

Drehflügel	Kippflügel	Klappflügel
Schwingflügel	Wendeflügel	Stulpflügel
Schiebeflügel	Dachflächen-Schwingflügel	Dreh-Kippflügel

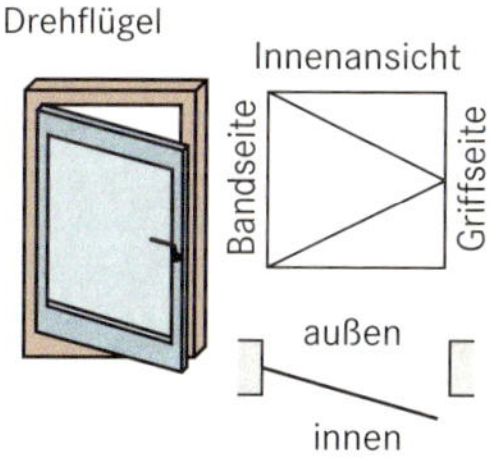

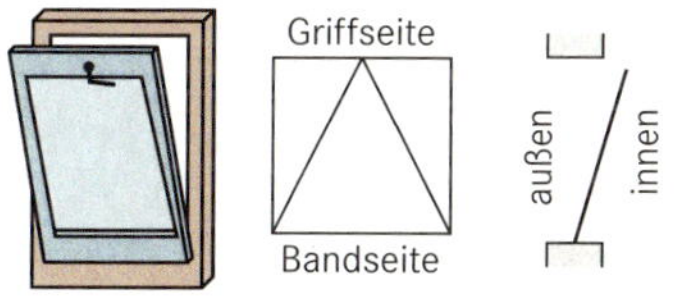

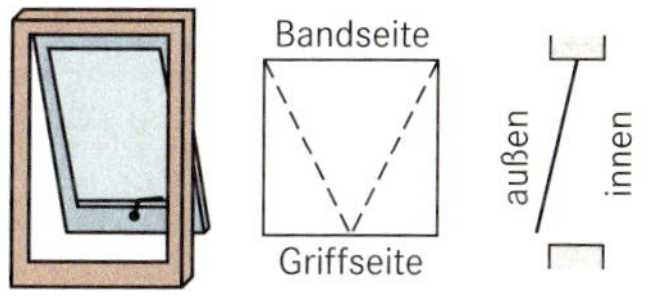

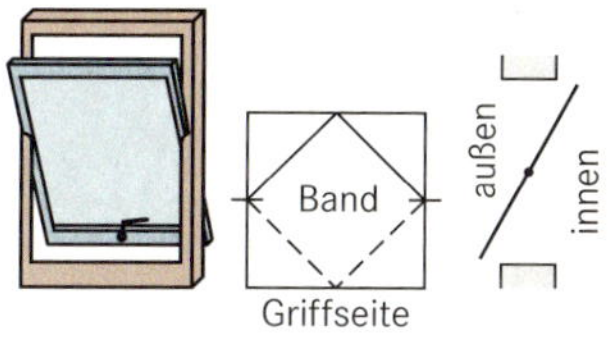

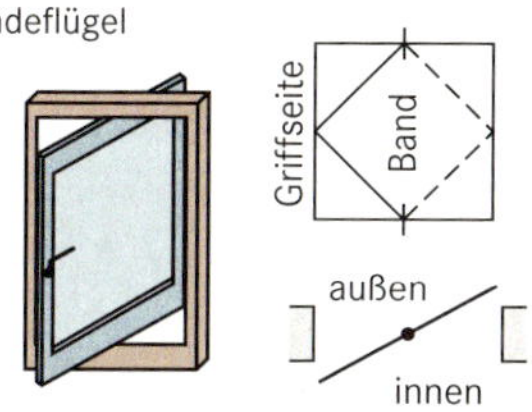

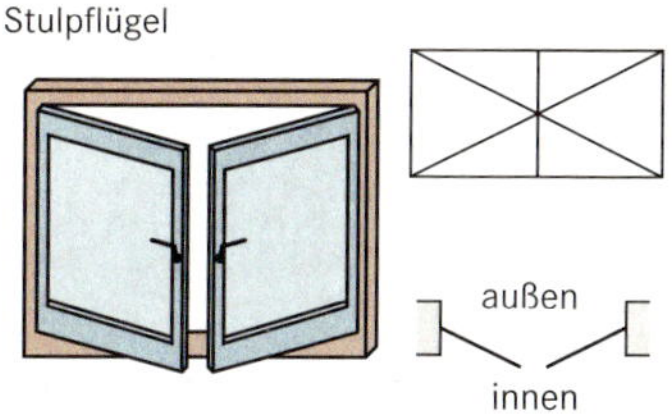

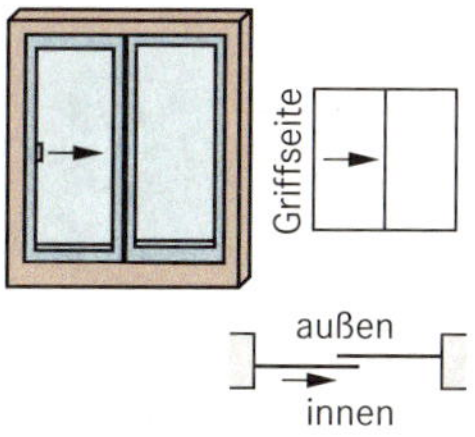

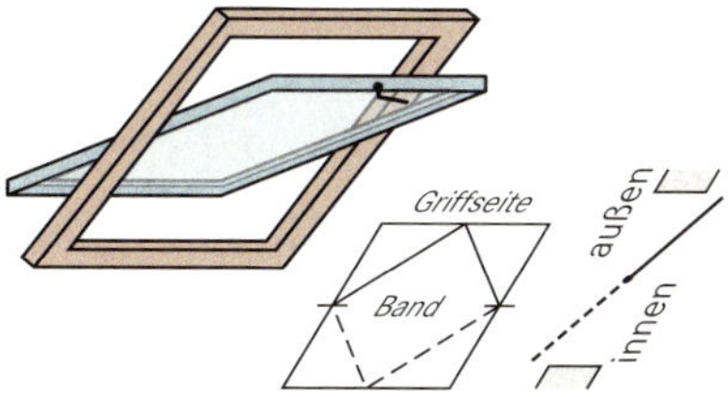

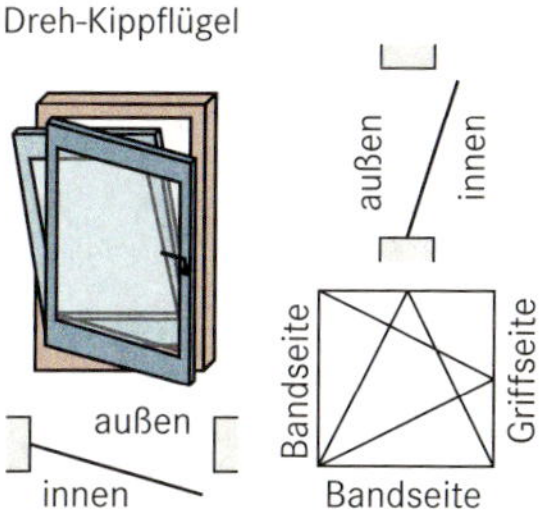

Rahmenbauteile

1: Blendrahmen
2: Flügelrahmen
3: Riegel
4: Pfosten

Anschlagarten

Stumpfanschlag — Außenanschlag — Innenanschlag

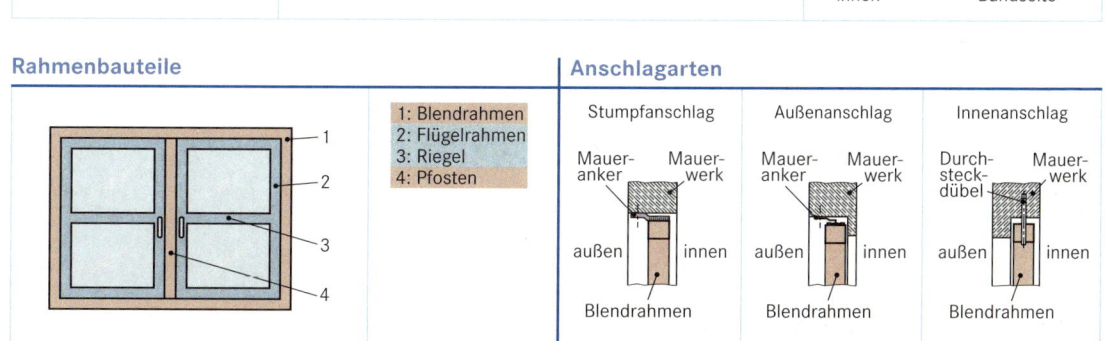

Fenster
Windows

Bauteile wärmegedämmter Aluminiumfenster

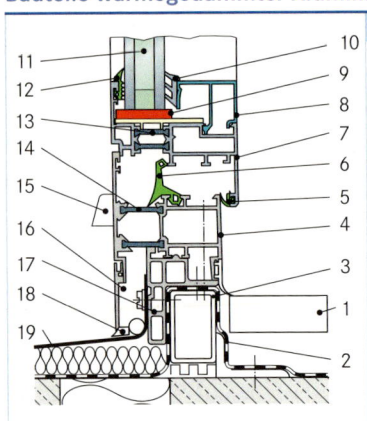

Bauteilbeschreibung	
1: Fensterbank (innen)	11: Wärmeschutzverglasung
2: Folie	12: Glasaußendichtung
3: Fassadenriegel	13: thermische Trennung des Flügelprofils
4: Blendrahmen	14: thermische Trennung des Blendrahmenprofils
5: Innendichtung	15: Wasserauslass
6: Mitteldichtung	16: Anschlussprofil
7: Flügelrahmen	17: Übergangsprofil
8: Glasleiste	18: Übergangsdichtung
9: Verglasungsklotz	19: Fensterbank (außen)
10: Glasinnendichtung	

Tageslicht in Innenräumen

DIN 5034-1: 1999-10

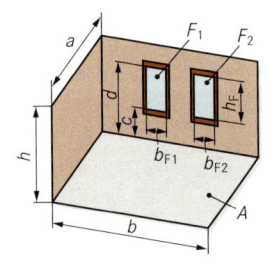

F: durchsichtige Fensterfläche in m²
A: Grundfläche des Raumes in m²
a: Raumtiefe in m
b: Raumbreite in m
c: Unterkante der Fensterfläche in m
d: Oberkante der Fensterfläche in m
h: Raumhöhe in m
h_f: Höhe der Fensterfläche in m
b_F: Breite der Fensterfläche (auch als Summe) in m

$F_{ges} = F_1 + F_2 + ... F_n$

$b_{Fges} = b_{F1} + b_{F2} + ... b_{Fn}$

Fenster in Wohnräumen

Anforderung	Vorgeschlagene Maße		
	Oberkante der Fensterfläche d in m	Unterkante der Fensterfläche c in m	Breite der Fensterfläche b_{Fges} in m
Sichtverbindung nach außen	$d \geq 2{,}2$	$c \leq 0{,}95$	$b_{Fges} \geq 0{,}55 \cdot b$

[1] Als weitere Anforderung ist ausreichende Beleuchtung mit Tageslicht sicherzustellen

Fenster in Arbeitsräumen

Anforderung	vorgegebene Raumtiefe a in m	vorgegebene Grundfläche A in m²	Mindestgröße der durchsichtigen Fensterfläche F in m²	
			Einzelfensterfläche[1]	Gesamtfensterfläche
Sichtverbindung nach außen	$a \leq 5$		$F \geq 1{,}25$	
	$a > 5$		$F \geq 1{,}5$	
		$A \leq 600$		$F_{ges} \geq 0{,}1 \cdot A$[2]
		$600 < A \leq 2000$		$F_{ges} \geq 60 \text{ m}^2 + 0{,}01 \cdot A$
		$A > 2000$		keine Vorgaben

Eine weitere Anforderung ist die ausreichende Beleuchtung mit Tageslicht

[1] In Arbeitsräumen mit $h \leq 3{,}5$ m gilt zusätzlich $F_{ges} > 0{,}3 \cdot b \cdot h$ [2] In Arbeitsräumen gilt grundsätzlich: $h_f \geq 1{,}25$ m; $b_f \geq 1$ m

Mindestfensterbreiten in Wohnräumen sowie Arbeitsräumen mit $h \leq 3{,}5$ m[1]

DIN 5034-4: 1994-09

Raumhöhe h in m	Fensterflächenhöhe h_f in m	Raumbreite b in m	Mindestfensterbreite b_f in m					Raumhöhe h in m	Fensterflächenhöhe h_f in m	Raumbreite b in m	Mindestfensterbreite b_f in m				
			für eine Raumtiefe a in m								für eine Raumtiefe a in m				
			3,0–6,25	6,50	6,76	7,0	7,5	8,0				3,0–6,5	6,75	7,0	7,5	8,0
		4	2,63	2,63	2,63	2,63	2,63	2,70			4	2,63	2,63	2,63	2,63	2,63
		5	3,29	3,29	3,29	3,29	3,29	3,29			5	3,29	3,29	3,29	3,29	3,29
		6	3,94	3,94	3,94	3,94	3,94	3,94			6	3,94	3,94	3,94	3,94	3,94
		8	5,26	5,26	5,26	5,26	5,26	5,26			8	5,26	5,26	5,26	5,26	5,26

[1] Zusätzliche Bedingung für die Anwendbarkeit der Tabelle für Arbeitsräume: $a \leq 6$ m; $A \leq 50$ m²

Fenster
Windows

Bestimmung von Mindestfensterbreiten in Wohnräumen unter Einfluss von Verbauungen DIN 5034-4: 1994-09

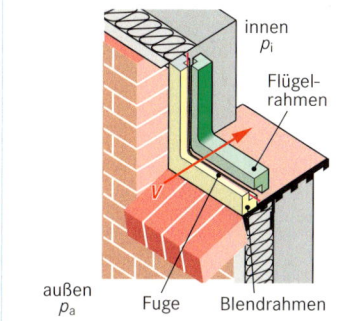

α: Verbauungswinkel   in °

h_f: Fensterflächenhöhe   in m

h: Raumhöhe   in m

a: Raumtiefe   in m

Verbau-ungs-winkel	Raum-höhe h in m	Fenster-flächen-höhe h_f in m	Raum-breite b in m	Mindestfensterbreite b_F in m für eine Raumtiefe a in m					
				3,0–6,25	6,50	6,75	7,0	7,5	8,0
5	2,5	1,35	2	1,31	1,35	1,42	1,49	1,64	1,79
			3	1,97	1,97	1,97	1,97	2,10	2,30
			4	2,63	2,63	2,63	2,63	2,63	2,81
			5	3,29	3,29	3,29	3,29	3,29	3,35
			6	3,94	3,94	3,94	3,94	3,94	3,94
			7	4,60	4,60	4,60	4,60	4,60	4,60
			8	5,26	5,26	5,26	5,26	5,26	5,26
10	2,6	1,45	2	1,31	1,33	1,41	1,48	1,63	1,78
			3	1,97	1,97	1,97	1,97	2,08	2,29
			4	2,63	2,63	2,63	2,63	2,63	2,80
			5	3,29	3,29	3,29	3,29	3,29	3,34
			6	3,94	3,94	3,94	3,94	3,94	3,94
			7	4,60	4,60	4,60	4,60	4,60	4,60
			8	5,26	5,26	5,26	5,26	5,26	5,26

Fugendurchlässigkeit DIN 18 055: 1981-10

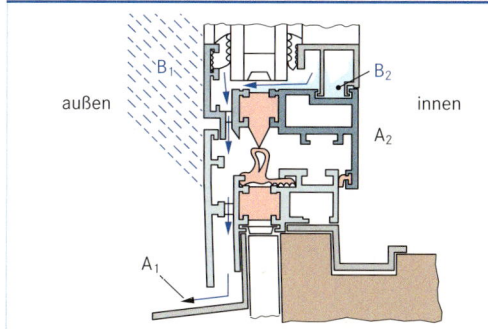

$V = V_1 \cdot l$

$V_1 = a \cdot x$

$\Delta_p = p_a - p_i$

V: Maximal zulässiger Luftvolumenstrom durch die Rahmenfugen pro Stunde   in m³/h
V_1: Maximal zul. Luftvolumenstrom durch die Rahmenfugen pro Stunde für eine Fugen-länge l = 1 m   in m³/m · h
l: Gesamtfugenlänge   in m
a: Fugendurchlasskoeffizient bezogen auf einen Differenzdruck Δp = 10 Pa = 1 da Pa   in m³/m · h · da Pa
x: Angleichungswert für verschiedene Einbauhöhen   in da Pa
Δ_p: Differenzdruck   in Pa
p_a: Außendruck   in Pa
p_i: Innendruck   in Pa

Angleichungswerte, Fugendurchlasskoeffizienten und Beanspruchungsgruppen

	Höhe des Fenstereinbauortes h in m			
	$h \leq 8$	$8 < h \leq 20$	$20 < h \leq 100$	$h > 100$
Angleichungswert x in da Pa	6,21	9,86	15,65	–
maximal zulässiger Fugendurchlasskoeffizient a in m³/m · h · da Pa	2		1	
Beanspruchungsgruppe	A	B	C	D

Schlagregendichtheit DIN 18 055: 1981-10

Beanspruchung
B_1: Schlagregen – gleichzeitige Beanspruchung durch Regen und Wind mit ~ 2 dm³ H₂O/(m² · min)
B_2: Kondenswasserbildung

Anforderung
A_1: Wasserabführung: In den Rahmen eingedrungenes Regenwasser und das Kondenswasser müssen unmittelbar und kontrolliert abgeleitet werden, so dass keine Schäden entstehen.
A_2: In den Raum darf kein Wasser eindringen.

Fenster
Windows

Wärmedurchgang

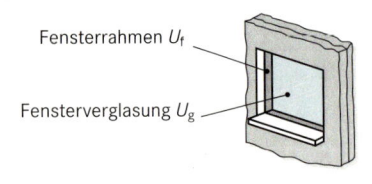

U_w: Wärmedurchgangskoeffizient für das gesamte Fenster	in W/m² · k
U_f: Wärmedurchgangskoeffizient des Rahmens für eine bestimmte Rahmenmaterialgruppe	in W/m² · k
U_g: Wärmedurchgangskoeffizient für eine bestimmte Verglasungsart nach Angaben des Herstellers	in W/m² · k

Wärmedurchgangskoeffizienten für Fenster siehe DIN V 4108-4

Rahmenmaterialgruppen

Materialgruppe	Rahmen-Wärmedurchgangskoeffizient U_f in W/m² · k	Rahmenbauweise/Rahmenwerkstoff
1	$U_f < 2{,}0$	z. B. Holz- und Kunststoffrahmen
2.1 2.2 2.3	$2{,}0 < U_f \leq 2{,}8$ $2{,}8 < U_f \leq 3{,}5$ $3{,}5 < U_f \leq 4{,}5$	z. B. wärmegedämmte Aluminium- und Stahl-Profile
3	$U_f > 4{,}5$	z. B. nicht wärmegedämmte Aluminium- und Stahlprofile

Schalldämmverhalten von Glasscheiben VDI 2719: 1987-08

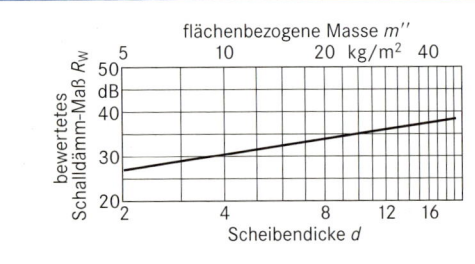

R_W:	bewertetes Schalldämm-Maß	in dB
d:	Glasscheibendicke	in mm
m'':	flächenbezogene Masse der Glasscheibe	in kg/m²

Die Werte gelten für allseitig oder unter 45° einfallenden Schall

Schallschutzklassen von Fenstern VDI 2719: 1987-08

Schallschutzklasse	1	2	3	4	5	6
erforderliches bewertetes Schalldämm-Maß erf. R_W in dB	27…31	32…36	37…41	42…46	47…51	≥ 52

Fensteranschluss an den Baukörper VDI 2719: 1987-08

Schallschutzklasse	Gestaltung des Baukörperanschlusses			Erläuterung
	Stumpfanschlag	Innenanschlag		
1 + 2				I: Blendrahmen II: Flügelrahmen III: Verglasung IV: Mauerwerk V: Putz/Wandverkleidung a: Dämmmaterial b: Hinterfüllprofil bzw. Fugenvorfüllmaterial c: Dichtstoff d: Abdeckfolie bei zweischaligem Mauerwerk
3				
4 + 5				

Fenster / Windows

Konstruktionsbeispiele von Schallschutzfenstern

VDI 2719: 1987-08

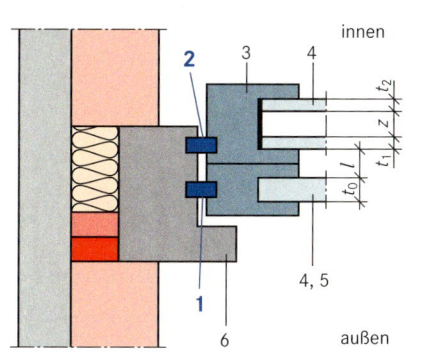

1:	erforderliche Außendichtung, umlaufend
2:	erforderliche Innendichtung, umlaufend
3:	Flügelrahmen
4:	Verglasung mit einem erforderlichen bewerteten Schalldämm-Maß R_W in dB
5:	Einfachverglasung mit einem erforderlichen bewerteten Schalldämm-Maß R_W in dB
6:	Blendrahmen
t_0:	Dicke der Einfachverglasung in mm
t_1, t_2:	Einzelscheibendicken der Isolierverglasung in mm
z:	Abstand der Einzelscheiben der Isolierverglasung in mm
l:	Abstand der Einzelverglasungen in mm

Schall-schutz-klasse	Ausführung der Konstruktion				
	Fensteraufbau				
	Einfachfenster		Verbundfenster		Kastenfenster
	Einfachverglasung	Isolierverglasung	Einfach- und Isolierverglasung	Isolierverglasung und Aufsatzflügel	Einfachverglasung und Isolierverglasung
1	$t_0 \geq 4$ mm $R_{W\text{Verglasung}} \geq 27$ dB **1** erforderlich	$t_1 + t_2 \geq 6$ mm $z \geq 8$ mm $R_{W\text{Verglasung}} \geq 27$ dB **1** erforderlich	keine Vorgaben	keine Vorgaben keine Vorgaben keine Vorgaben **2** erforderlich	keine Vorgaben
2	$t_0 \geq 8$ mm $R_{W\text{Verglasung}} \geq 32$ dB **1** erforderlich	$t_{1,2} \geq 4$ mm $z \geq 12$ mm $R_{W\text{Verglasung}} \geq 32$ dB **1** erforderlich	$t_{0,1,2} \geq 4$ mm $z \geq 12$ mm keine Vorgaben **1** erforderlich	$t_{0,1,2} \geq 4$ mm $z \geq 12$ mm keine Vorgaben **1 + 2** erforderlich	keine Vorgaben
3		$t_{1,2}$ } keine allge- z } meinen Anga- ben möglich $R_{W\text{Verglasung}} \geq 37$ dB **1** erforderlich	$t_0 \geq 6$ mm; $t_{1,2} \geq 4$ mm $z \geq 4$ mm; $l \geq 40$ mm keine Vorgaben **1** erforderlich	$t_0 \geq 6$ mm; $t_{1,2} \geq 4$ mm $z \geq 4$ mm; $l \geq 40$ mm keine Vorgaben **1 + 2** erforderlich	keine Vorgaben keine Vorgaben keine Vorgaben **1** erforderlich
4	keine allgemeingültigen Angaben möglich	$t_{1,2}$ } keine allge- z } meinen Anga- ben möglich $R_{W\text{Verglasung}} \geq 45$ dB **1 + 2** erforderlich	$t_0 \geq 8$ mm; $t_1 \geq 6$ mm; $t_2 \geq 4$ mm $z \geq 12$ mm; $l \geq 50$ mm keine Vorgaben **1 + 2** erforderlich	keine allgemeingültigen Angaben möglich	$t_0 \geq 6$ mm; $t_{1,2} \geq 4$ mm $z \geq 12$ mm; $l \geq 100$ mm keine Vorgaben **1 + 2** erforderlich
5			$t_{0,1} \geq 8$ mm; $t_2 \geq 4$ mm $z \geq 12$ mm; $l \geq 60$ mm $R_{W\text{Verglasung}}$: keine Vorgaben **1 + 2** erforderlich		$t_0 \geq 8$ mm; $t_1 \geq 6$ mm $z \geq 8$ mm; $l \geq 4$ mm $R_{W\text{Verglasung}}$: keine Vorgaben **1 + 2** erforderlich
6	Sonderanfertigung mit Nachweis des Schallschutzes				

Fenster
Windows

Fugenausbildung bei Stumpfanschlägen von Fenstern

Fenster-rahmen-werkstoff	Rahmen-farbe	Mindestfugenbreite S in mm			
		Breite des Fensterelements b in m			
		$b \leq 1{,}5$	$1{,}5 < b \leq 2{,}5$	$2{,}5 < b \leq 3{,}5$	$3{,}5 < b \leq 4{,}5$
PVC hart	weiß	10	15	20	25
	farbig	15	20	25	30
Aluminium	hell	10	10	15	20
	dunkel	10	15	20	25

Fugenausbildung bei Innenanschlägen von Fenstern

Fenster-rahmen-werkstoff	Rahmen-farbe	Mindestfugenbreite S in mm		
		Breite des Fensterelements b in m		
		$b \leq 2{,}5$	$2{,}5 < b \leq 3{,}5$	$3{,}5 < b \leq 4{,}5$
PVC hart	weiß	10	10	15
	farbig	10	15	20
Aluminium	hell	10	10	15
	dunkel	10	10	15

Mindestgrößen und Aufbau von Fensterwänden
DIN 18 056: 1966-06

Bedingungen für die Anwendbarkeit der Norm

$h_W \geq 2$ m — h_W: Fensterwandhöhe — in m
$b_W \geq 2$ m — b_W: Fensterwandbreite — in m
$A_W \geq 9$ m² — A_W: Fläche der Fensterwand — in m²

$A_W = b_W \cdot h_W$

p: Abstand der Verankerungen — in mm

$p \leq 800$ mm

Grenzmaße von Fensterwänden
DIN 18 056: 1966-06

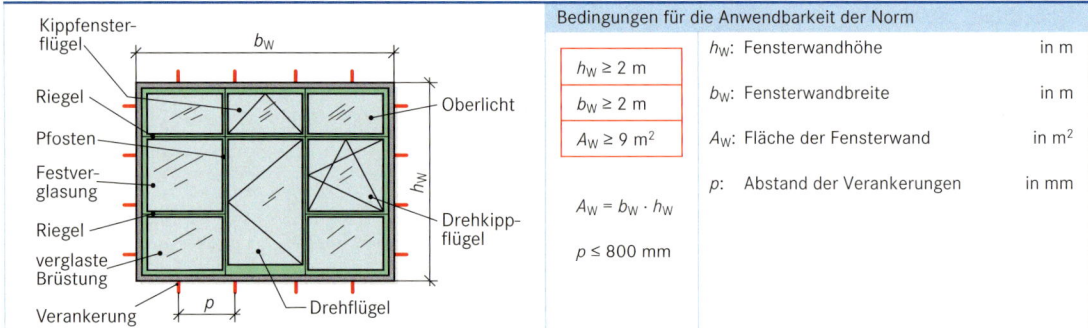

Zulässige Ausladung der Fensterwand

$a_W \leq 300$ mm

a_W: Ausladung der Fensterwand gegenüber der Senkrechten — in mm
h_W: Höhe der Fensterwand — in mm
H: Höhe der Fensterunterkante über Gelände — in m

Maximale Einzelscheibengrößen

Höhe der Fensterwand-Unterkante über Gelände H in m	maximale Größe der Einzelscheibenfläche A_F in m²
$H < 5$	beliebig
$H \geq 5$	$AF \leq 12$

Zusätzliche Hinweise zur Verglasung siehe DIN 183 und Richtlinien zur Verglasung von Stahlfenstern

Besondere Lastannahmen an Fensterwänden
DIN 18 056: 1966-06

Horizontallast F_H in verkehrsgefährdeter Lage			Lotrechte Last F_L durch herauslehnend Personen	Erhöhung der Windlasten
	Einbauort	Horizontallast F_H	F_L = 500 N/m [1] [1] nur anzusetzen bei zu öffnenden Fenstern	Für Fensterwände sind die Druckanteile der Windlast nach DIN 1055 um 25 % zu erhöhen
	Versammlungsräume, Schulen Sportbauten	1000 N		
	Wohngebäude, Balkone in Wohngebäuden	500 N		

Fenster
Windows

Bemessungen der Glasscheibendicken von Fensterwänden
DIN 18 056: 1966-06

Maßbezeichnung	Diagramm der Dickenwahl

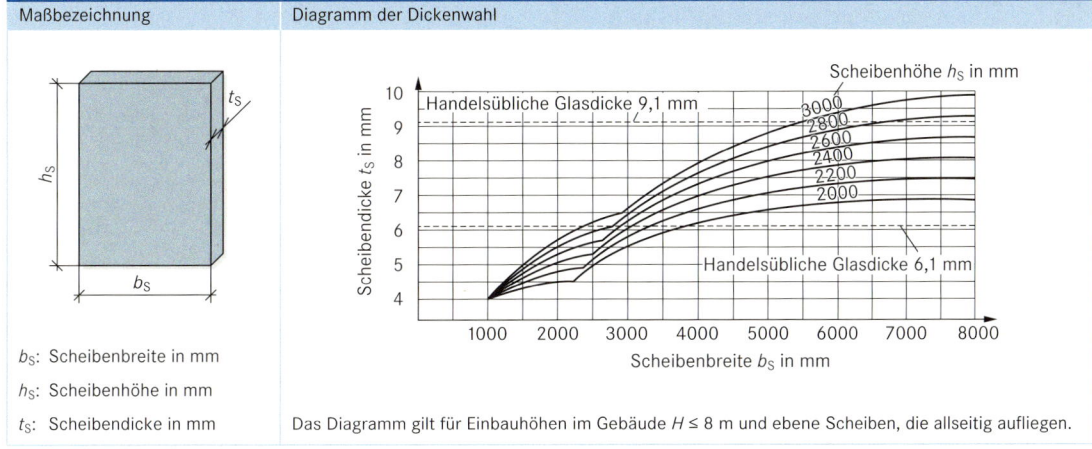

b_S: Scheibenbreite in mm
h_S: Scheibenhöhe in mm
t_S: Scheibendicke in mm

Das Diagramm gilt für Einbauhöhen im Gebäude $H \leq 8$ m und ebene Scheiben, die allseitig aufliegen.

Verformung von Riegel und Pfosten bei Windbeanspruchung

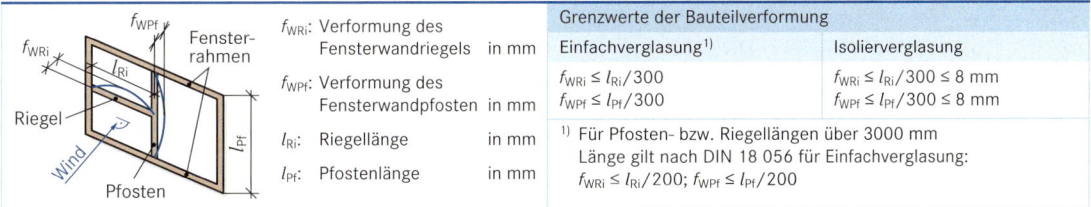

f_{WRi}: Verformung des Fensterwandriegels in mm
f_{WPf}: Verformung des Fensterwandpfostens in mm
l_{Ri}: Riegellänge in mm
l_{Pf}: Pfostenlänge in mm

Grenzwerte der Bauteilverformung

Einfachverglasung[1]	Isolierverglasung
$f_{WRi} \leq l_{Ri}/300$	$f_{WRi} \leq l_{Ri}/300 \leq 8$ mm
$f_{WPf} \leq l_{Pf}/300$	$f_{WPf} \leq l_{Pf}/300 \leq 8$ mm

[1] Für Pfosten- bzw. Riegellängen über 3000 mm Länge gilt nach DIN 18 056 für Einfachverglasung:
$f_{WRi} \leq l_{Ri}/200$; $f_{WPf} \leq l_{Pf}/200$

Bestimmung der erforderlichen Profil-Flächenmomente für Windbeanspruchung

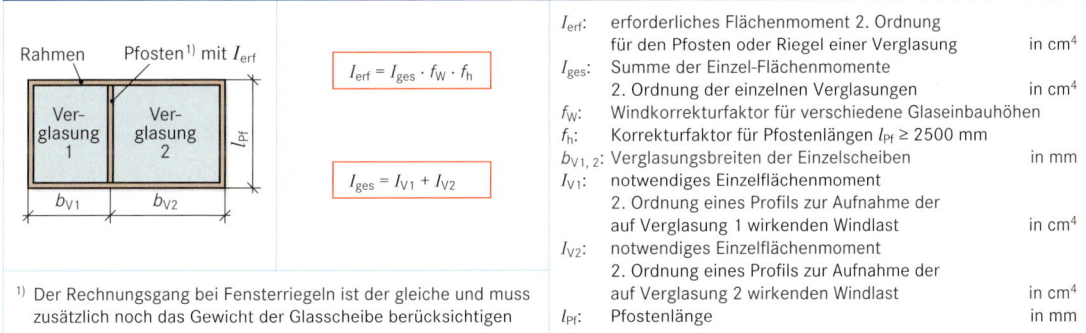

$I_{erf} = I_{ges} \cdot f_W \cdot f_h$

$I_{ges} = I_{V1} + I_{V2}$

I_{erf}: erforderliches Flächenmoment 2. Ordnung für den Pfosten oder Riegel einer Verglasung in cm⁴
I_{ges}: Summe der Einzel-Flächenmomente 2. Ordnung der einzelnen Verglasungen in cm⁴
f_W: Windkorrekturfaktor für verschiedene Glaseinbauhöhen
f_h: Korrekturfaktor für Pfostenlängen $l_{Pf} \geq 2500$ mm
$b_{V1, 2}$: Verglasungsbreiten der Einzelscheiben in mm
I_{V1}: notwendiges Einzelflächenmoment 2. Ordnung eines Profils zur Aufnahme der auf Verglasung 1 wirkenden Windlast in cm⁴
I_{V2}: notwendiges Einzelflächenmoment 2. Ordnung eines Profils zur Aufnahme der auf Verglasung 2 wirkenden Windlast in cm⁴
l_{Pf}: Pfostenlänge in mm

[1] Der Rechnungsgang bei Fensterriegeln ist der gleiche und muss zusätzlich noch das Gewicht der Glasscheibe berücksichtigen

Korrekturfaktoren zur Bestimmung der erforderlichen Profil-Flächenmomente

Korrekturfaktor für Windbelastung f_W	
Einbauhöhe H in m	Korrekturfaktor f_W
$H \leq 8$	1,0
$8 < H \leq 20$	1,6
$20 < H < 100$	2,2

Der Korrekturfaktor berücksichtigt die mit der Höhe zunehmende Windgeschwindigkeit.

Korrekturfaktor f_h für Pfostenlänge l_{Pf} bei Isolierverglasung

Verhältnis l/l_{Pf}	Korrekturfaktor f_h — Pfostenlänge l_{Pf} in mm												
	2500	3000	3500	4000	4500	5000	5500	6000	6500	7000	8000	9000	10000
1,0	1,04	1,24	1,45	1,66	1,87	2,08	2,29	2,49	2,70	2,91	3,33	3,75	4,16
0,75					1,05	1,17	1,28	1,40	1,52	1,64	1,87	2,10	2,34
0,66						1,01	1,11	1,20	1,29	1,48	1,66	1,85	
0,5													1,04

Der Korrekturfaktor f_h berücksichtigt die Teilung der Glasscheibe am Riegel und die damit verbundene geringere Durchbiegung einer kleineren Scheibe.

Fenster / Windows

Bestimmung des erforderlichen Flächenmomentes 2. Ordnung für Windbeanspruchung

Notwendiges Einzel-Flächenmoment 2. Ordnung I für Profile aus Aluminium in cm^4

Pfostenlänge l_{Pf} in mm	\multicolumn{20}{c}{Verglasungsbreite $b_{V1,2}$ in mm}
	400	600	800	1000	1200	1400	1600	1800	2000	2200	2400	2600	2800	3000	3200	3400	3600	3800	4000	4200
1000	0,6	0,8	1,0	1,0																
1100	0,8	1,1	1,4	1,5																
1200	1,1	1,5	1,9	2,1	2,2															
1300	1,4	2,0	2,5	2,8	3,0															
1400	1,7	2,5	3,2	3,7	4,0	4,1														
1500	2,1	3,1	4,0	4,0	5,1	5,3														
1600	2,6	3,8	4,9	5,8	6,4	6,8	7,0													
1700	3,2	4,6	6,0	7,1	8,0	8,6	8,9													
1800	3,8	5,6	7,2	8,5	9,7	10,5	11,0	11,2												
1900	4,5	6,6	8,5	10,2	11,6	12,7	13,5	13,9												
2000	5,2	7,7	10,0	12,0	13,3	15,2	16,2	16,9	17,1											
2100	6,1	9,0	11,6	14,1	16,2	18,0	19,3	20,3	20,7											
2200	7,0	10,3	13,5	16,3	18,9	21,0	22,8	24,0	24,8	25,0										
2300	8,0	11,8	15,5	18,8	21,8	24,4	26,5	28,2	29,3	29,9										
2400	9,1	13,5	17,7	21,5	25,0	28,1	30,7	32,8	34,3	35,2	35,5									
2500	10,3	15,3	20,0	24,5	28,5	32,1	35,2	37,8	39,7	41,1	41,7									
2600	11,6	17,2	22,6	27,7	32,3	36,5	40,2	43,2	45,7	47,5	48,6	48,9								
2700	13,0	19,3	25,4	31,1	36,4	41,3	45,5	49,2	52,2	54,5	56,0	56,8								
2800	14,5	21,6	28,4	34,8	40,9	40,4	51,3	55,6	59,2	62,1	64,1	65,4	65,8							
2900	16,2	24,0	31,6	38,9	45,6	51,9	57,6	62,6	66,8	70,3	72,9	74,7	75,6							
3000	17,9	26,6	35,1	43,2	50,8	57,8	64,3	70,0	75,0	70,2	82,4	84,8	86,3	86,7						
3100	19,8	29,4	38,8	47,8	56,3	64,2	71,5	78,0	83,8	88,7	92,7	95,7	97,7	98,8						
3200	21,8	32,4	42,7	52,7	62,1	71,0	79,2	86,6	93,2	98,9	103	107	110	111	112					
3300	23,9	35,6	47,0	57,9	68,4	78,2	87,4	95,7	103	109	115	119	123	125	126					
3400	26,1	38,9	51,4	63,5	75,0	85,9	96,1	105	114	121	128	133	137	140	142	143				
3500	28,5	42,5	56,2	69,4	82,1	94,1	105	115	125	133	141	147	152	156	159	160				
3600	31,0	46,3	61,2	75,7	89,6	102	115	126	137	147	155	162	168	173	177	179	179			
3700	33,7	50,3	66,5	82,3	97,5	112	125	138	150	161	170	179	186	191	196	199	200			
3800	36,5	54,5	72,1	89,3	105	121	136	150	163	175	186	196	204	211	216	220	222	223		
3900	39,5	59,0	78,1	96,7	114	131	148	163	178	191	203	214	223	231	237	242	246	247		
4000	42,6	63,7	84,3	104	123	142	160	177	193	208	221	233	244	253	260	266	270	273	274	
4500	60,8	90,8	120	149	177	205	231	257	281	304	325	345	363	379	394	407	417	426	432	436
5000	83,4	124	165	205	245	283	321	357	382	425	457	486	514	540	564	585	605	622	636	648
5500	111	166	220	274	327	379	430	480	527	574	618	660	701	739	774	807	838	865	890	912
6000	144	216	287	357	427	495	562	627	691	753	813	870	926	979	1029	1076	1121	1162	1200	1235
6500	183	274	365	455	544	631	717	802	885	965	1044	1120	1193	1264	1332	1396	1458	1516	1570	1621
7000	229	343	456	569	680	791	890	1006	1111	1213	1314	1411	1506	1598	1687	1772	1854	1932	2006	2076
7500	282	422	562	701	838	975	1109	1242	1372	1500	1626	1749	1868	1985	2098	2207	2313	2415	2512	2605
8000	342	513	682	851	1019	1185	1349	1511	1671	1829	1983	2135	2283	2428	2570	2707	2840	2969	3094	3214

Fenster / Windows

Bestimmung des erforderlichen Flächenmomentes 2. Ordnung für Windbeanspruchung

Notwendiges Einzel-Flächenmoment 2. Ordnung I für Profile aus Stahl in cm^4

Pfosten-länge l_{Pf} in mm	\multicolumn{20}{c}{Verglasungsbreite $b_{V1,2}$ in mm}																			
	400	600	800	1000	1200	1400	1600	1800	2000	2200	2400	2600	2800	3000	3200	3400	3600	3800	4000	4200
1000	0,2	0,2	0,3	0,3																
1100	0,2	0,3	0,4	0,5																
1200	0,3	0,5	0,6	0,7	0,7															
1300	0,4	0,6	0,8	0,9	1,0															
1400	0,5	0,8	1,0	1,2	1,3	1,3														
1500	0,7	1,0	1,3	1,5	1,7	1,7														
1600	0,8	1,2	1,6	1,9	2,1	2,2	2,3													
1700	1,0	1,5	2,0	2,3	2,6	2,8	2,9													
1800	1,2	1,8	2,4	2,8	3,2	3,5	3,6	3,7												
1900	1,5	2,2	2,8	3,4	3,8	4,2	4,5	4,6												
2000	1,7	2,5	3,3	4,0	4,6	5,0	5,4	5,6	5,7											
2100	2,0	3,0	3,8	4,7	5,4	6,0	6,4	6,7	6,9											
2200	2,3	3,4	4,5	5,4	6,3	7,0	7,6	8,0	8,2	8,3										
2300	2,6	3,9	5,1	6,2	7,2	8,1	8,8	9,4	9,7	9,9										
2400	3,0	4,5	5,9	7,1	8,3	9,3	10,2	10,9	11,4	11,7	11,8									
2500	3,4	5,1	6,6	8,1	9,5	10,7	11,7	12,6	13,2	13,7	13,9									
2600	3,8	5,7	7,5	9,2	10,7	12,1	13,4	14,4	15,2	15,8	16,2	16,3								
2700	4,3	6,4	8,4	10,3	12,1	13,7	15,1	16,4	17,4	18,1	18,6	18,9								
2800	4,8	7,2	9,4	11,6	13,6	15,4	17,1	18,5	19,7	20,7	21,3	21,8	21,9							
2900	5,4	8,0	10,5	12,9	15,2	17,3	19,2	20,8	22,2	23,4	24,3	24,9	25,2							
3000	5,9	8,8	11,7	14,4	16,9	19,2	21,4	23,3	25,0	26,4	27,4	28,2	28,7	28,9						
3100	6,6	9,8	12,9	15,9	18,7	21,4	23,8	26,0	27,9	29,5	30,9	31,9	32,5	32,9						
3200	7,2	10,8	14,2	17,5	20,7	23,6	26,4	28,8	31,0	32,9	34,5	35,8	36,5	37,2	37,4					
3300	7,9	11,8	15,6	19,3	22,8	26,0	29,1	31,9	34,4	36,6	38,4	39,9	41,1	41,9	42,3					
3400	8,7	12,9	17,1	21,1	25,0	28,6	32,0	35,1	38,0	40,5	42,6	44,4	45,8	46,9	47,5	47,7				
3500	9,5	14,1	18,7	23,1	27,3	31,3	35,1	38,6	41,8	44,6	47,1	49,2	50,9	52,2	53,1	53,5				
3600	10,3	15,4	20,4	25,2	29,8	34,2	38,4	42,2	45,8	49,0	51,8	54,3	56,3	57,9	59,0	59,7	59,9			
3700	11,2	16,7	22,1	27,4	32,5	37,3	41,9	46,1	50,1	53,7	56,9	58,6	62,0	63,9	65,4	66,3	66,8			
3800	12,1	18,1	24,0	29,7	35,2	40,5	45,5	50,2	54,6	58,6	62,2	65,4	68,1	70,3	72,1	73,4	74,2	74,4		
3900	13,1	18,6	26,0	32,2	38,2	43,9	49,4	54,9	59,4	63,8	67,8	71,4	74,5	77,1	79,3	80,9	82,0	82,5		
4000	14,2	21,2	28,1	34,8	41,3	47,5	53,5	59,1	64,4	69,3	73,8	77,8	81,3	84,3	86,9	88,8	90,2	91,1	91,4	
4500	20,2	30,2	40,1	49,8	59,2	68,4	77,2	85,7	93,8	101	108	115	121	126	131	135	139	142	144	145
5000	27,8	41,6	55,2	68,6	81,7	94,6	107	119	130	141	152	162	171	180	188	195	201	207	212	216
5500	37,0	55,4	73,6	91,6	109	126	143	160	175	191	206	220	233	246	258	269	279	288	296	304
6000	48,1	72,0	95,7	119	142	165	187	209	230	251	271	290	308	326	343	358	373	387	400	411
6500	61,2	91,6	121	151	181	210	239	267	295	321	348	373	397	421	444	465	486	505	523	540
7000	76,4	114	152	189	226	263	299	335	370	404	438	470	502	532	562	590	618	644	668	692
7500	94,0	140	187	233	279	325	369	414	457	500	542	583	622	661	699	735	771	805	837	868
8000	114	171	227	283	339	395	449	503	557	609	661	711	761	809	856	902	946	989	1031	1071

Türen / Doors

Nennmaße und Toleranzen von Wandöffnungen für Türen — DIN 18 100: 1983-10

Wandöffnungshöhen

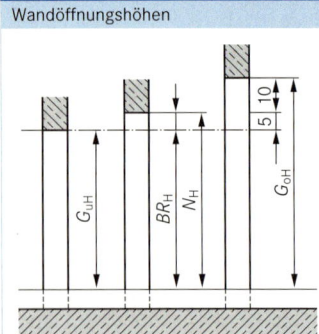

$N_H = BR_H + 5\ mm$

$G_{oH} = N_H + 10\ mm$
$G_{uH} = N_H - 5\ mm$

N_H: Nennmaßhöhe in mm
BR_H: Baurichtmaßhöhe in mm
G_{oH}: zulässige größte Wandöffnungshöhe in mm
G_{uH}: zulässige kleinste Wandöffnungshöhe in mm
OFF: Oberkante Fertigfußboden
OFR: Oberkante Rohfußboden

Wandöffnungsbreiten

$N_B = BR_B + 10\ mm$

$G_{oB} = N_B + 10\ mm$
$G_{uB} = N_B - 10\ mm$

N_B: Nennmaßbreite in mm
BR_B: Baurichtmaßbreite in mm
G_{oB}: zulässige größte Wandöffnungsbreite in mm
G_{uB}: zulässige kleinste Wandöffnungsbreite in mm

Baurichtmaße für Wandöffnungen von Türen — DIN 18 100: 1983-10

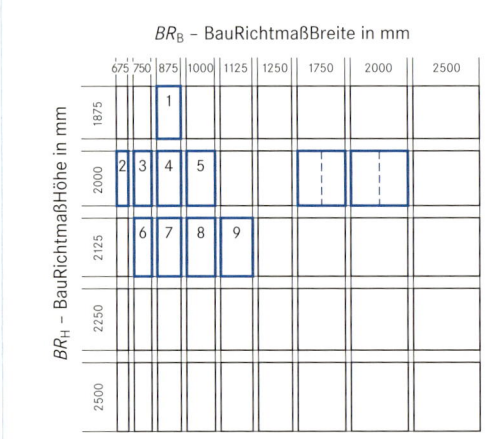

Baurichtmaße: Maße, die sich als Vielfache des Maß-Grundmoduls 1 am (1 Achtelmeter) ergeben

$1\ am = 1/8\ m = 0{,}125\ m = 125\ mm$

□ Vorzugsgrößen für Wandöffnungen von Türen nach DIN 18 101

□ Wandöffnungen dieser Vorzugsgrößen sind im Regelfall für zweiflügelige Türen vorgesehen

Bezeichnung einer Wandöffnung mit den Baurichtmaßen
Breite: 875 mm; Höhe: 2000 mm
Wandöffnung DIN 18 100 – 875 x 2000

Aufbau und Bauteile von Türen

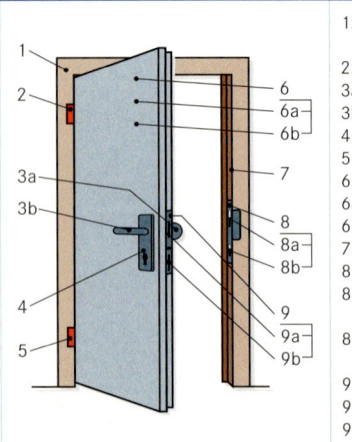

1: Außenrahmen (Zarge)
2: oberes Türband
3a: Knopf
3b: Drücker
4: Schutzbeschlag
5: unteres Türband
6: Türflügel (Türblatt)
6a: Flügelrahmen
6b: Flügelfüllung
7: Dichtung
8: Schließblech
8a: Ausnehmung für Schlossfalle
8b: Ausnehmung für Schlossriegel
9: Türschloss
9a: Schlossfalle
9b: Schlossriegel

Türbezeichnung links/rechts — DIN 107: 1974-04

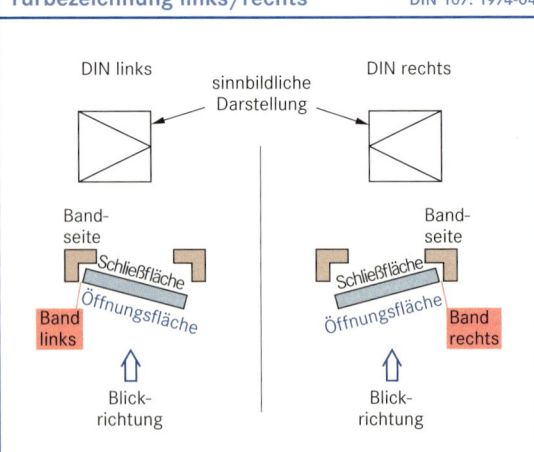

Türen
Doors

Türen im Wohnungsbau
DIN 18 101: 1985-01

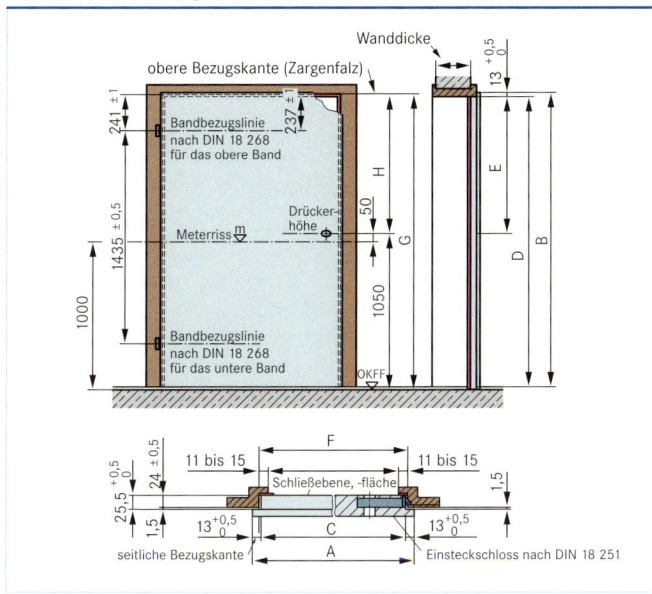

A: Türblatt-Außenbreite — in mm
B: Türblatt-Außenhöhe — in mm
C: Türblattfalzbreite — in mm
D: Türblattfalzhöhe — in mm
E: Abstandsmaß zwischen Schlossnussmitte und Türfalzoberkante — in mm
F: Lichte Zargenbreite im Falz — in mm
G: Lichte Zargenhöhe zwischen Fußbodeneinstandsmarkierung in der Zarge und oberer Falzkante der Zarge — in mm
H: Abstandsmaß zwischen Unterkante Fallenloch im Schließblech und oberer Falzkante der Zarge — in mm

Maße für Türen im Wohnungsbau
DIN 18 101: 1985-01

Wandöffnungs-Baurichtmaße		Türblattaußenmaße		Türblattfalznennmaße		Abstand zwischen Schlossnussmitte und Türfalzoberkante	Lichte Zargenbreite im Falz	Lichte Zargenhöhe zwischen Fußbodeneinstandsmarkierung (Stahlzarge) und oberer Zargenfalzkante	Abstand zwischen Unterkannte Fallenloch und oberer Zargenfalzkante
Breite BR_B in mm	Höhe BR_H in mm	Breite A in mm	Höhe B in mm	Breite C in mm	Höhe D in mm	E in mm	F in mm	G in mm	H in mm
875	1875	860	1860	834±1	1847^{+2}_{0}	804	841±1	1858^{0}_{-2}	808
625	2000	610	1985	584	1972	929	591	1983	933
750	2000	735	1985	709	1972	929	716	1983	933
875	2000	860	1985	834	1972	929	841	1983	933
1000	2000	985	1985	959	1972	929	966	1983	933
750	2125	735	2110	709	2097	1054	716	2108	1058
875	2125	860	2110	834	2097	1054	841	2108	1058
1000	2125	985	2110	959	2097	1054	966	2108	1058
1125	2125	1110	2110	1084	2097	1054	1091	2108	1058

Aufbau und Bauteile von Rauchschutztüren
DIN 18 095-1: 1988-10

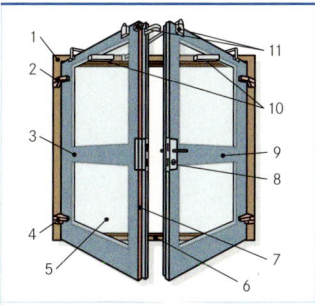

1: Außenrahmen
2: oberes Band
3: Standflügel
4: unteres Band
5: Verglasung
6: Anschlag
7: Dichtung
8: Schloss
9: Gangflügel
10: Türschließer
11: Schließfolgeregler

Benennung einer zweiflügel Rauchschutztür:
Tür DIN 18 095-RS-2

Anforderungen an Rauchschutztüren
DIN 18 095-1: 1988-10

Art der Anforderung		Beschreibung
Maximaler Luftdurchsatz durch die Tür bei einer Druckdifferenz ΔP = 50 Pa	einflügelig-Q_{de}	≤ 20 m³/h
	zweiflügelig-Q_{dz}	≤ 30 m³/h
minimale Temperaturbeständigkeit T min der Bauteile außer der Schließmittel		≥ 200 °C
Türschließeinrichtung, angetrieben	einflügelig	DIN 18 263-1
	zweiflügelig	DIN 18 263-1 + 2
Schließfolgeeinrichtung für zweiflügelige Tür		erforderlich
untere Anschläge	– in Rettungswegen	– keine
	– in sonstigen Fluren	– Flachrund h ≤ 5 mm

Türen
Doors

Bezeichnung von feuerhemmenden einflügeligen Stahltüren T30-1 Bauart A (Feuerschutztür)

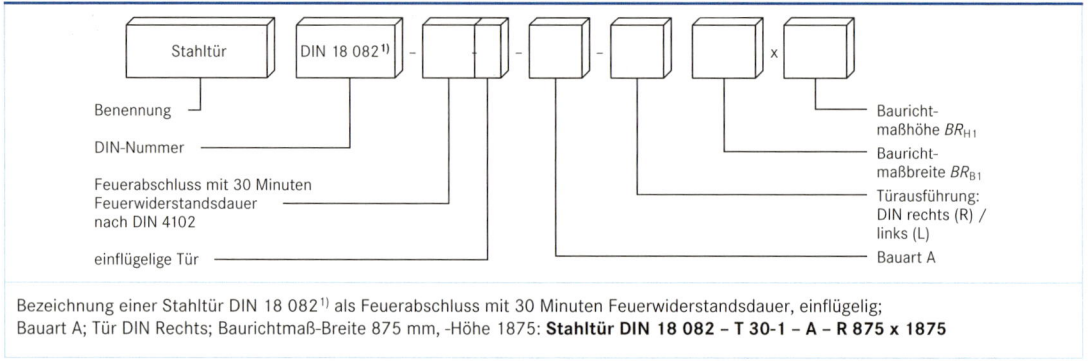

Bezeichnung einer Stahltür DIN 18 082[1)] als Feuerabschluss mit 30 Minuten Feuerwiderstandsdauer, einflügelig; Bauart A; Tür DIN Rechts; Baurichtmaß-Breite 875 mm, -Höhe 1875: **Stahltür DIN 18 082 – T 30-1 – A – R 875 x 1875**

Kennzeichnungsschilder auf feuerhemmenden einflügeligen Stahltüren T 30-1 Bauart A (Feuerschutztüren)

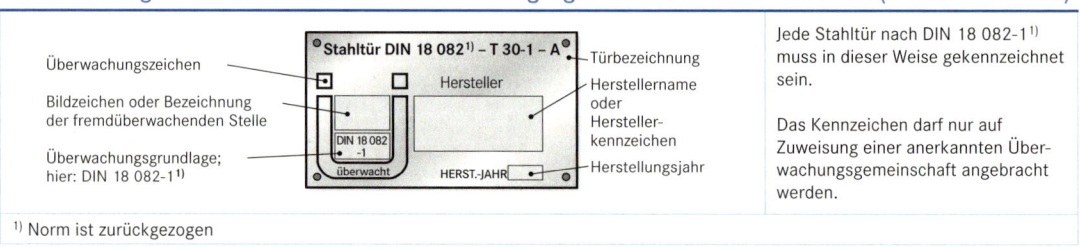

- Überwachungszeichen
- Bildzeichen oder Bezeichnung der fremdüberwachenden Stelle
- Überwachungsgrundlage; hier: DIN 18 082-1[1)]
- Türbezeichnung
- Herstellername oder Herstellerkennzeichen
- Herstellungsjahr

Jede Stahltür nach DIN 18 082-1[1)] muss in dieser Weise gekennzeichnet sein.

Das Kennzeichen darf nur auf Zuweisung einer anerkannten Überwachungsgemeinschaft angebracht werden.

[1)] Norm ist zurückgezogen

Aufbau, Bauteile und Maße von feuerhemmenden einflügeligen Stahltüren T 30-1 Bauart A (Feuerschutztüren)

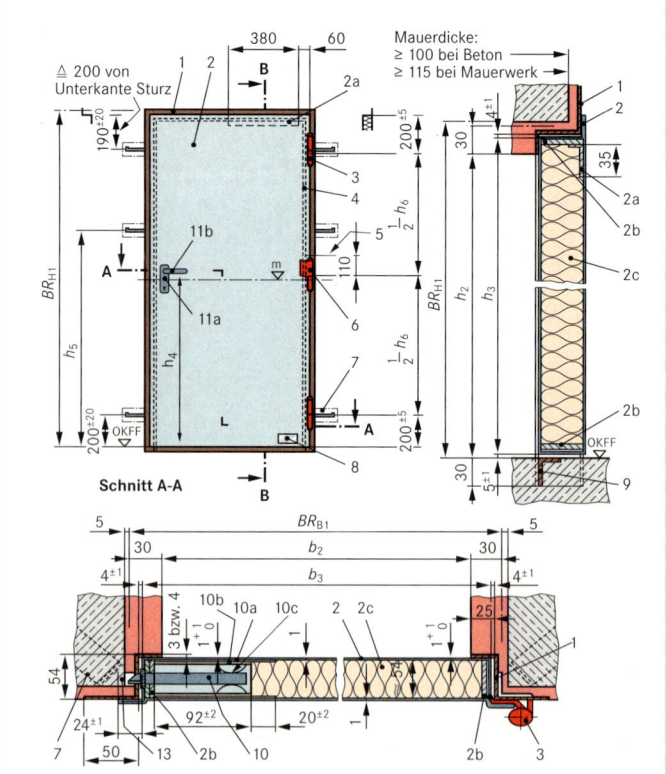

1: Außenrahmen (Zarge) aus Z-Profil 54 x 50 x 25 x 3 (4)
2: Türflügel aus Stahlblech St 1203 DIN 1623 mit t = 1 mm
2a: Verstärkungswinkel für evtl. angebauten Obentürschließer; L 35 x 15 x 3 oder L 35 x 20 x 4 mit 380 mm Länge
2b: Türflügelaussteifung z. B. aus Flachstahl FL DIN 174-S235JR-50 x 5
2c: Türflügelfüllung aus Mineralfaserplatte DIN 18 089-MFP-52
3: Konstruktionsband z. B. 180 x 14 x 4
4: Einprägung der Türangaben alternativ zum Kennzeichnungsschild bei 8
5: Lage des in die Zarge eingreifenden Sicherungszapfens
6: Federband DIN 18 262 oder DIN 18 272; möglich ist auch der Einsatz eines Obentürschließers DIN 18 263-1/2
7: Maueranker
8: Kennzeichnungsschild
9: Bodenwinkel der Türzarge L 30 x 30 x 3
10: Schloss nach DIN 18 250-1 mit Schlüssellochblende bei Buntbartschließwerk
10a: Schlosstasche aus Stahlblech t = 1 mm
10b: Schlosstaschenbekleidung aus Wärmedämmplatten
10c: Schlosshalterung
11a: Türschilder bzw. -Rosetten beidseitig nach DIN 18 273
11b: Türdrücker beidseitig nach DIN 18 273
12: Meterrissmarkierung auf beiden Zargenstielen
13: Schutzkasten aus Stahlblech

Türen / Doors

Höhenmaße von feuerhemmenden einflügeligen Stahltüren T 30-1 Bauart A (Feuerschutztür)

Baurichtmaßhöhe BR_{H1} in mm	Lichte Durchgangshöhe h_2 in mm	Türflügelmaß h_3 in mm für Zarge t = 3 mm	Türflügelmaß h_3 in mm für Zarge t = 4 mm	Drückerhöhe h_4 in mm	Höhe des mittleren Mauerankers h_5 in mm	Bandmittenabstand h_6 in mm
1250 ≤ BR_{H1} < 1750	h_2 = BR_{H1} − 30 mm	h_3 = BR_{H1} − 17 mm	h_3 = BR_{H1} − 18 mm	h_4 = 0,5 · BR_{H1} + 90 ± 20	für BR_{H1} ≤ 1500: kein mittlerer Maueranker für 1500 < BR_{H1} < 1750: direkt unter Schutzkasten	h_6 = h_3 − 400
1750 < BR_{H1} < 2000				h_4 = 1050 ± 3	h_5 = 1300 ± 20	

Breitenmaße von feuerhemmenden einflügeligen Stahltüren Bauart A (Feuerschutztür)

Baurichtmaßbreite BR_{B1} in mm	Lichte Durchgangsbreite b_2 in mm	Türflügelmaß b_3 in mm für Zargendicke t = 3 mm	Türflügelmaß b_3 in mm für Zargendicke t = 4 mm
625 ≤ BR_{B1} ≤ 1000	b_2 = BR_{B1} − 60 mm	b_3 = BR_{B1} − 24 mm	b_3 = BR_{B1} − 26 mm

Bauausführung von feuerhemmenden einflügeligen Stahltüren T 30-1 Bauart A (Feuerschutztür)

Beschläge		Schlösser	Drückergarnituren	Korrosionsschutz	Ausführung des unteren Türrandes
Bänder	Schließmittel				
2 zweiteilige Konstruktionsbänder 180 mm x 14 mm x 4 mm oder 2 dreiteilige Konstruktionsbänder 160 mm x 16 mm x 4 mm	Federband nach DIN 18 262 oder DIN 18 272-FE oder Obentürschließer nach DIN 18 263-1 oder DIN 18 263-2	Einsteckschlösser E-65-24 nach DIN 18 250-1 mit Antipanik-Stangengriff oder ohne Antipanik-Stangengriff	Beidseitige Türdrücker nach DIN 18 273	Für nach dem Zusammenbau nicht mehr zugängliche Teile: Korrosionsschutz nach DIN 18 360; für nach dem Zusammenbau zugängliche Teile: mindestens 3 Monate wirksamer Grundschutz	Variante 1: Türflügel unten ungefälzt ohne Anschlag
			Bei eindeutiger Fluchtrichtung: einseitiger Türdrücker und ein Türknauf		Variante 2: Türflügel unten ungefälzt mit Anschlag. Variante 3: Türflügel unten ungefälzt mit Z-Profil-Anschlag
Garnitur nach DIN 18 272-KO/KO	Obentürschließer nach DIN 18 263-1 oder DIN 18 263-2		Bei Nachweis der Eignung durch Funktionsprüfung: Antipanik-Stangengriffe	feuerverzinkte Bleche mit Zinkauflage 275 nach DIN 17 162-1	Variante 4: Türflügel unten gefälzt mit Z-Profil-Anschlag
Garnitur DIN 18 272-FE/KO					Variante 5: Türflügel unten mit U-Profil

Ausführungsmöglichkeiten des unteren Türrandes von feuerhemmenden einflügeligen Stahltüren T 30-1 Bauart A (Feuerschutztür)

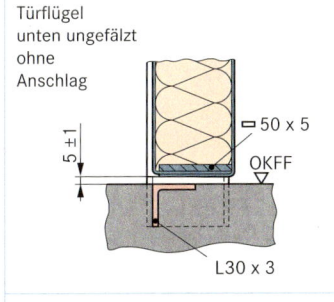

Türflügel unten ungefälzt ohne Anschlag

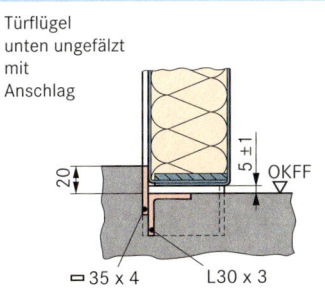

Türflügel unten ungefälzt mit Anschlag

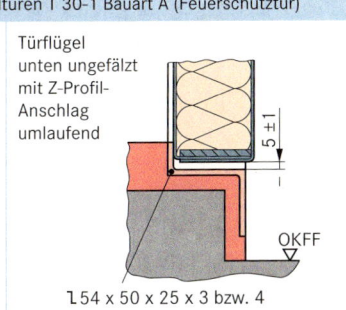

Türflügel unten ungefälzt mit Z-Profil-Anschlag umlaufend

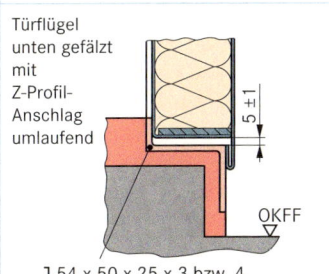

Türflügel unten gefälzt mit Z-Profil-Anschlag umlaufend

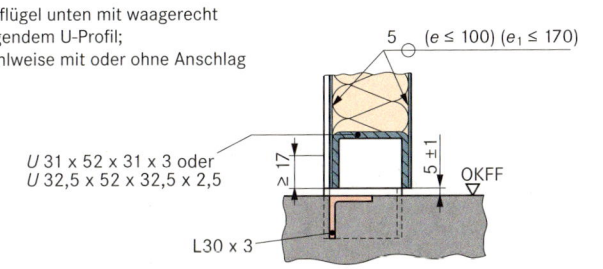

Türflügel unten mit waagerecht liegendem U-Profil; wahlweise mit oder ohne Anschlag

U 31 x 52 x 31 x 3 oder
U 32,5 x 52 x 32,5 x 2,5

(e ≤ 100) (e_1 ≤ 170)

Türen
Doors

Anschweißbänder aus gezogenem Profilstahl für Stahltüren

Ausführung mit Rundkopf

Benennung der Einzelteile	Größe	Konstruktionsmaße in mm		
		a	b	d
1: obere Anschweißnase	1	60	10	6
2: Messinglaufring	2	80	13	8
3: untere Anschweißnase	3	100	16	10
4: Bandzapfen ausgeführt als:	4	120	16	11
– fester Stahl- oder Messigstift	5	140	20	12
	6	160	20	12
– loser Messingstift	7	180	20	14

Ausführung mit Flachkopf

Benennung der Einzelteile	Größe	Konstruktionsmaße in mm		
		a	b	d
1: obere Anschweißnase	1	45	9	5
2: Messinglaufring	2	60	10	5,5
	3	80	13	7
3: untere Anschweißnase	4	100	16	9
	5	120	16	9
4: Bandzapfen ausgeführt als fester Stahlstift	6	140	20	11
	7	160	20	12
	8	180	23	13

Konstruktionsbänder aus blankem oder verzinktem Stahl für Stahltüren

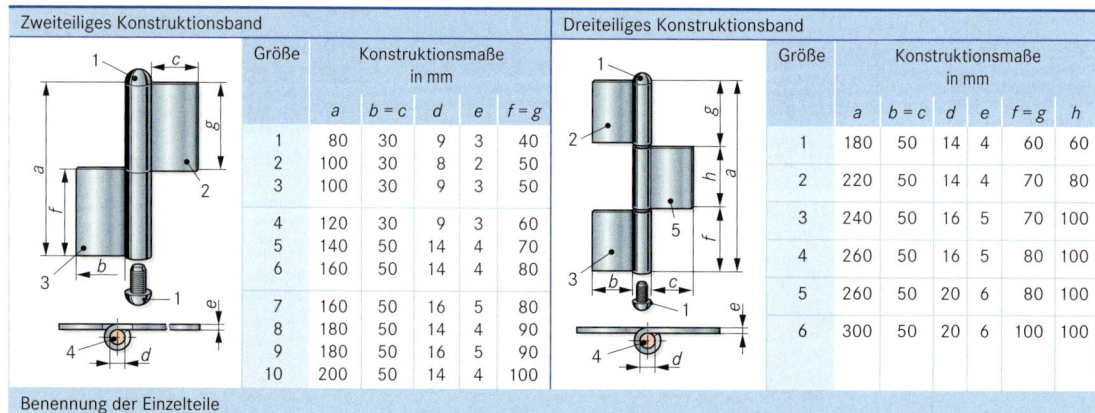

Zweiteiliges Konstruktionsband

Größe	Konstruktionsmaße in mm				
	a	b = c	d	e	f = g
1	80	30	9	3	40
2	100	30	8	2	50
3	100	30	9	3	50
4	120	30	9	3	60
5	140	50	14	4	70
6	160	50	14	4	80
7	160	50	16	5	80
8	180	50	14	4	90
9	180	50	16	5	90
10	200	50	14	4	100

Dreiteiliges Konstruktionsband

Größe	Konstruktionsmaße in mm					
	a	b = c	d	e	f = g	h
1	180	50	14	4	60	60
2	220	50	14	4	70	80
3	240	50	16	5	70	100
4	260	50	16	5	80	100
5	260	50	20	6	80	100
6	300	50	20	6	100	100

Benennung der Einzelteile

1: Knopf, gerillt zum Einschlagen;
2: Oberer Bandlappen;
3: unterer Bandlappen;
4: Bandzapfen ausgeführt als loser, verzinkter Stift;
5: mittlerer Bandlappen

Bandrollen aus blankem Stahl für Stahltüren und Tore

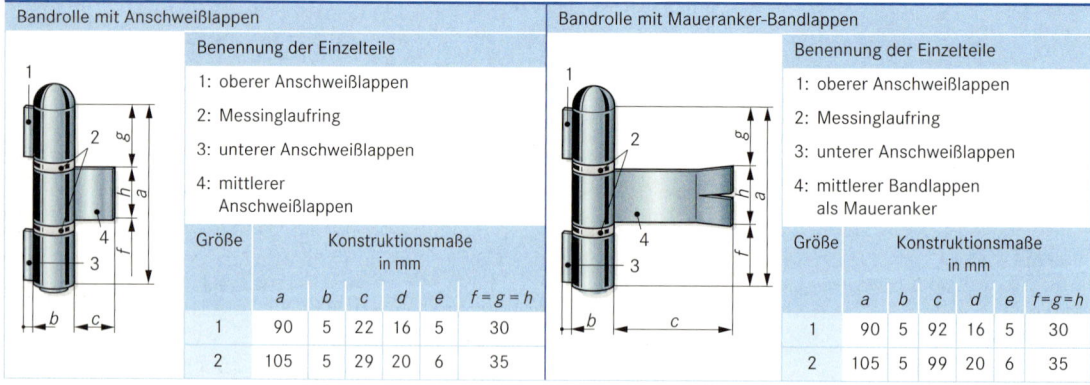

Bandrolle mit Anschweißlappen

Benennung der Einzelteile:
1: oberer Anschweißlappen
2: Messinglaufring
3: unterer Anschweißlappen
4: mittlerer Anschweißlappen

Größe	Konstruktionsmaße in mm				
	a	b	c	d	e	f = g = h
1	90	5	22	16	5	30
2	105	5	29	20	6	35

Bandrolle mit Maueranker-Bandlappen

Benennung der Einzelteile:
1: oberer Anschweißlappen
2: Messinglaufring
3: unterer Anschweißlappen
4: mittlerer Bandlappen als Maueranker

Größe	Konstruktionsmaße in mm				
	a	b	c	d	e	f = g = h
1	90	5	92	16	5	30
2	105	5	99	20	6	35

Türen
Doors

Konstruktionsbänder für feuerhemmende einflügelige Stahltüren T 30-1 Bauart A (Feuerschutztüren)

Konstruktionsband	DIN 18 272: 1987-08	Konstruktionsband KO	

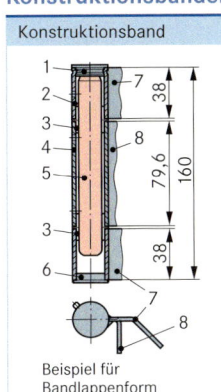

Beispiel für Bandlappenform

Benennung der Einzelteile
1: Knopf Ø 25 x 20
2: Rahmenanschlussteil
3: Lagerbuchse
4: Türblattanschlussteil
5: Hülse Ø 17 x 1,25 x 135
6: Abdeckkopf Ø 25 x 10
7: Bandlappen zum Anschluss an den Rahmen (Zarge)
8: Bandlappen zum Anschluss an das Türblatt

Bezeichnung eines Konstruktionsbandes:
Konstruktionsband DIN 18 272-KO

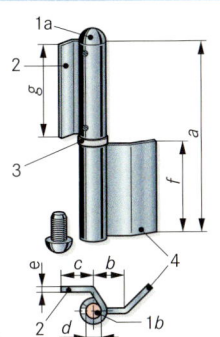

Benennung der Einzelteile
1a: Knopf; 1b: Stift
2: Bandlappen zum Anschluss an das Türblatt
3: gehärteter Kugellagerring
4: Bandlappen zum Anschluss an die Zarge

Konstrukionsmaße in mm

a	b	c	d	e	f	g
180	30	29,5	14	4	90	90

Herstellerbezeichnung:
KO5-F/13

Federbänder für feuerhemmende einflügelige Stahltüren T 30-1 Bauart A (Feuerschutztüren)

Federbänder	DIN 18 272: 1987-08	Einstellbare nicht tragende Federbänder	DIN 18 262: 1969-05

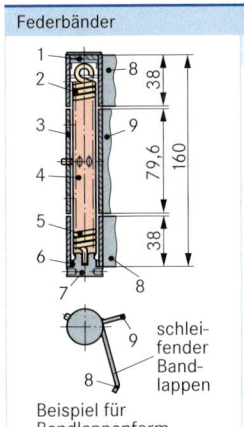

Beispiel für Bandlappenform

Benennung der Einzelteile
1: Federband-Rastknopf Ø 25 x 22
2: Rahmenanschlussteil
3: Türblattanschlussteil
4: Federrohr Ø 19 x 1,25 x 133
5: zylindrische Schraubendrehfeder
6: Spannkopfring
7: Spannkopf (mit mindestens 6 Bohrungen) Ø 25 x 21
8: Bandlappen zum Anschluss an das Türblatt
9: schleifender Bandlappen zum Anschluss an den Rahmen (Zarge)

Bezeichnung eines Federbandes
Federband DIN 18 272-FE

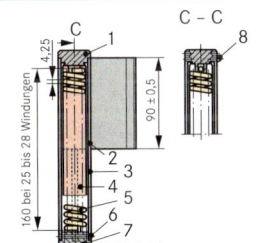
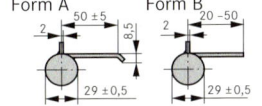

Benennung der Einzelteile
1: Oberknopf
2: Federbandlappen-oberteil
3: Federbandlappen-unterteil
4: Hülse/Rohr
5: Feder
6: Stift/Halbrundniet
7: Unterknopf
8: Stellstift

Bezeichnung eines einstellbaren nicht tragenden Federbandes
Form **B**; DIN **l**inks:
Federband DIN 18 262-BL

Garnituren von Federbändern und Konstruktionsbändern an Feuerschutztüren

FE/KO-Garnitur	FE/KO-Garnitur	KO/KO-Garnitur	KO/FE/KO-Garnitur
Konstruktionsband DIN 18 272	Federband DIN 18 272	Obentürschließer DIN 18 263-1/2	Konstruktionsband z. B. K05-F/13 — Federband DIN 18 272
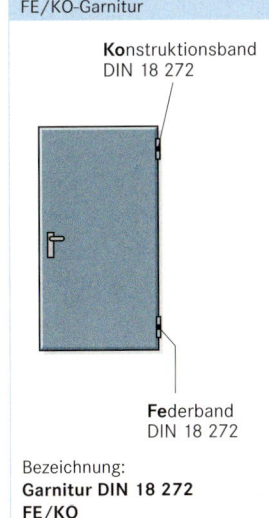	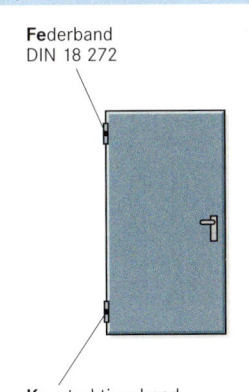	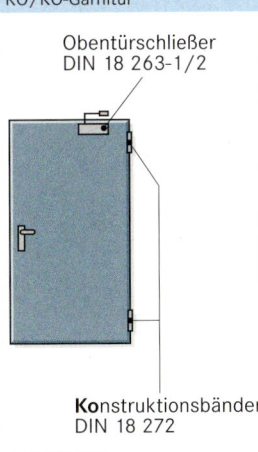	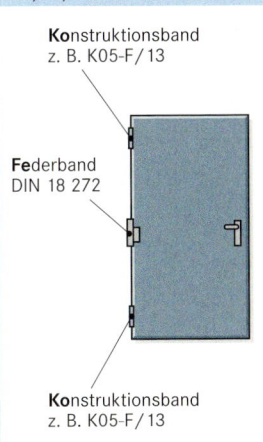
Federband DIN 18 272	Konstruktionsband DIN 18 272	Konstruktionsbänder DIN 18 272	Konstruktionsband z. B. K05-F/13
Bezeichnung: **Garnitur DIN 18 272 FE/KO**	Bezeichnung: **Garnitur DIN 18 272 FE/KO**	Bezeichnung: **Garnitur DIN 18 272 KO/KO**	

Türen und Tore

Türen / Doors

Hydraulisch gedämpfte Obentürschließer mit Kurbeltrieb und Spiralfeder
DIN 18 263-1: 1997-05

Aufbau und Bezeichnung

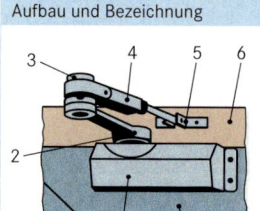

1: Obentürschließer
2: Antriebsarm
3: Verbindungsgelenk
4: Verstellbarer Hebelarm zur Türanschlageinstellung
5: Hebelarmbefestigung
6: Zarge
7: Flügelrahmen

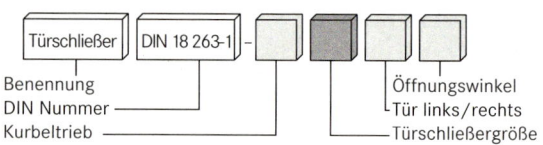

Bezeichnung eines hydraulisch gedämpften Obentürschließers mit Kurbeltrieb Größe 4, Tür DIN links; 90° Öffnungswinkel
Türschließer DIN 18 263-1 – K 4 L 90

Einsatzbereiche und Maße

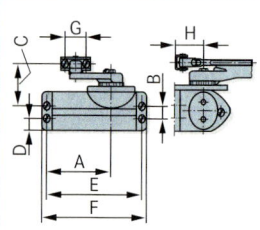

Gegebene Türflügelbreite b in mm		erforderliche Türschließergröße	Konstruktionsmaße für Obentürschließer eines bestimmten Herstellers in mm						
Feuer- und Rauchschutztüren	sonstige Türen (nicht Norminhalt)		A	B	C	D	E	F	G	H
–	$b \leq 900$	2	112,5	16	54	11	163	178	36	40,5
$b \leq 905$	$900 < b \leq 1050$	3	112,5	16	54	11	163	178	36	40,5
$905 < b \leq 1125$	$1050 < b \leq 1250$	4	110,5	16	54	16	163	178	36	44
$1125 < b \leq 1280$	$1250 < b \leq 1400$	5	133	16	54	30	193	210	36	50

Türschließmittel mit kontrolliertem Schließablauf
DIN EN 1154: 2003-04

Bezeichnung

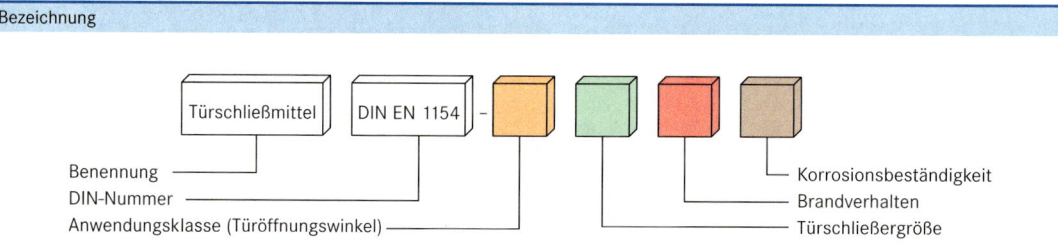

Bezeichnung eines Gleitschienen-Türschließers, Anwendungsklasse 3 (Türöffnungswinkel maximal 105°); Türschließergröße 5; für eine Feuerschutztür; hoch korrosionsbeständig: **Gleitschienentürschließer DIN EN 1154-3 5 1 3**

Anwendungsklassen		Türschließergröße			Anwendungsklassen		Korrosionsbeständigkeit	
Klassennummer	Beschreibung	Türschließernummer	Türflügelmasse m in kg	Türflügelbeite b in mm	Kennziffer	Beschreibung	Kennziffer	Korrosionsbeständigkeit
1	nicht belegt	1	$m \leq 20$	$b \leq 750$	0	ungeeignet für Rauch- und Feuerschutztüren	0	keine Aussage
2		2	$20 < m \leq 40$	$750 < b \leq 850$			1	gering
3	für Türöffnungswinkel bis 105°	3	$40 < m \leq 60$	$850 < b \leq 950$			2	mittel
		4	$60 < m \leq 80$	$950 < b \leq 1100$	1	geeignet für Rauch- und Feuerschutztüren		
4	für Türöffnungswinkel bis 180°	5	$80 < m \leq 100$	$1100 < b \leq 1250$			3	hoch
		6	$100 < m \leq 120$	$1250 < b \leq 1400$			4	sehr hoch
		7	$120 < m \leq 160$	$1400 < b \leq 1600$				

Aufbau und Maße

Gleitschienentürschließer Größe 2–5

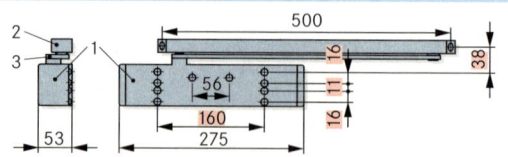

1: Antriebseinheit
2: Gleitschiene
3: Antriebshebel

Die mit ▇ unterlegten Maße sind durch die Norm festgelegt.

Beschläge
Building hardware

Türdrücker für Rahmentüren – Maße

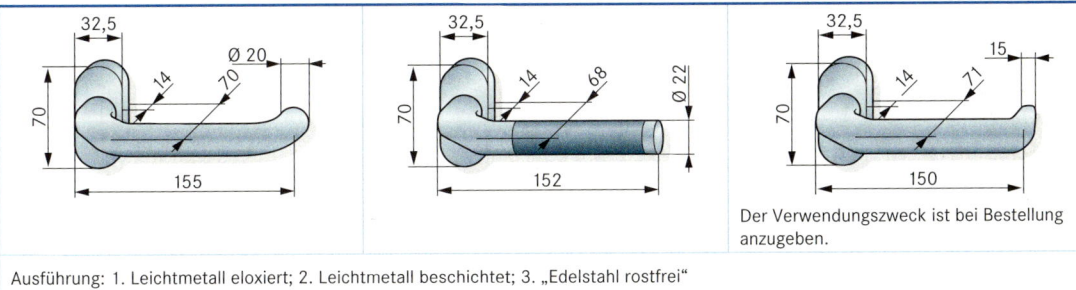

Der Verwendungszweck ist bei Bestellung anzugeben.

Ausführung: 1. Leichtmetall eloxiert; 2. Leichtmetall beschichtet; 3. „Edelstahl rostfrei"

Türknaufe – Maße

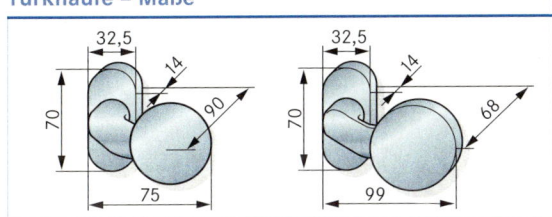

Die Knaufe sind feststehend oder drehbar erhältlich.
Ausführung: 1. Aluminium eloxiert; 2. „Edelstahl rostfrei".

Rosetten – Maße

Rosettendicke a in mm
6
9
14

Ausführung oval oder eckig: 1. Aluminium eloxiert;
2. farbig beschichtet; 3. „Edelstahl rostfrei"; 4. Messing

Garnituren

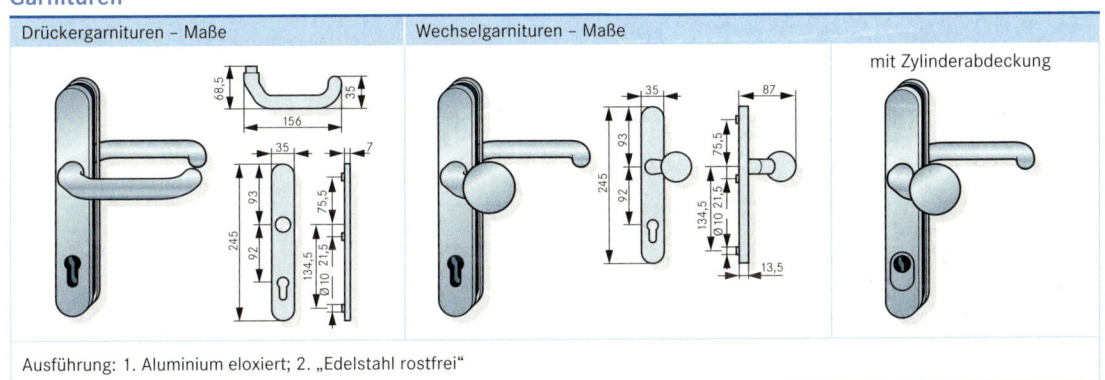

Ausführung: 1. Aluminium eloxiert; 2. „Edelstahl rostfrei"

Geschmiedete Beschläge

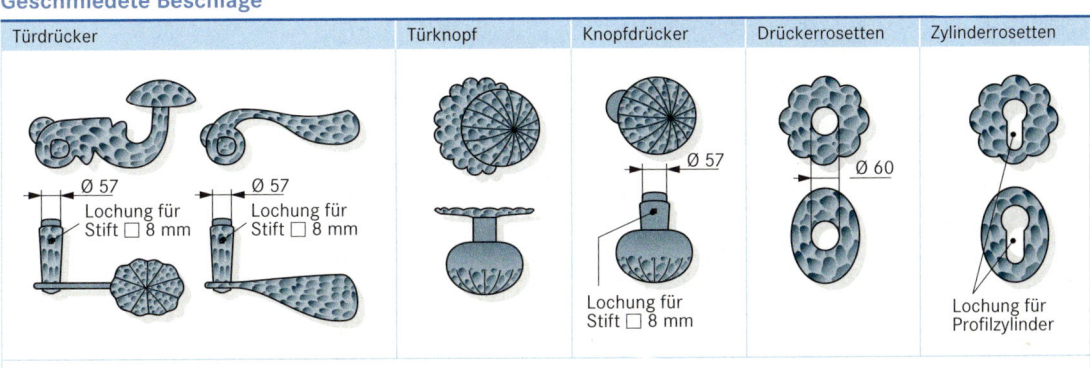

Alle Beschläge korrosionsgeschützt und für Einsatz im Außenbereich geeignet.

Türen und Tore

Tore
Gates

Aufbau von Drehflügeltoren

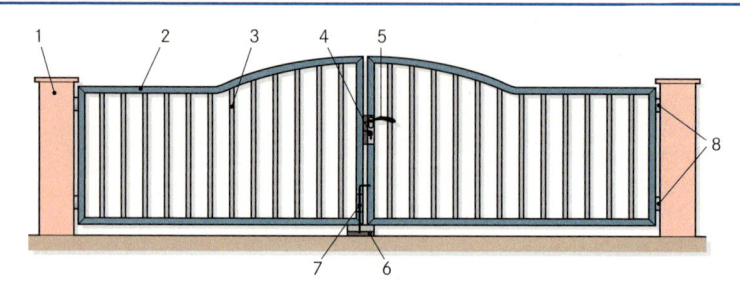

1: Torpfosten
2: Torrahmen
3: Rahmenfüllung
4: Rahmeneinsteckschloss
5: Drückergarnitur
6: Toranschlagstütze (Auflaufkloben)
7: Bodenverriegelung
8: Bänder

Verstellbare Torbänder zum Anschweißen

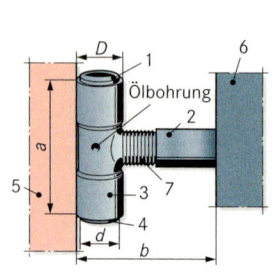

1: obere Anschweißhülse
2: verstellbare Anschweißhülse
3: untere Anschweißhülse
4: Bandzapfen
5: Torpfosten
6: Torrahmen
7: Verstellgewinde

Größe	Konstruktionsmaße in mm			
	a	b	c	d
1	90	52…92	12	22
2	90	52…92	15	25
3	98	55…95	20	33

Verstellbare Torbänder mit Augenschraube

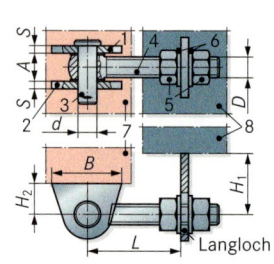

1: obere Pfostenanschlusslasche
2: untere Pfostenanschlusslasche
3: Bolzen mit Splintloch
4: Augenschraube
5: Befestigungsmuttern
6: Scheiben
7: Torpfosten
8: Torrahmen

Größe	Konstruktionsmaße in mm						
	A	B	d	D	H_1	H_2	L	S
1	22	44	12	12	25	40…59	34…80	6
2	26	55	16	16	28	54…68	25…93	6
3	31	80	18	20	34	87…107	35…100	7
4	33	80	22	24	34	89…109	40…112	7

Torfeststeller

Konstruktionen für Tore bis 100 kg Torflügelmasse

senkrechte Befestigung   waagerechte Befestigung

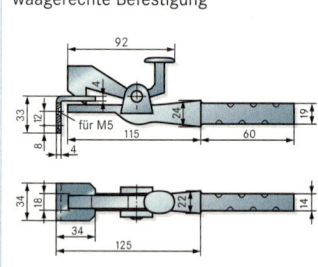

Konstruktionen für Tore bis 150 kg Torflügelmasse

senkrechte Befestigung   waagerechte Befestigung

Toranschlagstützen (Torauflaufkloben / Mönch)

Feststehende Konstruktionen

ohne Lochung   mit Lochung

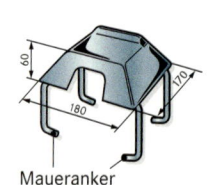
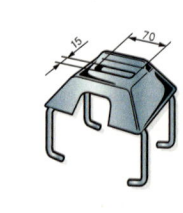

Maueranker

Versenkbare Konstruktion

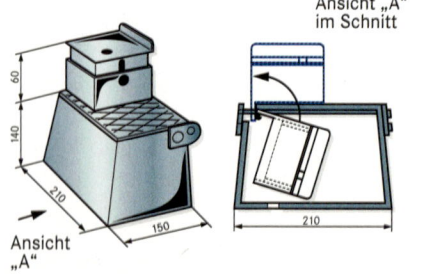

Ansicht „A"
Ansicht „A" im Schnitt

Türen und Tore

Tore / Gates

Freitragende Schiebetore

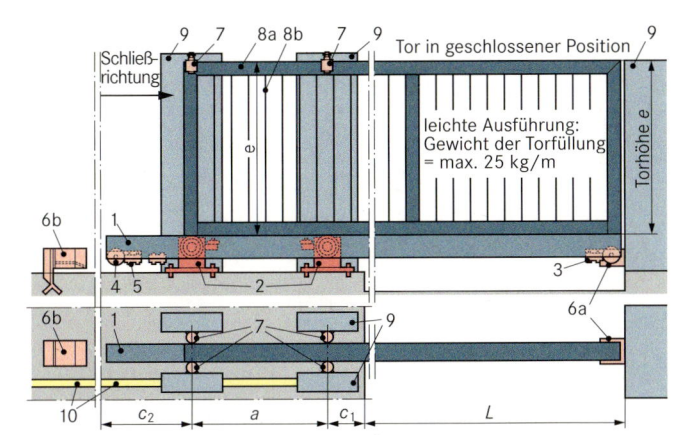

1: Am Tor befestigte Laufschiene
2: Rollenapparat mit Längsrolle und Querrolle
3: Auflaufrolle mit Schienenendkappe und Schienenstopper für geschlossenes Tor
4: Auflaufrolle mit Schienenendkappe für geöffnetes Tor
5: verstellbare Schienenstopper
6a: Torfangstück für geschlossenes Tor
6b: Torfangstück für offenes Tor
7: obere Führungsrollen, beidseitig
8a: Torrahmen
8b: Torrahmenfüllung
9: Torpfosten
10: Zaun/Grundstückeinfriedung
a: Verankerungsabstand
c_1, c_2: Randabstände
e: Torhöhe
L: lichte Torweite

Tormaße und Torbauteile

Laufschienenprofilnummer	Toraufbau	Lichte Torweite L in mm	Abstandsmaße in mm			Rohrprofile für Schiebetorrahmen					
						Torhöhe $e \leq 1600$ mm			Torhöhe $e \leq 2200$ mm		
			a	c_1	c_2	$O; E$ in mm	U in mm	F in mm	$O; E$ in mm	U in mm	F in mm
1	Obergurt O — Endstab E / Füllstab F — Untergurt U	2500	550	325	325	60 x 60 x 3,6			60 x 60 x 3,6		
		3000	850			60 x 60 x 3,6			60 x 60 x 3,6		
		4000	1350			70 x 70 x 4			70 x 70 x 4		
		5000	2350			70 x 70 x 4			80 x 80 x 3,6		
2		4000	700	307	493	70 x 70 x 4			70 x 70 x 4		
		5000	1200			70 x 70 x 4			80 x 80 x 3,6		
		6000	1700			80 x 80 x 3,6			90 x 90 x 4		
		7000	2700			90 x 90 x 4			100 x 100 x 4		100 x 80 x 4
3		7000	1700	344	456	90 x 90 x 4			100 x 100 x 4		100 x 80 x 4
		8000	2200			100 x 100 x 4		100 x 80 x 4	120 x 100 x 4		120 x 80 x 4
	Füllstab	9000	3200			120 x 100 x 4 Profil flach liegend		100 x 100 x 4	120 x 120 x 4		120 x 100 x 4
		10000	4200								

Zur Verringerung der Durchbiegung sind die gestrichelten Diagonalstäbe einsetzbar.

Laufschienen für freitragende Schiebetore

Lichte Torweite L in m	Profilnummer	Profilmaße in mm		
		H	B	Z
$L \leq 3{,}0$	1	60	65	18
$2{,}75 \leq L \leq 5{,}0$	2	110	90	25
$5{,}0 \leq L \leq 8{,}5$	3	140	125	32

Rollenapparate
1: Längsrollen, beidseitig
2: Querrolle
3: Halterung

Einbausituation der oberen Führungsrollen
1: oberes Torrahmenprofil; 2: obere Führungsrolle; 3: Führungsrollenhalter; 4: Befestigungswinkel; 5: Toraufnahmewand

Weitere Angaben z. B. zu den Rahmenprofilen, Rollenabmessungen etc. sind den Herstellerkatalogen zu entnehmen.

Schlösser
Locks

Schlossarten nach Einbauart und Verwendung

Einsteckschloss	Kastenschloss	Treibriegelschloss	Vorhängeschloss

Aufbau und Bauteile von Schlössern

Buntbartschloss ohne Wechsel	Chubbschloss mit Wechsel	Zylinderschloss mit Wechsel
	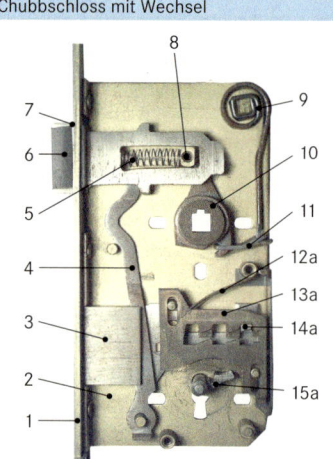	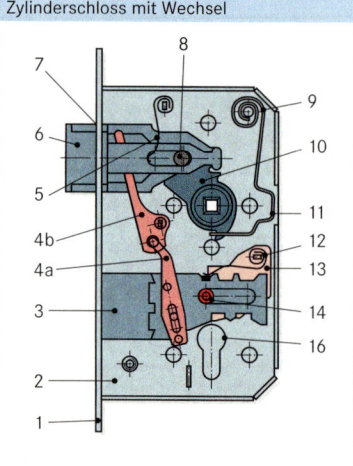

1: Stulp
2: Schlossboden
3: Riegel
4: Wechsel
4a: Wechseldruckstück
4b: Wechselhebel
5: Fallenfeder
6: Falle
7: Fallenführung im Stulp
8: Fallenführung durch Bolzen
9: Nussfeder
10: Nuss
11: Nussfederbrücke
12: Zuhaltungsfeder
12a: Zuhaltungsfedern für Chubbzuhaltungen
13: Bügelzuhaltung
13a: Chubbzuhaltung
14: Riegelführungsstift
14a: Tourstift
15: Buntbartschlüssel
15a: Chubbschlüssel
16: Öffnung für Profilzylinder

Funktion des Schließwerks

Buntbartschloss (eintourig)	Chubbschloss (zweitourig)	Zylinderschloss
Riegel gesperrt	Riegel gesperrt	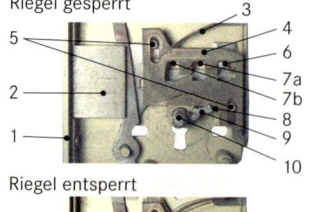
		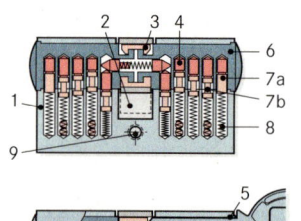
Riegel entsperrt	Riegel entsperrt	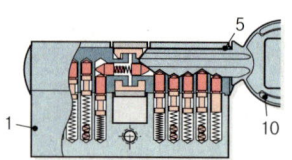

1: Stulp; 2: Riegel; 3: Zuhaltungsfeder; 4: Zuhaltungsbügel; 5: Rasthaken; 6: Raste; 7: Riegelführungsstift; 8: Riegeleingriffe; 9: Schlüsselbart; 10: Schlüsseldorn

1: Stulp; 2: Riegel; 3: Zuhaltungsfedern; 4: Chubb-Zuhaltungsbleche (3 Zuhaltungen); 5: Lagerbolzen; 6: Tourstift; 7a: Zuhaltungsraste für 1. Tour; 7b: Zuhaltungsraste für 2. Tour; 8: Riegeleingriff; 9: Schlüsselbart; 10: Schlüsseldorn

1: Zylindergehäuse; 2: Schließbart; 3: Kupplung; 4: Kernstift; 5: Schlüsselkanal; 6: Zylinderkern; 7a: Gehäusestift; 7b: Gehäuse(Taumel-)stift; 8: Gehäusefeder; 9: Stulpschraubengewindebohrung; 10: Schlüssel

Schlösser
Locks

Buntbartschlüssel

Schweifungsnummer, Bart, Reide, Dorn (Halm)

Maße: 100, 13, Ø7, 16,5, 10

Schweifungen in Schlüssellochansicht

(1) (2) (3) (4) (5) (6) (7) (8) (9) (10)

Chubbschlüssel

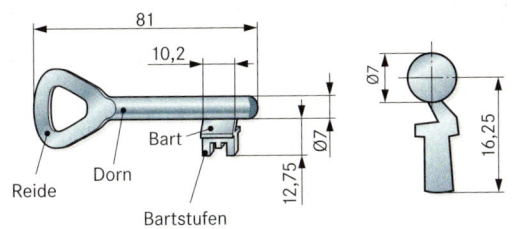

Reide, Bart, Dorn, Bartstufen

Maße: 81, 10,2, Ø7, 12,75, 16,25

Schweifungen in Schlüssellochansicht

(21) (22) (23) (24) (25) (26) (27)

Schließungen

B C D E F

Sonderbauformen von Zylinderschlössern

Wendeschlüsselsystem mit radialer Anordnung der Stiftzuhaltungen

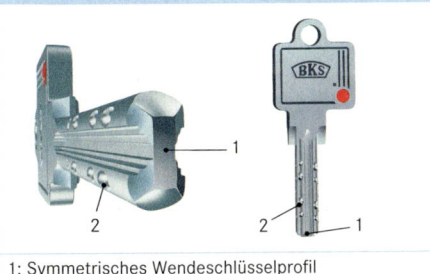

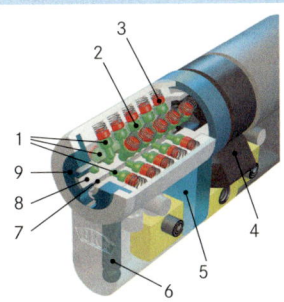

1: Symmetrisches Wendeschlüsselprofil
2: Bohrungen für Stiftzuhaltungen

1: 4 radial angeordnete Zuhaltungsreihen
2: Zuhaltungsstifte, jeweils 5 pro Reihe
3: Gehäusestifte mit Federn
4: Schließbart
5: Zylindergehäuse
6: Bohrschutzstift
7: Schlüsselkanal mit symmetrischer Profilierung
8: Zylinderkern
9: Kernschutzscheibe/Bohr-/Ziehschutz

Elektronische Schließsysteme

Schlüsselbetätigte Systeme

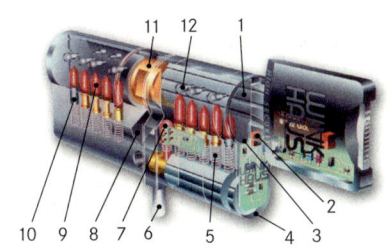

Schließberechtigungen können durch Programmierung des Schlüsselchips und des Zylinderchips vergeben oder entzogen werden.
Nachteil: Energieversorgung des Zylinders

1: Zylinderkern;
2: Schlüssel mit mechanischer und elektronischer Schließfunktion
3: Aufbohrschutz
4: Zylindergehäuse
5: Gehäuse-Stiftfeder
6: Energie- und Datenübertragungskabel
7: Elektronisch angesteuerter Zuhaltungsstift
8: Schließbart
9: Kernstift
10: Gehäusestift
11: Kupplung
12: Seitliche Profilkontrollstifte

Codewort- bzw. kartenbetätigte Systeme

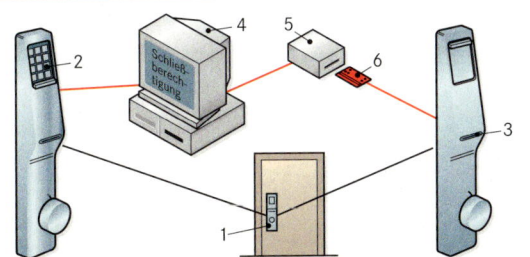

Rechnergestützte Vergabe von Schließberechtigungen; keine Gefahr des Schlüsselverlustes; Nachteil: Energieversorgung, große Anfangsinvestitionen

1: Elektronisches Schließsystem mit Eingabetastatur bzw. Kartenleseeinrichtung
2: Eingabetastatur
3: Kartenleseeinrichtung
4: Zentralrechner mit Schließberechtigungen
5: Codiergerät
6: Zugangskarte

Türen und Tore

Schlösser
Locks

Einsteckschlösser

DIN 18 251-1: 2002-07, DIN 18 251-2: 2002-11

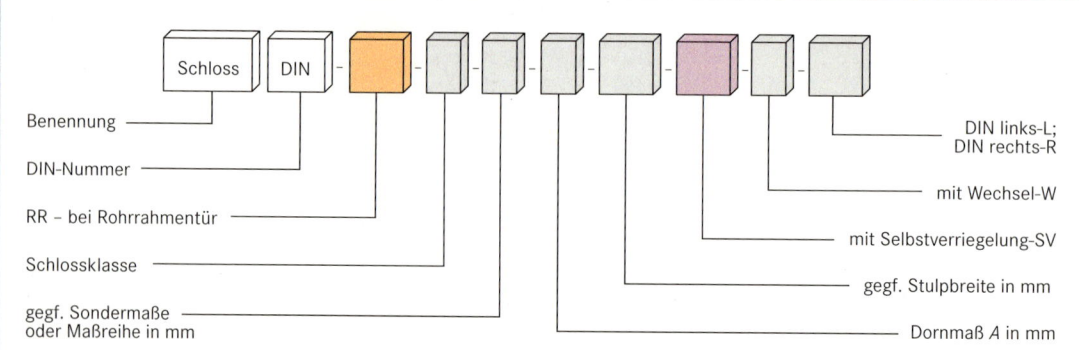

Schließwerk	Kurzzeichen
Buntbartschloss	BB
Zuhaltungsschloss (Chubbschloss)	ZH
Zylinderschloss, vorgerichtet für Profilzylinder	PZ

Bezeichnung eines Einsteckschlosses für eine gefälzte Tür mit Buntbartschloss; Schlossklasse 3; Dornmaß 55 mm; Stulpbreite 20 mm; mit Wechsel; Schloss DIN links: **Schloss DIN 18 251 – 1 – BB – 3 – 55 – 20 – W – L**

Bezeichnung für ein Einsteckschloss für eine Rohrrahmentür mit Profilzylinderschloss; Schlossklasse 4; Maßreihe 244/102; Dornmaß 40 mm; mit Wechsel; Schloss DIN links: **Schloss DIN 18 251 – 2 – PZ – 4 – 244/102 – 40 – W – L**

Schlossklassen

Klasse	Türgewicht m' in kg/m²	Beanspruchung	Verwendung	Bezeichnung
1	$m' \leq 20$	gering	für leichte Innentüren	leichtes Innentürschloss
2	$20 < m' \leq 25$	üblich	für Innentüren mit erhöhten Anforderungen	Innentürschloss
3	$25 < m' \leq 30$	mittel	für Wohnungsabschlusstüren	Haustürschloss
4/5	$m' > 30$	hoch	für erhöhte Einbruchhemmung und hohe Nutzerfrequenz	

Maße für Einsteckschlösser für gefälzte Türen

DIN 18 251-1: 2002-07

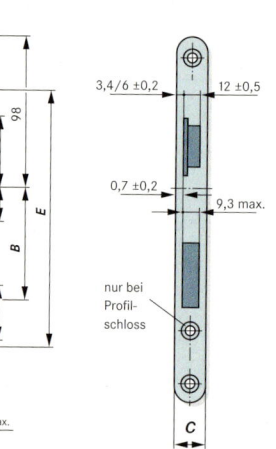

Maßbezeichnung	Maße in mm			
	Schlossklasse			
	1	2	3	4/5
Dornmaß A	55	55[1]	55; 60; 65 70; 80; 100	
Entfernung B	72	72	72	78
Stulpbreite C	20 Sonderstulp: 24 hierfür gelten die Zusatzmaße/280/6			
Drückerstiftöffnung D	☐ 8,1	☐ 8,1	☐ 8,1	☐ 9,1
Kastenhöhe E	$E \leq 165$	$E \leq 165$	$E = 165$	$E = 165$

[1] Andere Maße für A und F sind bei Bestellung zu vereinbaren.

Schlösser
Locks

Einsteckschlösser für Rohrrahmentüren

DIN 18 251-2: 2002-11

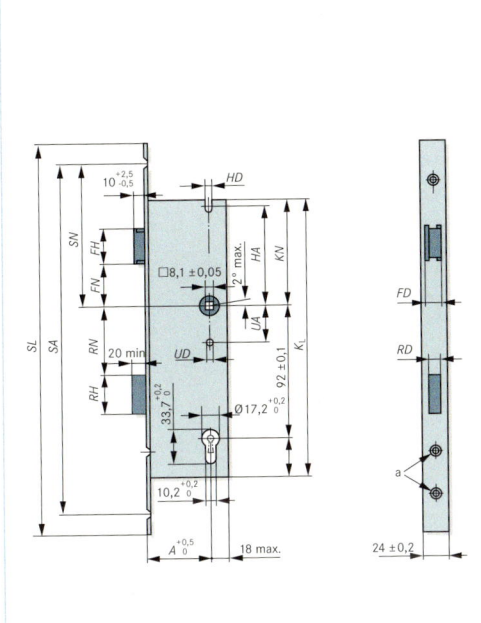

Maß-Kurz-zeichen	Schlossmaße Maßreihe						
	224/130	224/102	221/82	221/81	221/76	220/80	220/85	215/77
SA	244	244	221	221	221	220	220	215
SN	102,5	102,5	81	81	76	80	85	77,5
SL	207	207	245	245	245	244	240	235
KD	18	17	17	16	15,5	16,5	15,5	16
KL	200	195	190	190	178	194	180	186
KN	80,5	75	65,5	65,5	55	67	58	63
FD	14	12	13,5	11,5	13	14	12	13
FH	32	35,5	34	33	31	30	31	33
FN	28	27	18,5	14	7	13	16,5	10,5
RD	8	8	8	8	8	8	8,5	10
RH	35	35	35	35	36	35	35	38
RN	38,5	39	47	48	44	48	49	44,5
HD	9	7	7	8,5	7,5	8	6,5	7
HA	≥85	≥70	≥68,5	≥70	≥45	≥65	≥46	≥67
(HD) (HA)	– –	7 55	7 46 bis 55	8,5 46 bis 55	– –	8 46 bis 55	– –	6,2 44,1 bis 48,9
UD UA	9,5 21,5	7 21,5 bis 25	7 20,5 bis 25	8,5 21 bis 25	7,5 20,75 bis 25	8 21 bis 25	8,5 21 bis 25	7 21,75
A				25, 30, 35, 40, 45				

Rollenfallen-Einsteckschlösser

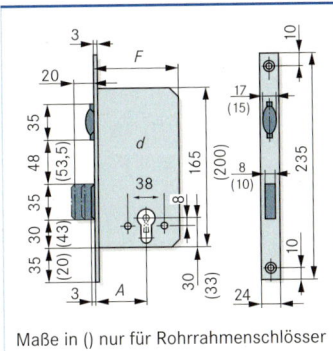

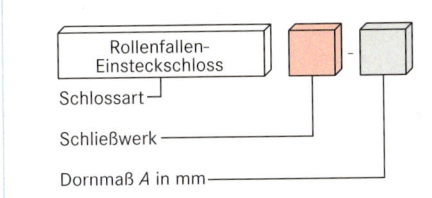

Bezeichnung eines Rollenfalleneinsteckschlosses: mit Profilzylinder-Schließwerk und Dornmaß A = 55 mm

Rollenfallen-Einsteckschloss PZ – 55

Maße in ( ) nur für Rohrrahmenschlösser

Maße													
Dornmaß A in mm	18	20	22	25	27	30	35	40	45	50	55	60	65	70	80
Kastenbreite F in mm	34	36	38	41	43	46	51	56	61	66	85	90	95	100	110
Kastendicke d in mm	19 für Rohrrahmen							14 für Türrahmen							

Hakenfallen-Einsteckschlösser

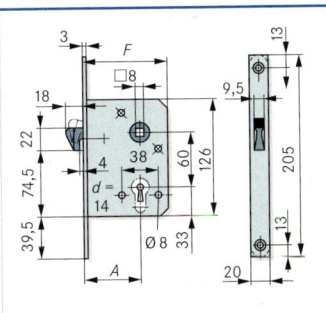

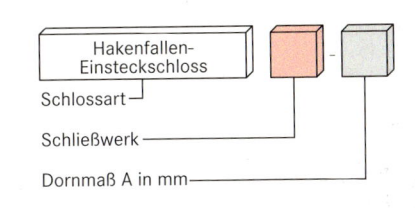

Bezeichnung eines Hakenfallen-Einsteckschlosses mit Buntbartschließwerk und Dornmaß A = 60 mm

Hakenfallen-Einsteckschloss BB – 60

Maße						
Dornmaß A in mm	50	55	60	65	70	80
Kastenbreite F in mm	82,5	87,5	92,5	97,5	102,5	112,5

Türen und Tore

Schlösser / Locks

Schließzylinder für Türschlösser

DIN 18 252: 2006-12

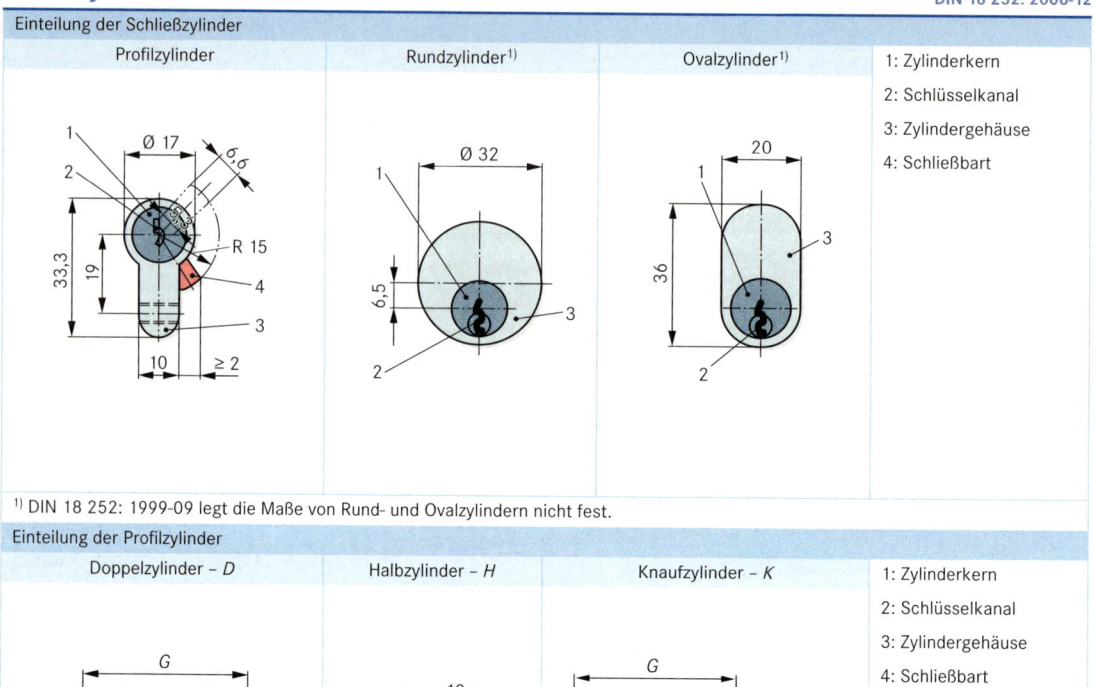

[1)] DIN 18 252: 1999-09 legt die Maße von Rund- und Ovalzylindern nicht fest.

Längenmaße von Profildoppelzylindern

Zuordnung der Zylinderlängen	Außenlängen A in mm	Längenbezeichnung des Doppelzylinders – Innenlängen B in mm						
		27	31	35	40	45	50	55	60
innen – außen, Drücker, Knauf, Profil-Doppelzylinder, Beschlag, Stulpschraube	27	27/27							
	31	31/27	31/31						
	35	35/27	35/31	35/35					
	40	40/27	40/31	40/35	40/40				
	45	45/27	45/31	45/35	45/40	45/45			
	50	50/27	50/31	50/35	50/40	50/45	50/50		
Die Längen A, B werden gemessen von Mitte Stulpschraubenbohrung bzw. mit Messschlüssel ermittelt.	55	55/27	55/31	55/35	55/40	55/45	55/50	55/55	
	60	60/27	60/31	60/35	60/40	60/45	60/50	60/55	60/60

Weitere Profilzylinderlängen sind in 5 mm-Sprüngen lieferbar.
Der Profilzylinder darf maximal 3 mm vor dem Beschlag stehen.

Längenmaße von Profil-Halbzylindern		Längenmaße von Profil-Knaufzylindern											
Außenlängen A in mm		Außenlängen A in mm	27	31	31	31	35	35	35	40	40	40	45	45
27 31 35 40 45 50	Weitere Längen in 5 mm-Sprüngen lieferbar	Innenlängen B in mm (Knauflängen)	27	27	31	35	27	31	35	27	31	35	40	40	45

Schlösser
Locks

Schließzylinder für Türschlösser
DIN 18 252: 2006-12

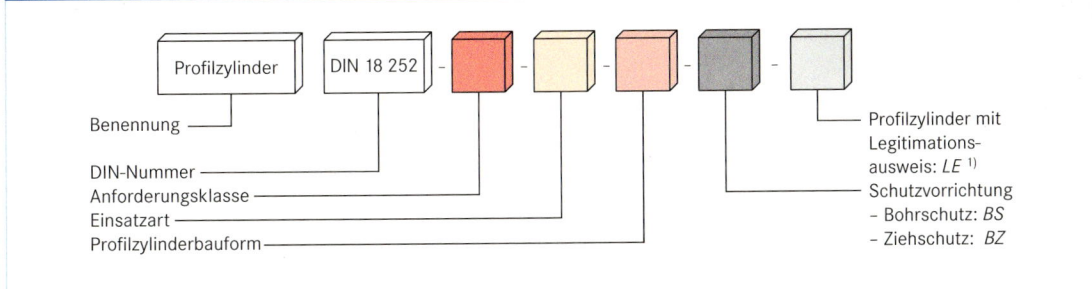

Bezeichnung eines Profilzylinders der Klasse 3 für eine Generalhauptschlüsselanlage (GHS), ausgeführt als Knaufzylinder (K) mit Bohr- und Ziehschutz (BZ) und erforderlichem Legitimationsausweis.
Profilzylinder DIN 18 252 – P3 – GHS – K – BZ – LE

[1] Der Legitimationsausweis, z. B. als sogenannten Sicherungskarte oder Berechtigungsschein, wird vom Hersteller zu einem bestimmten Schloss bzw. zu einer bestimmten Schließanlage ausgestellt und weist den Inhaber als Berechtigten aus, Schlüssel, Schließzylinder oder sonstige Teile zu diesem Schließsystem bzw. Schloss bestellen zu können.

Anforderungsklassen von Profilzylindern

	Anforderungsklasse	Abstand zwischen größtem und kleinstem Schlüsseleinschnitt	Mindestzahl der Schließvariationen (effektive Verschiedenheiten)	garantierte Schließzyklenanzahl	Mindestzahlen der Zuhaltungsstifte (in Schließanlagen)
	P1	Mindestens drei Stufensprünge	30 000	25 000	n = 5
	P2			50 000	n = 5
	P3		100 000	100 000	n > 5

Einsatzart des Profilzylinders	Kurzzeichen	Profilzylinderbauform	Kurzzeichen	Schutzvorrichtung am Profilzylinder	Kurzzeichen
Einzelzylinder	EZ	Doppelzylinder	D		
Profilzylinder in: Zentralschließanlagen Hauptschlüsselanlagen Generalhauptschlüsselanlagen	Z HS GHS	Halbzylinder	H	Profilzylinder: mit Bohrschutz mit Bohr- und Ziehschutz	BS BZ
		Knaufzylinder	K		

Schließanlagen

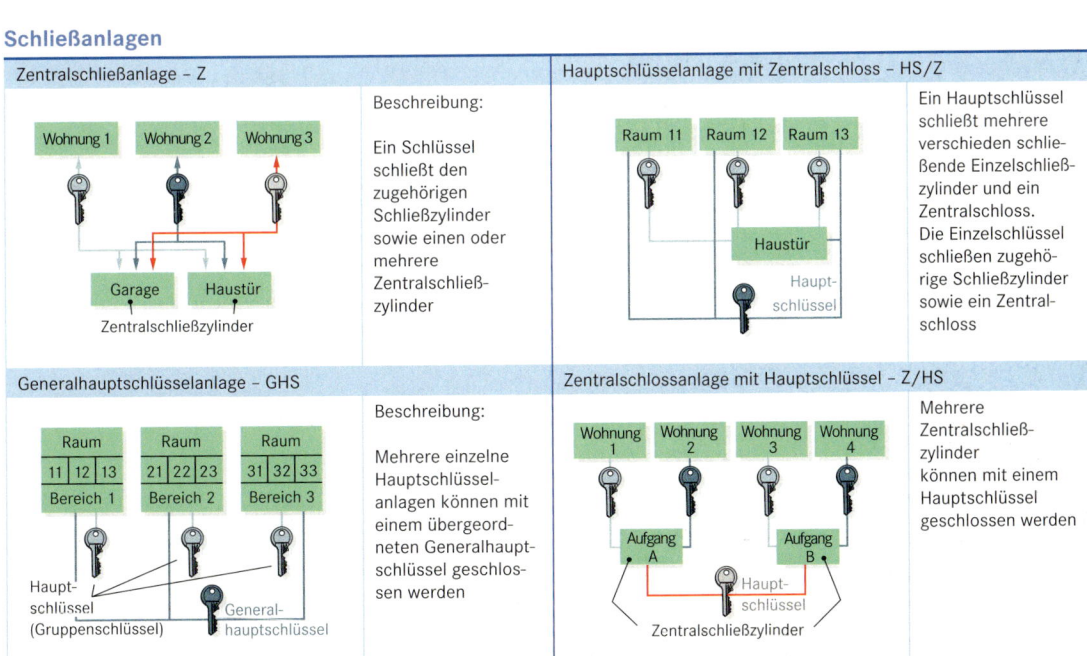

Türen und Tore

Schlösser / Locks

Schließplan für Zentralschlossanlage – Z

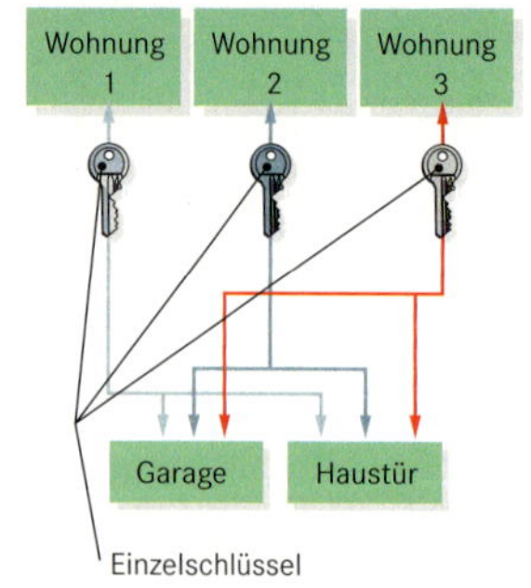

Beispiel: Mehrfamilienhaus

Anlagenart: Z
Anzahl der Stifte: 5
Sicherungskarte: ja
Kundennummer: xxxx
Fachhändler: yyyy

Auftragsnummer   Datum   Bearbeiter

Zylinderlängen 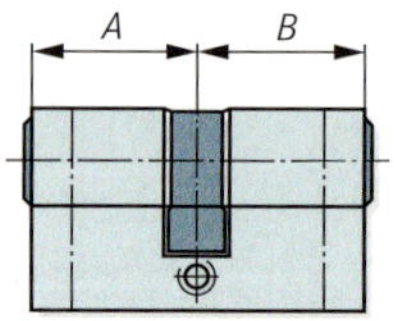
A – Außenlänge
B – Innenlänge

Zylinderfärbung
Standardfärbung:
Matt vernickelt – N

Sonderfärbung:
Messing matt – MM
Messing poliert – MP

Poliert
vernickelt – PN
verchromt – PC

Lfd. Nummer	Tür- oder Raumbezeichnung	Schließungsnummer	Zylinder Anzahl	Zylinder Typnummer	Zylinderlänge A	Zylinderlänge B	Zylinderfärbung A	Zylinderfärbung B	Schlüsselanzahl Typ GHS	Schlüsselanzahl Typ HS	Schlüsselanzahl Typ ES	Generalhauptschl. GHS	Hauptschl. HS	ES 1	2	3	4	5	6	7	8	9
01	Haustür	Z	1	nach Hersteller	40	31	PN	PN	–	–	–	–	–	X	X	X	–	–	–	–	–	–
02	Garage	Z	1		31	31	PC	PC	–	–	–	–	–	X	X	X	–	–	–	–	–	–
03	Wohnung 1	1	1		31	27	MP	MP	–	–	3	–	–	X	–	–	–	–	–	–	–	–
04	Wohnung 2	2	1		31	27	N	N			3	–	–	–	X	–	–	–	–	–	–	–
05	Wohnung 3	3	1		31	27	N	N			4	–	–	–	–	X	–	–	–	–	–	–

Schließplan für Hauptschlüsselanlage mit Zentralschloss – HS/Z

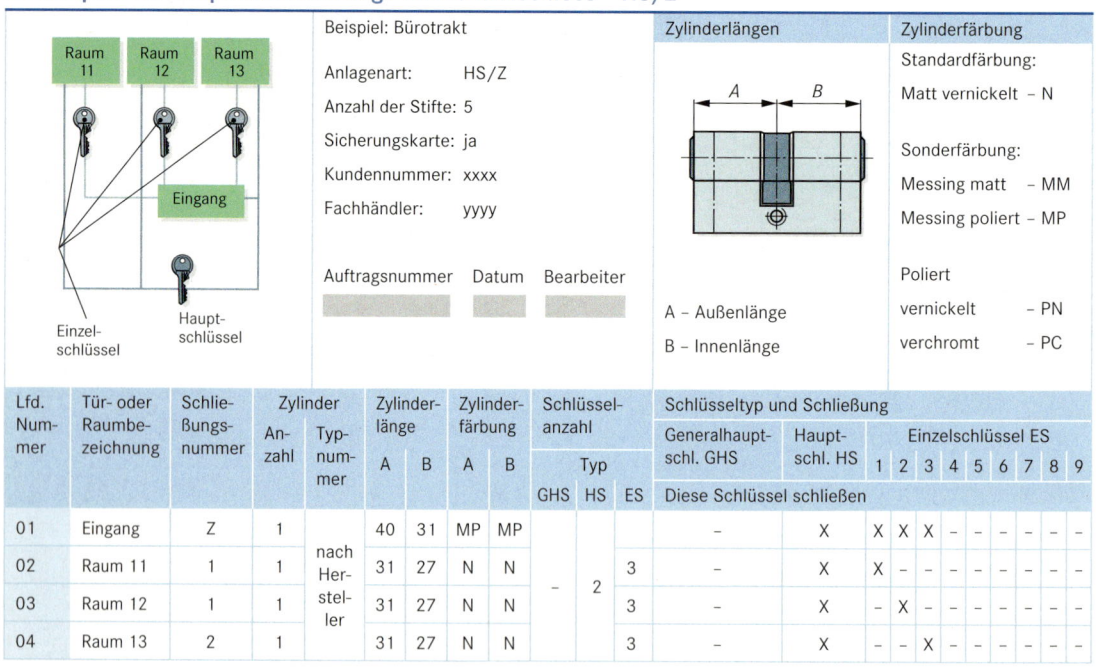

Beispiel: Bürotrakt

Anlagenart: HS/Z
Anzahl der Stifte: 5
Sicherungskarte: ja
Kundennummer: xxxx
Fachhändler: yyyy

Auftragsnummer   Datum   Bearbeiter

Zylinderlängen
A – Außenlänge
B – Innenlänge

Zylinderfärbung
Standardfärbung:
Matt vernickelt – N

Sonderfärbung:
Messing matt – MM
Messing poliert – MP

Poliert
vernickelt – PN
verchromt – PC

Lfd. Nummer	Tür- oder Raumbezeichnung	Schließungsnummer	Zylinder Anzahl	Zylinder Typnummer	Zylinderlänge A	Zylinderlänge B	Zylinderfärbung A	Zylinderfärbung B	Schlüsselanzahl Typ GHS	Schlüsselanzahl Typ HS	Schlüsselanzahl Typ ES	Generalhauptschl. GHS	Hauptschl. HS	ES 1	2	3	4	5	6	7	8	9
01	Eingang	Z	1	nach Hersteller	40	31	MP	MP	–	–	–	–	X	X	X	X	–	–	–	–	–	–
02	Raum 11	1	1		31	27	N	N	–	2	3	–	X	X	–	–	–	–	–	–	–	–
03	Raum 12	1	1		31	27	N	N			3	–	X	–	X	–	–	–	–	–	–	–
04	Raum 13	2	1		31	27	N	N			3	–	X	–	–	X	–	–	–	–	–	–

Schließplan für Zentralschlossanlage mit Hauptschlüssel – Z/HS

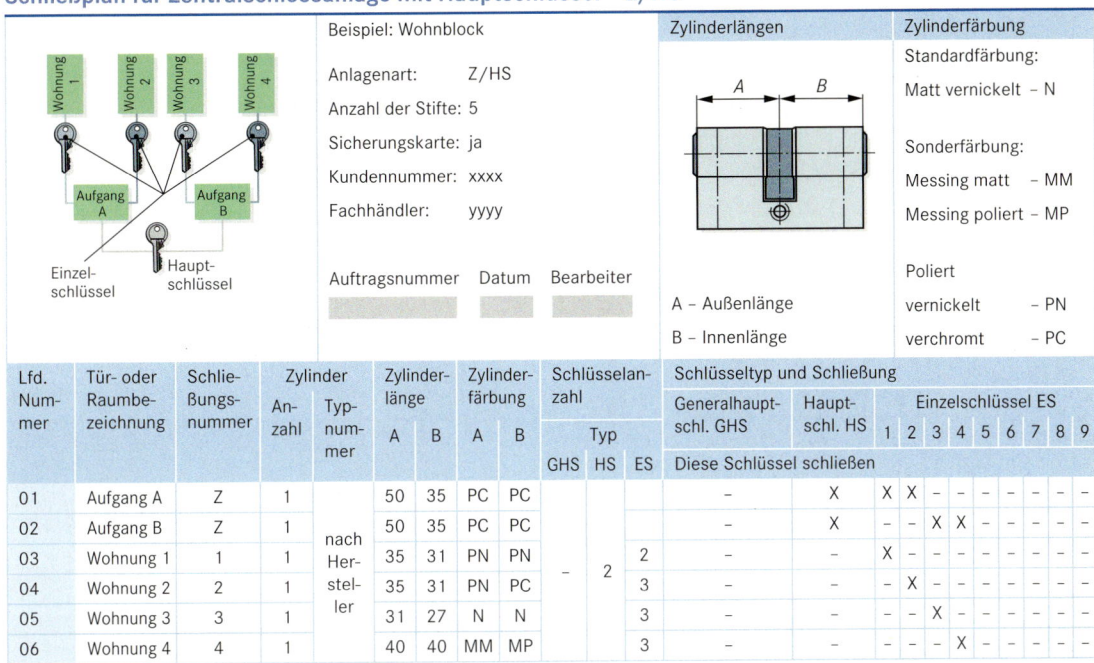

Beispiel: Wohnblock

Anlagenart: Z/HS
Anzahl der Stifte: 5
Sicherungskarte: ja
Kundennummer: xxxx
Fachhändler: yyyy

Auftragsnummer | Datum | Bearbeiter

Zylinderlängen

A – Außenlänge
B – Innenlänge

Zylinderfärbung

Standardfärbung:
Matt vernickelt – N

Sonderfärbung:
Messing matt – MM
Messing poliert – MP

Poliert
vernickelt – PN
verchromt – PC

Lfd. Nummer	Tür- oder Raumbezeichnung	Schließungsnummer	Zylinder Anzahl	Zylinder Typnummer	Zylinderlänge A	Zylinderlänge B	Zylinderfärbung A	Zylinderfärbung B	Schlüsselanzahl Typ GHS	Schlüsselanzahl Typ HS	Schlüsselanzahl Typ ES	Generalhauptschl. GHS	Hauptschl. HS	ES 1	ES 2	ES 3	ES 4	ES 5	ES 6	ES 7	ES 8	ES 9
												Diese Schlüssel schließen										
01	Aufgang A	Z	1	nach Hersteller	50	35	PC	PC	–	2		–	X	X	X	–	–	–	–	–	–	–
02	Aufgang B	Z	1		50	35	PC	PC				–	X	–	–	X	X	–	–	–	–	–
03	Wohnung 1	1	1		35	31	PN	PN			2	–	–	X	–	–	–	–	–	–	–	–
04	Wohnung 2	2	1		35	31	PN	PC			3	–	–	–	X	–	–	–	–	–	–	–
05	Wohnung 3	3	1		31	27	N	N			3	–	–	–	–	X	–	–	–	–	–	–
06	Wohnung 4	4	1		40	40	MM	MP			3	–	–	–	–	–	X	–	–	–	–	–

Schließplan für Generalhauptschlüsselanlage – GHS

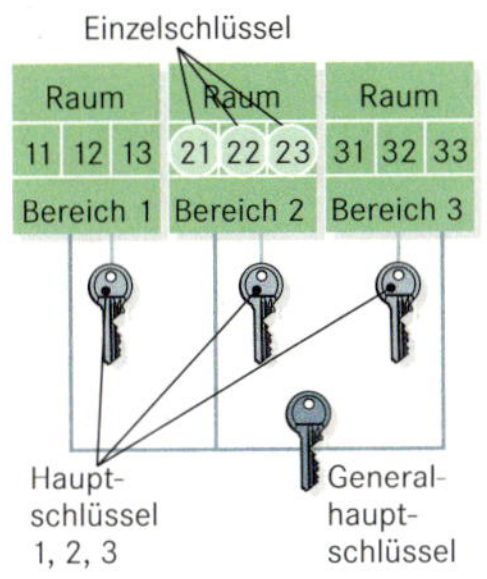

Beispiel: Bürogebäude

Anlagenart: GHS
Anzahl der Stifte: 5
Sicherungskarte: ja
Kundennummer: xxxx
Fachhändler: yyyy

Auftragsnummer | Datum | Bearbeiter

Zylinderlängen

A – Außenlänge
B – Innenlänge

Zylinderfärbung

Standardfärbung:
Matt vernickelt – N

Sonderfärbung:
Messing matt – MM
Messing poliert – MP

Poliert
vernickelt – PN
verchromt – PC

Lfd. Nummer	Tür- oder Raumbezeichnung	Schließungsnummer	Zylinder Anzahl	Zylinder Typnummer	Zylinderlänge A	Zylinderlänge B	Zylinderfärbung A	Zylinderfärbung B	Schlüsselanzahl Typ GHS	Schlüsselanzahl Typ HS	Schlüsselanzahl Typ ES	Generalhauptschl. GHS	Hauptschl. HS			ES 1	ES 2	ES 3	ES 4	ES 5	ES 6	ES 7	ES 8	ES 9
												Diese Schlüssel schließen												
01	Raum 11	1	1	nach Hersteller	27	27	N	N	3	2	2	X	X	–	–	X	–	–	–	–	–	–	–	–
02	Raum 12	2	1		31	31	N	N			2	X	X	–	–	–	X	–	–	–	–	–	–	–
03	Raum 13	3	1		35	31	N	N			3	X	X	–	–	–	–	X	–	–	–	–	–	–
04	Raum 21	4	1		31	27	MM	MM		1	1	X	–	X	–	–	–	–	X	–	–	–	–	–
05	Raum 22	5	1		35	35	MM	MM			3	X	–	X	–	–	–	–	–	X	–	–	–	–
06	Raum 23	6	1		40	35	MM	MM			2	X	–	X	–	–	–	–	–	–	X	–	–	–
07	Raum 31	7	1		40	40	PC	PC		3	3	X	–	–	X	–	–	–	–	–	–	X	–	–
08	Raum 32	8	1		27	27	PC	PC			4	X	–	–	X	–	–	–	–	–	–	–	X	–
09	Raum 33	9	1		31	31	PC	PC			2	X	–	–	X	–	–	–	–	–	–	–	–	X

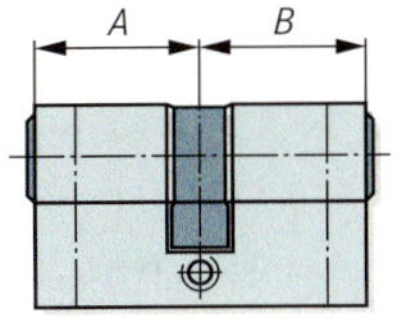

Gebäudetreppen
Stairs in buildings

DIN 18 065: 2000-01

Treppenbauteile und Maßbezeichnungen

Eine Treppe besitzt mindestens drei Steigungen

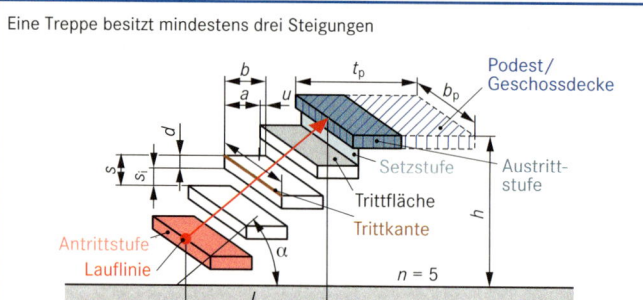

s:	Treppensteigung	in mm
s_i:	lichter Stufenabstand	in mm
d:	Stufendicke	in mm
l:	Stufenlänge	in mm
a:	Treppenauftritt auf der Treppenlauflinie	in mm
u:	Unterschneidung	in mm
b:	Stufenbreite	in mm
t_p:	Podesttiefe	in mm
b_p:	Podestbreite	in mm
h:	Stockwerkshöhe (Treppensystemhöhe)	in mm
α:	Steigungswinkel	in °
L:	Treppenlauflänge	in mm
n:	Anzahl der Treppensteigungen	
n_{max}: 18, dann Podest		

Treppenarten und Benennung

Treppen mit geraden Läufen

einläufige Treppe

Gerade Treppe

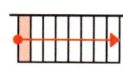

zweiläufige Treppen

Gerade Treppe mit Zwischenpodest

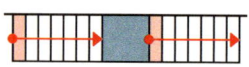

Gewinkelte Treppe mit Zwischenpodest (Rechtstreppe)

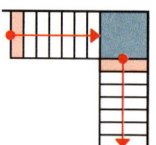

zweiläufige Treppe

Gegenläufige Treppe mit Zwischenpodest (Rechtstreppe)

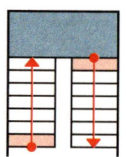

dreiläufige Treppen

Zweimal abgewinkelte Treppe mit Zwischenpodesten (Linkstreppe)

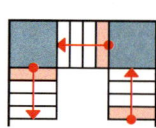

Gegenläufige Treppe mit Zwischenpodest

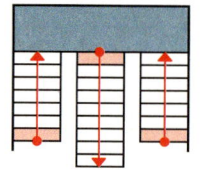

Treppen mit gewendelten Läufen

Spindeltreppe (Linkstreppe)

Treppenspindel

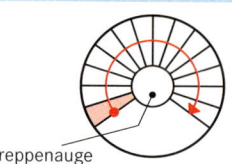

Wendeltreppe (Rechtstreppe)

Treppenauge

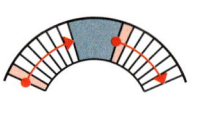

Bogentreppe (zweiläufige Rechtstreppe)

Treppen mit geraden und gewendelten Läufen

Einläufige, im Antritt viertelgewendelte Treppe (Rechtstreppe)

Einläufige, im Austritt viertelgewendelte Treppe (Linkstreppe)

Einläufige, viertelgewendelte Treppe (Rechtstreppe)

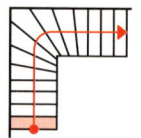

Einläufige, zweimal viertelgewendelte Treppe (Linkstreppe)

Einläufige, halbgewendelte Treppe (Rechtstreppe)

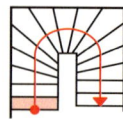

Treppen und Geländer

Gebäudetreppen
Stairs in buildings

DIN 18 065: 2000-01

Gehbereich von geraden und gewendelten Treppen

Lage und Maße

Bei geraden Treppen liegt die Lauflinie in der Mitte des Gehbereichs; bei gewendelten Treppen kann die Lauflinie innerhalb des Gehbereichs frei gewählt werden.
Die Stufenlängen von Antritt- und Austrittsstufe können unterschiedlich sein.

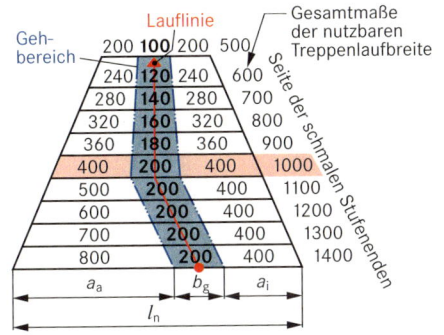

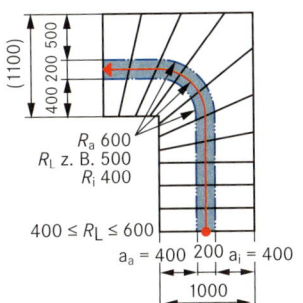

Anwendungsbeispiel:
Einläufige viertel-
gewendelte
Treppe
(Linkstreppe)

R_a 600
R_L z. B. 500
R_i 400

$400 \leq R_L \leq 600$

R_i: Innenradius des Gehbereichs in mm
R_a: Außenradius des Gehbereichs in mm
R_L: Radius der Lauflinie in mm

a_a: Abstand des Gehbereichs zur Seite der breiten Stufenenden   in mm
a_i: Abstand des Gehbereichs zur Seite der schmalen Stufenenden   in mm
b_g: Breite des Gehbereichs   in mm
l_n: nutzbare Treppenlaufbreite   in mm

Gehbereich von Spindeltreppen

Lage und Maße

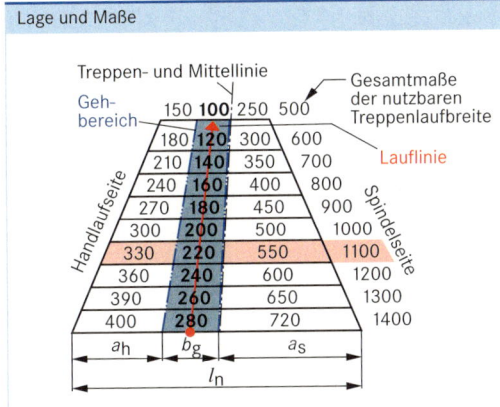

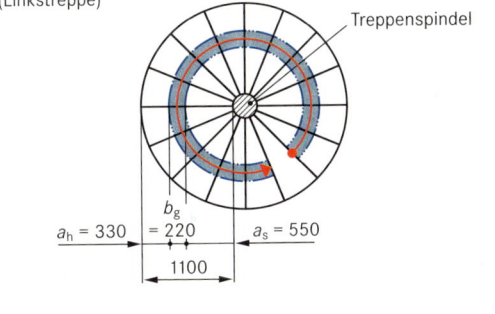

Anwendungsbeispiel:
Spindeltreppe
(Linkstreppe)

a_h: Abstand des Gehbereichs zur Handlaufseite   in mm
a_s: Abstand des Gehbereichs zur Spindelseite   in mm
b_g: Breite des Gehbereichs   in mm
l_n: nutzbare Treppenlaufbreite   in mm

Treppenraummaße

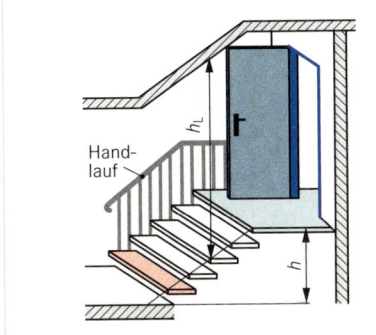

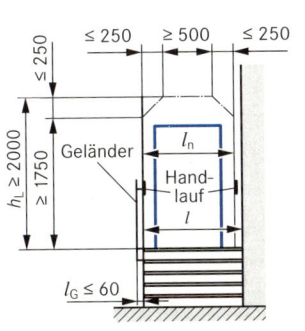

h_L: lichte Treppenhausdurch-
   gangshöhe   in mm

h: Stockwerkshöhe   in mm

l_n: nutzbare Treppenlaufbreite
   (nutzbare Stufenlänge)   in mm

l: Stufenlänge   in mm

l_G: lichte Weite zwischen
   Geländer und Stufe   in mm

Treppen und Geländer   333

Gebäudetreppen / Stairs in buildings

DIN 18 065: 2000-01

Grenzmaße von Treppen

Gebäudeart	Treppenart	Nutzbare Treppen-laufbreite l_n in mm	Treppensteigung S in mm	Treppenauftritt a in mm
Wohngebäude mit nicht mehr als zwei Wohnungen ohne Berücksichtigung von Maisonettenwohnungen	Treppen, die zu Aufenthaltsräumen führen	≥ 800	140 ≤ s ≤ 200	230 ≤ a ≤ 370
	Kellertreppen, die nicht zu Aufenthaltsräumen führen	≥ 800	140 ≤ s ≤ 210	210 ≤ a ≤ 370
	Bodentreppen, die nicht zu Aufenthaltsräumen führen	≥ 500	140 ≤ s ≤ 210	210 ≤ a ≤ 370
Wohngebäude mit mehr als zwei Wohnungen und sonstige Gebäude	Baurechtlich notwendige Treppen	≥ 1000	140 ≤ s ≤ 190	260 ≤ a ≤ 370
Alle Gebäude	Baurechtlich nicht notwendige (zusätzliche) Treppen	≥ 500	140 ≤ s ≤ 210	210 ≤ a ≤ 370

Die Maße a und s sind zusätzlich nach der Schrittmaßregel: 590 mm ≤ a + 2 · s ≤ 650 mm festzulegen
Das ideale Schrittmaß ergibt sich mit a + 2 · s = 630 mm bzw. a = 290 mm und S = 170 mm

Unterschneidungen an Treppen

Treppenart	Unterschneidung u in mm	
	Treppen ohne Setzstufen	Treppen mit Setzstufen
Keller- und Bodentreppen, die nicht zu Aufenthaltsräumen führen mit 210 mm ≤ a ≤ 260 mm	u ≥ 30	u ≥ 240 – a u ≥ 0
Treppen, die zu Aufenthaltsräumen führen mit 230 mm ≤ a ≤ 260 mm		u ≥ 260 – a
Treppen mit a ≥ 260 mm		u = 0

Mindestauftritte bei Wendelstufen

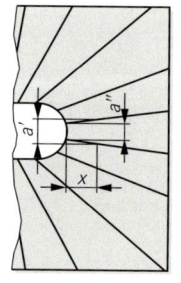

Gebäudeart	Abstand x in mm	Mindestauftritte	
		a' in mm	a'' in mm
Wohngebäude mit maximal zwei Wohnungen	150	a' ≥ 100	–
sonstige Gebäude	0	–	a'' ≥ 100

Toleranzen von Treppenmaßen

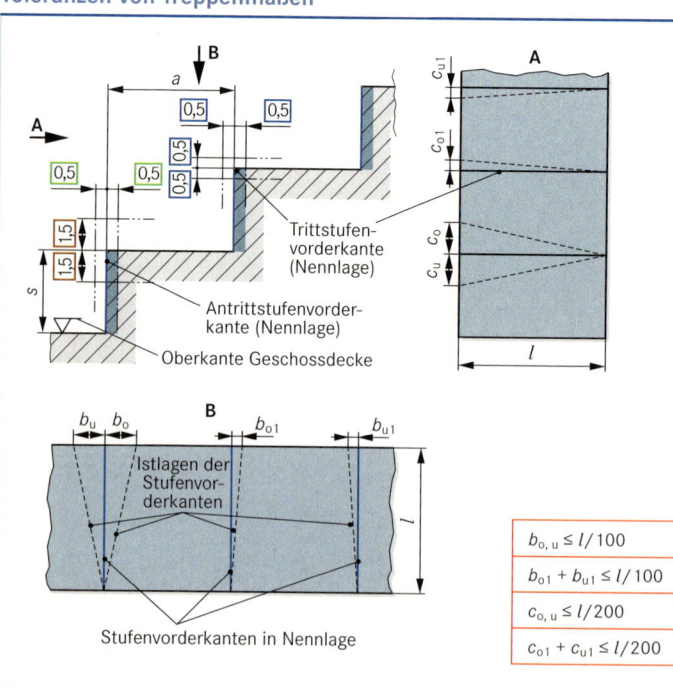

Toleranzen von Auftritt und Steigung

$\boxed{1,5}$: zulässige Toleranz der Steigung von Antrittstufen in Wohngebäuden mit maximal 2 Wohnungen in mm

$\boxed{0,5}$: zulässige Toleranz des Auftritts von Antrittsstufen in mm

$\boxed{0,5}$: zulässige Toleranz von Auftritt und Steigung von Trittstufen in mm

Toleranzen zur Nennlage von Stufenvorderkanten

b_o: Toleranzen der Stufenvorderkante zur
b_u: Nennlage, gemessen in der Auftrittebene
b_{u1}, b_{o1}: Toleranzen benachbarter Stufen
c_o: Toleranzen der Stufenvorderkante zur
c_u: Nennlage gemessen in der Steigungsebene
c_{u1}, c_{o1}: Toleranzen benachbarter Stufen
a: Auftritt; s: Steigung; l: Stufenlänge

Die Grenzmaße von Auftritt und Steigung dürfen nicht über- bzw. unterschritten werden.

$b_{o, u} ≤ l / 100$
$b_{o1} + b_{u1} ≤ l / 100$
$c_{o, u} ≤ l / 200$
$c_{o1} + c_{u1} ≤ l / 200$

Gebäudetreppen
Stairs in buildings

DIN 18 065: 2000-01

Berechnung von geraden Treppen

Treppen ohne Vorgabe der Lauflänge L

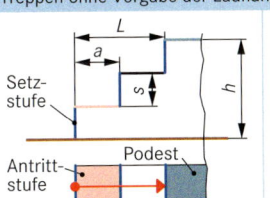

$n' = h/s_{ideal}$; $s_{ideal} = 170$ mm

$n' \rightarrow$ ganzzahlig runden $\rightarrow n$

$S = h/n$; $a = 630$ mm $- 2 \cdot s$

$L = (n - 1) \cdot a$

n':	vorläufige, nicht auf ganze Zahlen gerundete Anzahl der Treppensteigungen
h:	Stockwerkhöhe von Oberkante Fertigfußboden zu Oberkante Fertigfußboden in mm
s_{ideal}:	vorläufig gewählte, ideale Treppensteigung in mm
n:	ganzzahlige Anzahl der Treppensteigungen
s:	tatsächliche Treppensteigung in mm
a:	Treppenauftritt auf der Auflinie in mm
L:	Treppenlauflänge in mm
L':	durch das Treppenhaus vorgegebene Treppenlauflänge in mm

Treppen mit Vorgabe der Lauflänge L

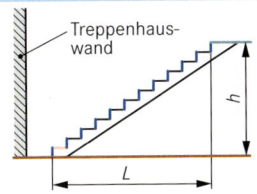

$n' = h/s_{ideal}$; $s_{ideal} = 170$ mm

$n' \rightarrow$ ganzzahlig runden $\rightarrow n$

$s = h/n$; $a = L'/(n - 1)$

Überprüfung:
590 mm $\leq a + 2 \cdot s \leq 650$

Berechnung von gewendelten Treppen

$X = 150$ mm

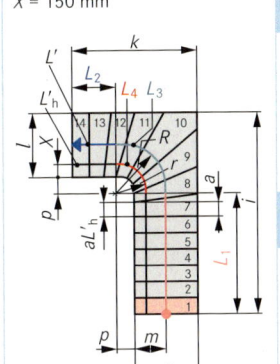

Berechnung der vorgegebenen Lauflänge L'

$L' = L_1 + L_2 + L_3$
$L_1 = i - l - p$; $L_2 = k - l - p$
$L_3 = 2 \cdot R \cdot \pi/4$; $R = m + p$

$L'_h = L_1 + L_2 + L_4$
$L_4 = 2 \cdot r \cdot \pi/4$; $r = X + P$

Berechnung der Treppe für die vorgegebene Lauflänge L'

$n' = h/s_{ideal}$; $s_{ideal} = 170$ mm
$n' \rightarrow$ ganzzahlig runden $\rightarrow n$

$s = h/n$; $a = L'/(n - 1)$

Überprüfung:
590 mm $\leq a + 2 \cdot s \leq 650$ mm

L':	durch das Treppenhaus bzw. die Treppenform vorgegebene Treppenlauflänge in mm
l_1, l_2, l_3:	Teillängen der Treppenlauflänge in mm
i, k:	Treppenaußenmaße in mm
l:	Stufenlänge in mm
P:	Abstand der Krümmungsradien R bzw. r von der Stufeninnenkante in mm
R:	Krümmungsradius der Lauf-(Geh-)Linie in mm
r:	Krümmungsradius der Hilfslauf-(geh-)Linie in mm
m:	Abstand der Lauflinie von der Stufeninnenkante in mm
x:	Abstand der Hilfslauflinie von der Stufeninnenkante in mm
L'_h:	Länge der Hilfsgehlinie in mm
n:	ganzzahlige Anzahl der Treppensteigungen
s:	tatsächliche Treppensteigung in mm
a:	Treppenauftritt auf der Lauflinie in mm

Berechnung der Auftrittbreiten auf der Hilfsgehlinie (Stufenverziehen)

Rechenweg	Benennung		Beispielrechnung		
$\Delta L' = L' - L'_h$	$\Delta L'$:	Längenunterschied zwischen Lauflinie und Hilfslauflinie, sogn. Gesamtverschmälerung in mm	Geg.: $L' = 4060$ mm; $L'_h = 3404$ mm; $a = 290$ mm		
$T_{ges} = T_1 + T_2 + ... + T_n$	L':	vorgegebene Länge der Lauflinie	Ges.: $a_{Lh7...13}$ für Stufen Nr. 7 bis Nr. 13		
$a_t = \dfrac{\Delta L'}{T_{ges}}$	L'_h:	vorgegebene Länge der Hilfslauflinie in mm	Lös.: $\Delta L' = 4060$ mm $- 3404$ mm $= 656$ mm		
$a_v = a_t \cdot T$	T_{ges}:	Summe aller an einer Treppe abzuziehenden Verschmälerungsteile	Nummer der zu verschmälernden Stufe	$T_{7...13}$	$a_{v7...13}$ in mm	$a_{Lh7...13}$ in mm
$a_{Lh} = a - a_v$	T_1, T_2:	Zahl der pro Stufe abzuziehenden Verschmälerungsteile	7	1	41	249
	a_t:	Größe eines einzelnen Verschmälerungsteils in mm	8	2	82	208
	a_v:	Größe des von einer bestimmten Stufe abzuziehenden Verschmälerungsteils in mm	9	3	123	167
			10	4	164	126
			11	3	123	167
			12	2	82	208
	a_{Lh}:	Auftrittbreiten der Einzelstufen auf der Hilfslauflinie in mm	13	1	41	249
	a:	Auftritt auf der Lauflinie in mm	$T_{ges} = 16$			
			$a_t = \Delta L'/T_{ges} = 656$ mm$/16 = 41$ mm			
			$a_{Lh9} = a - a_{v9} = 290$ mm $- 123$ mm $= 167$ mm			

Treppen und Geländer

Gebäudetreppen
Stairs in buildings

Lastannahmen an Treppen und Treppenausführungen

Einsatzbereich	Verkehrslast DIN 1055-1	Treppenausführung	Treppeneigenlast
Wohngebäude	Flächenlast $p = 3{,}5$ kN/m² bzw. Einzellast $F = 1{,}5$ kN in ungünstigster Stellung	**leicht:** z. B. mit Stufen aus Holz, Blech oder Gitterrost	$g \leq 1{,}0$ kN/m²
öffentliche Gebäude	Flächenlast $p = 5{,}0$ kN/m² bzw. Einzellast $F = 2{,}0$ kN in ungünstigster Stellung	**mittelschwer:** z. B. Stufen aus Stahlprofilen oder Stahlbeton	$1{,}0 \frac{kN}{m^2} < g \leq 3{,}0 \frac{kN}{m^2}$
		schwer: z. B. mit Stufen aus schwerem Natur- bzw. Betonstein	$3{,}0 \frac{kN}{m^2} < g \leq 5{,}0 \frac{kN}{m^2}$

Ausführung von Wangentreppen mit maximal 18 Steigungen in Wohngebäuden

Stahlinformationszentrum Merkblatt 355: 1996

Auflagerabstand A in mm	nutzbare Treppenbreite (Stufenlänge) l_n in mm											
	800			1000			1250			1500		
	Flach DIN 1017-1	Winkel DIN EN 10 056-1	U-DIN 1026-1	Flach DIN 1017-1	Winkel DIN EN 10 056-1	U-DIN 1026-1	Flach DIN 1017-1	Winkel DIN EN 10 056-1	U-DIN 1026-1	Flach DIN 1017-1	Winkel DIN EN 10 056-1	U-DIN 1026-1
Erforderliches Wangenprofil für leichte Treppenausführung												
2500	160 x 10	150 x 75 x 9	180	160 x 10	150 x 75 x 9	180	160 x 10	150 x 75 x 9	180	160 x 10	150 x 75 x 9	180
3000	160 x 10	150 x 75 x 9	180	160 x 10	150 x 75 x 9	180	160 x 10	150 x 75 x 9	180	160 x 10	150 x 75 x 9	180
3500	160 x 10	150 x 75 x 9	180	160 x 10	150 x 75 x 9	180	160 x 10	150 x 75 x 9	180	180 x 10	150 x 75 x 9	180
4000	160 x 10	150 x 75 x 9	180	160 x 12	150 x 75 x 9	180	160 x 12	180 x 90 x 10	180	180 x 12	180 x 90 x 10	180
4500	180 x 12	150 x 75 x 9	180	180 x 12	180 x 90 x 10	180	200 x 12	180 x 90 x 10	180	220 x 12	180 x 90 x 10	180
5000	200 x 10	180 x 90 x 10	180	200 x 12	180 x 90 x 10	180	200 x 15	200 x 100 x 10	180	220 x 15	200 x 100 x 10	180
5500	200 x 12	180 x 90 x 10	180	220 x 12	200 x 100 x 10	180	220 x 15	200 x 100 x 10	180	240 x 15	200 x 100 x 10	200
Erforderliches Wangenprofil für mittelschwere Treppenausführung												
2500	160 x 10	150 x 75 x 9	180	160 x 10	150 x 75 x 9	180	160 x 10	150 x 75 x 9	180	160 x 10	150 x 75 x 9	180
3000	160 x 10	150 x 75 x 9	180	160 x 10	150 x 75 x 9	180	160 x 10	150 x 75 x 9	180	160 x 12	150 x 75 x 9	180
3500	160 x 10	150 x 75 x 9	180	160 x 12	150 x 75 x 9	180	160 x 12	180 x 90 x 10	180	180 x 12	180 x 90 x 10	180
4000	180 x 10	150 x 75 x 9	180	180 x 12	180 x 90 x 10	180	200 x 12	180 x 90 x 10	180	200 x 12	180 x 90 x 10	180
4500	200 x 12	180 x 90 x 10	180	200 x 12	180 x 90 x 10	180	200 x 15	200 x 100 x 10	180	220 x 15	200 x 100 x 10	180
5000	220 x 12	180 x 90 x 10	180	220 x 15	200 x 100 x 10	180	240 x 15	200 x 100 x 14	180	240 x 16	200 x 100 x 14	200
5500	220 x 15	200 x 100 x 10	180	240 x 15	200 x 100 x 14	200	240 x 16	–	200	240 x 20	–	200
Erforderliches Wangenprofil für schwere Treppenausführung												
2500	160 x 10	150 x 75 x 9	180	160 x 10	150 x 75 x 9	180	160 x 10	150 x 75 x 9	180	160 x 10	150 x 75 x 9	180
3000	160 x 10	150 x 75 x 9	180	160 x 10	150 x 75 x 9	180	160 x 12	150 x 75 x 9	180	180 x 12	180 x 90 x 10	180
3500	160 x 12	150 x 75 x 9	180	180 x 12	180 x 90 x 10	180	200 x 12	180 x 90 x 10	180	200 x 12	180 x 90 x 10	180
4000	180 x 12	180 x 90 x 10	180	200 x 12	180 x 90 x 10	180	200 x 15	200 x 100 x 10	180	220 x 15	200 x 100 x 10	180
4500	200 x 12	180 x 90 x 10	180	220 x 15	200 x 100 x 10	180	220 x 15	200 x 100 x 14	180	240 x 15	200 x 100 x 14	200
5000	220 x 15	200 x 100 x 10	180	240 x 15	200 x 100 x 14	200	240 x 16	–	200	240 x 20	–	220
5500	240 x 15	200 x 100 x 14	200	250 x 16	–	200	250 x 20	–	200	240 x 30	–	240

Gebäudetreppen
Stairs in buildings

Ausführung von Wangentreppen mit maximal 18 Steigungen in öffentlichen Gebäuden

Stahlinformationszentrum Merkblatt 355: 1996

Auflager-abstand A in mm	nutzbare Treppenbreite (Stufenlänge) l_n in mm											
	800			1000			1250			1500		
	Profilart			Profilart			Profilart			Profilart		
	Flach DIN 1017-1	Winkel DIN EN 10 056-1	U-DIN 1026-1	Flach DIN 1017-1	Winkel DIN EN 10 056-1	U-DIN 1026-1	Flach DIN 1017-1	Winkel DIN EN 10 056-1	U-DIN 1026-1	Flach DIN 1017-1	Winkel DIN EN 10 056-1	U-DIN 1026-1
Erforderliches Wangenprofil für leichte Treppenausführung												
2500	160 x 10	150 x 75 x 9	180	160 x 10	150 x 75 x 9	180	160 x 10	150 x 75 x 9	180	160 x 10	150 x 75 x 9	180
3000	160 x 10	150 x 75 x 9	180	160 x 10	150 x 75 x 9	180	160 x 10	150 x 75 x 9	180	160 x 10	150 x 75 x 9	180
3500	160 x 10	150 x 75 x 9	180	160 x 12	150 x 75 x 9	180	160 x 12	150 x 75 x 9	180	180 x 12	180 x 90 x 10	180
4000	160 x 12	150 x 75 x 9	180	180 x 12	180 x 90 x 10	180	200 x 12	180 x 90 x 10	180	200 x 12	180 x 90 x 10	180
4500	180 x 12	180 x 90 x 10	180	200 x 12	180 x 90 x 10	180	200 x 15	200 x 100 x 10	180	220 x 15	200 x 100 x 10	180
5000	200 x 12	180 x 90 x 10	180	200 x 15	200 x 100 x 10	180	220 x 15	200 x 100 x 14	180	240 x 15	200 x 100 x 14	200
5500	220 x 12	200 x 100 x 10	180	240 x 15	200 x 100 x 14	180	240 x 16	200 x 100 x 14	180	240 x 18	–	220
Erforderliches Wangenprofil für mittelschwere Treppenausführung												
2500	160 x 10	150 x 75 x 9	180	160 x 10	150 x 75 x 9	180	160 x 10	150 x 75 x 9	180	160 x 10	150 x 75 x 9	180
3000	160 x 10	150 x 75 x 9	180	160 x 10	150 x 75 x 9	180	160 x 12	150 x 75 x 9	180	180 x 12	150 x 75 x 9	180
3500	160 x 12	150 x 75 x 9	180	180 x 12	180 x 90 x 10	180	180 x 12	180 x 90 x 10	180	200 x 12	180 x 90 x 10	180
4000	180 x 12	180 x 90 x 10	180	200 x 12	180 x 90 x 10	180	220 x 12	180 x 90 x 10	180	220 x 15	200 x 100 x 10	180
4500	200 x 12	180 x 90 x 10	180	200 x 15	200 x 100 x 10	180	220 x 15	200 x 100 x 10	180	240 x 15	200 x 100 x 14	200
5000	220 x 15	200 x 100 x 10	180	240 x 16	200 x 100 x 14	180	240 x 16	–	200	240 x 18	–	200
5500	240 x 15	200 x 100 x 14	200	240 x 16	–	200	240 x 20	–	220	220 x 30	–	220
Erforderliches Wangenprofil für schwere Treppenausführung												
2500	160 x 10	150 x 75 x 9	180	160 x 10	150 x 75 x 9	180	160 x 10	150 x 75 x 9	180	160 x 10	150 x 75 x 9	180
3000	160 x 10	150 x 75 x 9	180	160 x 12	150 x 75 x 9	180	180 x 12	150 x 75 x 9	180	180 x 12	180 x 90 x 10	180
3500	180 x 12	180 x 90 x 10	180	180 x 12	180 x 90 x 10	180	200 x 12	180 x 90 x 10	180	220 x 12	200 x 100 x 10	180
4000	200 x 12	180 x 90 x 10	180	220 x 12	200 x 100 x 10	180	220 x 15	180 x 90 x 10	180	220 x 15	200 x 100 x 14	180
4500	200 x 15	200 x 100 x 10	180	220 x 15	200 x 100 x 14	180	240 x 15	200 x 100 x 10	200	240 x 16	–	200
5000	240 x 15	200 x 100 x 14	180	240 x 16	–	200	240 x 18	200 x 100 x 14	220	220 x 30	–	220
5500	240 x 16	–	200	250 x 20	–	220	240 x 30	–	240	240 x 30	–	240

Ausführung von Wangentreppen mit Zwischenpodest in öffentlichen Gebäuden

Stahlinformationszentrum Merkblatt 355: 1996

Auflagerabstand A in mm	Erforderliches Wangenprofil für mittelschwere Treppenausführung			
	nutzbare Treppenbreite (Stufenlänge) l_n in mm			
	800	1000	1250	1500
	U-Profil DIN 1026-1	U-Profil DIN 1026-1	U-Profil DIN 1026-1	U-Profil DIN 1026-1
6000	200	220	240	240
8000	260	280	300	320
9000	280	300	320	350
10 000	320	320	380	400
11 000	350	380	400	–

Gebäudetreppen
Stairs in buildings

Ausführung von Zweiholmtreppen mit maximal 18 Steigungen in Wohngebäuden

Stahlinformationszentrum Merkblatt 355: 1996

Auflagerabstand A in mm	\<nutzbare Treppenbreite (Stufenlänge) l_n in mm\>							
	800		1000		1250		1500	
	I-Profil DIN 1025-1	Hohlprofil DIN EN 10 210-2	I-Profil DIN 1025-1	Hohlprofil DIN EN 10 210-2	I-Profil DIN 1025-1	Hohlprofil DIN EN 10 210-2	I-Profil DIN 1025-1	Hohlprofil DIN EN 10 210-2
Erforderliches Holmprofil für leichte Treppenausführung								
2500	120	90 x 50 x 5	120	90 x 50 x 5	120	90 x 50 x 5	120	100 x 60 x 5,6
3000	120	90 x 60 x 5	120	100 x 60 x 5,6	120	100 x 60 x 5,6	120	120 x 60 x 6,3
3500	120	100 x 60 x 5,6	120	120 x 60 x 6,3	140	120 x 60 x 6,3	140	140 x 80 x 5,0
4000	120	120 x 60 x 6,3	140	140 x 80 x 5,0	140	140 x 80 x 5,0	160	160 x 90 x 5,6
4500	140	140 x 80 x 5,0	160	160 x 90 x 5,6	160	160 x 90 x 5,6	160	160 x 90 x 5,6
5000	160	160 x 90 x 5,6	160	160 x 90 x 5,6	180	180 x 100 x 7,1	180	180 x 100 x 7,1
5500	160	160 x 90 x 5,6	180	180 x 100 x 7,1	180	180 x 100 x 7,1	200	180 x 100 x 7,1
Erforderliches Holmprofil für mittelschwere Treppenausführung								
2500	120	90 x 50 x 5	120	100 x 60 x 5,6	120	100 x 60 x 5,6	120	100 x 60 x 5,6
3000	120	100 x 60 x 5,6	120	120 x 60 x 6,3	120	120 x 60 x 6,3	140	120 x 60 x 6,3
3500	120	120 x 60 x 6,3	140	140 x 80 x 5,0	140	140 x 80 x 5,0	160	160 x 90 x 5,6
4000	140	140 x 80 x 5,0	160	160 x 90 x 5,6	160	160 x 90 x 5,6	160	160 x 90 x 5,6
4500	160	160 x 90 x 5,6	160	160 x 90 x 5,6	180	180 x 100 x 7,1	180	180 x 100 x 7,1
5000	160	180 x 100 x 7,1	180	180 x 100 x 7,1	200	180 x 100 x 7,1	200	200 x 120 x 8,0
5500	180	180 x 100 x 7,1	200	180 x 100 x 7,1	200	200 x 120 x 8,0	220	200 x 120 x 8,0
Erforderliches Holmprofil für schwere Treppenausführung								
2500	120	100 x 60 x 5,6	120	100 x 60 x 5,6	120	120 x 60 x 6,3	120	120 x 60 x 6,3
3000	120	120 x 60 x 6,3	120	120 x 60 x 6,3	140	140 x 80 x 5,0	140	140 x 80 x 5,0
3500	140	140 x 80 x 5,0	140	140 x 80 x 5,0	160	160 x 90 x 5,6	160	160 x 90 x 5,6
4000	160	160 x 90 x 5,6	160	160 x 90 x 5,6	180	180 x 100 x 7,1	180	180 x 100 x 7,1
4500	160	160 x 90 x 5,6	180	180 x 100 x 7,1	180	180 x 100 x 7,1	200	200 x 120 x 8,0
5000	180	180 x 100 x 7,1	200	180 x 100 x 7,1	200	200 x 120 x 8,0	220	200 x 120 x 8,0
5500	200	180 x 100 x 7,1	200	200 x 120 x 8,0	220	200 x 120 x 8,0	240	220 x 120 x 8,0

Ausführung von Zweiholmtreppen mit Zwischenpodest in Wohngebäuden

Stahlinformationszentrum Merkblatt 355: 1996

Erforderliches Holmprofil für mittelschwere Treppenausführung

Auflagerabstand A in mm	\<nutzbare Treppenbreite (Stufenlänge) l_n in mm\>							
	800		1000		1250		1500	
	I-Profil DIN 1025-1	Hohlprofil DIN EN 10 210-2	I-Profil DIN 1025-1	Hohlprofil DIN EN 10 210-2	I-Profil DIN 1025-1	Hohlprofil DIN EN 10 210-2	I-Profil DIN 1025-1	Hohlprofil DIN EN 10 210-2
6000	200	180 x 100 x 7,1	200	200 x 120 x 8,0	220	200 x 120 x 8,0	240	220 x 120 x 8,0
8000	240	260 x 140 x 8,0	270	260 x 140 x 8,0	270	260 x 180 x 10	300	260 x 180 x 10
9000	270	260 x 140 x 8,0	300	260 x 180 x 10	300	280 x 180 x 8,0	330	–
11 000	330	280 x 180 x 11	330	–	360	–	400	–

Alle Hohlprofilangaben gelten für durchlaufende Holme **und** für abgeknickte Holme mit geschweißtem Gehrungsstoß.
Die I-Profilangabe gilt für durchlaufende Holme

Gebäudetreppen
Stairs in buildings

Ausführung von Zweiholmtreppen mit maximal 18 Steigungen in öffentlichen Gebäuden

Stahlinformationszentrum Merkblatt 355: 1996

Auflagerabstand A in mm	nutzbare Treppenbreite (Stufenlänge) l_n in mm							
	800		1000		1250		1500	
	I-Profil DIN 1025-1	Hohlprofil DIN EN 10 210-2	I-Profil DIN 1025-1	Hohlprofil DIN EN 10 210-2	I-Profil DIN 1025-1	Hohlprofil DIN EN 10 210-2	I-Profil DIN 1025-1	Hohlprofil DIN EN 10 210-2
Erforderliches Holmprofil für leichte Treppenausführung									
2500	120	90 x 50 x 5,0	120	90 x 50 x 5,0	120	100 x 50 x 5,6	120	100 x 60 x 5,6
3000	120	100 x 60 x 5,6	120	100 x 60 x 6,3	120	120 x 60 x 6,3	140	120 x 60 x 6,3
3500	120	120 x 60 x 6,3	140	120 x 60 x 6,3	140	140 x 80 x 5,0	140	140 x 80 x 5,0
4000	140	140 x 80 x 5,0	140	140 x 80 x 5,0	160	160 x 90 x 5,6	160	160 x 90 x 5,6
4500	160	160 x 90 x 5,6	160	160 x 90 x 5,6	180	180 x 100 x 7,1	180	180 x 100 x 7,1
5000	160	160 x 90 x 5,6	180	180 x 90 x 7,1	180	180 x 100 x 7,1	200	180 x 100 x 7,1
5500	180	180 x 100 x 7,1	180	180 x 100 x 7,1	200	200 x 120 x 8,0	220	200 x 120 x 8,0
Erforderliches Holmprofil für mittelschwere Treppenausführung									
2500	120	100 x 60 x 5,6	120	100 x 60 x 5,6	120	100 x 60 x 5,6	120	120 x 60 x 5,6
3000	120	120 x 60 x 6,3	120	120 x 60 x 6,3	140	140 x 80 x 5,0	140	140 x 80 x 5,0
3500	140	140 x 80 x 5,0	140	140 x 80 x 5,0	160	160 x 90 x 5,6	160	160 x 90 x 5,6
4000	160	160 x 90 x 5,6	160	160 x 90 x 5,6	160	160 x 90 x 5,6	180	180 x 100 x 7,1
4500	160	160 x 90 x 5,6	180	180 x 100 x 7,1	180	180 x 100 x 7,1	200	180 x 100 x 7,1
5000	180	180 x 100 x 7,1	200	180 x 100 x 7,1	200	200 x 120 x 8,0	220	200 x 120 x 8,0
5500	200	180 x 100 x 7,1	200	200 x 120 x 8,0	220	200 x 120 x 8,0	220	220 x 120 x 8,0
Erforderliches Holmprofil für schwere Treppenausführung									
2500	120	100 x 60 x 5,6	120	100 x 60 x 5,6	120	120 x 60 x 6,3	120	120 x 60 x 6,3
3000	120	120 x 60 x 6,3	140	140 x 80 x 5,0	140	140 x 80 x 5,0	140	140 x 80 x 5,0
3500	140	140 x 80 x 5,0	160	160 x 90 x 5,6	160	160 x 90 x 5,6	160	180 x 100 x 5,6
4000	160	160 x 90 x 5,6	160	160 x 90 x 5,6	180	180 x 100 x 7,1	180	180 x 100 x 7,1
4500	180	180 x 100 x 7,1	180	180 x 100 x 7,1	200	200 x 120 x 8,0	200	200 x 120 x 8,0
5000	200	180 x 100 x 7,1	200	200 x 120 x 8,0	220	200 x 120 x 8,0	220	220 x 120 x 8,0
5500	200	200 x 120 x 8,0	220	200 x 120 x 8,0	220	220 x 120 x 8,0	240	260 x 140 x 8,0

Ausführung von Zweiholmtreppen mit Zwischenpodest in öffentlichen Gebäuden

Stahlinformationszentrum Merkblatt 355: 1996

Erforderliches Holmprofil für mittelschwere Treppenausführung

Auflagerabstand A in mm	nutzbare Treppenbreite (Stufenlänge) l_n in mm							
	800		1000		1250		1500	
	I-Profil DIN 1025-1	Hohlprofil DIN EN 10 210-2	I-Profil DIN 1025-1	Hohlprofil DIN EN 10 210-2	I-Profil DIN 1025-1	Hohlprofil DIN EN 10 210-2	I-Profil DIN 1025-1	Hohlprofil DIN EN 10 210-2
6000	200	200 x 120 x 8,0	240	220 x 120 x 8,0	240	260 x 140 x 6,3	270	260 x 140 x 6,3
8000	270	260 x 140 x 8,0	300	280 x 180 x 7,1	330	280 x 180 x 8,8	330	280 x 220 x 10
9000	300	280 x 180 x 7,1	330	280 x 180 x 11	360	–	360	–
11 000	330	–	400	–	400	–	450	–

Alle Hohlprofilangaben gelten für durchlaufende Holme **und** für abgeknickte Holme mit geschweißtem Gehrungsstoß.
Die I-Profilangabe gilt für durchlaufende Holme.

Treppen und Geländer

Gebäudetreppen
Stairs in buildings

Ausführung von Einholmtreppen mit maximal 18 Steigungen in Wohngebäuden

Stahlinformationszentrum Merkblatt 355: 1996

Auftritt / Holm / Auflagerabstand A in mm	nutzbare Treppenbreite (Stufenlänge) l_n in mm							
	800		1000		1250		1500	
	Hohlprofil DIN EN 10 210-2	Rohr DIN 2448	Hohlprofil DIN EN 10 210-2	Rohr DIN 2448	Hohlprofil DIN EN 10 210-2	Rohr DIN 2448	Hohlprofil DIN EN 10 210-2	Rohr DIN 2448
Erforderliches Holmprofil für leichte Treppenausführung								
2500	100 x 4,0	101,6 x 4,5	100 x 4,0	108,0 x 4,5	100 x 4,0	114,3 x 4,5	100 x 5,0	114,3 x 5,6
3000	100 x 5,0	114,3 x 5,6	100 x 6,3	133,0 x 4,0	120 x 4,5	133,0 x 5,6	120 x 4,5	133,0 x 5,6
3500	120 x 4,5	133,0 x 5,6	120 x 5,6	139,7 x 5,6	140 x 5,6	139,7 x 7,1	140 x 5,6	159,0 x 5,9
4000	140 x 5,6	139,7 x 7,1	140 x 5,6	159,0 x 5,6	140 x 7,1	159,0 x 7,1	140 x 8,8	168,3 x 7,1
4500	140 x 5,6	159,0 x 6,3	140 x 7,1	168,3 x 6,3	160 x 6,3	168 x 8,8	160 x 8,0	193,7 x 6,3
5000	140 x 8,8	168,3 x 7,1	160 x 8,0	193,7 x 5,6	180 x 6,3	193,7 x 7,1	180 x 8,0	193,7 x 8,8
Erforderliches Holmprofil für mittelschwere Treppenausführung								
2500	100 x 4,0	101,6 x 6,3	100 x 5,0	114,3 x 5,6	120 x 4,5	133,0 x 4,0	120 x 4,5	133,0 x 5,6
3000	120 x 4,5	133,0 x 5,6	120 x 4,5	133,0 x 5,6	120 x 5,6	139,7 x 6,3	140 x 5,6	159,0 x 4,5
3500	120 x 5,6	139,7 x 6,3	140 x 5,6	159,0 x 5,6	140 x 7,1	168,3 x 5,6	140 x 7,1	168,3 x 6,3
4000	140 x 5,6	159,0 x 6,3	140 x 7,1	168,3 x 6,3	160 x 6,3	193,7 x 6,3	160 x 8,0	193,7 x 6,3
4500	160 x 6,3	193,7 x 5,6	160 x 6,3	193,7 x 6,3	180 x 6,3	193,7 x 8,0	180 x 8,0	219,1 x 6,3
5000	160 x 8,0	193,7 x 6,3	180 x 6,3	219,1 x 6,3	180 x 8,0	219,1 x 7,1	200 x 8,0	244,5 x 6,3
Erforderliches Holmprofil für schwere Treppenausführung								
2500	100 x 5,0	114,3 x 5,6	120 x 4,5	133,0 x 4,0	120 x 4,5	133,0 x 5,6	120 x 5,6	139,7 x 5,6
3000	120 x 5,6	139,7 x 5,6	120 x 6,3	159,0 x 4,5	140 x 5,6	159,0 x 5,6	140 x 7,1	168,3 x 5,6
3500	140 x 5,6	159 x 5,6	140 x 7,1	168,3 x 5,6	160 x 6,3	168,3 x 7,1	160 x 6,3	193,7 x 5,6
4000	160 x 6,3	168,3 x 7,1	160 x 6,3	193,7 x 5,6	160 x 8,0	193,7 x 7,1	180 x 6,3	219,1 x 6,3
4500	160 x 8,0	193,7 x 6,3	180 x 6,3	219,1 x 6,3	180 x 8,0	219,1 x 7,1	200 x 6,3	244,5 x 6,3
5000	180 x 6,3	219,1 x 6,3	200 x 6,3	219,1 x 7,1	200 x 8,0	244,5 x 6,3	200 x 10	244,5 x 8,0

Ausführung von Spindeltreppen

Stahlinformationszentrum Merkblatt 355: 1996

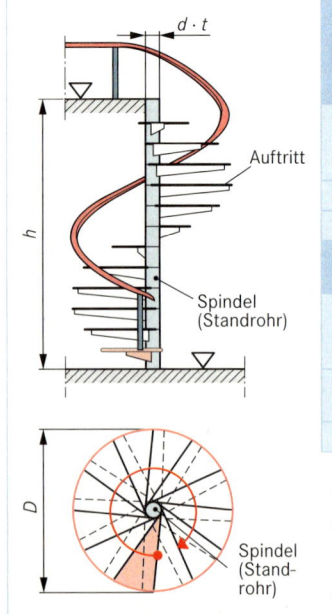

Treppenspindel-höhe h in mm	Erforderliches Spindel-Rohr DIN 2448 für leichte Treppenausführung und Aufstellung in Wohngebäuden					
	Treppendurchmesser D in mm					
	1200	1400	1600	1800	2000	2200
2500 bis 4500	101,6 x 4,5	101,6 x 4,5	101,6 x 4,5	101,6 x 4,5	114,3 x 4,5	114,3 x 4,5
5000				101,6 x 4,5	114,3 x 4,5	133,0 x 5,6
5500				114,3 x 4,5	133,0 x 5,6	
	Erforderliches Spindel-Rohr DIN 2448 für leichte Treppenausführung und Aufstellung in öffentlichen Gebäuden					
2500 bis 4000	101,6 x 4,5	101,6 x 4,5	101,6 x 4,5	101,6 x 4,5	114,3 x 4,5	133,0 x 5,6
4500 5000				114,3 x 4,5	133,0 x 5,6	
5500			114,3 x 4,5			

D: Treppendurchmesser in mm
d: Spindelrohraußendurchmesser in mm
t: Spindelrohrwanddicke in mm
h: Spindelrohr-(Stockwerk-)höhe in mm

Gebäudetreppen
Stairs in buildings

Trittstufen aus Gitterrost

DIN 24 531-1: 2006-04

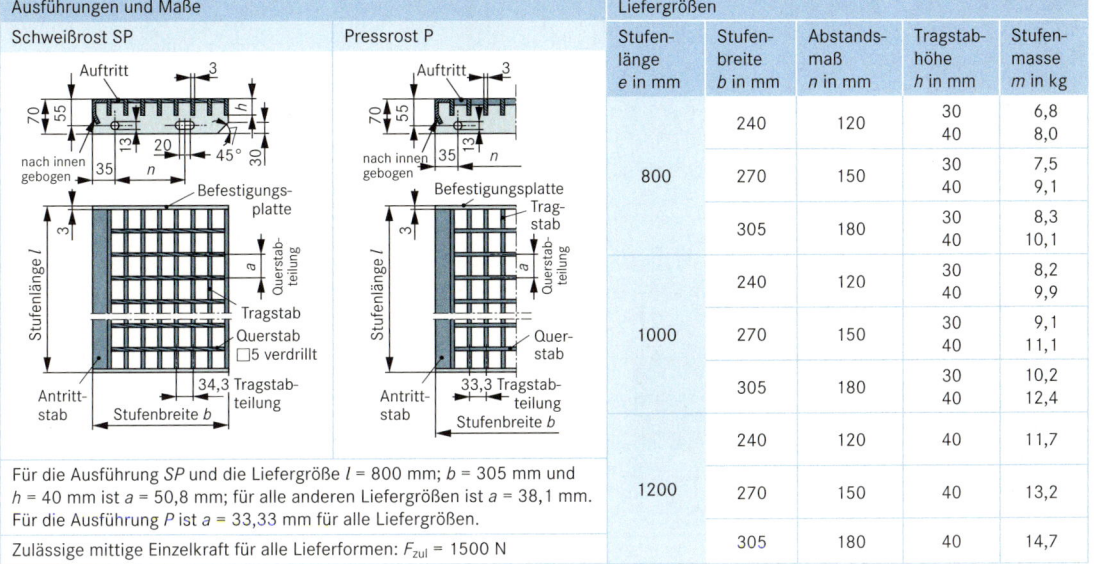

Liefergrößen				
Stufen-länge e in mm	Stufen-breite b in mm	Abstands-maß n in mm	Tragstab-höhe h in mm	Stufen-masse m in kg
800	240	120	30	6,8
			40	8,0
	270	150	30	7,5
			40	9,1
	305	180	30	8,3
			40	10,1
1000	240	120	30	8,2
			40	9,9
	270	150	30	9,1
			40	11,1
	305	180	30	10,2
			40	12,4
1200	240	120	40	11,7
	270	150	40	13,2
	305	180	40	14,7

Für die Ausführung SP und die Liefergröße l = 800 mm; b = 305 mm und h = 40 mm ist a = 50,8 mm; für alle anderen Liefergrößen ist a = 38,1 mm. Für die Ausführung P ist a = 33,33 mm für alle Liefergrößen.
Zulässige mittige Einzelkraft für alle Lieferformen: F_{zul} = 1500 N

Trittstufenbezeichnung

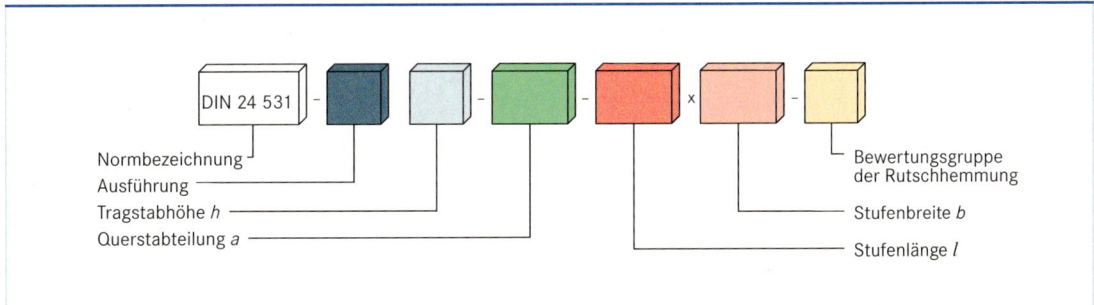

Bezeichnung einer Trittstufe aus Gitterrost, Ausführung SP; Tragstabhöhe h = 40 mm; Querstabteilung a = 38,1 mm; Stufenlänge l = 800 mm; Stufenbreite b = 240 mm; in besonders rutschhemmender Ausführung, z. B. R11.

Trittstufe DIN 24 531– SP 40 – 38,1 – 800 x 240 – R11

Holztrittstufen

Arbeitsgemeinschaft Holz e. V.

Stufenwerkstoff	Stufendicke		Stufenlängen l in mm									
			800		900		1000		1100		1200	
			Stufenbreite b in mm									
			240	300	240	300	240	300	240	300	240	300
Nadelholz Güteklasse II; DIN 4074 z. B. Fichte, Kiefer	Stufenmindestdicke t	in mm	32	30	35	32	37	35	40	37	42	39
	empfohlene Stufendicke t	in mm	40	40	45	45	45	45	50	50	55	55
Hartholz mittlerer Güte: Eiche, Buche	Stufenmindestdicke t	in mm	30	28	32	30	35	32	37	34	39	37
	empfohlene Stufendicke t	in mm	40	40	45	45	45	45	50	50	55	55
Bau-Furnierplatten (BFU) DIN 68 705	Stufenmindestdicke t	in mm	36	34	39	36	42	39	45	42	48	44
	empfohlene Stufendicke t	in mm	40	40	45	45	45	45	50	50	55	55

Geländer in Wohngebäuden und öffentlichen Gebäuden
Railings in residential and public buildings

DIN 18 065: 2000-01

Geländerbauteile und -Maße

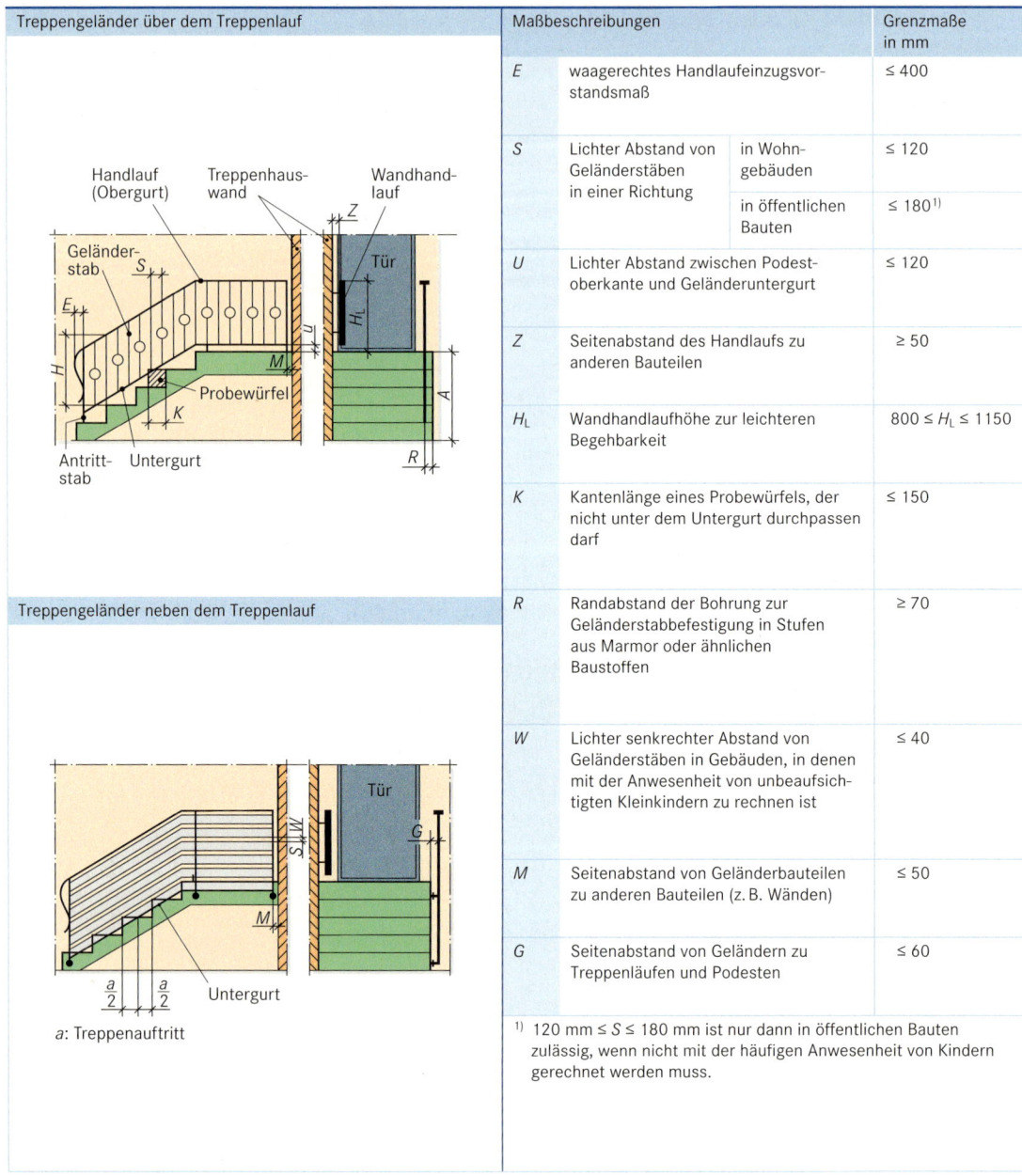

Maßbeschreibungen			Grenzmaße in mm
E	waagerechtes Handlaufeinzugsvorstandsmaß		≤ 400
S	Lichter Abstand von Geländerstäben in einer Richtung	in Wohngebäuden	≤ 120
		in öffentlichen Bauten	≤ 180[1]
U	Lichter Abstand zwischen Podestoberkante und Geländeruntergurt		≤ 120
Z	Seitenabstand des Handlaufs zu anderen Bauteilen		≥ 50
H_L	Wandhandlaufhöhe zur leichteren Begehbarkeit		$800 ≤ H_L ≤ 1150$
K	Kantenlänge eines Probewürfels, der nicht unter dem Untergurt durchpassen darf		≤ 150
R	Randabstand der Bohrung zur Geländerstabbefestigung in Stufen aus Marmor oder ähnlichen Baustoffen		≥ 70
W	Lichter senkrechter Abstand von Geländerstäben in Gebäuden, in denen mit der Anwesenheit von unbeaufsichtigten Kleinkindern zu rechnen ist		≤ 40
M	Seitenabstand von Geländerbauteilen zu anderen Bauteilen (z. B. Wänden)		≤ 50
G	Seitenabstand von Geländern zu Treppenläufen und Podesten		≤ 60

[1] 120 mm ≤ S ≤ 180 mm ist nur dann in öffentlichen Bauten zulässig, wenn nicht mit der häufigen Anwesenheit von Kindern gerechnet werden muss.

Treppengeländerhöhe H

Absturzhöhe A	Gebäudeart	Geländerhöhe H in mm
$A ≤ 12$ m	Wohngebäude und andere Gebäude, die nicht der Arbeitsstättenverordnung unterliegen	$H ≥ 900$
$A ≤ 12$ m	Arbeitsstätten (nach Vorschriften des Arbeitsschutzrechtes)	$H ≥ 1000$
$A > 12$ m	alle Gebäudearten	$H ≥ 1100$

Geländer in Wohngebäuden und öffentlichen Gebäuden
Railings in residential and public buildings

Ermittlung der Beanspruchung von Geländerpfosten

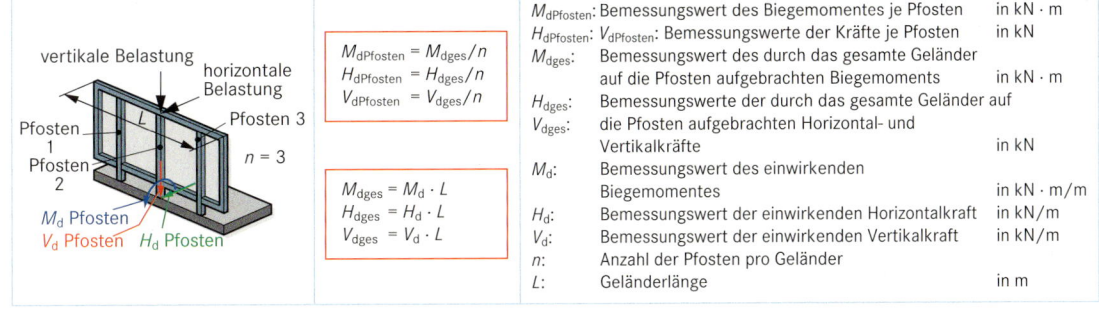

$M_{dPfosten} = M_{dges}/n$
$H_{dPfosten} = H_{dges}/n$
$V_{dPfosten} = V_{dges}/n$

$M_{dges} = M_d \cdot L$
$H_{dges} = H_d \cdot L$
$V_{dges} = V_d \cdot L$

$M_{dPfosten}$: Bemessungswert des Biegemomentes je Pfosten — in kN · m
$H_{dPfosten}$, $V_{dPfosten}$: Bemessungswerte der Kräfte je Pfosten — in kN
M_{dges}: Bemessungswert des durch das gesamte Geländer auf die Pfosten aufgebrachten Biegemoments — in kN · m
H_{dges}, V_{dges}: Bemessungswerte der durch das gesamte Geländer auf die Pfosten aufgebrachten Horizontal- und Vertikalkräfte — in kN
M_d: Bemessungswert des einwirkenden Biegemomentes — in kN · m/m
H_d: Bemessungswert der einwirkenden Horizontalkraft — in kN/m
V_d: Bemessungswert der einwirkenden Vertikalkraft — in kN/m
n: Anzahl der Pfosten pro Geländer
L: Geländerlänge — in m

Bemessungswerte der einwirkenden Biegemomente und Kräfte bei Befestigung von oben an der Treppe oder am Balkon

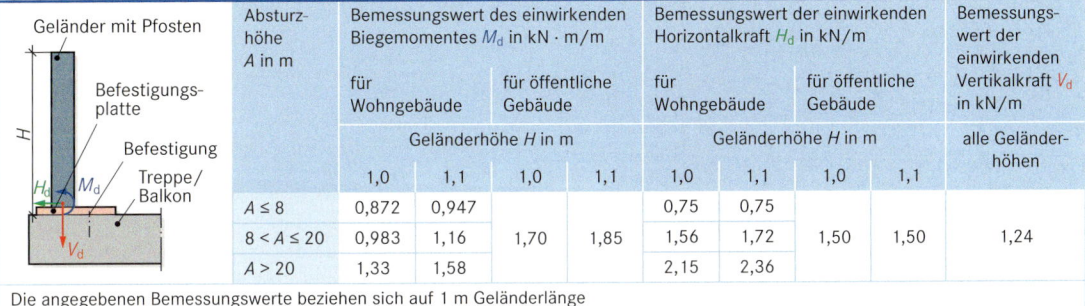

Absturzhöhe A in m	Bemessungswert des einwirkenden Biegemomentes M_d in kN · m/m				Bemessungswert der einwirkenden Horizontalkraft H_d in kN/m				Bemessungswert der einwirkenden Vertikalkraft V_d in kN/m
	für Wohngebäude		für öffentliche Gebäude		für Wohngebäude		für öffentliche Gebäude		
	Geländerhöhe H in m				Geländerhöhe H in m				alle Geländerhöhen
	1,0	1,1	1,0	1,1	1,0	1,1	1,0	1,1	
$A \leq 8$	0,872	0,947			0,75	0,75			
$8 < A \leq 20$	0,983	1,16	1,70	1,85	1,56	1,72	1,50	1,50	1,24
$A > 20$	1,33	1,58			2,15	2,36			

Die angegebenen Bemessungswerte beziehen sich auf 1 m Geländerlänge

Bemessungswerte der einwirkenden Biegemomente und Kräfte bei Befestigung von der Seite an der Treppe oder am Balkon

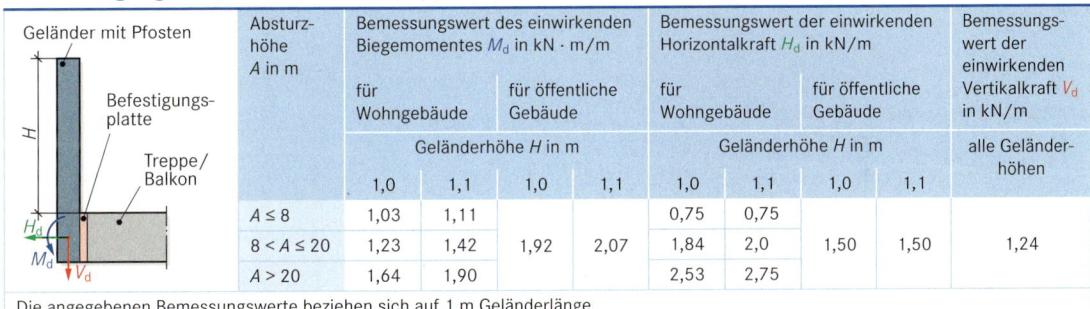

Absturzhöhe A in m	Bemessungswert des einwirkenden Biegemomentes M_d in kN · m/m				Bemessungswert der einwirkenden Horizontalkraft H_d in kN/m				Bemessungswert der einwirkenden Vertikalkraft V_d in kN/m
	für Wohngebäude		für öffentliche Gebäude		für Wohngebäude		für öffentliche Gebäude		
	Geländerhöhe H in m				Geländerhöhe H in m				alle Geländerhöhen
	1,0	1,1	1,0	1,1	1,0	1,1	1,0	1,1	
$A \leq 8$	1,03	1,11			0,75	0,75			
$8 < A \leq 20$	1,23	1,42	1,92	2,07	1,84	2,0	1,50	1,50	1,24
$A > 20$	1,64	1,90			2,53	2,75			

Die angegebenen Bemessungswerte beziehen sich auf 1 m Geländerlänge

Bemessungswerte der einwirkenden Biegemomente und Kräfte bei Befestigung von unten an der Treppe oder am Balkon

Absturzhöhe A in m	Bemessungswert des einwirkenden Biegemomentes M_d in kN · m/m				Bemessungswert der einwirkenden Horizontalkraft H_d in kN/m				Bemessungswert der einwirkenden Vertikalkraft V_d in kN/m
	für Wohngebäude		für öffentliche Gebäude		für Wohngebäude		für öffentliche Gebäude		
	Geländerhöhe H in m				Geländerhöhe H in m				alle Geländerhöhen
	1,0	1,1	1,0	1,1	1,0	1,1	1,0	1,1	
$A \leq 8$	1,32	1,39		2,44	0,75	0,75		1,50	
$8 < A \leq 20$	1,66	1,87	2,29		2,03	2,18	1,50		1,24
$A > 20$	2,16	2,45		2,45	2,79	3,0		3,0	

Die angegebenen Bemessungswerte beziehen sich auf 1 m Geländerlänge

Treppen und Geländer

Geländer in Wohngebäuden und öffentlichen Gebäuden
Railings in residential and public buildings

Beanspruchbarkeit von angeschweißten und mit Laschen angeschraubten Geländerpfosten

Pfostenprofil	Profilabmessung		Beanspruchbarkeit $M_{R,d,\text{Pfosten}}$ in kN · m									
Flachstahl	Breite b in mm	Dicke t in mm	Pfostenwerkstoff und Streckgrenze $f_{y,k}$									
Fall 1: angeschweißt			allgemeiner Baustahl mit				Nichtrostender Stahl mit				Al-Legierung mit	
			$f_{y,k}$ = 240 N/mm²		$f_{y,k}$ = 360 N/mm²		$f_{y,k}$ = 190 N/mm²		$f_{y,k}$ = 220 N/mm²		$f_{y,k}$ = 190 N/mm²	
			angeschweißt	angeschraubt	angeschweißt	angeschraubt	angeschweißt	angeschraubt	angeschweißt	angeschraubt	angeschweißt	angeschraubt
	35	8	0,440	0,379	0,648	0,558	0,350	0,302	0,404	0,349	0,114	0,241
	40	8	0,572	0,512	0,836	0,748	0,456	0,408	0,526	0,471	0,145	0,320
	40	10	0,723	0,647	1,07	0,961	0,574	0,513	0,664	0,594	0,191	0,421
	45	10	0,914	0,837	1,35	1,24	0,726	0,665	0,839	0,769	0,240	0,541
Fall 2: angeschraubt	45	12	1,10	1,01	1,64	1,51	0,874	0,801	1,01	0,926	0,294	0,664
	50	8	0,884	0,824	1,27	1,19	0,708	0,660	0,815	0,759	0,218	0,500
	50	10	1,13	1,05	1,66	1,55	0,895	0,834	1,03	0,964	0,293	0,673
	50	12	1,36	1,27	2,02	1,89	1,08	1,00	1,25	1,16	0,361	0,830
	60	8	1,25	1,20	1,78	1,69	1,01	0,964	1,16	1,10	0,299	0,702
	60	10	1,61	1,54	2,36	2,25	1,28	1,22	1,48	1,41	0,412	0,967
	70	10	2,18	2,10	3,16	3,05	1,74	1,68	2,01	1,94	0,546	1,30
	70	12	2,65	2,56	3,91	3,78	2,11	2,03	2,43	2,35	0,691	1,64
Doppelter gleichschenkliger Winkel	Breite b in mm	Dicke t in mm										
	35	4	0,961	0,778	1,44	1,17	0,761	0,616	0,881	0,713	0,260	0,519
	35	4	1,17	0,939	1,76	1,41	0,928	0,744	1,07	0,861	0,317	0,626
	40	4	1,27	1,03	1,91	1,55	1,01	0,816	1,16	0,945	0,344	0,687
	40	5	1,55	1,25	2,33	1,88	1,23	0,99	1,42	1,15	0,421	0,833
	50	5	2,48	2,04	3,72	3,05	1,96	1,61	2,27	1,87	0,672	1,36
	60	5	3,63	3,04	5,44	4,56	2,87	2,41	3,32	2,79	0,982	2,03
Befestigung nach Fall 1 oder 2	65	6	5,07	4,27	7,60	6,40	4,01	3,38	4,65	3,91	1,37	2,85
	70	6	5,91	5,03	8,87	7,54	4,68	3,98	5,42	4,61	1,60	3,35
Doppelter ungleichschenkliger Winkel	Breiten in mm b_1 b_2	Dicke t in mm										
	40 20	4	1,09	1,08	1,63	1,63	0,862	0,858	0,998	0,993	0,295	0,722
	45 30	4	1,52	1,40	2,28	2,10	1,20	1,11	1,39	1,28	0,411	0,933
	45 30	5	1,85	1,71	2,78	2,58	1,47	1,35	1,7	1,56	0,502	1,14
	50 40	5	2,41	2,12	3,62	3,18	1,91	1,68	2,21	1,95	0,653	1,42
	60 30	5	3,12	2,97	4,68	4,46	2,47	2,35	2,86	2,73	0,845	1,98
	60 30	7	4,21	4,00	6,31	6,00	3,33	3,17	3,86	3,67	1,14	2,67
Befestigung nach Fall 1 oder 2	60 40	5	3,40	3,10	5,09	4,66	2,69	2,46	3,11	2,85	0,919	2,07
	60 40	6	4,00	3,65	6,00	5,48	3,17	2,89	3,67	3,35	1,08	2,44
T-Profil	Breite b in mm	Dicke t in mm										
	35	4,5	0,532	0,338	0,793	0,504	0,422	0,268	0,488	0,310	0,142	0,222
	40	5	0,775	0,528	1,16	0,787	0,615	0,419	0,711	1,484	0,207	0,347
	50	6	1,46	1,09	2,18	1,63	1,16	0,862	1,34	0,998	0,392	0,718
Bef. n. Fall 1 oder 2	60	7	2,47	1,94	3,69	2,9	1,95	1,54	2,26	1,78	0,663	1,28

Für einbetonierte Pfosten gelten die gleichen Werte wie für angeschweißte Pfosten.
Die nach diesen Tabellen gewählten Profile ertragen zusätzlich zum Biegemoment auch die auftretenden Kräfte $H_d + V_d$.

Geländer in Wohngebäuden und öffentlichen Gebäuden
Railings in residential and public buildings

Beanspruchbarkeit von angeschweißten und mit Laschen angeschraubten Geländerpfosten

Pfostenprofil	Profilabmessung		Beanspruchbarkeit $M_{R,d,Pfosten}$ in kN·m									
Quadratrohr	Breite	Dicke	Pfostenwerkstoff und Streckgrenze $f_{y,k}$									
Fall 1: angeschweißt	b	t	allgemeiner Baustahl mit				Nichtrostender Stahl mit				Al-Legierung mit	
	in mm	in mm	$f_{y,k}$ = 240 N/mm²		$f_{y,k}$ = 360 N/mm²		$f_{y,k}$ = 190 N/mm²		$f_{y,k}$ = 220 N/mm²		$f_{y,k}$ = 190 N/mm²	
			ange-schweißt	ange-schraubt	ange-schweißt	ange-schraubt	ange-schweißt	ange-schraubt	ange-schweißt	ange-schraubt	ange-schweißt	ange-schraubt
Fall 2: angeschraubt	30	2	(0,514)[1]	0,4777	(0,771)	0,716	(0,407)	0,378	(0,471)	0,437	(0,139)	0,318
	30	3	0,719	0,663	1,08	0,995	0,569	0,525	0,659	0,608	0,195	0,442
	35	2	(0,714)	0,677	(1,07)	1,02	(0,565)	0,536	(0,654)	0,620	(0,193)	0,451
	35	3	1,01	0,953	1,51	1,43	0,798	0,754	0,924	0,874	0,273	0,635
	40	2	(0,946)	0,909	(1,42)	1,36	(0,749)	0,720	(0,867)	0,833	(0,256)	0,606
	40	3,2	1,42	1,36	2,13	2,04	1,13	1,08	1,30	1,25	0,385	0,909
	45	2	(1,21)	1,17	(1,82)	1,76	(0,959)	0,93	(1,11)	1,08	(0,328)	0,783
	45	3	1,73	1,68	2,60	2,52	1,37	1,33	1,59	1,54	0,470	1,12
	50	2	(1,51)	1,47	(2,26)	2,21	(1,19)	1,17	(1,38)	1,35	(0,408)	0,981
	50	3	2,17	2,12	3,26	3,17	1,72	1,68	1,99	1,94	0,588	1,41
	50	4	2,78	2,70	4,17	4,05	2,20	2,14	2,55	2,48	0,752	1,80
Rechteckrohr	Breiten in mm	Dicke										
	b_1 b_2	t in mm										
	40 20	2	(0,614)	0,578	(0,922)	0,866	(0,486)	0,457	(0,563)	0,529	(0,166)	0,385
	40 20	2,6	(0,768)	0,720	(1,15)	1,08	(0,608)	0,570	(0,704)	0,660	(0,208)	0,480
	50 20	2	(0,881)	0,844	(1,32)	1,27	(0,697)	0,668	(0,807)	0,773	(0,236)	0,562
	50 20	3	1,25	1,19	1,87	1,79	0,989	0,945	1,14	1,09	0,338	0,796
	50 25	2	(0,985)	0,948	(1,48)	1,42	(0,78)	0,751	(0,903)	0,869	(0,267)	0,632
	50 25	3	1,40	1,35	2,10	2,02	1,11	1,07	1,29	1,24	0,380	0,898
	60 20	2	(1,19)	1,15	(1,79)	1,73	(0,942)	0,913	(1,09)	1,06	(0,322)	0,769
	60 20	3	1,70	1,65	2,55	2,47	1,35	1,30	1,56	1,51	0,460	1,10
	60 25	2	(1,32)	1,28	(1,98)	1,92	(1,04)	1,01	(1,21)	1,17	(0,356)	0,853
	60 25	3	1,89	1,83	2,83	2,75	1,49	1,45	1,73	1,68	0,511	1,22
	60 30	2	(1,44)	1,41	(2,17)	2,11	(1,14)	1,11	(1,32)	1,29	(0,391)	0,938
	60 30	3	2,07	2,02	3,11	3,03	1,64	1,60	1,90	1,85	0,561	1,35
	60 30	4	2,65	2,57	3,97	3,86	2,09	2,04	2,43	2,36	0,716	1,71
Rundrohr	Breite b in mm	Dicke t in mm										
	26,9	2,65	(0,341)	0,293	(0,512)	0,439	(0,270)	0,232	(0,313)	0,268	(0,092)	0,195
	33,7	3,25	0,660	0,0600	0,990	0,900	0,522	0,475	0,605	0,550	0,179	0,400
	42,4	3,25	1,09	1,03	1,63	1,54	0,862	0,815	0,999	0,944	0,295	0,686
	48,3	3,25	1,44	1,38	2,16	2,07	1,14	1,09	1,32	1,27	0,390	0,921

Für einbetonierte Pfosten gelten die gleichen Werte wie für angeschweißte Pfosten.
[1] Die Werte in Klammern gelten nur für einbetonierte Pfosten, weil diese Profile mit t < 3 mm nicht angeschweißt werden dürfen.

Treppen und Geländer

Geländer in Wohngebäuden und öffentlichen Gebäuden
Railings in residential and public buildings

Beanspruchbarkeit von direkt angeschraubten Geländerpfosten

Pfostenprofil	Profilabmessung		Beanspruchbarkeit $M_{R,d,Pfosten}$ in kN · m				
	Breite b in mm	Dicke t in mm	Pfostenwerkstoff und Streckgrenze $f_{y,k}$				
			allgemeiner Baustahl mit		Nichtrostender Stahl mit		Al-Legierung mit
			$f_{y,k}$ = 240 N/mm²	$f_{y,k}$ = 360 N/mm²	$f_{y,k}$ = 190 N/mm²	$f_{y,k}$ = 220 N/mm²	$f_{y,k}$ = 190 N/mm²
Doppelter gleichschenkliger Winkel	35	4	0,880	1,32	0,697	0,807	0,587
	35	5	1,07	1,60	0,845	0,978	0,711
	40	4	1,19	1,78	0,942	1,09	0,793
	40	5	1,45	2,17	1,15	1,33	0,966
	50	5	2,38	3,56	1,88	2,18	1,58
	60	5	3,52	5,28	2,79	3,23	2,35
	65	6	4,93	7,40	3,91	4,52	3,29
	70	6	5,78	8,67	4,57	5,30	3,85

Pfostenprofil	Breiten in mm b_1	b_2	Dicke t in mm					
Doppelter ungleichschenkliger Winkel	40	20	4	0,789	1,18	0,624	0,723	0,526
	45	30	4	1,28	1,91	1,01	1,17	0,85
	45	30	5	1,55	2,32	1,23	1,42	1,03
	50	40	5	2,18	3,27	1,73	2,00	1,45
	60	30	5	2,61	3,91	2,06	2,39	1,74
	60	30	7	3,48	5,22	2,76	3,19	2,32
	60	40	5	3,02	4,53	2,39	2,77	2,01
	60	40	6	3,55	5,33	2,81	3,26	2,37

Pfostenprofil	Breite b in mm	Dicke t in mm					
Quadratrohr	30	2	0,355	0,533	0,281	0,326	0,237
	30	3	0,489	0,733	0,387	0,448	0,326
	35	2	0,526	0,790	0,417	0,483	0,351
	35	3	0,736	1,10	0,583	0,675	0,491
	40	2	0,73	1,10	0,578	0,670	0,487
	40	3,2	1,09	1,63	0,861	0,997	0,725
	45	2	0,967	1,45	0,766	0,887	0,645
	45	3	1,38	2,07	1,09	1,26	0,918
	50	2	1,24	1,85	0,979	1,13	0,824
	50	3	1,77	2,66	1,40	1,62	1,18
	50	4	2,26	3,38	1,79	2,07	1,50

Pfostenprofil	Breiten in mm b_1	b_2	Dicke t in mm					
Rechteckrohr	40	20	2	0,399	0,598	0,316	0,366	0,266
	40	20	2,6	0,492	0,738	0,390	0,451	0,328
	50	20	2	0,608	0,912	0,482	0,558	0,406
	40	20	3	0,849	1,27	0,672	0,778	0,566
	40	25	3	1,00	1,50	0,794	0,919	0,669
	60	20	3	1,22	1,82	0,962	1,11	0,810
	60	25	3	1,40	2,10	1,11	1,29	0,935
	60	30	3	1,59	2,38	1,26	1,46	1,06
	60	30	4	2,01	3,02	1,59	1,84	1,34
	70	30	3	2,09	3,13	1,65	1,91	1,39

Geländer in Wohngebäuden und öffentlichen Gebäuden
Railings in residential and public buildings

Beanspruchbarkeit von Befestigungsplatten bei Befestigung von oben oder von unten an der Treppe oder Balkonplatte

Breite der Befestigungsplatte b in mm	Beanspruchbarkeit $M_{R,d}$ in kN · m													
	Plattenwerkstoff und Streckgrenze $f_{y,k}$													
	allgemeiner Baustahl mit $f_{y,k}$ = 240 N/mm²					nichtrostender Stahl mit $f_{y,k}$ = 220 N/mm²					Aluminiumlegierung mit $f_{y,k}$ = 160 N/mm²				
	Blechdicke t in mm					Blechdicke t in mm					Blechdicke t in mm				
	10	12	15	18	20	10	12	15	18	20	10	12	15	18	20
80	0,218	0,314	0,491	0,707	0,873	0,20	0,288	0,45	0,648	0,80	0,145	0,209	0,327	0,471	0,582
100	0,291	0,419	0,655	0,943	1,16	0,267	0,384	0,60	0,864	1,07	0,194	0,279	0,436	0,628	0,776
120	0,364	0,524	0,818	1,18	1,45	0,333	0,48	0,75	1,08	1,33	0,242	0,349	0,545	0,785	0,97
150	0,473	0,681	1,06	1,53	1,89	0,433	0,624	0,975	1,40	1,73	0,315	0,454	0,709	1,02	1,26
180	0,582	0,838	1,31	1,89	2,33	0,533	0,768	1,20	1,73	2,13	0,388	0,559	0,873	1,26	1,55

Erforderliche Nahtdicken a_{werf} für unmittelbar an der Befestigungsplatte verschweißte Geländerpfosten

Profilart	Flach-, Winkel-, und T-Profile								Rundprofil		Hohlprofile	
Maße												
Profildicke t in mm	4	4,5	5	6	7	8	10	12	16	20	beliebig	
a_{werf} in mm	3,5	4	4	5	5,5	6,5	8	9,5	4	5	$a_{werf} = t$; $t_{min} = 3$	

Beanspruchbarkeit von Befestigungsplatten bei Befestigung von der Seite an der Treppe oder Balkonplatte

$a \geq b/2$; $h \geq b/2$

Breite der Befestigungsplatte b in mm	Beanspruchbarkeit $M_{R,d}$ in kN · m													
	Plattenwerkstoff und Streckgrenze $f_{y,k}$													
	allgemeiner Baustahl mit $f_{y,k}$ = 240 N/mm²					nichtrostender Stahl mit $f_{y,k}$ = 220 N/mm²					Aluminiumlegierung mit $f_{y,k}$ = 160 N/mm²				
	Blechdicke t_B in mm					Blechdicke t_B in mm					Blechdicke t_B in mm				
	10	12	15	18	20	10	12	15	18	20	10	12	15	18	20
80	0,549	0,79	1,23	1,78	2,20	0,503	0,724	1,13	1,63	2,01	0,149	0,214	0,334	0,482	0,595
100	0,676	0,974	1,52	2,19	2,71	0,62	0,893	1,40	2,01	2,48	0,183	0,264	0,412	0,594	0,733
120	0,801	1,15	1,80	2,59	3,20	0,734	1,06	1,65	2,38	2,94	0,217	0,312	0,488	0,703	0,867
160	1,04	1,50	2,34	3,37	4,16	0,952	1,37	2,14	3,09	3,81	0,281	0,405	0,633	0,912	1,13
180	1,15	1,66	2,59	3,74	4,61	1,06	1,52	2,38	3,43	4,23	0,312	0,45	0,703	1,01	1,25
200	1,26	1,82	2,85	4,10	5,06	1,16	1,67	2,61	3,76	4,64	0,343	0,493	0,771	1,11	1,37
240	1,48	2,13	3,33	4,79	5,92	1,36	1,95	3,05	4,39	5,42	0,401	0,577	0,901	1,30	1,60
280	1,68	2,42	3,79	5,45	6,73	1,54	2,22	3,47	5,00	6,17	0,456	0,656	1,03	1,48	1,82

Beanspruchbarkeit von geschweißten Anschlusslaschen bei Befestigung von der Seite an der Treppe oder Balkonplatte

Laschendicke $t_L = 2 \cdot a_w$

[1]) Anstatt mit Doppelkehlnaht ist auch ein Verschweißen mit V- oder K-Naht möglich

Nahtlänge l_w in mm	Beanspruchbarkeit $M_{R,d}$ in kN · m												
	Werkstoff der Anschlussbauteile und Streckgrenze $f_{y,k}$												
	allgemeiner Baustahl mit					nichtrostender Stahl mit				Aluminiumlegierung mit $f_{y,k}$ = 160 N/mm²		
	$f_{y,k}$ = 240 N/mm²		$f_{y,k}$ = 360 N/mm²			$f_{y,k}$ = 190 N/mm²		$f_{y,k}$ = 220 N/mm²				
	Nahtdicke a_w in mm					Nahtdicke a_w in mm				Nahtdicke a_w in mm		
	3	4	5	3	4	5	3	4	5	3	3	4	5
30	0,156	0,208	0,26	0,234	0,312	0,39	0,123	0,164	0,206	0,143	0,19	0,238	0,052	0,07	0,0878
50	0,431	0,575	0,718	0,646	0,862	1,08	0,341	0,455	0,569	0,395	0,527	0,658	0,146	0,194	0,243
70	0,84	1,12	1,40	1,26	1,68	2,10	0,665	0,887	1,11	0,77	1,03	1,28	0,284	0,379	0,474
100	1,70	2,27	2,84	2,55	3,41	4,26	1,35	1,80	2,25	1,56	2,08	2,6	0,576	0,768	0,961
120	2,44	3,25	4,07	3,66	4,88	6,10	1,93	2,58	3,22	2,24	2,98	3,73	0,826	1,10	1,38

Treppen und Geländer

Geländer in Wohngebäuden und öffentlichen Gebäuden
Railings in residential and public buildings

Beanspruchbarkeit von angeschraubten Anschlusslaschen bei Befestigung von der Seite an der Treppe oder Balkonplatte

Verbindungsart: 1-einschnittig 2-zweischnittig	Schraubenabstand e in mm	Beanspruchbarkeit $M_{R,d}$ in kN · m												
		Zugfestigkeit des Schraubenwerkstoffes $f_{U,B}$ in N/mm²											
		400				500				1000			
		Streckgrenze des Werkstoffes der Anschlussbauteile $f_{y,k}$ in N/mm²											
		240	360	190	220	160	240	360	190	220	160	240	360	190	220	160
		Mindestdicke der Anschlusslaschen t_L in mm											
		3,4	2,3	4,3	3,7	5,1	4,2	2,8	5,3	4,6	6,3	8,5	5,6	11	9,2	13
1	40					0,695					0,869					1,74
2	40					1,39					1,74					3,48
1	60					1,06					1,32					2,65
2	60					2,12					2,65					5,3
1	80					1,43					1,79					3,59
2	80					2,87					3,59					7,17
1	100					1,82					2,28					4,56
2	100					3,65					4,56					9,11
1	120					2,22					2,78					5,56
2	120					4,45					5,56					11,1
1	140					2,64					3,30					6,59
2	140					5,27					6,59					13,2

Beanspruchbarkeit von formschlüssigen Dübelbefestigungen bei Befestigung von oben an der Balkonplatte

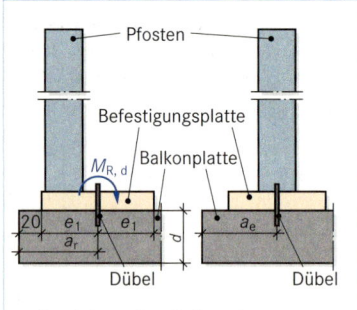

Abstand e_1 in mm	Randabstand a_r in mm	Beanspruchbarkeit pro Dübel $M_{R,d}$ in kN · m				
		Dübeltyp				
		1	2	3	4	5
		Mindestabstände a_e und Mindestbalkenplattendicken d				
		$a_e \geq 70$ mm $d \geq 110$ mm	$a_e \geq 90$ mm $d \geq 130$ mm	$a_e \geq 120$ mm $d \geq 150$ mm	$a_e \geq 150$ mm $d \geq 200$ mm	$a_e \geq 200$ mm $d \geq 250$ mm
40	60	0,15	0,19	–	–	–
60	80	0,22	0,35	0,50	–	–
80	100	0,29	0,48	0,77	1,04	–
100	120	0,37	0,60	0,99	1,46	–
120	140	0,44	0,71	1,16	1,90	2,26
140	160	0,52	0,82	1,32	2,25	2,68

a_r: Randabstand zur Balkonplattenvorderkante in mm
a_e: Seitenabstand zum Balkonplattenrand in mm
e_1: Abstand der Befestigungsbohrung zur Vorder- und Hinterkante der Befestigungsplatte in mm
d: Dicke der Balkonplatte in mm

Dübeltyp	Dübelbeispiele		
	Fischer Zykon-Bolzenanker FZA	Fischer Zykon-Durchsteckanker FZA-D	Fischer Zykon-Innengewindeanker FZA-I
1	12 x 50 M8	12 x 60 M8 D/10;	12 x 50 M6 I
2	14 x 60 M10	14 x 80 M10 D/20; 12 x 80 M8 D/30 14 x 100 M10 D/40	14 x 60 M10 I
3	18 x 80 M12	18 x 100 M12 D/20; 18 x130 M12 D/50	18 x 80 M10 I
4	22 x 100 M16	22 x 125 M16 D/25	22 x 100 M12 I
5	22 x 125 M16	–	22 x 125 M12 I

Geländer in Wohngebäuden und öffentlichen Gebäuden
Railings in residential and public buildings

Beanspruchbarkeit von formschlüssigen Dübelbefestigungen bei Befestigung von der Seite an der Balkonplatte

Abstand e_1 in mm	Dicke der Balkonplatte d in mm	Beanspruchbarkeit pro Dübelpaar $M_{R,d}$ in kN·m — Dübeltyp 1 $a=100$, $a_e \geq 130$	Dübeltyp 1 $a=150$, $a_e \geq 130$	Dübeltyp 2 $a=100$, $a_e \geq 130$	Dübeltyp 2 $a=150$, $a_e \geq 130$	Dübeltyp 3 $a=100$, $a_e \geq 130$	Dübeltyp 3 $a=150$, $a_e \geq 130$	Dübeltyp 4 $a=100$, $a_e \geq 130$	Dübeltyp 4 $a=150$, $a_e \geq 130$	Dübeltyp 5 $a=150$, $a_e \geq 160$
40	120	0,21	0,25	0,22	0,26	–	–	–	–	–
60	160	0,41	0,41	0,48	0,54	0,52	0,60	–	–	–
80	200	0,54	0,54	0,72	0,85	0,91	1,04	1,0	1,15	–
100	240	0,65	0,65	0,88	1,04	1,39	1,60	1,55	1,76	–
120	280	0,77	0,77	1,03	1,22	1,64	1,88	2,09	2,38	2,41
140	320	0,88	0,88	1,18	1,39	1,87	2,14	2,50	2,82	3,25

a: Schraubenabstand in mm
a_e: Seitenabstand zum Rand der Balkonplatte in mm
e_1: Dübelabstand zum Rand der Befestigungsplatte in mm
d: Balkonplattendicke in mm

Beanspruchbarkeit von formschlüssigen Dübelbefestigungen bei Befestigung von unten an der Balkonplatte

Abstand e_1 in mm	Randabstand a_r in mm	Beanspruchbarkeit pro Dübel $M_{R,d}$ in kN·m — Dübeltyp 1 $a_e \geq 70$, $d \geq 110$	Dübeltyp 2 $a_e \geq 90$, $d \geq 130$	Dübeltyp 3 $a_e \geq 110$, $d \geq 150$	Dübeltyp 4 $a_e \geq 150$, $d \geq 200$	Dübeltyp 5 $a_e \geq 70$, $d \geq 250$
40	60	0,10	0,15	–	–	–
60	80	0,15	0,29	0,42	–	–
80	100	0,2	0,38	0,66	0,95	–
100	120	0,25	0,48	0,88	1,36	–
120	140	0,31	0,57	1,02	1,79	2,19
140	160	0,36	0,68	1,19	2,13	2,58

a_r: Randabstand zur Balkonvorderkante in mm
a_e: Seitenabstand zum Balkonplattenrand in mm
e_1: Abstand der Befestigungsbohrung zur Hinterkante der Befestigungsplatte in mm
d: Dicke der Balkonplatte in mm

Dübeltyp	Dübelbeispiele Fischer Zykon-Bolzenanker FZA	Fischer Zykon-Durchsteckanker FZA-D	Fischer Zykon-Innengewindeanker FZA-I
1	12 x 50 M8	12 x 60 M8 D/10; 12 x 80 M8 D/30	12 x 50 M6 I
2	14 x 60 M10	14 x 80 M10 D/20; 14 x 100 M10 D/40	14 x 60 M10 I
3	18 x 80 M12	18 x 100 M12 D/20; 18 x 130 M12 D/50	18 x 80 M10 I
4	22 x 100 M16	22 x 125 M16 D/25	22 x 100 M12 I
5	22 x 125 M16	–	22 x 125 M12 I

Geländer in Wohngebäuden und öffentlichen Gebäuden
Railings in residential and public buildings

Beanspruchbarkeit von stoffschlüssigen Dübelbefestigungen (Verbundanker) bei Befestigung von oben an der Balkonplatte

Abstand e_1 in mm	Randabstand a_r in mm	Beanspruchbarkeit pro Dübel $M_{R,d}$ in kN · m — Fischer Combi-Reaktionsanker FCR			
		M10 x 60	M12 x 80	M12 x 100	M16 x 125
		Mindestabstände a_e und Mindestplattendicken d in mm			
		$a_e \geq 100$ / $d \geq 130$	$a_e \geq 110$ / $d \geq 150$	$a_e \geq 140$ / $d \geq 200$	$a_e \geq 200$ / $d \geq 200$
40	60	0,17	–	–	–
60	80	0,26	0,45	–	–
80	100	0,34	0,60	0,87	–
100	120	0,43	0,75	1,12	–
120	140	0,51	0,90	1,34	1,94
140	160	0,60	1,04	1,56	2,26

a_r: Randabstand zur Balkonvorderkante in mm
a_e: Seitenabstand zum Balkonplattenrand in mm
e_1: Abstand der Befestigungsbohrung zur Hinterkante der Befestigungsplatte in mm
d: Dicke der Balkonplatte in mm

Beanspruchbarkeit von stoffschlüssigen Dübelbefestigungen (Verbundanker) bei Befestigung von der Seite an der Balkonplatte

Abstand e_1 in mm	Dicke der Balkonplatte d in mm	Beanspruchbarkeit pro Dübelpaar $M_{R,d}$ in kN · m — Fischer Combi-Reaktionsanker FCR							
		M10 x 60		M12 x 80		M12 x 100		M16 x 125	
		Mindestabstände a und a_e in mm							
		$a=100$ $a_e \geq 120$	$a=150$ $a_e \geq 120$	$a=100$ $a_e \geq 120$	$a=150$ $a_e \geq 120$	$a=100$ $a_e \geq 130$	$a=150$ $a_e \geq 130$	$a=100$ $a_e \geq 160$	$a=150$ $a_e \geq 160$
40	120	0,19	0,22	–	–	–	–	–	–
60	160	0,42	0,48	0,46	0,53	–	–	–	–
80	200	0,63	0,63	0,80	0,91	0,84	0,95	–	–
100	240	0,77	0,77	1,22	1,32	1,29	1,47	–	–
120	280	0,90	0,90	1,54	1,54	1,74	1,98	2,03	–
140	320	1,03	1,03	1,76	1,76	2,16	2,44	2,76	–

a: Schraubenabstand in mm
a_e: Seitenabstand zum Rand in mm
e_1: Dübelabstand zum Rand in mm
d: Balkonplattendicke in mm

Beanspruchbarkeit von stoffschlüssigen Dübelbefestigungen (Verbundanker) bei Befestigung von unten an der Balkonplatte

Abstand e_1 in mm	Randabstand a_r in mm	Beanspruchbarkeit pro Dübel $M_{R,d}$ in kN · m — Fischer Combi-Reaktionsanker FCR			
		M10 x 60	M12 x 80	M12 x 100	M16 x 125
		Mindestabstände a_e und Mindestplattendicken d in mm			
		$a_e \geq 80$ / $d \geq 130$	$a_e \geq 110$ / $d \geq 150$	$a_e \geq 150$ / $d \geq 200$	$a_e \geq 170$ / $d \geq 250$
40	60	0,12	–	–	–
60	80	0,19	0,38	–	–
80	100	0,25	0,51	0,8	–
100	120	0,32	0,63	1,0	–
120	140	0,38	0,76	1,21	1,79
140	160	0,44	0,89	1,41	2,11

a_r: Randabstand zur Balkonvorderkante in mm
a_e: Seitenabstand zum Balkonplattenrand in mm
e_1: Abstand der Befestigungsbohrung zur Hinterkante der Befestigungsplatte in mm
d: Dicke der Balkonplatte in mm

Geländer
Railings

Geländer an ortsfesten Zugängen zu maschinellen Anlagen

DIN EN ISO 14 122-3: 2002-01

Geländer mit einer Knieleiste

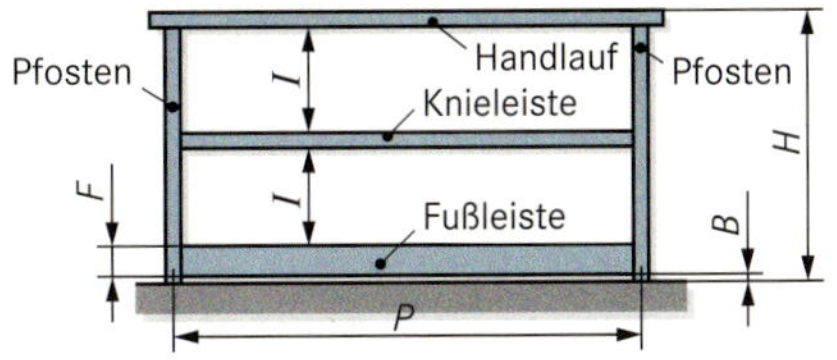

Geländer mit zwei Knieleisten

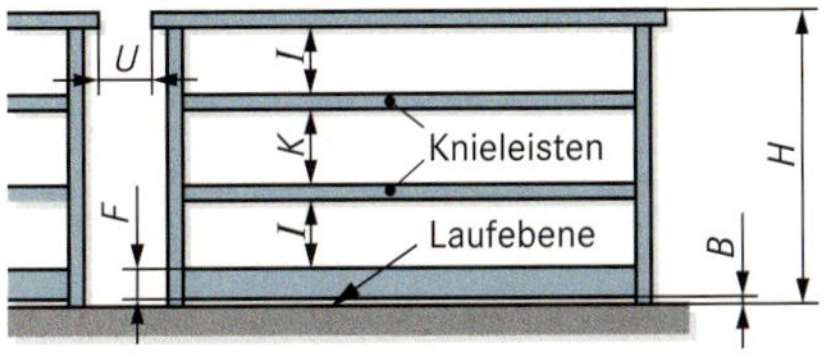

Geländer mit lotrechten Stäben

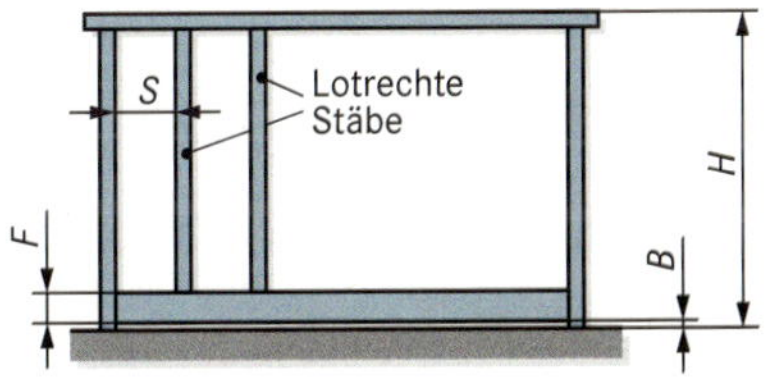

Maßbeschreibung		Grenzmaß in mm
H	Geländerhöhe	≥ 1100
P	Mittenabstandsmaß der Pfosten	≤ 1500
I	Lichtes Abstandsmaß zwischen Handlauf und Knieleiste bzw. zwischen Knieleiste und Fußleiste	≤ 500
K	Lichtes Abstandsmaß zwischen zwei Knieleisten	≤ 500
F	Fußleistenhöhe	≥ 100
B	Lichtes Abstandsmaß zwischen Fußleiste und Laufebene	≤ 10
U	Lichtes Abstandsmaß bei Unterbrechung des Handlaufes	75 ≤ U ≤ 120
S	Lichtes Abstandsmaß zwischen lotrechten Stäben	≤ 180

Ein Geländer ist erforderlich, wenn
- die mögliche Absturzhöhe größer als 500 mm ist;
- der Abstand Arbeitsbühne und Maschine oder Wand größer als 200 mm ist.

Vorschläge für die Profilauswahl für Geländer an ortsfesten Zugängen zu maschinellen Anlagen

Geländerbauteil	Profil			
	Stahlrohr DIN 2448	Winkelstahl DIN EN 10 056-1	Stahlrohr DIN 2448	Winkelstahl DIN EN 10 056-1
	Horizontale Geländerbelastung F_H in Höhe der Handlaufoberkante			
	F_H = 300 N/m		F_H = 500 N/m	
Pfosten	Rohr 42,4 x 3,2	L 60 x 60 x 6	Rohr 48,3 x 3,6	L 70 x 70 x 7
Handlauf	Rohr 42,4 x 3,2	L 40 x 40 x 4	Rohr 48,3 x 3,2	L 50 x 50 x 5
Knieleiste	Rohr 26,9 x 2,6	L 30 x 30 x 4	Rohr 26,9 x 2,6	L 40 x 40 x 4

Geländer an Autobahnbrücken

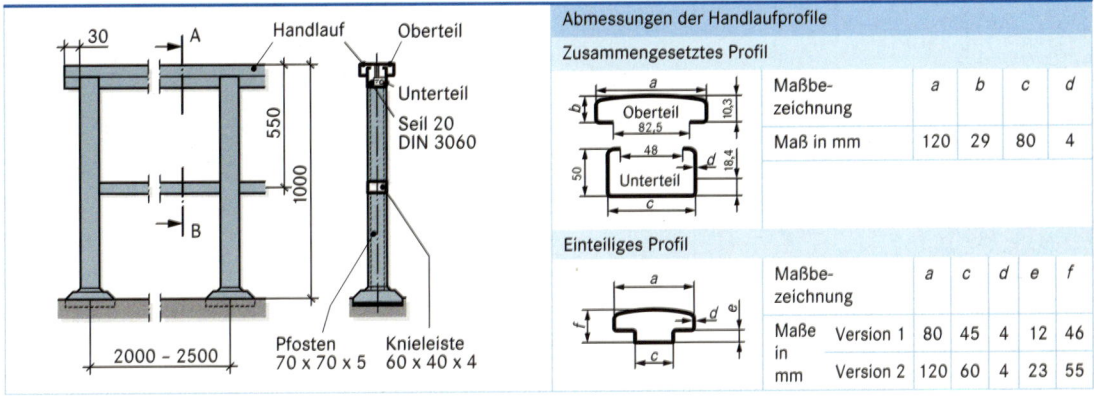

Abmessungen der Handlaufprofile					
Zusammengesetztes Profil					
Maßbezeichnung		a	b	c	d
Maß in mm		120	29	80	4

Einteiliges Profil						
Maßbezeichnung		a	c	d	e	f
Maße in mm	Version 1	80	45	4	12	46
	Version 2	120	60	4	23	55

Befestigungstechnik
Attachment technology

Wirkungsweise von Dübelbefestigungen

Kraftschluss	Formschluss	Stoffschluss
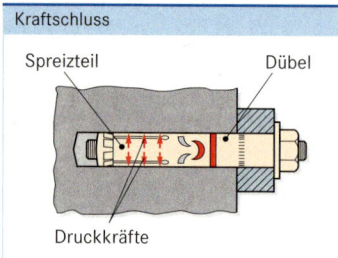	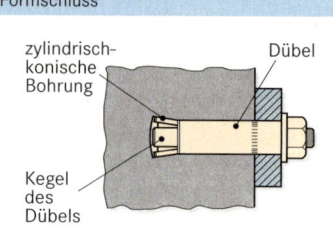	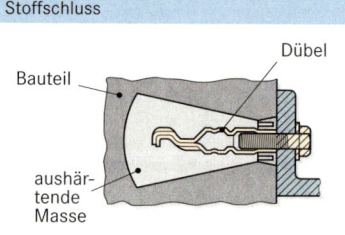
Das Spreizteil des Dübels übt Druckkräfte auf die Bohrungswandung aus. Kräfte werden reibschlüssig übertragen	Der Dübel passt sich der Form der Bohrung an und überträgt Kräfte formschlüssig	Der Dübel verbindet sich über eine aushärtende Masse (Kleber) mit dem Bauteil (sog. „chemische" Verbindung).

Belastung von Dübelbefestigungen

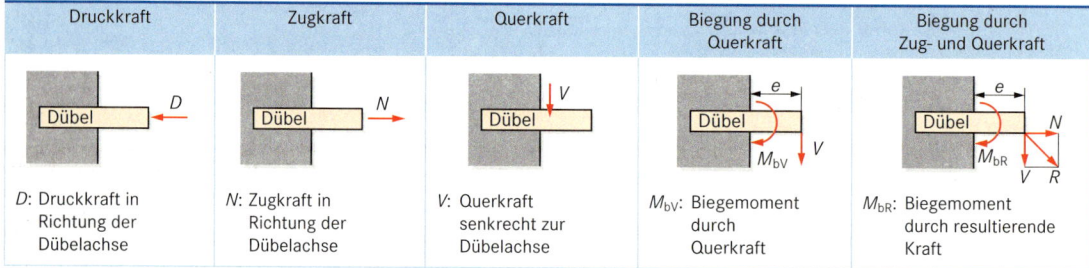

Druckkraft	Zugkraft	Querkraft	Biegung durch Querkraft	Biegung durch Zug- und Querkraft
D: Druckkraft in Richtung der Dübelachse	N: Zugkraft in Richtung der Dübelachse	V: Querkraft senkrecht zur Dübelachse	M_{bV}: Biegemoment durch Querkraft	M_{bR}: Biegemoment durch resultierende Kraft

Versagensarten von Dübelbefestigungen

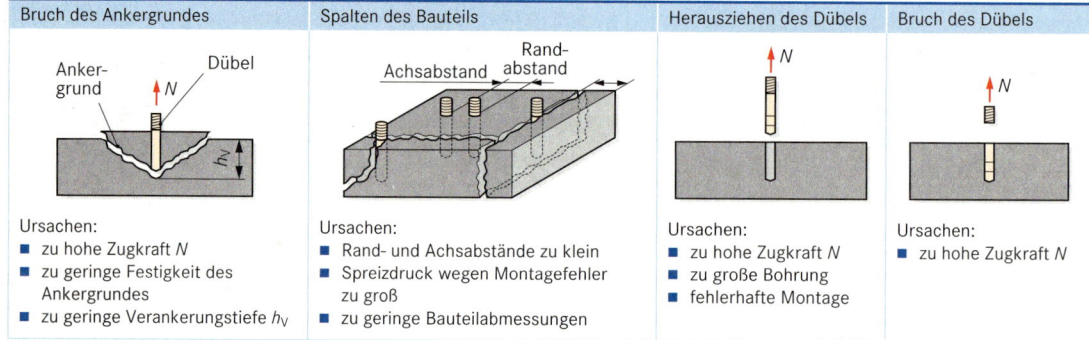

Bruch des Ankergrundes	Spalten des Bauteils	Herausziehen des Dübels	Bruch des Dübels
Ursachen: ■ zu hohe Zugkraft N ■ zu geringe Festigkeit des Ankergrundes ■ zu geringe Verankerungstiefe h_V	Ursachen: ■ Rand- und Achsabstände zu klein ■ Spreizdruck wegen Montagefehler zu groß ■ zu geringe Bauteilabmessungen	Ursachen: ■ zu hohe Zugkraft N ■ zu große Bohrung ■ fehlerhafte Montage	Ursachen: ■ zu hohe Zugkraft N

Gebrauchslasten F_G

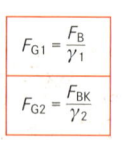

$$F_{G1} = \frac{F_B}{\gamma_1}$$

$$F_{G2} = \frac{F_{BK}}{\gamma_2}$$

$F_{G1, 2}$: vom Hersteller empfohlene Gebrauchslasten für alle Belastungen N, V, R bezogen auf die Bruchkraft bzw. die charakteristische Bruchkraft   in kN
F_B: Bruchkraft als Mittelwert von 5 Einzelversuchen   in kN
F_{BK}: charakteristische Bruchkraft, die in 95 % aller Versuche von einem Dübel erreicht werden   in kN
γ_1: Sicherheitsfaktor bezogen auf die Bruchkraft F_B
γ_2: Sicherheitsfaktor bezogen auf die charakteristische Bruchkraft F_{BK}

Herstellerempfehlung für Sicherheitsfaktor

Dübelart	Sicherheitsfaktor	
	γ_1	γ_2
Stahl	4	3
Kunststoff	7	5

Zulässige Lasten F_{zul}

Zulässige Lasten F_{zul} werden für zugelassene Dübel in Zulassungsbescheiden des Instituts für Bautechnik, Berlin festgelegt.

Zugelassene Dübel

Zugelassene Dübel sind Dübel, für die ein Zulassungsbescheid des Instituts für Bautechnik Berlin vorliegt.
Die Verwendung zugelassener Dübel ist vorgeschrieben, wenn es sich um eine tragende Konstruktion handelt und wenn bei deren Versagen Gefahr für die öffentliche Sicherheit sowie Leib und Leben anderer besteht.
Beispiele: Fassadenunterkonstruktionen; Decken; Geländer; Stahlbauten

Befestigungstechnik
Attachment technology

Maße an Dübelbefestigungen

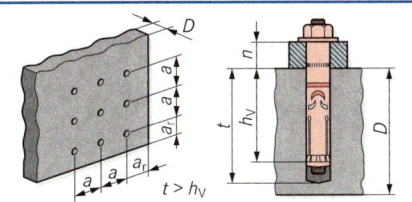

D: Bauteildicke	in mm
a: Achsabstand der Bohrungen	in mm
a_r: Randabstand der Bohrung	in mm
t: Bohrungstiefe	in mm
h_V: Verankerungstiefe	in mm
n: Nutzlänge	in mm

Empfohlene Rand- und Achsabstände für nicht zugelassene Kunststoffdübel

Randabstand a_r in mm	$a_r \geq 2 \times h_V$
Achsabstand a in mm	$a \geq 4 \times h_V$

Andere Achs- und Randabstände für zugelassene Dübel siehe Dübelbeschreibung

Kunststoffdübel für allgemeine Befestigungen

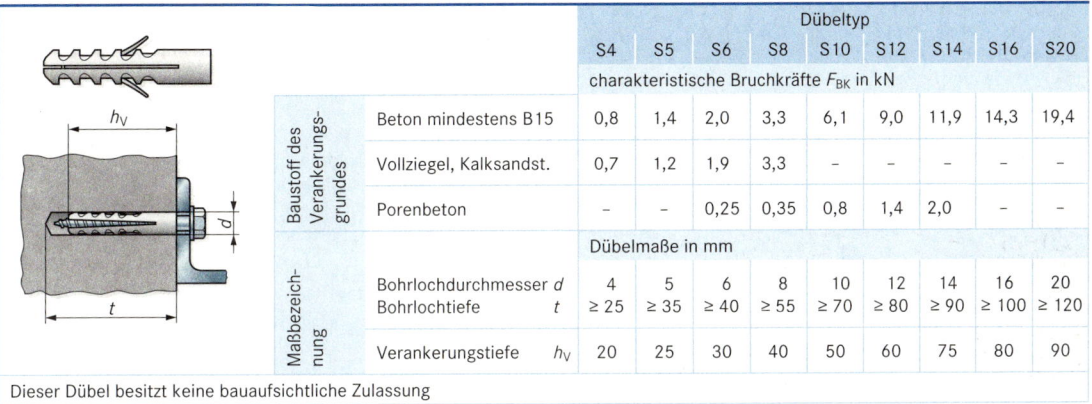

		Dübeltyp							
		S4	S5	S6	S8	S10	S12	S14	S16	S20
		charakteristische Bruchkräfte F_{BK} in kN								
Baustoff des Verankerungsgrundes	Beton mindestens B15	0,8	1,4	2,0	3,3	6,1	9,0	11,9	14,3	19,4
	Vollziegel, Kalksandst.	0,7	1,2	1,9	3,3	–	–	–	–	–
	Porenbeton	–	–	0,25	0,35	0,8	1,4	2,0	–	–
		Dübelmaße in mm								
Maßbezeichnung	Bohrlochdurchmesser d	4	5	6	8	10	12	14	16	20
	Bohrlochtiefe t	≥ 25	≥ 35	≥ 40	≥ 55	≥ 70	≥ 80	≥ 90	≥ 100	≥ 120
	Verankerungstiefe h_V	20	25	30	40	50	60	75	80	90

Dieser Dübel besitzt keine bauaufsichtliche Zulassung

Dübel für Schwerlastbefestigung mit Verankerung durch Kraftschluss

Dübel für Durchsteckmontage

		Dübeltyp					
		FH 10	FH 12	FH 15	FH 18 x 80	FH 18 x 100	FH 24
		Zulässige Dübellast F_{zul} in kN					
Baustoff des Verankerungsgrundes	Beton B 25	1,65	3,97	5,29	8,26	8,26	16,54
	B 35	1,95	4,68	6,24	9,76	9,76	19,52
	B 45	2,21	5,32	7,09	11,08	11,08	22,16
	B 55	2,44	5,88	7,93	12,24	12,24	24,48
		Zulässiges Biegemoment M_{bzul} in N · m					
	Beton B 25 ... B 55	6,86	17,14	34,29	59,43	59,43	152
		Dübelmaße in mm für Durchsteckanker					
Maßbezeichnung	Bohrlochdurchmesser d	10	12	15	18	18	24
	Bohrlochtiefe t	≥ 80	≥ 90	≥ 100	≥ 130	≥ 150	≥ 200
	Verankerungstiefe h_V	50	60	70	80	100	125
	Nutzlänge n	10	10	10	25	25	50
	Bauteildicke D	≥ 100	≥ 130	≥ 140	≥ 160	≥ 200	≥ 250
		Abstandsmaße in mm					
Bezeichnung der Abstände	Achsabstand a	≥ 200	≥ 240	≥ 280	≥ 320	≥ 400	≥ 500
	Randabstand a_r	≥ 100	≥ 120	≥ 140	≥ 160	≥ 200	≥ 250

Zulässige Dübellasten für kleinere Rand- und Achsabstände siehe Herstellerangabe.
Die Werte für F_{zul} gelten für Zug-, Druck- und Querbelastung.

Montagefolge bei Durchsteckmontage

Dieser Dübel besitzt eine bauaufsichtliche Zulassung

Befestigungstechnik
Attachment technology

Dübel für Schwerlastbefestigung mit Verankerung durch Formschluss

Dübel mit Gewindebolzen

hinterschnittene zylindrischkonische Bohrung

Montagefolge mit Herstellung der hinterschnittenen Bohrung

Dieser Dübel besitzt eine bauaufsichtliche Zulassung.

				Dübeltyp FZA galvanisch verzinkt						
				M 6 10 x 40	M 8 12 x 40	M 8 12 x 50	M 10 14 x 40	M 10 14 x 60	M 12 18 x 80	M 16 22 x 100
Baustoff des Verankerungsgrundes	Beton			zulässige Dübellast F_{zul} in kN						
			B 25	1,94	1,94	2,84	1,94	4,24	7,57	12,65
			B 35	2,29	2,29	3,35	2,29	5,0	8,93	14,93
			B 45	2,60	2,60	3,80	2,60	5,68	10,14	16,95
			B 55	2,87	2,87	4,20	2,87	6,28	11,20	18,72
	Beton			zulässiges Biegemoment M_{bzul} in N · m						
			B 25 … B 55	7,0	17,1	17,1	34,2	34,2	60,0	152,0
Maßbezeichnung	Bohrlochdurchmesser	d		Dübelmaße in mm						
				10	12	12	14	14	18	24
	Bohrlochtiefe	t		festgelegt durch vorgeschriebenes Werkzeug						
	Verankerungstiefe	h_V		40	40	50	40	60	80	100
	Nutzlänge	n		10	15	15	25	25	55	60
	Bauteildicke	D		≥ 100	≥ 100	≥ 110	≥ 100	≥ 130	≥ 160	≥ 200
Bezeichnung der Abstände				Abstandsmaße in mm						
	Achsabstand	a		≥ 160	≥ 160	≥ 200	≥ 160	≥ 240	≥ 320	≥ 400
	Randabstand	a_r		≥ 80	≥ 80	≥ 100	≥ 80	≥ 120	≥ 160	≥ 200

Dübel für Schwerlastbefestigung mit Verankerung durch Stoffschluss („chemische" Verbindung)

Dübel mit Gewindebolzen

Eindreher

Mörtelpatrone

Montagefolge mit Verwendung einer Mörtelpatrone

				Dübeltyp FCR galvanisch verzinkt				
				M 10 x 60	M 12 x 80	M 12 x 100	M 16 x 125	M 20 x 170
Baustoff des Verankerungsgrundes	Beton			zulässige Dübellast F_{zul} in kN				
			B 25	3,5	6	9	13	21
			B 35	4,1	7,1	9,9	15,3	24,7
			B 45	4,7	8,0	9,9	15,3	24,7
			B 55	5,1	8,9	9,9	15,3	24,7
	Beton			zulässiges Biegemoment M_{bzul} in N · m				
			B 25 … B 55	26,5	46,8	46,8	117,3	149
Maßbezeichnung	Bohrlochdurchmesser	d		Dübelmaße in mm				
				12	14	14	18	25
	Bohrlochtiefe	t		≥ 80	≥ 105	≥ 125	≥ 150	≥ 190
	Verankerungstiefe	h_V		70	90	110	135	170
	Nutzlänge	n		20	30	60	30	60
	Bauteildicke	D		≥ 130	≥ 150	≥ 200	≥ 250	≥ 340
Bezeichnung der Abstände				Abstandsmaße in mm				
	Achsabstand	a		≥ 280	≥ 360	≥ 440	≥ 540	≥ 680
	Randabstand	a_r		≥ 140	≥ 180	≥ 220	≥ 270	≥ 340

Dieser Dübel besitzt eine bauaufsichtliche Zulassung.

Zulässige Dübellasten für kleinere Rand- und Achsabstände siehe Herstellerangaben.
Die Werte für F_{zul} gelten für Zug-, Druck-, Quer- und Schrägbelastung.

Dübelübersicht
Synopsis of dowels

Kategorie	Beispiel für Dübelsystem	Mauerwerksbaustoffe						Anwendungsbeispiele	Montageart	Montagehinweis
		Beton	Vollsteine mit dichtem Gefüge	Lochsteine mit dichtem Gefüge	Vollsteine mit porigem Gefüge	Lochsteine mit porigem Gefüge	Plattenbausteine			
Allgemeine Befestigung	Universaldübel	+	+	+	+	+	+			■ bei Durchsteckmontage mit größtmöglichem Schraubendurchmesser arbeiten ■ Gipskartonplatten mit Metallbohrer im Drehgang vorbohren
Allgemeine Befestigung	Dübel für metrische Gewinde	+	+	+	+	+	–	Handgriffe, Handläufe, Gitter, Stahlkonstruktionen, Abstandskonstruktionen		■ zum leichteren Eindrehen das Gewinde anfasen
Hohlraumbefestigung	Hohlraum-Metalldübel	–	–	–	–	–	+	leichte Gegenstände wie Bilder, Briefkästen, Schalter, Lampen, kleine Regale usw.	Vorsteckmontage	■ kann mittels Montagezange oder Akkuschrauber bzw. Schraubendreher montiert werden
Hohlraumbefestigung	Gipskartondübel	–	–	–	–	–	+	sehr leichte Gegenstände wie Lampen, Leisten, Bilder, Schlüsselkästchen	Vorsteckmontage	■ ausschließlich für Gipskartonplatten geeignet ■ Dübel wird mittels Setzwerkzeug direkt eingeschraubt
Schwerlastbefestigung – Stahl –	Ankerbolzen / Ankerbolzen aus nicht rostendem Stahl	+	–	–	–	–	–	Stahlkonstruktionen, Geländer, Gitter, Maschinen, Treppen, Tore	Durch- und Vorsteckmontage	■ vor dem Einschlagen ist die Sechskantmutter in die Montageposition zu drehen, so dass der Einschlagzapfen 2–3 mm über die Mutter reicht ■ auch für Naturstein mit dichtem Gefüge geeignet
Schwerlastbefestigung – Stahl –	Schwerlastdübel	+	(+)	–	–	–	–		Durch- und Vorsteckmontage	■ für die korrekte Montage muss sich die Dübelhülse bei der Vorsteckmontage am Anbauteil abstützen können ■ auch für Naturstein mit dichtem Gefüge geeignet
Schwerlastbefestigung – Stahl –	Bolzenanker	+	–	–	–	–	–		Durch- und Vorsteckmontage	■ mittels Spezialbohrer wird ein Bohrloch mit Hinterschneidung erstellt ■ formschlüssiges Ausfüllen der Hinterschneidung ermöglicht geringe Rand- und Achsabstände ■ Setzwerkzeug verwenden

Befestigungstechnik

Dübelübersicht
Synopsis of dowels

Kategorie	Beispiel für Dübelsystem	Beton	Mauerwerksbaustoffe					Anwendungsbeispiele	Montageart	Montagehinweis
			Vollsteine mit dichtem Gefüge	Lochsteine mit dichtem Gefüge	Vollsteine mit porigem Gefüge	Lochsteine mit porigem Gefüge	Plattenbausteine			
Schwerlastbefestigung – Chemie –	**Patronensystem** (Anker oder Gewindestange und Mörtelpatrone)	+	(+)	–	–	–	–	Stahlkonstruktionen, Geländer, Gitter, Maschinen, Treppen, Tore	Durch- und Vorsteckmontage	■ gründliche Reinigung des Bohrloches erforderlich ■ der Mörtel verbindet die Gewindestange vollflächig mit der Bohrlochwand und dichtet das Bohrloch zusätzlich ab
	Injektionssystem (Anker, Gewindestange, Siebhülse und Mörtel)	+	+	+	+	+	–		in Beton: Durch- und Vorsteckmontage in Mauerwerk: Vorsteckmontage	■ gründliche Reinigung des Bohrloches erforderlich ■ der Mörtel verbindet den Anker vollflächig mit der Bohrlochwand, füllt ggf. Hohlräume aus und dichtet das Bohrloch ab
Sonderlösungen	Gasbetondübel	–	–	–	(+)	–	–			
	Fensterrahmendübel	+	+	+	+	+	–	Fenster, Türrahmen, Kanthölzer		
	Nageldübel	+	+	+	+	+	–	Unterkonstruktionen aus Holz oder Metall, Verkleidungen, Kabel- und Rohrschellen	Durchsteckmontage	■ Dübel wird durch Einschlagen der Nagelschraube mit dem Hammer gespreizt ■ Nagelschraube lässt sich ggf. wieder herausdrehen
	Universalrahmendübel	+	+	+	+	+	–	Tore, Türrahmen, Feuerschutztüren, Fenster, Fassadenkonstruktionen aus Holz und Metall		■ im Vollbaustoff erzeugen die Lamellen Spreizkräfte, in Hohlbaustoffen Spreizkräfte am Steg und Verzahnung im Hohlraum
	Balkonverkleidungsbefestigung								Vorsteckmontage	■ keine Bohrung auf der Innenseite des Geländers notwendig

Steuern und Automatisieren

7

Elektrotechnik

Elektrotechnik 358
Schaltzeichen 360
Kennzeichnung elektrischer Betriebsmittel 363
Schutzmaßnahmen für elektrische Betriebsmittel ... 364
Prüfzeichen für elektrische Betriebsmittel
und Geräte 365
NOT-Halt-Einrichtung 365
Unfallverhütung 366

Steuern und Regeln

Grundbegriffe der Regelungs-
und Steuerungstechnik 367
Funktionsdiagramme 368
Sinnbilder der Hydraulik und Pneumatik 370
Schaltpläne der Hydraulik und Pneumatik 372
Darstellung von Logikfunktionen 373
Elektropneumatik 374
Sensoren 376
Speicherprogrammierbare Steuerungen – SPS 377
SPS – Anweisungsliste (AWL) 378

Datenverarbeitung

Sinnbilder für Programmablaufpläne 379
Programmablaufplan, Struktogramm 380

Elektrotechnik
Electrical technology

Ohmsches Gesetz

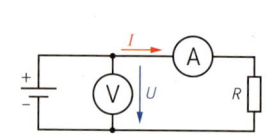

$I = \dfrac{U}{R}$ $G = \dfrac{1}{R}$

$U = I \cdot R$ $R = \dfrac{U}{I}$

- I : Stromstärke
- U : Spannung
- R : Widerstand
- G : Leitwert

Widerstand von Leitern

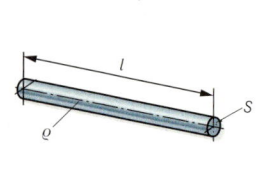

$R = \dfrac{\varrho \cdot l}{S}$ Werte für ϱ s. Stoffwerte chemischer Elemente

$S = \dfrac{\varrho \cdot l}{R}$

$l = \dfrac{R \cdot S}{\varrho}$

- R : Widerstand
- ϱ : spezifischer Widerstand
- l : Leiterlänge
- S : Leiterquerschnittt

Reihenschaltung von Widerständen

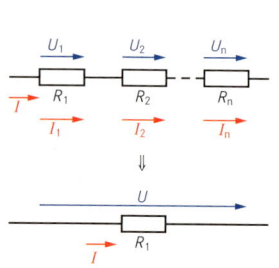

$R = R_1 + R_2 + \ldots R_n$
$U = U_1 + U_2 + \ldots U_n$
$I = I_1 = I_2 = \ldots = I_n$

$\dfrac{U_1}{U_2} = \dfrac{R_1}{R_2}$ $\dfrac{U_1}{U_n} = \dfrac{R_1}{R_n}$ $\dfrac{U_1}{U} = \dfrac{R_1}{R} \ldots$

Durch alle Widerstände fließt der Strom mit gleicher Stromstärke I.

- R : Gesamtwiderstand
- R_1 : Einzelwiderstand
- U : Gesamtspannung
- $U_1\ldots$: Einzelspannungen
- I : Gesamtstrom
- $I_1\ldots$: Teilströme

Parallelschaltung von Widerständen

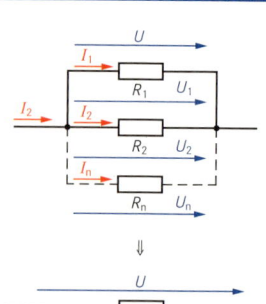

$I = I_1 + I_2 + \ldots + I_n$
$U = U_1 = U_2 \ldots = U_n$
$\dfrac{1}{R} = \dfrac{1}{R_1} + \dfrac{1}{R_2} + \ldots + \dfrac{1}{R_n}$

$\dfrac{I_1}{I_2} = \dfrac{R_2}{R_1}$ $\dfrac{I_1}{I_n} = \dfrac{R_n}{R_1}$ $\dfrac{I_1}{I} = \dfrac{R}{R_1} \ldots$

Alle Widerstände liegen an derselben Spannung U.

- I : Gesamtstrom
- $I_1\ldots$: Teilströme
- U : Gesamtspannung
- $U_1\ldots$: Teilspannungen
- R : Gesamtwiderstand
- $R_1\ldots$: Teilwiderstände

Wechselspannung

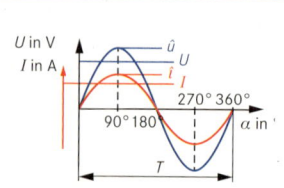

$I = \dfrac{\hat{\imath}}{\sqrt{2}}$ $U = \dfrac{\hat{u}}{\sqrt{2}}$ $f = \dfrac{1}{T}$ $T = \dfrac{1}{f}$

- I : Effektivwert der Stromstärke
- $\hat{\imath}$: Scheitelwert der Stromstärke
- U : Effektivwert der Spannung
- $\hat{u}$: Scheitelwert der Spannung
- T : Periodendauer
- f : Frequenz

Elektrotechnik
Electrical technology

Transformator

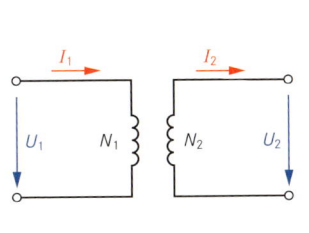

$$\frac{U_1}{U_2} = \frac{N_1}{N_2} = ü$$

$$\frac{I_1}{I_2} = \frac{N_2}{N_1}$$

$S = U_2 \cdot I_2$
$P_1 = U_1 \cdot I_1 \cdot \cos \varphi_1$
$P_2 = U_2 \cdot I_2 \cdot \cos \varphi_2$

U_1 : Primärspannung
U_2 : Sekundärspannung
I_1 : Primärstromstärke
I_2 : Sekundärstromstärke
N_1 : Primär-Windungszahl
N_2 : Sekundär-Windungszahl
$ü$: Übersetzungsverhältnis
S : Scheinleistung
P : Wirkleistung
$\cos \varphi$: Leistungsfaktor

Elektrische Arbeit

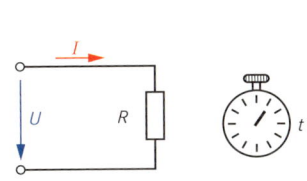

$W = P \cdot t$
$W = U \cdot I \cdot t$

W : elektrische Arbeit
U : Spannung
I : Stromstärke
t : Zeit
P : elektrische Leistung

Elektrische Leistung bei ohmscher Belastung

Gleichstrom oder Wechselstrom

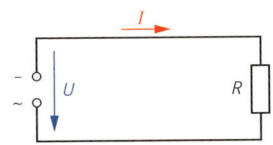

$P = U \cdot I$

$P = I^2 \cdot R$

$P = \dfrac{U^2}{R}$

Drehstrom

$P = \sqrt{3} \cdot U \cdot I$

P : elektrische Leistung
W : elektrische Arbeit
t : Zeit
U : Spannung
I : Stromstärke

Elektrische Leistung bei induktiver Belastung

Wechselstrom

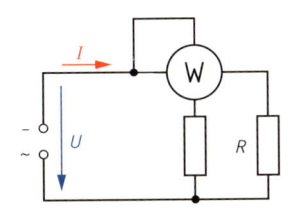

$P = U \cdot I \cdot \cos \varphi$

$S = U \cdot I \qquad \cos \varphi = \dfrac{P}{S}$

P : Wirkleistung
S : Scheinleistung
U : Effektivwert der Spannung
I : Effektivwert der Stromstärke
U_{Str} : Strangspannung
I_{Str} : Strangstromstärke
$\cos \varphi$: Leistungsfaktor

Elektrotechnik – Schaltzeichen
Electrical technology – symbols of contact units and switching devices
DIN EN 60617-2 … 11: 1997-08

Schaltzeichen	Benennung	Schaltzeichen	Benennung	Schaltzeichen	Benennung
Konturen und Umhüllungen		**Schaltungsarten**		**Allgemeine Schaltzeichen**	
Form 1 □ Form 2 ▭ Form 3 ○	Objekt, z. B. Betriebsmittel, Gerät, Funktionseinheit, Komponente, Funktion	Y	Sternschaltung		Ideale Spannungsquelle
		△	Dreieckschaltung		
Form 1 ○ Form 2 ⬭	Hülle, Kolben, Kessel, Gehäuse	**Leiter, Anschlüsse, Verbinder**			Primärzelle, Primärelement Akkumulator
			Leiter, Leitung, Kabel, Stromweg		
		⫽ oder ―3―	Kennzeichnung der Leiterzahl (3 Leiter)		Widerstand, allgemein
―·―·―·―	Begrenzung einer Gruppe zusammengehöriger Objekte			―R―	rein ohmscher Widerstand
⌐ ¬	Schirmung Abschirmung	∿	Leiter, bewegbar		
		―⊖―	Leiter, geschirmt	―Z―	Scheinwiderstand
□*	Schutz gegen unbeabsichtigten direkten Kontakt, allgemein		Leitung, nicht angeschlossen		Widerstand mit Anzapfungen
Ströme und Spannungen			Abzweig von Leitern	⌒⌒⌒ oder ▬	Induktivität, Spule, Wicklung, Drossel
═	Gleichstrom	Form 1 Form 2 ┬ •			
═ 110 V	Gleichstrom, 110 V				Kondensator, allgemein
2M ═ 220/110 V	Gleichstrom-Dreileitersystem mit 2 Außen- und 1 Mittelleiter 220 V (110 V zwischen jedem Außen- und dem Mittelleiter)	Form 1 Form 2	Doppelabzweig von Leitern	⊔	Dauermagnet
			Buchse und Stecker, Steckverbindung		Bewegbarer Kontakt (z. B. Schleifkontakt)
∼	Wechselstrom	**Erde, Masse, Potenzialausgleich**			
∼ 50 Hz	Wechselstrom 50 Hz	⏚	Erde	⊠	Umsetzer, Umformer, Umrichter
∼ 100…600 kHz	Wechselstrom 100 kHz … 500 kHz	⏚	Schutzerde		Sicherung, allgemein
3N ∼ 400/230 V 50 Hz	Dreiphasen-Vierleitersystem; drei Außenleiter; 1 Neutralleiter, 400 V (230 V zwischen je dem Außen- und dem Neutralleiter), 50 Hz	⏚	Fremdspannungsarme Erde	**Maschinenarten**	
		⏛	Masse	(*)¹⁾	Maschine, allgemein Kennzeichen (*): C: Umformer G: Generator GS: Synchrongenerator M: Motor MG: Als Motor oder Generator nutzbar MS: Synchronmotor
		⏇	Äquipotenzial		
∼	Wechselstrom – mit niedriger Frequenz	**Kennzeichen für Leiter**			
≋	– mit mittlerer Frequenz	—•—	Neutralleiter (N) Mittelleiter (M)	(M)	Gleichstrom-Reihenschlussmotor
≈	– mit hoher Frequenz	—T—	Schutzleiter (PE)		
⌒⌒	Gleichgerichteter Strom mit Wechselstromanteil	—•T—	Neutralleiter mit Schutzfunktion (PEN)	(M)	Gleichstrom-Nebenschlussmotor
Schaltungsarten		⫽•T	drei Leiter, ein Neutralleiter, ein Schutzleiter		
│ │	Reihenschaltung	**Allgemeine Schaltzeichen**		(M 1∼)	Wechselstrom-Reihenschlussmotor, einphasig
‖	Parallelschaltung	⊘	Ideale Stromquelle		

¹⁾ Der Stern muss durch eines der folgenden Kennzeichen ersetzt werden.

Elektrotechnik – Schaltzeichen
Electrical technology – symbols of contact units and switching devices
DIN EN 60 617-2 ... 11: 1997-08

Benennung	Benennung	Benennung
Maschinenarten	**Messgeräte**	**Elektromagnetische Antriebe**
Drehstrom-Reihenschlussmotor	Leistungsmessgerät	Stützrelais
Drehstrom-Asynchronmotor mit Käfigläufer	Leistungsfaktor-messgerät	Relais mit drei Schaltstellungen
Drehstrom-Asynchronmotor mit Schleifringläufer	Umdrehungsfrequenz-Messgerät	**Schalteinrichtungen, Kontakte**
	Wirkleistungsschreiber	Schließer, Schaltfunktion, allgemein Schalter
		voreilender Schließer
	Registrierwerk, Linienschreibwerk	nacheilender Schließer
Schrittmotor	Wattstundenzähler, Elektrizitätszähler	Öffner
Sonstige Geräte		
Transformator mit zwei Wicklungen	**Mess- und Regelgeräte**	nacheilender Öffner
Wechselrichter	Umdrehungsfrequenz-regler	
Gleichrichter	Stromregler mit PI-Verhalten	Wechsler mit Unterbrechung
		Wechsler ohne Unterbrechung
Lasthebemagnet, Spannplatte	Messumformer, Temperatur in elektrischen Strom	Zweiwegschließer mit Mittelstellung „Aus"
Absperrorgan, Ventil – geschlossen – offen	Analog/Digital-Umsetzer	Wischer mit Kontaktgabe bei Betätigung
Messgeräte	**Elektromagnetische Antriebe**	**Antriebsarten**
Messgerät, anzeigend, allgemein [1]	Elektromechanischer Antrieb, Relaispole	Betätigung durch – Handantrieb, allgemein
Messgerät, aufzeichnend, allgemein [1]	– mit Rückfallverzögerung	– Ziehen
Anzeige, allgemein	– mit Ansprechverzögerung	– Drehen
Anzeige, digital Anzeige, numerisch	– mit Ansprech- und Rückfallverzögerung	– Drücken
Registrierung, schreibend		– Kippen
Spannungsmessgerät	Wechselstromrelais	– Rolle
Strommessgerät	Thermorelais	– Nocken

[1] Der Stern muss durch die Einheit oder das Zeichen der zu messenden Größe oder durch das chemische Zeichen ersetzt werden.

Elektrotechnik – Schaltzeichen
Electrical technology – symbols of contact units and switching devices
DIN EN 60 617-2 ... 11: 1997-08

Schaltzeichen	Benennung	Schaltzeichen	Benennung	Schaltzeichen	Benennung
	Antriebsarten		**Halbleiterbauelemte**		**Elektroinstallation**
	– Notschalter		NPN-Transistor		Stromstoßschalter
	– Schlüssel		Thyristor		Stromstoßrelais
	– elektromagnetischen Antrieb		**Sensoren**		Dreifachsteckdose
	– pneumat./hydraul. Steuerung		Dehnungsmessstreifen	Form 1 Form 2	Leuchte mit Schalter
	– thermischen Antrieb		Widerstands-thermometer		Elektroherd, allgemein
	– Annähern		Aufnehmer mit veränderbarem Widerstand		
	– Berühren		Aufnehmer, induktiv		Backofen
	Mechanische Stellteile				
	Raste, kein selbsttätiger Rückgang		Aufnehmer, kapazitiv		Mikrowellengerät
	selbsttätiger Rückgang		Thermoelement		Klimagerät
	Sperre in einer Richtung		Geber, magnetisch		Kühlgerät Tiefkühlgerät
	Sperre in zwei Richtungen		Differenzregler, induktiv		Heißwassergerät
	Verzögerte Wirkung a) nach links b) nach rechts		**Elektroinstallation**		Durchlauferhitzer
			Abzweigdose, allgemein		
	Darstellung im betätigten Zustand		Schutzkontakt-steckdose, vierfach		Geschirrspülmaschine
			Schalter, allgemein		Waschmaschine
	Halbleiterbauelemte				Wäschetrockner
	Halbleiterdiode, allgemein		Serienschalter, einpoliger Schalter		
	Leuchtdiode, allgemein		Lampe, allgemein		Ventilator
	Fotodiode		Taster		Infrarotstrahler
	Fotowiderstand		Taster mit Leuchte		Türöffner
	Solarzelle		Elektrogerät		Wechselsprechstelle
	PNP-Transistor		Schaltuhr		Zeiterfassungsgerät

Kennzeichnung elektrischer Betriebsmittel
Identification of electrical equipment

Kennzeichnungs-block	1 Anlage	2 Ort	3 Identifizierung und Funktion	4 Anschluss
Vorzeichen	=	+	–	:
Beispiel	=D3	+C3	–S02 A	:1
Bedeutung	Spannvorrichtung Nr. 3 (vom Betrieb festgelegt)	Gebäude C Gang Nr. 3	Art: Schalter Zähl-Nr. 02 Funktion: AUS	Klemme Nr. 1

Viele Schaltungsunterlagen enthalten zur Kennzeichnung von elektrischen Betriebsmitteln nur Angaben zum Kennzeichnungsblock 2 (Art des Betriebsmittels; Zählnummer; allgemeine Funktion). Das zur Identifizierung vorangestellte Vorzeichen kann dann weggelassen werden. Die Reihenfolge der Blöcke ist beliebig. Die obige Reihenfolge wird bevorzugt angewendet.

Kennbuchstaben für die Kennzeichnung der Art des Betriebsmittels (Kennzeichnungsblock 3)

Buchstabe	Art des Betriebsmittels	Buchstabe	Art des Betriebsmittels
A	Baugruppen	P	Messgeräte
B	Umsetzer	Q	Starkstrom-Schaltgeräte
C	Kondensatoren	R	Widerstände
D	Binäre Elemente	S	Schalter, Wähler
E	Verschiedenes	T	Transformatoren
F	Schutzeinrichtungen	U	Modulatoren, Umsetzer
G	Generatoren	V	Halbleiter
H	Meldeeinrichtungen	W	Übertragungswege
K	Relais, Schütze	X	Stecker, Steckdosen
L	Induktivitäten	Y	Elektr. betätigte mechanische Einrichtungen
M	Motoren		
N	Verstärker, Regler	Z	Abschlüsse, Filter

Kennbuchstaben für die Kennzeichnung allgemeiner Funktionen (Kennzeichnungsblock 3)

Buchstabe	Allgem. Funktion	Buchstabe	Allgem. Funktion
A	Hilfsfunktion; AUS	M	Hauptfunktion
B	Bewegungsrichtung	N	Messung
C	Zählung	P	Proportional
D	Differenzierung	Q	Zustand (Start, Stopp)
E	Funktion EIN	R	Rückstellen, löschen
F	Schutz	S	Speichern, aufzeichnen
G	Prüfung	T	Zeitmessung
H	Meldung	V	Geschwindigkeit
I	Integration	W	Addieren
K	Tastbetrieb	X	Multiplizieren
L1, L2	Leiterkennzeichnung	Y	Analog
L+, L–	Leiterkennzeichnung	Z	Digital

Kennfarben elektrischer Leiter

DIN EN 60446: 1999-10

Wechselstrom; Drehstrom				Gleichstrom		
Leiterbezeichnung	Zeichen	Farbe		Leiterbezeichnung	Zeichen	Farbe
Außenleiter	L1; L2; L3	[1]		positiv	L+	[1]
Neutralleiter	N	blau		negativ	L–	[1]
Schutzleiter	PE	grün-gelb		Mittelleiter	M	blau
PEN-Leiter	PEN	grün-gelb				

[1] Farbe nicht festgelegt; Empfehlung: schwarz, für Unterscheidung: braun, unzulässig: grün-gelb

Begriffe zur Kennzeichnung von Leitern, Spannungen und Strömen

DIN VDE 0100-410: 1997-01

Benennung	Bedeutung	Benennung	Bedeutung	Benennung	Bedeutung
L1, L2, L3	Außenleiter: Leiter, die die Stromquelle mit Verbrauchsmitteln verbinden	U_0	Nennspannung von Stromnetzen	I_K	Kurzschlussstrom: Strom, der bei einer direkten Verbindung zweier Außenleiter oder zwischen Außen- und Neutralleiter fließt
		U_B	Berührungsspannung		
N	Neutralleiter: Leiter, der mit dem Mittelpunkt oder Sternpunkt verbunden ist	U_L	Höchste zulässige Berührungsspannung		
			Menschen / Nutztiere 50 V ~ / 25 V ~ 120 V – / 60 V –	I_b	Betriebsstrom eines Stromkreises
PE	Schutzleiter: Leiter, der zum Verbinden von Körpern, leitfähigen Teilen oder Erdern benutzt wird			I_n	Nennstrom von Verbrauchsmitteln oder Überstrom-Schutzmitteln
		U_F	Fehlerspannung: Spannung, die im Fehlerfall zwischen einem Körper und der Bezugserde auftritt	$I_{\Delta n}$	Nennfehlerstrom eines Fehlerstrom-Schutzschalters
PEN	PEN-Leiter: Leiter mit den Funktionen von Neutral- und Schutzleitern	I_F	Fehlerstrom: Strom, der bei einem Isolationsfehler fließt	I_a	Abschaltstrom von Überstromschutzmitteln

Elektrotechnik

Schutzmaßnahmen für elektrische Betriebsmittel
Protective measures of electrical equipment

Schutzklassen elektrischer Betriebsmittel
DIN VDE 0100-410: 1997-01

Schutzklasse I	Schutzklasse II	Schutzklasse III
Schutzmaßnahme mit Schutzleiter Kennzeichen:	Schutzisolierung Kennzeichen:	Schutzkleinspannung Kennzeichen:
Betriebsmittel mit Metallgehäuse	Betriebsmittel mit Kunststoffgehäuse	Betriebsmittel mit Nennspannungen bis 25 V ~ bzw. bis 60 V – und bis 50 V ~ bzw. 120 V –
z. B. Elektromotor	z. B. Elektrische Haushaltsgeräte	z. B. Elektrische Handleuchten

Bildzeichen für Schutzarten
DIN 40 050-9: 1993-05

Bildzeichen	Schutzumfang	Bildzeichen	Schutzumfang
	staubgeschützt		spritzwassergeschützt
	staubdicht		strahlwassergeschützt
	tropfwassergeschützt; Schutz gegen tropfendes Wasser, hohe Luftfeuchte		wasserdicht, Schutz gegen Eindringen von Wasser ohne Druck
	schrägwassergeschützt; regengeschützt	... bar	druckwasserdicht, Schutz gegen Eindringen von Wasser unter Druck

IP-Schutzarten
DIN 40 050-9: 1993-05

Beispiel: IP W 2 3 S

- Kennbuchstaben
- Zusatzbuchstabe
- Schutz gegen das Eindringen von Fremdkörpern und Staub (1. Kennziffer)
- Zusatzbuchstabe
- Schutz gegen das Eindringen von Wasser (2. Kennziffer)

1. Kennziffer	Schutzgrad	2. Kennziffer	Schutzgrad
0	Kein Schutz	0	Kein Schutz
1	Schutz gegen Eindringen von großen Fremdkörpern $d > 50$ mm, Kein Schutz bei absichtl. Zugang	1	Schutz gegen tropfendes Wasser, das senkrecht fällt (Tropfwasser)
2	Schutz gegen mittelgroße Fremdkörper, $d > 12$ mm, Fernhalten von Fingern o. Ä.	2	Schutz gegen schräg fallendes Wasser (Tropfwasser), 15° gegenüber normaler Betriebslage
3	Schutz gegen kleine Fremdkörper, $d > 2,5$ mm, Fernhalten von Werkzeugen, Drähten u. Ä.	3	Schutz gegen Sprühwasser, bis 60° zur Senkrechten
4	Schutz gegen kornförmige Fremdkörper, $d > 1$ mm, Fernhalten von Werkzeugen, Drähten u. Ä.	4	Schutz gegen Spritzwasser aus allen Richtungen
5	Schutz gegen Staubablagerungen (staubgeschützt), vollständiger Berührungsschutz	5	Schutz gegen Strahlwasser aus allen Richtungen
6	Schutz gegen Eindringen von Staub (staubdicht), vollständiger Berührungsschutz	6	Schutz gegen schwere See oder starken Wasserstrahl (Überflutungsschutz)
		7	Schutz gegen Eintauchen in Wasser unter festgesetzten Druck- und Zeitbedingungen
		8	Schutz gegen dauerndes Untertauchen in Wasser
Zusatzbuchstabe	Bedeutung	Zusatzbuchstabe	Wasserschutzprüfung bei
		S	Stillstand
W	Wetterschutz	M	laufender Maschine

Prüfzeichen für elektrische Betriebsmittel und Geräte
Test marks of electrical equipment and devices

Zeichen	Erklärung	Zeichen	Erklärung	Zeichen	Erklärung
VDE	VDE-Zeichen Erteilung durch Prüfstelle des VDE (Verband der Elektrotechnik): Gerät ist gemäß VDE-Bestimmungen gebaut.	◁VDE ▷ ◁HAR ▷	VDE-Harmonisierungszeichen für Kabel und Leitungen	Elektr. geprüft	Prüfzeichen Sicherheitsprüfung z. B. bei elektrischen Geräten
GS	Geprüfte Sicherheit Sicherheitszeichen gemäß Maschinenschutzgesetz, Erteilung durch eine vom Bundesarbeitsministerium zertifizierte Prüfstelle	Funkschutzzeichen	Funkschutzzeichen Im freien Ausschnitt Funkstörgrad 0; K, N, G 0: funkstörfrei; K: Kleinststörgrad; N: Normalstörgrad; G: grobentstört	E	Prüfzeichen für elektronische Bauelemente
VDE GS	Geprüfte Sicherheit Prüfstelle: VDE	EMV VDE	Prüfzeichen elektromagnetische Verträglichkeit Prüfstelle: VDE	DIN AGI	Qualitätszeichen für die geräuscharme Ausführung von elektrischen Geräten
DIN-DVGW GS	Geprüfte Sicherheit Prüfstelle: DIN	⊐	Zulassungszeichen der Physikalisch-Technischen Bundesanstalt (PTB) für Messwandler und Zähler	LQP DIN ISO 9001	Qualitätssicherheit für Schutzbauelemente gemäß DIN-ISO 9001
GS	Geprüfte Sicherheit Prüfstelle: Berufsgenossenschaft	⊒	Zulassungszeichen der Physikalisch-Technischen Bundesanstalt (PTB) für Tarifschaltuhren	CE	Gütesiegel (z. B. für elektro-magnetische Verträglichkeit) auf allen elektrischen und elektronischen Geräten in allen EU-Ländern
TÜV GS	Geprüfte Sicherheit Prüfstelle: TÜV	BZT A999 999N	Bundesamt für Zulassungen in der Telekommunikation	♻	Recycling-Zeichen Wiederaufbereitung nach der Verwendung

Not-Halt-Einrichtungen
Energency stop devices

DIN EN ISO 13 850: 2009-08

Definition: Die Not-Halt-Funktion ist eine Funktion, die aufkommende oder bestehende Gefahren oder Schäden für Personen, Maschinen oder Arbeitsgut abwenden oder mindern soll und durch eine einzige Handlung einer Person ausgelöst wird.

Anforderungen an Not-Halt-Einrichtungen:

Not-Halt-Einrichtungen müssen jederzeit verfügbar und funktionsfähig sein.

Der auslösenden Person dürfen bei Betätigung keine Überlegungen abverlangt werden.

Einmalige Betätigung muss zu sofortigem und nicht verhinderbarem Stillsetzen der Anlage führen.

Schaltgerät müssen nach Betätigung verriegeln oder verrasten.
Durch die Betätigung darf keine zusätzliche Gefährdung hervorgerufen werden.

Stromkreise, deren Ausschaltung eine weitere Gefährdung verursachen könnten (z. B. Licht), dürfen nicht betroffen sein.

Die Rückstellung der Not-Halt-Einrichtung darf keinen Wiederanlauf der Anlage zulassen.

Die Rückstellung darf nur von Hand am Befehlsgerät möglich sein.

Not-Halt-Einrichtungen müssen rot vor gelbem Hintergrund gekennzeichnet sein.

Elektrotechnik

Elektrotechnik – Unfallverhütung
Electrical technology – accident prevention

Wirkung des elektrischen Stroms auf den menschlichen Körper

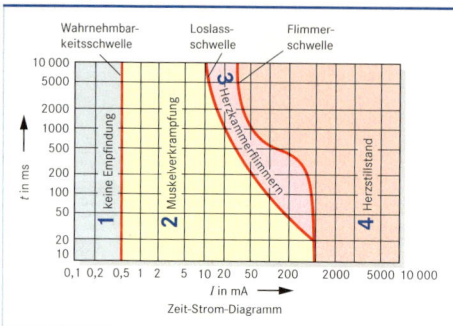

Zeit-Strom-Diagramm

Gefährdungsbereiche bei Wechselstrom (50 Hz ... 60 Hz) für erwachsene Personen und den Stromweg „linke Hand zu beiden Füßen":

1 keine Reaktion
2 keine physiologisch gefährliche Wirkung
3 bei $t > 10$ s oberhalb der Loslassschwelle Muskelverkrampfung
4 Herzkammerflimmern, Herzstillstand

Schutz gegen gefährliche Körperströme
DIN VDE 0100-410: 1997-01

Schutz sowohl gegen direktes als auch bei indirektem Berühren	Schutz gegen direktes Berühren	Schutz bei indirektem Berühren
Auftretende Ströme und Spannungen sind für den menschlichen Organismus nicht gefährlich.	Das Berühren spannungsführender Teile einer elektrischen Anlage wird verhindert.	Eine Gefährdung des Menschen bei Auftreten eines Fehlers wird verhindert.
■ Schutz durch Schutzkleinspannung ■ Schutz durch Funktionskleinspannung ■ Schutz durch Begrenzung der Entladungsenergie	■ Schutz durch Isolierung aktiver Teile ■ Schutz durch Abdeckungen und Umhüllungen ■ Schutz durch Hindernisse ■ Schutz durch Abstand ■ Schutz durch Fehlerstrom-Schutzeinrichtungen	■ Schutzisolierung ■ Schutztrennung ■ Schutz durch Hauptpotentialausgleich ■ Schutz durch nichtleitende Räume ■ Schutzmaßnahmen im TN-, TT- und IT-Netz

Sicherheitszeichen (Auswahl)
DIN 4844-2: 2001-02

Verbotszeichen			Zusatzzeichen	
Schalten verboten	Berühren verboten; Gehäuse unter Spannung	Verbot für Personen mit Herzschrittmacher		
			Hochspannung Lebensgefahr	Es wird gearbeitet! Ort: Datum: Entfernen des Schildes nur durch:

Warnzeichen			Gebotszeichen	
Warnung vor gefährlicher elektrischer Spannung	Warnung vor Gefahren durch Batterien	Warnung vor Laserstrahl	Vor Öffnen Netzstecker ziehen	Vor Arbeiten freischalten

| Entladezeit länger als 1 Minute | Teil kann im Fehlerfall unter Spannung stehen | Fünf Sicherheitsregeln
Vor Beginn der Arbeiten:
• Freischalten
• Gegen Wiedereinschalten sichern
• Spannungsfreiheit feststellen
• Erden und kurzschließen
• Benachbarte, unter Spannung stehende Teile abdecken oder abschranken | Vor Berühren: Entladen Erden Kurzschließen | Hier liegen die Unfallverhütungsvorschriften aus |

Erste Hilfe bei Unfällen durch elektrischen Strom

- Strom sofort unterbrechen
- Feststellen, ob Atemstillstand vorliegt, dann mit Beatmung einsetzen
- Feststellen, ob Kreislaufstillstand vorliegt, dann neben Beatmung auch mit Herzmassage beginnen
- Liegt kein Atem- oder Kreislaufstillstand vor, Verunglückten in Seitenlage bringen
- Bei Atem- und Kreislaufstillstand, größeren Verbrennungen, Ohnmacht: schneller Transport ins Krankenhaus

Grundbegriffe der Regelungs- und Steuerungstechnik
Basic terms of closed loop and open loop control technique

Steuern, Steuerung
DIN 19 226-4: 1994-02

- Eine oder mehrere Eingangsgrößen beeinflussen aufgrund einer systemeigenen Gesetzmäßigkeit eine Ausgangsgröße, wobei keine Rückwirkung erfolgt.
- Es besteht ein **offener** Wirkungsweg (Steuerkette).
- Die Steuerkette ist eine Anordnung von Systemen, die in Reihenstruktur aufeinander wirken.

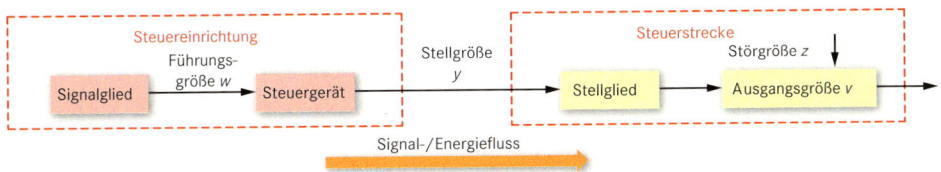

Regeln, Regelung

- Die Regelgröße wird fortlaufend erfasst und mit der Führungsgröße verglichen.
- Bei einer Regelabweichung erfolgt eine Anpassung an die Führungsgröße.
- Es besteht ein **geschlossener** Wirkungsablauf (Regelkreis).

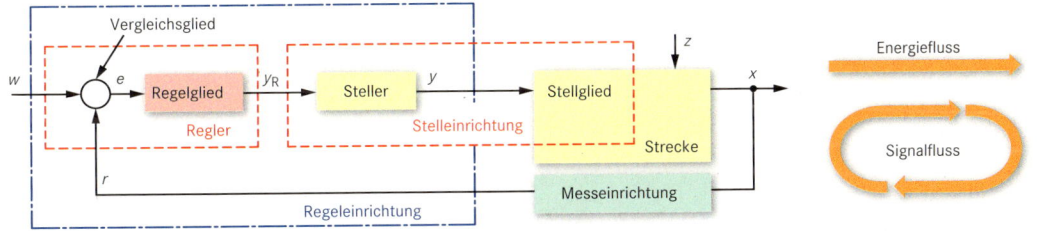

Begriff	Formelzeichen	Bedeutung
Strecke (S und R)	S	Teil des Systems, der aufgabengemäß zu beeinflussen ist (Teil des Wirkungsplans)
Messeinrichtung		Gesamtheit aller Funktionseinheiten, die Messgrößen aufnehmen, anpassen und ausgeben
Vergleichsglied		Funktionseinheit, bildet die Regeldifferenz aus Führungs- und Rückführungsgröße
Regelglied		Funktionseinheit, führt im Regelkreis die Regelgröße der Führungsgröße, auch beim Auftreten von Störgrößen, so schnell und genau wie möglich nach
Regler		Funktionseinheit, wird aus Vergleichsglied und Regelglied gebildet
Steller		Funktionseinheit, bildet aus der Reglerausgangsgröße die erforderliche Stellgröße
Stellglied		Funktionseinheit, Teil und Anfang der Regelstrecke, greift in den Energie- oder Massenstrom ein (Eingangsgröße ist die Stellgröße)
Stelleinrichtung		Funktionseinheit, besteht aus Steller und Stellglied
Steuer-/Regeleinrichtung		Teil des Wirkungsweges, der die aufgabengemäße Beeinflussung der Strecke bewirkt
Stellort		Angriffspunkt der Stellgröße
Störort		Angriffspunkt der Störgröße
Regelgröße	X	Größe der Regelstrecke, die zum Zwecke des Regelns erfasst und über die Messeinrichtung der Regeleinrichtung zugeführt wird
Regelbereich	X_h	Bereich, innerhalb dessen die Regelgröße eingestellt werden kann, ohne die festgelegte größte Sollwertabweichung zu überschreiten
Aufgabengröße	X_A	Größe, die zu beeinflussen Aufgabe der Steuerung oder Regelung ist (z. B. Mischungsverhältnis)
Rückführungsgröße	r	Größe, die aus der Messung der Regelgröße hervorgeht
Führungsgröße	w	Größe, die, von außen zugeführt, von der Regelung oder Steuerung nicht beeinflusst werden kann und der die Ausgangsgröße in vorgegebener Abhängigkeit folgen soll
Ausgangsgröße	v	Größe eines Systems, die nur von ihm und seinen Eingangsgrößen beeinflusst wird
Eingangsgröße	u	Größe, die auf ein System einwirkt, ohne selbst von ihm beeinflusst zu werden
Regeldifferenz	e	Differenz zwischen Führungsgröße und Rückführungsgröße: $e = w - r$ (auch $e = w - x$)
Reglerausgangsgröße	y_R	Eingangsgröße der Stelleinrichtung
Stellgröße	y	Ausgangsgröße der Steuer- bzw. Regeleinrichtung; zugleich Eingangsgröße der Strecke
Störgröße	z	Von außen wirkende Größe, die die Ausgangs- oder Regelgröße unerwünscht beeinflusst

Funktionsdiagramme
Function diagrams

- In Funktionsdiagrammen wird das Zusammenwirken von technischen Baueinheiten grafisch dargestellt.
- Planung, Konstruktion, Erstellung und Prüfung der Steuerung einer Fertigungsanlage sollen erleichtert werden.
- Es werden Funktionsfolgen von mechanischen, pneumatischen, elektrischen und elektronischen Steuerungen sowie deren Kombinationen, z. B. elektro-hydraulische Steuerungen, dargestellt.
- Man unterscheidet: – Wegdiagramme: Darstellung durch Bildzeichen
  – Zustandsdiagramme: Darstellung im Zwei-Koordinatensystem

Funktionslinie

(schmale Linie)	Zustand der Ausgangsstellung: Motor AUS, Zylinder eingefahren, Pumpe abgeschaltet, Ventil geschlossen
(breite Linie)	Von der Ausgangsstellung abweichender Zustand: Motor EIN, Zylinder ausgefahren, Pumpe eingeschaltet, Ventil geöffnet

Arbeitswege und Arbeitsbewegungen

→	Geradlinige Bewegung (Vorschub)
↻	Schwenkbewegung
○	Drehbewegung EIN (Motor ein)
⌐	Weg in 2 Koordinaten

Leerwege und Leerbewegungen

---→	Geradlinige Bewegung (Eilgang)
⌒	Schwenkbewegung
○	Drehbewegung EIN
⌐	Weg in 2 Koordinaten

Wegbegrenzungen und Bewegungsbegrenzungen

—→	Arbeitsweg
---→	Leerweg
—• / ---•	Wegbegrenzung über Signalglied
⊢ / ⊣	Wegbegrenzung durch einstellbaren mechanischen Festanschlag
⊢‖ / ⊣‖	Wegbegrenzung über Wegmesssteuerung

Funktionslinie (im Diagramm)

Im Funktionsdiagramm entfällt der Pfeil am Wegende. Die Wegbegrenzung ist durch einen Knick in der Funktionslinie gekennzeichnet.

╱	Wegbegrenzung, allgemein
•╱	Wegbegrenzung über Signalglied
‖╱	Wegbegrenzung durch mechanischen Festanschlag

Signalglieder

Signalglied, handbetätigt

⊕	EIN
○	AUS
⊕	EIN/AUS
T	TIPPEN
Ⓐ	AUTOMATIK EIN
T T	ZWEIHAND-EINRÜCKUNG
E A 2 3 4 / 1 5	WAHLSCHALTER
⊙	GEFAHREN-ABSCHALTUNG

Signalglied, mechanisch betätigt

	Grenztaster, in Endlage oder kurzzeitig auf Wegstrecke betätigt
	Grenztaster, über längere Wegstrecke betätigt

Signalglied, pneumatisch bzw. hydraulisch betätigt

p 3 bar	Druckschalter, Einstellwert ist anzugeben, z. B. 3 bar

Allgemeiner Signalausgang

╱	Querstrich kennzeichnet den Zustand, der Voraussetzung für die Einleitung weiterer Funktionen ist.

Signallinie

↕	Die Signallinie beginnt am Signalglied (Signalausgang) und endet an der Stelle, an der abhängig von diesem Signal eine Änderung des Zustands eingeleitet wird.
▱	(schmale Linien mit Pfeil in Wirkungsrichtung)

Signalverknüpfungen

Signalverzweigung

Die Verzweigungsstelle wird durch einen Punkt markiert.

ODER-Bedingung

UND-Bedingung

Nicht-Bedingung

$\overline{S3}$ Die Angabe des Signalgliedes mit Nicht-Bedingung erfolgt an der Signallinie

Signal an andere Maschine gehend

Am Dreieck wird die Maschine benannt, an die das Signal geht

Signal von anderer Maschine kommend

Am Dreieck wird die Maschine benannt, von der das Signal kommt

Steuer- und Anzeigeglieder

t 5 s	Zeitglied, Wert einstellbar, z. B. 5 Sekunden
⊗	Leuchte
⌒	Summer

Funktionsbildzeichen

	Elektrischer Vorgang
	Pneumatischer Vorgang
	Hydraulischer Vorgang
⊕	Mechanischer Vorgang

Funktionsdiagramme
Function diagrams

Wegdiagramm

- Wegdiagramme finden nur bei einfachen Vorgängen Anwendung, z. B. Programmierung von Maschinen.

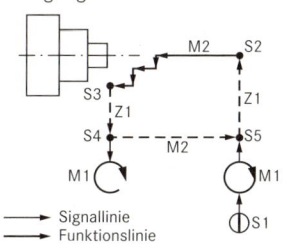

→ Signallinie
→ Funktionslinie

Ablauf:
S1 : Drucktaste EIN
M1 : Spindel EIN
Z1/S2 : (Kopierzylinder Z1) fährt im Eilgang vor
M2/S3 : Längssupport (M2) fährt im Arbeitsgang vor, dabei führt der Kopierzylinder die Kopierbewegung durch
S4 : Kopierzylinder fährt im Eilgang zurück bis S4
M1 : Spindel AUS
M2/S5 : Längssupport fährt im Eilgang nach S5 (Start-/Endpunkt)

Zustandsdiagramm (Funktionsdiagramm)

Darstellung	Beschreibung	Darstellung	Beschreibung
Zylinder oder Hubmagnet		Signalverzweigung	
(Diagramm Schritt 1–6, Zustand 0/1)	Schritt 1/2: Wechsel von Zustand 0 auf Zustand 1 Schritt 2/3 + 3/4: Verharren Schritt 4/5: Wechsel von Zustand 1 auf Zustand 0	(Diagramm Schritt 1–7, Z1, Y1, Y2)	Schritt 2: Signal S1 verzweigt sich auf Y1 und Y2, Y1 und Y2 schalten von b nach a um
Ventil mit zwei Schaltstellungen			
(Diagramm Schritt 1–4, Zustand a/b)	Schritt 1: Umschalten von Ausgangsstellung b in Stellung a Schritt 3 + 4: Verharren Schritt 5: Umschalten von Stellung a in Stellung b		
Betätigungsart: Muskelkraft (Signalgeber)		Oder-Bedingung (Und-Bedingung)	
(Diagramm Schritt 1–3, Zustand a/b)	Schritt 1: einschalten; Steuerglied schaltet von Ausgangsstellung b nach a	(Diagramm Schritt 1–6, Z2, Z3, Y3)	Schritt 2: Signal S2 oder S3 bewirkt, dass Y3 von b nach a umschaltet (Und-Bedingung: Signal S2 und S3 bewirken, dass Y von b nach a umschaltet)

Beispiel

Bauglieder				Zeit								Bemerkungen
	Benennung	Kenn-zeichen	Zustand	Schritt	1	2	3	4	5	6	7	
1	Schalter	S1	EIN									Ablauf:
2	Start	S2	EIN									(Haupt-)Schalter EIN und Start EIN, Wegeventil 1V1 von Stellung b nach Stellung a umschalten, Spannzylinder 1A1 ausfahren, durch Signal 1S1 Wegeventil 2V1 von Stellung b nach Stellung a umschalten, Presszylinder 2A1 ausfahren, durch Signal 2S1 Wegeventil 1V1 und 2V1 von Stellung a nach Stellung b umschalten, Presszylinder und Spannzylinder in Ausgangsstellung zurückfahren.
3	Spannzylinder	1A1	ausgefahren									
4			eingefahren									
5	Presszylinder	2A1	ausgefahren									
6			eingefahren									
7	Wegeventil 1	1V1	Stellung a									
8			Stellung b									
9	Wegeventil 2	2V1	Stellung a									
10			Stellung b									→ Signallinie → Funktionslinie

Steuern und Regeln

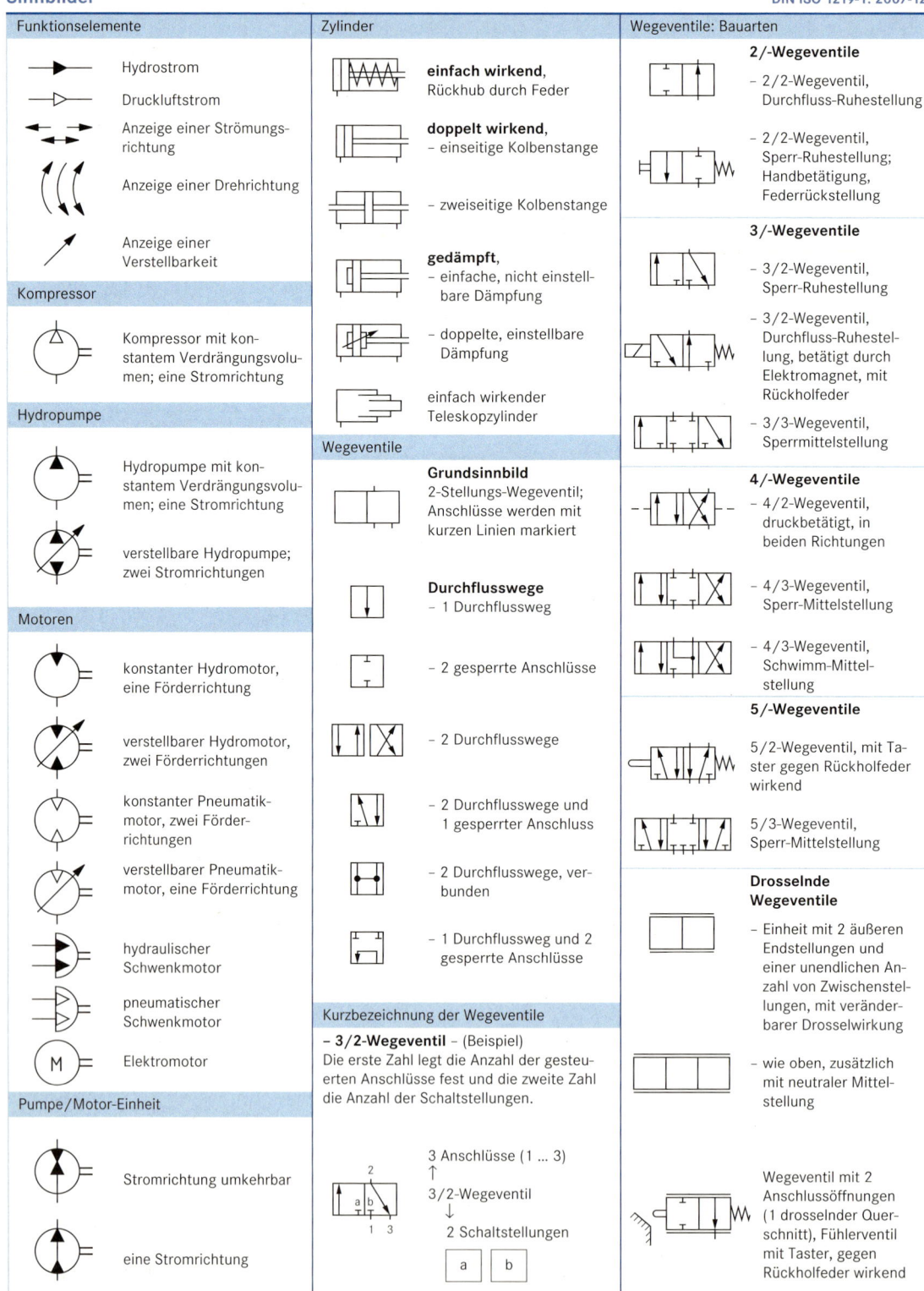

Hydraulik und Pneumatik
Hydraulic and pneumatic

Sinnbilder
DIN ISO 1219-1: 2007-12

Sperrventile		
		Rückschlagventil, unbelastet
		Rückschlagventil, federbelastet
		Wechselventil
		Schnellentlüftungsventil
		Drosselrückschlagventil, verstellbar
		Zweidruckventil

Druckventile		
		Druckbegrenzungsventil, direktwirkend
		Folgeventil, einstufig, federbelastet
		Druckreduzierventil, direktwirkend
		Druckreduzierventil, vorgesteuert

Stromventile		
		Drosselventil, fest
		Drosselventil, verstellbar
		Stromregelventil, verstellbar
		Stromregelventil, verstellbar; mit Entlastung zum Behälter
		Stromteilventil, 2 Ströme im festen Verhältnis
		Absperrventil

Energieübertragung/Aufbereitung	
	Hydraulikdruckquelle
	Pneumatikdruckquelle
	Arbeitsleitung
	Steuerleitung, Abfluss oder Leckleitung
	umrahmt Komponenten einer Baugruppe
	Leitungsverbindung
	Leitungskreuzung; **ohne** Verbindung
	– Auslassöffnung
	– Auslassöffnung mit Gewindeanschluss
	Schnell-Kupplung, verbunden
	Schnell-Kupplung, verbunden mit Rückschlagventil
	Geräuschdämpfer
	Behälter, Rohrende über Flüssigkeitsspiegel
	Hydrospeicher
	Druckbehälter
	Filter oder Sieb
	Wasserabscheider, handbetätigt
	Filter mit Wasserabscheider
	Lufttrockner
	Öler
	Aufbereitungseinheit, – vereinfachte Darstellung
	– ausführliche Darstellung: Filter, Druckregelventil, Manometer und Öler
	Kühler
	Temperaturregler

Mechanische Komponenten	
Betätigung durch Muskelkraft	
	allgemein
	Druckknopf, Taster
	Hebel
	Pedal
Mechanische Betätigung	
	Taster, Stößel
	Rolle
	Rolle, nur in einer Richtung arbeitend
	Feder
Elektrische Betätigung	
	durch Elektromagnet
	durch Elektromotor
Druckbetätigung	
	direkte Druckbeaufschlagung, hydraulisch
	direkte Druckbeaufschlagung, pneumatisch
	indirekte Druckbeaufschlagung, hydraulisch
	indirekte Druckbeaufschlagung, pneumatisch
	indirekte Betätigung durch Druckentlastung
	durch Elektromagnet und Vorsteuer-Wegeventil
Mechanische Bestandteile	
	Raste (auch mehrstufig)
Sonstige Geräte	
	Überdruckmessgerät (Manometer)
	Temperaturmessgerät
	Volumenstrommessgerät
	Drehzahlmessgerät

Steuern und Regeln

Hydraulik und Pneumatik
Hydraulic and pneumatic

Schaltpläne
DIN ISO 1219-2: 1996-11

- Der Schaltplan zeigt alle Bewegungs- und Steuerschaltkreise sowie die Schritte des Arbeitsablaufes einer Steuerung.
- Die räumliche Anordnung der Bauteile in der Anlage braucht im Schaltplan nicht berücksichtigt zu werden.

Aufbau des Schaltplanes

- Leitungen oder Verbindungen sollen möglichst kreuzungsfrei oder nach DIN ISO 1219-1 gezeichnet werden.
- Baugruppen sind durch eine strichpunktierte Linie zu umgrenzen.
- In einem Schaltkreis werden die Bauteile von unten nach oben in Richtung des Energieflusses und von links nach rechts angeordnet:
  - Energiequelle unten links,
  - Steuerungselemente: aufwärts von links nach rechts fortlaufend,
  - Antriebe: oben, von links nach rechts
- Soweit nicht anders angegeben, werden Hydrauliksymbole in Ausgangsstellung der Anlage und Pneumatiksymbole in Ausgangsstellung der Anlage mit Druckbeaufschlagung gezeichnet.

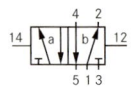

Kennzeichnung der Bauteile

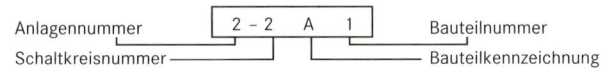

- Bei mehreren Anlagen muss die Anlagennummer, beginnend mit der Ziffer 1 eingetragen werden.
- Schaltkreise erhalten eine Schaltkreisnummer. Alle Versorgungsglieder sollen dabei vorzugsweise die Ziffer 0 erhalten.
- Jedes Bauteil in einem Schaltkreis wird fortlaufend nummeriert, beginnend mit der Ziffer 1.
- Die Kennzeichnung wird von einem Rahmen umgeben.

Bauteilkennzeichnung

Kennbuchstabe	Bedeutung	Kennbuchstabe	Bedeutung
P	Pumpe/Kompressor	S	Signalaufnehmer
A	Antrieb	V	Ventil
M	Motor	Z	anderes Bauteil

Bezeichnung der Ventilanschlüsse[1)]

Kennbuchstabe	Bedeutung	Kennbuchstabe	Bedeutung
1	Druckanschluss	3, 5, 7	Abfluss, Entlüftung
2, 4, 6	Arbeitsanschlüsse	12, 14, 16	Steuerungsanschlüsse

[1)] Für Hydraulikanschlüsse werden noch häufig Buchstaben verwendet.

Beispiel: Steuerung für Einzeltakt-, Hand- und Automatikbetrieb

Bauteil/Baugruppe		
Antriebsglied	Doppelt wirkender Zylinder mit doppelter, einstellbarer Dämpfung	
Baugruppe	Drosselrückschlagventil	
Stellglied	Impulsventil 5/2-Wegeventil	
Steuerglieder	Wechselventile	
Signalglieder	Signalventile 3/2-Wegeventile	
Energieverteilung	Arbeitsleitungen	
Versorgungsglieder	Aufbereitungseinheit, 5/3-Wegeventil mit Rasten	a = Einzeltaktbetrieb 0 = 0-Stellung b = Dauerbetrieb

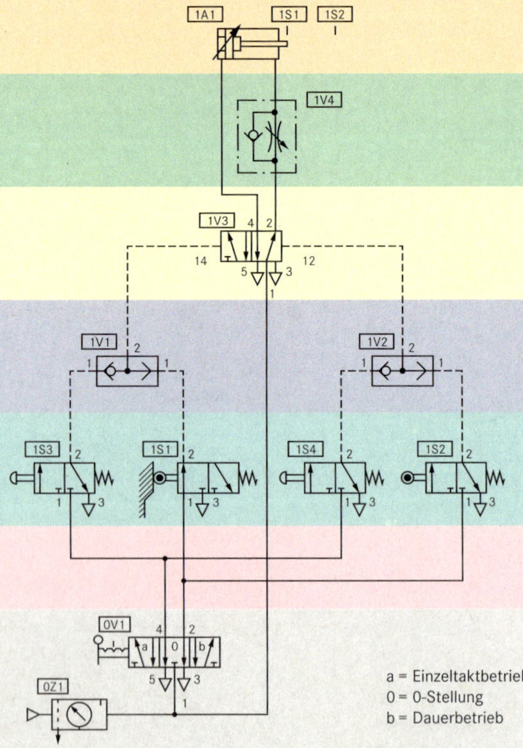

Darstellung von Logikfunktionen
Representation of logic functions

Darstellung von Logikfunktionen

Bezeichnung/ Logische Funktion (Gleichung)	Schaltzeichen	Funktionstabelle E1	E2	A	Ersatzschaltung hydraulisch/pneumatisch DIN ISO 1219	Ersatzschaltung elektrisch DIN EN 60617
NICHT-Glied (NOT) $\overline{E1} = A$ (nicht E1)	E1 –[1]– A	0	–	1		
		–	–	–		
		1	–	0		
UND-Glied (AND) $E1 \wedge E2 = A$ (E1 und E2) auch: $E1 \cdot E2 = A$	E1, E2 –[&]– A	0	0	0		
		0	1	0		
		1	0	0		
		1	1	1		
ODER-Glied (OR) $E1 \vee E2 = A$ (E1 oder E2) auch: $E1 + E2 = A$	E1, E2 –[≥1]– A	0	0	0		
		0	1	1		
		1	0	1		
		1	1	1		
UND-NICHT-Glied (NAND) $\overline{E1} \vee \overline{E2} = A$ $\overline{E1 \wedge E2} = \overline{E1} \vee \overline{E2} = A$	E1, E2 –[&]o– A	0	0	1		
		0	1	1		
		1	0	1		
		1	1	0		
ODER-NICHT-Glied (NOR) $\overline{E1} \wedge \overline{E2} = A$ $\overline{E1 \vee E2} = \overline{E1} \wedge \overline{E2} = A$	E1, E2 –[≥1]o– A	0	0	1		
		0	1	0		
		1	0	0		
		1	1	0		
ANTIVALENZ-Glied (Exklusiv-Oder) $(\overline{E1} \wedge E2) \vee (E1 \wedge \overline{E2}) = A$	E1, E2 –[=1]– A	0	0	0		
		0	1	1		
		1	0	1		
		1	1	0		
INHIBITIONS-Glied (Sperrgatter) $\overline{E1} \wedge E2 = A$	E1, E2 –[&]– A	0	0	0		
		0	1	1		
		1	0	0		
		1	1	0		

Speicher (RS-Flip-Flop)

Schaltzeichen: E1 – S – A1; E2 – R – A2

S = Setzen
R = Rücksetzen

E1	E2	A1	A2
0	0	●	●
0	1	0	1
1	0	1	0
1	1	○	○

● Zustand unverändert
○ Zustand unbestimmt

E1, E2 = Eingänge / A = Ausgang; (für ∧ wird auch · gesetzt; für ∨ wird auch + gesetzt)

Steuern und Regeln

Elektropneumatik
Electropneumatics

Elektrotechnische Schaltzeichen

DIN EN 60 617-12: 1999-04

Kontakte		Schalter		Binäre Verknüpfungen	
	Schließer		Berührungsempfindlicher Schalter	E1, E2 → A1 Basiszeichen	Eingänge links Ausgänge rechts
	Öffner		Näherungsempfindlicher Schalter, reagiert auf Eisen	Logik-Symbol	Stromlaufplan (Relais K schaltet Ausgang A)
	Wechsler mit Unterbrechung	**Schaltgeräte**		**UND**	
	Zweiwegschließer (Mittelstellung –Aus–)		Schütz (Schließer)	E1, E2 → & → A1	
			Schütz mit selbsttätiger Auslösung		
	Schließer, schließt verzögert bei Betätigung		Leistungsschalter	**ODER**	
	Öffner, schließt verzögert bei Rückfall	**Elektromechanische Antriebe**		E1, E2 → ≥1 → A1	
			allgemeine Form Relaisspule Form 1		
	Schließer, schließt und öffnet verzögert		Form 2	**NICHT**	
			Antrieb mit zwei getrennten Wicklungen, zusammenhängende Darstellung Form 1	E1 → 1 → A1	
	Schließer mit selbsttätigem Rückgang				
	Schließer mit nicht selbsttätigem Rückgang		Form 2	**UND-NICHT**	
	Öffner mit selbsttätigem Rückgang		Antrieb, erregt	E1, E2 → & → A1 (NAND)	
	Öffner, im betätigten Zustand dargestellt		Antrieb mit Rückfallverzögerung	**ODER-NICHT**	
	Schließer, im betätigten Zustand dargestellt		Antrieb mit Ansprechverzögerung	E1, E2 → ≥1 → A (NOR)	
Schalter			elektromagnetisch betätigtes Ventil	**RS-Kippglied (Speicher)**	
	Handbetätigter Taster	**Sensoren (Blockdarstellung)**		S → Q, R → Q̄	
	Drucktaster		Kapazitiver Sensor, reagiert bei Annäherung aller Stoffe	S = Setzen (EIN) R = Rücksetzen (AUS)	
	Zugschalter		Induktiver Sensor, reagiert bei Annäherung von Metallen	Funktionstabelle	
	Drehtaster (rastend)		Magnetischer Sensor, reagiert bei Annäherung eines Magneten (Reedschalter)	S R Q Q̄ 0 0 * * 0 1 0 1 1 0 1 0 1 1 * *	
	durch Rolle betätigt		Optischer Sensor, reagiert auf Reflexion von Licht	* wie vorher, bzw. unbestimmt	(selbsthaltend)

Steuern und Regeln

Elektropneumatik
Electropneumatics

Stromlaufplan in aufgelöster Darstellung
DIN EN 61 082-1: 2007-03

Der Stromlaufplan zeigt die elektrischen Betriebsmittel sowie deren Zusammenwirken.

- Die Stromwege/Strompfade der elektrischen Betriebsmittel liegen senkrecht zwischen den zwei Stromversorgungsleitern (L+, L–).
- Die Strompfade werden fortlaufend durchnummeriert.
- Die Elemente unterliegen keiner festen räumlichen Anordnung.
- Im **Steuerstromkreis** sind die Geräte für die Signaleingabe und Signalverarbeitung enthalten.
- Im **Hauptstromkreis** (Leistungsstromkreis) sind die für die Betätigung der Arbeitsglieder notwendigen Stellglieder enthalten.

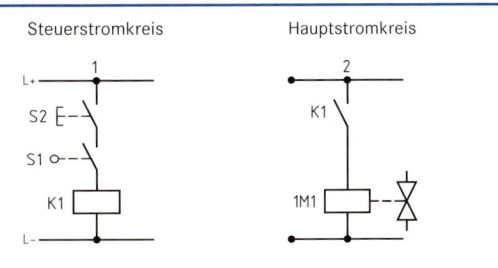

Bezeichnung der Betriebsmittel
DIN EN 61 346-2: 2000-12

- Sämtliche Betriebsmittel werden jeweils fortlaufend durchnummeriert:
  S1, S2 ...; K1, K2 ...
- Die Relaisspule und deren Kontakte erhalten die gleiche Kennziffer.
  Beispiel rechts: Zu Relais K1 in Stromweg 1 gehört der Kontakt des Relais (K1) im Stromweg 2 (Selbsthaltung) und der Kontakt des Relais (K1) in Stromweg 4, mit dem die Betätigung des Magnetventils 1M1 erfolgt.
- Die elektromagnetisch betätigten Ventile werden durchlaufend gekennzeichnet (M1, M2 ...).
- **Schaltgliedertabelle**
  Jedes Relais im Stromlaufplan erhält eine Schaltgliedertabelle.
  Beispiel rechts:
  Stromweg 1: In Stromweg 2 und 4 hat das Relais K1 einen Schließerkontakt (keinen Öffnerkontakt).
  Stromweg 3: In Stromweg 2 hat das Relais K2 einen Öffnerkontakt (keinen Schließerkontakt).

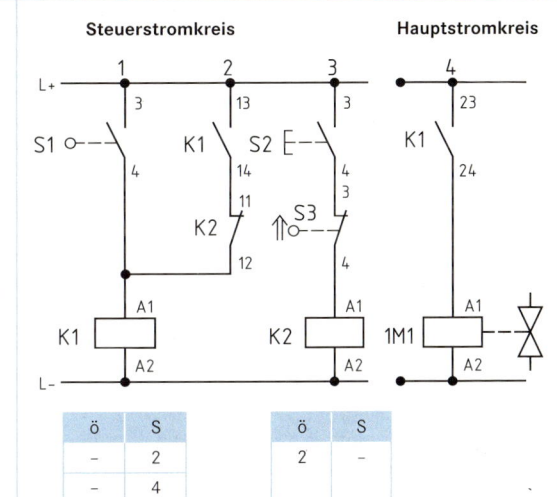

Anschlussbezeichnung von Relais

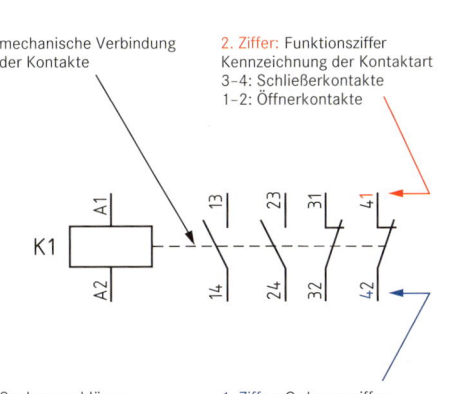

Spulenanschlüsse: A1, A2

mechanische Verbindung der Kontakte

2. Ziffer: Funktionsziffer Kennzeichnung der Kontaktart
3–4: Schließerkontakte
1–2: Öffnerkontakte

1. Ziffer: Ordnungsziffer fortlaufend durchnummerierte Kontakte

Verbindungslinien

Mechanische Verbindungslinien können zugunsten einer eindeutigen Führung der elektrischen Verbindungslinien verzweigt oder geknickt gezeichnet werden.

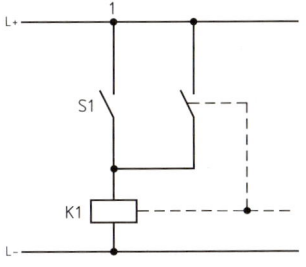

Kennbuchstabe	Betriebsmittel
M	Elektromotor, Stellantrieb, Magnetventil
K	Relais, Regler
S	Steuerschalter, Tastschalter
Y	elektrisch betätigte mechanische Mittel (DIN 40 719-2)

Steuern und Regeln 375

Näherungssensoren
Proximity sensors

Kennzeichnung

Beispiel: Stelle 1 2 3 4 5 6
                    C 3 A 30 B F 1

Erfassungsart	Mechanischer Einbau	Bauform Größe	Schaltelement Funktion	Ausgang	Anschlussart
(1 Zeichen)	(1 Zeichen)	(3 Zeichen)	(1 Zeichen)	(1 Zeichen)	(1 Zeichen)
I Induktiv	1 bündig einbaubar	A zylindrische Gewindehülse	A Schließer	P PNP-Ausgang, 3 oder 4 Anschlüsse DC	1 integrierte Anschlussleitung
C Kapazitiv		B glatte zylindrische Hülse	B Öffner		2 Steckanschluss
U Ultraschall	2 nicht bündig einbaubar		C Wechsler (Schließer/Öffner)	N NPN-Ausgang, 3 oder 4 Anschlüsse DC	
D fotoelektrisch diffus; reflektiertes Lichtbündel		C rechteckig, mit quadratischem Querschnitt			3 Schraubanschluss
	3 nicht festgelegt		P programmierbar durch Anwender	D 2 Anschlüsse DC	9 andere
M nichtmechanisch-magnetisch		D rechteckig, mit rechteckigem Querschnitt FORM: 1 Großbuchstabe GRÖSSE: 2 Ziffern für Durchm. oder Seitenlänge	S andere	F 2 Anschlüsse AC	
R fotoelektrisch reflektiertes Lichtbündel				U 2 Anschlüsse AC oder DC	
T fotoelektrisch direktes Lichtbündel				S andere	

Schaltzeichen

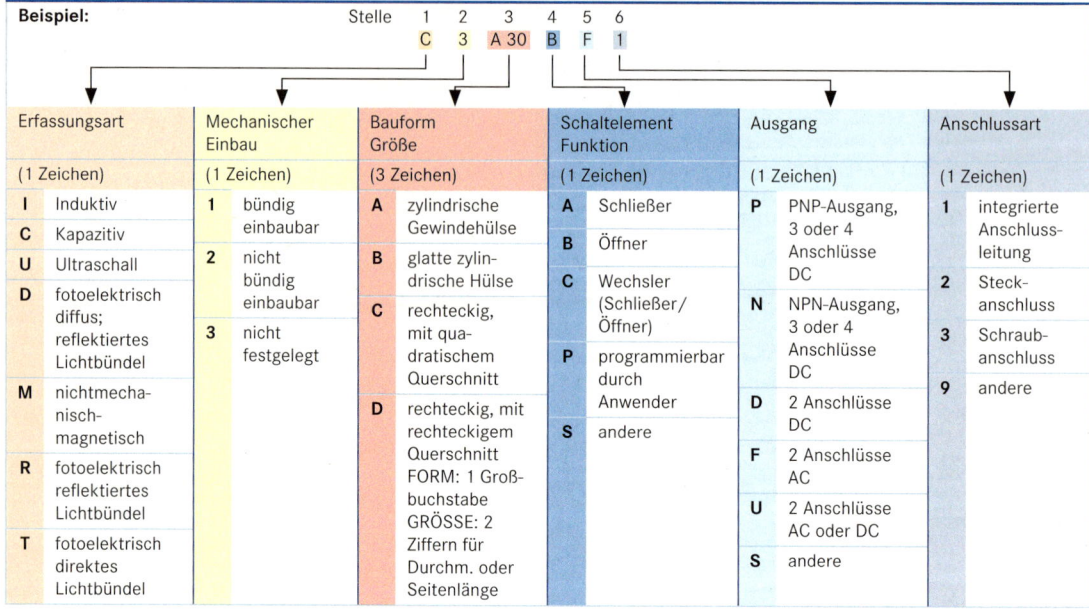

Induktiver Näherungssensor
Gleichspannung
Halbleiterausgang pnp

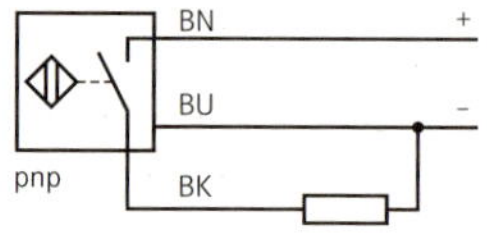

Kapazitiver Näherungssensor
Wechselspannung
Schließerausgang

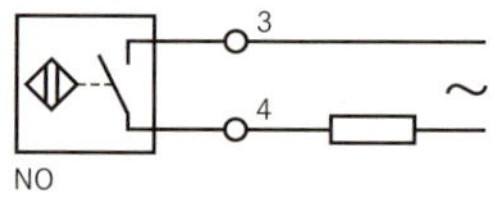

Induktiver Näherungssensor
Wechselspannung
Öffnerausgang

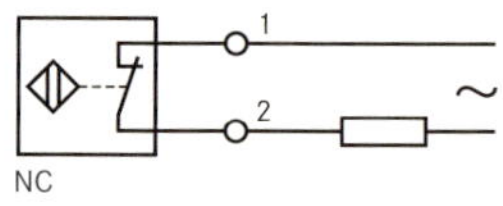

Ultraschall Näherungssensor
Gleichspannung
Ausgang analog
4 mA bis 20 mA, 0 V bis 10 V

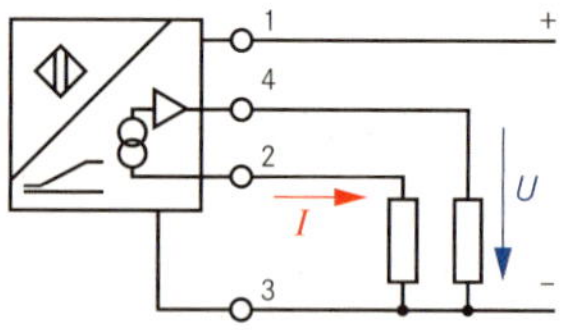

Ultraschall Näherungssensor
Gleichspannung
Ausgang analog
4 mA bis 20 mA

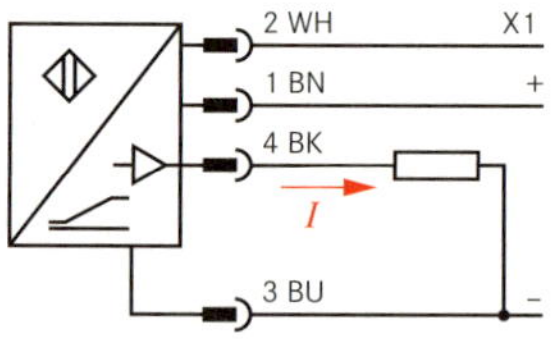

Induktiver Näherungssensor
Gleichspannung
Anschluss an ASI-Bus

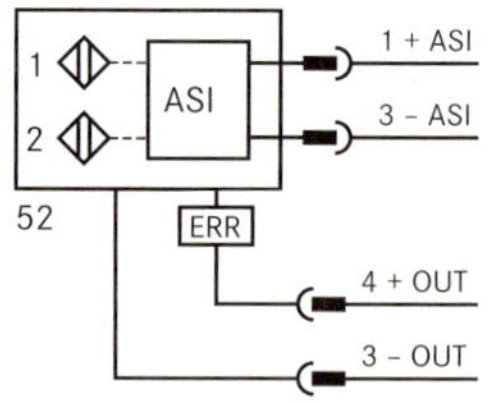

Ultraschall Näherungssensor
Gleichspannung
Halbleiterausgang pnp, npn
Teach-Funktion

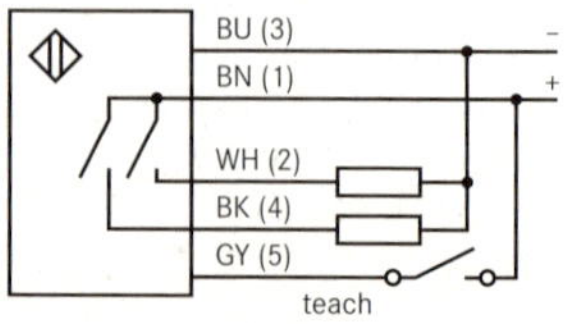

Fotoelektrischer Näherungssensor
Optische Strahlung diffus reflektierend
Ausgang Öffnerkontakt

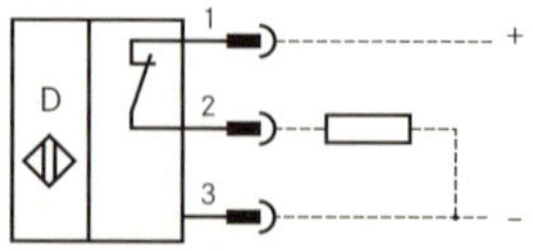

Strömungssensor
(FC: Fluid Control)
Mechanischer Kontaktausgang

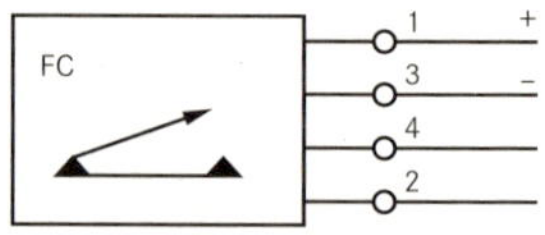

Speicherprogrammierbare Steuerungen SPS
Programmable logic controllers (PLC)

Aufbau

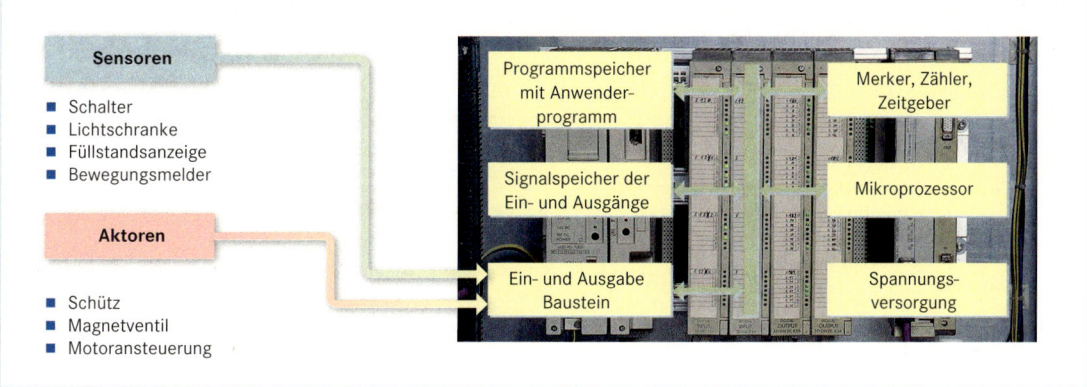

Programmiersprachen

DIN EN 61 131-3: 2003-12

Textsprachen

Anweisungsliste: AWL
(Instruction list: IL)

Strukturierter Text: ST
(Structured Text: ST)

```
LD    A
ANDN  B
ST    C
```

C:=A AND NOT B

Grafiksprachen

Kontaktplan: KOP
(Ladder Diagram: LD)

Funktionsbausteinsprache: FBS
(Function Block Diagram: FBD)

Ablaufsprache: AS
(Sequential Function Chart: SFC)

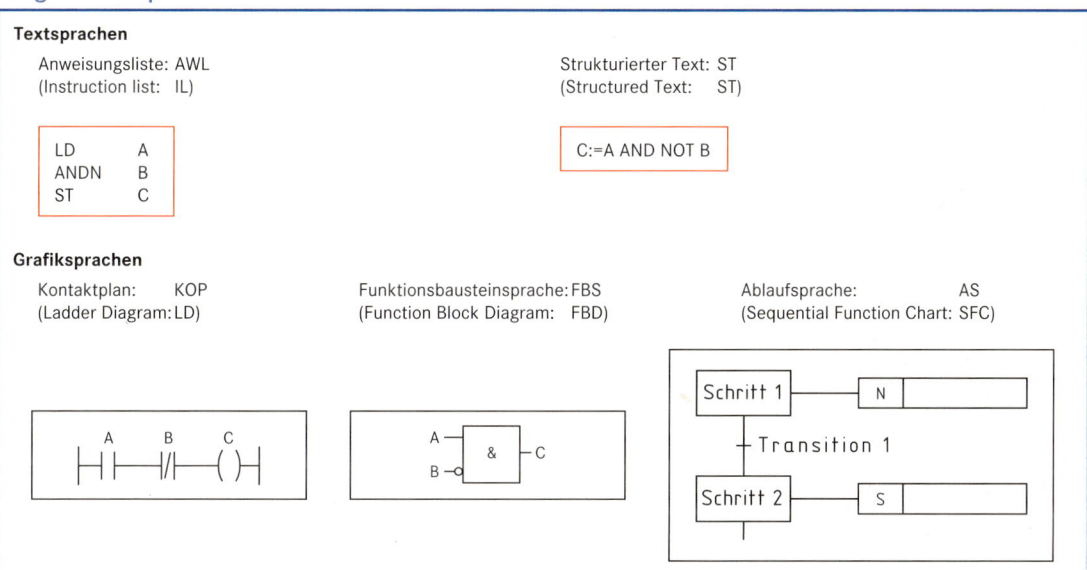

Gemeinsame Inhalte von SPS-Sprachen

Begrenzungszeichen (Auswahl)		Begrenzungszeichen (Auswahl)	
Zeichen	Gebrauch	Zeichen	Gebrauch
(*	Kommentar-Anfang	()	Anweisungsliste-Modifizierer/Operator (ST), Begrenzungszeichen für FBS-Eingangsliste (ST)
*)	Kommentar Ende		
+	Führendes Vorzeichen von Dezimalzahlen, Additionsoperator (ST)	'	Aufzählungslisten-, Anfangswert- und Feldindex-Trennzeichen, Trennzeichen für deklarierte Variablen
−	Führendes Vorzeichen von Dezimalzahlen, Jahr-Monat-Tag-Trennzeichen, Subtraktion, Negationsoperator (ST) horizontale Linie (FBS, KOP)	:=	Initialisierungsoperator, Eingangsverbindungsoperator, Zuweisungsoperator (ST)
		e oder E	Real-Exponent-Begrenzungszeichen
		$	Anfang von Sonderzeichen in Folge
#	Zeitliteral-Trennzeichen, Basiszahl-Trennzeichen	:	Variablen/Typ- und Schrittnamen-Trennzeichen, Netzwerkmarken-Trennzeichen (KOP, FBS), Anweisungsmarken-Trennzeichen (ST)
.	Ganzzahl/Bruch-Trennzeichen, Trennzeichen innerhalb hierarchischer Adressen, Trennzeichen von Variablen		
;	Trennzeichen für Typendeklaration, Anweisung-Trennzeichen (ST)	%	Direkt-Darstellung-Präfix

Steuern und Regeln

Speicherprogrammierbare Steuerungen SPS
Programmable logic controllers (PLC)

Gemeinsame Inhalte von SPS-Sprachen (Auswahl) DIN EN 61 131-3: 2003-12

Standardfunktionen

Name	Symbol	Bedeutung
ADD	+	Addition
SUB	–	Subtraktion
MUL	*	Multiplikation
DIV	/	Division
AND	&	Boolesches UND
OR	>=	Boolesches ODER (nicht in AWL/ST)
XOR		Boolesches Exklusiv-ODER
NOT		Verneinung
S		Setzt booleschen Operator auf „1"
R		Setzt booleschen Operator auf „0"
GT	>	Vergleich: größer
GE	>=	Vergleich: größer gleich
EQ	=	Vergleich: gleich
NE	<>	Vergleich: ungleich
LE	<=	Vergleich: kleiner gleich
LT	<	Vergleich: kleiner

Schlüsselwörter von Datentypen

Schlüsselwort	Datentyp	Bits
BOOL	boolesche	1
SINT	kurze ganze Zahl	8
INT	ganze Zahl	16
DINT	doppelte ganze Zahl	32
LINT	lange ganze Zahl	64
REAL	reelle Zahl	32
LREAL	lange reelle Zahl	64
STRING	variabel lange Zeichenfolge	–
TIME	Zeitdauer	–
DATE	Datum	–
BYTE	Bit-Folge der Länge 8	8
WORD	Bit-Folge der Länge 16	16
DWORD	Bit-Folge der Länge 32	32
LWORD	Bit-Folge der Länge 64	64

Anweisungsliste (AWL) DIN EN 61 131-3: 2003-12

Die Anweisungsliste ist eine zeilenorientierte Textsprache, die Arbeitsvorschriften in Form von Steueranweisungen in einer Ablauffolge zusammenfasst.

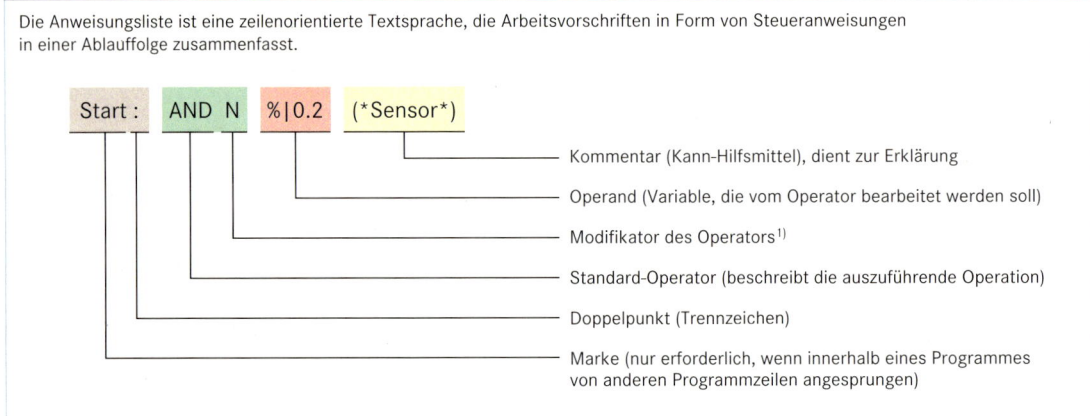

Start : AND N %|0.2 (*Sensor*)

- Kommentar (Kann-Hilfsmittel), dient zur Erklärung
- Operand (Variable, die vom Operator bearbeitet werden soll)
- Modifikator des Operators[1]
- Standard-Operator (beschreibt die auszuführende Operation)
- Doppelpunkt (Trennzeichen)
- Marke (nur erforderlich, wenn innerhalb eines Programmes von anderen Programmzeilen angesprungen)

Standardoperatoren

Operator	Modifikation	Bedeutung
LD	N	Setzen eines Operanden
ST	N	Speicherung auf Operanden-Adresse
S	–	Setzt den Operanden auf „logisch 1"
R	–	Setzt den Operanden auf „logisch 0"
AND &	N, (	Boolesches UND
	N, (	Boolesches UND
OR	N, (	Boolesches ODER
XOR	N, (	Boolesches Exklusiv-ODER
ADD	(	Addition
SUB	(	Subtraktion

Operator	Modifikation	Bedeutung
MUL	(	Multiplikation
DIV	(	Division
GT	(	Vergleich: >
GE	(	Vergleich: >=
EQ	(	Vergleich: =
NE	(	Vergleich: <>
LE	(	Vergleich: <=
LT	(	Vergleich: <
JMP	C, N	Sprung zur Marke
CAL	C, N	Aufruf Funktionsbaustein
RET	C, N	Rücksprung
)	–	Bearbeitung zurückgestellter Operanden

Standardoperanden

Kurzzeichen	Bedeutung
% I	Eingangsvariable
% Q	Ausgangsvariable
% M	Merker
	Direkte SPS-Adressen müssen mit einem % beginnen.

[1] N = Boolesche Negierung des Operanden
C = wird nur ausgeführt, wenn das ausgewertete Ergebnis eine boolesche 1 ist.
(= Auswertung des Operators wird zurückgestellt, bis „)" erscheint

Informationsverarbeitung
Information processing

Sinnbilder für Datenfluss- und Programmablaufpläne

DIN 66 001: 1983-12

Sinnbild	Bedeutung	Sinnbild	Bedeutung	Sinnbild	Bedeutung
▭	Verarbeitung, allgemein (einschl. Ein- und Ausgabe)	▷	Steuerung der Verarbeitungsfolge von außen	⌇	Daten auf Lochstreifen, Lochstreifeneinheit
⏢	Manuelle Verarbeitung, Verarbeitungsstelle	▱	Daten, allgemein Datenträgereinheit, allgemein	⌭	Daten auf Speicher mit auch direktem Zugriff, Datenträgereinheit
◇	Verzweigung, Auswahleinheit	D	Maschinell zu verarbeitende Daten, Datenträgereinheit	⌸	Daten im Zentralspeicher, Zentralspeicher
⬠	Schleifenbegrenzung Anfang	▽	Manuell zu verarbeitende Daten, Manuelle Ablage (z. B. Ziehkartei, Archiv)	⏢	Manuelle optische oder akustische Eingabedaten, Eingabeeinheit
⬡	Ende	⎕	Daten auf Schriftstück (z. B. auf Belegen, Mikrofilm) Ein-/Ausgabeeinheit	—	Verbindung Verarbeitungsfolge, Zugriffsmöglichkeit
‖	Synchronisierung paralleler Verarbeitungen	○	Daten auf Speicher mit nur sequentiellem Zugriff, Datenträgereinheit	⟋	Verbindung zur Datenübertragung, Datenübertragungsweg
▷	Sprung mit Rückkehr	⌬	Maschinell erzeugte optische oder akustische Daten, Ausgabeeinheit	⬭	Grenzstelle (zur Umwelt)
▷	Sprung ohne Rückkehr			○	Verbindungsstelle
▷	Unterbrechung einer anderen Verarbeitung	▱	Daten auf Karte (z. B. Lochkarte, Magnetkarte), Lochkarteneinheit	⊢	Verfeinerung
				┅┤	Bemerkung

Grundregeln zum Erstellen von Plänen

- Pfeile geben die Flussrichtung an.

- Zwischen Sinnbildern dürfen mehrere Verbindungen verlaufen. Dabei sollten Kreuzungen von Verbindungslinien vermieden werden.

- Sinnbilder können miteinander verknüpft werden, z. B. zu einer Ausgabeeinheit. **1**

- Innenbeschriftungen sollen weitere Abläufe erkennen lassen und eindeutig zuordnen.

- Durch einen Querstrich oben im Sinnbild wird auf eine detaillierte Darstellung derselben Dokumentation hingewiesen, z. B. schrittweise Verfeinerung eines Programmablaufs. **2**

- Hintereinander gezeichnete Sinnbilder gleicher Art bilden eine Einheit mehrerer gleichartiger Datenträger. **3**

- Mit zusätzlichen senkrechten Linien in den Sinnbildern „Daten" und „Verarbeitung" wird auf eine Dokumentation an anderer Stelle hingewiesen. **4**

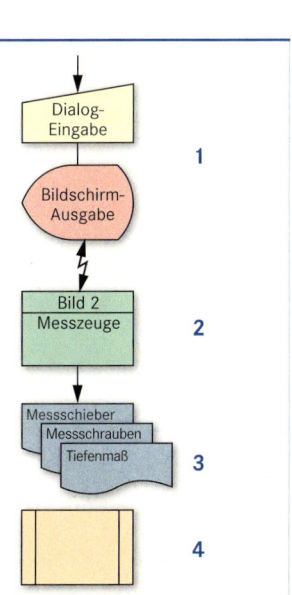

Datenverarbeitung

Programmablaufplan – Struktogramm
Programming flowchart – structogram

DIN 66 001: 1983-12; DIN 66 261: 1985-11

Programmablaufplan	Nassi-Shneiderman Struktogramm
Folge (Sequenz)	

- Aneinanderreihung von mehreren Anweisungen oder Befehlen
- Aufzählung nacheinander zu bearbeitender Aufgaben

Programmablaufplan	Nassi-Shneiderman Struktogramm
bedingte Verarbeitung (Verzweigung)	

- Ist die Bedingung erfüllt, wird die Anweisung ausgeführt; sonst wird die Anweisung übersprungen
- IF-THEN-Abfrage

Programmablaufplan	Nassi-Shneiderman Struktogramm
einfache Alternative (Verzweigung)	

- Auswahl einer Verarbeitung von zwei möglichen, aufgrund einer logischen Entscheidung.
- IF-THEN-ELSE-Abfrage: Wenn Bedingung erfüllt (IF), dann Anweisung 1 (THEN), sonst Anweisung 2 (Else)

Programmablaufplan	Nassi-Shneiderman Struktogramm
Wiederholung (kopfgesteuerte Schleife)	

- Schleifendurchläufe

  Die Abfrage der Bedingung erfolgt **vor** der Durchführung der Anweisung 1. Ist die Bedingung schon bei der ersten Abfrage nicht erfüllt, erfolgt keine Durchführung der Anweisung 1.
- WHILE-DO-Schleife

Programmablaufplan	Nassi-Shneiderman Struktogramm
Wiederholung (fußgesteuerte Schleife)	

- Schleifendurchläufe

  Die Abfrage der Bedingung erfolgt **nach** dem Durchlauf der Anweisung 1.
- REPEAT-UNTIL-Schleife

Programmablaufplan	Nassi-Shneiderman Struktogramm
Wiederholung (zählgesteuerte Schleife)	

- Die Schleifendurchläufe werden durch einen vorgegebenen Wert festgelegt
- FOR-TO-NEXT-Schleife

A 232 Instandhaltung

Instandhaltung – Abbaukurve 382
Instandhaltung – Begriffe 383
Instandhaltung – Ausfallverhalten 384
Korrosion 385
Korrosionsschutz 386
Benennung von Schmierstoffen 387
Hydrauliköle, Festschmierstoffe 389
Schmierstoffsymbole,
Schmierstoffvorschriften 390

Instandhaltung
Maintenance

DIN 31051: 2003-06

Instandhaltung – Zusammenhänge

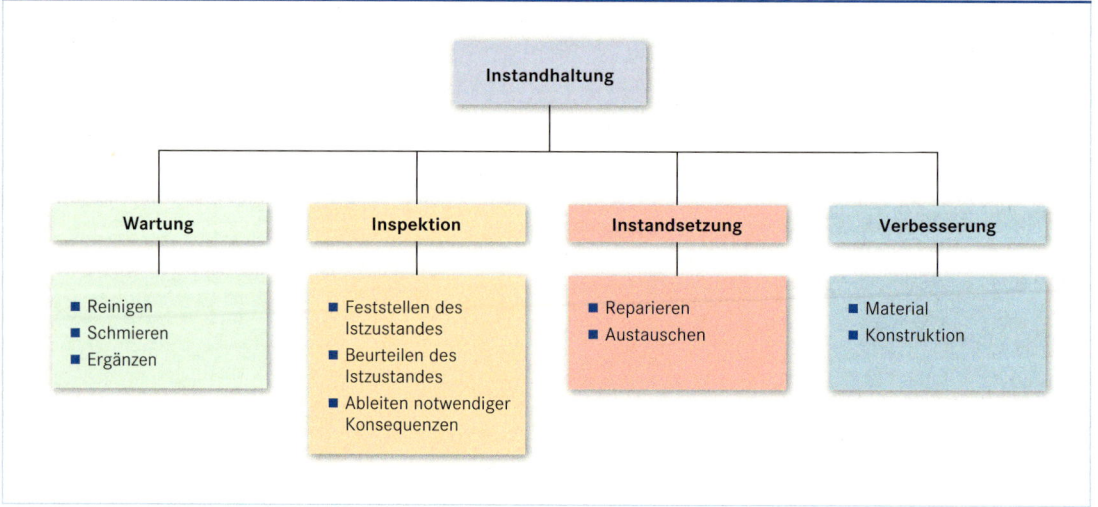

Instandhaltungsstrategien

Präventive Instandhaltung	Zustandsorientierte Instandhaltung	Korrektive Instandhaltung
Instandhaltung in festgelegten Abständen zur Verminderung der Ausfallwahrscheinlichkeit einer Einheit.	Präventive Instandhaltung, die aus der Überwachung der Arbeitsweise und/oder der sie darstellenden Messgrößen sowie den nachfolgenden Maßnahmen besteht.	Instandhaltung, die nach der Fehlererkennung ausgeführt wird, um eine Einheit in den Zustand zu bringen, in dem sie eine geforderte Funktion erfüllen kann.

Einfluss der Instandhaltung auf die Funktion – Abbaukurve

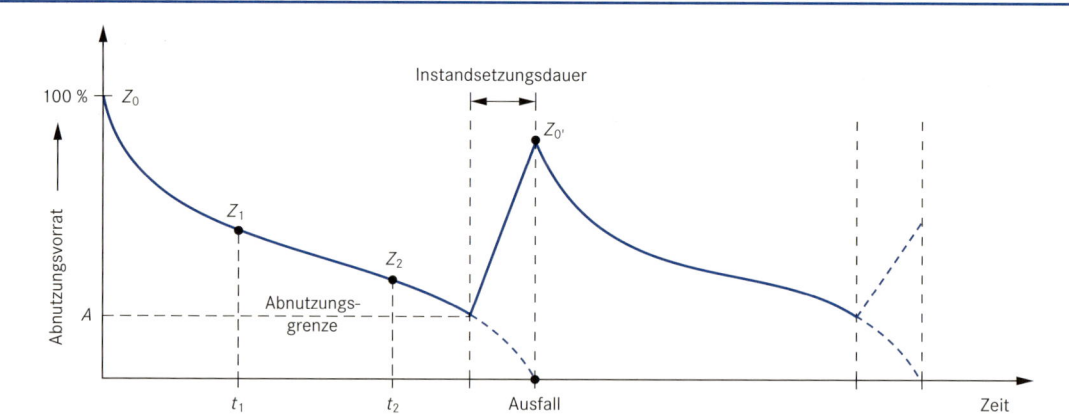

Z_0 = Abnutzungsvorrat nach Herstellung (Ausgangszustand)
Z_1 = Abnutzungsvorrat bei Erst-Inspektion zum Zeitpunkt t_1
Z_2 = Abnutzungsvorrat bei Erst-Inspektion zum Zeitpunkt t_2
A = Abnutzungsgrenze
$Z_{0'}$ = Abnutzungsvorrat nach Erst-Instandsetzung

Der Verlauf der Abbaukurve wird im weitesten Sinne durch die Inspektionen festgelegt.
Die Menge der Inspektionen (Z_n) richtet sich nach der Einheit bzw. nach dem Prozess.
Die Instandsetzung erfolgt im Regelfall unmittelbar vor Erreichen der Abnutzungsgrenze, da in der Folgezeit der Ausfall der Einheit zu erwarten ist.

Instandhaltung
Maintenance

DIN 31 051: 2003-06

Begriffe

Instandhaltung	Kombination aller technischen und organisatorischen Maßnahmen zur Erhaltung des funktionsfähigen Zustandes einer Betrachtungseinheit
Wartung	Maßnahmen zur Verzögerung des Abbaus des vorhandenen Abnutzungsvorrates
Inspektion	Maßnahmen zur Feststellung und Beurteilung des Istzustandes einer Betrachtungseinheit einschließlich der Bestimmung der Ursachen der Abnutzung und Festlegung der notwendigen Konsequenzen für eine künftige Nutzung
Instandsetzung	Maßnahmen zur Rückführung einer Betrachtungseinheit in den funktionsfähigen Zustand mit Ausnahme von Verbesserungen
Verbesserung	Kombination aller technischen und organisatorischen Maßnahmen zur Steigerung der Funktionssicherheit einer Betrachtungseinheit, ohne die von ihr geforderte Funktion zu ändern
Betrachtungseinheit	Teil, Bauelement, Gerät, System, Teilsystem, Funktionseinheit, Betriebsmittel, das für sich allein betrachtet werden kann
Schwachstelle	Betrachtungseinheit, bei der ein Ausfall häufiger, als es der erforderlichen Verfügbarkeit entspricht, eintritt
Schwachstellenbeseitigung	Maßnahmen zur Verbesserung in der Weise, dass das Erreichen einer festgelegten Abnutzungsgrenze mit einer Wahrscheinlichkeit zu erwarten ist, die im Rahmen der geforderten Verfügbarkeit liegt
Abnutzung	Abbau des Abnutzungsvorrates durch chemische und/oder physikalische Vorgänge
Abnutzungsvorrat	Vorrat der möglichen Funktionserfüllung unter festgelegten Bedingungen
Abnutzungsgrenze	Vereinbarter oder festgelegter Mindestwert des Abnutzungsvorrates
Abnutzungsprognose	Vorhersage über das Abnutzungsverhalten einer Betrachtungseinheit ausgehend von dem Istzustand
Nutzung	Verwendung einer Betrachtungseinheit entsprechend den allgemeinen Regeln der Technik
Nutzungsvorrat	Vorrat der bei der Nutzung unter festgelegten Bedingungen erzielbaren Sach- und/oder Dienstleistungen
Nutzungsmenge	Menge der bei der Nutzung unter festgelegten Bedingungen erzielten Sach- und/oder Dienstleistungen
Nutzungsgrad	Verhältnis von Nutzungsmenge zu Nutzungsvorrat
Fehler	Nichterfüllung vorgesehener Forderungen durch einen Merkmalswert, z. B. Überschreiten von Grenzwerten
Fehleranalyse	Fehlerdiagnose mit anschließender Prüfung, ob eine Verbesserung machbar ist
Fehlerdiagnose	Tätigkeiten zur Fehlererkennung, Fehlerortung und Ursachenfeststellung
Funktion	Durch den Verwendungszweck bedingte Aufgabe
Änderung/Modifikation	Kombination aller technischen und organisatorischen Maßnahmen zur Änderung der Funktion einer Betrachtungseinheit
Funktionserfüllung	Erfüllen der bei der Herstellung definierten Anforderungen
Ingangsetzung	Auslösen der Funktionserfüllung
Stillsetzung	Zeitlich vorausgeplante Unterbrechung der Funktionserfüllung, z. B. für Instandhaltung
Ausfall	Unbeabsichtigte Unterbrechung der Funktionsfähigkeit
Außerbetriebsetzung	Beabsichtigte befristete Unterbrechung der Funktionsfähigkeit
Außerbetriebnahme	Beabsichtigte unbefristete Unterbrechung der Funktionsfähigkeit
Ersatzteil	Einheit zum Ersatz der Betrachtungseinheit, um die Funktion wiederherzustellen
Verschleißteil	Betrachtungseinheit, die an Stellen, an denen betriebsbedingte Abnutzung auftritt, eingesetzt wird, um dadurch andere Betrachtungseinheiten vor Abnutzung zu schützen
Sollbruchteil	Betrachtungseinheit, die bei betriebsbedingter Überbeanspruchung andere Betrachtungseinheiten, z. B. durch Bruch, vor Schaden schützt

Instandhaltung
Maintenance

Ausfallverhalten

Instandhaltungsmaßnahmen werden dokumentiert und geben dadurch Hinweise auf mögliche Schwachstellen, Reparaturzeiten, Ersatzteile und Ausfallhäufigkeit.
Die Abhängigkeit von Alter und Ausfallhäufigkeit wird statistisch erfasst und kann grafisch wie folgt dargestellt werden:

a)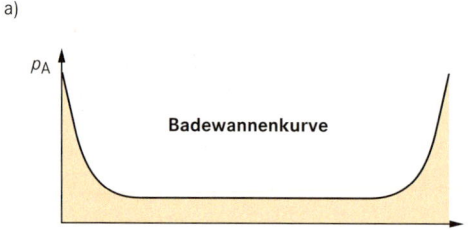

d)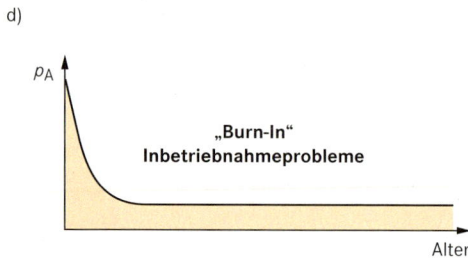

b)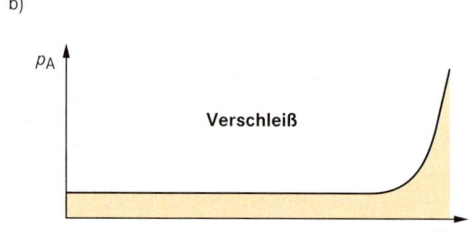

e)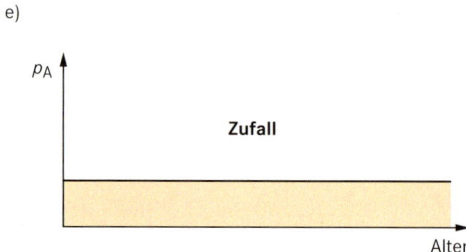

c)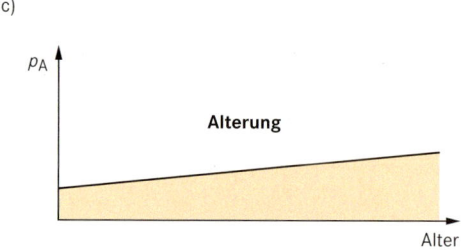

f)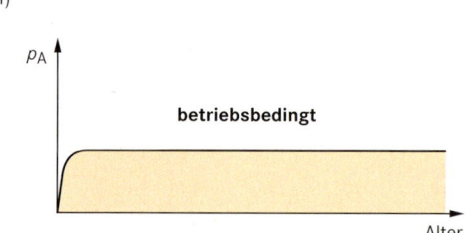

(p_A = Ausfallhäufigkeit)

- **Kurven a, d: Inbetriebnahmeerscheinungen**
  Sind für die Instandhaltung wenig bedeutsam, da sie eher für eine Verbesserung der Fertigung und Inbetriebnahme der Bauteile sprechen.
- **Kurven a, b: Verschleißerscheinungen**
  Können Hinweise auf einen optimalen Zeitpunkt zur Instandhaltung geben.
- **Kurven c, e, f: Langsame Alterung/zufälliger Ausfall**
  Lassen sich nicht mit vorbeugenden Maßnahmen beherrschen. Es muss eine Fehlerausweitung vermieden werden. Dies erfordert umfangreiche Überwachungstechniken, die auftretende Fehler sofort melden.

→ Herstellerangaben und dokumentierte Instandhaltungsmaßnahmen zum Ausfallverhalten sind Grundlage für eine Instandhaltungsstrategie der einzelnen Teilsysteme. Daraus entsteht der Instandhaltungsplan für die gesamte Anlage z. B. der Schmierplan.

Korrosion
Corrosion

Elektrochemische Spannungsreihe der Elemente (Normalpotenziale)[1]

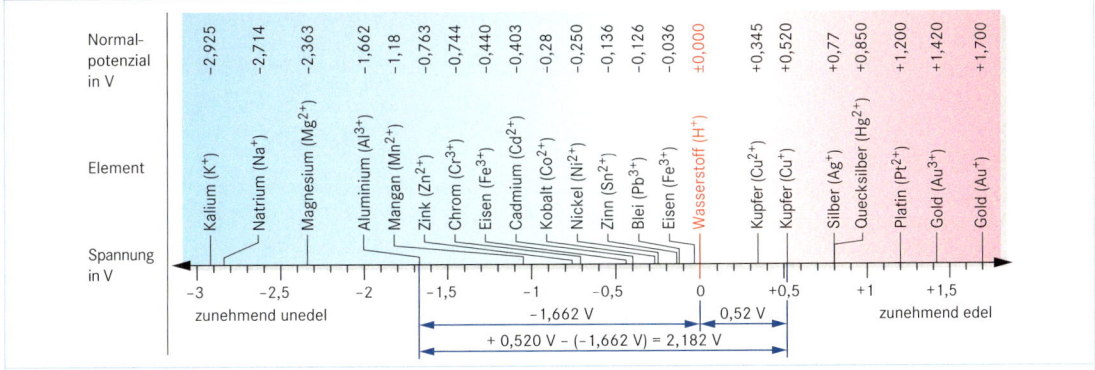

[1] Potenzialdifferenz einer Metallelektrode gegenüber der Standardwasserstoffelektrode (in einer wässrigen Säurelösung der Aktivität 1 bei 25 °C und 1,013 bar eingetauchte und von Wasserstoffgas umspülte Platinelektrode)

Korrosionsarten

Flächenkorrosion	Lochfraßkorrosion	Kontaktkorrosion	Interkristalline Korrosion	Transkristalline Korrosion
Gleichmäßige Werkstoffveränderung oder -zerstörung annähernd parallel zur Oberfläche durch den Angriff von umgebender Luft, durch Wasser sowie chemische und thermische Einflüsse	Örtliche punktförmige Oberflächenverletzungen (auch Unterwanderung der Oberfläche möglich) durch elektrochemische Zersetzung (Lokalelementbildung)	Bildung eines galvanischen Elements an der Kontaktstelle zweier Metalle mit unterschiedlichen Normalpotenzialen bei gleichzeitiger Einwirkung eines Elektrolyten	Aufreißen metallischer Werkstoffe entlang der Korngrenzen durch Zerstörung der unedleren Gefügebestandteile unter Einwirkung eines Korrosionsmittels	Korrosion quer durch die Kristallite des Gefüges hindurch, hervorgerufen durch eine Dauerbeanspruchung unter gleichzeitiger Anwesenheit eines Korrosionsmittels

Korrosionsverhalten von Metallen gegenüber aggressiven Medien

Metall	Korrosionsverhalten gegenüber						Bemerkung
	feuchter Luft	Luft 500 °C	Natronlauge	Salpetersäure	Salzsäure	Schwefelsäure	
Gold	+ +	+ +	+ +	+ +	+ +	+ +	löslich in starken Oxidationsmitteln (Königswasser: 3 Vol.-Teile HCl + 1 Vol.-Teil HNO_3) und Zyaniden
Silber	+ +	+ +	+ +	– –	+ +	+	Schwefelverbindungen bräunen Silber (Anlaufen)
Kupfer	+	–	+ +	– –	–	–	bildet an der Luft schützende Patina; Essigsäure bildet giftigen Grünspan, Acetylen explosives Kupfer-Acetylit
Blei	+ +	+	–	– –	–	+ +	Luft und „weiches" Wasser greifen Blei an; Vergiftungsgefahr
Zinn	+ +	+	–	+	+	+	bildet an der Luft schützende Oxidschicht (SnO_2); vollkommen ungiftig
Nickel	+ +	+	–	– –	–	+	beständig gegen Wässer aller Art (auch Meerwasser)
Eisen	– –	–	+ +	–	–	– –	beständig in trockener Luft und CO_2-freiem Wasser
Chrom	+ +	+	–	+ +	– –	–	sehr beständig gegen oxidierende Einflüsse auch bei hohen Temperaturen
Aluminium	+ +	+	–	+	–	–	bildet an der Luft eine dichte, festhaftende Oxidschicht (Al_2O_3); danach außerordentlich beständig
Magnesium	–	– –	+ +	– –	–	–	unbeständig gegen Leitungs- und Meerwasser

+ + sehr beständig; geringer Angriff
+ weniger beständig; abhängig von Zusammensetzung, Konzentration, Temperatur des aggressiven Mediums
– nicht beständig; schnelle Auflösung oder Zerstörung
– wenig beständig

Korrosionsschutz
Protection against corrosion

Passiver Korrosionsschutz

Metallische Schutzschichten		Nichtmetallische Schutzschichten	
Tauchen	Eintauchen in Bäder mit flüssigem Al, Pb, Sn, Zn	Anodisieren (Eloxieren)	Erzeugen einer Oxidschicht auf Al, Mg, Zn und Legierungen durch elektrisches Oxidieren
Galvanisieren	Durch Elektrolyse erzeugter Niederschlag von Ag, Al, Au, Cd, Cr, Cu, Ni, Sn, Zn auf Werkstückoberflächen	Brünieren	Eintauchen in erwärmte Natronlauge oder Sulfatlösungen und nachfolgendes Einreiben mit Öl oder Wachs
Plattieren	Aufwalzen von Ag, Al, Au, Cu, Ni und Legierungen auf Grundwerkstoff	Schwarzbrennen	Erzeugen einer Oxidschicht durch Eintauchen dunkelrot glühender Stahlteile in Öl
Diffundieren	Eindringen von Feinstmetallpulver in die Werkstückoberfläche unter Wärmeeinwirkung	Phosphatieren	Erzeugung von Phosphatschichten durch Tauchen in phosphatsauren Lösungen von Schwer- oder Alkalimetallen
Aufspritzen	Aufbringung von Plattiermetall durch Flamm-, Lichtbogen- oder Plasmaspritzen	Farben, Lacke	Aufbringen von Ölfarben und Kunststofflacken
Aufdampfen	Niederschlag von im Hochvakuum verdampften Überzugsmetallen	Bitumen, Teer	Tauchen oder Anstreichen als besonderer Schutz gegen Wasser- und Bodenkorrosion
Sherardisieren	Verzinken kleiner Massenartikel in langsam rotierenden, mit Quarzsand und Zinkstaub gefüllten Trommeln	Kunststoffe	Aufbringen von fein zerstäubtem, aufgewirbeltem Kunststoffpulver auf erwärmte Werkstücke
		Emaille	Einbrennen glasähnlicher Massen bei Temperaturen von 650 °C ... 1000 °C

Vorbehandlungen zur Reinigung von Metalloberflächen

Grundwerkstoff	Schutzschicht	Behandlungsfolge	Grundwerkstoff	Schutzschicht	Behandlungsfolge
Aluminium, rein	Anodisieren	10-1-22-1-26-1-5	CuSn-Legierung CuZn-Legierung	farbloser Lack Nickel, Chrom	11-24-1-2-5 10-1-13-1-2 1-1-31-1
Al-Legierung magnesiumhaltig	Anodisieren Galvanisieren	11-12-1-22-1-26-1-5 10-1-12-1-23-1-32-1	Stahl	Farbe, Lack Chrom, Nickel Cadmium, Zink	11-20-1-30-1-3-5-33 10-1-12-20-1-31-1 10-1-12-1-20-1-4-1
Al-Legierung siliziumhaltig	Anodisieren Galvanisieren	11-13-1-25-1-5 10-1-12-1-25-1-32-1	Zink	Galvanisieren	10-1-12-1-25-1-31-1
Kupfer	farbloser Lack	11-21-1-2-5			

Kennziffern der Behandlungsfolge

Kennziffer	Behandlung	Kennziffer	Behandlung
1	Spülen in Kaltwasser	20	Beizen mit 10 %iger Salzsäure, 20 °C, evtl. mit Zusatz von Phosphorsäure und Reaktionshemmern
2	Spülen in Heißwasser		
3	Spülen in 0,2 %iger ... 1 %iger Sodalösung (Passivieren)	21	Beizen in 5 %iger ... 25 %iger Schwefelsäure, 40 °C ... 80 °C
4	Spülen in 10 %iger Cyanidlösung	22	Beizen in 10 %iger Natronlauge, 80 °C ... 90 °C
5	Trocknen in Warmluft	23	Beizen in 3 %iger Salpetersäure, 80 °C
10	Kochentfetten in alkalischen Entfettungsbädern	24	Gelbbrennen in Gemisch von Salpetersäure (konz.) mit Schwefelsäure (konz.), 1 : 1
11	Entfetten durch organische Lösungsmittel (Per, Tetra, Tri), durch Abwaschen, Tauchen, Dampfbad	25	Beizen in verdünnter Flusssäure (3 % ... 10 %)
12	katodische Entfettung in alkalischer Lösung	26	Beizen in 30 %iger Salpetersäure
13	anodische Entfettung in alkalischer Lösung	30	Phosphatieren, Chromatieren
		31	Vorverkupfern als Zwischenschicht
		32	Zinkatbeize (Ausfällen von Zink)
		33	Grundieren mit Rostschutzfarbe

Benennung von Schmierstoffen
Designation of lubricants

DIN 51 502: 1990-08

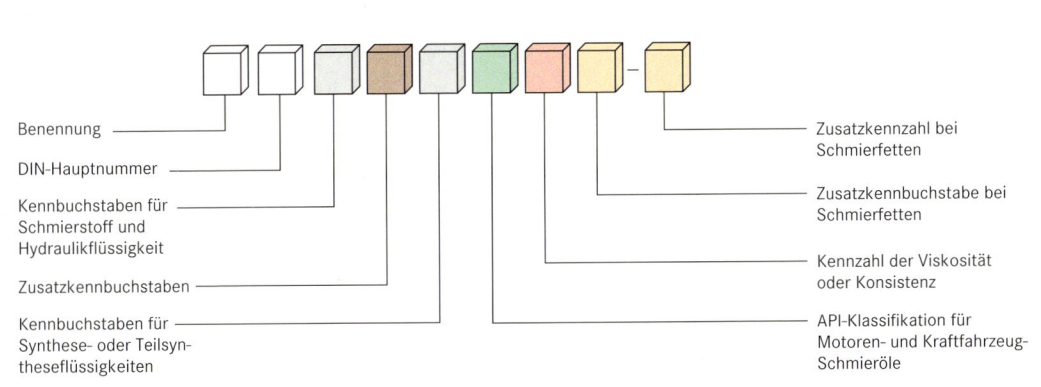

- Benennung
- DIN-Hauptnummer
- Kennbuchstaben für Schmierstoff und Hydraulikflüssigkeit
- Zusatzkennbuchstaben
- Kennbuchstaben für Synthese- oder Teilsyntheseflüssigkeiten
- Zusatzkennzahl bei Schmierfetten
- Zusatzkennbuchstabe bei Schmierfetten
- Kennzahl der Viskosität oder Konsistenz
- API-Klassifikation für Motoren- und Kraftfahrzeug-Schmieröle

Bezeichnung eines Umlaufschmieröles mit Zusätzen zur Erhöhung des Korrosionsschutzes und zur Minderung der Reibung der Viskositätsklasse VG 100: **Schmieröl DIN 512517-CLP 100**.

Kennbuchstaben für Schmieröle und Hydraulikflüssigkeiten		
Stoffgruppe Symbol	Kennbuchstabe(n)	Stoffart und Anwendung
Mineralöle	AN	Normalschmieröle
	ATF	Öle ATF (Automatik Transmission Fluid)
	B	bitumenhaltige Schmieröle
	C	Umlaufschmieröle
	CG	Gleitbahnöle
	D	Druckluftöle
	F	Luftfilteröle
	FS	Formen-Trennöle
	H, HV	Hydrauliköle
	HD	Motoren-Schmieröle
	HYP	Schmieröle für Kraftfahrzeug-Getriebe
	J	Isolieröle in der Elektrotechnik
	K	Kältemaschinenöle
	L	Härte- und Vergüteöle
	Q	Wärmeträgeröle
	R	Korrosionsschutzöle
	S	Kühlschmierstoffe
	TD	Schmier- und Regleröle
	V	Luftverdichteröle
	W	Walzöle
	Z	Dampfzylinderöle
schwer entflammbare Hydraulikflüssigkeiten	HFA	Öl-in-Wasser-Emulsionen
	HFB	Wasser-in-Öl-Emulsionen
	HFC	Wässrige Polymerlösungen
	HFD	Wasserfreie Flüssigkeiten
Synthese oder Teilsynthese-Flüssigkeiten	E	Ester, organisch
	FK	Perfluor-Flüssigkeiten
	HC	Synthetische Kohlenwasserstoffe
	PH	Ester der Phosphorsäure
	PG	Polyglykolöle
	SI	Silikonöle
	X	sonstige Öle
	Die Kennbuchstaben werden zusätzlich zu den Buchstaben für Schmieröle angegeben.	

Zusatzkennbuchstaben für Schmieröle (nicht für HD, HYP, HFA, HFB, HFC, HFD)	
Zusatzkennbuchstabe	Schmierstoffe
D	Schmierstoffe mit hautschonenden Zusätzen
E	wassermischbare Schmierstoffe
F	Schmierstoffe mit Festschmierstoffzusatz (z. B. Grafit, Molybdänsulfid)
L	Schmieröle mit Zusätzen zur Erhöhung des Korrosionsschutzes und/oder der Alterungsbeständigkeit
M	wassermischbare Kühlschmierstoffe mit Mineralölanteilen (z. B. SEM)
S	wassermischbare Kühlschmierstoffe auf synthetischer Basis (z. B. SES)
P	Schmieröle mit Zusätzen zur Minderung der Reibung und des Verschleißes im Mischreibungsgebiet und/oder zur Erhöhung der Belastbarkeit
V	Schmierstoffe, die mit Lösungsmittel verdünnt sind (ggf. Kennzeichnung nach der Gefahrstoffverordnung)

API[1]-Klassifikationen für Motorenschmieröle	
Zusatzkennbuchstabe	Beschreibung
SE	Entspricht den US-Garantiebedingungen für Benzinmotorenschmierung
SF	wie SE, jedoch Zusätze gegen Verschleiß und Korrosion
SG	erhöhte Anforderungen im Hinblick auf Oxidationsstabilität und Verschlammung
CC	Entspricht Diesel-Saugmotoren-Anforderungen, Zusätze gegen Korrosion
CD	Entspricht Anforderungen aufgeladener Dieselmotoren, Zusätze gegen Verschleiß und Korrosion
CE	Entspricht Anforderungen für Hochleistungsdieselmotoren

[1] API: American Petroleum Institut

Benennung von Schmierstoffen
Designation of lubricants

DIN 51 502: 1990-08

API-Klassifikationen für Schmieröle für Kraftfahrzeuggetriebe

API-Klassifikation	Betriebsbedingungen	Getriebetyp
GL-4	mittel bis schwer	Hypoid-Getriebe mit geringem Versatz, Handschaltgetriebe
GL-5	schwer	Hypoid-Getriebe u. a.
GL-6	schwerst	Hypoid-Getriebe mit höchstem Versatz

Kennzahlen für die Viskositätsklassen

ISO-Viskositätsklasse (DIN 51519)	kinematische Viskosität in mm²/s bei 20 °C	kinematische Viskosität in mm²/s bei 40 °C	kinematische Viskosität in mm²/s bei 50 °C	dynamische Viskosität mPa·s bei 40 °C
VG 2	≈ 3,3	2,2	≈ 1,3	≈ 2,0
VG 3	≈ 5	3,2	≈ 2,7	≈ 2,9
VG 5	≈ 8	4,6	≈ 3,7	≈ 4,1
VG 7	≈ 13	6,8	≈ 5,2	≈ 6,2
VG 10	≈ 21	10	≈ 7	≈ 9,1
VG 15	≈ 34	15	≈ 11	≈ 13,5
VG 22	–	22	≈ 15	≈ 18
VG 32	–	32	≈ 20	≈ 29
VG 46	–	46	≈ 30	≈ 42
VG 68	–	68	≈ 40	≈ 61
VG 100	–	100	≈ 60	≈ 90
VG 150	–	150	≈ 90	≈ 135
VG 220	–	220	≈ 130	≈ 200
VG 320	–	320	≈ 180	≈ 290
VG 460	–	460	≈ 250	≈ 415
VG 680	–	680	≈ 360	≈ 620
VG 1000	–	1000	≈ 510	≈ 900
VG 1500	–	1500	≈ 740	≈ 1350

Die kinematische Viskosität ν wird aus der Durchlaufzeit eines Öles durch eine Kapillare berechnet. Die dynamische Viskosität η wird aus dem Bewegungswiderstand ermittelt, der sich ergibt, wenn zwei mit Schmieröl benetzte Flächen gegeneinander bewegt werden. Die dynamische Viskosität ist das Produkt aus der kinematischen Viskosität und der Dichte: $\eta = \nu \cdot \varrho$.

SAE[1]- Viskositätsklassen für Motorenschmieröle

SAE-Viskositätsklasse	scheinbare Viskosität DIN 51377 in mPa·s	scheinbare Viskosität DIN 51377 bei °C	Grenzpumptemperatur in °C	kinematische Viskosität bei 100 °C in mm²/s
0 W	≤ 3250	– 30	– 35	≥ 3,8
5 W	≤ 3500	– 25	– 30	≥ 3,8
10 W	≤ 3500	– 20	– 25	≥ 4,1
15 W	≤ 3500	– 15	– 20	≥ 5,6
20 W	≤ 4500	– 10	– 15	≥ 5,6
25 W	≤ 6000	– 5	– 10	≥ 9,3
20 [2]	–	–	–	5,6 ≤ ν < 9,3
30	–	–	–	9,3 ≤ ν < 12,5
40	–	–	–	12,5 ≤ ν < 16,3
50	–	–	–	16,3 ≤ ν < 21,9

[1] SAE: Society of Automotive Engineers
[2] für die Kennzeichnung von Mehrbereichsölen, z. B. SAE 10W-30

SAE-Viskositätsklassen für Schmieröle für Kraftfahrzeuggetriebe

SAE-Viskositätsklasse	Höchsttemperatur für scheinbare Viskosität von 150 000 mPa·s in °C	kinematische Viskosität ν bei 100 °C in mm²/s
70 W	– 55	≥ 4,1
75 W	– 40	≥ 4,1
80 W	– 26	≥ 7,0
85 W	– 12	≥ 11,0
90 [2]	–	13,5 ≤ ν < 24,0
140	–	24,0 ≤ ν < 41,0
250	–	41,0 ≤ ν

Kennbuchstaben für Schmierfette

Stoffgruppe Symbol	Kennbuchstabe(n)	Stoffart und Anwendung
Schmierfette auf Mineralölbasis	K	Schmierfette für Wälz- und Gleitlager und Gleitflächen
	G	Schmierfette für geschlossene Getriebe
	OG	Schmierfette für offene Getriebe, Verzahnungen
	M	Schmierfette für Gleitlager und Dichtungen bei geringen Anforderungen
Schmierfette auf Syntheseölbasis	Schmierfette auf Syntheseölbasis werden in ihren Grundeigenschaften wie die vorstehenden auf Mineralölbasis gekennzeichnet. Zusätzlich werden die gleichen Kennbuchstaben wie bei den Schmierölen angegeben.	

Konsistenzkennzahlen für Schmierfette

NLGI[3]-klassen (DIN 51818)	Walkpenetration[4] (DIN ISO 2137)	NLGI[3]-klassen (DIN 51818)	Walkpenetration[4] (DIN ISO 2137)
000	445 … 475	3	220 … 250
00	400 … 430	4	175 … 205
0	355 … 385	5	130 … 160
1	310 … 340	6	85 … 115
2	265 … 295		

[3] NLGI: National Lubricating Grease Institute
[4] Es wird die Eindringtiefe in 1/10 mm gemessen, die ein genormter Konus in das durchgeknetete (gewalkte) Schmierfett eindringt.

Zusatzkennzahlen für Schmierfette

Zusatzkennzahl	untere Gebrauchstemperatur in °C	Zusatzkennzahl	untere Gebrauchstemperatur in °C
– 10	– 10	– 40	– 40
– 20	– 20	– 50	– 50
– 30	– 30	– 60	– 60

Benennung von Schmierstoffen
Designation of lubricants

DIN 51 502: 1990-08

Zusatzkennbuchstaben für Schmierfette

Zusatzkenn-buchstabe	obere Gebrauchs-temperatur in °C	Verhalten gegenüber Wasser (DIN 51 807-01)[1]
C	+ 60	0 – 40 oder 1 – 40
D	+ 80	2 – 40 oder 3 – 40
E		0 – 40 oder 1 – 40
F	+ 100	2 – 40 oder 3 – 40
G		0 – 90 oder 1 – 90
H	+ 120	2 – 90 oder 3 – 90
K		0 – 90 oder 1 – 90
M		2 – 90 oder 3 – 90
N	+ 140	nach Vereinbarung
P	+ 160	
R	+ 180	
S	+ 200	
T	+ 220	
U	> + 220	

[1] Bewertungsstufen:
 0 keine Veränderung
 1 geringe Veränderung (Farbänderung)
 2 mäßige Veränderung (beginnende Auflösung des Fettes)
 3 starke Veränderung (teilweise oder vollständige Auflösung des Schmierfettes)
Die angehängte Zahl gibt die Prüftemperatur in °C an.

Beispiele für die Kennzeichnung von Schmierstoffen

CLP 100 — Umlaufschmieröl mit Korrosions- und Verschleißschutz, Viskositätsklasse VG 100.

CLPPG 150 — Synthetisches Schmieröl auf Polyglykolbasis mit Korrosions- und Verschleißschutz, Viskositätsklasse VG 150.

HD SF/CC 15W-40 — Motorenschmieröl auf Mineralölbasis für Benzin- und Dieselmotoren mit Zusätzen gegen Verschleiß und Korrosion, Mehrbereichsöl, SAE-Viskositätsklasse 15 W und 40.

K 3 N — Schmierfett für Wälz- und Gleitlager, NLGI-Klasse 3, obere Gebrauchstemperatur +140 °C.

KSI 3 R -30 — Schmierfett für Wälz- und Gleitlager auf Silikonölbasis NLGI-Klasse 3, obere Gebrauchstemperatur +180 °C, untere Gebrauchstemperatur –30 °C.

Hydrauliköle – Mindestanforderungen
Hydraulic oils – minimum requirements

DIN 51 524-1, 2: 1985-06

Eigenschaften		Öltyp[1]	HL 10 / HLP 10	HL 22 / HLP 22	HL 32 / HLP 32	HL 46 / HLP 46	HL 68 / HLP 68	HL 100 / HLP 100
ISO-Viskositätsklasse			VG 10	VG 22	VG 32	VG 46	VG 68	VG 100
kinematische Viskosität in mm²/s	bei –20 °C		≤ 600	–	–	–	–	–
	bei 0 °C		≤ 90	≤ 300	≤ 420	≤ 780	≤ 1400	≤ 2560
	bei 40 °C		9,0 … 11,0	19,8 … 24,2	28,8 … 35,2	41,4 … 50,6	61,2 … 74,8	90,0 … 110
	bei 100 °C		≥ 2,4	≥ 4,1	≥ 5,0	≥ 6,1	≥ 7,8	≥ 9,9
Pourpoint[2]	in °C		≤ –30	≤ –21	≤ –18	≤ –15	≤ –12	≤ –12
Flammpunkt	in °C		> 125	> 165	> 175	> 185	> 195	> 205

[1] Bezeichnung nach DIN 51 502
[2] Der Pourpoint ist die Temperatur, bei der Hydrauliköl unter Schwerkrafteinfluss gerade noch fließt.

Festschmierstoffe
Solid lubricants

Schmierstoff	Kurzzeichen	Anwendung
Grafit	C	Grafit schmiert gut in feuchter Luft, wenig in Sauerstoff- oder Stickstoffatmosphäre, gar nicht in Vakuum, Anwendungsbereich von –18 °C … +450 °C, hohe elektrische und thermische Leitfähigkeit
Molybdändisulfid	MoS_2	Geeignet für höchste Belastbarkeit, auch im Vakuum anwendbar, Anwendungsbereich –180 °C … +400 °C, keine elektrische Leitfähigkeit, für Cu- und Al-Werkstoffe nicht geeignet.
Polyetraflourethylen	PTFE	Schmierwirkung ist unabhängig von Gasen und Dämpfen, auch im Ultrahochvakuum, sehr niedrige Gleitreibungszahl (0,04 … 0,09), Anwendungsbereich –250 °C … +260 °C.

Instandhaltung

Schmierstoffsymbole, Schmiervorschriften
Symbols of lubrucants, lubrication regulation

Schmierstoffarten

Arten		Schmieröle		Schmierfette		Festschmierstoffe	
Symbol/ Kennbuchstabe		Mineralöle	Synthetische Öle	Mineralölbasis	Synthetische Ölbasis	Grafit C	Molybdändisulfit MoS_2
Verwendung	Geschwindigkeit	hoch		niedrig		niedrig	
	Druck	niedrig		hoch		hoch	
	Temperatur	hoch		niedrig		sehr hoch oder sehr niedrig	

Schmiervorschrift (Beispiel)

Intervall in Betriebsstunden	Eingriffstelle	Tätigkeit	Symbol
8 h	Kühlschmierstoffbehälter	Füllstand kontrollieren	
40 h	Zentralschmieraggregat	Ölstand kontrollieren	
200 h	Kühlschmierstoffbehälter	Entleeren, reinigen, neu füllen	
200 h	Zentralschmieraggregat	Ölstand kontrollieren, nachfüllen	
200 h	Hydraulikaggregat	Ölstand kontrollieren	
200 h	Spindelschlitten	Ölstand kontrollieren	

Symbole

DIN 8659: 1980-04

Füllstand kontrollieren, nachfüllen	mit Öl abschmieren	Schmierstoff wechseln, Mengenangabe	
mit Fett abschmieren	Filter wechseln	Filter reinigen	

Entsorgung von Schmierstoffen

Abfallschlüssel	Abfallart	Beispiel für die Herkunft des Abfalls	Entsorgung[1]		
			CPB	HMV	SAV
54112	Verbrennungsmotoren- und Getriebeöle	Altöl aus Motoren und Getrieben, Kompressoröl	●		●
54202	Fettabfälle	Kfz-Werkstätten, Getriebebau			●
54209	Feste fett- und ölverschmutze Betriebsmittel	Putzlappen, fett- oder ölverschmutze Pinsel, Öl- und Fettbehälter		●	●
54401	Synthetische Kühl- und Schmiermittel	Metallbearbeitung Oberflächenhandlung	●		●

[1] CPB: Chem./phys., biol. Behandlungsanlage; HMV: Hausmüllverbrennungsanlage; SAV: Verbrennungsanlage für besonders überwachungsbedürftige Abfälle; ● in diesen Anlagen ist die Entsorgung nur bedingt möglich.

→ *Rückgabe der Abfälle an den Lieferanten der jeweiligen Stoffe oder Entsorgung durch zugelassene Spezialunternehmen oder das Schadstoffmobil.*

Mathematisch-technische Grundlagen

Größen und Einheiten

SI-Basisgrößen; Dezimale Teile und Vielfache;
Größen, Formelzeichen, Einheiten 392

Indizes für Formelzeichen;
Mathematische Zeichen 394

Standard-Zahlenmengen; Römische Zahlzeichen;
Griechisches Alphabet 395

Mathematische Grundlagen

Grafische Darstellung im Koordinatensystem 396

Geometrische Grundkonstruktionen 398

Grundrechenarten; Klammerrechnen 402

Bruchrechnen, Potenzen 403

Wurzeln; Logarithmen 404

Gleichungen 405

Umformen von Gleichungen 406

Dreisatz; Prozent- und Zinsrechnung 407

Reihen; Binomische Formeln;
Strahlensätze; Höhensatz 408

Längen

Lehrsatz des Pythagoras; Kathetensatz;
Teilung von Längen 409

Winkelfunktionen

Sinus, Kosinus, Tangens, Kotangens;
Winkelfunktionen am Einheitskreis;
Beziehungen zwischen den Winkelfunktionen;
Winkelfunktionen im schiefwinkligen Dreieck 410

Flächen

Geradlinig begrenzte Flächen 411

Dreiecke; Vielecke 412

Kreisförmig begrenzte Flächen 413

Linienschwerpunkte; Flächenschwerpunkte 414

Körper

Gerade Körper; Spitze Körper 415

Abgestumpfte Körper; Kugelige Körper 416

Guldinsche Regel; Simpsonsche Regel 417

Masse

Massenberechnung mit Volumen und Dichte;
Längenbezogene Masse; Flächenbezogene
Masse; Rohlängenberechnung 418

Bewegung

Gleichförmige, geradlinige Bewegung;
Gleichförmige Drehbewegung; Schnittgeschwindigkeit;
Gleichmäßig beschleunigte Bewegung; Freier Fall 419

Kräfte

Darstellung; Kräfteparallelogramm;
Krafteck; Gewichtskraft 420

Reibung; Reibungskraft 421

Kraftmoment; Hebelgesetz; Auflagerkräfte 422

Kraftwandler 423

Arbeit, Leistung, Wirkungsgrad

Arbeit; Energie 425

Leistung, Wirkungsgrad 426

Festigkeitslehre

Beanspruchungsarten 427

Biegebelastungsfälle 428

Flächenmomente; Widerstandsmomente 429

Kerbwirkung 430

Druck

Druck; Hydrostatischer Druck; Auftrieb;
Zustandsänderung von Gasen; Hydraulische Presse ... 431

Kolbenkraft und Kolbengeschwindigkeit;
Druckübersetzung; Hydraulische Leistung;
Strömende Flüssigkeiten; Luftverbrauch 432

Wärmetechnik

Temperaturskalen; Längen- und Volumenänderung;
Schwindung; Wärmemenge 433

Schmelz- und Verbrennungswärmemenge;
Wärmemenge aus elektrischer Arbeit;
Wärmemengenaustausch; Wärmestrom 434

Chemie

Atomaufbau; Benennung von Salzen;
Wichtige chemische Verbindungen;
Stoffwerte gasförmiger Stoffe 435

Stoffwerte flüssiger Stoffe; Stoffwerte fester Stoffe 436

Periodensystem der Elemente 437

Stoffwerte chemischer Elemente 438

Größen und Einheiten
Quantities and units

SI-Basisgrößen und SI-Basiseinheiten

DIN 1301-1: 2002-10; DIN 1301-2: 1978-02; DIN 1301-3: 1979-10

Damit man sich in der Technik (aber auch im täglichen Leben) verständigen kann, ist ein Einheitensystem notwendig. Wird etwas gemessen (z. B. eine **Länge**) und anderen mitgeteilt, ist die gewählte Einheit (z. B. **Meter**) unverzichtbarer Teil der Information. Sämtliche Einheiten können auf sieben Basiseinheiten zurückgeführt werden.

SI-Basisgröße	Formelzeichen DIN 1304	SI-Basiseinheit	SI-Einheitenzeichen	Ausgewählte Teile und Vielfache der SI-Basiseinheit
Länge	l	**Meter**	**m**	**nm; μm; mm; cm; dm; km**
Masse	m	Kilogramm	kg	μg; mg; g
Zeit	t	Sekunde	s	ns; μs; ms
elektrische Stromstärke	I	Ampere	A	μA; mA; kA
thermodynamische Temperatur	T	Kelvin	K	
Stoffmenge	n	Mol	mol	mmol; kmol
Lichtstärke	I	Candela	cd	

 SI: **S**ystème **I**nternational d'Unités (franz.) Internationales Einheitensystem

Vorsätze für dezimale Vielfache und Teile von Einheiten

DIN 1301-1: 2002-10

Bei großen Vielfachen von Einheiten (z. B. **Millionenfaches**) oder kleinen Teilen von Einheiten (z. B. **Tausendstel**) bildet man mit Hilfe von Vorsätzen neue Einheiten, damit die Zahlenwerte in praktikablen, überschaubaren Größenordnungen bleiben.

Vorsatz		Vorsatzzeichen	Faktor	Vielfaches bzw. Teil	Beispiel
Giga	Vielfache	G	10^9	Milliardenfaches	1 Gigavolt = 1 GV = 1000000000 V
Mega		**M**	10^6	**Millionenfaches**	**1 Megavolt = 1 MV = 1000000 V**
Kilo		k	10^3	Tausenfaches	1 Kilovolt = 1 kV = 1000 V
Hekto		h	10^2	Hundertfaches	1 Hektovolt = 1 hV = 100V
Deka		da	10^1	Zehnfaches	1 Dekavolt = 1 daV = 10 V
Basiseinheit			$10^0 = 1$		
Dezi	Teile	d	10^{-1}	Zehntel	1 Dezivolt = 1 dV = 0,1 V
Zenti		c	10^{-2}	Hundertstel	1 Zentivolt = 1 cV = 0,01 V
Milli		**m**	10^{-3}	**Tausendstel**	**1 Millivolt = 1 mV = 0,001 V**
Mikro		μ	10^{-6}	Millionstel	1 Mikrovolt = 1 μV = 0,000001 V
Nano		n	10^{-9}	Milliardstel	1 Nanovolt = 1 nV = 0,000000001 V

Größen, Formelzeichen, Einheiten

DIN 1304-1: 1994-03

Physikalische Größen sind messbare Eigenschaften (z. B. **Länge**, Zeit, Fläche). Sie werden durch *kursive* Formelbuchstaben (lateinisches und griechisches Alphabet) gekennzeichnet (z. B. *l*). Die Einheiten werden durch Buchstaben in **normaler** Schrift gekennzeichnet (z. B. **m**). Sind für eine physikalische Größe mehrere Formelzeichen angegeben, soll das an erster Stelle stehende Zeichen bevorzugt werden.

Physikalische Größe	Formelzeichen	SI-Einheitenzeichen	Einheitenname	Bemerkungen; Beziehungen zwischen den Einheiten
Längen, Flächen, Volumen, Winkel				
Länge	l	m	**Meter**	1 inch = 25,4 mm
Breite	b	m		1 Seemeile = 1852 mm
Höhe, Tiefe	h	m		
Radius, Halbmesser	r	m		**inch** (engl.):
Durchmesser	$d; D$	m		umgangssprachlich „Zoll"
Durchbiegung, Durchhang	f	m		
Weglänge, Kurvenlänge	s	m		
Wellenlänge	λ	m		
Fläche, Flächeninhalt, Oberfläche	$A; S$	m^2	Quadratmeter	1 a = 100 m^2
Querschnitt, Querschnittsfläche	$S; q$	m^2		1 ha = 10000 m^2
Volumen, Rauminhalt	V	m^3	Kubikmeter	1 l = 1 L = 1 dm^3
ebener Winkel	$\alpha; \beta; \gamma$	rad	Radiant	1 rad = 1 m/m = 1
				1° = $(\pi/180)$rad
				1' = $(1/60)°$ = 60''
				1'' = $(1/60)'$ = $(1/3600)°$
Raumwinkel	Ω	sr	Steradiant	1 sr = 1 m^2/m^2 = 1

Größen und Einheiten
Quantities and units

Größen, Formelzeichen, Einheiten

DIN 1304-1: 1994-03

Physikalische Größe	Formel-zeichen	SI-Einheiten-zeichen	Einheiten-name	Bemerkungen
Zeit und Raum				
Zeit, Zeitspanne, Dauer	t	s	**Sekunde**	min, h (Stunde), d (Tag), a (Jahr)
Frequenz	f	Hz	Hertz	$1\,\text{Hz} = 1\,\text{s}^{-1} = 1/\text{s}$
Umdrehungsfrequenz (Drehzahl)	n	$\text{s}^{-1} = 1/\text{s}$		$\text{s}^{-1} = 1/\text{s} = 60\,\text{min}^{-1} = 60/\text{min}$
Winkelgeschwindigkeit	ω, Ω	rad/s		
Geschwindigkeit	v, u	m/s		$1\,\text{m/s} = 60\,\text{m/min} = 3{,}6\,\text{km/h}$
Ausbreitungsgeschw. einer Welle	c	m/s		
Lichtgeschwindigkeit im Vakuum	c_0	m/s		$c_0 = 2{,}99792458 \cdot 10^8\,\text{m/s}$
Beschleunigung	a	m/s²		g_n Normfallbeschleunigung
Fallbeschleunigung	g	m/s²		$g_n = 9{,}80665\,\text{m/s}^2$
Mechanik				
Masse, Gewicht als Wägeergebnis	m	kg	**Kilogramm**	$1\,\text{kg} = 1000\,\text{g}$ $1\,\text{t} = 1000\,\text{kg} = 1\,\text{Mg}$
längenbezogene Masse	m'	kg/m		$1\,\text{kg/m} = 1\,\text{g/mm}$
flächenbezogene Masse	m''	kg/m²		$1\,\text{kg/m}^2 = 0{,}1\,\text{g/cm}^2$
Dichte	ϱ	kg/m³		$1000\,\text{kg/m}^3 = 1\,\text{t/m}^3 = 1\,\text{kg/dm}^3 = 1\,\text{g/cm}^3$
Kraft	F	N	Newton	$1\,\text{N} = \dfrac{1\,\text{kg} \cdot 1\,\text{m}}{1\,\text{s}^2} = 1\,(\text{kg} \cdot \text{m})/\text{s}^2$
Gewichtskraft	$F_G; G$	N		
Kraftmoment, Drehmoment	M	N·m		
Biegemoment	M_b	N·m		
Torsionsmoment	$M_T; T$	N·m		
Druck	p	Pa bar	Pascal Bar	$1\,\text{Pa} = 1\,\text{N/m}^2$ $1\,\text{bar} = 100000\,\text{Pa} = 10^5\,\text{Pa} = 10\,\text{N/cm}^2$
Normalspannung, Zugspannung, Druckspannung	σ	N/m²		
Schubspannung (Scherspannung)	τ	N/m²		
Arbeit	W	J	Joule	$1\,\text{J} = 1\,\text{N}\cdot\text{m} = 1\,\text{W}\cdot\text{s}$
Energie	E	J		$1\,\text{kJ} = 3\,600\,000\,\text{Ws}$
Leistung	P	W	Watt	$1\,\text{W} = 1\,\text{N}\cdot\text{m/s} = 1\,\text{J/s}$
Trägheitsmoment, Massenmoment 2. Grades	J	kg·m²		
Flächenmoment 2. Grades	I	m⁴		
Elastizitätsmodul	E	N/m²		
Reibungszahl der Ruhe	$\mu_0; \mu_r$	1		
Reibungszahl der Bewegung	$\mu; f$	1		
Thermodynamik, Wärmeübertragung				
thermodynamische Temperatur	$T; \Theta$	K	**Kelvin**	$T = 0\,\text{K} \triangleq t = -273{,}15\,°\text{C}$
Celsius-Temperatur	$t; \vartheta$	°C	Grad Celsius	$0\,°\text{C} = 273{,}15\,\text{K}$
Temperaturdifferenz	$\Delta T; \Delta t$	K	Kelvin	
Längenausdehnungskoeffizient	α	$1/\text{K} = \text{K}^{-1}$		$1/\text{K} = 1\,\text{m}/(\text{m}\cdot\text{K}) = 1\,\dfrac{\text{m}}{\text{m}\cdot\text{K}}$
Volumenausdehnungskoeffizient	γ	$1/\text{K} = \text{K}^{-1}$		$1/\text{K} = 1\,\text{m}^3/(\text{m}^3\cdot\text{K})$
Wärme, Wärmemenge	Q	J	Joule	$1\,\text{J} = 1\,\text{N}\cdot\text{m} = 1\,\text{W}\cdot\text{s}$
Wärmekapazität	C	J/K		
spezifische Wärmekapazität	c	J/(kg·K)		$1\,\text{kWh} = 3{,}6\,\text{MJ} = 860\,\text{kcal}$
spezifischer Brennwert	H_0	J/kg		
spezifischer Heizwert	H_u	J/kg		
Wärmestrom	$\Phi; Q$	W	Watt	
Wärmeleitfähigkeit	λ	W/(m·K)		$3\,600\,000\,\text{Ws} - 1\,\text{kWh}$
Wärmedurchgangszahl	k	W/(m²·K)		

i F: force; W: work; P: power; E: energy

Mathematisch-technische Grundlagen

Größen und Einheiten
Quantities and units

Größen, Formelzeichen, Einheiten
DIN 1304-1: 1994-03

Physikalische Größe	Formelzeichen	SI-Einheitenzeichen	Einheitenname	Bemerkungen	
Elektrizität, Magnetismus					
elektrische Stromstärke	I	A	Ampere		
elektrische Ladung	Q	C	Coulomb	1 C	$= 1\,A \cdot 1\,s$
elektrische Spannung	U	V	Volt	1 V	$= 1\,W/1\,A = 1\,J/1\,C$
elektrischer Widerstand	R	Ω	Ohm	1 Ω	$= 1\,V/1\,A$
spezif. elektr. Widerstand	ϱ	$\Omega \cdot m$		1 $\Omega \cdot m$	$= 1\,\Omega \cdot m^2/m$
elektrische Kapazität	C	F	Farad	1 F	$= 1\,C/1\,V$
Frequenz	f	Hz	Hertz	1 Hz	$= 1\,s^{-1} = 1/s$
Energie, Arbeit	W	J	Joule	1 J	$= 1\,W = 1\,V \cdot 1\,A$
Wirkleistung	P	W	Watt	1 W	$= 1\,V \cdot 1\,A$
					$= 1\,J/1s = \dfrac{1\,N \cdot 1\,m}{1\,s}$
Scheinleistung	S	W	Watt		
Leistungsfaktor	$\cos \varphi$	1		$\cos \varphi$	$= P/S$
Wirkungsgrad	η	1			
Windungszahl	N	1			
Übersetzungsverhältnis	$\ddot{u}$	1			

Indizes für Formelzeichen
Subscripts for symbols
DIN 1304-1: 1994-1

Zur Unterteilung von Oberbegriffen und zur Kennzeichnung besonderer Zustände können Formelzeichen mit Indizes versehen werden. Sind für eine Größe mehrere Zeichen angegeben, so soll das an erster Stelle stehende (international empfohlene) Zeichen verwendet werden.

> **Index** (Mehrzahl: Indizes): Tiefzeichen rechts vom Grundzeichen, z. B. F_1

Index	Bedeutung	Index	Bedeutung	Index	Bedeutung	Index	Bedeutung	Index	Bedeutung	Index	Bedeutung
0	null; leerer Raum; Leer-Lauf	a	Ausgang Endzustand außen	b	Biegung	inst	augenblicklich	min	minimal	rad	radial
				e	überschreitend	kin	kinetisch	N	Normal-	tan	tangential
1	eins; primär Eingang; Anfangszustand	abs	absolut	exi	Ausgang	max	maximal	pot	potenziell	v	Verlust
		amb	umgebend	G	Gewicht	mec	mechanisch	rad	radial	zul	zulässig
		ax	axial	ing	Eingang	med	mittel	rel	relativ	Z	Zusatz-
2	zwei, sekundär	b	Basis	int	innen	mes	gemessen	R	Reibung	Δ	Differenz
								rsl	resultierend	Σ	Summe

Mathematische Zeichen
Mathematical symbols
DIN 1302: 1999-12; DIN 5473: 1992-07

Zeichen	Bedeutung	Zeichen	Bedeutung	Zeichen	Bedeutung	Zeichen	Bedeutung
$\approx$	ungefähr gleich	$\sqrt[n]{\ }$	n-te Wurzel aus	$\{[()]\}$	Klammern auf/zu; geschweift, eckig, rund	$\notin$	ist nicht Element von
$\hat{=}$	entspricht	$n!$	n Fakultät			$\subset; \subseteq$	ist Teilmenge von
...	und so weiter bis	∞	unendlich			$\cup$	Vereinigungsmenge
$=$	gleich	$\overline{AB}$	Strecke AB	A, B, C	Mengen	$\cap$	Durchschnittsmenge
$\neq$	ungleich	$\overset{\frown}{AB}$	Bogen AB	a, b, c	Elemente	$\times$	Produktmenge
$\sim$	proportional	$\sphericalangle$	Winkel	$\{a, b, c\}$	Menge mit den Elementen a, b, c	$\setminus$	Differenzmenge
$\cong$	kongruent	lg	dekadischer Logarithmus	$\{x\|x...\}$	Menge aller Elemente x, für die gilt: ...	$\sim$	ohne
$<$	kleiner als	ln	natürlicher Logarithmus			$\wedge$	nicht
$\leq$	kleiner oder gleich			$\mathbb{N}$	Menge der natürlichen Zahlen		und; sowohl ... als auch ...
$>$	größer als	lb	binärer Logarithmus			$\vee$	oder; entw ... oder ...
$\geq$	größer oder gleich	sin	Sinus	$\mathbb{Z}$	Menge der ganzen Zahlen	$\Rightarrow$	aus ... folgt ...; wenn ... wahr ist, dann ist ... wahr
$+$	plus	cos	Kosinus				
$-$	minus	tan	Tangens	$\mathbb{Q}$	Menge der rationalen Zahlen	$\Leftrightarrow$	wenn ... wahr ist, dann ist ... wahr und umgekehrt
$\cdot \times$	mal	cot	Kotangens				
$: / -$	durch	Δx	Delta x (Differenz der Werte $x_1; x_2$)	$\mathbb{R}$	Menge der reellen Zahlen		
Σ	Summe						
π	Pi	%	Prozent; v. Hd.	$\emptyset$	leere Menge		
x^n	x hoch n	‰	Promill; v. Tsd.	$\in$	ist Element von		
$\sqrt{\ }$	Quadratwurzel aus						

Standard-Zahlenmengen
Standard number sets

DIN 5473: 1992-07

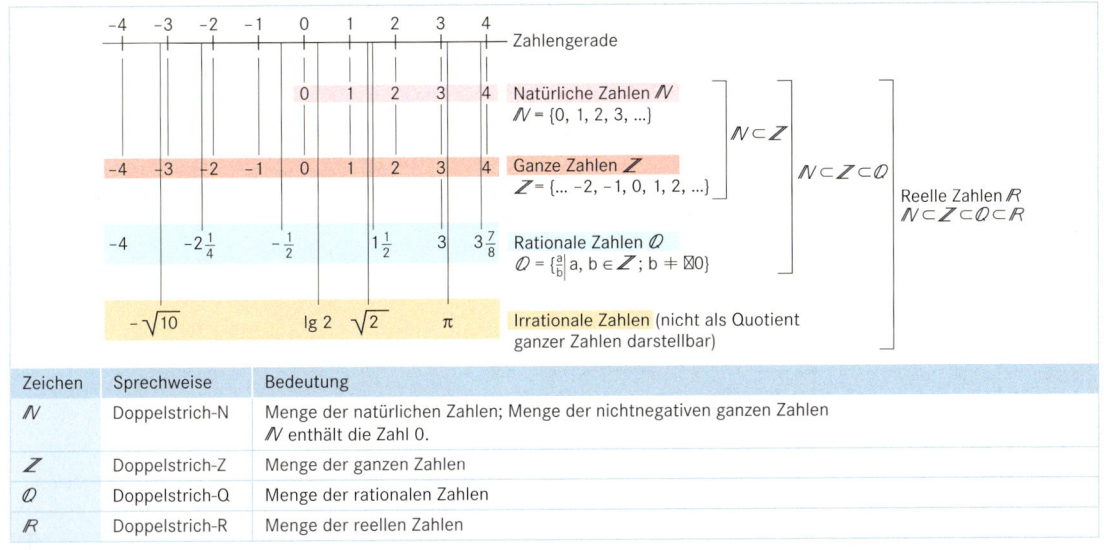

Zeichen	Sprechweise	Bedeutung
$\mathbb{N}$	Doppelstrich-N	Menge der natürlichen Zahlen; Menge der nichtnegativen ganzen Zahlen $\mathbb{N}$ enthält die Zahl 0.
$\mathbb{Z}$	Doppelstrich-Z	Menge der ganzen Zahlen
$\mathbb{Q}$	Doppelstrich-Q	Menge der rationalen Zahlen
$\mathbb{R}$	Doppelstrich-R	Menge der reellen Zahlen

Römische Zahlzeichen
Roman numerals

Schreibweise: von links nach rechts in abnehmender Reihenfolge; Symbole I, X und C höchstens dreimal nacheinander, Symbole V, L und D höchstens einmal; steht eine kleinere Zahl (z. B. **I**) vor einer größeren Zahl (z. B. **V**), so wird die kleinere von der größeren abgezogen.

I = 1	II = 2	III = 3	IV = 4	V = 5	VI = 6	VII = 7	VIII = 8	IX = 9	X = 10
X = 10	XX = 20	XXX = 30	XL = 40	L = 50	LX = 60	LXX = 70	LXXX = 80	XC = 90	C = 100
C = 100	CC = 200	CCC = 300	CD = 400	D = 500	DC = 600	DCC = 700	DCCC = 800	CM = 900	M = 1000
MC = 1100	MCC = 1200	MCCC = 1300	MCD = 1400	MD = 1500	MDC = 1600	MDCC = 1700	MDCCC = 1800	MCM = 1900	MM = 2000

M	CD	XC	VIII		= 1498
1000	400	90	8		

M	CM	LXX	IV		= 1974
1000	900	70	4		

M	M	VI		= 2006
1000	1000	6		

MM	C	XXX	III	= 2133
2000	100	30	3	

Griechisches Alphabet
Greek alphabet

Winkel werden mit griechischen Buchstaben bezeichnet. Auch für die Formelzeichen vieler physikalischer Größen werden häufig Buchstaben des griechischen Alphabets verwendet.

Buchstabe	Benennung	Anwendungsbeispiel	Buchstabe	Benennung	Anwendungsbeispiel
α A	Alpha (a)	Freiwinkel; Längenausdehnungskoeffizient	ν N	Ny (n)	Sicherheitszahl; kinetische Viskosität
β B	Beta (b)	Keilwinkel; Tiefziehverhältnis	ξ Ξ	Ksi (x)	Schallausschlag
γ Γ	Gamma (g)	Spanwinkel; Volumenausdehnungskoeffizient	o O	Omikron (o)	
δ Δ	Delta (d)	Differenz (z. B. Temperaturdifferenz ΔT)	π Π	Pi (p)	Kreiszahl: 3,14159...[1]
ϵ E	Epsilon (e)	Eckenwinkel; Dehnung	ϱ P	Rho (r)	Dichte
ζ Z	Zeta (z)	Widerstandsbeiwert	σ Σ	Sigma (s)	Normalspannung; Summe
η H	Eta (e)	Wirkungsgrad	τ T	Tau (t)	Scherspannung
ϑ Θ	Theta (th)	Celsius-Temperatur	υ Y	Ypsilon (ü)	
ι I	Jota (i)		φ Φ	Phi (f)	Drehwinkel; magnetischer Fluss
κ K	Kappa (k)	Einstellwinkel; elektrische Leitfähigkeit	χ X	Chi (ch)	Kompressibilität
λ Λ	Lambda (l)	Neigungswinkel; Wärmeleitfähigkeit	ψ Ψ	Psi (ps)	Energieflussdichte
μ M	My (m)	Reibungszahl; Permeabilität	ω Ω	Omega (o)	Winkelgeschwindigkeit; elektr. Widerstand

[1] die ersten 100: ϖ = 3,14159 2653395 89793 23846 26433 83279 50288 41971 69399 37510 58209 74944 59230 78164 06286 20899 86280 34825 34211 70679 (Es gibt noch unendlich viele davon.)

Grafische Darstellung im Koordinatensystem
Graphic representation in systems of coordinates

DIN 406-11: 1992-12; DIN 461: 1973-03

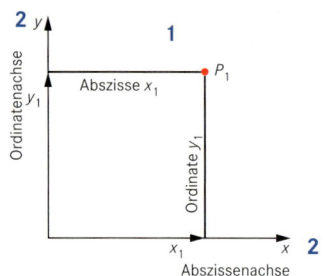

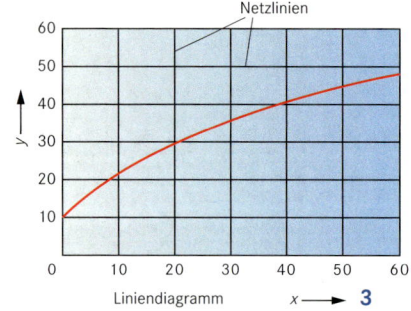

Grafische Darstellungen in Koordinatensystemen zeigen funktionelle Zusammenhänge zwischen kontinuierlichen Veränderlichen. Je nachdem, ob aus der Darstellung Zahlenwerte abgelesen werden sollen oder nicht, unterscheidet man quantitative und qualitative Darstellungen. Grafische Darstellungen in Koordinatensystemen werden **Diagramme** genannt.

1 Das rechtwinklige Koordinatensystem besteht aus der waagerechten Achse (Abszissenachse) und der dazu senkrechten Achse (Ordinatenachse). Die Pfeilspitze zeigt an, in welcher Richtung die jeweilige Koordinate wächst.

2 Die *kursiv* geschriebenen Formelzeichen stehen unter der waagerechten Pfeilspitze und links neben der senkrechten Pfeilspitze.

3 Die Pfeile dürfen auch parallel zu den Achsen angebracht werden. Formelzeichen oder Benennungen stehen dann an der Wurzel der Pfeile.

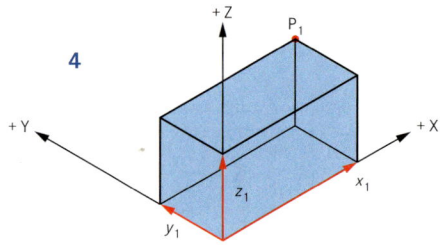

4 Räumliche rechtwinklige Koordinatensysteme werden in axonometrischer Projektion (DIN ISO 5456-3) gezeichnet.

5 Das rechtshändige, rechtwinklige Koordinatensystem zur Festlegung der Bewegungen an Werkzeugmaschinen ist in DIN 66217 genormt.

6 Im Polarkoordinatensystem wird in der Regel der waagerechten Achse der Winkel 0° zugeordnet. Positive Winkel werden entgegen dem Uhrzeigersinn angetragen. Der Radius zeigt vom Nullpunkt (Pol) auf den zu bestimmenden Punkt.

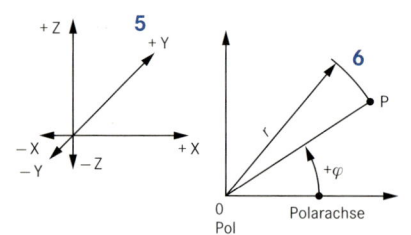

7 Die Teilung der Achsen wird mit Zahlenwerten beziffert, die ohne Drehen des Bildes lesbar sein sollen. Positive Zahlenwerte können mit einem Pluszeichen (+), negative Zahlenwerte müssen mit einem Minuszeichen (−) versehen werden. Der Nullpunkt wird durch eine 0 gekennzeichnet.

8 Einheiten können zwischen den letzten Zahlenwerten, in Bruchform mit dem Formelzeichen oder mit dem Wort „in" an das Formelzeichen angehängt werden.

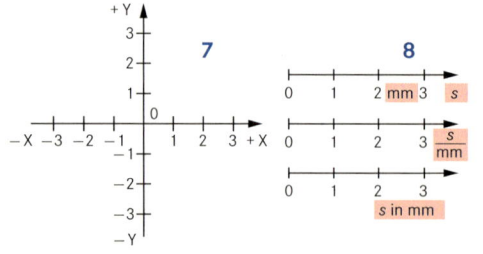

Grafische Darstellung im Koordinatensystem
Graphic representation in systems of coordinates

DIN 406-11: 1992-12; DIN 461: 1973-03

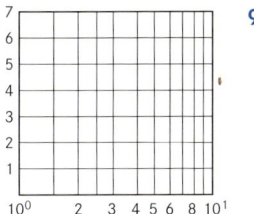

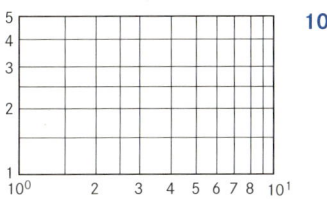

Man unterscheidet lineare Teilung **3**, halblogarithmische Teilung **9** und logarithmische Teilung **10** je nach Aussage und Verwendungszweck des Diagramms.

Kann man aus der grafischen Darstellung zusammengehörige Werte mehrerer Variablen ablesen, nennt man diese Darstellungen **Nomogramme**.

11 Mit Hilfe der Leitertafel lassen sich unbekannte Größen aus zwei oder mehreren bekannten Größen zeichnerisch bestimmen.

12 Mit Hilfe einer Netztafel lässt sich eine unbekannte Größe aus zwei bekannten Größen bestimmen.

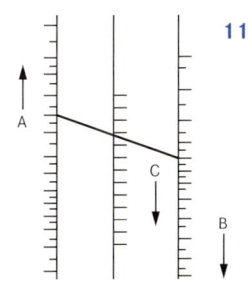

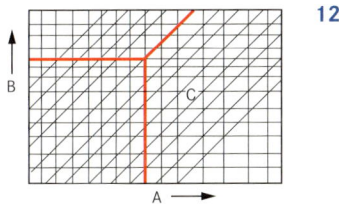

Zeichentechnische Hinweise
Die Linienbreiten sollen im folgenden Verhältnis gewählt werden:
Netz : Achsen : Kurven = 1 : 2 : 4

	Linienbreite nach ISO 128-24	
Netz	0,18	0,25
Achsen	0,35	0,5
Kurven	0,7	1,0

Schraffuren, Hinweislinien und ähnliche Hilfslinien sollen in der gleichen Breite wie Netzlinien gezeichnet werden.
Innerhalb der Diagrammfläche ist jede nicht zum Verständnis notwendige Beschriftung zu vermeiden.

Beschriftung: Schriftzeichen ISO 3098

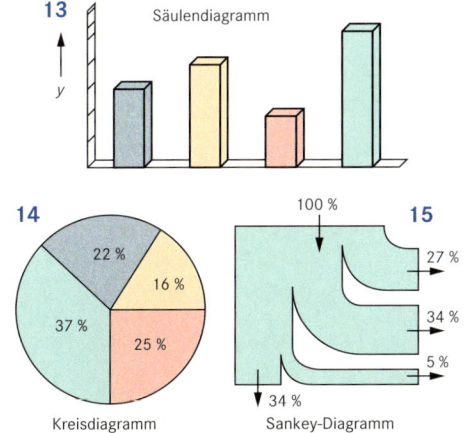

13 Im Säulendiagramm werden die darzustellenden Größen als waagerechte oder senkrechte gleich dicke Säulen gezeigt.

Im Kreisdiagramm **14** und im Sankey-Diagramm **15** werden Prozentwerte bildlich dargestellt.

Geometrische Grundkonstruktionen
Geometric basic constructions

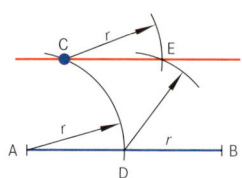

Parallele zu $\overline{AB}$ durch den Punkt C konstruieren
- Kreisbogen um A mit dem Radius $r = \overline{AC} \rightarrow$ D,
- Kreisbogen um C mit dem Radius r,
- Kreisbogen um D mit dem Radius $r \rightarrow$ E,
- Gerade durch C und E ist parallel zu $\overline{AB}$.

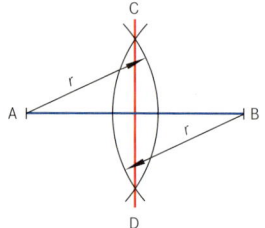

Mittelsenkrechte errichten (Strecke $\overline{AB}$ halbieren)
- Kreisbögen um A und B mit dem Radius
  ½ $\overline{AB} < r < \overline{AB} \rightarrow$ C und D,
- $\overline{CD}$ ist die Mittelsenkrechte auf $\overline{AB}$.

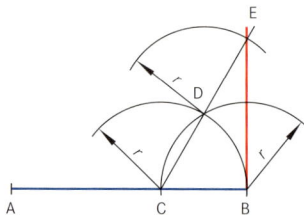

Senkrechte im Endpunkt B auf $\overline{AB}$ errichten
- Kreisbogen um B mit dem Radius $r < \overline{AB} \rightarrow$ C,
- Kreisbogen um C mit dem Radius $r \rightarrow$ D,
- Kreisbogen um D mit dem Radius r schneidet die Verlängerung $\overline{CD}$ in E,
- $\overline{BE}$ ist die Senkrechte in B auf $\overline{AB}$.

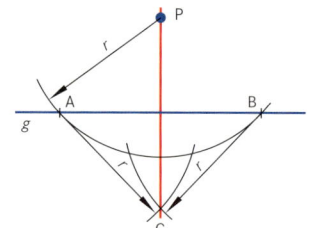

Lot von einem Punkt P auf die Gerade g fällen
- Kreisbogen um P mit dem Radius $r \rightarrow$ A und B,
- Kreisbögen um A und B mit $r \rightarrow$ C,
- $\overline{PC}$ ist das Lot von P auf die Gerade g.

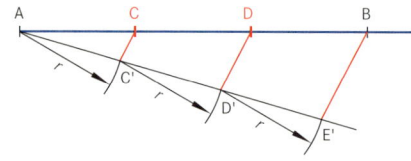

Strecke $\overline{AB}$ in gleiche Teile teilen (z. B. 3 gleiche Teile)
- Kreisbogen um A mit beliebigem Radius $r \rightarrow$ C',
- Kreisbogen um C mit dem Radius $r \rightarrow$ D',
- Kreisbogen um D' mit dem Radius $r \rightarrow$ E',
- E' mit B verbinden,
- Parallele zu $\overline{E'B}$ durch D' $\rightarrow$ D,
- Parallele zu $\overline{E'B}$ durch C' $\rightarrow$ C,
- $\overline{AC} = \overline{CD} = \overline{DB} = ⅓ \overline{AB}$.

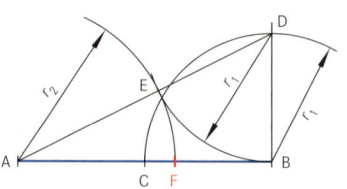

Goldenen Schnitt konstruieren
- Strecke $\overline{AB}$ halbieren $\rightarrow$ C,
- in B eine Senkrechte auf $\overline{AB}$ errichten,
- Kreisbogen um B mit dem Radius $r_1 = \overline{BC} \rightarrow$ D,
- Kreisbogen um D mit dem Radius $r_1 = \overline{DB} = \overline{BC}$ schneidet $\overline{AD}$ in E,
- Kreisbogen um A mit dem Radius $r_2 = \overline{AE} \rightarrow$ F,
- $\overline{AB} : \overline{AF} = \overline{AF} : \overline{FB}$.

Geometrische Grundkonstruktionen
Geometric basic constructions

Winkel BAC halbieren
- Kreisbögen um A mit dem beliebigen Radius *r* zeichnen → B und C,
- Kreisbögen um B und C mit dem Radius *r* → D,
- $\overline{AD}$ ist die Winkelhalbierende des Winkels BAC.

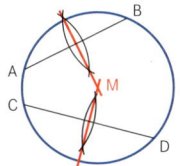

Rechten Winkel CAB in 3 gleiche Teile teilen
- Kreisbogen um A mit dem beliebigen Radius *r* zeichnen → B und C,
- Kreisbogen um B mit dem Radius *r* → D,
- Kreisbogen um C mit dem Radius *r* → E,
- Winkel CAD = Winkel DAE = Winkel EAB = 30°.

Mittelpunkt eines Kreises bestimmen
- Sehne $\overline{AB}$ in den Kreis zeichnen,
- Sehne $\overline{CD}$ in den Kreis zeichnen (nicht parallel zu AB),
- Mittelsenkrechten auf $\overline{AB}$ und $\overline{CD}$ konstruieren,
- Schnittpunkt M ist der Mittelpunkt des Kreises.

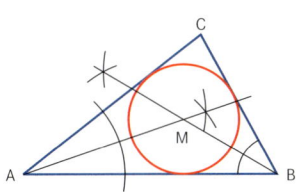

Inkreis eines Dreiecks konstruieren
- Winkelhalbierende des Winkels CAB konstruieren,
- Winkelhalbierende des Winkels ABC konstruieren,
- Schnittpunkt M ist der Mittelpunkt des Inkreises.

Der Inkreis berührt alle Seiten des Dreiecks.

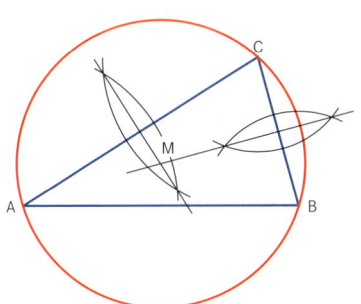

Umkreis eines Dreiecks konstruieren
- Mittelsenkrechte auf $\overline{AC}$ konstruieren,
- Mittelsenkrechte auf $\overline{BC}$ konstruieren,
- Schnittpunkt M ist der Mittelpunkt des Umkreises.

Der Umkreis geht durch die Eckpunkte des Dreiecks.

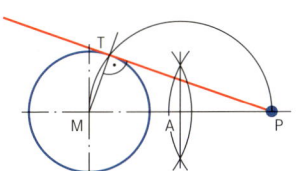

Tangente von einem Punkt P an einen Kreis konstruieren
- Strecke $\overline{MP}$ halbieren → A,
- Kreisbogen um A mit dem Radius $r = \overline{AM} = \overline{AP}$ → T,
- $\overline{PT}$ ist die Tangente von P an den Kreis.

$\overline{MT}$ steht senkrecht auf $\overline{PT}$.

Mathematisch-technische Grundlagen

Geometrische Grundkonstruktionen
Geometric basic constructions

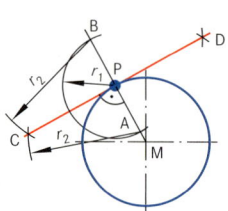

Tangente in einem Kreispunkt P konstruieren
- M mit P verbinden und über P hinaus verlängern,
- Kreisbogen um P mit dem beliebigen Radius r_1 → A und B,
- Kreisbögen um A und B mit einem beliebigen Radius r_2 → C und D,
- $\overline{CD}$ ist die Tangente an den Kreis in P.

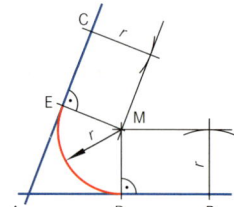

Kreisanschluss an einen Winkel konstruieren (r gegeben)
- Parallele zu $\overline{AB}$ im Abstand r konstruieren,
- Parallele zu $\overline{AC}$ im Abstand r konstruieren,
- die Parallelen schneiden sich in M,
- M ist der Mittelpunkt des gesuchten Kreisbogens,
- die Schnittpunkte D und E sind die Übergangspunkte.

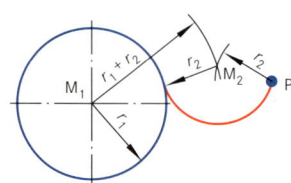

Verbindung eines Punktes mit einem Kreis durch einen Kreisbogen konstruieren
- Kreisbogen um M_1 mit dem Radius $r_1 + r_2$,
- Kreisbogen um P mit r_2 → M_2,
- Kreisbogen um M_2 mit r_2 ist die gesuchte Verbindung.

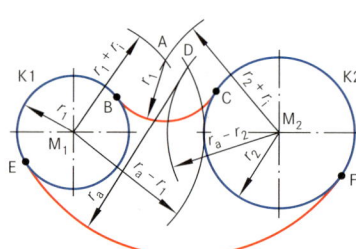

Verbindung zweier Kreise durch Kreisbögen mit gegebenen Radien r_i und r_a konstruieren

Konstruktion des innenliegenden Kreisbogens
- Kreisbogen um M_1 mit dem Radius $r_1 + r_i$,
- Kreisbogen um M_2 mit dem Radius $r_2 + r_i$ → A,
- Kreisbogen um A mit dem Radius r_i ergibt den inneren Kreisbogen,
- $\overline{M_1 A}$ schneidet den Kreis K1 in dem Berührungspunkt B,
- $\overline{M_2 A}$ schneidet den Kreis K2 in dem Berührungspunkt C.

Konstruktion des außenliegenden Kreisbogens
- Kreisbogen um M_1 mit dem Radius $r_a - r_1$,
- Kreisbogen um M_2 mit dem Radius $r_a - r_2$ → D,
- Kreisbogen um D mit dem Radius r_a ergibt den äußeren Kreisbogen,
- die Berührungspunkte E und F ergeben sich aus den verlängerten Strecken $\overline{DM_1}$ und $\overline{DM_2}$.

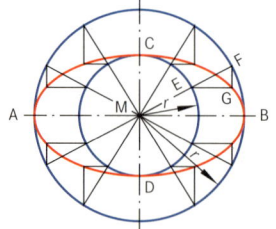

Ellipse konstruieren (r und R gegeben)
- Kreis um M mit dem Radius r,
- Kreis um M mit dem Radius R,
- beliebige Hilfslinien durch M schneiden die Kreise z. B. in E und F,
- Parallele zu $\overline{AB}$ durch E und Parallele zu $\overline{CD}$ durch F schneiden sich in G,
- G ist ein Punkt der Ellipse,
- weitere Ellipsenpunkte konstruieren,
- Ellipsenpunkte zu einer Ellipse verbinden.

Geometrische Grundkonstruktionen
Geometric basic constructions

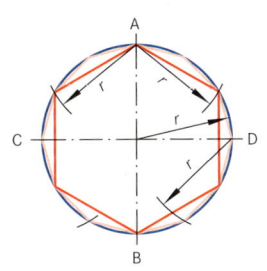

Sechseck und Zwölfeck konstruieren
- Umkreis mit dem Radius r zeichnen,
- senkrechte und waagerechte Mittellinie zeichnen
  → Punkte A, B, C, D,
- Kreisbögen um A und B mit dem Radius r ergeben die Eckpunkte des Sechsecks,
- zusätzliche Kreisbögen um C und D mit dem Radius r ergeben die Eckpunkte des Zwölfecks.

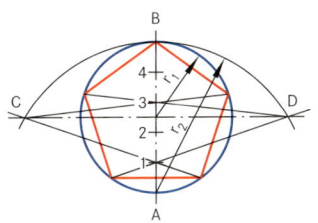

Regelmäßiges Vieleck in einem Kreis konstruieren (hier: Fünfeck)
- Kreis mit dem Radius r_1 zeichnen,
- $\overline{AB}$ in 5 gleiche Teile teilen,
- Kreisbogen um A mit dem Radius $r_2 = \overline{AB}$ → C und D,
- C und D mit den Punkten 1, 3 verbinden (ungerade Zahlen),
- die Schnittpunkte der Verlängerungen mit dem Kreis sind die Eckpunkte des Vielecks.
Bei Vielecken mit gerader Eckenzahl C und D mit den Punkten 2, 4 verbinden (gerade Zahlen)

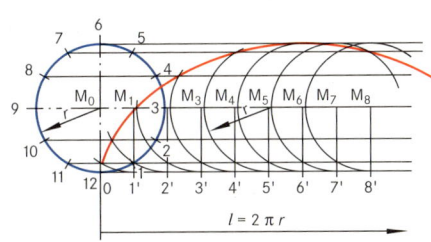

Zykloide konstruieren
- Rollkreis mit dem Radius r zeichnen,
- Rollkreis in 12 gleiche Teile teilen (Punkte 1 ... 12),
- abgewickelten Rollkreis ($l = 2\pi r$) in 12 gleiche Teile teilen,
- Senkrechte in den Teilungspunkten 1' ... 12' schneiden die verlängerte Mittellinie des Rollkreises in $M_1 ... M_{12}$,
- Kreisbögen um $M_1 ... M_{12}$ mit dem Radius r,
- Parallele zur Mittellinie durch die Teilungspunkte des Rollkreises konstruieren,
- die Schnittpunkte der Parallelen und der zugehörigen Kreisbögen ergeben die Zykloidenpunkte.

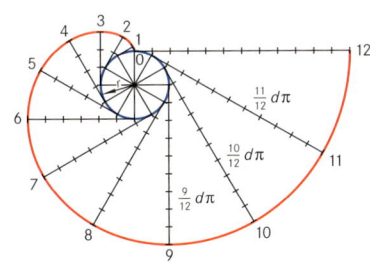

Evolvente konstruieren
- Rollkreis mit dem Radius r zeichnen,
- Rollkreis in 12 gleiche Teile teilen,
- in den Teilungspunkten Tangenten an den Kreis konstruieren,
- von den Berührungspunkten auf den Tangenten die zugehörige Länge des abgewickelten Kreisbogens abtragen ($\frac{1}{12}d\pi ... \frac{12}{12}d\pi$),
- die Verbindung der Endpunkte ist die Evolvente.

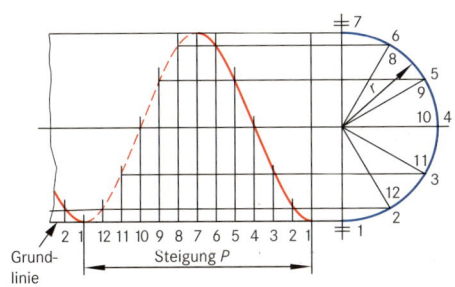

Schraubenlinie konstruieren
- Kreis mit dem Radius r in 12 gleiche Teile teilen,
- Steigung P in 12 gleiche Teile teilen,
- Parallele zur Mittellinie durch die Teilungspunkte konstruieren,
- Senkrechte auf der Grundlinie durch die jeweiligen Teilungspunkte konstruieren,
- die Schnittpunkte der Parallelen mit den dazugehörigen Senkrechten sind Punkte der Schraubenlinie.

Grundrechenarten
Fundamental arithmetic operations

Rechenart	Regeln	Beispiele
Addition (Zusammenzählen) Summand + Summand = Summe $a + b = c$	Nur gleich benannte Zahlen können addiert werden. Gleich benannte Zahlen (Terme) werden addiert, indem man die Vorzahlen (Koeffizienten) addiert und die Benennung beibehält. Summanden können vertauscht werden.	$12 + 29 + 4 = 45$ $1\,m + 3{,}5\,m = 4{,}5\,m$ $5x + 6x + x = 12x$ $25\,N + 92\,N = 117\,N$ $a + b = b + a$
Subtraktion (Verminderung) Minuend − Subtrahend = Differenz $d - e = f$	Nur gleich benannte Zahlen können subtrahiert werden. Gleich benannte Zahlen (Terme) werden subtrahiert, indem man die Vorzahlen (Koeffizienten) subtrahiert und die Benennung beibehält. Minuend und Subtrahend dürfen nicht vertauscht werden.	$27 - 14 - 6 = 7$ $8a - a - 9a = -2a$ $4a - b - 3a = a - b$ $9\,m - 4{,}8\,m = 4{,}2\,m$ $d - e \neq e - d$
Multiplikation (Vervielfachung) Faktor · Faktor = Produkt $g \cdot h = i$	Gleich benannte und ungleich benannte Zahlen (Terme) können miteinander multipliziert werden. Die Faktoren können in beliebiger Reihenfolge miteinander multipliziert werden. Das Produkt zweier Zahlen mit gleichen Vorzeichen ist positiv, mit ungleichen Vorzeichen negativ.	$3 \cdot 4 = 12$ $2 \cdot 1\,m = 2\,m$ $g \cdot h = h \cdot g$ $6\,m \cdot 3\,N = 18\,Nm$ $(+1) \cdot (+1) = +1$ $(-1) \cdot (-1) = +1$ $(+1) \cdot (-1) = -1$ $(-1) \cdot (+1) = -1$
Division (Teilung) Dividend : Divisor = Quotient $k : r = m$	Gleich benannte und ungleich benannte Zahlen (Terme) können dividiert werden. Dividend und Divisor dürfen nicht vertauscht werden. Das Divisionszeichen kann durch einen Bruchstrich ersetzt werden. Division durch Null ist nicht zulässig. Der Quotient zweier Zahlen mit gleichen Vorzeichen ist positiv, mit ungleichen Vorzeichen negativ.	$75\,km : 3\,h = 25\,\dfrac{km}{h}$ $k : r \neq r : k$ $125 : 5 = \dfrac{125}{5}$ $a : 0$ nicht zulässig $(+1) : (+1) = +1$ $(-1) : (-1) = +1$ $(+1) : (-1) = -1$ $(-1) : (+1) = -1$

Klammerrechnen
Parenthetical arithmetic

Rechenart	Regeln	Beispiele
Addition	Steht vor einer Klammer ein Plus-Zeichen, so bleiben beim Auflösen der Klammer alle Vorzeichen dieses Klammerausdrucks unverändert.	$25 + (8 + 6) = 25 + 8 + 6$ $47 + (9 - 7) = 47 + 9 - 7$ $d + (e - f) = d + e - f$
Subtraktion	Steht vor einer Klammer ein Minus-Zeichen, so ändern sich beim Auflösen der Klammer alle Vorzeichen des Klammerausdrucks.	$47 - (9 - 7) = 47 - 9 + 7$ $d - (e - f) = d - e + f$
Multiplikation	Summen oder Differenzen werden mit einem Faktor multipliziert, indem jedes Glied des Klammerausdrucks mit dem Faktor multipliziert wird. Summen oder Differenzen werden mit Summen oder Differenzen multipliziert, indem jedes Glied der ersten Klammer mit jedem Glied der zweiten Klammer multipliziert wird.	$3 \cdot (25 + 7) = 3 \cdot 25 + 3 \cdot 7$ $5 \cdot (13 - 9) = 5 \cdot 13 - 5 \cdot 9$ $d \cdot (e - f) = de - df$ $(8 + 5) \cdot (7 + 4) = 8 \cdot 7 + 8 \cdot 4$ $+ 5 \cdot 7 + 5 \cdot 4$
Division	Summen oder Differenzen werden durch einen Divisor dividiert, indem jedes Glied des Klammerausdrucks durch den Divisor dividiert wird. Summen oder Differenzen werden durch Summen oder Differenzen dividiert, indem jedes Glied der ersten Klammer durch den Klammerausdruck dividiert wird.	$(36 + 10) : 4 = \dfrac{36}{4} + \dfrac{10}{4}$ $(a - b) : c = \dfrac{a}{c} - \dfrac{b}{c}$ $(36 + 10) : (9 - 5) = \dfrac{36}{9-5} + \dfrac{10}{9-5}$ $(a - b) : (c + d) = \dfrac{a}{c+d} - \dfrac{b}{c+d}$
Ausklammern	Ein gemeinsamer Faktor oder Divisor innerhalb von Summen oder Differenzen kann ausgeklammert werden.	$6 \cdot 5 + 6 \cdot 3 = 6 \cdot (5 + 3)$ $\dfrac{a+b}{c} - \dfrac{d-e}{c} = \dfrac{1}{c}(a+b-d+e)$

Bruchrechnen
Fractional arithmetic

Rechenart	Regeln	Beispiele
Erweitern	Zähler und Nenner werden mit derselben Zahl multipliziert. Der Wert des Bruches wird dadurch nicht verändert.	$\frac{3}{4} = \frac{3 \cdot 5}{4 \cdot 5} = \frac{15}{20} = \frac{3}{4}$
Kürzen	Zähler und Nenner werden durch dieselbe Zahl dividiert. Der Wert des Bruches wird dadurch nicht verändert.	$\frac{6}{9} = \frac{6:3}{9:3} = \frac{2}{3} = \frac{6}{9}$
	Sind Zähler und/oder Nenner Summen oder Differenzen, so kann man nur kürzen, wenn ein gemeinsamer Faktor ausgeklammert werden kann.	$\frac{ab + ac}{ad - af} = \frac{a(b+c)}{a(d-f)} = \frac{b+c}{d-f}$
	Aus Summen oder Differenzen darf nicht gekürzt werden.	
Gleichnamig machen Hauptnenner suchen	Der Hauptnenner ist das kleinste gemeinsame Vielfache (kgV) aller Nenner. Die Nenner werden in Primfaktoren zerlegt (Primzahl: eine nur durch 1 und sich selbst ohne Rest teilbare Zahl). Von jedem Primfaktor wird die größte vorkommende Gruppe zur Bildung des Hauptnenners berücksichtigt. Der Hauptnenner ist das Produkt der größten vorkommenden Gruppen von Primfaktoren. Haben die Nenner keine gemeinsamen Primfaktoren, so ist der Hauptnenner gleich dem Produkt der Nenner.	$\frac{1}{4} + \frac{1}{6} + \frac{1}{9} + \frac{1}{15} = ?$ $4 = \boxed{2 \cdot 2}$ $6 = 2 \cdot 3$ $9 = \boxed{3 \cdot 3}$ $15 = 3 \cdot \boxed{5}$ HN $= \boxed{2 \cdot 2} \cdot \boxed{3 \cdot 3} \cdot \boxed{5} = 180$ $\frac{1 \cdot 45}{4 \cdot 45} + \frac{1 \cdot 30}{6 \cdot 30} + \frac{1 \cdot 20}{9 \cdot 20} + \frac{1 \cdot 12}{15 \cdot 12} =$ $\frac{45}{180} + \frac{30}{180} + \frac{20}{180} + \frac{12}{180} = \frac{107}{180}$
Addition; Subtraktion	Gleichnamige Brüche werden addiert bzw. subtrahiert, indem man die Zähler addiert bzw. subtrahiert und den Nenner beibehält. Ungleichnamige Brüche werden zuerst gleichnamig gemacht und dann wie gleichnamige Brüche addiert bzw. subtrahiert.	$\frac{3}{13} + \frac{5}{13} + \frac{2}{13} = \frac{3+5+2}{13} = \frac{10}{13}$ $\frac{5}{3a+b} - \frac{3c}{3a+b} = \frac{5-3c}{3a+b}$ $\frac{1}{3} + \frac{1}{4} = \frac{1 \cdot 4}{3 \cdot 4} + \frac{1 \cdot 3}{4 \cdot 3} = \frac{7}{12}$
Multiplikation Bruch mit Bruch	Brüche werden multipliziert, indem man die Zähler und die Nenner miteinander multipliziert. Die Produkte sind, wenn möglich, zu kürzen.	$\frac{3}{5} \cdot \frac{2}{3} = \frac{3 \cdot 2}{5 \cdot 3} = \frac{6}{15} = \frac{2}{5}$
Ganze Zahl mit Bruch	Ganze Zahlen werden wie Scheinbrüche mit dem Nenner 1 behandelt.	$3 \cdot \frac{7}{8} = \frac{3 \cdot 7}{1 \cdot 8} = \frac{21}{8} = 2\frac{5}{8}$
Division Bruch durch Bruch	Ein Bruch wird durch einen Bruch dividiert, indem man den ersten Bruch mit dem Kehrwert des zweiten Bruchs multipliziert.	$\frac{3}{5} : \frac{2}{3} = \frac{3}{5} \cdot \frac{3}{2} = \frac{3 \cdot 3}{5 \cdot 2} = \frac{9}{10}$
Bruch durch ganze Zahl	Ganze Zahlen werden wie Scheinbrüche mit dem Nenner 1 behandelt.	$\frac{3}{4} : 2 = \frac{3}{4} : \frac{2}{1} = \frac{3 \cdot 1}{4 \cdot 2} = \frac{3}{8}$
Ganze Zahl durch Bruch	Die ganze Zahl wird mit dem Kehrwert des Bruchs multipliziert.	$3 : \frac{5}{7} = 3 \cdot \frac{7}{5} = \frac{3 \cdot 7}{1 \cdot 5} = \frac{21}{5} = 4\frac{1}{5}$
Umwandlung Bruch in Dezimalzahl	Man wandelt einen Bruch in eine Dezimalzahl um, indem man den Zähler durch den Nenner dividiert.	$\frac{7}{8} = 7 : 8 = 0{,}875$
Dezimalzahl in Bruch	Man wandelt eine Dezimalzahl in einen Bruch um, indem man aus der Dezimalzahl einen Scheinbruch macht und mit einem Vielfachen von 10 erweitert.	$0{,}719 = \frac{0{,}719}{1} = \frac{0{,}719 \cdot 1000}{1 \cdot 1000}$ $0{,}719 = \frac{719}{1000}$

Potenzen
Powers

Rechenart	Regeln	Beispiele
$a^n = b$ a : Basis n : Exponent b : Potenzwert	Ein Produkt aus gleichen Faktoren kann in verkürzter Schreibweise als Potenz (Stufenzahl) geschrieben werden. Ein Faktor ist die Basis (Grundzahl). Der Exponent (Hochzahl) gibt an, wie oft die Basis als Faktor gesetzt wird. Der Potenzwert ist positiv, wenn die Basis positiv ist oder wenn der Exponent geradzahlig ist. Der Potenzwert ist negativ, wenn die Basis negativ und der Exponent ungerade ist.	$5 \cdot 5 \cdot 5 \cdot 5 = 5^4$ $4 \cdot x \cdot x \cdot x = 4x^3$ $(+a)^n = +a^n$ $(\pm a)^{2n} = +a^{2n}$ $(-a)^{2n-1} = -a^{2n-1}$

Potenzen
Powers

Rechenart	Regeln	Beispiele
Addition; Subtraktion	Nur Potenzen mit gleicher Basis und gleichem Exponenten können addiert bzw. subtrahiert werden.	$9x^3 + 12x^3 - 5x^3 = 16x^3$
Multiplikation; Division	Potenzen mit gleicher Basis werden multipliziert bzw. dividiert, indem man die Exponenten addiert bzw. subtrahiert und die Basis beibehält.	$3^3 \cdot 3^2 = (3 \cdot 3 \cdot 3) \cdot (3 \cdot 3) = 3^5$ $7^3 : 7^2 = (7 \cdot 7 \cdot 7) : (7 \cdot 7) = 7^1 = 7$
Potenzieren	Potenzen werden potenziert, indem man die Exponenten multipliziert und die Basis beibehält.	$(3^2)^2 = (3 \cdot 3)^2 = (3 \cdot 3) \cdot (3 \cdot 3) = 3^4$
Potenzieren von Summen und Differenzen	Summen oder Differenzen potenziert man, indem man Potenzen in Produkte umwandelt und nach den Regeln des Klammerrechnens multipliziert.	$(a+b)^2 = (a+b) \cdot (a+b)$ $= a^2 + ab + ab + b^2 = a^2 + 2ab + b^2$ $(a-b)^2 = (a-b) \cdot (a-b)$ $= a^2 - ab - ab + b^2 = a^2 - 2ab + b^2$
Potenzen mit dem Exponent Null	Jede Potenz mit dem Exponenten Null hat den Potenzwert 1 (Basis $\neq$ 0).	$5^0 = 1 \qquad a^0 = 1 \qquad (a+b)^0 = 1$
Potenzen mit gebrochenen Exponenten	Potenzen mit einem Bruch als Exponent (gebrochener Exponent) können als Wurzel geschrieben werden.	$8^{\frac{1}{3}} = \sqrt[3]{8} = 2$
Potenzen mit negativem Exponenten	Eine Potenz mit negativem Exponenten kann als Kehrwert der Potenz mit positivem Exponenten geschrieben werden.	$3^{-2} = \dfrac{1}{3^2} = \dfrac{1}{9}$
Zehnerpotenz	Zahlen können als ein Vielfaches von Zehnerpotenzen (Potenzen mit der Basis 10) geschrieben werden. Zahlen > 1 haben positive Exponenten. Zahlen < 1 haben negative Exponenten.	$25\,300 = 2{,}53 \cdot 10\,000 = 2{,}53 \cdot 10^4$ $0{,}005 = 5 : 1000 = 5 \cdot 10^{-3}$

Wurzeln
Roots

Rechenart	Regeln	Beispiele
$\sqrt[n]{a} = b$ n : Wurzelexponent a : Radiand b : Wurzelwert	Wurzelrechnung ist die Umkehrung der Potenzrechnung. Hierbei wird eine Zahl (Radikand) in eine Anzahl n (Wurzelexponent) gleicher Faktoren zerlegt. Der Wurzelexponent 2 wird meist nicht geschrieben. Der Wurzelwert ist positiv oder negativ, wenn der Wurzelexponent gerade und der Radikand positiv ist. Der Wurzelwert hat das Vorzeichen des Radikanden, wenn der Wurzelexponent ungerade ist.	$\sqrt[2]{16} = \sqrt{16} = \sqrt{4 \cdot 4} = 4$ $\sqrt[3]{125} = \sqrt[3]{5 \cdot 5 \cdot 5} = 5$ $\sqrt[3]{25} = \pm 5 \qquad \sqrt[2n]{a} = \pm a$ $\sqrt[3]{27} = +3 \qquad \sqrt[3]{-27} = -3$ $\sqrt[2n-1]{a} = +b \qquad \sqrt[2n-1]{-a} = -b$
Addition; Subtraktion	Nur Wurzeln mit gleichen Wurzelexponenten und Radikanden können addiert bzw. subtrahiert werden.	$2 \cdot \sqrt[3]{64} + 3 \cdot \sqrt[3]{64} = 5 \cdot \sqrt[3]{64} = 5 \cdot 4$
Multiplikation; Division	Wurzeln mit gleichen Exponenten werden multipliziert bzw. dividiert, indem man das Produkt bzw. den Quotienten der Radikanden radiziert.	$\sqrt{9} \cdot \sqrt{16} = \sqrt{9 \cdot 16} = \sqrt{144} = 12$ $\sqrt[3]{54} : \sqrt[3]{2} = \sqrt[3]{\frac{54}{2}} = \sqrt[3]{27} = 3$
Potenzieren	Wurzeln werden potenziert, indem man den Radikanden potenziert und aus dieser Potenz die Wurzel zieht.	$(\sqrt{4})^3 = \sqrt{4^3} = \sqrt{64} = 8$
Radizieren	Wurzeln werden radiziert, indem man die Wurzelexponenten multipliziert und mit diesem Produkt aus dem Radikanden die Wurzel zieht.	$\sqrt[3]{\sqrt{64}} = \sqrt[6]{64} = 2$
Potenzschreibweise	Wurzeln können als Potenzen mit gebrochenem Exponenten geschrieben werden.	$\sqrt[3]{8} = 8^{\frac{1}{3}}$

Logarithmen
Logarithms

Rechenart	Regeln	Beispiele
$a^n = b; \quad n = \log_a b$ n : Logarithmus a : Basis b : Numerus lg: dekad. Logarithmus ln: natürl. Logarithmus lb: binärer Logarithmus	Logarithmieren ist die 2. Umkehrung der Potenzrechnung. Hierbei wird der Potenzexponent (Logarithmus) gesucht, mit dem eine Basis potenziert werden muss, um einen bestimmten Potenzwert (Numerus) zu erhalten. Als Basis kann jede Zahl (außer 0 oder 1) genommen werden. Logarithmen zur Basis 10 heißen dekadische Logarithmen (lg). Logarithmen zur Basis e (e = 2,718281...) heißen natürliche Logarithmen (ln). Logarithmen zur Basis 2 heißen binäre Logarithmen (lb).	$\log_2 32 = 5 \qquad 2^5 = 32$ $\log_{10} 100 = 2 \qquad 10^2 = 100$ $\log_{10} 1000 = 3 \qquad 10^3 = 1000$ $\log_{10} x = \lg x$ $\log_e x = \ln x$ $\log_2 x = \text{lb } x$

Logarithmen
Logarithms

Rechenart	Regeln	Beispiele
Multiplikation	Man logarithmiert ein Produkt, indem man die Logarithmen der Faktoren miteinander addiert.	$\lg(3 \cdot 4) = \lg 3 + \lg 4$
Division	Man logarithmiert einen Quotienten, indem man den Logarithmus des Nenners vom Logarithmus des Zählers subtrahiert.	$\lg \frac{4}{5} = \lg 4 - \lg 5$
Potenzieren	Man logarithmiert eine Potenz, indem man den Logarithmus der Basis mit dem Exponenten multipliziert.	$\lg 7^3 = 3 \cdot \lg 7$
Radizieren	Man logarithmiert eine Wurzel, indem man den Logarithmus der Basis durch den Wurzelexponenten dividiert.	$\lg \sqrt[3]{12} = \frac{\lg 12}{3}$

Gleichungen
Equations

Rechenart	Regeln	Beispiele
	Gleichungen sind Verknüpfungen gleichartiger mathematischer Terme durch Gleichheitszeichen.	linke Seite = rechte Seite $3 + 6 = 9$
Seitentausch	Eine Gleichung bleibt gleich, wenn die beiden Seiten miteinander vertauscht werden.	$4 + 7 = 11$ $11 = 4 + 7$
Seitenveränderung durch Addition und Subtraktion	Ein Gleichung bleibt gleich, wenn auf beiden Seiten der gleiche Summand (Subtrahend) addiert (subtrahiert) wird.	$5 + 8 = 13$ $5 + 8 + 3 = 13 + 3$ $14 - 9 = 5$ $14 - 9 - 2 = 5 - 2$
Seitenveränderung durch Multiplikation und Division	Eine Gleichung bleibt gleich, wenn auf beiden Seiten mit dem gleichen Faktor multipliziert oder durch den gleichen Divisor geteilt wird.	$4 \cdot 9 = 36$ $4 \cdot 9 \cdot 2 = 36 \cdot 2$ $\frac{4 \cdot 9}{3} = \frac{36}{3}$
Seitenveränderung durch Bildung des Kehrwertes	Eine Gleichung bleibt gleich, wenn auf beiden Seiten der Kehrwert gebildet wird.	$3 + 4 = 7$ $\frac{1}{3+4} = \frac{1}{7}$
Seitenveränderung durch Potenzieren und Radizieren	Eine Gleichung bleibt gleich, wenn auf beiden Seiten mit dem gleichen Exponenten potenziert oder mit dem gleichen Wurzelexponenten radiziert wird.	$6 + 7 = 13$ $(6 + 7)^2 = 13^2$ $\sqrt{6 + 7} = \sqrt{13}$
Seitenwechsel	Bringt man ein positives Glied einer Gleichung auf die andere Seite der Gleichung, so wird es negativ.	$x + 3 = 12$ $x = 12 - 3$
	Bringt man ein negatives Glied einer Gleichung auf die andere Seite der Gleichung, so wird es positiv.	$x - 5 = 8$ $x = 8 + 5$
	Bringt man einen Faktor einer Gleichung auf die andere Seite der Gleichung, so wird daraus ein Divisor.	$x \cdot 4 = 32$ $x = \frac{32}{4}$
	Bringt man einen Divisor einer Gleichung auf die andere Seite der Gleichung, so wird daraus ein Faktor.	$\frac{x}{6} = 7$ $x = 7 \cdot 6$
Proportionen (Verhältnisgleichungen)	Haben zwei Verhältnisse den gleichen Wert, können sie gleichgesetzt und wie Gleichungen behandelt werden. Eine Proportion kann auch als Bruchgleichung geschrieben werden.	$a : b = c$ $x : y = c$ $a : b = x : y$
	Bei einer Proportion ist das Produkt der Außenglieder gleich dem Produkt der Innenglieder.	$a : b = x : y$ $a \cdot y = b \cdot x$
	Bei einer Proportion können die Außenglieder miteinander vertauscht werden.	$a : b = x : y$ $y : b = x : a$
	Bei einer Proportion können die Innenglieder miteinander vertauscht werden.	$a : b = x : y$ $a : x = b : y$
	Bei einer Proportion können zusammengehörige Innen- und Außenglieder miteinander vertauscht werden.	$a : b = x : y$ $b : a = y : x$
	Zwei Verhältnisse heißen direkt proportional, wenn sie im gleichen (geraden) Verhältnis zueinander stehen (z. B. Kraft und Druck: je größer die Kraft, desto größer der Druck).	$p_1 : F_1 = p_2 : F_2$ $\frac{p_1}{p_2} = \frac{F_1}{F_2}$
	Zwei Verhältnisse heißen indirekt proportional, wenn sie im umgekehrten (ungeraden) Verhältnis zueinander stehen (z. B. Fläche und Druck: je größer die Fläche, desto kleiner der Druck).	$p_1 : \frac{1}{A_1} = p_2 : \frac{1}{A_2}$ $\frac{p_1}{p_2} = \frac{A_2}{A_1}$

a : b = x : y
Innenglieder
Außenglieder

Mathematisch-technische Grundlagen

Umformen von Gleichungen
Transforming of equations

Gleichungen müssen häufig nach einer gesuchten Größe umgestellt werden. Hierdurch soll die gesuchte Größe
- allein (auf der linken Seite) stehen,
- ein positives Vorzeichen haben.

Summengleichung	$U = l_1 + l_2 + l_3$	$120 \text{ mm} = l_1 + 30 \text{ mm} + 40 \text{ mm}$
Seiten vertauschen	$l_1 + l_2 + l_3 = U$	$l_1 + 30 \text{ mm} + 40 \text{ mm} = 120 \text{ mm}$
Gesuchte Größe isolieren	$l_1 = U - l_2 - l_3$	$l_1 = 120 \text{ mm} - 30 \text{ mm} - 40 \text{ mm}$
		$\underline{l_1 = 50 \text{ mm}}$
Faktorengleichung	$U = 4 \cdot l$	$280 \text{ mm} = 4 \cdot l$
Seiten vertauschen	$4 \cdot l = U$	$4 \cdot l = 280 \text{ mm}$
Gesuchte Größe isolieren	$l = \dfrac{U}{4}$	$l = \dfrac{280 \text{ mm}}{4}$
		$\underline{l = 70 \text{ mm}}$
Quotientengleichung (gesuchte Größe im Zähler)	$l_B = \dfrac{d \cdot \pi \cdot \alpha}{360°}$	$50 \text{ mm} = \dfrac{d \cdot \pi \cdot 72°}{360°}$
Seiten vertauschen	$\dfrac{d \cdot \pi \cdot \alpha}{360°} = l_B$	$\dfrac{d \cdot \pi \cdot 72°}{360°} = 50 \text{ mm}$
Gesuchte Größe isolieren	$d = \dfrac{l_B \cdot 360°}{\pi \cdot \alpha}$	$d = \dfrac{50 \text{ mm} \cdot 360°}{\pi \cdot 72°}$
		$\underline{d = 31{,}42 \text{ mm}}$
Quotientengleichung (gesuchte Größe im Nenner)	$i = \dfrac{n_1}{n_2}$	$4 = \dfrac{1400 \text{ min}^{-1}}{n_2}$
Seiten vertauschen	$\dfrac{n_1}{n_2} = i$	$\dfrac{1400 \text{ min}^{-1}}{n_2} = 4$
Seiten umkehren	$\dfrac{n_2}{n_1} = \dfrac{1}{i}$	$\dfrac{n_2}{1400 \text{ min}^{-1}} = \dfrac{1}{4}$
Gesuchte Größe isolieren	$n_2 = \dfrac{n_1}{i}$	$n_2 = \dfrac{1400 \text{ min}^{-1}}{4}$
		$\underline{n_2 = 350 \text{ min}^{-1}}$
Quotientengleichung (mit Klammer)	$a = \dfrac{m \cdot (z_1 + z_2)}{2}$	$90 \text{ mm} = \dfrac{3 \text{ mm} \cdot (z_1 + 36)}{2}$
Seiten vertauschen	$\dfrac{m \cdot (z_1 + z_2)}{2} = a$	$\dfrac{3 \text{ mm} \cdot (z_1 + 36)}{2} = 90 \text{ mm}$
Klammer isolieren	$z_1 + z_2 = \dfrac{a \cdot 2}{m}$	$z_1 + 36 = \dfrac{90 \text{ mm} \cdot 2}{3 \text{ mm}}$
Gesuchte Größe isolieren	$z_1 = \dfrac{a \cdot 2}{m} - z_2$	$z_1 = \dfrac{90 \text{ mm} \cdot 2}{3 \text{ mm}} - 36$
		$\underline{z_1 = 24}$
Potenzgleichung	$A_0 = 6 \cdot l^2$	$1350 \text{ mm}^2 = 6 \cdot l^2$
Seiten vertauschen	$6 \cdot l^2 = A_0$	$6 \cdot l^2 = 1350 \text{ mm}^2$
Gesuchte Größe isolieren	$l^2 = \dfrac{A_0}{6}$	$l^2 = \dfrac{1350 \text{ mm}^2}{6}$
Auf beiden Seiten Wurzel ziehen	$l = \sqrt{\dfrac{A_0}{6}}$	$l = \sqrt{\dfrac{1350 \text{ mm}^2}{6}}$
		$\underline{l = 15 \text{ mm}}$
Wurzelgleichung	$t = \sqrt{\dfrac{2 \cdot s}{g}}$	$3{,}91 \text{ s} = \sqrt{\dfrac{2 \cdot s}{9{,}81 \text{ m/s}^2}}$
Seiten vertauschen	$\sqrt{\dfrac{2 \cdot s}{g}} = t$	$\sqrt{\dfrac{2 \cdot s}{9{,}81 \text{ m/s}^2}} = 3{,}91 \text{ s}$
Beide Seiten quadrieren	$\dfrac{2 \cdot s}{g} = t^2$	$\dfrac{2 \cdot s}{9{,}81 \text{ m/s}^2} = 15{,}29 \text{ s}^2$
Gesuchte Größe isolieren	$s = \dfrac{t^2 \cdot g}{2}$	$s = \dfrac{15{,}29 \text{ s}^2 \cdot 9{,}81 \text{ m}}{2 \cdot \text{s}^2}$
		$\underline{s = 75 \text{ m}}$

Dreisatz
rule of three

Rechenart	Regeln	Beispiele
Direkt proportionaler Dreisatz mehr → mehr weniger → weniger	1. **Behauptungssatz** (Aussage über bekannte Mehrheit): 4 m² Blech kosten 80 € 2. **Mittelsatz** (Schließen von der Mehrheit auf die Einheit durch Dividieren) 1 m² Blech kostet $\frac{80\,€}{4}$ 3. **Schlusssatz** (Schließen auf die neue Mehrheit durch Multiplizieren): 5,5 m² Blech kosten $\frac{80\,€ \cdot 5{,}5}{4} = 110\,€$	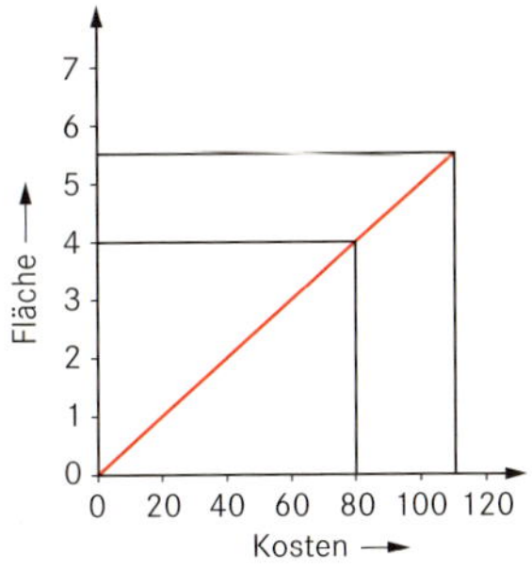 (graph: Fläche vs. Kosten, linear)
Indirekt proportionaler Dreisatz mehr → weniger weniger → mehr	1. **Behauptungssatz** (Aussage über bekannte Mehrheit): 5 Werker schaffen einen Auftrag in 120 Stunden 2. **Mittelsatz** (Schließen von der Mehrheit auf die Einheit durch Multiplizieren) 1 Werker schafft den Auftrag in 120 h · 5 3. **Schlusssatz** (Schließen auf die neue Mehrheit durch Dividieren): 3 Werker schaffen den Auftrag in $\frac{120\,h \cdot 5}{3} = 200\,h$	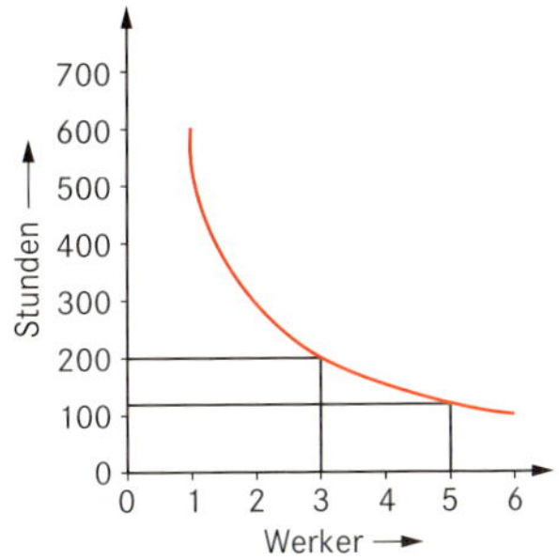 (graph: Stunden vs. Werker, hyperbolic)

Prozent- und Zinsrechnung
Percentage calculation, calculation of interest

Rechenart	Regeln	Beispiele
Prozentrechnung $1\,\% = \frac{1}{100}$ p : Prozentsatz in % P : Prozentwert G : Grundwert	$\frac{p}{100\,\%} = \frac{P}{G}$ $P = \frac{G \cdot p}{100\,\%}$ $p = \frac{P \cdot 100\,\%}{G}$ **Beispiel:** G = 19 980 € (Fahrzeugpreis); p = 2,3 % (Preisanhebung); P = ? € (Preissteigerung) $P = \frac{G \cdot p}{100\,\%} = \frac{19\,980\,€ \cdot 2{,}3\,\%}{100\,\%} = 459{,}54\,€$	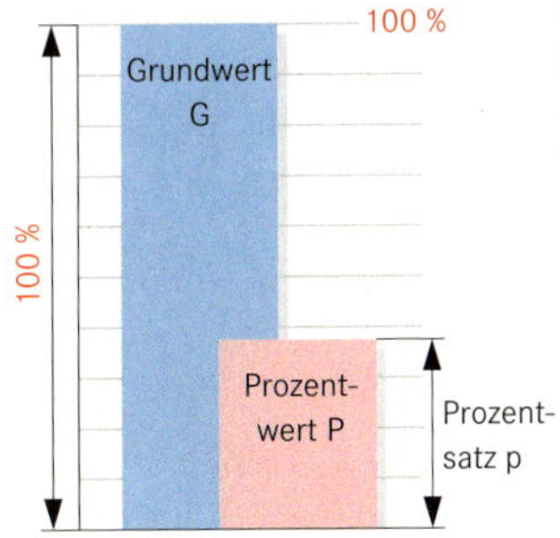 (bar chart: Grundwert G, Prozentwert P, Prozentsatz p)
Zinsrechnung p : Jahreszinssatz Z : Zinswert K : Kapital i : Zinszeitraum in Jahren i_T : Zinszeitraum in Tagen i_M : Zinszeitraum in Monaten 1 Zinsjahr = 360 Tage 1 Zinsmonat = 30 Tage	Zinswert nach Jahren: Zinswert nach Monaten: Zinswert nach Tagen: $Z = K \cdot \frac{p}{100\,\%} \cdot i$ $Z = K \cdot \frac{p}{100\,\%} \cdot \frac{i_M}{12}$ $Z = K \cdot \frac{p}{100\,\%} \cdot \frac{i_T}{360}$ **Beispiel:** K = 2500 €; p = 2,05 %; i_M = 6; Z = ? € $Z = K \cdot \frac{p}{100\,\%} \cdot \frac{i_M}{12} = 2500\,€ \cdot \frac{2{,}05\,\%}{100\,\%} \cdot \frac{6}{12} = 25{,}63\,€$	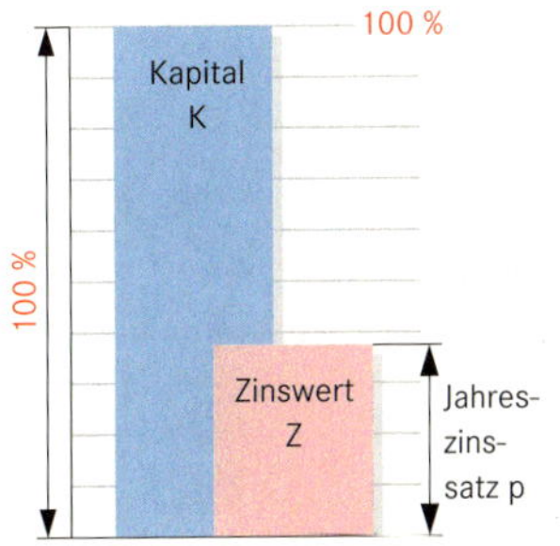 (bar chart: Kapital K, Zinswert Z, Jahreszinssatz p)

Mathematisch-technische Grundlagen

Reihen
Progressions

Rechenart	Regeln	Beispiele
Folgen	Zahlen, die mit einer bestimmten Gesetzmäßigkeit aufeinander folgen, nennt man Zahlenfolge. Die einzelnen Zahlen heißen Glieder. Addiert man die einzelnen Glieder einer Zahlenfolge, so ensteht eine Reihe.	Zahlenfolge: 1 3 5 7 9 Glieder: 1 ; 3 ; 5 ; 7 ; 9 Reihe: 1 + 3 + 5 + 7 + 9
Arithmetische Reihen	Bei einer arithmetischen Reihe ist die Differenz von zwei aufeinander folgenden Gliedern immer gleich groß. Das Endglied a_n kann berechnet werden aus Anfangsglied a_1, Anzahl der Glieder n und Differenz d. Die Summe der Reihe kann berechnet werden aus Anfangsglied a_1, Endglied a_n und der Anzahl der Glieder n.	$a_1 + a_2 + a_3 + ... + a_n$ $a_2 - a_1 = a_3 - a_2 = d$ $a_n - a_{n-1} = d$ $a_n = a_1 + (n-1) \cdot d$ $s_n = \frac{n}{2} \cdot (a_1 + a_n)$
Geometrische Reihe	Bei einer geometrischen Reihe ist der Quotient q von zwei aufeinander folgenden Gliedern immer gleich groß. Das Endglied a_n kann berechnet werden aus Anfangsglied a_1, Anzahl der Glieder n und Quotient q. Die Summe der Reihe kann berechnet werden aus Anfangsglied a_1, Anzahl der Glieder n und Quotient q.	$a_1 + a_2 + a_3 + ... + a_n$ $\frac{a_3}{a_2} = \frac{a_2}{a_1} = q = \frac{a_n}{a_{n-1}}$ $a_n = a_1 \cdot q^{n-1}$ $s_n = a_1 \cdot \frac{q^{n-1}}{q-1}$

Binomische Formeln
Binomial formulas

$(a + b)^2 = a^2 + 2ab + b^2$ $(a - b)^2 = a^2 - 2ab + b^2$ $(a + b) \cdot (a - b) = a^2 - b^2$

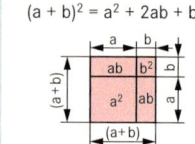
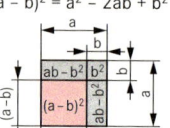
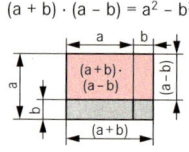

Beispiel:

$(7 + 3)^2 = 7^2 + 2 \cdot 7 \cdot 3 + 3^2 = 49 + 42 + 9 = 100$ $(7 - 3)^2 = 7^2 - 2 \cdot 7 \cdot 3 + 3^2 = 49 - 42 + 9 = 16$ $(7 + 3) \cdot (7 - 3) = 7^2 - 3^2 = 49 - 9 = 40$

Strahlensätze
Theoremes of intersecting lines

1. Strahlensatz: Werden zwei Strahlen von Parallelen geschnitten, so sind die Abschnitte auf dem einen Strahl verhältnisgleich mit den zugehörigen Abschnitten auf dem anderen Strahl.

2. Strahlensatz: Werden zwei Strahlen von Parallelen geschnitten, so sind die Abschnitte auf den Parallelen verhältnisgleich mit den zugehörigen Abschnitten auf den Strahlen.

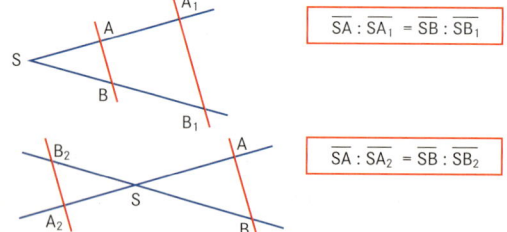
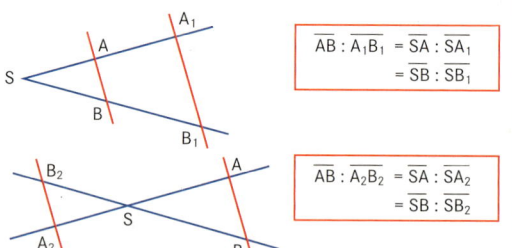

Berechnungen am rechtwinkligen Dreieck
Calculation at the rectangular triangle

Höhensatz

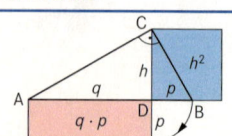

Im rechtwinkligen Dreieck ist das aus der Höhe gebildete Quadrat flächengleich mit dem Rechteck, das aus den beiden Hypotenusenabschnitten gebildet werden kann.

$h^2 = p \cdot q$ $h = \sqrt{p \cdot q}$ $p = \frac{h^2}{q}$ $q = \frac{h^2}{p}$

h : Hypotenusenquadrat
q : Hypotenusenabschnitt A–D
p : Hypotenusenabschnitt B–D
⊿: Rechter Winkel (90°)

Berechnungen am rechtwinkligen Dreieck
Calculation at the rectangular triangle

Lehrsatz des Pythagoras

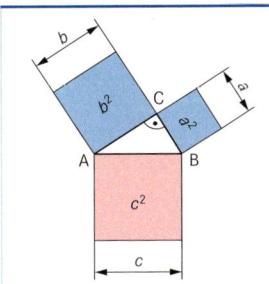

Im rechtwinkligen Dreieck ist das aus der Hypotenuse gebildete Quadrat flächengleich mit der Summe der beiden Quadrate, die aus den Katheten gebildet werden können.

$$a^2 + b^2 = c^2 \qquad b = \sqrt{c^2 - a^2}$$
$$a = \sqrt{c^2 - b^2} \qquad c = \sqrt{a^2 + b^2}$$

a : Kathete
b : Kathete
c : Hypotenuse
$\sphericalangle$: Rechter Winkel (90°)

Beispiel:
$a = 1500$ mm; $c = 2500$ mm; $b = ?$ mm
$b = \sqrt{c^2 - a^2} = \sqrt{(2500 \text{ mm})^2 - (1500 \text{ mm})^2} = 2000$ mm

Lehrsatz des Euklid (Kathetensatz)

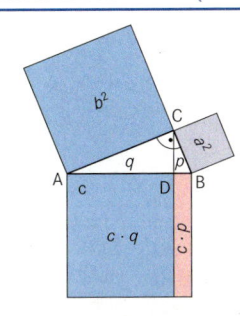

Im rechtwinkligen Dreieck ist das Kathetenquadrat flächengleich mit dem Rechteck, das aus der Hypotenuse und dem anliegenden Hypotenusenabschnitt gebildet werden kann.

$$a^2 = c \cdot p \qquad a = \sqrt{c \cdot p} \qquad p = \frac{a^2}{c}$$
$$b^2 = c \cdot q \qquad b = \sqrt{c \cdot q} \qquad q = \frac{b^2}{c}$$

a^2: Kathetenquadrat
b^2: Kathetenquadrat
c : Hypotenuse
p : Hypotenusenabschnitt B-D
q : Hypotenusenabschnitt A-D
$\sphericalangle$: Rechter Winkel (90°)

Beispiel:
Rechteck mit $c = 15$ mm und $q = 12$ mm umwandeln in flächengleiches Quadrat mit der Quadratseite b.
$b^2 = c \cdot q \qquad b = \sqrt{c \cdot q} = \sqrt{15 \text{ mm} \cdot 12 \text{ mm}} = \sqrt{180 \text{ mm}^2} = 13{,}42$ mm

Längen
Lengths

Teilung von Längen

Randabstände = Teilung ($l_1 = l_2 = p$)

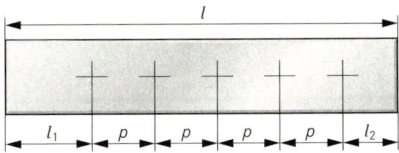

$$p = \frac{l}{n+1}$$

$z = n + 1$
$l = z \cdot p$
$l = (n+1) \cdot p$

z : Anzahl der Teilungen
n : Anzahl der Bohrungen, Sägeschnitte, Anreißlinien
p : Teilung
l : Gesamtlänge
l_1: Randabstand
l_2: Randabstand

Beispiel:
$l = 420$ mm; $n = 6$ Anreißlinien; $p = ?$ mm
$p = \dfrac{l}{n+1} = \dfrac{420 \text{ mm}}{6+1} = 60$ mm

Randabstände ≠ Teilung ($l_1 = l_2$ oder $l_1 \neq l_2$)

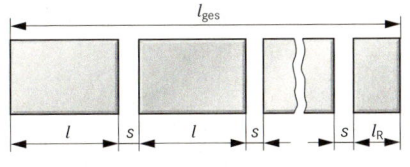

$$p = \frac{l - (l_1 + l_2)}{n - 1}$$

$z = n - 1$
$l = (l_1 + l_2) + p \cdot z$
$l = (l_1 + l_2) + p\,(n-1)$

Beispiel:
$l = 1395$ mm; $n = 30$ Bohrungen; $l_1 = l_2 = 45$ mm; $p = ?$ mm
$p = \dfrac{l - (l_1 + l_2)}{n - 1} = \dfrac{1395 \text{ mm} - 90 \text{ mm}}{29} = 45$ mm

Trennen von Teilstücken

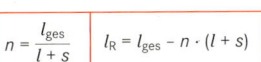

$$n = \frac{l_{ges}}{l + s} \qquad l_R = l_{ges} - n \cdot (l + s)$$

l_{ges}: Gesamtlänge
l : Teilstücklänge
n : Anzahl der Teilstücke
s : Schnittfugenbreite
l_R : Restlänge

Beispiel:
$l_{ges} = 6500$ mm; $l = 285$ mm; $s = 2{,}5$ mm; $n = ?$; $l_R = ?$ mm
$n = \dfrac{l_{ges}}{l + s} = \dfrac{6500 \text{ m}}{287{,}5 \text{ mm}} = 22 \qquad l_R = l_{ges} - n \cdot (l + s)$
$= 6500 \text{ mm} - 22 \cdot 287{,}5 = 175$ mm

Winkelfunktionen
Trigonometric functions

Winkelfunktionen im rechtwinkligen Dreieck

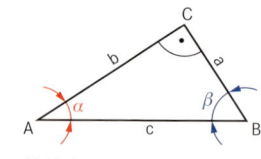

a : Kathete
  Gegenkathete   zum Winkel α
  Ankathete   zum Winkel β

b : Kathete
  Ankathete   zum Winkel α
  Gegenkathete   zum Winkel β

c : Hypotenuse

⌐ : Rechter Winkel (90°)

Bezeichnung		Winkel α	Winkel β
Sinus	$= \dfrac{\text{Gegenkathete}}{\text{Hypotenuse}}$	$\sin \alpha = \dfrac{a}{c}$	$\sin \beta = \dfrac{b}{c}$
Kosinus	$= \dfrac{\text{Ankathete}}{\text{Hypotenuse}}$	$\cos \alpha = \dfrac{b}{c}$	$\cos \beta = \dfrac{a}{c}$
Tangens	$= \dfrac{\text{Gegenkathete}}{\text{Ankathete}}$	$\tan \alpha = \dfrac{a}{b}$	$\tan \beta = \dfrac{b}{a}$
Kotangens	$= \dfrac{\text{Ankathete}}{\text{Gegenkathete}}$	$\cot \alpha = \dfrac{b}{a}$	$\cot \beta = \dfrac{a}{b}$

Winkelfunktionen am Einheitskreis

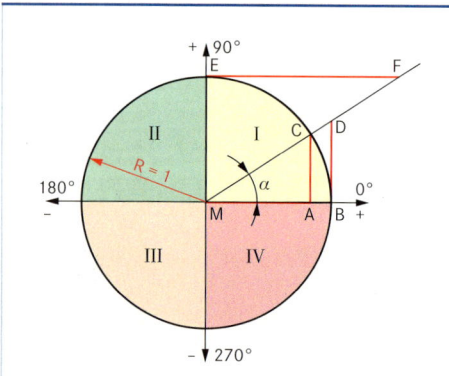

Verlauf der Winkelfunktionen					
Quadrant		I	II	III	IV
Funktion					
$\sin \alpha = \overline{AC}$		steigend $0 \ldots +1$	fallend $+1 \ldots 0$	fallend $0 \ldots -1$	steigend $-1 \ldots 0$
$\cos \alpha = \overline{AM}$		fallend $+1 \ldots 0$	fallend $0 \ldots -1$	steigend $-1 \ldots 0$	steigend $0 \ldots +1$
$\tan \alpha = \overline{BD}$		steigend $0 \ldots +\infty$	steigend $-\infty \ldots 0$	steigend $0 \ldots +\infty$	steigend $-\infty \ldots 0$
$\cot \alpha = \overline{EF}$		fallend $+\infty \ldots 0$	fallend $0 \ldots -\infty$	fallend $+\infty \ldots 0$	fallend $0 \ldots -\infty$

Beziehungen zwischen den Winkelfunktionen

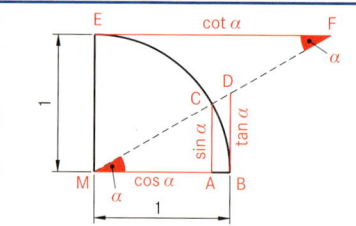

$\sin^2 \alpha + \cos^2 \alpha = 1$ $\qquad$ $\tan \alpha \cdot \cot \alpha = 1$

$\tan \alpha = \dfrac{\sin \alpha}{\cos \alpha}$ $\qquad$ $\tan \alpha = \dfrac{1}{\cot \alpha}$

$\cot \alpha = \dfrac{\cos \alpha}{\sin \alpha}$ $\qquad$ $\cot \alpha = \dfrac{1}{\tan \alpha}$

$1 + \tan^2 \alpha = \dfrac{1}{\cos^2 \alpha}$ $\qquad$ $1 + \cot^2 \alpha = \dfrac{1}{\sin^2 \alpha}$

Winkelfunktionen im schiefwinkligen Dreieck

$\alpha + \beta + \gamma = 180°$

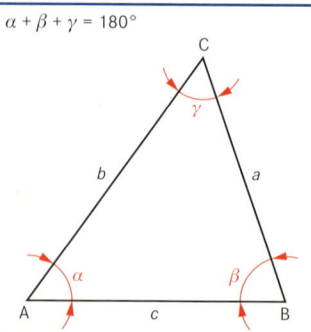

Sinussatz	Kosinussatz	Tangenssatz
$\dfrac{a}{b} = \dfrac{\sin \alpha}{\sin \beta}$; $\dfrac{b}{c} = \dfrac{\sin \beta}{\sin \gamma}$	$a^2 = b^2 + c^2 - 2bc \cdot \cos \alpha$ $b^2 = a^2 + c^2 - 2ac \cdot \cos \beta$ $c^2 = a^2 + b^2 - 2ab \cdot \cos \gamma$	$\dfrac{a+b}{a-b} = \dfrac{\tan \frac{\alpha + \beta}{2}}{\tan \frac{\alpha - \beta}{2}}$
$\dfrac{a}{\sin \alpha} = \dfrac{b}{\sin \beta}$; $\dfrac{b}{\sin \beta} = \dfrac{c}{\sin \gamma}$	$\cos \alpha = \dfrac{b^2 + c^2 - a^2}{2bc}$	$\dfrac{b+c}{b-c} = \dfrac{\tan \frac{\beta + \gamma}{2}}{\tan \frac{\beta - \gamma}{2}}$
$a : b : c = \sin \alpha : \sin \beta : \sin \gamma$	$\cos \beta = \dfrac{a^2 + c^2 - b^2}{2ac}$	
$\dfrac{a}{\sin \alpha} = \dfrac{b}{\sin \beta} = \dfrac{c}{\sin \gamma}$	$\cos \gamma = \dfrac{a^2 + b^2 - c^2}{2ab}$	$\dfrac{c+a}{c-a} = \dfrac{\tan \frac{\gamma + \alpha}{2}}{\tan \frac{\gamma - \alpha}{2}}$
$A = \dfrac{1}{2} ab \sin \gamma = \dfrac{1}{2} bc \sin \alpha = \dfrac{1}{2} ac \sin \beta = 2 r^2 \sin \alpha \sin \beta \sin \gamma$		r: Umkreisradius

Geradlinig begrenzte Flächen
Surfaces bounded by straigth lines

Quadrat

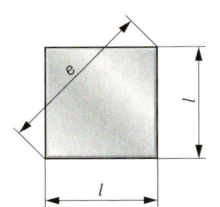

$A = l \cdot l$
$A = l^2$

$U = 4 \cdot l$

$l = \sqrt{A}$ $l = \dfrac{U}{4}$ $c = l \cdot \sqrt{2}$

A : Fläche
l : Länge
U : Umfang
e : Eckenmaß

Beispiel:

$l = 25$ mm; $A = ?$ mm; $U = ?$ mm
$A = l^2 = (25$ mm$)^2 = 625$ mm^2
$U = 4 \cdot l = 4 \cdot 25$ mm $= 100$ mm

Rhombus

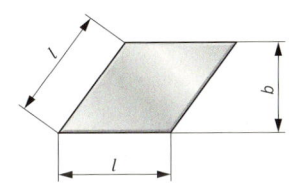

$A = l \cdot b$

$U = 4 \cdot l$

$l = \dfrac{A}{b}$ $b = \dfrac{A}{l}$ $l = \dfrac{U}{4}$

A : Fläche
l : Länge
b : Breite
U : Umfang

Beispiel:

$l = 360$ mm; $b = 2{,}8$ dm; $A = ?$ cm^2
$A = l \cdot b = 36$ cm $\cdot 28$ cm $= 1008$ cm^2

Rechteck

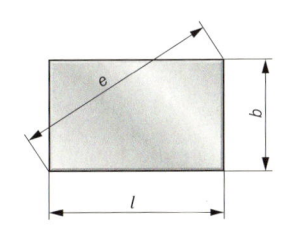

$A = l \cdot b$

$U = 2 \cdot (l + b)$

$l = \dfrac{A}{b}$ $l = \dfrac{U}{2} - b$ $e = \sqrt{l^2 + b^2}$

$b = \dfrac{A}{l}$ $b = \dfrac{U}{2} - l$

A : Fläche
l : Länge
b : Breite
U : Umfang
e : Eckenmaß

Beispiel:

$A = 96$ dm^2; $b = 80$ cm; $l = ?$ mm

$l = \dfrac{A}{b} = \dfrac{960\,000 \text{ mm}^2}{800 \text{ mm}} = 1200$ mm

Parallelogramm

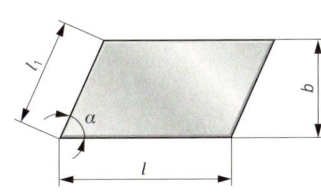

$A = l \cdot b$

$U = 2 \cdot (l + l_1)$

$A = l \cdot l_1 \cdot \sin \alpha$

$l = \dfrac{A}{b}$ $l = \dfrac{U}{2} - l_1$

$b = \dfrac{A}{l}$ $l_1 = \dfrac{U}{2} - l$

A : Fläche
l : Länge
l_1 : Seitenlänge
b : Breite
U : Umfang
α : Winkel

Beispiel:

$A = 0{,}9792$ dm^2; $b = 36$ mm; $l = ?$ mm

$l = \dfrac{A}{b} = \dfrac{9792 \text{ mm}^2}{36 \text{ mm}} = 272$ mm

Trapez

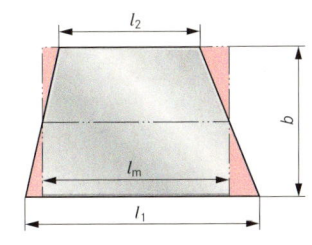

$A = \dfrac{l_1 + l_2}{2} \cdot b$

$A = l_m \cdot b$

$l_1 = \dfrac{2 \cdot A}{b} - l_2$ $b = \dfrac{2 \cdot A}{l_1 + l_2}$

$l_2 = \dfrac{2 \cdot A}{b} - l_1$ $l_m = \dfrac{l_1 + l_2}{2}$

A : Fläche
l_1 : große Seitenlänge
l_2 : kleine Seitenlänge
l_m : mittlere Seitenlänge
b : Breite

Beispiel:

$A = 10$ dm^2; $l_1 = 70$ cm; $b = 200$ mm; $l_2 = ?$ mm

$l_2 = \dfrac{2 \cdot A}{b} - l_1 = \dfrac{2 \cdot 100\,000 \text{ mm}^2}{200 \text{ mm}} - 700$ mm $= 300$ mm

Mathematisch-technische Grundlagen

Geradlinig begrenzte Flächen
Surfaces bounded by straight lines

Dreiecke

Dreieck

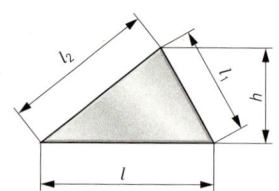

$$A = \frac{l \cdot h}{2} \quad U = l + l_1 + l_2 \quad l = \frac{2 \cdot A}{h} \quad h = \frac{2 \cdot A}{l}$$

- A : Fläche
- $l; l_1; l_2$: Dreiecksseiten
- h : Höhe
- U : Umfang

Beispiel:
$l = 35$ mm; $h = 24$ mm; $A = ?$ mm^2

$$A = \frac{l \cdot h}{2} = \frac{35 \text{ mm} \cdot 24 \text{ mm}}{2} = 420 \text{ mm}^2$$

Gleichseitiges Dreieck

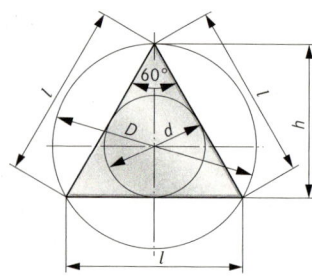

$$A = \frac{l^2}{4} \cdot \sqrt{3} \quad d = \frac{l}{3} \cdot \sqrt{3} = \frac{D}{2}$$

$$h = \frac{l}{2} \cdot \sqrt{3} \quad D = \frac{2 \cdot l}{3} \cdot \sqrt{3} = 2 \cdot d$$

- A : Fläche
- l : Länge
- h : Höhe
- D : Umkreis-Ø
- d : Inkreis-Ø

Beispiel:
$l = 30$ mm; $A = ?$ mm^2; $h = ?$ mm

$$A = \frac{l^2}{4} \cdot \sqrt{3} = \frac{(30 \text{ mm})^2}{4} \cdot \sqrt{3} = 389{,}7 \text{ mm}^2$$

$$h = \frac{l}{2} \cdot \sqrt{3} = \frac{30 \text{ mm}}{2} \cdot \sqrt{3} = 25{,}98 \text{ mm}$$

Vielecke

Regelmäßiges Vieleck

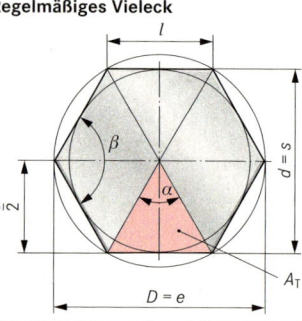

$$A = A_T \cdot n \quad \alpha = \frac{360°}{n} \quad d = \sqrt{D^2 - l^2} \quad \beta = 180° - \alpha$$

$$A = \frac{l \cdot d \cdot n}{4} \quad l = D \cdot \sin\left(\frac{180°}{n}\right) \quad D = \sqrt{d^2 + l^2}$$

- A : Fläche
- A_T : Teilfläche
- n : Eckenzahl
- l : Seitenlänge
- s : Schlüsselweite
- e : Eckenmaß
- D : Umkreis-Ø
- d : Inkreis-Ø
- α : Mittelpunktswinkel
- β : Eckenwinkel

Beispiel:
Sechseck $D = 40$ mm; $s = ?$ mm; $l = ?$ mm; $A = ?$ mm^2

$s = 0{,}866 \cdot D = 0{,}866 \cdot 40$ mm $= 34{,}64$ mm
$l = 0{,}5 \cdot D = 0{,}5 \cdot 40$ mm $= 20$ mm
$A = 0{,}866 \cdot d^2 = 0{,}866 \cdot (20 \text{ mm})^2 = 346{,}4$ mm^2

Eckenzahl n	Seitenlänge l	Schlüsselweite s	Eckenmaß e	Fläche A	
3	$0{,}866 \cdot D$			$0{,}325 \cdot D^2$	$1{,}299 \cdot d^2$
4	$0{,}707 \cdot D$	$0{,}707 \cdot e$	$1{,}414 \cdot s$	$0{,}500 \cdot D^2$	$1{,}000 \cdot d^2$
5	$0{,}588 \cdot D$			$0{,}595 \cdot D^2$	$0{,}908 \cdot d^2$
6	$0{,}500 \cdot D$	$0{,}866 \cdot e$	$1{,}155 \cdot s$	$0{,}649 \cdot D^2$	$0{,}866 \cdot d^2$
8	$0{,}383 \cdot D$	$0{,}924 \cdot e$	$1{,}082 \cdot s$	$0{,}707 \cdot D^2$	$0{,}828 \cdot d^2$
10	$0{,}309 \cdot D$	$0{,}951 \cdot e$	$1{,}052 \cdot s$	$0{,}735 \cdot D^2$	$0{,}812 \cdot d^2$
12	$0{,}259 \cdot D$	$0{,}966 \cdot e$	$1{,}035 \cdot s$	$0{,}750 \cdot D^2$	$0{,}804 \cdot d^2$

Unregelmäßiges Vieleck

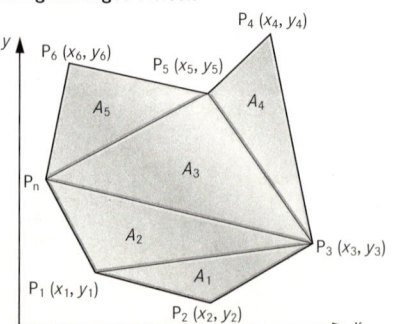

1. Berechnung mit Teilflächen

$$A = A_1 + A_2 + A_3 + \ldots + A_n$$

2. Berechnung mit Koordinaten

$$A = \frac{1}{2}[(X_1Y_2 - X_2Y_1) + (X_2Y_3 - X_3Y_2) + (X_3Y_4 - X_4Y_3) + \ldots + (X_nY_1 - X_1Y_n)]$$

- $P \ldots$: Eckpunkte des Vielecks
- $X \ldots$: Koordinaten in X-Richtung
- $Y \ldots$: Koordinaten in Y-Richtung
- A : Fläche
- $A_1 \ldots A_5$: Teilfläche

Kreisförmig begrenzte Flächen
Surfaces bounded by circular lines

Kreisflächen

Kreis

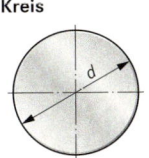

$$A = \frac{d^2 \cdot \pi}{4} \qquad U = d \cdot \pi \qquad d = \sqrt{\frac{4 \cdot A}{\pi}} \qquad d = \frac{U}{\pi}$$

Beispiel:
$d = 0{,}64$ m; $A = ?$ dm²

$$A = \frac{d^2 \cdot \pi}{4} = \frac{(6{,}4 \text{ dm})^2 \cdot \pi}{4} = 32{,}17 \text{ dm}^2$$

A : Fläche
d : Durchmesser
U : Umfang
π : Kreiszahl
$\quad = 3{,}14159\ldots$

Kreisausschnitt

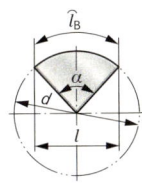

$$A = \frac{d^2 \cdot \pi \cdot \alpha}{4 \cdot 360°} \qquad A = \frac{l_B \cdot d}{4} \qquad l_B = \frac{d \cdot \pi \cdot \alpha}{360°} \qquad l = d \cdot \sin \frac{\alpha}{2}$$

Beispiel:
$d = 12$ cm; $\alpha = 135°$; $A = ?$ cm²

$$A = \frac{d^2 \cdot \pi \cdot \alpha}{4 \cdot 360°} = \frac{(12 \text{ cm})^2 \cdot \pi \cdot 135°}{4 \cdot 360°} = 42{,}41 \text{ cm}^2$$

A : Fläche
d : Durchmesser
α : Zentriwinkel
l_B : Bogenlänge
l : Sehnenlänge
π : 3,14159 …

Kreisabschnitt

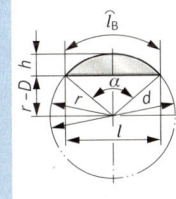

$$A = \frac{l_B \cdot r - l(r-h)}{2} \qquad l_B = \frac{d \cdot \pi \cdot \alpha}{360°} \qquad r = \frac{h}{2} + \frac{l^2}{8h} \qquad h = \frac{l}{2} \cdot \tan \frac{\alpha}{4}$$

$$A = \frac{d^2 \cdot \pi \cdot \alpha}{4 \cdot 360°} - \frac{l(r-h)}{2} \qquad l = d \cdot \sin \frac{\alpha}{2} \qquad h = \frac{d}{2} \cdot \left(1 - \cos \frac{\alpha}{2}\right)$$

Beispiel:
$r = 40$ mm; $\alpha = 90°$; $l = ?$ mm; $h = ?$ mm; $A = ?$ mm²

$$l = d \cdot \sin \frac{\alpha}{2} = 80 \text{ mm} \cdot \sin 45° = 56{,}57 \text{ mm}$$

$$h = \frac{l}{2} \cdot \tan \frac{\alpha}{4} = \frac{56{,}57 \text{ mm}}{2} \cdot \tan 22{,}5° = 11{,}72 \text{ mm}$$

$$A = \frac{d^2 \cdot \pi \cdot \alpha}{4 \cdot 360°} - \frac{l(r-h)}{2} = \frac{(80 \text{ mm})^2 \cdot \pi \cdot 90°}{4 \cdot 360°} - \frac{56{,}57 \text{ mm} (40 \text{ mm} - 11{,}72 \text{ mm})}{2} = 456{,}7 \text{ mm}^2$$

A : Fläche
d : Durchmesser
α : Zentriwinkel
l : Sehnenlänge
h : Bogenhöhe
l_B : Bogenlänge
r : Radius
π : 3,14159 …

Kreisringflächen

Kreisring

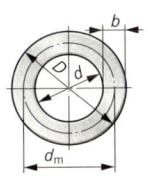

$$A = \frac{D^2 \cdot \pi}{4} - \frac{d^2 \cdot \pi}{4} \qquad A = d_m \cdot \pi \cdot b \qquad d_m = \frac{D + d}{2}$$

$$A = (D^2 - d^2) \cdot \frac{\pi}{4} \qquad D = \sqrt{\frac{4 \cdot A}{\pi} + d^2} \qquad d = \sqrt{D^2 - \frac{4 \cdot A}{\pi}}$$

Beispiel:
$D = 66$ mm; $d = 58$ mm; $A = ?$ mm²

$$A = (D^2 - d^2) \cdot \frac{\pi}{4} = ((66 \text{ mm})^2 - (58 \text{ mm})^2) \cdot \frac{\pi}{4} = 779{,}1 \text{ mm}^2$$

A : Fläche
D : Außendurchmesser
d : Innendurchmesser
d_m : mittlerer Durchmesser
b : Breite
π : 3,14159 …

Kreisringausschnitt

$$A = \left(\frac{D^2 \cdot \pi}{4} - \frac{d^2 \cdot \pi}{4}\right) \cdot \frac{\alpha}{360°} \qquad A = (D^2 - d^2) \cdot \frac{\pi}{4} \cdot \frac{\alpha}{360°}$$

Beispiel:
$D = 66$ mm; $d = 58$ mm; $\alpha = 120°$; $A = ?$ mm²

$$A = (D^2 - d^2) \cdot \frac{\pi}{4} \cdot \frac{\alpha}{360°} = ((66 \text{ mm})^2 - (58 \text{ mm})^2) \cdot \frac{\pi}{4} \cdot \frac{120°}{360°} = 259{,}7 \text{ mm}^2$$

A : Fläche
D : Außendurchmesser
d : Innendurchmesser
α : Zentriwinkel
π : 3,14159 …

Ellipse

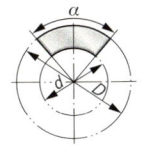

$$A = \frac{D \cdot d \cdot \pi}{4} \qquad U \approx \pi \cdot \sqrt{\frac{D^2 + d^2}{2}} \qquad U \approx \frac{D + d}{2} \cdot \pi$$

Beispiel:
$D = 48$ mm; $d = 20$ mm; $A = ?$ mm²

$$A = \frac{D \cdot d \cdot \pi}{4} = \frac{48 \text{ mm} \cdot 20 \text{ mm} \cdot \pi}{4} = 754 \text{ mm}^2$$

A : Fläche
D : große Achse
d : kleine Achse
U : Umfang
π : 3,14159 …

Schwerpunkte
Centers of gravity

Linienschwerpunkte

Gerade 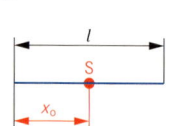	$x_o = \dfrac{l}{2}$	**Viertelkreisbogen** 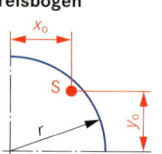	$x_o = y_o = \dfrac{2 \cdot r}{\pi}$ $x_o = y_o = 0{,}6366 \cdot r$
Halbkreisbogen 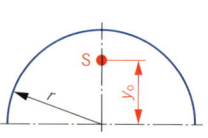	$y_o = \dfrac{2 \cdot r}{\pi}$ $y_o = 0{,}6366 \cdot r$	**Kreisbogen** (beliebig) 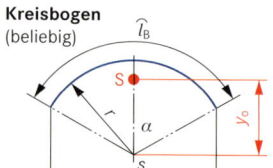	$y_o = \dfrac{r \cdot s}{l_B}$ $y_o = \dfrac{s \cdot 180°}{\alpha \cdot \pi}$
Viertelkreisbogen 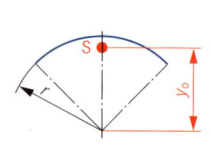	$y_o = \dfrac{2 \cdot \sqrt{2} \cdot r}{\pi}$ $y_o = 0{,}9003 \cdot r$	**Dreieckumfang** 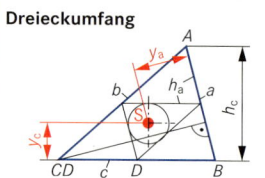	$AD = DB$ $y_a = \dfrac{h_a}{2} \cdot \dfrac{b+c}{a+b+c}$ $y_c = \dfrac{h_c}{2} \cdot \dfrac{a+b}{a+b+c}$ 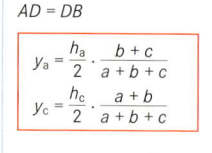

Flächenschwerpunkte[1]

Dreieck 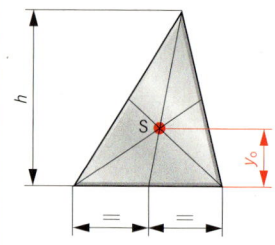	$y_o = \dfrac{h}{3}$	**Kreisausschnitt** 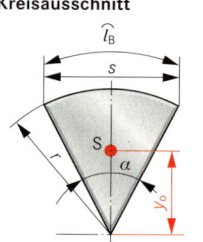	$y_o = \dfrac{2 \cdot r \cdot s}{3 \cdot l_B}$ $y_o = \dfrac{2 \cdot r \cdot \sin\alpha \cdot 180°}{3 \cdot \alpha \cdot \pi}$
Trapez 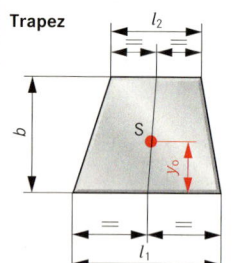	$y_o = \dfrac{b}{3} \cdot \dfrac{l_1 + 2l_2}{l_1 + l_2}$	**Kreisringausschnitt** 	$y_o = \dfrac{2 \cdot (R^3 - r^3) \cdot \sin\frac{\alpha}{2} \cdot 180°}{3 \cdot (R^2 - r^2) \cdot \frac{\alpha}{2} \cdot \pi}$
Halbkreis 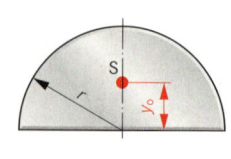	$y_o = \dfrac{4 \cdot r}{3 \cdot \pi}$	**Kreisabschnitt** 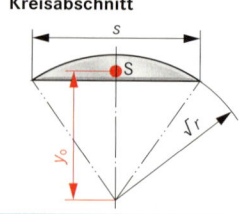	$y_o = \dfrac{4 \cdot r}{3 \cdot \pi}$ $y_o = 0{,}4244 \cdot r$

[1] siehe auch Profile aus Aluminium und Profile aus Stahl

Körper
Solids

Gerade Körper

Würfel

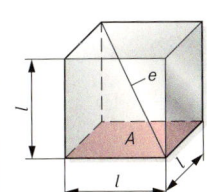

$V = A \cdot l$
$V = l^3$

$A_O = 6 \cdot l^2$

$l = \sqrt[3]{V}$
$e = l \cdot \sqrt{3}$

$l = \sqrt{\dfrac{A_O}{6}}$

V : Volumen
A : Grundfläche
l : Seitenlänge
A_O: Oberfläche
e : Raumdiagonale

Beispiel:
$V = 15\,625$ cm^3; $l = ?$ mm
$l = \sqrt[3]{V} = \sqrt[3]{16\,625 \text{ cm}^3} = 25$ cm $= 250$ mm

Prisma

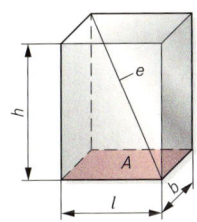

$V = A \cdot h$
$V = l \cdot b \cdot h$

$A_M = 2 \cdot (l \cdot h + b \cdot h)$
$A_O = 2 \cdot (l \cdot h + b \cdot h + l \cdot b)$

$h = \dfrac{V}{l \cdot b}$
$e = \sqrt{l^2 + b^2 + h^2}$

V : Volumen
A : Grundfläche
h : Höhe
l : Seitenlänge
b : Breite
A_M: Mantelfläche
A_O: Oberfläche
e : Raumdiagonale

Beispiel:
$l = 210$ mm; $b = 80$; $h = 1000$ mm; $V = ?$ dm^3
$V = l \cdot b \cdot h = 2{,}1$ dm $\cdot\, 0{,}8$ dm $\cdot\, 10$ dm $= 16{,}8$ dm^3

Zylinder

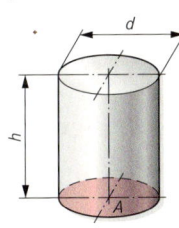

$V = A \cdot h$
$V = \dfrac{d^2 \cdot \pi}{4} \cdot h$

$A_M = d \cdot \pi \cdot h$
$A_O = d \cdot \pi \cdot h + 2 \cdot \dfrac{d^2 \cdot \pi}{4}$

$h = \dfrac{4 \cdot V}{d^2 \cdot \pi}$
$d = \sqrt{\dfrac{4 \cdot V}{\pi \cdot h}}$

V : Volumen
A : Grundfläche
h : Höhe
d : Durchmesser
A_M: Mantelfläche
A_O: Oberfläche
π : $3{,}14159\ldots$

Beispiel:
$V = 15\,800$ cm^3; $d = 200$ mm; $h = ?$ mm
$h = \dfrac{4 \cdot V}{d^2 \cdot \pi} = \dfrac{4 \cdot 15\,800 \text{ cm}^3}{20 \text{ cm} \cdot 20 \text{ cm} \cdot \pi} = 50{,}3$ cm

Hohlzylinder

$V = A \cdot h$
$V = \left(\dfrac{D^2 \cdot \pi}{4} - \dfrac{d^2 \cdot \pi}{4}\right) \cdot h$
$V = (D^2 - d^2) \cdot \dfrac{\pi \cdot h}{4}$

$A_M = D \cdot \pi \cdot h$
$A_O = 2 \cdot \left(\dfrac{D^2 \cdot \pi}{4} - \dfrac{d^2 \cdot \pi}{4}\right) + D \cdot \pi \cdot h + d \cdot \pi \cdot h$

V : Volumen
A : Grundfläche
h : Höhe
D : Außendurchmesser
d : Innendurchmesser
A_M: Mantelfläche
A_O: Oberfläche
π : $3{,}14159\ldots$

Beispiel:
$D = 120$ mm; $d = 85$ mm; $h = 200$ mm; $V = ?$ dm^3
$V = (D^2 - d^2) \cdot \dfrac{\pi \cdot h}{4} = ((1{,}2 \text{ dm})^2 - (0{,}85 \text{ dm})^2) \cdot \dfrac{\pi \cdot 2 \text{ dm}}{4} = 1{,}13$ dm^3

Spitze Körper

Pyramide

 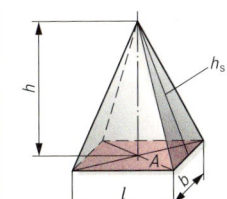

$V = \dfrac{A \cdot h}{3}$
$V = \dfrac{l \cdot b \cdot h}{3}$

$A_M = 2 \cdot \dfrac{l \cdot h_s}{2} + 2 \cdot \dfrac{b \cdot h_s}{2}$
$A_M = h_s \cdot (l + b)$
$A_O = h_s \cdot (l + b) + l \cdot b$

$h = \dfrac{3 \cdot V}{l \cdot b}$
$h_s = \sqrt{h^2 + \dfrac{l^2}{4}}$

V : Volumen
A : Grundfläche
l : Länge
b : Breite
h : Höhe
h_s : Seitenhöhe
A_M: Mantelfläche
A_O: Oberfläche

Beispiel:
$V = 68{,}04$ cm^3; $d = 2{,}8$ dm; $l = b = ?$ mm
$V = \dfrac{l \cdot l \cdot h}{3}$
$l = \sqrt{\dfrac{3 \cdot V}{h}} = \sqrt{\dfrac{3 \cdot 68\,040 \text{ mm}^3}{280 \text{ mm}}} = 27$ mm

Mathematisch-technische Grundlagen

Körper
Solids

Spitze Körper

Kegel

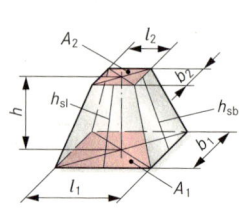

$$V = \frac{A \cdot h}{3}$$

$$V = \frac{d^2 \cdot \pi \cdot h}{4 \cdot 3}$$

$$A_M = \frac{d \cdot \pi}{2} \cdot h_s$$

$$A_O = \frac{d \cdot \pi}{2} \cdot h_s + \frac{d^2 \cdot \pi}{4}$$

$$d = \sqrt{\frac{12 \cdot V}{\pi \cdot h}} \qquad h_s = \sqrt{h^2 + \frac{d^2}{4}}$$

$$h = \frac{12 \cdot V}{d^2 \cdot \pi}$$

V : Volumen
A : Grundfläche
h : Höhe
d : Durchmesser
A_M : Mantelfläche
h_s : Seitenhöhe
A_O : Oberfläche
π : 3,14159 …

Beispiel:

$d = 920$ mm; $h = 680$ mm; $V = ?$ cm³

$$V = \frac{d^2 \cdot \pi \cdot h}{4 \cdot 3} = \frac{(92\text{ cm})^2 \cdot \pi \cdot 68 \text{ cm}}{4 \cdot 3} = 150\,679{,}2 \text{ cm}^3$$

Abgestumpfte Körper

Pyramidenstumpf

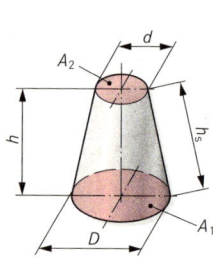

$$V = \frac{h}{3} \cdot \left(A_1 + A_2 + \sqrt{A_1 \cdot A_2}\right)$$

$$V \approx \frac{A_1 + A_2}{2} \cdot h$$

$$A_M = (l_1 + l_2) \cdot h_{sl} + (b_1 + b_2) \cdot h_{sb}$$
$$A_O = A_M + l_1 \cdot b_1 + l_2 \cdot b_2$$

$$h_{sl} = \sqrt{\frac{(b_1 - b_2)^2}{4} + h^2} \qquad h_{sb} = \sqrt{\frac{(l_1 - l_2)^2}{4} + h^2}$$

V : Volumen
A_1 : Grundfläche
A_2 : Deckfläche
h : Höhe
l_1 : untere Länge
b_1 : untere Breite
l_2 : obere Länge
b_2 : obere Breite
h_{sl} : Seitenhöhe
h_{sb} : Seitenhöhe
A_M : Mantelfläche
A_O : Oberfläche

Beispiel:

$l_1 = b_1 = 52$ mm; $l_2 = b_2 = 36$ mm; $h = 68$ mm; $V = ?$ cm³ (Näherungsformel)

$$V \approx \frac{A_1 + A_2}{2} \cdot h = \frac{(5{,}2\text{ cm})^2 + (3{,}6\text{ cm})^2}{2} \cdot 6{,}8 \text{ cm} = 136 \text{ cm}^3$$

Kegelstumpf

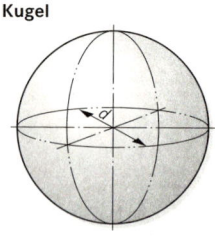

$$V = \frac{h \cdot \pi}{12} \cdot (D^2 + d^2 + D \cdot d)$$

$$V \approx \frac{A_1 + A_2}{2} \cdot h$$

$$A_M = \frac{(D + d)}{2} \cdot \pi \cdot h_s$$

$$A_O = \frac{(D + d)}{2} \cdot \pi \cdot h_s + \frac{(D^2 + d^2) \cdot \pi}{4}$$

$$h_s = \sqrt{\frac{(D - d)^2}{4} + h^2}$$

V : Volumen
h : Höhe
D : unterer Durchmesser
d : oberer Durchmesser
A_1 : Grundfläche
A_2 : Deckfläche
h_s : Seitenhöhe
A_M : Mantelfläche
A_O : Oberfläche
π : 3,14159…

Beispiel:

$V = 1632{,}8$ cm³; $D = 60$ mm; $d = 40$ mm; $h = ?$ cm (Näherungsformel)

$$h = \frac{2 \cdot V}{(A_1 + A_2)} = \frac{2 \cdot 1632{,}8 \text{ cm}^3}{((6\text{ cm})^2 + (4\text{ cm})^2) \cdot \frac{\pi}{4}} = 80 \text{ cm}$$

Kugelige Körper

Kugel

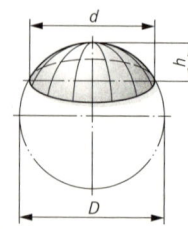

$$V = \frac{d^3 \cdot \pi}{6}$$

$$A_O = d^2 \cdot \pi$$

$$d = \sqrt[3]{\frac{6 \cdot V}{\pi}} \qquad d = \sqrt{\frac{A_O}{\pi}}$$

V : Volumen
d : Durchmesser
A_O : Oberfläche
π : 3,14159 …

Beispiel:

$d = 120$ mm; $V = ?$ dm³

$$V = \frac{d^3 \cdot \pi}{6} = \frac{(1{,}2 \text{ dm})^3 \cdot \pi}{6} = 0{,}9 \text{ dm}^3$$

Kugelabschnitt (Kalotte)

$$A_M = D \cdot \pi \cdot h$$

$$A_O = D \cdot \pi \cdot h + \frac{d^2 \cdot \pi}{4}$$

$$V = h^2 \cdot \pi \cdot \left(\frac{D}{2} - \frac{h}{3}\right)$$

V : Volumen
D : Kugeldurchmesser
d : Kalottendurchmesser
h : Kalottenhöhe
A_M : Mantelfläche
A_O : Oberfläche
π : 3,14159…

Beispiel:

$D = 12$ cm; $h = 3$ cm; $V = ?$ cm³

$$V = h^2 \cdot \pi \cdot \left(\frac{D}{2} - \frac{h}{3}\right) = (3 \text{ cm})^2 \cdot \pi \cdot \left(\frac{12 \text{ cm}}{2} - \frac{3 \text{ cm}}{3}\right) = 141{,}4 \text{ cm}^3$$

Körper
Solids

Guldinsche Regel

Rotationskörper

Mantelfläche

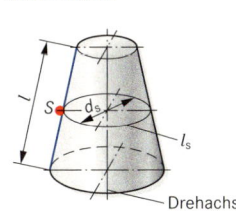

$$A_M = l \cdot l_s$$
$$A_M = l \cdot d_s \cdot \pi$$

Eine um eine Drehachse rotierende Linie erzeugt eine Mantelfläche.

A_M: Mantelfläche
l : Länge der erzeugenden Linie
l_s : Schwerpunktsweg
d_s : Durchmesser im Schwerpunktsweg
S : Schwerpunkt
π : 3,14159 …

Beispiel:

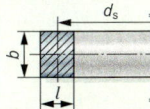

$l = b = 50$ mm; $d_s = 300$ mm; $A_M = ?$ cm²

$A_M = l \cdot \left(d_s + \dfrac{l}{2}\right) \cdot \pi$

$= 5 \text{ cm} \cdot (30 \text{ cm} + 2{,}5 \text{ cm}) \cdot \pi = 510{,}5 \text{ cm}^2$

Oberfläche

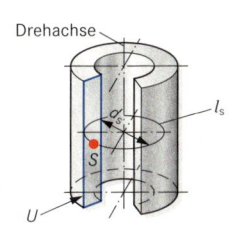

$$A_O = U \cdot l_s$$
$$A_O = U \cdot d_s \cdot \pi$$

Ein um eine Drehachse rotierender Umfang erzeugt eine Oberfläche.

A_O: Oberfläche
U : Umfangslänge
l_s : Schwerpunktsweg
d_s : Durchmesser im Schwerpunktsweg
S : Schwerpunkt
π : 3,14159 …

Beispiel:

Gegeben: s. Beispiel 1; $A_O = ?$ cm²

$A_O = U \cdot d_s \cdot \pi = 4 \cdot 5 \text{ cm} \cdot 30 \text{ cm} \cdot \pi = 1884{,}96 \text{ cm}^2$

Volumen

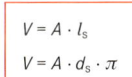

$$V = A \cdot l_s$$
$$V = A \cdot d_s \cdot \pi$$

Eine um eine Drehachse rotierende Fläche erzeugt ein Volumen.

V : Volumen
A : erzeugende Fläche
l_s : Schwerpunktsweg
d_s : Durchmesser im Schwerpunktsweg
S : Schwerpunkt
π : 3,14159 …

Beispiel:

Gegeben: s. Beispiel 1; $V = ?$ cm³

$V = A \cdot d_s \cdot \pi = 5 \text{ cm} \cdot 5 \text{ cm} \cdot 30 \text{ cm} \cdot \pi = 2356{,}2 \text{ cm}^3$

Simpsonsche Regel

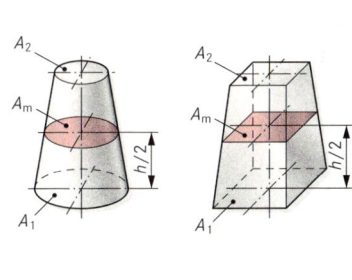

Das Volumen jedes regelmäßig geformten Körpers wird näherungsweise berechnet:

$$V \approx \dfrac{h}{6}(A_1 + A_2 + 4 \cdot A_m)$$

V : Volumen
h : Höhe
A_1 : Grundfläche
A_2 : Deckfläche
A_m: Fläche auf mittlerer Höhe

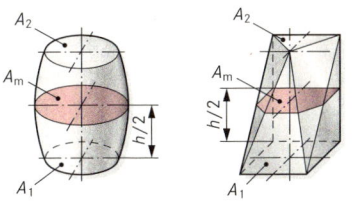

Beispiel:

Fass: $d_1 = d_2 = 25$ cm; $d_M = 35$ cm; $h = 40$ cm; $V = ?$ Liter

$V \approx \dfrac{h}{6} \cdot (A_1 + A_2 + 4 \cdot A_m)$

$= \dfrac{4 \text{ dm}}{6} \cdot \left(\dfrac{(2{,}5 \text{ dm})^2 \cdot \pi}{4} + \dfrac{(2{,}5 \text{ dm})^2 \cdot \pi}{4} + 4 \cdot \dfrac{(3{,}5 \text{ dm})^2 \cdot \pi}{4}\right)$

$V \approx 32{,}2 \text{ dm}^3 = 32{,}2 \ l$

Massenberechnung
Caculation of mass

Massenberechnung mit Volumen und Dichte

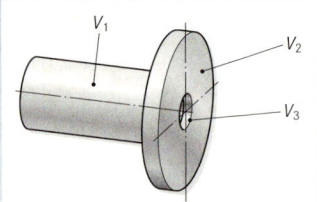

V in	cm³	dm³	m³
ϱ in	g/cm³	kg/dm³	t/m³
m in	g	kg	t

$$m = V \cdot \varrho$$
$$m = (V_1 + V_2 - V_3 \ldots) \cdot \varrho$$

$V = \dfrac{m}{\varrho}$ $\varrho = \dfrac{m}{V}$

Werte für die Dichte von Werkstoffen s. Stoffwerte

Beispiel:
Zylinder: $d = 180$ mm; $h = 120$ mm; $\varrho = 7{,}85$ kg/dm³; $m = ?$ kg

$m = V \cdot \varrho = \dfrac{d^2 \cdot \pi}{4} \cdot h \cdot \varrho$

$= \dfrac{1{,}8 \text{ dm} \cdot 1{,}8 \text{ dm} \cdot \pi}{4} \cdot 1{,}2 \text{ dm} \cdot 7{,}85 \dfrac{\text{kg}}{\text{dm}^3} = 23{,}97$ kg

m : Masse
V : Volumen
V_1 : Teilvolumen
V_2 : Teilvolumen
V_3 : Teilvolumen
ϱ : Dichte

Massenberechnung mit längenbezogener Masse

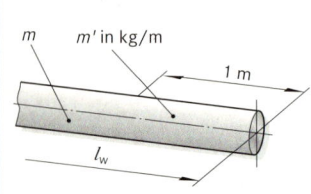

$$m = m' \cdot l_w$$

$l_w = \dfrac{m}{m'}$ $m' = \dfrac{m}{l_w}$

Werte für die längenbezogene Masse s. Profile aus Al, Cu, St

Beispiel:
Rundstahl: $d = 36$ mm; $l_w = 1500$ mm; $m' = 7{,}99$ kg/m; $m = ?$ kg

$m = m' \cdot l_w = 7{,}99 \dfrac{\text{kg}}{\text{m}} \cdot 1{,}5$ m $= 11{,}985$ kg

m : Masse
m' : längenbezogene Masse
l_w : Werkstücklänge

Massenberechnung mit flächenbezogener Masse

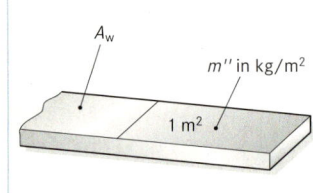

$$m = m'' \cdot A_w$$

$A_w = \dfrac{m}{m''}$ $m'' = \dfrac{m}{A_w}$

Werte für die flächenbezogene Masse s. Bleche aus Al, Cu, St

Beispiel:
Kaltgewalztes Stahlblech 3 × 600; $l = 1500$ mm; $m'' = 23{,}55$ kg/m²; $m = ?$ kg

$m = m'' \cdot A_w = 23{,}55 \dfrac{\text{kg}}{\text{m}^2} \cdot 0{,}6$ m $\cdot 1{,}5$ m $= 21{,}195$ kg

m : Masse
m'' : flächenbezogene Masse
A_w : Werkstückfläche

Rohlängenberechnung

ohne Verlust

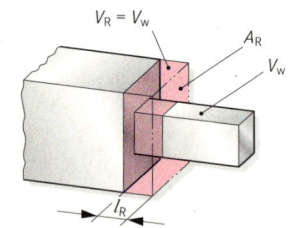

mit Verlust

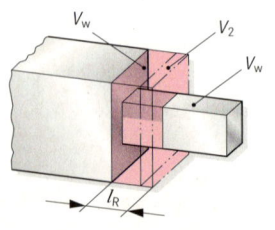

ohne Verlust

$$l_R = \dfrac{V_w}{A_R}$$

$V_R = V_w$
$A_R \cdot l_R = V_w$

mit Verlust

$$l_R = \dfrac{V_w + V_Z}{A_R}$$

$V_R = V_w + V_Z$
$V_Z = V_w \cdot q$
$A_R \cdot l_R = V_w + V_Z$

V_R : Volumen des Rohlings
V_w : Volumen des angeschmiedeten Werkstückteils
A_R : Querschnitt des Rohlings
l_R : Länge des Rohlings
V_Z : Volumen des Zuschlags für Verluste
q : Zuschlagsfaktor

Beispiel:
Rohling ☐ 50; Schmiedeteil ☐ 30–150 lang;
Zuschlag für Verluste: 10 % von V_w; $l_R = ?$ mm

$l_R = \dfrac{V_w + V_Z}{A_R} = \dfrac{30 \text{ mm} \cdot 30 \text{ mm} \cdot 150 \text{ mm} + (30 \text{ mm} \cdot 30 \text{ mm} \cdot 150 \text{ mm}) \cdot 0{,}1}{50 \text{ mm} \cdot 50 \text{ mm}}$

$l_R = 59{,}4$ mm ≈ 60 mm

Bewegung
Movement

Gleichförmige Bewegung

Gleichförmige, geradlinige Bewegung 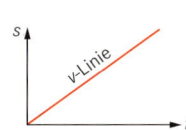	$v = \dfrac{s}{t}$ $\quad s = v \cdot t \quad t = \dfrac{s}{v}$	v : Geschwindigkeit s : Weg t : Zeit
	Beispiel: $v = 50$ km/h; $t = 3$ s; $s = ?$ m $s = v \cdot t = \dfrac{50 \text{ km}}{\text{h}} \cdot 3\text{s} = \dfrac{50\,000 \text{ m}}{3600 \text{ s}} \cdot 3 \text{ s} = 41{,}67$ m	
Gleichförmige Drehbewegung; Schnittgeschwindigkeit 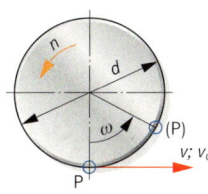	$v = d \cdot \pi \cdot n$ $\quad v_c = d \cdot \pi \cdot n$ $\quad d = \dfrac{v}{\pi \cdot n} \quad d = \dfrac{v_c}{\pi \cdot n}$ $v = \dfrac{d}{2} \cdot \omega = r \cdot \omega \quad v_c = \dfrac{d}{2} \cdot \omega = r \cdot \omega \quad n = \dfrac{v}{d \cdot \pi} \quad n = \dfrac{v_c}{d \cdot \pi}$ Werte für die Schnittgeschwindigkeit siehe Richtwerte	v : Umfangsgeschwindigkeit v_c : Schnittgeschwindigkeit d : Durchmesser r : Radius n : Umdrehungsfrequenz ω : Winkelgeschwindigkeit π : 3,14159 …
	Beispiel: $d = 60$ mm; $n = 120$ 1/min; $v_c = ?$ m/min $v_c = d \cdot \pi \cdot n = 0{,}06 \text{ m} \cdot \pi \cdot 120 \dfrac{1}{\text{min}} = 22{,}6 \dfrac{\text{m}}{\text{min}}$	
Winkelgeschwindigkeit 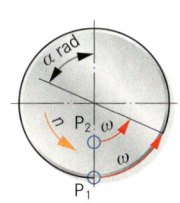	$\omega = 2 \cdot \pi \cdot n$ $\quad n = \dfrac{\omega}{2 \cdot \pi}$ Winkelgeschwindigkeit ω ist der Winkel (gemessen in Radiant), den ein Punkt auf einem Kreis in einer Zeiteinheit zurücklegt.	ω : Winkelgeschwindigkeit n : Umdrehungsfrequenz π : 3,14159 …
	Beispiel: $n = 120$ 1/min; $\omega = ?$ rad/s $\omega = 2 \cdot \pi \cdot n = 2 \cdot \pi \cdot \dfrac{120}{60} \cdot \dfrac{1}{\text{s}} = 12{,}57 \dfrac{1}{\text{s}} = 12{,}57 \dfrac{\text{rad}}{\text{s}}$	

Gleichmäßig beschleunigte Bewegung

Gleichmäßig beschleunigte Bewegung 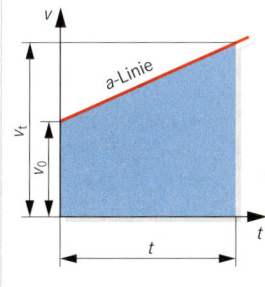	$a = \dfrac{v_t - v_0}{t}$ $\quad s = v_0 \cdot t + \dfrac{a \cdot t^2}{2} \quad v_t = v_0 + a \cdot t$ $\quad\quad t = \dfrac{v_t - v_0}{a} \quad v_t = \sqrt{v_0^{\,2} + 2 \cdot a \cdot s}$ Eine Bewegung ist gleichmäßig beschleunigt, wenn die Geschwindigkeit in gleichen Zeiten um gleiche Beträge zunimmt.	a : Beschleunigung v_0 : Anfangsgeschwindigkeit v_t : Geschwindigkeit nach der Zeit t s : in der Zeit t zurückgelegter Weg t : Zeitabschnitt
	Beispiel: $v_0 = 0$; $a = 5$ m/s²; $t = 6$ s; $v_t = ?$ km/h $v_t = v_0 + a \cdot t = 0 + 5 \dfrac{\text{m}}{\text{s}^2} \cdot 6 \text{ s} = 30 \dfrac{\text{m}}{\text{s}} = 108 \dfrac{\text{km}}{\text{h}}$	
Freier Fall (ohne Luftwiderstand) 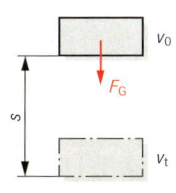	$v_t = g \cdot t$ $\quad v_t = \sqrt{2 \cdot g \cdot s} \quad s = \dfrac{g \cdot t^2}{2} \quad t = \sqrt{\dfrac{2 \cdot s}{g}}$	v_t : Geschwindigkeit nach der Fallzeit t g : Fallbeschleunigung s : in der Zeit t zurückgelegter Weg t : Fallzeit
	Beispiel: $g = 9{,}81$ m/s²; $s = 5$ m; $v_t = ?$ m/s $v_t = \sqrt{2 \cdot g \cdot s} = \sqrt{2 \cdot 9{,}81 \dfrac{\text{m}}{\text{s}^2} \cdot 5 \text{ m}} = 9{,}9 \dfrac{\text{m}}{\text{s}}$	Normfallbeschleunigung $g_n = 9{,}80665$ m/s²

Kräfte
Forces

Kraft

$t = 0\,s$ $t = 1\,s$
$v = 0\,\frac{m}{s}$ $v = 1\,\frac{m}{s}$

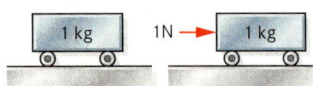

$$F = m \cdot a \qquad m = \frac{F}{a} \qquad a = \frac{F}{m}$$

Eine Kraft hat die Größe von 1 N, wenn sie einer Masse von 1 kg in 1 s eine Geschwindigkeitszunahme von 1 m/s erteilt.

$$1\,N = 1\,kg \cdot 1\frac{m}{s^2} = 1\,\frac{kg \cdot m}{s^2}$$

F : Kraft
m : Masse
a : Beschleunigung

Darstellung von Kräften

Pfeilspitze (Kraftrichtung)
Kraftangriffspunkt
F
l
$KM : 10\,\frac{N}{cm}$
Wirkungslinie

$$F = l \cdot KM \qquad l = \frac{F}{KM} \qquad KM = \frac{F}{l}$$

Beispiel:
$F = 500\,N;\ KM = 100\,N/1\,cm;\ l = ?\,cm$
$l = \frac{F}{KM} = \frac{500\,N}{100\,N/1\,cm} = \frac{500\,N \cdot 1\,cm}{100\,N} = 5\,cm$

F : Kraftbetrag
l : Pfeillänge
KM : Kräftemaßstab

Kräfteparallelogramm

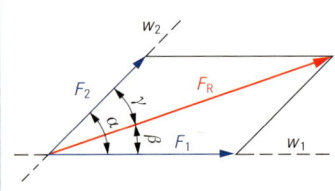

$$F_R = \sqrt{F_1^2 + F_2^2 + 2 \cdot F_1 \cdot F_2 \cdot \cos\alpha}$$

$$\sin\beta = \frac{F_2}{F_R} \cdot \sin\alpha \qquad \sin\gamma = \frac{F_1}{F_R} \cdot \sin\alpha$$

Zusammenfassen der Teilkräfte F_1 und F_2 zur Resultierenden F_R. Zerlegen der Resultierenden F_R in die Teilkräfte F_1 und F_2 bei vorgegebenen Wirkungslinien w_1 und w_2.

Beispiel:
$F_1 = 680\,N;\ F_2 = 300\,N;\ \alpha = 75°;\ F_R = ?\,N;\ \beta = ?°$
$F_R = \sqrt{F_1^2 + F_2^2 + 2 \cdot F_1 \cdot F_2 \cdot \cos\alpha}$
$= \sqrt{(680\,N)^2 + (300\,N)^2 + 2 \cdot 680\,N \cdot 300\,N \cdot \cos 75°}$
$F_R = 811{,}2\,N$
$\sin\beta = \frac{F_2}{F_R} \cdot \sin\alpha = \frac{300\,N}{811{,}2\,N} \cdot \sin 75° = 0{,}3572$
$\beta = 20{,}9°$

F_1 : Teilkraft
F_2 : Teilkraft
F_R : Resultierende (Ersatzkraft)
w_1 : Wirkungslinie der Kraft F_1
w_2 : Wirkungslinie der Kraft F_2
$\left.\begin{array}{l}\alpha\\ \beta\\ \gamma\end{array}\right\}$: Winkel zur Richtungsbeschreibung

Krafteck (Kräftepolygon)

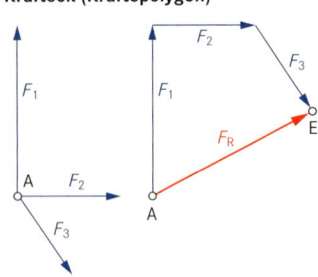

Die Teilkräfte F_1, F_2 ... F_n werden maßstabgerecht in beliebiger Reihenfolge aneinander gereiht.
Die Resultierende F_R ist die Verbindung vom Kraftangriffspunkt A der zuerst gezeichneten Kraft zum Endpunkt E der zuletzt gezeichneten Kraft.

F_1 : Teilkraft
F_2 : Teilkraft
F_3 : Teilkraft
F_R : Resultierende (Ersatzkraft)
A : Kraftangriffspunkt
E : Endpunkt des Kraftecks

Gewichtskraft

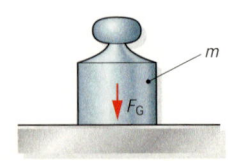

$$F_G = m \cdot g \qquad m = \frac{F_G}{g} \qquad g = \frac{F_G}{m}$$

Normfallbeschleunigung
$g_n = 9{,}80665\,m/s^2$

Beispiel:
$m = 120\,kg;\ g = 9{,}81\,m/s^2;\ F = ?\,N$

$F_G = m \cdot g = 120\,kg \cdot 9{,}81\,\frac{m}{s^2} = 1177{,}2\,\frac{kg \cdot m}{s^2} = 1177{,}2\,N$

F_G : Gewichtskraft
m : Masse
g : Fallbeschleunigung

Reibung; Reibungskraft
Friction; frictional forces

Reibung zwischen ebenen Flächen

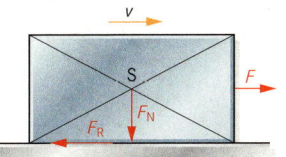

Haftreibung ($v = 0$):
$$F_{Ro} \leq \mu_0 \cdot F_N$$

Gleitreibung ($v > 0$):
$$F_R = \mu \cdot F_N$$

$$F_N = \frac{F_R}{\mu}$$

$F > F_R$

Beispiel:
$F_N = 1{,}7$ kN; $\mu = 0{,}12$; $F_R = ?$ N
$F_R = \mu \cdot F_N = 0{,}12 \cdot 1700$ N $= 204$ N

- F : Kraft
- F_{Ro} : Reibkraft im Ruhezustand
- μ_0 : Haftreibungszahl
- F_N : Normalkraft
- F_R : Reibkraft bei gleichförmiger Bewegung
- μ : Gleitreibungszahl
- v : Geschwindigkeit

Gleitreibung am Radiallager

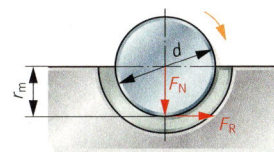

$F_R = \mu \cdot F_N$
$M_R = F_R \cdot r_m$

$F_R = \dfrac{M_R}{r_m}$

$r_m = \dfrac{d}{2}$

Beispiel:
$F_N = 1{,}5$ kN; $\mu = 0{,}12$; $F_R = ?$ N
$F_N = \dfrac{F_R}{\mu} = \dfrac{1500 \text{ N}}{0{,}4} = 3750$ N

- F_R : Reibkraft
- μ : Gleitreibungszahl
- F_N : Normalkraft
- M_R : Reibungsmoment
- r_m : Wirkradius
- d : Zapfendurchmesser

Gleitreibung am Axiallager

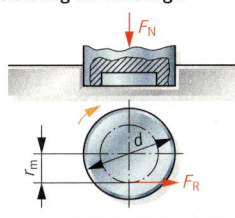

$F_R = \mu \cdot F_N$
$M_R = F_R \cdot r_m$

$F_R = \dfrac{M_R}{r_m}$

$r_m = \dfrac{d}{3}$

Beispiel:
$F_N = 275$ N; $F_R = 15$ N; $\mu = ?$
$\mu = \dfrac{F_R}{F_N} = \dfrac{15 \text{ N}}{375 \text{ N}} = 0{,}04$

- F_R : Reibkraft
- μ : Gleitreibungszahl
- F_N : Normalkraft
- M_R : Reibungsmoment
- r_m : Wirkradius
- d : Zapfendurchmesser

Reibungszahlen für Haft- und Gleitreibung

Werkstoffpaarung	Haftreibungszahl μ_0		Gleitreibungszahl μ	
	trocken	geschmiert	trocken	geschmiert
Stahl auf Stahl	0,12 … 0,30	0,10 … 0,15	0,10 … 0,15	0,04 … 0,10
Stahl auf Gusseisen	0,18 … 0,24	0,10 … 0,20	0,15 … 0,24	0,05 … 0,15
Stahl auf Cu-Sn-Legierung	0,18 … 0,20	0,08 … 0,15	0,10 … 0,20	0,04 … 0,10
Stahl auf Polyamid	0,30 … 0,40	0,10 … 0,20	0,32 … 0,45	0,05 … 0,12
Gusseisen auf Stahl	0,33	–	0,22	0,11
Gusseisen auf Cu-Sn-Legierung	0,3	0,2	0,2	0,08
Gusseisen auf Cu-Zn-Legierung	–	0,18	0,18 … 0,20	0,15 … 0,18
Reifen auf griffigem Asphalt	–	–	0,60 … 0,80	–
Reifen auf nassem Asphalt	–	–	–	0,20 … 0,30[1]
Bremsbelag auf Stahl	–	–	0,50 … 0,60	0,20 … 0,50

[1] bei Wasser und Asphalt

Rollreibung

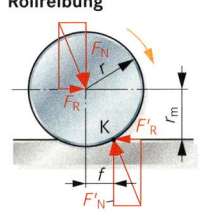

$F_R \cdot r_m = F'_N \cdot f$
$F_R \cdot r_m = F_N \cdot f$

$F_R = F_N \cdot \dfrac{f}{r_m}$
$F_R = F_N \cdot \mu_r$

$F'_N = F_N$

$\dfrac{f}{r_m} = \mu_r$

Beispiel:
$F_N = 5000$ N; $f = 0{,}05$ cm; $r_m = 10$ cm; $F_R = ?$ N
$F_R = F_N \cdot \dfrac{f}{r_m} = 5000 \text{ N} \cdot \dfrac{0{,}05 \text{ cm}}{10 \text{ cm}} = 25$ N

- F_R : Rollreibungskraft
- r_m : Wirkradius
- F_N : Normalkraft
- f : Hebelarm der Rollreibung; (durch Verformung der Unterlage entstehender Abstand der Wirkungslinie)
- μ_r : Rollreibungskoeffizient
- K : Kipppunkt

Rollreibungszahlen

Werkstoffpaarung	Hebelarm der Rollreibung f in cm	Wirkradius r_m in cm	Rollreibungskoeffizient μ_r
Stahl auf Stahl, Gusseisen auf Gusseisen	0,05	0,5 1,0 5,0 10,0	0,1 0,05 0,01 0,005
Stahl (gehärtet) auf Stahl (gehärtet)	0,001	0,5 1,0 5,0 10,0	0,002 0,001 0,0002 0,0001
Reifen auf Asphalt	0,42	28,0	0,015

Hebel, Kraftmoment, Kraftwandler
Lever, moment of force, force convertes

Kraftmoment einer Kraft		M : Kraftmoment
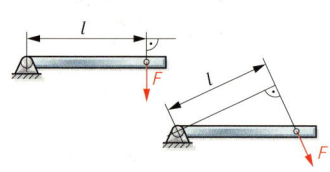	$M = F \cdot l$ $\quad F = \dfrac{M}{l} \quad l = \dfrac{M}{F}$ Die Länge des wirksamen Hebelarms l entspricht der Länge des Lots vom Drehpunkt auf die Wirkungslinie der Kraft. **Beispiel:** $F_N = 3{,}2$ kN; $l = 40$ cm; $M = ?$ Nm $M = F \cdot l = 3200$ N $\cdot$ 0,4 m = 1280 Nm	F : Kraft l : wirksamer Hebelarm ∟ : rechter Winkel

Hebelgesetz

Einseitiger Hebel		M_l : linksdrehendes Kraftmoment
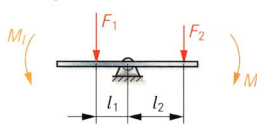	$M_l = M_r$ $F_1 \cdot l_1 = F_2 \cdot l_2$ $\quad F_1 = \dfrac{F_2 \cdot l_2}{l_1} \quad F_2 = \dfrac{F_1 \cdot l_1}{l_2}$ $\qquad\qquad\qquad l_1 = \dfrac{F_2 \cdot l_2}{F_1} \quad l_2 = \dfrac{F_1 \cdot l_1}{F_2}$	M_r : rechtsdrehendes Kraftmoment $F_1; F_2$: Kräfte $l_1; l_2$: wirksame Hebelarme
Zweiseitiger Hebel	**Beispiel:** $F_1 = 200$ N; $l_1 = 0{,}8$ m; $l_2 = 600$ mm; $F_2 = ?$ N $F_2 = \dfrac{F_1 \cdot l_1}{l_2} = \dfrac{200 \text{ N} \cdot 0{,}8 \text{ m}}{0{,}6 \text{ m}} = 266{,}67$ N	
Winkelhebel	**Beispiel:** $F_2 = 100$ N; $l_1 = 4{,}5$ dm; $l_2 = 3$ dm; $F_1 = ?$ N $F_1 = \dfrac{F_2 \cdot l_2}{l_1} = \dfrac{100 \text{ N} \cdot 3 \text{ dm}}{4{,}5 \text{ dm}} = 66{,}67$ N	
	Beispiel: $F_1 = 150$ N; $F_2 = 825$ N; $l_2 = 6$ cm; $l_1 = ?$ mm $l_1 = \dfrac{F_1 \cdot l_1}{l_2} = \dfrac{825 \text{ N} \cdot 60 \text{ mm}}{150 \text{ N}} = 330$ N	

Zweiseitiger Hebel		ΣM : Summe aller Kraftmomente
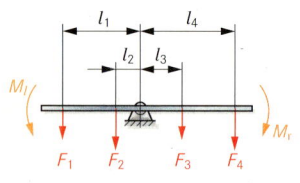	$\Sigma M_l = \Sigma M_r \quad\quad F_1 \cdot l_1 + F_2 \cdot l_2 = F_3 \cdot l_3 + F_4 \cdot l_4$ **Beispiel:** $F_1 = 12$ N; $F_2 = 15$ N; $F_3 = 15$ N; $F_4 = 20$ N; $l_1 = 25$ cm; $l_2 = 70$ cm; $l_3 = 20$ cm; $l_4 = ?$ cm $l_4 = \dfrac{F_1 \cdot l_1 + F_2 \cdot l_2 - F_3 \cdot l_3}{F_4}$ $l_4 = \dfrac{12 \text{ N} \cdot 25 \text{ cm} + 15 \text{ N} \cdot 70 \text{ cm} - 15 \text{ N} \cdot 20 \text{ cm}}{20 \text{ N}} = 52{,}5$ cm	$F_1; F_2;$ $F_3; F_4$: Kräfte $l_1; l_2;$ $l_3; l_4$: wirksame Hebelarme

Auflagerkräfte

	Drehpunkt bei A	Drehpunkt bei B	F_A : Auflagerkraft
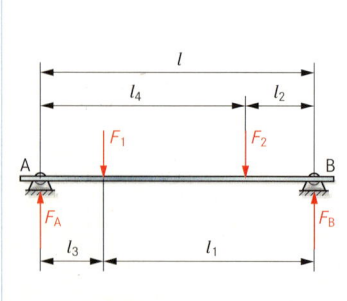	$F_B = \dfrac{F_1 \cdot l_3 + F_2 \cdot l_4}{l}$	$F_A = \dfrac{F_1 \cdot l_1 + F_2 \cdot l_2}{l}$	F_B : Auflagerkraft $F_1; F_2$: Belastungskräfte $l_1; l_2$: wirksame Hebelarme (Drehpunkt B)
	$F_A + F_B = F_1 + F_2$		$l_3; l_4$: wirksame Hebelarme (Drehpunkt A)
	Beispiel: $F_1 = 2{,}25$ kN; $F_2 = 3$ kN; $l_1 = 700$ mm; $l_2 = 600$ mm; $l = 900$ mm; $F_A; F_B = ?$ kN $F_A = \dfrac{F_1 \cdot l_1 + F_2 \cdot l_2}{l} = \dfrac{2{,}25 \text{ kN} \cdot 700 \text{ mm} + 3 \text{ kN} \cdot 600 \text{ mm}}{900 \text{ mm}}$ $= 3{,}75$ kN $F_B = F_1 + F_2 - F_A = 2{,}25$ kN + 3 kN - 3,75 kN = 1,5 kN		

Hebel, Kraftmoment, Kraftwandler
Lever, moment of force, force convertes

Kraftmomente an Zahnradgetrieben

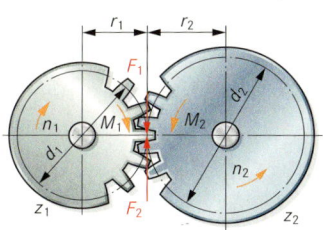

$$\frac{M_2}{M_1} = \frac{d_2}{d_1} = \frac{z_2}{z_1} = \frac{n_1}{n_2} = i \qquad M_2 = M_1 \cdot i \cdot \eta$$

$M_1; M_2$: Kraftmomente
$F_1; F_2$: Umfangskräfte
$d_1; d_2$: Teilkreisdurchmesser
$z_1; z_2$: Zähnezahlen
$n_1; n_2$: Umdrehungsfrequenz
i : Übersetzungsverhältnis
η : Wirkungsgrad

Beispiel:
$M_1 = 120$ Nm; $z_1 = 18$; $z_2 = 27$; $M_2 = ?$ Nm; $i = ?$

$$M_2 = \frac{M_1 \cdot z_2}{z_1} = \frac{120 \text{ Nm} \cdot 27}{18} = 180 \text{ Nm}$$

$$i = \frac{z_2}{z_1} = \frac{27}{18} = 1{,}5$$

Seilwinde

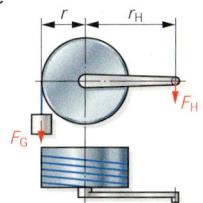

$$F_H \cdot r_H \cdot \eta = F_G \cdot r \qquad F_H = \frac{F_G \cdot r}{r_H \cdot \eta} \qquad F_G = \frac{F_H \cdot r_H \cdot \eta}{r}$$

F_G : Gewichtskraft
r : Trommelradius
F_H : Handkraft
r_H : Handhebelradius
η : Wirkungsgrad

Beispiel:
$F_G = 800$ N; $r = 300$ mm; $r_h = 750$ mm; $\eta = 0{,}8$; $F_H = ?$ N

$$F_H = \frac{F_G \cdot r}{r_H \cdot \eta} = \frac{800 \text{ N} \cdot 300 \text{ mm}}{750 \text{ mm} \cdot 0{,}8} = 400 \text{ N}$$

Räderwinde

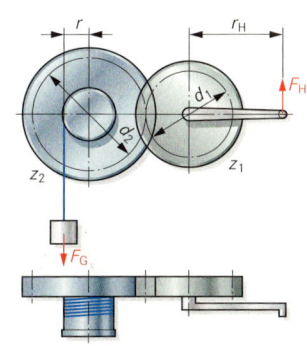

$$F_H \cdot r_H \cdot i \cdot \eta = F_G \cdot r \qquad F_H = \frac{F_G \cdot r}{r_H \cdot i \cdot \eta} \qquad F_G = \frac{F_H \cdot r_H \cdot i \cdot \eta}{r}$$

$$i = \frac{d_2}{d_1} = \frac{z_2}{z_1}$$

F_H : Handkraft
F_G : Gewichtskraft
r_H : Handhebelradius
r : Trommelradius
d_1 : Teilkreisdurchmesser am Zahnrad 1
d_2 : Teilkreisdurchmesser am Zahnrad 2
z_1 : Zähnezahl am Zahnrad 1
z_2 : Zähnezahl am Zahnrad 2
i : Übersetzungsverhältnis
η : Wirkungsgrad

Beispiel:
$F_G = 1000$ N; $r = 100$ mm; $r_H = 250$ mm; $z_1 = 20$; $z_2 = 40$; $F_H = ?$ N

$$F_H = \frac{F_G \cdot r}{r_H \cdot i} = \frac{1000 \text{ N} \cdot 100 \text{ mm}}{250 \text{ mm} \cdot \frac{40}{20}} = 200 \text{ N}$$

Feste Rolle

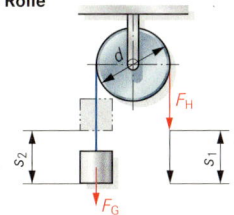

$$F_H \cdot \eta = F_G \qquad F_H = \frac{F_G}{\eta} \qquad \eta = \frac{F_G}{F_H}$$
$$s_1 = s_2$$

F_H : Handkraft
F_G : Gewichtskraft
s_1 : Kraftweg
s_2 : Lastweg
d : Rollendurchmesser
η : Wirkungsgrad

Beispiel:
$F_G = 200$ N; $\eta = 0{,}75$; $F_H = ?$ N

$$F_H = \frac{F_G}{\eta} = \frac{200 \text{ N}}{0{,}75} = 266{,}7 \text{ N}$$

Lose Rolle

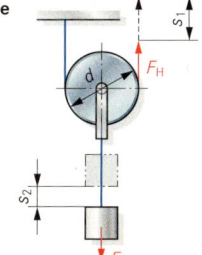

$$F_H \cdot \eta = \frac{F_G}{2} \qquad F_H = \frac{F_G}{2 \cdot \eta} \qquad \eta = \frac{F_H}{2 \cdot F_G}$$
$$s_1 = 2 \cdot s_2 \qquad F_G = F_H \cdot \eta \cdot 2$$

F_H : Handkraft
F_G : Gewichtskraft
s_1 : Kraftweg
s_2 : Lastweg
d : Rollendurchmesser
η : Wirkungsgrad

Beispiel:
$F_G = 500$ N; $s_2 = 0{,}75$ m; $\eta = 0{,}625$; $F_H = ?$ N; $s_1 = ?$ m

$$F_H = \frac{F_G}{2 \cdot \eta} = \frac{500 \text{ N}}{2 \cdot 0{,}625} = 400 \text{ N}$$

$s_1 = 2 \cdot s_2 = 2 \cdot 0{,}75 \text{ m} = 1{,}5 \text{ m}$

Hebel, Kraftmoment, Kraftwandler
Lever, moment of force, force convertes

Rollen-flaschenzug 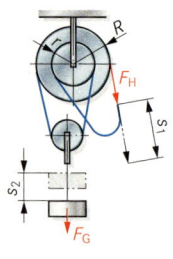	$F_H \cdot \eta = \dfrac{F_G}{n}$ $s_1 = n \cdot s_2$ $F_H = \dfrac{F_G}{n \cdot \eta}$ $n = \dfrac{F_G}{F_H \cdot \eta}$ $F_G = F_H \cdot \eta \cdot n$ $\eta = \dfrac{F_H}{F_G \cdot n}$	F_H : Handkraft F_G : Gewichtskraft n : Anzahl der Rollen s_1 : Kraftweg s_2 : Lastweg η : Wirkungsgrad
	Beispiel: $F_G = 100$ N; $n = 4$; $s_2 = 1$ m; $\eta = 1$; $F_H = ?$ N; $s_1 = ?$ m $F_H = \dfrac{F_G}{n \cdot \eta} = \dfrac{100\text{ N}}{4 \cdot 1} = 25$ N $s_1 = n \cdot s_2 = 4 \cdot 1\text{ m} = 4$ m	
Differenzial-Flaschenzug 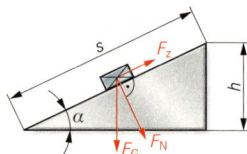	$F_H \cdot \eta = \dfrac{F_G}{2} \cdot \dfrac{R-r}{R}$ $s_1 = 2 \cdot s_2 \cdot \dfrac{R}{R-r}$ $F_H = \dfrac{F_G \cdot (R-r)}{2 \cdot R \cdot \eta}$ $F_G = \dfrac{F_H \cdot 2 \cdot R \cdot \eta}{R-r}$	F_H : Handkraft F_G : Gewichtskraft R : Radius der großen festen Rolle r : Radius der kleinen festen Rolle s_1 : Kraftweg s_2 : Lastweg η : Wirkungsgrad
	Beispiel: $F_G = 15\,000$ N; $R = 300$ mm; $r = 280$ mm; $s_2 = 0{,}5$ m; $\eta = 1$; $F_H = ?$ N; $s_1 = ?$ m $F_H = \dfrac{F_G \cdot (R-r)}{2 \cdot R \cdot \eta} = \dfrac{15\,000\text{ N} \cdot (300\text{ mm} - 280\text{ mm})}{2 \cdot 300 \cdot 1} = 25$ N $s_1 = 2 \cdot s_2 \cdot \dfrac{R}{R-r} = \dfrac{2 \cdot 0{,}5\text{ m} \cdot 300\text{ mm}}{300\text{ mm} - 280\text{ mm}} = 15$ m	
Schiefe Ebene 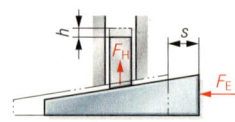	$F_Z \cdot s \cdot \eta = F_G \cdot h$ $F_Z \cdot \eta = F_G \cdot \sin \alpha$ $F_N = F_G \cdot \cos \alpha$	F_Z : Zugkraft F_G : Gewichtskraft F_N : Normalkraft s : Länge der schiefen Ebene h : Höhe der schiefen Ebene α : Steigungswinkel η : Wirkungsgrad s_B : Basis der schiefen Ebene
	Beispiel: $F_G = 15\,600$ N; $h = 5$ m; $s = 13$ m; $\eta = 1$; $F_Z = ?$ kN $F_Z = \dfrac{F_G \cdot h}{s \cdot \eta} = \dfrac{15{,}6\text{ kN} \cdot 5\text{ m}}{13\text{ m} \cdot 1} = 6$ kN	
	$F_Z \cdot s_B \cdot \eta = F_G \cdot h$ $F_Z \cdot \eta = F_G \cdot \tan \alpha$ $F_N = \dfrac{F_G}{\cos \alpha}$	
	Beispiel: $F_G = 15\,600$ N; $h = 5$ m; $s_B = 12$ m; $\eta = 1$; $F_Z = ?$ kN $F_Z = \dfrac{F_G \cdot h}{s_B \cdot \eta} = \dfrac{15{,}6\text{ kN} \cdot 5\text{ m}}{12\text{ m} \cdot 1} = 6{,}5$ kN	
Stellkeil 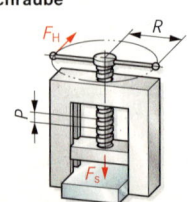	$F_E \cdot s \cdot \eta = F_H \cdot h$ $F_E = \dfrac{F_H \cdot h}{s \cdot \eta}$ $F_H = \dfrac{F_E \cdot s \cdot \eta}{h}$	F_E : Eintreibkraft s : Verstellweg F_H : Hubkraft h : Hubhöhe η : Wirkungsgrad
	Beispiel: $F_E = 150$ N; $F_H = 3$ kN; $h = 20$ mm; $s = ?$ kN $s = \dfrac{F_H \cdot h}{F_E} = \dfrac{3000\text{ N} \cdot 20\text{ mm}}{150\text{ N}} = 400$ mm	
Schraube	$F_H \cdot 2 \cdot R \cdot \pi \cdot \eta = F_s \cdot P$ $F_H = \dfrac{F_s \cdot P}{2 \cdot R \cdot \pi \cdot \eta}$ $F_s = \dfrac{F_H \cdot 2 \cdot R \cdot \pi \cdot \eta}{P}$	F_H : Handkraft F_s : Kraft in Richtung der Schraubenachse R : wirksamer Hebelarm P : Gewindesteigung η : Wirkungsgrad π : 3,14159 ...
	Beispiel: $F_s = 10$ kN; $p = 2{,}5$ mm; $R = 100$ mm; $\eta = 0{,}8$; $F = ?$ N $F_H = \dfrac{F_s \cdot p}{2 \cdot R \cdot \pi \cdot \eta} = \dfrac{10\,000\text{ N} \cdot 2{,}5\text{ mm}}{2 \cdot 100\text{ mm} \cdot \pi \cdot 0{,}8} = 49{,}7$ kN	

Arbeit, Energie
Work, energy

Arbeit, Energie (allgemein) 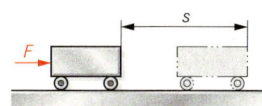	$W = F \cdot s$ $\quad F = \dfrac{W}{s} \quad s = \dfrac{W}{F} \quad$ 1 N · 1 m = 1 Nm = 1 J = 1 Ws $E = F \cdot s$ **Beispiel:** $F = 15$ N; $s = 3$ m; $W = ?$ Nm = ? J = ? Ws $W = F \cdot s = 15$ N · 3 m = 45 Nm = 45 J = 45 Ws	W : Arbeit E : Energie F : Kraft s : Weg
Hubarbeit; potenzielle Energie (geradlinige Bewegung) 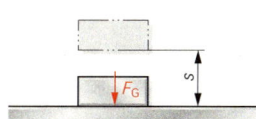	$W_H = F_G \cdot s \qquad E_{pot} = F_G \cdot s \qquad F_G = m \cdot g$ **Beispiel:** $F_G = 5$ kN; $s = 5$ m; $W_H = ?$ Nm $W_H = F_G \cdot s = 5000$ N · 5 m = 25000 Nm	W_H : Hubarbeit E_{pot} : potenzielle Energie F_G : Gewichtskraft s : Weg m : Masse g : Fallbeschleunigung
Rotationsarbeit; Rotationsenergie (kreisförmige Bewegung) 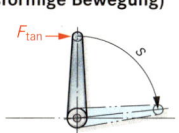	$W_r = F_{tan} \cdot s \qquad F_{tan} = \dfrac{W_r}{s} \qquad s = \dfrac{W_r}{F_{tan}}$ $E_r = F_{tan} \cdot s$ **Beispiel:** $F_{tan} = 6{,}5$ N; $s = 25$ dm; $W_r = ?$ Nm $W_r = F_{tan} \cdot s = 6{,}5$ N · 2,5 m = 16,25 Nm	W_r : Rotationsarbeit E_r : Rotationsenergie F_{tan} : Tangentialkraft s : Weg
Beschleunigungsarbeit; kinetische Energie (geradlinige Bewegung) 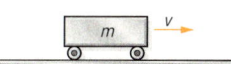	$W_B = \dfrac{m}{2} \cdot v^2 \qquad E_{kin} = \dfrac{m}{2} \cdot v^2$ **Beispiel:** $m = 500$ kg; $v = 2{,}8$ m/s; $E_{kin} = ?$ Nm $E_{kin} = \dfrac{m}{2} \cdot v^2 = 0{,}5 \cdot 500 \text{ kg} \cdot \left(2{,}8 \dfrac{m}{s}\right)^2 = 1960 \text{ kg} \dfrac{m^2}{s^2}$ $= 1960 \text{ kg} \dfrac{m}{s^2} \text{ m} = 1960$ Nm	W_B : Beschleunigungs- arbeit E_{kin} : kinetische Energie m : Masse v : Geschwindigkeit
Beschleunigungsarbeit; kinetische Energie (kreisförmige Bewegung) 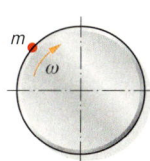	$W_B = \dfrac{J}{2} \cdot \omega^2 \qquad E_{kin} = \dfrac{J}{2} \cdot \omega^2$ **Beispiel:** $J = 150$ kg m²; $\omega = 20$ 1/s; $W_B = ?$ Nm $W_B = \dfrac{J}{2} \cdot \omega^2 = \dfrac{150 \text{ kg} \cdot m^2}{2} \cdot \left(20 \dfrac{1}{s}\right)^2 = 75 \text{ kg} \cdot m \cdot m \cdot 400 \dfrac{1}{s^2}$ $= 30000 \dfrac{kg \cdot m}{s^2} \cdot m = 30000$ Nm	W_B : Beschleunigungs- arbeit E_{kin} : kinetische Energie J : Massenmoment 2. Grades ω : Winkel- geschwindigkeit
Federarbeit; Spannenergie 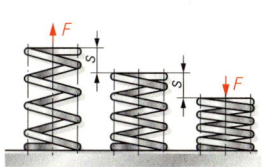	$W_F = \dfrac{R}{2} \cdot s^2 \quad E_s = \dfrac{R}{2} \cdot s^2 \quad R = \dfrac{F}{s} \quad s = \sqrt{\dfrac{2 \cdot W_F}{R}} \quad s = \dfrac{F}{R}$ **Beispiel:** $R = 50$ N/mm, $s = 6$ mm; $E_s = ?$ Nmm $E_s = \dfrac{R}{2} \cdot s^2 = \dfrac{50 \text{ N}}{2 \text{ mm}} \cdot (6 \text{ mm})^2 = 900$ Nmm	W_F : Federarbeit E_s : Spannenergie F : Federkraft R : Federrate s : Federweg
Reibungsarbeit; Wärmeenergie 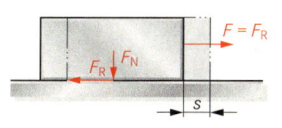	$W_R = F_R \cdot s \qquad Q = F_R \cdot s \qquad F_R = \mu \cdot F_N$ **Beispiel:** $F_N = 1{,}7$ kN, $\mu = 0{,}12$; $F_R = ?$ N $F_R = \mu \cdot F_N = 1700$ N · 0,12 = 204 N	W_R : Reibungsarbeit Q : Wärmeenergie F : Kraft F_R : Reibungskraft F_N : Normalkraft s : Weg μ : Gleitreibungszahl

Leistung
Power

Leistung (allgemein)

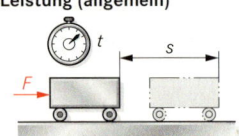

$1 \frac{Nm}{s} = 1 \frac{Ws}{s} = 1 W$

$P = \frac{W}{t}$ $P = \frac{F \cdot s}{t}$ $F = \frac{P \cdot t}{s}$ $s = \frac{P \cdot t}{F}$ $t = \frac{F \cdot s}{P}$

$P = F \cdot v$

Beispiel: $F = 4000$ N; $s = 1,8$ m; $t = 5$ s; $P = ?$ kW

$P = \frac{F \cdot s}{t} = \frac{4 \text{ kN} \cdot 1,8 \text{ m}}{5 \text{ s}} = 1,44 \frac{\text{kNm}}{\text{s}} = 1,44 \text{ kW}$

P : Leistung
W : Arbeit
s : Weg
t : Zeit
v : Geschwindigkeit

Hubleistung

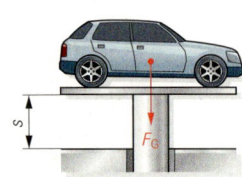

$P = F_G \cdot v$ $P = \frac{m \cdot g \cdot s}{t}$ $F_G = \frac{P}{v}$ $F_G = \frac{P \cdot t}{s}$ $m = \frac{P \cdot t}{g \cdot s}$

$P = \frac{F_G \cdot s}{t}$

Beispiel: $m = 600$ kg; $g = 9,81$ m/s²; $s = 22$ m; $t = 15$ s; $P = ?$ kW

$P = \frac{m \cdot g \cdot s}{t} = \frac{600 \text{ kg} \cdot 9,81 \text{ m} \cdot 22 \text{ m}}{s^2 \cdot 15 \text{ s}} = 8632,8 \frac{\text{Nm}}{\text{s}} = 8632,8 \text{ W}$
$= 8,63$ kW

P : Leistung
F_G : Gewichtskraft
v : Geschwindigkeit
s : Weg
t : Zeit
m : Masse
g : Fallbeschleunigung

Zugleistung

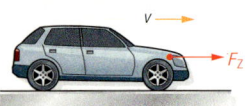

$P = F_Z \cdot v$ $P = \frac{F_Z \cdot s}{t}$ $F_Z = \frac{P}{v}$ $v = \frac{P}{F_Z}$

Beispiel: $F_Z = 12$ kN; $v = 48$ km/h; $P = ?$ kW

$P = F_Z \cdot v = 12 \text{ kN} \cdot 48 \frac{\text{km}}{\text{h}} = \frac{12 \text{ kN} \cdot 48\,000 \text{ m}}{3600 \text{ s}} = 160 \text{ kW}$

P : Leistung
F_Z : Zugkraft
v : Geschwindigkeit
s : Weg
t : Zeit

Getriebeleistung

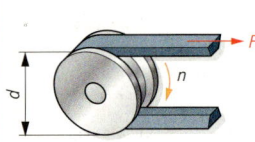

$P = F_T \cdot v$ $P = M \cdot 2 \cdot \pi \cdot n$ $F_T = \frac{P}{2 \cdot r \cdot \pi \cdot n}$
$P = F_T \cdot d \cdot \pi \cdot n$ $P = M \cdot \omega$ $n = \frac{P}{F_T \cdot 2 \cdot r \cdot \pi}$
$P = F_T \cdot 2 \cdot r \cdot \pi \cdot n$
$M = \frac{P}{\omega}$

Beispiel: $F_T = 2000$ N; $d = 120$ mm; $n = 710$ 1/min; $P = ?$ kW

$P = F_T \cdot d \cdot \pi \cdot n = 2000 \text{ N} \cdot 0,12 \text{ m} \cdot \pi \cdot \frac{710}{60 \text{ s}} = 8,92 \text{ kW}$

P : Leistung
F_T : Tangentialkraft
v : Geschwindigkeit
d : Durchmesser
r : Radius
n : Umdrehungsfrequenz
M : Kraftmoment
ω : Winkelgeschwindigkeit

Schnittleistung

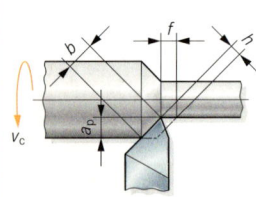

$P = F_c \cdot v_c$ $P = a_p \cdot f \cdot k_c \cdot v_c$ $v_c = \frac{P}{A \cdot k_c}$ $f = \frac{P}{a_p \cdot k_c \cdot v_c}$
$P = A_c \cdot k_c \cdot v_c$ $P = b \cdot h \cdot k_c \cdot v_c$
$a_p = \frac{P}{f \cdot k_c \cdot v_c}$ $F_c = \frac{P}{v_c}$

Beispiel: $a_p = 0,5$ mm; $f = 0,1$ mm; $k_c = 3200$ N/mm²; $v_c = 210$ m/min; $P = ?$ kW

$P = a_p \cdot f \cdot k_c \cdot v_c = 0,5 \text{ mm} \cdot 0,1 \text{ mm} \cdot 3200 \frac{\text{N}}{\text{mm}^2} \cdot 210 \frac{\text{m}}{60 \text{ s}} = 0,56 \text{ kW}$

P : Leistung
F_c : Schnittkraft
v_c : Schnittgeschwindigkeit
A : Spanungsquerschnitt
a_p : Schnitttiefe
f : Vorschub
b : Spanungsbreite
h : Spanungsdicke
k_c : spezif. Schnittkraft

Pumpenleistung

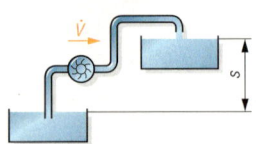

$P = \dot{V} \cdot \varrho \cdot g \cdot s$ $\dot{V} = \frac{P}{\varrho \cdot g \cdot s}$ $s = \frac{P}{\dot{V} \cdot \varrho \cdot g}$

Beispiel: $\dot{V} = 1,2$ dm³/s; $\varrho = 0,85$ kg/dm³; $s = 3$ m; $P = ?$ W

$P = \dot{V} \cdot \varrho \cdot g \cdot s = 1,2 \frac{\text{dm}^3}{\text{s}} \cdot 0,85 \frac{\text{kg}}{\text{dm}^3} \cdot 9,81 \frac{\text{m}}{\text{s}^2} \cdot 3 \text{ m}$
$= 30 \frac{\text{kg} \cdot \text{m}}{\text{s}^2} \cdot \frac{\text{m}}{\text{s}} = 30 \frac{\text{N} \cdot \text{m}}{\text{s}} = 30 \text{ W}$

P : Leistung
$\dot{V}$: Volumenstrom
ϱ : Dichte
g : Fallbeschleunigung
s : Förderhöhe

Wirkungsgrad

$\eta = \frac{P_{exi}}{P_{ing}} < 1$ $\eta = \eta_1 \cdot \eta_2 \cdot \eta_3 \cdot ...$ $P_{exi} = \eta \cdot P_{ing}$
$P_{ing} = \frac{P_{exi}}{\eta}$

Beispiel: $P_{exi} = 25,6$ kW; $\eta = 0,8$; $P_{ing} = ?$ kN

$P_{ing} = \frac{P_{exi}}{\eta} = 25,6 \text{ kW} / 0,8 = 32 \text{ kW}$

η : Wirkungsgrad
η_1 : Teilwirkungsgrad
P_{exi} : abgegebene Leistung
P_{ing} : zugeführte Leistung

Festigkeitslehre
Science of strength of materials

Zugbeanspruchung

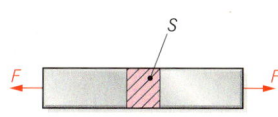

$$\sigma_z = \frac{F}{S} \qquad \sigma_{z\,zul} = \frac{\sigma_{z\,max}}{\nu} \qquad \sigma_{z\,zul} = \frac{F}{S}$$

$$F = \sigma_z \cdot S \qquad S = \frac{F}{\sigma_z}$$

Beispiel:
$F = 25$ kN; $S = 20$ mm $\times$ 20 mm; $\sigma_z = ?$ N/mm²

$$\sigma_z = \frac{F}{S} = \frac{25\,000\text{ N}}{20\text{ mm} \cdot 20\text{ mm}} = 62{,}5\ \frac{\text{N}}{\text{mm}^2}$$

- σ_z : Zugspannung
- F : Zugkraft
- S : Querschnitt
- $\sigma_{z\,zul}$: zulässige Zugspannung
- $\sigma_{z\,max}$: maximale Zugspannung
- ν : Sicherheitszahl

Druckbeanspruchung

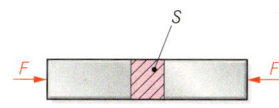

Stahl, NE-Metalle $\sigma_{d\,zul} = \sigma_{z\,zul}$
$\sigma_{d\,max}$ kann sein: σ_{dB}; σ_{dF}; $\sigma_{d\,0{,}2}$

$$\sigma_d = \frac{F}{S} \qquad \sigma_{d\,zul} = \frac{F}{S} \qquad \sigma_{d\,zul} = \frac{\sigma_{d\,max}}{\nu}$$

$$F = \sigma_d \cdot S \qquad S = \frac{F}{\sigma_d}$$

Beispiel:
$\sigma_{d\,zul} = 400$ N/mm²; $S = 2000$ mm²; $F = ?$ kN

$$F = \sigma_{d\,zul} \cdot S = 400\ \frac{\text{N}}{\text{mm}^2} \cdot 2000\text{ mm}^2 = 800\,000\text{ N} = 800\text{ kN}$$

- σ_d : Druckspannung
- F : Druckkraft
- S : Querschnitt
- $\sigma_{d\,zul}$: zulässige Druckspannung
- $\sigma_{d\,max}$: maximale Druckspannung
- ν : Sicherheitszahl

Scherbeanspruchung
(belasteter Querschnitt darf nicht abgeschert werden)

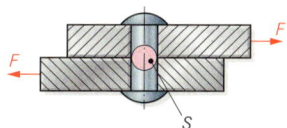

$$\tau_a = \frac{F}{S} \qquad \tau_{a\,zul} = \frac{F}{S} \qquad \tau_{a\,zul} = \frac{\tau_{aB}}{\nu}$$

$$F = \tau_a \cdot S \qquad S = \frac{F}{\tau_a}$$

Beispiel:
$F = 10$ kN; $d = 10$ mm; $\tau_a = ?$ N/mm²

$$\tau_a = \frac{F}{S} = \frac{10\,000\text{ N} \cdot 4}{(10\text{ mm})^2 \cdot \pi} = 127{,}3\ \frac{\text{N}}{\text{mm}^2}$$

- τ_a : Scherspannung
- F : Scherkraft
- S : Querschnitt
- $\tau_{a\,zul}$: zulässige Scherspannung
- τ_{aB} : Scherfestigkeit

Scherbeanspruchung
(belasteter Querschnitt soll abgeschert werden)

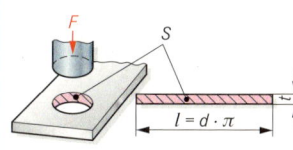

$$F = \tau_{aBmax} \cdot S \qquad S = l \cdot t \qquad S = \frac{F}{\tau_{aBmax}} \qquad S = d \cdot \pi \cdot t$$

Stahl: $\tau_{aBmax} \approx 0{,}8 \cdot R_{m\,max}$ Gusseisen: $\tau_{aBmax} \approx 01{,}1 \cdot R_{m\,max}$

Beispiel:
$d = 20$ mm; $t = 2$ mm; $\tau_{aBmax} = 0{,}8 \cdot 510$ N/mm²; $F = ?$ kN

$$F = \tau_{aBmax} \cdot S = 0{,}8 \cdot 510\ \frac{\text{N}}{\text{mm}^2} \cdot 20\text{ mm} \cdot \pi \cdot 2\text{ mm} = 51{,}3\text{ kN}$$

- F : Scherkraft; Schneidkraft
- τ_{aBmax} : Scherfestigkeit
- S : Scherfläche
- l : Scherlänge
- t : Werkstückdicke
- $R_{m\,max}$: Mindestzugfestigkeit

Flächenpressung

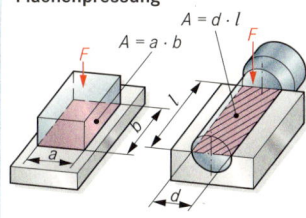

$$p = \frac{F}{A} \qquad p_{zul} = \frac{F}{A} \qquad F = p \cdot A \qquad A = \frac{F}{p}$$

Beispiel:
$d = 50$ mm; $l = 100$ mm; $p_{zul} = 150$ N/mm²; $F = ?$ kN

$$F = p_{zul} \cdot A = p_{zul} \cdot d \cdot l = 150\ \frac{\text{N}}{\text{mm}^2} \cdot 50\text{ mm} \cdot 100\text{ mm} = 750\text{ kN}$$

- p : Flächenpressung
- F : Kraft
- A : Berührungsfläche; Projektion der Berührungsfläche
- p_{zul} : zulässige Flächenpressung
- F_{zul} : zulässige Kraft

Knickung

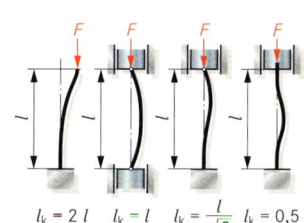

$l_k = 2l \quad l_k = l \quad l_k = \dfrac{l}{\sqrt{2}} \quad l_k = 0{,}5\,l$

$$\sigma_k = \frac{F}{S} \qquad F_{k\,zul} = \frac{\pi^2 \cdot E \cdot I}{l_k^2 \cdot \nu} \qquad F = \sigma_k \cdot S \qquad S = \frac{F}{\sigma_k}$$

Beispiel:
IPB 160 zweiseitig eingespannt;
$l = 3$ m, $E = 200\,000$ N/mm²; $I = 889$ cm⁴; $\nu = 8$; $F_{k\,zul} = ?$ kN

$$F_{k\,zul} = \frac{\pi^2 \cdot E \cdot I}{l_k^2 \cdot \nu} = \frac{\pi^2 \cdot 200\,000\ \frac{\text{N}}{\text{mm}^2} \cdot 889\text{ cm}^4}{(0{,}5 \cdot 300\text{ cm})^2 \cdot 8}$$

$$= \frac{\pi^2 \cdot 20\,000\,000\ \frac{\text{N}}{\text{cm}^2} \cdot 889\text{ cm}^4}{150^2\text{ cm}^2 \cdot 8} = 974\,987{,}6\text{ N} = 974{,}9\text{ kN}$$

- σ_k : Knickspannung
- F : Zugkraft
- S : Querschnitt
- E : Elastizitätsmodul
- I : Flächenmoment 2. Grades
- l_k : freie Knicklänge
- $F_{k\,zul}$: zulässige Knickkraft
- ν : Sicherheitszahl

Festigkeitslehre
Science of strength of materials

Verdrehung

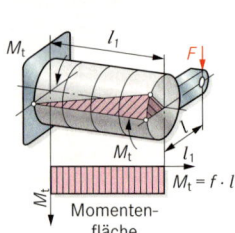

$\tau_t = \dfrac{M_t}{W_p}$ $\tau_{t\,zul} = \dfrac{M_t}{W_p}$ $\tau_{t\,zul} = \dfrac{\tau_{t\,max}}{\nu}$

$M_t = \tau_t \cdot W_p$ $W_p = \dfrac{M_t}{\tau_t}$ $\tau_{t\,max}$ kann sein: τ_{tB}; τ_{tF}

τ_t	: Torsionsspannung
M_t	: Torsionsmoment
W_p	: polares Widerstandsmoment
F	: Kraft
l	: Hebellänge
$\tau_{t\,zul}$	: zulässige Torsionsspannung
$\tau_{t\,max}$	: maximale Torsionsspannung
ν	: Sicherheitszahl

Beispiel:
Welle Ø 25 mm; M_t = 150 Nm; W_p = ? mm³; τ_t = ? N/mm²

$W_p = \dfrac{d^3 \cdot \pi}{16} = \dfrac{(25\text{ mm})^3 \cdot \pi}{16} = 3068\text{ mm}^3$

$\tau_t = \dfrac{M_t}{W_p} = \dfrac{150\,000\text{ N} \cdot \text{mm}}{3068\text{ mm}^3} = 48{,}9\ \dfrac{\text{N}}{\text{mm}^2}$

Biegung

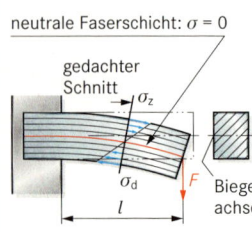

neutrale Faserschicht: $\sigma = 0$

$\sigma_b = \dfrac{M_b}{W}$ $\sigma_{b\,zul} = \dfrac{M_b}{W}$ $\sigma_{b\,zul} = \dfrac{\sigma_{b\,max}}{\nu}$

$M_b = \sigma_b \cdot W$ $W = \dfrac{M_b}{\sigma_b}$ $\sigma_{b\,max}$ kann sein: σ_{bB}; σ_{bF}

σ_b	: Biegespannung
M_b	: Biegemoment
W	: axiales Widerstandsmoment
F	: Kraft
l	: Hebellänge
$\sigma_{b\,zul}$	: zulässige Biegespannung
$\sigma_{b\,max}$	: maximale Biegespannung
ν	: Sicherheitszahl

Beispiel:
IPB 160 einseitig eingespannt, Belastung gleichmäßig verteilt;
F = 5 kN; l = 3 m; W = 311 cm³; σ_b = ? N/mm²

$\sigma_b = \dfrac{M_b}{W} = \dfrac{5000\text{ N} \cdot 300\text{ cm}}{2 \cdot 311\text{ cm}^3} = 2411{,}58\ \dfrac{\text{N}}{\text{cm}^2} = 24{,}12\ \dfrac{\text{N}}{\text{mm}^2}$

Biegebelastungsfälle

	Belastung durch Einzelkraft	Belastung gleichmäßig verteilt
einseitig eingespannt	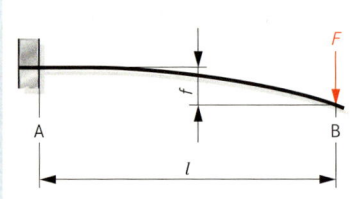 $M_b = F \cdot l$ $f = \dfrac{F \cdot l^3}{3 \cdot E \cdot I}$ $F_A = F_B = F$ gefährdeter Querschnitt: bei A	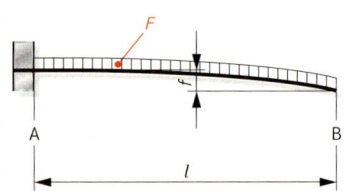 $M_b = \dfrac{F \cdot l}{2}$ $f = \dfrac{F \cdot l^3}{8 \cdot E \cdot I}$ $F_A = F_B = F$ gefährdeter Querschnitt: bei A
frei aufliegend	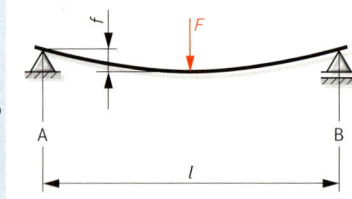 $M_b = \dfrac{F \cdot l}{4}$ $f = \dfrac{F \cdot l^3}{48 \cdot E \cdot I}$ $F_A = F_B = \dfrac{F}{2}$ gefährdeter Querschnitt: unterhalb von F	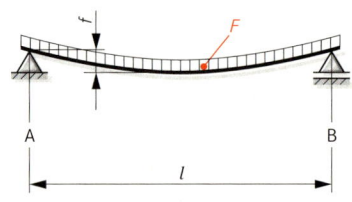 $M_b = \dfrac{F \cdot l}{8}$ $f = \dfrac{5 \cdot F \cdot l^3}{384 \cdot E \cdot I}$ $F_A = F_B = \dfrac{F}{2}$ gefährdeter Querschnitt: in der Trägermitte
zweiseitig eingespannt	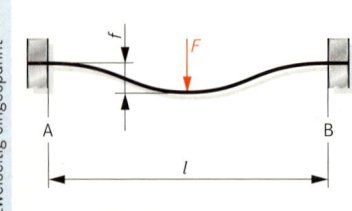 $M_b = \dfrac{F \cdot l}{8}$ $f = \dfrac{F \cdot l^3}{192 \cdot E \cdot I}$ $F_A = F_B = \dfrac{F}{2}$ gefährdeter Querschnitt: bei A und B und unterhalb von F	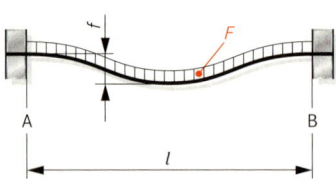 $M_b = \dfrac{F \cdot l}{12}$ $f = \dfrac{F \cdot l^3}{384 \cdot E \cdot I}$ $F_A = F_B = \dfrac{F}{2}$ gefährdeter Querschnitt: bei A und B

Festigkeitslehre
Science of strength of materials

Flächenmomente und Widerstandsmomente einfacher Querschnitte

Querschnitt	axiales Flächenmoment 2. Grades	axiales Widerstandsmoment	polares Flächenmoment 2. Grades	polares Widerstandsmoment
Quadrat	$I_x = I_y = \dfrac{a^4}{12}$	$W_x = W_y = \dfrac{a^3}{6}$	$I_p = 0{,}141 \cdot a^4$	$W_p = 0{,}208 \cdot a^3$
Rechteck (hoch)	$I_x = \dfrac{a \cdot b^3}{12}$ $I_y = \dfrac{b \cdot a^3}{12}$	$W_x = \dfrac{a \cdot b^2}{6}$ $W_y = \dfrac{b \cdot a^2}{6}$		
Rechteck (flach)	$I_x = \dfrac{a \cdot b^3}{12}$ $I_y = \dfrac{b \cdot a^3}{12}$	$W_x = \dfrac{a \cdot b^2}{6}$ $W_y = \dfrac{b \cdot a^2}{6}$		
Hohlquerschnitt	$I_x = \dfrac{A \cdot B^3 - a \cdot b^3}{12}$ $I_y = \dfrac{B \cdot A^3 - b \cdot a^3}{12}$	$W_x = \dfrac{A \cdot B^3 - a \cdot b^3}{6B}$ $W_y = \dfrac{B \cdot A^3 - b \cdot a^3}{6A}$	$I_p = \dfrac{t\,(Aa + Bb)\,(A + a)\,(B + b)}{A + B + a + b}$	$W_p = \dfrac{t\,(A + a)\,(B + b)}{2}$
Dreieck	$I_x = \dfrac{a \cdot h^3}{36}$ $I_y = \dfrac{h \cdot a^3}{48}$	$W_x = \dfrac{a \cdot h^2}{24}$ $W_y = \dfrac{h \cdot a^2}{24}$	$I_p = \dfrac{a^4}{46{,}19} = \dfrac{h^4}{15\sqrt{3}}$	$W_p = \dfrac{a^3}{20} = \dfrac{h^3}{7{,}5\sqrt{3}}$
Sechseck	$I_x = I_y = \dfrac{5\sqrt{3} \cdot d^4}{256}$ $I_x = I_y = \dfrac{5\sqrt{3} \cdot s^4}{144}$	$W_x = \dfrac{5\sqrt{3} \cdot d^3}{128}$ $W_y = \dfrac{5 \cdot d^3}{64}$	$I_p = 0{,}0649 \cdot d^4$	$W_p = 0{,}1226 \cdot d^3$ $W_p = 0{,}188 \cdot s^3$
Ellipse	$I_x = \dfrac{a^3 \cdot b \cdot \pi}{4}$ $I_y = \dfrac{b^3 \cdot a \cdot \pi}{4}$	$W_x = \dfrac{a^2 \cdot b \cdot \pi}{4}$ $W_y = \dfrac{b^2 \cdot a \cdot \pi}{4}$	$I_p = \dfrac{b^4 \cdot n^3 \cdot \pi}{n^2 + 1}$ $n = \dfrac{2a}{2b} > 1$	$W_p = \dfrac{b^3 \cdot n \cdot \pi}{2}$ $n = \dfrac{2a}{2b} > 1$
Kreis	$I_x = I_y = \dfrac{d^4 \cdot \pi}{64}$	$W_x = W_y = \dfrac{d^3 \cdot \pi}{32}$	$I_p = \dfrac{d^4 \cdot \pi}{32}$	$W_p = \dfrac{d^3 \cdot \pi}{16}$
Kreisring	$I_x = I_y$ $I_y = \dfrac{(D^4 - d^4) \cdot \pi}{64}$	$W_x = W_y$ $W_y = \dfrac{(D^4 - d^4) \cdot \pi}{32 \cdot D}$	$I_p = \dfrac{(D^4 - d^4) \cdot \pi}{32}$	$W_p = \dfrac{(D^4 - d^4) \cdot \pi}{16 \cdot D}$

Mathematisch-technische Grundlagen

Festigkeitslehre
Science of strength of materials

Kerbwirkung und Kerbspannung

Bei dynamischer Beanspruchung von Bauteilen ist zur Bestimmung der zulässigen Spannung der Einfluss von Kerben zu berücksichtigen. Durch die Kerbwirkung kommt es an Stellen mit Querschnittsänderungen zu Spannungsspitzen, die ein Mehrfaches der Nennspannung betragen können. Für die Dauerfestigkeit σ_D des ungekerbten Querschnitts ist die nach Beanspruchungsart und Beanspruchungsfall maximal zulässige Spannung (z. B. σ_{bSch} oder τ_{tW}) einzusetzen.

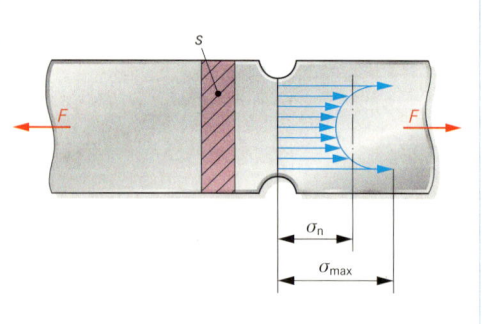

$$\sigma_n = \frac{F}{S}$$

$$\sigma_{max} = \sigma_n \cdot \beta_k$$

$$\sigma_{zul} = \frac{\sigma_D \cdot b_1 \cdot b_2}{\beta_k \cdot \nu}$$

σ_{max} : maximale Spannung im Kerbgrund (Spannungsspitze)
σ_n : Nennspannung
β_k : Kerbwirkungszahl
F : Kraft
S : Querschnitt
σ_{zul} : zulässige Spannung
σ_D : Dauerfestigkeit des ungekerbten Querschnitts
b_1 : Oberflächenbeiwert
b_2 : Größenbeiwert
ν : Sicherheitszahl

Kerbwirkungszahl β_k für Stahl

Form der Kerbe	β_k bei Beanspruchungsart		Werkstoff
	Biegung	Verdrehung	
glatte Welle	1	1	S185...E335
Welle mit Rundkerbe	1,5...2,5	1,3...1,8	S185...E335
Welle mit Einstich für Sicherungsring	2,5...3,0	2,5...3,0	S185...E335
Welle mit Absatz	1,3...2,0	1,2...1,8	S185...E335
Welle mit kleiner Querbohrung (z. B. Schmierloch)	1,2...1,8	1,2...1,8	S185...E335
Welle an Übergangsstelle zu festsitzender Nabe	2,0	1,5	S185...E335
Passfedernut in Welle	1,8...1,9	1,5...1,6	S185...E335
	1,9...2,1	1,6...1,7	C45E+QT
	2,1...2,3	1,7...1,8	50CrMo4+QT
Scheibenfedernut in Welle	2,0...3,0	2,0...3,0	S185...E335
Keilwelle	2,0...2,5	2,0...2,5	S185...E335
Flachstab mit Bohrung	1,2...1,5	1,5...1,8 (Zug)	S185...E335

Oberflächenbeiwert b_1 und Größenbeiwert b_2 für Stahl

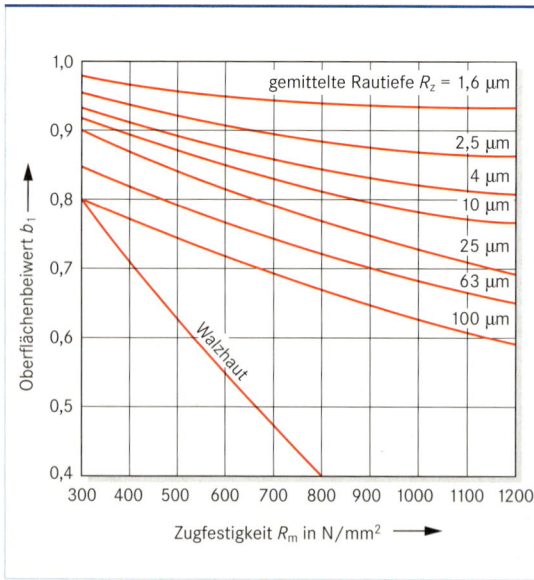

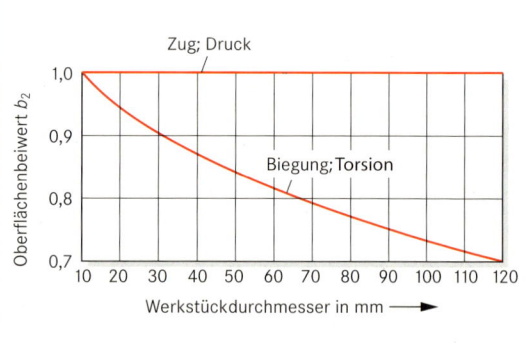

Für andere Querschnittsformen gilt:

Beanspruchung	Quadrat	Rechteck
Biegung	Kantenlänge = d	Kantenlänge in Biegeebene = d
Verdrehung	Flächendiagonale = d	Flächendiagonale = d

Druck in Flüssigkeiten und Gasen (Fluidtechnik)
Pressure within fluids and gases (fluid technology)

Absoluter Druck, Luftdruck, Überdruck

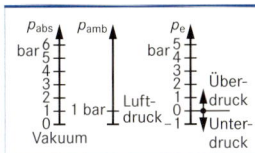

$p_{abs} = p_{amb} + p_e$ $p_e = p_{abs} - p_{amb}$

$p_{abs} > p_{amb} \Rightarrow$ Überdruck
$p_{abs} < p_{amb} \Rightarrow$ Unterdruck

p_{abs} : absoluter Druck
p_{amb} : Normal-Luftdruck
  = Umgebungsluftdruck
  = 1,01325 bar ≈ 1 bar
p_e : Überdruck (Betriebsdruck)

Druck

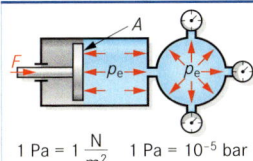

$1\ Pa = 1\ \dfrac{N}{m^2}$ $1\ Pa = 10^{-5}\ bar$
$1\ bar = 10\ \dfrac{N}{cm^2}$

$p_e = \dfrac{F}{A}$ $F = p_e \cdot A$ $A = \dfrac{F}{p_e}$

Beispiel: $F = 24\ kN;\ A = 7500\ mm^2;\ p_e = ?\ bar$

$p_e = \dfrac{F}{A} = \dfrac{24\,000\ N}{7500\ mm^2} = 3{,}2\ \dfrac{N}{mm^2} = 320\ \dfrac{N}{cm^2} = 32\ bar$

p_e : Überdruck (Betriebsdruck)
F : Kraft
A : wirksame Kolbenfläche

Hydrostatischer Druck

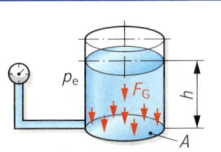

$p_e = \dfrac{F_G}{A}$ $p_e = \dfrac{A \cdot h \cdot \varrho \cdot g}{A}$

$p_e = h \cdot \varrho \cdot g$

$h = \dfrac{p_e}{\varrho \cdot g}$ $\varrho = \dfrac{p_e}{h \cdot g}$

p_e : hydrostatischer Überdruck (= Boden- oder Seitendruck)
F_G : Gewichtskraft
A : Fläche
h : Höhe der Flüssigkeitssäule
ϱ : Dichte der Flüssigkeit
g : Fallbeschleunigung

Beispiel: $h = 5\ m;\ \varrho = 1000\ kg/m^3;\ g = 9{,}81\ m/s^2;\ p_e = ?\ bar$

$p_e = h \cdot \varrho \cdot g = 5\ m \cdot 1000\ \dfrac{kg}{m^3} \cdot 9{,}81\ \dfrac{m}{s^2} = 5\ m \cdot 1000\ \dfrac{kg}{m^3} \cdot 9{,}81\ \dfrac{m}{s^2} = 49\,050\ \dfrac{N}{m^2} = 49\,050\ Pa = 4{,}91\ bar$

Auftrieb

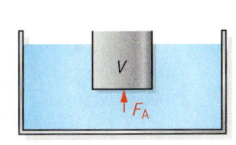

$F_A = V \cdot \varrho \cdot g$ $V = \dfrac{F_A}{\varrho \cdot g}$

Beispiel: $V = 1\ dm^3;\ \varrho = 1\ kg/dm^3;\ g = 9{,}81\ m/s^2;\ F_A = ?\ N$

$F_A = V \cdot \varrho \cdot g = 1\ dm^3 \cdot 1\ \dfrac{kg}{dm^3} \cdot 9{,}81\ \dfrac{m}{s^2} = 9{,}81\ N$

F_A : Auftriebskraft
V : eingetauchtes (verdrängtes) Volumen
ϱ : Dichte der Flüssigkeit
g : Fallbeschleunigung

Zustandsänderung von Gasen

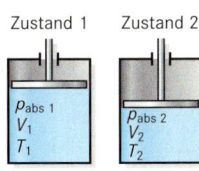

Allgemeine Gasgleichung:

$\dfrac{p_{abs1} \cdot V_1}{T_1} = \dfrac{p_{abs2} \cdot V_2}{T_2} = \ldots = \dfrac{p_{absn} \cdot V_n}{T_n}$

Gesetz von Boyle-Mariotte (T = konstant):

$p_{abs1} \cdot V_1 = p_{abs2} \cdot V_2 = \ldots = p_{absn} \cdot V_n$ = konstant

p_{abs} : absoluter Druck
V : Volumen
T : Kelvin-Temperatur

Beispiel: $p_{abs1} = 1\ bar;\ V_1 = 25\ m^3;\ T_1 = 293\ K;\ p_{abs2} = 10\ bar;\ V_2 = 5\ m^3;\ T_2 = ?\ K$

$T_2 = \dfrac{p_{abs2} \cdot V_2 \cdot T_1}{p_{abs1} \cdot V_1} = \dfrac{10\ bar \cdot 5\ m^3 \cdot 293\ K}{1\ bar \cdot 25\ m^3} = 586\ K$

Hydraulische Presse

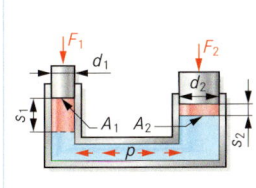

$\dfrac{F_1}{F_2} = \dfrac{A_1}{A_2}$ $\dfrac{F_1}{F_2} = \dfrac{(d_1)^2}{(d_2)^2}$ $\dfrac{F_1}{F_2} = \dfrac{s_2}{s_1}$ $i = \dfrac{F_1}{F_2} = \dfrac{A_1}{A_2} = \dfrac{s_2}{s_1}$

Beispiel: $A_1 = 10\ cm^2;\ A_2 = 125\ cm^2;\ F_2 = 12\ kN;\ s_2 = 50\ mm;\ F_1 = ?\ N;\ s_1 = ?\ mm$

$F_1 = \dfrac{A_1 \cdot F_2}{A_2} = \dfrac{10\ cm^2 \cdot 12\,000\ N}{125\ cm^2} = 960\ N$

$s_1 = \dfrac{s_2 \cdot F_2}{F_1} = \dfrac{50\ mm \cdot 12\,000\ N}{960\ N} = 625\ mm$

F_1 : Kolbenkraft 1
F_2 : Kolbenkraft 2
A_1 : Kolbenfläche 1
A_2 : Kolbenfläche 2
d_1 : Kolbendurchmesser 1
d_2 : Kolbendurchmesser 2
s_1 : Weg des Kolbens 1
s_2 : Weg des Kolbens 2
i : Übersetzungsverhältnis

Mathematisch-technische Grundlagen

Druck in Flüssigkeiten und Gasen (Fluidtechnik)
Pressure within fluids and gases (fluid technology)

Kolbenkraft; Kolbengeschwindigkeit

Ausfahren

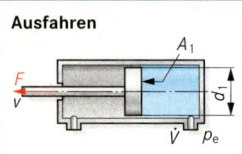

$F = p_e \cdot A_1 \cdot \eta$ $v = \dfrac{\dot{V}}{A_1}$ $A_1 = \dfrac{d_1^2 \cdot \pi}{4}$

$F_R = p_e \cdot A_2 \cdot \eta$ $v_R = \dfrac{\dot{V}}{A_2}$ $A_2 = \dfrac{(d_1^2 - d_2^2) \cdot \pi}{4}$

Einfahren

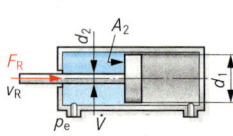

Beispiel: $\dot{V} = 5\ l/min;\ A_1 = 12\ cm^2;\ A_2 = 5\ cm^2;\ v;\ v_R = ?\ m/min;$

$v = \dfrac{\dot{V}}{A_1} = 5000\ cm^3/min / 12{,}5\ cm^2 = 400\ \dfrac{cm}{min} = 4\ \dfrac{m}{min}$

$v_R = \dfrac{\dot{V}}{A_2} = \dfrac{5000\ cm^3/min}{5{,}5\ cm^2} = 909{,}5\ \dfrac{cm}{min} = 9{,}09\ \dfrac{m}{min}$

F : Kolbenkraft
F_R : Rückzugkraft
p_e : Überdruck (Betriebsdruck)
$A_1;\ A_2$: wirksame Kolbenflächen
d_1 : Kolbendurchmesser
v : Kolbengeschwindigkeit
v_R : Rückzuggeschwindigkeit
d_2 : Kolbenstangendurchmesser
η : Wirkungsgrad
$\dot{V}$: Volumenstrom

Druckübersetzung

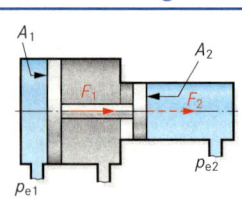

$p_{e1} \cdot A_1 \cdot \eta = p_{e2} \cdot A_2$ $i = \dfrac{p_{e1}}{p_{e2}} = \dfrac{A_2}{A_1}$ $p_{e2} = \dfrac{p_{e1} \cdot A_1 \cdot \eta}{A_2}$

Beispiel: $p_{e1} = 6\ bar;\ A_1 = 100\ mm^2;\ A_2 = 25\ mm^2;\ p_{e2} = ?\ bar$

$p_{e2} = p_{e1} \cdot \dfrac{A_1}{A_2} = \dfrac{6\ bar \cdot 100\ mm^2}{25\ mm^2} = 24\ bar$

p_e : Überdruck (Betriebsdruck)
$A_1;\ A_2$: wirksame Kolbenflächen
F : Kolbenkraft
i : Übersetzungsverhältnis
η : Wirkungsgrad

Hydraulische Leistung

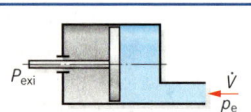

$P_{exi} = p_{ing} \cdot \eta$ $P_{exi} = \dot{V} \cdot p_e \cdot \eta$

Beispiel: $\dot{V} = 1{,}2\ dm^3/s;\ p_e = 30\ bar;\ P_{exi} = ?\ kW$

$P_{exi} = \dot{V} \cdot p_e = 0{,}0012\ \dfrac{m^3}{s} \cdot 3\,000\,000\ \dfrac{N}{m^2} = 3060\ W = 3{,}6\ kW$

P_{exi} : Ausgangsleistung
P_{ing} : Eingangsleistung
η : Wirkungsgrad
p_e : Überdruck (Betriebsdruck)
$\dot{V}$: Volumenstrom

Strömende Flüssigkeiten

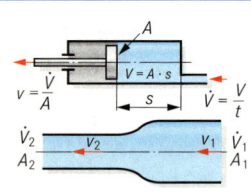

$\dot{V} = \dfrac{A \cdot s}{t}$ $\dot{V} = A \cdot v$ $\dot{V} = \dfrac{V}{t}$ $v = \dfrac{V}{A}$

Kontinuitätsgleichung:

$A_1 \cdot v_1 = A_2 \cdot v_2$ $\dot{V}_1 = \dot{V}_2$

$\dot{V}$: Volumenstrom
V : Volumen
A : wirksame Kolbenfläche
t : Zeit
s : Kolbenweg
v : Kolbengeschwindigkeit
$\dot{V}_1;\ \dot{V}_2$: Volumenströme
$v_1;\ v_2$: Strömungsgeschwindigkeiten
$A_1;\ A_2$: Rohrquerschnitte

Beispiel: $A_1 = 20\ cm^2;\ A_2 = 10\ cm^2;\ \dot{V} = 80\ l/min;\ v_1 = ?\ m/min;\ v_2 = ?\ m/min$

$v_1 = \dfrac{\dot{V}}{A_1} = \dfrac{0{,}008\ m^3}{min \cdot 0{,}002\ cm^2} = 4\ \dfrac{m}{min};\ v_2 = \dfrac{A_1 \cdot v_1}{A_2} = \dfrac{0{,}002\ m^2 \cdot 4\ m}{0{,}001\ m^2 \cdot min} = 8\ \dfrac{m}{min}$

Luftverbrauch

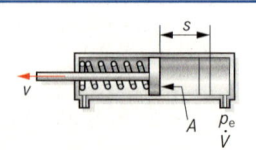

$\dot{V} = \dfrac{A \cdot s \cdot (p_e + p_{amb})}{t \cdot p_{amb}}$ $\dot{V} = \dfrac{V \cdot (p_e + p_{amb})}{t \cdot p_{amb}}$

$\dot{V} = V \cdot n \cdot \dfrac{p_e + p_{amb}}{p_{amb}}$

$\dot{V}$: Luftverbrauch
A : Kolbenfläche
s : Kolbenhub
t : Zeit
p_e : Überdruck (Betriebsdruck)
p_{amb} : Luftdruck
V : Hubvolumen
n : Hubfrequenz
v : Geschwindigkeit

Beispiel: $A = 15\ cm^2;\ s = 20\ cm;\ n = 34\ 1/min;\ p_e = 6\ bar;\ p_{amb} = 1\ bar;\ \dot{V} = ?\ l/min$

$\dot{V} = \dfrac{A \cdot s \cdot (p_e + p_{amb})}{t \cdot p_{amb}} = \dfrac{15\ cm^2 \cdot 20\ cm \cdot 34 \cdot (6\ bar + 1\ bar)}{min \cdot 1\ bar} = 71400\ \dfrac{cm^3}{min} = 71{,}4\ \dfrac{l}{min}$

Wärmetechnik
Heat technology

Temperaturskalen

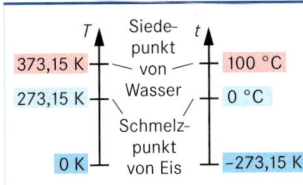

$T = t + 273{,}15 \, °C$
$t = T - 273{,}15 \, K$

$0 \, K = -273{,}15 \, °C$ (= absoluter Nullpunkt)
$273{,}15 \, K = 0 \, °C$
$373{,}15 \, K = 100 \, °C$

T : Kelvin-Temperatur (thermodynamische Temperatur)
t : Celsius-Temperatur

Längenänderung

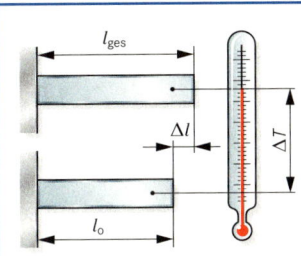

$\Delta l = l_0 \cdot \alpha \cdot \Delta T$
$l_{ges} = l_0 + \Delta l$
$l_{ges} = l_0 \cdot (1 + \alpha \cdot \Delta T)$

Erwärmung: $\Delta T > 0$
Abkühlung: $\Delta T < 0$

Werte für Längenausdehnungskoeffizienten s. Stoffwerte

l_0 : Anfangslänge
l_{ges}: Endlänge
Δl : Längenänderung
α : Längenausdehnungskoeffizient
ΔT: Temperaturdifferenz

Beispiel:
$l_0 = 30 \, m; \alpha = 0{,}000011 \, \frac{1}{K}; \Delta T = 60 \, K; \Delta l = ? \, m$
$\Delta l = l_0 \cdot \alpha \cdot \Delta T = 30 \, m \cdot 0{,}000011 \, \frac{1}{K} \cdot 60 \, K = 0{,}0198 \, m$

Volumenänderung

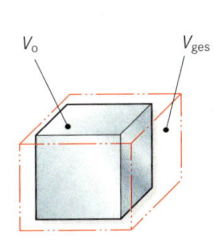

$\Delta V = V_0 \cdot \gamma \cdot \Delta T$
$V_{ges} = V_0 + \Delta V$
$V_{ges} = V_0 \cdot (1 + \gamma \cdot \Delta T)$

$\gamma \approx 3 \cdot \alpha$ (für feste Stoffe)

Erwärmung: $\Delta T > 0$
Abkühlung: $\Delta T < 0$

V_0 : Anfangsvolumen
V_{ges}: Endvolumen
ΔV : Volumenänderung
ΔT : Temperaturdifferenz
γ : Volumenausdehnungskoeffizient
α : Längenausdehnungskoeffizient

Beispiel:
$V_0 = 250 \, cm^3; \gamma = 0{,}000036 \, \frac{1}{K}; \Delta T = 40 \, K; V_{ges} = ? \, cm^3$
$V_{ges} = V_0 \cdot (1 + \gamma \cdot \Delta T) = 250 \, cm^3 \cdot (1 + 0{,}000036 \, \frac{1}{K} \cdot 40 \, K) = 250{,}36 \, cm^3$

Schwindung

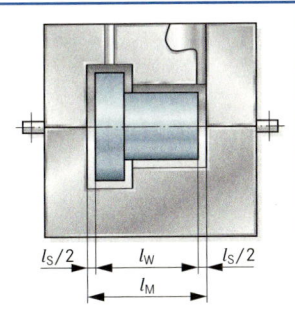

$l_M = \frac{l_W \cdot 100 \, \%}{100 \, \% - S}$

$l_W = l_M - l_S$
$l_S = \frac{l_M \cdot S}{100 \, \%}$

Werte für Schwindmaße s. DIN EN 12890

l_M : Modelllänge
l_W : Werkstücklänge
l_S : Schwindung
S : Schwindmaß

Beispiel:
$l_W = 235 \, mm; S = 1{,}2 \, \%; l_M = ? \, mm$
$l_M = \frac{l_W \cdot 100 \, \%}{100 \, \% - S} = \frac{235 \, mm \cdot 100 \, \%}{100 \, \% - 1{,}2 \, \%} = 237{,}85 \, mm$

Wärmemenge

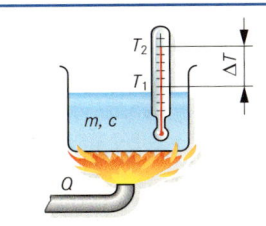

$Q = m \cdot c \cdot \Delta T$

$m = \frac{Q}{c \cdot \Delta T}$

$\Delta T = \frac{Q}{m \cdot c}$

Werte für spezifische Wärmekapazität s. Stoffwerte

Q : Wärmemenge
m : Masse
c : spezifische Wärmekapazität
ΔT : Temperaturdifferenz

Beispiel:
$m = 3 \, kg; c = 490 \, J/(kg \cdot K); \Delta T = 850 \, K; Q = ? \, kJ$
$Q = m \cdot c \cdot \Delta T = 3 \, kg \cdot 490 \, \frac{J}{kg \cdot K} \cdot 850 \, K = 1249{,}5 \, kJ$

Wärmetechnik
Heat technology

Schmelz- und Verdampfungswärmemenge

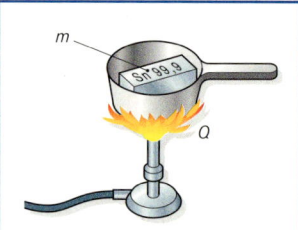

Schmelzen:
$$Q_s = m \cdot q$$

Verdampfen:
$$Q_v = m \cdot r$$

Werte für spezifische Schmelzwärme s. Stoffwerte

Q_s : Schmelzwärmemenge
Q_v : Verdampfungswärmemenge
m : Masse
q : spezifische Schmelzwärme
r : spezifische Verdampfungswärme

Beispiel:
$m = 3$ kg (unlegierter Stahl); $q = 205 \frac{kJ}{kg}$; $Q_s = ?$ kJ = ? kW

$Q_s = m \cdot q = 3$ kg $\cdot 205 \frac{kJ}{kg} = 615$ kJ = 615 kW

Verbrennungswärmemenge

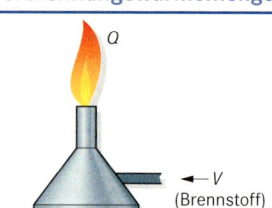

Feste und flüssige Brennstoffe:
$$Q = m \cdot H$$

Gasförmige Brennstoffe:
$$Q = V \cdot H$$

Q : Verbrennungswärmemenge
m : Masse
H : spezifischer Heizwert
V : Volumen

Beispiel:
$m = 11$ kg (Propan); $H = 50{,}3 \frac{MJ}{kg}$; $Q = ?$ MJ

$Q = m \cdot H = 11$ kg $\cdot 50{,}3 \frac{MJ}{kg} = 553{,}3$ MJ

Wärmemenge aus elektrischer Arbeit

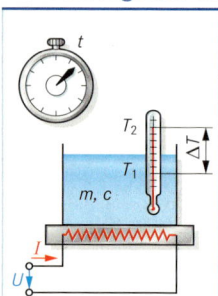

$$m \cdot c \cdot \Delta T = P \cdot t \cdot \eta$$

$$m \cdot c \cdot \Delta T = U \cdot I \cdot t \cdot \eta$$

$Q = W$

Werte für spezifische Wärmekapazität s. Stoffwerte

W : elektrische Arbeit
Q : Wärmemenge
P : elektrische Leistung
t : Aufheizzeit
m : Masse
c : spez. Wärmekapazität
ΔT : Temperaturdifferenz
U : Spannung
I : Stromstärke
η : Wirkungsgrad

Beispiel:
$m = 1$ kg (Wasser); $c = 4182$ J/(kg · K); $\Delta T = 80$ K; $U = 230$ V; $I = 10$ A; $\eta = 0{,}85$; $t = ?$ s

$t = \frac{m \cdot c \cdot \Delta T}{U \cdot I \cdot \eta} = \frac{1 \text{ kg} \cdot 4182 \text{ J} \cdot 80 \text{ K}}{230 \text{ V} \cdot \text{kg} \cdot \text{K} \cdot 10 \text{ A} \cdot 0{,}85} = 171{,}1 \frac{J}{V \cdot A} = 171{,}1 \frac{Ws}{\frac{W}{A} \cdot A} = 171{,}1$ s

Wärmemengenaustausch

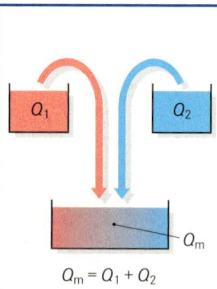

$Q_m = Q_1 + Q_2$

Stoffe unterschiedlicher Wärmekapazität:
$(m_1 \cdot c_1 + m_2 \cdot c_2) \cdot T_m$
$= m_1 \cdot c_1 \cdot T_1 + m_2 \cdot c_2 \cdot T_2$

$$T_m = \frac{m_1 \cdot c_1 \cdot T_1 + m_2 \cdot c_2 \cdot T_2}{m_1 \cdot c_1 + m_2 \cdot c_2}$$

Stoffe gleicher Wärmekapazität:
$(m_1 + m_2) \cdot T_m$
$= m_1 \cdot T_1 + m_2 \cdot T_2$

$$T_m = \frac{m_1 \cdot T_1 + m_2 \cdot T_2}{m_1 + m_2}$$

Q_1 : Wärmemenge 1
Q_2 : Wärmemenge 2
Q_m : Mischungswärmemenge
m_1 : Masse 1
m_2 : Masse 2
c_1 : spez. Wärmekapazität 1
c_2 : spez. Wärmekapazität 2
T_1 : Temperatur 1
T_2 : Temperatur 2
T_m : Mischungstemperatur

Beispiel:
$m_1 = 4$ kg (Wasser); $T_1 = 20$ °C; $m_2 = 1$ kg (Wasser); $T_2 = 100$ °C; $T_m = ?$ °C

$T_m = \frac{m_1 \cdot T_1 + m_2 \cdot T_2}{m_1 + m_2} = \frac{4 \text{ kg} \cdot 20\,°C + 1 \text{ kg} \cdot 100\,°C}{4 \text{ kg} + 1 \text{ kg}} = \frac{180 \text{ kg} \cdot °C}{5 \text{ kg}} = 36$ °C

Wärmestrom

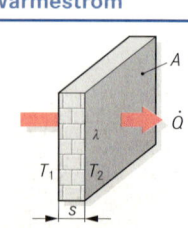

$$\dot{Q} = A \cdot k \cdot \Delta T$$

$\dot{Q} v = \frac{A \cdot \lambda \cdot (T_1 - T_2)}{s}$

$\frac{\lambda}{s} = k$

$\dot{Q}$: Wärmestrom
A : Fläche
s : Wanddicke
ΔT : Temperaturdifferenz
k : Wärmedurchgangszahl
λ : Wärmeleitzahl

Beispiel:
$A = 15$ m² (Ziegelwand); $k = 1{,}5$ W/(m² · K); $\Delta T = 30$ K; $\dot{Q} = ?$ W

$\dot{Q} = A \cdot k \cdot \Delta T = 15$ m² $\cdot 1{,}5 \frac{W}{m^2 \cdot K} \cdot 30$ K = 675 W

Chemie
Chemistry

Atomaufbau

Atomkern (Protonen + Neutronen = Nukleonen)		Atomhülle
Protonen: Elektrisch positiv geladene Kernbausteine. Anzahl der Protonen = Kernladungszahl = Ordnungszahl des Atoms im Periodensystem der Elemente.	**Neutronen:** Elektrisch neutrale Kernbausteine. Elemente, deren Atomkerne gleiche Protonenanzahlen, aber unterschiedliche Neutronenzahlen besitzen, heißen **Isotope**. Protonen und Neutronen haben annähernd die gleiche Masse.	**Elektronen:** Elektrisch negativ geladene Bausteine. Ein neutrales Atom hat die gleiche Anzahl an Protonen und Elektronen. Elektronen haben den 1/1849 Teil der Protonenmasse.

Benennung von Salzen

Säure		Säurerest		Beispiel	
Bezeichnung	Formel	Bezeichnung	Formel	Bezeichnung	Formel
Chlorsäure	$HClO_3$	– chlorat	$[ClO_3]^-$	Kaliumchlorat	$KClO_3$
Chlorige Säure	$HClO_2$	– chlorit	$[ClO_2]^-$	Natriumchlorit	$NClO_2$
Flusssäure	HF	– fluorid	F^-	Kalziumfluorid	CaF_2
Kieselsäure	H_2SiO_3	– silikat	$[SiO_3]^{2-}$	Magnesiumsilikat	$MgSiO_3$
Kohlensäure	H_2CO_3	– carbonat	$[CO_3]^{2-}$	Natriumcarbonat	Na_2CO_3
Phosphorsäure	H_3PO_4	– phosphat	$[PO_4]^{3-}$	Kalziumphosphat	$Ca_3(PO_4)_2$
Phosphorige Säure	H_3PO_3	– phosphit	$[PO_3]^{3-}$	Kaliumphosphit	K_3PO_3
Salpetersäure	HNO_3	– nitrat	$[NO_3]^-$	Silbernitrat	$AgNO_3$
Salpetrige Säure	HNO_2	– nitrit	$[NO_2]^-$	Natriumnitrit	$NaNO_2$
Salzsäure	HCl	– chlorid	Cl^-	Natriumchlorid	NaCl
Schwefelsäure	H_2SO_4	– sulfat	$[SO_4]^{2-}$	Kupfersulfat	$CuSO_4$
Schweflige Säure	H_2SO_3	– sulfit	$[SO_3]^{2-}$	Kaliumsulfit	K_2SO_3

Wichtige chemische Verbindungen

Technische Bezeichnung	chemische Bezeichnung	chemische Formel	Technische Bezeichnung	chemische Bezeichnung	chemische Formel
Aceton	Propanon	$(CH_3)_2CO$	Kohlensäure	Kohlendioxid	$CO_2 \cdot H_2O$
Acetylen	Acetylen, Äthin	C_2H_2	Korund	Aluminiumoxid	Al_2O_3
Äther	Äthyläther	$(C_2H_5)_2O$	Kupfervitriol	Kupfersulfat	$CuSO_4 \cdot 5\,H_2O$
Bauxit	Aluminiumhydroxid	AlO(OH) - Verunreinigung	Mennige	Bleioxid	Pb_3O_4
Borax	Natriumtetraborat	$Na_2B_4O_7 \cdot 10\,H_2O$	Salmiak	Ammoniumchlorid	NH_4Cl
Borazon	Bornitrit	BN	Salmiakgeist	Ammoniumhydroxid	NH_4OH
Cyankali	Kaliumcyanid	KCN	Salpetersäure	Salpetersäure	HNO_3
Eisenrost	Eisenoxidhydrat	$FeO \cdot Fe_2O_3 \cdot H_2O$	Salzsäure	Chlorwasserstoff	HCl
Gips	Calciumsulfat	$CaSO_4 \cdot 2\,H_2O$	Schwefelsäure	Schwefelsäure	H_2SO_4
Glycerin	Propantriol	$C_3H_5(OH)_3$	Soda	Natriumkarbonat	Na_2CO_3
Grünspan	Kupferacetat	$Cu(OH)_2 \cdot (CH_3COO)_2Cu$	Spiritus	Äthanol	C_2H_5OH
Karbid	Calciumcarbid	CaC_2	Teflon	Tetrafluorethylen	$(F_2C-CF_2)_n$
Karborund	Siliziumcarbid	SiC	Tetra	Tetrachlorkohlenstoff	CCl_4
Kochsalz	Natriumchlorid	NaCl	Tri	Trichloräthylen	C_2HCl_3
Königswasser		3 Vol.-Teile HCl + 1 Vol.-Teil HNO_3	Zellulose	Dextrin	$C_6H_{10}O_5$

Stoffwerte gasförmiger Stoffe (20 °C; 1,013 bar)
Physical characteristics of gaseous materials

Stoff	Kurz-zeichen	Dichte bei 0 °C ϱ kg/m³	Schmelz-punkt t_{Fl} °C	Siede-punkt t_G °C	Spezif. Wärmekapazität c		Löslichkeit bei 20 °C in H_2O g/l	Wärmeleit-fähigkeit λ W/(m · K)
					p = const. J/(kg · K)	V = const. J/(kg · K)		
Acetylen	C_2H_2	1,17	– 80,8	– 84	1683	1330	1,03	0,021
Ammoniak	NH_3	0,771	– 77,7	– 33,4	2160	1560	541	0,024
Butan	C_4H_{10}	2,70	–135	– 0,5	–	–	–	0,016
Frigen	CF_2Cl_2	5,51	–140	– 30	–	–	–	0,010
Kohlenmonoxid	CO	1,250	–205	–191,55	1042	750	0,029	0,025
Kohlendioxid	CO_2	1,977	– 56,6[1]	– 78,5	837	630	1,73	0,016
Luft	–	1,29	–220	–191,4	1005	716	0,019	0,026
Methan	CH_4	0,72	–182,5	–161,5	2219	1680	0,024	0,033
Propan	C_3H_8	2,01	–185,3	– 47,7	1595	1240	–	0,017
Sauerstoff	O_2	1,429	–218,8	–182,9	917	650	0,044	0,026
Schwefeldioxid	SO_2	2,93	– 73	– 10	1779	1483	1,56	0,029
Stickstoff	N_2	1,251	–210	–195,8	1038	740	0,019	0,026
Wasserstoff	H_2	0,0899	–259,2	–252,8	14320	10100	0,002	0,183

[1] bei 5,3 bar; Sublimationspunkt

Stoffwerte flüssiger und fester Stoffe
Physical characteristics of liquid and solid materials

Flüssige Stoffe (20 °C; 1,013 bar)

Stoff	Kurz-zeichen	Dichte ϱ kg/dm³	Schmelz-punkt t_{Fl} °C	Siede-punkt t_G °C	Zünd-temperatur °C	Spezif. Wärme-kapazität c J/(kg · K)	Volumen-ausdehnungs-koeffizient K⁻¹	Wärmeleit-fähigkeit λ W/(m · K)
Alkohol (Ethanol)	C_2H_5OH	0,79	−114	78	−	2340	0,0011	0,13
Äther	$(C_2H_5)_2O$	0,71	−116	35	170	2280	0,0016	0,13
Benzin	−	0,68…0,75	−30…−50	40…200	220	2020	0,0010	0,13
Benzol	C_6H_6	0,88	5,5	80,1	250	1725	0,0012	0,15
Dieselkraftstoff	−	0,8…0,85	<− 30	150…350	220	2050	0,00095	0,15
Glycerin	$C_3H_5(OH)_3$	1,26	− 19	290	520	2390	0,0005	0,29
Heizöl	−	≈ 0,82	− 10	> 170	220	2070	0,00095	0,14
Maschinenöl	−	0,91	− 20	380…400	400	2090	0,00093	0,14
Petroleum	−	0,81	− 70	150…300	550	2150	0,0010	0,13
Spiritus (95 %)	C_2H_5OH	0,82	−114	78	520	2430	0,0011	0,17
Wasser (destill.)	H_2O	1,00[1]	0	100	−	4182	0,0002027	0,06

Feste Stoffe (20 °C; 1,013 bar)

Stoff	Kurz-zeichen	Dichte ϱ kg/dm³	Schmelz-punkt/-bereich t_{Fl} °C	Siede-punkt t_G °C	Spezif. Schmelz-wärme t_G kJ/kg	Spezif. Wärme-kapazität J/(kg · K)	Längen-ausdehnungs-koeffizient α K⁻¹	Wärmeleit-fähigkeit λ W/(m · K)
Aluminiumoxid	Al_2O_3	4,0	2050	2700	263	764	0,0000065	12…23
Al-Legierung	AlCu4MgSi	2,8	530…650			960	0,000023	180
	AlSi1MgMn	2,7	600…645			920	0,000023	175
Asbest	−	2,1…2,8	≈ 1300	−	−	810	−	−
Beton	−	1,8…2,2	−	−	−	880	0,0001	1
Cu-Legierung	CuAl10Fe5Ni5	7,4…7,7	≈ 1040	≈ 2300		440	0,000016	61
	CuNi25		≈ 1260	≈ 2400		410	0,0000152	23
	CuSn6	7,4…8,9	≈ 900	≈ 2300		380	0,0000175	46
	CuZn30	8,4…8,7	≈ 900	≈ 2300	167	390	0,0000185	105
Eis	−	0,92	0	100	332	2090	0,00005	2,3
Fette	−	0,93	30…180	≈ 300	−	−	−	0,21
Gips	$CaSO_4$	2,3	1200	−	−	−	−	0,45
Glas	−	2,4…2,7	≈ 700			850	0,000005	0,81
Grafit	−	2,2	≈ 3800	≈ 4200	−	710	0,000008	168
Gusseisen	EN-GJL200	7,25	1150…1250	≈ 2500	125	540	0,0000105	50
Hartmetall	HW-P20	11,9	> 2000	≈ 4000		800	0,000060	81
Konstantan	CuNi44	8,9	1280	≈ 2600	−	410	0,000014	23
Korund	Al_2O_3	4,0	2050	2700	263	764	0,0000065	12…23
Mg-Legierung	MgAl6Zn	1,8	≈ 630	≈ 1500		1017	0,000024	65
Polystyrol	PS	1,05	−	−		1300	0,000070	0,13…0,16
Polyvinylchlorid	PVC	1,35	−	−	165	1500	0,000080	0,16…0,17
Porzellan	−	2,3…2,5	1600	−		880	0,000004	1,6
Quarz	SiO_2	2,1…2,6	1480	2230		745	0,000008	9,9
Siliziumkarbid	SiC	2,4	über 3000 °C Zerfall in C und Si		158	678	0,000008	9
Stahl, unlegiert	C22	7,85	1510	≈ 2500	205	490	0,000011	48…58
Stahl, niedrigleg.	16MnCr5	7,85	1490	≈ 2500	192	460	0,0000111	25
Stahl, hochleg.	X210CrW12	7,9	1450	≈ 2500	213	510	0,0000167	21

[1] bei 4 °C

Periodensystem der Elemente
Periodic table of the elements

Legende / Legend:
- Ordnungszahl
- Elementsymbol
- Kristallstruktur
- Elementname
- Schmelzpunkt (feste Elemente)
- Siedepunkt (flüssige/gasförmige Elemente)
- Dichte: feste/flüssige Elemente in kg/dm³, gasförmige Elemente in kg/m³
- Fe: festes Element
- Hg: flüssiges Element
- O: gasförmiges Element
- U: natürliches, radioaktives Element
- Rf: künstliches, radioaktives Element
- Uub*: vorläufiges Symbol

Gruppierung:
- Nichtmetall
- Leichtmetall
- Edelmetall
- Halbmetall
- Schwermetall
- Edelgas

Kristallstruktur:
- amorph
- kubisch-flächenzentriert
- monoklin
- rhomboedrisch
- hexagonal
- kubisch-raumzentriert
- orthorhombisch
- tetragonal

*IUPAC-Empfehlung / herkömmliche Gruppenbezeichn. / k. A.: keine Angabe

Beispiel: 26 Fe — Eisen — 1535 — 7,86

Gruppe*	1 (Ia)	2 (IIa)	3 (IIIb)	4 (IVb)	5 (Vb)	6 (VIb)	7 (VIIb)	8 (VIII)	9 (VIII)	10 (VIII)	11 (Ib)	12 (IIb)	13 (IIIa)	14 (IVa)	15 (Va)	16 (VIa)	17 (VIIa)	18 (VIIIa)
1 (K)	1 H, Wasserstoff, −252,9, 0,0899																	2 He, Helium, −268,9, 0,1785
2 (L)	3 Li, Lithium, 180,5, 0,534	4 Be, Beryllium, 1278, 1,848											5 B, Bor, 2300, 2,46	6 C, Kohlenstoff, 3550, 3,51	7 N, Stickstoff, −195,8, 1,2506	8 O, Sauerstoff, −182,96, 1,429	9 F, Fluor, −188,1, 1,696	10 Ne, Neon, −246,1, 0,899
3 (M)	11 Na, Natrium, 97,8, 0,971	12 Mg, Magnesium, 648,8, 1,738											13 Al, Aluminium, 660,5, 2,699	14 Si, Silicium, 1410, 2,33	15 P, Phosphor, 44, 1,82	16 S, Schwefel, 113, 2,07	17 Cl, Chlor, −34,6, 3,214	18 Ar, Argon, −189,4, 1,784
4 (N)	19 K, Kalium, 63,7, 0,862	20 Ca, Calcium, 839, 1,55	21 Sc, Scandium, 1539, 2,989	22 Ti, Titan, 1660, 4,51	23 V, Vanadium, 1890, 6,09	24 Cr, Chrom, 1857, 7,19	25 Mn, Mangan, 1246, 7,21	26 Fe, Eisen, 1535, 7,86	27 Co, Cobalt, 1495, 8,89	28 Ni, Nickel, 1453, 8,902	29 Cu, Kupfer, 1083,5, 8,96	30 Zn, Zink, 419,6, 7,14	31 Ga, Gallium, 29,8, 5,904	32 Ge, Germanium, 937,4, 5,323	33 As, Arsen, 613, 5,72	34 Se, Selen, 217, 4,82	35 Br, Brom, 58,8, 3,14	36 Kr, Krypton, −152,3, 3,749
5 (O)	37 Rb, Rubidium, 39, 1,532	38 Sr, Strontium, 769, 2,63	39 Y, Yttrium, 1523, 4,469	40 Zr, Zirconium, 1855, 6,506	41 Nb, Niob, 2468, 8,57	42 Mo, Molybdän, 2617, 10,28	43 Tc, Technetium, 2172, 11,5	44 Ru, Ruthenium, 2310, 12,45	45 Rh, Rhodium, 1966, 12,41	46 Pd, Palladium, 1552, 12,02	47 Ag, Silber, 961,9, 10,5	48 Cd, Cadmium, 321, 8,642	49 In, Indium, 156,6, 7,31	50 Sn, Zinn, 232, 7,29	51 Sb, Antimon, 630,7, 6,691	52 Te, Tellur, 449,6, 6,24	53 I, Iod, 113,5, 4,93	54 Xe, Xenon, −107, 5,897
6 (P)	55 Cs, Cäsium, 28,4, 1,873	56 Ba, Barium, 725, 3,65	57...71	72 Hf, Hafnium, 2150, 13,31	73 Ta, Tantal, 2996, 16,654	74 W, Wolfram, 3407, 19,26	75 Re, Rhenium, 3180, 21,20	76 Os, Osmium, 3045, 22,61	77 Ir, Iridium, 2410, 22,65	78 Pt, Platin, 1772, 21,45	79 Au, Gold, 1064,4, 19,32	80 Hg, Quecksilber, 356,6, 13,546	81 Tl, Thallium, 1457, 11,85	82 Pb, Blei, 327,5, 11,34	83 Bi, Bismut, 271,4, 9,80	84 Po, Polonium, 254, 9,20	85 At, Astat, 302, k.A.	86 Rn, Radon, −61,8, 9,73
7 (Q)	87 Fr, Francium, 27, k.A.	88 Ra, Radium, 700, 5,50	89...103	104 Rf, Rutherfordium, 261,109, k.A.	105 Db, Dubnium, 262,114, k.A.	106 Sg, Seaborgium, 263,118, k.A.	107 Bh, Bohrium, 262,123, k.A.	108 Hs, Hassium, 265, k.A.	109 Mt, Meitnerium, 266, k.A.	110 Ds, Darmstadtium, 269, k.A.	111 Rg, Roentgenium, 272, k.A.	112 Uub*, Ununbium, 285, k.A.	113 Uut*, Ununtrium, 284, k.A.	114 Uuq*, Ununquadium, 289, k.A.	115 Uup*, Ununpentium, 288, k.A.	116 Uuh*, Ununhexium, 292, k.A.	117 Uus*, Ununseptium, k.A., k.A.	118 Uuo*, Ununoctium, k.A., k.A.

Lanthanoide 57...71 — 6 (P):

57 La	58 Ce	59 Pr	60 Nd	61 Pm	62 Sm	63 Eu	64 Gd	65 Tb	66 Dy	67 Ho	68 Er	69 Tm	70 Yb	71 Lu
Lanthan 920 6,145	Cer 798 6,77	Praseodym 931 6,773	Neodym 1010 7,008	Promethium 1080 7,264	Samarium 1072 7,52	Europium 822 5,26	Gadolinium 1311 7,89	Terbium 1360 8,23	Dysprosium 1409 8,56	Holmium 1470 8,795	Erbium 1522 9,066	Thulium 1545 9,321	Ytterbium 824 6,966	Lutetium 1656 9,841

Actinoide 89...103 — 7 (Q):

89 Ac	90 Th	91 Pa	92 U	93 Np	94 Pu	95 Am	96 Cm	97 Bk	98 Cf	99 Es	100 Fm	101 Md	102 No	103 Lr
Actinium 1047 10,07	Thorium 1750 11,72	Protactinium 1554 15,37	Uran 1132,4 18,95	Neptunium 640 20,45	Plutonium 641 19,84	Americium 994 13,67	Curium 1340 13,51	Berkelium 986 13,25	Californium 900 15,10	Einsteinium 860 k.A.	Fermium 1526 k.A.	Mendelevium 827 k.A.	Nobelium 827 k.A.	Lawrencium 1627 k.A.

Stoffwerte chemischer Elemente
Physical characteristics of chemical elements

Element	Symbol	Ordnungszahl	Raumgitter[1]	Zustand[2]	Dichte[3] bei 20 °C ϱ kg/dm³ kg/m³	Schmelz-punkt t_{Fl} °C	Siede-punkt bei 1,013 bar t_G °C	Spezif. Schmelz-wärme bei 1,013 bar q in kJ/mol	Spezif. Wärme-kapazität bei 20 °C c J/(kg·K)	Spezif. elektr. Widerstand bei 20°C $\varrho 20$ $\Omega \cdot mm^2/m$	Wärme-leitfähig-keit bei 25 °C λ W/(m·K)	Längenaus-dehnungs-koeffizient bei 20 °C α K⁻¹
Aluminium	Al	13	kfz	f/M	2,699	660,5	2467	10,7	900	0,027	237	0,0000239
Antimon	Sb	51	rho	f/HM	6,691	630,7	1750	19,83	207	0,347	24,3	0,0000105
Argon	Ar	18	–	g/EG	1,784	–189,4	–185,9	1,188	520	–	0,0177	–
Arsen	As	33	rho	f/HM	5,72	613 [4]	sublimiert	27,7	330	0,29	50	0,0000047
Barium	Ba	56	krz	f/M	3,65	725	1640	8,01	204	0,359	19	0,0000184
Beryllium	Be	4	hex	f/M	1,848	1278	2970	11,71	1825	0,042	200	0,0000106
Bismut	Bi	83	rho	f/M	9,8	271,4	1560	11	122	1,099	7,87	0,0000133
Blei	Pb	82	kfz	f/M	11,34	327,5	1740	4,77	129	0,21	35,3	0,0000293
Bor	B	5	rho	f/NM	2,46	2300	2550	22,6	1026	0,909	27	0,0000083
Cadmium	Cd	48	hex	f/M	8,642	321	765	6,07	232	0,075	96,8	0,0000298
Calcium	Ca	20	kfz	f/M	1,55	839	1487	8,53	647	0,034	200	0,0000223
Cer	Ce	58	kfz	f/M	6,77	798	3257	9,2	190	0,87	11,4	0,000008
Chlor	Cl	17	–	g/G	3,214	–101	–34,6	3,21	480	–	0,0089	–
Chrom	Cr	24	krz	f/M	7,19	1857	2482	20	449	0,128	93,7	0,0000062
Cobalt	Co	27	hex	f/M	8,89	1495	2870	16,19	421	0,062	100	0,0000123
Eisen	Fe	26	krz	f/M	7,86	1535	2750	13,8	449	0,097	80,2	0,0000117
Fluor	F	9	–	g/G	1,696	–219,6	–188,1	0,26	824	–	0,0279	–
Gold	Au	79	kfz	f/EM	19,32	1064,4	2940	12,36	128	0,024	317	0,0000142
Helium	He	2	–	g/EG	0,1785	–272,2	–268,9	0,021	5193	–	0,152	–
Iod	I	53	ort	f/NM	4,93	113,5	184,4	7,76	145	–	0,449	0,000093
Iridium	Ir	77	kfz	f/EM	22,65	2410	4130	26,36	130	0,053	147	0,0000066
Kalium	K	19	krz	f/M	0,862	63,7	774	2,33	757	0,076	102,5	0,000083
Kohlenstoff	C	6	kub	f/NM	2,25	3550	4827	–	709	–	155	–
Kupfer	Cu	29	kfz	f/M	8,96	1083,5	2595	13,14	385	0,017	401	0,0000165
Lanthan	La	57	hex	f/M	6,145	920	3454	11,3	190	0,794	13,5	–
Magnesium	Mg	12	hex	f/M	1,738	648,8	1107	8,95	1020	0,044	156	0,0000245
Mangan	Mn	25	krz	f/M	7,21	1246	2062	14,64	480	2	7,82	0,000022
Molybdän	Mo	42	krz	f/M	10,28	2617	5560	36	250	0,052	138	0,0000027
Natrium	Na	11	krz	f/M	0,971	97,8	892	2,601	1230	0,047	141	0,0000027
Nickel	Ni	28	kfz	f/M	8,902	1453	2732	17,2	444	0,068	90,7	0,0000133
Niob	Nb	41	krz	f/M	8,57	2468	4927	26,9	265	0,156	53,7	0,0000071
Phosphor	P	15	mon	f/NM	1,82	44	280	0,63	769	–	0,235	0,0000125
Platin	Pt	78	kfz	f/EM	21,45	1772	3827	19,66	130	0,105	71,6	0,000009
Quecksilber	Hg	80	rho	fl/M	13,546	–38,9	356,6	2,292	140	0,941	8,34	–
Rhodium	Rh	45	kfz	f/EM	12,41	1966	3727	21,76	242	0,045	150	0,0000083
Sauerstoff	O	8	–	g/G	1,429	–218,4	–182,96	0,222	920	–	0,0267	–
Schwefel	S	16	ort	f/NM	2,07	113	444,7	1,73	710	–	0,269	0,000064
Selen	Se	34	hex	f/HM	4,82	217	685	5,54	320	–	2,04	0,000037
Silber	Ag	47	kfz	f/M	10,5	961,9	2212	11,3	235	0,016	429	0,0000197
Silicium	Si	14	kfz	f/HM	2,33	1410	2355	50,2	700	1000	148	0,0000025
Stickstoff	N	7	–	g/G	1,2506	–209,9	–195,8	0,36	1042	–	0,026	–
Tantal	Ta	73	krz	f/M	16,654	2996	5425	36	140	0,14	57,5	0,0000066
Thorium	Th	90	kfz	f/M	11,72	1750	4787	15,65	113	0,153	54	0,000011
Titan	Ti	22	hex	f/M	4,51	1660	3260	18,6	523	0,42	21,9	0,0000084
Uran	U	92	ort	f/M	18,95	1132,4	3818	15,48	120	0,263	27,6	–
Vanadium	V	23	krz	f/M	6,09	1890	3380	20,8	489	0,256	30,7	0,0000083
Wasserstoff	H	1	–	g/G	0,0899	–259,1	–252,9	0,0585	14304	–	0,1818	–
Wolfram	W	74	krz	f/M	19,26	3407	5927	35,4	130	0,057	174	0,0000046
Zink	Zn	30	hex	f/M	7,14	419,6	907	7,38	388	0,059	116	0,0000397
Zinn	Sn	50	tet	f/M	7,29	232	2270	7,2	228	0,11	66,6	0,000023
Zirconium	Zr	40	hex	f/M	6,506	1855	4377	21	278	0,424	22,7	0,0000058

[1] am: amorph; hex: hexagonal; kfz: kubisch-flächenzentriert; krz: kubisch-raumzentriert; mon: monoklin; ort: orthorhombisch (rhombisch); rho: rhomboedrisch (trigonal); tet: tetragonal;
[2] f: fest; fl: flüssig; g: gasförmig; EG: Edelgas; EM: Edelmetall; G: Gas; HM: Halbmetall; NM: Nichtmetall; M: Metall;
[3] Feste und flüssige Elemente in kg/dm³ bei 20 °C und 1,013 bar; gasförmige Elemente in kg/m³ bei 0 °C und 1,013 bar;
[4] Arsen sublimiert bei 613 °C: es geht vom festen direkt in den gasförmigen Aggregatzustand über.

Sachwortverzeichnis
Index

Symbole

0,2 %-Dehngrenze
   0,2 %-yield strength 103

A

Abbaukurve
   degradation curve 382

Abfallbestimmungsverordnung
   waste determination regulation 17

Abfälle
   waste 17

Abfallgesetz
   waste disposal law 17

Abgestumpfte Körper
   blunted solids 416

Abmaße
   deviations 40

Abmessungen von Wälzlagern
   dimensions of rolling bearings 223

Abminderungsfaktor
   reduction factor 258

Abnutzungsvorrat
   wear margin 382

Abschrecken
   quenching 157

Absoluter Druck
   absolute pressure 431

Abstandsbeiwert
   distance Coefficient 269

Abtragen durch Erodieren oder Funkenerosion, Hauptnutzungszeit
   main utilization time when eroding 138

Abweichungen der Gestalt
   form deviations 45

Abwicklungen
   developed views 37

Adressbuchstaben für CNC-Programme
   address letters for CNC-programs 142

Aerodynamische Beiwerte
   aerodynamic coefficients 246

Allgemeine Gasgleichung
   general gas equation 431

Allgemeintoleranzen für Schweißkonstruktionen
   general tolerances for welding constructions 180

Altern
   ageing 157

Aluminium
   aluminium 75

Aluminium-Gusslegierungen
   aluminium cast alloys 75

Aluminium-Gusswerkstoffe, Bezeichnungssystem
   designation system for cast aluminum materials 74

Aluminium-Knetlegierungen
   aluminium wrought alloys 75

Aluminium-Knetwerkstoffe, Bezeichnungssystem
   designation system for wrought aluminum materials 74

Aluminiumprofile
   aluminium sections 99

Aluminium, Schweißnahtvorbereitung
   joint preparation for aluminium 169

ambienter Druck
   ambient pressure 431

Angabe der Oberflächenbeschaffenheit
   methode of indicating surface texture 46

Ankathete
   adjacent 410

Anlassen
   tempering 157

Anlassfarben
   tempering colours 158

Anordnung der Maße
   arrangement of measures 33

Anpralllasten
   impact loads 244

Anschlussbezeichnung von Relais
   terminal designation of relays 375

Anschlüsse für Stirnplatten
   front plate connections 280 ff.

Anschlüsse für Träger
   beam connections 276, 284

Anschlüsse im Stahlhochbau, typisiert
   connection in steel-framed structure, standardized 275 ff.

Anschweißbänder
   weld hinges 318

Ansichten
   views 27

ANTIVALENZ-Glied
   exclusive-OR element 373

Anweisungsliste
   proportional action controller 378

Anwendungsgruppen
   groups of application 112

Arbeit
   work 425

Arbeitsplatzgrenzwerte
   occupational exposure limit 12

Arbeitsposition beim Schweißen
   work position when welding 171

Arbeitsschutz
   protection of labor 12 f.

Arbeits- und Umweltschutz
   protection of labour and environmental protection 12 f.

Arbeitswerte - Bohren
   drilling values 119

Arbeitswerte - Drehen
   turning values 123 ff.

Arbeitswerte - Fräsen
   milling values 128

Arithmetische Reihen
   arithmetic progressions 408

Arithmetischer Mittenrauwert
   arithmetic average peak-to-valley height 45

Aschlagstützen für Tore
   gate block 322

Sachwortverzeichnis
Index

Atomaufbau
atomic structure 435

Atomkern
atomic core 435

Aufbereitungseinheit
conditioning unit 371

Auflagerabstände (Grenzstützweiten)
bearing distances 263 f.

Auflagerkräfte
bearing forces 422

Auftragszeit
job time 135

Auftrieb
buoyancy 431

Auftriebskraft
buoyant force 431

Augenschrauben
eye bolts 206

Ausbildung von Fugen
joint design 310

Ausbruch
partial section 28

Ausfallverhalten
failure behaviour 384

Ausführungswichtung
execution weighting 16

Ausklinkung
notche 284

Ausländischer Normen für Gewinde
threads of foreign standards 187

Außengewinde, metrisch kegelig
screw threads, metric external taper 191

Außentemperatur
outside temperature 288

Außentemperaturkorrektur
outside temperature correcture 288

Auswahlkriterien für Wälzlager
rolling bearings, choice criteria 224

Automatenstähle
free-cutting steels 68

Axiales Flächenmoment
axial area moment 429

Axiales Widerstandsmoment
axial section moment 429

Axial-Rillenkugellager
deep groove ball thrust bearings 225

Axonometrische Darstellungen
axonometric representations 25

B

Bänder
bands 99

Bänder zum Anschweißen
hinges weld 318

Bandrollen
hinges 318

Basiseinheit
basic unit 392

Basisgrößen
basic quantities 392

Basiszeichen für Wälzlager
basic codes for rolling bearings 222

Baurichtmaße für Wandöffnungen von Türen
wall openings, basic dimensions 314

Baustähle
structural steels 66 f.

Baustähle, unlegierte
non-alloy structural steels 66 ff.

Baustoffe
building material 242

Bauteilverformung
structural part deformation 261

Bauwerke - Toleranzen
buildings, tolerances 59 f.

Bauwerke, Wärmeschutz
buildings, thermal protection 294 f.

Bauzeichnungen - Allgemeine Zeichen
construction drawings - general symbols 41

Bauzeichnungen - Bemaßung
construction drawings - dimensioning 42 f.

Bauzeichnungen - Grundregeln der Darstellung
construction drawings - basic rules of representation 41

Bauzeichnungen - Vereinfachte Darstellun
construction drawings - simplified representation 43 f.

Beanspruchung, Zug
tensile load 254

Bedarf von Elektroden
electrode requirement 173

Befehlscodierung nach DIN 66 025
instruction code according to DIN 66 025 142 f.

Befehlscodierung nach PAL
Instruction code according to PAL 142 f.

Befestigungstechnik
fastening technology 352 ff.

Befestigung mit Dübeln
dowel fastening 352 ff.

Befestigung von Geländern
fastening of railings 347 ff.

Begrenzung von Maßlinien
dimension line delimitation 32

Begriffe der Instandhaltung
terms of maintenance 383

Begriffe der Wärmebehandlung
terms for heat treatment 157

Begriffe - Zeichnungen und Stücklisten
terms - drawings and item lists 20

Begriffsbestimmungen für Stahlerzeugnisse
definition of steel products 65

Beiwerte, Aerodynamische
coefficients, aerodynamic 246

Bemaßung in Bauzeichnungen
dimensioning in construction drawings 42 f.

Sachwortverzeichnis
Index

Bemaßung von Schweißnähten
   dimensioning of welds 166

Bemessen von Stahlbauten
   design of structural steelwork 254 ff.

Benennungen für Halbzeug
   designation of semi-finished products 84

Benennung von Salzen
   designation of salts 435

Benennung von Schmierstoffen
   designation of lubricants 387 ff.

Berechnung der Hauptnutzungszeit
   calculation of the main time of utilization 139 ff.

Berechnungen am rechtwinkligen Dreieck
   calculation at the rectangular triangle 408 f.

Berechnung von Getrieben
   gear computes 238

Beschläge
   building hardware 321

Beschleunigungsarbeit
   acceleration work 425

Beschriftung
   lettering 22

Beseitigungsratschläge
   components made of concrete, tolerances 60

Betonteile, Toleranzen
   disposal advices 6

Betriebsdruck
   working pressure 431

Betriebsmittel-Belegungszeit
   resource holding time 136

Bewegung
   movement 419

Bewerten von Schweißnähten an Stahl
   valuation of welded joints on steel 178 ff.

Bewertungsgruppen
   quality levels 178 ff.

Bezeichnungen von Polymeren
   polymers - designations 79

Bezeichnungen von Wälzlagern
   designation of rolling bearings 222 f.

Bezeichnung harter Schneidstoffe
   designation of hard cutting material 113

Bezeichnungssysteme für Stähle
   designation systems for steels 62 ff.

Bezeichnungssystem für Aluminium-Gusswerkstoffe
   designation system for cast aluminum materials 74

Bezeichnungssystem für Aluminium-Knetwerkstoffe
   designation system for wrought aluminum materials 74

Bezeichnungssystem für Gusseisen
   designation system for cast iron 72

Bezeichnung von Türen
   door identification 314

Beziehungen zwischen den Winkelfunktionen
   relations between trigonometric functions 410

Bezugspunkte an CNC-Werkzeugmaschinen
   reference points for CNC machine tools 141

Biegebeanspruchung
   bending load 255, 428

Biegebelastungsfälle
   bending load 428

Biegen, Rückfederung
   resilience when bending 151

Biegeradien
   bending radii 150

Biegeversuch
   bend test 104

Biegung
   bending 428

Bildung von Tauwasser
   dew formation 296

Bildzeichen für Schutzarten
   graphical symbols of protective systems 364

Binomische Formeln
   binomial formulas 408

Blankstahlerzeugnisse
   bright steel products 98

Blattgrößen
   printed forms for drawing sheets 21

Blech aus Stahl
   steel sheet 93

Bleche
   steel sheets 93 ff.

Bleche mit Muster
   tread plates 94

Blech für Verpackungen
   tinmill steel sheet 93

Blechschrauben
   sheet metal screws 205

Blindniete
   blind rivets 218

Bogenbemaßung
   arc dimensioning 36

Bohren, Begriffe
   drilling, terms 118

Bohren, Arbeitswerte
   values, drilling 119

Bohren, Hauptnutzungszeit
   main utilization time when drilling 138

Bohrertypen
   types of drills 118

Bolzen
   pins 221

Boyle-Mariotte, Gesetz von
   Boyle-Mariotte's law 431

Brandbedingung
   fire condition 302

Brandschutz
   fire protection 302 ff.

Brandschutzzeichen
   fire safety sign 9

Brandverhalten
   fire behaviour 303

Sachwortverzeichnis
Index

Breitband
 wide band 93

Breitenreihe bei Wälzlagern
 breadth range of rolling bearings 223

Brennschneiden
 thermally cutting 154

Brinell - Härteprüfung
 Brinell hardness test 106

Brucharten
 types of failures 105

Bruchdehnung
 breaking elongation 103

Bruchrechnen
 fractional arithmetic 403

Buntbartschlüssel
 snapped key bit 325

C

Celsius-Temperatur
 degree Celsius 433

Chemie
 chemistry 435

Chemische Elemente
 physical characteristics of chemical elements 438

Chemische Verbindungen
 important chemical compounds 435

Chubbschlüssel
 chubb key 325

CNC-Befehlscodierung nach DIN 66 02
 CNC-instruction code according to DIN 66 025 142 f.

CNC-Befehlscodierung nach PAL
 CNC-instruction code according to PAL 142 f.

CNC-Technik
 CNC-technology 141

D

Darstellungen, axonometrische
 representations, axonometric 25

Darstellung, orthogonal
 representations, orthographic 26

Darstellung von Gewinden
 representation of threads 188

Darstellung von Kräften
 representation of forces 420

Darstellung von Logikfunktionen
 representation of logic functions 373

Darstellung von Schweiß- und Lötverbindungen
 representation of welded and soldered joints 164 ff.

Darstellung von Zahnrädern
 representation of gears 236

Datenflusspläne
 flow charts 379

Dauerschwingfestigkeit
 fatigue strength 105

Dezimale Vorsätze
 decimal prefixes 392

Dichtheit bei Schlagregen
 water tightness 307

Dichtringe für Wellen
 rotary shaft lip type seals 231

Dicke von Schweißnähten
 weld thickness 273

Dicke von Werkstücken
 work piece thickness 33

Differenzial-Flaschenzug
 differential pulley block 424

Diffusionsglühen
 homogenizing 157

Diffusionswiderstandszahl
 diffusion resistance coefficient 297

Dimetrische Projektion
 dimetric projection 25

Draht aus Stahl
 steel wire 93

Drahterodieren
 wiring-EDM (electrical discharge machining) 155

Drehen, Begriffe
 turning, terms 122

Drehen - Arbeitswerte
 turning values 123 ff.

Drehen, Hauptnutzungszeit
 main utilization time when turning 139

Drehen mit Hartmetall, Richtwerte
 values for turning using hard metal 125

Drehen mit oxidkeramischen Schneidstoffen, Richtwerte
 values for turning using oxide-ceramic cutting material 123

Drehen mit Schnellarbeitsstahl, Richtwerte
 values for turning using high-speed steel 124

Drehen von NE-Metallen mit Schnellarbeitsstahl, Richtwerte
 values for turning of non-ferrous metals using high-speed steel 123

Drehflügeltore
 hinged or piovoted gate 322

Drehmeißel - Übersicht
 turning tools, general plan 126

Dreieck
 triangle 412

Dreisatz
 rule of proportion 407

Druck
 pressure 431

Druck, absoluter
 absolute pressure 431

Druckbeanspruchung
 compressive stress 427

Druckbehälterstählen, Flacherzeugnisse
 pressure purposes, flat products made of steels 69

Drücker für Türen
 door opener 321

Druckfedern
 pressure springs 239

Druckgasflaschen
 gas bottles 170

Sachwortverzeichnis
Index

Druck in Flüssigkeiten und Gasen (Fluidtechnik)
 pressure within fluids and gases (fluid technology) 431

Druckübersetzung
 pressure intensifying 432

Druckventile
 pressure valves 371

Dübelbefestigung
 dowel fastening 352 ff.

Dübelübersicht
 synopsis of dowels 355 f.

Durchgangslöcher
 through hole 196

Durchlässigkeit von Fugen
 air permeability of joints 307

Durchmesser
 diameter 35

Durchmesserreihe bei Wälzlagern
 diameter range of rolling bearings 223

Durchmesser von Zuschnitten
 blank diameter 153

E

Eckstoß
 edge joint 164

Eigenlasten
 permanent loads 243 f.

Einbaumaße für Wälzlager
 dimensions for mounting of rolling bearings 226

Eindringverfahren
 penetrating methods 110

Einheiten
 units 392 ff.

Einheiten und Größen
 units and quantities 392 ff.

Einheitsbohrung, ISO-Passungen
 ISO-fits for the hole basis system 52 f.

Einheitsbohrung, Passungssysteme
 hole-basis system of fits 51

Einheitswelle, Passungssysteme
 shaft-basis system of fits 51

Einholmtreppen
 one-strut stairs 340

Einsatzhärten
 case-hardening 157

Einsatzstähle
 case-hardening steels 67

Einsatzstähle, Wärmebehandlung
 case-hardening steels, heat treatment 159

Einschraubtiefen
 reach of screws 196

Einsteckschlösser
 mortise locks 326 f.

Einstiche
 recesses 38

Einteilung der Schutzgase
 classification of protective gases 174

Eintragung von Maßen
 dimensioning 31

Einwirkung durch Feuchte
 action of moisture 296 f.

Einwirkung durch Feuer/Brandschutz
 action of fire/fire protection 302

Einwirkung durch Kräfte
 action of forces 254

Einwirkung durch Schall
 action of sound 298

Einwirkung durch Temperatur
 action of temperature 288 ff.

Einwirkungen auf Tragwerke
 actions on structures 242 ff.

Eisen-Kohlenstoff-Diagramm
 iron-carbon diagram 156 f.

Eislast
 ice load 251

Elastizitätsmodul
 modulus of elasticity 103

Elektrische Arbeit
 electrical work 359

Elektrische Betriebsmittel, Schutzklassen
 protective classes of electrical equipment 364

Elektrische Betriebsmittel, Schutzmaßnahmen
 protective measures of electrical equipment 364

Elektrische Leistung
 electrical power 359

Elektrischer Leiter, Kennfarben
 code colours of conductors 363

Elektrochemische Spannungsreihe
 electrochemical series 385

Elektrodenbedarf
 electrode requirement 173

Elektroden, Wolfram
 electrodes, tungsten 175

Elektronen
 electrons 435

Elektropneumatik
 electropneumatics 374 f.

Elektrotechnik
 electrical technology 358 ff.

Elektrotechnik - Schaltzeichen
 electrical technology - symbols of contact units and switching devices 360 ff.

Elektrotechnik - Unfallverhütung
 electrical technology - accident prevention 366

Elektrotechnische Schaltzeichen
 electronic circuit symbol 374

Elementare Arbeitsbewegungen CNC-Drehen
 elementary work motions CNC turning 146

Elementare Arbeitsbewegungen CNC-Fräsen
 elementary workmotions CNC milling 144

Ellipse
 ellipse 413

Energie
 energy 425

Sachwortverzeichnis
Index

Energiedurchlassgrad von Verglasungen
level of energy permeability of glazing 294

Entsorgung
disposal 17

Entsorgung von Schmierstoffen
disposal of lubricants 390

Erkennen von Kunststoffen
recognizing plastics 80

Ersatzkraft
resultant force 420

Ersatzschaltungen
equivalent network 373

Erste Hilfe
first aid 366

E-Sätze
E-codes 6

Euklid - Lehrsatz
Euclidean theorem 409

F

Fächerscheiben
serrated lock washers 216

Fallbeschleunigung
acceleration of the fall 419

Faltung auf Ablageformat
folding for filing 21

Farbkennzeichnung von Gasflaschen
color coding of gas bottles 170

Farbkennzeichnung von Schleifscheiben
color coding of grinding wheels 131

Fasen
chamfers 37

Federarbeit
spring work 425

Federbänder
spring hinges 319

Federpakete
spring packets 240

Federringe
spring lock washers 215

Federscheiben
spring washers 216

Federwindungen
spring coils 239

Federgewinde
fine-pitch thread 190

Feinkornbaustähle
fine grain structural steels 67

Feinkornbaustähle, schweißgeeignet
weldable fine grain structural steels 69

Fenster
windows 305 ff.

Fenster, Bauarten
windows, types 303

Fensteranschluss an den Baukörper
window installation on structure 308

Fensterbreiten
window widths 306

Fenster, Schallschutzklassen
sound protection classes of windows 308

Fensterwände
window walls 310

Fenster zum Schallschutz
sound protection windows 309

Fertigungsbezogene Maßeintragung
production concerned dimensioning 31

Fertigungsplanung - Begriffe
production planning - terms 134

Feste Rolle
fast pulley 423

Festigkeitsklassen für Sechskantmuttern
property classes for hexagon nuts 208

Festigkeitslehre
science of strength of materials 101, 427

Festigkeitswerte
mechanical strength properties 101, 196

Festschmierstoffe
solid lubricants 389

Feststeller für Tore
gate arresting device 322

Fette
greases 388

Feuchteeinwirkung
action of moisture 297

Feuereinwirkung
action of fire 302

Feuerhemmende Stahltüren
fire-resisting steel doors 316

Filzringe
felt rings 231

Filzstreifen
felt strips 231

Flächen
surfaces areas 411 ff.

Flächenbezogene Masse
area-related mass 418

Flächenlasten
area loads 242

Flächenmomente
area moments 429

Flächenmomente für Windbeanspruchung
area moments for wind load 312

Flächenpressung
surface pressure 427

Flächenschwerpunkte
centers of gravity 414

Flacherzeugnisse aus Druckbehälterstählen
flat products made of steels of pressure purposes 69

Flache Scheiben
plain washers 214

Flachkopfschrauben
pan head screws 205

Sachwortverzeichnis
Index

Flachriemengetriebe
　flat belt transmission 238

Flachrundschrauben
　saucer-head screws 206

Flachstab
　flat bars 92, 98

Flachstab, warmgewalzt
　flat bars, hot rolled 92

Flügelmuttern
　wing nuts 207

Flügelschrauben
　wing screws 207

Flussmittel
　fluxes 182

Folien
　foils 99

Formelzeichen
　symbols 392

Formelzeichen mit Indizes
　subscripts for symbols 394

Formen, quadratisch
　forms, square 36

Formtoleranzen
　tolerances of form 56 f.

Fotoelektrischer Näherungssensor
　photo-electric proximity sensor 376

Fräsen, Begriffe
　milling, terms 127

Fräsen - Arbeitswerte
　milling values 128

Fräsen, Hauptnutzungszeit
　main utilization time when milling 140

Fräsen mit Hartmetall, Richtwerte
　values for milling using hard metal 129

Fräsen mit Schnellarbeitsstahl, Richtwerte
　values for milling using high-speed steel 128

Freier Fall
　free fall 419

Freiheitsgrade
　degrees of freedom 149

Fugenausbildung
　joint design 310

Fugendurchlässigkeit
　air permeability of joints 307

Fugenform von Stumpfnähten
　joint preperation of butt welds 274

Führungsgröße
　command signal 367

Funktionsbezogene Maßeintragung
　function concerned dimensioning 31

Funktionsbildzeichen
　functional graphical symbols 368

Funktionsdiagramme
　function diagrams 368 ff.

Funktionslinie
　functional line 368

Funktionstabellen
　function tables 373

G

Gammastrahlen, prüfen
　gamma-rays, radiographic examination 110

Gas-Betriebsstoffe
　fuel gas 170

Gas-Betriebsstoffe, Mengenberechnung
　gas supplies, quantity surveying 170

Gasflaschen
　gas bottles 170

Gasflaschen, Farbkennzeichnung
　color coding of gas bottles 170

Gasgleichung, allgemeine
　general gas equation 431

Gasschmelzschweißen, Richtwerte
　values for gas welding 171

Gasschweißen
　gas welding 170

Gasschweißen, Schweißstäbe
　welding rod for gas welding 171

Gasverbrauch
　gas consumption 170

Gebäudetreppen
　stairs in buildings 332 ff.

Gebotszeichen
　mandatory action sign 9

Gebrauchstauglichkeit
　fitness for purpose 261

Gefahrstoffverordnung
　hazardous substance regulation 6

Gefügebilder
　pictures of microstructures 158

Gegenkathete
　opposite side 410

Gehbereich
　area of joing 333

Geländer an ortsfesten Zugängen
　railings for permanent means of access 351

Gelände, Befestigung
　fastening of railings 347

Geländer
　railings 351

Geländer befestigen
　fastening of railings 347

Geländerhöhe, Treppen
　railing height 342

Geländer in Wohngebäuden und öffentlichen Gebäuden
　railings in residential and public buildings 342 ff.

Geländerpfosten
　banister 343 ff.

Gemittelte Rautiefe
　averaged roughness height 45

Geometrische Grundkonstruktionen
　geometric basic constructions 398 ff.

Sachwortverzeichnis
Index

Geometrische Reihen
  geometric progressions 408

Gerade Körper
  straight solids 415

Geradlinig begrenzte Flächen
  surfaces bounded by straigth lines 411

Geradverzahnte Kegelräder
  bevel gear with straight teeth 235

Geradverzahnte Stirnräder
  spur gears with straight teeth 234

Geschweißte Bauteile, Spannungszustand
  stress condition of welded parts 273

Geschweißte Stahlrohre
  welded steel tubes 95

Geschwindigkeit
  velocity 419

Gesetz von Boyle-Mariotte
  Boyle-Mariotte's law 431

Gestaltabweichungen
  form deviations 45

Gestreckte Länge
  effective length 150

Getriebe
  gears 238

Getriebeberechnungen
  gear computes 238

Getriebeleistung
  gear power 426

Gewichtskraft
  weight-force 420

Gewinde
  threads 38, 186 ff.

Gewinde an Rohren
  pipe threads 193

Gewinde, vereinfachte Darstellung
  threads, simplified representation 188

Gewinde ausländischer Normen
  threads of foreign standards 187

Gewindebohren, Richtwerte
  values for tapping 120

Gewindedarstellung
  representation of threads 188

Gewindedrehen, Hauptnutzungszeit
  main utilization time when thread turning 139

Gewinde-Kurzzeichen
  designating symbol for threads 187

Gewinderohre, mittelschwer
  threaded tubes, medium-heavy 95

Gewindeschneidschrauben
  thread-forming screws 205

Gewindestifte
  set screws 207

Gewindestifte, mechanische Eigenschaften
  mechanical properties of set screws 195

Gewinde-Übersicht
  threads, general plan 186

Glasscheiben, Schalldämmverhalten
  sound isolation properties of glass panes 308

Glasscheibendicke
  thickness of glass pane 311

Gleichförmige Bewegung
  uniform movement 419

Gleichförmige Drehbewegung; Schnittgeschwindigkeit
  uniform rotary movement 419

Gleichförmige, geradlinige Bewegung
  uniform rectilinear movement 419

Gleichmäßig beschleunigte Bewegung
  uniform accelerated movement 419

Gleichungen
  equations 405

Gleichungen, umformen
  equations, transforming 406

Gleitreibung
  sliding friction 421

Gleitreibung am Axiallager
  sliding friction in thrust bearing 421

Gleitreibung am Radiallager
  radial bearing radial bearing 421

Gleitreibungszahl
  coefficient of sliding friction 421

Glühen
  lizing 157

Glühen – Diffusionsglühen
  homogenizing 157

Glühen, Spannungsarm
  stress relieving 157

Glühen, weich
  softening 157

Glühfarben
  heat colours 158

Grafische Darstellung im Koordinatensystem
  graphic representation in systems of coordinates 396 f.

Grenzabmaße
  limit deviation 50

Grenzabscherkraft
  limit of shearing force 268

Grenzgleitkraft
  limit of sliding force 271

Grenzmaße
  limits 50

Grenzspannungsbeiwert
  limiting stress coefficient 272

Grenzstützweiten (Auflagerabstände)
  bearing distances 263 f.

Grenztiefziehverhältnis
  limit quotient of deep drawing 152

Grenzzugkraft
  maximal tensile force 270

Griechisches Alphabet
  greek alphabet 395

Größen
  values 392 ff.

Sachwortverzeichnis
Index

Größen und Einheiten
  quantities and units 392 ff.

Grundabmaß
  fundamental deviation 50

Grundbeanspruchungsarten
  fundamental kinds of stressing 100

Grundkonstruktionen, geometrisch
  basic constructions, geometric 398

Grundrechenarten
  fundamental arithmetic operations 402

Grundtoleranzgrad
  fundamental tolerance grade 50

Grundtoleranz IT
  fundamental tolerance IT 50

Guldinsche Regel
  Guldin's rule 417

Gusseisen, Bezeichnungssystem
  designation system for cast iron 72

Gusseisen mit Kugelgrafit
  modular graphite cast iron 73

Gusseisen mit Lamellengrafit
  grey cast irons 73

Gusseisenwerkstoffe
  cast iron materials 72

Gusslegierungen-Aluminium
  cast alloys aluminium 75

H

Haftreibung
  static friction 421

Haftreibungszahl
  coefficient of static friction 421

Halbrundniete
  mushroom head rivets 217

Halbschnitt
  semi section 28

Halbzeug, Benennung
  designation of semi-finished products 84

Haltungswichtung
  posture weighting 16

Hammerschrauben
  T-head bolts 207

Handhabungstechnik
  handling technology 148

Härten
  quench hardening treatment 157

Härten – Einsatzhärten
  case-hardening 157

Härteprüfung nach Brinell
  Brinell hardness test 106

Härteprüfung nach Rockwell
  Rockwell hardness test 108

Härteprüfung nach Vickers
  Vickers hardness test 107

Härteskalen – Vergleich
  hardness scales 108 f.

Hartmetalle
  hard metals 113

Hauptgüteklassen
  main class of quality 61

Hauptnutzungszeit beim Abtragen durch
Erodieren oder Funkenerosion
  main utilization time when eroding 138

Hauptnutzungszeit beim Bohren, Reiben, Senken
  main utilization time when drilling, reaming, coutersinking 138

Hauptnutzungszeit beim Drehen
  main utilization time when turning 139

Hauptnutzungszeit beim Fräsen
  main utilization time when milling 140

Hauptnutzungszeit beim Gewindedrehen
  main utilization time when thread turning 139

Hauptnutzungszeit, Berechnung
  main time of utilization, calculation 139 ff.

Hauptstromkreis
  main circuit 375

Hebel
  lever 422

Hebelarm
  lever arm of force 422

Hebelgesetz
  lever principle 422

Heben und Tragen
  lifting and carrying 16

Herstellerqualifikation
  constructor's qualification 181

Herstellungsverfahren der Rauheit
  manufacturing methods of surface roughness 48

Hilfsmaße
  temporary size 34

Hinweise auf besondere Gefahren
  notices for special dangers 7

Hinweislinien
  notice lines 35

Hinweiszeichen
  information sign 9

Höchstmaß
  maximal size 50

Höhensatz
  height theorem 408

Hohlzylinder
  hollow cylinder 415

Holztrittstufen
  wooden treads 341

Hooke'sches Gesetz
  Hooke's law 103

Hubarbeit
  lifting work 425

Hubleistung
  lifting power 426

Hutmuttern
  domed cap nuts 211

Hüttennickel
  primary nickel 77

Sachwortverzeichnis
Index

HV-Schrauben
  HV-screws 201
Hydrauliköle
  hydraulic oils 389
Hydraulikschaltpläne
  hydraulic circuit schemes 372
Hydraulik, Sinnbilder
  symbols of hydraulic systems 370 f.
Hydraulik und Pneumatik
  hydraulic and pneumatic systems 370 ff.
Hydraulische Leistung
  hydraulic power 432
Hydraulische Presse
  hydraulic press 431
Hydrostatischer Druck
  hydrostatic pressure 431
Hypotenuse
  hypotenuse 410

I

Index
  index 394
Indizes für Formelzeichen
  subscripts for symbols 394
Induktiver Näherungssensor
  inductive proximity sensor 376
Informationsmaße
  information size 34
Informationsverarbeitung
  information processing 379
INHIBITIONS-Glied
  NOT-IF-THEN element 373
Innenräume, Tageslicht
  in interiors, daylight 306
Innentemperatur
  inside temperature 289
Inspektion
  preventive maintenance 382
Instandhaltung
  maintenance 287, 382 ff.
Instandhaltung, Begriffe
  terms of maintenance 383
Instandhaltungsstrategien
  maintenance strategies 382
Instandsetzung
  repair 382
Isometrische Projektion
  isometric projection 25
ISO-Passungen für Einheitsbohrung
  ISO-fits for the hole basis system 52 f.
I-Träger
  I-beams 85 ff.
I-Träger, warmgewalzt
  I-beams, hot rolled 85 ff.

K

Kalotte
  spherical cap 416

Kaltarbeitsstähle
  cold work steels 71
Kaltgefertigte Stahlrohre
  cold formed steel tubes 97
Kapazitiver Näherungssensor
  capacitive proximity sensor 376
Kartesisches Koordinatensystem
  cartesian system of coordinates 141
Kathete
  small side 410
Kathetensatz
  cathetus theorem 409
Kegel
  taper 416
Kegelräder mit Geradverzahnung
  bevel gear with straight teeth 235
Kegelradgetriebe
  bevel gear system 238
Kegelrollenlager
  taper roller bearings 225
Kegelstifte
  taper pins 219 f.
Kegelstumpf
  truncated cone 416
Kehlnaht
  hollow weld 167
Keilriemen
  V-belts 237
Keilriemenscheiben
  V-belt pulleys 237
Keilriementriebe
  wedge belt drives 237
Kelvin-Temperatur
  Kelvin temperature 433
Kennfarben elektrischer Leiter
  code colours of conductors 363
Kennzahlen für Schweiß- und Lötverfahren
  code numbers for welding and soldering processes 167
Kennzeichnung gefährlicher Stoffe
  identification of hazardous substances 7
Kennzeichnungsschilder für gefährliche Stoffe
  labels for hazardous materials 6
Kennzeichnung thermoplastischer Formmassen
  designation of thermoplastic molding compound 81
Kennzeichnung von elektrischen Leitern, Spannungen und Strömen
  identification of electric conductors, voltage and electric current 363
Kennzeichnung von Rohrleitungen
  identification of pipelines 10
Keramische Werkstoffe
  ceramic materials 83
Kerbnägel
  grooved drive studs 219
Kerbschlagbiegeversuch nach Charpy
  charpy impact test 104
Kerbschlagzähigkeit
  impact strength 104

Sachwortverzeichnis
Index

Kerbspannung
 notching stress 430

Kerbstifte
 grooved pins 219

Kerbwirkung
 notch effect 430

Kerbwirkungszahl
 fatigue notch factor 430

Kinetische Energie
 kinetic energy 425

Klammerrechnen
 parenthetical arithmetic 402

Klassifizierungsstufe
 classification level 274

Kleben
 glueing 185

Klebflächenvorbehandlung
 processes for adherend preparation 185

Knaufe für Türen
 door knubs 321

Knetlegierungen, Nickel
 nickel wrought alloys 77

Knickung
 buckle 427

Knickzahlen
 buckle values 257 f.

Kolbengeschwindigkeit
 piston speed 432

Kolbenkraft
 piston force 432

Kombinationszeichen
 combination sign 9

Konstruktionsbänder
 supporting hinges 318 f.

Konstruktionsklebstoffe
 structural adhesives 185

Kontakte
 contacts 374

Koordinatenachsen an CNC-Werkzeugmaschinen
 coordinate axes of CNC machine tools 141

Koordinatensystem
 systems of coordinates 396

Koordinatensysteme PAL-Drehen
 coordinate systems PAL-turning 147

Koordinatensysteme PAL-Fräsen
 coordinate systems PAL milling 145

Körper
 solids 415

Körper, abgestumpfte
 blunted solids 416

Korrektur der Außentemperatur
 outside temperature correcture 288

Korrosion
 corrosion 385

Korrosionsarten
 types of corrosion 385

Korrosionsschutz
 corrosion protection 386

Korrosionsverhalten von Metallen
 corrosion stability of metals 385

Kosinus
 cosine 410

Kosinussatz
 cosine theorem 410

Kostenrechnung
 cost calculation 137

Kotangens
 cotangent 410

Kraft
 force 420

Kraftangriffspunkt
 point of applied force 420

Kräfte
 forces 420

Krafteck
 polygon of forces 420

Kräfte, Darstellung
 representation of forces 420

Kräfteeinwirkung
 action of forces 254

Kräftemaßstab
 scale of forces 420

Kräfteparallelogramm
 parallelogram of forces 420

Kräftepolygon
 polygon of forces 420

Kraftmoment
 moment of force 422

Kraftrichtung
 direction of force 420

Kraftwandler
 force convertes 422

Kreis
 circle 413

Kreisabschnitt
 segment of circle 413

Kreisausschnitt
 sector of circle 413

Kreisflächen
 circular areas 413

Kreisförmig begrenzte Flächen
 surfaces bounded by circular lines 413

Kreisring
 circular ring 413

Kreisringausschnitt
 sector of a circular ring 413

Kreisringflächen
 circular ring areas 413

Kreuzlochmuttern
 round nuts 211

Kreuzungsstoß
 double T-joint 164

Sachwortverzeichnis
Index

Kugel
  sphere 416

Kugelabschnitt
  segment of a sphere 416

Kugelform
  spherical form 36

Kugelgrafit
  modular graphite 73

Kühlschmierstoffe
  cooling lubricants 116

Kunststoffe
  plastics 79

Kunststoffe, Erkennen
  recognizing plastics 80

Kunststoffe, Schweißen
  welding of thermoplastic materials 177

Kunststoffe, verstärkte
  reinforced plastics 83

Kunststoffrecycling
  plastic recycling 18

Kupfer-Knetlegierungen
  copper wrought alloys 76 f.

Kurzzeichen der Toleranzklasse
  symbols of the tolerance class 40

Kurzzeichen für Polymere
  designating symbols for polymers 79

Kurzzeichen – Gewinde
  designating symbol for threads 187

L

Lagesicherheit
  position stability 262

Lagetoleranzen
  tolerances of position 57 f.

Lamellengrafit
  grey cast irons 73

Längenänderung
  longitudinal deformation 433

Längenausdehnungskoeffizient
  longitudinal expansion coefficient 433

Längenbezogene Masse
  length-related mass 418

Längenmaße, Toleranzen
  linear dimensions, tolerances 40

Länge von Schweißnähten
  weld length 273

Lärmminderungsprogramme
  noise reduction program 13

Lärmschutz
  noise protection 13

Laserstrahlschneiden
  laser beam cutting 155

Lastannahmen an Treppen
  design loads for stairs 336

Lastaufnahmeeinrichtungen
  Load handling equipment 14 f.

Last durch Eis
  ice load 251 ff.

Last durch Schnee
  snow load 251 ff.

Lastenheft
  requirement specification 162

Lastwichtung
  load weighting 16

Lauftoleranzen
  run-out tolerances 58

Legierungselemente
  alloying elements 64

Lehrsatz des Euklid
  Euclidean theorem 409

Lehrsatz des Pythagoras
  Pythagorean theorem 409

Leistung
  power 426

Leitfähigkeit, Wärme
  conductirity, thermal 291

Leitwiderstand, Wärme
  resistance, thermal 290

Leselage
  reading position 32

Lichtbogenhandschweißen
  manual metal arc welding 172

Lichtbogenhandschweißen, Richtwerte
  values for manual arc welding 173

Linien
  lines 24

Linienschwerpunkte
  centers of lines 414

Lochabstände von Schrauben und Nieten
  hole Pitches of screws and rivets 265

Lochkreis
  pitch circle 39

Lochleibungskraft
  bearing pressure 269

Lochschwächung
  weahening of hole 270

Logarithmen
  logarithms 404

Logikfunktionen
  logic functions 373

Lose Rolle
  loose pulley 423

Löten
  soldering 182 ff.

Lötverbindungen, Darstellung
  representation of soldered joints 164 ff.

Lötverfahren, Kennzahlen
  code numbers for welding and soldering processes 167

Lotzusätze
  solders 182 f.

Lotzusätze für das Hartlöten
  solders for brazing 182

Sachwortverzeichnis
Index

Lotzusätze für das Weichlöten
solders for soldering 184

Luftdruck
air pressure 431

Luftschalldämmung
air sound isulation 300 f.

Luftverbrauch
air consumption 432

M

Magnetische Streufluss-Verfahren
magnetic leakage flux procedure 110

MAG-Schweißen, Richtwerte
values for metal active gas welding (MAG-welding) 175

Maße, Anordnung
arrangement of measures 33

Maßeinheit
unit of measure 33

Maßeintragung
dimensioning 31

Maßeintragung, fertigungsbezogen
dimensioning, production concerned 31

Maßeintragung, prüfbezogen
testing concerned dimensioning 31

Massenberechnung
calculation of mass 418

Massenberechnung mit flächenbezogener Masse
calculation of mass with surface density 418

Massenberechnung mit längenbezogener Masse
calculation of mass with mass per unit length 418

Massenberechnung mit Volumen und Dichte
calculation mass with volume and density 418

Maße, theoretisch genau
measures, theoretic exact 34

Maßhilfslinien
dimension subsidiary lines 32

Maßlinien
dimension lines 31

Maßlinienbegrenzung
dimension line delimitation 32

Maßnahmen zum Schallschutz
sound isulation measures 299

Maßreihe bei Wälzlagern
dimension range of rolling bearings 223

Maßstäbe
scales 21

Maßtoleranz
dimensional tolerance 50

Maßzahlen
dimension figures 32

Mathematische Zeichen
mathematical symbols 394

Maximale Rautiefe
maximal roughness height 45

Mechanische Eigenschaften von Gewindestiften
mechanical properties of set screws 195

Mechanische Eigenschaften von Muttern
mechanical properties of nuts made 195

Mechanische Eigenschaften von Schrauben
mechanical properties of screws made 195

Mechanische Eigenschaften von Verbindungselementen
mechanical properties of fasteners 195

Mehrfachstoß
multiple joint 164

Mengenberechnung von Gas-Betriebsstoffen
quantity surveying of gas supplies 170

Metrisches ISO-Gewinde
ISO metric screw threads 189

Metrisches ISO-Trapezgewinde
ISO metric trapezoidal screw thread 192

Metrisches kegeliges Außengewinde
metric external taper screw thread 191

Metrisches Sägengewinde
metric buttress thread 192

M-Funktionen
M-functions 142

Mindestabstand von Schweißnähten
minimum distance of welds 274

Mindestbiegeradius
minimum bending radius 150

Mindesteinschraubtiefen
minimum reach of screws 196

Mindestfensterbreiten
Minimum window widths 306 f.

Mindestmaß
minimal size 50

Mischungstemperatur
mixing temperature 434

Mischungswärmemenge
mixing heat quantity 434

Mittelschwere Gewinderohre
medium-heavy threaded tubes 95

Mittenrauwert, arithmetischer
arithmetic average peak-to-valley height 45

Modul
module 234

Modulfräsersatz
module milling cutters 234

Modulreihen nach DIN
series of modules under DIN 234

Muttern aus Nichteisenmetallen, mechanische Eigenschaften
mechanical properties of screws and nuts made
of non-ferrous metals 195

Muttern aus Stahl, mechanische Eigenschaften
mechanical properties of nuts made of steel and related screws 195

Muttern, vereinfachte Darstellung
nuts, simplified representation 188

Muttern-Übersicht
synopsis of nuts 199

N

Nadellager
needle bearings 225

Sachwortverzeichnis
Index

Näherungssensoren
 proximity sensors 376

Nahtart
 type of welds 164

Nahtlose Präzisionsstahlrohre
 seamless steel tubes for precision a
 pplications 95

Nahtlose Stahlrohre
 seamless steel tubes 95

NAND
 NOT-AND element 373

Neigung
 gradient of inclination 37 f.

NE-Metalle, Schweißzusätze
 welding filter metals for non ferrous metals 176

Neutrale Faser
 neutral fibre 150

Neutronen
 neutrons 435

NICHT-Glied
 NOT element 373

Nichtrostende Stähle
 stainless steels 69

Nichtrostende Stähle, Wärmebehandlung
 heat treatment of stainless steels 160

Nickel
 Nickel 77

Nickel-Knetlegierungen
 nickel wrought alloys 77

Niederhalterkraft
 blank holder force 152

Niete
 rivets 217

Niete, halbrund
 mushroom head rivets 217

Nieten, Lochabstände
 rivets, hole Pitches 265

Nieten, Randabstände
 rivets, edje distance 265

Nitrieren
 nitrogen-hardening 157

Nitrierstähle
 nitriding steels 67

NOR
 NOT-OR element 373

Normalglühen
 normalizing 157

Normalspannung
 direct stress 100

Notfall-Rettungskette
 emergency rescue line 11

Not-Halt-Einrichtungen
 Energency stop devices 365

Nummernsystem für Stahl
 numerical system for steel 65

Nuten
 keyways 38

Nuten für Passfeder
 keyways 233

Nutgrund
 keyway bottom 38 f.

Nutmuttern
 lock nuts 211

Nutzlasten
 imposed loads 243 f.

O

Obentürschließer
 top mounted door closer 320

Oberflächenbeschaffenheit, Angabe
 methode of indicating surface texture 46

Oberflächenstruktur, Symbole
 symbols for surface structure 46

ODER-Glied
 OR element 373

Öffentlichen Gebäude, Geländer
 public buildings, railings 342 ff.

Ohmsches Gesetz
 Ohm's law 358

Öle
 oils 388

O-Ringe
 O-rings 230

Orthogonale Darstellungen
 orthographic representations 26

Ortstoleranzen
 local tolerances 58

P

Paarungen von Zahnrädern
 gear pairs 236

PAL-Wegbedingungen
 PAL-preparatory functions 143

PAL-Zusatzfunktionen
 PAL-miscellaneous functions 142

Parallelogramm
 parallelogram 411

Parallelschaltung
 parallel connection 358

Parallelstoß
 parallel joint 164

Passfedern
 parallel keys 233

Passfedernuten
 keyways 233

Passschrauben
 close-tolerance bolts 201

Passung
 fit 50

Passungsauswahl
 selection of fits 54

Passungssystem Einheitsbohrung
 hole-basis system of fits 51

Sachwortverzeichnis
Index

Passungssystem Einheitswelle
  shaft-basis system of fits 51

Pendelkugellager
  ball joint bearing 226

Pendelrollenlager
  spherical roller bearings 226

Periodensystem der Elemente
  periodic table of the elements 437

Pfettenschuhe
  purlin shoes 275

Pfettenstöße
  purlin joint 286

Pflichtenheft
  system specification 162

Pfosten für Geländer
  banister 343 ff.

Physikalische Größe
  physical quantity 392 ff.

Plasmaschneiden
  plasma cutting 155

Pneumatikschaltpläne
  pneumatic circuit schemes 372

Pneumatiksinnbilder
  pneumatic symbols 370 f.

Polares Flächenmoment
  polar area moment 429

Polares Widerstandsmoment
  polar section moment 429

Polymere - Bezeichnungen
  polymers - designations 79

Polymere, Kurzzeichen
  designating symbol for polymers 79

Positionsnummern
  item references 45

Potenzen
  powers 403

Potenzielle Energie
  potential energy 425

Präzisionsstahlrohre, nahtlose
  seamless steel tubes for precision applications 95

Prisma
  prism 415

Produktklasse
  product class 196

Profildoppelzylindern
  double profile cylinder 328

Profile aus Aluminium und Aluminium-Legierungen
  sections of aluminium and aluminium alloys 99

Profile aus Stahl
  sections of steel 84 f.

Profil-Flächenmomente
  profil-area moments 311

Programmablaufplan
  programming flowchart 379 f.

Programmaufbau für CNC-Maschinen
  program format for CNC machine tools 142

Projektion, dimetrisch
  projection, dimetric 25

Projektionsmethoden
  projection methods 25 f.

Protonen
  protons 435

Prozentrechnung
  calculation of percentage 407

Prüfbezogene Maßeintragung
  testing concerned dimensioning 31

Prüfen mit Ultraschall
  ultrasonic testing 110

Prüfmaße
  test dimensions 34

Prüfung mit Röntgen- oder Gammastrahlen
  radiographic examination using X-rays and gamma-rays 110

Prüfverfahren, zerstörungsfreie
  non-destructive tests 110

Prüfzeichen für elektrische Betriebsmittel und Geräte
  Test marks of electrical equipment and devices 365

Pumpenleistung
  pumping power 426

Punktlast
  lumped load 227

Punktschweißen
  spot welding 173

Pyramide
  pyramid 415

Pyramidenstumpf
  truncated pyramid 416

Pythagoras, Lehrsatz
  Pythagorean theorem 409

Q

QM-Systeme
  QM systems 161

Quadrat
  square 411

Quadratische Formen
  square forms 36

Quadratstab
  square bar 98

Qualitätsmanagement
  Quality management 161

Qualitätsmanagementsysteme
  quality management systems 161

R

Räderwinde
  wheel winch 423

Radial Pendelkugellager
  self-aligning ball bearings 226

Radial-Schrägkugellager
  angular contact ball bearing 224

Radial-Wellendichtringe
  rotary shaft lip type seals 231

Sachwortverzeichnis
Index

Radien
  radii 35, 150

Randabstände von Schrauben und Nieten
  edje distance of screws and rivets 265

Rauchschutztüren
  smoke control doors 315

Rauheit - Herstellungsverfahren
  manufacturing methods of surface roughness 48

Rauheitskenngrößen
  surface roughness parameters 45

Rauheitsklasse N
  roughness class 46

Rautiefe, gemittelte
  averaged roughness height 45

Rautiefe, maximale
  maximal roughness height 45

Rechteck
  rectangle 36, 411

Rechtwinkliges Dreieck
  rectangular triangle 408

Recycling
  recycling 18

Recyclingzeichen
  recycling symbol 365

Regeldifferenz
  control deviation 367

Regelglied
  controlling element 367

Regelgröße
  controlled quantity 367

Regelmäßiges Vieleck
  regular polygon 412

Regelmäßige Vierecke
  regular quadrangles 411

Regeln
  closed-loop controlling 367

Regelung
  closed-loop control 367

Regler
  controller 367

Reiben, Hauptnutzungszeit
  main utilization time when reaming 138

Reiben, Richtwerte
  values for reaming 121

Reibung
  friction 421

Reibungsarbeit
  frictional work 425

Reibungskraft
  frictional forces 421

Reibungszahlen
  coefficients of friction 421

Reibung zwischen ebenen Flächen
  friction between plane areas 421

Reihen
  progressions 408

Reihenschaltung
  serial connection 358

Rekristallisationsglühen
  recrystallizing 157

Relais, Anschlussbezeichnung
  terminal designation of relays 375

Relaisanschlüsse
  relay connections 375

Resultierende
  resultant force 420

Rettungszeichen
  safe condition sign 9

Rhombus
  rhombus 411

Richtungstoleranzen
  tolerances of direction 57 f.

Richtwerte für das Drehen mit Hartmetall
  values for turning using hard metal 125

Richtwerte für das Drehen mit oxidkeramischen Schneidstoffen
  values for turning using oxide-ceramic cutting material 123

Richtwerte für das Drehen mit Schnellarbeitsstahl
  values for turning using high-speed steel 124

Richtwerte für das Drehen von NE-Metallen mit Schnellarbeitsstahl
  values for turning of non-ferrous metals using high-speed steel 123

Richtwerte für das Fräsen mit Hartmetall
  values for milling using hard metal 129

Richtwerte für das Fräsen mit Schnellarbeitsstahl
  values for milling using high-speed steel 128

Richtwerte für das Gasschmelzschweißen
  values for gas welding 171

Richtwerte für das Gewindebohren
  values for tapping 120

Richtwerte für das Lichtbogenhandschweißen
  values for manual arc welding 173

Richtwerte für das MAG-Schweißen
  values for metal active gas welding (MAG-welding) 175

Richtwerte für das Reiben
  values for reaming 121

Richtwerte für das Sägen
  values for sawing 116

Richtwerte für das Senken
  values for countersinking 121

Richtwerte für Spiralbohrer
  values for twist drills 119

Richtwerte - Schleifen
  values, grinding 131

Riemengetriebe
  belt transmission 238

Rillenkugellager
  deep grove ball bearings 224

Roboterachsen
  robot axis 149

Robotertechnik
  robotics technology 149

Rockwell - Härteprüfung
  Rockwell hardness test 108

Sachwortverzeichnis
Index

Rohlängenberechnung
  calculating base length 418

Rohmaße
  base sizes 34

Rohre aus Stahl
  steels for tubes 36

Rohrgewinde
  pipe threads 193

Rohrleitungen, Kennzeichnung
  identification of pipelines 10

Rollenflaschenzug
  pulley block 424

Rollenlager
  roller bearings 225

Rollreibung
  rolling friction 421

Rollreibungskoeffizient
  coefficient of rolling friction 421

Rollreibungszahlen
  coefficients of rolling friction 421

Römische Zahlzeichen
  roman numerals 395

Röntgenstrahlen, prüfen
  X-rays, radiograph examination 110

Rotationsarbeit
  rotational work 425

Rotationsenergie
  rotational energy 425

Rotationskörper
  rotational solids 417

R-Sätze
  R-codes 7

Rückfederung beim Biegen
  resilience when bending 151

Rundstab
  round bars 92, 98

Rundstab, warmgewalzt
  round bars, hot rolled 92

S

Sägen, Richtwerte
  values for sawing 116

Sägengewinde
  buttress threads 192

Salze, Benennung
  designation of salts 435

Säure
  acid 435

Säurerest
  acid radical 435

Schallarten
  categories of sound 298

Schalldämmung
  sound isulation 300 f.

Schalldämmung, Tritt
  impact sound isulation 301

Schalldämmverhalten von Glasscheiben
  sound isolation properties of glass planes 308

Schalleinwirkung
  action of sound 298

Schallgeschwindigkeit
  speed of sound 298

Schallpegel
  sound level 298

Schallschutz
  sound isolation 299 ff.

Schallschutzfenster
  sound protection windows 309

Schallschutzklassen von Fenstern
  sound protection classes of windows 308

Schallschutzmaßnahmen
  sound isulation measures 299

Schalter
  switches 374

Schaltzeichen
  graphical symbols 373

Schaltzeichen der Elektrotechnik
  symbols of contact units and switching
  devices 360 ff.

Schaubild, Umdrehungsfrequenzen
  rational frequency diagram 114

Scheiben
  washers 214 ff.

Scherbeanspruchung
  shearing stress 427

Scherspannung
  shearing strain 100

Schiebetore
  sliding gates 323

Schiefe Ebene
  inclined plane 424

Schlagregendichtheit
  water tightness 307

Schleifen, Begriffe
  grinding, terms 130

Schleifen, Richtwerte
  values, grinding 131

Schleifkörper
  bonded abrasive products 132

Schleifmittel
  abrasives 132

Schleifscheiben – Auswahl
  choise of grinding wheels 131

Schleifscheiben, Farbkennzeichnung
  color coding of grinding wheels 131

Schließanlagen
  locking units 329

Schließplan
  master key plan 330 f.

Schließsysteme
  locking systems 325

Schließwerk
  lock 324

Sachwortverzeichnis
Index

Schließzylinder
  key cylinder 328

Schlossarten
  types of locks 324

Schlösser
  locks 324 ff.

Schlüssel – Buntbartschlüssel
  snapped key bit 325

Schlüssel, Chubbschlüssel
  chubb key 325

Schlüsselweiten
  widths across flats 194

Schmalkeilriemen
  wedge belts 237

Schmalkeilriemenscheiben
  wedge belt pulleys 237

Schmelzwärmemenge
  quantity of fusion heat 434

Schmierfette
  lubricating greases 388 ff.

Schmieröle
  lubricating oils 388

Schmierstoffe
  lubricants 390

Schmierstoffe, Benennung
  designation of lubricants 387 ff.

Schmierstoffe, Entsorgung
  disposal of lubricants 390

Schmierstoffe, fest
  lubricants, solid 389

Schmierstoffsymbole
  symbols of lubricants 390

Schmiervorschrift
  lobrication regulation 390

Schneckentrieb
  worm gear 235

Schneelast
  snow load 251

Schneiden mit Laserstrahl
  laser beam cutting 155

Schneiden mit Plasma
  plasma cutting 155

Schneiden mit Wasserstrahl
  water jet cutting 155

Schneidstoffe, Bezeichnung
  designation of hard cutting material 113

Schnellarbeitsstähle
  high-speed steels 71

Schnitte
  sections 28 ff.

Schnittgeschwindigkeit
  cutting speed 419

Schnittkraft, spezifische
  specific cutting force 115

Schnittleistung
  cutting power 426

Schraffuren
  Hatchings 23

Schrägkugellager
  angular ball bearing 224

Schrägverzahnte Stirnräder
  spur gears with straight teeth 234

Schraube
  screw 424

Schrauben
  screws 200 ff.

Schrauben, vereinfachte Darstellung
  screws, simplified representation 188

Schrauben aus Nichteisenmetallen,
mechanische Eigenschaften
  mechanical properties of screws amade
  of non-ferrous metals 195

Schrauben aus Stahl, mechanische Eigenschaften
  mechanical properties of screws
  made of steel 195

Schraubendruckfedern
  helical pressure springs 239

Schraubendruckfedern, zylindrisch
  helical pressure springs 239

Schrauben, Lochabstände
  screws, hole Pitches 265

Schrauben, Randabstände
  screws, edje distance 265

Schraubensenkungen
  screw counterbores 212 f.

Schraubenübersicht
  synopsis of screws 198

Schraubenverbindung
  bolted Joints 265

Schraubenverbindungen, Tragfähigkeit
  bolted joints, load capacity 268 f.

Schriftfelder
  title blocks 22

Schubmodul
  modulus of shear 102

Schutzarten, Bildzeichen
  protective systems, graphical symbols 364

Schutzgase
  shielding gases 174

Schutzgasschweißen
  inert gas shielded arc welding 174

Schutzklassen elektrischer Betriebsmittel
  protective classes of electrical equipment 364

Schutztüren
  control doors 315

Schweißen, Arbeitsposition
  work position when welding 171

Schweißen mit Schutzgas
  inert gas shielded arc welding 174

Schweißen von Kunststoffen
  welding of thermoplastic materials 177

Schweißgeeignete Feinkornbaustähle
  weldable fine grain structural steels 69

Sachwortverzeichnis
Index

Schweißkonstruktionen, Allgemeintoleranzen
  general tolerances for welding constructions 180

Schweißmuttern mit Sechskant
  square weld nuts 210

Schweißnahtdicke
  weld thickness 273

Schweißnähte an Stahl, Bewerten
  valuation of welded joints on steel 178

Schweißnähte, Bemaßung
  dimensioning of welds 166

Schweißnahtlänge
  weld length 273

Schweißnahtmindestabstand
  minimum distance of welds 274

Schweißnahtvorbereitung für Aluminium
  joint preparation for aluminium 169

Schweißnahtvorbereitung für Stahl
  joint preparation for steel 168

Schweißstäbe für das Gasschweißen - Eignung
  welding rod for gas welding 171

Schweißverbindungen, Darstellung
  representation of welded joints 164 ff.

Schweißverfahren, Kennzahlen
  code numbers for welding and soldering processes 167

Schweißverfahren mit Warmgas
  hot gas welding-processes 177

Schweißzusätze für NE-Metalle
  welding filter metals for non ferrous metals 176

Schwerpunkte
  centers of gravity 414

Schwindmaße
  measures of shrinkage 433

Schwindung
  shrinking 433

Sechskantmutter mit Flansch und Klemmteil
  prevailing torque type hexagon nuts with flange 209

Sechskantmuttern
  hexagon nuts 208, 211

Sechskantmuttern, Festigkeitsklassen
  property classes for hexagon nuts 208

Sechskantmuttern mit Feingewinde
  hexagon nuts with fine-pitch thread 208

Sechskantmuttern mit Flansch
  hexagon nuts with 209

Sechskantmuttern mit großen Schlüsselweiten
  hexagon nuts with large width across flats 210

Sechskantmuttern mit Klemmteil
  prevailing torque type hexagon nuts 209 f.

Sechskantmuttern mit Regelgewinde
  hexagon nuts with coarse-pitch thread 208

Sechskantschrauben
  hexagon head cap screws 200 ff.

Sechskant-Schweißmuttern
  square weld nuts 210

Sechskant-Spannschlossmuttern
  hexagon turnbuckles 210

Sechskantstab
  hexagon bar 92, 98

Sechskantstab, warmgewalzt
  hexagon bars, hot rolled 92

Seilwinde
  handling winch 423

Senkdurchmesser
  diameters of counterbores 212

Senken, Richtwerte
  countersinking 121

Senken, Hauptnutzungszeit
  main utilization time when coutersinking 138

Senken, Richtwerte
  values for countersinking 121

Senkniete
  countersunk head rivets 217

Senkschrauben
  countersunk screws 204, 206

Senkungen
  counter sinks 37, 212 f.

Senkungen für Senkschrauben 213
  counter sinks for countersunk screws 213

Senkungen, Zeichnungseintragungen
  counter sinks, registrations in drawings 213

Sensoren
  sensors 374, 376

SI-Basiseinheiten
  SI (Système International)-basic units 392 ff.

SI-Basisgrößen
  SI (Système International)-basic quantities 392 ff.

Sicherheitsratschläge
  safety advices 6

Sicherheitsschilder für elektrische Anlagen
  safety signs of electrical installations 366

Sicherheitszahlen
  factors of safety 100

Sicherheitszeichen
  safety symbols 8 f.

Sicherungsmuttern
  locking nuts 211

Sicherungsringe
  retaining rings 229

SI-Einheitenzeichen
  SI-unit symbols 392 ff.

Simpsonsche Regel
  Simpson's rule 417

Sintermetalle
  sintered metals 78

Sinus
  sine 410

Sinussatz
  sine theorem 410

Spannenergie
  spring energy 425

Spannhülsen
  adapter sleeves 220

Sachwortverzeichnis
Index

Spannscheiben
  conical spring washers 216

Spannschlossmuttern
  hexagon turnbuckles 210

Spannstifte
  spring-type straight pins 218, 220

Spannung-Dehnung-Diagramm
  stress-strain diagram 103

Spannungsarmglühen
  stress relieving 157

Spannungsarten
  types of stresses 100

Spannungsreihe, elektrochemische
  electrochemical series 385

Spannungszustand geschweißter Bauteile
  stress condition of welded parts 274

Spannung, zulässige
  safety stress 101

Speicherprogrammierbare Steuerungen
  programmable logic controllers 377 f.

Sperrventile
  shut-off valves 371

Spezifischer Heizwert
  specific heating value 434

Spezifische Schmelzwärme
  specific fusion heat 434

Spezifische Schnittkraft
  specific cutting force 115

Spezifische Verdampfungswärme
  specific evaporation heat 434

Spezifische Wärmekapazität
  specific heat capacity 433 f.

Spielpassung
  clearance fit 50

Spindeltreppen
  spindle stairs 340

Spiralbohrer, Richtwerte
  values for twist drills 119

Spitze Körper
  pointed solids 415

Splinte
  split pins 221

SPS-Programmiersprachen
  SPS programming language 377 f.

S-Sätze
  S-codes 6

Stabelektroden zum Lichtbogenhandschweißen
  electrodes for manual metal arc welding 172

Stahlbauten, bemessen
  structural steelwork, design 254 ff.

Stahlblech
  steel sheet 93

Stahldraht
  steel wire 93

Stähle, Bezeichnungssysteme
  designation systems for steels 62

Stähle - Einteilung
  steels for tubes 70

Stähle für Rohre
  steels - classification 61

Stähle, nichtrostend
  steels, stainless 69

Stähle, nitriert
  steels, nitriding 67

Stähle, Nummernsystem
  numerical system for steel 65

Stahlerzeugnisse, Begriffsbestimmungen
  definition of steel products 65

Stahlerzeugnisse, blank
  steel products, bright 98

Stähle zum Kaltumformen
  steels for cold forming 70

Stahlprofile
  steel sections 84 f.

Stahlrohre, geschweißte
  welded steel tubes 95

Stahlrohre, kaltgefertigte
  cold formed steel tubes 97

Stahlrohre, nahtlose
  seamless steel tubes 95

Stahlrohre, warmgefertigte
  hot formed steel tubes 96

Stahl, Schweißnahtvorbereitung
  joint preparation for steel 168

Stahlstützen, Ummantelung
  steel pillars, jacketing 304

Stahlträger, Ummantelung
  steel beams, jacketing 304

Stahltüren, feuerhemmend
  steel doors, fire-resisting 316 f.

Standardoperanden
  standard operands 378

Standardoperatoren
  standard operation 378

Standard-Zahlenmengen
  standard number sets 395

Stangen
  bars 99 f.

Stelleinrichtung
  actuating unit 367

Stellglied
  actuator 367

Stellgröße
  manipulated variable 367

Stellkeil
  driving wedge 424

Steuern
  open-loop controlling 367

Steuerstromkreis
  control circuit 375

Steuerung
  open-loop control 367

Sachwortverzeichnis
Index

Stiftschrauben
  locking screws 206

Stirnplattenanschlüsse
  front plate connections 280 ff.

Stirnräder mit Geradverzahnung
  spur gears with straight teeth 234

Stirnräder mit Schrägverzahnung
  spur gears 234

Stoffwerte chemischer Elemente
  physical characteristics of chemical elements 438

Stoffwerte flüssiger und fester Stoffe
  physical characteristics of liquid and solid materials 436

Stoffwerte gasförmiger Stoffe
  physical characteristics of gaseous materials 435

Störgröße
  disturbance variable 367

Stoßart
  type of joints 164

Strahlensätze
  theoremes of intersecting lines 408

Streckgrenze
  yield point 103

Streufluss-Verfahren, magnetisch
  leakage flux procedure, magnetic 110

Strömende Flüssigkeiten
  flowing fluids 432

Stromlaufplan
  flow diagram 375

Strömungsgeschwindigkeiten
  flow velocities 432

Stromventile
  flow valves 371

Stromwege
  curent path 375

Struktogramm
  structogram 380

Stücklisten
  items lists 20, 22

Stufen
  steps 341

Stumpfnähte
  butt welds 274

Stumpfstoß
  butt joint 164

Symbole der Handhabungstechnik
  symbols of handling technique 148

Symbole für die Oberflächenstruktur
  symbols for surface structure 46

Symbole für Schmiervorschriften
  symbols of lubrication regulation 390

Symbole für Wartungsvorgänge
  symbols of service actions 390

T

Tageslicht in Innenräumen
  daylight in interiors 306

Tangens
  tangent 410

Tangenssatz
  tangent theorem 410

Taupunkttemperatur
  dew point temperture 296

Tauwasserbildung
  dew formation 296

Teilschnitt
  partial section 28

Teilung von Längen
  dividing of lengths 409

Tellerfedern
  disc springs 240

Temperatur, außen
  temperature, outside 288

Temperatureinwirkung
  action of temperature 288 ff.

Temperaturen in Nachbarräumen
  temperature in next rooms 289

Temperatur, innen
  temperature, inside 289

Temperaturskalen
  temperature scales 433

Theoretisch genaue Maße
  theoretic exact measures 34

Thermodynamische Temperatur
  thermodynamic temperature 433

Thermoplaste
  thermoplastics 82

Thermoplastische Formmassen - Kennzeichnung
  designation of thermoplastic molding compounds 81

Tiefziehkraft
  deep-draw force 152

Tiefziehteile, Zuschnitte
  blank of deep-drawing work pieces 153

Tiefziehverhältnis
  deep-drawing ratio 152

Toleranzen für den Einbau von Wälzlagern
  mounting tolerances for rolling bearings 227

Toleranzen für Längen- und Winkelmaße
  tolerances for linear and angular dimensions 49

Toleranzen im Bauwesen
  tolerances in construction engeneering 59 f.

Toleranzen von Treppenmaßen
  tolerances of stair dimensions 334

Toleranzfeld
  tolerance zone 50

Toleranzgrad
  tolerance grade 50

Toleranzklasse
  tolerance class 50

Toleranzklasse, Kurzzeichen
  symbols of the tolerance class 40

Tolerierung von Form und Lage
  tolerances of form and location 56 ff.

Sachwortverzeichnis
Index

Toranschlagstützen
  gate block 322

Tore
  gates 322 f.

Torfeststeller
  gate arresting device 322

Tragen
  carrying 16

Trägeranschlüsse
  beam connections 276, 284

Tragfähigkeit von Schraubenverbindungen
  load capacity of bolted joints 268

Tragsicherheit
  load capacity 256

Transformator
  transformer 359

Trapez
  trapezium 411

Trapezgewinde
  trapezoidal screw threads 192

Treppenarten
  stair forms 332

Treppenbauteile
  stair devices 332

Treppengeländerhöhe
  railing height 342

Treppenmaße, Toleranzen
  stair dimensions, tolerances 334

Treppen in Gebäuden
  stairs in buildings 332 ff.

Treppen, Lastannahme
  design loads for stairs 336

Treppenraummaße
  staircase dimensions 333

Trittschalldämmung
  impact sound isulation 301

Trittstufen
  tread steps 341

T-Stahl
  T-steels 86, 88

T-Stahl, warmgewalzt
  T-steels, hot rolled 86, 88

T-Stoß
  T-joint 164

Türbezeichnung
  door identification 314

Türdrücker
  door opener 321

Türen
  doors 314 ff.

Türknaufe
  door knubs 321

Türschließmittel
  door closing devices 320

Typisierte Anschlüsse im Stahlhochbau
  standardized connections in steel-framed structure 275 ff.

U

Überdruck
  pressure above atmospheric 431

Übergangspassung
  transition fit 50

Überlappstoß
  lap joint 164

Übermaßpassung
  press fit 50

Übersetzungen
  transmission ratios 238 f.

Übersetzungsverhältnis
  transmission ratio 238

Übersicht – Dübel
  synopsis of dowels 355 f.

Ultraschall-Näherungssensor
  ultrasonic proximity sensor 376

Ultraschallprüfung
  ultrasonic testing 110

Umdrehungsfrequenzen - Schaubild
  rotational frequency diagram 114

Umfangsgeschwindigkeit
  peripheral speed 419

Umfangslast
  peripheral load 227

Umformen
  metal forming 150 ff.

Umformen von Gleichungen
  transforming of equations 406

Umgebungsdruck
  ambient pressure 431

Ummantelung von Stahlstützen
  jacketing of steel pillars 304

Ummantelung von Stahlträgern
  jacketing of steel beams 304

Umweltschutz
  environmental protection 12 f.

UND-Glied
  AND element 373

Unfallverhütung - Elektrotechnik
  Accident prevention - electrical technology 366

Unlegierte Baustähle
  non-alloy structural steels 66

Unregelmäßiges Vieleck
  irregular polygon 412

U-Stahl
  U-steels 89

U-Stahl, warmgewalzt
  U-steels, hot rolled 89

V

Ventile für Hydraulik, Pneumatik
  valves for hydraulic pneumatic 371

Verbindungselemente, mechanische Eigenschaften
  mechanical properties of fasteners 195

Verbindungselemente, vereinfachte Darstellung
  fasteners, simplified representation 266 f.

Sachwortverzeichnis
Index

Verbotszeichen
  prohibiting signs 8

Verbrennungswärmemenge
  quantity of combustion heat 434

Verdampfungswärmemenge
  quantity of evaporation heat 434

Verdrehung
  torsion 428

Vereifachte Darstellung in Bauzeichnungen
  simplified representation in construction drawing 43 f.

Vereinfachte Darstellung von Gewinden,
Schrauben und Muttern
  simplified representation of threads, screws and nuts 188

Vereinfachte Darstellungen von Wälzlagern
  simplified representations of rolling bearings 228

Vereinfachte Darstellung von Verbindungselementen
  simplified representation of fasteners 266 f.

Verfahren zur Klebflächenvorbehandlung
  processes for adherend preparation 185

Verformung von Bauteilen
  structural part deformation 261

Verglasungen, Energiedurchlassgrad
  glazing, level of energy permeability 294

Vergleich verschiedener Härteskalen
  comparison of hot formed hardness scales 109

Vergüten
  hardening and tempering 157

Vergütungsstähle
  quenched and tempered steels 68

Vergütungsstähle, Wärmebehandlung
  heat treatment of quenched and tempered steels 159

Verhalten bei Notfällen
  behaviour in emergencies 11

Verjüngung
  taper ratio 37

Verpackungsblech
  tinmill steel sheet 93

Verpackungsverordnung
  Packaging Ordinance 18

Verschleißerscheinungen
  wear occurrence 384

Verstärkte Kunststoffe
  reinforced plastics 83

Versuch, Wöhler
  test, Wöhler 105

Vickers - Härteprüfung
  Vickers hardness test 107

Vielecke
  polygons 412

Vierkantscheiben
  square washers 215

Vierkant-Schweißmuttern
  square weld nuts 210

Vierkantstab
  square bars 92

Vierkantstab, warmgewalzt
  square bars, hot rolled 92

Viskositätsklassen
  viscosity classes 388

Vollschnitt
  full section 28

Volumenänderung
  change in volume 433

Volumenausdehnungskoeffizient
  expansion coefficient 433

Volumenstrom
  volume flow rate 432

Vordrucke für Zeichnungen (Blattgrößen)
  printed forms for drawing sheets 21

Vorsätze, dezimal
  decimal prefixes 392

Vorsatzzeichen
  prefixes 392

Vorspannkraft
  prestress force 271

Vorspannkräfte
  prestress forces 195

W

Wälzlager
  rolling bearings 223 f.

Wälzlager, Auswahlkriterien
  rolling bearings, choice criteria 224

Wälzlager, Basiszeichen
  basic codes for rolling bearings 222

Wälzlagerbezeichnungen
  identification of rolling bearings 222 f.

Wälzlager, Breitenreihe
  breadth range of rolling bearings 223

Wälzlager, Durchmesserreihe
  diameter range of rolling bearings 223

Wälzlager, Einbaumaße
  dimensions for mounting of rolling bearings 226

Wälzlager, Maßreihe
  dimension range of rolling bearings 223

Wälzlagertoleranzen
  tolerances for rolling bearings 227

Wälzlager, Toleranzen für den Einbau
  mounting tolerances for rolling bearings 227

Wälzlager, vereinfachte Darstellung
  simplified representations 228

Wandöffnung, Baurichtmaße
  wall openings, basic dimensions 314

Wangentreppen
  side piece stairs 336 f.

Warmarbeitsstähle
  hot work steels 71

Wärmebehandlung
  heat treatment 157

Wärmebehandlung, Begriffe
  heat treatment, terms 157

Wärmedurchgang
  heat transmission 308

Sachwortverzeichnis
Index

Wärmedurchgangskoeffizient
  outward heat transfer coefficient 293

Wärmedurchgangszahl
  outward heat transfer coefficient 434

Wärmedurchlasswiderstand
  thermal resistance 292

Wärmeenergie
  thermal energy 425

Wärmeleitfähigkeit
  thermal conductirity 291

Wärmeleitwiderstand
  thermal resistance 290

Wärmemenge
  amount of heat 433 f.

Wärmemenge aus elektrischer Arbeit
  amount of heat out of electrical work 434

Wärmemengenaustausch
  interchange of amount of heat 434

Wärmeschutz an Bauwerken
  thermal protection on buildings 294 f.

Wärmestrom
  heat flow 434

Wärmetechnik
  heat technology 433

Wärmetransport
  heat transport 290

Wärmeübergangswiderstand
  heat transmission resistance 290

Warmgas-Schweißverfahren
  hot gas welding-processes 177

Warmgefertigte Stahlrohre
  hot formed steel tubes 96

Warmgewalzte I-Träger
  hot rolled I-beams 85 ff.

Warmgewalzter Flachstab
  hot rolled flat bars 92

Warmgewalzter Rundstab
  hot rolled round bars 92

Warmgewalzter Sechskantstab
  hot rolled hexagon bars 92

Warmgewalzter T-Stahl
  hot rolled T-steels 86, 88

Warmgewalzter U-Stahl
  hot rolled U-steels 89

Warmgewalzter Vierkantstab
  hot rolled square bars 92

Warmgewalzter Winkelstahl
  hot rolled angle section 88, 90 f.

Warmgewalzter Z-Stahl
  hot rolled Z-steels 87

Warnzeichen
  warning signs 8

Wartung
  servicing 382

Wartungsvorgänge, Symbole
  symbols of service actions 390

Wasserdampfdiffusionswiderstandszahl
  water vapour diffusion resistance coefficient 297

Wasserstrahlschneiden
  water jet cutting 155

Wechselspannung
  alternating voltage 358

Wegbedingungen für CNC-Programme
  preparatory functions of CNC-programs 143

Wegdiagramm
  position diagram 369

Wegeventile
  directional control valves 370

Weichglühen
  softening 157

Wellendichtringe, radial
  rotary shaft lip type seals 231

Wellendichtungen, vereinfachte Darstellung
  simplified representations shaft lip type seals 232

Werkstoffe aus Gusseisen
  cast iron materials 72

Werkstoffe, keramisch
  materials, ceramic 83

Werkstückdicke
  work piece thickness 33

Werkzeug-Anwendungsgruppen
  tool groups of application 112

Werkzeugstähle
  tool steels 71

Werkzeugstähle, Wärmebehandlung
  heat treatment of tool steels 160

Whitworth-Gewinde
  british standard whitworth thread 194

Wichte
  density 242 f.

Widerstandsmomente
  section moments 429

Widerstand von Leitern
  resistance of conductors 358

Windbeanspruchung, Flächenmomente
  wind load, area moments 312 ff.

Windlasten
  wind loads 245 ff.

Winkelanschlüsse
  rebow connections 276 ff.

Winkelfunktionen
  trigonometric functions 410

Winkelfunktionen am Einheitskreis
  trigonometric functions at unit circle 410

Winkelfunktionen im rechtwinkligen Dreieck
  trigonometric functions in right-angled triangle 410

Winkelfunktionen im schiefwinkligen Dreieck
  trigonometric functions in oblique triangle 410

Winkelgeschwindigkeit
  angular velocity 419

Winkelmaße
  angular measures 34

Winkelmaße, Toleranzen
  angular dimensions, tolerances 40

Winkelstahl
  angle section 88, 90 f.

Sachwortverzeichnis
Index

Winkelstahl, warmgewalzt
   angle section, hot rolled 88, 90 f.

Wirkungslinie
   action line 420

Wöhlerversuch
   Wöhler test 105

Wohngebäude, Geländer
   residential buildings, railings 342 ff.

Wolframelektroden
   tungsten electrodes 175

Würfel
   cube 415

Wurzeln
   roots 404

Z

Zahnräder
   gears 234 ff.

Zahnräder, Darstellung
   representation of gears 236

Zahnradgetriebe
   gear unit 238 f.

Zahnradgetriebe mit Zwischenrad
   gear unit with intermediate gear 238

Zahnradpaarungen
   gear pairs 236

Zahnscheiben
   toothed lock washers 216

Zeichen, mathematisch
   mathematical symbols 394

Zeichnungen
   drawings 20

Zeichnungen, Vordrucke (Blattgrößen)
   printed forms for drawing sheets 21

Zerspanungs-Anwendungsgruppen
   groups of application for chip removal 112

Zerstörungsfreie Prüfverfahren
   non-destructive tests 110

Zinsrechnung
   calculation of interest 407

Z-Stahl
   Z-steels 87

Z-Stahl, warmgewalzt
   Z-steels, hot rolled 87

Zugbeanspruchung
   tensile load 254, 427

Zugfestigkeit
   tensile strength 103

Zugleistung
   tractive power 426

Zugproben
   test pieces for the tensile test 103

Zugversuch
   tensile test 103

Zulässige Spannung
   safety stress 101

Zusätze beim Löten
   solders 182 ff.

Zusatzfunktionen
   miscellaneous functions 142

Zusatzzeichen
   supplementary sign 9

Zuschnittdurchmesser
   blank diameter 152

Zuschnitte für Tiefziehteile
   blank of deep-drawing work pieces 153

Zuschnittlänge
   blank length 151

Zustandsänderung von Gasen
   constitutional change of gases 431

Zustandsdiagramm
   constitutional diagram 369

Zweiholmtreppen
   two-strut stairs 338 f.

Zwischenrad
   intermediate gear 238

Zylinder
   cylinder 370, 415

Zylinderrollenlager
   cylindrical roller bearings 225

Zylinderschlösser
   cylinder locks 325

Zylinderschrauben
   cheese head screws 203

Zylinderstifte
   parallel pins 220

Zylindrische Schraubendruckfedern
   helical pressure springs 239

Bildquellenverzeichnis
List of picture reference

Hymer Leichtmetallbau, Wangen: Fotos S. 15
Wollmann, Carsten, Mehringen: Fotos S. 355, 356

Illustrationen: Mario Valentinelli, Rostock; deckermedia GbR, Vechelde
Englische Übersetzungen: Günther Tiedt

RAL-Farben
RAL colours

RAL-Farbreihe	RAL-Nummern, Einzelfarben, Benennungen						
1000	1000 Grünbeige	1001 Beige	1003 Signalgelb	1004 Goldgelb	1006 Maisgelb	1011 Braunbeige	1012 Zitronengelb
	1013 Perlweiß	1014 Elfenbein	1018 Zinkgelb	1020 Olivgelb	1023 Verkehrsgelb	1024 Ockergelb	1034 Pastellgelb
2000	2000 Gelborange	2001 Rotorange	2002 Blutorange	2004 Reinorange	2008 Hellrotorange	2009 Verkehrsorange	2010 Signalorange
3000	3000 Feuerrot	3001 Signalrot	3002 Karminrot	3003 Rubinrot	3004 Purpurrot	3005 Weinrot	3007 Schwarzrot
	3009 Oxidrot	3011 Braunrot	3012 Beigerot	3013 Tomatenrot	3014 Altrosa	3015 Hellrosa	3016 Korallenrot
	3017 Rosé	3018 Erdbeerrot	3020 Verkehrsrot	3022 Lachsrot	3027 Himbeerrot	3031 Orientrot	
4000	4001 Rotlila	4002 Rotviolett	4003 Erikaviolett	4004 Bordeauxviolett	4005 Blaulila	4006 Verkehrspurpur	4008 Signalviolett
5000	5000 Violettblau	5001 Grünblau	5002 Ultramarinblau	5003 Saphirblau	5004 Schwarzblau	5005 Signalblau	5007 Brillantblau
	5008 Graublau	5009 Azurblau	5010 Enzianblau	5011 Stahlblau	5012 Lichtblau	5013 Kobaltblau	5014 Taubenblau

RAL-Farben
RAL colours

RAL-Farbreihe	RAL-Nummern, Einzelfarben, Benennungen						
5000	5015 Himmelblau	5017 Verkehrsblau	5018 Türkisblau	5019 Capriblau	5021 Wasserblau	5022 Nachtblau	5024 Pastellblau
6000	6000 Patinagrün	6001 Smaragdgrün	6002 Laubgrün	6003 Olivgrün	6004 Blaugrün	6005 Moosgrün	6007 Flaschengrün
	6009 Tannengrün	6010 Grasgrün	6013 Schilfgrün	6014 Gelboliv	6016 Türkisgrün	6017 Maigrün	6018 Gelbgrün
	6019 Weißgrün	6020 Chromoxidgrün	6024 Verkehrsgrün	6026 Opalgrün	6028 Kieferngrün	6032 Signalgrün	6034 Pastelltürkis
7000	7000 Fehgrau	7001 Silbergrau	7002 Olivgrau	7003 Moosgrau	7004 Signalgrau	7005 Mausgrau	7006 Beigegrau
	7011 Eisengrau	7012 Basaltgrau	7013 Braungrau	7015 Schiefergrau	7016 Anthrazitgrau	7021 Schwarzgrau	7023 Betongrau
	7024 Graphitgrau	7026 Granitgrau	7031 Blaugrau	7036 Platingrau	7042 Verkehrsgrau A	7043 Verkehrsgrau B	7044 Seidengrau
8000	8000 Grünbraun	8001 Ockerbraun	8002 Signalbraun	8004 Kupferbraun	8007 Rehbraun	8008 Olivbraun	8015 Kastanienbraun
9000	9001 Cremeweiß	9003 Signalweiß	9004 Signalschwarz	9006 Weißaluminium	9010 Reinweiß	9016 Verkehrsweiß	9017 Verkehrschwarz

Unser Programm für Metallbau

▶ Grundwissen im Metallbau

▶ Metallbau Lernfelder 1–4

Metallbau Grundwissen

Schülerbuch
1. Auflage, 2005
232 S., vierfarbig
978-3-14-**231260**-6

Lösungen
32 S.
978-3-14-**231266**-8

 CD-ROM interaktiv
978-3-14-**364205**-4

Metallbau Grundwissen

Arbeitsaufträge
1. Auflage, 2010
94 S., zweifarbig
978-3-14-**231261**-3

NEU

▶ Für die gesamte Ausbildung

Stahl- und Metallbau Tabellen

4. Auflage, 2010
464 S., vierfarbig
978-3-14-**225020**-5

NEU

Nähere Informationen zum vollständigen Berufsbildungsprogramm finden Sie unter: **www.westermann.de**